中国石油勘探开发研究院出版物

生物标志化合物指南

（第二版·上册）

生物标志化合物和同位素在环境与人类历史研究中的应用

［美］K.E.彼得斯　C.C.沃尔特斯　J.M.莫尔多万　著

张水昌　李振西　等译

石油工业出版社

内 容 提 要

本书是《生物标志化合物指南》(第二版)的上册:生物标志化合物和同位素在环境与人类历史研究中的应用。详尽地阐述了生物标志化合物的起源并介绍了相关研究的基本化学原理,讨论了生物标志化合物的分析技术及其在解决环境和考古问题方面的应用。

本书为地质学家、石油地球化学家、生物地球化学家、环境科学家和考古学家们提供了非常宝贵的知识资源。

图书在版编目(CIP)数据

生物标志化合物指南:第 2 版 / [美] K. E. 彼得斯, C. C. 沃尔特斯, J. M. 莫尔多万著;张水昌,李振西等译. —北京:石油工业出版社,2011.10
ISBN 978 - 7 - 5021 - 8729 - 3

Ⅰ. 生…
Ⅱ. ①彼…②张…
Ⅲ. 生物标志化合物 - 指南
Ⅳ. P593 - 62

中国版本图书馆 CIP 数据核字(2011)第 202817 号

The Biomarker Guide, 2nd edition (ISBN 978 - 0 - 521 - 78158 - 9) by K. E. Peters, C. C. Walters, and J. M. Moldowan first published by Cambridge University Press 2005.
All rights reserved.
This simplified chinese edition for the People's Republic of China is published by arrangement with the Press Syndicate of the University of Cambridge, Cambridge, United Kingdom.
@ Cambridge University Press & Petroleum Industry Press 2011.
This book is in copyright. No reproduction of any part may take place without the written permission of Cambridge University Press and Petroleum Industry Press.

出版发行:石油工业出版社
    (北京安定门外安华里 2 区 1 号 100011)
    网 址:www.petropub.com
    编辑部:(010)64523543 图书营销中心:(010)64523633
经 销:全国新华书店
印 刷:北京中石油彩色印刷有限责任公司

2011 年 10 月第 1 版 2018 年 11 月第 2 次印刷
787×1092 毫米 开本:1/16 印张:72.5
字数:1856 千字

定价(上、下册):280.00 元
(如出现印装质量问题,我社图书营销中心负责调换)
版权所有,翻印必究

作者简介

K. E. 彼得斯（Kenneth E. Peters）：现任位于加利福尼亚州 Menlo Park 的美国地质调查局的高级研究地质学家，从事阿拉斯加北坡、San Joaquin 盆地以及其他一些地方的一维、二维、三维含油气系统的模拟研究。他在加利福尼亚大学圣芭芭拉（Santa Barbara）分校获得地质学的学士和硕士学位，并于 1978 年在加利福尼亚大学洛杉矶分校获得地球化学理学博士学位。他具有 15 年在雪佛龙（Chevron）、6 年在美孚（Mobil）以及 2 年在埃克森·美孚（ExxonMobil）担任高级研究员的工作经历。还曾在雪佛龙、美孚、埃克森·美孚、石油和天然气国际咨询公司（Oil and Gas Consultant International）以及包括加利福尼亚大学伯克利分校（Berkeley）和斯坦福（Stanford）大学在内的一些大学教授石油地球化学和热模拟的正规课程。他曾任《有机地球化学杂志》（Organic Geochemistry）和 AAPG（American Association Petroleum Geologists Bulletin）的助理编辑，与合著者在 1981 年和 1989 年曾获得地球化学学会有机地球化学分部的优秀论文奖。1998 年，他曾担任戈登（Gordon）研究会议有机地球化学分会的主席，2001—2004 年间曾任地球化学学会有机地球化学分部主任。

C. C. 沃尔特斯（Clifford C. Walters）：于 1976 年在波士顿大学获得化学和生物学学士学位。此后，他参与了马里兰大学火星土壤化学的研究工作，从事格陵兰 Isua 变质沉积岩（地球上最古老的沉积岩）的野外和实验室研究。1981 年，在获得地球化学理学博士学位之后，他继续从事前寒武系沉积物和陨石的有机地球化学的博士后研究。1982 年，他加入了"海湾研究与开发"计划（Gulf Research and Development），在其中负责一个生物标志化合物的研究项目。1984 年，他受聘于"太阳勘探和生产公司"，负责技术服务和建立生物标志化合物地球化学和热模拟的方法，使之成为常规的勘探工具。1988 年，他接受了美孚在达拉斯（Mobil's Dallas）研究实验室的聘用，并于 1991 年成为地球化学实验室的负责人。目前，他是埃克森·美孚（ExxonMobil）研究和工程公司的一名高级研究人员，从事石油生成和储集层变化的模拟、地质微生物学和重油以及固体沥青形成过程的研究。他发表了多篇论文，1990—1992 年间曾担任美国化学学会（ACS）地球化学部的编辑，现任《Organic Geochemistry》的助理编辑。

J. M. 莫尔多万（J. Michael Moldowan）：在密歇根州底特律的 Wayne 州立大学获得化学学士学位，并于 1972 年在密歇根大学获得化学博士学位。在斯坦福大学他师从 Carl Djerassi 教授，从事海洋自然产物的博士后研究，之后，于 1974 年加入了雪佛龙的生物标志化合物小组（Chevron's Biomarker Group）。从 20 世纪 70 年代中期到 80 年代早期，在 Wolfgang K. Seifert 博士的带领下，雪佛龙的生物标志化合物研究团队作为将生物标志化合物技术用于石油勘探的开拓者而享有很高声誉。1993 年起，他担任斯坦福大学地质科学和环境科学系的研究教授。1986 年，他曾担任美国化学学会地球化学分部主任。1978 年和 1989 年，他与合著者曾两度获得地球化学学会有机地球化学分部的优秀论文奖。

序

长期以来,尽管国内外发表有关生物标志化合物及其应用的论文数量相当可观,但是始终缺乏一部系统完整、而又联系实际的分子有机地球化学理论专著或教科书,致使有关院校师生与科研人员均要通过阅读大量文献,才能理解这门学科的内涵与精髓,得以掌握生物标志化合物的实际应用。1993 年由资深的美国石油地质学家与有机地球化学家 K. E. Peters 和 J. M. Moldowan 合撰,纽约 Prentice Hall 出版的《生物标记化合物指南:古代沉积物和石油中分子化石的解释》一书(中文版经姜乃煌、张水昌等翻译,于 1995 年由石油工业出版社出版),首次从分子有机地球化学基础概念、基本原理、分析方法,到生物标志化合物的鉴定与解释,特别是其在沉积地质学与石油地质学研究中的应用,作了较为详细的综述,成为深受相关学科领域的教师、研究生与科研工作者欢迎的专业参考教材与工具书。在此基础上,2005 年 K. E. Peters、C. C. Walters 和 J. M. Moldowan 再次合撰,由剑桥大学出版社出版了《生物标志化合物指南》(第二版)。与第一版相比,该书第二版作为一部严肃的学术专著,不仅保留了第一版有关分子有机地球化学基础理论的论述特色,全面系统地介绍生物标志化合物的基础知识;详述其在地质历史中的前世今生,反映了近二十年来在石油地质-地球化学与油气勘探领域中,生物标志化合物和沉积有机质稳定同位素的最新研究进展,涉及到诸如烃源岩的地球化学判识和评价、烃源岩沉积环境判识、烃源岩和原油热成熟度厘定、石油生成、运移、成藏过程以及原油生物降解程度研究,并包括油藏地球化学在油气田勘探开发中的应用,以及含油气系统研究中生物标志化合物的实际应用,书中提供了世界主要含油气系统丰富翔实的生物标志化合物第一性资料和数据,此外还就当前生物标志化合物研究领域面临的问题和发展方向提出了某些前瞻性的认识。而且,第二版还将全书内容更新扩展成为两册,即上册:《生物标志化合物和同位素在环境与人类历史研究中的应用》,下册:《生物标志化合物和同位素在石油与地史研究中的应用》,从而将生物标志物的研究领域拓展到考古学、环境科学等多个学科领域,应用到环境地球化学监测和环境修复、考古学的地球化学甄别手段等方面。

总之,该书涉猎内容广泛,涵盖学科众多,研究程度深入,见解精辟独到,在相关科学研究领域中达到了一个新的学术高度,是一部难得的有机地球化学与石油地球化学基础理论专著。它既是初习者的一部参考教材,又可作为地质-地球化学研究与油气勘探科学工作者实用的手册性工具书,全书图文并茂,原版书的篇幅高达 1155 页之巨。

近期经张水昌教授、李振西博士等共同翻译,由石油工业出版社出版该书(第二版)的中文版,对于我国有机地球化学领域的读者来说,实在是一个令人高兴的利好消息。据我所知,为了便于向国内更多从事有机地球化学和石油地球化学基础研究的科学工作者、主修石油地质学、有机地球化学、环境科学和考古学的高等院校本科生和研究生、从事石油勘探开发工作的科技人员和管理者、以及对生物标志物的应用感兴趣的其他学科领域的科学家们,推荐这部富有特色的理论专著,译者们历时数年,精益求精,在忠实和精准地表达作者学术论点,客观保存原著风貌上,付出了巨大的努力,终于将全书译成中文以飨读者。我相信《生物标志化合物指南》(第二版)中文译本的问世,必将为普及生物标志物的基础知识,促进其在科学研究和生产实践中的应用,为我国分子有机地球化学的科学研究和学科发展起到积极的作用。

中国科学院院士 王铁冠

2011 年元月

Preface for the Chinese Translation of 'The Biomarker Guide, 2nd Edition'
(K. E. Peters, C. C. Walters, and J. M. Moldowan)

My co-authors, Drs. Cliff Walters and Mike Moldowan, and I are very pleased to see the Chinese translation of our book 'The Biomarker Guide, 2nd edition'. The book was written mainly from the perspective of petroleum geology and geochemistry, but it should also prove to be a valuable resource for environmental scientists, organic geochemists, biogeochemists, and non-specialists working in fields as diverse as reservoir geology, paleolimnology, paleoclimatology, and environmental microbiology. The book is both a powerful reference volume for experts and a textbook for inquisitive young scientists. It contains an extensive glossary, a detailed index, comprehensive references, 77 tables, and more than 740 carefully prepared figures. Several of the chapters also contain exercises that can be used to teach the principles described in the book.

The second edition of The Biomarker Guide is dramatically expanded in scope compared to the first edition (Peters and Moldowan, 1993). Now in two volumes, the second edition provides a comprehensive account of the role of biomarker geochemistry in petroleum exploration and in understanding Earth history and processes. Volume 1 entitled "Biomarkers and Isotopes in the Environment and Human History" introduces basic geochemical principles applied to Earth processes and describes the origins of biomarkers from once – living organisms. The volume gives details of biomarker and isotope analytical techniques, including principles of compound class separation, gas chromatography (GC), mass spectrometry (MS), and advanced methods, such as two – dimensional GC and GC – MS – MS. The chapters in Volume 1 describe how biomarker and other geochemical analyses, such as light hydrocarbon, diamondoid, and compound – specific isotope analyses, can be successfully applied to better understand petroleum systems, source rocks, crude oils, piston – core surveys, refinery processes, petroleum pollution in the environment, and petroleum and related products in archaeological samples. One chapter is devoted to the overwhelming and diverse evidence for a biogenic versus abiogenic origin of petroleum. Volume 2 of the second edition entitled "Biomarkers and Isotopes in Petroleum Exploration and Earth History" itemizes biomarker and other geochemical parameters used to genetically correlate petroleum and establish petroleum systems. Additional chapters describe how to use biomarkers and other parameters to interpret the extent of thermal maturation and biodegradation of crude oil. One new chapter documents the parallel evolution of life and global tectonic activity from the Achaean to Recent. Another key chapter added to the second edition of the book documents most of the known petroleum systems worldwide by geologic age throughout Earth history. The chapter includes examples of the geochemistry of source rocks and the composition of crude oils from each petroleum system, including many from China and elsewhere in Asia, supplemented by extensive references. Many examples of crudes oil from the different petroleum systems include location and depth information, API gravity, stable carbon isotope ratio, sulfur, vanadium, nickel, saturate, aromatic, NSO – compound, and asphaltene content, as well as complete gas chromatograms, sterane and terpane mass chromatograms, and key biomarker ratios.

We sincerely thank the following people for helping to make the Chinese translation of our book possible: Prof. Shuichang Zhang (Key Laboratory of Petroleum Geochemistry, PetroChina, Research Institute of Petroleum Exploration & Development; PetroChina); Dr. Zhenxi Li (Key Laboratory of Petroleum Resources, CAS, Institute of Geology & Geophysics, Chinese Academy of Sciences); and Dr. Yunyan Ni (Key Laboratory of Petroleum Geochemistry, PetroChina, Research Institute of Petroleum Exploration & Development; PetroChina). Their efforts have made the book available to the entire Chinese scientific community.

Biomarker geochemistry and the petroleum system concept now play vital roles in the worldwide exploration and development of both conventional and unconventional petroleum resources. We hope that our many friends and colleagues in China find 'The Biomarker Guide, 2nd Edition' to be useful in their studies of petroleum systems in China and elsewhere. The greatest compliment that we might receive in the future would be to learn that the geochemical tools discussed in our book were used to help find or develop new petroleum resources in China.

        Sincerely.
        Dr. Ken Peters
        Science Advisor, Schlumberger Information Solutions;
        Consulting Professor, Stanford University

序

——为《生物标志化合物指南》(第二版)中文译本而作

我的合著者 Cliff Walters 博士和 Mike Moldowan 博士以及我本人对于我们的专著《生物标志化合物指南》(第二版)中文译本的出版深感欣慰。虽然本书主要是基于石油地质学和地球化学的观点而写就,但它还将证明,对于从事油藏地质学、古湖沼学、古气候学和环境微生物学等不同领域工作的环境科学家们、有机地球化学家们、生物地球化学家们以及非专业人士而言,均不失为一本有价值的工具书。该书既可成为专家们手头一本强有力的参考书,也是面向求知欲旺盛的年轻科学家们的一本教科书。该书包含一个覆盖面广泛的名词解释、全面的参考文献、77 幅图版以及 740 多幅精心绘制的图例。其中的几个章节还带有可用于教授书中所论述的一些原理的练习。

本书与第一版(Peters and Moldowan,1993)相比,其涵盖范围明显扩充。现成书为上、下两册的第二版全面地阐述了生物标志化合物地球化学在油气勘探和认识地球历史及其过程中的作用。上册名为《生物标志化合物和同位素在环境与人类历史研究中的应用》,它介绍了适用于地球演化过程的基本地球化学原理,论述了那些源自曾经的活体生物的生物标志化合物的起源。该册详尽地描述了生物标志化合物和同位素分析技术,包括化合物族组成的分离、气相色谱(GC)、质谱(MS)及其他先进方法(如二维色谱和色谱-质谱-质谱)的原理。上册的章节还阐述了如何成功地将生物标志化合物和其他的地球化学分析,如轻烃、金刚烷类化合物以及特征化合物的同位素分析,应用于深入地认识含油气系统、烃源岩、原油、活塞岩心普查、炼制过程、环境中的石油污染、以及考古学样品中的石油及其产物。其中的一章专门论述了石油的生物成因与非生物成因争论之间的各种压倒性的证据。下册名为《生物标志化合物和同位素在石油与地史研究中的应用》,它详细地阐述了在石油的成因对比和建立含油气系统时所使用的生物标志化合物及其他地球化学参数。其他的章节则描述了如何应用生物标志化合物和其他参数解释原油的热演化和生物降解的程度。新加入的一章记录了自远古时代至今,生命与全球构造活动的平行演化过程。《生物标志化合物指南》(第二版)新添的另一重要的章节则依据整个地球历史演化的地质年代,记录了全球大多数已知的含油气系统。该章涵盖了各含油气系统烃源岩和原油组成的地球化学实例,包括许多来自中国和亚洲其他地方的实例,并列出了大量的参考文献。来自不同含油气系统原油的众多实例涵盖了从位置和深度、API比重、稳定碳同位素比值、钒、镍、饱和烃、芳香烃、氮/硫/氧-化合物、沥青质含量,到完整的色谱图、甾烷和萜烷的质量色谱图以及关键生物标志化合物的比值等各方面的信息。

我们真诚地感谢中国石油勘探开发研究院油气地球化学重点实验室的张水昌教授和中国科学院地质与地球物理研究所油气资源重点实验室的李振西博士等在使我们这本书的中文译本得以问世中所做的努力。他们的努力使得这本书为整个中国的科学界所用成为可能。

当前,在全球范围内的常规和非常规油气资源勘探与开发中,生物标志化合物地球化学和含油气系统的概念发挥着至关重要的作用。作者期待着我们的许多中国朋友和同行们将发现,在中国和其他地区含油气系统的研究过程中,他们可以从《生物标志化合物指南》(第二版)中获益良多。在不久的将来,我们获得的最大回报也许是获悉我们书中所阐述的地球化学手段将有助于在中国发现并开发出新的油气资源。

斯伦贝谢信息咨询服务公司科学顾问
斯坦福大学咨询教授
Ken Peters 博士

译 者 的 话

由国际著名有机地球化学家和石油地质学家 Kenneth E. Peters、Clifford C. Walters 和 J. Michael Moldowan 合著的《生物标志化合物指南》(第二版)在 2005 年的出版,堪称当年国际有机地球化学和石油地球化学界的一件大事。一如该书的副标题(生物标志化合物和同位素在环境与人类历史(上册)/在石油勘探与地史(下册)研究中的应用)所言:它涉及到生物标志化合物和沉积有机质稳定同位素在石油地质与地球化学、考古学、环境地球化学等多个跨学科、跨行业领域的研究和应用。与在上世纪九十年代问世的第一版相比,该书的一个显著特点是:它在原书的基础上,不仅全面、系统地综述了过去十几年来生物标志化合物在石油勘探和研究领域中的最新进展和成果,如烃源岩的地球化学判识和评价、油藏地球化学在油气田勘探开发中的应用以及含油气系统研究中生物标志化合物的地球化学意义等;同时还将生物标志化合物的研究和应用拓展到了地球化学研究以外的其他领域,如地球化学的环境监测和环境修复、考古研究中地球化学甄别手段的应用等。作为一部有机地球化学方面的教科书,它全面、系统地介绍了生物标志化合物的全貌,深入地探讨了生物标志化合物在地球化学各个研究领域中的应用,是一本不可多得基础教材;作为一部从事石油地质基础研究、油气勘探和开发研究人员的参考书,它详尽地讨论了生物标志化合物在判识烃源岩沉积环境、烃源岩和原油的热成熟度、石油生成、运移和成藏、以及原油生物降解程度等方面的实际应用,厘清了生物标志化合物参数与其他地球化学参数之间的关系,列举了两者相互结合解决实际问题的实例,提供了世界范围内各主要含油气系统生物标志化合物的实际资料和数据,并就当前生物标志化合物研究领域所面临的问题和发展方向提出了一些指导性的意见;作为一部从事有机地球化学分析或石油化工炼制工艺的实验分析人员的工具书,它提供了丰富的石油地球化学的背景知识,为实验分析流程的设计和实施、炼制工艺的改进和完善,以及在深化实验分析人员对分析对象的了解和认识,力争对分析数据做出更加符合地质背景的解释等方面都具有重要的指导意义。因此,它适宜于多方面、多学科和多领域专业人士以及在校学生的阅读。总之,该书秉承了第一册知识面广、资料丰富、实用性强的特点,在当前有机地球化学和石油地球化学的学术研究领域中达到了一个前所未有的高度。

为了让更多涉及上述专业的中国读者深入地了解和认识该书,我们历时数载,几易其稿,终于将这本书翻译成了中文。先后参与过翻译本书的还有:倪云燕、熊英、帅燕华、王汇彤、姜乃煌、宋孚庆、黄凌、米敬奎、王晓梅、边立曾、王政军、梁英波等;全书的插图由唐黎平、何忠华和李选清绘;成书后,张大江教授对全文进行了审阅;在翻译过程中得到了王培荣教授的帮助和指导。借此机会,对上述各位的辛勤付出表示衷心的感谢。本书的作者之一 K. E. Peters 教授为中文版的问世,专门撰写了序言;中国科学院王铁冠院士也为本书中文版的出版写了序,在此特表谢意。同时也感谢剑桥出版社允许此书中文版的出版。

翻译是一项艰辛的工作,力臻忠实和准确地表达作者的原意,全面而客观地反映原书的风貌,努力向"信、达、雅"的目标看齐则尤感不易,其个中的杂陈五味非亲历者而难以体会。很难说我们已做到了尽善尽美,但至少我们在这样要求自己。受译者水平和学识所限,书中的谬误和不足之处仍在所难免,希望能就教于各位读者,得到大家的批评指正。

译者
2011 年 6 月

前　言

生物标志化合物（英文简称：biomarkers；中文简称：生物标记物或生物标志物）是从曾经一度有过生命的生物体中的生物化学物质——特别是类脂化合物，演化而成的复杂的分子化石。由于生物标志化合物均可在原油和烃源岩的抽提物中检测到，所以，生物标志化合物提供了一种将两者联系起来的方法（油－源对比），并可在只有原油样品能够利用的条件下被地质学家用来解释烃源岩的特征。由于生物标志化合物能够提供有关烃源岩有机质（来源）、沉积时期和埋藏时期（成岩作用）的环境条件、石油或岩石所经历的热成熟过程（后生作用）、生物降解的程度、烃源岩矿物学（岩性）和年代学等诸方面的信息，因此，生物标志化合物在这些领域大有可为。同时，由于生物标志化合物普遍具有抗风化、抗生物降解、难挥发和抵御其他一些作用的能力，因而它们通常还是判识环境是否遭受石油污染的一个指标。生物标志化合物也存在于某些人造物品中，诸如：古代船体的沥青密封物、制造矛和箭手柄的材料、葬埋防腐剂以及中世纪绘画的涂层。

生物标志化合物与非生物标志化合物地球化学参数的有机结合，可以提供最为可靠的地质解释，帮助解决有关石油勘探、开发、生产、环境或考古等方面的问题。在生物标志化合物研究出现之前，筛选原油和岩石样品通常采用非生物标志化合物的分析方法。与仅仅使用非生物标志化合物的分析方法相比，生物标志化合物参数的优势在于：它能提供用于回答有关烃源岩的沉积环境、热成熟度和原油的生物降解等问题更为详尽的信息。

生物标志化合物的分布能用于原油和岩石抽提物间的对比。例如，$C_{27}-C_{28}-C_{29}$甾烷或单芳甾类化合物可以高精度地区分不同的原油－烃源岩族系。一些尖端的分析技术，如联动扫描气相色谱/质谱/质谱（GC/MS/MS）可以对生物标志化合物含量通常很低的轻质原油和凝析油进行灵敏的对比检测。由于大多数的生物标志化合物含有20个以上的碳原子，所以它们多用于原油液态馏分的成因研究，却不一定能指示伴生气体或凝析油的成因。

不同的沉积环境具有不同的生物体的组合和生物标志化合物的组合。常见的生物种类包括：细菌、藻类和高等植物。例如，一些岩石及其相关的石油中含有丛粒藻烷，它是一种产在湖相的集群藻类——丛粒藻属（*Botryococcus braunii*）所生成的生物标志化合物。丛粒藻属是一种只有在湖相环境中才能繁盛生长的生物。海相、陆相、三角洲和高盐度等不同的环境也可使生物标志化合物在组成上具有特征性的差异。

有机质（有机相）的分布、数量和质量是决定石油烃源岩生烃潜力的重要因素。有机质在沉积时和沉积后的良好保存通常发生于贫氧（缺氧）的沉积环境，在此条件下一般会形成富含有机质的、倾油的烃源岩。各种生物标志化合物参数，诸如C_{35}升霍烷指数，能够指示海相沉积物沉积时的含氧程度。

生物标志化合物参数是一种厘定整个生油窗范围内石油的相对成熟度级别的有效工具。石油的成熟度等级可以对应于生油窗内的不同阶段，即生油早期、生油高峰期、生油晚期。这类信息能够提示已经生成石油的数量和质量，如果再与石油转化的定量测定数据（如热模拟实验数据）相结合，就有助于估算石油排驱的时间。

即使是生物降解的原油,生物标志化合物也可用来确定它们的母源和成熟度。根据原油在生物降解过程中正构烷烃、无环类异戊二烯烷烃、甾烷、萜烷和芳香甾族化合物的相对丢失量,可以厘定生物降解的序列体系。

原油中的生物标志化合物可以提供有关烃源岩岩性方面的信息。例如,重排甾烷的缺失表明石油可能来自贫黏土的烃源岩(常为碳酸盐岩);某些石油中丰富的伽马蜡烷似乎与烃源岩沉积时期水柱的分层(即含盐层)有关系。

生物标志化合物也可为石油提供烃源岩地质年代的信息。奥利烷是被子植物(开花植物)特有的一种生物标志化合物,只有在古近－新近系和上白垩统岩石和原油中才能找到它。C_{26}降胆甾烷起源于硅藻,它可以用来区分古近－新近系与白垩系的原油,以及白垩系与比其更古老的原油。甲藻甾烷是海生甲藻的标志物,它有可能将中生界和古近－新近系的母质输入与古生界的母质输入区分开来。发现于早古生界样品中的黏球藻(*Gloeocapsomorpha prisca*)具有正构烷烃和环己基烷烃异常分布的特征。24－正丙基胆甾烷是海生藻类的一种标志物,它们在地球上出现的时代,至少可从近代追溯到泥盆纪。

可以预期生物标志化合物技术在地质学、环境科学和考古学上的应用将会不断发展,特别是在诸如与地质年代有关的、用以指示有机母质输入和沉积条件的、用于油－源对比的以及研究全球碳循环等领域的生物标志化合物技术。新的进展还可能出现在分析方法、仪器使用及生物标志化合物在判识石油运移和动力学研究的应用方面。总之,早期的工作表明:生物标志化合物研究作为认识生产、环境和考古等方面问题的方法将会继续得到发展。

全书共分为上、下两册:上册介绍了一些基本的化学原理和分析技术,并将重点集中在生物标志化合物及同位素在研究环境和人类历史的应用上;下册详细地描述了生物标志化合物及同位素在石油工业中的应用,并探讨了它们在整个地球历史中的分布。

本书可适用于下列不同的读者群体:

(1)期望从本书中学到生物标志化合物用途的综合知识,主修地质学、环境科学和考古学的大学生们;

(2)在石油工业中具有实际工作经历,在区域勘探、开发或生产等方面遇到只有应用生物标志化合物或非生物标志化合物参数才能更好解决问题的地质学家们和地球化学的相关人员;

(3)需要对相关术语和方法进行简要阐述的经理人员(管理者)或研究负责人;

(4)需要具备丰富的石油知识、从事炼制工艺的化学家们;

(5)对可用于表征自然环境中石油性质的技术感兴趣的考古学家和环境科学家们。

每章的正文中都附有许多可以参阅本书中的相关段落和文献的参考资料。本书的许多部分,譬如注释,都展开了详尽的重点讨论,它们对正文起到了拾遗补缺的作用。

下面是本书两册中各章节内容的简介。

上册:生物标志化合物和同位素在环境与人类历史研究中的应用

1. 有机质的起源和保存

本章对生物标志化合物、生命的范畴、原始生产率以及全球碳循环等方面的内容作了介绍。不同生命形式在形态和生物化学方面的差异有助于确定沉积物、烃源岩以及石油形成时的环境特性和生物标志化合物特征。本章系统总结了影响沉积岩石中生物标志化合物分布、保存以及蚀变的各种作用过程。在地史中,影响保存在岩石中的有机质的数量和质量的因素众多,诸如有机质输入的类型、沉积过程中的氧化-还原电位、生物扰动、沉积物颗粒的大小及其沉积速率等。

2. 有机化学

本章简要地论述了有机化学,它包括理解生物标志化合物参数所必需的有关化学结构命名和立体化学的阐述。讨论还包括对石油中的化合物类型的概述,并举例说明一些生物标志化合物的结构和命名、它们在生物活体中的前驱物及其地质蚀变的产物。

3. 生物标志化合物的生物化学

本章简要回顾了主要生物标志化合物起源的生物化学过程,讨论涉及它们的前驱物在活体生物内的功能、生物合成及其存在形式。有些专题还包括了类脂膜及其化学组成、类异戊二烯化合物的生物合成和角鲨烯的环化等,以及生物圈和岩石圈中藿烷类、甾醇和卟啉的实例。

4. 样品的地球化学筛选

本章描述了如何选取沉积物、岩石和原油样品,利用快捷、经济的地球化学手段进行先进的地球化学分析,如生油潜势热解(Rock-Eval 热解分析)、总有机碳、镜质体反射率、扫描荧光、气相色谱和稳定同位素分析。本章讨论了样品质量、选样、储样以及地球化学岩样和油样的标准。其他内容还包括如何检测岩石样品中的原生沥青,使用活塞岩心、地球化学录井及其解释进行地表化探;储层连通性的色谱指纹判识;如何区分源自不同产层的混合油;如何应用质量平衡方程计算干酪根-原油转化过程中各组分的转化程度;烃源岩的排驱效率;以及高成熟烃源岩的原始有机质丰度。

5. 炼制原油的检测

许多炼制原油的检测方法在实质上不同于石油或环境地球化学家们所采用的地球化学分析,虽然这些手段的跨学科应用已变得越来越普遍。一些基本的原油检测方法包括:API 比重、凝点、浊点、黏度、微量金属元素、总酸值、折射率和含蜡量。更进一步的检测方法有化学族组成分离和场电离质谱分析。纵览原油炼制的流程不外乎是生物标志化合物在直馏和精炼产物中的命运,以及如何在环境和地质样品中将炼制产物和自然原油产物区分开来的技巧。

6. 稳定同位素比值

本章描述了稳定同位素尤其是稳定碳同位素及其它们的比值在包括气体、原油、沉积物和烃源岩抽提物以及干酪根在内的石油定性方面的应用。讨论了同位素的标准以及符号表示法、同位素分馏的原理、各种同位素方法的应用,诸如稳定碳同位素类型曲线在石油混合物的对比和定量上的应用。以特征化合物同位素分析的新进展收尾,其中包括了单体烃同位素在深入认识羧酸的成因以及油藏中硫酸盐热化学还原过程方面的应用。

7. 辅助性的地球化学方法

即使是在地质样品缺乏或者含有极少数生物标志物的情况下,辅助性的地球化学方法(如:金刚烷、C_7 烃类、单体化合物同位素、液态包裹体等)也可用来评价原油的成因、热成熟度、生物降解或原油混合的程度。分子模型可以用来科学地解释或预测生物标志物以及其他化合物在岩石圈中的地球化学行为。

8. 生物标志化合物的分离与分析

本章描述了生物标志化合物实验室的构成、以及在质谱分析之前,将原油、沉积物或烃源岩抽提物制备和分离成馏分的方法。阐述了质谱的概念,其中的大多数基本知识对理解后面章节有关生物标志化合物参数的讨论至关重要,譬如质量色谱图与质谱图间的差别,选择离子与联动扫描分析方式的差异等。本章的一些注释,包括分析过程、内标以及色谱－质谱法(GCMS)数据问题的实例,将有助于读者评估分析数据的质量及其地球化学的解释。

9. 石油的成因

本章论述了反对地球深部气体成因假说的证据,该假说提出了深部地幔的甲烷经聚合作用生成石油的非生物成因观点。地球深部气体成因的假说几乎没有科学依据的支撑,但是,如果它是正确的,那么它对石油勘探以及生物标志化合物在环境科学和考古学中的应用均具有极为重大的意义。本章的讨论涉及实验、地质、地球化学等方面支持石油热成因说的证据。

10. 生物标志化合物在环境评价中的应用

本章阐述了如何应用生物标志化合物及其他环境标记物的分析数据,如多环芳香烃,来表征、鉴别和评估原油泄漏对环境的影响。内容涉及导致泄漏原油组成发生变化的一些作用,如乳化作用、氧化作用和生物降解作用等,以及原油泄漏的治理和模拟。本章讨论了泄漏物的现场取样和实验室分析步骤,其中包括程序设计、化学示踪和数据的质量控制。本章同时分析了烟雾、天然气、汽油及其他轻质燃料污染物对环境的影响,并就"埃克森·瓦尔迪兹"(Exxon Valdez)号的原油泄漏事件所引起的争议展开了详尽的讨论。

11. 生物标志化合物在考古学中的应用

本章列举的一些实例表明:生物标志化合物和同位素分析在考古学的有机物鉴定方面发挥着日渐重要的作用。本章的部分主题包括了埃及木乃伊中沥青的研究,如克利奥帕特拉(Cleopatra)木乃伊(克利奥帕特拉是古代埃及的一位女王,公元前69—30年,她美丽聪慧,是传说中的女英雄。罗马博物馆中藏有她的大理石头部雕像——译者注)、考古发掘的树胶和松香、艺术品以及古代失事船只中的生物标志化合物等。本章的讨论涵盖了生物标志化合物和同位素在研究古代饮食和包括古代红酒酿造及蜂蜡制作在内的农业生产方面的应用。其他的主题还有DNA和蛋白质在考古学中的应用,以及有关古麻醉剂的证据。

下册:生物标志化合物和同位素在石油勘探与地史研究中的应用

12. 地球化学对比与化学计量学

地球化学对比可用于建立含油气系统,以提高勘探的成功率;也可用来界定油藏封存箱,从而提高采收率;或者用来鉴别污染环境的石油的来源。本章阐述了如何运用化学统计学来简化油－油和油－源的成因对比以及对复杂多变量数据组的不同解释。

13. 与有机质来源和地质年代相关的生物标志化合物参数

本章阐述了如何应用生物标志化合物分析数据进行油－油和油－源对比,以及即使在无法获得烃源岩样品的情况下,如何用它们来识别烃源岩的特征,如岩性、地质年代、有机质类型和氧化还原条件等。生物标志化合物的参数依照下列相关化合物的分类顺序分别予以讨论:(1)正构烷烃和无环类异戊二烯烷烃;(2)甾烷和重排甾烷;(3)萜烷及其类似的化合物;(4)芳香族甾类化合物、藿烷类化合物及其类似的化合物;(5)卟啉。在讨论每个参数之前,重点提示了有关其专属性和检测手段的关键信息。

14. 与成熟度有关的生物标志化合物参数

本章阐述了如何应用生物标志化合物分析数据研究热成熟度。这些参数依照下列相关化合物的分类顺序分别予以讨论:(1)萜烷;(2)聚杜松烷及其相关的产物;(3)甾烷;(4)芳香族甾类化合物;(5)芳香族藿烷类化合物;(6)卟啉。在讨论每个参数之前,以粗体字提示了有关其专属性和检测手段的关键信息。

15. 非生物标志化合物成熟度参数

本章阐述了如何应用某些非生物标志化合物参数,譬如与正构烷烃和芳香烃有关的比值估算热成熟度。在讨论每个参数之前,醒目提示了有关其专属性和检测手段的关键信息。

16. 生物降解参数

本章阐述了如何应用生物标志化合物和非生物标志化合物分析数据监测生物降解的程度。化合物的类型和参数以抗生物降解能力的近似增序逐一予以讨论。内容涵盖了我们在认识石油生物降解机理和控制因素、以及在地表和地下环境中喜氧与厌氧降解的相对意义等方面的新进展。与此同时,本章还举例说明了如何预测原油在生物降解前的原始物性。

17. 地球的构造史和生物史

石油中的生物标志化合物与生物的演化密切相关。本章简要介绍了与主要的生命形态演化有关的地球构造运动史。本章讨论了生物的大规模绝灭及其可能的原因。在每个地质时代讨论的结尾部分,都有论述烃源岩及其相关原油并着重突出其地球化学特点的实例,它们与第18章中关于含油气系统的详细讨论相互关联。

18. 整个地质时代的含油气系统

本章界定了含油气系统并列举了整个地质时代中的烃源岩和原油的地质学、地层学和地球化学方面的实例。本章还提供了源自世界各地不同烃源岩的典型原油的气相色谱图、甾烷和萜烷质谱图、稳定同位素组成以及其他的地球化学数据。

19. 存在问题的领域和进一步研究的方向

本章论述了需要进一步研究的领域,它们包括应用生物标志化合物研究石油的运移、石油生成的动力学、地球化学对比和烃源岩测年、以及外星生命的寻找。

目　　的

《生物标志化合物指南》(第二版)全面讨论了生物标志化合物的基本原理、与其他参数的关系及其在研究烃源岩、储集岩和环境中的有机质的成熟度、油源对比、母质输入、沉积环境和生物降解等方面的应用。本书基于 Tissot 和 Welte(1984),Waples 和 Machihara(1991),Bordenave(1993), Peters 和 Moldowan(1993), Hunt(1996), Welte 等(1997)已出版论著中的理论和基本观点而成文。它因以下几点而适用于高校学生、石油公司的勘探地质学家、地球化学家和环境科学家等广泛的读者群。

(1)随着生物标志化合物在石油勘探、开发和环境监测世界范围内的大量应用,生物标志化合物地球化学正在成为一门迅速发展的学科。

(2)生物标志化合物参数在石油勘探、开发和环境检测的研究报告中的作用变得日益显著。

(3)不同的生物标志化合物参数已被企业、院校、商用实验室和文献所采用。

(4)生物标志化合物数据的质量和解释依据来源的不同会有很大的不同。

本书的目的在于试图提供一种有关不同生物标志化合物参数信息的专一而简明扼要的资源,并为被选择参数的使用建立总体性的指南。其中的一个重要目的旨在厘清生物标志化合物参数与其他地球化学参数之间的关系,以及指出如何将两者结合起来解决实际问题。但这并不意味着本书要试图教会读者去如何解释原始的生物标志化合物数据,因为那是生物标志化合物专家需要经过多年仪器使用和有机化学的熏陶才能具备的一种技能。那种类似于速成课本或烹饪食谱式的方式将无法杜绝在提供培训的同时而不产生解释上的严重错误以及生物标志化合物一般应用上概念模糊不清的后果。

本书的最后一个目标就是要与每一位读者分享由于生物标志化合物地球化学新领域的出现而引发的激情和活力。全球地球化学实验室的拓展研究的努力已使我们的地球化学知识不断增长,更新速率也在加快。本书所提供的许多有关生物标志化合物参数的应用知识无疑将会与时俱进,不断深化。我们预料可能会有不少的读者将在这些方面作出直接的贡献。

致　　谢

作者非常感谢雪佛龙(现为雪佛龙·德士古)的管理部门和技术部门在编写本书的初版——《生物标记化合物指南》时所给予的支持,特别要感谢:G. J. Demaison,C. Y. Lee,F. Fago,R. M. K. Carlson, P. Sundararaman, J. E. Dahl, M. Schoell, E. J. Gallegos, P. C. Henshaw, S. R. Jacobson, R. J. Hwang, D. K. Baskin 和 M. A. McCaffrey 等人给予的帮助以及让作者受益良多的评审意见。

作者感谢在编写《生物标志化合物指南(第二版)》的许多部分时,美孚(Mobil)和埃克森·美孚(ExxonMobil)的管理部门和技术部门所给予的支持,需要特别感谢 Ted Bence, Paul Mankiewicz, John Guthrie, Jim Gormly 和 Roger Prince 等人对本书的付出。我们还要感谢 Bill Clendenen, Larry Baker, Gary Isaksen, Jim Stinnett(美孚,已退休),Al Young(埃克森,已退休)和 Steve Koch 等人。

我们感谢美国地质调查局在此书的编写期间所给予的管理上的支持,需要特别感谢的有 Les Magoon, Bob Eganhouse, Mike Lewan, Keith Kvenvolden, Fran Hostettler, Tom Lorenson 和 Ron Hill 等人。

最后,我们要感谢本书的所有审稿人,他们的名字列于下表中,向他们在审阅中所给予的长期的无偿奉献致以敬意。

章节	名称	审稿人	相关的机构
1	有机质的起源和保存	Kirsten Laarkamp Phil Meyers	埃克森·美孚上游研究机构 密歇根大学
2	有机化学	Kirsten Laarkamp	埃克森·美孚上游研究机构
3	生物标志化合物的生物化学	Robert Carlson	美孚·德士古
4	样品的地球化学筛选	Dave Baskin George Claypool(退休) Jim Gormly Tom Lorenson	OilTracers, L. L. C. 美孚 埃克森·美孚上游研究机构 美国地质调查局
5	炼制原油的检测	Owen BeMent Paul Mankiewicz Robert McNeil	壳牌石油公司 埃克森·美孚上游研究机构 壳牌石油公司
6	稳定同位素比值	Mike Engel Martin Schoell(退休) Zhengzheng Chen John Guthrie Jeffrey Sewald	俄克拉荷马大学 美孚·德士古 斯坦福大学 埃克森·美孚上游研究机构 Woods Hole 海洋研究所
7	辅助性的地球化学方法	Ron Hill Dan Jarvie Yitian Xiao	美国地质调查局 Humble 地球化学服务股份有限公司 埃克森·美孚上游研究机构

续表

章节	题目	审稿人	相关的机构
8	生物标志化合物的分离和分析	John Guthrie Robert Carlson	埃克森·美孚上游研究机构 美孚·德士古
9	石油的成因	Kevin Bohacs Barbara Sherwood Lolla	埃克森·美孚上游研究机构 多伦多大学
10	生物标志化合物在环境评价中的应用	Ted Bence, Rochelle Jozwiak, Mike Smith 和 Bill Burns(退休) Roger Prince Bob Eganhouse, Keith Kvenvolden 和 Fran Hostettler Ian Kaplan(退休)	埃克森·美孚上游研究机构 埃克森·美孚战略研究机构 美国地质调查局 加州大学洛杉矶分校
11	生物标志化合物在考古学中的应用	Roger Prince Max Vityk	埃克森·美孚战略研究机构 埃克森·美孚上游研究机构
12	地球化学对比与化学计量学	Jaap Sinninghe Damsté Paul Mankiewicz Scott Ramos 和 Brian Rohrback	荷兰海洋研究所 埃克森·美孚上游研究机构 Infometrix 股份有限公司
13	与有机质来源和地质年代相关的生物标志化合物参数	Jaap Sinninghe Damsté Leroy Ellis Kliti Grice Paul Mankiewicz Roger Summons David Zinniker	荷兰海洋研究所 Terra Nova 应用技术研究所 西澳大利亚大学 埃克森·美孚上游研究机构 麻省理工学院 斯坦福大学
14	与成熟度有关的生物标志化合物参数	Gary Isaksen Ron Noble	埃克森·美孚上游研究机构 必和必拓·比利登矿业集团
15	非生物标志化合物成熟度参数	Gary Isaksen Ron Noble	埃克森·美孚上游研究机构 必和必拓·比利登矿业集团
16	生物降解参数	Dave Converse Roger Prince	埃克森·美孚上游研究机构 埃克森·美孚战略研究机构
17	地球的构造史和生物史	Kevin Bohacs Keith Kvenvolden	埃克森·美孚上游研究机构 美国地质调查局
18	整个地质时代的含油气系统	Steve Greaney Les Magoon	埃克森·美孚勘探公司 美国地质调查局
19	存在问题的领域和进一步研究的方向	John Guthrie Mike Lewan	埃克森·美孚上游研究机构 美国地质调查局
参考文献		Jan Heagy 和 Marsha Harris Susie Bravos, Page Mosier 和 Emily Shen-Torbik	埃克森·美孚上游研究机构 美国地质调查局

目 录

1 有机质的起源和保存 ·· (1)
   1.1 生物标志化合物的简介 ·· (1)
   1.2 生命活动的范围 ··· (1)
   1.3 初级生产率 ··· (4)
   1.4 二级生产率 ··· (6)
   1.5 有机质的保存 ·· (7)
   1.6 岩石中的有机成分 ·· (8)
   1.7 含氧与缺氧沉积 ··· (9)
   1.8 沉积速率与颗粒的大小 ·· (12)
   1.9 湖泊与海相沉积环境 ··· (14)
   1.10 烃源岩的时间和区间分布 ··· (15)

2 有机化学 ··· (16)
   2.1 烷烃:σ 键 ··· (17)
   2.2 烷烃:π 键 ··· (17)
   2.3 芳香族:苯 ··· (18)
   2.4 结构表示法 ··· (18)
   2.5 三维在二维空间的投影 ·· (19)
   2.6 无环烷烃 ·· (20)
   2.7 无环烯烃 ·· (22)
   2.8 单环烷烃 ·· (23)
   2.9 多环环烷烃 ··· (24)
   2.10 异戊二烯法则 ·· (25)
   2.11 芳香烃 ··· (30)
   2.12 杂环芳构分子 ·· (30)
   2.13 立体化学及命名 ··· (33)
   2.14 手性 ·· (34)
   2.15 光学活性 ·· (35)
   2.16 不对称中心的命名(R、S、α 和 β) ··· (36)
   2.17 立体异构化 ··· (40)
   2.18 特定生物标志物的立体化学 ··· (41)
   2.19 练习 ·· (46)

3 生物标志化合物的生物化学 ·· (47)
   3.1 类脂膜 ··· (47)
   3.2 细胞膜类脂 ··· (49)
   3.3 类脂膜的流动性 ··· (52)

  3.4 萜类化合物的生物合成 ·· (54)
  3.5 生物圈和岩石圈中的藿烷类化合物和甾醇 ··· (60)
  3.6 光合作用下的卟啉和其他生物标志物 ·· (67)
  3.7 类胡萝卜素 ··· (72)
4 样品的地球化学筛选 ·· (76)
  4.1 烃源岩的筛选:质量和数量 ··· (76)
  4.2 烃源岩的筛选:热成熟度 ··· (92)
  4.3 地球化学测井数据和生烃潜力指数 ·· (99)
  4.4 原始烃源岩生烃潜力的恢复 ·· (101)
  4.5 原生沥青的检测 ·· (104)
  4.6 远景储集岩中原油的检测 ·· (105)
  4.7 原油的筛选 ·· (105)
  4.8 储层的连通性和充注史 ··· (113)
  4.9 采用活塞岩心进行地表地球化学勘探 ··· (116)
  4.10 样品的质量、筛选和储存 ·· (118)
  4.11 岩石和原油的地球化学标准 ··· (121)
  4.12 附录:质量平衡公式的推导 ·· (122)
5 炼制原油的检测 ·· (125)
  5.1 原油检测的基本方法 ·· (126)
  5.2 先进的原油检测方法 ·· (133)
  5.3 石油的炼制 ·· (135)
  5.4 炼制产物中的生物标志化合物 ·· (138)
6 稳定同位素比值 ·· (141)
  6.1 标准及符号表示法 ··· (142)
  6.2 稳定碳同位素测定 ··· (142)
  6.3 稳定碳同位素分馏 ··· (143)
  6.4 应用不同的标准转换 δ 值 ·· (145)
  6.5 稳定碳同位素比值的应用 ·· (145)
  6.6 特征化合物同位素分析(CSIA) ··· (155)
  6.7 硫和氢同位素 ··· (160)
7 辅助性的地球化学方法 ·· (165)
  7.1 金刚烷类化合物 ·· (165)
  7.2 C_7 烃类分析 ·· (171)
  7.3 轻烃的特征化合物同位素分析 ·· (203)
  7.4 分子建模 ··· (205)
  7.5 流体包裹体 ·· (206)
8 生物标志化合物的分离与分析 ··· (210)
  8.1 生物标志化合物实验室的构成 ·· (210)
  8.2 样品的清洗与分离 ··· (210)
  8.3 内标物及初步分析 ··· (213)

	8.4 沸石分子筛	(214)
	8.5 气相色谱-质谱法	(220)
	8.6 质谱与化合物鉴定	(248)
	8.7 生物标志化合物的定量分析	(250)
9	**石油的成因**	**(260)**
	9.1 历史背景	(260)
	9.2 地球深部气体假说	(262)
	9.3 非生物成因烃类气体	(264)
	9.4 石油热成因假说	(267)
10	**生物标志化合物在环境评价中的应用**	**(280)**
	10.1 环境标记物	(280)
	10.2 原油泄漏	(282)
	10.3 影响海洋泄油命运的过程	(285)
	10.4 缓解原油泄漏的危害	(288)
	10.5 海洋原油泄漏的模拟	(288)
	10.6 陆上的原油泄漏	(290)
	10.7 地下泄漏	(290)
	10.8 石油的毒性	(291)
	10.9 环境化学场与实验室的流程	(293)
	10.10 泄漏原油的化学指纹	(295)
	10.11 泄油研究中的生物标志化合物和多环芳香烃分析	(299)
	10.12 生物标志化合物和多环芳香烃在原油泄漏研究中的应用	(304)
	10.13 生物标志化合物与"埃克森·瓦尔迪兹"号泄油	(310)
	10.14 背景成岩成因烃类的来源:煤与油苗假说的对垒	(314)
	10.15 作为污染物的汽油及其他轻质燃料	(318)
	10.16 作为污染物的天然气	(321)
	10.17 烟雾中的生物标志化合物	(324)
11	**生物标志化合物在考古学中的应用**	**(327)**
	11.1 人类的时代	(327)
	11.2 古代含石油物质的起源和运输	(328)
	11.3 考古中的树胶和树脂	(333)
	11.4 艺术品中的生物标志化合物	(338)
	11.5 考古中的木焦油(沥青)	(340)
	11.6 古代饮食和农业活动	(342)
	11.7 考古中的蜂蜡	(349)
	11.8 生物标志化合物与施肥实践	(351)
	11.9 考古中的脱氧核糖核酸(DNA)	(352)
	11.10 古代蛋白质	(354)
	11.11 考古中的麻醉剂	(355)
	11.12 生物标志化合物及交叉学科的研究	(357)
参考文献		**(359)**

1 有机质的起源和保存

> 本章对生物标志化合物、生命的范畴、原始生产率以及全球碳循环等方面的内容作了介绍。不同生命形式在形态和生物化学方面的差异有助于确定沉积物、烃源岩以及石油形成时的环境特性和生物标志化合物特征。本章系统总结了影响沉积岩石中生物标志化合物分布、保存以及蚀变的各种作用过程。在地史中,影响保存在岩石中的有机质的数量和质量的因素众多,诸如有机质输入的类型、沉积过程中的氧化-还原电位、生物扰动、沉积物颗粒的大小及其沉积速率等。

1.1 生物标志化合物的简介

生物标志化合物简称生物标志物(Eglinton 等,1964;Eglinton 和 Calvin,1967),是分子的化石,即这类化合物起源于先前的活体生物。生物标志物是复杂的有机化合物,由碳、氢以及其他一些元素组成。它们存在于沉积物、岩石以及原油之中,其结构与活体生物中母源有机分子的结构相比没有发生变化或者变化很小。沉积物就是由成岩作用形成岩石之前未固结的矿物和有机碎屑所组成的。

生物标志物之所以有用,就是因为它们复杂的化学结构比其他化合物蕴含着更多的反映其来源的信息。甲烷(CH_4)和石墨(几乎为纯碳)与生物标志物化合物不同,由于几乎所有的有机化合物在足够的热力作用下均能生成这类产物,所以,它们携带的母源信息相对较少。然而,尽管与生物标志物相比,甲烷和其他烃类气体是简单的化合物,但它们依然蕴含着一些有关其自身起源和地质演化等方面有用的信息,这一点在下文中将有论述。

以下三方面的特征可以将生物标志化合物与其他有机化合物区分开来:

(1)生物标志物的结构由重复的亚单元所组成,表明其前躯物是活体生物的组成部分。

(2)每个生物标志物的母体普遍存在于特定的生物体中,而这些生物体可以富集并且广泛分布。

(3)生物标志物主要的、具有鉴定意义的结构特征在沉积和早期埋藏过程中具有化学的稳定性。

在进一步论述生物标志物之前,我们需要概述一下在地球碳循环过程中,不同类型的生物体对有机物质的贡献;然后,对在沉积过程中或沉积之后有机物质能够保存下来所需要的特定的地质条件进行讨论。

1.2 生命活动的范围

生命的领域主要分为三大类:古细菌和真细菌(两者又合称为原核生物)(Woese 等,1978)以及真核细胞(真核生物或更高级的生物体)(表1.1)。与原核生物不同的是真核生物含有细胞膜所隔开的细胞核和复杂的细胞质。例如,线粒体和叶绿体作为常见的两类细胞质分别在产生能量和光合作用两方面发挥着重要的作用。真核类微生物包括藻类、原生生物和真菌类(霉菌和酵母)。所有更高级的多细胞生物也属于真核生物。

表 1.1 生物体主要分类

类 型	原核生物		真核生物
	真细菌	古细菌	真核细胞
单细胞微生物	大部分	所有	藻类,原生动物
具有特定细胞的集群生物	蓝藻,某些其他藻类	没有(?)	藻类,动物
具有不同细胞的多细胞生物	没有	没有	植物,动物

原核生物由成千上万种单细胞的古细菌和真细菌组成,大部分均没有明显的特征。真核生物主要依据其形态进行分类,原核生物则主要依据它们不同的生物化学性质及其生长的习性等来加以区分(White,1999)。原核生物相对简单的形态限制了依据其形态结构对其进行分类。活体的原核生物与原始的原核生物有很大差别,它们适应性极强,是所有栖息地无处不在的生物。原核生物没有被普遍认同的种系发育史。

根据碳源和能量代谢可将生物体分为自养型、异养型、光合营养型、化学营养型以及复合型(表 1.2)(Chapman 和 Gest,1983)。自养型生物是以 CO_2 作为生长的单一碳源,同时通过光(光合作用自养或者称为光合自养型)或者无机化合物的氧化作用来获取能量(化学合成自养或者称为化学自养型)。相比之下,异养型(光合异养和化学异养)生物的生长所需的能量和碳都要通过有机化合物来获取,它们是腐生生物,从死亡的有机体中获取所需的养分。化学营养型原核生物通过无机化合物,如 H_2、H_2S 和 NH_3 的氧化作用来获取能量。大多数化学营养型生物都是自养型的,但也有部分是异养型生物(化学异养生物),这类生物通过无机氧化作用获取能量,但通过有机物质来获取碳以及补充部分能量。光合细菌所具有的生物化学过程要么不产生 O_2,要么产生 O_2,两者居其一。大多数光合细菌都是吸收 CO_2 的自养型生物(光合自养型),但也有部分是依靠有机物来获取碳源的异养型生物(光合异养)。适应性很强的原核生物根据其所处的环境条件来选择其新陈代谢的模式,通常使用相关的术语来描述这类情况。例如,甲基营养型细菌是一种异养型生物,具有利用非碳—碳键(如甲烷、甲醇、甲基化胺和甲基化含硫化合物等)中还原的碳基质作为获取碳源和能量唯一途径的能力;利用甲烷的甲基营养型生物被称为甲烷营养型生物(嗜甲烷菌);产乙酸菌在其能量代谢过程中能够催化还原两个 CO_2 分子生成乙酸根;重氮营养型生物则具有利用 N_2 来获取氮满足其生长的能力。

表 1.2 根据碳源和能量代谢作用对生物体进行分类

类 型	光合营养作用	化学营养作用
自养型	光合自养型	化学自养型
异养型	光合异养型	化学异养型

氧的耐受性、温度、盐度和病原性通常用来描述原核生物的生活习性。原核生物在氧的利用和耐受方面变化较大。专性需氧微生物是生长需氧的原核生物,而兼性需氧微生物虽然也使用氧,但在没氧时,则可以容忍氧的缺失或者转化成厌氧代谢。同样,专性厌氧微生物只能在不含氧的环境下生长,而兼性厌氧微生物则能容忍氧的存在。对氧的耐受性通常依赖于其体内酶的存在,例如过氧化氢双歧酶和触酶,它们能够除去氧自由基。许多原核生物可以在从冰点到沸点很宽的温度条件下存活。但存活并不等同于生长,大多数原核生物只有狭窄的最佳生长温度范围。原核生物适应于水为液态时的所有温度,那些能够在非常低的温度下(小于0℃)生长并繁盛的原核生物被称为低温菌。例如,在南极洲维多利亚陆块南部的干涸峡谷区霍尔湖的永冻冰层之下,就生长着以底栖的丝状体蓝藻菌为主的席垫生物(Hawes 和 Schwarz,1995)。

在中等温度下(0~45℃)繁盛的原核生物被称为喜中温生物。耐热生物具有特殊的改进型类脂膜、蛋白质和基因物质来实现在45℃以上高温下得以存活的目的。那些能够在极端低温或高温下生存的原核生物分别被称为极适冷生物或极耐热生物。喜盐生物是那些耐受高浓度盐溶液的生物体。极端喜盐的生物不仅能够耐受而且需要高浓度的盐溶液来满足其生长的需要。从病原性和寄生性的角度对细菌进行研究在生物医学领域是十分重要的。

古菌(也被称为古细菌)普遍存在于一些极端的环境中,它们由极喜盐菌(高盐环境)、耐热菌(高温)、耐热和酸菌(高温和酸性)以及产甲烷菌(甲烷作为代谢废物)所组成。现在,人们认识到在诸如土壤和海水这些适宜的环境中它们更具有多样性(Torsvik 等,2002);在深部地层中它们也很丰富(Takai 等,2001;Chapelle 等,2002)。古细菌属于原核生物,它们没有细胞核。虽然古细菌与真细菌和真核生物有部分共性,但它们具有与其他领域生命体截然不同的基因组和生物化学途径(Woese 等,1978)。

这三类生物体在形态上的区别反映了它们在生物化学方面的基本差别(表1.3),其中的一些差别决定了来自这些生物体的生物标志化合物的类型。例如,石油中的甾烷来源于真核生物细胞膜中的甾醇,而在原核生物的细胞膜中取代甾类化合物的则是藿烷类化合物,这些前驱物就是石油中藿烷的来源。

表1.3 三类生物体在形态和生物化学方面的区别

特 性	细胞分类		
	真核	细菌	古细菌
细胞结构	真核生物的	原核生物的	原核生物的
细胞核膜	存在	缺失	缺失
染色体数量	大于1	1	1
染色体形态	线状	环状	环状
细胞壁中的胞壁质	没有	有	没有
细胞膜类脂物	酯连的甘油酯; 非支链的; 多不饱和的	酯连的甘油酯; 非支链的; 饱和的或单不饱和的	醚连的; 支链的; 饱和的
细胞膜甾醇类	有	无①	无②
细胞器官(线粒体和叶绿体)	有	无③	无
核糖体大小	80S(胞质的)	70S	70S
胞质运动	是	否	否
成熟分裂和有丝分裂	是	否	否
复制和相关转化	否	是	?
氨基酸启动蛋白质合成	蛋氨酸	n-甲酰蛋氨酸	蛋氨酸
链霉素和氯霉素抑制蛋白质合成	否	是	否
白喉毒素抑制蛋白质合成	是	否	是
组蛋白	是	否	是

注:① 某些真菌原生质需要、但不生产甾醇类。这些微小的细菌没有细胞壁,通过单一的三层膜与外界隔开,该膜的稳定性需要甾醇类物质。有报导提出个别细菌能将去甲基羊毛甾醇的前驱物部分地转化成为胆甾醇,但是胆甾醇的生物合成似乎仅限于真核生物。
② 两种可能的例外包括荚膜甲基球菌(*methylococcus capsulatus*)和侵蚀侏囊菌(*Nannocystis exedens*)(Tornabene,1985)。它们是罕见的 $\Delta^{8,10}$ 甾醇,带有一个八碳侧链,并在C-4位上有一个或两个甲基基团。在古细菌中出现的这些胆甾醇可能指示了一种非常原始的甾醇合成的途径(Patterson,1994)。
③ 细菌含有被认为是用来储备能量和控制细胞间酸度的酸性钙离子储集体(acidocalcisomes)和细胞膜包裹的细胞器官(Seufferheld 等,2003)。目前,这些细胞器官的起源及其演化尚未搞清。

胞内共生理论表明真核生物起源于那些最初作为共生体生活在一起的不同原核生物的进化性融合(Schenk 等,1997)。根据该理论真核生物体内的各种细胞器官,如线粒体、基体、氢化酶体和质体都是以共生体的方式生成的。譬如,线粒体和叶绿体就可能分别来源于喜氧的非光合作用菌和光合作用的蓝藻菌。这些细胞器官在形态上与细菌相似,与细菌一样,它们对抗生素如链霉素较敏感。这些细胞器官含有以原核生物闭合循环形式存在的脱氧核糖核酸(DNA),并且它们还具有相似的核糖体核糖核酸(rRNA)的种系发生序列(表 1.3)。

注:病毒为非细胞体,如果没有宿主的细胞器官,那么它就不能进行复制。譬如,T-4 噬菌体由蛋白质组成其外层及结构,可通过细菌宿主的细胞膜将封闭的 T-4 基因物质注入,一旦进入,T-4 基因物质就开始改编宿主细胞,生成新的 T-4 病毒。病毒可能是由原始的生命形式在失去了原来的细胞成分后演化而成的。

胞内共生解释了为什么在真核生物中存在着真细菌的基因。某些此类基因迁移到宿主的细胞核中,其他的基因则保留在原始共生体的细胞组织中(Palenik,2002)。比对代表这三类生物体的基因组则表明:许多原核生物的 DNA 服从于水平基因转换(HGT),具有借助于原核生物的质体从其他生物获取新基因的特征(Koonin 等,2001)。质体是独立于细菌染色体之外、在配对过程中能够在细胞之间相互交换的 DNA 环。通过水平转换而获取的基因可以从非功能性的、到有利于演化的多种类型。譬如,古细菌的基因就可以导致某些真细菌在高温条件下的繁盛。光合作用具有如此之强的适应性优势,以至于许多光合细菌的基因组可能起源于大量的水平基因转换(Raymond 等,2003)。Woese(2002)提出一个理论,认为这三大类生命起源于早期的细胞演化,这类演化涉及同一起源生命之间的水平基因转换(HGT)。

1.3 初级生产率

光合作用是地球上新有机物质合成的唯一重要方式,它是几乎所有活体生物中有机物质的根本来源,是绝大多数埋藏在沉积物和岩石中的有机质,包括生物标志化合物的来源。许多非光合作用生物系统,如甲烷营养型生物群落(Michaelis 等,2002)的生存,依赖于沉积物中最初由光合作用生物形成的、循环使用的碳。在某些环境中,有机质起源于非光合作用的化学自养作用(如深海热液口),但它们对整个地球沉积碳库的贡献却是微不足道的。

细菌和绿色植物的光合作用可以用下面的反应式来表达:

$$2H_2A + CO_2 \xrightarrow{\text{光}} 2A + CH_2O + H_2O \tag{1.1}$$

式中 CH_2O 代表以碳水化合物形式存在的有机质,如葡萄糖($C_6H_{12}O_6$)。多糖(如多聚糖)是活体细胞中储存由光合作用产生的有机质的主要形式。呼吸作用是反应式(1.1)的逆过程,而细胞发挥功能所需要的能量则是通过多糖的氧化而获得的。

由于光能的获得需要光合作用,所以光合(自养)生物的活动范围局限于陆地以及湖泊与海洋的可透光区。在海洋和湖泊中,光的强度随水体的深度快速减弱,其可透光区的深度一般小于 100m。光养生物通过光获取进行光合作用的能量(表 1.2),光养型微生物是水生环境下最重要的光合作用者,而高等植物则主宰着陆地。这些基本的差异决定了不同沉积环境中沉积物有机质的类型。通过还原物质的氧化而释放出化学能量的化学合成作用则可发生在透光区以下的深水区。

当生物通过光养作用生长时,从 CO_2 中获取碳并使其结合进入碳水化合物的速度会超过呼吸作用释放碳的速度,地球上碳的总循环(图 1.1)是基于光合作用的速率大于呼吸作用的速率这种净值的平衡。

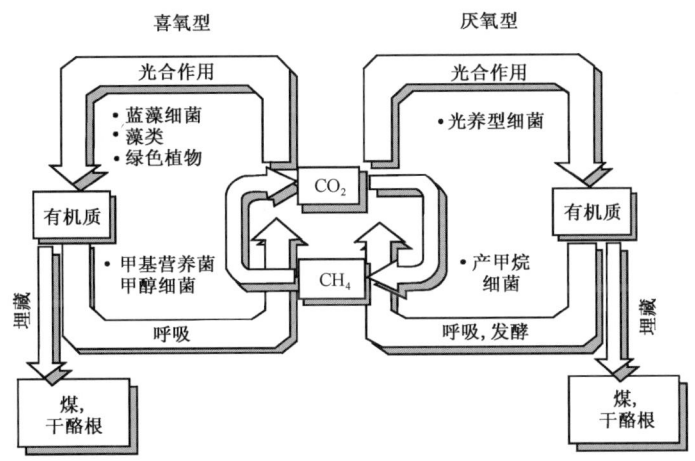

图 1.1 有机碳的氧化还原循环简图

通过光合作用把 CO_2 中的碳固定下来(初级生产力),生成新的有机质可以被看作是一种在含氧(喜氧,图左)或缺氧(厌氧,图右)的条件下生成的副产物。呼吸和其他过程则可导致这种有机质几乎全部氧化,返回到 CO_2。本图的转载承蒙雪佛龙美国公司的分支机构雪佛龙-德士古勘探和开发技术公司的惠允

绿色植物的光合作用是反应式(1.1)的一种变异:

$$2H_2O + CO_2 \xrightarrow{\text{光}} O_2 + CH_2O + H_2O \tag{1.2}$$

该过程是一个氧化-还原反应,其中氧化反应是:

$$2H_2O \longrightarrow 4H + O_2 \tag{1.2a}$$

水分解产生还原能量(氢原子),O_2 是副产物。而还原反应则是:

$$4H + CO_2 \longrightarrow CH_2O + H_2O \tag{1.2b}$$

上式所示:产物水来自 CO_2 的还原。反应需要的氢原子来自一个供体分子或还原剂(在上式中为 H_2O),然后被传递给一个受体分子或氧化剂(CO_2)。反应发生之后,该供体分子被认为是氧化的,而受体则是还原的。

在绿色植物和蓝藻菌中(反应式 1.1),H_2A 是 H_2O,$2A$ 是 O_2。在细菌中,H_2A 是某些可氧化的物质,而 $2A$ 则是其氧化的产物。例如,在硫细菌中,H_2A 是硫化氢(H_2S),而 A 则是硫:

$$2H_2S + CO_2 \xrightarrow{\text{光}} 2S + CH_2O + H_2O \tag{1.3}$$

注:细菌光合作用的方程清楚地表明这是一个氧化-还原反应过程。在细菌中,水是二氧化碳还原的产物之一,它不同于可氧化的成分——硫化氢。在绿色植物中,如果不进行同位素示踪实验,很难分辨氧化剂和还原反应的产物,因为两者均由水构成(反应式 1.2)。

除了光之外,限制浮游生物初级生产率的主要因素还有可利用的营养物质,特别是硝酸盐和磷酸盐。固氮作用(即大气中的氮气向硝酸盐(NO_3^-)转化的过程)的发生主要是由于土壤中微生物的作用,而磷酸盐则来源于陆地岩石的风化作用。因此,湖泊和海洋中的硝酸盐和磷

酸盐都依赖于陆地的径流。由于湖泊为陆地所环绕，它们通常会比大多数海洋含有更多的营养物质，因而也具有更高的初级生产率（表1.4）。远离陆地的开阔海水域大约占整个海洋水面面积的90%，但因其获取的营养物质很少而具有很低的生产率。营养物质的纵向循环可忽略不计，这是因为温度和盐度的分层将浅水与深水物质分隔了开来。在海洋中生产率较高的滨海和上升流区域内，这些营养物质被透光区的浮游植物迅速吸收，并通过食物链的不同食性层次得以增加。硅藻中将无机碳和这些营养物质转化成生物物质和 O_2 的光合作用的综合过程如下式所示（Refield，1942）：

$$106CO_2 + 16HNO_3 + H_3PO_4 + 122H_2O \xrightarrow{\text{光}} (CH_2O)_{106}(NH_3)_{16}H_3PO_4 + 138O_2$$

表1.4 海洋和淡水生态系统中的初级年产率（Meyers,1997）

水生生态系统	年产率（$g_{碳}/m^2$）	水生生态系统	年产率（$g_{碳}/m^2$）
开阔海	25~50	贫营养湖泊	4~180
滨海	70~120	中等营养湖泊	100~310
上升流	250~350	富营养湖泊	370~640

上升流主要发生在滨岸水体较浅的地方（<200m），此处，富营养物质的深部水体被循环到透光区。上升流区域虽然只占海洋总面积的0.1%，但它却由于陆地径流养分的供给和营养物质有效的纵向循环的叠合效应而具有较高的生产率（表1.4）。例如，秘鲁滨海中硝酸盐和磷酸盐的再循环与上升流和风力有关。盛行风推动表面的水体向北迁移，与此同时，科里奥利力（地磁偏转力）使其向西偏转，导致洋面下富营养的冷水翻转和上涌。许多显生宙的磷块岩，譬如，二叠纪的含磷地层就沉积在大陆架低纬度的上升流区域内，（Claypool 等，1978，Maughan，1993）。

叶绿素在把光能转化成储存于光合作用产物中的化学能方面发挥着关键的作用。当产物集合在一起发生燃烧或呼吸时，所储存的能量就被释放出来。森林的大火和肌肉的运动均会消耗这类储存的能量。

所有具光合作用的生物均含有某种类型的叶绿素。高等植物、大多数藻类和蓝藻菌中的叶绿素主要是叶绿素a（参见图3.23）。其他的叶绿素则吸收不同波长范围的光线。例如，紫菌和绿菌中含有细菌叶绿素。不同叶绿素的主要差别在于它们连接在四吡咯环上的烷基基团各不相同。叶绿素趋向于最有效地吸收可见光谱中红光段的光线，由于红光光波不能穿透到深水中，所以水生生物通常会将不同的类胡萝卜素用作附加色素来增加光波的波长范围以达到光合作用的目的。附加色素，如类胡萝卜素和叶黄素，至少是间接地参与了光能的获取，它们与叶绿素一起存在于许多具光合作用的生物之中。来源于自养型活体生物中的叶绿素、细菌叶绿素以及附加色素的生物标志化合物在古代岩石和石油中均有分布，它们可以用来识别有机质的起源。

1.4 二级生产率

在有机质的再生产过程中，许多由光合作用或化学合成作用的自养型生物产生的原始有机物质会被其他的生物降解。水柱体、沉积物和岩石中的异养型微生物会持续地降解和改造原生的水生和陆生有机物质。异养型微生物在减少保存在沉积物中的原生有机质数量的同时,也贡献出了具有自身特征的再生有机物质。例如,产甲烷菌分解地表缺氧沉积物中的原生有机质而产生甲烷(图1.1)。然而,这些产甲烷菌也生成各种特征性化合物,如保存在沉积物中的2,6,10,15,19-五甲基二十碳烷和角鲨烷(参见图2.15)。二氧化碳是各种生物通过发酵、含氧或缺氧呼吸制造能量时的一种产物。另一个例子是甲烷一旦进入氧化环境,就有可能被噬甲烷菌氧化成二氧化碳(图1.1)。有关这些不同生物的详细资料可参阅任何关于微生物新陈代谢的近期论述(Broch和Madigan,1991)。

化石燃料是岩石圈中由于埋藏作用而暂时脱离碳循环的有机质,沉积作用和早期的埋藏作用导致了原始有机物质被异养型生物的降解作用和其他的一些作用,如化学氧化作用破坏殆尽。所有的化石燃料,如高度分散的有机质、煤和石油均可被看作是由于埋藏的缘故而置身于非常高效的碳循环之外的剩余有机碳(图1.1)。这些剩余有机碳只是碳循环中极小的一部分。据估计在地史中,植物(初始生产率)形成的生物物质的碳约有0.1%保存在沉积物中并可为石油生成的相关过程所利用(Tissot和Welte,1984)。在海相盆地中大约有0.6%的生成的有机碳被保存了下来(Hunt,1996)。最终,作为储集有机碳的化石燃料通过变质、抬升、剥蚀和燃烧等作用又回到了碳循环之中。前已述及,有机质包括生物标志化合物,只有在特殊的条件下才能很好地被保存在沉积物中。

1.5 有机质的保存

生物标志化合物之所以能存在,是由于在沉积和成岩过程中它们的基本结构保持不变(图1.2)。在本书中,术语"成岩作用"是指由于受热(一般小于50℃)而引起重大变化之前,有机质在沉积物中发生的生物的、物理的和化学的蚀变。

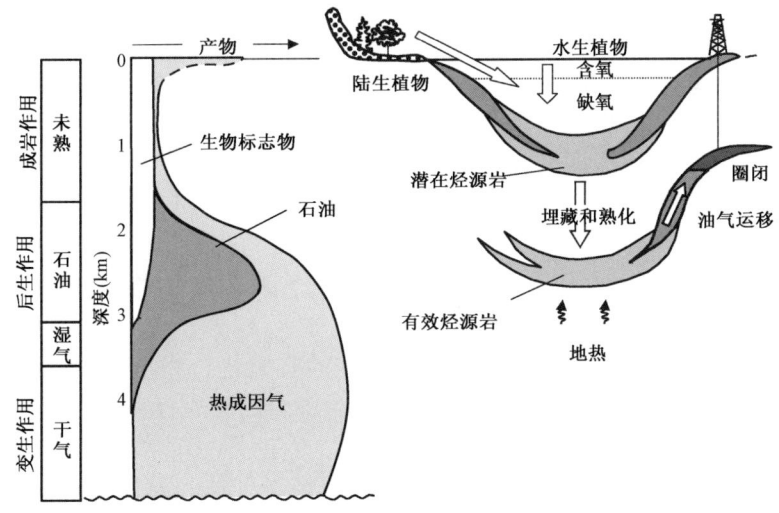

图1.2 沉积时和沉积后有机质的一般演化模式

在成岩作用以及大部分的后生作用过程中幸存下来的许多生物标志化合物在晚后生作用和变生作用过程中被完全分解(左图)。深度的数值范围依地温梯度和有机质类型等各种因素的不同而发生变化。由植物、厌氧环境(缺氧)以及其他因素所导致的较高的初级生产率有助于有机质在成岩过程中的保存(右图)。在后生作用过程中,潜在的烃源岩可以变成有效的烃源岩。本图的转载承蒙雪佛龙美国公司的分支机构雪佛龙-德士古勘探和开发技术公司的惠允后生作用指岩石中的有机质在典型的埋藏条件下由于埋藏和温度为 50～150℃ 的热作用而经历的热蚀变过程,所需时间以数百万年计。在后生作用过程中,生物标志化合物会发生结构性的变化,这种变化可以用来估算其烃源岩或该烃源岩排驱的原油的受热程度。此外,由于生物标志化合物代表着一类有贡献生物的特殊组合,因此,它们在有效烃源岩内的分布是一种可用于对比的指纹,能够将岩石与可能已运移了许多公里的排驱原油联系在一起。在温度为 150～200℃ 的范围内,即在绿片岩的变质作用之前,有机分子会在被称之为变生作用的过程中裂解成气体。由于在这种条件下生物标志化合物变得不稳定,其浓度会大大降低或者干脆被破坏殆尽。深部烃类气体的聚集可以归因于以下三种作用:(1)高熟的特定有机质的裂解;(2)烃源岩中残余油的热裂解;(3)储集岩中原油的二次裂解(Lorant 和 Behar,2002)。目前尚无令人信服的证据可以证实深部的、具有商业价值的甲烷气的聚集是来源于无机作用的过程,如地幔脱气(详见第 9 章)。

由于许多生物标志化合物对于生物降解具有很强的抵御能力,所以,它们是强有力的地球化学工具。例如,生物降解的油苗和沥青通常含有未蚀变的生物标志化合物,它们可用来与未发生生物降解的原油进行对比。

1.6 岩石中的有机成分

在经历了成岩作用的沉积岩中,有机质由干酪根、沥青和少量的烃类气体组成。干酪根是非水解的特殊的有机碎屑,它不溶于有机溶剂,由显微组分与有机质的再生降解产物的混合物组成(Durand,1980)。显微组分为可辨认的不同类型有机质的残留物,在显微镜下可根据其形态进行区分(Stach 等,1982;Taylor 等,1998),它们类似于岩石基质中的矿物,所不同的是符合确切定义的化学组分较少。部分干酪根是生物体经过改造的、低分子量的降解产物(Durand,1980;Tissot 和 Welte,1984)。此外,Tegelaar 等人(1989)列举了已确认的生物大分子(如纤维素、蛋白质和鞣酸类),并据此划分出它们在成岩过程中以交联的方式结合进入并保存在干酪根中的相对潜能。传感电子显微镜的检测表明:许多在标准显微镜下被描述为无定形态的干酪根实际上是由一束束极薄的壳层(10～30nm)组成,被称之为超薄层状体,这种薄层体由从微观藻类外层细胞壁继承而来的不溶生物大分子所组成(Largeau 等,1990;Derenne 等,1993)。干酪根显微组分一般反映有机质原地的(原地生成的)初级和二级生产,但许多沉积物却明显含有搬运(异地)的有机质,如由河流或风搬运到海相或湖相环境中的陆相植物碎屑或花粉,大火的灰烬,或是土壤等等(Gogou 等,1996)。

沥青由原地烃类和分散于细粒沉积岩中的其他的有机化合物组成,可用有机溶剂抽提获取。生物标志化合物要么游离于沥青中,要么以化学键合的方式存在于烃源岩的干酪根中,它们也存在于从细粒烃源岩运移到储集岩层的石油中。石油是一个普通的术语,它指主要由碳、氢化合物组成的固态、气态和液态的物质,包括沥青、烃类气体和原油。石油约占全球能量总消耗的 63% 左右(美国地质调查局,2000)。

在沉积物的成岩过程中保存下来的有机质的数量和质量最终决定了岩石的生油潜力。在沉积和埋藏过程中,有机质的保存受各种因素的影响,尤其是有机质的产率、水柱和沉积物的氧含量、水循环、沉积物颗粒的大小以及沉积的速率(Demaison 和 Moore,1980;Emerson,1985;Meyers,1997)。譬如,缺氧性、沉积颗粒的大小、原始生产率、有机母源以及水柱中的同沉积作用等因素都对阿尔伯达南部上泥盆统到下石炭统 Exshaw 组富有机质页岩中有机物质的聚集和保存起到了作用(Caplan 和 Bustin,1996)。有关这些因素的相对重要性还存在争议,可能依沉积环境的不同而不同。

1.7 含氧与缺氧沉积

在大气条件下,喜氧微生物会快速氧化死亡动、植物中的有机物质。有机质的含水沉积能在不同的氧化还原条件下发生,它们主要受氧分子可利用与否的控制。不同的氧化-还原条件以及它们相应的微生物相(由新陈代谢所决定)可用表1.5中所列术语来描述。

表1.5 描述沉积环境的还原条件以及对应微生物群落新陈代谢的常用术语(生物相)

沉积环境	微生物相	氧含量(mL/L)	
		Rhodes 和 Morse(1971)	Tyson 和 Pearson(1991)
含氧	喜氧	>1	2~8
微含氧	微喜氧	0.1~1	0.2~2
亚氧化	准厌氧	0.1~1	0~0.2
缺氧	厌氧	0	0

在含氧水柱中,喜氧细菌和其他生物会降解从透光带沉降下来的有机质(图1.4左)。一般海水中含有6~8mL/L(氧/水)。呼吸过程产生生物对氧的需求(BOD)。如果在所有可利用的氧耗尽之后还有充足的有机质,那么,厌氧细菌就会利用其他的氧化剂,如硝酸盐和硫酸盐等继续氧化有机质。喜氧和厌氧新陈代谢(含氧与缺氧的环境)的界限可以出现在水柱内或底部沉积物中。含有间隙氧的水底沉积物通常会发生被后生生物扰动的现象,这些生物是包括蛤和蠕虫在内的多细胞掘穴生物。保存在地质记录中的含氧沉积物的结构不具层理,而呈块状。

湖相和海相的盆地可以因为生物对氧的需求以及富氧水的注入不足等综合的效应而缺氧(止水)。水体的重新注入受多种因素控制,包括盆地的几何形态、水温和盐度的梯度变化。例如,温跃层就是随深度的增加温度下降的速度大于上、下水体的水层(图1.3)。当大气温度高,浅层水体接受的热量大于经辐射和对流散失的热量时,湖泊和海洋中就会产生温跃层。表层水升温会产生浅层负温度梯度。在风的作用下表层水的混合也许会降低表层的温度,而实际结果则是热向下传递而形成一个其温度高于下部水体的等温层。于是,在等温层和下部较冷的水体之间就会形成一个强温跃层。在海洋中,温暖的表层水的深度一般在150~300m之间,其下部温跃层的厚度范围在300~900m之间。温跃层之下的水温下降得更慢,接近海洋底部时一般达到1~4℃。

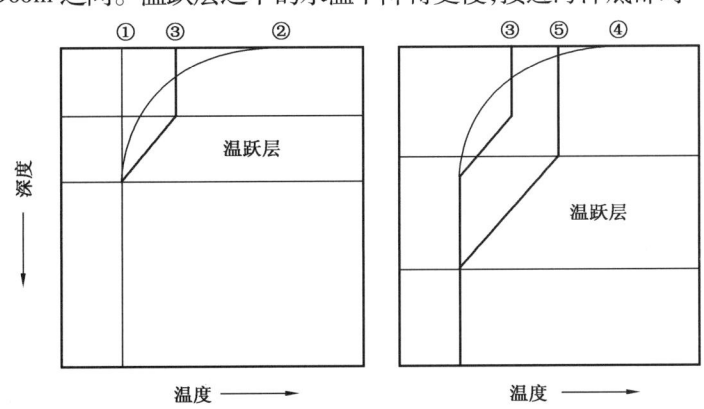

图1.3 水体中温跃层形成的简图

由于水温与深度变化的比值是恒定的,当气温高于水温时①,水面温度就开始上升②。风可使表层水体发生交换而引起表层水温下降,其结果是形成一个水温高于温跃层和更深水体的隔热层(左图③)。当水温继续升高④和表层水体的交换加剧时,有效热量会向下传输形成一个更深、通常也更厚的温跃层⑤

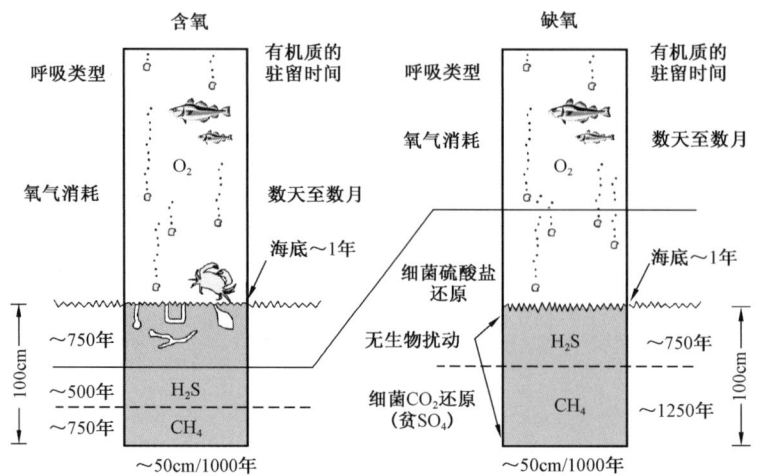

图 1.4　含氧(左)和缺氧(右)的沉积环境导致沉积有机质的破坏和保存
(据 Demaison 和 Moore,1980)

图中水平实线将含氧(上)和缺氧(下)环境区分开来。在含氧条件下,底栖的后生动物致使沉积物发生生物扰动并氧化了大部分的有机质;而在缺氧条件下,尤其当水柱中出现含氧-缺氧界面时,底栖的后生动物消失,沉积物不曾经历生物扰动

近赤道的湖泊,例如东非裂陷湖系统中的坦噶尼喀湖,由于受无明显的季节性温度波动的潮湿气候的影响,就特别易于形成强温跃层(Demaison 和 Moore,1980)。受温跃层的阻隔,由生物对氧的需求引起的深部水体缺失的氧很难从浅层水体混入所携带的氧中得到补充,因此,就易产生缺氧。坦噶尼喀湖深约 1500m,缺氧的条件就出现在 150m 以下。发育在科罗拉多和犹他州始新统绿河组中的层状富有机质泥灰岩就是沉积在大型缺氧湖泊中的古代烃源岩的一个例子,其他的例子还有中国(松辽盆地)、巴西(Lagoa Feia 组)和西非(Bucomazi 组)非海相下白垩统的烃源岩。

当淡水流入一个有海底山脊的海相盆地而该盆地又很少蒸发时,特别是当山脊将深部盐水与开阔海隔开时,就可能产生盐跃层或密度分层的水柱。例如黑海基本上就是一个带山脊的海相盆地,河流输入的超量淡水从黑海跨越博斯普鲁斯海峡 27m 高的山脊而流入地中海。这个正向水平衡导致表层水低盐度,而黑海深部水则为高盐度,在一定深度就产生了永久盐跃层。盐跃层也是含氧和缺氧条件分界的化学跃层。现今化学跃层发生在透光带 80~100m 的深度,此处,伴随着氧的消失硫化氢首次出现。黑海沉积物中异胡萝卜素和相关化合物的分布表明光合绿硫细菌(Chlorobiaceae)在黑海活跃了至少 6000 年,同时,缺氧水体穿越透光带并非是近代才有的现象(Sinninghe Damsté 等,1993b)。沉积在类似条件下的缺氧海相烃源岩的古代例子有西西伯利亚巴热诺夫(Bazhenov)组和北海启莫里奇(Kimmeridge)热页岩的上侏罗统沉积以及北美阿尔布阶末期的莫里(Mowry)页岩沉积。

在缺氧或亚缺氧水体(氧/水的值低于 0.2mL/L)中,由于后生生物(多细胞喜氧生物)和喜氧细菌一般需要较高水平氧含量(图 1.4 右)的缘故,有机质的喜氧生物降解骤减。在氧/水的值低于 0.1mL/L 的水体中,由于缺乏后生生物而不见底部沉积物的生物扰动现象,只剩下厌氧细菌,或许还有某些底栖有孔虫类在改造有机质。底栖生物利用氧化剂的一般排序如下:裂隙氧、硝酸盐、氧化锰、氧化铁以及硫酸盐(Froelich 等,1979;Schulz 等,1994)。硫酸盐还原反应基本上是进入海相环境的缺氧条件之后最主要的呼吸形式,因为在海水中硫酸盐是充足的(0.028M)(Rice 和 Claypool,1981)。如果没有生物扰动,那么就会发育记录沉积旋回的纹层,这种现象常见于有效的烃源岩中。例如,峡湾中的冰川纹泥记录了年度的沉积旋回,它通常包括浅色的砂或粉砂层向上逐渐递变成暗色的、富有机质的黏土细纹层。英属哥伦比亚的 Saanich 入海口是一个具有海底山脊、类似峡湾的地质环境,在它的沉积纹层中有机质的含量达到9%(重量)(Nissenbaum 等,1972)。静海沉积物沉积在含有硫酸盐还原菌生成的游离的硫化氢(H_2S)的海相缺氧的条件下(Raiswell 和 Berner,1985)。

动物活动的蛛丝马迹可以提供沉积物的沉积过程中水化学的相关信息(Savrda 和 Bottjer,1986)。例如,巴伦支海某些中-下三叠统泥岩中除了非常浅的蠕虫潜穴之外很少有其他的遗迹化石(痕迹化石),这些潜穴由零星的、单一特异性的水平状坑穴和擦痕组成(Isaksen 和 Bohacs,1995)。潜穴所提供的有限的证据表明这些泥岩是在微氧到缺氧条件下沉积的,从而导致了有机质保存条件的提升、高有机碳的含量以及大量藻类或无定形有机质的保留。Savrda(1995)总结了海相沉积物中含氧度与潜穴类型或密度之间的相关关系。然而,却很少有文献涉及湖相沉积物中氧化-还原条件与生物扰动之间系统的相关关系(Harris 等,1998)。

有机质在热动力条件下的缺氧降解不如含氧降解那么有效(Claypool 和 Kaplan,1974)。这种认识支持流行的观点:缺氧环境是提高石油烃源岩中富氢的和富类脂物的有机质保存能力的主要原因(Demaison 和 Moore,1980)。在存在含氧条件的环境中,即便是有机质的生产率很高,大部分有机质在沉积和成岩作用过程中也会被破坏掉。例如,在现代海洋的大部分极区,初级生产率通常很高,但在含氧的底部沉积物中有机碳的含量却不高。

Pederson 和 Calvert(1990)以及 Calvert 和 Pederson(1992)主张控制海相富有机质沉积物聚集的主要因素是有机质的生产率,而不是缺氧环境。他们引用了基本上由实验室的培养实验获得的资料,推测认为有机质的分解率在含氧和缺氧条件下是相同的,用它无法得出缺氧条件能提高有机质保存程度的结论。在加利福尼亚湾中部的实例中,他们观察到在缺氧和含氧相互变化的沉积物中有机碳的含量并没有提高(Calvert,1987)。黑海缺氧沉积物的资料表明:有机碳的聚集率与同等条件的氧化环境相比并非异常的高(Calvert 等,1991)。

世界范围内现代富有机质沉积物的分布与上覆水体的高生产率之间并没有呈现出明显的相关性(Demaison 和 Moore,1980)。例如,南极洲附近的表层水具有很高的生产率,然而其下的沉积物中却贫有机质,这是因为寒冷的富氧水强烈的循环可以有效地满足由沉降有机物质引起的所有的生物对氧的需求。现代富有机质的沉积物一般出现在高生产率和底层水缺氧两者存在的地方。

在上述研究的基础上,我们提出了缺氧条件是富含有机质的烃源岩发育的重要因素的假设。一些争议表明这一假设是合理的。

(1)即使在室内培养实验中含氧和缺氧降解的速率相等,但在自然界中,由于缺乏足够的氧化剂,如硫酸盐,缺氧反应在完成之前就可能减慢或停止。由于生物扰动的作用,含氧的沉积物比缺氧沉积物更易通气,被消耗的氧很快得以补充。而缺氧沉积物则近乎于封闭的系统。

(2)Pederson 和 Calvert(1990)讨论的是含氧与缺氧沉积条件对有机质的数量而不是质量的影响。有证据表明缺氧条件有利于富氢、倾油有机质的保存。例如,与 Calvert(1987)一样,Peters 和 Simoneit(1982)也观察到了在加利福尼亚湾具有层理(缺氧)和均质(含氧)交互出现的硅藻软泥中存在着相似的总有机碳含量。然而,在这些沉积物中,层理带与均质带相比,其Rock-Eval 热解氢指数更高,而氧指数更低,表明前者含有更多的富氢有机质。

(3)如果缺氧条件是有机质保存的非重要因素,那么就很难解释倾油的、富有机质的烃源岩与指示缺氧环境的动物群或沉积特征之间存在的普遍相似性。

(4)烃源岩的抽提物中含有指示缺氧条件的生物标志化合物及其相关的参数(如:高钒/镍卟啉比值、低姥/植比以及高 C_{35} 升藿烷指数)。

有机质类型和沉积环境特征的差异导致了同一烃源岩内有机相在横向和纵向上的变化。有机相是可用图例细分地层单位的一种表达方式,它可以根据有机质的组分来鉴别地层单位(Jones,1987)。如上所述,有关古大洋控制烃源岩沉积的认识进一步深化,改进了有机相的区域制图并提升了我们预测下一步勘探有利地区的能力(Demaison等,1983)。生物标志化合物的组成不仅可以用于区分来自不同烃源岩的原油,而且还可以用来表示在相同烃源岩中或者来自同一烃源岩的石油中有机相在区域上的变化。由于原油中生物标志化合物的分布模式是从不同的烃源岩继承而来的,因此,这些应用是可行的。

1.8 沉积速率与颗粒的大小

沉积速率与颗粒的大小在有机质的保存中也起到很重要的作用。由于相似的水力学特征,有机质更多地沉积在细粒的泥中。与砂不同的是细粒的泥更容易在沉积物与水的界面以下将富氧的水排出,从而增强了成岩过程中的缺氧环境。在缺氧的海相隔离盆地和缺氧湖泊中,有机质和细粒沉积物会逐渐地聚集在具同心圆或牛眼构造模式的深部静水区域,此处接近烃源岩沉积中心,是沉积物厚度最大的地方(Huc,1988a)。有机碳呈同心圆状分布的现代例证有黑海和里海,而古代的例子则包括西西伯利亚上侏罗统(图1.5)、北海北部的下侏罗统以及巴黎盆地的下土阿辛阶和赫塘阶/辛涅缪尔阶(参见图18.62)。缺氧环境的总有机碳含量(TOC)的分布范围可从1%到大于20%。浊积流及其相关的重力流可以使上述有机质同心圆的分布模式复杂化,这是因为它们沿水道而非以可预见的简单沉积模式将有机质或沉积物搬运至深水中。

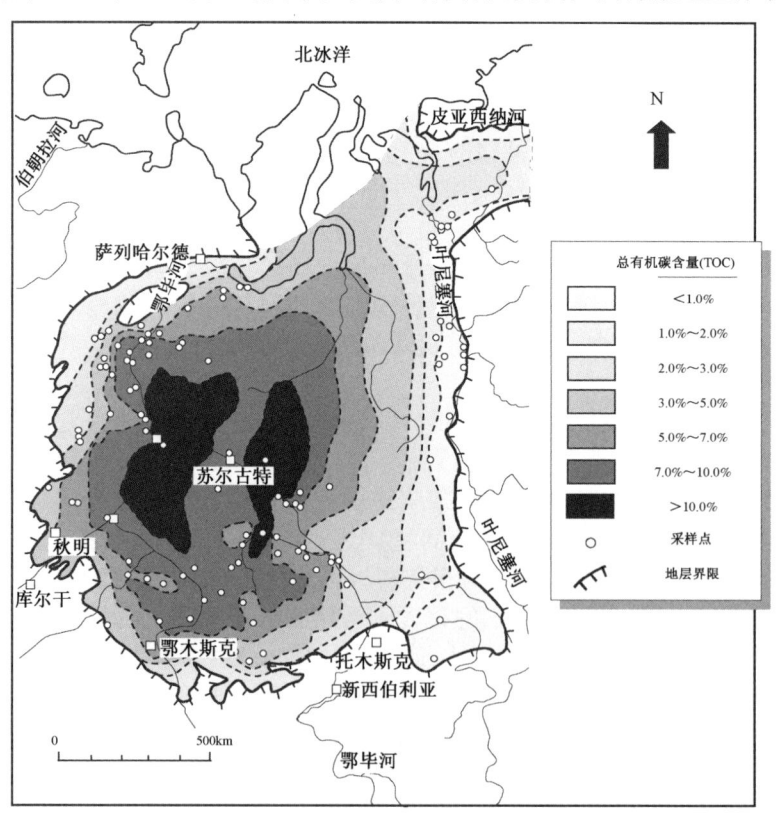

图1.5　西西伯利亚上侏罗统巴热诺夫(Bazhenov)组海相页岩的总有机碳含量(TOC)分布图
该组沉积在一个大型的、缺氧的隔离盆地中(据Kontorovich,1984改编),有机质的丰度呈同心圆状向盆地中央增高。本图的转载承蒙AAPG的惠允,再次引用需获允许

在三角洲或海陆交互等由陆相碎屑占主导地位的沉积环境中,从盆地边缘有机质的起源地到深水区域,有机质丰度增加的模式各有不同。现代的例子有密西西比和马哈坎三角洲,而古代例子则包括中新统马哈坎三角洲和西西伯利亚的中-下侏罗统(图 1.6)。尽管大部分三角洲是强氧化环境,但如果能够被快速埋藏并且有效地避开后生动物的蚕食,有机质也还是能够得到保存的(图 1.7)。

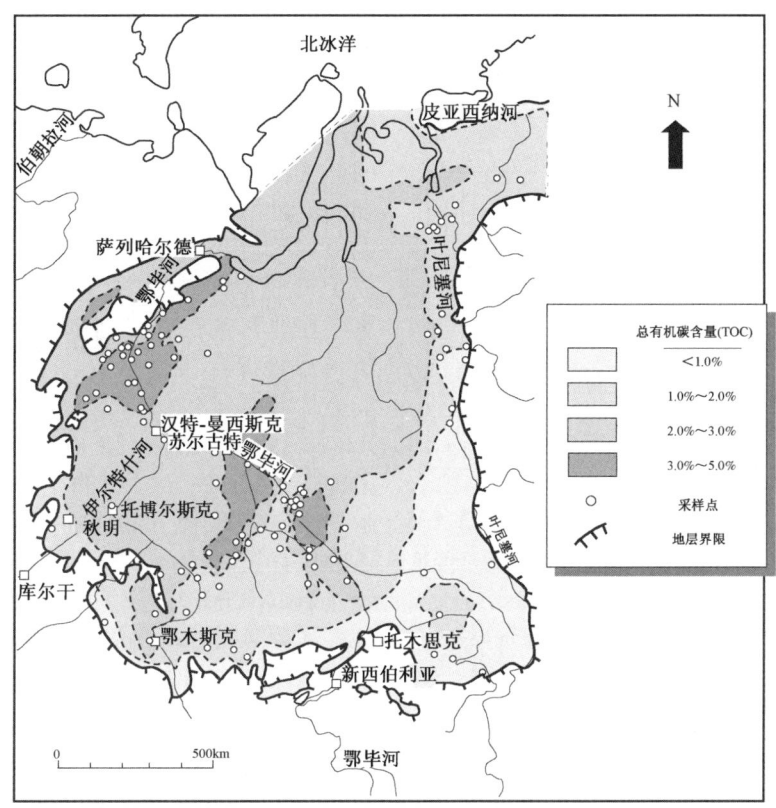

图 1.6　西西伯利亚中-下侏罗统页岩(包括中侏罗统秋明组在内)的
总有机碳含量(TOC)分布图(据 Kontorovich,1984 改编)。
有机质的丰度一般自盆地边缘和西部陆源有机质的主要来源地向东呈
下降趋势。本图的转载承蒙 AAPG 的惠允,再次引用需获允许

在氧化条件下,沉积速率与底部细粒沉积物中的总有机碳含量同步变化(图 1.7b)。来自古代和现代沉积物的数据表明:快速埋藏能通过减少有机质在后生动物扰动带和喜氧细菌降解带的驻留时间来增进有机质的保存。在氧化条件下,沉积速率每增加 10 倍,TOC 值大约翻一番(Müller 和 Suess,1979;Ibach,1982;Stein,1986)。太平洋中心深海沉积物聚集速率慢(2~6mm/1000 年),得以保存的有机质不到原始生产率的 0.01%;西南非的纳米比亚或美国俄勒冈州的远滨半深海沉积物聚集的速率稍快一些(2~13cm/1000 年),大约 0.1%~2% 的原始生产率得以保存;秘鲁和波罗的海的远滨半深海沉积物聚集的速度更快(66~140cm/1000 年),得以保存的有机质占其原始产率的 11%~18%(Müller 和 Suess,1979)。秘鲁和波罗的海远滨半深海沉积物中高百分比有机质的保存可能要部分地归功于间歇性的缺氧条件。如同图 1.4 中所提及的假设例子那样(50cm/1000 年),高沉积速率常见于许多滨岸海相和湖相环境,那里保存了充足的有机质,可划归为具生烃潜力的烃源岩。

在同样的沉积速率下,缺氧条件下有机质的保存要好于含氧条件。例如,同样在 10~20cm/1000 年的沉积速率下,黑海缺氧条件下的沉积物中保存的总有机碳相当于原始产率的

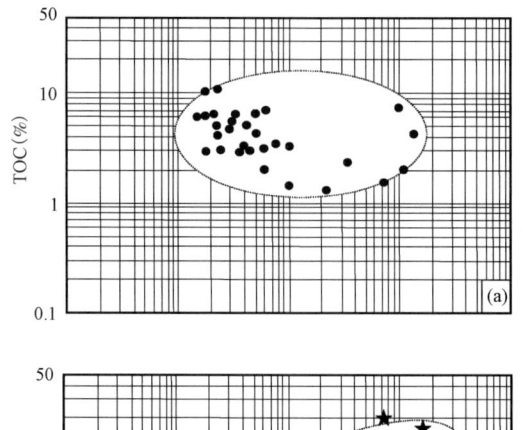

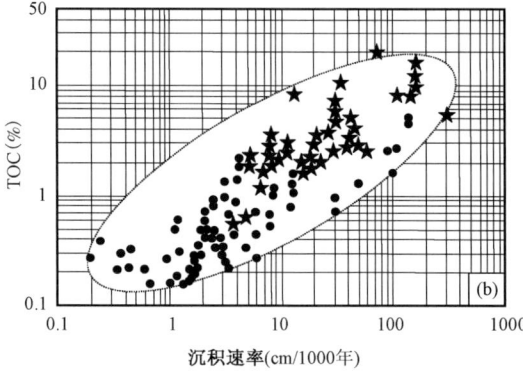

图 1.7 沉积速率与沉积物中总有机碳的比较示意图[据 Stein(1986)、Pelet(1987)以及 Huc(1988b)改编]。在缺氧条件下(a),有机碳保存的程度与沉积速率无关;而在含氧的条件下,较快的埋藏速率可以更有效地将有机碳与潜穴后生动物引发的降解作用隔离开来,达到较好保存的目的(b)。星形表示高生产力的沉积环境

4%~6%,比含氧条件下所预测的要高 5~6 倍(Müller 和 Suess,1979)。

沉积速率与 TOC 之间的关系由于其他因素的影响而变得复杂,如岩性、水体深度、离岸距离和有机质的类型(Ibach,1982;Pelet,1987;Waples,1983)。虽然如此,在勘探新区仍可用这种相关关系来预测烃源岩中有机质的富集程度。例如,沉积速率可以直接依据测量主要等时地层之间的沉积物厚度而获得的地震数据来确定。假如烃源岩的岩性是已知的或可推断的,那么,依据地震等厚图就可以推算出沉积速率分布图,而后者又可转化成 TOC 值的等值线图(Ibach,1982)。有证据表明在非常高的沉积速率下(>500cm/1000 年),尽管保存条件良好,但碎屑矿物组分可能会稀释有机碳的富集程度(Ibach,1982;ten Haven,1986;Hedges 和 Keil,1995)。在缺氧条件下,由于缺乏强烈的生物扰动和含氧降解的浅层沉积物分布带,沉积速率对有机质的保存没有什么影响(图 1.7a)。

Tyson(2001)通过对现代海相沉积物数据的多参数回归分析得出结论认为:在含氧条件下,只有沉积速率在≤5cm/1000 年时才能增强 TOC 的保存;如果碳的供给保持不变,更高的沉积速率就会导致 TOC 的稀释。Tyson 坚持认为在沉积速率大于 5cm/1000 年的情况下,所观察到的沉积速率与 TOC 之间的正相关关系是一个假象,这是因为数据中包含了浅层沉积物的厚度或较高的生产率所致。当沉积速率大于 35cm/1000 年时,Tyson 观测到在含氧和缺氧条件下 TOC 没有表现出明显的差别;而当沉积速率在 10cm/1000 年以下时,它们之间则出现了明显的不同。该模式表明除了沉积速率和生产率之外,氧气的存在与否也是决定 TOC 的一个重要变量,因为有预测表明:TOC 值在缺氧条件下比完全氧化的条件下高 2.5~4 倍。

注:Kennedy 等人(2002)对普遍所接受的海相页岩和泥岩中有机物质的保存机制提出了挑战,其中包括具有相似水力学特征的离散有机颗粒与碎屑矿物颗粒的沉积。他们提出的证据表明在某些黑色页岩中大量的有机质都是由溶解于水柱的有机质所组成,它们吸附在碎屑状的蒙皂石和伊/蒙黏土混层的表面或内部,以利于埋藏和保存。他们的结论意味着与原始生产率或缺氧环境相比,有机碳的保存可能与大陆风化和黏土矿物的分布模式有更加紧密的联系。该预测需要全球范围内大量的碎屑烃源岩数据的验证。

1.9 湖泊与海相沉积环境

湖泊和海洋的沉积环境在许多方面存在差异,这就导致它们各自具有在类型和丰度上不尽相同的有机质。湖泊比深海盆地小,接受陆相碎屑的比例更大;同样,与深海盆地相比,湖泊中陆源的营养物质一般更加丰富,有更高的原始生产率;湖泊中的沉积速率大约为 1m/1000 年,通常超过了深海洋盆的沉积速率(大约 1~10cm/1000 年),湖泊中有机质的埋藏也更快,

因而得到了更好的保存。滨海沉积类似于湖泊沉积,因为它们同样接受了大量的陆源有机质,其沉积速率也相对较快(大约 10~100cm/1000 年)。湖相岩石通常含有高达百分之几十的 TOC,而深海沉积物的 TOC 仅有百分之零点几。湖相底栖生物的变化不大,生物扰动的深度比海相动物群要浅(Meyers,1997)。溶解的硫酸盐是海水中的重要离子,但在湖泊中通常含量较低或干脆没有。因此,硫酸盐还原作用在海相有机质的微生物改造中至关重要,而对湖相有机质的改造而言则没有作用。Carroll 和 Bohacs(2001)提出了一个三分岩相的划分方案,该方案解释了大部分湖相烃源岩的重要特征,它们包括河流 - 湖泊相、流动的深底湖相以及蒸发岩相,其对应的有机相为陆源 - 藻类相、藻类相和高盐藻类相。例如,所有这三个湖相均出现在美国怀俄明州始新统绿河组和中国准噶尔盆地南部上二叠统非海相地层中。

1.10 烃源岩的时间和区间分布

有效烃源岩并没有均匀地分布在地质记录中(图 1.8)。控制优质烃源岩的有利沉积因素包括海进、变动不大的温暖气候和缺氧条件。烃源岩沉积的最有利的地质时间为志留纪、晚泥盆世(如弗拉期)、晚侏罗世以及白垩纪(如阿普特 - 土仑期)。烃源岩的时代分布在很大程度上控制了现今油气藏的地质分布。譬如,世界上许多重要的烃源岩发育在石油输出国组织(OPEC)成员国的国家里。美国之外的全球主要的含油气系统的区域分布见表 18.2 和图 18.4。

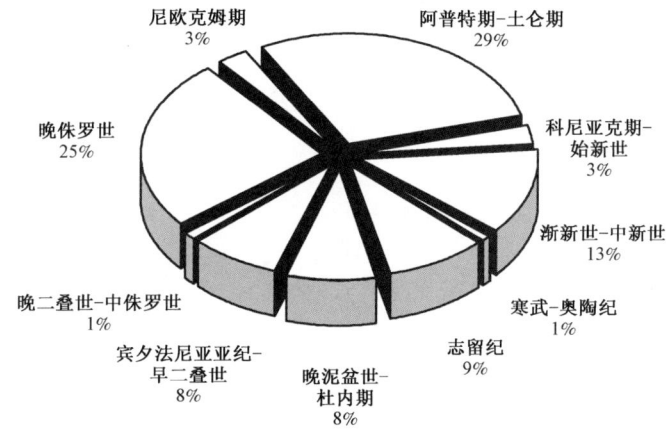

图 1.8 有效烃源岩在地史中呈不均匀分布(数据转引自 Klemme 和 Ulmishek,1991)。百分含量代表地质时代中的纪或世对全球石油的最大可采总储量的相对贡献。本图对较古老的烃源岩(如寒武纪)评价不高,因为它们似乎都经历了深埋过程并已失去了生成的石油

美国地质调查局对全球最终将发现的石油数量进行了评估(美国地质调查局,2000)。该研究报告主要依据地质因素将全球分成了大约 1000 个含油气区块,并分析了 159 个含油气系统。所评价的油气区块占到了全球已开发石油总量的大约 95%。在美国之外,全球已经发现的常规石油和天然气资源分别占大约 75% 和 66%。在这些地区,截至 1995 年已经开采了大约 20% 的常规石油和 7% 的常规天然气。除美国之外,还有大约 16340×10^8 bbl 油当量的常规石油,包括原油、天然气和天然液化气(NGL)尚未发现,其中常规原油为 6490×10^8 bbl,天然气为 7780×10^8 bbl 油当量,天然液化气为 2070×10^8 bbl 油当量。随着勘探开发技术的进步,储量也期待着在原来的基础上再增长 6120×10^8 bbl 原油,5510×10^8 bbl 油当量天然气和 420×10^8 bbl 油当量天然液化气。除美国之外,全球尚未发现的常规原油中,大约 35.4% 分布在中东和北非,17.9% 在前苏联,16.2% 在中、南美洲。在尚未发现的常规天然气中,前苏联约占 34.5%,中东和北非约占 29.3%。

2 有机化学

> 本章简要地论述了有机化学,它包括理解生物标志化合物参数所必需的有关化学结构命名和立体化学的阐述。讨论还包括对石油中的化合物类型的概述,并举例说明一些生物标志化合物的结构和命名、它们在生物活体中的前驱物及其地质蚀变的产物。

活体生物中的主要元素为碳、氢、氧和氮。除氧之外,这些元素在地壳中的含量与硅和轻金属元素相比均相对稀少。碳的几个异常特质使其成为生命的化学,即有机化学,得以演化发展的关键元素。

碳的原子结构使它可以形成比其他元素更多的不同化合物。原子轨道理论描述了未结合状态的单个碳原子周围电子云的近似方向(图2.1)。碳原子的外电子壳层由四个电子组成(即碳表现为四价)。两个电子占据球形的 2s 轨道,另外两个电子各占一个不同的哑铃形的 2p 轨道,它的轴面与另一 2p 轨道的轴面呈正交。碳原子中其中的一个 2p 轨道不含电子。四个电子中的每个电子都可与其他元素共享,这些元素可通过共用电子形成共价键,以保持电子壳层的完整。

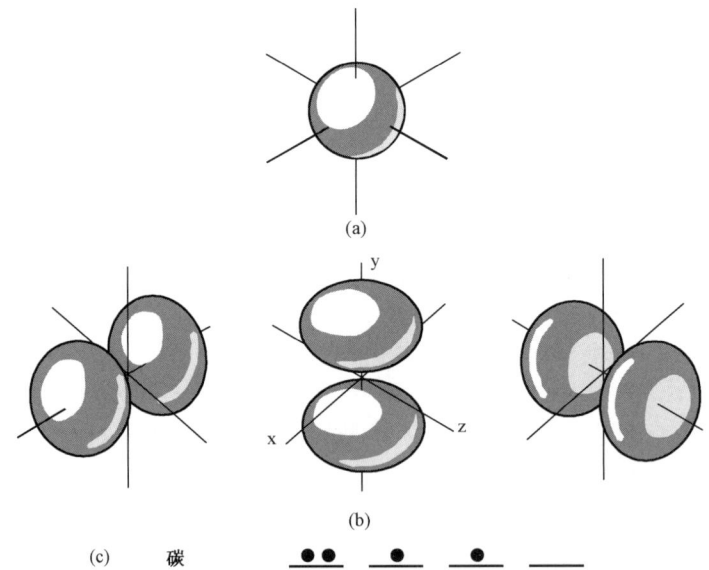

图2.1 碳的外壳层原子轨道的展布:(a)球形 2s 轨道;(b)三个正交的哑铃形 2p 轨道;(c)外层轨道的电子分布(据 Morrison 和 Boyd,1987 改编)。本图的转载承蒙雪佛龙美国公司的分支机构雪佛龙 - 德士古勘探和开发技术公司的惠允

碳的一个独特之处在于它可以与其他碳原子共用电子,形成以 C—C 键为主的大分子。少数几个其他的元素虽然其外壳层也含有四个电子,可以与同一元素的原子形成多个共价键,

但它们在地质条件下均不稳定。因此,尽管碳可以与其他的硅原子以共价键相连,但硅-硅化合物在地球大气圈中不稳定,易氧化形成二氧化硅(SiO_2)。

2.1 烷烃:σ键

当碳与其他原子结合时,2s 和 2p 电子轨道可以杂合形成不同的轨道构型。一个 2s 和三个 2p 轨道可以杂合形成 4 个相等的 sp^3 轨道(图 2.2a)。由碳原子的价电子层形成的四个 sp^3 电子轨道从中心碳原子以相互夹角为 109.5°的方式向外伸展(图 2.2b)。通过与四个氢原子中的每个氢原子共用一个电子的方式,单个碳原子就可以满足 8 个电子的化合价需求。因此,四个氢原子与一个碳原子键合就形成了高度稳定的化合物——甲烷,其中氢位于正四面体的四角,而碳则居中心(图 2.2c)。甲烷是最简单的烃类,它只含碳原子和氢原子。

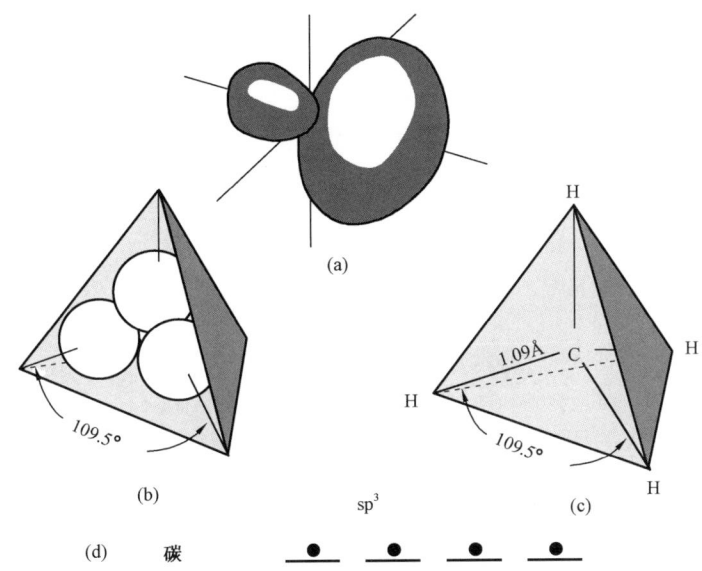

图 2.2 碳的 sp^3 杂化轨道:(a)单轨道的大致形状;(b)四个轨道的轴指向四面体的四个角;(c)甲烷分子(CH_4)的形状和大小;(d)外层轨道的电子分布(据 Morrison 和 Boyd,1987 改编)。本图的转载承蒙雪佛龙美国公司的分支机构雪佛龙-德士古勘探和开发技术公司的惠允

在像甲烷和乙烷的化合物中,碳原子只以 sp^3 杂化键连接的形式键合,碳原子被称为"饱和的",所形成的强键叫 σ 键或共价键。当分子中的两个原子仅以一个 σ 键连接时,被称为单键。碳和氢仅以单键的形式组成的稳定分子被称为饱和烃或烷烃。

2.2 烷烃:π键

碳的 2s 和 2p 电子轨道也可以杂化成 p 和 sp^2 轨道。在这种构型中,碳的四个价电子被分成一个 p 和三个 sp^2 轨道。这三个 sp^2 轨道各具一个电子,位于同一平面上,从中心碳原子以互为 120°的夹角向外伸展(图 2.3a)。p 轨道含有剩余的电子,它垂直于 sp^2 轨道的共同平面。在图 2.3b 中甲基基团的 p 轨道就含有一个电子。类似的烃类(烷基)基团不稳定,但可以成为有机化合物反应中的中间产物。

当两个 p 轨道同时出现在相邻的原子上时(如 C═C 或 C═O),如图 2.3c 和 2.3d 中的

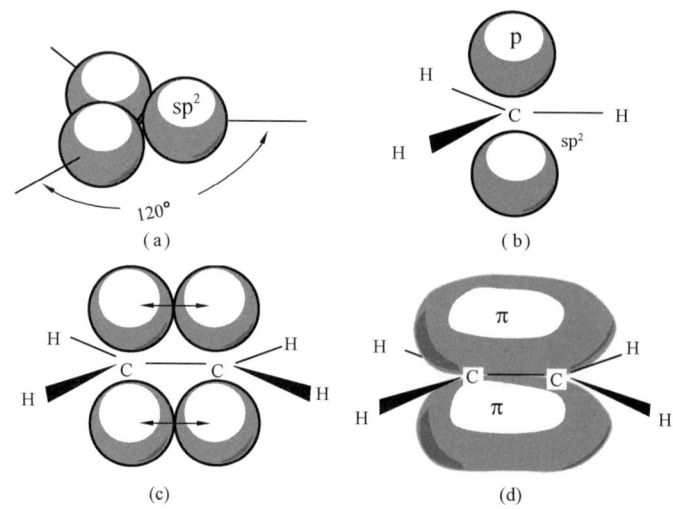

图 2.3 (a)碳的 sp^2 杂化轨道位于指向等腰三角形的三个角的轴面上;(b)甲基含有一个 σ 键平面上、下均由电子所占据的单 p 轨道;(c)乙烯中相邻的 p 轨道相互作用形成(d);(d)σ 键平面上、下的一个π键(π电子云)(据 Morrison 和 Boyd,1987 改编)。本图的转载承蒙雪佛龙美国公司的分支机构雪佛龙－德士古勘探和开发技术公司的惠允

乙烯所示,可形成π键或者双键。通常π键比 σ 键更容易参与反应。因此,乙烯中的碳原子由双键连接,该双键由每个碳原子的 sp^2 杂化轨道形成的一个 σ 键和一个 p 轨道叠合形成的π键所组成。含有双键的烃类为不饱和烃,它包括烯烃和芳香烃。

2.3 芳香族:苯

烃类可以划分为两大类:(1)脂肪烃,包括烷烃和烯烃;(2)芳香烃。虽然芳香烃含有π键,但因电子的离域作用而大都高度稳定。

苯为最简单的芳香烃(图 2.4),它的六个碳原子均杂化成 sp^2,由 σ 键相互连接,在平面形成一个六角形的环。像乙烯一样,每个碳原子在 p 轨道内都有一个可用于与相邻碳原子重叠形成π键的单电子。苯环中碳原子间的π键都是相等的。6 个 p 电子在给予碳原子之间平等共享或移位,在苯环的上、下形成一个环形的π电子云。在成岩作用和后生作用的过程中,这种双键的排列方式比孤立的双键更稳定。

大多数石油含有各种芳香烃,包括苯和甲苯(苯环上带一个甲基基团)以及邻二甲苯、间二甲苯和对二甲苯(苯环上带两个甲基基团)。但石油中的烯烃却很少或者没有。烯烃不如芳香烃稳定,它在沉积物深埋过程中易加氢生成烷烃。一般而言,与非取代的母体化合物相比,含有官能团的分子,如孤立双键、羟基(—OH)、羧基(—COOH)或硫羟(—SH)等取代基,更易发生反应,它们在埋藏过程中有逐渐消失的倾向。

2.4 结构表示法

化学家使用几种不同的表示法来描述有机化合物的结构。最精确但却比较复杂的表示法用一系列的点来表示所有的外层电子。图 2.5a 就是用点表示法画出的丁烷结构,碳原子间或碳、氢原子间的各 σ 键共享两个电子。这两个键合电子的表示法可以用线段代替(图 2.5b)或

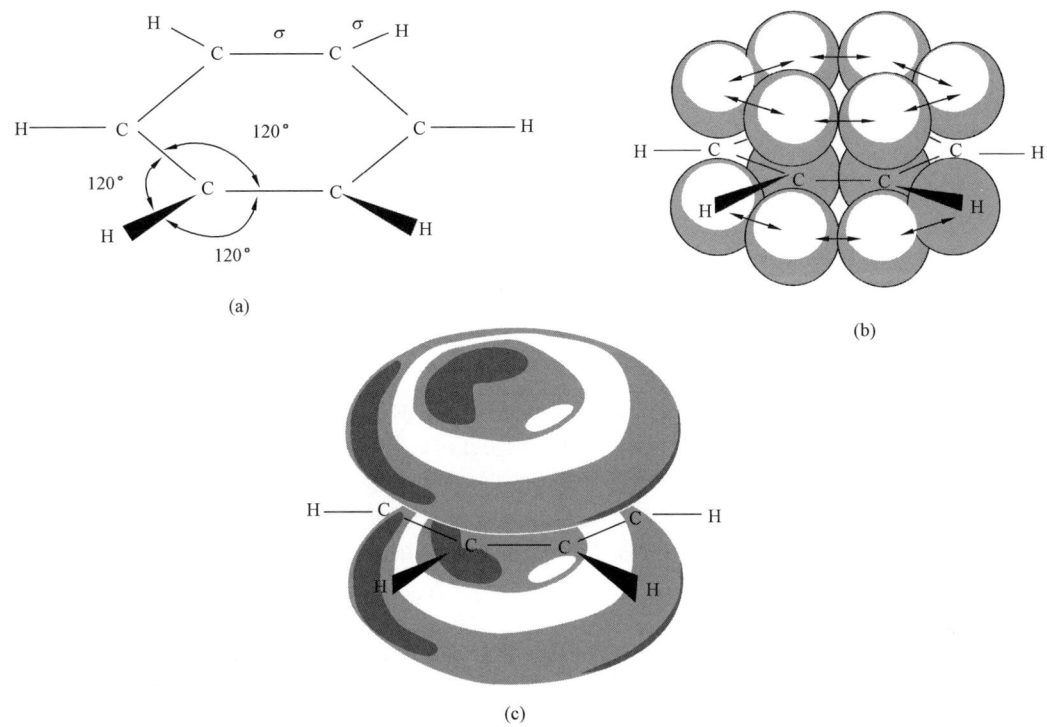

图 2.4 最简单的芳香烃——苯的视图:(a)只有 σ 键存在;(b)p 轨道重叠形成的π键;(c)σ 键的平面上、下离域的π键电子云(据 Morrison 和 Boyd,1987 改编)。本图的转载承蒙雪佛龙美国公司的分支机构雪佛龙 - 德士古勘探和开发技术公司的惠允

者干脆省略(图 2.5c)。当不用键来表示时,就假定原子的适当结合满足了化合价的要求(化学配平)。例如,饱和烃中的每个碳原子含有四个 σ 键,最简单的标志法仅由一条"Z"字形折线构成,它可以大致描绘出不带相伴氢原子的分子碳骨架的二维投影。在这种表示法中,每个拐角和线条的终端都代表一个单一的碳原子以及能够满足化合价要求的合适数目的氢。因此,在所有"Z"字形的结构式中,除非特别标出了其他的元素,线条的终端都意味着有一个甲基基团(CH_4)。"Z"字形折线表示法对包括生物标志化合物在内的复杂的有机分子尤为实用,但通常与其他的表示法结合使用。

图 2.5e 和 2.5i 列举了包括 1 - 丁烯和苯在内的不饱和烃表示法的实例。如上所述,苯中所有的 C—C 键都是对等的,图 2.5g 和图 2.5h 均不代表该结构中真实的离域电子云。虽然图 2.5g、i 的表示法均可被接受,但一般用图 2.5i 来表示苯中离域的电子云。表示复杂的有机分子通常需要另外的符号表示法,尤其在必须表示立体化学上的差异时更是如此。

2.5 三维在二维空间的投影

人们一直在致力于表达有机分子中碳原子的三维展布。丁烷中连接碳原子的 sp^3 键之间的角度(0 ~ 109°)在二维视图(图 2.5d)中很难描述。几种常见的方法试图在二维投影上更加精确地描述分子的三维结构,图 2.6 展示了其中的三种方法。棒、球棒以及空间充填的实心模型的投影就是一些用分子模型的部件可以勾勒出的分子结构图。这些模型试图更准确地表达键角(棒模型),键角和半径(球棒模型),以及键角、半径和长度(实心模型)。

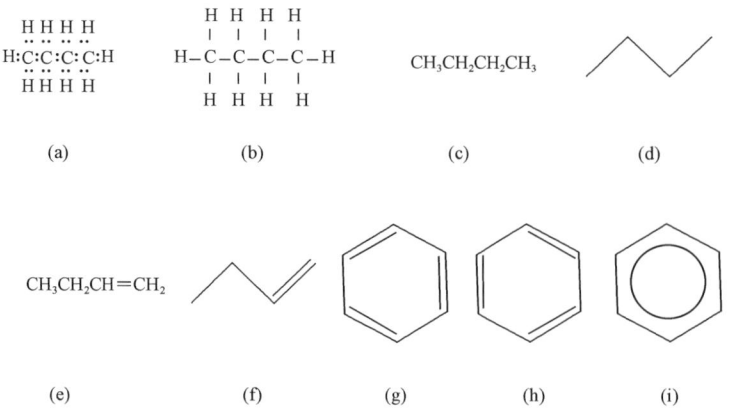

图2.5 用于描述有机化合物不同结构的表示法的示例:(a)点式;(b)线式;(c)丁烷的分子式以及(d)折线表示法;(e)1-丁烯的分子式以及(f)折线表示法;(g)和(h)苯的两种精确的非对等线式表示法;(i)指示苯的电子离域作用的表示法(用以说明(g)和(h))。本图的转载承蒙雪佛龙美国公司的分支机构雪佛龙-德士古勘探和开发技术公司的惠允

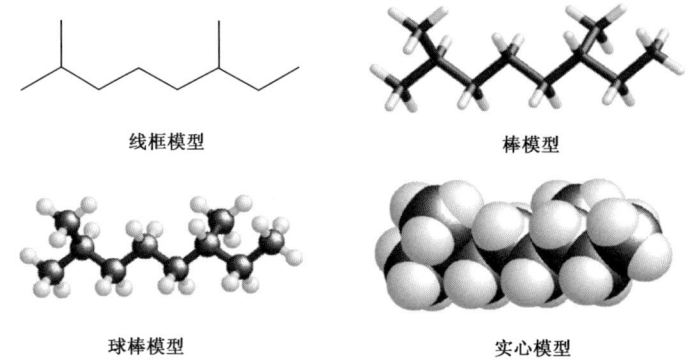

图2.6 2,6-二甲基辛烷(C_{10}异戊二烯烃或单萜烷)的结构表示法。线框模型或者"Z"字形折线模型仅可表达二维的碳骨架以及试图展示键角。其他的三种表示法是三维模型在平面上的投影。碳原子为黑色,氢原子为灰色。棒模型试图展示键角,球棒模型试图展示键角和半径,而实心模型则试图展示键角、半径以及长度

2.6 无环烷烃

甲烷和乙烷为饱和烃(分子通式为C_nH_{2n+2})系列中最简单的化合物。这些化合物称为烷烃或石蜡烃。随着n值的增大,可以形成一系列的同系物(表2.1)。表中碳原子呈线状排列的化合物称为正构烷烃或正构石蜡烃(分别为n-烷烃或n-石蜡烃)。碳原子呈非线状排列的化合物称为异构烷烃、支链烷烃或异构石蜡烃。

表2.1 几种无环烷烃的同系物、正构烷烃、异构体的沸点以及可能的同分异构体的数目

碳数 n	名称	分子式	沸点(℃)	可能的异构体数
1	甲烷	CH_4	−164	1
2	乙烷	C_2H_6	−89	1

续表

碳数 n	名称	分子式	沸点(℃)	可能的异构体数
3	丙烷	C_3H_8	-42	1
4	丁烷	C_4H_{10}	0	2
5	戊烷	C_5H_{12}	36	3
6	己烷	C_6H_{14}	69	5
7	庚烷	C_7H_{16}	98	9
8	辛烷	C_8H_{18}	126	18
9	壬烷	C_9H_{20}	151	35
10	癸烷	$C_{10}H_{22}$	174	75
11	十一碳烷	$C_{11}H_{24}$	195	159
12	十二碳烷	$C_{12}H_{26}$	216	355
20	二十碳烷	$C_{20}H_{42}$	343	366319
30	三十碳烷	$C_{30}H_{62}$	450	4×10^9

分子式相同而其结构基团的排列方式不同的化合物称为同分异构体。甲烷、乙烷和丙烷没有异构体。而丁烷则可以是分子式为 C_4H_{10} 的两种化合物（异构体）中的任意一种（图 2.7）。随着碳数的增加，每个化合物同分异构体的数目呈指数增加。例如，二十碳烷（$C_{20}H_{42}$）可能具有的不同异构体的数目超过 366000 种以上（表 2.1）。这还不包括立体异构体，如对映异构体和非对映异构体（见下文）。如果考虑立体异构体，可能的异构体的数目还会增加很多。

国际纯粹化学和应用化学联合会（IUPAC）为所有烃类的命名制订了正式的规则。如异构烷烃，由最长的连续碳链决定其根名，支链烷基基团依据其碳原子数为 1、3 等分别被命名为甲基、乙基、丙基等，以此类推。烷基基团位置的编号应是沿碳主链以离侧链最近端为始计数所得到的最小数。

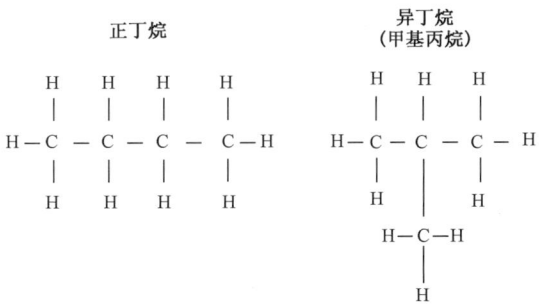

图 2.7 丁烷（C_4H_{10}）具有两种结构异构体。正丁烷（nC_4，左图）属于正构烷烃（正构石蜡烃）系列中的一个同系物，而异丁烷（iC_4，右图）则属于异构烷烃系列中的一个同系物。结构描述中原子间的连接线表示共价键。本图的转载承蒙雪佛龙美国公司的分支机构雪佛龙-德士古勘探和开发技术公司的惠允

图 2.7 和图 2.8 分别以丁烷（C_4H_{10}）和庚烷（C_7H_{16}）的同分异构体为例说明了 IUPAC 的命名规则。如上所述，丁烷有两个同分异构体，正丁烷和 2-甲基丙烷。后者又称异丁烷，属非正式名，但常被 IUPAC 所认可。其他一些无环烷烃的非正规名字也可用作正式术语的有：异戊烷（2-甲基丁烷）、季戊烷（2,2-二甲基丙烷）和异己烷（2-甲基戊烷）。庚烷有 9 个无环异构体，所有的分子式都是 C_7H_{16}，它们包括正庚烷和 8 个不同的异构烷烃。如果从长链上去掉一个碳并换上一个甲基基团（—CH_3），那么，最长的连续碳链就变为仅有 6 个碳的长度

(己烷),其中只有两个可以放置甲基的位置,即第二或者第三位的碳。正确的命名应该是2-甲基己烷和3-甲基己烷,它们的俗称分别为异庚烷和反异庚烷。被称为4-甲基己烷和5-甲基己烷的化合物实际上并不存在,因为它们分别是3-甲基己烷和2-甲基己烷的对等物,只是确定碳数的方向改变了而已。如果C_7H_{16}烷烃的最长碳链只含有5个碳(戊烷),就会有5个不同的异构体,其中的四个异构体是两个甲基基团接在不同的碳原子位上;另外一个是在中间碳位上带乙基(—C_2H_5)的异构体。如果乙基是接在中间碳以外的任何位置上,那么,最长的碳链就会有6个(以上的)碳,生成正庚烷或2-甲基己烷。

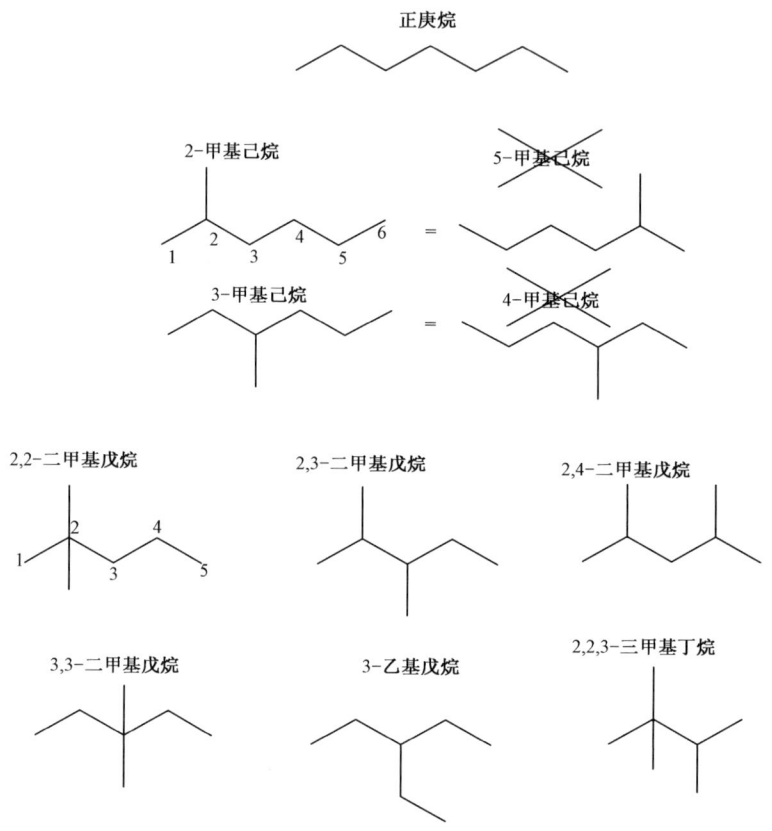

图2.8 9个无环庚烷(C_7H_{16})同分异构体的结构与名称。n-庚烷、2-甲基己烷和2,2-二甲基戊烷中的C-2被分别称之为仲、季或叔碳原子

注:化学家为了便于讨论,对无论是天然的还是合成的化合物均使用能够准确无误地反映其化学结构的名称。IUPAC在《有机化合物命名》(通称"蓝皮书")中为化合物命名制定了正式的规则,我们极力建议读者熟悉IUPAC的规定惯例。高等化学发展股份有限公司经IUPAC许可,推出了网络的版本,读者可以登录www.acdlabs.com/iupac/nomenclature,查到所有烃类的命名规则,包括石油中的生物标志化合物及其生物前躯物。

对有机化合物的命名,化学出版物倾向于使用IUPAC的规则。然而,许多地球化学出版物则使用俗名。这对分子量较大的生物标志物而言尤其如此,因为IUPAC的命名可能过于冗长。本书使用IUPAC的命名,但也使用一些俗名或者不完整的命名规则,以方便阅读。

2.7 无环烯烃

烯烃是含有一个或者一个以上双键的烃类。其分子通式为:$C_nH_{2n+2-2z}$,z为双键的数目。因此,含有一个双键的无环烯烃的分子通式为C_nH_{2n}。数目"z"表示不饱和的程度。

烯烃有几何异构体。由于双键具有刚性,它形成的空间约束是其对等的饱和烃所不具有的。几何异构体指那些仅旋转双键,或如下文所描述的为环内的键,就可以相互转换的化合物。例如,2-丁烯就是碳-2和碳-3之间为双键的丁烷。由于双键不能自由旋转,位于双键任意一侧的甲基基团可以在双键的同侧或者异侧。当甲基基团在双键的同侧时,该化合物被称之为顺-丁烯;而当甲基基团在双键的另一侧时,则为反-丁烯(图2.9)。这些分子在化学上截然不同,具有不同的物理和化学性质。

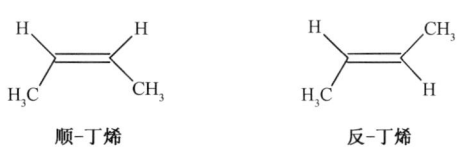

图2.9 几何异构体就是仅通过旋转双键或环碳就可以互相转换的化合物

很多的生物分子含有一个或者多个双键。烯烃的稳定性使其可以存在于低熟的石油和岩石抽提物中。由于双键相对比较活跃,因此,大多数石油不含或者含微量的烯烃,除非在特殊情况下,如辐射成因的蚀变(Frolov等,1998)或者运移原油夹带的未熟沥青(Curiale,1995)。

2.8 单环烷烃

当无环烷烃的两端相连时就形成一个单环。这类化合物被称为单环烷烃,其分子通式为C_nH_{2n}。尽管环烷烃可以含有几乎任何碳数,但在石油中常见的只有五个(环戊基)或六个(环己基)碳原子结合的环烷烃。最简单的这类环烷烃是环戊烷(C_5H_{10})和环己烷(C_6H_{12}),通常分别用平面的五元环和六元环来描述。带环的烷烃有时又被称作(石油)环烷烃。

由于环中的碳原子不能自由旋转,单环烷烃以几何异构体的方式存在。像烯烃一样,烷基侧链可连接在单环烷烃环面的同侧(顺式)或者异侧(反式)(图2.10)。在线状结构示意图中,黑体的锲状键表示基团位于平面之上;反之,虚点的锲状键则表示基团位于平面之下或之后。

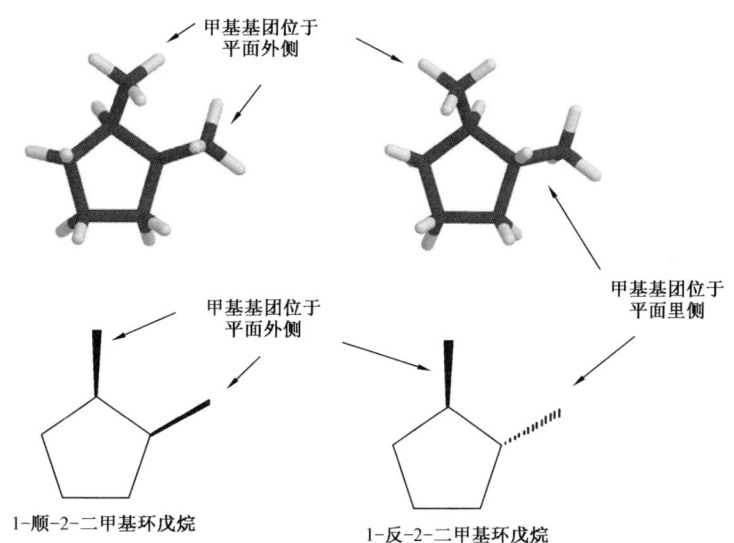

图2.10 1,2-二甲基环戊烷顺、反几何异构体的棒状和线状视图

环己烷是一个折叠的六碳环,它可被假设具有被称为椅式、船式和扭曲式(拉伸)的几种构型(图2.11)。椅式和船式构型均具有近似碳四面体键角的特征。但椅式颇具刚性,船式则不同,可弯曲形成扭曲式构型而键角不发生形变。采用蒸馏等技术无法分离环己烷的不同构型,因为在室温下它们会迅速地相互转换。

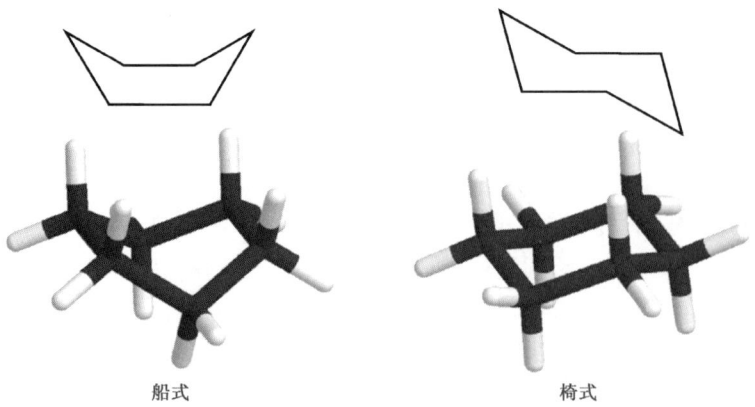

图 2.11 环己烷船式和椅式构型的三维投影和棒模型图

2.9 多环环烷烃

烃类可以由聚集在一起的多个碳环组成。单环和多环烷烃都被看成是环烷烃。它们的分子通式与烯烃雷同,也是 $C_nH_{2n+2-2z}$,z 代表环或双键的数目。原油中大多数的环状生物标志物都以交错的方式连接成形(图2.12)。如下所述,该特征是由它们生物前驱物的化学性质所决定的。

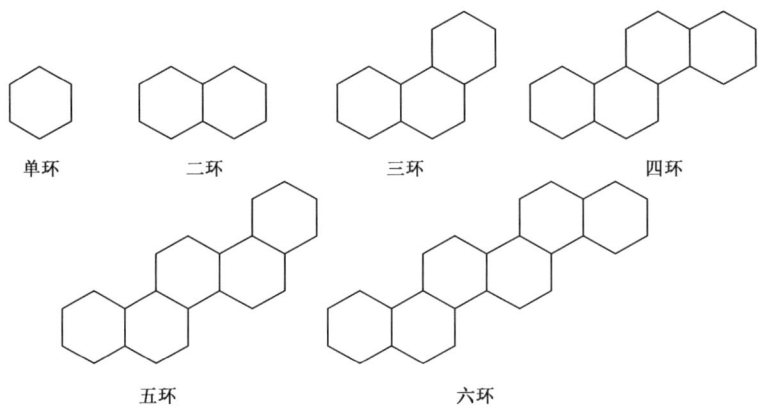

图 2.12 多环环烷烃示例

多环烷烃中的环与环己烷一样,其构型既可能是船式的,也可能是椅式的。但与环己烷所不同的是其构型固定在一起,环与环之间不易互变。环的构型由组成生物化学类脂物的酶促反应所决定并影响分子的形状。石油中的很多生物标志物(如藿烷和甾烷)是由多个环己烷的环与一个环戊烷的环均以最稳定的椅式构型稠合而成。有些生物标志物,如 17α-重排藿烷含有船式构型也很稳定的六元环(Dasgupta 等,1995)。这些分子通常用常见的二维线-框模型来表示,但也可用投影图来表示其环系统的三维特征(图 2.13)。

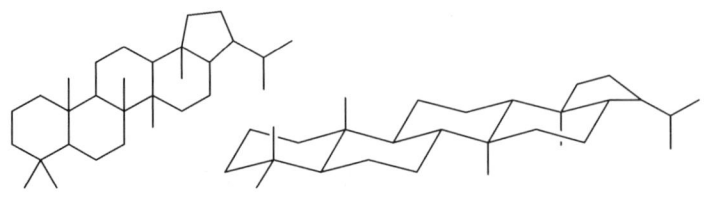

图 2.13 用线-框模型(左)和投影的三维结构(右)描述的藿烷
所有的六碳环均为椅式构型

2.10 异戊二烯法则

大多数的生物标志化合物的基本结构单元是由五个碳原子构成的异戊二烯,又叫甲基丁二烯(图 2.14 和图 2.15)。由异戊二烯亚单元组成的化合物称萜类、类异戊二烯或类异戊烯(Nes 和 McKean,1977),从细菌到人的所有的生物都需要这些物质。异戊二烯法则指出这些化合物的生物合成是通过类似于取代基团的 C_5-异戊二烯亚单元的聚合作用而实现的。与其他生物聚合物,如蛋白质或多糖,所不同的是萜类不易解聚,因为它们是由共价 C—C 键连接在一起的。有关萜类的生物合成作用在第 3 章有专门的讨论。

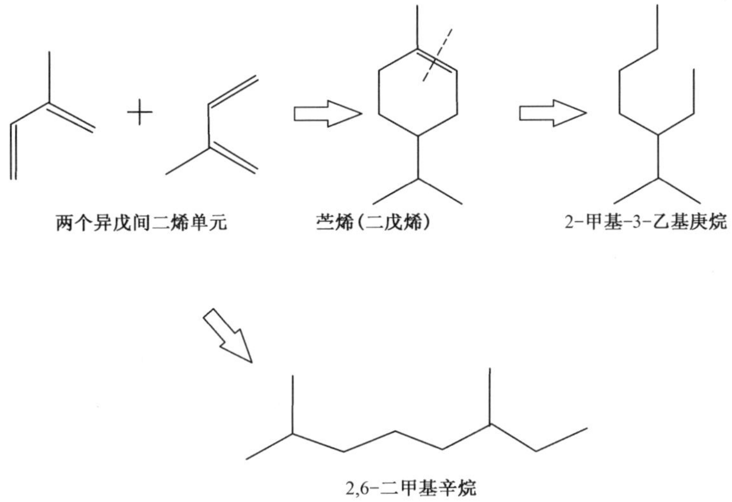

两个异戊间二烯单元　　苎烯(二戊烯)　　2-甲基-3-乙基庚烷

2,6-二甲基辛烷

图 2.14　两个单萜烷,2,6-二甲基辛烷和 2-甲基-3-乙基庚烷的可能来源,每个均由两个异戊二烯亚单元连接而成(据 Mair 等,1966 改编)。它们以及石油中很多其他常见的低分子量的烃类通常都遵循异戊二烯法则,并且可以被解释为萜类的热解产物。注意:2,6-二甲基辛烷中的异戊二烯亚单元是头尾连接的。本图的转载承蒙雪佛龙美国公司的分支机构雪佛龙-德士古勘探和开发技术公司的惠允

饱和的萜类没有双键,根据所含异戊二烯亚单元的近似数可以细分为若干类。萜类家族由种类繁多的有环或无环结构化合物所组成(Devon 和 Scott,1972;Simoneit,1986),其中的一些如图 2.15 所示。半萜(C_5)、单萜(C_{10})、倍半萜(C_{15})、双萜(C_{20})和二倍半萜(C_{25})分别含一、二、三、四和五个异戊二烯亚单元。三萜烷和甾烷(C_{30})的结构不同,但均是由六个异戊二烯亚单元所组成,而四萜烷(C_{40})则具有八个亚单元。含有九个或九个以上异戊二烯亚单元(C_{45+})的饱和异戊二烯被称作多萜烷。

注:天然橡胶为类异戊二烯的多不饱和聚合物,分子量可达数千。尽管在各种植物中都发现有橡胶,但大多数天然橡胶是取自巴西红木种属的三叶胶树(*Hevea brasiliensis*),该树属于亚马逊大戟科植物(*Euphorbiacea*),现今在东南亚、印度尼西亚和其他一些地区均有种植。最早采集和应用橡胶的是中美

洲的玛雅人。他们从事一项体育运动,把橡胶球反弹穿过高悬墙上的石圈。这种球场在玛雅的许多考古遗址中均有发现。

遵循异戊二烯规则的原生化合物称为类异戊二烯。更多化学结构的发现清楚地表明异戊二烯亚单元之间的连接方式可以不同:有头对尾(规则)的连接和其他(不规则)的连接。例如,法呢烷(图2.15)为规则的无环类异戊二烯烃,含有三个头对尾相连的异戊二烯亚单元。而角鲨烷和双植烷(图2.15)则为不规则的无环类异戊二烯。角鲨烷含有六个异戊二烯单元,其中一个是尾对尾连接,而双植烷则含有一个头对头的连接。

图2.15列举了其他连接方式的异戊二烯烷烃:头对尾(规则)(Albaigés,1980;Albaigés 等,1978)、头对头(Moldowan 和 Seifert,1979;Petrov 等,1990)、尾对尾(Brassell 等,1981)以及其他异戊二烯亚单元的排列次序不同的、不规则的类异戊二烯烷烃。图2.15 还包括了三种异构的 C_{40} 化合物的异常情形,它们被认为是来源于古细菌(Albaigés 等,1985),其连接方式分别为头对头(双植烷)、头对尾(C_{40} 规则类异戊二烯烃)和尾对尾(番茄红烷)。Volkman 和 Maxwell(1986)对无环类异戊二烯的地球化学特征进行了描述。

具有降解的、蚀变的或同系物结构的化合物仍可归类于其母体萜类家族。萜类的某一类化合物的精确碳原子数取决于因母质、成岩作用、热成熟度和生物降解的差异而发生的生物化学变化。例如,属于环状萜类的胆甾烷(C_{27})、麦角甾烷(C_{28})和豆甾烷(C_{29})为甾烷系列中的三个同系物(图2.15)。这些化合物只是近似地遵循异戊二烯的规则,因为它们所含的异戊二烯亚单元数$(C_5)_n$并不完整。然而,甾烷却具有萜类的某些特征。没有严格遵循异戊二烯规则的萜类来源于导致取代基增或减的生物化学的或其他的反应。

姥鲛烷是萜类中另一个未遵循异戊二烯规则的例子。姥鲛烷(C_{19})被看作是一种双萜烷,尽管它比规则的无环(线状)类异戊二烯系列中的第二大同系物——植烷(C_{20})少了一个次甲基(—CH_2—)。这个系列的规则类异戊二烯烷烃自法呢烷(C_{15})始,经C_{16}、C_{17}、降姥鲛烷(C_{18})和姥鲛烷(C_{19}),一直延续到植烷(C_{20})为止(图2.15)。其中,C_{16}-C_{19}化合物可以被认为是C_{20}的母体连续失去亚甲基之后降解形成的双萜烷。反之,将C_{16}、C_{17}和C_{18}化合物看成是通过链烷烃的直链部分加入亚甲基而形成的法呢烷的长链同系物也同样是正确的。然而,姥鲛烷却不是C_{18}无环类异戊二烯烷烃的长链同系物。与其说姥鲛烷的第十九个碳原子(其碳原子的编号方式与图2.15中的植烷相同)是直链部分加入的一个额外碳原子,倒不如说它是第四个异戊二烯亚单元上的一个甲基支链。

图2.15所示的几种降解化合物(标以星号)含有的碳原子数目要少于其母体萜烷。但丛粒藻烷与母体萜类相比(三萜烷)却增加了四个碳原子。

大多数含有20个或少于20个碳原子的类异戊二烯烷烃,包括姥鲛烷和植烷,主要来自成岩作用过程中叶绿素 a 的植醇侧链(Rontani 和 Volkman,2003)(参见图3.24)。例如,姥鲛烷可能是由植醇的氧化和脱羧基形成的,而植烷则可能是植醇脱氢和还原的产物。因此,姥鲛烷(C_{19})和植烷(C_{20})通常是石油中整个头-尾连接的规则类异戊二烯烷烃系列中丰度最高的成员(图2.16)。

半萜(C₅)

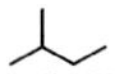

2-甲基丁烷

异戊二烯(C₅)

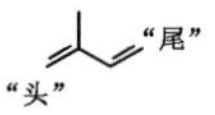

"头" "尾"

单萜(C₁₀)

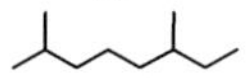

2,6-二甲基辛烷

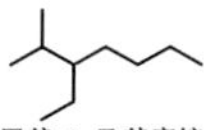

2-甲基-3-乙基庚烷

倍半萜(C₁₅)

无环

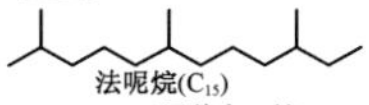

法呢烷(C₁₅)
2,6,10-三甲基十二烷

双环

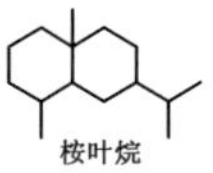

桉叶烷

二萜烷(C₂₀)

无环

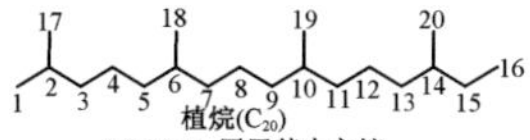

植烷(C₂₀)
2,6,10,14-四甲基十六烷

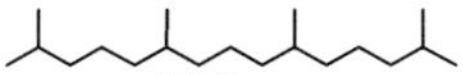

姥鲛烷(C₁₉)
2,6,10,14-四甲基十五烷*

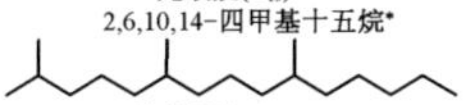

降姥鲛烷(C₁₈)
2,6,10-三甲基十五烷*

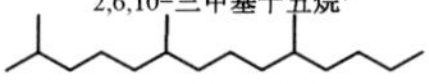

2,6,10-三甲基十四烷(C₁₇)*

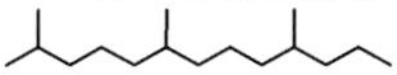

2,6,10-三甲基十三烷(C₁₆)*

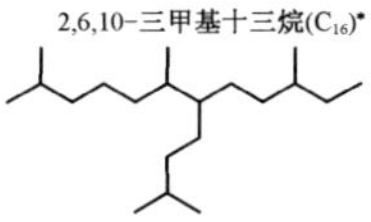

2,6,10-三甲基-7-(3-甲基丁基)-十二烷

双环

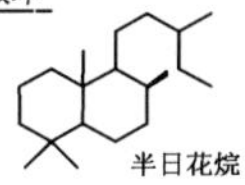

半日花烷

三环

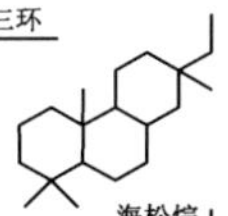

海松烷

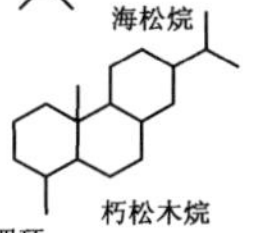

柏松木烷

四环

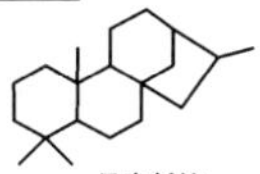

贝壳杉烷

二倍半萜(C₂₅)

无环

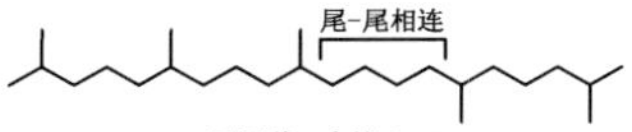

尾-尾相连

五甲基二十烷(C₂₅H₅₂)

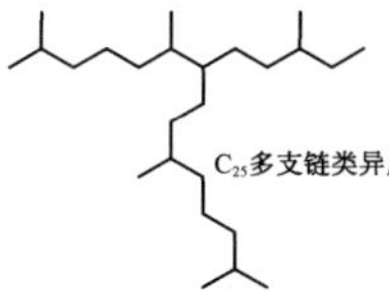

C₂₅多支链类异戊二烯(HBI)

三环

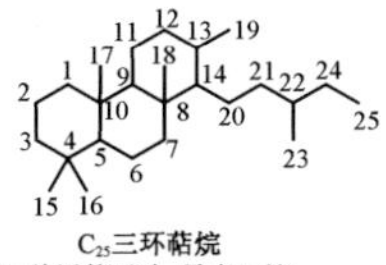

C₂₅三环萜烷
(C₂₅伸展的对映-异古巴烷)

四环

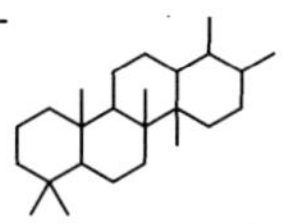

C₂₅四环萜烷

三萜烷(C₃₀)

无环

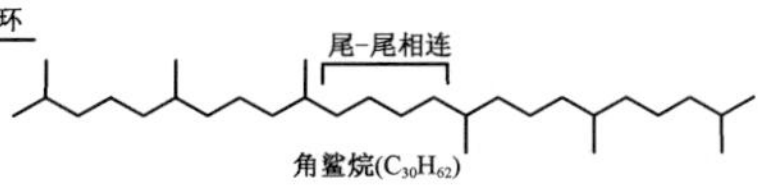

尾-尾相连

角鲨烷(C₃₀H₆₂)

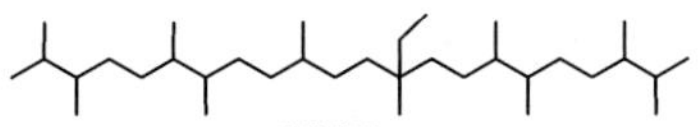

丛粒藻烷

三环

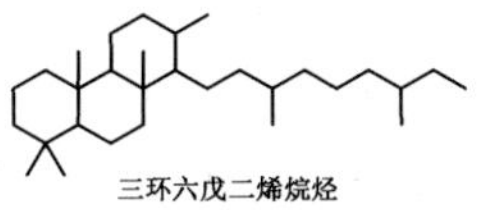

三环六戊二烯烷烃
(C₃₀伸展的对映-异古巴烷)

· 27 ·

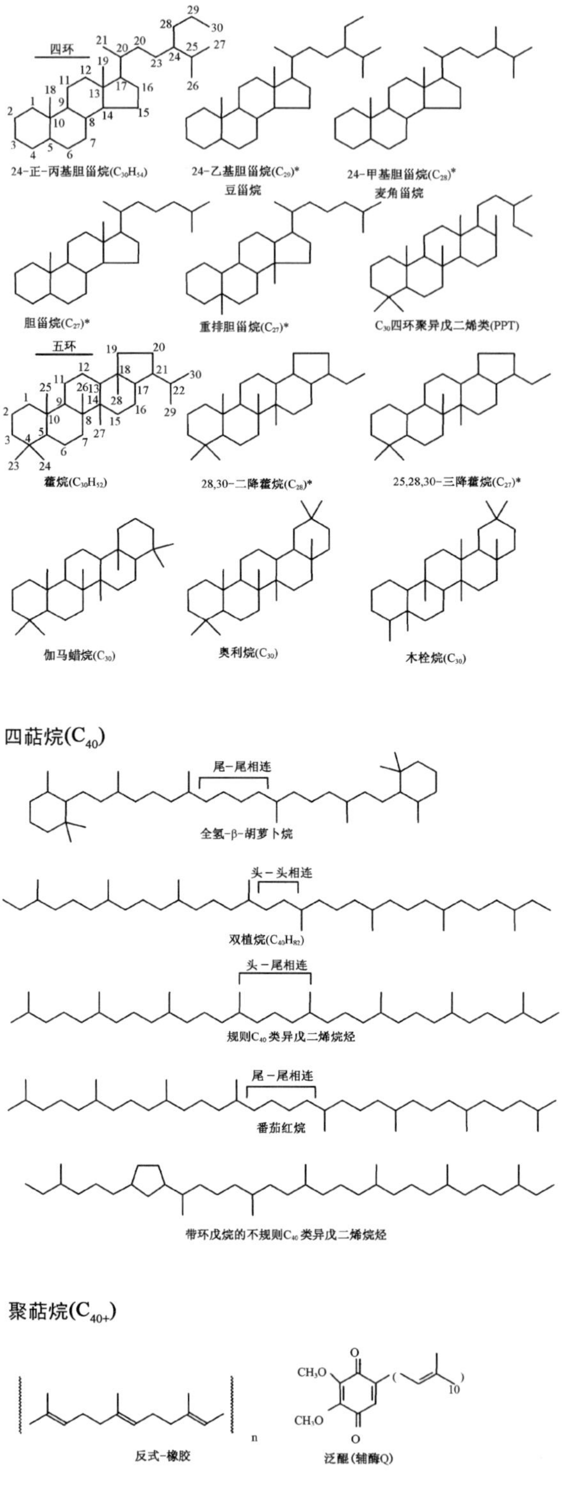

24-正-丙基胆甾烷($C_{30}H_{54}$)　24-乙基胆甾烷(C_{29})*　24-甲基胆甾烷(C_{28})*
　　　　　　　　　　　　豆甾烷　　　　　　　　麦角甾烷

胆甾烷(C_{27})*　　重排胆甾烷(C_{27})*　　C_{30}四环聚异戊二烯类(PPT)

藿烷($C_{30}H_{52}$)　　28,30-二降藿烷(C_{28})*　　25,28,30-三降藿烷(C_{27})*

伽马蜡烷(C_{30})　　奥利烷(C_{30})　　木栓烷(C_{30})

四萜烷(C_{40})

尾-尾相连
全氢-β-胡萝卜烷

头-头相连
双植烷($C_{40}H_{82}$)

头-尾相连
规则C_{40}类异戊二烯烷烃

尾-尾相连
番茄红烷

带环戊烷的不规则C_{40}类异戊烯烃

聚萜烷(C_{40+})

反式-橡胶　　　泛醌(辅酶Q)

图 2.15　普遍由异戊二烯(C_5)亚单元构建的各种萜类化合物的化学结构。图中所示的多数例子为饱和化合物(如单萜烷对单萜烯而言),因为它们是石油中的典型生物标志化合物。植烷、C_{25}长链对映-异古巴烷、24-n-丙基胆甾烷以及藿烷被用来举例说明无环和有环萜类化合物的编号系统(参见图 2.23)。带星号的化合物为碳原子数少于母体萜类的萜烷

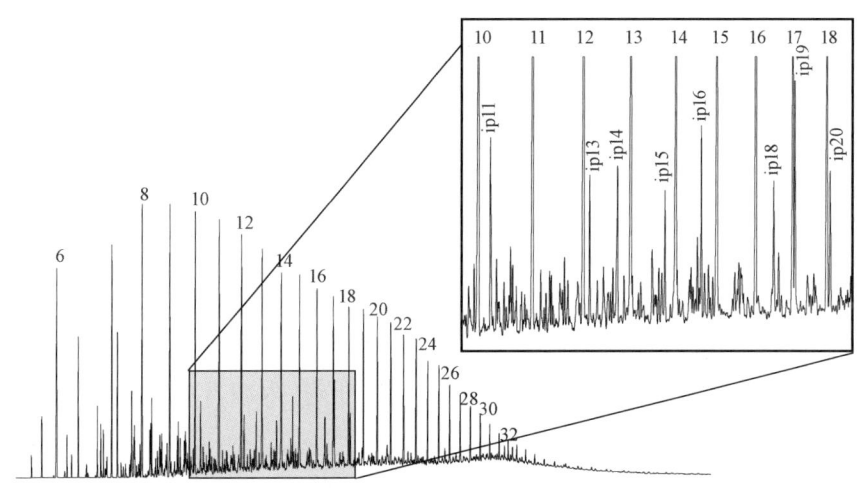

图 2.16　阿根廷白垩系 Agrio 组海相页岩生成的原油的气相色谱图(见图 18.126)。其规则的异戊二烯烃(插图中标以 ip 碳数)为仅次于正构烷烃(由碳数标出)的含量最为丰富的 C_{10+} 化合物。在正构烷烃之间流出的较小的、未标识的峰大都是其他的异戊二烯烃、单环烷烃以及烷基苯类的烃类。ip19 为姥鲛烷,ip20 为植烷

注:在石油中,规则的 C_{12} 和 C_{17} 无环类异戊二烯烷烃含量很低或没有。在规则类异戊二烯系列中 C_{17} 同系物不易形成,因为它要求 C_{19} 或 C_{20} 类异戊二烯烷烃的前躯物中有两个 C—C 键断裂才能形成。例如,C_{19} 规则类异戊二烯(姥鲛烷)的第 14 个碳原子上有两个甲基,其中一个 C—C 键的断裂可以形成 C_{18} 类异戊二烯烷烃。C_{13} 和 C_{14} 之间 C—C 的键断裂可产生 C_{16} 类异戊二烯烷烃。植烷中 C-2 和 C-3 间 C—C 键的断裂则形成 C_{17} 化合物(图 2.15),但该化合物已不再是规则的类异戊二烯烷烃系列的成员了。

含有 20 个以上碳原子的无环类异戊二烯烷烃的其他来源还包括:叶绿素 b,细菌叶绿素 a,α- 和 β- 维生素 E,类胡萝卜素色素和古细菌细胞膜(Goosens 等 1984;Volkman 和 Maxwell,1986)。古细菌可能由古元古代原生生物演化而来,那时常见的条件可能相当于今天的极限环境。这些原生生物包括具有原核生物和真核生物特征的那些嗜盐、嗜热酸及生成甲烷的生物(Woese 等,1978;Brock 和 Madigan,1991)。

各种不规则无环类异戊二烯烷烃为重要的生物标志化合物。譬如,丛粒藻烷就是原油和岩石抽提物中一种不规则的无环类异戊二烯烷烃(图 2.15),它对湖相沉积作用具很高的专属性。另一个不常见的无环类异戊二烯烷烃是 2,6,10 - 三甲基 - 7 - (3 - 甲基丁基) - 十二碳烷(图 2.15),它是犹他州 Rozel Point 原油中丰度次高的烷烃(Yon 等,1982)。该化合物及相关的多支链类异戊二烯烃似乎来源于海相和湖相的浮游藻或细菌(Volkman 和 Maxwell,1986),而且可能指示高盐沉积条件(参见表 13.1)。

尽管石油中许多易挥发、含量丰富的烃不是生物标志化合物,但也有证据显示它们是来源于活体生物中的生物标志化合物的前躯物。许多多支链烷烃及含有芳香或己环的烃类被认为是来自萜类化合物裂解的产物。Mair 等人(1966)认为在 Panca City 原油中 2,6 - 二甲基辛烷(0.50%,体积百分比)和 2 - 甲基 - 3 - 乙基庚烷(0.64%)的含量高于其他所有 49 种可能的异构体(0.44%)的含量,因为它们来源于萜类化合物的前躯物(两个异戊二烯单元,见图 2.14)。这些和其他带有萜类结构的化合物在石油中的丰富含量是反对 Gold 和 Soter(1980)提出的地幔中甲烷的随意聚合起源说的有力证据。

注：Smith(1968)认为大多数石油中丰富的正构烷烃是来自于活体生物的类脂物，它们包括自然界中的正构烷烃和脂肪酸。同样的，异构(2-甲基烷烃)和反异构烷烃(3-甲基烷烃)在原油中的富集似乎是由于生物成因所致。例如，2-甲基十八烷为古细菌生物合成而形成(Brassell 等，1981)。正构烷烃、异构烷烃和反异构烷烃都是不属于萜类的生物标志化合物的例证。

2.11 芳香烃

芳香烃含有一个或者多个带共轭π键的环(芳环)，其分子通式为 C_nH_{2n-6y}，y 表示芳环的数量。苯含有一个六元芳环，是最简单的芳香烃(见图2.5)。注意：绘制芳环时可以用交替双键或者一个内圆环来表示，双键表示法符合 IUPAC 的规则，并被广泛采用。然而，由于电子为环内所有的碳平等共享，双键表示法在技术上不够准确，内圆环表示法则能代表这种离域现象。

芳香烃可以根据芳环的数分成若干类。单环芳香烃有一个环，双环芳香烃有两个环，三环芳香烃则有三个环，依此类推。总而言之，任何含有两个以上芳环聚合在一起的芳香烃可以称之为多环芳香烃(PAH)。依芳环稠合方式的不同，不同的芳香烃可以具有相同的分子通式(图2.17)(译者注：图中并没有给出实例，最简单的例子是菲和蒽)。烷基苯、萘和菲通常是原油中含量最丰富的芳香烃。芳香烃的结构并不局限于六元的碳环，只要环状分子中相邻的原子都有 p 轨道，总 p 电子数为 $4n+2$ 个(n 为任意正整数)，那么，电子就会在整个环内离域。

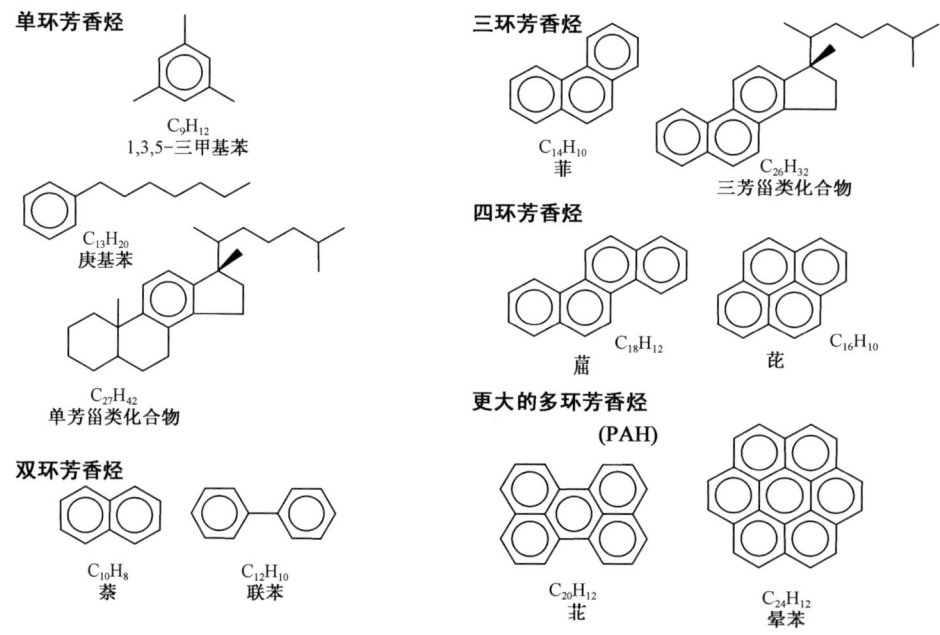

图 2.17 芳香烃实例

环烷-芳香烃含有芳环和饱和环，环烷或芳香基团可以是稠合环的组成部分也可以作为附着基团与环相连。在石油中，该类化合物的环烷部分多是五元或者六元的碳环。

2.12 杂环芳构分子

石油中的很多化合物含有碳、氢之外的元素。在非生物降解的热成熟原油中通常含有氮、硫、氧的化合物(NSO 化合物)，它们约占 10%~15%。富 S 的干酪根可以生成低熟油，其中

NSO化合物的含量大于40%。

2.12.1 含硫化合物

含硫化合物通常是石油中丰度最高的NSO化合物,在化学上它可进一步细分为几种类型(图2.18)。

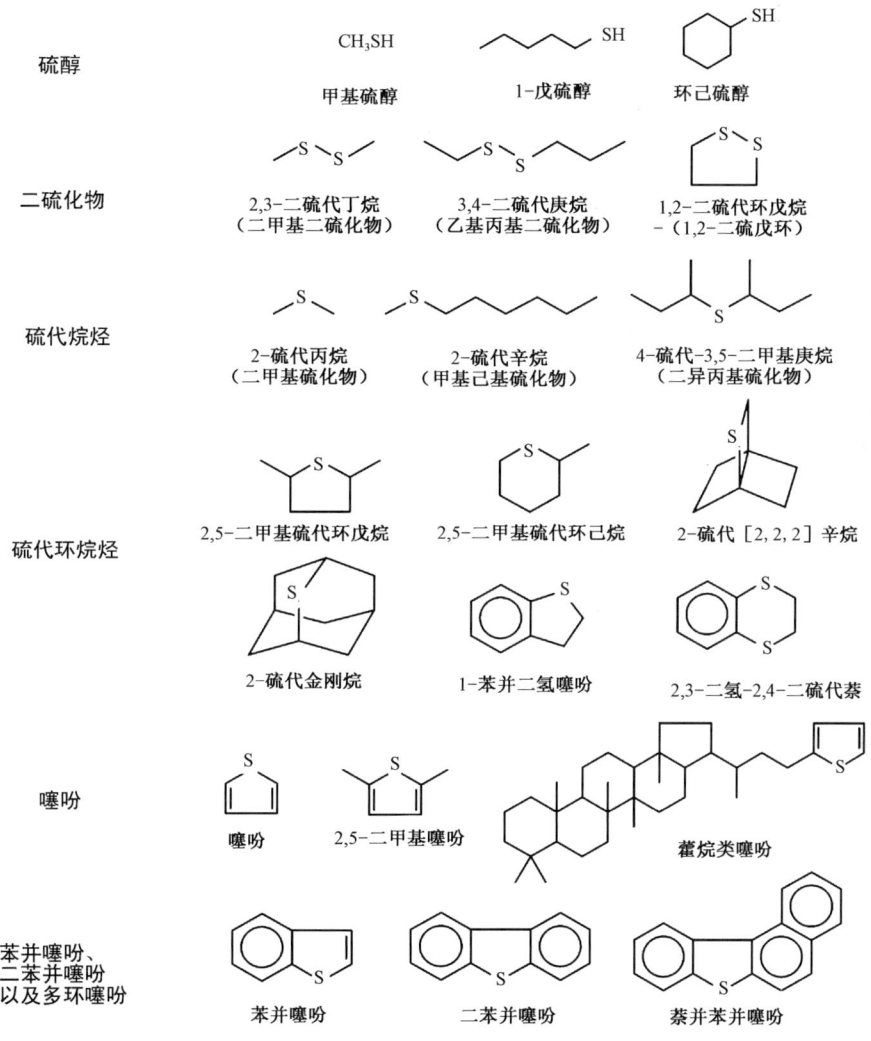

图2.18 石油中的含硫化合物实例

硫醇(硫醇 R—SH):高成熟的凝析油与H_2S反应可以生成大量硫醇,目前已鉴定出很多烷基和环烷基的硫醇。化学家常用R来表示烃基。

双硫化合物(R—S—S—R):亦常见于高成熟的凝析油中,一般是硫醇的烷基化产物。

硫代烷烃(硫化物):为结构内(非端头)含有单个硫原子的普通支链烷基化合物。硫通常在成岩作用的早期已经被结合进入分子内。

硫代环烷烃(硫化物):环烷结构内含有单个硫原子,这类化合物一般在成岩作用的早期形成。

噻吩:由含有四个碳原子和一个硫原子的五元不饱和环所组成,其性质与芳香烃相似。噻吩类生物标志物是官能团化的不饱和物质与微生物成因的硫化氢(H_2S)反应形成的。

苯并噻吩、二苯并噻吩和多环噻吩(含硫芳香烃):由一个噻吩结构单元与一个或者多个芳环缩合构成。其化学性质与芳香烃相近,芳构含硫化合物通常是石油中含量最为丰富的非烃类化合物。

2.12.2 含氮化合物

石油中的含氮非烃化合物以中性(芳香性)和碱性(具活性)的形式存在(图2.19)。

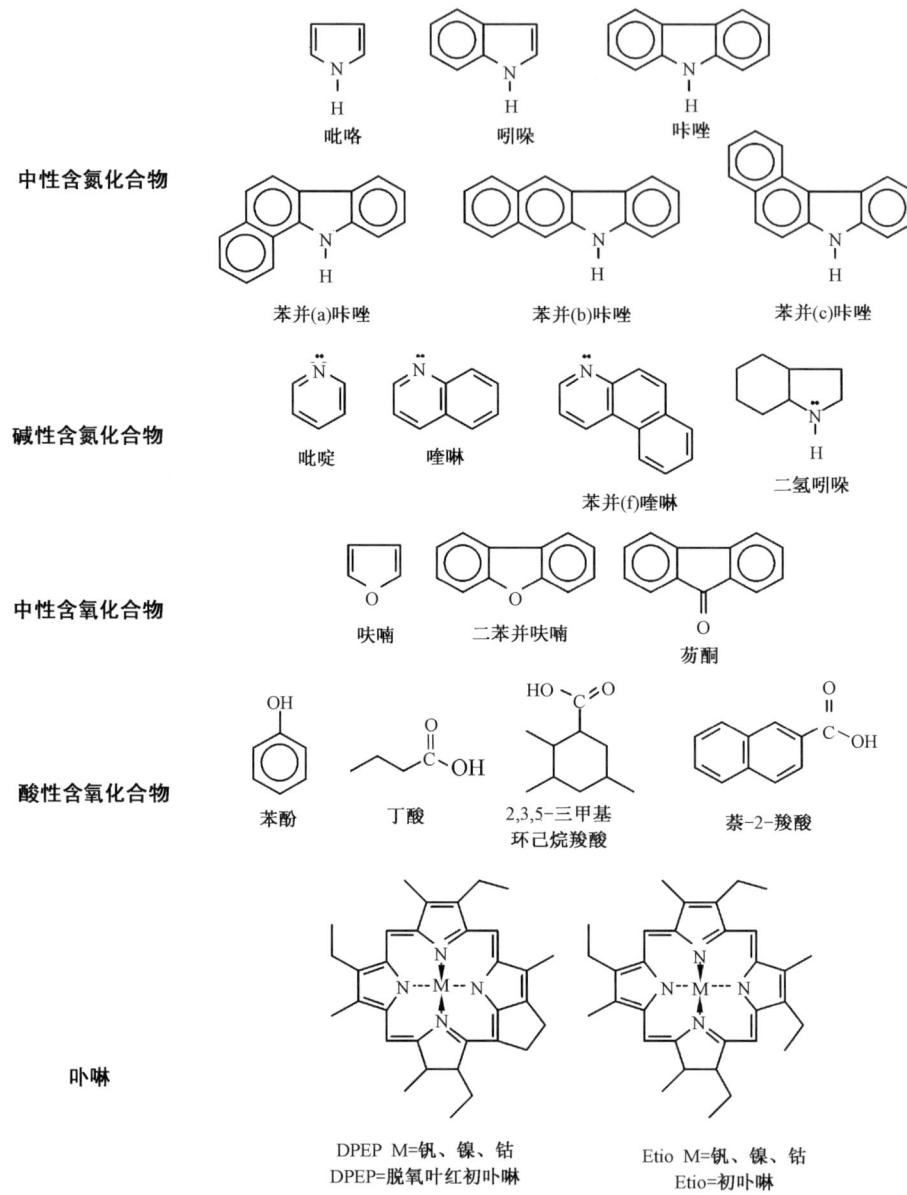

图 2.19 石油中的含氮及含氧化合物实例

中性(非碱性)含氮化合物的化学特征与噻吩相似。氮原子在π电子云中的电子为共享电子并离域。

碱性含氮化合物与非碱性含氮化合物的不同之处在于:氮原子上的孤对电子不属于离域π电子云的一部分,易与酸发生反应。

卟啉是含氮化合物中的特殊一族,主要来源于叶绿素。在活体生物中,卟啉的前躯物含有镁原子(叶绿素)或者铜、铁、钴原子的其中之一。在石油中,钒和镍通常会替代这些元素,其侧链与前驱物的侧链也不相同。

2.12.3 含氧化合物

石油中的含氧化合物以中性和酸性的形式存在(图2.19)。

中性含氧化合物主要是呋喃和芴酮,其含氧双键是离域π电子云的一部分。

酸性含氧化合物包括酚类和羧酸,虽然石油中的一些酸可能直接来自烃源岩,但相当数量的酸形成于微生物的降解过程。

2.12.4 胶质、沥青质和金属复合物

胶质和沥青质不仅是非离散的化合物,而且是高分子量的、尚未完全定义的杂原子分子。胶质和沥青质的区别被定义为对烃的相对溶解性,一般说来,它与分子的大小有关。原油中加入大量低分子量的烷烃(如n-戊烷),沥青质就会沉淀下来,而胶质(极性物质)则留在溶液中。金属复合物,如卟啉,是金属离子螯合在杂原子上。大多数此类化合物的性质尚未厘清。

2.13 立体化学及命名

分子中原子之间的立体或三维的关系称为立体化学,它是理解生物标志化合物的结构及其在地球化学研究中应用的基础。生物标志化合物中每个碳原子和环都有系统的标号。图2.15展示了无环类异戊二烯植烷的碳原子标号。甾烷和三萜烷的标号系统见图2.20。本文中,紧跟大写字母"C"之后的下角标数字指某一化合物的碳原子数。譬如,被称为胆甾烷的C_{27}甾烷含有27个碳原子。大写字母"C"后跟随一短线和数字指化合物内碳原子的特定位置,如,甾烷中的C-20是指位置为20的碳原子(图2.20)。"nC"或者iC之后跟一下角标数字被分别命名为具有特定碳原子数的正构烷烃或者异构烷烃。譬如,nC_{19}和iC_{19}分别指具有19个碳原子的正构烷烃和异构烷烃。环也按从左至右的顺序依次被标定为A-环、B-环、C-环等。

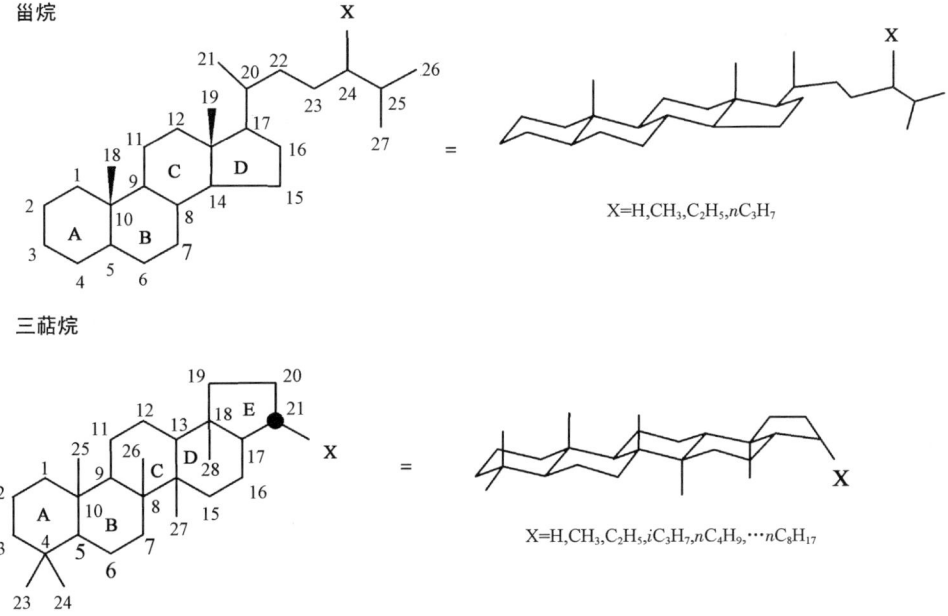

图2.20 甾烷和三萜烷(环状萜类)碳原子的标号系统及三维结构投影图实例。本图的转载承蒙雪佛龙美国公司的分支机构雪佛龙-德士古勘探和开发技术公司的惠允

使用各种常见的修饰词缀和其他命名法可以表述生物标志化合物的结构特征(表2.2)。例如,如果一个化合物中不含其母体化合物所含的某一碳原子,那么在该缺失原子的序数之后就加上一个前缀词"降"(nor-)。因此,除了一个甲基(C-25)从C-10的连接位置上脱去之外,25-降藿烷与藿烷(母体化合物)毫无二致(图2.20)。如果失去了两个或三个原子,那么就分别采用前缀词"二降"或"三降"(bisnor-或trisnor-)来标示。因此,28,30-二降藿烷是指缺少C-28和C-30甲基的藿烷(图2.15)。8,14-断藿烷由藿烷中C环的第8和第14碳原子间的键断裂而形成(见图16.40)。

表 2.2 与生物标志化合物相关的常见修饰词缀及其命名

修饰前缀		对生物标志物记化合物的意义
中文	英文	
升-	homo-	在结构上添加一个碳原子
二升-,三升-,四升-	bis-;tris-;tetrakis- (di-;tri-;tetra-)	分别添加二、三、四个碳原子
五升-,六升-	pentakis-;hexakis- (penta-;hexa-)	分别添加五、六个碳原子
断-	seco-	特定的C—C键断开
苯并-	benzo-	苯环的稠合
降-	nor-	结构中失去一个碳原子
脱-A	des-A(或de-A)	结构中失去A-环
异-	iso-	结构中的甲基位移
中文	英文	
新-	neo-	藿烷中甲基从C-18位移至C-17
螺旋-	spiro-	由一个碳原子连接起来的两个环
α	α	环中不对称碳原子上的官能团(通常为H)方向朝下
β	β	环中不对称碳原子上的官能团(通常为H)方向朝上
R	R	以顺时针方向旋转的不对称碳原子(见Cahn等,1966)
S	S	以逆时针方向旋转的不对称碳原子(见Cahn等,1966)

2.14 手性

饱和碳原子通过四个共价键与其取代基相连,这些共价键呈放射状向假想的四面体的各角伸展(图2.21)。如果所有的四个取代基各不相同,那么,四面体中心的碳原子是不对称的或手性的。调换连接在不对称碳原子上的任意两个取代基的位置就可形成该化合物的两种立体异构体的任意一种(互为镜像)。这些立体异构体虽具有相同的分子式,但它们互为镜像或是对映异构体,即如同左手和右手之间的差异(图2.21)。在含有一个以上不对称中心的分子中,所有不对称中心的倒置通常可以产生对映体。如下所述,而所有不对称中心的不完全倒置则可形成一个非对映体或差向异构体。

注:在1848年,路易斯·巴斯德(Louis Pasteur)观察到乳酸的某些晶体呈左旋,而另一些则呈右旋。他用手持透镜和镊子将二者分类。除了在平面偏振光的旋转方向上相反之外,二者的物理、化学性质完全相同。巴斯德由此发现了立体化学。如图2.22所示,除了它们互为镜像之外,乳酸的两种分子完全相同。由于它们使偏振光向不同的方向旋转,因而具备了光学活性。

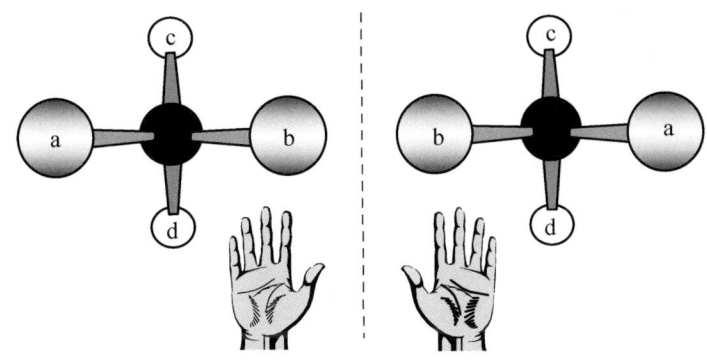

图 2.21 不对称的碳原子(黑色)通过向四面体的四角呈放射状的单一的共价键与四个不同的取代基(标以 a、b、c、d)相连。分子中的每个不对称中心可能存在两种镜像结构(如同左手和右手)。垂向的虚线代表镜面。图中所示的这两个结构为对映体,因为它们互为镜像;除非发生断键,否则二者不能重合。本图的转载承蒙雪佛龙美国公司的分支机构雪佛龙-德士古勘探和开发技术公司的惠允

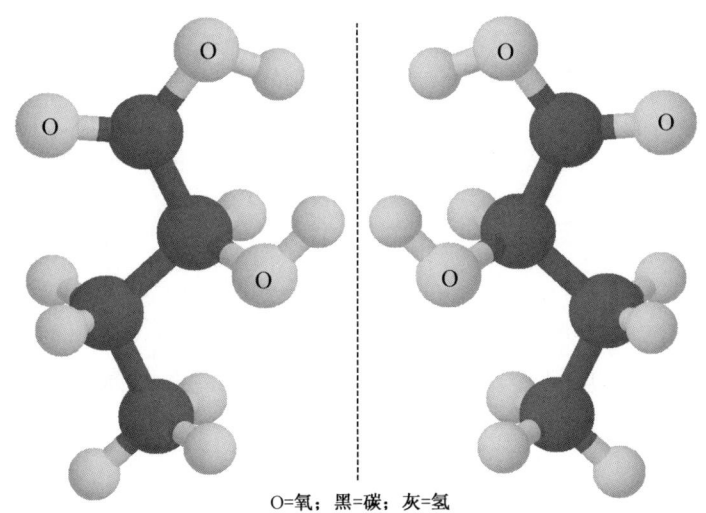

O=氧;黑=碳;灰=氢

图 2.22 乳酸的立体异构体具有相同的化学分子式,但却互为镜像。当其溶解在合适的溶剂中时,一种立体异构体使平面偏振光向右旋转(右旋体),而另一种立体异构体则使平面偏振光向左旋转(左旋体)

2.15 光学活性

对映体的化学性质十分相似,使用非手性固定相的气相色谱柱无法将其分离。而使用配备手性固定相色谱柱的气相色谱则可将其分开(Coleman 和 Lawrence,2000),但该项技术才刚开始被应用到油气地球化学上(Alexander 等,1992;Bastow,1998;Beesley 和 Scott,1998)。

在溶液中对映体的特性之一是旋转平面偏振光的方向不同。一个手性化合物形成的平面偏振光的旋转方向和程度是相等的,但与其对映体则正好相反。分子的非生物合成含有不对称的中心,一般可以产生一种左旋和右旋分子的外消旋混合物(50:50)。这些混合物不具旋光性,因为每种对映体的旋转性相互抵消。然而,许多生物成因的化合物都具有旋光

性,即它们的平面偏振光呈顺时针(向右或右旋)或反时针(向左或左旋)方向旋转。活体生物所独具的一个特征是参与细胞质生物合成的酶具有手性,由此生成的生物分子在某些不对称中心上仅具有一种构型。

注:以上叙述可能表明,要么生命起源只有一次,在原始生物中酶的每个不对称中心上只有一种构型;要么是替代的镜像生物已绝灭。例如,由一种生物形成的乳酸酶只能生成左旋化合物,而没有手性反应或催化剂参与的非生物合成则产生由左旋和右旋乳酸构成的外消旋混合物(图2.22)。氨基酸和糖类的构型可以依据实验对象与参照化合物 D - 或者 L - 甘油醛的化学相关性来确定,尽管术语 R - 或 S - 为首选。对具有旋光性的氨基酸和糖而言,最为常见的表达方式是用(+)表示右,(-)表示左。然而,对非甘油醛的化合物而言,其 R - 或者 S - 构型并不一定要分别对应于单色平面偏振光向右或左的平面旋转。

原油具有光学活性,它证明了形成石油的原始物质至少部分是来自曾经的活体生物的产物。Silverman(1971)提出的经典证据认为:主要由甾类和三萜类化合物构成的生物类脂物是石油的一种主要来源。在原油真空蒸馏的过程中,与其他馏分相比,425~450℃(对等于标准大气的沸点)的馏分贫重碳同位素(^{13}C),且具高度的旋光性,这意味着非蚀变的生物成因的母体分子的含量很大。该馏程对应于许多甾类和三萜类化合物的分子量范围。这些化合物在沉积条件下为固体,能够抵御沉积物成岩过程中的生物降解。Whitehead(1974)基于质谱和磁共振技术的分析也将原油的旋光性归咎于甾类和三萜类化合物。此外,从原油中分离出的生物标志化合物(如伽马蜡烷)具有很高的光学活性,表明它们是大多数光学活性的始作俑者(Hills 等,1966)。石油的旋光性通常与成熟度的增加成反比(Williams,1974),但由于选择性降解的缘故,它与微生物降解的程度成正比(Winters 和 Williams,1969)。

2.16 不对称中心的命名(R、S、α 和 β)

生物标志化合物的名称包含着立体化学方面的信息。例如,5α(H) - 和 5β(H) - 甾烷二者均存在于石油中,但其物理性质却不同。C_{27} 5α,14α,17α(H) - 胆甾烷 20R 的名称只描述了石油中数百万化合物中的一种。清楚地了解这些立体化学的名称,对众多生物标志化合物参数的应用,尤其是评价热成熟作用参数的应用是必不可少的(图14.3)。

图2.23 的上图展示了 C_{27} 甾烷(胆甾烷)可能的三维构象投影及其 A 环中 C - 3 和 C - 5 位上氢原子的立体化学构型。通常,此类图并不标示氢原子,但该图显示了 α 氢和 β 氢是如何分别位于分子平面之下和之上的。其中 3β 氢是平伏的,因为该氢与 C - 3 之间的键方向近似平行于由环系所确定的平面。5α 氢则为直立的,因为该氢与 C - 5 间的键方向沿轴向垂直于由环系所确定的平面。

地球化学文献中修饰词缀的使用并不一致。譬如,在生物标志化合物名称中符号 α 或 β 之后(H)或者(CH_3)的使用。这类修饰对于两个环共享的叔碳原子而言没有必要,因为它只有一种可能的构型。例如,术语 5α(H) - 胆甾烷中的修饰词(H)是多余的,因为它并不比 5α - 胆甾烷的名称增加了更多的信息。如果存在两种立体化学名称的可能,譬如,当胆甾烷中的 17 位(H 或烷基侧链)没有修饰时,一般表示该符号代表较大的基团(烷基侧链),它常见于天然产物的命名中。而地球化学的名称通常要表示 17 位上氢的方向。因此,术语 17β 可能会引起混淆,但 17β(H) 却清晰地指定了 17 位的立体化学构型。图2.23 中的分子也许可以命名为 5α,14α,17α(H) - 胆甾烷(20R),但这个名字还是显得多余。根据定义,母体胆甾烷具有 14α,17α(H),20R 的立体化学构型,由于这是个天然甾醇类胆甾醇的立体化学构型,只有在母体化合物的立体化学构型发生变化时才需要特别说明。因此,术语 5α - 胆甾烷和 5α,14α,17α(H) - 胆甾烷(20R)具有同等的含义,但后者可用于需要将其立体构型与其他胆甾烷的差

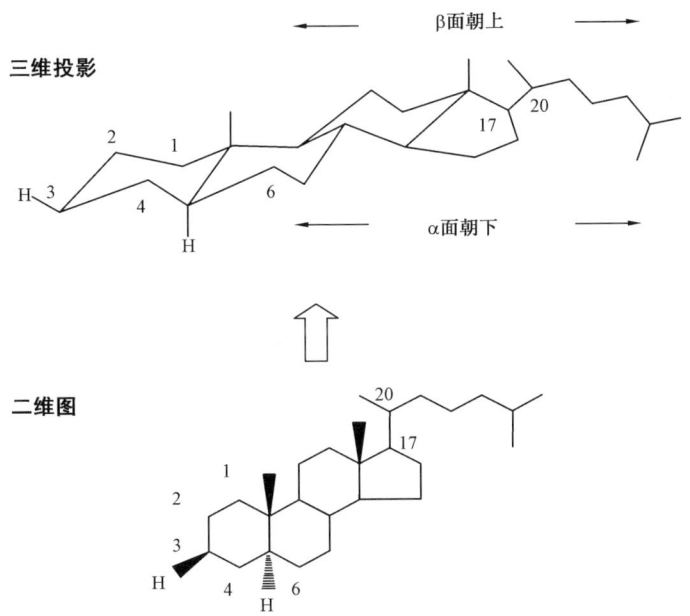

图 2.23 多环生物标志物化合物的 α(平面之下)和 β(平面之上)氢以及其他基团的标示步骤。本图以 C_{27} 甾烷(胆甾烷)为例。本图的转载承蒙雪佛龙美国公司的分支机构雪佛龙-德士古勘探和开发技术公司的惠允

向异构体进行对比的时候。

基于如下的简单规则,一个不对称碳原子的两种可能的构型可以分别被称为"R"和"S"(Cahn 等,1966)。图 2.24 以胆甾烷中的 C-20 为例,总结了确定 R 和 S 立体构型的三个步骤。读者不妨借助于建立胆甾烷和其他生物标志物的分子模型来更好地理解立体化学。

第一步:确定分子的方向,使不对称碳原子上的最小取代基,如氢原子(图 2.25),远离观察者;而不对称碳原子则与观察者相距较近。想象不对称碳原子和最小取代基间的键代表小汽车的操纵杆,其余三个取代基则为方向盘。

第二步:根据含碳数量由大到小的顺序对组成方向盘的其余三个取代基排序。对不同的含碳取代基而言,基团越大,优先权就越高。例如,正丁基的优先权大于乙基。然而,同为与不对称碳原子键合的原子,如果有两个以上的碳原子同时与其相连,那么,它的排列顺序就先于与只有一个碳原子连接的原子。譬如,异丙基的排列顺序先于正丙基,或者甚至先于正丁基(图 2.25)。对同位素而言,较大原子量的被赋予优先权。

第三步:在方向盘上按从最优到次优取代基的顺序画一假想的弯曲箭头,如果箭头在方向盘上的指向为顺时针时,不对称碳原子为 R 构型(拉丁词"*dextral*",意为右);反之,指向为逆时针时,则为 S 构型(拉丁词"*sinister*",意为左)。图 2.25 中 2-甲基-3-乙基庚烷的举例表明:C-3 不对称碳原子为 R 构型。前面已对该单萜烷进行过讨论(见图 2.14)。

在本文中,R 和 S 构型仅限用于无环部分碳原子的命名,而天然产物化学中的 α(α=下)和 β(β=上)的命名则用来描述环中不对称碳原子的构型。例如,胆甾烷在 C-20 上可以是 R 或 S 构型;在 C-14 上则为 α 或 β 构型(图 2.20)。表 2.3 列出了用于表示二维空间内生物标志物中特定碳原子立体化学的常用符号。

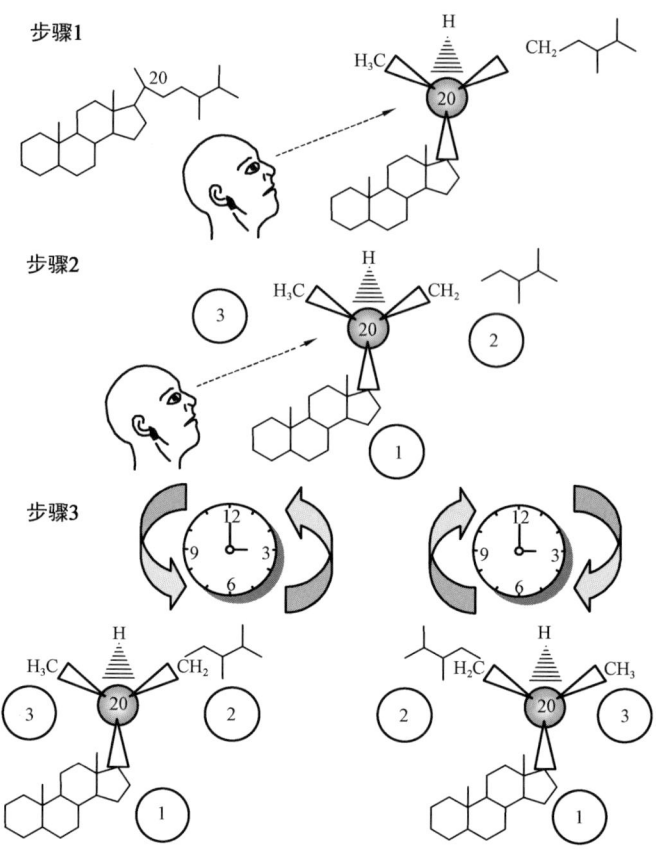

图 2.24 确定生物标志化合物无环部分"R"和"S"构型的三个步骤,具体描述见正文。本图的转载承蒙雪佛龙美国公司的分支机构雪佛龙－德士古勘探和开发技术公司的惠允

表 2.3 描述生物标志物中原子立体化学的常用符号

〰 或 |	未指定立体化学的键	▼	指向平面外的键(β)	▽ 或 ⋮	指向平面内的键(α)
●	指向平面外的氢(β)	○	指向平面内的氢(α)	‖	双键

姥鲛烷、胆甾烷以及大多数生物标志化合物具有不止一个不对称中心。如果至少有一个但并非所有的不对称中心是相同的话,那么,相应的非镜像异构体叫做非对映立体异构体。含有不对称碳原子但其镜像可以叠加的分子既非手征性分子,也非不对称分子。

例如,姥鲛烷(图 2.15)在 C-6 和 C-10 上有两个不对称碳原子,当不对称碳原子为 6R,10S 或者 6S,10R 构型时,其结构是相同的,并可称为内消旋姥鲛烷(图 2.26)。另一对具有 6R,10R 和 6S,10S 构型的姥鲛烷异构体互为镜像,因而具有手征性并互为对映异构体。又如伽马蜡烷(图 2.27),它的对映异构体虽具有手征性但并非不对称。如图 2.26 所示,植醇是姥鲛烷的前躯物。它与未成熟沉积物中的姥鲛烷一样,都具有相同的生物(内消旋)立体构型。由于植醇含有羟基和双键,应用立体化学规则的命名会导致分子中不对称中心的位置和立体

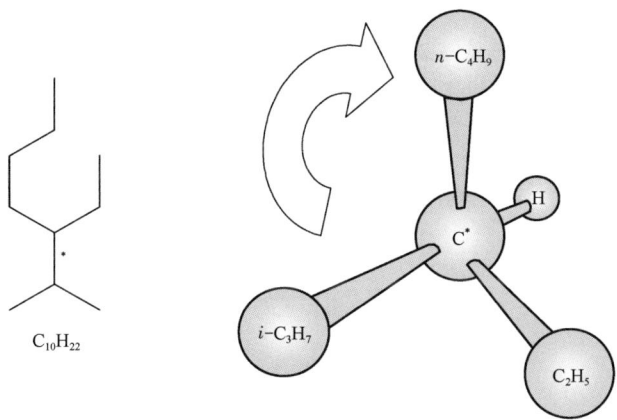

图 2.25 应用常规方法(见正文和图 2.27)描述 2-甲基-3-乙基庚烷中不对称中心的立体化学构型。左侧平面棒图中带星号处表示不对称中心的位置。弯曲箭头表示距观察者最近的三个取代基的优先顺序按顺时针方向依次减小。三维实例表明不对称碳原子(带星号)为"R"构型。本图的转载承蒙雪佛龙美国公司的分支机构雪佛龙-德士古勘探和开发技术公司的惠允

化学描述(E-3,7(R),11(R),15-四甲基十六烷-2-烯醇)与内消旋姥鲛烷相比出现差异,而这些分子在不对称中心的立体化学构型上却是相同的。

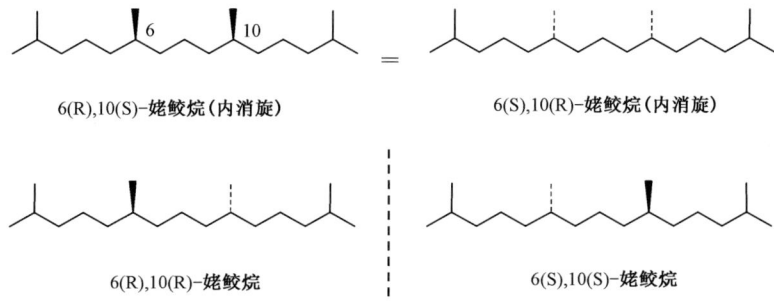

图 2.26 植醇(上)是姥鲛烷的前驱物。它与未成熟沉积物中的姥鲛烷(中)一样,都具有相同的生物(内消旋)立体构型。姥鲛烷在 C-6 和 C-10 上含有两个不对称碳原子。其 6R,10S 和 6S,10R 的构型一样,叫做内消旋姥鲛烷。图中垂直的虚线代表镜面,由此可见 6R,10R 和 6S,10S 构型互为镜像(对映异构体)。姥鲛烷有两对非对映异构体:内消旋姥鲛烷与 6R,10R-姥鲛烷;内消旋姥鲛烷与 6S,10S-姥鲛烷。本图的转载承蒙雪佛龙美国公司的分支机构雪佛龙-德士古勘探和开发技术公司的惠允

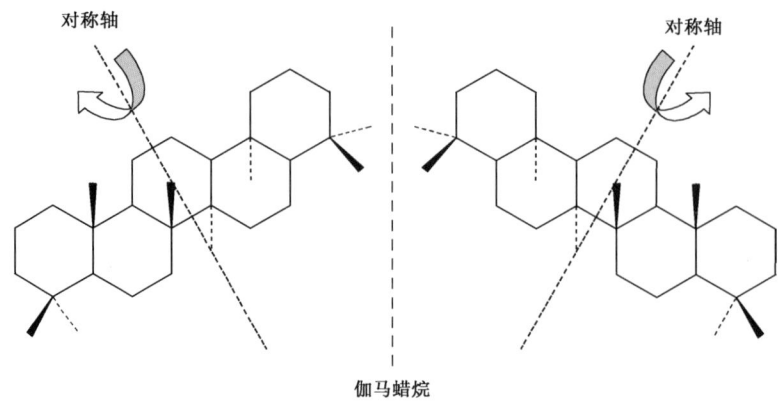

图 2.27 伽马蜡烷是一个虽具手征性但不是不对称分子的例子。如果对称轴旋转 180°，那么，其构型与未旋转分子的构型一样。然而，伽马蜡烷的镜像不能叠合，所以这两个化合物为对映异构体。本图的转载承蒙雪佛龙美国公司的分支机构雪佛龙－德士古勘探和开发技术公司的惠允

具有 6R,10R 或者 6S,10S 构型的姥鲛烷与内消旋姥鲛烷之间的关系既非对映异构体的关系也非等同的关系，而是非对映异构体的关系。姥鲛烷具有两对非对映异构体的化合物：内消旋姥鲛烷与 6R,10R－姥鲛烷；内消旋姥鲛烷与 6S,10S－姥鲛烷（图 2.26）。与对映异构体不同，非对映异构体通常具有不同的化学和物理性质（如不同的熔点和沸点），可以使用配有常规手性固定相的气相色谱来分离。不同的非对映异构体具有不同的质谱棒图，相关的讨论见后。

注：立体异构体为结构异构体的特殊形式。大多数结构异构体，如正戊烷和 2－甲基丁烷，具有相同的分子式，但原子间的连接方式不同。立体异构体具有相同的分子式和相同的原子连接方式，只是原子的空间排列不同而已。

上述 R 与 S 和 α 与 β 的标注方式可以描述化合物的相对构型。此外，一个特定的对映体旋转平面偏振光的方向属于一种物理性质，对映体的构型与其光旋转方向之间不存在简单的对应关系。

严格地说，手征性并不等同于不对称性。尽管所有的不对称分子都具有手征性，但某些手征性分子却不是不对称的。例如，伽马蜡烷（图 2.27）就是具有对称轴的生物标志物。如果此轴旋转 180°，那么，其构型与未旋转的分子构型仍然一样。然而，伽马蜡烷的镜像不能叠合，所以其镜像为对映体。6R,10R－和 6S,10S－姥鲛烷的异构体（图 2.26）具有与伽马蜡烷相同的对称轴，因此，它们虽具有手征性，但是却非不对称。有关立体化学的教科书（Mislow,1965；Cahn 等,1966）对此有详尽的讨论。

2.17 立体异构化

活体生物中的酶参与形成了生物标志物中不对称中心的构型，这些构型在埋藏沉积物中较高的温度下并非一定稳定。尽管该机理尚不清楚，但饱和烃生物标志物的构型异构化或立体异构化只能发生在四个取代基其中之一的氢的不对称碳原子上。立体异构化的过程可能会脱去一个氢阴离子（Ensminger,1977）或一个氢根（Seifert 和 Moldowan,1980）。近似平面的碳阳离子或碳根（见 sp^2 杂化作用,图 2.3a）可以从同侧重新获得一个氢，形成相同的构型；或从

异侧获得一个氢,形成相反的构型(图 2.28)。依据反应动力学和产物的稳定性的不同,异构化的化合物可以是两种可能构型的任何部分(当不对称中心为无环部分时,使用 R 和 S 的标示;若为环的组成部分时,则用 α 和 β 来标示)。构型的异构化只有当键断裂生成新键并导致原先的不对称中心的构型发生倒转时才会出现。相关有机化学机理的详尽讨论超出了本书的范畴,对此,读者可以参阅任何有机化学的教科书。

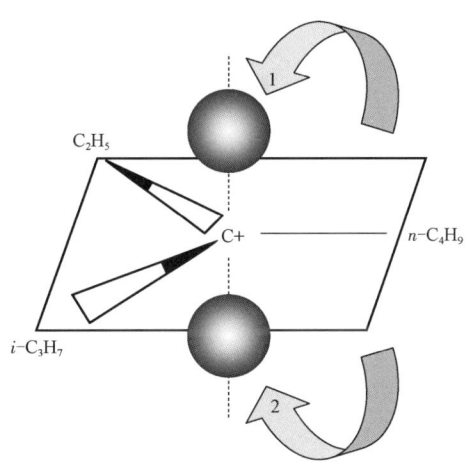

无环碳链中的不对称碳原子的两种异构体构型通常具有相似的热稳定性。例如,甾烷侧链中 C-20 位上的异构化表现为从浅层沉积物中几乎 100% 的 20R 构型,到深埋烃源岩和石油中 20R 和 20S 非对映异构体基本相等的混合物。C_{29} 甾烷中 20S/(20S+20R) 的终点或"平衡"比值约为 0.52~0.55,20S 非对映异构体略占优势(见图 14.3)。一旦这种和其他异构化反应一旦达到终点,热力作用的增强就不再能相应地增大异构化的比值了。

由于刚性的环状结构所产生的空间应力作用,作为饱和环状系统组成部分的不对称中心通常含有热稳定性截然不同的两种构型。因此,C_{29} 甾烷中

图 2.28 2-甲基-3-乙基庚烷的不对称碳原子脱去一个氢阴离子后形成的近似平面的碳阳离子。σ 键平面上、下呈暗色的电子云表示只含有一个电子的 p 轨道。在 σ 键平面之上(箭头 1)或之下(箭头 2)重新连接氢阴离子可以分别形成不对称碳原子的 R 构型或 S 构型。根据立体化学的命名法则,异丙基具有比正丁基更高的优先权(见图 2.24 和 2.25)。本图的转载承蒙雪佛龙美国公司的分支机构雪佛龙-德士古勘探和开发技术公司的惠允

的 C-14 和 C-17 位在埋藏热力的作用下均会发生异构化,形成更为稳定的 β 构型。14β,17β(H)/[14α,17α(H)+14β,17β(H)] 的终点比值约为 0.7(见图 14.3)。氢或烷基在分子内的重排(相同分子内不同位置之间)也能发生,并且十分重要。例如,甾烯和甾醇在埋藏成岩过程中就会形成重排甾烯(见图 13.49)。

2.18 特定生物标志物的立体化学

不对称中心的氢和甲基的立体化学决定了化合物的各种异构体及其化学性质。例如:姥鲛烷和植烷中的 C-6 和 C-10 位(图 2.26),五环三萜烷中的 C-17 和 C-21 位(图 2.29),以及甾烷中的 C-5、C-14、C-17 和 C-20 位(图 2.31)都是关键的不对称中心。读者也许期望构建下述某些化合物的分子模型,以利于观察各种立体异构体之间的差异。

2.18.1 无环类异戊二烯

由于在正构烷烃中每个碳原子至少与两个氢相连,所以不可能形成不对称中心。然而,在无环类异戊二烯烷烃中有多个甲基侧链与主链相连,这就有可能形成多个不对称中心。

植醇为石油中姥鲛烷和植烷的一个主要前驱物。植醇含有一个由活体生物中的酶参与合成的单一的立体异构体(图 2.26),其在 C-7 和 C-11 位的不对称碳原子均为 R 构型(Maxwell 等,1973)。由于植醇是一种醇,碳原子是从距羟基最近的 C-1 位开始连续编号的。当植醇脱去羟基和双键形成姥鲛烷和植烷时,碳原子的编号随即会发生变化。植醇中的 C-7 和 C-11 位分别变为姥鲛烷和植烷中的 C-6 和 C-10 位。植醇失去羟基也使原 C-11 位(即姥鲛烷和植烷中的 C-10 位)上的不对称碳周围的取代基排列的优先顺序发生了变化。在不改变 C-11 位周围基团立体化学的条件下,命名规则要求将姥鲛烷或者植烷中的 C-10 位描

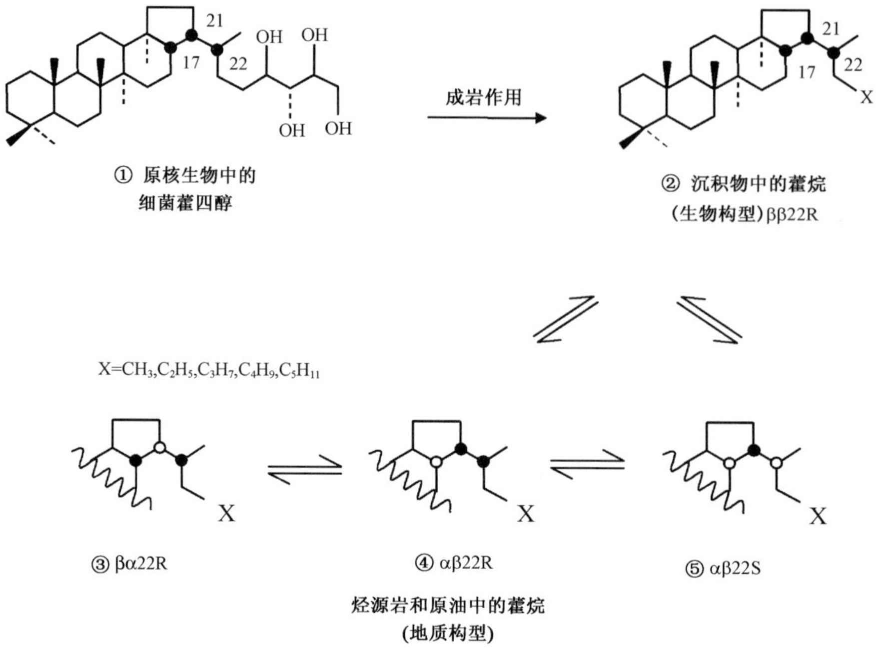

图 2.29 石油中的一些藿烷来自在原核生物类脂膜中发现的细菌藿四醇①(Ourisson 等,1984)。其立体化学由空心点(α)和实心点(β)来指代,分别表示氢指向平面的内和外。由活体生物中的酶参与生成的细菌藿四醇及其饱和的中间产物② 中的生物构型[17β,21β(H)-22R]在后生作用过程中不够稳定,会经异构化作用形成地质构型(如③、④、⑤)。17β,21α(H)-藿烷(如③)被称为莫烷,其余则仍为藿烷(②、④、⑤)。本图的转载承蒙雪佛龙美国公司的分支机构雪佛龙-德士古勘探和开发技术公司的惠允

述成 S 构型。

未熟沉积物中的姥鲛烷具有 6R,10S 立体化学占优势的构型(等同于 6S,10R,见图 2.26)。如前所述,该立体化学可以直接与植醇中 C-7 和 C-11 位的立体化学相比。在热成熟过程中,这些位置上的异构化作用会导致 6R,10S;6S,10S 和 6R,10R 以 2:1:1 的比例生成一种终端混合物(Patience 等,1980)(见图 2.26)。目前尚无使用现有的气相色谱柱直接检测由植烷的三个不对称中心所形成的八种可能的异构体的相关报道。

2.18.2 萜烷

碳原子数为 30 或者小于 30 的藿烷在 C-21 位和所有环的接合处(C-5、C-8、C-9、C-10、C-13、C-14、C-17 和 C-18 位)均具有不对称中心。多于 30 个碳原子的藿烷通常被称为升藿烷,其前缀"升"指 C_{30} 藿烷上连接了其他的亚甲基团(见表 2.2)。升藿烷带有一条在 C-22 位上含有另一不对称中心的延长侧链(图 2.29),它使得这些化合物的每个同系物(22R 和 22S)在质量色谱图上有两个峰(见图 8.21,22~35 号峰)。

藿烷由三类立体异构体系列组成,即 17α,21β(H)-藿烷、17β,21β(H)-藿烷和 17β,21α(H)-藿烷。属于 βα 系列的化合物也被称为莫烷(图 2.29)。α 和 β 的符号表明氢原子分别位于环平面之下或之上。由于与其他差向异构体(ββ 和 βα)系列相比具有较大的热动力学稳定性,$C_{27}-C_{35}$ 范围内具 17α,21β(H)构型(αβ)的藿烷成为石油中的特征性化合物。石油中一般不存在 ββ 系列,因为它们在后生作用的早期就已不再具有热稳定性了。αα 系列的藿烷不是天然产物,它们不可能以高于痕量的水平出现在石油中(Bauer 等,1983)。

注：$C_{28}\alpha\beta$-藿烷在石油中的含量很少或者没有，其缺失的原因与 C_{17} 无环类异戊二烯烷烃相类似。C_{28} 藿烷的形成需要断裂不是一个而是两个与 C_{35} 藿烷类前躯物中的 C-22 位相连的 C—C 键（图 2.15）。C-21 与 C-22 位之间 C—C 键的断裂（形成 C_{27} 藿烷）或与 C_{22} 相接的其他两个 C—C 键中的任意一个键的断裂（产生 C_{29} 藿烷）都远比两个 C—C 键相继断裂的可能性大。藿烷类的环系统通过失去一个甲基而生成的 C_{28} 化合物可能代表了另一种化合物类型。例如，藿烷失去 C-25 位的甲基生成 25-降藿烷（见图 16.24）。

烃源岩和原油中藿烷的主要前躯物是细菌藿四醇以及相关的细菌藿烷（图 2.29），它们具有 $17\beta,21\beta(H)$ 的生物型立体化学构型。尽管环中 C—C 键的收缩可形成三维形状，生物构型仍近乎扁平状。与甾醇相似（见下文讨论），细菌藿四醇具有亲水和疏水的两重特征，因为它含有极性和非极性两个末端（图 2.30）。扁平状的构型和两重性的特征是细菌藿四醇适应类脂膜结构的必要条件（Rohmer，1987）。由于该立体化学排列具有热动力的不稳定性，细菌藿四醇在成岩和后生作用过程中由 $17\beta,21\beta(H)$-前躯物转变成 $17\alpha,21\beta(H)$-藿烷和 $17\beta,21\alpha(H)$-莫烷。同理，在细菌藿四醇中发现的生物型的 22R 构型也会转化成 22S 和 22R 型的 $\alpha\beta$-升藿烷的终端混合物，其 C_{31} 同系物的 22S/(22S+22R) 比值在大多数原油中约为 0.57~0.62（见图 14.3）（Seifert 和 Moldowan，1980）。

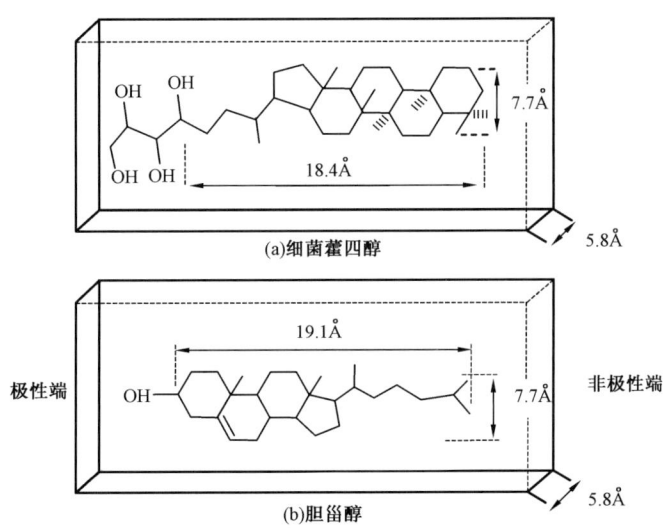

图 2.30　细菌藿四醇（原核生物中的一种藿烷类化合物）和胆甾醇（真核生物中的一种甾类化合物）大小相近；亲水和疏水的两重性特征相似；并同为活体生物类脂膜中必不可少的组分。本图的转载承蒙雪佛龙美国公司的分支机构雪佛龙-德士古勘探和开发技术公司的惠允

2.18.3　甾烷

真核生物体内的甾醇是烃源岩和原油中甾烷的前躯物（图 2.31 和图 2.32）（Mackenzie 等，1982a；de Leeuw 等，1989）。由于甾醇中有大量的不对称中心，因此可能存在十分复杂的立体异构体混合物。例如，胆甾醇有八个不对称中心，因此，它可能具有多达 2^8 或 256 个立体异构体。然而，由于胆甾醇的酶促生物合成具有高度的专属性，活体生物中大量存在的胆甾醇的立体异构体却只有一种。

甾醇具两重性，其分子大小近似细菌藿四醇。与原核生物中的细菌藿四醇一样，扁平状的构型使甾醇能够适应真核生物的细胞膜并增强了细胞膜的韧性（图 2.30）。呈扁平状的甾醇具有三维的特征（图 2.32），这与苯不同，苯中所有碳和氢的 12 个原子均位于一个平面上（图 2.4）。活体生物中的甾醇具有以下构型：$8\beta,9\alpha,10\beta(CH_3),13\beta(CH_3),14\alpha,17\alpha(H)20R$。

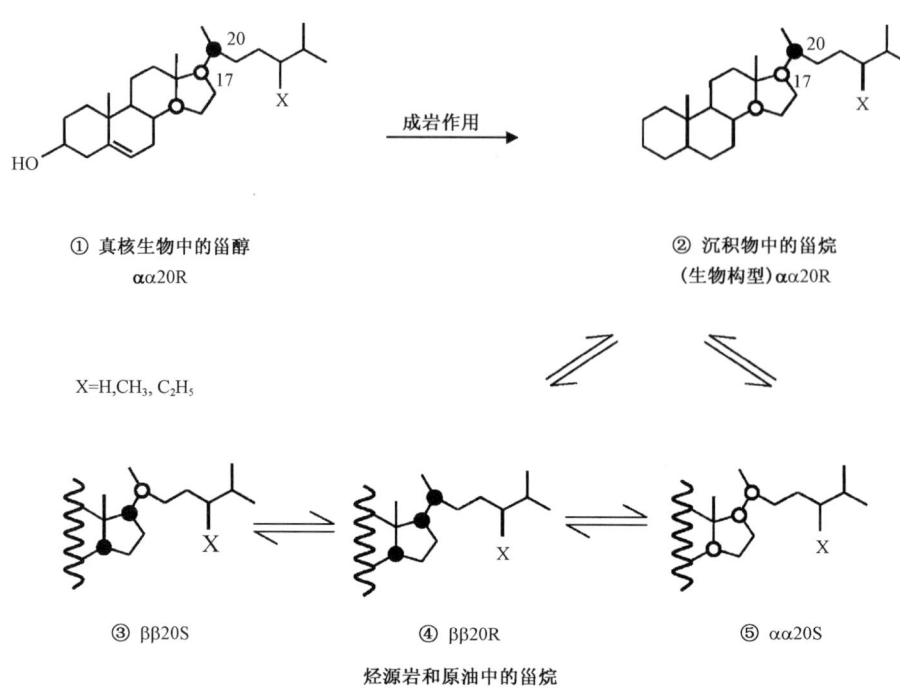

图 2.31 石油中的大多数甾烷来自真核生物类脂膜中的甾醇①。其立体化学由空心点(α)和实心点(β)来指代,分别表示氢指向平面的内外。由活体生物中的酶参与生成的甾醇前躯物及其饱和的中间产物② 中的生物构型[14α,17α(H) - 20R]在后生作用过程中不够稳定,会经异构化作用形成地质构型(如③、④、⑤),相关讨论见正文。本图的转载承蒙雪佛龙美国公司的分支机构雪佛龙 - 德士古勘探和开发技术公司的惠允

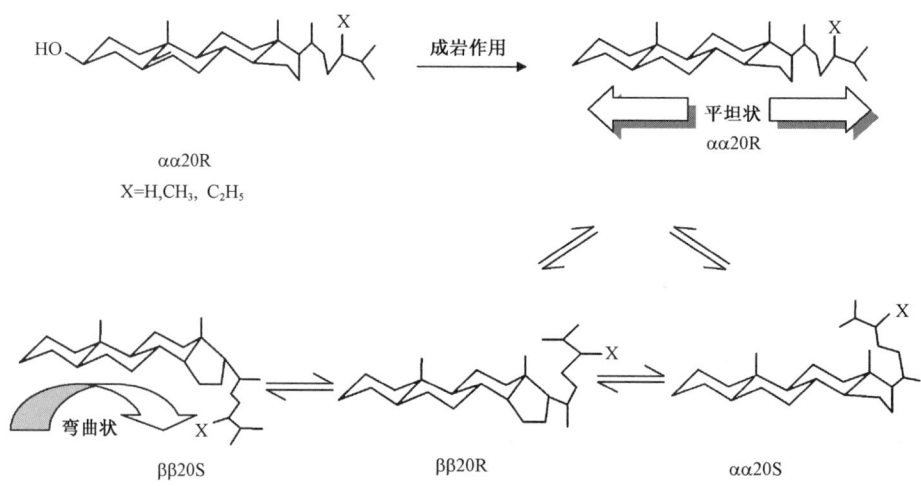

图 2.32 如图 2.31 所示,甾烷来自甾醇,但本图所示为三维投影结构图。本图的转载承蒙雪佛龙美国公司的分支机构雪佛龙 - 德士古勘探和开发技术公司的惠允

这些不对称碳原子大多数在地球化学应用方面并没有特殊的意义,因此,如下所述,无须对其给予更多的考虑。

在成岩和后生作用的过程中,C - 10 和 C - 13 位的构型不会发生变化,因为立体异构化的

机理要求一个氢原子必须与不对称碳原子相连。此外,立体异构化也不会出现在 C-8 和 C-9 位上,因为这些位置上的生物构型在高能下具有很强的适应能力。因此,在成岩和后生作用的过程中,这些位置上的生物构型不会发生改变,所以,它们几乎不具表征这些过程的意义。

生物中甾醇的 C-5 和 C-24 位均由 α(H)- 和 β(H)- 构型的混合物组成。然而,活体生物中的所有甾醇似乎只有 20R 一种构型。Tsuda 等人(1958)在活体生物中发现了岩藻甾醇(马尾藻甾醇)的 20S 差向异构体。但此后证实该化合物的工作并未获得成功,因为从理论上讲,该化合物是不存在的(Nes 和 McKean,1977)。甾醇 C-24 位的构型可能为 R 或 S,但在某一具体的生物体中,通常要么完全是 R 或者完全是 S。但在沉积物和石油中,甾醇由 24R 和 24S 麦角甾烷(C_{28})以及豆甾烷(C_{29})的混合物组成。24R 和 24S 的混合物也许部分是由于在某些甾醇中发现的 C-24 位的双键在成岩作用下加氢而形成的。

由于大多数甾醇在 C-5 位具有双键,C-5 位的立体化学构型在很大程度上是由成岩早期该双键的还原作用(加氢)所确定的。加氢反应形成了 5α- 和 5β- 混合物,其中以 5α- 差向异构体为主,其比值为 2:1~10:1(图 2.33)。甾醇和某些 C-5 位饱和的甾醇在某些生物体中含量较低。它们通常为 5α- 立体异构体,在成岩作用的早期可变为 5α- 甾烷。胆汁酸是肝脏分泌的具 5β- 立体化学构型的甾类化合物,但它可能对沉积物没有什么贡献。甾烷 C-5 位立体化学的平衡使 5α- 明显大于 5β- 构型。由于成熟的石油中通常只含有痕量的 5β- 化合物,需要特殊的分析技术才能检测到,因此,5β- 化合物的应用难得一见。然而,当含量丰富时,它们可用于指示低的热成熟度。

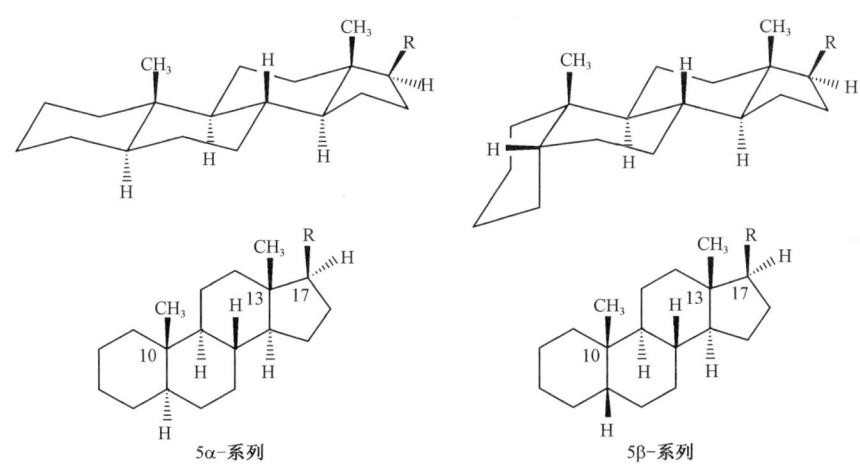

图 2.33 5α- 甾烷和 5β- 甾烷的三维投影图及线-框图

甾烷的 C-14、C-17 和 C-20 位在后生作用过程中是重要的不对称中心(图 2.31)。这部分是由于 C-20 位于甾醇的侧链上,受环系统空间排列的影响相对较小,生物成因的 20R 同分异构体在热成熟过程中会转化成近似均衡的 20R 和 20S 混合物,C_{29} 甾烷同系物在平衡时的 20S/(20S+20R) 比值约为 0.52~0.55。此外,甾醇中由 14α,17α(H)- 立体化学形成的扁平状构型会逐渐消失,代之以热动力性更加稳定的 14β,17β(H) 构型(图 2.32)。

从活体生物中衍生而来的 5α,14α,17α(H)20R 构型(αααR)的同分异构化会导致其他可能的立体异构体的含量增大,直到 αααR,αααS,αββR 和 αββS 的均衡比率约等于 1:1:3:3 时为止(图 2.31)。这些分布得到了下列情形的重复验证:(1)在实验室中使用铂-碳催化剂对 αααR 甾烷进行的加热试验(Petrov 等,1976;Seifert 和 Moldowan,1979);(2)对几种胆甾烷(C_{27})异构体进行的理论计算(van Graas 等,1982;Pustil′nikova 等,1980)。第 14 章对甾烷的异构化比值用作石油热成熟度的指标进行了讨论。

2.19 练习

应用菲泽(Fieser)的 sp^3 碳模型,根据下列要求,构建一个 C_{30} 异戊二烯角鲨烷的模型:

(1)构建6个异戊二烯(五个碳)的单元。本练习不考虑双键,即异戊二烯单元与完全饱和的2-甲基丁烷一样。

(2)使异戊二烯单元头-尾相连,构建两个 C_{15} 类异戊二烯烃(倍半萜)。这些 C_{15} 类异戊二烯烃的正式名称(IUPAC)和俗名分别是什么(图2.15)?所搭建的 C_{15} 类异戊二烯烃的形状是否相同?如何利用这些化合物组建姥鲛烷和植烷?指出 C_{15} 类异戊二烯烃中的不对称碳原子。

(3)使两个 C_{15} 类异戊二烯烃头-尾相连组成三萜烷(角鲨烷)。这个化合物的正式名称是什么(见图13.11)?将构建的模型与其他人的模型进行比较,形状上是否有差别?为什么?

角鲨烷是角鲨烯全氢化的衍生物,它是三萜烷类和甾烷类化合物的生物化学前躯物。在不使键断裂或者增加新键的情况下,将角鲨烷模型转换成类似四环甾类化合物的结构(下图)。这个练习可能很难,但在生命系统中的酶参与下却很容易实现。

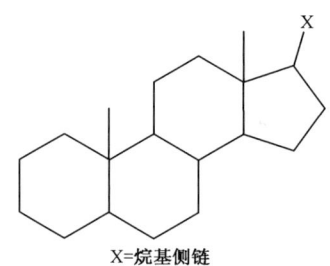

X=烷基侧链

甾烷是甾类生物标志物中很重要的一族,C_{27}甾烷(胆甾烷)的平面结构图如下:

应用角鲨烷的模型,构建胆甾烷的三维模型,如果需要,可以断裂或者增加键。

(1)胆甾烷可能具有多少个不同的三维结构(立体异构体)?回答这个问题,需要统计结构中不对称碳原子的数量。

(2)与成熟烃源岩和原油相比,影响未熟沉积物中胆甾烷立体异构体的因素有哪些?

3　生物标志化合物的生物化学

> 本章简要回顾了主要生物标志化合物起源的生物化学过程，讨论涉及它们的前躯物在活体生物内的功能、生物合成及其存在形式。有些专题还包括了类脂膜及其化学组成、类异戊二烯化合物的生物合成和角鲨烯的环化等，以及生物圈和岩石圈中藿烷类、甾醇和卟啉的实例。

3.1　类脂膜

所有的活体生物都含有类脂膜，它是细胞内外环境的分界面（图3.1）。类脂膜划定了生命与非生命的界线。真核细胞含有的内类脂膜可以进一步隔离细胞核和许多由共生的原核细胞（如线粒体和叶绿体）进化而来的其他细胞器官。类脂膜具有多种功能，但最主要的功能是调节水或者溶质在细胞或者内部细胞器官内外的进出。溶质包括无机离子、用于消耗的有机化合物，以及分泌的许多生物合成化合物。有些溶质包括新陈代谢的废弃物、保护细胞或保持细胞活性及黏性的生物化学物质和生物聚合物、细胞外部的酶以及细胞内部用于识别和联络的化合物。

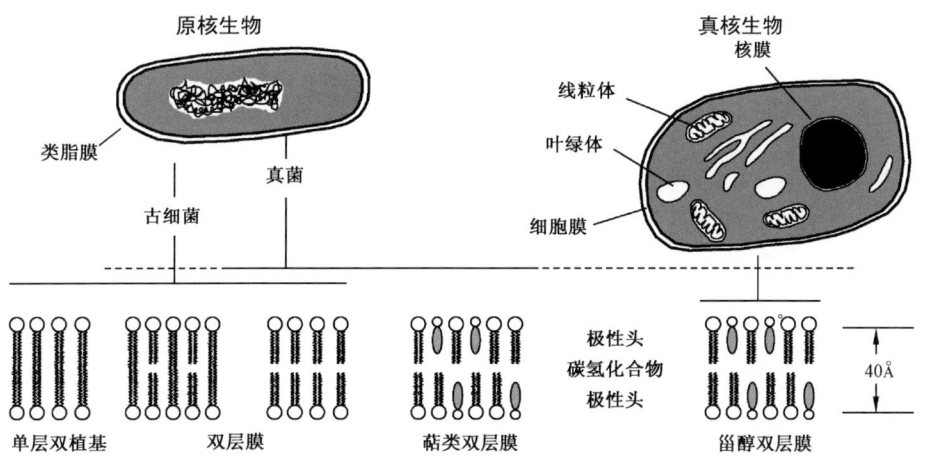

图3.1　在生命的三大领域中发现的单、双层类脂膜

石油中的许多化合物，包括一些常见的生物标志化合物都主要是来自类脂。Smith（1968）认为大多数原油中丰富的正构烷来自活体生物的类脂化合物，包括天然存在的正构烷烃和脂肪酸。同样，原油中高浓度的异构体和反异构体（分别为2-甲基烷烃和3-甲基烷烃）似乎也是因为它们具有生物起源的缘故。例如：2甲基十八烷是由古细菌生物合成的（Brassell等，1981）。虽然Smith的结论基本上是正确的，但人们现在也意识到一些微藻可以产生一种被称为藻胶鞘的分子量很高的脂族生物聚合物，它也可能是石油烃类的主要来源（Derenne等，1994；Gelin等，1994；Volkman等；1998）。

注:术语"类脂"(lipid)的定义不明确。一种不确切的定义是:类脂是可以溶解在有机溶剂(如:石油醚、氯仿 – 甲醇、正己烷或苯)中的生物分子。但很多满足这个条件的生物分子明显不属于类脂。比较好的定义是:类脂是由不挥发的油、脂肪和石蜡组成的生物分子。然而,这个定义不包括脂化多糖、脂蛋白、(神经)鞘脂类、甘油磷酸类脂、甘油糖脂以及相关的化合物。而我们讲的类脂则是指任何脂肪酸及其衍生物,也包括经生物合成或作用与这些化合物相关的物质。

类脂膜由典型的两重性化合物或分子的双层所构成,它具有亲水和疏水的两个面,通常分别位于相反的末端。在双层中,类脂膜其中的一组极性端面向细胞含水的内部,而另一组极性端则面向外部环境(图3.1)。类脂膜的两组极性端的非极性部分在膜的双层内形成一个疏水区。与烃类相似的类脂化合物通常构成了细胞膜所有物质的大部分。其余的部分则主要是蛋白质,它与双层内的基质要么紧密结合,要么松散缔结(图3.2)。那些结合在类脂膜内部的蛋白质总是具有方向选择性。与酶或者类脂的极性端连接的碳水化合物(分别为糖蛋白和糖类脂)总是面向膜的外部。

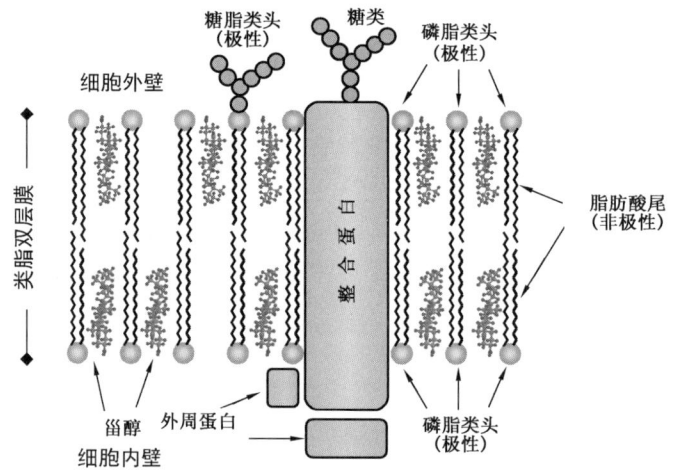

图3.2 真核类脂膜的示意图。磷脂和糖脂由两类与极性端头连接的脂肪酸组成。这种排列形成了具有亲水外壁和疏水内壁的双层。真核细胞利用甾醇使其类脂膜在很宽的温度范围内保持稳定

大多数生物具有由糖的聚合体和缩氨酸组成的细胞壁,它为类脂膜提供结构支撑和保护作用。根据细胞壁对革兰氏染色剂(一种紫红色染料)的化学响应可以对真菌进行系统发生学意义上的分类。细菌的细胞壁由双糖的聚合体组成,它与被称为肽糖或胞壁质的短链肽交联。革兰氏阴性菌的细胞壁相对较薄,一层由蛋白质、磷脂和独有的脂多糖组成的外膜包裹着胞壁质层。而革兰氏阳性菌的细胞壁则有一层厚厚的胞壁质,被革兰氏染色剂染色后可以保留紫红色(图3.3)。核糖体的 RNA 表明革兰氏阳性菌相互关联紧密,而革兰氏阴性菌则各不相同。然而,革兰氏实验是判别细菌系统发育的一个主要依据。大多数产甲烷古细菌具有与细菌相似的细胞壁,只是胞壁质膜间肽交联的成分不同而已。其他古细菌的细胞壁则很复杂,由无机盐、多糖以及糖蛋白或蛋白质组成,许多具有可能用于调节溶质流量的蛋白质或者多糖(S – 层)的次晶表层(Claus 等,2002)。真核状态的原生生物显示出种类繁多的细胞壁结构,包括碳酸盐和二氧化硅的无机壳以及有机聚合物,如纤维素。

注:支原菌是非能动的厌氧菌或半需氧菌,它们以非寄生的形式存在于土壤和污水中,或是寄生在高等生物中的病原体。这些微生物缺少在其他真菌中常见的生物合成的路径。其中有些路径通常对生命是必需的。支原菌非

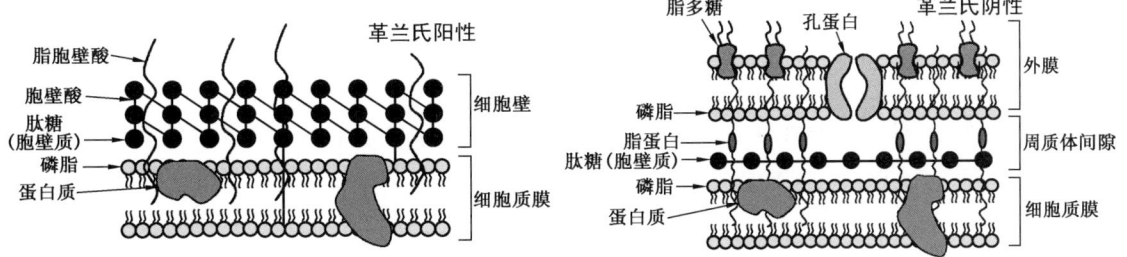

图3.3 革兰氏染色分别呈阳性和阴性的细菌细胞壁结构

常小,直径一般仅有200~300nm,具有迄今为止已知的最小基因组,约为650个基因,大约是普通细菌的五分之一。支原菌不应被视为原始的生命体,它是将生物化学的过程减少到最低限度的高度演化的门类,其生存依赖于其他产物。

支原菌是唯一缺少细胞壁的真菌。因此,它们生存在渗透性冲击风险最小的环境中。它们具有单一的三层膜以替代细胞壁,其中的大部分种类由甾醇来维持稳定。这些甾醇不是支原菌自生的,而是从宿主生物或外部环境获取的。无胆菌是唯一不需要外部提供甾醇的支原菌,它可以生成极性的类胡萝卜素(见图3.8)。

3.2 细胞膜类脂

真菌和真核细胞内的类脂膜主要成分是与极性端头相连的脂肪酸组成的磷脂和糖脂(图3.4)。典型的脂肪酸链有12~24个碳,可以是完全饱和的,也可以含有一个或多个双键。长链的正链烷酸,如C_{24}、C_{26}和C_{28},是陆生植物角质层蜡的主要成分(Rieley等,1991)。短链的C_{12}、C_{14}和C_{16}正链烷酸可来自所有的植物,但主要来自藻类的类脂(Granwell等,1987)。不同类型的部分可以连接到脂肪酸上形成极性端头,最为常见的是含氮碱基和糖的磷酸盐。

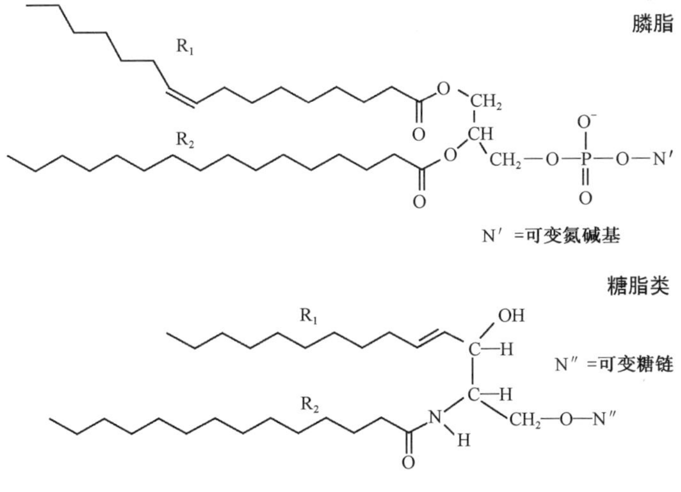

图3.4 真菌和真核细胞的类脂膜中主要成分磷脂和糖脂的实例。非极性侧链(R_1和R_2)来自通常具有12~24个碳的脂肪酸,脂肪酸可以是饱和的,也可以是含有一个或多个双键的。通常与磷脂连接的有$N' = H$、乙醇胺、胆碱、丝氨酸和甘油。糖连接在糖脂(N'')或磷脂(N')上形成磷糖脂

三酰基甘油(TAGs)是甘油的脂肪酸三脂,普遍存在于真核细胞中。很少看到真菌内存在 TAGs 的报道,但在属于放射菌类(如分支杆菌、链霉菌、红球菌属以及土壤丝菌属)的一些种属中,其 TAGs 的含量可以占到干细胞总重的 87% 以上(Alvarez 和 Steinbüchel,2002)。尽管 TAGs 在真核细胞和真菌中具有通过阻止非正常脂肪酸离开膜脂来调节流动性的功能,但似乎主要还是作为真核细胞和真菌后期消耗的储备化合物。

脂肪酸的生物合成特征是一经启动,链就会不断延长(图3.5)。在碳酸酵素乙酰酶的催化作用下,碳酸氢根与形成丙二酰基-乙酰酶 A 的乙酰酶 A(乙酰辅酶 A)反应的初期是由乙酰辅酶 A 羧化酶(ACC)来催化的。丙二酰基-乙酰酶 A 进而与连接在酰基携带蛋白质(ACP)上的另一乙酰辅酶 A 发生反应,形成乙酰乙酰基-ACP 的复合体。后者可以进入链延长的循环中,该循环连续地添加两个碳原子形成不同链长的脂肪酸。因此,最常见的脂肪酸和相关的细胞膜类脂具有偶数碳原子(表3.1)。

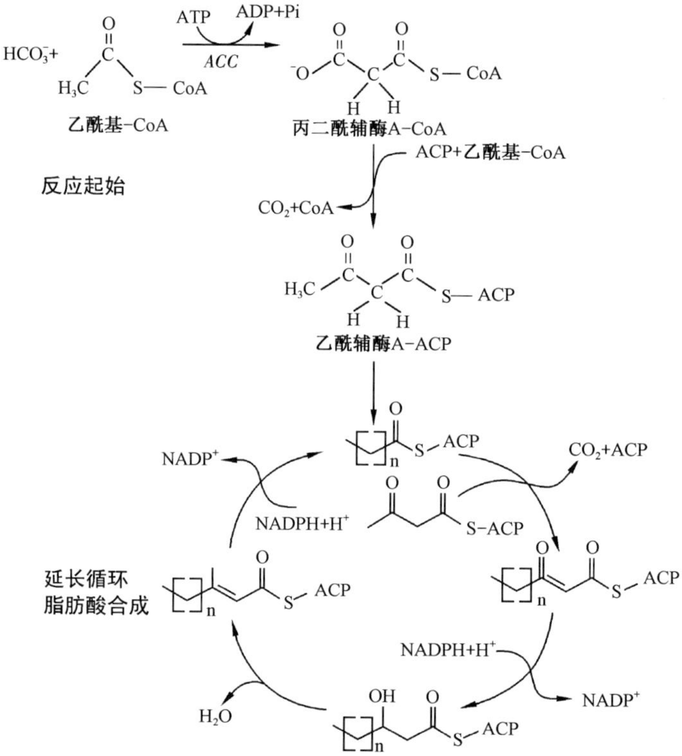

图 3.5 脂肪酸的合成起始于碳酸氢根、乙酰辅酶 A(辅酶 A)以及 ACP 形成乙酰乙酰基-ACP(酰基携带蛋白质)的过程。乙酰辅酶 A 羧化酶(ACC)催化了这一起始过程。乙酰乙酰基-ACP 一经形成,即可进入合成脂肪酸的链延长循环,该循环连续地在链上添加两个碳原子
ADP—腺苷二磷酸;ATP—腺苷三磷酸;NADP$^+$—尼克酰胺腺嘌呤二核苷酸磷酸脂;NADPH—NADP 的还原形式

表 3.1 常见脂肪酸的命名、双键位置及结构

IUPAC 命名	俗名	双键	结 构
饱和的正葵酸	羊蜡酸	10:0	$CH_3(CH_2)_8$—COOH
正十二烷酸	月桂酸	12:0	$CH_3(CH_2)_{10}$—COOH

续表

IUPAC 命名	俗名	双键	结构
正十四烷酸	肉豆蔻酸	14:0	$CH_3(CH_2)_{12}—COOH$
正十六烷酸	棕榈酸	16:0	$CH_3(CH_2)_{14}—COOH$
正十八烷酸	硬脂酸	18:0	$CH_3(CH_2)_{16}—COOH$
正二十烷酸	花生酸	20:0	$CH_3(CH_2)_{18}—COOH$
正二十二烷酸	山嵛酸	22:0	$CH_3(CH_2)_{20}—COOH$
正二十四烷酸	木质酸	24:0	$CH_3(CH_2)_{22}—COOH$
不饱和的顺-9-十六烯酸	棕榈烯酸	16:1	$CH_3(CH_2)_5CH=CH(CH_2)_7—COOH$
顺-9-十八烯酸	油酸	18:1	$CH_3(CH_2)_7CH=CH(CH_2)_7—COOH$
顺,顺-9,12-十八烯酸	亚油酸	18:2	$CH_3(CH_2)_4CH=CHCH_2CH=CH(CH_2)_7—COOH$
顺,顺,顺-9,12,15-十八烯酸	亚麻酸	18:3	$CH_3CH_2CH=CHCH_2CH=CHCH_2CH=CH(CH_2)_7—COOH$
顺,顺,顺,顺-5,8,11,14-二十烷四烯酸	花生四烯酸	20:4	$CH_3(CH_2)_4(CH=CHCH_2)_3CH=CH(CH_2)_3—COOH$

古细菌与真菌和真核细胞的膜脂有所不同(表3.2)。古细菌类脂具有通过醚键连接类异戊二烯烃的特征(图3.6)。它们也许含有一个带类异戊二烯侧链(碳原子数为15~25)的单一的极性端头,或者含有由C_{40}双植烷基类异戊二烯烃连接的两个极性端头。

表3.2 生命三大领域的类脂比较(据Itoh等,2001改编)

类脂类型	古细菌	真菌	真核细胞
甘油类脂	+	+	+
烃类的链	类异戊二烯	脂肪酸	脂肪酸
化合物中的碳	C_{15-25}/C_{40}	C_{12-24}	C_{12-24}
烃键类型	醚	酯	酯
在甘油中的位置	sn-2,3	sn-1,2	sn-1,2
磷脂	+	+	+
糖脂	+	+	+
磷糖脂	+	+	+
硫糖脂	+	−	+
磷硫糖脂	+	−	−
硫脂	−	−/(+)	+
鞘脂	−	−/(+)	+
藿烷类	−	+	−/(+)
甾类	−	−/(+)	+

注:+表示存在于所有或者部分种类中;−表示缺失;−/(+)表示在大多数种类中缺失。

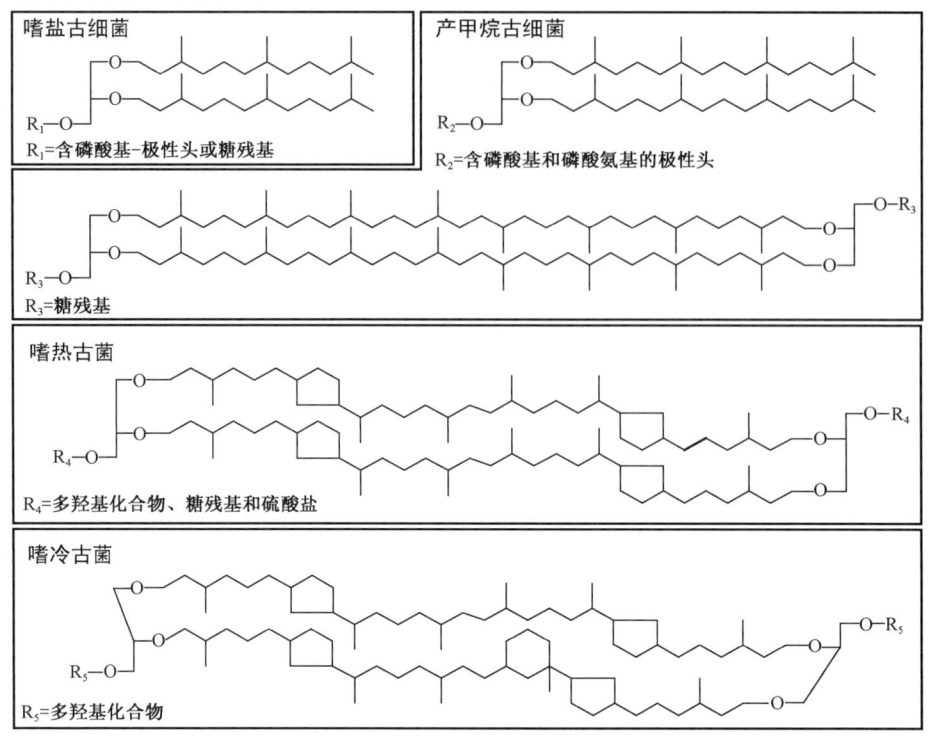

图 3.6 古细菌中的类脂实例

3.3 类脂膜的流动性

类脂膜的功能如同液晶,是固态凝胶和熔融的液体之间的中间状态,它仅存在于狭窄的温度转换范围之内。在该转换过程中,膜的脂肪酸部分发生熔化并随机运动,其极性端头则保持黏着。在低温下,双层的类脂"凝固"形成高度有序、紧密排列的构型。高温下,双层类脂则变成无序状态。

生命的三大领域以各自不同的方式演化拓展出转换温度的范围,在此温度范围之内,类脂膜保持液晶的状态。古细菌利用与二醚和四醚键合的类异戊二烯作为膜的主要结构成分(图3.6 和图 13.12)。对于此种类脂的生物合成路径目前还知之甚少(Bullock,2000)。典型的二醚古细菌类脂含有 C_{20}、C_{25} 和 C_{40} 的类异戊二烯,是细菌及真核细胞内甘油二酯的对等物。二醚类脂是喜盐古细菌的主要类脂膜,存在于包括产甲烷菌在内的其他种类的古细菌中。作为甘油二烷基丙三醇四醚(GDGTs)的亚类,双植基四醚则是其他古细菌的主要类脂膜。这些类脂形成一种靠双极的特性而稳定的单层膜。四醚的两个极性端头因对水相的亲和力而被绷紧,这就限制了膜内疏水基质的自由运动。如果温度升至 80℃ 以上,极嗜热泉古菌(Crenarchaeota)在双植基酯类脂中可并入一到四个环戊基的环(图 3.6),形成一种结构更加紧凑、质地更为坚硬以及热稳定性更好的膜。对特定的极嗜热生物而言,其环戊基的平均环数会随温度的升高而增加(De Rosa 等,1980,1991;Sugai 等,2000;Uda 等,2001)。但是,各类古细菌环戊基的平均环数与最佳或最大升温之间并不一定具有对应关系(Itoh 等,2001)。一些极嗜热古细菌形成一个双植基四醚的双层,使类脂膜增厚一倍(Luzzati 等,1987)。

海洋浮游泉古菌通过在常见的三个环戊基环的基础上再增加一个环己基环的方式进一步对双植基类脂进行改性。这一改性破坏了相关的极嗜热古细菌中原来排列紧凑的结构,使类脂膜在低温下能保持流动(Sinninghe Damsté 等,2002a)。借助于这一改性作用的演化,泉古菌成功地适应了寒冷的(<20℃)的海洋条件,它们大量繁殖,成为地球上最为丰富的古细菌群落(Karner 等,2001)。

真菌和真核细胞演化出两种对策来舒缓膜的流动性:(1)调节脂肪酸的长度或者不饱和键的位置;(2)利用环状类脂。在生长过程中,脂肪酸链的长度和不饱和程度可以依据温度的变化而做出响应。含有较短侧链或者双键的类脂膜在较低温度下会"熔化"。由仅含饱和烃的磷酸类脂所组成的膜具有约40~50℃的转换温度。

真菌和真核细胞利用相似的化合物改性其类脂膜,即分别为藿烷类和甾醇类。这些类脂是石油中重要的饱和烃生物标志物藿烷和甾烷的来源。这些两性的生物分子形状大致相似(参见图2.30),与水相接触时可以通过其极性端头进入双层膜间的甘油类脂内。这些化合物的环状结构具有刚性,它限制了离极性端头基团最近的脂肪酸链的随机运动。依尺寸和结构的不同,甾醇脂族的尾可以与脂肪酸链末梢的部分发生反应,使双层膜的内部变得更具流动性(图3.7)。

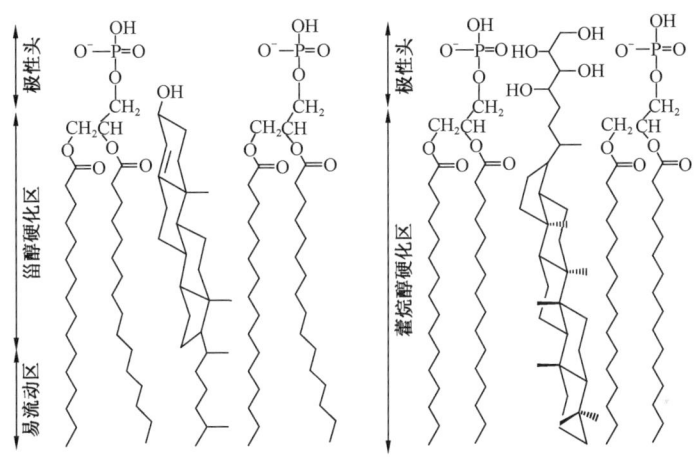

图3.7 甾醇(真核)和藿醇(真菌)插入类脂膜可增加其刚性和稳定性

注:人脑中的神经细胞通过神经突触相互沟通,其中胆固醇扮演着重要的角色。Mauch 等人(2001)发现大脑神经细胞能产生足够的胆固醇以满足生长所需;然而,如果没有其他类型的脑细胞(神经胶质细胞)提供额外的胆固醇,神经突触的生成就会受到限制。大脑无法筛选血液提供的胆固醇,因为携带胆固醇的脂蛋白过大而难以进入大脑。有人怀疑携带胆固醇的脑脂蛋白使神经突触失去弹性,从而导致老年痴呆症(阿兹海默氏症)的发生。

人体也产生胆固醇,但可以通过食物来摄取。人体平均每100g湿重含有300~600mg的甾醇。一位体重为150lb(约合68kg)的成人体内约含306g胆固醇(Nes和McKean,1977)。脂肪类食物可使血液中胆固醇的含量大为增加,一般常见于患有动脉硬化症的人。当胆固醇和其他的脂肪物质嵌入动脉内壁时,就会逐渐地形成限制血液的流动并升高血压的斑块,导致动脉硬化症的出现。

血液中有两种脂蛋白可以运载胆固醇。低密度脂蛋白(LDL)将胆固醇携带到器官和组织内,在那儿胆固醇被细胞所利用。过多的LDL对胆固醇的沉淀并形成斑块负有责任。为此,LDL有时称为"劣质胆固醇"。而高密度脂蛋白(HDL;有时叫做"优质胆固醇")则认为会将细胞中剩余的胆固醇运输到肝脏,然后从那儿排出体外。

在已查明的真菌中,检测出了藿烷类化合物的约占30%。某些明显缺失藿烷类的原因可能是分析难度过大或者在特定的培养条件下缺少生物合成路径的表达。含有这些化合物的细菌种类和数量肯定还会增加。但是,在专性厌氧微生物中没有检出藿烷类化合物,则表明此类真菌不使用这些化合物来加固其类脂膜。

Rohmer 等人(1979)认为一些真菌可能利用极性的类胡萝卜素来加固其类脂膜(图 3.8)。如同古细菌中的双植基四醚那样,这些分子可以跨越类脂膜的宽度,以此来增强刚性。有证据表明,有些细菌的类脂膜在利用 α,ω 双极性类胡萝卜素,但这类化合物在光敏感色素之外的应用尚不很清楚(Ourisson 和 Nakatani,1994)。

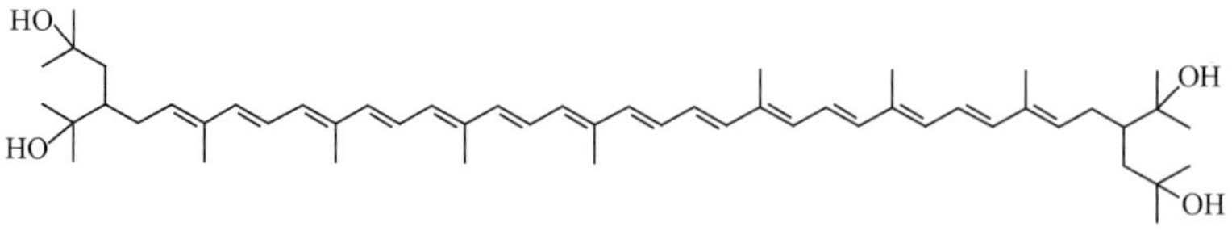

图 3.8 在无外部甾醇参与的情况下,无胆甾原体(Acholeplasma)可以合成
α,ω - 双极性类胡萝卜素

注:厌氧氨氧化生物(Anammox)是最近才被发现的以氧化带硝酸根的氨为生的一类厌氧菌(Strous 等,1999;Jetten 等,2001)。它们是自养生物,依靠电化学的离子梯度生成三磷酸腺苷(ATP)。这一非同寻常的新陈代谢发生在似细胞器官的结构——厌氧氨氧化体(anammoxosome)内,其中毒性很高的中间产物,如联胺(N_2H_4)和羟胺(NH_2OH),被保留在独特合成物的类脂双层层内。Sininghe Damsté 等人(2002b)发现厌氧氨氧化体的核心类脂由醇、脂肪酸和含有梯烷的甘油二醚所组成,这种梯烷由多至五个的线型缩聚的环丁烷以顺环接合的排列方式所组成(图 3.9)。甘油二醚普遍存在于古细菌中,但在其他菌类(主要为嗜热真菌)中也有分布。然而,尽管梯烷已经被合成并应用于光电子学中,但它们在生物区系中却是史无前例的。Sinninghe Damsté 等人(2002b)将其看作是一种进化适应的结果,它允许厌氧氨氧化生物在厌氧氨氧化体中保留活性的和高毒性的中间体。联胺和羟胺易于通过典型的类脂膜迅速扩散。然而,梯烷类脂似乎形成了一个致密的、相对难以渗透的膜来阻止这些分子扩散。厌氧氨氧化生物的生长非常缓慢,每隔 2~3 周才分裂一次。如此,它们必须保持一个异常坚固的膜来限制这些分子的扩散并保护其余的细胞免受高毒性中间体的侵害。

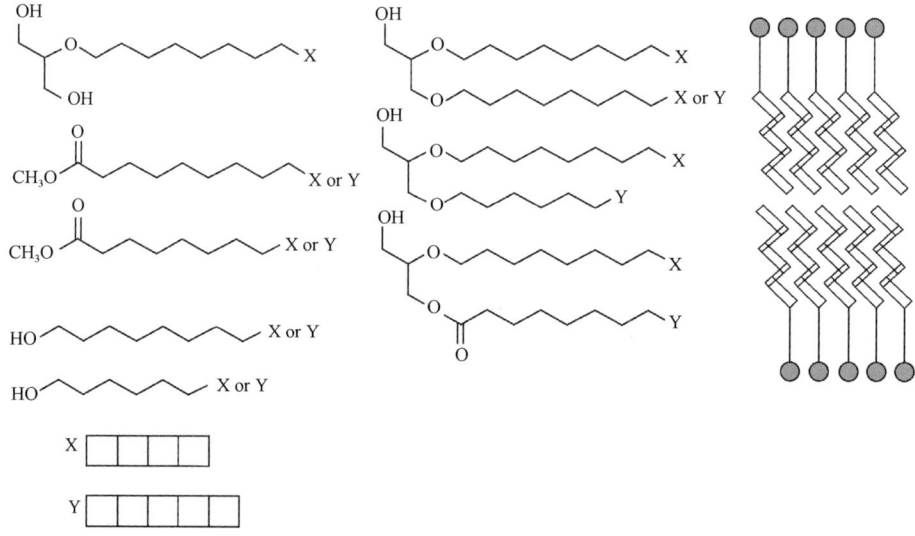

图 3.9 厌氧氨氧化生物的梯烷(ladderane)膜脂和厌氧氨氧化体膜的结构(据 Sinninghe Damsté 等,2002b 修改)。梯烷是由含所有顺环接合的环丁烷(X、Y)线型缩聚而成

3.4 萜类化合物的生物合成

萜类化合物分布在所有的活体生物中。这些化合物包括由两个或者更多异戊二烯单元组成的所有化合物,范围涵盖 C_{10} 的单萜类到 C_{2500+} 的橡胶(顺式单元)和古塔胶(反式单元)等多

聚萜类。萜类化合物具有广泛的生物功能,它既是类脂膜的稳定剂和聚光色素,也可以作为生长和性荷尔蒙、驱虫剂以及与外部联络的媒介。

一般而言,用作类脂膜稳定剂的萜类化合物的类型在生命的三大领域中各有不同。古细菌和真菌分别合成 C_{40} 双植基类异戊二烯和藿烷类化合物,其途径不需要游离氧的存在。真核细胞合成甾醇的途径则需要游离氧的参与。然而,相似的生物合成途径表明它们一定是起因于生命的初期形式。

注:Woese(2002)提出了一种生命进化的新理论。他认为:与生命的三种形式是源自同一祖先的认识所不同的是:最早的细胞具有很多基因,它们通过水平基因转化(HGT)相互自由交换。细胞的进化具有公共的性质,伴随而来的生物化学的进步为整个生态系统所共享。其结果是:有些生物获得了足以脱离公共的HGT基因"池"而独立进化的复杂结构。Woese把这一现象称之为"达尔文门槛",并设想细胞形式多种多样。现存的三种生命形式只是生物绝灭的幸存者。萜类化合物在残余生命形式中相似的合成路径表明许多主要的合成途径都可以追溯到具有共同HGT生态系统的时代。

3.4.1 异戊基焦磷酸酯的生物合成

如前所述,许多无环和环状的生物标志物都由重复的异戊二烯单元(C_5H_{10})所构成。在生物合成中,所有萜烷化合物的基本构成单元包括异戊基焦磷酸酯(IPP)和二甲基-烯基焦磷酸酯(DMAPP),二者可以通过酶的作用相互转化(图3.10)。三个醋酸分子经由甲羟戊酸的缩合在很长一段时间里被认为是有机体通用的合成路径。此后,在真菌中发现了另一条形成异戊二烯单元的途径,它涉及丙酮酸酯与甘油醛-3-磷酸的缩合(Rohmer,1993;Rohmer和Bisseret,1994;Rohmer,1999)。接下来是 C_2 硫胺(维生素 B_1)进入2C-甲基-D-赤藻糖醇 4-磷酸的缩合,然后转换成IPP。最后一步的反应以及确切的酶还有待发现。

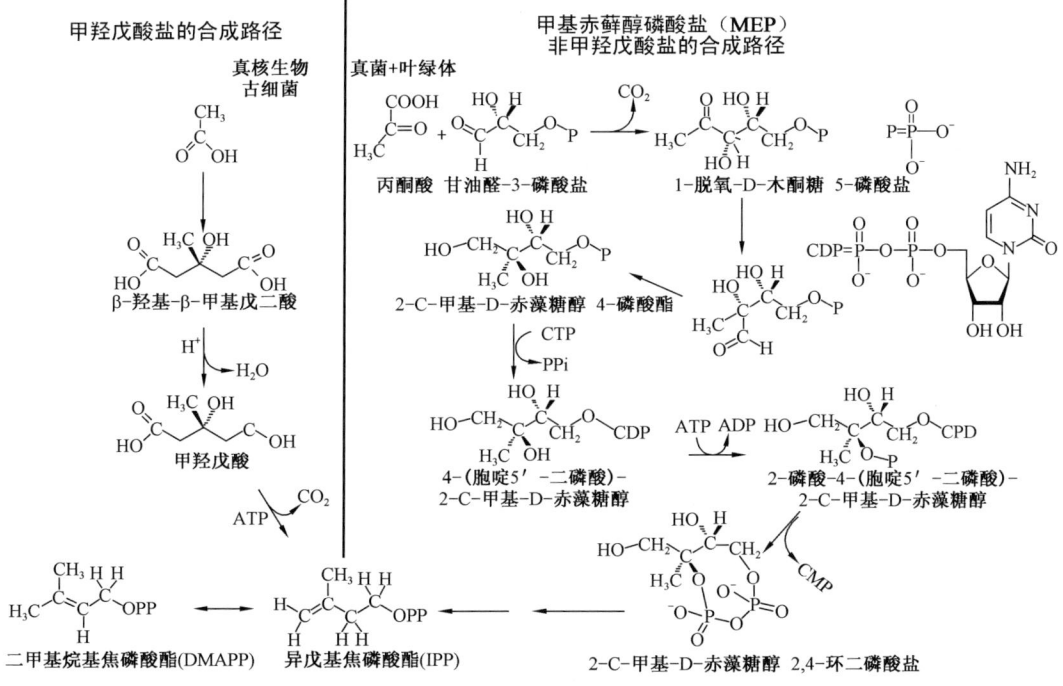

图3.10 合成异戊基焦磷酸酯的生物化学路径。甲基赤藓醇磷酸盐(MEP)路径中酶以及最终转化成异戊基焦磷酸酯(IPP)的步骤尚未完全搞清楚

合成甲羟戊酸盐(MEV)和甲基赤藓醇磷酸盐(MEP)的路径(图3.10)在生命树上的分布正在得到确认(Rohdich等,2001)。所有的动物、真菌类和古细菌都采用MEV的路径。大部分的真细菌、一些藻类、原生生物和陆生植物则采用MEP的路径(Knöss和Reuter,1998;Licht-enthaler,2000;Meganathan,2001;Paseshnichenko,1998;Rohdich等,2001)。在有叶绿体的真核细胞中,在细胞核和细胞质内的流体中IPP是通过MEV的路径合成的,在叶绿体内IPP则是通过MEP的路径合成的。一些有机体(如某些革兰氏阳性的真细菌)具有两种路径的基因,要么两种基因均被激活;要么只有一种途径的基因可以被激活。例如,极端嗜热古菌(*Pyrococcus horikoshii*)具有MEP路径的基因,但只有MEV的路径对IPP的合成才是有效的。

注:因为所有的动物都只采用MEV的路径,所以,阻断MEP路径的化学制品都有可能成为理想的除草剂和杀菌剂。正在开发和研制能够阻断MEP路径的药物,这样的化合物对治疗疟疾非常有效(Jomaa等,1999)。

3.4.2 类异戊二烯的生物合成

所有的类异戊二烯化合物都由IPP或者更高级的同系物聚合而成(图3.11)。表3.3列出了不同种类的萜类化合物及其异戊烯醇前驱物。异戊基焦磷酸酯(IPP)和二甲基-烷基焦磷酸酯(DMAPP)聚合形成C_{10}香叶基焦磷酸酯(GPP)。异戊基焦磷酸酯和香叶基焦磷酸酯聚合则形成C_{15}的法呢基焦磷酸酯(FPP)。经法呢基焦磷酸酯与异戊基焦磷酸酯聚合,重复这一过程可以形成C_{20}的双香叶基焦磷酸酯(GGPP)。两个法呢基焦磷酸酯的单元以尾-尾相连可以聚合生成角鲨烯,它是所有四环和五环的三萜类化合物的前驱物。两个双香叶基焦磷酸酯单元的聚合则可生成C_{40}类胡萝卜素和古细菌类脂。细菌通常以烃或者开链醇的形式合成类胡萝卜素,而高等的原核生物和植物则倾向于合成不同类型的氧化类胡萝卜素。大分子聚类异戊二烯(如泛醌、橡胶等,见图2.15)的合成是由二甲基-烷基焦磷酸酯和连续的异戊基焦磷酸酯单元头-尾相连聚合而成的。

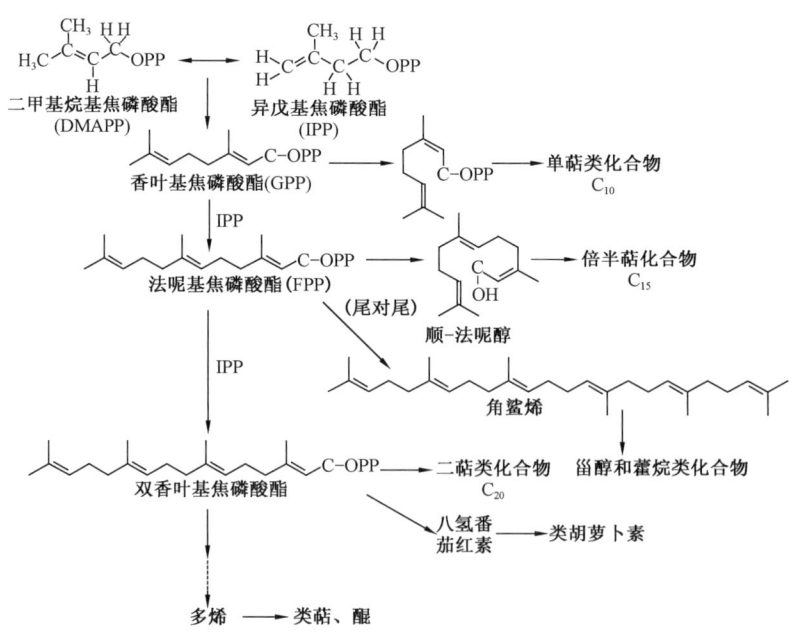

图3.11 萜类化合物合成的生物化学路径

表 3.3 异戊二烯聚合物的名称及其萜类化合物的分类

残基数	异戊烯醇前躯物（如二磷酸酯等）	萜类化合物分类
1	二甲基烷基乙醇	半萜类
2	香叶醇或橙花醇	单萜类
3	法呢醇	倍半萜类
4	香叶基香叶醇	二萜类
5	香叶基法呢醇	二倍半萜类
6	法呢醇[a]	三萜类[a]
8	香叶基香叶醇[b]	四萜类或类胡萝卜素[b]
更多	—	橡胶（全顺式），古塔胶（全反式）

a. 由角鲨烯构成的三萜类，它由两个法呢基二磷酸酯前躯物缩合而成；
b. 由八氢番茄红素构成的类胡萝卜素，它来自两个双香叶基二磷酸酯（GGPP）前躯物。同样的，古细菌中二植基类脂由两个头对头的双香叶基二磷酸酯分子缩合而成。

3.4.3 单萜、倍半萜、二萜类的生物合成

在原核生物中，香叶基焦磷酸酯、法呢基焦磷酸酯和双香叶基二磷酸酯用于生成较大分子的萜类化合物以及细菌叶绿素的合成。真核生物利用这一路径将较小的萜类化合物转入新的生物合成途径。例如，高等陆生植物生成大批不同的无环、单环和双环的单萜类（图 3.12）、倍半萜类和双萜类（图 3.13）。真核海相生物、高等植物和真菌类利用这些前躯物生成不同的游离双萜类（酸、醇、烃和酚），并将其作为合成树脂及其组织的单体。如：杜松烯聚合成达马树脂中的多聚杜松烯（结构见图 13.64）。合成较小萜类化合物的能力使真核细胞具有明显的进化优势。这些化合物中断了进一步合成三萜和四萜类化合物的进程，或降低了膜的渗透能力，由此提供了有效抵御其他掠食者或者竞争对手的自卫性化学物质（Swain 和 Copper - Driver，1979）。由于在原核生物中一般很难发现单萜、倍半萜和双萜类化合物，因此，它们在石油中的烃类衍生物就成为真核生物输入的绝佳的生物标志物。高等植物会合成某些小分子的萜类，从而也可提供补充性的母源特征。

半萜和单萜作为生物标志物具有一定的局限性，因为它们的前躯物具有化学的活性和高度的挥发性。很多这些前躯物是吸引授粉者和人类趋近鲜花的重要芳香分子（图 3.14）。如具有玫瑰花气味的香茅醇最为常见，当暴露在光线下时它从玫瑰花蕊中逸出。某些蛾类授粉的花，如茉莉花，仅在夜间释放其淡淡的花香。小苍兰释放出紫罗兰的香气，它含有源自胡萝卜素的浓烈的 β - 紫罗（兰）酮的气味。所有这些化合物的结构中均含有重复的异戊二烯的亚单元。

植物利用挥发性的萜类化合物抵御病害和虫害。虽然大多数的防御措施是将萜类化合物用作毒素或者分泌物来诱捕掠食者，但其中的内在关系却很复杂。如，当被食草昆虫咬伤后，某些植物会释放出萜烯和其他挥发性的化合物以吸引食肉昆虫来消灭食草昆虫（Kessler 和 Baldwin，2001）。

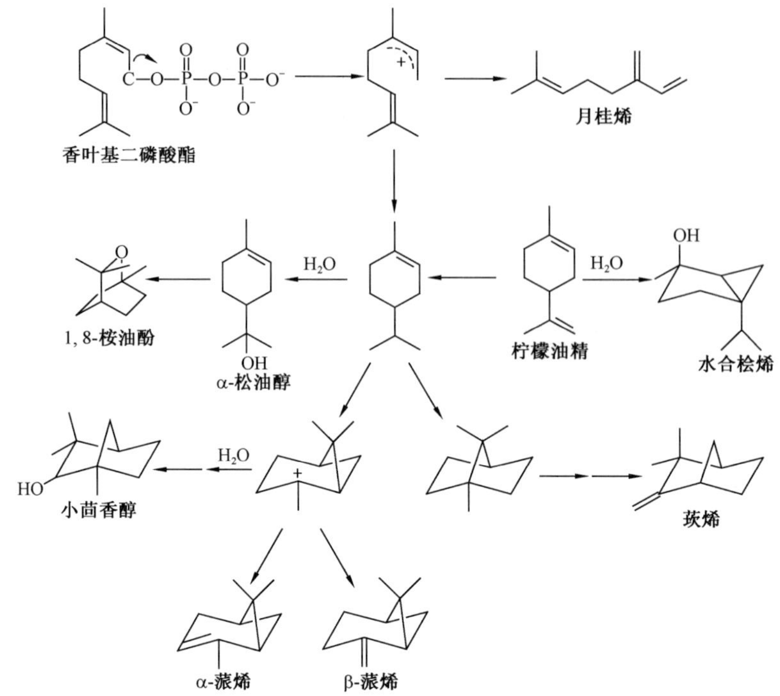

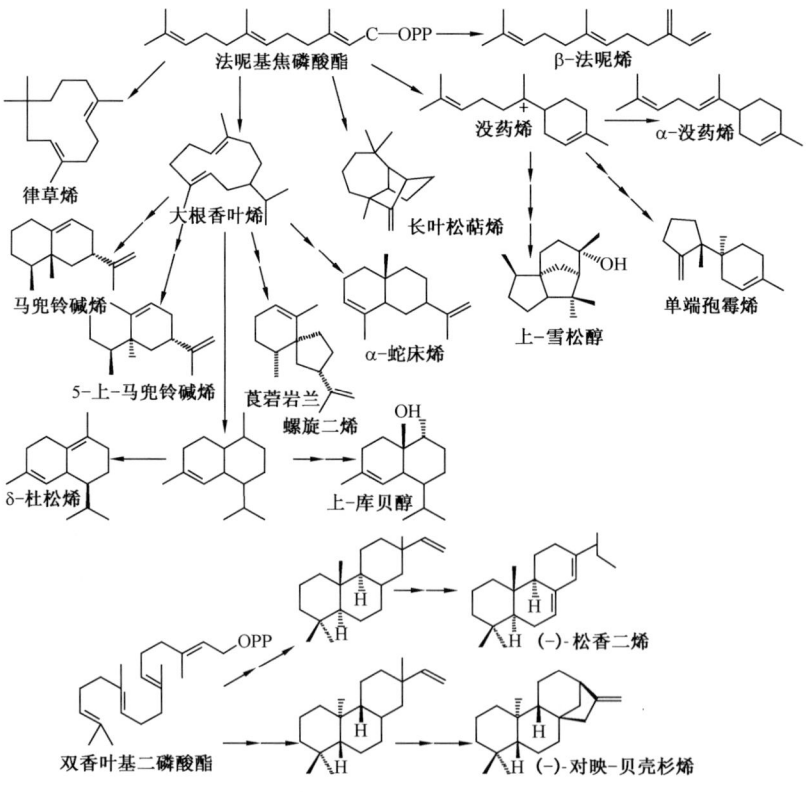

图 3.12 由香叶基焦磷酸酯(也称作香叶基二磷酸酯)合成的一些单萜类化合物

图 3.13 由法呢基焦磷酸酯(FPP)和双香叶基二磷酸酯(GGPP)分别合成的一些常见的倍半萜类和二萜类化合物

3.4.4 角鲨烯的环化

角鲨烯是所有生命形式中一个重要的类异戊二烯中间体,这种不饱和的烃类可被一些古细菌直接利用,但其最为重要的价值在于它是藿烷类和甾烷类化合物生物合成的前躯物(图3.15)。合成藿烷类化合物的途径不需要分子氧的参与,藿烷类化合物中的氧全部来自于水。反之,生物合成甾醇的多个步骤均需要游离氧的参与。尽管如此,鉴于酶及其反应具有可观的相似性,有人提出甾醇的生物合成是由藿烷类的类脂膜合成演化而来的(Rohmer等,1979)。

在无游离氧参与的情况下,角鲨烯-藿烯环化酶将角鲨烯折叠成五环三萜烯。这一环化过程是生物化学中最为复杂的单步反应之一,因为它需要同时形成5个环、改变13个共价键以及形成9个立体异构中心(Kannenberg 和 Poralla,1999)。反应的最初产物是里白烯、里白醇和四膜醇,后者最初是从真核纤毛虫——梨形四膜虫(Tetrahymena pyriformis)中分离得到,它可以在无外来甾醇参与的情况下激活角鲨烯-藿烯的环化酶。绿硫菌(Grice等,1998)和海洋纤毛虫(Harvey 和 McManus,1991)是沉积岩中四膜醇的主要来源,在成岩作用下四膜醇可以转化成伽马蜡烷。

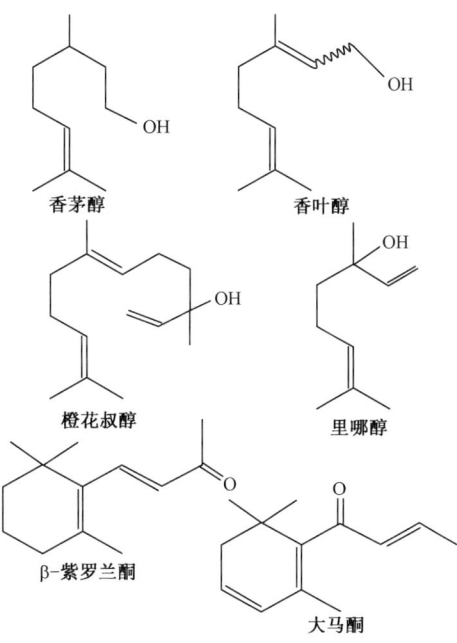

图3.14 植物香味的实例。蔷薇植物的香味有香叶醇和香茅醇(单萜类,上);淡色植物花香有橙花叔醇(倍半萜类)和里哪醇(单萜类,中);紫罗兰的植物花香包括β-紫罗兰酮和大马酮,它们是胡萝卜素降解的产物

通过甲基化、脱水和增加其他极性基团的方法,里白醇和里白烯可以进一步的转化。增加一个D-戊糖可以形成C_{35}细菌藿四醇,它是发现最早的功能化藿烷类化合物。通过其侧链的变化或者连接在C-35的极性基团的缩合可以实现进一步的改性(Sahm等,1993)。这些带有较大极性基团的藿烷类化合物很难从膜磷脂中分离出来。在现代沉积中的这些化合物的分析和鉴定上取得长足的进展也只是最近几年的事(Fox等,1998;Watson 和 Farrimond,2000;Talbot等,2001),此外,这些化合物在细菌中的多样性也是近来才被发现的。

在有氧的情况下,角鲨烯可转化成2,3-氧化角鲨烯。酶可将该前躯物转化成羟基化的四环和五环萜类化合物(图3.15)(Ran等,2004)。立体化学的制约条件至关重要,它有助于深入了解甾醇的演化(Nes 和 Venkatramesh,1994)。甾醇通常来自高等植物和藻类合成的环阿屯醇(图3.16)以及由动物和真菌类合成的羊毛甾醇(图3.17)。氧用来从这些甾醇前躯物中脱去14α甲基基团(Chapman 和 Schopf,1983)。与藿烷类化合物一样,可以通过侧链重排、在侧链或者环上增加官能团或极性基团、改变双键的位置和数量等多种方式对甾醇进行改性。真核细胞含有许多能够催化甾醇和其他类脂膜生物合成反应的酶(Vance,1998)。

有人曾一度认为高等植物和藻类合成的环阿屯醇(9,19-环-24-羊毛甾-3β-醇)是羊毛甾醇合成途径改性后的结果。实际上,环阿屯醇可以替代类脂膜中的胆甾醇,而羊毛甾醇则不能。这很可能是由于环阿屯醇具有弯曲的结构,它可以部分地遮蔽14-甲基基团,而羊毛甾醇的甲基则是向外伸展的(Bloch,1983)。Ourisson 和 Nakatani(1994)推测认为环阿屯醇

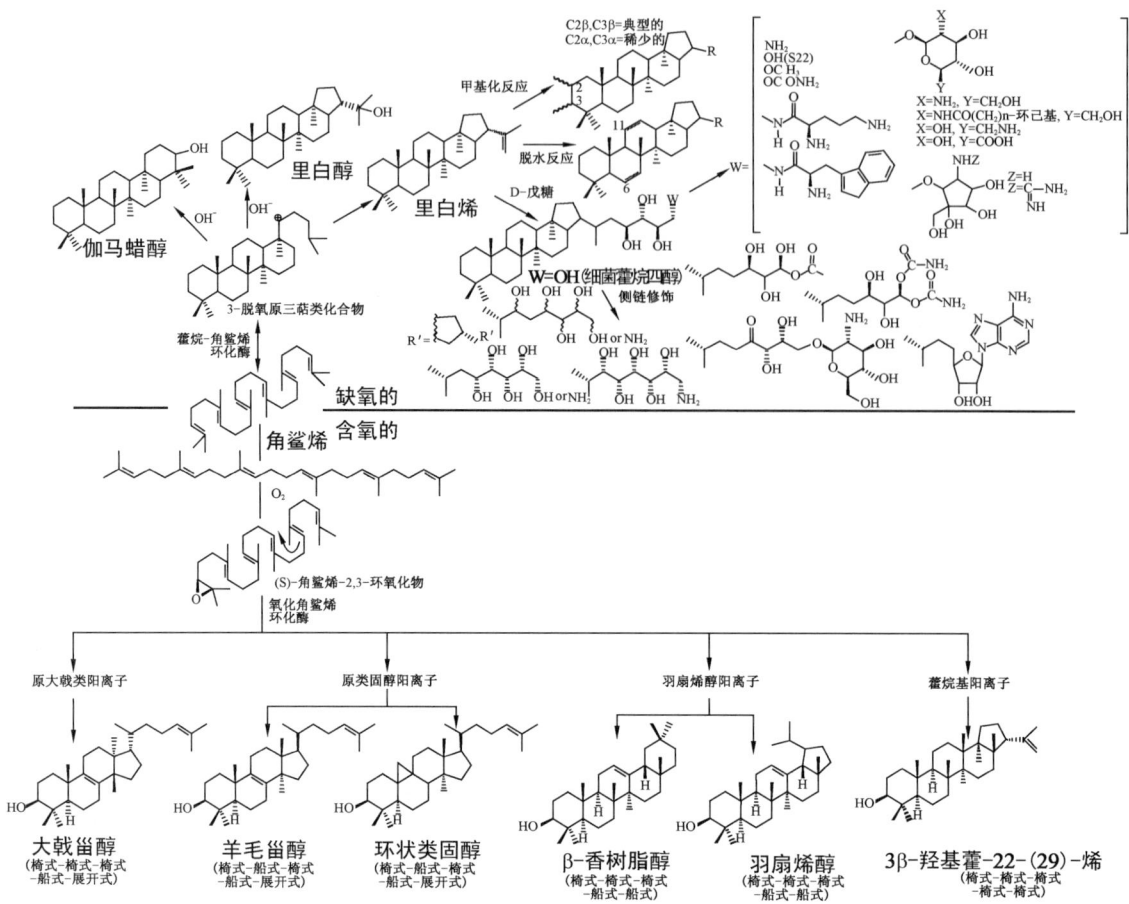

图 3.15　主要萜类化合物以及萜类前躯物的生物合成

的生成不仅是光学合成的真核细胞后期适应性进化的结果,而且是甾醇最早的生物合成途径的残迹。处于供氧不稳定状态下的原始真核细胞可以通过不断变换缺氧和有氧途径来合成一些萜类化合物的混合物。大气中游离氧浓度的增加也许可以使环阿屯醇加速降解,生成现代甾醇。一旦该路径建立,羊毛甾醇就可以取而代之,成为起始前躯物。

甾醇生物合成的一个进化优势是:用于合成羊毛甾醇和环阿屯醇的真核状态的氧化角鲨烯环化酶比角鲨烯-藿烯环化酶更有效(Abe 等,1993)。在一定的生长条件下,一种叫做运动发酵单胞菌的细菌可以产生很多的三萜类化合物,这表明角鲨烯环化酶没能控制环化的过程或者没有充分发挥其酶作用物的特性(Douka 等,2001)。由这种具有绝对发酵能力的革兰氏阴性菌所产生的很多烃类,在以前对细菌中性类脂的研究中并没有被发现(图 3.18)。

3.5　生物圈和岩石圈中的藿烷类化合物和甾醇

3.5.1　藿烷类化合物类脂

石油生物标志化合物研究中最早的成功之一就是:根据岩石圈中的细菌藿烷预测了生物圈中细菌藿烷类类脂的存在。在多数情况下,生物标志物的生物前躯物的发现早于其在岩石圈中的发现。植烷可能来自叶绿素侧链的植醇(Dean 和 Whitehead,1961),甾烷来自饱和甾醇(Burlingame 等,1965),以及全氢-β-胡萝卜烷来自 β-胡萝卜烯(Murphy 等,1967)。然而,

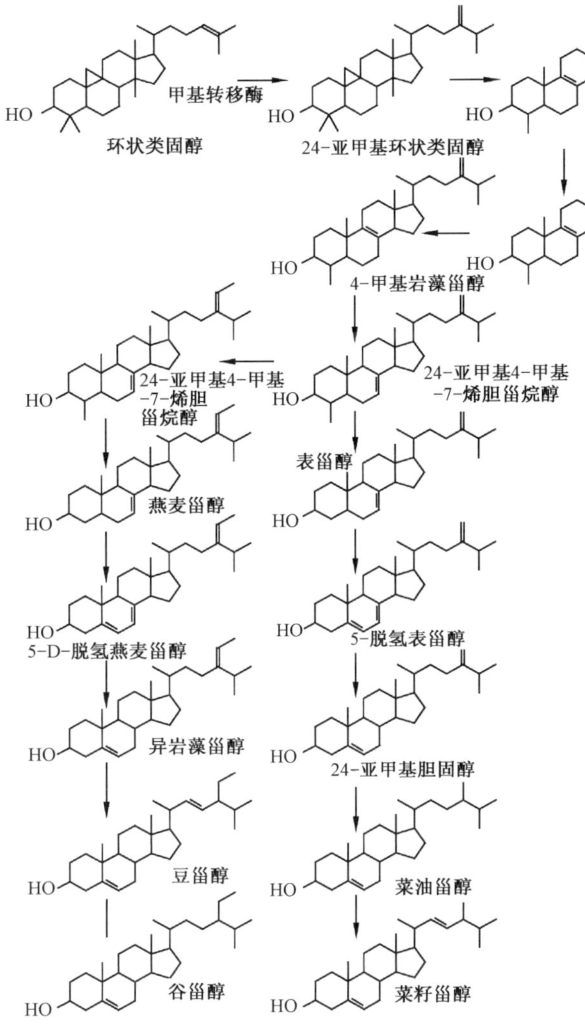

图 3.16 由环阿屯醇生物合成甾醇的途径，
该路径通常为高等植物所采用

一些化合物(如：C_{30+}藿烷、C_{20+}三环萜烷、多支链的类异戊二烯化合物)在岩石圈的样品中被检出时还没有发现其生物前躯物。人们很早就知道里白烯和里白醇(图 3.15)是一些藻青菌(Gelpi 等,1970)和真菌(Bird 等,1971)中的主要类脂物,可以用来解释 C_{27} - C_{30} 藿烷的来源。长链藿烷的生物来源尚存疑问(Van Dorsselaer 等,1974),因为它们在岩石圈中普遍存在,不成熟的地层抽提物中含量丰富,从其光学活性上判定它们明显是生物成因的。基于它们在岩石圈中的分布,Rohmer 和 Ourisson(1976a;1976b)以及 Langworthy 和 Mayberry(1976)研究发现：真菌中存在 C_{35} 细菌藿烷四醇。自从这一成功发现之后,很多生物标志化合物的生物前躯物已被陆续发现。但对一些主要的地质型类脂(如 C_{20+} 三环萜烷、多聚类异戊烯化合物和 3-取代基甾烷)的起源目前尚有争议。

除了细菌藿烷四醇之外,还有其他一些在侧链上带附加官能基团的多取代基细菌藿烷类(C_{35})已为人所知(图 3.15)。例如,胺基($—NH_2$)可以替代羟基($—OH$)连接在 C-35 位上(Rohmer,1987)。真菌中的藿烷类类脂可以进一步改性,这些改性包括 C-2 或者 C-3 位上的甲基化；C-6 或 C-11 位的双键化以及 C-34 位极性基团的增加等(Sahm 等,1993)。细菌

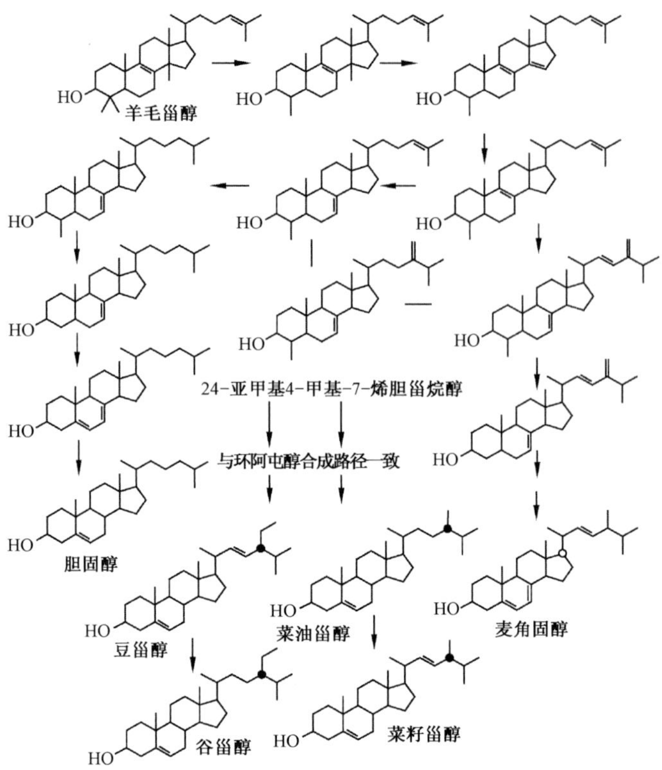

图 3.17 由羊毛甾醇生物合成甾醇的路径,该路径通常为动物、原生生物和许多藻类所采用

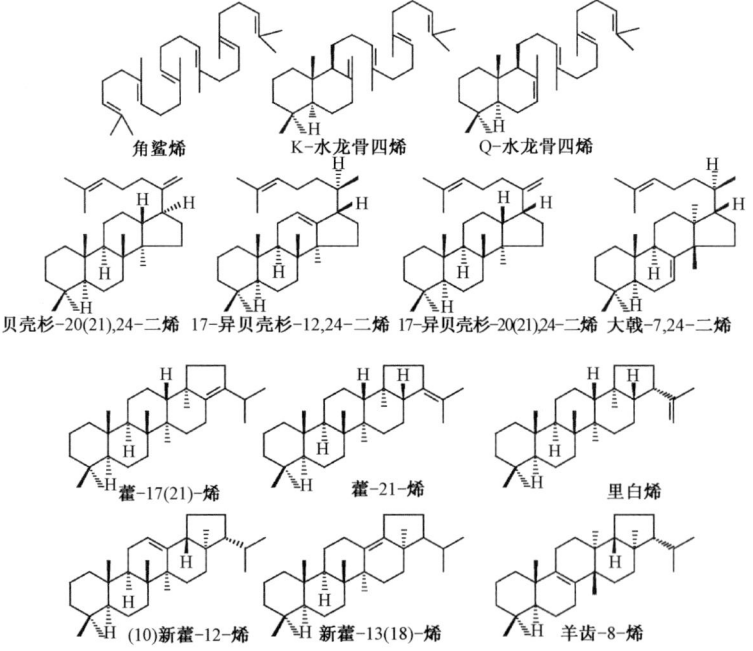

图 3.18 由运动发酵单胞菌生成的三萜烯类烃。除里白烯之外,所有的三萜烯类烃都被认为是由于不同的环化过程或者缺乏角鲨烯环化酶的酶作用物特性而形成的

藿烷多醇是长链藿烷假想的主要前驱物,在不同的沉积物中它的成分各异,因此可以保留特定的细菌起源的信息。例如,Farrimond 等人(2000)分析了从高碘酸和硼氢化钠处理过的有机质中分离出的藿醇。虽然其细菌藿烷四醇的浓度不低(>1500μg/g),但除了一个样品之外,在其他所有样品中它仅占全部藿烷类化合物的一小部分(0~26%)。带有四个官能团的藿烷类化合物在七个沉积物样品中占优势,它很可能是烃源岩和原油中长链藿烷的主要来源。带有六个官能团的藿烷类化合物在湖相沉积物中最为丰富,尤其是在两个高生产率的分层湖泊中(约占总藿烷类化合物的20%~40%),这可能是由于嗜甲烷菌对有机质有较大贡献的缘故。在海相硫酸盐还原沉积物中,带有六个官能团的藿烷类化合物的含量最低(约占总藿烷类化合物的2%~6%)。

藿烷类化合物类脂在很大程度上被认定为真菌,但我们对其系统发育学分布的认识还不完整,与藿烷类化合物分布相关的清晰的分类学模式也尚未形成。例如,革兰氏阳性和阴性细菌都产生藿烷类化合物。藿烷类化合物在蓝细菌、嗜甲烷菌和某些类型的α-蛋白菌中相对富集,特别是在固氮真细菌中其含量更高(Kannenberg 和 Poralla,1999)。在大多数微生物中藿烷类化合物的含量约为0.1~5mg/g 干细胞重量,与真核细胞中甾醇的平均含量大体相当。少数几种细菌含有异常高的藿烷类类脂(大于30mg/g 干细胞重量)(Sahm 等,1993)。藿烷类化合物一般分布在具有高 G+C(鸟嘌呤+胞嘧啶)的菌株中,具备占据着充满压力的生态龛位的种属所独有的特征(Kannenberg 和 Poralla,1999)。它们的丰度可能随着渗透压的改变而改变(如高浓度的盐、糖或醇),为增强膜的稳定性而数量增加(Hermans 等,1991)。也可能生成细胞外的藿烷类化合物,以应对失水或者成为对水或氧具有选择性渗透能力屏障的一部分(Berry 等,1993)。

令人不解的是:尽管藿烷类化合物的生物合成不需要分子氧,但在专性厌氧菌中却还没有发现它们的踪影。厌氧甲烷菌的氧化涉及硫酸盐还原真菌和古细菌的联合共养过程(Boetius 等,2000;Orphan 等,2001b),对与其相关的沉积物的地球化学分析已经发现 ^{13}C 亏损的里白醇、里白烯($\delta^{13}C = -60.5\% \sim -74.4‰$)(Elvert 等,2000)和游离的 C_{32} 升藿烷酸($\delta^{13}C$ 低至 $-78.4‰$)(Thiel 等,2003)。该同位素比值表明厌氧联合共养可在原地生成这些化合物。同样的,Thiel 等人(2001)还报道了从美国林肯溪组(Lincoln Creek Formation)渐新统碳酸盐岩细菌席垫化石抽提物中检出了 ^{13}C 亏损的 C_{27} 和 C_{28} 藿烷以及 C_{30} 藿-17,21-烯。这些化合物的碳同位素比值($\delta^{13}C = -41.5\% \sim -52.3‰$)虽不如共生的藏花烷($\delta^{13}C = -111.9‰$)或 2,6,10,15,19-五甲基番茄烷(PMI)($\delta^{13}C = -120.2‰$)那样亏损 ^{13}C,但仍明显的轻于抽提物中的甾烷($\delta^{13}C = -26.8‰$)。专性厌氧微生物合成藿烷类化合物的推断可能是依据这些地球化学的观察做出的,它还有待于生物化学的证实。

在所分析的细菌种属中,已检出藿烷类化合物的仅占30%左右,但有几个理由可以假定它们的广泛存在。首先,生长在纯培养环境下的微生物可能并不表达其整个生物化学的特性。实验室的培养过程通常是微生物生长的最优化环境,可能无法提供必要的条件来诱发藿烷类化合物的产生。其次,利用标准的极性和非极性混合溶剂很难分离两性的藿烷类化合物,其中的藿烷类化合物就有可能丢失(Herrmann 等,1996)。在从生物基质中分离出来之后,极性大的藿烷类化合物仍很难分离和鉴别。DNA 序列提供了一种检测各类真细菌是否具有合成藿烷类化合物所必需的基因的方法。例如,生长在液体培养物中的蓝色链霉菌 A3(2)不合成藿烷类化合物。然而,该生物的基因组含有一簇明显与类异戊二烯和藿烷类化合物生物合成相关的基因。只有在有氧菌丝和孢子的生成过程中,细菌才会产生藿烷类化合物,这可能是为了适应膜渗水性的降低而作出的响应(Poralla 等,2000)。

在古细菌或动物中没有发现藿烷类化合物,但在某些蕨类植物、苔藓和真菌中却有少量分布(Ourisson 等,1987;Mahato 和 Sen,1997)。大多数此类化合物在 C-3 位上含有一个氧基团,表明它们来自氧化角鲨烯而非角鲨烯。

注:藿烷类化合物可能是植物蜡和树脂的主要成分。它们最初是从 Hopea(以英国植物学家 John Hope 的名字命名的热带树种)渗出的达马树脂中检出的。

3.5.2 甾醇类

所有的真核生物中均含有甾醇,它构成了类脂膜中差不多一半的类脂。通常,甾醇在真核生物细胞中的含量与真细菌中藿烷类化合物类脂的含量相仿(约 0.1~5mg/g 干细胞重量,或 30~3000fg/细胞,依细胞的大小而定)。在有些生物和特定的分化型细胞中,甾醇的含量会高出很多(>300mg/g 干细胞重量)。生物甾醇总量中大约有 40%~60% 可能具有为数不多的几种普通结构(表 3.4),而十多种的其他结构则占大约另外的 20%~30%。动物倾向于生成胆甾醇;高等的陆地植物通常生成谷甾醇和豆甾醇;而真菌类则优先合成麦角甾醇。从这些普遍的分布得出的一个认识是:甾醇的分布可以用来区分沉积物中生物的输入(Huang 和 Meinschein,1978,1979)。然而,海相藻类可以生成所有规则的 C_{27}、C_{28} 和 C_{29} 甾醇,有些还能合成大量的 C_{30} 甾醇(见Volkman(1988)以及 Volkman 等(1998)的综述)。海洋生物区系中甾醇的这种多样性降低了甾醇三元示意图在区分古环境方面的实用性,但是,它们在对比成因相似的样品方面还是大有用武之地(参见图 13.37)。

甾醇类及其衍生物分布广泛而且变化多样。改性发生在烷基侧链、双键和官能基团的数量和位置上。部分多样性是由于甾醇的进化使其参与了真核细胞生理机能的各个方面。除了作为膜脂之外,甾醇还扮演着调节生长、繁殖以及其他过程的激素的角色。众所周知,甾醇的多样性存在于动物和高等植物中,但文献对其在真菌、浮游植物和原生生物中的多样性却鲜有记载。海绵类是演绎甾醇多样性的大师,它可生成非常复杂的多官能团化合物的混合物,其中的许多没有陆生同系物。这些改性包括在核环和侧链上添加氧和双键,大量地重排烷基侧链,以及形成硫酸酯和非常规核(Aiello 等,1999)(图 3.19)。伴随着常规的胆固醇或 3β-羟基甾醇的生成,这些非同寻常的类固醇也许以痕量的组分出现,或者在某些种属中大量出现,这说明了它们在保持膜的稳定性方面发挥着作用。

甾醇的生物合成显然是由角鲨烯-藿烯路径进化而来,该路径利用大气中的游离氧来合成氧化角鲨烯。含氧原核生物被认为可能得益于对甾醇生物合成路径的适应。然而,大多数的原核生物却缺乏甾醇(<0.001% 干细胞重量)(Schubert 等,1968)。有些报导提出某些原核生物中存在甾醇的合成。Bird 等人(1971)和 Bouvier 等人(1976)从甲基营养型古细菌荚膜甲基球菌(Methylococcus capsulatus)中鉴别出了大量的 4,4-二甲基和 4α-甲基-5α-胆甾基 -8(14)-烯-3β-醇及其 8(14),24-二烯同系物。Kohl 等人(1983)检测了胆甾基-8(9)-烯-3β醇在侵蚀侏囊菌(Nannocystis exedens)中的实际浓度(若干百分数)。同样的,Schouten 等人(2000a)在汉森甲基球菌(Methylosphaera hansonii)(一种耐寒的嗜甲烷生物)中发现了相对浓度较高的 4,4-二甲基胆甾烯。在辫硫菌属(Thioploca)和其他细菌中也含有 4,4-二甲基甾醇(McCaffrey 等,1989)。Summons 等人(2002a)从蓝藻菌席藻属(Phormidium)和拟绿胶蓝菌属(Chlorogloeopsis)的初期培养体中除了得到预期的藿烷类化合物和 2-甲基藿烷类化合物之外,还发现了少量的甾醇。可是在重复性的次级培养体中却没有发现甾醇,这可能表明初期培养体中有真菌的污染。

表 3.4　依据相应的饱和烃而命名的常见甾醇的化学结构

侧链	构型	5α-系列	5β-系列
(H₃C-21, 20R, 17)	20R	5α-胆烷（不是别胆烷）	5β-胆烷
(H₃C-21, 20, 17, CH₃)	20R	5α-胆甾烷	5β-胆甾烷（不是粪甾烷）
(H₃C-21, 20, 24, 17, CH₃)	20R,24S	5α-麦角甾烷	5β-麦角甾烷
(H₃C-21, 20, 24, 17, CH₃)	20R,24R	5α-菜油甾烷	5β-菜油甾烷
(H₃C-21, 20, 24, 17, CH₃, CH₃)	20R,24S	5α-多孔甾烷	5β-多孔甾烷
(H₃C-21, 20, 24, 17, CH₃)	20R,24R	5α-豆甾烷	5β-豆甾烷
(H₃C-21, 20, 22, 23, 24, 17, CH₃)	20S,22R,23R,24R	5α-柳珊瑚甾烷	5β-柳珊瑚甾烷

注：除胆烷同系物之外，所有侧链均为类脂膜中所常见（别胆烷和粪甾烷不是严格意义上的 IUPAC 术语）。

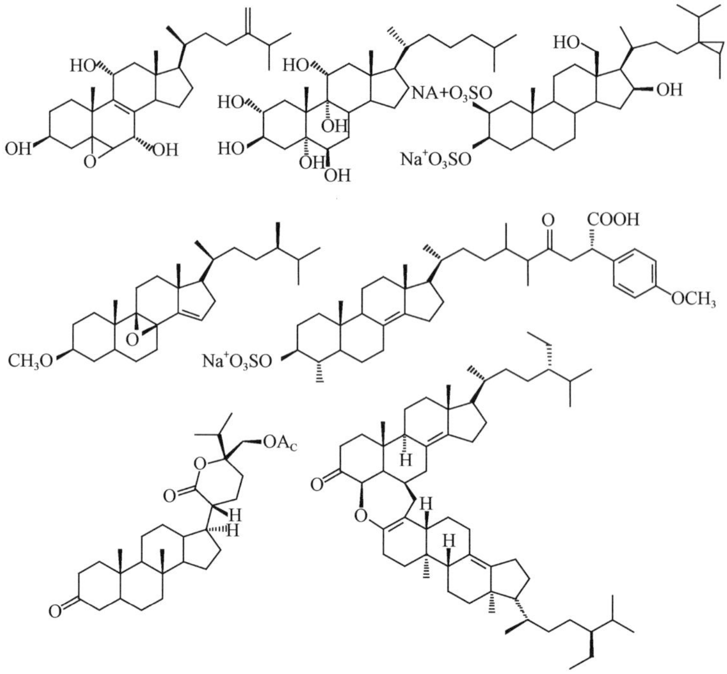

图 3.19 在海绵中发现的一些非常规的甾类化合物(Aiello 等,1999)

若干真细菌的世系中可能存在甾醇的合成。然而,这些浓度很低的甾醇似乎是作为调节生长或者其他生物化学过程的激素,而不是用作类脂膜的稳定剂。在包括结核分支杆菌(*Mycobacterium tuberculosis*)在内的几种真细菌中,发现了用于甾醇生物合成的酶的基因组(Bellamine 等,1999)。然而,在其他真细菌中,比如大肠杆菌(*Escherichia coli*),则缺乏这种必要的基因。

3.5.3 藿烷和甾醇类化合物的丰度及其成岩产物

尽管单个生物标志物在石油中的含量并不高,但在现代沉积物和热成熟度较低的岩石的可溶部分中,它们通常代表了具有明确结构的丰度最大的化合物。除了代表烃源岩中占 90% 有机碳且不溶于有机溶剂的干酪根之外,在剩余的可溶有机碳中,藿烷类化合物占了 5% ~ 10%(Ourisson 等,1984)。例如,澳大利亚的 Yallourn 褐煤中含有几百个 ppm 的单体 C_{32} 藿烷酸(Ourisson 等,1984)。尽管这个数量看上去似乎意义不大,但 $1m^3$ 的岩石重约 2t,含有约 1kg 的酸,那么很明显,它就是煤中丰度最高的有明确结构的有机化合物。岩石圈中藿烷类化合物的含量约为 $10^{11} \sim 10^{12}t$,它等于甚至略高于活体生物中有机碳的总量(Ourisson,1987)。依据沉积背景的不同,甾醇的实际浓度可能会大于或小于藿烷类化合物的含量。

烃源岩中大多数保存下来的有机物代表了生物质的原始残留(Ourisson 等,1984)。在成岩过程中,细菌藿烷多元醇和甾醇的脱水和还原生成了细菌藿烷和甾烷。然而,这些化合物大多首先被结合进入了干酪根,然后在后生阶段以藿烷和甾烷的形式被释放(Mycke 等,1987;Sinninghe Damsté 和 de Leeuw,1990)。

注:Sergipe – Alagoas 盆地蒸发烃源岩中的十个低成熟度的海相原油具有不同的正烷基酸、类异戊二烯酸和藿烷酸的分布(Rodrigues 等,2000)。成岩前驱物的官能度(醇、醚或酸)是根据中性和酸性生物标志物(藿烷类化合物、类异戊二烯、烷基甾烷、单芳烷基甾类化合物)相对丰度的对比推导得出的。检出了甾类烷基酸和单芳甾类烷基酸(甲酸、乙酸和丙酸甾类化合物以及单芳甲酸、乙酸和丙酸类化合物)等三个系列的化合物,而中性馏分只含有各相应类型化合物(甲基和乙基甾烷以及单芳甲基和乙基甾烷类)的两个系列。这些

碳的移动表明脱羧基作用是烷基甾烷和单芳烷基甾烷形成中的主要过程,而羧酸则是这些化合物的主要前躯物。然而,在类异戊二烯或藿烷类化合物的中性和酸性馏分间没有观察到分子分布的明显不同,表明醇或醚是这些化合物的主要成岩前躯物。

图 3.20 展示了怀俄明州二叠统含磷组生成的原油中不同化合物馏分和生物标志物类型的定量分布。与其他原油一样,怀俄明原油所含单个生物标志物的浓度从几十到几百个 ppm。在排驱过程中,原油中甾烷类和藿烷类碳氢化合物的浓度随烃源岩热成熟度的变化而变化。这些化合物的前躯物可能通过碳—硫键或碳—氧键微弱地键合在干酪根的基质上,在产油高峰和碳—碳键断裂之前,这些键就易于断开。因此,在较低的热应力作用下排出的油中,含有丰富的生物标志化合物。由于这种优先的生物标志物释放以及非生物标记碳氢化合物的稀释作用,生物标志物在生油主要阶段的浓度明显较低。环状饱和的生物标志物与环状碳氢化合物相比一般具有较低的热稳定性,它在液态油排驱的晚期阶段或储层裂解阶段具有更快的热降解速率。其他的储层蚀变过程倾向于使原油富集生物标志物。例如,由于生物标志化合物一般比其他化合物更能抵御微生物的改造,在原油的生物降解过程中,有十多种因素可以促使生物标志物的增加。

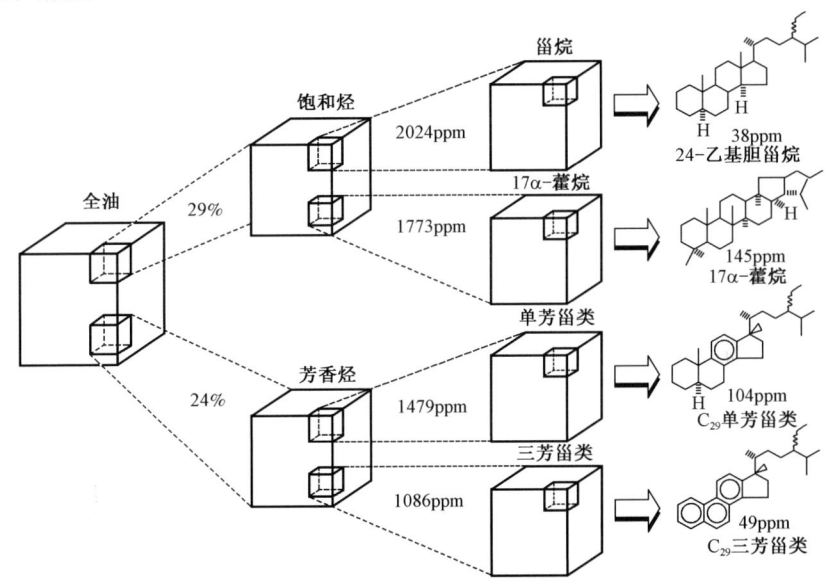

图 3.20 分布在大多数石油中的生物标志物的浓度(如:2024ppm = 甾烷在原油中的含量为 0.2024%)。该图显示了怀俄明州汉密尔顿穹隆二叠系含磷组生成的降解油(17°API,含硫 3.2%)中不同化合物馏分和生物标志物的相对丰度。图中用作例子的生物标志物包括 $C_{29}5\alpha,14\alpha,17\alpha(H),24S-$ 和 $24R-$ 乙基胆甾烷、$C_{30}17\alpha,21\beta(H)-$ 藿烷、$C_{29}5\alpha,20R,24R-$ 和 $24S-$ 单芳甾类以及 $C_{28}20S,24R-$ 和 $24S-$ 三芳甾类。本图的转载承蒙雪佛龙美国公司的分支机构雪佛龙-德士古勘探和开发技术公司的惠允

3.6 光合作用下的卟啉和其他生物标志物

在所有三大生命领域中都存在光合作用的生物。盐杆菌具有不同于其他生物的原始的光合作用系统。盐杆菌利用视紫红质菌——一种视网膜所含的蛋白质,它直接键合在细胞膜上

并且不形成触点/反应中心,这种视紫红质菌产生一个质子梯度来进行光合磷酸化反应(Blankenship,1992)。盐杆菌的光化学作用与其他领域的作用完全不同,它不涉及氧化/还原的电子转移,不利用叶绿素和细菌叶绿素,也不将 CO_2 作为碳源。因此,一些生物学家认为盐杆菌不是真正光合形成的(Gest,1993)。

具有光合作用的生物普遍分布在真细菌和真核生物中。所有这些生物所具有的共同特点表明其共同的起源与盐杆菌大不相同。在这些生物中,光合作用的器官构成了色素-蛋白质复合体,这个复合体由聚光触点单元所组成,它包含了几百个叶绿素或细菌叶绿素的分子、其他的附属色素(类胡萝卜素和后色胆素)以及反应中心里蛋白质的一个电子传递系统。由色素吸收的光能用来固定 CO_2 作为碳源。缺氧光合作用的细菌包括紫色硫细菌、紫色非硫细菌、绿硫细菌、绿色非硫细菌的成员以及革兰氏阳性细菌组。所有缺氧光合作用的细菌依赖于含有细菌叶绿素和类胡萝卜素的光合体系Ⅰ。而藻青菌则具有光合体系Ⅰ和光合体系Ⅱ的联合体,这是一个含有叶绿素、类胡萝卜素和藻胆素的触点/反应中心复合体。在膜内的该光合体系复合体被称为类囊体,一般位于最大限度光吸收的细胞膜附近。该联合光合体系的效能促使藻青菌利用水作为氢的供体并生成作为副产品的氧(图3.21)。

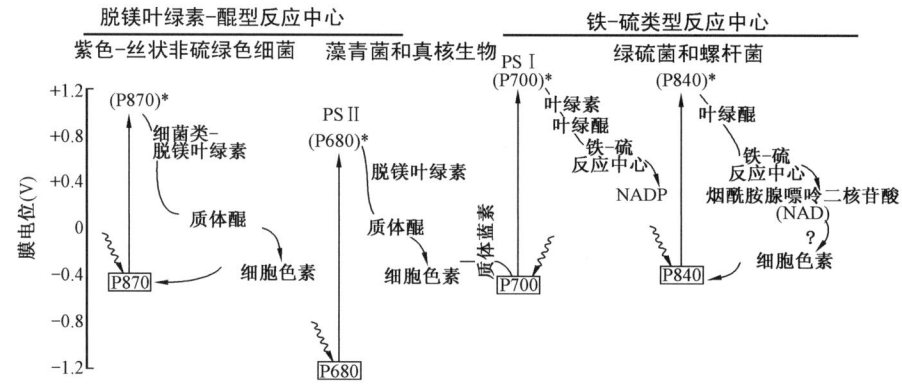

图3.21 厌氧光合作用细菌依赖于两种不同类型的反应中心来进行电子转换。藻青菌和光合真核细胞将其结合起来,形成一个联合光合体系Ⅰ和Ⅱ(PSⅠ和PSⅡ)的反应中心

叶绿素和细菌叶绿素是起始于δ-氨基乙酰丙酸的四吡咯生物合成路径中镁分支的组成部分(图3.22)。由氨基酸甘氨酸和琥珀酰辅酶A参与组成的δ-氨基乙酰丙酸的两个单元缩合形成吡咯胆色素原。胆色素原的四个单元再缩合成一个线型四吡咯化合物,然后环化形成尿卟啉原Ⅲ。许多生物分子起源于有铜、镍和钴参与形成的尿卟啉原Ⅲ。

尿卟啉原Ⅲ中,醋酸根变为甲基基团的脱羧基作用产生合卟啉原Ⅲ(图3.23)。合卟啉原Ⅲ中,两个丙酸盐基团变为乙烯基团的脱羧基作用生成原卟啉Ⅸ,加铁后形成亚铁血红素和后色胆素。加入镁并关闭其中一个丙酸盐侧链形成E环则生成原叶绿素酸酐。完全不饱和的叶绿素c1和c2即来自原叶绿素酸酐。它们没有连接在D环上的酯化长链醇,并常见于硅藻类、腰鞭毛虫类、大型褐藻类和隐芽植物中。二氢卟啉和叶绿素a也来自原叶绿素酸酐并具有一个酯化的植醇侧链。叶绿素b来自叶绿素a,而叶绿素a和b常见于藻青菌、藻类和高等植物的光合体系Ⅰ和Ⅱ中。

所有的细菌叶绿素均来自叶绿素a,二氢细菌叶绿素c、d和e含有酯化的法呢基侧链,许多同系物在C-4和C-5位带有烷基取代基,以及在C2a位上具有不同的手性。二氢细菌叶绿素驻留在丝状绿色非硫细菌和绿色硫细菌的光捕获复合体中。四氢细菌叶绿素a和b具有一个酯化的植基侧链,常见于紫色硫细菌和紫色非硫细菌中。四氢细菌叶绿素g则含有一个

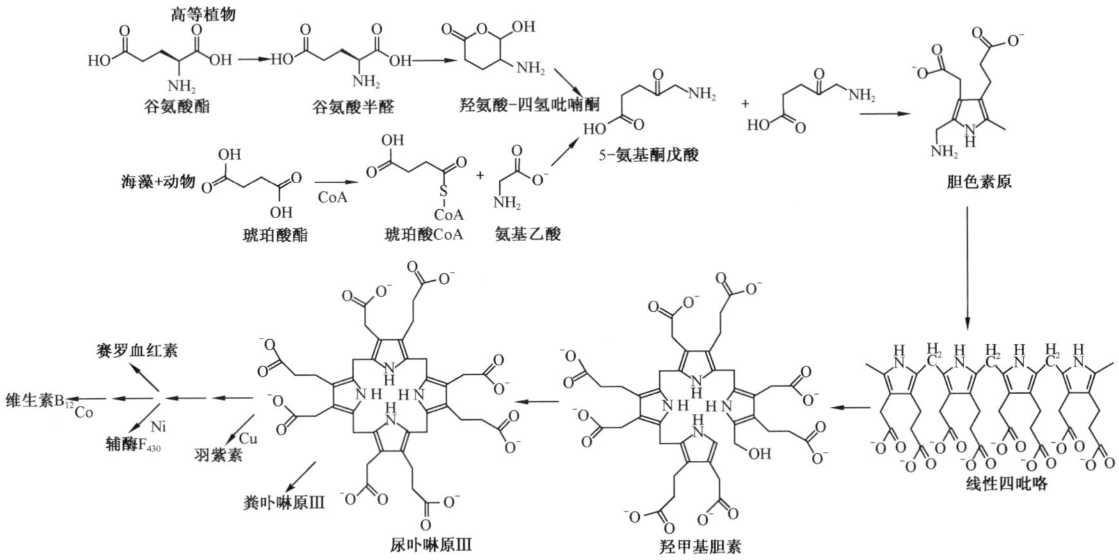

图 3.22　从 δ-氨基乙酰丙酸到尿卟啉原Ⅲ的四吡咯生物合成路径

法呢基侧链,它只分布在革兰氏阳性嗜光杆菌属内。与其对应的、缺乏配位金属的四吡咯化合物色素被称为脱镁叶绿素和细菌脱镁叶绿素。

导致这些色素的合成及其与复杂的光合体系结合的演化驱动力看上去过于复杂,因而无法自然生成光合作用的生物。Nisbet 等人(1995)观察到细菌叶绿素 a 和 b 的吸收光谱与浸入水中的发热物体的释热光谱相似。他们由此提出:如果古代喜温的化能无机营养生物发育了引导它们趋热和趋营养的体温调节功能,那么它们就有可能获得一个演化的优势。古代的趋温系统可能已经演化成基于红外辐射的细菌叶绿素光合作用。此后,叶绿素的光合作用就能够利用高能光波了。

Blankenship(1992)以及 Blankenship 和 Hartman(1998)认为:现存细菌中不同的反应中心揭示了藻青菌中联合光合体系的起源。绿硫细菌和嗜光杆菌属中有一个与藻青菌中光合体系Ⅰ相似的以铁-硫为基础的反应系统。而紫色细菌和非硫丝状绿色细菌则利用与藻青菌中光合体系Ⅱ相似的以脱镁叶绿素-醌为基础的反应系统。他们认为:藻青菌在早期与细菌共生,使得这些类型的每个反应中心的出现均十分接近。起初,它们各自的光合体系彼此分离,并利用无机的单质硫或有机的基质作为氢的受体。后来,系统的联合导致了效率的提升,利用叶绿素作为光聚合分子使藻青菌得以用水作为氢的受体(Niklas,1996)。

截至目前,叶绿素是生物圈内最为丰富的四吡咯化合物。其他的四吡咯化合物则包括许多动物血液中的亚铁血红素。在活体生物中,叶绿素和亚铁血红素的比值大约为 100000∶1(Baker 和 Louda,1986)。这种生物的丰度在岩石圈中也得到印证。在成岩和后生作用过程中,各种产物都源自叶绿素色素(Bidigare 等,1990;Keely 等,1990),包括石油中三个常见的组分:卟啉以及无环二萜烷——姥鲛烷和植烷(图 3.24)。沉积体中的卟啉是复杂的金属化的四吡咯化合物。在真核细胞中它们与叶绿素相连,该叶绿素生成一个 C_{32} 碳骨架;在原核细菌中它们则与具有延长侧链的叶绿素相连。这些转换涉及到与 Treibs(1936)提出的反应相似但并不相同的一系列复杂反应。Keely 等人(1990)认为在叶绿素 a 和脱氧叶红初卟啉(DPEP)之间以最少数量的中间体为特征,它们分别是生物圈和岩石圈中的主要卟啉。简言之,Baker 和

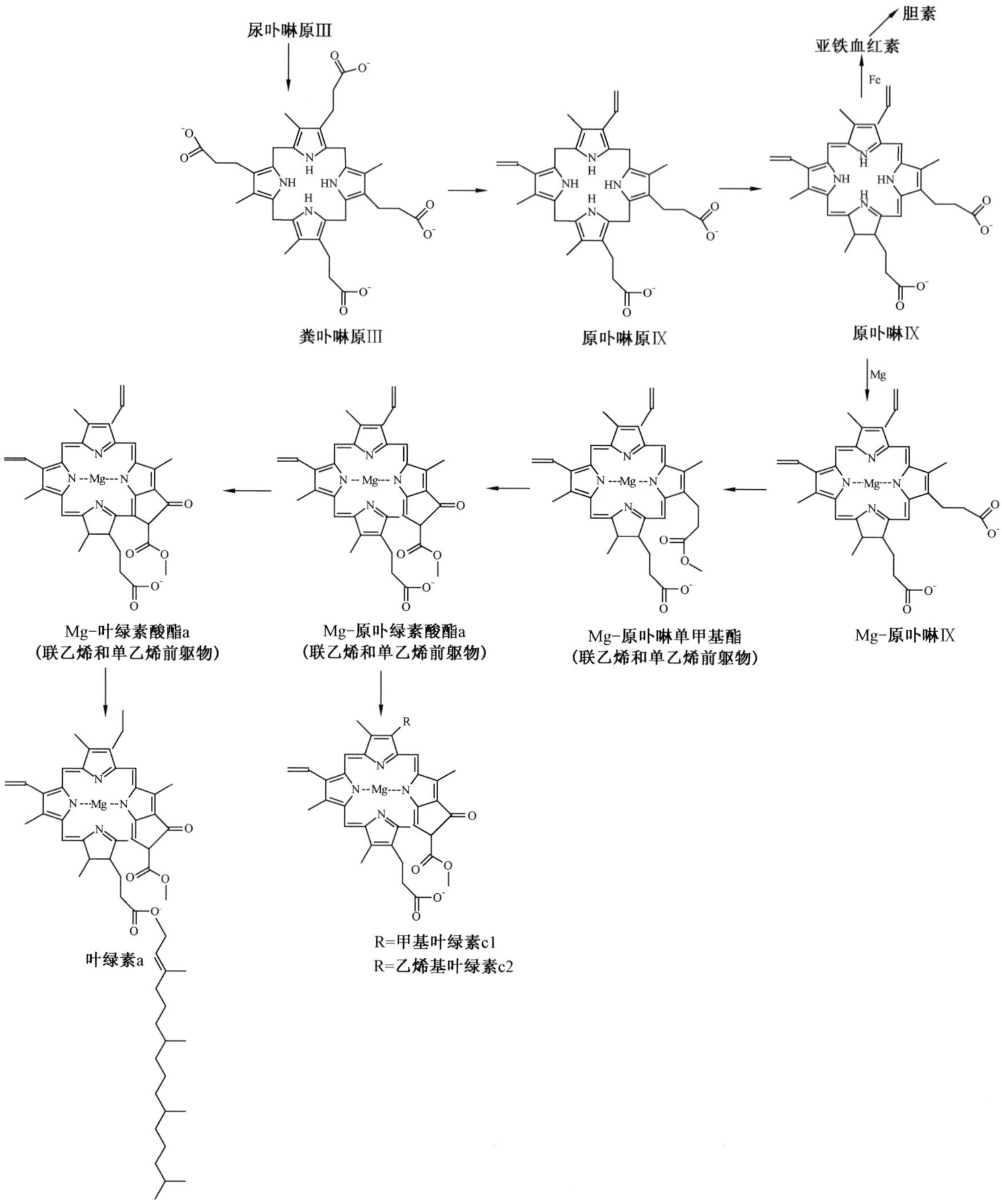

图 3.23 从尿卟啉原Ⅲ到叶绿素的四吡咯生物合成路径

Louda(1983)、Filby 和 Berkel(1987)以及 Callot 等人(1990)所归纳的反应过程如下:在成岩早期阶段,镁从叶绿素中移出(脱金属作用),叶绿素脱去官能团生成脱镁叶绿环类、二氢卟酚和红紫素。在较晚成岩阶段,这些中间体在非含煤沉积物中芳构化形成自由基卟啉。在成岩晚期阶段,自由基卟啉再与金属离子螯合(Lewan,1984),形成未熟的金属卟啉化合物(成岩卟啉)。其后,这些未熟的金属卟啉化合物还可能经历后生阶段的蚀变和变生阶段的破坏。

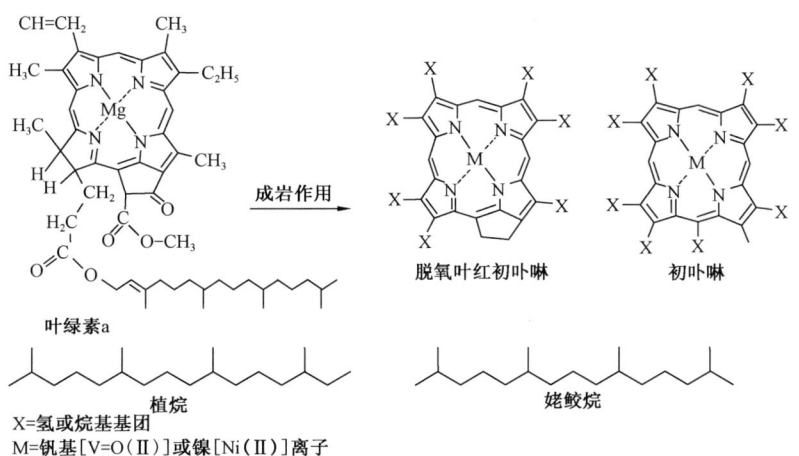

图 3.24　成岩或后生作用能把叶绿素转换成几种石油中常见的生物标志物，包括脱氧叶红初卟啉（DPEP）、初卟啉（e+io）、姥鲛烷和植烷。注意叶绿素 a 中的四吡咯中心和植基侧链。M = 镍（Ni^{2+}）、氧钒根（VO^{2+}）或石油中不常见的其他阴离子。本图的转载承蒙雪佛龙美国公司的分支机构雪佛龙－德士古勘探和开发技术公司的惠允

大多数卟啉来自不同的叶绿素。譬如，江汉盆地的古近－新近系湖相油页岩中的 C_{31} 和 C_{32} DPEP 卟啉的稳定碳同位素组成指示了以叶绿素为主的起源（Yu 等，2000a）。然而，单体卟啉的稳定碳同位素比值则表明至少有一个 C_{32} 初卟啉来自亚铁血红素（Boreham 等，1989；Ocampo 等，1989）。有些卟啉可以提供非常特殊的古环境信息。例如，原油或岩石抽提物中高分子量的含长链烷基（$>C_2$）取代基的环烷卟啉（$>C_{32}$）显示其来自绿硫细菌中的细菌叶绿素 Ⅱ，这类细菌在烃源岩沉积过程中的透光带厌氧条件下繁盛（Gibbison 等，1995；Rosell - Melé 等，1999）。

二氢卟酚的芳构化不一定总是出现在与金属结合之前。Messel 油页岩中主要的二氢卟酚是中嗜焦素 - a 的一个镍复合体（Prowse 等，1990）。镍 - 中嗜焦素 - a 的结构明显指示其叶绿素的起源。然而，这个二氢卟酚在芳构化并形成卟啉之前就已经金属化了。

许多卟啉化合物的结构特征已被完全或部分地予以确认（Sundararaman，1985；Chicarelli 等，1987；Callot 等，1990）。脱氧叶红初卟啉（DPEP）和初卟啉是石油中卟啉的两个主要的系列（图 3.24）。DPEP 和"初"通常作为种类的术语来表示卟啉结构中环外环的数量（分别为一个或者没有）。在不同的环外位置带有五元到七元的环的各种 DPEP 型卟啉的精确结构业已确定。同样的，初卟啉在卟啉中心的任何位置上都可能带有直链的烷基取代基。在烃源岩抽提物和原油中，与它们络合的最为常见的离子是氧钒根（VO^{2+}）或镍（Ni^{2+}），虽然在高等植物形成的煤中，以铁（Fe^{3+}）、镓（Ga^{3+}）和锰（Mn^{3+}）卟啉为特征（Filby 和 Berkel，1987）。两个次要的卟啉系列包括玫红 - 脱氧叶红初卟啉和玫红 - 初卟啉。玫红型卟啉有一个环外的缩合苯环。Barwise 和 Whitehead（1980）还报道了双 - 脱氧叶红初卟啉。

注：紫四环镍（Abelsonite）是由来自一种叶绿素的晶体镍（Ⅱ）脱氧叶红初卟啉组成的固体沥青。它仅发现于犹他州绿河组的 Parachute Creek 段（Mason 等，1990）。

能与常规的生物标志物研究相结合的卟啉参数为数不多，这是因为与其他许多生物标志物所不同的是：卟啉很难分离，况且分析的可靠性也存在问题。许多人试图依靠样品的探针介

入和质谱计的电子碰撞电离来研究卟啉(Quirke 等,1989;Beato 等,1991)。这些方法并不足以揭示自然界中卟啉组成的复杂性。近年来,先进的高效液相色谱法(HPLC)和串联质谱的应用可以迅速、详细地分析自由基卟啉(Rosell - Melé 等,1999)。Baker 和 Louda(1986)、Louda 和 Baker(1986)、Filby 和 Branthaven(1987)以及 Callot 等人(1990)的综述详细地描述了卟啉的地球化学特征。

  Treibs(1936)展示了活体光合作用生物中的叶绿素 a 与石油中的卟啉之间的联系,从而首次提供了石油有机起源的强有力证据。这个事件标志着有机地球化学的诞生,它是一门天然产物化学、分析化学、合成有机化学、物理有机化学和地质学的交叉学科(Kvenvolden,2002)。在 30 多年的时间里,这门学科的进展甚微。这种状态直到计算机辅助的气相色谱-质谱法的发展才告结束。如今,有机地球化学及其分析手段的所有分析项目已成为各主要石油公司的勘探部门、许多大学和政府机构不可或缺的组成部分。

  有机地球化学涵盖了诸如生物地球化学、环境地球化学、考古地球化学以及石油勘探和开采地球化学等各种学科。一些与其紧密相关的领域包括分析化学、生物化学、天体化学、地质学、生物进化学、古生物学、同位素地球化学、微生物学、古气候学、遥感学、三维含油气系统建模、分子建模和化学统计学等。有机地球化学研究主题的范围从浅海沉积物中的天然气水合物到前寒武系岩石中的液态包裹体,无所不包。这些研究涉及天气变化的地球化学证据、沉积物或水中的人为污染、近代沉积物的成岩作用、储层中石油的生物降解以及其他许多不同的专题。

  享有盛誉的 Alfred E. Triebs 奖,是以地球化学学会有机地球化学分部的名义,授给那些通过长期的贡献,对有机地球化学领域产生过重大影响的科学家的奖项(表 3.5)。

表 3.5 1979—2004 年 Alfred E. Treibs 奖的获奖名单

时 间	获 奖 人	时 间	获 奖 人
1979	George Philippi	1993	Ian Kaplan
1980	Bernard Tissot	1995	Keith Kvenvolden
1981	Geoff Eglinton	1996	Patrick Parker
1982	John Hunt	1997	John Hayes
1983	Dietrich Welte	2000	John Hedges
1984	Wolfgang Seifert	2001	John Smith
1985	Pierre Albrecht	2002	Archie Douglas
1987	Tom Hoering	2003	Roger Summons
1989	James Maxwell	2004	Eric Galimov
1991	Jan de Leeuw		

3.7 类胡萝卜素

  类胡萝卜素来自由两个单元的香叶基-香叶基二磷酸经过一系列脱氢作用缩合而成的番茄红素(图 3.25)。番茄红素通过加氢、脱氢、环化和氧化的改性可以生成一组具生物活性的化合物。类胡萝卜素被分为两大类:碳氢化合物称为胡萝卜素,而带含氧官能团的则为叶黄素。类胡萝卜素的 IUPAC 命名采用半系统的方法,即最为常见的化合物用通俗的名称来命名。而特殊的名称则由图 3.26 所示的采用编号简图的胡萝卜素主干名称和作为前缀标定末端构型的两个希腊字母共同衍生而成。因此,番茄红素的特殊名称是 ψ,即 ψ-胡萝卜素。涉及加氢、开环和加含氧官能团的结构改性遵循有机化合物命名的标准规则。从胡萝卜素的一个或两个末端移去一个碳原子可以分别生成脱或双脱类胡萝卜素。

图 3.25 所有类胡萝卜素的前躯物——番茄红素的生物合成。星号表示反应简图中
先前结构中不饱和的新位置

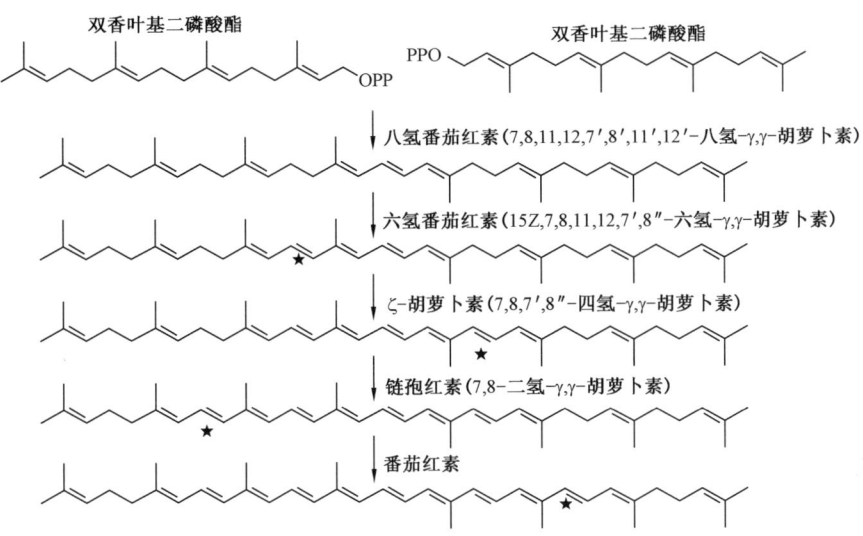

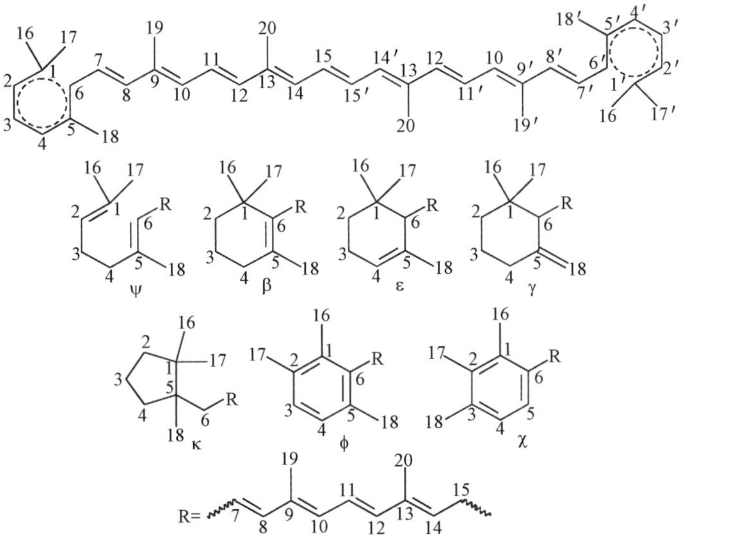

图 3.26 类胡萝卜素碳原子的编号和末端结构。官能团 R(第 2 和 3 排)
可能由一个或多个类异戊二烯亚单元组成(最末排)

随着不断地鉴别出新的结构(Mercadante,1999),已知的天然类胡萝卜素已超过 600 个 (Britton,1998)。图 3.27 展示了近代海相环境中的番茄红素和最常见的类胡萝卜素。由于这些类胡萝卜素中的一部分源自浮游植物特定的基团,因此,它们可以用来监测特定生物的生产率。芳基类胡萝卜素的异胡萝卜烯和绿菌烯在海相环境中很少见,因此,它们对地球化学家而

言意义重大。它们只分布在光合作用的细菌和属于光合作用厌氧菌的少数放射菌类中(图 3.28)。因此,芳基类胡萝卜素代表了水柱中透光区的静水条件。

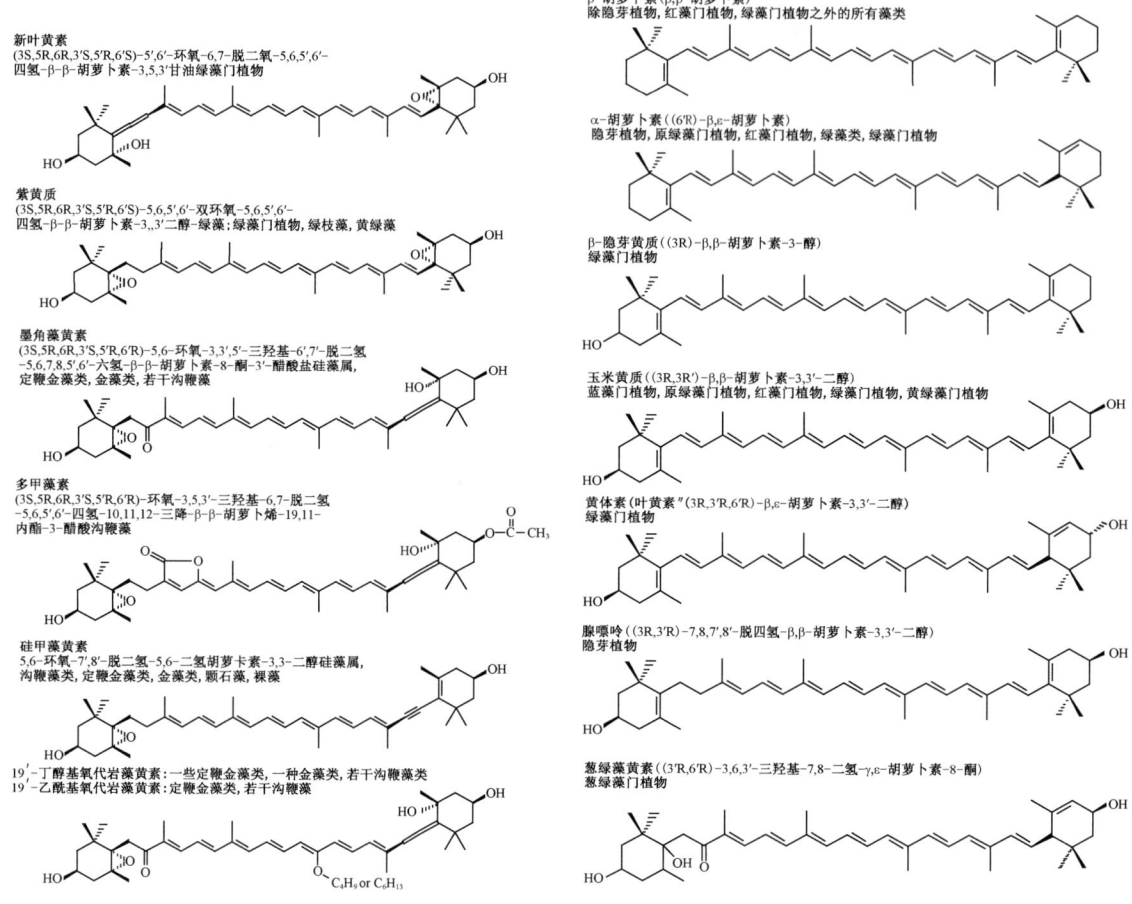

图 3.27 在现代海相环境及其生物来源中常见的类胡萝卜素。注意岩藻黄质和多甲藻黄素含有两个相邻的双键,而硅甲藻黄素则含有一个三键

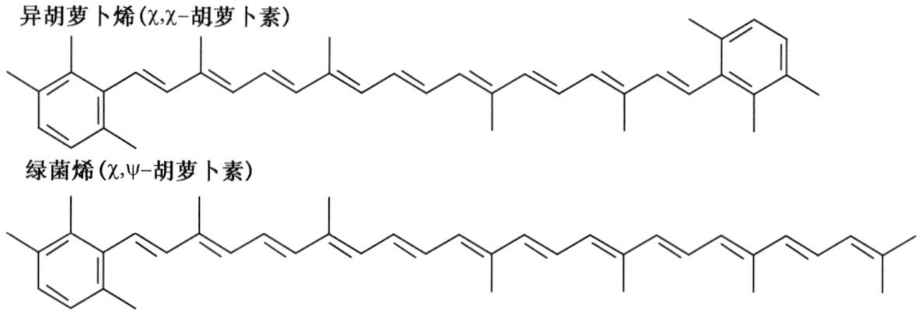

图 3.28 绿硫菌中常见的芳基类胡萝卜素

植物、藻类和光合作用的细菌共同合成了作为光合作用附属色素的类胡萝卜素(Frank 等,2000)。类胡萝卜素中共轭双键的交替模式可以吸收能量,而末端的基团则调节类脂膜内的极性和特性。叶绿素对周围的生物分子具有潜在的危险性,为了避免损害细胞,叶绿素被限制在类囊体膜中的光合作用色素-蛋白复合体内。在那儿,类胡萝卜素色素具有两种功能:作为光捕获者把能量转换给叶绿素;作为分子在三重态叶绿素引起损害前将其遏制。一些非光

合作用的细菌、酵母和霉菌也产生类胡萝卜素,它的功能是作为抗氧化剂以及可能用以调节生物化学的路径(Britton,1998)。类胡萝卜素是造成大多数动物着色的原因,动物一般不能直接合成这些色素,而是从它们的食物中获取。

注:粉色盐湖和干盐湖以及含有盐类植物的鲜红色蒸发池塘分布在全世界的干旱地区。盐水的红色源自大量的喜盐古菌为了免受紫外线照射(UV)所产生的红色类胡萝卜素的色素。菌红素含有最为丰富的这些无环的 C_{40} 和 C_{50} 类胡萝卜素。在这样一个高盐的环境中,古细菌占据优势,而耐盐的真核细胞,如红藻(*Du-naliella*),只贡献了少量的颜色。

在中非和东非的干旱地区,火烈鸟食用大量的螺旋藻。火烈鸟的粉色羽毛源自螺旋藻丝状体的胡萝卜素色素。饮食中的类胡萝卜素作为天然色素存在于体内缺乏类胡萝卜素合成的其他生物中,并且是造成鲑鱼肉和龙虾壳典型颜色的原因。绿色植物组织中类胡萝卜素的颜色被叶绿素所掩盖,只有在中纬度的秋冬月份绿色退去时才会变得明显起来。类胡萝卜素色素也是β-胡萝卜素(一种重要的抗氧化剂和维生素 A 的前体)的来源。在世界的有些地区,β-胡萝卜素是从含有红色喜盐细菌和藻类的盐沼中提取的。

类胡萝卜素生物合成演化的多样性可能反映出特定酶水平基因转移的无拘束性。例如,光合作用球形红杆菌(*Rhodobacter sphaeroids*)的类胡萝卜素合成路径中的关键酶能被非光合作用欧文氏菌(*Erwinia herbicola*)相应的酶所替代,从而导致了球形红杆菌类胡萝卜素的更新(Garcia-Asua 等,1998)。对新生酶的迅速响应表明:仅仅是轻微地改变了其基本的生物合成路径,类胡萝卜素的演化范围就会变得如此广阔。

4 样品的地球化学筛选

> 本章描述了如何选取沉积物、岩石和原油样品,利用快捷、经济的地球化学手段进行先进的地球化学分析,如生油潜势热解(Rock-Eval 热解分析)、总有机碳、镜质体反射率、扫描荧光、气相色谱和稳定同位素分析。本章讨论了样品质量、选样、储样以及地球化学岩样和油样的标准。其他内容还包括如何检测岩石样品中的原生沥青,使用活塞岩心、地球化学录井及其解释进行地表化探;储层连通性的色谱指纹判识;如何区分源自不同产层的混合油;如何应用质量平衡方程计算干酪根-原油转化过程中各组分的转化程度;烃源岩的排驱效率;以及高成熟烃源岩的原始有机质丰度。

地球化学勘探、开发和开采的项目由于涉及样品的数量庞大通常显得纷繁复杂。在这些项目中开展生物标志化合物工作的前提是使用经济、快捷的地球化学分析方法对样品进行前期评估。如可采用其他的地球化学手段对大量的原油、岩石或沉积物样品进行诸如总有机碳(TOC)、生油潜势热解、镜质体反射率(R_o)、显微组分的岩石学分析、气相色谱(GC),干酪根氢/碳原子比(H/C),以及稳定同位素比值的分析。使用这些有效、低廉的分析手段可以剔除非烃源岩并将原油和烃源岩按其成因进行前期分类。从这些分类中可选出一些样品进行下一步更为有效的生物标志化合物参数的分析。通过对选出样品的进一步分析再结合前期分析所获得的数据就能够对样品作出最为可靠的解释。

4.1 烃源岩的筛选:质量和数量

烃源岩是一种细粒的富含有机质的岩石,它能够生成(可能的烃源岩)或已经产出过(有效的或正在生烃的烃源岩)相当数量的石油。与将烃源岩限定为那些一定是已经生成并排驱足够的烃类以形成油气的商业性聚集的岩石(Hunt,1996)的定义相比,我们更倾向于前一种定义,这是因为在如何定义"商业性"这一术语时存在着诸多的困难。

在进行油-油、油-源对比之前,用于对比的原油和烃源岩必须经过挑选或筛选。一块有效的烃源岩必须在数量、质量和有机质的热成熟度等方面满足对比的要求。图 4.1 展示了用于对比的烃源岩在数量、质量和有机质的热成熟度等方面通常为人们所认可的标准。用于对比的烃源岩样品还须具备不曾遭受有机钻井液或原油污染的先决条件,本章稍后对此专门予以讨论。

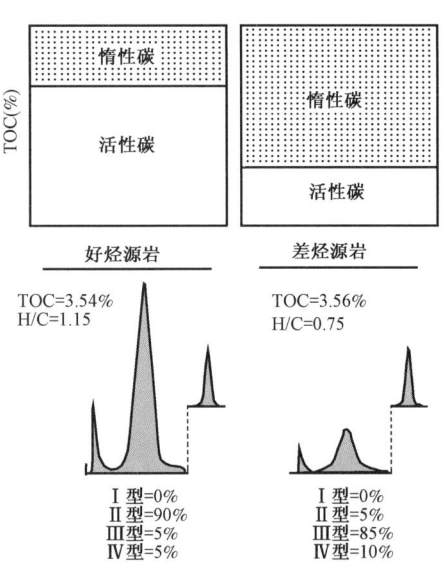

图 4.1 总有机碳(TOC)间接地测定有机质的数量而非质量。采自蒙大拿州一口井的两块岩样具有几乎相同的 TOC(3.5%),但是生油潜势仪(Rock-Eval)的热解分析(见图 4.4)、H/C 原子比的元素分析以及有机岩石学关于四类干酪根比例的分析却表明它们具有不同的生油潜力(据 Peters,1986)

4.1.1 总有机碳

总有机碳(TOC)也称作有机碳(Corg.),表示岩石或沉积物样品中有机碳的数量而非质量(图4.1)。通常假定岩石中的有机质占总碳的83%,因此总有机质(TOM)可以通过TOC除以1.2的计算方法求得。

一个通常错误的认识是:碳酸盐岩烃源岩TOC的下限值要低于页岩烃源岩。譬如Tissot和Welte(1984)认为有效碳酸盐岩烃源岩和页岩烃源岩的TOC的下限值分别为0.3%和0.5%;Bordovskiy和Takh(1978)得出了俄罗斯里海地区碳酸盐岩和非碳酸盐岩沉积物中TOC与沥青/TOC值的反比关系(图4.2);Jones(1987)基于这一图表和其他证据得出了碳酸盐岩和非碳酸盐岩沉积物的TOC的下限值并无明显差异的结论。他指出:尽管从统计学的角度来看,在贫有机质的样品中(<0.5%)碳酸盐岩沉积物的沥青/TOC值要大于非碳酸盐岩沉积物,但成岩作用并未使这些沉积物生成更多的石油。对图4.2中TOC>0.5%的沉积物而言,统计显示其沥青/TOC值并无差别,而这些富含有机质的沉积物在埋藏过程中却可生成相当数量的石油。由于富含有机质的碳酸盐岩和非碳酸盐岩在沥青/TOC值上基本相同,因此,它们TOC的下限值也应差别不大。贫有机质碳酸盐岩和非碳酸盐岩中存在不同的沥青/TOC值的原因尚不明了,但这也许与有机质的质量差异,黏土矿物与碳酸盐矿物吸附特征的不同有关,抑或是碳酸盐岩中有机质的氧化程度更高的缘故(Jones,1987)。

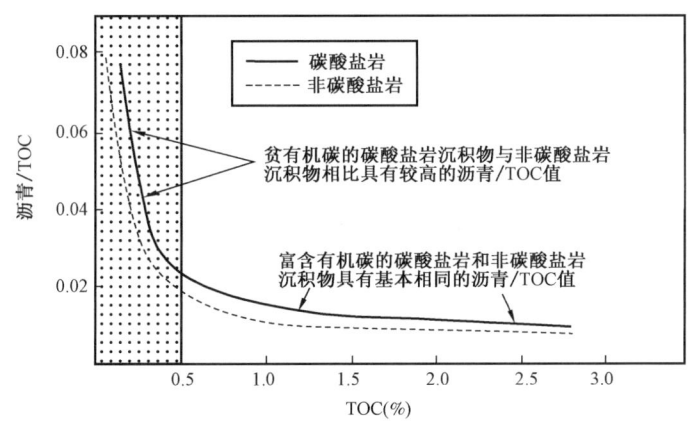

图4.2 碳酸盐岩烃源岩和页岩烃源岩应具备的总有机碳(TOC)的必要条件实际上是相同的(据Jones,1987改编)。Bordovskiy和Takh(1978)的统计学数据表明富含有机碳的碳酸盐岩和页岩(>0.5%)在沥青/TOC的比值上并无明显的差异。由于缺乏足够的有机质来生成相当数量的石油,贫有机碳的碳酸盐岩和页岩(点线表示)之间在沥青/TOC值上的差异也就显得无足轻重了

表4.1a 未熟烃源岩的生烃潜力(数量)(Peters和Cassa,1994)

潜力(数量)	TOC(%)	S1(mg烃/g岩石)	S2(mg烃/g岩石)	沥青(ppm)	烃类(ppm)
差	<0.5	<0.5	<0.25	<500	<300
一般	0.5~1	0.5~1	2.5~5	500~1000	300~600
好	1~2	1~2	5~10	1000~2000	600~1200
非常好	2~4	2~4	10~20	2000~4000	1200~2400
最好	>4	>4	>20	>400	>2400

表4.1b 干酪根类型及排驱产物(质量)(Peters 和 Cassa,1994)

干酪根(质量)	氢指数(mg 烃/g TOC)	S2/S3	H/C	成熟期的主要产物
Ⅰ	> 600	> 15	> 1.5	油
Ⅱ	300~600	10~15	1.2~1.5	油
Ⅱ、Ⅲ	200~300	5~10	1.0~1.2	油/气
Ⅲ	50~200	1~5	0.7~1.0	气
Ⅳ	< 50	< 1	< 0.7	无

表4.1c 热成熟度(Peters 和 Cassa,1994)

成熟度		成熟度参数			生烃参数	
		R_o(%)	T_{max}(℃)	TAI	沥青/TOC*	沥青(mg/g 岩石)	产率指数[S1/(S1+S2)]
未熟		0.20~0.60	< 435	1.5~2.6	< 0.05	< 50	< 0.10
成熟	早	0.60~0.65	435~445	2.6~2.7	0.05~0.10	50~100	0.10~0.15
	高峰	0.65~0.90	445~450	2.6~2.7	0.15~0.25	150~250	0.25~0.40
	晚	0.90~1.35	450~470	2.9~3.3	—	—	> 0.40
成熟后期		> 1.35	> 470	> 3.3	—	—	—

* 许多倾气的煤,就像倾油的样品那样,都具有较高的沥青产率,但其真正的抽提量折算成 TOC 时却并不高(小于30mg/g)。当沥青/TOC 值大于0.25时,可能表明由于它们的含量过低而检测不准的缘故存在着原油或钻井液的污染。

H/C—氢/碳原子比;R_o—镜质体反射率;TAI—热蚀变指数;T_{max}—S2 峰的最高热解峰温;TOC—总有机碳。

有很多方法可以检测 TOC,但每一种方法如下所述都有其局限性,可能会导致不同的结果。

直接燃烧法是最为常见的一种方法,它要求在过滤坩锅中用 6N HCl 先对原始岩样进行酸化处理以去除碳酸盐矿物,然后用水洗/吸出的方法除去滤液并在55℃下干燥样品。然后使用典型的 Leco 碳分析仪将干燥后的样品放入金属氧化反应炉中在1000℃下焚烧,燃烧后生成的二氧化碳由红外(IR)或热导(TCDs)检测器予以检测,红外检测器检测二氧化碳,而热导检测器则检测其他尚未剔除的化合物,如二氧化硫和水(Jarvie,1991)。尽管直接燃烧法具有快速的特点,但对贫有机质、富碳酸盐的岩石或其他许多未熟的沉积物样品而言,其检测结果可能不准。比如未成熟有机质在过滤中易受酸解的影响而丢失,Peters 和 Simoneit(1982)使用直接燃烧法分析了深海钻探计划未熟沉积物样品的 TOC,发现不使用过滤坩埚可使水解产物得以保留,其结果显示:使用直接燃烧法可导致平均超过10%的 TOC 作为水解产物而丢失。

间接 TOC 检测法通常用于贫有机质、富碳酸盐的岩石样品,先检测出一个等分样品的总碳(包括碳酸盐碳),然后再用库仑定量法检测同一个等分样品中,由酸处理生成的二氧化碳的碳酸盐碳的含量,有机碳的含量就是总碳与碳酸盐碳之间的差值。与直接燃烧法相比这一方法更耗时,并需要对同一个样品分别进行两次不同的分析。

生油潜势Ⅱ型加 TOC 热解仪(Delsi 公司)通过计算热解物中的碳和残余有机碳在600℃氧化时生成的碳的总和而得出 TOC。对小量的样品而言(100mg),这一方法可提供比上述方法更为可靠的 TOC 数据,因为上述方法要求大约1~2g 的原岩样品。然而对成熟样品而言,当镜质体反射率大于1%时,这一方法给出的 TOC 数据则不十分可靠,这是由于温度不够而导致燃烧不完全的缘故。生油潜势Ⅵ型热解仪热解和氧化的温度可达到850℃,特别适合于高成熟度的样品,它可以提供更为可靠的 T_{max} 和 TOC 的数据(Lafargue 等,1998)。

4.1.2 显微组分组成

由于众多的证据可提高解释的可靠性,我们建议使用光学显微术来验证生物标志化合物和其他地球化学分析的结果。干酪根制备的显微术提供了一种独立的评价有机质数量、质量和成熟度的手段。常规分析包括倾油和其他显微组分的相对百分含量、热蚀变指数、镜质体反射率以及定性的和定量的荧光分析。

下列为三种最常见的适用于煤岩和烃源岩显微分析的样品制备技术:(1)用于透射光显微分析的分离干酪根的分散涂层薄片;(2)用于反射光或荧光显微分析的干酪根抛光薄片;(3)用于反射光或荧光显微分析的全岩或煤岩抛光薄片。

干酪根是一种存在于岩石和煤岩中的有机质,它不溶于有机溶剂并可抵御矿物基质的酸解(Durand,1980)。图4.3展示了沉积岩中有机质的一种简化分类,它包括了各种不同类型的显微组分。显微组分是指存在于干酪根中一些具有独特的岩石学和地球化学特征的单体组分,它由特殊的有机颗粒或植物碎屑组成。在技术1和2中干酪根的富集是通过酸浸渍或密度浮选来实现的(Bostick 和 Alpern,1977),并接着制备成薄片(Baskin,1979),而技术3则是专门为特别富含有机质的烃源岩和煤岩而设计的。

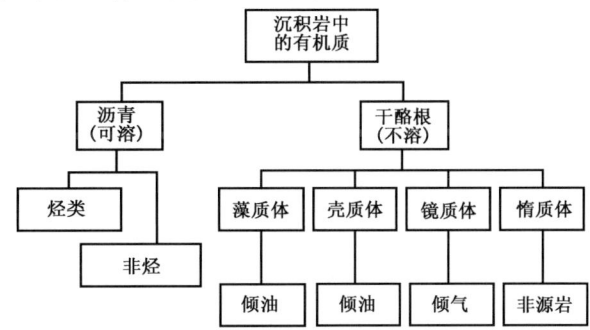

图4.3 沉积岩中有机质的简略划分。使用有机溶剂从母岩中抽提出的沥青由烃类和非烃组成。用盐酸(HCl)和氢氟酸(HF)处理抽提过的残余物质可分别除去绝大多数的碳酸盐和硅酸盐矿物。得到的干酪根残余物由不同的显微组分所构成,鉴定它们可以使用有机岩石学的方法

不幸的是,对分散在烃源岩中的干酪根而言,目前尚无为大家所普遍接受的显微组分的分类。Tissot 和 Welte(1984)曾尝试着去表现用于描述不同干酪根的众多分类法之间的相互关系。煤岩和沉积岩中主要的显微组分可划分为下列三大类(Stach 等,1982;Taylor 等,1998),表4.2归纳了每一显微组分大类中最为常用的显微组分类型的名称及其可能的生源。

表4.2 广义的显微组分术语及其生源

显微组分分类	干酪根类型*	显微组分类型	可能的生源
类脂组	Ⅱ	树脂体	植物树脂/降解显微组分
	Ⅱ	孢子体	孢子/花粉
	Ⅱ	角质体	植物表皮
	Ⅱ	沥青质体	降解藻类
	Ⅰ	藻类体	藻类
	Ⅱ	碎屑类脂体	混源/脂族生物物质
镜质组	Ⅲ	镜质体	木本组织
惰质组	Ⅳ	半丝质体	部分过火的木本组织
		丝质体	碳化木本组织
		微粒体	木本组织/不确定
		粗粒体	木本组织/不确定
		碎屑惰质体	碳化木本组织碎屑
		菌类体	真菌菌丝

* 假定为未成熟有机质。

类脂组:倾油显微组分,它们在低熟阶段具有低反射率、高透射率和强荧光的特点。许多类脂体植物碎屑具有特殊的形状和结构,比如藻类(像塔斯玛尼亚藻)、树脂类(浸染腔)和孢子。在图4.3中类脂体可大致划分为藻质体和壳质体。

镜质组:倾气显微组分,它们具有带棱角的形体,通常呈凝胶状,但有时具细胞结构。镜质组植物碎屑的反射率可用作反映岩石样品成熟度的一项指标。镜质组显微组分具中等反射率(微灰色)和透射率,通常不具荧光,除非受到类脂体的浸染。

惰质组:惰性的显微组分,它们也具有带棱角的形体,通常具细胞结构。惰质组植物碎屑具高反射率,不具荧光,在透射光下是晦暗的。

在显微镜下观察到的大多数分散有机质呈无定形状,由取自不同油页岩和烃源岩的无定形有机质制备的超薄薄片在透射电子显微镜下呈极度薄层状,具纳米级的薄层状构造被认为是源自藻类细胞外层薄壁非水解性生物大分子的选择性保存(Largeau等,1990;Derenne等,1993)。这类抗水解生物大分子,即所谓的藻胶鞘(algaenan),在成岩过程中得以选择性地保留下来(Tegelaar等,1989)。大多数但并非所有的无定形有机质具倾油性,典型的未熟到成熟的倾油无定形有机质在紫外光下通常具荧光,而其他类型的有机质却不具备这种特性。

4.1.3 干酪根类型

4.1.3.1 元素分析

有时需对原油和干酪根进行元素组成的分析。比如碳、氢、氮、硫分析仪可用来分析干酪根中的碳、氢、氮和硫的含量(Durand和Monin,1980)。而分析干酪根中的有机氧则要复杂许多,通常不提倡。原油中主要的元素分析是检测硫的含量。

(1)碳/氮原子比。

碳/氮原子比广泛用于区分沉积物和未熟沉积岩中浅水藻类和陆源植物起源的有机质(Silliman等,1996)。通常藻类和维管植物的碳/氮原子比分别为4~10和大于20(Mayers,1994)。然而,有机质在成岩过程中的部分降解以及相关沉积物的颗粒大小均可影响碳/氮原子比(Mayers,1997)。Mayers(1994)利用碳/氮原子比与总有机质的稳定碳同位素比值作图来区分海相或湖相藻类以及沉积物中C3或C4植物的输入。

(2)氢/碳原子比氧/碳原子。

最为常见的用于区分沉积岩中有机质类型的方法是氢/碳原子比与氧/碳原子比构成的范氏(van Krevelen)图(图4.4左),该图最初是用来对处于不同热演化或煤化阶段的煤岩进行定性(van Krevelen,1961;Stach等,1982;Taylor等,1998),但Tissot等(1974)将其推广应用至分散在沉积岩中的干酪根的定性。该图可展示不同类型的干酪根,如Ⅰ型(非常倾油的)、Ⅱ型(倾油的)和Ⅲ型(倾气的),Ⅳ型(惰性)干酪根含极少量的氢,其位置接近于图的底部。干酪根是一种混合物,在煤岩和沉积岩中它的三大类显微组分的含量比例是不同的(类脂组、镜质组和惰质组),Ⅰ型和Ⅱ型干酪根的主要成分是类脂组显微组分,而Ⅲ型和Ⅳ型干酪根的主要显微组分则分别是镜质组和惰质组。

范氏图显示出不同类型的干酪根在热演化过程中具有不同的演化途径,相对于碳原子而言,其氢、氧原子会变得越来越少。在后生作用的后期,所有的干酪根组成均趋向于石墨化(纯碳),其位置均接近于范氏图的左下方,但范氏图只能对不同沉积环境中干酪根的相对成熟度提供一个粗略的评价,因此需要其他方法的佐证(Peters,1986)。

由于很难准确地检测有机氧的含量,可以用Jones和Edison(1978)的方法在氢/碳原子比与氧/碳原子比构成的图中将干酪根的性质标出。图中实测的氢/碳原子比由水平线标定(即H/C=1.5),再用分别检测到的热成熟和有机质类型的数据从图中确定出一点来代表每个被

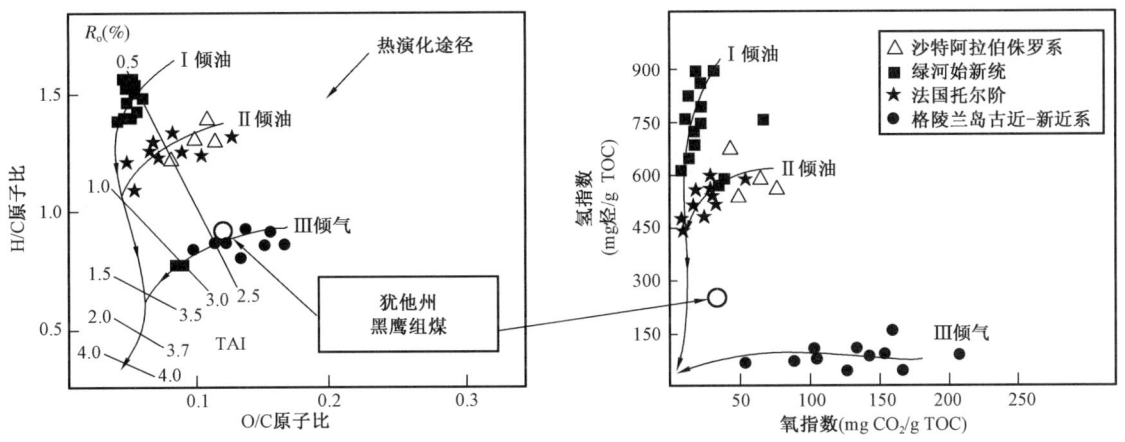

图4.4 基于全岩样品的干酪根元素分析或生油潜势(Rock-Eval)热解分析的数据可分别使用范氏图(左)或修订后的范氏图(右)来描述烃源岩有机质(Peters,1986)。热成熟度沿着不断趋同的演化途径而增加,成熟度最高的样品位于各图的左下方。R_o指镜质体反射率,TAI代表孢粉的热蚀变指数(Jones和Edison,1978)。生油潜势(Rock-Eval)的热解分析会高估某些煤的生烃潜力,如犹他州白垩系黑鹰组(Black Hawk)煤(可参见图18.100和图18.101)

测干酪根的性质及其氧/碳原子比。在图4.4中,干酪根的元素组成经过了镜下热成熟度检测数据的校正(镜质体反射率和热蚀变指数)。

4.1.3.2 生油潜势热解

Peters(1986)描述了使用生油潜势热解仪评价或筛选岩石样品的准则,该仪器将岩屑在惰性气体的环境下以25℃/min的速率加热,图4.5展示了一张典型的生油潜势热解仪的热解图及其相关的数据。一个火焰离子检测器(FID)用来检测在热解中生成的有机化合物,图中的第一个峰(S1)代表岩石中可热蒸馏提取的烃类,而第二个峰(S2)代表岩石中干酪根热降解生成的烃类。尽管文献里用每克岩石所含烃类的毫克数来表示S1和S2峰,但火焰离子检测器(FID)检测出的化合物中还包括非烃化合物,只要这种非烃化合物是含有碳原子的。第三个峰(S3)代表热解程序升温至390℃的过程中每克岩石生成的二氧化碳的毫克数,它的检测是由热导检测器(TCD)来完成的。整个热解过程中的温度由一个热电偶来监测。T_{max}代表对应于S2峰烃类热降解最大速率时的热解炉温。氢指数(HI)代表

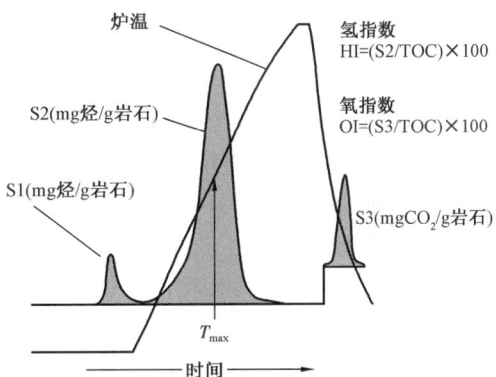

图4.5 示意性的热解图谱展示了岩样中的有机化合物在热解过程中的演化(时间自左向右增加)。重要的检测数据包括S1、S2和T_{max}。T_{max}为炉温曲线与S2峰最大值(箭头所示)的相交处。氢指数和氧指数的计算如图所示(Peters,1986)。为了获得可靠的生油潜力(Rock-Eval)热解数据的解释,笔者建议每口井每隔30~60ft(9~18m)取样进行热解分析

相对于样品中TOC而言S2峰中可热解有机化合物的数量(mg 烃/g TOC),氧指数(OI)指相对于TOC而言S3峰生成的二氧化碳的数量(mg CO_2/g TOC),而产率指数(PI)则被定义为S1/(S1+S2)。

经过修订的范氏图是用氢指数与氧指数之比作图取代原先的氢/碳原子比与氧/碳原子比

作图来对烃源岩有机质进行定性的(图4.4右图),两图均可用来对烃类生成的潜力作出评价(Espitalié等,1977;Peters等,1983;Peters,1986)。通常热解可获得与元素分析相似的结果,与元素分析相比它更快,更经济,需样量也更少,因此,它成为大多数地球化学烃源岩研究所采用的主要方法。然而,生油潜势仪的氢指数会低估干酪根的质量或生烃潜力,这是因为特别倾油的干酪根虽具有较高的氢/碳原子比,但却不一定总是生成大量的热解产物。有鉴于此,在用生油潜势仪的氢指数实测值表示岩样剩余生烃潜力的时候,应该有该干酪根氢/碳原子比数据的支持(Baskin,2001)。

注:煤被定义为任何含50%以上有机碳的岩石,煤岩和沉积岩均可含有不同组合的显微组分,而术语"煤"并不涉及它的任何显微组分的组成。目前在文献中尚无公认的对分散有机质和干酪根类型进行划分的方法,本书将采用Ⅰ、Ⅱ、Ⅲ型(Tissot等,1974)和Ⅳ型(Demaison等,1983)的术语来描述干酪根。合成燃料,包括合成油,通常是由煤或其他含烃物质制成的。

沉积岩中的四大主要类型干酪根如表4.1所示,包括Ⅰ型(特别倾油),Ⅱ型(倾油),Ⅲ型(倾气)和Ⅳ型(惰性)。下面的一些讨论涉及到了在描述过渡性干酪根组成时对这类定义所作的一些修订,比如:Ⅱ/Ⅲ型干酪根或富硫干酪根(ⅡS型)。

4.1.3.3　Ⅰ型

未熟Ⅰ型干酪根具有高氢/碳原子比(约1.5)、高生油潜势氢指数(>600mg 烃/g TOC)和低氧/碳原子比(<0.1)的特性,Ⅰ型干酪根的主要成分为壳质组显微组分,尽管也含有少量的镜质组和惰质组的显微组分。其干酪根主要由类脂结构组成,表明在成岩过程中主要的贡献来自脂类。Ⅰ型干酪根通常具很低的硫含量,尽管某些罕见的石膏化和缺氧湖相环境可导致富硫ⅡS型干酪根的出现(Sinninghe Damsté等,1993a;Peters等,1996a;Carroll和Bohacs,2001)。实验室热解或埋藏热演化可使Ⅰ型干酪根产出比其他类型干酪根更多的烃类,其热解产物以烷烃为主,大多数Ⅰ型干酪根,特别是湖相环境下生成的Ⅰ型干酪根,是由经过强烈的细菌改造后的富脂藻屑构成的,通常,葡萄藻属和类似的湖相藻类以及它们的海相同类,如塔斯玛尼亚藻,是Ⅰ型干酪根的主要贡献者。

虽然Ⅰ型干酪根不如其他类型的干酪根常见,但却构成了许多重要的石油烃源岩和油页岩(Hutton等,1980),比如,犹他州、科罗拉多州和怀俄明州富含有机质的绿河页岩(确切地说是泥灰岩),中国的油页岩、藻煤,苏格兰藻烛煤和南澳洲的弹性藻沥青(Cane,1969)。

4.1.3.4　Ⅱ型

与Ⅲ型和Ⅳ型干酪根相比,未熟的Ⅱ型干酪根具有较高的氢/碳原子比(1.2~1.5)、较高的生油潜势氢指数(300~600mg 烃/g TOC)和较低的氧/碳原子比。其主要成分是壳质组显微组分,但像Ⅰ型干酪根一样,也会含有少量的镜质组和惰质组的成分。与其他类型干酪根相比,硫的含量在Ⅱ型干酪根中通常比较高,某些Ⅱ型干酪根含有异常高的硫,比如二叠系含磷组(Lewan,1985)以及中新统蒙特利(Monterey)组的含磷酸盐段,也许能够解释为什么在较低的成熟度时,这类干酪根具有比其他干酪根更高的生油倾向(Orr,1986;Peters等,1990;Baskin和Peters,1992),尽管有人指出它们具有较高的氧/碳原子比(Jarvie和Lundell,2001)。Orr(1986)描述了从加州圣玛丽亚(Santa Maria)盆地和圣芭芭拉(Santa Barbara)海岸地区蒙特利组分离出的ⅡS型干酪根及其程序,据称ⅡS型干酪根含有异常高的有机硫(8%~14%,S/C原子比≥0.04),与典型的含有小于6%硫的干酪根相比,它们可在更低的热演化阶段时开始生油。除了Ⅰ型干酪根之外,在热解或埋藏热演化过程中,Ⅱ型干酪根具有比其他类型的干酪根更高的生烃产率。

Ⅱ型干酪根源自浮游植物、浮游动物和细菌的混合碎屑,通常分布在海相沉积物中。Ⅱ型干酪根构成了绝大多数的油源岩,包括沙特阿拉伯、北海和西西伯利亚侏罗系烃源岩、委内瑞拉白垩系烃源岩以及加利福尼亚中新统烃源岩。

Ⅱ/Ⅲ型干酪根是指Ⅰ型和Ⅱ型间具有过渡组成的干酪根,它们通常代表了沉积在近海海相环境中的海、陆相有机质的一种混合物,未熟Ⅱ/Ⅲ型干酪根的氢/碳原子比和生油潜势氢指数分别在 1.0~1.2 和 200~300mg 烃/gTOC 的范围内(表 4.1)。

4.1.3.5 Ⅲ型

未熟Ⅲ型干酪根具有低氢/碳原子比(0.7~1.0)、低生油潜势氢指数(50~200mg 烃/gTOC)和高氧/碳原子比(可达 0.3)的特点。在热解或埋藏热演化过程中Ⅲ型有机质的产烃率要低于Ⅰ型和Ⅱ型,这一类型的有机质常见于从泥盆系到古近-新近系的岩石中,它一般源于陆源植物,主要由镜质组和较少量的惰质组显微组分组成。比如,犹他州卡本县(Carbon)白垩系黑鹰组(Black Hawk)的煤就是一种典型的腐殖质的或倾气的煤(图 4.4),它含有 75% 的镜质体、20% 的惰质体以及 5% 的壳质体。全球超过 80% 的煤是腐殖质的(Hunt,1986)。通过其低镜质体反射率(R_o = 0.43%)、低热蚀变指数(TAI = 2)、低 T_{max}(429℃)和低产率指数(0.06)可知黑鹰组的样品是一种低阶煤。

4.1.3.6 Ⅳ型

Ⅳ型干酪根是"死"碳,具有低氢/碳原子比(<0.7)、低生油潜势氢指数(<50mg 烃/gTOC)和低到高的氧/碳原子比(可达 0.3)的特点。在图 4.4 中并未给出Ⅳ型干酪根的热演化途径,因为这类干酪根的产烃量不具意义。Ⅳ型干酪根由惰质组显微组分组成,它可源于其他经改造和氧化的干酪根。

4.1.3.7 硫含量

硫含量作为一个全油检测的参数常常用来评价原油炼制的品质或用于佐证原油间相关的成因联系。比如,美国石油研究所(API)就采用比重或稳定碳同位素比值与硫的质量百分比作图,它作为样品筛选的一部分,可以用来表述原油在样品筛选过程中的相关关系。

为了对母质输入和沉积环境作出可靠的解释,了解原油和干酪根中硫的来源是至关重要的。有些硫来源于与沉积物一同埋藏的有机质中的氨基酸,但原油中大多数的原始硫来自于沉积有机质与水成的含硫化合物(S^{2-})之间成岩早期的反应,比如硫化氢(H_2S)和多硫化物(见Francois,1987)。Claypool 和 Kaplan(1974)描述了与此相关的孔隙水以及浅层沉积物的微生物化学作用。

硫化物由硫酸盐还原菌产生,比如去硫酸盐弧菌主要存在于缺氧的海相沉积物中(图 4.6)。假如 H_2S 在沉积物或水柱中从缺氧环境向上运移进入有氧环境,那么它会很快地被喜氧细菌氧化成硫酸盐,像绿硫菌或硫杆菌(图 4.6)(Orr 和 Gaines, 1974)。甚至是在通常为缺氧的条件下,由硫酸盐还原菌所产生的硫化物离子也会因为与含氧水层周期性的混合而重新被氧化成硫酸盐。不过由于缺氧盆地的水体通常欠循环(Demaison 和 Moore,1980),H_2S 的

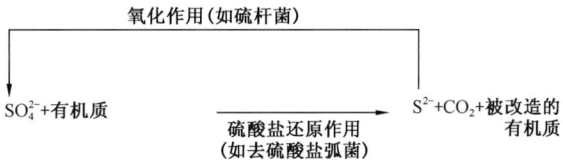

图 4.6 沉积物成岩过程中常见的含硫化合物反应,在强还原到缺氧的条件下,硫酸盐还原菌会产生出过量的硫化物。有机质和金属元素,比如铁,可与硫化物相结合。但由于贫黏土的碳酸盐岩沉积物中缺乏金属元素,过量的硫化物则会被结合进入未成熟干酪根。本图的转载承蒙雪佛龙美国公司的分支机构雪佛龙-德士古勘探和开发技术公司的惠允

含量会不断地增加,而 H_2S 对喜氧生物是有毒的。

在缺氧沉积物中,过量的硫化物赋存于两大硫库中:金属元素和有机质。尽管在缺氧条件下一些 H_2S 可以被光合紫菌所氧化,但主要的硫库还是硫化物与铁的反应生成水单硫铁矿、硫铁矿以及最终形成的黄铁矿。利用岩石和沉积物中的有机碳和黄铁矿硫作图可用来区分在一般氧化或静海相(缺氧,富 H_2S,常为深水)的条件下形成的沉积(Raiswell 和 Berner,1985)。高硫或低硫的原油分别源自高硫或低硫的干酪根(Gransch 和 Posthuma,1974)。贫黏土的碳酸盐泥由于缺乏足够的铁和其他金属元素而不能利用所有的硫(Tissot 和 Welte,1984)。在这种条件下,许多过量的硫化物被结合进入了干酪根。所以,许多高硫的干酪根和原油来自沉积于贫黏土的海相碳酸盐岩或缺氧条件下的硬石膏。ⅡS 型干酪根是最为常见的富硫干酪根,它们主要赋存于静海相的烃源岩中,像加利福尼亚中新统的蒙特利组,俄罗斯上侏罗统的巴热诺夫(Bazehnov)组以及北海启莫里奇阶的黏土组。也有湖相的ⅡS 型干酪根,在西班牙湖相 Catalan 油页岩中发现过ⅠS 型干酪根(Sinninghe Damsté 等,1993a),但ⅢS 型干酪根却很罕见。

与海相硅质碎屑岩(比如大部分页岩)中的黏土伴生的金属元素可从有机质中攫取还原硫从而有利于低硫干酪根和原油的形成。大多数湖相干酪根和原油中的硫含量都很低,但其成因却不同。通常湖相沉积中没有足够的硫酸盐可使硫在有机质中高度富集,不过中国的某些盐湖相烃源岩含有较高的硫(Fu 等,1986),犹他州 Rozel Point 的湖相原油也有类似的情形(高达 14%)(Meissner 等,1984;Sinninghe Damsté 等,1987)。

与其他干酪根相比高硫干酪根更易在低演化阶段生油(Lewan,1985;Orr,1986;Baskin 和 Peters,1992),由于高硫干酪根形成于缺氧条件,因此在由这类干酪根生成的高硫原油和指示缺氧沉积条件的生物标志化合物比值之间就存在着相关性,比如:较高的 C_{35} 升藿烷或较低的姥/植比。许多高硫原油和干酪根还具有多见于贫黏土烃源岩的低重排甾烷/甾烷比值。在源自海相和非海相烃源岩的分散干酪根中,控制硫分布的因素同样也适用于煤岩中的显微组分(Casagrande,1987)。

当温度超过 150℃时,通过被称之为热化学硫酸盐还原的过程,硫在与沉积硬石膏和石膏的接触中被结合进了有机质(Orr,1974),生物降解可导致原油中硫含量的增加,这是因为饱和烃被优先消耗掉的缘故。

Sinninghe Demsté 和 de Leeuw(1990)、Kohnen 等人(1991)以及 Guadalupe 等人(1991)都认为原油生物标志化合物的分布在被硫键合的馏分中(树脂)和不被硫键合的馏分中是不同的,显然,这是由于成岩过程中,硫的键合使某些化合物得以选择性地保存下来的缘故。通过热催化活性镍的处理,这些被硫键合的生物标志化合物可以摆脱束缚。比如,在不被硫键合的烃馏分中没有发现源自光合菌或海绵的芳香族类胡萝卜素,而在某些样品脱硫胶质的馏分中它们却是主要的化合物。因此,分析胶质的脱硫产物可以更为准确地评价沉积环境中的原始生物标志化合物。此外,经热催化活性镍处理后摆脱束缚的生物标志化合物的分布也可以作为对比研究中的指纹化合物(Sinninghe Demsté 和 de Leeuw,1990)。由干酪根快速热解生成的含硫化合物的分布被用来区分产自奥陶系不同烃源岩的有机质,包括以藻类的残体黏球形藻属(*Gloeocapsomorpha prisca*)为主的迪科拉(Decorah)组的古滕堡(Guttenberg)油源岩(Douglas 等,1991)。

Kohnen 等人(1991)采用 MeLi/MeI 对意大利未熟沥青页岩抽提物中极性和沥青质馏分的双硫和多硫化物的键合进行了选择性的化学降解。这一方法表明:许多被束缚的生物标志化合物,包括单环的、支链的、异构的、甾类、藿烷类和类胡萝卜素的一半都是通过双硫键或多硫键与干酪根相连的。

X光吸收近边光谱法(XANES)现已用来判识和量化原油和岩石抽提物中含硫化合物的分类(Waldo等,1991)。它所提供的信息可用来描述烃源岩沉积环境和热成熟度。比如:高硫原油在XANES图谱上可明显地分为富硫化物(硫化物>30%,噻吩<65%)和富噻吩(硫化物<15%,噻吩>75%)两大类,而它们在成因上似乎分别与碎屑或碳酸盐烃源岩有关。

Schmid等人(1987)和Sinninghe Demsté等人(1987)描述了原油中长链的二烷基硫代环戊烷,(dialkylthiacyclopentanes)并根据这些化合物的结构推测了硫化物在成岩和热演化过程中的形成机理。Payzant等人(1986)描述了原油中的萜类硫化物,而Sinninghe Demsté等人(1987)和Valisolalao等人(1984)则分别初步识别了原油中的甾烷类和藿烷类噻吩。原油中丰富的苯并噻吩和烷基类二苯并噻吩被认为是指示碳酸盐岩-蒸发岩烃源岩形成环境的标志物(Hughes,1984)。Sinninghe Demsté等人(1987)描述了沉积物和低熟原油中各种不同的多支链异戊二烯类噻吩,这些化合物的形成似乎是在成岩过程中硫被选择性结合进入异戊二烯类烯烃的结果。

4.1.4 油页岩

油页岩指富氢(类脂体)干酪根含量大于10%的细粒沉积岩,它们可直接燃烧或热解生成可燃性燃料(Cook和Sherwood,1991)。当其具有足够的成熟度时,它们就成为有效烃源岩。油页岩在整个地质历史中,从元古宙(如Karalian次石墨)到近代(如绿河页岩)均有沉积。它们广泛沉积在具有共同特点的地质环境中,如高生产率、缺氧底水、低速率的碎屑岩或蒸发岩沉积环境等。

用于描述油页岩的术语是基于极不统一的干酪根的命名法。现有几种试图以干酪根显微组分的岩石分类学为基础在某种沉积框架下对油页岩的划分提供统一命名的图解方案(Hutton,1987;Cook和Sherwood,1991)。

TOC含量大于10%的岩石和沉积物可归纳为三大类:煤和含煤页岩、富沥青岩和沥青砂、以及油页岩。煤和含煤页岩可再细分为腐殖型和腐泥型,前者主要含具低生油潜力的镜质体(腐殖)显微组分,而腐泥型煤则因富含足够的类脂体显微组分而成为倾油的烃源岩。其中只有烛煤因具有源自高等植物的类脂和树脂组分占优势的特点而被认为是油页岩。

注:Gold(1999,第97页)声称很多煤是非生物成因的。他描述了阿尔伯达黑沥青填充在一条近乎垂直、横穿沉积层的裂隙中的一个地区,他认为"非生物成因理论可以为这些成煤环境提供直接的、近乎合理的和具因果关系的解释"。但Gold没能认识到阿尔伯达黑沥青是固体沥青而不是煤(Curiale,1986)。

根据荧光显微镜下干酪根的形态特征,可以对源自藻类和微生物有机质的油页岩进行划分。比如:Hutton(1987)划分出三类主要的显微组分:层状藻类体、结构藻类体和沥青质体。层状藻类体由薄壁集群的或单细胞藻类构成,这些藻类通常以明显的纹层出现,但在透射光和荧光显微镜通常的放大倍数下呈现出少许或者干脆没有可辨认的生物结构。结构藻类体由结构有机质组成,它们源自大型集群或厚壁单细胞的生物,如:丛粒藻(*Botryococcus*)、塔斯玛尼亚藻(*Tasmanites*)和黏球形藻(*Gloeocapsomorpha*)。沥青质体主要是指那些既不能被划分为层状藻类体也不能被划分成结构藻类体的无定形干酪根,大多数海相油页岩含有一些与其他干酪根显微组分相混合的沥青质体。

Cook和Sherwood(1991)将湖成(Lamosite)(富含层状藻类体)油页岩划分为两类:云辉等色岩(marosite)和层状岩(lacosite)(图4.7)。云辉等色油页岩只形成于咸水海相环境,它所含有的干酪根为大多数源自以包囊形式存在的沟鞭藻类和疑源类。极少的油页岩为纯的云辉等色岩(如澳大利亚三叠纪科卡蒂亚(Kockatea)页岩和侏罗纪丁戈(Dingo)黏土岩)。大多数油页岩含有丰富的沥青质体和云辉等色岩,被称之为云灰沥青质岩(marobitosites),沥青云灰岩(bitomarosites)或者混合油页岩。这类混合干酪根通常在范氏趋势图中被划归为Ⅱ型干酪根。层状岩为主要含有藻类残体的湖相沉积,它们可以进一步地被划分成朗德尔(Rundle)型(如:类似于澳大利亚昆士兰古近-新近系朗德尔湖相油页岩)和绿河型(如:类似于绿河组的默霍格尼矿脉(Mahogany Ledge)相)。各类绿藻(如:盘星藻属)和沟鞭藻(如:繁棒藻属)为朗德尔型沉积提供了有机质,而蓝藻细菌则是绿河型层状岩的主要贡献者。

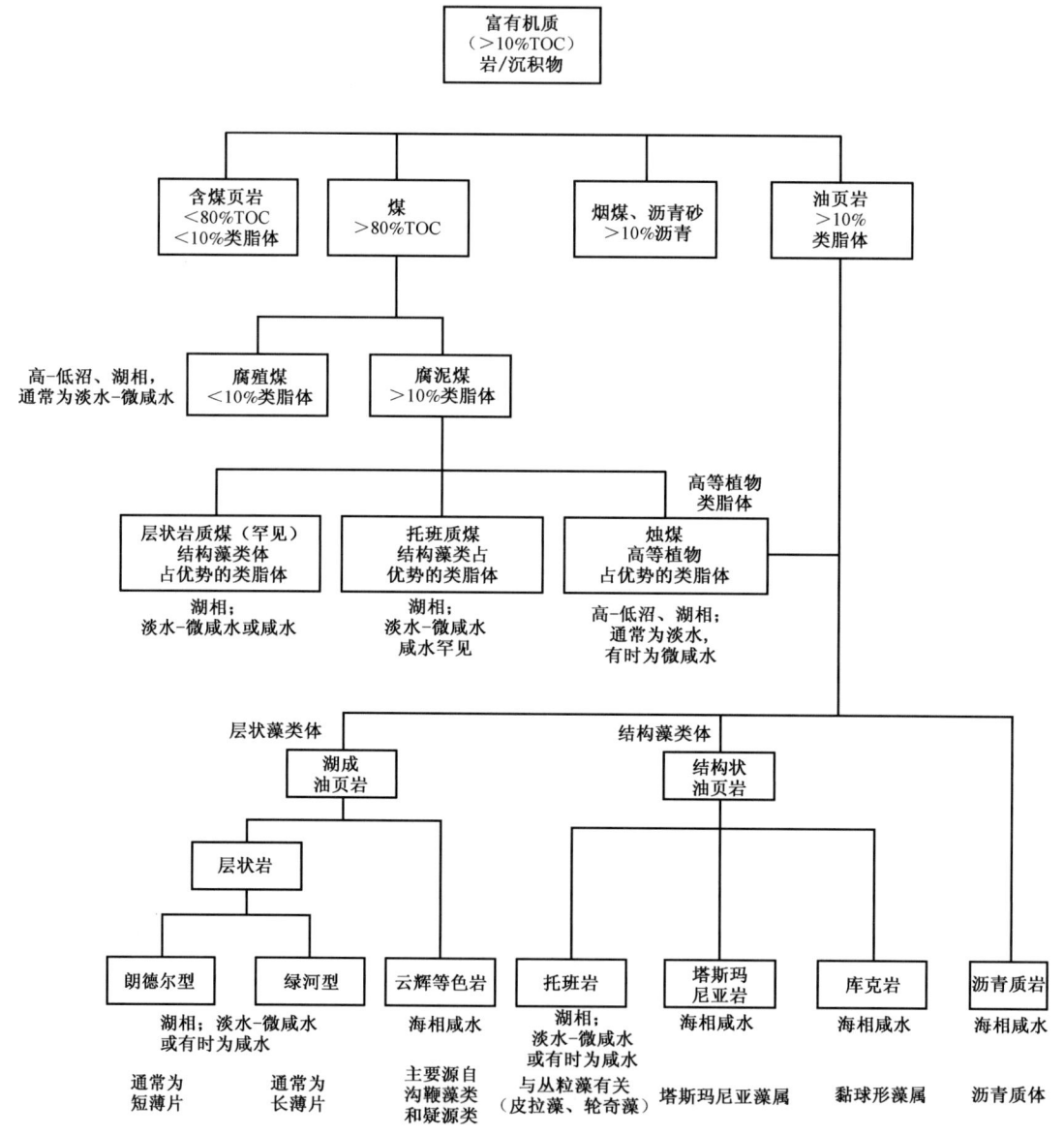

图 4.7 Cook 和 Sherwood(1991)的油页岩分类

Cook 和 Sherwood(1991)根据其原始藻类的输入将结构状(telosite)(富含结构藻类体)油页岩划分为三类(图 4.7)。托班岩源自丛粒藻以及相关的绿藻种属,这类油页岩仅限于淡水—微咸水的湖相环境。塔斯玛尼亚页岩(其名取自塔斯玛尼亚二叠系的油页岩)源自塔斯玛尼亚藻的残体,属于一些宏观的海相藻类(直径约为0.5mm)。这种藻类残体主要为塔斯玛尼亚藻化的包囊,具有很高 H/C 原子比(图4.8)。安特里姆/查塔努加(Antrim/Chattanooga)页岩的沉积相就是著名的塔斯玛尼亚页岩的例证。库克(其名取自爱沙尼亚的 Kurksite)型油页岩源自黏球形藻属(*Gloeocapsomorpha prisca*),这种亲缘关系不明的灭绝生物在奥陶纪石灰质海相沉积中占优势。黏球形藻属与现代布朗丛粒藻群体(*Botryococcus braunii*)相类似。

4.1.5 用干酪根类型划分含油气系统的例证

表4.3列出了根据烃源岩中干酪根类型划分含油气系统的一些例子,它展示了与含油气系统命名和限定其范围有关的一些复杂性,在第18章中还会对其进一步展开讨论。比如,曼达尔 - 埃科菲斯特(Mandal - Ekofisk)(!)、启莫里奇 - 布伦特(Kimmerigde - Brent)(!)和启莫里奇 - 海伯尼亚(Kimmeridge - Hibernia)(!)含油气系统的烃源岩具有大致相同的时代但其储集岩和位置却各异。北海维京(Viking)和中央地堑的主要烃源岩在挪威和丹麦水域被称之为曼达尔或法尔松(Farsund)组,在挪威北部近海被称之为 Draupne 组,而在英国近海则被称之为启莫里奇黏土组。在中央地堑挪威一侧,曼达尔组为烃源岩,白垩(Chalk)群(上白垩统)中的埃科菲斯特组则为主要的储集

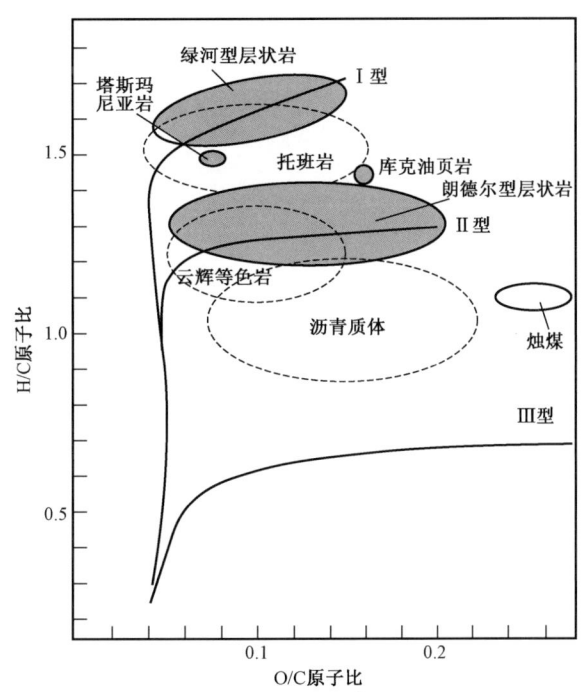

图4.8 不同类型油页岩在范氏图中的分布范围
(数据来自 Cook 和 Sherwood,1991)

岩,而布伦特砂岩则是其他地区的主要的储集岩。海底扩张改变了纽芬兰大浅滩(Grand Banks)上兰金(Rankin)组白鹭(Egret)段与北海同时代的启莫里奇阶烃源岩相毗邻的原来位置,各含油气系统的大小很难量化,表4.3展示的数据仅仅是估算值。这些估算值总是基于不完全的数据并且在确定最大开采量时带有许多推测的成分,包括天然气的体积与烃类的原油当量桶或千克的转换,在表中我们无意转换成千克/烃类,因为所引证作者的目的有别,其推测的成分亦不相同。

4.1.6 烃源岩丰度的间接评估

如前所述,在有岩样的情况下,地球化学的数据,像生油潜势仪的氢指数和氧指数或 H/C 和 O/C 原子比,可以用来迅速地判识其干酪根的类型。而在只有地质信息可利用的情况下,则可借助表4.4对干酪根的类型做出评估。然而,由于沉积环境的概述与干酪根类型之间的关系并不十分紧密,因此这一方法又是危险的。在无法获得烃源岩的情况下,还有下述的一些方法可以用来评估烃源岩的丰度和质量,它们包括传统的录井方法(如:伽马射线、电阻率),无机的(如:岩石中的痕量金属元素)和有机的(油苗)地球化学测定。有机地球化学对油苗的测定将在稍后予以讨论。

表 4.3　利用烃源岩中干酪根类型划分含油气系统的例证

含油气系统		规模*	烃源岩年代	岩性	油气田	来源
Ⅰ型	犹他州尤因他盆地的绿河(!)	重大 (~500MBOE, 86bkg HC)	晚古新世－早始新世	湖相碳酸盐泥岩	Altamont－Bluebell 和 Redwash	Fouch 等(1994), Magoon 和 Valin (1994), Ruble 等 (2001)
	巴西坎普斯盆地的 Lagoa Feia－Carapebus(!)	大型(?)	早白垩世	湖相钙质页岩	Marlim	Mello 等(1994)
	卡宾达(Cabinda)下刚果盆地的 Bucomazi－Vermelha(!)	大型(?)	早白垩世	湖相页岩		Demaison 和 Huizinga(1994)
	印度尼西亚中央苏门答腊的 Pematang－Sihapas(!)	大型 (~12.8BBOE)	始新世－渐新世	湖相页岩	Minas 和 Duri	Demaison 和 Huizinga(1994), Katz 和 Dawson(1997)
Ⅱ和ⅡS型	阿拉伯－伊朗盆地的哈里发－阿拉伯(Hanifa－Arab)(!)	超巨型(~4980亿BOE)	晚侏罗世	海相大陆架页岩	Ghawar	Klemme(1994)
	北海中央地堑的 Mandal－Ekofisk(!)	大型 (~8.2BBOE)	晚侏罗世	海相泥岩和碳酸盐岩	Ekofisk, Eldfisk, Valhal 和 Forties	Cornford(1994)
	西北欧大陆架的启莫里奇－布伦特(Kimmeridge－Brent)(!)	超巨型 (~125BBOE, 1119bkg HC)	晚侏罗世	海相泥岩	Statfjord 和 Oseberg	Klemme(1994), Magoon 和 Valin (1994)
Ⅱ和ⅡS型	让娜达尔克(Jeanne d'Arc)盆地和大浅滩(Grand Banks)的启莫里奇－爱尔兰(Kimmeridge－Hibernia)(!)	重大(?)	晚侏罗世	海相泥岩	Hibernia, Hebron 和 Terra Nova	Klemme(1994)
	委内瑞拉马拉开波盆地的月光女神－米索(La Luna—Misoa)(!)	巨型 (~60BBOE, 8160bkg HC)	晚白垩世	海相灰岩和页岩	Tia Juana, Lama, Boscan 和 Lamar	Talukdar 和 Marcano (1994), Magoon 和 Valin(1994)
	墨西哥湾的斯马科弗(Smackover)－Tamman(!)	巨型 (~98 BBOE)	晚侏罗世	海相碳酸盐岩	Hatter's Pond, Chatom 和 Mary Ann	Klemme(1994)
	俄罗斯西西伯利亚盆地的巴热诺夫－尼欧可木阶(!)	超巨型 (~200BBOE)	晚侏罗世	海相页岩	Fedorov, Van－Egan 和 Salym	Klemme(1994)
	西得克萨斯和新墨西哥州的 Simpson－Ellenburger(!)	重大 (~105bkg HC)	中－晚奥陶世	海相页岩	Andector, TXL 和 Headlee	Katz 等(1994), Magoon 和 Valin (1994)

续表

含油气系统		规模*	烃源岩年代	岩性	油气田	来源
Ⅱ和Ⅲ型	尼日利亚尼日尔三角洲的 Akata-Agbada(!)	重大（~224bkg HC）	中-晚始新世	海相三角洲页岩	Oguta, Oben, Okpai 和 Egemba	Ekweozor 和 Daukoru（1994），Magoon 和 Valin（1994）
	阿拉斯加库克湾的 Tuxedni-Hemlock(!)	重大（~215bkg HC）	中侏罗世	海相页岩	McArthur 河和 Swanson 河	Magoon（1994），Magoon 和 Valin（1994）
Ⅲ型	印度尼西亚北苏门答腊盆地的 Bampo-Peutu(!)	重大（~531bkg HC）	晚渐新世	海相三角洲页岩	Arun	Buck 和 McCulloh（1994）
	印度南肯帕德盆地的 Cambay-Hazad(!)	重大（<395bkg 现场 HC）	早-中始新世	海相三角洲页岩	Gandhar	Biswas 等（1994）

* 含油气系统的规模是根据 Klemme（1994）或 Magoon 和 Valin（1994）的分类所估算出的可采烃类而划分的：超巨型 > 100×10^9 BOE，巨型$(20~100) \times 10^9$ BOE，大型$(5~20) \times 10^9$ BOE，重大$(0.2~5) \times 10^9$ BOE（Klemme，1994）；或者巨型（5000~10000bkg HC），大型（500~5000bkg HC），重大（50~500bkg HC）（Magoon 和 Valin，1994）。BBOE = 10 亿桶原油当量，bkg HC = 10 亿千克烃类，BOE = 10 亿桶原油当量，MBOE = 百万桶原油当量。

表 4.4 与烃源岩有关的常见沉积环境、岩相和干酪根类型之间的相互关系

构造背景		沉积环境	岩相	干酪根类型
海相烃源岩	限制盆地	缺氧，含黏土	海相页岩	Ⅱ
	限制盆地	缺氧，咸水，含或不含黏土	碳酸盐岩	ⅡS
	陆缘海道	缺氧	页岩、碳酸盐岩	Ⅱ
	上涌陆架区	缺氧或亚氧化	页岩、碳酸盐岩、燧石、磷灰岩	Ⅱ、ⅡS
	开放海	氧化或亚氧化	前三角洲页岩	Ⅲ
非海相烃源岩	海岸沼泽	缺氧	煤	Ⅲ
	近海盆地	氧化或亚氧化	前三角洲页岩	Ⅲ
	开放湖相	缺氧、淡水	油页岩	Ⅰ
	限制湖相	缺氧、咸水	油页岩	ⅡS
	边缘湖相、河流相	氧化或亚氧化	粉砂岩、页岩	Ⅱ/Ⅲ

4.1.7 三角对数 R

假如烃源岩层段被钻穿并用孔隙度和电阻率的方法对其进行了分析，那么就可采用三角对数 R 的方法来评估有机质丰度（△对数 R）。当一口井中比例恰当的通行时间曲线与电阻率曲线在细粒的非烃源岩层段出现重叠时，它们在烃源岩层段附近则会显示出分离或△对数 R（Passey 等，1990）。对不同的岩石层段或位置而言这种 TOC 与△对数 R 间的经验关系式必须要经过校正。因为△对数 R 提供的是随深度变化的连续的数据，它可以实现烃源岩丰度叠加模式中的细节识别，而这是不连续样品 TOC 的分析所无法解决的问题。

基于世界范围的△对数 R 分析归纳出的烃源岩中 TOC 在纵向分布上的三种循环模式，可以用层序地层学的概念来加以解释。大多数海相富有机质的页岩由不连续的沉积单元所构成，一如对启莫里奇黏土组的早期观察例证那样（Cox 和 Gallois，1981），它们的 TOC 从近基底处的最大值向上递减（Creaney 和 Passey，1993）。这些"基底高 TOC，向上递减的"单元，或者简称为高有机碳基底（HTB）一般单独出现或在叠加层序中更为常见，另一种常见的类型为 TOC 由基底向上递增在中段达到最大值（如图 4.19 中 1510m 处），然后递减至单元的顶部。

用来解释这些循环的 HTB 剖面的层序地层学模型假定，有两种因素控制着有机碳的聚集：低氧的沉积环境和多变的沉积速率。在缺氧条件下，海侵时沉积物的不足导致了当海岸线达到向岸方向最大位置时，在每个 HTB 基底形成了富有机质浓缩层段（Posamentier 等，1988；Peters 等，1997）。这些薄层深水海相沉积物通常是由可能含有磷灰岩的页岩所组成，其特点为低沉积速率（<1～10mm/1000 年）（Posamentier 等，1988）。在氧化条件下，非沉积作用的或水下的硬底可在这种环境中形成。由于远离陆源有机质的来源，高 TOC 浓缩层通常含有丰富的海相倾油有机质并具高伽马射线反射。在每个 HTB 中，从浓缩层向上导致 TOC 和有机质质量递减的原因是前积时碎屑物质的稀释作用。陆源碎屑沉积物从比例上说含有较多的氧化的和被搬运的有机碎屑，它们不如浓缩层中的海相有机质那么倾油。

与同期的盆地相沉积相比，陆架海相烃源岩含有较多孤立的但较少叠加的 HTB 沉积单元，通常其 TOC 也较低，这同样还是因为其具有较强的碎屑沉积物稀释作用的缘故。在远源盆地相沉积环境中，沉积中心的位置变动在缺氧的条件下对沉积速率的影响甚微，仅可导致 TOC 的微增或微减，其结果是多套叠加的 HTB 沉积单元叠合在一起，形成 TOC 相对变化不大，最大值位于每层中部的剖面（图 4.19）。浓缩层出现在所有体系域的远端部分，采用高分辨率生物地层学的手段可以对其精确地限定，尽管在录井中采用的伽马射线/声波或伽马射线/电阻率组合对也可对其进行辨认（Loutit 等，1988）。湖相倾油烃源岩具有与海相烃源岩相类似的 HTB 剖面，说明两者的有机质丰度受相同的地层学因素制约。

4.1.8　钍/铀值

可以通过检测放射性元素的伽马射线光谱测井记录来评估 TOC，同样，对不同的岩石或位置而言，这一经验关系式也必须要经过校正。钍（Th）和铀（U）不受露头风化的影响，可以用来间接地和经济地检测烃源岩的质量（Schmoker，1981）。采自近源、烃源岩氧化沉积环境的样品与采自较远源弱氧化或缺氧环境的样品相比，具有较低的钍/铀值和 TOC。钍/铀值已被用来指示近海海相页岩的沉积环境、地球化学相和岩相（Adams 和 Weaver，1958）及其沉积时的氧化还原条件（Zelt，1985）。

在缺氧条件下沉积的沉积物具有高含量的自生铀（Myers 和 Wignall，1987），它可以通过一种假定来测定，即来自岩屑的铀和钍在含量上是等比例的，两者均是不变的和完全岩屑成因的，即：

$$铀_{自生} = 铀_{检测} - (钍_{检测}/3)$$

烃源岩的丰度和质量通常会随着自生铀含量的增加而增加，比如，Isaksen 和 Bohacs（1995）就根据自生铀的含量预测了巴伦支海中–下三叠统泥岩中 TOC 和氢指数的下限值（图 4.9）。在海侵晚期和高位体系域早期，远源开放海陆架环境中还原条件下沉积的泥岩具有最好的生油潜力（图 4.10），图中纵轴上地层的相对位置而非实测深度，多少有些模糊了它们之间的关系。但是，高 TOC 和氢指数明显地对应于海侵晚期的安尼西阶（Anisian）以及高位体系域早期的斯帕蒂阶（Spathian）和上安尼西阶（Upper Anisian）的样品。

注：甾烷和三萜类的最大丰度对应于海侵的高峰期（图 4.10 中的 HST），而 C_{30} 去甲基甾烷则随着海平面的第二级次的升高而增加。低位期存在一个十分明显的基面，它与加积的叠加式副层序所重合，这些副层序具有低伽马射线和通常较低的 TOC（约 2%）的特征。通常低位期的顶部为明显的海侵面，一般以磷灰岩滞后沉积为标志。海侵体系域含有叠加的向陆蚀退的副层序，其伽马射线和 TOC（最高达 10.%）均朝着中层序的下超面方向递增。高位期含有叠加式前积副层序，其 TOC 一般递减。

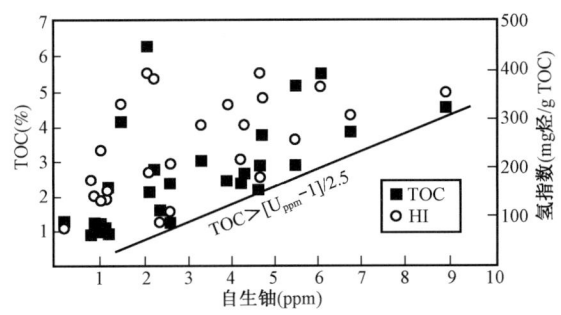

图4.9 挪威巴伦支海中–下三叠统泥岩中自生铀比总有机碳（TOC）和氢指数（HI）的校正（据Isaksen和Bohacs，1995改编）。对角斜线代表用自生铀的含量预测的TOC或HI的下限值，此时TOC(%) > [U(ppm) − 1]/2.5。由于其指示的这种关系并不具普遍意义，不同的烃源岩或有机相应各自专门校正

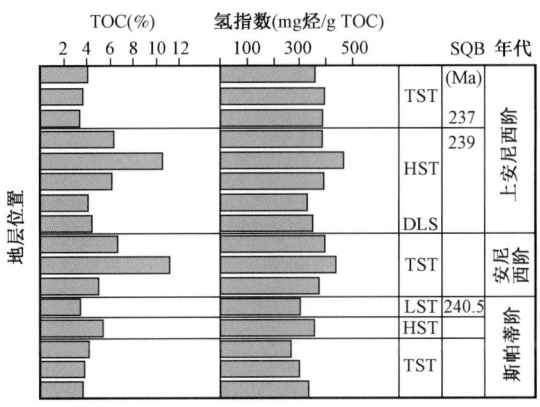

图4.10 挪威巴伦支海Spathian至Anisian阶的潜在烃源岩的总有机碳（TOC）和氢指数（HI）表现出了与解释的层序地层间存在着有规律的变化（据Isaksen和Bohacs，1995），DLS—下超面；HST—高位体系域；LST—低位体系域；SQB—层序界线；TST—海侵体系域

4.1.9 铁/硫值

黄铁矿和TOC的对应变化（Berner，1984），铁与硫的比值（Fe/S）指示已结合成为黄铁矿的硫与可用作与干酪根结合的过剩硫之间的比例。黄铁矿的形成取决于黏土中来自岩屑的铁的数量和活性，以及在氧化条件下沉积的正常海相沉积物中有机质的数量和活性。

4.1.10 氧化铝/TOC值

由于铁/硫值不易检测，Isaksen和Bohacs（1995）采用相关的碎屑黏土/TOC（Al_2O_3/TOC）值来间接地检测有机质的质量，他们假定：（1）在海相泥岩中总有机硫和无机硫与碳的比例是相对不变的（3∶1）（Berner和Raisell，1983）；（2）在细粒沉积物中铁与碎屑黏土矿物（Al_2O_3）紧密地结合在一起（Curtis，1987），可以仅仅根据对测井响应的计算获得Al_2O_3/TOC的比值，其中碎屑黏土的含量可以从钾/铀值（K/U）或氧化铝—活化黏土测井法来获得，而TOC则用△对数R法测得。

4.1.11 镍/钒值

烃源岩抽提物中的镍/(镍+钒)或钒/(镍+钒)可以用来间接地检测有机质的质量。镍和钒在四吡咯络合物中被优先保留下来，在缺氧条件下沉积的有机质中，钒的相对含量要大于镍（Levan，1984）。在氧化沉积条件下，Ni^{2+}可用以四吡咯的金属取代，而钒则以原始的阴离子态存在，从而导致镍（Ⅱ）卟啉占优势。图4.11证明了常见的TOC和镍/(镍+钒)之间的相关关系。在图4.11中，烃源岩的质量直接与镍/(镍+钒)、Al_2O_3/TOC以及氢指数有关。

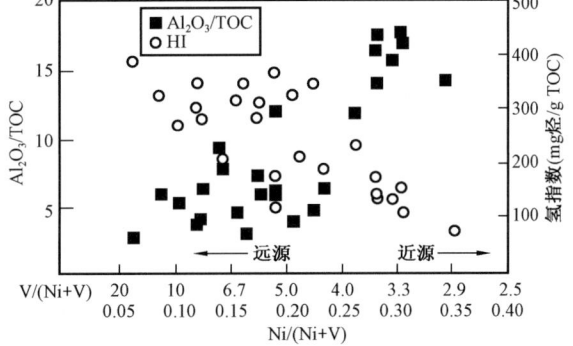

图4.11 挪威巴伦支海中–下三叠统泥岩中有机质的质量随钒/镍值、氧化铝/总有机碳（TOC）以及氢指数（HI）的增加而提高（据Isaksen和Bohacs，1995改编）。Al_2O_3的含量与样品中碎屑黏土的含量有关。
图中当V/(Ni+V) < 3.8或Ni/(Ni+V) > 0.26时，这些样品对应于近源、氧化沉积环境

4.2 烃源岩的筛选:热成熟度

4.2.1 生烃潜力热解

生烃潜力热解的 T_{max} 和产率指数[PI = S1/(S1 + S2)]可用来评价热成熟度(表 4.1)。像镜质体反射率(R_o)和 TAI 一样,T_{max} 也是一个热应力参数。热应力参数的变化主要取决于时间/温度条件,而且只能大体上与不同类型烃源岩的生烃阶段联系在一起。然而,PI 和沥青/TOC 则是生烃参数,它们与有机质生烃量的大小有关。

当 T_{max} 和 PI 分别低于 435℃ 和 0.1 时,它们指示可以生成少量的烃类甚至是不生烃的非成熟有机质。T_{max} 大于 470℃ 对应于湿气带。PI 达到 0.4 时,其烃源岩的生烃潜力位于生油窗的底部(湿气带的早期阶段)而当 PI 不断增加高达 1.0 时,则表明干酪根的生烃能力已经消耗殆尽。通常,甚至在高过成熟的烃源岩中某些 S1 作为被吸附的干气仍会存留。在干酪根质量已知的情况下,用 HI 和 OI 作图可以大致地勾勒出有机质热成熟的程度(见图 4.4)。作为热成熟度的指数,T_{max} 和 PI 还部分地受其他因素的制约,比如干酪根的类型。因此,基于 T_{max} 和 PI 得出的热成熟度结论还须有其他地球化学分析参数的支持,这些参数包括镜质体反射率、TAI 或生物标志化合物。譬如,Peters 等人(1983)研究了大西洋东部弗得角隆起上的白垩系黑色页岩的绝缘效应,该页岩在中新世 15m 厚的辉绿岩岩床所侵入,从岩床下 11.5m 处采到的一块样品具有低 T_{max}(424℃)、PI(2.5)、镜质体反射率(0.5%)和 TAI(2.5)的特征,为未熟页岩;另一块采自附近岩床下 10.6m 的样品含有未熟的 17β,21β(H) – 藿烷和较低的 17α,21β(H) – 藿烷 22S/(22S + 22R)比值(接近 0.4)(Simoneit 等,1981)。

4.2.2 T_{max} 与镜质体反射率的转换

下例公式可谨慎地用于将生烃潜势仪热解的 T_{max} 转换成镜质体反射率(R_o):

$$R_o(计算) = (0.0180)(T_{max}) - 7.16$$

该公式出自对包括低硫的 II 型和 III 型干酪根在内的一组页岩的分析结果(Jarvie 等,2001b)。它可较好地适用于许多 II 型和 III 型干酪根,但不适用于 I 型干酪根。同样,对特别低熟或高熟的岩样而言(当 T_{max} < 420℃ 或 > 500℃ 时)以及当 S2 小于 0.5mg HC/g 岩石时,也不宜采用该公式。当然,如果使用因井壁坍塌从较高处跌落的样品,会使利用岩屑分析的计算失去意义。对大多数生烃潜势仪热解的 T_{max} 数据而言,最好还是采用解释 T_{max} 趋势的方法而不是将这个公式套用到单个样品上去。上述的相关关系是线性的,它能很好的对应于喀麦隆杜阿拉盆地 III 型干酪根和腐殖煤中 T_{max} 与 R_o 间的经验观测值(Teichmüller 和 Durand,1983)。

4.2.3 镜质体反射率

Bostick(1979)提出沉积岩中的细粒分散有机质的镜质体光学性质可用来评价热成熟度(或煤阶),作为一种主要的热成熟度检测手段,镜质体反射率现已被勘探地质学家们所广泛接受。干酪根为有机溶剂所不溶的有机质,镜质体则是干酪根中常见的一种显微组分。尽管与烃类生成相比,镜质体反射率与热应力的关系更为密切,R_o 的近似值还是被用来标定原油生成的起始和结束(表 4.1,也见图 14.3)。实验室间的对比测试表明:在指示不同的热成熟度时,对中等程度的可信度(68%)而言,镜质体反射率 0.1% 的差值是有意义的;而镜质体反射率 0.2% 的差值则要求高可信度(95%)(Lin,1995)。

镜质体为源自陆生高等植物的一类显微组分。由于陆生植物群落在泥盆纪已很发育,所以镜质体可以是泥盆纪或者之后的沉积岩中的重要组分。有机岩石学家们将镜质组细分为结构镜质体(保留了植物的结构)和无结构镜质体(非结构的)。无结构镜质体来自植物的非纤维质的部分,以无定形微粒或薄层状出现。尽管镜质组显微组分通常是倾气的,但有时无结构镜质体也含有对生油有贡献的富氢树脂和蜡质。

有两种方法可用来制备用于镜质体反射率(R_o)岩石学测定的样品:(1)全岩抛光法适用于某些极富有机质的岩石,如煤;(2)对包括大多数烃源岩在内的有机质含量不高的岩石而言,要先从岩石基质中将干酪根分离出来,然后将从岩样中分离出的干酪根嵌入环氧树脂再用细粒刚玉的磨料抛光(Bostick 和 Alpern,1977;Baskin,1979)。用配有光度计的岩石学显微镜来检测由干酪根制备样中镜质体植物碎屑反射出的入射白光(546nm)(Stach 等,1982;Taylor 等,1998)。植物碎屑是一些有机质的小颗粒(Bostick,1979)。检测到的R_o(%)象征性地代表了每一抛光干酪根制备样中50个植物碎屑的均值或者平均值。而一个样品所有植物碎屑的R_o值一般可以通过R_o与频率构成的直方图来表示(图4.12)。

鉴定者通常要对多模态的直方图进行校定,剔除掉再生的或受污染的镜质体的R_o值,而只保留那些对应于原生镜质体的R_o值(图4.13)。用每个校定过的直方图的R_o平均值

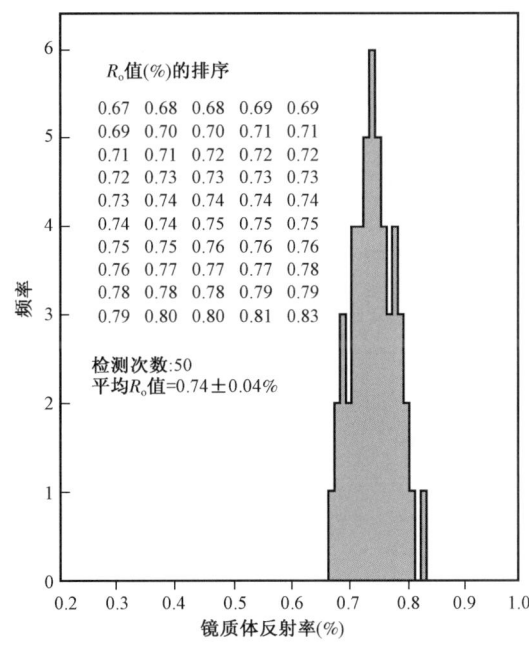

图4.12 从岩样中分离出的干酪根镜质体的反射率直方图的例证。图中的50个反射率数值(由计算机从低到高排序,见插图)是由一块植物碎屑反射出的入射白光(546nm)百分数的检测结果。样品所引用的反射率数据通常是一个直方图中所有数据(一般约为50个)的平均值,作为成熟度的指标,当获得每口井不同深度的许多直方图时,反射率的可信度则随之增加。我们建议每隔300ft(约为90m)或更短的间距检测一次镜质体反射率。本图的转载承蒙雪佛龙美国公司的分支机构雪佛龙-德士古勘探和开发技术公司的惠允

与深度变化一起作图就可生成一张反射率剖面图(参见图4.15和图4.16)。

与类脂组中倾油的显微组分相比,镜质体含有更多的碳环结构。类脂组(也被称作壳质组)是由在成熟过程中能够生成相当数量原油的富氢有机质所构成。它们包括分别来自藻类、陆源植物树脂、孢子和角质层的藻类体、树脂体、孢子体和角质体。现行的几种显微组分分类不尽相同。在我们简化了的分类中(图4.3),类脂组被分成了藻类体和壳质体两大类,而壳质体则包含了所有这种类型的其他显微组分。

热成熟过程导致镜质体更芳构化和更具反射光。镜质体反射率在整个热成油的过程中不断地增加,这似乎是因为复杂的、不可逆的、在很大程度上与岩石组成无关的芳构化反应的缘故。在热力的作用下,镜质体中多碳环结构被芳构化了,其过程类似于环己烷到苯的芳构化(图4.14)。芳环在结构上比其前驱物更平面化,相互间易于排列成行,所以在成熟过程中,随着其内部结构变得愈加排列有序而使镜质体反射出更多的光。芳构化的终点是石墨,此时所有的碳基本上都变成呈线状排列的多芳香片状聚合物。镜质体的芳构化作用与生油并不具有必然的联系。反之,它代表了一些平行的反应,其发展过程可与不同干酪根的各个生油阶段相对应。

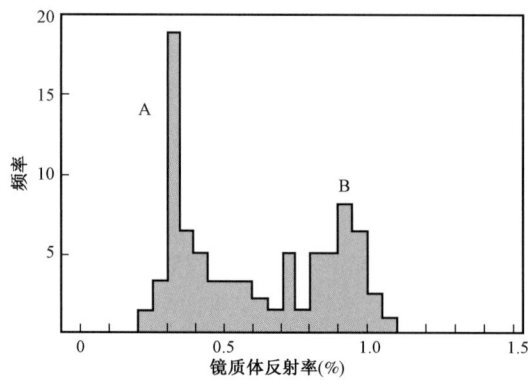
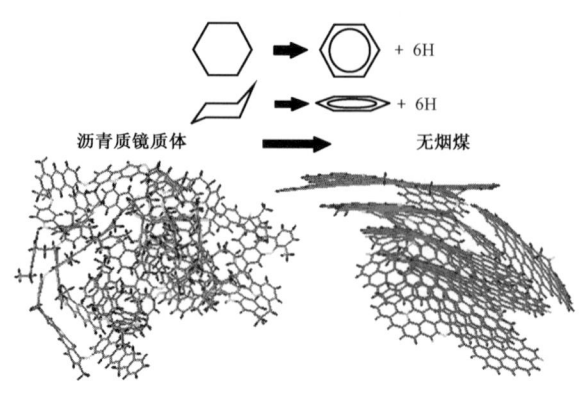

图 4.13 从沉积岩中分离出的干酪根中推测的镜质体植物碎屑的 R_o 检测多众数直方图。多众数分布很常见,但只有一种模式可能代表了原始的镜质体。比如,假定模式 A 为原始的镜质体,那么模式 B 也许就代表了由更加古老和成熟的岩石风化后形成的再循环镜质体。反之,倘若模式 B 为原始的镜质体,那么模式 A 则可能代表了较浅处、低熟岩石的坍塌镜质体或者是被错误地鉴定成镜质体的类脂体

图 4.14 从环己烷到苯由于失氢而导致的简单的芳构化反应(上);从侧面看(中),芳构化将缩拢的环分别转换成带有 sp^3 和 sp^2 杂化碳原子的扁平的环;镜质体所具有的多环的环状结构在热力作用下会逐渐地向石墨的多芳环结构演化(下)。沥青质镜质体和无烟煤的分子模型分别由 J. P. Mathews 和 P. Pappano 建立,他们采用了 SIGNATURE 程序(Faulon 等,1993)。图例的转载承蒙宾夕法尼亚州立大学 J. P. Mathews 的惠允。浅灰色键为杂原子(如:氮、硫、氧)

首先使用 R_o 的是煤岩学家,它被用来确定煤阶。石油地球化学家们则把 R_o 作为一种测定页岩和其他沉积岩成熟度的方法。与分析那些通常富含镜质体显微组分的煤所不同的是:在石油地质学家们所检测的众多样品中,镜质体只占干酪根中很少的一部分。比如,利用分散在富含有机质的 I 型烃源岩中为数不多的镜质体植物碎片来检测 R_o 就是一个极端的例子。

通常,对热演化史单一、干酪根类型为 III 型、有机质丰度不高的烃源岩而言,所测 R_o 值随深度变化的剖面可以很好地与数学盆地模拟的预测结果相呼应。但是,芳构化作用在富氢的高有机质烃源岩中(I 型和 II 型)会受到抑制,其所测 R_o 值相对于同一成熟度的 III 型干酪根和煤而言一般则要偏低。一些含有富氢树脂或蜡质的无结构镜质体表现出芳构化程度不高的特征。尤其是在热演化程度不高的情况下($R_o < 1.0\%$),结构镜质体和无结构镜质体通常具有不同的 R_o 增长速率。

4.2.4 解释上的缺陷

镜质体反射率是勘探家们评价热成熟度最为常用的手段之一,例如,R_o 数据可用于绘制烃源岩层区域性的热成熟度分布图,计算不整合面上的剥蚀量以及校正盆地模拟数据。出于这些原因,数据的解释者必须对 R_o 解释中常见的缺陷有所了解:干酪根类型或显微组分类型的变化;采样与污染的问题;镜质体的误判;不规范的样品制备。

4.2.4.1 显微组分类型的变化

干酪根组分可依据其形态和成因进行显微组分的归类,但这些类别实际上所表现出的是一系列化学的和物理的性质。因此,一些富氢的镜质体在热力作用下可生成少量的石油,氢含量是控制反射率随埋深变化的关键因素。I 型和许多 II 型烃源岩中导致 R_o 增加的芳构化作用受到抑制(图 4.15)。另一个例证是采自洛杉矶盆地中新世 Nodular 富有机质的页岩(2.2% ~9.4% TOC),它富含藻类体,其镜质体反射率(0.13% ~0.41%)低于用孢子染色法得出的

热成熟评价值(0.30%~0.65%)(Walker等,1983)。这些结果与 Hutton 等人(1980)的研究成果相吻合,他们观测到很多煤岩和页岩具有反射率随藻类体含量的增加而呈线性降低的趋势。与邻近低氢、富镜质体的煤相比,富氢、贫镜质体的油页岩的 R_o 受到抑制,约为 0.55%(Price 和 Barker,1985)。

显微组分中不同的氢含量可能影响 R_o 的测定。比如,在每个鉴定者测定所有看上去像镜质体的植物碎屑的反射率时,假如样品含有化学组成不同的镜质体或者鉴定者对镜质体的判识出现失误,那么 R_o 的测定值就会出现大的标准偏差,或者甚至会出现影响 R_o 平均值精确度的多众数分布。

4.2.4.2 采样与污染的问题

钻探时上段岩屑的崩塌,以褐煤为主的泥浆的加入以及各种钻探作业都有可能影响直方图的分布和反射率剖面的变化(图4.13和图4.16),当样品中原始镜质体被崩落的岩屑和含有镜质体的褐煤添加剂稀释后,R_o 剖面会转而出现较低的数值,而这类样品的 R_o 直方图通常则会出现较大的标准偏差或多众数分布。

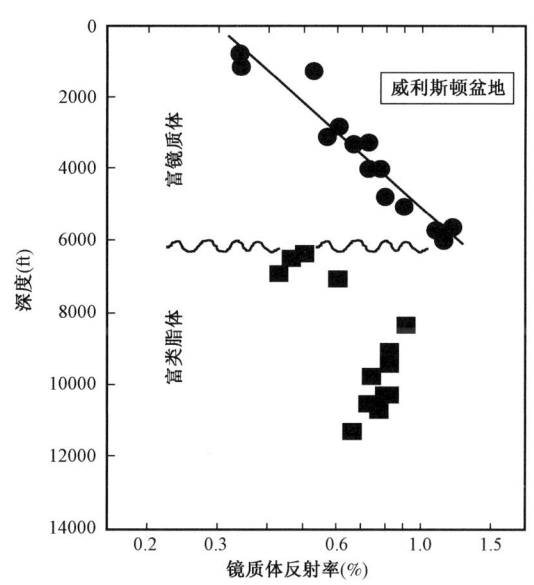

图 4.15 美国威利斯顿盆地一口井中镜质体反射率受抑制的实例(据 Price 和 Barker,1985)。约 6000ft 下 R_o 趋势的中断代表了 R_o 的抑制,这是由于上覆的陆相富镜质体地层变成海相富类脂体地层的缘故(密西西比统贝肯组烃源岩)

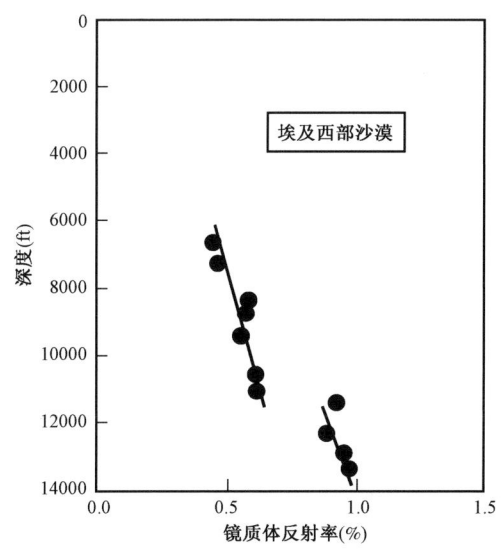

图 4.16 埃及西部沙漠一口井中不连续的镜质体反射率剖面(据 Feazel 和 Aram,1990)

通过坍塌物质中的镜质体(较低的反射率)与目标层的镜质体之间的反射率对比有助于将这类物质区分开来。各种钻探作业,比如兴趣层钻孔中钻井液的循环,钻杆测试和录井,泵速或泥浆配比的变化均可影响样品中坍塌物质混入的数量。数据处理者可以通过对比 R_o 剖面和钻探时制定的泥浆电阻率测井记录的方法来降低此类问题的难度。此外,如有可能,应尽量从常规的或侧壁的岩心样品获取 R_o 数据来验证岩屑的 R_o 数据。与岩屑不同,岩心不易受其他深度段微粒有机质的污染,它所记录的深度也比岩屑更为可靠。当煤线或页岩的坍塌物质受到电缆测井或其他数据的质疑时,采用手工挑选岩性明确的颗粒而摒弃坍塌物质,将有助于减少类似的污染(Othman 和 Ward,2002)。

实例1:下列几种不同的问题均可能导致图 4.13 中一个简单的岩屑样品在直方图中出现双峰型分布。

(1)来自较浅层段的崩塌物质(组 A);
(2)重复出现的镜质体(组 B);

(3)镜质体组分的变化(如无结构镜质体、结构镜质体);

(4)误测类脂体和固体沥青等非镜质体。

实例2:图4.16展示了埃及西部沙漠一口井在反射率剖面11500ft处(3506m)的一个反常的偏移,这一偏移可能是由于:

(1)一个遭侵蚀的不整合面;

(2)一条有缺失层段的大型正断层;

(3)11500ft以上的岩屑受坍塌物质的稀释。为尽量减少11500ft以下的坍塌,下套管或改变某些循环/泥浆;

(4)富含有机质、倾油层段抑制了11500ft(3506m)以上层段的R_o值。

录井资料表明图4.16中出现偏移的原因是第三条,在11500ft处下了套管,此处以上的R_o值由于遭受较浅层段坍塌物质的污染而变低。图4.16中的每个点都是一个经可能偏大的标准偏差校验过的实测平均值(如图4.13中的直方图)。

假如导致较浅和较深层段的R_o剖面出现偏移的原因可以确信无疑地归咎于不整合面的话,那么,就可以推测性地绘制出被剥蚀层段的最小厚度(Dow,1977)。预测常为最小值,这是因为不整合面处的镜质体反射率的差值,会随着时间和埋藏深度的增加而减小(Katz等,1988)。由于这个缘故,即使是相当的一部分地层已被剥蚀掉了,位于不整合面处的镜质体反射率剖面也不一定会显示其偏移量。

4.2.4.3 镜质体反射率的判识错误

导致不同实验室之间对同一样品在R_o检测结果上的不一致性的最主要的原因,可能是鉴定者在选择镜质体植物碎片上的主观性。当实验室之间在同一批样品的R_o剖面检测结果上出现不一致时,通常他们会标示出一口井的统一误差(如0.5%),或者他们会在镜质体反射率的低值部分彼此相符而在高值部分出现分歧。

在条件允许的情况下,地质学家们应当坚持对每一块样品进行至少50个镜质体植物碎片的点测并要求提供原始数据的直方图。作为回报,地质学家则应当向鉴定者提供尽可能多的有助于正确地选择镜质体的信息,包括样品的深度和其他成熟度的信息,如生油潜势仪的热解数据T_{max}和TAI。例如:对一个具有多众数直方图分布特征的难测样品而言,当其上、下相对较易测样品R_o值的明显趋势可利用时,有时可以识别出原始的镜质体。

4.2.4.4 采样或样品制备上的缺陷

镜质体的低温(<150℃)氧化不会明显地改变煤岩的R_o值(Stach等,1982)。虽然如此,通常露头样品的R_o值是不可靠的,这很可能主要是由于缺乏可用于评估数据的深度走向的缘故。由于生油潜势仪的热解数据T_{max}受风化的影响,所以很难用它来校正露头样品的R_o值。通常样品的质量在距离近期出露的表面几或十几厘米之内会有所改善,特别是沿着路堑或溪流的低倾角地层的露头。在古火或通过岩石的热流体的运动所引发的较高的温度(>150℃)的作用下,镜质体颗粒周边可形成具有较高R_o值的氧化边缘。高温氧化通常不妨碍R_o值的测量可信度,除非样品中含有丰富的古火燃烧后沉积下来的木炭。

抛光不完全或质量差,都会因为入射光在粗糙表面分散的缘故而降低测得的R_o值。有些抛光的镜质体植物碎片几天后会出现氧化的迹象。储存的薄片在再测R_o值时应当重新抛光。

尽管,存在着可能的缺陷,为了评价地下的热成熟度,像图4.15和图4.16中那样的镜质体反射率剖面还是成为了标准。由于现代的盆地模拟程序是如此地倚重这些数据,所以最大限度高水平的反射率解释就显得十分重要。一般来说,这需要应用所有可能的地质和地球化

学数据来评估 R_o 的检测值,一些通用的指导方针包括:

(1)向商业性服务公司或鉴定者提供尽可能多的有关样品的信息,包括样品的深度和其他成熟度的检测数据。

(2)仔细地评估泥浆录井资料中有关可能的坍塌、相带变化、钻井添加剂、热力和钻探条件等方面的信息。

(3)分析可得到的侧壁和常规岩心的数据以验证岩屑的分析结果。

(4)观察干酪根的显微组分以判识有机相的变化。

(5)将 R_o 值与基于 T_{max},TAI 和其他热演化指标得出的成熟度数据进行对比。

依据 TAI 和镜质体反射率确定的热演化曲线(图 4.4 左图)被放入了范氏图的 H/C 和 O/C 原子对比图(Jones Edison,1978)。这些研究人员检测了从有机质浓缩物中分离出的端元显微组分(如孢子体、镜质体、壳质体和树脂体)的 H/C 原子比并绘制成图。根据此图,显微组分的分析可用于计算干酪根的 H/C 原子比并与实测的 H/C 原子比进行对比,从而为数据解释提供了独立的旁证。

镜质体反射率的主要局限性也许在于镜质组的显微组分对生油的贡献不如类脂组显微组分那么重要。许多倾油的烃源岩,如沙特阿拉伯的 Hanifa - Hadriya 层段,不含或基本不含镜质体(Ayres 等,1982)。当用于反射率测定的植物碎片太少,低于 50 个时,其检测结果很可能是不可靠的。此外,有证据表明:大量倾油的显微组分(Hutton 和 Cook,1980;Price 和 Barker,1985)或沥青(Hutton 等,1980)会使镜质体反射率随成熟度的变化而发生的自然演化进程滞后。镜质体反射率还易遭受其他一些问题的困扰(表 4.5)。基于上述原因,其他的一些地球化学证据,如 TAI 或生物标志化合物成熟度的参数,应当始终与 R_o 的检测值相吻合。

表 4.5 可能影响镜质体反射率数据解释的问题举例

问题	对 R_o 的影响
上部岩屑的坍塌	偏低
镜质体抛光差	偏低
钻井液污染(比如褐煤添加剂)	一般偏低
氧化(>150℃)或再循环的镜质体	一般偏高
镜质体亚组的自然反射率变化	偏高或偏低
统计误差(检测数量不够)	偏高或偏低
显微组分的判识错误(如固体沥青)	偏高或偏低

与岩石抽提物中大多数生物标志化合物热成熟度的参数相比,镜质体反射率的参数对相当于生烃初始阶段($R_o=0.6\%$)时的成熟度的敏感性和准确性均不高(表 4.1)。在这一低熟阶段,下述的生物标志化合物参数可提供比镜质体反射率更加准确的有关烃源岩热成熟度的评价(Mackenzie 等,1988)。但与 TAI 相比,镜质体反射率则显得更为精确和客观。

与生物标志化合物相比,镜质体反射率的有效性在生烃阶段及其之后($R_o>0.6\%$)有所提高。对该热成熟度范围而言,生物标志化合物热成熟度参数在佐证镜质体反射率的检测结果方面仍颇具价值,反之亦然。尽管镜质体反射率有助于岩石中有机质热成熟度的划分,但它不适用于原油。

许多研究者采用反射率的对数值与深度的线性数值作图来表示深度与反射率间的关系(如图 4.15 所示),这样可以很容易地使热成熟度趋势线延至更深的地层。但它也由于将镜质体化学性质的改变而产生的非线性变化的影响降至最小,因而在数据的解读上会出现偏差。

对那些穿透现今最高温度岩石的探井而言,深度与镜质体反射率之间的关系通常由三段组成:从 R_o 为 0.20%~0.25% 的地表到 R_o 为 0.6%~0.7% 处的上段具有线性梯度的变化;中段的镜质体反射率骤增至 1.0%;下段反射率的梯度同样具有线性的变化,但比上段的增幅更大(Suggate,1998)。在深度与反射率的半对数示意图中,位于 0.6%~0.7% R_o 的拐点通常是模糊不清的。Suggate(1998)根据多口井的深度、反射率和地温梯度数据编制了一幅综合归纳图(图 4.17)。该图可以通过低阶梯度的斜率(可延至 R_o 约为 0.25% 的地表)和高阶梯度的斜率,以及两者间弯曲的形状和位置相互弥合的方法,来推测剥蚀沉积的最大厚度或古地温梯度。

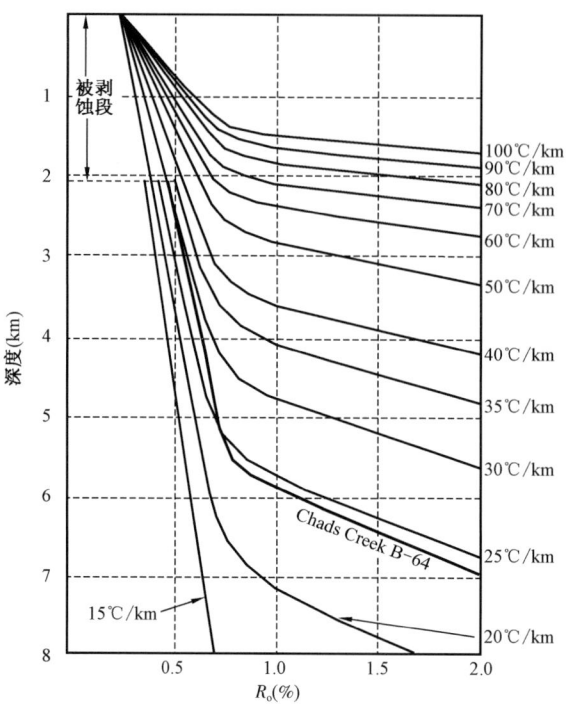

图 4.17 表示反射率、最大埋深和古地温梯度之间推测关系的综合归纳图。根据加拿大北极区的泛北极圈 Chads Creek B-64 井的数据绘制出的拟合线(黑线)指示古地温梯度为 24℃/km 以及至少 2km 的被剥蚀段(据 Suggate,1998)

4.2.5 热蚀变指数及相类似的成熟度标度

热蚀变指数(TAI)是一种数字标尺,它的原理是:由于受热成熟度的影响,有机质的颜色在显微镜透射光下会发生变化(Staplin,1969)。随着埋深的增加,孢粉体的颜色一般会由黄色变为褐色再变为黑色(Bostick,1979)。欲准确地描述颜色的变化就需要不断地将样品与 TAI 标准显微薄片进行比对,因此,检测最好使用具有组合镜台的对比显微镜来完成,这样样品和标准可以进行同步比对。

其他的光学热成熟度标尺还有牙形石蚀变指数(CAI)(Epstein 等,1977),透射率颜色指数(TCI)(Robison 等,2000)和疑源类荧光(Obermajer 等,1997)。与镜质体反射率或热蚀变指数(TAI)相比,这些标度在地球化学研究中的应用尚不普遍。借助于带有 100W、6V 钨灯的光度显微镜的白光分析,可获得无定形干酪根的 TCI,它的原理是光谱的曲率是随着成熟度的增加而增加的。TCI 曲线从未熟无定形干酪根(即 R_o = 0.20%)的平均波长接近 580nm,位移到含有深褐色到黑色过熟干酪根(即 R_o = 2.15%)的样品的 660nm,TCI 的范围涵盖了原油生成和储藏的所有阶段。TCI 是 R_o、TAI 和 CAI 的补充,它对那些尚未达到半无烟煤阶段(R_o = 2.0%)的样品尤其有用。

疑源类常见于奥陶纪到泥盆纪含有海相 I 型和 II 型干酪根的岩石中。疑源类荧光在 400~700nm 范围内的特征与光面球藻属藻质体的荧光性质相一致(Obermajer 等,1997)。但是,在同一成熟阶段中,疑源类荧光强度的最大波长(I_{max})和红/绿系数(Q)通常均较低。II 型干酪根中疑源类的 I_{max} 和 Q 在生油开始前的阶段里变化不大,在成熟度相当于 T_{max} < 435℃ 时,I_{max} 和 Q 通常分别低于 460nm 和 0.5。在生油的初期阶段,I_{max} 迅速转变至 500nm,然后在油窗阶段不断升高(500~600nm)并伴随着 Q 的轻微增加。对 I 型干酪根而言,直到成熟度相当于 T_{max} = 450℃ 时,疑源类的 I_{max} 和 Q 均未发生明显的变化。

TAI、TCI、CAI 和疑源类荧光均具有快捷、费用低廉和不需要精密复杂的仪器设备的优点。

然而,这些方法的最大优势还在于:它们提供了钻井中有关与钻探地层年代相吻合的有机质年代的信息。与镜质体反射率不同的是:在辨认镜质体时可能会出现问题,而对孢子、花粉以及其他具有不同形态的孢粉体的辨认则更为可靠。产生这些孢粉体的生物通常都具有不同的地质时代界限。因为许多孢粉体的延续时代是已知的,测定者可利用这一信息,在成熟度测定时判明并剔除污染物。比如,从发育在中新世的种属中检出的被子植物孢粉体不应出现在中生界地层钻井的岩屑中,它很可能代表了来自坍塌或钻井液添加剂的特定污染。从这些孢粉体中测得的TAI将会低估中生界地层的成熟度。通过对样品的直观检测获得的TAI(或CAI)有助于检出那些被改造的有机质,它们会导致高估所测层段的成熟度。

本书中的TAI尺度与Stapin(1969)的TAI尺度有所不同,它的范围从0(特别淡的黄色)到4(黑色),对应于不同的镜质体反射率(表4.6)和生烃带(图4.4)(Jones和Edison,1978)。在2.4和3.1之间,最易检测,又最为明显的颜色变化出现在生油的初始阶段到生油高峰期。尽管导致其变化的因素可以是多种多样的,如检测对象的类型不同、孢粉体的厚薄不一、风化程度有别以及在颜色判别上出现的主观误差等,TAI仍被认为是可精确到0.1个单位的成熟度指标。

表4.6 热蚀变指数(TAI)、孢子颜色以及镜质体反射率间的近似关系(Jones和Edison,1978)

热蚀变指数										
1.5	2.3	2.5	2.8	3.0	3.5	3.6	3.7	3.8	3.9	4.0
孢子颜色										
淡黄	橘黄	橘黄-棕	红棕	深棕			深棕-黑色		黑色	
$R_o(\%)$										
0.2	0.4	0.5	0.8	1.0	1.5	1.7	2.0	2.7	3.4	4.0

TAI方法的缺陷包括检测者在颜色的主观判识上可能出现的误差;上乘的检测结果需要具备连续的同一类别的微体化石;以及有限的适用范围等。对有机质成熟度TAI的检测结果分别小于2.4或大于3.1的样品而言,该方法的准确性不高。与某些生物标志化合物比值如C_{29}甾烷20S/(20S+20R)相比,TAI对于接近生烃初始阶段成熟度的变化不够敏感(Mackenzie等,1983b)。

4.3 地球化学测井数据和生烃潜力指数

地球化学测井数据包括Rock-Eval热解和TOC数据,它们可用于选取探井中合适的烃源岩和储集岩层段做进一步采样和分析(图4.18)。由于有机相在同一烃源岩中在纵向和横向上均可发生明显的变化,所以建议采样应广泛而密集(每隔10~20m)(Grantham等,1980;Espitalié等,1987;Burwood等,1990)。地球化学测井数据的其他例证见Peters(1986)、Espitalié等(1987)以及Peters和Cassa(1994)。烃源岩评价专家咨询系统(REESA)是盆地模拟®1-D(普拉特河联合体)(如7.06版)中的一个计算机模块,它可用于处理地球化学测井中大量的Rock-Eval和TOC数据(Peters和Nelson,1992)。

借助于建立在密集采样获得的大量数据基础之上的随深度变化的趋势线,地球化学测井数据可提供一些最为可靠的地球化学评估。比如:在玻利维亚Pando X-1井的一条地球化学测井剖面中,R_o、T_{max}、TAI和PI的趋势线显示上泥盆统烃源岩为低熟(图4.19)。上泥盆统Tomachi组1350~1590m段厚层富有机质页岩的TOC高达16%,HI大于600mg烃/gTOC,表

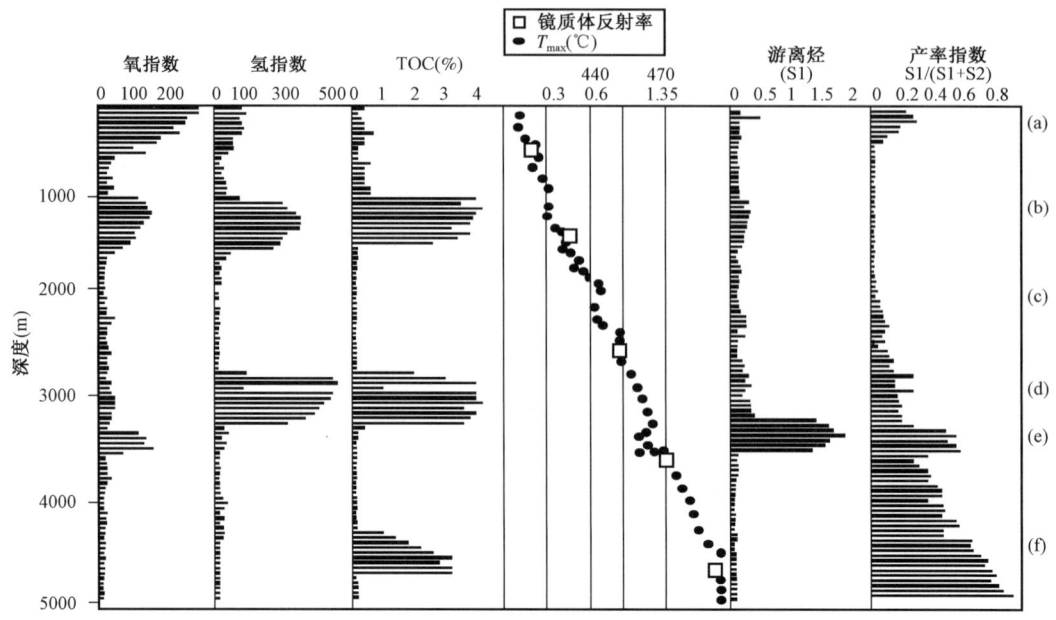

图 4.18 依据一口井样品的 Rock-Eval 热解、总有机碳(TOC)和镜质体反射率得出的理想化的地球化学测井数据(Peters,1999a)所显示的证据为:(a)可能因钻井添加剂引起的氧化的有机质;(b)含有Ⅱ或Ⅲ型干酪根的未熟(潜在)烃源岩;(c)非烃源岩层段;(d)含有Ⅰ或Ⅱ型干酪根的成熟烃源岩;(e)含有可能源自上覆有效烃源岩并被其所圈闭的原油的储集岩;(f)失效的(过熟)烃源岩

明有机质为Ⅰ/Ⅱ型。

Tomachi 组页岩的烃源岩潜力指数(SPI)经测算为 18t 烃/m² (Demaison 和 Huizinga,1994),属于世界上有机质最为丰富的烃源岩之一。它的烃源岩潜力指数超过了北海和沙特中部上侏罗统高产的烃源岩(15t 烃/m² 和 14t 烃/m²)以及尼日尔三角洲古近-新近系的烃源岩(14t 烃/m²)。尽管 Akata 组页岩的有机质为Ⅲ型,但由于烃源岩厚度大,尼日尔三角洲烃源岩仍具有很高的烃源岩潜力指数。因此,烃源岩潜力指数可以通过考量有机质质量和烃源岩层段厚度的方法来进行烃源岩潜在生烃量之间的对比。其公式为:

$$SPI = \frac{H(S1 + S2)\rho}{1000}$$

SPI 为所测表面每平方米生烃吨数,代入的数值为:H = 烃源岩厚度(m);(S1 + S2) = 烃源岩段 Rock-Eval 热解平均生烃潜力(kg 烃/t);ρ = 烃源岩密度(t/m³)。在实际应用中,只将(S1 + S2)>2kg 烃/t 岩石的细粒烃源岩纳入平均生烃潜力的计算范围,所有烃源岩的密度均被假定为 2.5t/m³。

盆地中水平或垂直向的水系会对 SPI 产生重要的影响。比如:沙特中部和尼日尔三角洲的 SPI 均为 14kg 烃/m² (Demaison 和 Huizinga,1994),但沙特阿拉伯的生油潜力却远大于后者,这是因为与尼日尔三角洲较小区域中近似垂直向的水系相比,沙特阿拉伯原油从庞大的水系区域中横向地汇集到了一起。由于热成熟度会降低 SPI 值,可用钻穿烃源岩中未熟层段的探井的 Rock-Eval 热解数据来计算 SPI 值。

当地球化学测井数据包括岩性、伽马线、孢粉学及其他方面的地球化学信息时,就显得特别有用。比如:图 4.19 中 1266m 处原油的三环萜烷/17α(H)-藿烷比值表明:它与

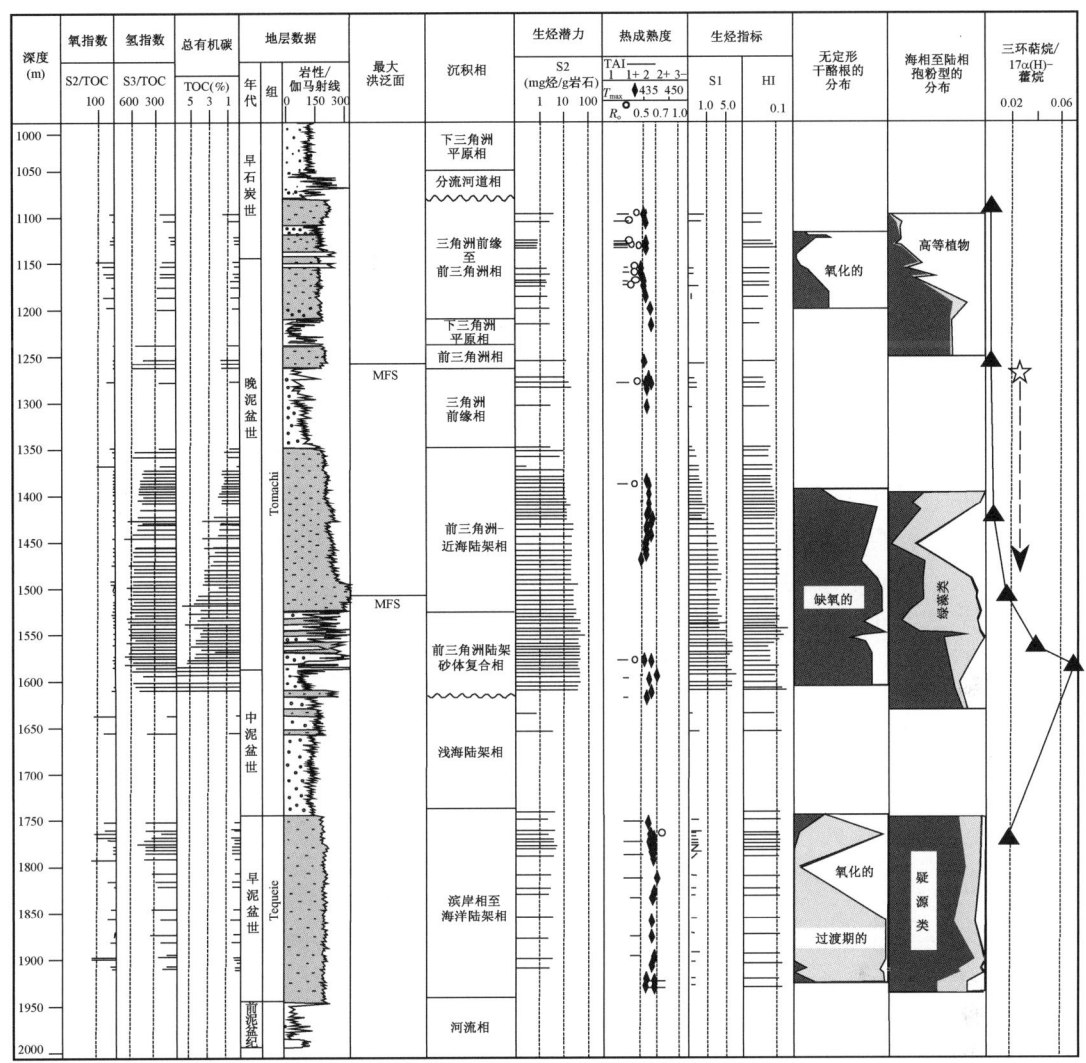

图 4.19 玻利维亚东 Madre de Dios 盆地 Pando X-1 井中连续岩心的地球化学测井参数(Peters 等, 1997)。最右边一栏中的星号代表产自上泥盆统砂岩 1266m 处低硫(0.14%)、比重为 32°API 的原油中的三环萜烷/17α(H)-藿烷比值,数据的引用获 Penn. Well 的允许。MFS:最大洪泛面

1510m 处附近烃源岩的关系最为密切,这与甾烷和其他指示母源的参数相一致。岩相分析表明:该井 1510m 处附近的层状页岩对应于与一次主要的海侵有关的最大洪泛面。这一层段还有最为明显的伽马射线反射和最倾油的干酪根(HI 为 600mg 烃/gTOC),存在着大量的绿藻类 (Prasinophyte),尤其是在 1510m 附近的最大洪泛面之下。包括塔斯玛尼亚藻在内的绿藻类通常与高纬度、富营养物质的边缘海环境有关。图 4.19 显示在富含绿藻类残体的岩样中,相对于藿烷而言,三环萜烷的丰度有所增加,这与已发表的证据相吻合,即这些化合物是塔斯玛尼亚藻的标志物(Simoneit 等,1993)。

4.4 原始烃源岩生烃潜力的恢复

烃源岩的生油能力取决于未成熟烃源岩中有机质原始的量(TOC_0)和质(HI_0)(表 4.1)。然而,如同 TOC_x 和 HI_x 的检测所示,生油会降低残存的生烃潜力。那么,如何对现今成熟或过

熟烃源岩生烃过程的程度、生成烃类的数量和排驱的效率进行评估呢？通过一些假设,烃源岩有机质向原油的部分转换(f)、原始的TOC(TOC_o)、排驱原油的数量($S1_{排驱}$)和排驱效率(ExEf)等均可应用下列公式来计算。本章的附录展示了这些公式的出处,转载承蒙 G. E. Claypool 的惠允(私人通信,2002)。

计算生烃过程的程度或有机质向原油部分转换的公式为:

$$f = \frac{1 - HI_x\{1200 - [HI_o/(1 - PI_o)]\}}{HI_o\{1200 - [HI_x/(1 - PI_x)]\}} \tag{4.1}$$

PI_o 和 PI_x 分别为原始的和实测的 Rock-Eval 热解产率指数[PI = S1/(S1 + S2)]。对绝大多数未熟烃源岩而言 PI_o 可假设为 0.02。HI_o 则可通过许多方法来确定和估算,比如:假如与一块成熟烃源岩相对应的未熟烃源岩的参数是已知的,而且它们有机相的空间变化不大,那么实测的 HI(HI_x)可被假设为与 HI_o 相等;假如无法获知未熟烃源岩的参数,可利用岩石学和古地理学的信息估算出 HI_o。Baskin(1997)归纳认为:由于对具有同一 H/C 原子比的干酪根而言,其热解的结果可以是不同的,因此,估算原始 H/C 原子比可能比估算 HI_o 更可取。但是,通常 Rock-Eval 热解的数据比元素分析更为常见。

在烃源岩成熟前,其原始 TOC 受质量平衡的约束,如下式所示:

$$TOC_o = 83.33(HI_x)(TOC_x)/[HI_o(1 - f) \times (83.33 - TOC_x) + HI_x(TOC_x)] \tag{4.2}$$

式中 83.33 为生成原油中碳的百分含量。

$$S1_{排驱} = 1000(TOC_o - TOC_x)/(83.33 - TOC_x) \tag{4.3}$$

$$ExEf = 1 - \frac{(1-f)\{PI_x/(1 - PI_x)\} \times 100}{f + [PI_o/(1 - PI_o)]} \tag{4.4}$$

为了演示公式 4.1 至式 4.4 的应用,我们采用西西伯利亚萨雷姆(Salym)油气田(Galimov 等 1988)上侏罗统巴热诺夫(Bazhenov)组成熟晚期烃源岩样品(312 钻孔 2926.3m 处)的数据(T_{max} 为 452℃)(图 4.1),来计算组分转换的程度、原始 TOC、原油排驱以及原油生成效率等。所采用的数据以该烃源岩多达 14 次的重复分析为准: $TOC_x = 3.65\%$;Rock-Eval 热解 $S1_x = 7.00$ mg 烃/g 岩石;$S2_x = 3.28$ mg 烃/g 岩石;$HI_x = 90$ mg 烃/gTOC 和 $PI_x = 0.68$。

与萨雷姆油气田附近的巴热诺夫烃源岩相对应的未熟烃源岩的 HI_o 为 550mg 烃/gTOC(Klemme,1994)。如果我们假设 HI_o 为 500mg 烃/gTOC 且 $PI_o = 0.02$,那么:

(1) HI_o 向原油组分转换的程度是多少？

$$f = \frac{1 - 90\{1200 - [500/(1 - 0.02)]\}}{500\{1200 - [90/(1 - 0.68)]\}} = 0.68 \tag{4.1}$$

即:86%的生油过程已完成。

(2) 排烃前的原始 TOC 是多少？

$$TOC_o = \frac{90(3.65)(83.33)}{500(1 - 0.865)(83.33 - 3.65) + 90(3.65)} = 4.79\% \tag{4.5}$$

注:尽管成熟烃源岩中有机质的含量属于非常好这一级别($TOC_x = 3.65\%$),但未熟烃源岩中有机质的含量则属于最好级别(表 4.1)。

(3) 从烃源岩排出的原油量是多少？

$$S1_{排驱} = 1000(5.42 - 3.65)/(83.33 - 3.65) = 14.3 \text{mg 烃/g 岩石} \quad (4.3)$$

假设原油和页岩的密度分别为 850mg/cm^3 和 2.4g/cm^3，厚度为 10m，面积为 1acre，排出的 $S1$ 量为 3100bbl：

$$S1 = [14.3(2.4)/850](7758)10 = 3132\text{bbl/acre}$$

(4) 它的排烃率是多少？

$$\text{ExEf} = 1 - (1 - 0.865)[0.68/(1 - 0.68)]/[0.865 + 0.02/(1 - 0.02)] = 68\% \quad (4.4)$$

我们可以用变换假设的 HI_o 数值来确定计算参数效果的方法进行敏感度的分析（表 4.7）。比如：假设 HI_o 为 600mg 烃/g TOC 而不是 500mg 烃/gTOC，那么 TOC_o 就会是 5.57% 而非 4.79%。这种质量平衡的计算可用于烃源岩成熟前有机质的数量和质量的划定。如：假设上述成熟Bazhenov烃源岩的 TOC_x 是 0.25% 且最大 HI 已被假设为 500mg 烃/gTOC，那么 TOC_o 就不会超过 0.33%，即原始岩石没有足够的有机质成为有效的烃源岩。即使我们将假定的 HI_o 增至 700mg 烃/g 岩石，其 TOC_o 则仍然很差，只有 0.47%（表 4.1）。

表 4.7 假定的原始氢指数（HI_o）的变化支配着组分转换的计算值（f），原始总有机碳（TOC_o），总生烃潜力（Rock-Eval 的 $S1_o + S2_o$），排出的原油（$S1_{排驱}$）以及排驱效率（ExEf）。PI_o 被假定为 0.02

假定输入		计算结果				
HI (mg 烃/g TOC)	PI_o	f (%)	TOC_o (%)	$S1_o + S2_o$ (mg 烃/g 岩石)	$S1_{排驱}$ (mg 烃/g 岩石)	ExEf (%)
900	0.02	97	10.8	99.3	90.2	93
800	0.02	95	8.2	67.1	57.6	90
700	0.02	93	6.6	47.4	37.6	85
600	0.02	90	5.6	34.0	24.1	78
500	0.02	86	4.8	24.4	14.3	68
400	0.02	81	4.2	17.1	7.0	50
300	0.02	71	3.8	11.5	1.2	15

表 4.7 的数据暗示无论 HI_o 是多少，但凡 TOC_o 小于 $1\% \sim 2\%$ 的岩石其排烃效率均不高。这与伍德福德（Woodford）页岩及其相关岩套的岩石学检测数据相吻合，它们显示：$\text{TOC} < 0.25\%$ 的岩石很可能无法建立起沥青的网状系统以便于初次运移和排烃（Lewan，1987）。

质量平衡的计算可用于把过熟的样品从地史中的烃源岩中排除出去。比如：上述公式可用于中国江汉盆地上震旦统-二叠系一些过熟岩石的 TOC 评估（$T_{max} = 464 \sim 540℃$）（Peters 等，1996），这些岩石由于高成熟度和低抽提量而无法在生物标志化合物上与这一地区的油苗或产出的原油进行对比。然而，二叠系栖霞组和奥陶系宝塔组的缝隙油很可能源自栖霞组或上震旦统陡山沱组的烃源岩，因为它们的稳定碳同位素类型曲线具有栖霞和陡山沱岩样干酪根同位素组成的特征（分别为 $-29.6‰$ 和 $-29.3‰$）。假定它们在成熟前的 HI_o 为 500mg 烃/gTOC，PI_o 为 0.02，那么计算出的栖霞和陡山沱岩样的 TOC_o 值（分别为 3.00% 和 5.69%）为非常好和最好（表 4.1）。作为缝隙油的一个来源，奥陶系宝塔组干酪根的同位素组成（$-29.7‰$）也与之相一致。但是，该烃源岩的低 TOC_x（0.50%）却不支持其曾为地史上重要烃源岩的说法。根据同一假定得出的宝塔组岩石的 TOC_x 计算值（0.65%）表明其有机质的数量也仅为中等（表4.1）。

Demirel 等人（2001）采用同一质量平衡法计算了土耳其东南 Derdere、Karababa 和 Karabogaz 组白垩系碳酸盐岩烃源岩的排烃量（4.0～10.3mg 烃/g 岩石）。经计算，这些烃源岩的部分转换和排烃效率值分别为 60% 和 80%。

4.5 原生沥青的检测

油-源对比中的一个关键问题，就是从富含有机质的细粒烃源岩中抽提出的沥青是原生的还是代表了钻井污染或运移油。尽管运移油由于所需的侵入压力的缘故，通常是很难在地下侵入细粒烃源岩的，而油基钻井液一般则会层染或浸染钻井岩屑和其他井下样品。如果鉴别有误，那么备选烃源岩中的污染或运移油就可能导致虚假的油—源对比。下列四种主要检测手段中的一种或多种可有助于判识从岩石中抽提出的沥青是否为原生：

（1）沥青/TOC 和/或 PI 必须与干酪根的热成熟度水平相一致（如 T_{max} 或镜质组反射率）（表4.1）。

（2）沥青的热成熟度（如 CPI 或生物标志化合物的成熟度比值）必须与干酪根的热成熟度相吻合。

（3）沥青和干酪根的同位素比值必须在特定的范围内相类似。如同第6章所述，烃源岩抽提物通常会比干酪根贫 ^{13}C，其差值为 0.5‰～1.5‰。

（4）沥青的生物标志化合物分布必须与中等成熟度或化学降解干酪根的生物标志化合物分布相类似。

4.5.1 沥青/总有机碳或转换比值

在细粒非储集岩中，可抽提沥青与总有机碳的比值（Bit/TOC）有时被称之为转换比值，它通常从浅层沉积物的接近零值到生油高峰期的 0.25（即高达 250mg 烃/gTOC）之间波动。在深部，Bit/TOC 比值由于沥青向天然气的转化而降低。Bit/TOC 和烃/TOC 比值均可用作估算钻井中有机质随深度变化的成熟度水平，因为它们能够直接测定生油强度，特别是生油门限（Tissot 和 Welte，1984）。

岩性和用于抽提沥青的溶剂类型在 Bit/TOC 检测中的作用至关重要。粗粒岩石如粉砂岩和砂岩通常会含有运移的烃类，它们具有比同一深度的细粒岩石更高的 Bit/TOC 比值。运移原油和钻井液的加入都会影响这一比值。然而，可以采取仔细避开粗粒储集类岩石和密集采样进行分析的方法建立起 Bit/TOC 与深度间的曲线。

4.5.2 热降解和化学降解

Seifert（1978）通过对岩石中不含沥青的干酪根的热解分析并将热解产物和原油中的生物标志化合物进行对比的方法，建立起烃源岩与原油之间的关系。早期的研究侧重于开放热解体系中烯烃的生成，而近期的研究则采用封闭体系，比如含水热解，它能生成更为接近原油的产物（Seifort 和 Moldowan，1980；Serfort 等，1980；Lewan，1985）。

滞留和束缚在干酪根中的生物标志化合物有时可能是有差异的。比如：Summons 等人（1988）用 BBr_3 从干酪根中解析出醚联化合物——烷基溴化物。应用薄层色谱可将这些化合物从捕获的烃类中分离开来，再用 $LiAlD_4$ 还原成氘代烷烃（Chappe 等，1980）。这些氘代的化合物可以很容易地用色谱/质谱联用仪（GCMS）来判识，因为它们的母离子（M+）均按一个原子质量单位（一道尔顿）的级数增加。

4.5.3 贫有机质岩石

除了未熟和高熟而外,烃源岩通常含有丰富的可抽提沥青和干酪根。由于极有可能受到污染物的干扰(Rowland 和 Maxwell,1984),故不提倡对贫有机质样品中的生物标志化合物进行分析。但在有些情况下,比如对非常古老的样品作生命遗迹的分析,也许只能得到高成熟度的贫有机质样品(Brocks 等,1999;Summons 等,1999)。此时,可以采取下述的一些措施来辨认非常古老的贫有机质岩石中的污染:

(1)可以通过将全岩样品破碎成愈来愈小的碎片并用溶剂多次漂洗的方法来判识在钻井、储存和分析过程中的污染。在对每次漂洗液进行分析之后,岩石被破碎成更小的碎片以暴露其新鲜的断口和层理面。可用对每次漂洗液进行色谱分析的方法来保证被抽提的沥青与岩石密切相关而非岩石表面的附着膜或裂缝的外膜涂层。当最后一次的漂洗液变得纯净时,在最终分析前,样品可研磨成细粒并进行彻底的抽提。

(2)样品抽提物的量应当远远大于实验室同一分析流程的本底值。

(3)Brocks 等人(1999)对同一口井中不同岩性样品的抽提量、生物标志化合物和同位素的组成进行了对比。他们认为与周围贫干酪根、非致密性岩石相比,页岩中较高的沥青抽提量和生物标志化合物分布的差异并非是遭受运移原油污染的结果。沥青和相关干酪根在数量和同位素组成上的相似变化也支持未曾遭受污染的结论。

(4)适度的埋藏史、缺乏有效的渗透性、远离年轻的倾油岩石均可被用来支持沥青的原生性(Summons 等,1999)。

4.6 远景储集岩中原油的检测

在对储集岩样品进行直接分析时,一些简便、低廉的技术,如热抽提色谱(图 7.34)(Jarvie 等,2001a)和示波扫描色谱(Karlsen 和 Larter,1990),可以用来评估原油的性质。热抽提是指将岩石中的原油直接蒸发使之进入色谱的技术,所得到色谱图用途广泛,比如,可用来判识被忽略的产油带或者鉴别是否存在可能阻塞开采设备的高分子量的蜡质油。示波扫描技术(薄层色谱/火焰离子检测,TLC/FID)稍后将予以讨论。

显微技术使低廉而准确地预测潜在储集岩中原油的质量成为可能(Baskin 和 Jones,1993;BeMent 等,1996;Guthrie 等,1998)。例如:Guthrie 等人(1998)用 HPLC 检测了委内瑞拉原油中的饱和烃、芳香烃、胶质和沥青质并用这些分析数据生成了一个校正系统,通过侧壁岩心抽提物来预测原油的 API 度、含硫量以及黏度。多变量的线性回归分析表明:HPLC 的校正系统与基于综合 HPLC,生物标志化合物和热解数据的更为昂贵和耗时的分析一样好用。生物标志化合物参数中包含了与 McCaffrey 等人(1996)所使用过的相同的去甲基藿烷比值。热解数据则包括数字化的 S1 和 S2 峰,其中 S1 由挥发性原油组成(< 400℃),而 S2 则为挥发性的高分子量化合物和裂解组分的混合物(> 400℃)。一种相类似的热解方法也用于评估泥浆槽钻屑和岩心样品中原油的 API 度(Mommessin 等,1981)。Guthrie 等人(1998)使用这些数据为 Cerro Negro 地区贯穿叠层油藏的油井建立了原油品质剖面,这些井下的剖面展示了原油品质在纵向上的重要变化,它们可以与相邻油井类似的数据在横向上进行对比。由此可以判识出具有较高品质却被忽略的产油带并可圈出勘探的靶区,也许还包括水平钻探区。

4.7 原油的筛选

可以通过不同的检测手段,比如 API 度、TLC/FID 和色谱,对原油进行快捷、低廉的筛选。钒/镍比、稳定碳同位素和生物标志化合物也被用来评价原油,但这些检测手段通常用于更为深入的研究,稍后将予以讨论。

4.7.1 API度

API度是原油的一种总的物理性质,它可以用作原油热成熟度的指标。API度与相对密度的关系为倒数关系:

$$°API = (141.5/ 在15.6℃时的相对密度) - 131.5$$

Tissot和Welte(1984)以及Hunt(1996)论述了许多参数,如气油比(GOR)、储层深度、硫的百分含量以及微量金属元素含量等,与API度的基本关系。这些关系均为近似关系,由于很多例外,故在使用时应谨慎从事。

在热演化过程中,原油中的重组分、NSO化合物、沥青质以及高碳数饱和烃和芳香烃化合物会发生进一步裂解导致API度增大。但是,API度同样也受其他因素的影响,包括原始有机质的输入、生物降解、水洗、运移(相位分离、分子分配)以及浓缩(挥发)等。例如:Walters和Cassa(1985)观察到在一套墨西哥湾滨岸原油中,API度与储层深度间不存在相关关系。一些浅层的原油经历了生物降解,而其他的原油则是从深部不同成熟度的烃源岩中运移而来的。

4.7.2 薄层色谱/火焰离子检测法

示波扫描薄层色谱/火焰离子检测法(TLC/FID)技术是一种快速的检测手段,它可以将少量岩石样品中的原油分离成不同极性的化合物族组分。示波扫描技术可用于在详细地球化学研究之前,区分储层中原油的类型并预测低渗透层到油藏的连通性,如碳酸盐胶结层和富沥青带。这一方法还可用于确定储层原油的基本组成在横向和纵向上的变化,以及对详细地球化学研究样品的筛选。Karlsen和Larter(1990)应用薄层色谱/火焰离子检测法每日可对多达70个样品进行饱和烃、单芳、双芳、多芳和极性组分的分离。这些组分之间的差异可用来区分储层中原油的类型并预测低渗透层到油藏的连通性,如碳酸盐胶结层和富沥青带。

4.7.3 镍和钒

镍和钒的比值及浓度可用于原油的分类和对比。这些金属元素以卟啉络合物的形式在原油中大量存在。源自海相碳酸盐岩和硅质碎屑岩的原油显示出低蜡、中到高硫、高浓度的镍和钒以及低镍/钒比值(≤1)的特征(Barwise,1990)。这些原油中钒之所以大于镍,是因为钒卟啉在海相烃源岩的成岩过程中伴随着硫酸盐的还原作用而出现的低氧化—还原电位(E_h)条件下具有较高的相对稳定性(Lewan,1984)。源自湖相烃源岩的原油则表现出高蜡、低硫、中等含量的镍和钒以及高镍/钒比值(>2)的特征。源自高等植物有机质的非海相原油具有高蜡、低硫和金属元素极低浓度的特点。

采用多参数,诸如总镍、钒含量、硫或API度等,进行原油间的对比时,需要考虑样品的热成熟度。对相关的原油而言,金属元素和硫含量会随着成熟度(即API度)的增加而降低。

钒/镍比值在划分原油的成因上大有可为,甚至在原油具有不同的热成熟度和生物降解程度时也是如此。例如:钒和镍的快速而低廉的检测方法可将委内瑞拉东部的原油按成因的类型划分开来(图4.20)(Alberdi等,1996)。上白垩统Guayuta组具有不同沉积相的同一类烃源岩生成了两组具有高钒/镍比值的原油。生物标志化合物参数表明:具有较高钒/镍比值的原油(均值为5.2:3.6)来自一个比较还原的、富碳酸盐烃源岩的沉积相,该烃源岩接受了较多的海相有机质。三组具有低钒/镍比值(均值为0.7)的原油出现在Orinoco含油带东部勘探新区。它们含有奥利烷、高丰度的重排甾烷和丰富的C_{29}Ts以及17α重排藿烷,与上白垩统或古近-新近系三角洲海相页岩的生物标志化合物参数相吻合。

4.7.4 气相色谱指纹

配有高分辨率毛细柱的气相色谱仪广泛用于原油和烃源岩抽提物的鉴别与对比,因为:

(1)它比其他分析方法更为低廉和通用,同时样品的用量也不多;

(2)无需样品的制备;

(3)高分辨率毛细气相色谱柱可用来生成 $C_1 - C_{40}$ 范围内由数百个峰组成的、可重复的原油指纹;

(4)计算机可形成数字记录每个原油或沥青样品谱峰比值的大容量数据库并进行统计学方面的对比。

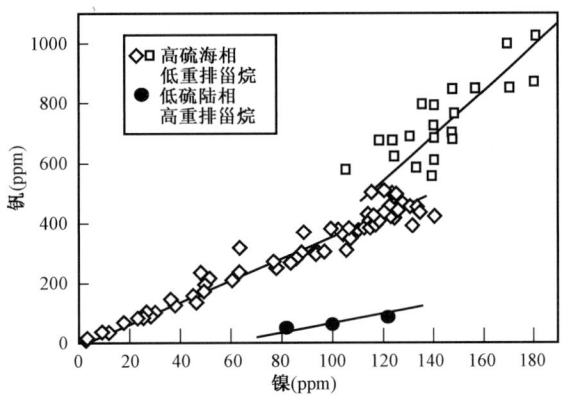

图 4.20 钒和镍的浓度将委内瑞拉东部盆地的原油在成因上明显地区分开来(Alberdi 等,1996)

气相色谱仪所检测到的原油组成对有机质输入(图4.21)、生物降解(图4.22)、热成熟度(图4.23)以及挥发损耗或风化作用(图4.24)均很敏感。在使用低分辨率填充柱色谱仪时,原油中的许多化合物会出现共流,因此,这类色谱柱已很少为现代地球化学研究所采用。由于不同化合物对每个气相色谱峰的相对贡献是未知的,因此不同样品间峰高或峰面积比值的对比就变得有问题起来。但是,在详细的生物标志化合物分析前对样品所进行的初步鉴别时,用高分辨率气相色谱仪对原油进行分类仍不失为有用之举。

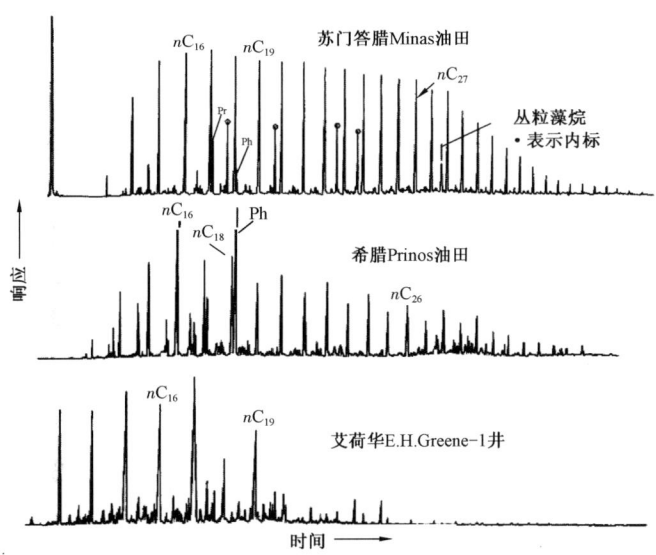

图 4.21 (上)气相色谱图中苏门答腊岛 Minas 蜡质原油的双峰形正构烷烃分布。丛粒藻烷的存在表明其烃源岩含有布朗丛粒藻的残骸。尽管大多数的高分子量正构烷烃(图中 nC_{27} 附近)来自陆源高等植物,但该原油中的正构烷烃似乎源自藻类的类脂物(Geipi 等,1970;Moldowan 等,1985)。非海相的四角藻属和含有密集堆积的四角藻属残骸的德国 Messel 薄层状页岩的热解产物均具有相类似的正烷烃和正烯烃分布(Goth 等,1988);

(中)气相色谱图中希腊 Prinos 原油的偶碳数正构烷烃优势,该原油来自碳酸盐岩烃源岩(Moldowan 等,1985);

(下)气相色谱图中源自中奥陶统岩石的艾荷华 Greene-1 井沥青的奇碳数正构烷烃优势。该沥青主要为黏球形藻属输入的产物(Jacobson 等,1988);

本图的转载承蒙雪佛龙美国公司的分支机构雪佛龙-德士古勘探和开发技术公司的惠允

气相色谱的指纹可以指示有机母质输入的某些类型。双峰形正构烷烃的分布及其向 nC_{23} $-nC_{31}$ 范围的偏移通常与陆源高等植物的蜡质有关。原油和烃源岩抽提物中的 C_{27}、C_{29} 和 C_{31} 正构烷烃主要来自高等植物的上表皮蜡质层(Eglinton 和 Hamilton,1967)。然而,某些藻类(如布朗丛耗藻属 *Botryococcus braunii*)也包含高分子量正构烷烃(图4.21,上)的事实使得这一解释变得复杂起来。藻类对烃源岩和原油的贡献一般表现为丰富的、比较短链的正构烷烃,尤其是 nC_{17}(Blumer等,1971)。与碳酸盐岩烃源岩有关的沥青和原油通常表现为偶碳数正构烷烃优势(图4.21,中)。正构烷烃中的奇碳数优势常见于源自页岩烃源岩的许多湖相和海相原油中。许多下古生界的沥青和原油(如中奥陶统)在 nC_{20} 前表现出非同寻常的奇碳数正构烷烃优势(图4.21,下),为典型的黏球形藻类输入(*Gloeocapsomorpha prisca*)(Reed 等,1986;Rullkötter 等,1986;Jacobson等,1988)。

注:富含黏球形藻属的奥陶系岩石的钌四氧化物(RuO_4)的氧化、傅立叶转换红外分析以及快速热解GC-MS分析均表明这些微化石具有多聚的结构(Blokker 等,2001)。比如:爱沙尼亚的库克岩具有一系列特征性的 C_5-C_{20} 的单、双和三羧基酸。这些化合物暗示爱沙尼亚库克岩是由以 C_{21} 和 C_{23} 为主的正烯基间苯二酚结构单元构成的聚合物所组成的。尽管缺少三羧基酸,Decorah组Guttenberg段岩石的 RuO_4 降解产物的混合物还是提示了多聚结构(正烷基间苯二酚)的存在。较高的热成熟度最有可能是造成这些样品中黏球形藻属(*G. prisca*)的微化石在化学上和形态学上存在差异的原因。多聚(正烷基间苯二酚)结构可能代表了选择性保存的细胞壁、或鞘状的组分、或在生物成岩的过程中聚合的物质。

图4.22至图4.24展示了原油间的成因关系被次生过程所掩盖的色谱图实例。根据生物标志化合物和同位素组成的分析,图4.22中三个海湾沿岸的原油在成因上相互关联,然而由于生物降解的程度不同,它们的色谱图却迥然不同。与图4.22中非生物降解原油相比,中等生物降解程度的原油失去了正构烷烃,而强烈生物降解的原油失去的既有正构烷烃也有类异戊二烯烷烃。图4.23展示了源自怀俄明二叠系含磷(Phosphoria)组两个相关原油的气相色谱图。由于热演化史的不同,怀俄明相关原油的气相色谱图亦有差异。图4.24则为特立尼达岛三个相关原油的各不相同的气相色谱图。在这个实例中,有些差异是由热成熟度造成的,而其他差异似乎则可归咎于高熟的24°API原油开采后的风化作用。

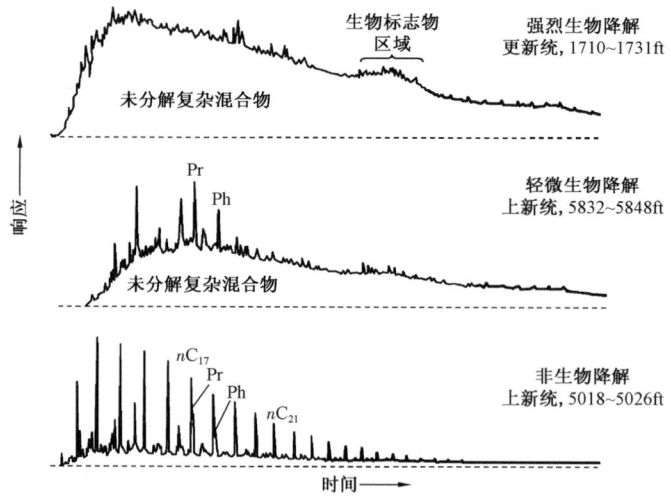

图4.22 三个具有不同生物降解程度的海湾沿岸相关原油的气相色谱图。与非生物降解原油相比(下),中等生物降解程度的原油(中)失去了正构烷烃,而强烈生物降解的样品(上)失去的既有正构烷烃也有脂族类异戊二烯烷烃。本图的转载承蒙雪佛龙美国公司的分支机构雪佛龙-德士古勘探和开发技术公司的惠允

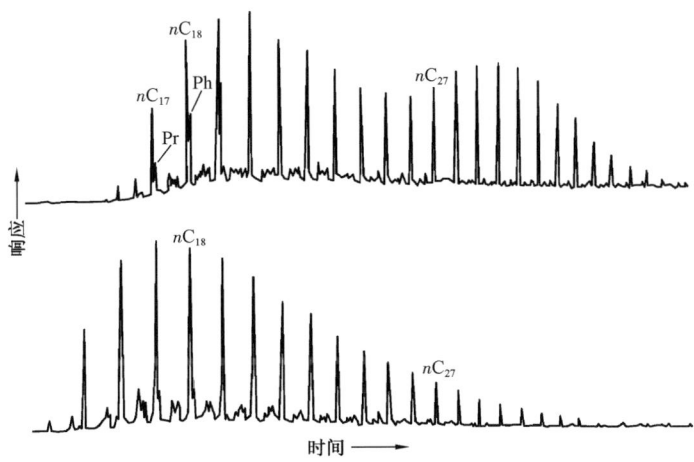

图 4.23 两个源自怀俄明二叠系含磷(Phosphoria)组相关原油的气相色谱图。生物标志化合物分析显示:低熟原油(Dillinger Ranch 油田,上)具有双峰形的正构烷烃分布,最大峰值位于 nC_{20} 和 nC_{30} 处。高熟原油(Dry Piney 油田,下)具有单峰形的正构烷烃分布。在热成熟过程中,高分子量正构烷烃裂解成了较轻的产物。本图的转载承蒙雪佛龙美国公司的分支机构雪佛龙-德士古勘探和开发技术公司的惠允

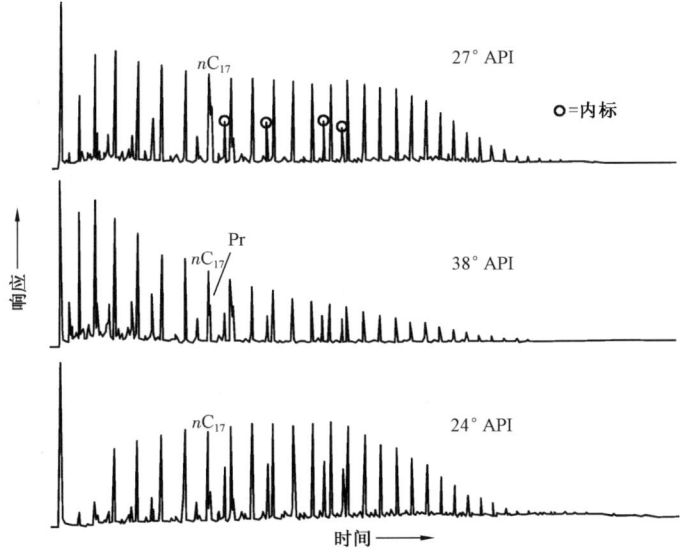

图 4.24 特立尼达岛三个原油的气相色谱图各不相同,尽管生物标志化合物和同位素的证据显示它们相互关联。受热成熟度控制的生物标志化合物显示:低熟原油(上,27°API)已达早期到中期油窗。该油具有双峰形的正构烷烃分布,这是较熟原油(中,24°API)所不具备的。上部原油中较重的正构烷烃源自陆相高等植物(见图 4.21)。生物标志化合物显示高熟原油(下)已达晚期油窗。在两个较为成熟的原油中缺乏双峰形的正构烷烃分布,这在很大程度上可归咎于热成熟作用。尽管成熟度不低,但低于 nC_{15} 的化合物在该原油(下)中却由于采样后的挥发损耗或风化作用的缘故而缺失,这也许是与其他原油相比,该样品具有低比重(24°API)的原因所在。本图的转载承蒙雪佛龙美国公司的分支机构雪佛龙-德士古勘探和开发技术公司的惠允

4.7.5 气相色谱对比

Slentz(1981)和 Kaufman 等人(1990)应用气相色谱图的峰高或峰面积比值进行原油和沥青的对比。这一方法已被成功地应用于确定储层的连通性以及同一油田不同储层间的混合关系。Thompson(1983)发现气相色谱分析中轻烃的各种比值在评价相关关系、成熟度、生物降解作用和水洗作用方面大有可为。下面将对这些方法进行详细的讨论。

使用气相色谱指纹进行原油和沥青的对比会受到几个方面限制的影响。与其他化合物相比,正构烷烃和脂族类异戊二烯烷烃由于其在大多数原油中的高含量而在许多气相色谱图中处于支配地位。然而,这些化合物却极易遭受包括生物降解、成熟和运移作用在内的次生过程的改造。例如:随热成熟度的增加,它们会失去双峰形的正构烷烃分布和偶或奇碳数优势。因此,原油也许会由于来自不同的烃源岩或经历了不同的次生过程的缘故而在气相色谱图中显示出不同的正构烷烃分布。出于这一原因,正构烷烃通常不用于储层间的对比。

仅借助于气相色谱图是很难进行生物降解和低成熟度原油的对比研究的,因为在这些样品中有相当大的一部分是无法分解的。化合物或"驼峰"中的这类未分解复杂混合物(UCM)明显高于基线并在生物降解(图 4.22)或低熟(图 4.25)原油中尤为突出(Milner 等,1977;Rubinstein 等,1977;Killops 和 Al-Juboori,1990)。由于许多生物降解原油和低熟、非生物降解原油在气相色谱图中具有相类似的特征(如:相对于姥鲛烷和植烷而言,正构烷烃的含量不高),因此必须采用其他的方法来辨别它们。例如:与成熟度有关的生物标志化合物参数和烃源岩的地史表明:图 4.25 中采自印度西北部 Baghewala-1 井的一个样品代表了低熟、非生物降解的原油。

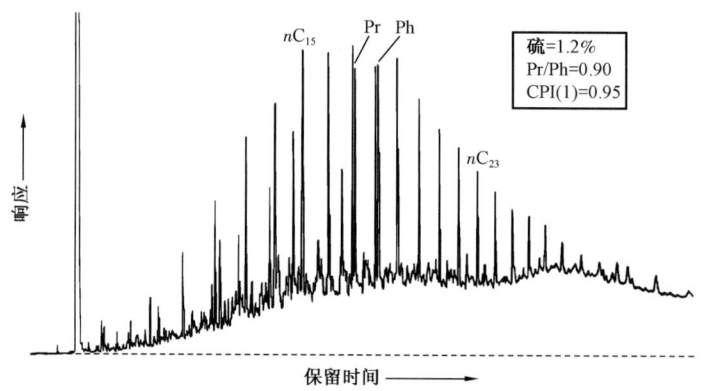

图 4.25 印度 Baghewala-1 井低熟、非生物降解原油的气相色谱图展示了高姥鲛烷/nC_{17} 和植烷/nC_{18} 的比值以及升高的基线(Peters 等,1995)。升高的基线(高于点线)、高硫(1.2%)、低姥鲛烷/植烷值(0.90)、低偶/奇正构烷烃优势[CPI(1) = 0.95]以及低 API 值(18°)与生物标志化合物数据(如:图 13.86 所示的升藿烷分布)相一致,指示缺氧的烃源岩沉积环境。本图的转载承蒙美国石油地质家协会(AAPG)的惠允,再次引用须获该协会允许

4.7.6 姥鲛烷/植烷

姥鲛烷/植烷(Pr/Ph)比值在第 13 章里有详细的讨论,然而,这里需要特别指出的是:在大多数原油中这两个化合物的丰度在不需要进行 GCMS 分析的情况下可由气相色谱扫描图直接测得。姥/植比常用于对比研究。例如:Powell 和 McKirdy(1973)指出:澳大利亚源自非海相烃源岩的高蜡原油和凝析油的姥/植比在 5~11 之间,而海相低蜡原油姥/植比的范围则为

1~3。尽管原油的姥/植比可反映其母源有机质的特征,但在使用这一比值时仍需谨慎。姥/植比通常会随着热成熟度的增加而增加(Alexander 等,1981;ten Haven 等,1987)。

4.7.7 类异戊二烯/正构烷烃

在原油对比研究中,有时会用到姥鲛烷/nC_{17} 和植烷/nC_{18} 这两个比值(图4.26)。例如:Lijmbach(1975)指出:由开放水体条件下沉积的岩石生成的原油具有姥鲛烷/nC_{17} < 0.5 的特征,而来自内陆泥炭沼泽的原油的这一比值则大于1。许多因素要求我们在使用这些比值时需谨慎。姥鲛烷/nC_{17} 和植烷/nC_{18} 均会随原油的成熟度增高而降低。Alexander等人(1981)曾建议采用$(Pr + nC_{17})/(Ph + nC_{18})$比值,因为与$Pr/nC_{17}$或$Ph/nC_{18}$相比,它都更不易受热成熟度变化的影响。生物降解可使这些比值增加,这是因为喜氧细菌通常在破坏类异戊二烯烷烃前先改造正构烷烃。

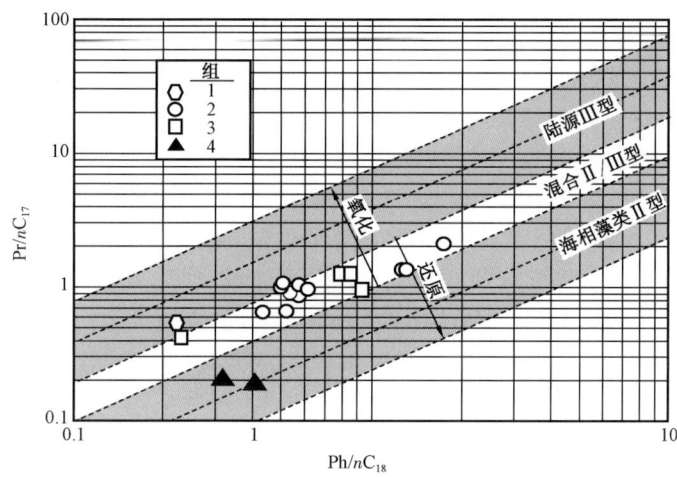

图4.26 印度尼西亚东部原油的姥鲛烷/nC_{17}与植烷/nC_{18}相比可用来推断烃源岩沉积环境中的含氧度和有机质类型(Peters 等,1999a)。大多数三叠-侏罗纪(1 组和4 组)和古近-新近纪原油(2 组和3 组)分别出现在南纬2°的南北。热成熟作用和生物降解作用的增强会使落点分别向左下方和右上方位移。本图的转载承蒙美国石油地质学家协会(AAPG)的惠允,再次引用须获该协会允许

4.7.8 混合流体的分配

对许多生产应用而言,气相色谱由于快捷和费用低廉而比生物标志化合物分析更实用。在色谱分析流程中,轻烃比生物标志化合物更易挥发,因结构较为简单而流出更快,一般对储层的变化更加敏感。在同一油田中,产自不同储层的原油通常源于同一烃源岩并具有基本相同的生物标志化合物分布。但是,这些原油也许经历了略有不同的影响烃类组成的历史。例如:圈闭断裂也许会将油气的聚集一分为二,随后这两个储层又分别经历了略有差异的次生过程或充注史。

注:尽管生物标志化合物对储集过程的敏感性通常不如轻烃,但在挪威北海的 Gufffaks 油气田,生物标志化合物仍然表现出了具有统计学意义的不均一性,这可归咎于它们在生物降解、成熟度或者母源上略有差异(Horstad 等,1990)。

England(1990)证实:由于储层内混合缓慢的缘故,单个油藏里的原油在组成上都存在着

纵向和横向上的差异。横向上的差异可归咎于烃源岩对其充注的形式,而纵向上的差异则被解释成重力分异的缘故。

应用 GC 来解决开采问题的例证有以下几个方面:

(1)储层的连通性。如:位于绘制断层对面的原油组成是否支持导致产生同一油田中两个不同储层的圈闭的存在?

(2)开采分配。如:在总产量混合的情况下,一口井中每个层段的相对产量是多少? 在整个储藏中某些层段是否不具产能?

(3)检测钻井液的污染或泄漏。如:样品的原油成分是来自地层还是钻井液添加剂?

Kaufman 等人(1990)描述了一种对开采分配对比行之有效的气相色谱的分析方法,其特点如下:对于一个典型的开采问题而言,样品可能采自井口、钻杆测试(DST)、重复地层测试(RFT)、抽吸或者反向循环。与其他类型的样品相比,采自井口流体的样品因数量大而不易受到污染的影响。由于不同色谱柱和长期使用同一色谱柱间存在着性能上的差异,每次研究都应在相同的分析条件下使用同一色谱柱尽快完成。在每张色谱图中可以辨认出的彼此相邻的峰以及具有相类似保留时间的峰均可用来计算相关的比值。准确的峰高和面积则可借助所有色谱图通行的相同方式画出的近似水平的短基线来获得。

通过上述方法获得的具体比值可因研究目的的不同而不尽相同。在地质和工程信息相吻合的样品中,那些能最大限度显示其不同的比值常被选来用作研究。在储层研究的实际应用中,这一气相色谱的方法总是与其他的信息,如构造地质、电缆测井和压力测试等结合使用。所采用的比值通常不超过十二项。可以将这些比值标注在极坐标纸上(星状图),这样便于视觉上的对比。簇分析和其他多变量技术可以生成树状图用来表示数量庞大的样品间的相关关系。

色谱分析可用来确定来自不同地层的端元原油对开采的混合油的相对贡献份额(Kaufman 等,1987)。在墨西哥湾和其他地方,历史上开采的数据被用于规划油气田的进一步开发,然而,双层完井使这一工作变得复杂起来。久而久之,给这些油井加套管可能加剧现场检测难以发现的一些泄漏。而气相色谱可如下所示,反推套管导致的泄漏并指示不同地层所产原油的正确数量。

在 Main Pass 299 油气田,作为一口具有长、短套管分别结束于 7000ft(2134m)和 7800ft(2378m)砂岩的双层分采井,OCS – G 1315 A – 2 号井是在 1967 年完井的(Kaufman 等,1990)。1986 年开始怀疑长、短套管间出现了泄漏。储存的样品分别采自两根套管中产于 1967 年、1972 年、1981 年、1983 年和 1986 年原油。这些样品的毛细柱气相色谱图表明:在 C_9 – C_{19} 的范围内有 16 个筛选的峰值具有明显的不同。1967 年从 7000ft(2134m)和 7800ft(2378m)采集的样品具有截然不同的气相色谱图,作为端元组分它们代表了产自这些储层的原始石油(图 4.27)。

就上述油井而言,两个 1967 年的端元组分原油在实验室中被分别以 75:25、50:50 和 25:75 的比例相混合,这些混合样品和端元组分原油的气相色谱数据共同生成了上述的 16 个峰高比值。图 4.27 是一幅两元混合的示意简图,它展示了如果仅用三个峰高比值,那么其数学模型将会是什么样子。实际上,数学模型应用端元组分原油计算出混合曲线,最终所采用的峰高比值的数值是由最接近实验室实测混合样品各组分比例的最佳计算比值来确定的。

图 4.27 中实心符号代表了三个筛选的峰高比值,它们是 1967 年采自短套管(左 100%,7000ft(2134m))和长套管(右 100%,7800ft(2378m))的端元组分原油。实验室混合样品(实心符号)的数据显示每项比值都沿着端元组分的混合线变化。1972 年从长套管中开采的原油

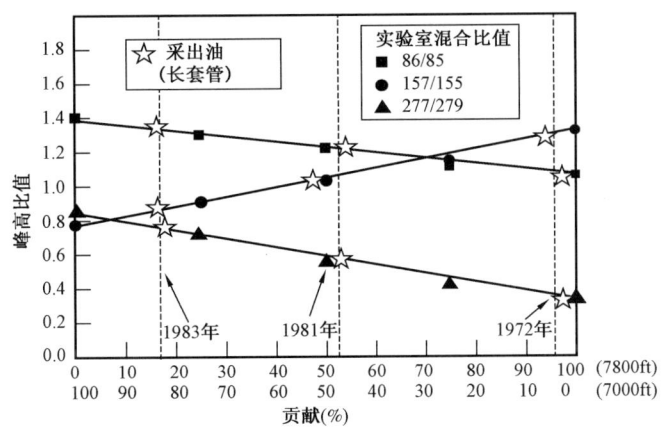

图 4.27 不同产层端元组分原油的实验室混合样品可用来校正
这些产层对混合原油的相对贡献(据 Kaufman 等,1990 年改编)。
百分含量(%)代表了 7000ft(2134m)储油带与 7800ft(2378m)储
油带原油的相对份额对长、短套管联合开采的贡献

(空心星号,右)的变化局限在 1967 年长套管端元组分组成的实验误差(0~5%)的范围之内,表明从 1967 年到 1972 年长、短套管间没有出现泄露。到了 1981 年,长套管采出的是各为 50:50 的混合油,而截至 1983 年只有 13% 的长套管原油是产自 7800ft 的储油带。对 1986 年采自深部套管(未展示)原油的分析表明:7800ft 的砂岩已不再对采出的原油有所贡献,长套管采出的是 100% 地来自 7000ft 的原油。Kaufman 等人(1990)将这些计算的比例与历史开采的数据(图 4.28)相结合,估算出该井原先认为来自 7800ft 的 50×10^4 bbl 原油实际上是产自 7000ft (2134m)的储油带。这一信息影响了该油田新开发井的布位。此后有关该井的研究证实了套管在 7000ft 储油带处破裂。

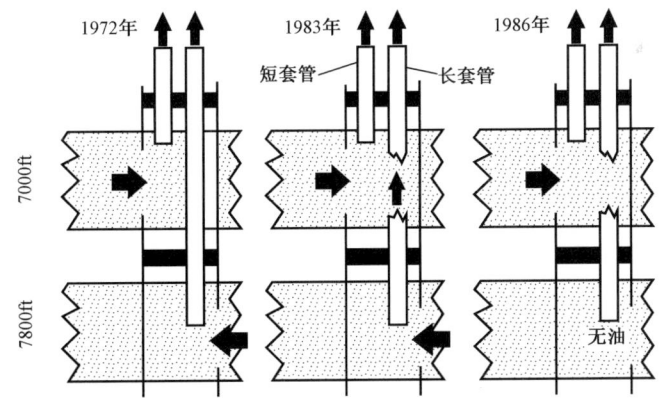

图 4.28 指示 1972 年、1983 年和 1986 年 7000ft 与 7800ft 储油带
原油流动的解释性示意图,数据来自 Main Pass 299 油气田
OCS - G 1315 A - 2 号井长、短套管样品的气相色谱分析资料
(据 Kaufman 等,1990 年改编)

4.8 储层的连通性和充注史

储层中可被开采原油的数量约在 10%~80% 的范围内波动,但全球的平均数可能低至 20%(Miller,1995)。石油地球化学为解决与储层相关的问题提供了快捷、费用低廉的评价手

段,而这些问题的解决能够提高储层中曾被放弃的原油的采收率。

油田中不同部位的流体组成有别意味着封存箱化的存在。判识这些封存箱以及它们的分布有助于指导储层的开发。辨认不同的储层封存箱至关重要,因为借此可以达到以下的目的:对储量更为准确的预测;更高的采收率和布置新井位;确证地质图;建立对今后开采问题的预测基线。

排驱原油的组分受烃源岩热成熟度的影响。如果在充注时由于封存箱化的缘故而使储层烃类的混合受阻,那么,运移最远的烃类被假定为成熟度最低。在高熟阶段,天然气对储层的充注可将原油驱至上方的圈闭。通过对储层中不同部位原油地球化学的分析,可以在已发现的油气聚集附近辨认出曾被忽略的储量。利用该地区现有的平台、管道或炼油厂可降低新增储量的开采成本。深化对运移方向的认识可以促进对原油组成沿运移通道变化的判读,并确定勘探和开发目标的轻重缓急。

Walters 等人(1999)使用轻、重烃石油地球化学和含油气系统的理论,来增进对北海贝丽尔复合体(Beryl Complex)储层连通性和充注史的认识,这些断层发育的油气田位于南斯堪的纳维亚地堑的西翼,含有上三叠-上侏罗统砂岩产层。用一个多源模型可以从化学上解释贝丽尔复合体的原油和天然气,这些观测到的化学变化可归咎于启莫里奇(Kimmeridge)黏土和希瑟(Heather)组烃源岩系统在有机质丰度、干酪根生烃动力学和排驱产物组成上的差异。富有机质的启莫里奇黏土组含有Ⅱ型和一些ⅡS型干酪根。早期的排烃可能发生在温度约为90℃时,而排烃高峰的温度约为120℃。希瑟组含有Ⅱ、Ⅲ型混合干酪根,具较低的生烃潜力,排烃的温度要大于启莫里奇黏土组。它的初始排烃和高峰排烃温度分别为120℃和140~150℃。中侏罗统的煤也许对天然气和凝析油的生成有所贡献。

生物标志化合物表明:贝丽尔复合体的油来自启莫里奇黏土组,而轻烃指示更老的地层对此亦有所贡献。导致轻烃和重烃数据间的这一明显冲突的原因是烃源岩对原油的贡献失衡,低熟-中等成熟的启莫里奇黏土组烃源岩生成了C_{15+}的生物标志化合物烃类,而高熟的希瑟组烃源岩生成的则为轻质烃类。虽然有些原油代表了似端元组分流体,但大部分贝丽尔复合体原油为混源油。

贝丽尔复合体组可进一步划分为三个叠加的含油气系统。产自贝丽尔油气田东翼的原油来自弗丽嘉(Frigg)和贝丽尔烃源灶多油源的持续排烃,并在很大程度上受地层和构造的隔离控制。在贝丽尔复合体的西部附属油气田,储层接受了弗丽嘉烃源灶周期性的充注,所产原油为低熟-中等成熟油和高熟凝析油的混合物。在东翼和中央凹槽,原油则源自附近启莫里奇黏土组的烃源岩。

4.8.1 锶同位素和残余盐

Smalley 和 England(1994)、Mearns 和 McBirde(1999)曾用岩心残余盐中的锶稳定同位素比值($^{87}Sr/^{86}Sr$)来评价储层封存箱化的程度。锶同位素数据成功地用于支持基于压力趋势和有机地球化学数据得出的储层封存箱化的解释。例如:岩心描述、岩石物理学性质和测井对比将挪威北 Smørbukk 油气田的 Tilje 组划分为三个储层含油带,该组由沉积在边缘海扇三角洲环境的砂岩和页岩组合而成。对该油气田 6506/12-6 井残余盐的分析表明:$^{87}Sr/^{86}Sr$值随深度呈阶梯状下降的趋势(图 4.29)。$^{87}Sr/^{86}Sr$值明显的位移出现在 4550~4605m 处的页岩段,分别对应于已知的 Tilje 1 和 2 以及 Tilje 3 和 4 储层含油带的界线。$^{87}Sr/^{86}Sr$比值在这些含油层段的变化说明:当原油充注时这些层段存在着化石化的水。锶同位素作为页岩成为纵向流体阻隔层的证据得到了这口井以及该油气田其他井 RFT 和 DST 压力数据的支持(Smalley 和 England,1994)。

4.8.2 断层:圈闭还是运移通道?

通常很难获取有关沿断层穿越地层的运移或疏导层内紧贴密封岩下方的运移的地球化学的直接证据,原因之一是受限于井筒样品的获得。然而,横贯生长大断层的岩心的各类地球化学观测数据,证明了间歇式流体对美国海湾沿岸尤金岛(Eugene)330 区块的注入(Losh 等,1999)。Losh 等人对比了采自穿过同一正断层但相距 300m 的两口井的岩心和岩屑样品,美国能源部的潘佐尔(Pennzoil)探路者井基本上没有显示出流体通过断层带的古地热或地球化学的证据,而附近的 A6ST 井的断层岩石与断层外岩石相比却表现出了增高的镜质体反射率,从而支持古地热异常的存在。该断层沉积物含有由于结合了与干酪根熟化和有机酸脱羧作用有关的碳后而贫 ^{13}C 的碳酸盐岩,证实了成岩流体的深部来源。该井中位于断层上部的泥岩断层泥带具有贫钠富钙的特点,这一效应随着与断层泥带距离的增加而逐渐减弱。断层的封闭能力取决于断层带两侧的压力差,对 A6ST 井流体压力的分析表明:该断层是一条强渗透率的阻挡层,断层两侧具有高达 1800psi

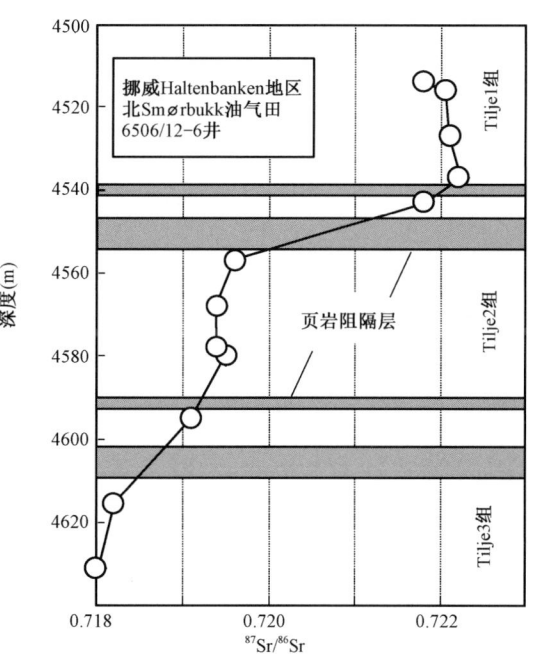

图4.29 油柱中残余盐的锶同位素比值显示:某些页岩阻碍了原油的垂向流动,从而明确了挪威 Haltenbanken 地区北 Smørbukk 油气田 6506/12-6 井中储层封存箱的存在(据 Smalley 和 England,1994)。同位素数据表明:某些页岩(如 4550m 和 4605m 处)比其他页岩(如 4592m 处)更加有效地阻碍了原油的混合

(12411kPa)的水压差。沿断层上升的高压流体的充注降低了断层带内的有效应力。如果流体进入了下落翼相对压力较低的储集砂体附近的断层区域,那么,流体就会排出断层带而注入储集砂体。由此而产生的渗透率的下降使得流体无法脱离储层而重新进入断层带。

当原始运移烃由于普遍风化的缘故而含量过低或缺失时,对露头中沿断层运移的识别也可能是困难的。无机地球化学可以提供风化露头中存在原油穿越地层运移或相关卤水的证据。犹他州东南的侏罗系砂岩的出露由于含铁矿物氧化形成的赤铁矿(Fe_2O_3)外层而呈红色,这些岩石中稳定的铁则以 Fe^{3+} 的形式出现。然而,这些砂岩中的两类:Navajo 和 Moab Tongue 砂岩却由于赤铁矿的还原和迁移至附近的 Moab 断层的缘故而被局部漂白。由深部宾夕法尼亚盐岩的溶液形成的卤水被认为沿断层上涌并漂白了周围的砂岩(Chan 等,2000)。这些卤水由于与原油、有机酸或硫化氢的相互作用而还原,以 Fe^{2+} 的形式带走了铁并漂白了断层附近的砂岩。例如,对甲烷而言:

$$CH_4 + 4Fe_2O_3 + 16H^+ \Longleftrightarrow 10H_2O + CO_2 + 8Fe^{2+}$$

在有些地方砂岩中残留着油砂和沥青脉,而大多数情况下烃类含量不高或缺失,漂白就成了它们曾经影响过流体运移的仅存的证据。经漂白后,当含盐的运移流体与富氧的大气降水相混合时,许多迁移的还原铁被氧化了,这就导致了成岩赤铁矿和锰氧化物的沉积。

4.9 采用活塞岩心进行地表地球化学勘探

当圈闭的形状和原油储集带可以用地震数据准确预测的时候,预测储层流体组成的方法就只能起到辅助的作用。振幅随偏移距变化法(AVO)(Castagna 和 Backus,1997)使情况有所改善,但并非总是奏效,这已在钻探干井和对流体类型的错误预测中被证实。幸运的是:几乎所有的原油聚集都会发生渗漏,在购买区块和钻探之前,可以采用地表地球化学勘探的方法来捕捉和辨别逃逸的油气。

地表地球化学勘探的目的在于:通过对渗出样品活塞岩心的地球化学筛选来判识盆地内的低风险区和对勘探前景区排序。活塞岩心油苗普查及其相关的技术发展非常迅速,这是由于它在开钻前可提供有关含油气系统地理范围的信息(Brooks 等,1986)。油苗通常可提供有关下伏烃源岩质量、热成熟度、年代和分布的信息。地表地球化学勘探是在钻探前研究未勘探盆地中含油气系统特征和规模的唯一可用的方法。该方法的优点如下所述,在于可用油苗和开采原油中的生物标志化合物来判识和预测烃源岩相的区域性分布。如果可从深水勘探的地区得到油苗,它们就能在作出昂贵的钻探决定前,提供关于烃源岩质量、热成熟度、年代及其分布的信息。同时,为了降低采样费用,其他的一些手段,如热流测量和附加地震数据的采集,通常与活塞采样同步进行。

4.9.1 活塞岩心目标的筛选和采样

在海洋环境中,根据地震有关渗漏和上升原油引起的松散沉积物的地下扰动的证据,可以筛选出岩心样品的采样位置(Haskell 等,1999)。筛选出的岩心采样的位置最好位于断层连接烃源岩和海床的地方,这类断层通常出现在地质作用活动的地区,如墨西哥湾和尼日尔三角洲。理想的断层一般具有:① 地震振幅异常或与天然气水合物有关的底部模拟反射体(Kvennolden 和 Lorenson,2001);② 渗透海床的特征,比如:自生碳酸盐岩的聚集区和泥–气的丘或坑;③ 热成因气体的烟囱(MacDonald,1998)。

差动全球定位卫星(GPS)技术可用来确定岩心的采样位置,通常精度为 ±5m,与预选位置的误差在 30m 之内(Cameron 等,1999)。现场岩心的采样位置可用高精度的深海测深仪和海底 3.5kHz 或线性调频脉冲声纳定位仪来精确确定。与经济、传统的重力取心相比,重型活塞取心器(如 2000bbl(1905kg))具有下列几点优势:① 穿透力更强;② 收获率更高;③ 对样品的扰动更小。取心器中的滑动活塞减少了侧壁与沉积物的摩擦,有助于被置换的水从取心器顶部的排出。一个典型的 6m 岩心的长度允许将每个活塞取心器的岩心一分为三用于分析。下部层段的样品一般受每个岩心顶部 1m 内常见的生物扰动作用、人为污染以及气体表层扩散的影响较小。活塞取心可在深达 4500m 的水下进行。收回取心器后,在甲板上对岩心进行处理,这包括分段、二次取样以及冷冻(-20℃)。

4.9.2 筛选流程

由于油苗的生物降解程度不同以及与沉积物–水体界面附近的近代有机质混合的缘故,活塞取心数据的解释并不简单。分析集中于岩心顶部 1m 以下的沉积物,从而使来自水柱的生物扰动、人为污染以及气体扩散降至最小。用筛选方法来判识样品可以为解释提供最为明确的数据。比如:表 4.8 展示了用于划分活塞取心沉积样品质量的四个标准。未分解复杂混合物,正构烷烃和 C_{2+} 烷烃气可用气相色谱仪测得。全扫描荧光(TSF)提供了一种快速的原油芳香烃半定量的检测方法,它对除严重生物降解之外的所有样品均不敏感(Brooks 等,1986)。下面对这些方法予以分述。

表 4.8　用于划分活塞取心样品的标准的举例（Peters 和 Fowler，2002）

参数	无油气显示	油苗	气苗
UCM（μg/g）	<30	>30	<30
正构烷烃（μg/g）	<1500	>1500	<1500
TSF（荧光单位）	<4000	>4000	<4000
C_{2+}（μg/g）	<1	>1	>1

注：C_{2+}—乙烷、丙烷、丁烷和戊烷；TSF—荧光反射；UCM—全油气相色谱图谱上的未分解复杂混合物。

如下所述，对一个特殊含油气系统油苗样品的测定需要进行油-油或油-源的地球化学对比。对油苗样品而言，应特别注意要避免采用受相关沉积物中干扰物质影响的对比参数。Wenger 等人（1994）借助烃源岩的年代和生成产物的化学组成，用原油或油苗类型图描绘出墨西哥湾含油气系统复杂的区域分布，这些类型图可以用来预测那些也许通过对筛选地区的钻探才能揭示的原油的地球化学特征。这种地球化学的对比特别适合于地质条件像墨西哥湾那样的地区，在那里，断层、盐丘以及多变的岩性均可对连接潜在烃源岩和储层的复杂运移通道做出贡献。

4.9.3　全扫描荧光

全扫描荧光（TSF）提供了一种快速和半定量检测原油中芳香烃组分的方法（Brooks 等，1986）。TSF 强度（任意单位）的增加对应于活塞取心沉积物样品抽提物中含有更多的芳香烃组分。使用不同的仪器测得的全扫描荧光强度数据在对比时需要进行校正。运移油具有丰富的含 3 个或更多苯环的较大分子的芳香烃化合物和较长波长的荧光。含有气或凝析油的抽提物则具有较短波长的荧光。全扫描荧光的模式对除严重生物降解之外的所有样品均不敏感。采用 Perkin-Elmer LS50B 型荧光计可以得到一个三维的光谱图。一个抽提样品放入已预校过的荧光计中，通过对其在激发波长的范围内扫描来进行发射波长范围内荧光发射强度的检测（图 4.30，转载承蒙 J. Brooks 的惠允）。

4.9.4　活塞取心沉积物样品的气相色谱法

活塞取心沉积物抽提物的气相色谱法可用于区分未污染沉积物（背景值）、运移原油和降解原油中的未熟类脂物。比如：非降解原油具有一个强烈的色谱响应，它由数量可观的未分解复杂混合物（UCM）（图 4.22）和类似于热成熟原油的、涵盖碳数范围广泛且略具奇偶碳优势分布的正构烷烃所组成。背景样品的色谱响应不强，它由一条平滑或近似平滑的基线和不同于成熟原油的、分散的正构烷烃谱峰所组成，其正构烷烃通常显示出奇碳或者偶尔也具偶碳优势的分布，属于典型的未成熟有机质。

大多数活塞取心、含有原油的沉积物样品在被分析前都已经历过生物降解作用的改造。有时剩余的正构烷烃和其他化合物足以指示原油的来源，而较为常见的则是：所有的正构烷烃都经历了生物降解的作用，具有一个明显的"驼峰"或化合物的未分解复杂混合物（UCM），它们醒目地突起在基线之上。通过色谱图特征与可抽提烃类数量之间的定性对比，可为进一步地分析以原油为主的样品提供判识。图 4.31 所展示的气相色谱图的例证分别为：① 背景值；② 新鲜的原油；③ 生物降解的原油。图谱的判读必须考虑这样一个事实：即所有的活塞取心样品实际上都曾遭受过近代沉积有机质的某些污染。当这种污染严重时，最好放弃这类样品。

可以将象征活塞取心样品不同类型的符号标注在等深图中，以便于地质上的判读。

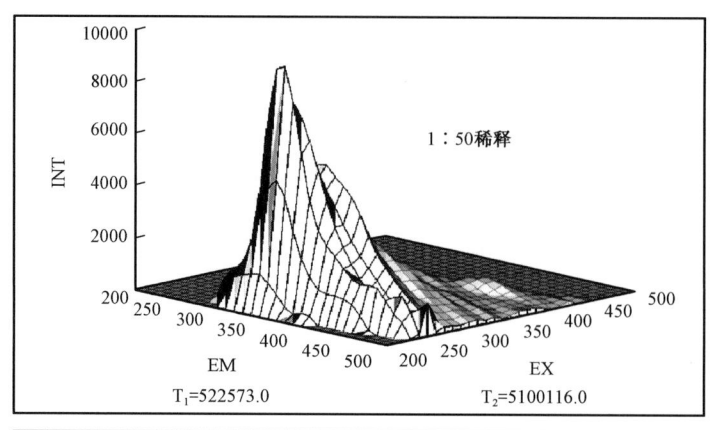

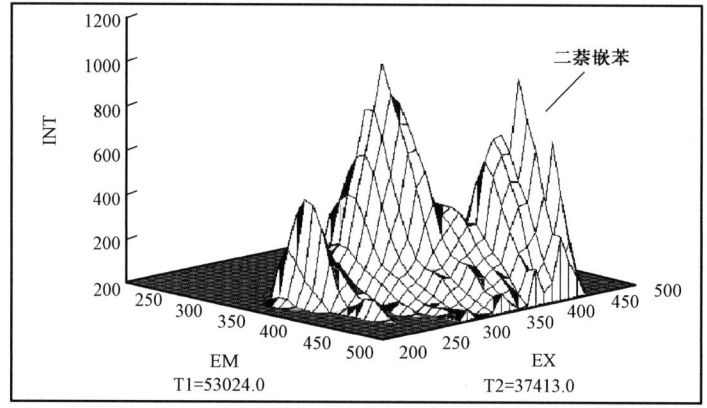

图 4.30 背景物质(下)和一个以原油为主的油苗(上,转载承蒙 J. Brooks 的惠允,www.tdi-bi.com/analytical-services/geochem/sge-tsf.htm)具有明显不同的光谱特征。通常全扫描荧光(TSF)强度(用任意单位表示)的增加对应于沉积物抽提物中芳香烃组分丰度的增加

4.9.5 罐顶气的分析

罐顶气的分析可用于确定孔隙烃类气体的组成。各种参数,如:气体的干燥系数、总烷烃以及乙烷/乙烯比值等,可用于区分热成因和生物成因的气苗。如果有足够的甲烷,它的稳定碳同位素比值将有助于成因的确定。

4.10 样品的质量、筛选和储存

样品的可获得性和质量是可以左右地球化学研究成功与否的复杂因素。地球化学家、区域地质学家或环境工程师们通常在获取蕴含足够而准确的样品信息的合适样品方面发挥着关键的作用。也许很难获取蕴含远景烃源岩或可疑污染源信息的样品。烃源岩也许深埋于储层之下和不曾被钻探到或采集过。采出的原油也许已从其烃源岩中运移了很长的距离。关键的样品也许为竞争对手所拥有、被钻井添加剂所污染、因储存不当而丢失或因其他的研究而变得匮乏。

岩石和原油样品应该蕴含的信息包括井名、经手人、位置、采样日期、地层、年代(岩石或储层)、深度(或产层)以及样品的类型(如:传统的或井壁岩心、露头、岩屑、分离器原油、DST原油、储集岩或活塞取心沉积物的抽提物、油苗原油等)。地质图和岩性测井数据有助于研究

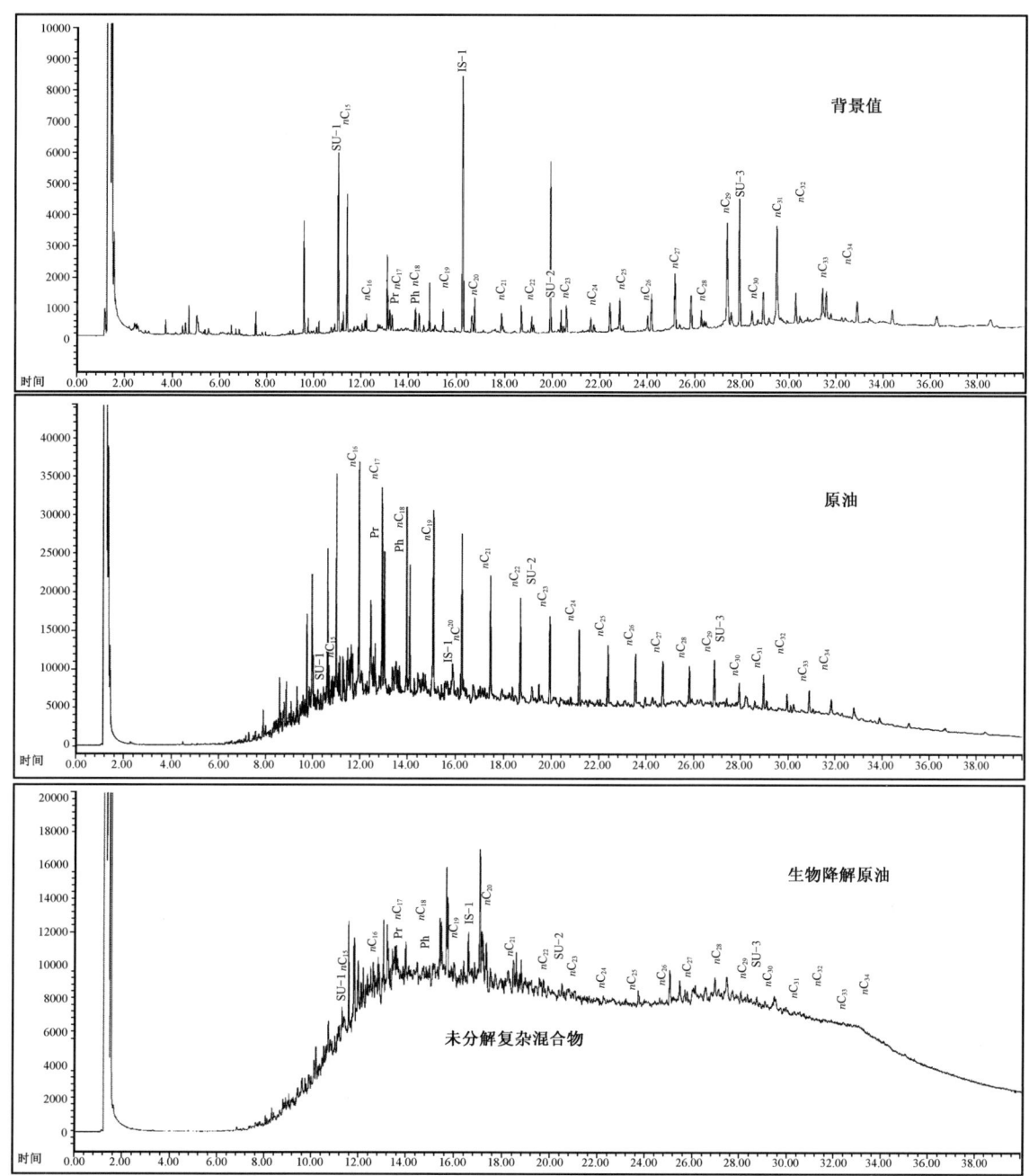

图 4.31 活塞取心沉积物抽提物的气相色谱图(转载承蒙 Bernie Bernard 的惠允)。以非生物降解原油为主(中)和以生物降解原油为主(下)的抽提物不同于具有陆源背景值的非污染沉积物(上)

者对样品的质量和地质关系作出评价。如果人工添加剂或运移油能够反映污染物质,那么它们的样品也很有用。

4.10.1 岩石样品

岩石样品质量递减的顺序通常为:全岩、井壁岩心、岩屑和露头样品。露头样品一般都遭受过导致有机质被改造的风化作用。岩屑的生物标志物分析是不可取的,因为岩屑极易遭受钻井液冲洗的影响。这些液体能够改变或者污染原有生物标志物的分布,从而使原来有用的地球化学解释变得无效或作用有限。在只能获得露头或岩屑样品的情况下,使用生物标志物仍然可以回答一些关键性的地球化学问题。但是,这些样品的使用应该只是可供选择的最后手段,它们必须是在单独的基础上与生物标志化合物的专业人员在一起予以讨论。筛选分析,比如 Rock – Eval 热解和气相色谱,可用来剔除具有指示风化和污染等不利因素的样品。

注:在近代和快速沉积的地区,有超过800个泥火山,半数以上的火山分布在阿塞拜疆的南里海地区,其中有约200个在陆上,许多现在还处在活动期(图4.32)。它们形成于当松散的泥和砂被可能由于快速沉积作用和地震活动而产生的挤压力向上挤压的时候。在阿塞拜疆,泥火山常常伴随着油气的排放,它们可以同时喷发。这种情形已经出现了好多世纪并且与索罗亚斯德教(Zoroastrian)对火崇拜的盛行密切相关。除了原油之外,泥火山还可将深埋的地层带至地表。当有地球化学或化石的证据表明这些地层与特定的潜在烃源岩层系有关时,它们也许就成了研究工作唯一能够获得的样品(参见 Isaksen 等,1999)。

图4.32 位于南里海地区巴库西南18km处的 Lokbatan 泥火山于2001年10月24日喷发时的情景,该喷发延续了6个月。在喷发初期,烃类气体的火焰高达30~45m,随之而来的是携带着深埋地下的中新世烃源岩碎块的巨大的泥石流。Lokbatan 泥火山是 Apsheron 半岛上最大和最为活跃的火山之一,自1828年以来已经喷发了23次。照片转引自 Delft 技术大学 K. Scholte 的网页(网址:www.ta.tudelft.nl/aw/local/section/mudvolcano/)

我们不建议对贫有机质的岩石(TOC < 1%)进行生物标志化合物的评价研究,这是因为:这类岩石不可能成为原油商业集聚的来源。获取有关贫有机质岩石的数量、质量和热成熟度信息的最好办法是采用快捷、经济的筛选技术,如 Rock – Eval 热解。此外,对来自贫有机质岩石的沥青进行生物标志化合物的分析则有可能使人产生误解。在某些贫有机质的岩石中,那些代表对沉积环境有贡献的生物特征的生物标志化合物被与再循环有机质有关的生物标志化合物所掩盖(Rowland 和 Maxwell,1984)。Farrimond 等人(1989)注意到与富有机质烃源岩不同的是:周边贫有机质的土阿辛阶(Toarcian)岩石含有沥青,其藿烷和甾烷的异构化比值指示异常高的热成熟度,他们的结论认为:贫有机质样品中的再循环有机质在沉积物沉积之前已经历了高热演化阶段。

用于生标分析的岩石样品的重量取决于有机质的丰度。尽管对某些样品而言,成功完成分析的重量可低至1~5g,通常的建议用量为50g。可用刷洗和刮擦的方法除去岩心、井壁和露头样品上的泥饼和记号笔的残迹。用于地球化学研究的样品在采样之前应剔除风化的表面。出于防止污染的考虑,应避免采集封入蜡基密封介质的岩心和使用油基润滑剂或油基钻井液获取的岩心栓。

通常使用淡水或盐水来洗去岩屑中的泥饼,然后将其置于干燥处的纸巾上在低温下(低于50℃)风干。一定要避免使用有机溶剂来冲洗岩屑样品,因为这类溶剂会抽提生物标志化合物。在分析前,应在双目显微镜下对岩屑进行镜检,以便将一些明显的污染物,如胡桃木外壳或木屑等剔除掉,我们把这称之为"负选"。通常,我们不提倡对岩屑样品进行正选,即从每个岩屑样品的混合物中挑选出单一岩性的样品用于分析。虽然这有益于区分岩性,但正选也许会导致对非代表性样品的分析。

只要岩石样品是干燥的并保存在可控温的装置中,那么经过多年的储存后,抽提物和干酪根的组成亦不会发生明显的变化。然而,当等份的冷冻干燥的近代沉积物在25℃下经一个月的保湿储存之后重新进行分析时,其饱和烃的组成就出现了较大的变化(Grimalt 等,1988)。这类实验导致了原本 $C_{25}-C_{33}$ 正构烷烃强烈的奇偶优势分布转变成了 $C_{22}-C_{30}$ 正构烷烃无碳数优势的分布,在正构烷烃 C_{16} 和 C_{22} 之间出现了一个未分解复杂混合物,以及霍烷的降解,显然,这是喜氧微生物改造的结果。

4.10.2 原油样品

原油最好采集并储存在密封的玻璃容器中。金属容器可以与乳化的水和渗漏发生缓慢的反应。原油能够淋溶出某些污染物,比如塑料容器和橡胶衬里封盖中的邻苯二甲酸酯。在灌装原油时,建议使用特氟纶(Teflon^{TM})管线。通常 100~250cm^3 的原油就足以进行所有的地球化学分析并会有剩余用以储存。虽然,对某些低至几毫克的样品也已成功地进行了生物标志化合物的分析,这是由于这些化合物的丰度很高的缘故。每个样品的容器都应使用防水的墨水仔细地加以标记。

在采集开采原油的样品时应多加小心,因为它们也许代表了不同产层或油田的混合物。由于在开采的进程中可能发生一些变化,因此采样的日期就显得至关重要。例如:油井维修也许会改变开采时完井层段的深度。

瓶装的原油在标准的条件下储存多年后似乎仍不受生物降解的影响。然而,与未被改造的原油相比,储层中严重生物降解的原油产生了一些在分析和解读残余生物标志化合物方面具有特殊意义的问题。凝析油和轻质油(>35°API)由于其普遍热降解的缘故,通常具有较低的生物标志化合物含量。

4.11 岩石和原油的地球化学标准

大多数地球化学的实验室在内部校正原油和岩石标准的基础上提供内部一致的数据。但是,由于普遍缺乏具有公认分析参考值的适当的标准(Lin,1995;Isaacs,2001),实验室间数据的一致性则可能是不同的(Claypool 和 Magoon,1985)。挪威地球化学标准(NGS)计划就是一个尝试解决这个问题的例证(http://eaog.ncl.ac.uk/newsletters/n19page4.html)。实施这项计划是为了向石油工业和研究院所提供岩石和原油的标准。NGS 标准样品的参考值是以依照《挪威工业指南:有机地球化学分析》所进行的分析为基础而制定的(Patience,1993)。该标准的内容如下:

(1)Spitsbergen 东部安尼西阶(中三叠统)Botneheia 组斯瓦尔巴特(Svalbard)岩石(NGC SR-1),TOC 为 2.17%,平均镜质体反射率为 0.41%,可抽提有机质为 4800mg/kg;

(2)英国约克郡 Port Mulgrave 地区托尔阶 Whitby 泥岩组 Jet 岩石(NGC JR-1),TOC 为 12.4%,平均镜质体反射率为 0.47%,可抽提有机质为 16000mg/kg;

(3)挪威北海 Oseberg 油气田 30/9 区块北海原油(NGC NSO-1),重度为 32°API,平均 C_{15+} 组分占全油的 77%,沥青质为 1.9%。

NGS 的样品主要提供给石油工业和研究院所在挪威大陆架的勘探和储层开发中所进行

的地球化学研究项目。但是,凡涉及地球化学应用方面的评价研究也有可能获得接触这些样品的机会。申请表格和有关样品文献资料的简讯、包括实验室间互检的所有流程和结果,均可通过联系挪威石油董事会或登录互联网 http://npd. no. webdesk/netblast/pages/standard. html 的方式获得。

4.12 附录:质量平衡公式的推导

应用质量平衡的原理,我们可以推导出计算烃源岩原始有机质(TOC_o)和氢指数(HI_o)的公式,这些烃源岩现处在成熟或过成熟阶段,其有机质含量(TOC_x)和氢指数(HI_x)由于生烃的缘故已不如往昔(G. E. Claypool,私人通信,2002)。烃源岩(G_o)的原始生油潜力组分转化成原油(P)的程度(f)被定义为:

$$f = P/G_o = (G_o - G_x)/G_o = 1 - G_x/G_o \tag{4.6}$$

式中 G_x 为剩余的生油能力。如果我们假设 Rock-Eval 热解 S2(mg 烃/g 岩石)为 G 的测量值,那么:

$$f = (S2_o - S2_{x'})/S2_o \tag{4.7}$$

式中 $S2_o$ 是烃源岩原始的 S2,$S2_{x'}$ 则为原始烃源岩生烃和排烃后等量的 S2。成熟烃源岩 S2 的实测值为 $S2_x$,$S2_x$ 与 $S2_{x'}$ 间的关系为:

$$S2_{x'} = S2_x(CF) \tag{4.8}$$

其中 CF 是失重校正因子。

为了正确地对比烃源岩在未熟和成熟阶段的 S2,就需要知道 $S2_{x'}$ 和 $S2_x$ 之间的差别。假如有 1g 未熟烃源岩被用来加热生烃和排烃,那么岩石剩余的质量就会由于减去已排烃的数量而小于 1g,但 Rock-Eval 热解却总是归一化为 1g 岩石。由此实测的 $S2_x$ 会大于应当减去公式(4.7)的分子中 $S2_o$ 后的差值,所以,必须用合适的相关因子(CF)来校正 $S2_x$。

校正因子的数值通常会小于 1,采用几种不同的公式通过对 TOC 和 Rock-Eval 热解数据的计算可获得该值:

$$CF = 1 - (S1_{排驱}/1000) = [1000 - (S1_o + S2_o)]/[1000 - (S1_x + S2_x)] \tag{4.9}$$

$$CF = RC_o/RC_x = [TOC_o - 0.0833(S1_o + S2_o)]/[TOC_x - 0.0833(S1_x + S2_x)] \tag{4.10}$$

其中 RC 为残余碳或死碳,生成的原油被假定有 83.33% 的碳(Espitalié 等,1987)。

$$CF = 1 - (TOC_o - TOC_x)/(83.33 - TOC_x) = (83.33 - TOC_o)/(83.33 - TOC_x) \tag{4.11}$$

4.12.1 基本质量平衡表达式

合并式(4.7)和式(4.8)得出基本质量平衡表达式:

$$f = \frac{S2_o - S2_x(CF)}{S2_o} \tag{4.12}$$

重整并替换 CF 后得出:

$$1 - f = \frac{S2_x(RC_o/RC_x)}{S2_o} = \frac{S2_x/RC_x}{S2_o/RC_o} \tag{4.13}$$

公式(4.13)与Cooles等人(1986)的表示法相类似,但却无需残余碳或死碳在生烃时保持不变。

替换式(4.13)中的CF后得出:

$$1 - f = \frac{S2_x/[TOC_x - 0.0833(S1_x + S2_x)]}{S2_o/[TOC_o - 0.0833(S1_o + S2_o)]} \tag{4.14}$$

由于HI被定义为S2/TOC,PI被定义为S1/(S1+S2):

$$S2 = (HI)(TOC)/100 \text{ 和 } S1 + S2 = (HI)(TOC)/100(1 - PI)$$

则式(4.14)变为:

$$1 - f = \frac{\dfrac{(HI_x)(TOC_x)/100}{TOC_x - 0.0833[(HI_x)(TOC_x)/100(1 - PI_x)]}}{\dfrac{(HI_o)(TOC_o)/100}{TOC_o - 0.0833[(HI_o)(TOC_o)/100(1 - PI_o)]}} \tag{4.15}$$

删去TOC/100得出:

$$1 - f = \frac{\dfrac{HI_x}{100 - 0.0833[(HI_x)/(1 - PI_x)]}}{\dfrac{HI_o}{100 - 0.0833[(HI_o)/(1 - PI_o)]}} \tag{4.16}$$

4.12.2 组分转化

重整并用12/12乘以公式(4.16)中的分子和分母可得出一个用于计算组分转化程度的简式,该计算要求具备成熟烃源岩HI和PI的实测值并能正确地给出成熟阶段前原始的HI和PI的假定值:

$$f = 1 - \frac{HI_x[1200 - HI_o/(1 - PI_o)]}{HI_o[1200 - HI_x/(1 - PI_x)]} \tag{4.17}$$

注:如果假定PI_o和PI_x均等于0时,那么,公式(4.17)则为:

$$f = \frac{HI_x(1200 - HI_o)}{HI_o(1200 - HI_x)}$$

该式为Cooles等人(1986)所采用的表达式。然而,当PI_x可测时就会高估f。

同一质量平衡表达式(公式4.12)可用作推导恢复原始TOC(TOC_o)的公式的起点:

$$f = \frac{S2_o - S2_x(CF)}{S2_o} \tag{4.18}$$

替换S2和CF后得出:

$$f = \frac{\dfrac{HI_o(TOC_o)}{100} - \dfrac{HI_x(TOC_x)}{100} \times \dfrac{(83.33 - TOC_o)}{(83.33 - TOC_x)}}{HI_o(TOC_o)/100} \tag{4.19}$$

重整后得出：

$$HI_o(TOC_o)(1-f) = HI_x(TOC_x) \times \frac{(83.33 - TOC_o)}{(83.33 - TOC_x)}$$

$$= \frac{HI_x(TOC_x)(83.33) - HI_x(TOC_x)(TOC_o)}{83.33 - TOC_x} \tag{4.20}$$

$$HI_o(TOC_o)(1-f) = \frac{HI_x(TOC_x)(83.33)}{83.33 - TOC_x} - \frac{HI_x(TOC_x)(TOC_o)}{83.33 - TOC_x} \tag{4.21}$$

4.12.3 原始总有机碳

合并以及重整公式(4.21)的各项后得出：

$$TOC_o = \frac{HI_x(TOC_x)(83.33)}{HI_o(1-f)(83.33 - TOC_x) + HI_x(TOC_x)} \tag{4.22}$$

5 炼制原油的检测

> 许多炼制原油的检测方法在实质上不同于石油或环境地球化学家们所采用的地球化学分析,虽然这些手段的跨学科应用已变得越来越普遍。一些基本的原油检测方法包括:API 度、凝点、浊点、黏度、微量金属元素、总酸值、折射率和含蜡量。更进一步的检测方法有化学族组成分离和场电离质谱分析。纵览原油炼制的流程不外乎是直馏和精炼产物中生物标志化合物的命运,以及如何在环境和地质样品中区分炼制产物和天然原油产物的技巧。

环境和石油地球化学家们从一个不同于炼制化学工程师们的角度来研究描述原油的化学组成。地球化学家们一般会评价原油的地质历史,这包括原油的成因起源和遭受后生作用影响或其他地下蚀变作用的程度。诸如此类的信息将有助于上游(勘探和开发)的成功。而炼制化学家们所关心的主要是,如何将作为原料的原油加工成有销路的产品。流程模型可预测和优化产品的炼制并对炼制的成本作出评估。进行下游(炼制、化工产品和销售)的化学检测能为这些模型提供输入的参数并确定每一种原油的价值。在解决与下游业务相关的技术问题上,生物标志化合物和其他的手段很可能将发挥愈来愈重要的作用。

地球化学家和炼制化学们用来对原油定性的分析方法可反映出各自不同的需求。地球化学们通常依据不同化合物异构体分布和同位素比值上的微妙变化来解读原油的来源、热成熟度以及次生改造的程度。而炼制化学家们则注重那些能够依照化合物在炼制过程中的表现对其进行分类的分析技术,他们利用非生标但具有相似沸点和化学总组成的烃类对生物标志化合物烃类进行分类,却很少用到异构体分布和同位素比值。

上游和下游分析方法间的一个主要的不同之处,在于标准化的流程。在石油地球化学领域,实验室之间在方法上鲜有一致性。为了优化分辨率和灵敏度,呈现出迅速地适应色谱和质谱技术最新进展的趋势而很少过多地去考虑它们与原有技术间的兼容性。各实验室所出的数据通常具有内部的一致性,但相互间却不能很好地进行对比(Lin,1995;Isaacs,2001b)。相比之下,炼制化学家们一般则采用严格的标准化流程。美国试验材料协会(ASTM)和气体加工装置联合会(GPA)为炼制原油的检测设立了统一的分析方法和流程。这些方法对必要的检测仪器、流程、计算、数据处理以及报告格式等均有明确的说明。新方法在使用前必须通过正式的审查,重复性的验证,与已有方法的比较和委员会的批准。炼制化学家们通常采用 ASTM 和更高一级认证的方法来分析原油的性质或组成,但决不采用未认证的方法。

在理想条件下,环境或石油地球化学家们所分析的原油样品分别来自单次的泄油事件或单一井钻遇的特定储层的试采油。用于炼制的原油通常则是来自多产层和多口井、或者甚至是多个油田的液态混合物。原油检测的许多方法是为了监测原料质量的一致性以便满足购销合同的条款要求而设计的。出于上述以及其他原因的考虑,地球化学家和炼制化学家们很少采用或考虑对方所使用的对原油定性的方法。

应用石油生物标志化合物的研究几乎是专有性地集中于上游的业务(勘探和开发)。然而,也有一些下游的问题是可以通过采用跨学科的方法来解决的。泄漏原油与炼制产品的鉴别和补救就属于已被跨学科的研究所成功证实的一个领域。我们相信:随着下游业务(炼制、化工产品和销售)对这一问题认识的深化,可以拓展生物标志化合物和其他微量有机化合物的应用范围。例如:石油地球化学家们可以利用他们的专业知识(如生物降解),来加深对分子转换的认识,这种转化可以改变影响原油经济价值的质量(如黏度、含硫量、微量金属元素和酸度)。反之,炼制原油的检测方法则可以为石油地球化学家们勾勒出一幅更加完整的有关原油组成的图画,尤其是高分子量的杂原子化合物。采用状态方程式(EOS)描述化学"团块状"原油组分的先进炼制模型正在被引入到能够预测排烃和运移过程中原油和天然气组分变化的盆地模型中来。

5.1 原油检测的基本方法

原油的检测用于确定炼制原料的经济价值以及如何最佳炼制。确定原油的流动特性,可燃性和挥发性需要有原油的物理性质数据,而欲确定将原油加工成赢利产品的最佳炼制条件则需要了解原油的化学特性和组成。尽管原油的检测已经标准化了并且被详细地记录在案,但对于炼制检测标准的定义尚缺乏相互一致的分析系统。下述的检测手段包括了最为常见的标准化的方法以及环境和石油地球化学家们也许特别感兴趣的几种先进的、非标准的技术。

5.1.1 相对密度:API 度

密度是用于评价原油质量的一个基本特性。任何物质的密度(单位体积的质量)均取决于温度。为了使温度效应归一化,原油的密度被比作纯水在恒温下的密度。通常测量这个相对密度的温度为 60 °F(15.6℃),用克/毫升、克/立方厘米(g/mL、g/cm³)或千克/立方米(kg/m³)的单位来表示。对凝析油和轻质油而言,原油流动的相对密度是 0.74~0.80;对正常原油而言,是 0.80~0.93;而对生物降解的重油而言,则为 0.93~1.0。严重生物降解的重油具有相对密度大于 1 的特征,会在水中下沉。

美国石油研究所(API)推出了一种专有的计量单位,其中水的密度为 10(相对密度 = 1.0; 6.30bbl/t)。在这个 API 度计量单位中:

$$°API = \frac{141.5}{\text{相对密度}(60\ °F\ \text{或}\ 15.6℃)} - 131.5$$

API 度涵盖了一个较广的范围(0~60),其中,重油或稠油具有低值,而密度较稀的油和凝析油则具有高值。油砂中一些特重油的例子有:加拿大西部阿萨巴斯卡(Athabasca)油(6°~10°API),Wabasca 油(10°~13°API)和冷湖油(10°~12°API);委内瑞拉东部 Cerro Negro – Morichal – Jobo 油(8°~12°API)以及犹他州 Asphalt Ridge 和 Sunnyside 油(8°~12°API)(Tissot 和 Welte,1984)。凝析油的 API 度大于 45°。

密度的测定通常是依据 ASTM 法 D4052(流体密度与相对密度数字密度计标准检测法)或 D5002(原油密度与相对密度数字密度分析仪标准检测法),它们均采用 Anton Parr DMA48 数字密度计。这些检测的精度为 ±0.0001g/mL,准确度在 ±0.0005g/mL(±0.2°API)之内。高黏度的原油可使用比重计来检测,能得到相同的精确度。

5.1.2 凝点

凝点被定义为原油在特定的实验条件下可无障碍流动的最低温度(如搅动或晃动)。通常低于该温度而发生的固化可归咎于母体原油中蜡质的沉淀,也可能是由于重油的黏稠度有所增加的缘故。

在 ASTM D97 法中(石油产品凝点的标准测试法),凝点被定义为试验器皿中的原油在容器水平状态下保持 5 秒时仍停滞不动的温度点之上的 3℃(5 °F)。虽然这种颇带主观色彩的检测方法仍在使用,但多已被 ASTM D5949(自动脉冲加压)、D5950(自动倾斜)和 D5985(旋转)等方法中专用的机械测试仪器所替代。

5.1.3 浊点

当原油或燃料油被冷却时,蜡质开始沉淀,出现了云雾状的外观,这一现象出现的温度即为浊点。浊点取决于冷却速率和温度变化的程序。常规采用的是 ASTM D2500 法,但也可用 D5771(阶梯式冷却)、D5772(线性冷却速率)或 D5773(固定冷却速率)等方法来替代。在清澈的样品中,浊点在 ±3℃ 内是可重现的。

5.1.4 闪点

闪点指原油或燃料油经加热而在液体之上产生蒸汽/空气混合物的最低温度。在遇到明火时,这种混合物是易燃的。闪点可用来监测原油运输和燃料油炼制过程中发生火灾的危险性。

闪点对所采用的 ASTM 方法非常的敏感,比如克利夫兰(Cleveland)开杯(ASTM D92)、宾斯基-马丁(Pensky-Martens)闭杯(ASTM D93)以及泰格(Tag)闭杯测定仪(D56)等方法。在闪点的检测报告中也许带有 O.C. 或 C.C. 的标记以区分不同的方法。检测易挥发的燃油或凝析油(闪点 <10℃)须采用闭杯测定仪。精细测量的闪点在 ±4℃ 内是可重现的。

5.1.5 燃点

燃点指使用 ASTM D92 法在原油或燃油表面进行燃烧试验时,能够点燃并燃烧至少 5 秒时的最低温度。燃点通常比闪点高 30℃。

5.1.6 黏度

黏度可计量液体流动的内阻,因而有助于测定原油聚集的可采储量、产能和经济价值。流体黏度可通过它的剪应力和剪切速率来确定。剪应力是一种由流体层间滑动而产生的摩擦力,剪切速率则为流体流动的速率。对牛顿流体而言,比如原油,剪应力的变化与剪切速率成比例。绝对黏度或动态黏度是指剪应力与剪切速率间的比值,该值在温度不变的情况下是一个常数。在非牛顿流体中,比如某些聚合物和润滑剂,剪应力与剪切速率的变化不成比例。对这些流体而言,只有近似的或相对的黏度在特定的剪切速率和温度下是可测的。

绝对黏度可用标准的方法测得。绝对黏度的国际单位制为毫帕·秒(mPa·s),它与常用的厘泊(cP)单位等值。泊是一种当表面被一层 1cm 厚的流体(剪应力/剪切速率 = 达因·秒/平方厘米)所分割时,移动黏度为 1cm/s 的一个平面所需的力。先进的旋转式黏度计能够测量具有不同剪切速率的牛顿流体和非牛顿流体的绝对黏度。通常采用一个特定的剪切速率来表示非牛顿流体的黏度。不幸的是,能够利用这些黏度计的 ASTM 标准方法尚未问世。尽管如此,这些仪器还是得到了广泛的使用。借助于计算机确定的剪切速率,牛顿流体和非牛顿流体动态黏度的精度可以精确到平均值的 ±5%。从理论上说,绝对黏度的检测并不依赖于检测仪器,其结果是可以进行实验室间的相互对比的。

运动学的黏度是指由同一温度下测得的流体密度划分出的绝对黏度,它通常用托或者厘托(cSt)来表示。不幸的是,相对黏度,即在没有已知剪切速率或统一应用的剪切速率的条件下检测到的流体的黏滞阻力,也被称之为运动黏滞度。目前有好几种用于检测原油黏度的ASTM方法,但是只有D445(透明和不透明流体运动黏滞度的标准测试法)(动力学黏度计算法)和D4486(挥发性和活性流体运动黏滞度的标准测试法)能够检测牛顿流体的绝对黏度。在这些方法中,运动黏滞度是通过在重力的作用下一定数量的原油流过玻璃毛细管所需要的时间来测定的。

还有其他几种用于检测相对黏度的陈旧方法,比如:Saybolt 通用黏度法(SUV)、Saybolt 重油黏度法、Engier 黏度法和 Redwood 黏度法等。其中 Saybolt 黏度计的应用最为广泛,检测的结果用 Saybolt 通用秒(SUS)来表示,它被定义为在给定的温度下,60mL 的原油流经 Saybolt 标准阻尼孔所需的以秒为单位的时间(ASTM D88)。ASTM D2161(运动黏滞度转换成 Saybolt 通用黏度或 Saybolt 重油黏度的准则)确定了使用 SUS 运动黏滞度单位(mm^2/s)的正式公式。

黏度通常会随着温度的降低而增加。所有的黏度值都必须附有检测该值时的温度条件。通常会在三个或者更多温度点上对原油的黏度进行检测,然后通过温度和黏度间的对数拟合得到它们的中间值。

5.1.7 水和沉积物

原油中悬浮的或乳化的水和沉积物的数量影响着该原油的经济价值和炼制加工的流程。水和沉积物也许是在原油开采、运输和储藏过程中混入的。使用离心机分离原油中水和沉积物的方法固然快捷,但通常会对水的数量估计不足[D96(离心分离原油中水和沉积物的标准测试法)(现场流程)或 D4007(离心分离原油中水和沉积物的标准测试法)(实验室流程)]。相比之下,ASTM D473 法[抽提分离原油和燃料油中沉积物的标准测试法]是一个更为精确的方法,该法通过先用热甲苯溶解原油,然后过滤的方法来剔除沉积物。使用几种 ASTM 的方法均可比较精确地测定出原油中水的含量。D4006 法(蒸馏分离原油中水的标准测试法)采用二甲苯对原油进行分馏。当二甲苯 – 水蒸汽冷凝后,水则沉降在一个阶梯式分离器中。这一流程的精确度只是略为高于离心法。D4377 法[电势卡尔·费希尔(Karl Fischer)滴定分离原油中水的标准测试法]和 D4928 法[库仑卡尔·费希尔(Karl Fischer)滴定分离原油中水的标准测试法]提高了检测的精确度,但也许会增加遭受硫醇和硫化物干扰的风险。D4928 法的精度和准确性分别为 $0.056x^{2/3}$ 和 $0.112x^{2/3}$,式中 x 为含水量为 2%~5% 的实测平均值。

5.1.8 含盐量

原油中的盐大部分溶解在胶质水中,它们可以在蒸馏前经脱盐装置被剔除。如不对原油中少量的盐进行处理,它们可以积聚反应生成腐蚀性的酸。采用 ASTM D3230 法[D3230-99 原油中含盐量的标准测试法(电测法)]可检测原油中含盐量,它将溶解于水的原油的电导率与标准盐溶液进行对比。

5.1.9 原油的蒸馏

利用沸点范围来划分组成是一种基本的分析手段,它对确定原油的价值和获取理想产物的最大产量所需的加工程序均是至关重要的。虽然蒸馏已有标准的流程,但对馏分范围的划分和命名或对炼制产物而言,却缺乏通用的规则。此类系统的一个例子见表 5.1。

表 5.1 直馏和加工炼制产品的近似真沸点(TBP)蒸馏

蒸馏馏分	液化天然气	汽油	石油溶剂油	JP-4煤油	航空A1煤油	柴油	润滑油料	民用燃料油	燃料C	残油/沥青	烷烃范围	TBP(℃)
天然气	■										C_1–C_4	<0
轻质直馏汽油		■									C_4–C_6	0～70
轻质石脑油		■	■	■							C_6–C_7	70～100
普通石脑油		■	■	■							C_7–C_9	100～150
重质石脑油		■	■	■	■						C_9–C_{11}	150～190
轻质煤油			■	■	■	■					C_{11}–C_{13}	190～235
重质煤油				■	■	■		■			C_{13}–C_{15}	235～265
常压粗柴油						■	■	■	■		C_{15}–C_{20}	265～343
真空粗柴油							■		■	■	C_{20}–C_{30}	343～565
常压残油										■	>C_{30}	>450
真空残油										■	>C_{60}	>615

■ 涵盖部分蒸馏馏分的炼制产品　　■ 涵盖所有蒸馏馏分的炼制产品

传统的原油测试方法包括常压和真空蒸馏两类。ASTM D2892 法[原油蒸馏标准测试法(理论上为 15 组板式蒸馏柱)]是原油蒸馏的标准测试方法。蒸馏的起始压力是随机的,但此后即转入负压以便将蒸馏延至对应于常压下 400℃ 的沸点。然后用 ASTM D5236 法[重烃混合物蒸馏标准测试法(真空罐式蒸馏器法)]对残留物进行分析,并在 0.5 托下继续蒸馏以获取对应于常压下 560℃ 温限沸点的蒸馏物。在特定的沸点范围内对数量较多的原油(5～50L)进行蒸馏以获取用于补充分析的石油馏分。

传统的蒸馏已经在很大程度上被可以模拟蒸馏的气相色谱所取代(图 5.1)。这些色谱的方法借助于毛细短柱及其薄涂层可根据沸点迅速地提供石油组分的分布,但通常却无法区分烃类的异构体。流出温度可以转换成相应的真沸点。ASTM D2887 法(气相色谱确定石油馏分沸点范围分布的标准测试法)和 D3710 法(气相色谱确定汽油和汽油馏分的沸点范围分布的标准测试法)将正构烷烃作为外标,ASTM D5307 法(气相色谱确定原油沸点范围分布的标准测试法)与 D2887 法相似,但却需要对同一块样品进行两次分析,其中一次要使用内标。通过两次分析之间的差别可以计算出沸点在 560℃ 以上的物质数量(被称之为残余物)。使用现代高温气相色谱(HTGC)能够分析沸点在 750℃ 以上的物质,这一分析最近已

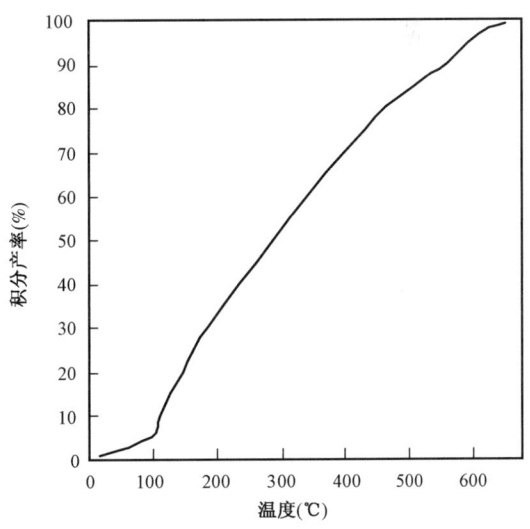

图 5.1 使用高温气相色谱进行模拟蒸馏。根据积分检测仪的响应与外推沸点温度(依据流出温度计算所得)来作图

被认可为标准的方法[D6352(气相色谱分析 174~700℃沸程的石油蒸馏物沸点范围分布的标准测试法)]。采用 HTGC 获得的分割点收益与蒸馏法(D2892/D5236 法)所得结果非常相似,其变化波动均小于 2%,但不包括沸程为 400~480℃(750~900 ℉)的产物,而其相当于 D2892 回流柱法和 D5236 真空罐式蒸馏法之间的过渡产物。

5.1.10 元素分析(CHNOS)

元素分析用于对全油或蒸馏物的馏分进行定性。用于 CHN 的分析方法有两种,[ASTM D5291(仪器对原油产物和润滑剂中碳、氢和氮的测定)]和[D5622-95(还原热解测定汽油和甲醇燃料中总氧量的标准测试法)]。氢也可以通过核磁共振(NMR)来测定[ASTM D4808 法(低分辨率核磁共振仪检测轻质蒸馏物、普通蒸馏物、粗柴油和残油中氢含量的标准测试法)]。低丰度的氮可使用化学发光检测器依照 ASTM D5762 法(蒸发皿注入化学发光剂检测石油和石油产物中氮的标准测试法)来进行检测。

许多 ASTM 方法可用于原油和炼制产品中硫含量的检测。在 D1552 法中[石油产物中硫含量的标准测试法(高温法)],硫经燃烧生成 SO_2 再由一个红外(IR)检测器来测定。该法通常应用在 LECO SC32 或 SC132 硫分析仪上,所分析样品的沸点应大于 177℃(C_{10+})且硫含量不低于 0.06%。D2622 法(波长色散 X 光荧光光度计测定原油中硫含量的标准测试法)采用软 X 光光谱,它的浓度适用范围广,可用于原油、液体产物以及可溶的固体产物。D4294 法(能量色散 X 光荧光光度计测定原油产品中硫含量的标准测试法)具有快速(2~4min/样品)以及适用于原油、蒸馏物馏分和炼制产品的特点。相类似的方法还有 D6481 法(能量色散 X 光荧光光度计测定润滑油中磷、硫、钙和锌含量的标准测试法)。D5453 法(紫外荧光测定轻烃、发动机燃料和原油中总硫含量的标准测试法)的原理是先将硫在 Antek 711 热解反应器中转化成 SO_2,然后采用 Antek 714 硫检测器通过紫外(UV)荧光对其定量。它的前制备燃烧要求样品为具有 25~400℃沸程的馏分,该法灵敏度高,检测器具有精确的线性量程。高硫样品在稀释后也可用此法进行测定。

ASTM 法的精度和准确度建立在实验室内和实验室间分析结果的相互对比之上。大多数的 ASTM 法将给定范围内平均实测值的函数作为元素分析的精度和准确性(表 5.2)。

表 5.2 CHNOS 元素分析的精度和准确性

分析	范围(%)	±精度	±准确性
碳(D5291)	75~87	$(x+48.48)0.0072$	$(x+48.48)0.018$
氢(D5291)	9~16	$(x^{0.5})0.1162$	$(x^{0.5})0.2314$
氢(D4808)	轻质蒸馏物	$0.23(x^{0.25})$	$0.72(x^{0.25})$
氢(D4808)	普通蒸馏物	$0.0015(x^2)$	$0.0031(x^2)$
氢(D4808)	残油	$33.3(x^{-2})$	$70.2(x^{-2})$
氮(D5291)	0.75~2.5	0.167	0.4456
氮(D5762)	40~10000ppm	$0.099x$	$0.291x$
氧(D5622)	1~5	0.06	0.26
硫(D1552)	0.06~2	<0.09	<0.27
硫(D1552)	2~5	<0.16	<0.49
硫(D2622)	0.001~0.0049	$0.60x$	$0.60x$
硫(D2622)	0.005~0.0149	$0.20x$	$0.40x$

续表

分析	范围(%)	±精度	±准确性
硫(D2622)	0.015~5	$0.05x$	$0.16x$
硫(D4294)	0.015~5	$0.02894(x+0.16691)$	$0.1215(x+0.05555)$
硫(D5452)	0~400ppm	$0.1788x^{0.75}$	$0.5797x^{0.75}$
硫(D5452)	>400ppm	$0.02902x$	$0.1267x$

注:x为平均实测值。

注:将分析流程作为工业标准的一个必要条件就是在给定的范围和检测极限之内定义精度和准确性。由于这些术语经常被误用,故将定义阐述如下:

准确度:指被公认的常规真值或普遍接受的参考值与实测值之间相互一致的拟合程度,该值有时也被称作真值。

精度:指采用规定的分析流程对同一均一样品或标准溶液进行多次系列采样分析的结果之间相互一致的拟合程度。分析的精度可以通过重复性(采用同一分析流程连续或在短期内多次分析的精度)和再现性(实验室间的分析精度)来进行验证。高精度并不等同于高准确度,反之,高准确度也不意味着高精度。理想的分析方法应同时具备高精度和高准确度。

检测极限:指可测分析物的最低含量,它不必是一个具体的数值。

定量极限:指能够在可接受精度和准确度的范围之内满足分析要求的分析物的最低含量。

量程:指分析物含量高值与低值间的间距,其分析的结果应具有可接受的精度和准确度。

线性:指由分析方法得出的测试值在给定的范围内与分析物的含量直接成比例的能力。

稳定性:指分析流程在适应分析参数轻微却是有目的的变化时,为检测提供具有可接受精度和准确度的能力。稳定性也可以是在常规的操作过程中代表方法稳定性的一个主观术语。

5.1.11 碳残余物

碳残余物指原油蒸发(蒸馏)和热解之后的残存物质,但其并非全由碳所组成。碳残余物可显示一个样品形成焦炭的趋势。在 ASTM D189 法(原油产物的康氏残炭 Condrason)中,置于坩埚中的样品在火焰燃烧炉中加热一定的时间,经冷却后并称重。残留物即为康氏残炭,它用重量百分比来表示。ASTM D4530 法[碳残余物的测定(微量法)]是 D189 法的改进版,它将加热温度定在500℃,在氮气中热解残留物,样品用量亦很少。该法的检测结果用碳残余物(微量)来表示,它等同于康氏残炭但精确度却更高。

ASTM D524 法(原油产物的兰氏残炭 Ramsbottom)也可检测残余碳,不同的是样品置于玻璃烧瓶中在550℃下加热。蒸发的或热解的挥发物经烧瓶的毛细出口逸出,而残留物则经历了进一步的裂解、焦化和氧化(兰氏残炭和康氏残炭的数值互不相同,但能以非线性的形式进行对比)。

5.1.12 微量金属元素

微量金属元素的分析用于评估炼制加工过程和监测内部发动机的磨损。例如,原料中的金属元素可以对催化反应炉中催化剂的作用形成干扰。早期基于原子吸收和火焰发射光谱测定法(ASTM 3605 和 5056)的 ASTM 方法已经在很大程度上被感应耦合等离子体原子发射光谱测定法(ICP-AES)(ASTM 5185 和 5600)所取代。ICP-AES 能够检测许多元素(铝、钡、硼、钙、铬、铜、铱、铅、镁、锰、镍、磷、钾、硅、银、钠、硫、锡、钛、钒和锌),其精度和准确度可达次百万分之级别。石油地球化学家们对镍和钒特别感兴趣,因为它们的比值可以指示烃源岩沉积时的氧化—还原环境(见图4.11)。

5.1.13 总酸值

原油含有有机酸,在对原油中此类化合物的一组成分首次进行定性之后,它们就被统称为环烷酸(尽管这并不完全合适)。构成环烷酸的只是饱和的环状羧基酸,而原油中的有机酸还有许多其他的化学种类。含有高浓度酸的原油通常是生物降解的原油。高酸值的原油具有腐蚀性,在加工过程中也许需要使用昂贵的抗腐蚀金属材料。全球只有为数不多的几个炼油企业具备不事先掺和较好质量的原油而直接加工处理高酸值原油的能力。炼油化学家们还必须考虑的一个问题是成品油中的酸含量及其相关的性能说明书。发动机里润滑油的氧化可形成有机酸,它们的含量随时间的推移而增加是衡量油品品质恶化的一个标尺。

能够对有机酸定性的标准方法有 ASTM D664(电位滴定原油产品中酸值的标准测试法)和 D974(色标滴定酸碱值的标准测试法)。这两种方法均将总酸值(TAN)定义为滴定 1 克原油至特定的终点所需氢氧化钾(KOH)的毫克数。D974 法的终点被定义为在甲苯-水-异丙醇溶剂中 p-萘酚苯的颜色变化,而 D664 法的终点则由电位的毫伏读数来划定界限,即原始的电位读数与新制备的无水碱性缓冲液,或有明确定义拐点的电位读数之间的对比差值。D974 法的优点是,它只需廉价的玻璃器皿和试剂,但是原油样品的颜色可以干扰 p-萘酚苯的颜色变化。D664 法没有这个局限性,但却需要有电位滴定仪。这两种方法也可以通过 HCl 替代滴定液和甲基橙替代颜色变化指示剂的方式来测定总碱值(TBN)。

原油 TAN 值的范围可以是 0.1~8mgKOH/g,具有大于 0.5mgKOH/g 的样品即为高酸值原油。然而 TAN 也许不能反映原油真实的酸含量和腐蚀特性。ASTM 法将原油溶于甲苯-水-异丙醇溶液(500:5:495mL)中,异丙醇与甲苯(用于溶解疏水的油)和水(用于电离滴定所需的酸)均较易混合,没有这两种有机溶剂的参与,水将无法溶解原油中的羧酸。ASTM 法可以检测所有在水中离解常数大于 10^{-9} 的化合物或水解常数大于 10^{-9} 的盐。因此,原油中的某些中性化合物,像环烷酸钙,就用 TAN 来表示。在炼制产品中,润滑油的许多添加剂具有高 TAN 值(2~5)的特点,虽然它们并不具有腐蚀性。TAN 的检测值并不一定能够反映样品的电化学或腐蚀性的性能。

蒸馏物中的所有馏分均可含有环烷酸。低分子量的脂肪酸尤其麻烦,因为,即使是对含有挥发脂肪酸的低 TAN 值原油而言,由于其令人生厌的气味也会招致炼制企业的抵制。高分子量环烷酸的种类包括无环、环状、芳环和杂环化合物。

5.1.14 折射率

折射率(RI)指特定波长的光在空气中的速率与特定温度下在样品中的速率之比值。折射率是原油、原油馏分和炼制产品经常性的检测项目。D1218 法(烃类液体折射率和折射弥散率的标准测试法)使用 Bausch & Lomb 精度折射计。一般读取 20~30℃间的读数并精确到小数点后第五位。折射率还用于其他的方法,来计算分子和结构性能的平均值(如 ASTM D3238 法)。

5.1.15 沥青质含量

ASTM D6560 法[原油和石油产品中沥青质(庚烷不溶物)的测定]是一种常规用于沥青质沉淀和定量的方法。该法先将原油与庚烷相混,然后回流,过滤器收集沉淀后的沥青质、蜡质以及无机物质,接着用热庚烷在抽提器中洗脱蜡质,沥青质与无机物质的分离可以通过热甲苯溶解、过滤、以及溶剂的挥发等步骤来完成。

5.1.16 蜡含量

蜡质为高分子量的烷烃。许多石油地球化学家们用"蜡质"这一术语来指代常规气相色

谱分析上限的 C_{35} - C_{40} 以上的烷烃。然而，炼制化学家们则认为蜡质还应包括低至 C_{16} 的饱和烃，它们均很难通过蒸馏的方式成为可运输的燃料。炼制化学家们所采用的检测蜡含量的方法就反映出了这种分类。他们通常将原油溶于正己烷并采用硫酸处理的方式来沉淀沥青质，然后用二氯甲烷溶解脱沥青后的原油并将其冷却至 -30℃ 以沉淀蜡质。ASTM D5442 法（气相色谱分析石油蜡质的标准测试法）是对 C_{17} 至 C_{44} 烷烃定性的一种常规方法。高温气相色谱的进展使分析有可能延至 C_{100+}（del Rio 和 Philp，1992）。

5.1.17 苯胺点

苯胺点指等量的苯胺和原油样品形成全溶液的最低温度点。混合苯胺点则指形成两份苯胺、一份正庚烷和一份原油混合物平衡溶液的最低温度点。芳香烃具有最低的苯胺点，而正构和异构烷烃的苯胺点则最高，介于其间的是环烷烃和烯烃。对烃类混合物而言，苯胺点或混合苯胺点可以用来粗略地估算其芳香烃含量。依照 ASTM D611 法（石油产品和烃类溶剂苯胺点和混合苯胺点的标准测试法）所规定的流程，苯胺点的可重复性是 ±0.6 ~ 1.0℃。

5.2 先进的原油检测方法

近几年来，炼制加工的化学模型已变得愈来愈先进，使得应用先进的原油分子检测手段成为必需。这些手段首先对 C_1 - C_5 的烃类进行色谱分析，紧接着通过蒸馏将原油分割成不同的组分或馏分。蒸馏馏分的数量也许可以超过 50 个，每个馏分的温度点均是由单体正构烷烃的真沸点来确定的。然后，每个馏分可以用气相色谱、液相色谱、质谱或联用仪（如色谱-质谱仪）来进行分析，以便确定正构烷烃、异构烷烃、环烷烃、基于芳环数量的芳香烃以及各类含硫化合物的分布形态。根据原油的组成数据还可以直接测定或计算出它的物理性质和化学性质，如黏度和相对密度，硫和氮的含量及其平均分子量等。利用先进的原油检测手段所获得的分析结果被用作输入炼制模拟装置的数据，该装置能够根据不同的原料油来预测和优化炼制工艺。尽管上述基本的原油检测方法都已经标准化了，但这些先进的原油检测手段中已通过 ASTM 认证的却不多。

5.2.1 分子量

ASTM 的方法可以确定烃类组分的平均分子量。D2502 法[通过黏度的检测来估算石油分子量（相对分子质量）的标准测试法]是以运动学的黏度[在 100 ℉（37.8℃）和 210 ℉（98.9℃）下的实测值]与平均分子量之间的关系为基础的，它适用于平均分子量在 250 ~ 700 道尔顿之间的原油。D2503 法[用蒸汽压热电检测烃类的相对分子质量（分子量）的标准测试法]用于检测当一滴样品滴入浸透溶剂的封闭容器时，温度发生的相对变化。由于溶液的蒸汽压低于纯溶剂的蒸汽压，溶剂会在样滴表面凝结从而导致温度的下降。这一方法已经被校准用来检测平均分子量为 800 道尔顿的液体，但亦可用于平均分子量高达 3000 道尔顿的样品。

有两种仪器测试的方法可以提供平均分子量的分布。粒径排斥或胶体渗透色谱的工作原理是基于样品组分与底基（主要为交联聚苯乙烯）可变的孔隙空间之间的物理相互作用。然而，粒径排斥色谱检测的是流体动力学的体积而非分子量。虽然可以建立起纯化合物和聚合物的流体动力学体积与分子量之间的相关性，但对原油和原油组分而言，这种关系只是近似相关。许多质谱法可以提供分子量的分布，其中基质辅助激光脱附/电离（MALDI）质谱是应用最为广泛的方法。该技术将样品与一个吸收紫外的化合物或化合物的基质相混合，用一束激光激发吸收基质并电离从基质上脱附下来的样品分子。人们对这些反应的化学机理了解甚少,但使用 MALDI 质谱可以获得高精度的极性和非极性化合物的质量分布。这一技术广泛应用于生物化学和聚合物的研究。粒径排斥色谱与 MALDI 质谱的联用技术近年来有了长足的发展。

5.2.2 化学族组成的分离

环境和地球化学家们以及炼制化学家们均把原油分离成四种化学族组分,这种分离技术被称之为 SARA 或 PARA,此处第一个字母代表饱和烃或链烷烃,其余三个字母分别代表芳香烃、胶质(极性)和沥青质。

每一类 SARA 族组成中化合物的分布取决于分离方法。沥青质指能够在大量的低分子量的正构烷烃中沉淀的非烃,沥青质的数量和化学性质随烃类溶剂(nC_5、nC_6 或 nC_7)、沉淀的时间和温度的不同而发生变化。当芳香烃与 NSO 杂原子化合物之间明确的化学界限是清晰时,这些化合物族组成的分离主要取决于溶解度和极性的差异。非极性含硫化合物,比如苯并噻吩,和非碱性含氮化合物,比如苯并咔唑,也许会在芳香烃组分中流出。具有四或者五环以上的高缩聚芳香烃化合物在烃类溶剂中具有低溶解性,一般在极性组分中流出。饱和的正构链烷或环烷烃通常可以很好地被区分和分离开来。然而在有些方法中,烷基苯可以在饱和烃的组分中流出(Chunqing 等,2000a)。对这些化学族组成的分离而言,尚无被广泛接受的标准流程。然而,文献中记载了许多基于薄层色谱(雅特隆薄层色谱仪 Iatroscan)、液相色谱(空心柱、中压以及高效)和超临界流体色谱方法的不同的分离流程。

SARA 族组成的每个组分均可以进一步进行划分。饱和烃可以划分出正构和支链烷烃以及环烷(环烷烃)。芳香烃可以根据环数来划分而杂原子化合物则根据极性来划分。比如,Willsch 等人(1997)在传统的饱和烃、芳香烃馏分之外又分离出了五种杂原子化合物(酸、碱、以及三种不同极性的馏分)。其他的方法还可将含硫芳香烃从聚合芳香烃中分离出来(Mansfield 等,1999)。

炼制化学家们将原油划分成四大烃类组分:烷烃(正构和支链烷烃)、烯烃、环烷(饱和的环烷烃)和芳香烃。有许多标准和非标准的方法可用以检测全油、蒸馏的单馏分和炼制产品中烃类的组分。

对沸点达到 200℃ 的样品而言,常用的检测法是 ASTM D5443 法(多维气相色谱分析 200℃ 内原油蒸馏物中烷烃、环烷烃和芳香烃类型的标准测试法)。样品注入气相色谱仪之后,在通过一根极性柱(OV-275)时,所有的芳香烃、二环烷烃以及沸点大于 200℃ 的化合物会滞留在柱里,未被滞留的组分则进入铂金反应器对烯烃加氢,然后被分子筛(13X 和 5Å)柱所捕获。在程序升温时,分子筛依据碳数和结构将 C_6-C_{11} 的烃类区分开来,其中环烷烃在烷烃之前流出。滞留在极性柱里的烃类在三个截然不同的温度段里流入特耐(Tenax)(一种 2,6 二苯呋喃多孔聚合物树脂——译者注)捕集器中,这三个温度段陆续将馏分脱附至一个非极性柱(OV-101)中,在那里被部分地分离成 C_6-C_{10} 的芳香烃和环烷烃。沸点大于 200℃ 被转移至特耐捕集器或非极性柱的饱和烃在分析结束前回燃。附加的捕集器和色谱柱可以将汽油中的含氧化合物分离出来并依据碳数将烯烃区分开来。ASTM D6293-98 法[气相色谱检测低烯烃火花点火发动机燃料中含氧化合物和烷烃、烯烃、环烷烃和芳香烃(O-PONA)类型的标准测试法]对所用仪器和方法均有描述。

通过对炼制原油的检测获得化学族组成数据的方法众多,其中有一种 ASTM D3238-95 法(应用 $n-d-M$ 法计算原油碳数分布以及分析结构类型的标准测试法)并不依赖于直接的检测,而是基于折射率、黏度和密度的对比,其检测结果用芳香环(R_A)、环烷环(R_n)和烷烃链(R_P)各自所占的份额来表示,或者也可用碳数的分布来表示其组成,即碳原子总数的百分含量(C_P,%)。

5.2.3 分子检测

炼制产物精细的分子检测主要依赖于饱和烃和芳香烃的气相色谱分离。其他炼制分析的手段可用来检测非烃和挥发组分（氢、氮、二氧化碳、一氧化碳、硫化氢以及硫醇等）。早先采用填充柱气相色谱和质谱分析轻烃的 ASTM 方法现已大部被毛细柱气相色谱法所取代，比如 ASTM D5623 法（气相色谱和硫选择检测器分析轻质原油液体中含硫化合物的标准测试法）。

轻烃分析可以与对 C_5 以上组分有效的模拟蒸馏气相色谱的分析结果相结合（图 5.2）。可以单独对蒸馏馏分及其化学族组分进行分析。炼制方法是为提供除低分子量烷烃之外的其他单体化合物族组成分子重量的分布而设计的，但它们不能区分异构体。气相色谱、高效液相色谱、质谱、傅里叶转换红外（FTIR）、核磁共振、紫外、其他类型的光谱测定法及其联用法均可用来检测这些组分的分子组成（Mansfield 等,1999）。

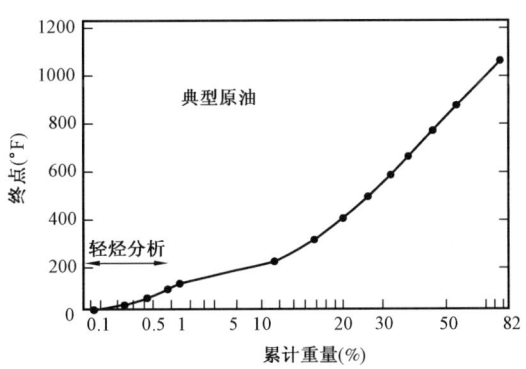

图 5.2　基于轻烃气相色谱的模拟蒸馏分析数据与高温气相色谱分析数据相结合可以给出一个原油组成中从甲烷到残油的完整的描述

场电离质谱（FIMS）已经成为一种对原油中化学族组成分子的分布进行分类的重要手段。它采用弱电离的方法，依据单体组分的质量对其定性，Lijmbach 等人（1983）应用该法描述了原油和烃源岩抽提物的组成。FIMS 法还可用于那些在电子碰撞电离下不能产生分子离子的高分子量烷烃的检测（del Rio 和 Philp,1999）。

分子加工模型方面的技术进步使得下游的化学家们有可能优化炼制生产，这些预测性模型的建立依赖于对原油及其产物的组成详尽的化学描述、能够表现众多组分的分子结构和复杂反应的方法，以及通过分子结构与性质之间的关系来计算运动学、热动力学、物理及其质量的参数等（Quann 和 Jaffe,1992;Quann,1998;Jacob 等,1998）。这些加工模型的精确性受到人们对分子组成认识不够完善的制约。近年来在分离和检测技术上的进步预示着对原油的定性达到了前所未有的水平。比如，Hughey 等人（2002a）采用负离子电子溅射（ESI）和傅里叶转换/离子回旋加速器共振/质谱法（FT/ICR/MS）检测了 14000 多个 NSO 酸性化合物。

当炼制原油的检测技术愈来愈指向分子的定性时，它们对石油地球化学家们的价值就会与日俱增。虽然对生物标志化合物研究至关重要的同质异构体的分离并不是这些检测手段的组成部分，但场电离质谱法（FIMS）技术仍提供了一种可以概括性地纵览原油全部组成的手段。我们相信，借助于地球化学和炼制化学分离和定性技术的相互结合，将会出现重大的认识突破，这似乎对使用超高分辨率质谱技术研究芳香杂环化合物与常规生物标志化合物之间的关系而言尤其是如此（Tomczyk 等,2001;Hughey 等,2002a;Hughey 等,2002b）。

5.3　石油的炼制

石油的炼制是一系列复杂并且相互依赖的过程，它将原油转换成各种产物（表 5.3），其中在经济上最为重要的是运输燃料，即汽油、航空燃料和柴油，其他的产物被用作化学制品的原料、民用燃料、润滑油、蜡制品和沥青等。具有高 API 度的原油含有更多的可以炼制运输燃料的轻烃，它们被认为是具有容易炼制的特征、通常含有较低的硫、氮以及金属元素。低 API 度的原油含有相对比例较少的可以直接生成运输燃料的烃类,然而,现代的炼制方法已能够将相当数量的低 API 度的原油转换成具有更高经济价值的产物。这些转换过程复杂且成本不菲。含有高硫、氮和微量金属元素的原油在炼制时必须先将这些元素除去,这是因为它们可能会抑制在提高等级的过程中所使用的催化剂的作用。为了符合炼制燃料对硫含量的要求也许需要采取进一步的处理措施。

表5.3　需要特定的原料生产不同产物的炼油厂流程(《OSHA 技术手册 TED 1 – 0.15A》)

项目	方法	目的	原料	产物
分馏流程				
常压蒸馏	热分离	馏分分离	脱盐原油	气、粗柴油、蒸馏物、残油
真空蒸馏	热分离	馏分不裂解分离	常压塔残油	粗柴油、润滑油原料、残油
转换流程:分解				
催化裂化	催化改性	升级汽油	粗柴油、焦炭蒸馏物	汽油、石化原料
焦化聚合	热改性	转换真空残油	粗柴油、焦炭蒸馏物	汽油、石化原料
加氢裂化	催化加氢	转换为较轻的烃类	粗柴油、裂解油、残油	较轻的更高质量产物
*氢蒸汽重组	热/催化分解	产氢	脱硫气、氧气、蒸汽	氢气、一氧化碳、二氧化碳
*蒸汽裂解	热分解	大分子裂解	常压塔重燃料/蒸馏物	裂解石脑油、焦炭、残油
减黏裂化	热分解	降低黏度	常压塔残油	蒸馏物、焦油
转换流程:标准化				
烷化整合	催化	整合烯烃和异链烷烃	塔馏异丁烷/裂化炉烯烃	异辛烷(烷化物)
油脂合成	热整合	整合肥皂和油脂	润滑油、脂肪酸、烷基金属	润滑油脂
聚合	催化聚合	整合两个或更多个烯烃	裂化炉烯烃	高异辛值石脑油、石化原料
转换流程:改性或重整				
催化重组	催化改性和脱水	升级低异辛值石脑油	焦化装置/氢化裂解器石脑油	高异辛值重整油、芳香烃
异构化	催化重整	链烷转为环烷	丁烷、戊烷、己烷	异丁烷、异戊烷、异己烷
加工流程				
*胺加工	吸附	除去酸性污染物	酸气、含 CO_2 和 H_2S 烃类	非酸性气态和液态烃
脱盐	脱水、吸附	除去污染物	原油	脱盐原油
干燥和脱硫	吸附/加热	除去水和含硫化合物	液态烃、LPG 原料	脱硫和干燥烃
*糠醛抽提	溶剂抽提、吸附	升级中馏物和润滑油	催化裂化油和润滑油原料	高质量柴油和润滑油
加氢脱硫	催化处理	除去硫、污染物	高硫残油、粗柴油	脱硫烯烃
氢化处理	催化加氢	除去杂质、饱和烃	残油、裂解烃	裂化装置给料、蒸馏物、润滑油
*苯酚抽提	溶剂抽提、吸附/加热	改善黏度、颜色	润滑油基原料	高质量润滑油
溶剂脱沥青	吸附	除去沥青	真空塔残油、丙烷	重质润滑油、沥青
溶剂脱蜡	冷却/过滤器	润滑油脱蜡	真空塔润滑油	脱蜡润滑油基料
溶剂抽提	溶剂抽提、吸附/沉淀	分离不饱和原油	粗柴油、重整油、蒸馏物	高辛烷值汽油
脱硫	催化处理	除去 H_2S、转变硫醇	升级蒸馏物/汽油	高质量蒸馏物/汽油

*这些流程在炼制流程图(图 5.4)中没有予以描述;
LPG:液化石油天然气。

最早的石油炼制厂采用蒸馏塔将原油分离成沸点馏分(图5.3),大多数的现代炼油厂仍然保留了这种分离过程的第一步。在脱去残留的盐水之后,原油被陆续送入一个加热蒸馏柱。最轻的 $C_3 - C_4$ 烃类位于柱的顶端并发生凝结。汽油馏程的烃类相对不易挥发,可从柱的侧壁汲出。汽油馏程烃类之下的是煤油,再往下则是柴油燃料。在常温常压的条件下(大气层的底部),不挥发的原油馏分从第一蒸馏柱中被移出并送入减压的第二蒸馏塔,较低的压力使得一些较重的组分汽化并发生凝结(真空柴油)。不挥发的剩余物被称之为真空残渣。其他原油分馏的方法还包括窄馏分蒸馏(超精馏)、气相选择吸附、溶剂抽提和蜡质结晶等。

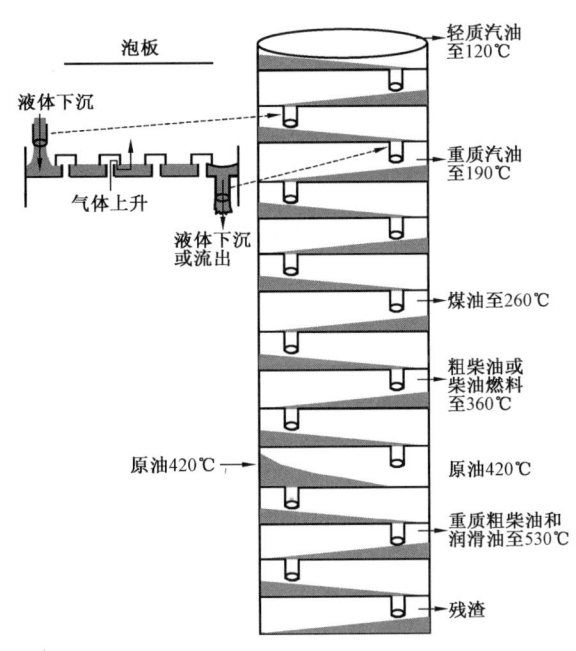

图5.3　显示泡板透视面的蒸馏塔简图
(据 Hunt,1996 改编)

仅仅采用蒸馏法是无法从普通原油中获取足够量的质高价廉的运输燃料的。蒸馏所得到的馏分被称之为直馏产物,在投放市场之前,一般还需对其进行精炼、调和以及加入添加剂等进一步的常规处理(图5.4)。采用金属催化重整工艺将长链的烃类裂解成短链的饱和异构烷烃可以提高汽油的辛烷值,其他能够提高汽油辛烷值的方法还有烷基化和异构化工艺。烷基化工艺使不符合要求的 $C_3 - C_4$ 烯烃经酸催化聚合反应,生成高辛烷值的异构烷烃,而异构化反应则是将低辛烷值的正构烷烃用催化的方法转换成高辛烷值的异构烷烃。特别是煤油和柴油燃料,必须经过加氢处理以提高等级,加氢处理是一种有氢参与的催化反应,它能够饱和芳香环并除去几乎所有的 NSO 化合物。

注:基于在汽油发动机中使用纯烃类的试验,辛烷数可以在0～100的尺度内划分出燃料在发动机中抗爆震(预燃)特征的等级。在这些试验中,可引发最高和最低爆震可能性的正庚烷和异辛烷(2,2,4-三甲基戊烷)被设定为辛烷值分别为0和100。低辛烷值的燃料燃烧不均匀,通常会导致发动机爆震,而高辛烷值的汽油由于含有丰富的可以抑制预燃的结构基团而减少了发动机爆震的可能性。芳香烃、烯烃、环烷烃和多支链的烷烃在达到完全燃烧所需的温度前,通常是不会在发动机汽缸里氧化燃烧的,然而,正构烷烃在低温下即开始氧化并可发生早期燃烧,导致爆震。烷基化的铅作为添加剂曾被加入到燃料中(见图10.29)以达到提高辛烷值和阻止爆震的目的。在1994年4月,联合国可持续发展委员会号召世界各国政府淘汰含铅汽油,目前,超过50个国家已经实现了这个目标,其份额约占世界范围内销售汽油的80%。

重质原油可以通过裂解生成较轻的、价值更高的产物,热裂解是炼油工业最初采用的方法。留在蒸馏底物中的高分子量的烃类经热解后可生成较小分子量的烃类,但这个流程的效率不高,其产率也低。因此,热裂解现已被催化裂解所取代。涉及催化反应的炼油技术种类繁多,但最为常见的还是液体催化裂解,它可以将大部分的给料转换成汽油或者轻质的催化裂化油,后者有时被调合成柴油。常压和真空粗柴油的馏分也许需要加氢裂解,即在有氢参与的情况下催化裂化。这个过程可以饱和芳香环、破坏绝大多数的杂原子分子并在碳—碳键断裂时对其加氢。加氢裂解通常生成煤油或柴油馏程的燃料。真空蒸馏残油被用作沥青或焦化炉装置的给料,在焦化炉中再进行高温裂解(约为500℃)。易挥发的裂解产物被汲出后,经处理再

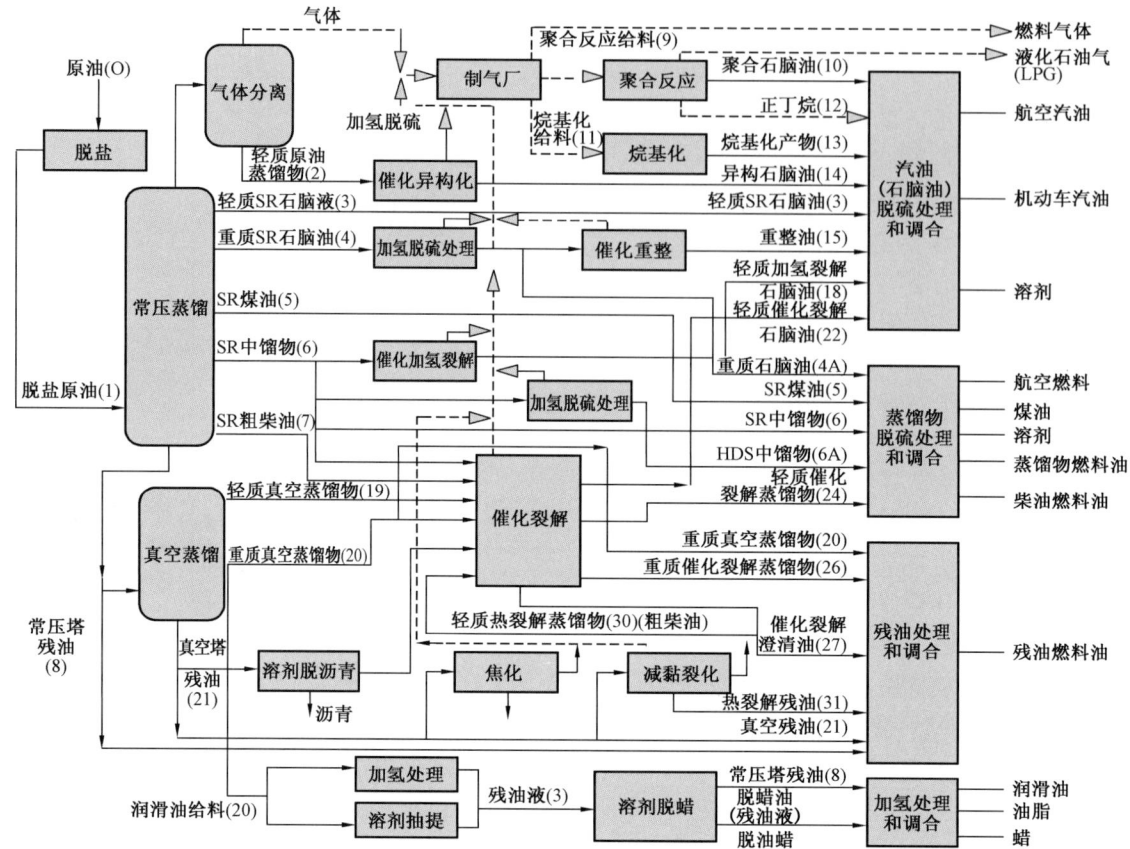

图 5.4 炼油厂将原油加工成适于销售的产品。每座炼油厂都是为加工特定类型的原油而专门设计的,其产品的生产都具有严格的规范。炼油厂里基础的加工装置可完成三大功能中的其中一项:将原油分离成相互性质更为接近的不同组分;用化学的方法将分离的组分转换成更适宜于所需的反应产物;以及纯化含有害元素和化合物的产物(《OSHA 技术手册 TED 1−0.15A》,《石油炼制流程》第二章:安全与危险 第四节)

加入到运输燃油中。而成为碳残余物的焦炭则可以作为一种固体燃料出售。

在燃料投放市场之前,清除微量的杂质和燃料的调和是炼制工艺的最后流程。而硫化氢、硫醇以及某些烯烃的去除,则是通过氧化反应(脱硫)、抽提、黏土矿物或分子筛的选择性吸附、以及加氢精制(一种比加氢处理温和的催化反应)来实现的。不同等级的产品可以通过与添加剂的调和和混合的方式来规范产品的性能,以便能够适应使用的规格,符合环保的规定以及满足经济的需求。

5.4 炼制产物中的生物标志化合物

地球化学家们经常会遇到区分炼制产物和天然产物的要求。比如,一片浮油可以是天然油苗或者是管道泄漏出的炼制产物所造成的。钻井添加剂,诸如油基泥浆中的柴油或者用于润滑钻头的钻管涂液,均可被误认成原油显示,从而导致不必要的钻杆测试或勘探井的布置。生物标志化合物在区分天然原油和某些合成产物方面具有应用潜力,但这类工作鲜有报道。

Peters 等人(1992)对圣·华金谷(San Joaquin Valley)重油原料生成的不同炼制等级的直馏馏分和加工产物的气相色谱和生物标志化合物的分布进行了对比(图 5.5)。不同等级的直馏馏分可生成航空燃料、柴油、加氢裂解炉所需的粗柴油原料(GOF)、真空粗柴油(VGO)和残油;而不同等级的加工产物则可生成加氢裂解炉、加氢精制炉、液体催化裂解炉和焦炭炉的产物,兹分述如下。

直馏馏分产物的组成主要受化合物的挥发性和蒸馏塔中明显的温度梯度的控制,这就使得对受制于母源和成熟度的生物标志化合物参数的解释复杂化了。直馏馏分的产物除残油而外均具有明显的主峰碳、狭窄的峰值范围和大量的未知色谱驼峰,这与每一蒸馏馏分狭窄的温度和挥发性的范围相一致。而这种狭窄的峰值范围在天然产物中则不具代表性。航空燃料的主峰碳和峰值范围分别为 nC_{12} 和 nC_5-nC_{18};柴油为 nC_{17} 和 nC_5-nC_{20};粗柴油原料为 nC_{22} 和 $nC_{18}-nC_{26}$;而真空粗柴油(VGO)则为 nC_{28} 和 $nC_{22}-nC_{32}$。这些峰值范围也可因研究的不同而略显不同(如表 5.1)。残油具有

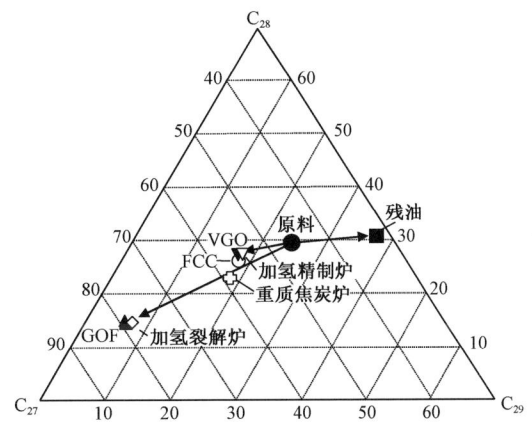

图 5.5　表示圣·华金谷重油原料、直馏馏分炼制蒸馏产物(实心符号)和加工产物(空心符号)的饱和烃馏分中 C_{27}、C_{28} 和 C_{29} 常规甾烷相对丰度的三角图(Peters 等,1992)。箭头强调挥发性粗柴油原料(GOF)和真空粗柴油(VGO)馏分中 C_{27} 甾烷以及残油中相对于原料的 C_{29} 甾烷的富集

不同于其他直馏馏分产物的比较宽泛的峰值范围,以及一个明显的自 nC_{28} 之后不断增大的未知驼峰。航空燃料和柴油缺乏除了高挥发性的 C_{19} 和 C_{20} 三环萜烷之外的大多数生物标志化合物($<1\sim2ppm$),原料中只有 31.5% 的 C_{19} 三环萜烷能够幸存在相对应的柴油中。粗柴油原料的蒸馏范围仅与绝大多数挥发性的生物标志化合物相重叠,比如,与原料相比,粗柴油原料富含相对于 C_{29} 而言的 C_{27} 甾烷、重排甾烷和单芳甾类化合物,从而模糊了 $C_{27}-C_{28}-C_{29}$ 三角图中它们之间的成因关系(图 5.5)。真空粗柴油的蒸发范围大致对应于大多数生物标志化合物的分布范围,与原料相比,在 $C_{27}-C_{28}-C_{29}$ 三角图中,真空粗柴油略微富含相对于 C_{29} 而言的 C_{27} 甾烷,但它们却具有几乎一致的 $C_{27}-C_{28}-C_{29}$ 重排甾烷和单芳甾烷的分布。残油的蒸发范围仅与最不具挥发性的生物标志化合物的范围相叠合,比如,与原料相比,在 $C_{27}-C_{28}-C_{29}$ 三角图中,残油富含相对于 C_{27} 而言的 C_{29} 甾烷、重排甾烷和单芳甾类化合物。

蒸馏馏分中依据挥发性对生物标志化合物的划分会影响一些热成熟度比值,诸如那些由具有不同挥发性(流出时间的早晚)的生物标志化合物分别充当分子和分母所构成的比值。比如,残油由于富含挥发性最小的生物标志化合物,因而具有指示低于原料成熟度的重排甾烷/甾烷、三环萜烷/17-α 藿烷以及三芳甾类 TA(I)/(TAI+Ⅱ)的比值。与原料相比,残油还具有较低的甾烷异构化的成熟度比值,这很可能是因为在高温常压的蒸馏过程中从原油的重质前驱物中释放出的异构体具有未熟特征的立体化学构型(如 20R)。这一结果与实验室的实验结果相吻合。在成熟度模拟实验过程中释放出的许多被束缚生物标志化合物具有指示低成熟度的立体化学特征,这很可能是由于在束缚状态下发生异构化位阻的缘故(Peters 等,1990;Peters 和 Moldwan,1991)。

与直馏馏分产物相比,加工产物中影响生物标志化合物分布的因素就更为复杂,它们包括挥发性、热稳定性、由较重的前驱物生成以及催化剂和氢压的效应等。比如,加氢裂解产物就缺乏单芳或三芳甾类化合物,这是因为高温和高氢压会破坏这类化合物,然而,在粗柴油原料产物中,萜烷或甾烷的分布却几乎没有发生任何变化。加氢裂解产物和粗柴油原

料中与母源和成熟度相关的生物标志化合物参数几乎是一致的。真空粗柴油的加氢精制也不会明显地改变除 Ts/(Ts+Tm) 而外的大多数生物标志化合物比值的分布。例如，加氢精制产物和真空粗柴油（VGO）中 C_{27}-C_{28}-C_{29} 甾烷和重排甾烷的分布基本上是一致的。与其他萜烷相比，加氢精制产物中的 Tm 似乎更不稳定些。与原料相比，液体催化裂解炉产物（FCC）含有组成相仿但数量消减的生物标志化合物，但它却缺乏单芳甾类化合物。残油的焦化会严重地消减和改变生物标志化合物的分布。

虽然 Peters 等人（1992）追索了生物标志化合物在不同炼制流程中的命运，但他们只分析了自然产生的化合物，而没有对那些在此类流程中从原料的天然化合物中新生成的生物标志化合物进行研究。Carlson 等人（1995）模拟了天然存在于所有原料中的纯胆甾烷的炼制转换过程，他们采用高效液相色谱法（HPLC）、质子核磁共振（NMR）以及色谱-质谱法（GCMS）技术对这些转换过程中主要的单芳、二芳以及三芳产物进行了分离和定性。根据产物的分布，Carlson 等人（1995）提出了从胆甾烷到这些产物的一系列反应途径，为探索不同等级炼制流程中的分子转化提供了一种方法。

6 稳定同位素比值

> 本章描述了稳定同位素尤其是稳定碳同位素比值在包括气体、原油、沉积物和烃源岩抽提物以及干酪根在内的石油定性方面的应用。本章讨论了同位素的标准以及符号表示法、同位素分馏的原理、各种同位素方法的应用,诸如稳定碳同位素类型曲线在石油混合物的对比和定量上的应用。本章以特征化合物同位素分析的新进展收尾,其中包括了单体烃同位素在深入认识羧酸的成因以及油藏中硫酸盐热化学还原过程方面的应用。

碳、硫、氮和氢的稳定碳同位素(Kaplan,1975;Fuex,1977;Hoefs,1997;Schoell,1984;Macko 和 Qiuck,1986)与生物标志化合物一同可用来确定原油和沥青的成因关系。同位素指那些原子核中含有相同数目的质子而中子数目不同的原子。本章将重点讨论碳同位素,这不仅是因为碳在石油中是占优势的元素,还因为无论是对整体还是对单体化合物而言,碳同位素的分析均相对容易,这使得我们对它的了解更深入一些。

图 6.1 展示了碳的两个稳定同位素的亚原子组成。碳-12(^{12}C)和碳-13(^{13}C)被分别称作轻和重稳定同位素,它们在所有碳中所占的份额分别为 98.89% 和 1.11%。不稳定的 ^{14}C 原子(未展示)的原子核中含有六个质子和八个中子,碳-14(^{14}C)是一个放射性原子,在天然生成的碳中,它的含量甚微。由于它的半衰期约为 5730 年,所以,无法在大于 50000 年的样品中检测到可靠的 ^{14}C。在未被现代碳所污染的石油中,^{14}C 是匮乏的。

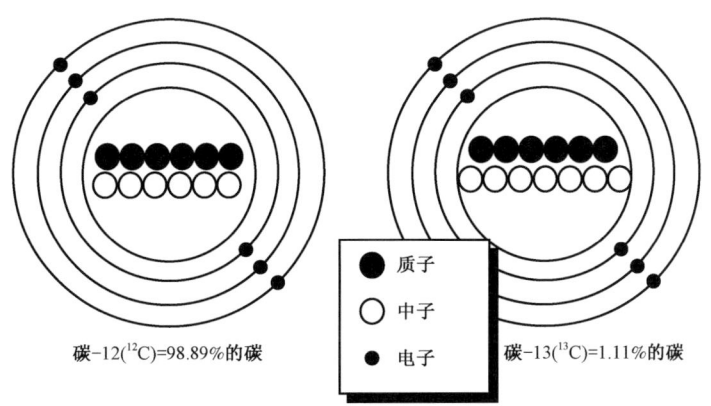

图 6.1 碳稳定同位素中质子、中子和电子构型的组成。^{12}C 原子的原子核(用内圈表示)中含有六个质子和六个中子,它占所有碳原子的 98.89%;与 ^{12}C 相比,^{13}C 原子含有额外的一个中子。本图的转载承蒙雪佛龙美国公司的分支机构雪佛龙-德士古勘探和开发技术公司的惠允

注:当沉积岩遭受侵蚀时,微生物促使沉积有机质氧化成为无机物。Petsch 等人(2001)从风化的上泥盆统新奥尔巴尼(New Albany)页岩中培养出了原核生物,通过对从这些原核生物分离出的磷脂脂肪酸的同位素分析,他们认为 74%~94% 的脂肪碳来自页岩中不含 ^{14}C 的干酪根的同化作用。在细胞凋亡之后磷脂会迅速降解,因此,它不会出现在古代沉积岩中。

6.1 标准及符号表示法

稳定同位素数据用 δ 值来表示,代表该值与一个公认的标准之间的千分差值(‰、per mil. 或 ppt):

$$\delta‰ = [(R_{样品} - R_{标准})/R_{标准}] \cdot 1000 \qquad (6.1)$$

R 代表同位素丰度比值,诸如:$^{13}C/^{12}C$、$^{18}O/^{16}O$、$^{34}S/^{32}S$、$^{15}N/^{14}N$ 或 $D/H(^2H/^1H)$。例如,碳的 δ 值是描述有机质在 ^{13}C 相对丰度上细微变化的一种便捷的方式。一个负的 δ 值表明样品相对于标准而言亏损重同位素,而一个正的 δ 值则意味着样品相对于标准而言富集重同位素。我们避免使用术语"轻"或"重",分别取而代之以贫 ^{13}C 和富 ^{13}C 来描述相对的同位素组成。

表 6.1 列出了参照标准以及表示稳定氢、碳、氮、氧和硫同位素比值的准则(Coplen,1996;Hoefs,1997)。同位素参照标准可以从以下两个机构获取:① 美国国家标准与技术研究所,通信地址:美国马里兰州 20899 - 0001 盖斯伯格(Gaitherburg)202 栋 204 室标准参照物质项目处,E - mail:srminfo@enh.nist.gov;② 国际原子能机构,通信地址:奥地利维也纳 A - 1400,100 号邮箱,瓦格瑞姆街(Wagramerstasse)5 号同位素水文学处,E - mail:iaea@iaeal.iaea.or.at。

表 6.1 同位素参照标准以及表示氢($^2H/^1H$)、碳($^{13}C/^{12}C$)、氮($^{15}N/^{14}N$)、氧($^{18}O/^{16}O$)和硫($^{34}S/^{32}S$)同位素组成的准则(Coplen,1996;Hoefs,1997)

元素	标准简略符号	表示法准则
水中的氢	VSMOW	在 δ^2H 标度中 VSMOW = 0‰,SLAP 水为 -428‰
其他的氢		同上,但也可用 NBS - 22 原油或其他合适的参照标准的 δ^2H 来表示
有机质中的碳(旧法)	PDB	在 $\delta^{13}C$ 标度中 PDB = 0‰(PDB 原始的标准样已耗尽)
碳酸盐中的碳	VPDB	在 $\delta^{13}C$ 标度中 NBS - 19 方解石(间接标准) = +1.95‰
其他的碳		同上,但也可用 NBS - 22 原油或其他合适的参照标准的 $\delta^{13}C$ 来表示
氮		在 $\delta^{15}N$ 标度中大气氮 = 0‰
碳酸盐中的氧	VPDB 或 VSMOW	在 $\delta^{18}O$ 标度中相对于 VSMOW 而言,SLAP 水为 -55.5‰,NBS - 19 = -2.2‰,适用于当用以计算 $\delta^{18}O$ 的氧同位素分馏因子或碳酸盐和 NBS - 19 出现相互不一致时,在 $\delta^{18}O$ 标度中相对于 VSMOW 而言,SLAP 水为 -55.5‰,VSMOW = 0‰,适用于 $\delta^{18}O$ 测定所依据的所有同位素分馏因子
硫	CD	在 $\delta^{34}S$ 标度中 CD = 0‰

CD 为 Canyon Diablo Troilite,NBS 为国家标准局,PDB 为采自白垩系皮狄组(Peedee)的美洲拟箭石属(*Belemnitella americana*)(这一标准样现已耗尽),SLAP 为标准的少量南极降水,VPDB 为维也纳 PDB,VSMOW 为中层海水的维也纳标准。

6.2 稳定碳同位素测定

在 1990 年之前,密封管燃烧曾经是最为常用的将有机质转换成二氧化碳用于同位素测定的方法,这是因为它的测定结果可重复性好,同时相对于真空系统动态燃烧法而言,该法通常更加快捷和经济(Stuermer 等,1978;Sofer,1980)。然而,样品几个星期或者更长时间地被放置在燃烧管中,可能会导致其 $\delta^{13}C$ 值偏负达 1‰ ~ 3‰(Enger 和 Maynard,1989),这很可能是由于 CO_2 与用于氧化反应的氧化铜丝(CuO)发生反应生成碳酸铜(如 Cu_2CO_3)的缘故。隔离

CO_2 和氧化铜丝或者在分析之前重新加热封管,均可避免此类问题的发生。在样品封入燃烧管之前,可以利用 H_3PO_4 在 $25 \sim 100℃$ 温度范围内除去燃烧会生成 CO_2 的碳酸盐(Wachter 和 Hayes,1985;Hoefs,1997)。

如今,绝大多数稳定碳同位素组成的分析已经完全采用了与元素分析仪和同位素比值质谱仪联用的在线燃烧系统(燃烧/IRMS)(Hoefs,1997)。与上述以前的方法相比,这一技术的应用使得分析样品的所需用量大为减少。此外,燃烧系统还可与一台色谱仪相连,使单体有机化合物碳同位素比值的分析得以实现(色谱/燃烧/IRMS,也可称之为特征化合物同位素分析 CSIA;见图 6.12)。

6.3 稳定碳同位素分馏

稳定碳同位素比值可用来描述有机物和无机物中 ^{13}C 丰度的细微变化(图 6.2)。图 6.2 中引申的部分显示了不同来源的原油同位素比值的分布范围。植物细菌分解生成的甲烷(沼气)与正在腐烂的植物相比,明显含有较少的 ^{13}C。Laws 等人(1995)和 Riebesell 等人(2000)讨论了在初级生产过程中包括生长速率和二氧化碳浓度在内的许多控制稳定碳同位素分馏的因素。

同一元素的同位素之间在质量上的差异,可导致物理和化学过程中可测的同位素分馏。对轻元素而言,这种分馏更为明显,因为它们的同位素(如氢,^1H 比氘,^2H)与较重元素的同位素(如 ^{12}C 比 ^{13}C)相比,在质量上具有更大比例的差异。其主要的分馏机制包括:① 平衡(或热动力)交换反应;② 与不可逆的物理或化学反应相关的热力学效应。

平衡交换反应取决于温度,当温度增高时,同位素分馏的幅度会降低(见 O'Neil,1986),例如,水的蒸发/凝结是一种可逆的化学平衡,即:

$$H_2^{16}O_{气态} + H_2^{18}O_{液态} \rightleftharpoons H_2^{18}O_{气态} + H_2^{16}O_{液态}$$

当蒸发的水在未凝结前被移出时,就会发生动力学分馏。在自然界里,所谓的非平衡同位素分馏是常见的。比如,水从海洋和湖泊中的蒸发既不是一个单向的动力学过程(有些水汽发生凝结),也不是一个可逆的平衡过程(出现净蒸发)。

在大气、水圈和碳酸盐矿物:CO_2(气态)、CO_2(液态)、HCO_3^-、CO_3^{2-} 以及 $CaCO_3$(文石和方解石)中,各种类型的碳均可发生碳同位素的交换反应。Zhang 等人(1995)对这些分馏进行了实验校正。在地表温度下,不同种类的碳相对富集 ^{13}C 的顺序依次如下所示:

$$CO_{2(液)} < CO_{2(气)} < CO_3^{2-} < HCO_3^- < 方解石 < 文石$$

在自然水体和碳酸盐矿物中,溶解碳酸氢盐(HCO_3^-)之间的碳同位素分馏是非常微弱的,然而,与处在气 – 水界面间的大气二氧化碳相比,有效平衡分馏会导致溶解碳酸氢盐中出现受温度控制的 ^{13}C 富集(图 6.2):

$$H^{13}CO_3^- + {}^{12}CO_2 \rightleftharpoons H^{12}CO_3^- + {}^{13}CO_2$$

不可逆或单向的物理化学过程可造成动力学的分馏,诸如:水的蒸发并随即移出蒸汽、气体的吸附和扩散、光合作用以及植物残骸的细菌降解等。这些分馏效应主要受化合物束缚能的控制(Mook,2001)。在物理过程中,含有较轻同位素(如 ^{12}C)的分子具有较高的速率和较低的束缚能,从而导致了比含有较重同位素(如 ^{13}C)的分子更快的反应速度。

有机质中的碳同位素丰度受一个与光合作用有关的重要的动力学同位素效应所控制,该效应导致了 ^{12}C 与有机质的选择性合成。然而,Galimov(1973)根据分子间的平衡同位素效应,

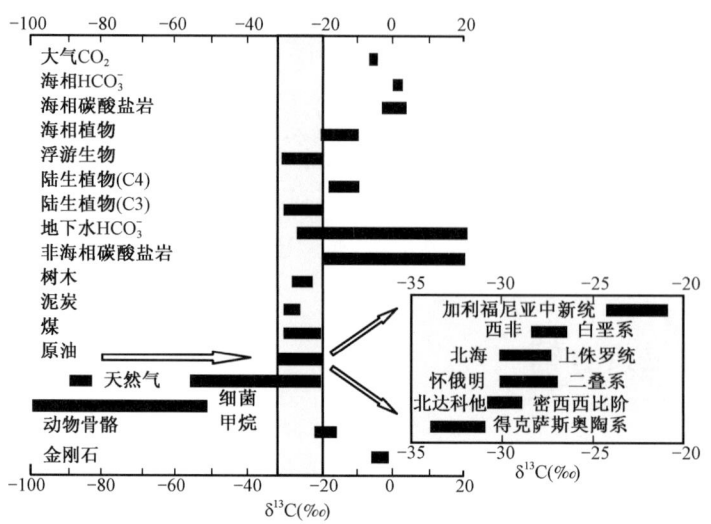

图 6.2 不同的有机和无机化合物稳定碳同位素比值(VPDB)的变化(据 Mook,2001 改编)。C3 和 C4 植物在文中予以讨论。按比例放大的部分表示源自某些烃源岩的各种原油同位素数值的分布范围,它依照从下往上、由老到新的顺序排列。稳定同位素比值可与生物标志化合物一同用于表示原油与其烃源岩之间的相关关系。本图的转载承蒙雪佛龙美国公司的分支机构雪佛龙 - 德士古勘探和开发技术公司的惠允

对有机质的同位素组成提出了一种不同的解释。在固碳过程中最为重要的同位素效应似乎出现在自养生物对 CO_2 的同化过程中,它可以被描述成一个两步过程:

$$CO_2(外源的) \longleftrightarrow CO_2(内源的) \rightarrow 有机产物$$

第一步为 CO_2 扩散至光合作用的反应中心,这一过程具有一个相对较小的同位素分馏,它在空气中接近 -4.4‰,对水生植物而言甚至会更小(Schildowski 和 Aharon)。在第二步,CO_2 被酶催化作用固定下来成为有机酸中的一个羧基基团。这一阶段的分馏幅度取决于多种因素,它包括用于固碳的特殊的光合途径以及其他特定种属在同位素分馏上的差异,导致这种差异的原因可以是海洋光合生物(Popp 等,1998)、辐照强度、生长速率或制约生长速率的养分的可用性以及与初级生产者的物理隔离,比如在海冰中(Riebesell 等,2000)。动力学同位素效应导致的分馏通常会大于平衡过程引起的分馏。

大多数绿色植物包括真核藻类和许多自养细菌,通过 C3 或 Calvin 途径来固碳。其他的两个光合途径是 C4 或 Hatch - Slack 途径和景天科植物酸代谢(CAM)途径。C4 植物主要包括古新世或者其后出现的热带草类、沙漠植物以及盐沼(海生)植物。通过 C4 光合途径固碳的植物与 C3 植物相比,更富集 ^{13}C(图 6.2)。例如,应用特征化合物同位素分析法(CSIA)检测到的印度次大陆中新世土壤和沉积物中正构烷烃的碳同位素组成,记录了 6Ma 前从低 $\delta^{13}C$ 值(-30‰)到高 $\delta^{13}C$ 值(-22‰)的一次漂移,这与当时由 C3 植被占优势快速过渡成为以 C4 植物占优势的典型的半干旱草原生态系统是相吻合的(Freeman 和 Colarusso,2001)。Meyers(1994,1997)采用 C/N 原子比与全有机质 $\delta^{13}C$ 值作图的方式,来区分未熟沉积岩中海相或湖相藻类以及 C3 或 C4 植物的输入。CAM 植物主要属于采用 C3 或 C4 光合途径的肉质植物,因而它的 $\delta^{13}C$ 值涵盖了 C3 和 C4 植物的分布范围。不同标准之间的 δ 值是无法直接进行转换的。

6.4 应用不同的标准转换δ值

令人遗憾的是并非所有δ值的表示都是相对于一个单一的标准而言的。由于转换公式（图6.2）的形式特殊,不同标准之间的δ值是无法直接进行转换的。下列的公式可用于δ值在不同标准之间进行转换（据Hoefs,1997）：

$$\delta x_{(a)} = \{[(\delta_{b(a)}/1000)+1][(\delta x_{(b)}/1000)+1]-1\} \times 1000 \tag{6.2}$$

式中$\delta x_{(a)}$和$\delta x_{(b)}$分别代表对应于原油标准a和b的样品同位素组成,而$\delta_{b(a)}$则是标准b相对于标准a的同位素组成。

例如,取自南卡罗莱纳州白垩系皮狄组的箭石（PDB）是碳的原始标准,虽然原始的样品已不复存在,但同位素的测定可以借助于相对于间接标准的校正仍以相对于PDB的方式来表示。大多数的操作人员通常采用NBS-19碳酸盐岩相对于PDB等于+1.95‰的方式来校正PDB标度。在PDB的标度用这种方式校正时,检测结果可以用相对于维也纳的PDB（VPDB）来表示。

在一些较老的石油工业出版物中,稳定碳同位素的检测结果用相对于NBS-22来表示,目前,仍有人将其用作为一个间接的标准。PDB和NBS-22相对于它们各自的δ值标度而言均被定义为零,在PDB的标度上,NBS-22原油的检测值为-29.81‰（Shoell,1983）。一个样品相对于NBS-22的δ值通常是不可以简单地采用加上29.81‰的方法将其转换成PDB标度的。公式（6.2）的代入式为：

$$\delta x_{(PDB)} = \{[(0.9702)(\delta x_{(NBS)}/1000)+1]-1\} \times 1000 \tag{6.3}$$

依据公式（6.3）,10‰、0‰、-10‰、-20‰、-30‰和-40‰的NBS-22值分别对应于PDB计算值的-24.96‰、-29.81‰、-39.51‰、-49.21‰、-58.92‰和-68.62‰,这些PDB值并不等同于简单地从NBS值中减去29.81‰后所获得的比值,它们之间的差值分别为-0.30‰、0‰、0.30‰、0.60‰、0.89‰和1.19‰。因此,从NBS值向PDB值的正确转换,对富含^{12}C的物质（诸如通常$\delta^{13}C_{PDB}$值为-50‰或者更低的甲烷）而言,就显得尤为重要。

6.5 稳定碳同位素比值的应用

6.5.1 烃类气体

轻烃气体的碳同位素组成受动力学的制约,这是由于^{12}C—^{13}C键应力的稳定性略弱于^{12}C—^{12}C键的缘故（Tang等,2000）。天然或人工模拟裂解生成的烃类气体表现出了从丁烷到丙烷到乙烷再到甲烷呈渐进式^{13}C亏损的特征（James,1983;Clyton,1991）,同样的,热成熟作用如同实验室的模拟结果,导致了富^{12}C甲烷的逸失和残余干酪根中^{13}C的富集（Peters等,1981）。在另一方面,由火花放电或其他非生物成因机制引发的甲烷生成较高碳数同系物的聚合反应可导致一个反序的排列,即^{13}C甲烷 > ^{13}C乙烷 > ^{13}C丙烷 > ^{13}C丁烷（Des Marais等,1981）。几乎所有采自世界各大油气聚集区的气体样品,不论年代、埋深或其他因素如何,其分析结果均呈现出了指示热裂解而不是非生物聚合的同位素分布特征（图6.3）。第9章展示了众多气体样品已发表的定量分析结果。

大多数热液成因和地热成因的甲烷源自有机母质而非无机物质。Des Marais等人（1981）表示,由于沉积有机质自然热解的缘故,黄石国家公园里地热成因的甲烷随温度的增高而变得

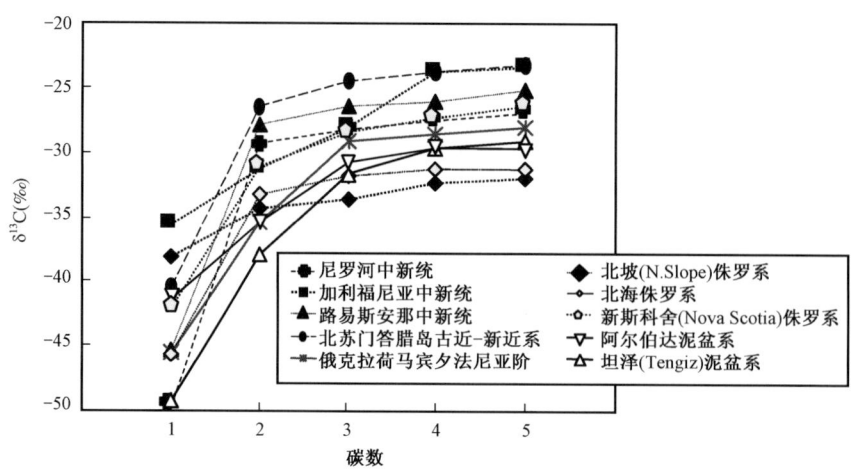

图 6.3 采自世界各油气聚集区不同年代的 C_1-C_5 烃类气体稳定碳同位素组成举例(数据源自 Chung 等,1988;Jenden 等 1993a)。^{13}C 的相对含量按正戊烷、正丁烷、丙烷、乙烷和甲烷的顺序依次递减,与较重组分裂解导致的动力学同位素分馏相吻合

富集^{13}C。此后,他们(1988)通过热解采自加州 Baja 的 Cerro Prieto 地热区岩石中的褐煤样品,模拟了该区烃类气体的生成。热解模拟的气体和现场采集的气体均显示出,较高的温度有利于甲烷、乙烷和苯相对丰度的增加以及单体烃 $\delta^{13}C$ 值的趋正。当较低温度和较高温度热解实验生成的气体相混时,实验室和现场数据的相关性最好,这说明该地热气体也是由不同深度有机质热解生成的气体组成的混合物。

同源的气态烃在同位素上的差异可用于气体成熟度的鉴定,因为较高的温度会减弱受动力学制约的同位素的分馏效应(James,1983)。因此,同一来源的甲烷和乙烷之间较小的同位素差异可以被认为是指示较高的成熟度。

图 6.4 可用来确定气体的成熟度,进行气 – 源对比,不同储层气体的对比以及混合气体的判识等。例如,虽然气样 1 不含丁烷和戊烷,但它的 C_1-C_3 烃类仍然指示其源自处于生油窗后期的烃源岩(R_o 相当于 1.1%)。气样 2 的组成表明它的成熟度处于相当于 1.5% R_o 的气 – 凝析油生成阶段的高峰期,假如在低成熟度的储集岩(如实测 $R_o=0.5\%$)中发现了样品 2,那么,可以认为该气体是由成熟的烃源岩向上运移至此的,而下方介于其间的储层中也许含有凝析油。气样 16 的同位素组成表明,它是一个源自成熟早期烃源岩(R_o 相当于 0.7%)的原油伴生气。地质信息显示样品 1 和 2 的烃类源自奥陶系尤蒂卡(Utica)页岩,而样品 16 则为上奥陶统休伦湖(Huron)页岩的产物(Laughrey 和 Baldassare,1998)。

6.5.2 全油、沥青和干酪根的对比

依据全油、沥青和干酪根的稳定碳同位素比值,下列几个通则可适用于它们之间的对比:

(1)在具有相似成熟度的原油中,其碳同位素差值不超过1‰时,支持但不确认它们之间的正相关关系,根据我们的经验,相关原油成熟度之间的差异可以造成相当于2‰~3‰的同位素变化(如成熟度范围很宽的蒙特利(Monterey)原油的 $\delta^{13}C$ 差值就不大于 1.5‰,见图 19.18)。

(2)碳同位素差值大于2‰~3‰的原油通常具有不同的来源,虽然也有例外。怀俄明州 Big Horn 盆地最高成熟度和最低成熟度原油中,碳同位素的变化范围是 3.6‰,这种差异似乎完全是由于热成熟度的不同所导致的(Chung 等,1981)。由分布广泛但有机相明显不同的烃

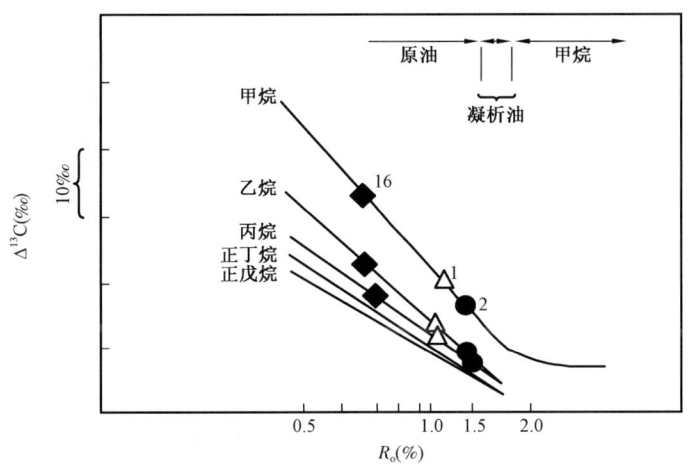

图 6.4 将 C_1 - C_5 烃类稳定同位素值的适当间距(10‰标度)与由镜质体反射率测定的烃源岩成熟度联系起来的示意图(据 James,1983 改编)。气体样品 1、2 和 16 采自宾夕法尼亚州和俄亥俄州的中阿帕拉契亚盆地(数据源自 Laughrey 和 Baldassare,1998 的表2)。右上方的插图表示原油、凝析油和甲烷成熟度的大致范围。这三个气体样品也包括在图 6.15 中

源岩生成的原油通常可能会具有大幅度的碳同位素变化(见 Hwang 等,1989)。对沉积在某些局限沉积环境中的烃源岩生成的原油而言,碳同位素大幅度变化的出现似乎并不与输入有机质类型上的明显变化相伴生,一个极端的例子就是,与中泥盆统有机质有关的原油在碳同位素组成上反映出的 8.1‰的变化幅度(Hatch 等,1987),这种变化的起因与其说是有机质类型的变化,还不如说是受限的水体循环和不稳定的有机生产率以及活体生物导致的碳循环效应。

(3) 与烃源岩中的干酪根相比,沥青的 $\delta^{13}C$ 值通常会偏负 0.5‰~1.5‰,同样的,原油与烃源岩沥青相比,其 $\delta^{13}C$ 值又会偏负 0~1.5‰。这种普遍存在的相关关系被假设成大体上分别相当于原油、沥青和干酪根的成熟度。

注:可以利用源自加利福尼亚始新统 Kreyenhagen 和中新统蒙特利和 Antelope 页岩烃源岩的原油所具有的各自相对贫^{13}C 或富^{13}C 碳同位素组成的特征,明显地将它们区分开来(Jones,1987;Peters 等,1994)。这些差异也反映在新近系基底界限附近干酪根的碳同位素组成上。

尽管许多意大利的原油具有碳酸盐岩烃源岩生物标志化合物的特征,稳定碳同位素比值却可将它们划分为分别源自三叠系 - 土阿辛阶和白垩系 - 渐新 - 中新统地层的两大成因类型(Katz 等,2000a)。三叠系 - 土阿辛阶的原油,包括 Rospo Mare 和 Malossa 原油以及 Maiella 的降解油在碳同位素组成上均贫^{13}C ($\delta^{13}C$ < -26‰);而白垩系 - 渐新 - 中新统的原油,包括 Monte Alpi 和 Bagnolo 的原油以及 Tramutola 的油苗则具有富^{13}C 的碳同位素组成($\delta^{13}C$ > -26‰)。

同位素分析显示,沿阿拉斯加威廉王子湾北部和西部的海岸线收集到的为数众多的扁平状焦沥青球具有一个出人意料的来源(Kvenvolden 等,1995)。尽管这个海湾仍然含有 1989 年埃克森在瓦尔迪兹(Valdez)原油泄漏事故的遗存,但焦沥青球却显然与这种北坡(North Slope)原油毫无关系。61 号焦沥青球样品的稳定碳同位素比值是 -23.7‰±0.2‰,这与加利福尼亚蒙特利组烃源岩生成的原油相类似,但却明显不同于取自埃克森瓦尔迪兹泄漏残油的 28 号样品(-29.4±0.1‰)。与埃克森瓦尔迪兹泄漏油及其风化残余物所不同的是,焦沥青球含有 28,30 - 二降藿烷、25,28,30 - 三降藿烷和奥利烷以及低比值的 C_{29} 甾烷 20S/(20S + 20R) 和 C_{31} 藿烷

22S/(22S+22R)（它们分别为 0.34±0.02 和 0.54±0.01），这些均为蒙特利原油的特征。笔者认为随处可见的焦沥青球代表了输入阿拉斯加的蒙特利沥青和燃料油，它们在 1964 年阿拉斯加地震时泄漏流入了海湾。

姥鲛烷/植烷和全油稳定碳同位素比值绘制的坐标图通常用于支持原油和烃源岩抽提物之间可能存在的相关关系（图 6.5），它还可提供一些有关烃源岩沉积环境的信息。绘制这类图所需的同位素和色谱分析快捷而便宜，然而，基于该图的解读最好能有其他地球化学数据的支持，诸如生物标志化合物。生物降解可以改变姥鲛烷/植烷的比值或者完全将原油中的姥鲛烷和植烷消耗掉。

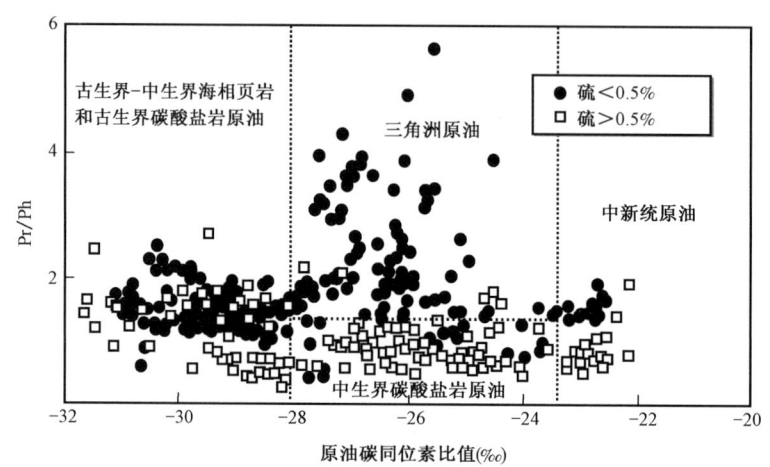

图 6.5 姥鲛烷/植烷与全油的稳定碳同位素比值可用于支持原油间的成因关系和推断沉积环境（Chung 等，1992）。位于同一图区的样品不必一定具有成因上的关系。由于例外很多，用该图推断沉积环境时需多加小心。转载承蒙 AAPG 的惠允，如需引用需获允许

断开一个元素由重同位素形成的键比打开轻同位素之间的键所需的能量更大，这是动力学同位素效应的基础。因此，相对于反应物如原油和干酪根而言，包括甲烷和其他轻烃气体在内的早期热解产物会富集轻同位素。随着成熟度的增加，原油可以在同位素上变得富集 ^{13}C（Sofer，1984）或者亏损 ^{13}C（见 Hughes，1985），这取决于正在演化原油的哪一部分被用作分析样品。一个系列的原油可能含有：① 源自原油热演化进程中的挥发性的富 ^{12}C 的产物；② 在易挥发性产物移出后残余的富 ^{13}C 的原油。

一些间接的过程，诸如运移和生物降解，可以导致相关原油族组成分布的变化（如饱和烃百分含量/芳香烃百分含量），并由此可能造成相关的原油具有不同的同位素组成。在对 API 度相差悬殊的全油进行稳定碳同位素的对比时，或者在进行原油与沥青的比较时都必须谨慎从事。与全油相比，汽油馏程的烃类富集 ^{13}C（Silverman，1971）并以高 API 度的原油和凝析油为主。假如高 API 度的原油在蒸馏时未能到达顶部并使汽油馏程的组分逸出，那么用该油与沥青进行对比则有可能出错。由于沥青是用有机溶剂抽提得到的，因此，沥青中绝大多数汽油馏程的烃类已流失。移出溶剂的旋转蒸发导致了汽油馏程和低于 nC_{15} 的低分子量的化合物的流失。

干酪根可以含有大量惰性或倾气的显微组分，它们对生油没有贡献但却可能掩盖倾油显微组分的同位素特征。同理，运移原油或污染物也会模糊原生沥青的同位素组成。当任何一个类似的问题发生时，以沥青和干酪根的稳定碳同位素比值为基础的烃源岩研究就有可能会打折扣。Bailey 等人（1990）采用对从岩石预抽提中获取的液态热解产物进行同位素组成分析

的方法来避免此类问题的发生。借助于快速的无水热解,他们可以从许多相互毗邻的岩石样品(热解产物的同位素剖面测定)中得到热解产物,并用于北海原油的同位素和生物标志化合物的对比研究。该方法的另一个好处是,几乎没有可能会忽视巨厚岩套中地球化学非均一性的层段,而这种忽视常见于采样不足。Burwood 等人(1990)使用同一方法来区分安哥拉盐下烃源岩中的有机相。

6.5.3 稳定同位素类型曲线

稳定碳同位素类型曲线的形态和趋势可用于判识原油、沥青和干酪根之间的相关关系(Galimov,1973;Stahl,1978)。原油具有随组分极性增加和沸点升高,^{13}C 增高的趋势(见 Chung 等,1981),相类似的同位素类型曲线支持但不证实成因间的相关关系。图6.6展示了俄罗斯西西伯利亚盆地中鄂毕湾(Middle Ob)地区原油类型曲线的例子,Kogolym - 31 原油具有与同一地区(阴影趋势带)的其他原油相类似的类型曲线,它支持生物标志化合物关于它们彼此相关的结论(Peters等,1993)。Salym - 114 原油的生物标志化合物指示了它与 Kogolym - 31 原油以及其他西西伯利亚原油的关系,由于相对于其他原油(生油窗早 - 高峰期)而言,具有较高的热成熟度(生油窗晚期),Salym

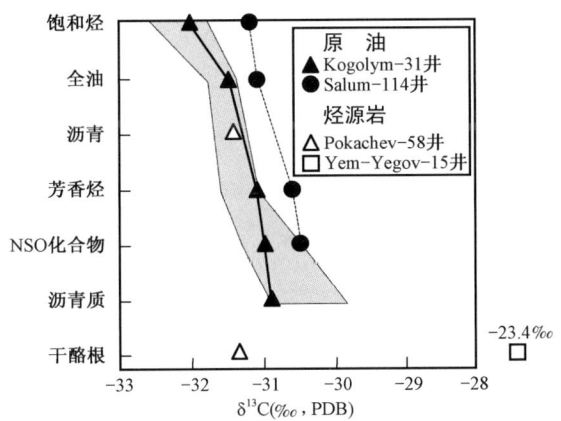

图6.6 稳定碳同位素类型曲线可用于表示俄罗斯西西伯利亚中鄂毕湾(Middle Ob)地区原油之间或原油与烃源岩有机质之间的关系(Peters等,1993),阴影部分包括 Kogolym - 31 原油以及附近上侏罗统 Bazhenov 组烃源岩生成的其他4个代表性的原油。本图的转载承蒙雪佛龙美国公司的分支机构雪佛龙 - 德士古勘探和开发技术公司的惠允

- 114 原油含有富集 ^{13}C 的族组成的化合物。所有类型曲线所指示的类型趋势表明:原油烃源岩中干酪根稳定碳同位素比值的范围约为 -29‰ ~ -31‰,从 Pokachev - 58 井具生烃潜力的上侏罗统巴热诺夫(Bazhenov)组烃源岩分离出的干酪根具有 -31.4‰ 的同位素比值,这与油 - 源的相关关系是相一致的,同样,该烃源岩中的沥青同位素比值(-31.5‰)落在了根据相关原油建立起的阴影趋势带中,它也支持原油与烃源岩之间的相关关系。该沥青同时还与原油进行了生物标志化合物方面的对比。从 Yem - Yegov - 15 井中侏罗统秋明(Tyumen)组砂岩的粉砂岩碎屑中分离出了干酪根,它的同位素组成(-23.4‰)证实了生物标志化合物的分析结果,表明该粉砂岩与原油无关。

随极性增加和沸点升高,组分富集 ^{13}C 的原因尚不明了,但它似乎可以用以下的推理来解释。假如组分是在干酪根热裂解的歧化反应中生成的,那么,可以认为是动力学的分馏作用导致了干酪根富集 ^{13}C(变重);而组分则随极性降低的顺序亏损 ^{13}C(变轻):沥青质 > NSO 化合物 > 芳香烃 > 饱和烃。文献中的同位素类型曲线表明,y 轴上的各类组分随着与图中原点距离的增加总是呈极性降低的趋势。全油或沥青通常具有介于饱和烃和芳香烃之间的同位素组成,这是因为它们构成了绝大多数原油样品的主要部分。

原油及其组分的稳定碳同位素类型曲线的外推可用来预测烃源岩中干酪根同位素的大致组成。在含有沥青或干酪根的备选烃源岩中,那些在外推时同位素组成不相一致的烃源岩就可以被排除在外。当沥青的同位素组成与相关的干酪根不相一致的时候,该沥青可能不是原生的,而只代表了运移原油或污染物。

在应用同位素类型曲线预测烃源岩时应谨慎从事,因为有些干酪根含有丰富的惰性或倾气的显微组分,它们的同位素组成不同于相关的倾油显微组分(Bailey 等,1990),因而有可能模糊了倾油显微组分与排驱原油之间的相关关系。有机岩石学有助于鉴别可能具有这类问题的显微组成的干酪根。

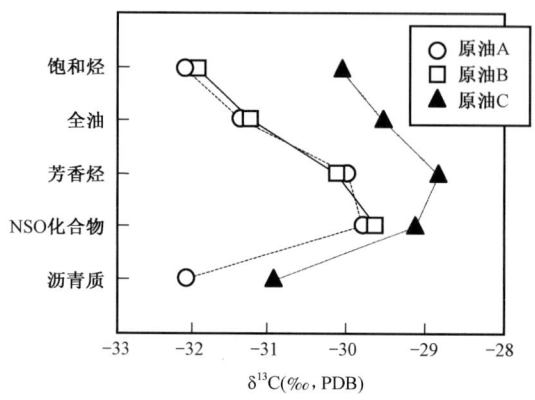

图 6.7 俄罗斯 Timan – Pechora 盆地三类相关原油的不规则稳定碳同位素类型曲线。除了趋势之外,类型曲线的形态也可用于油 – 油或油 – 源的评价。本图的转载承蒙雪佛龙美国公司的分支机构雪佛龙 – 德士古勘探和开发技术公司的惠允

由于包括热成熟度、运移以及脱沥青效应在内的次生作用可以影响各组分的同位素组成,许多稳定碳同位素类型曲线的趋势是无规律可循的(Chung 等,1981)。例如,生物降解可使残留饱和烃组分富集^{13}C。不规则的稳定碳同位素类型曲线可以对俄罗斯 Timan – Pechora 盆地中三类贫沥青质的原油进行定性(图 6.7)。在这个例子中,y 轴上的类型曲线不包括沥青和干酪根,Timan – Pechora 的两类原油均具有贫^{13}C 的沥青质组分,从而导致了形态相似的不规则类型曲线。原油 A 和 C 中异常亏损^{13}C 的沥青质组分可能是由于样品制备时贫^{13}C 的饱和烃与沥青质组分共同沉淀的缘故。原油 B 的高效液相色谱(HPLC)分析没能分离出足够的用于同位素分析的沥青质组分。这三类原油均含有大于 54% 的饱和烃组分和小于 0.4% 的沥青质组分。生物标志化合物的分析结果表明,原油 C 来自同时也生成其他原油的同一烃源岩的不同的有机相。依据不含异常沥青质的类型曲线的外推,生成这些原油的干酪根的同位素组成被推测为 –28‰。我们认为在外推类型曲线预测烃源岩干酪根的同位素组成时,异常的沥青质同位素比值,特别是对含蜡或富饱和烃的原油而言,应当不予考虑。

注:根据我们的分析,在对苏丹含蜡原油进行制备时也发生了贫^{13}C 的饱和烃组分与沥青质共同沉淀的现象。苏丹和 Timan – Pechora 原油均富饱和烃组分(分别大于 45% 和 54%),但贫沥青质组分(分别小于 3% 和 0.4%)。

6.5.4 原油多套烃源岩的定量评估

由于稳定碳同位素比值反映原油的总特征,一旦多套烃源岩的存在被认定后,它可用于混源油母质输入的定量评估。Peters 等人(1989)展示了自比阿特丽斯(Beatrice)油田的全油以及生成该原油的两套烃源岩(中侏罗统和泥盆系)的沥青获得的不同碳同位素组成,在计算对各自原油的大致贡献时,所具有的应用范围尺度(Bailey 等人,1990)。由于只涉及两种原油的混合,他们采用了以下简单的计算公式:

$$(\delta^{13}C_{oil})(100) = (\delta^{13}C_{sourceA})(X) + (\delta^{13}C_{sourceB})(100 - X) \qquad (6.4)$$

只有在混源油和其贡献烃源岩的 $\delta^{13}C$ 是已知的情况下,才有可能估算出由 X 测定的烃源岩 A 的贡献。这样的估算要求混源油和贡献原油或沥青的样品不曾经历生物降解并且具有大致相同的成熟度。

6.5.5 年代和沉积环境

原油的同位素分析表明,随着烃源岩年代的变新原油通常具有富集^{13}C 的趋势(图

6.2），Andrusevich 等人（1998）比较了从远古界到新近系代表 13 个不同年代地层的 514 个原油样品中饱和烃和芳香烃组分的稳定碳同位素组成（图 6.8），饱和烃和芳香烃组分的 ^{13}C 丰度随年代的变新呈周期性的增高并显示出不受烃源岩类型制约的特点。图 6.8 展示的只是饱和烃的数据，三个周期性的碳同位素向 ^{13}C 的漂移分别出现在寒武-奥陶系、三叠-侏罗系和古近-新近系的界线上。随着年代的变新，同位素比值的范围也倾向于增大，尽管这也许是受限于样品的数量及其地理分布的缘故。例如，取自包括美国、德国、北海、秘鲁和俄罗斯在内的一个庞大的数据库的二叠系海相有机质的数据显示：与图 6.8 所示的 7 个二叠系原油饱和烃组分的 $\delta^{13}C$ 范围相比，它们具有一个相当宽泛的 $\delta^{13}C$ 范围（-26‰~-31‰）（Simoneit，1993）。虽然如此，其他人从全油的同位素组成分析中也获得了与该图相类似的结果（见 Stahl，1977；Botneva 等，1984；Chung 等，1992）。

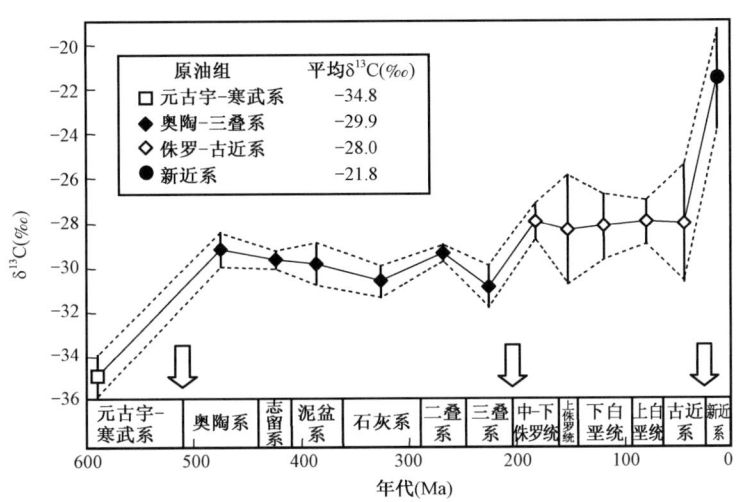

图 6.8　原油 C_{15+} 饱和烃组分平均碳同位素比值与年代对比图。元古宇-寒武系（17 个原油）、奥陶系（5 个）、志留系（25 个）、泥盆系（17 个）、石炭系（11 个）、二叠系（7 个）、三叠系（12 个）、中-下侏罗统（12 个）、上侏罗统（200 个）、下白垩统（51 个）、上白垩统（UK）（200 个）、古近系（71 个）以及新近系（34 个）。样品点上的纵向线条为标准偏差，通常它随年代的变新而增大。箭头指示可能发生碳同位素向 ^{13}C 周期性漂移的寒武-奥陶系、三叠-侏罗系以及古近-新近系的界限。插图展示了由饱和烃相似年代和平均同位素组成划定的四组原油。该图引自 Andrusevich 等人（1998），转载承蒙 Elsevier 的惠允

导致这一普遍趋势的原因尚不清楚。Andrusevich 等人（1998）认为原油周期性地富集 ^{13}C 与碳酸盐 ^{13}C 的同位素变化有关。寒武-奥陶系、三叠-侏罗系以及古近-新近系的界限周围原油饱和烃组分中三次最大的 ^{13}C 富集，分别出现在寒武系、三叠系和古近系基底碳酸盐岩中的 ^{13}C 含量大规模亏损之后。如上所述，光合作用导致了 ^{12}C 的优先结合，在浮游植物繁盛之后出现的大规模死亡致使富含 ^{12}C 的有机碳埋藏了下来，而残留的生物质则趋于富集 ^{13}C。与此同时，由于生产率的增加，富含 ^{12}C 的二氧化碳和碳酸氢盐脱离了水体，这也许会增加碳酸盐离子的浓度直至富含 ^{13}C 的钙碳酸盐的沉淀。因此，碳酸盐岩主要富集 ^{13}C 的时期通常与富含有机质烃源岩的沉积相互关联。原油中每次 ^{13}C 的骤增均发生在碳酸盐岩 ^{13}C 的最大亏损期之后和新的浮游植物骨架类型的出现之时。这些作者相信在前寒武纪和古生代之间，沉积物中的干酪根（-31‰~-35‰）富含更加稳定的贫 ^{13}C 的类脂物，因为在具有有机内壁的浮游植物的成岩过程中，碳水化合物和蛋白质更易降解。然而，到了中生代和新生代，有更多的浮游植物具备了钙质或硅质的种皮，它们能够使碳水化合物在成岩过程中免遭降解，从而生

成了富^{13}C的干酪根（-21‰～-25‰）。

在烃源岩的沉积过程中，古纬度也会影响原油的同位素组成。Andrusevich等人（2000）着重研究了上侏罗统原油中在特定的时间段里制约同位素变化的控制因素。源自高纬度上侏罗统烃源岩的原油（如内乌肯、北海和西西伯利亚盆地；图6.9）与同时代赤道地区的原油（如Sureste和格罗尼亚（Gotnia）盆地）相比亏损^{13}C。上侏罗统含有Ⅱ型干酪根的烃源岩生成的原油约占世界范围内原油储量的25%（Klemme和Ulmishek，1991）。大多数上侏罗统的原油产自阿拉伯-伊朗盆地（46%）、西西伯利亚盆地（22%）、墨西哥湾盆地（13%）和北海盆地（11%）。

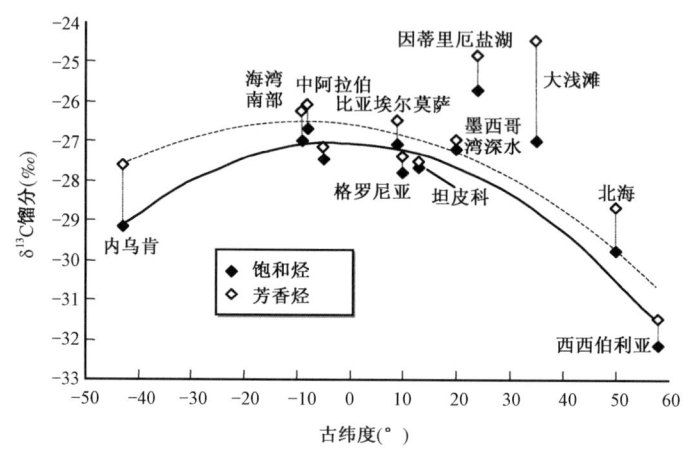

图6.9　482个上侏罗系原油样品中C_{15+}饱和烃和芳香烃组分平均稳定碳同位素的组成随古纬度的不同而发生的规律性的变化（Andrusevich等，2000）。实线和虚线分别为饱和烃和芳香烃组分二阶多项式的最佳拟合曲线。墨西哥湾因蒂里厄盐湖（Interior Salt）盆地和新斯科舍（Nova Scotia）的大浅滩（Grand Banks）原油的数据不在曲线的范围之内。DW GOM指墨西哥湾深水

源自大浅滩（Grand Banks）和因蒂里厄盐湖（Interior Salt）盆地原油的实测值比其烃源岩古纬度的预测值更富集^{13}C（图6.9）。由于上侏罗统的烃源岩沉积于高度封闭的盆地，具有强烈的^{13}C的同化特征，因此，产自这些盆地的原油的同位素组成未能包括在图6.9所示的曲线范围之内。例如，大浅滩原油中高含量的伽马蜡烷指示了分层的水柱，在Rankin组烃源岩白鹭段（Egret）沉积时，为一高盐环境（Fowler和McAlpine，1995）。这些原油具有丰富的4-甲基甾烷和高含量的C_{27}甾烷，表明高生产率的沟鞭藻类的繁盛，它可能会导致^{13}C同化作用的增强。和大浅滩原油一样，源自因蒂里厄盐湖盆地斯马科弗（Smackover）烃源岩的原油也具有高含量的4-甲基甾烷，以及其他烃源岩沉积于封闭环境时的证据，如高硫和低姥/植比。

许多因素可以用来解释古纬度对原油同位素组成的影响，诸如水体的表面温度以及不同纬度生物种属的差异等。水体的表面温度、pH值和溶解二氧化碳是影响海相生物体稳定碳同位素组成的主要因素。大气二氧化碳在水中的溶解以及光合作用过程中碳同位素的分馏，均会随着温度的降低而增强，当二氧化碳的浓度因水温升高以及/或浮游植物的生长需求而降低时，碳酸氢盐中就会相应地有更多的^{13}C由于热动力学和动力学同位素效应的缘故而参与光合作用，结合进入有机质。

图6.10表明种属的多样性也支持温度的热动力学和动力学同位素效应是原油同位素组成的制约因素之一的观点。与同一时代高纬度硅质碎屑烃源岩生成的原油相比，赤道附近的

阿拉伯和墨西哥湾盆地含有碳酸盐岩烃源岩中不同有机质生成的原油。较低的甾烷/藿烷比值显示,与高纬度硅质碎屑烃源岩相比,低纬度碳酸盐岩烃源岩含有相对较多的细菌输入。此外,高、低纬度原油间不同的 C_{27}/C_{29} 甾烷比值也可指示在藻类前驱物输入上的差异。

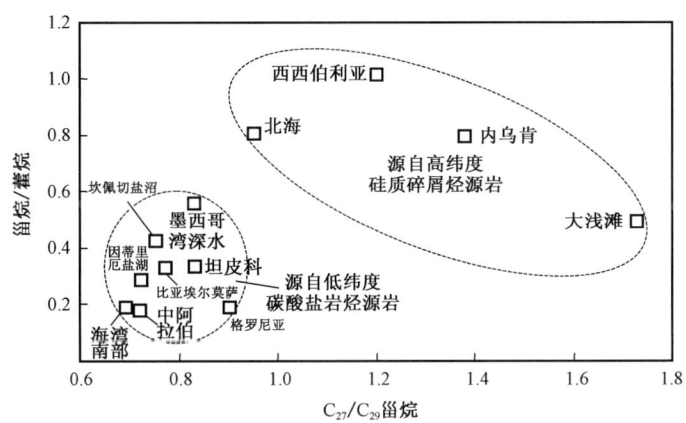

图 6.10 482 个上侏罗系原油中,源自低纬度碳酸盐岩烃源岩的原油与高纬度硅质碎屑烃源岩生成的原油相比,具有较低的 C_{27}/C_{29} 甾烷和甾烷/藿烷比值(Andrusevich 等,2000)

图 6.8 所显示的同位素年代趋势具有很多的例外,以至于很难将其用做通过原油来准确地预测烃源岩年代的工具。特定时间段中的同位素比值范围通常不能用来进行可靠的定年。比如,与较年轻的有机质相比,前寒武(Hayes 等,1983)和奥陶系(Hatch 等,1987)的有机质一般亏损 ^{13}C,但是这些差异不具鉴别的意义。Shoell 和 Wellmer(1981)认为某些前寒武有机质通常亏损 ^{13}C,但大多数前寒武有机质在碳同位素比值范围上与显生宙有机质相比并无二致。世界范围内好几个地方的海相有机质在白垩系-古近系界限处均富集 ^{13}C 约 3‰~4‰(Arthur 等,1988),同样的,高盐环境通常含有富集 ^{13}C 的有机质(Schildowski 等,1984)。然而,这些差异同样不具鉴别意义。

基于上述的理由,同位素的数据不能用于指示有机质的年代或沉积环境。由于有机质形成时和形成后存在同位素分馏作用,在应用稳定碳同位素比值指示母质输入时应该谨慎从事(Fuex,1977;Deines,1980a)。然而,如同以下例证所示,综合应用稳定碳同位素和生物标志化合物数据可对有机质的输入做出更为可信的评估。

注:源自前奥陶系碳酸盐岩烃源岩的原油通常具有低碳同位素比值、低姥鲛烷/植烷比值、低 Ts/Tm 比值(<1)以及 C_{28} 或 C_{29} 甾烷占优势的特征(McKirdy 等,1983)。产自北阿曼的原油具有很负的 $\delta^{13}C$ 值(-33.14‰),Pr/Ph 为 0.85 以及 Ts/Tm 为 0.89,但它并不特别富含 C_{28} 或 C_{29} 甾烷。与本区的其他原油相比,该原油具有较高的伽马蜡烷指数和较低的 C_{30} 甾烷指数。这些数据显示其烃源岩的沉积环境曾与海相环境相隔离,很可能是一种欠补偿静海盆地或者泻湖相碳酸盐岩蒸发环境。伽马蜡烷是烃源岩沉积时水体分层的标志,通常伴有盐度的升高,诸如在碱性湖泊和泻湖相碳酸盐岩蒸发环境中。综合阿曼原油的生物标志化合物、同位素以及地质信息,表明该油源自附近的寒武系之下 Huqf 组的烃源岩,这与已发表的对北阿曼类似原油的认识是相一致的(Terken 和 Frewin,2000)。

6.5.6 海相与陆相有机输入

除了早期的尝试之外(Silverman 和 Epstein,1958),应用全油的碳同位素比值并不能清晰地将源自海相和陆相有机质的原油区分开来。但是,许多海相和陆相原油是可以用 C_{15+} 饱和烃和芳香烃组分的稳定碳同位素比值来区分的(图 6.11)。这种差异是指有机质的起源而言,而非沉积环境。例如,在许多沉积于三角洲海相环境的烃源岩中,外来的陆源有机质占优势,由此而生成的原油在图 6.11 中被划分在陆源区内。

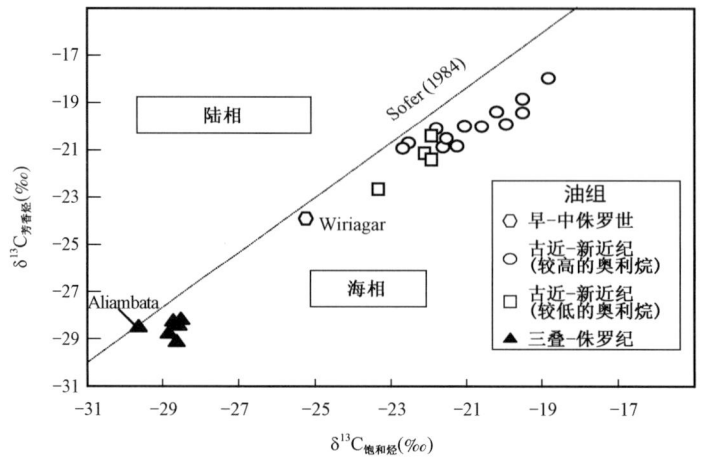

图 6.11　东印度尼西亚不同原油之间饱和烃与芳香烃组分稳定碳同位素比值(相对于 PDB‰)的差异(Peters 等,1999),图中的最佳分割点线是根据 339 个陆相(上部)和海相(下部)原油的统计分析划定的(Sofer,1984)。标定的位置显示这四组原油的烃源岩主要含海相有机质,还可参见图 13.61。转载承蒙 AAPG 的惠允,如要引用需获允许

陆相原油($\delta^{13}C_{芳} = 1.12\delta^{13}C_{饱} + 5.54$)和海相原油($\delta^{13}C_{芳} = 1.10\delta^{13}C_{饱} + 3.75$)具有各自不同的同位素公式,它们可用一个被称之为正则变量的统计参数规范化(Sofer,1984):

$$CV = -2.538\delta^{13}C_{饱} + 2.22\delta^{13}C_{芳} - 11.65$$

式中 CV 为正则变量。

依据对 339 个非降解原油的分步判别式的分析,CV 大于 0.47 表示主要为蜡质陆相原油,而 CV 小于 0.47 则主要为非蜡质海相原油(Sofer,1984)。此处 CV 代表样品在 $\delta^{13}C_{饱和烃}$ 比 $\delta^{13}C_{芳香烃}$ 的示意图中距陆相和海相原油间最佳分割线的垂直距离。越负的 CV 值表示越多的海相输入,反之亦然。

为了将原油的人为色谱分类更好地量化为蜡质或非蜡质,Sofer(1984)将碳数范围在 $nC_{19}-nC_{33}$ 之间的正构烷烃色谱峰值代入二次方程式:

$$正烷烃\% = A(碳数)^2 + B(碳数) + C$$

蜡质和非蜡质的分布分别表示正和负的二次方程系数(QC)。

在解释含蜡量和 CV 时应谨慎从事。例如,Peters 等人(1986)采用两组判别式分析得出:应用饱和烃和芳香烃组分稳定同位素比值只能把一套海相和非海相原油中的 66% 正确地区分开来,然而,他们采用同位素和生物标志化合物数据相结合的统计分析手段成功地区分了海相与非海相原油。由于微生物优先侵蚀蜡质并因此改变 CV 值,所以,这种方法不宜用来解释生物降解原油。许多高熟的陆相原油不含蜡质(高 CV),这是因为裂解破坏了蜡质。例如,怀俄明州的高熟红漠(Red Desert)原油源自陆相含煤烃源岩,虽然具有典型的海相原油的非蜡质正构烷烃的分布,其 CV 值仍然指示陆源的成因(Sofer,1984)。一些有疑问的原油具有海相的 CV 值但却含蜡(如:取自婆罗洲(Borneo)的巫丹(Udang)、澳大利亚的 Latrobe 以及苏门答腊岛(Sumatra)的 Minas 原油)(Sofer,1984)。当两者相互抵触时,稳定碳同位素比值在指

示海/陆相输入上通常比蜡含量更为可靠,然而,最终的解释最好还有其他与成因相关的数据的支持。

6.6 特征化合物同位素分析(CSIA)

特征化合物同位素分析(CSIA)(图 6.12)或同位素比值监测/气相色谱-质谱法(TRM/GC-MS)可以对从气相或液相色谱洗脱的生物标志化合物和其他化合物进行稳定碳同位素的分析(Matthews 和 Hayes,1978;Hayes 等,1987;Hayes 等,1990;Freedman 等,1998;Jasper,1999),随机误差和与特征化合物同位素分析相关的离散见 Jasper(1999)的论述。

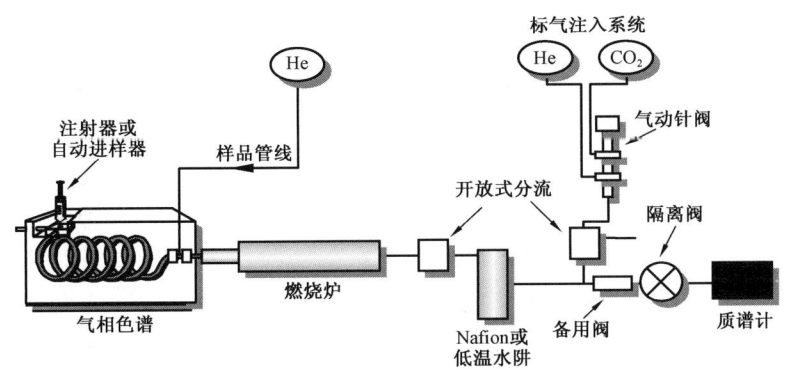

图 6.12 用于特征化合物同位素分析(CSIA)的同位素比值监测/气相色谱-质谱仪(TRM/GCMS)的示意图(据 Jasper,2001 修订)。该仪器的三大部分为:① 气相色谱仪,用于分离有机化合物生成单体化合物;② 高温(900℃)燃烧炉,用于燃烧各单体化合物,生成 CO_2、H_2O 和其他产物;③ 同位素比值质谱仪,用于测定每个单体化合物的 $^{13}C_{CO_2}$ 和 $^{12}C_{CO_2}$ 值并给出相应化合物的同位素比值。样品管线用来导入无需色谱分离的纯化样品

气相和液相色谱法可以影响单体有机化合物稳定碳同位素组成的测定值,这是由于它们在色层柱的固定相和移动相之间被反复地吸附和解吸的过程中所出现的分配效应的缘故(Liberti 等,1965)。例如,毛细气相色谱柱生成各种单个化合物的谱峰,其中富 ^{13}C 的组分在峰前洗脱而与它们具有相同化学结构但贫 ^{13}C 的对应物则在峰尾洗脱(Hayes 等,1990)。应用特征化合物同位素分析进行精确的碳同位素分析时,要求在没有其他化合物共流的情况下,对整个谱峰进行分析。高效液相色谱法(HPLC)通常用于有机化合物详细分析前的制备分离,它也可能会引起单个化合物同位素组成的分馏。例如,从 C_{18} 逆相高效液相色谱法获得的一个叶绿素 a 谱峰中采集到的碎片就呈现出显著的稳定碳同位素的变化,这表明对可靠的特征化合物同位素分析结果而言,定量恢复是不可或缺的(Bidigare 等,1991)。基于超稳态 Y-特形沸石(shape-selective)分子筛的制备高效液相色谱法,可在不引起同位素分馏的情况下将甾烷类化合物和霍烷类化合物区分开来(Kenig 等,2000),因为这种选形法不涉及上述类似的吸附-解吸相的分配效应。

Hayes 等人(1987)认为单个生物标志化合物的稳定碳同位素组成在成岩过程中可以保留下来。始新统 Messel 页岩中的生物标志化合物具有一个较宽的碳同位素组成范围(-20.9‰~-73.4‰)。这种由生物控制的同位素组成可以用来判识某些化合物的特殊来源,并有助于重建形成 Messel 页岩的湖泊和沉积物中的碳循环。例如,几种卟啉的结构和碳同位素组成可用于确定它们源自藻类和细菌类的不同成因。

建立起同位素和生物标志化合物地球化学之间的联系,对认识古环境是至关重要的。假定常规生物成因的化合物具有相似的同位素组成,那么特征化合物同位素分析方法就可以成

为重建有机碳生物地球化学途径的强有力的手段。Freeman 等人(1990)应用这一假说重建了古 Messel 湖各种原生和次生的碳循环途径。这里术语"原生"指所有光合作用的产物,而"次生"则指其后过程的衍生物,它既可以是生物的也可以是热演化的。另一个例子是 Hayes 等人(1990)的研究结果显示了海相白垩系 Greenhorn 组样品中脂族类异戊二烯和正烷基烃在成因上的明显差异。姥鲛烷、植烷和卟啉构成了同位素组成具有相似变化的一组化合物,而正构烷烃和总有机碳则构成了另一组,这一结果与姥鲛烷、植烷和卟啉来自于原生物质(即叶绿素)的衍生而正构烷烃则成因于次生输入的认识是相吻合的。

6.6.1 特征化合物同位素分析(CSIA)用于古环境的重建

Summons 和 Powell(1986,1987)从分别采自密执安和西加拿大盆地志留系和泥盆系生物礁储层的原油中检出了一系列的芳基类异戊二烯烃(1-烷基-2,3,6-三甲基苯)化合物(见图 13.118),这些化合物的结构和同位素组成表明它们是厌氧绿硫细菌(*chlorobiaceae*)中的芳香族类胡萝卜素的成岩产物,这种细菌在光合过程中采用一种与众不同的生物合成途径(还原三羧基酸循环)吸纳无机碳。因此,芳基类异戊二烯在原油中的出现被认为是指示烃源岩沉积环境中透光层的缺氧。后来的研究表明芳基类戊二烯的来源至少可能有二:绿硫细菌中的异海绵烯或 β-异海绵烯,以及从自然界普遍存在的类胡萝卜素的色素——β-胡萝卜素衍生而来的 β-异海绵烯(Koopmans 等,1996)。他们发现在北海原油的一个样品中 β-胡萝卜烷和 β-异海绵烷具有相似的 $\delta^{13}C$ 值(-26‰),符合同一来源的特征;而异海绵烷则更富集约 15‰ 的 ^{13}C,与绿硫细菌的来源相吻合。当原油中出现富集 ^{13}C 的芳基类异戊二烯烃或异海绵烷时,沉积有机质中就有绿硫细菌的贡献。由此鉴别出了一组新的生物标志化合物,其意义也借助于生物标志化合物与同位素分析相结合的应用而为人们所认识。

Riebesell 等人(2000)认为在依据类脂化合物 $\delta^{13}C$ 值可能仅为千分之几的差异来判识其不同来源时应持慎重的态度。他们测定了存在于不同二氧化碳浓度变化条件下的球石藻类(*Coccolithophorid*)艾氏海洋浮游藻(*Emiliania huxleyi*)中的总有机质、烯酮、甾醇、脂肪酸以及植醇的稳定碳同位素组成并且发现在同一藻类中,不同类脂化合物的 ^{13}C 值具有很大的差异。相对于总有机质而言,各种脂肪酸的 ^{13}C 亏损约为 2.3‰~4.1‰;植醇的 ^{13}C 亏损约为 1.9‰;而主要的甾醇,24-甲基胆甾-5,22E-二烯-3β-醇的 ^{13}C 亏损约为 8.5‰。

Schoell 等人(1994)应用特征化合物同位素分析测定了犹他州的尤因塔盆地硬沥青中生物标志化合物的碳同位素变化,各种生物标志化合物的同位素组成可以指示在始新世尤因塔和大绿河古湖泊系统中它们的古生态起源。例如,C_{28} 和 C_{29} 甾烷(-25‰~-32‰)、姥鲛烷和植烷(-33‰~-34‰)、以及 β-胡萝卜烷(-33.2‰)的同位素比值表明具有透光带生物的起源。硬沥青中许多这种藻类生物标志化合物的同位素组成在研究区内(1500km²)具有一致性并且与其认定的 Mahogany Ledge 油页岩烃源岩中同一化合物的同位素比值相吻合。同位素的测定在硬沥青中区分出了两组藿烷:C_{29}、C_{31}、C_{32} 藿烷和莫烷(-40.9‰~44.3‰)可能源自中层水的细菌,而 C_{30} 藿烷和莫烷(-51.9‰~-60.5‰)则明显亏损 ^{13}C,表明其至少部分地为甲基营养菌的衍生。该样具有丰富的伽马蜡烷,但因与 C_{31} 甲基藿烷共流而无法进行精确的同位素测定。同位素的数据表明,硬沥青的烃源岩沉积于一个分层的古湖泊水系,它的沉积条件类似于 Mahogany Ledge 油页岩的形成环境。Schoell 等人(1994)认为藻类生物标志化合物的同位素组成,尤其是甾烷,不失为 Mahogany Ledge 组排驱产物成因对比的有效手段,而藿烷同位素则可用于沉积亚相的判识。甾烷和藿烷同位素模式中类似的差异也出现在蒙特利组该组的甾烷同位素具有相互的一致性,而藿烷同位素则在横向上和纵向上均有变化(Schoell 等,1992)。

Yu 等人(2000a)研究了茂名油页岩中单体生物标志化合物的 $\delta^{13}C$ 值,姥鲛烷和植烷的 $\delta^{13}C$ 值(-24‰)与叶绿素 a 植醇侧链上它们的母质相一致,然而,4-甲基甾烷的 $\delta^{13}C$ 值则显得很负(-29‰),与甾烷相比这个比值更接近伴生的藿烷。将茂名页岩的分析结果与江汉油页岩生物标志化合物的分析进行对比,发现后者4-甲基甾烷的 $\delta^{13}C$ 值与姥鲛烷、植烷和正常甾烷相类似。Yu 等人(2002a)推测4-甲基甾烷与藿烷的类同表明这些化合物源自细菌。

我们认为,Yu 等人(2000a)的研究显示了依据 $\delta^{13}C$ 来判别单体生物标志化合物特殊生物来源的局限性。4-甲基甾烷的成因通过富含这类化合物的茂名地层中丰富的沟鞭藻类包囊之间的对比似乎已经有了可靠的定论(Brassell 等,1985)。4-甲基甾烷的细菌起源是不太可能的。已知能够合成甾醇的细菌只有几种(荚膜甲基球菌 Methylococcus capsulatus、侵蚀侏囊菌 Nannocystis exedens、多囊菌属 Polyangium sp.、嗜有机甲基杆菌 Methylobacterium organophilum 以及汉森甲基球状菌属 Methylosphaera hansonii)(Bird 等,1971;Bouvier 等,1976;Patt 和 Hanseon,1978;Schouten 等,2000a)。在大多数这类细菌中,甾醇的含量不高并随不同的温度和生存条件而变化。因而,微生物的多样性和潜在的生物量对可能成为甾醇的细菌贡献者而言都是有限的。此外,甲基营养菌中甾醇的 $\delta^{13}C$ 值反映出代谢甲烷的同位素特征,倘若它是生物成因的,生成的甾醇应该特别富集 ^{12}C(Schouten 等,2000b)。茂名4-甲基甾烷偏负的 $\delta^{13}C$ 值可能反映了沟鞭藻类在特殊的环境条件下一种异常的分馏效应。

Yu 等人(2000a,2000b)还开发了一种新的衍生方法来检测不同地质卟啉的 $\delta^{13}C$ 值。为了在色谱分离时使卟啉具有挥发性,先用甲基磺酸对化合物进行去金属化处理,然后通过去金属卟啉与六氯乙硅烷的反应将硅嵌入,最后,用 N-甲基-N-三元醇-丁基二甲基三氟乙酰胺(MTBSTFA)对由嵌入的硅生成的 SiOH 基团进行硅烷化处理,整个过程并没有改变卟啉碳的同位素组成。江汉盆地油页岩抽提物中的 C_{31} 脱氧植红初卟啉(DPEP)和两个 C_{32} 脱氧植红初卟啉(DPEP)的 $\delta^{13}C$ 值几乎是相同的(分别为-21.3‰、-23.5‰和-23.9‰),表明它们均源自叶绿素。相比之下,茂名油页岩中 C_{31} 脱氧植红初卟啉(DPEP)和 C_{32} 初卟啉(ETIO)具有相似的 $\delta^{13}C$ 值(分别为-26.7‰和-26.9‰),而 C_{32} 脱氧植红初卟啉(DPEP)的 $\delta^{13}C$ 值则偏正超过4‰(-22.1‰)(与 Peters 的私人通信证实原文有误——译者注),指示了不同的起源。

近年来氢同位素特征化合物同位素分析的进展(Scrimgeour 等,1999;Sessions 等,1999)开辟了研究烃源岩古环境和成岩作用的新途径。Andersen 等人(2001)提供了东地中海 Messinian 烃源岩与硫键合的组分中的生物标志化合物、正构烷烃和类异戊二烯的第一批氢同位素数据,它们的 $\delta^{13}C$ 和 δD 比值具有相似的变化,其波动范围分别为14‰和160‰。古环境中被光合生物所利用的原始水的 δD 估算值在-31‰与+66‰之间波动,较重的同位素组成与 Messinian 盐度异常过程中的极限蒸发期相吻合。Messinian 样品中正构烷烃和类异戊二烯 δD 比值之间的偏移量与现代生物的培养物相类似,说明成岩作用不会明显地影响原始氘同位素的分布。这些结果与其他数据的一致性表明,类脂化合物中与碳键合的氢是稳定的,在成岩过程中不易与周围的水发生交换(Schimmelmann 等,1999)。

6.6.2 相关性研究中的特征化合物同位素分析

特征化合物同位素分析是油-油、油-源对比中的一种有效的方法(图6.13;也见于图10.19),该法还可用于对不同来源混合油的判识。Guthrie 等人(1996)采用特征化合物同位素分析对巴西多个盆地中的一套富含有机质的未熟页岩进行了定性。正构烷烃(如正十七碳烷)、姥鲛烷、植烷、28,30-二降藿烷、藿烷和伽马蜡烷的稳定碳同位素组成可用于区分岩石样品以及它们生成的原油,与海相页岩相比,湖相页岩中的这些化合物无一例外地更加亏损 ^{13}C。它们高藿烷/甾烷的比值与贫 ^{13}C 的同位素组成之间的相关性支持产甲烷菌对湖相页岩的强烈输入。轻烃的特征化合物同位素分析对轻质油与凝析油之间的对比而言特别有用(见图 7.39)。

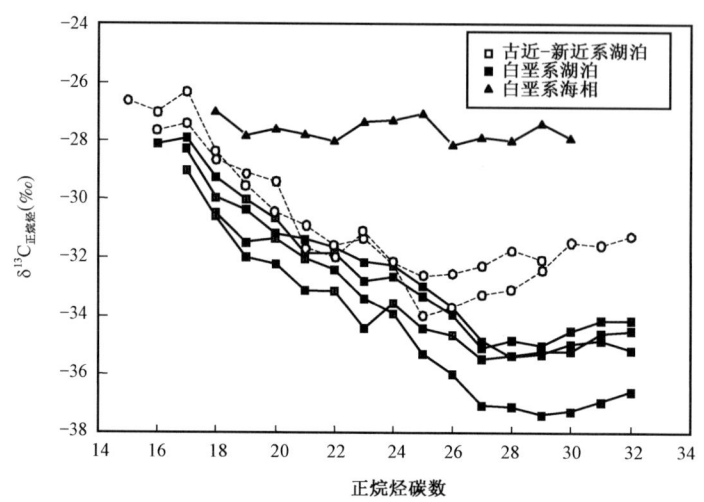

图 6.13 正构烷烃的单体化合物同位素分析用于区分巴西古近-新近系湖相、白垩系湖相(与 Peters 的私人通信证实原文有误——译者注)和白垩系正常海相富有机质的烃源岩(据 Guthrie 等 1996)。类似的分析还可用于区分由这些烃源岩和其他烃源岩生成的原油

6.6.3 分布式的烃源岩采样

Curiale 和 Sperry(1998)观测到巴西近海 Camamu–Almada 盆地白垩系 Morro do Barro 组不连续岩样的可抽提有机质中分子的分布与该盆地的原油具有相关性,然而,它们单体正烷烃的 $\delta^{13}C$ 比值却互不关联(图 6.14)。关于在厚度不大的地层中出现不同的特征化合物同位素分析 $\delta^{13}C$ 值的解释可谓林林总总,从大气二氧化碳同位素组成的长期变化(Santos Neto 等,1998)到透光带二氧化碳的制约(Hollander 和 McKenzie,1991),不一而足。Curiale 和 Sperry(1998)论证了在对比这些湖相抽提物和相关原油时分布式采样而非随机、分散式采样的重要性。对氢指数(HI)大于 400mg 烃/gTOC 的 Morro do Barro 岩石的随机采样表明,烃源岩岩套中单体正构烷烃 $\delta^{13}C$ 值的变化可高达 5‰~6‰。他们认为 Camamu–Almada 原油是由 Morro do Barro 组中多个不连续烃源岩地层生成的混合烃类组成的。在采用分布式采样的方式时,他们会根据烃源岩样品的氢指数通过确定 $nC_{20}-nC_{28}$ 区间每个单体正构烷烃 $\delta^{13}C$ 输入的权重来计算一个混合油中正构烷烃的 $\delta^{13}C$ 值。

6.6.4 羧酸的特征化合物同位素分析

由于羧酸为弱酸,它们可能会影响原油储层和输导层次生孔隙的发育或者成矿金属的迁移。含油气盆地和沉积物覆盖的热液系统中流体羧酸的浓度变化可达多个数量级,但单体酸的相对浓度则随碳链长度的增加而有规律地降低(Shock,1988;Seewald,2001)。

地表下的各类作用均可生成羧酸,例如,在有机质的厌氧降解中乙酸和其他挥发性羧酸是重要的媒介,但由于微生物对其的快速消耗(Wellsbury 等,1997),它们在沉积物中的浓度通常并不高(<15μM)。羧酸与在埋藏和热液活动中被加热的有机质的紧密联系表明,它们部分

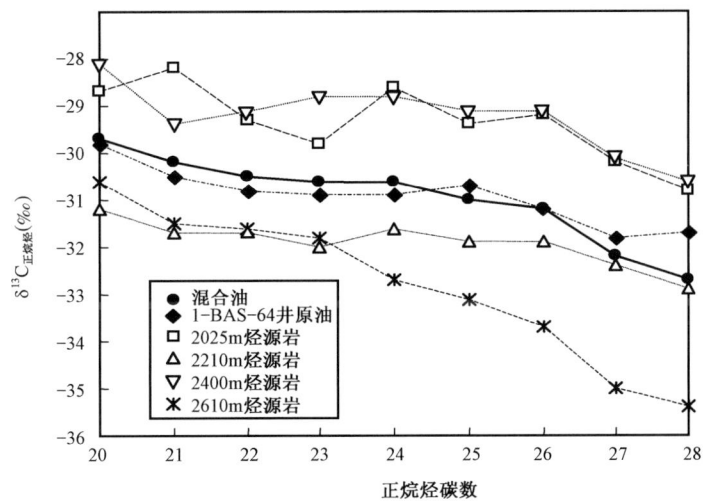

图 6.14　巴西 Camamu – Almada 盆地原油和岩石抽提物中 nC_{20} – nC_{28} 正构烷烃的稳定同位素组成(Curiale 和 Sperry,1998)。1 – BAS – 64 井原油中正构烷烃的同位素分布与 1 – BAS – 71 井中白垩统 Morro do Barro 组烃源岩不连续深度的四个烃源岩抽提物中的任何一个都不相符,然而,该原油 $\delta^{13}C$ 的分布却与根据每个岩样的氢指数用各自正构烷烃抽提物分析结果的权重确定的混合抽提物的计算值十分吻合

地来自有机质,这得到了实验室结果的支持(Knauss 等,1997)。烃源岩里高达 2.5% 的有机质在热成熟的过程中可以被转换成短链 C_2 – C_5 的羧酸,其中大约有一半作为溶解有机酸与原油一同被排出(Lewan 和 Fisher,1994)。在模拟埋深增加对地表滨岸海相沉积物加热的过程中,乙酸的含量增加至三个数量级以上(Wellsbury 等,1997)。他们还观测到大西洋两处孔隙水中乙酸的含量在大约 150m 的深度以下呈增长的趋势,这种增长还与细菌活动的增加有关。其他人认为涉及矿物氧化剂的反应是酸类生成的另一来源(见 Eglinton 等,1987;Borgund 和 Barth,1994)。此外,与水、二氧化碳和碳酸盐岩矿物有关的、受氧化还原作用制约的、亚稳态的热动力学平衡也许能够调节某些羧酸的相对丰度(Helgeson 等,1993;Shock,1994)。

实验室的加热实验支持在烃源岩热演化过程中生成的正构烷烃,经过逐步的含水氧化能生成正烯烃、醇类、酮类并最终生成羧酸的观点(Seewald,2001)。氧化剂很可能包括铝硅酸盐中三价的铁、氧化物和氢氧化物、黄铁矿、含硫酸盐矿物以及水等。在这些实验结果的基础上建立起的模型,可以准确地预测油田卤水中羧酸的相对分布。由于生成羧酸所需要的氧来自矿物或水,因此,与将干酪根作为这些酸类所需氧的唯一来源的模型的预测相比,它可以生成更多的羧酸并为次生孔隙的形成所利用。

Franks 等人(2001)和 Dias 等人(2002a)认为加利福尼亚 San Joaquin 盆地油田水中短链 C_2 – C_5 的有机酸随碳数的增加一般会变得在同位素上亏损 ^{13}C,但仍然比共生的中新统 Antelope(相当于蒙特利)或始新统 Kreyenhagen 的原油更富集 ^{13}C。他们用各种酸的 $\delta^{13}C$ 值和 $1/n$(n 为碳数)作图来证明他们提出的假说,即含有较高碳数的有机酸具有更多的贫 ^{13}C 的脂族碳原子,它稀释了羧酸富集 ^{13}C 的同位素效应。基于这种关系,与这类酸中的脂族碳原子相比,羧基碳原子被认为是富集大约 10‰ ~ 38‰ 的 ^{13}C。有机酸中脂族碳原子的碳同位素比值被认为是在 – 22.5‰ ~ – 25.6‰ 和 – 27.8‰ ~ 29.8‰ 的范围之内波动,反映出盆地中的原油有两个主要的来源(Antelope 原油约为 – 22‰ ~ – 25‰,Kreyenhagen 原油则约为 – 28‰ ~ – 30‰)。因此,与这两类起源相关的水可以依据有机酸中脂族碳原子的碳同位素组成很容易地被辨认出来。作者由此推断出羧基碳之所以富集^{13}C是由于其对生物先质碳同位素的继承或者与溶解的碳酸氢盐中的碳发生交换的缘故。

6.7 硫和氢同位素

用碳与硫(Orr,1974)或碳与氢(Schoell,1984;Peters等,1986)的稳定同位素比值作图可用于原油的分类。例如,图6.15中1号样品和2号样品为源自奥陶系Utica页岩烃源岩、产自东俄亥俄上寒武统储集岩的井口烃类气体(Laughrey和Baldassare,1998),它们的甲烷δ^{13}C值与δD值和甲烷δ^{13}C值与气体的湿度组成的坐标图表明,它们是原油和干酪根裂解生成的热成因的凝析油伴生气。1号样品和2号样品中甲烷、乙烷和丙烷之间碳同位素的间距表明其TAI成熟度分别为接近3-和3,对应于油窗晚期(图6.4),这与依据图6.15中镜质体反射率(R_o)的标尺得出的成熟度估算值是相吻合的。

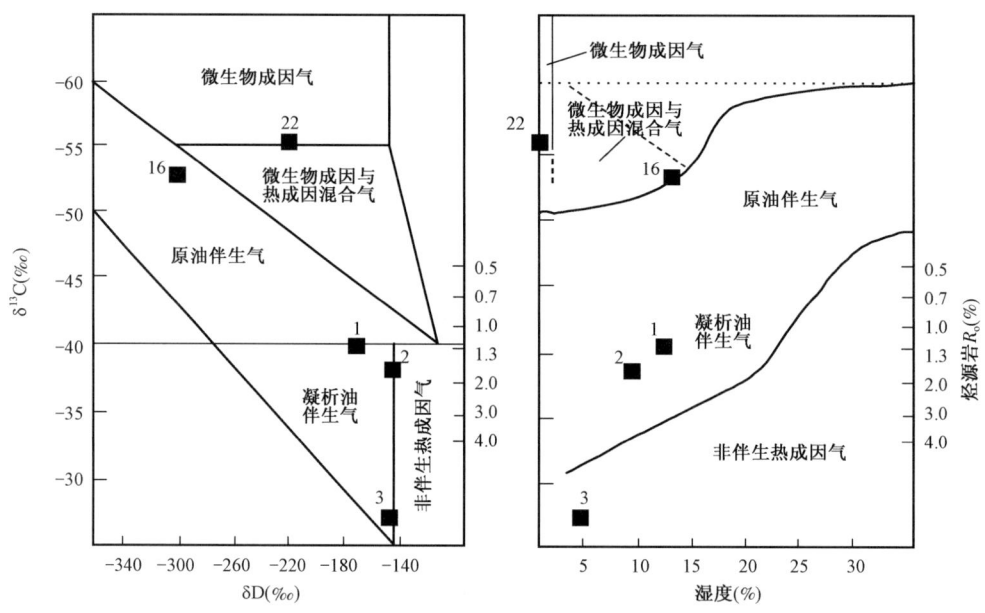

图6.15 选自东俄亥俄和西宾夕法尼亚气体的甲烷稳定碳同位素比值与甲烷氢同位素比值(左)和与气体湿度(右)组成的示意图(Schoell,1983改编;数据和样品号据Laughrey和Baldassare,1998)。镜质体反射率(R_o)(Jenden等,1983b)的标尺为近似值,并不适用于所有的气体样品(如16号样品)。1、2和16号气体样品还见图6.4。转载承蒙AAPG的惠允,如要引用需获允许

采自西宾夕法尼亚Grugan油气田的气体3号样品的甲烷δ^{13}C值为-27.2‰,这是迄今为止阿帕拉契亚盆地所报道的最富集^{13}C的甲烷(Laughrey和Baldassare,1998)。这个异常的气体还具有一个同位素倒序的倾向,其乙烷δ^{13}C值和丙烷δ^{13}C值分别为-35.8‰和-37.4‰。尽管3号样品可能被解释成非生物成因的气体,但是导致甲烷、乙烷和丙烷同位素倒序倾向的原因还可能是有机母质的非均一性(可能大部分为奥陶系Utica页岩)、不同来源气体的混合、热成因气体的氧化、以及或者是气藏的部分扩散逸失(Jenden等,1983a;Laughrey和Baldassare,1998)。

图6.15中16号样品为源自上泥盆系页岩烃源岩和产自西宾夕法尼亚一口井中上泥盆统Huron页岩段储集岩的气体(Laughrey和Baldassare,1998)。图6.4表明16号样品的TAI成熟度接近2+,为成熟早期的原油伴生气。

22号样品是产自镜质体反射率(R_o)为0.9%的高挥发性沥青质煤的煤层气(Laughrey和Baldassare,1998)。一般来说,煤层气中的甲烷在低阶时亏损^{13}C(-60‰),而在较高的煤阶时则明显富集^{13}C(-40‰)(Rice等,1993)。然而,煤层气的组成同样还受热成因甲烷与由地下水带入的、厌氧菌生成的后期微生物甲烷混合的影响(Rice等,1993;Scott等,1994)。22号气体样品具有一个指示低于周边煤岩热成熟度测定值(R_o=0.9%)的同位素组成,就很可能是这种贫^{13}C的微生物甲烷混入的缘故。另一个如何应用稳定碳和氢同位素区分不同来源甲烷的例证见图10.31。

Burwood等人(1990)应用碳与氢同位素的比值图来区分两类安哥拉原油。采自古近-新近系储层的加积楔原油贫气并含有丰富的18α-奥利烷(Riva等,1988)。这些原油被认为是源自上白垩统-古近系海相Iabe-Landana烃源岩。产自Pinda组和Pre-Salt储层的碳酸盐岩台地相原油富气,显示其沉积于高蒸发损耗的含水条件下。这些原油具有许多巴西湖相原油所具备的特征,包括丰富的三环萜类、28,30-二降藿烷以及伽马蜡烷。许多这类安哥拉原油还含有25,30-二降藿烷。这些碳酸盐岩台地相的原油以及它们在巴西的类似物均源自盐下下白垩统湖相Bucomazi组,沉积于南美大陆漂移脱离非洲之前。在Bucomazi组中主要依据碳同位素和有机质的类型可鉴别出三种倾油的有机相。有趣的是:在许多碳酸盐岩台地相的原油中观测到的25,30-二降藿烷却在一种富集^{13}C和含Ⅱ型干酪根的有机相中缺失。

巴西的Potiguar盆地具有由裂谷到海洋过渡期沉积的页岩和泥灰岩(Aptian Alagamar组)以及裂谷期的湖相页岩(Neocomian Pendência组)组成的两套烃源岩,碳和氢同位素的混合模型被共同用来确定这些海洋蒸发相和湖相烃源岩对该盆地混合原油的相对贡献(Santos Neto和Hayes,1999)。端元原油的氢同位素组成主要与烃源岩沉积环境中水的δD值有关。

由于在次生过程中硫可以结合进入原油(Orr,1974),硫同位素的组成也许与原始有机质的输入并无直接的关系。尽管如此,硫同位素比值在油-油对比中仍具潜力(Gaffney,1980)。Premuzic等人(1986)应用硫同位素:① 证实了起初通过生物标志化合物建立的阿拉斯加Prudhoe湾原油的来源分类模式(Seifert等,1980;1983);② 在Point Barrow地区相似的层组中将Prudhoe湾原油与其他原油区分开来(Magoon和Claypool,1981,1983,1984)。

硫酸盐热化学还原(TSR)指储层中毗邻硬石膏的烃类在高温下产生的硫酸盐的无机还原作用(Worden等,1995)。TSR发生在墨西哥湾的斯马科弗走向带(Smarckover Trend)(Claypool和Mancini,1989);西加拿大盆地(Krouse等,1989)以及怀俄明的Big Horn盆地(Orr,1974)。发生TSR的其他例证还有德国西北部二叠系的Zechstein组(Orr,1977);法国的阿基坦(Aquitaine)盆地(Connan和Lacrampe-Couloume,1993)以及阿布扎比(Abu Dhabi)(Worden等,1995)。TSR反应的简略模式如下(Orr,1974):

$$SO_4^{2-} + 3H_2S \rightarrow 4S_0 + 2H_2O + 2OH^- \tag{6.5}$$

$$4S_0 + 1.33(CH_2) + 2.66H_2O \rightarrow 4H_2S + 1.33CO_2 \tag{6.6}$$

$$SO_4^{2-} + 1.33(CH_2) + 0.66H_2O \rightarrow H_2S + 1.33CO_2 + 2OH^- \quad (最终反应)$$

在上述反应式中,(CH_2)代表反应有机质。某些类型的有机质,相对于其他有机质而言,对TSR更为敏感。例如,C_2-C_5的烃类气体比甲烷更具活性。许多酸性的气藏中缺乏C_2-C_5的烃类气体但却含有甲烷、硫化氢和其他非烃气体,如二氧化碳。如同稍后所述的那样,高分子量的烃类在反应的相对速率上亦存在着差异。由于在硫酸盐还原成硫化物的过程中硫的氧化态可以从+6到-2,因此,6.5和6.6式中的S_0可以是元素硫也可以是硫的其他中间体,如聚合硫化物或硫代硫酸盐(Steinfatt和Hoffmann,1993;Goldstein和Aizenshtat,1994)。硬石膏是一种有效的封闭岩,它通常是硫酸盐的来源。由于硬石膏不是特别地易溶,该反应(6.5)被认为是由反应速率决定的步骤。

关于引发 TSR 的最低温度多年来一直是争议不断。有些作者认为该温度可低至 80℃ (Orr,1977);而另一些人则认为在 200℃ 以下发生 TSR 的可能性几乎没有(Trudinger,1985), 这在一定程度上是由于对实验室数据的意义存在着争议的缘故(Goldhaber 和 Orr,1995)。近期的工作表明:TSR 的发生取决于储层中的烃类,起始温度在 127~140℃ 的范围之间,引发甲烷发生 TSR 的温度要大于重烃(Rooney,1995;Worden 等,1995;Machel 等,1995a)。

由于 TSR 通常与气体的聚集有关,TSR 较低的温度范围对应于轻质油和凝析油的生成温度,TSR 可以改变这些流体的组成。有许多参数可以将 TSR 的效应与热成熟度造成的流体烃类组成的变化区分开来(表6.2)。

表6.2 流体烃类中由于硫酸盐热化学还原(TSR)或热成熟度的增加而导致的地球化学变化的比较(据 Peters 和 Fowler,2002 改编)

参数	TSR 增加	热成熟度增加
饱和烃/芳香烃	下降	上升
有机硫化合物	增加	减少
API 度	略有增加或降低;TSR 高丰度时下降(金刚烷类化合物)	增加
硫化合物的 $\delta^{34}S$	趋近于 $CaSO_4$(图 6.16)	无变化
饱和烃的 $\delta^{13}C$	变重	变重
汽油馏程的 $\delta^{13}C$(CSIA)	正构/链烷烃变重可达 20‰;环烷/芳香烃次之	所有化合物变重 2‰~3‰

注:稳定碳同位素的比值用 $\delta^{13}C$ 来表示,它代表着与标准之间的千分偏差数。

随着原油热成熟度的增加,饱和烃的含量相对于芳香烃而言通常会有所增加(Tissot 和 Welte,1984,187 页)。但在 TSR 的过程中则会出现与之相反的趋势,这是由于饱和烃的反应活度与芳香烃相比要更大的缘故(图 6.17)。虽然 TSR 和热成熟度两者均可导致饱和烃 $\delta^{13}C$ 值的增加(表6.2),Claypool 和 Mancini(1989)注意到受 TSR 影响的凝析油具有更偏正的 $\delta^{13}C$ 值。原油中汽油馏程烃类(C_6-C_7 烃类)的特征化合物同位素分析表明,正构烷烃和链烷烃与单芳化合物(如苯和甲苯)相比具有更大的同位素漂移,这说明饱和烃类的化合物具有更高的反应活性(Rooney,1995)。

在未发生 TSR 的情况下,控制原油中芳香硫化合物含量的主要因素是烃源岩的沉积环境和热成熟度(Ho 等,1974;Hughes,1984)。然而,在 TSR 的过程中,芳香硫化合物的浓度随 H_2S 含量的增加而增加,因为这些化合物是作为 TSR 的副产品而产生的(Orr,1974)。由此就导致了随成熟度的增加,API 度略微增加或者甚至出现降低的结果(Claypool 和 Mancini,1989; Manzano 等,1997)。由于新生含硫化合物中的硫来源于硬石膏,所以,全油的 $\delta^{34}S$ 值会随着 TSR 的增加而变重,与硬石膏的 $\delta^{34}S$ 值趋同(图 6.16)(Orr,1974;Manzano 等,1997)。

汽油馏程烃类的特征化合物同位素分析是一种检测凝析油中 TSR 的灵敏方法(Rooney, 1995;Whiticar 和 Snowdon,1999)。由 TSR 导致的 $\delta^{13}C$ 变化似乎与分子的结构和储层的温度都有关。Rooney(1995)展示了受 TSR 影响的原油中一些汽油馏程烃类 $\delta^{13}C$ 值所出现的实质性的同位素漂移,它们是相对于仅受热成熟度制约的原油碳同位素最大漂移而言的。$\delta^{13}C$ 值的变化还取决于烃类的类型。在受 TSR 影响的原油中,饱和烃和链烷烃 $\delta^{13}C$ 值的变化可高达 22‰,而单芳化合物,如甲苯则具有很小的同位素漂移,在 3‰~6‰ 的范围之内。对不受 TSR 影响的原油而言,随成熟度的增加各类分子的 $\delta^{13}C$ 值具有最大变重 2‰~3‰ 的特征,而在受

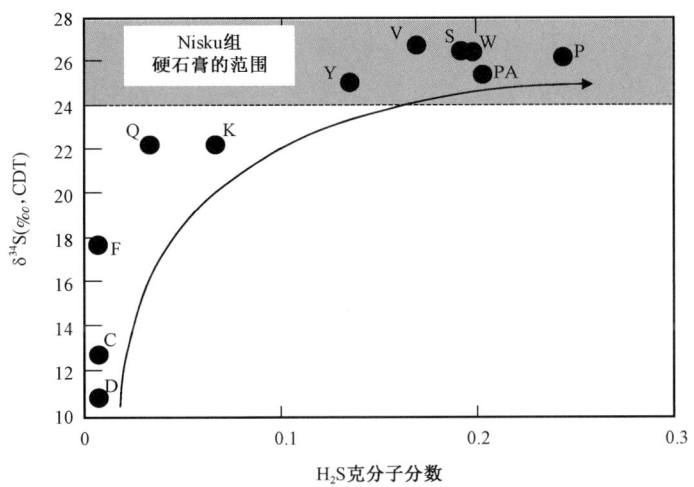

图 6.16　中阿尔伯达西部 Brazeau 河地区 Nisku 组储层原油中 $\delta^{34}S$ 值与伴生气中硫化氢浓度之间的变化。相对于 Canyon Diablo 硫铁矿（CDT）的标准而言，随着硫化氢含量的增加，样品的 $\delta^{34}S$ 值从 10.8‰ 增至 26.3‰，接近于上泥盆统硬石膏的 $\delta^{34}S$ 值。转引自 Peters 和 Fowler（2002），据 Manzano 等（1997）改编，转载承蒙 Elsevier 的惠允

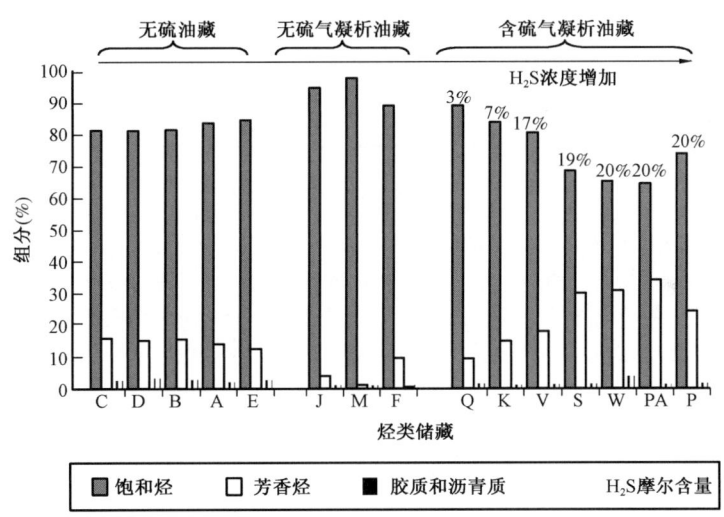

图 6.17　柱形图展示了中阿尔伯达西部 Brazeau 河地区 Nisku 组储层中原油和凝析油的大致组成。硫化氢含量较高（受硫酸盐热化学还原（TSR）影响明显）的油气藏与无硫油气藏相比具有较少的饱和烃和较多的芳香烃。绝大多数 Nisku 油气藏用一个字母来标记，而 PA 则指 Peco A 油气藏。转引自 Peters 和 Fowler（2002），据 Manzano 等（1997）改编，转载承蒙 Elsevier 的惠允

TSR 影响的原油中，随储层温度的增加则会发生很大的同位素漂移。与热裂解相比，TSR 也许加快了某些烃类的分解，使残留的烃类由于各个化合物之间存在较高的馏分转化的缘故而变得富集 ^{13}C。这种观点得到了与其他原油相比，随储层温度的增加，受 TSR 影响的原油含有很低的链烷烃和正构烷烃这一分析结果的支持（Rooney，1995）。

　　由 TSR 导致的汽油馏程的烃类在组成上的变化可能使凝析油之间的对比复杂化。例如，在举例说明加拿大西部上泥盆统 Duvernay 组生成的原油时（图 6.18），TSR 就会影响 Mango 参数（ten Haven，1996）。Mango（1987；1990）提出了与金属催化剂有关的稳态催化异构化作用制

约着环丙烷(三元环)中间体的优先开环以形成异辛烷的假说。依据这个动力学的模型(van Duin 和 Later,1997),2-甲基己烷+2,3-二甲基戊烷应当与3-甲基己烷+2,4-二甲基戊烷如图 6.18 所示的那样受温度的制约同时发生变化。中等成熟度的 Duvernay 组原油在图例中恰好位于 $K_1=1$ 趋势线之下的一个狭长的条带区。采自 Brazeau 河油气田不受 TSR 影响的、具有较高成熟度的 Duvernay 组原油与中等成熟度的原油相类似,也沿着趋势线分布,而与 H_2S 有关的原油则位于 $K_1=1$ 趋势线之上。其中,采自 Peco 的样品 H_2S 的浓度最高,根据其特征化合物同位素分析的数据判识似乎受 TSR 的影响更大,因而离 $K_1=1$ 的趋势线最远。其他油组的数据表明所有遭受 TSR 影响的原油均具有位于 $K_1=1$ 趋势线之上的倾向(Fowler,未发表的数据)。

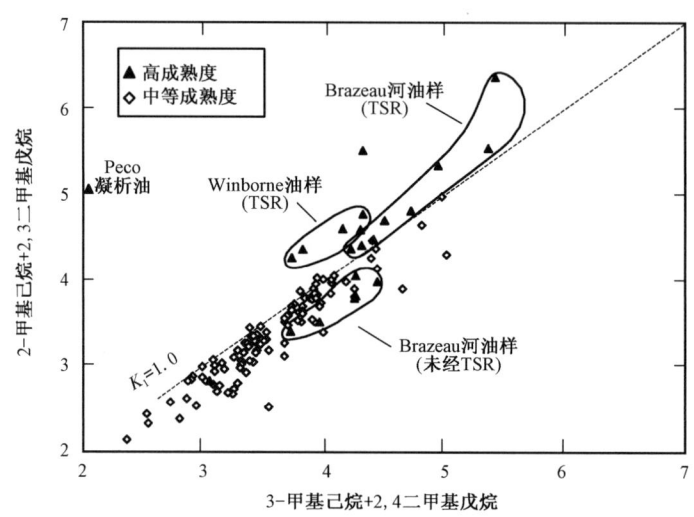

图 6.18 阿尔伯达上泥盆统 Duvernay 组生成的原油中 3-甲基己烷+2,4-二甲基戊烷与 2-甲基己烷+2,3-二甲基戊烷之比(Mango 参数)的相对量。采自 Brazeau 河地区高成熟度非硫酸盐热化学还原(TSR)的轻质油和凝析油位于 $K_1=1$ 趋势线之下中等成熟度原油的附近。受 TSR 影响的凝析油和采自 Winborne 油气田与高 H_2S 伴生的轻质油位于 $K_1=1$ 趋势线之上。Peco 凝析油经历了 TSR 的强烈改造,其位置与其他样品相距甚远。承蒙 Elsevier 的惠允,转引自 Peters 和 Fowler(2002)

7 辅助性的地球化学方法

> 即使是在地质样品缺乏或者含有极少数生物标志物的情况下,辅助性的地球化学方法(如:金刚烷、C_7 烃类、单体化合物同位素、液态包裹体等)也可用来评价原油的成因、热成熟度、生物降解或原油混合的程度。分子模型可以用来科学地解释或预测生物标志物以及其他化合物在岩石圈中的地球化学行为。

7.1 金刚烷类化合物

金刚烷类是原油中一种小分子、热稳定性好、笼型的烃类化合物,它的碳—碳键遵循金刚石结构的排列规则(图 7.1)。金刚烷类由一系列具有 $C_{4n+6}H_{4n+12}$ 通式的假同系物构成,包括单金刚烷、双金刚烷、三、四和五金刚烷(n 分别等于 1~5)、高碳数聚合金刚烷以及各种烷基化系列化合物(Wingert,1992;Lin 和 Wilk,1995)。然而,也有非同质异构的聚合金刚烷不遵循这一通式。金刚烷类化合物存在于原油的饱和烃组分中,可用其特征性的 M+分子离子来定性。

Dahl 等人(2002)分离并鉴定出了一系列具有 4~11 个金刚烷单元的高碳数金刚烷类化合物的晶格结构,它们是从采自墨西哥湾 Norphlet 组的凝析油在 345~550℃ 的热解真空蒸馏馏分的帕氏爆破热解产物中分离出来的。该凝析油含有丰富的金刚烷类化合物,由于其非同寻常的热稳定性,它们可在热解的过程中被进一步地浓缩富集,最终经活性炭色层柱分离,从收集到的饱和烃组分中获得。Dahl 等人(2002)发现高碳数的金刚烷类化合物具有包括可分解手性的柱状体和螺旋体在内的许多三维形状(图 7.2)。四金刚烷具有四个可能的异构体,碳数更高的金刚烷类化合物其结构的复杂性迅速增加。五金刚烷增至 9 个具有 $C_{26}H_{32}$ 分子式的异构体和一个具有 $C_{25}H_{30}$ 分子式的化合物。六金刚烷有 39 个化合物,其中 28 个是 $C_{30}H_{36}$ 的异构

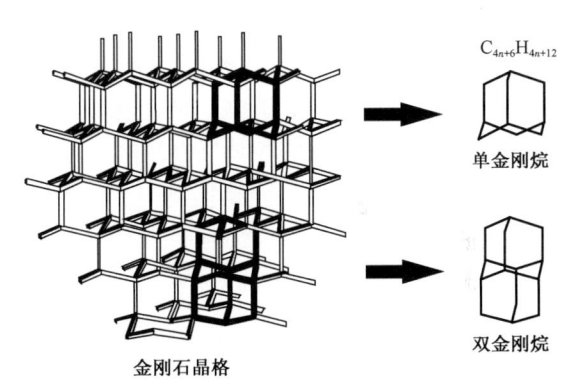

图 7.1 金刚烷类化合物是一种烃类,其碳结构由金刚石晶格中微小的亚单元构成并具异乎寻常的抗热解的能力

  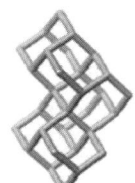   

图 7.2 环己金刚烷的一些结构
转载承蒙 Dahl 等人(2002)的惠允

体,10 个为 $C_{29}H_{34}$ 的异构体和一个 $C_{26}H_{30}$ 周环缩合的环己金刚烷(Dahl 等,2003)。一个环己金刚烷的分子可以被看成是一个大约 10^{-21} 克拉的纳米级金刚石(1 克拉 = 0.2 克)。

注:环己金刚烷可以在生油的过程中由相配的 C_{26} 前躯物经重排而生成,此外,在涉及现有的烷基或环烷基取代反应的黏土矿物催化反应中以及或者在高温高压下与甲烷的烷基化作用,低碳数金刚烷类化合物也有可能经环化作用转化成为更为复杂的金刚烷类同系物(Lin 和 Wilk,1995)。倘若事实的确如此,那么这一机理也许可完全用来解释分子大于环己金刚烷的金刚烷类化合物的形成,甚至还有可能用以解释黑金刚石的成因。黑金刚石是一种不同于其他金刚石的微晶金刚石,这是因为它似乎源自地壳而非地幔深处(Kamioko 等,1996)。黑金刚石的 $\delta^{13}C$ 值为 $-23‰ \sim -30‰$(Shelkov 等,1997),类似于原油的比值而有别于幔源碳(约 $-5‰$)。

活体生物中没有金刚烷类化合物,但它却可由众多的有机母质经过酸中的阳碳离子媒介物合成(Schleyer,1957;1990)。这种形成模式以及金刚烷类化合物的广泛存在(甚至在低熟原油中也不例外)均表明:金刚烷类化合物形成于烃源岩中酸性黏土矿物参与的烃类重排反应。与生物标志物不同的是,原油和烃源岩中的金刚烷类化合物在结构上完全不同于活体生物中它们可能的前躯物。

7.1.1 由金刚烷类化合物引发的开采问题

与包括生物标志物在内的其他化合物相比,金刚烷类化合物由于具有较好的热稳定性,在储集层中它的浓度在经历了裂解的原油中会增加。在深部气体的开采过程中,金刚烷类化合物的升华物可能产生麻烦(图 7.3)。例如,在阿拉巴马州下莫比尔湾(lower Mobil Bay)的玛丽·安(Mary Ann)油气田,当深部富含硫化氢的天然气到达地面时,由于温度和压力骤减的缘故,几乎由清一色的单金刚烷和双金刚烷组成的固态沉积物(也被称之为聚合烷 Congressane)在开采两周后就会沉淀下来。这些金刚烷类化合物的沉积物阻塞了开采的管线,为了保持气体的流动就需采取补救的措施。从上侏罗统斯马科弗(Smackover)组烃源岩运移至 Norphlet 组油藏的原油裂解后生成的玛丽·安(Mary Ann)油气田的气体,产自深约 6300m、温度接近 196℃ 的油藏,由甲烷及少量的硫化氢、二氧化碳、乙烷等气体组成(Wingert,1992)。由金刚烷类化合物导致的类似的开采问题也出现在加拿大阿尔伯达的天鹅岭(Swan Hills)油气田(King,1988)。

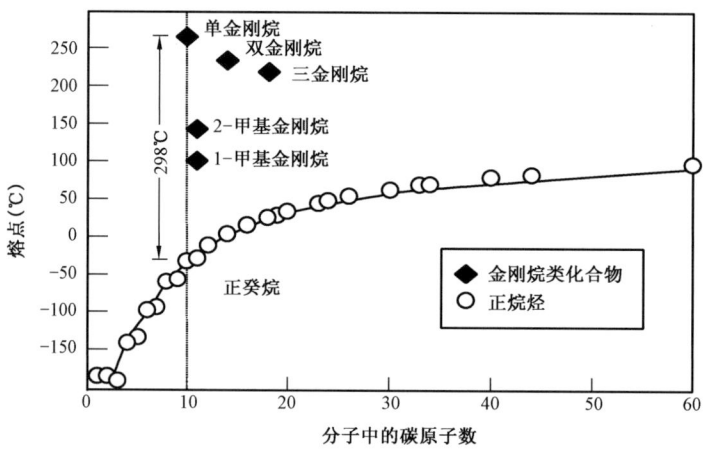

图 7.3 金刚烷类化合物具有包括高熔点和在开采中易于从气相直接升华为固体在内的奇特的物理性能。图中展示的例子表明在常压下金刚烷的熔点比正癸烷的熔点高 298℃,尽管两个化合物均由 10 个碳原子构成。因此,轻烃混合物的冷却就有可能导致固体金刚烷的早期沉淀,而正癸烷和其他具有相似分子重量的烃类则要在更晚些时候才能从溶液中沉淀出来

7.1.2 油裂解成气的程度

热成熟度在世界范围内都是困扰原油勘探成功的因素之一。在高温下,原油裂解成轻质油和凝析油,并且最终成为深埋于原油死亡线之下储层中的气体和焦沥青,那里的深度约为5km,温度在 150~175℃ 之间(Hunt,1996)。对于原油主要的裂解是否发生在已被商业钻探所钻及的深度这一问题上,目前尚存在一些争议。某些烃类的热稳定性(Mango,1991)以及储层温度达到 150~175℃ 时仍有原油的存在(Horsfield 等,1992;Price,1992;Pepper 和 Dodd,1995)似乎表明原油裂解也许并没有原先认为的那么重要。但是,也有其他的证据表明原油裂解在储层中是可以广泛存在的(Claypool 和 Mancini,1989)。

为了降低伴随石油勘探而来的风险,用来模拟烃源岩生油和预测储层中原油自然裂解程度的各类计算机模型就应运而生了(Welte 等,1997)。通过应用碳质量平衡的假说和采用以下测量气油比(GOR)(标准立方英尺/桶)的公式可以估算出油生气的转化程度:

$$f(\%) = GOR/[GOR + (7.98 \times 10^5) 密度/平均分子重量] \times 100$$

式中 f 代表油生气的组分转化(Claypool 和 Mancini,1989)。该计算假定储层是一个封闭的体系,在一个简单的反应中气体和焦沥青均由原油所生成。原生油的密度和平均分子重量所具有的代表性数值分别为 $0.80g/cm^3$ 和 $210g/mol$。

但是气油比还易受一些次生过程的影响,如运移过程中的逆向凝聚;深部储层气体的加入;圈闭围岩的泄漏;生物降解;地下水流动导致的溶解等等。通常由于生物标志物的匮乏或缺失,使得直接测量轻质油和凝析油的热成熟度变得困难。

金刚烷类化合物可以用来确定油生气的裂解程度,而这种裂解可以发生在烃源岩或者储层中(Dahl 等,1999)。这种方法是首次有文献记载的、适用于校正计算机模拟预测的裂解程度的一条途径。它可以与校正后的模拟共同确定原油的死亡线,即在此深度大多数液体已裂解成气体。这一方法还可直接用于混源油的判识,其步骤是基于不同成熟度生成的原油中金刚烷类化合物和生物标志物(即选用 24-乙基胆甾烷 20R)的质谱测定。在世界范围内被分析的 1000 多个原油样品中,金刚烷类化合物的含量各不相同(Dahl 等,1999)。

密西西比、阿拉巴马和佛罗里达州富含碳酸盐岩的斯马科弗组由烃源岩和互层的储集岩及其下伏的 Norphlet 砂岩储集岩组成,这些封闭或接近封闭的地层单元的上下分别被 Buckner 硬石膏和松树岭(Pine Hills)硬石膏——Louanne 盐岩有效地圈闭了起来。由于这些有效圈闭岩层的存在,生成原油的垂向运移降至最低限度。此外,这些地层单元目前正处于它们的最大埋深和最高温度(表 7.1)。从 3000~4300m 的斯马科弗油驱带变为一条延深至 5500m 处的由气-凝析油组成的气-油驱带,并最终成为一条深达 6000m 以上由干气组成的气驱带(Mancini 等,1989)。与成熟的斯马科弗凝析油和天然气相伴生的硫化氢源自硫酸盐热化学还原反应(TSR),当烃类在高温下与硬石膏相接触(Wade 等,1989;Clypool Mancini,1989)就会发生后边章节所描述的反应。

表 7.1 与储层成熟度和原油裂解程度相关的原油和凝析油的物性

储层温度(℃)	$R_o(\%)$	裂解油馏分*	GOR (ft^3/bbl)	CGR ($bbl/10^6 ft^3$)	API 度	$C_1/(C_1-C_6)$湿度
140	0.86	0.012	1000	—	—	—
150	1.00	0.057	1000	—	—	—
160	1.15	0.200	1000	—	—	—
170	1.33	0.470	2750	—	40	0.84

续表

储层温度(℃)	R_o(%)	裂解油馏分*	GOR (ft^3/bbl)	CGR (bbl/$10^6 ft^3$)	API 度	$C_1/(C_1-C_6)$湿度
175	1.43	0.630	5300	190	44	0.91
180	1.52	0.770	10400	96	48	0.93
190	1.76	0.880	23000	44	50	0.95
200	2.01	0.996	300000	3	45	1.00

* 从目前处在最大埋深和最高温度且具有典型的海湾地区埋藏史(3℃/Ma)的油藏估算出的原油裂解程度。CGR—凝析油/天然气比值;GOR—气油比。

图 7.4 将产自斯马科弗组一系列原油中的两个金刚烷类化合物相对含量(3 - 和 4 - 甲基双金刚烷)与大多数原油中常见的生物标志物(豆甾烷)作了对比。甲基双金刚烷(如图 7.5 所测)与图中代表豆甾烷含量的曲线之间的系统关系受样品相对热成熟度的控制,这与其他各种参数包括甲基菲和二甲基菲比值的测量结果相吻合。用于挑选这些样品的指标包括 ① 源自与同一烃源岩相类似的沉积相;② 不曾经历远离烃源岩的运移。所有的样品均来自裂缝性烃源岩或更深地层的储集岩。这些样品的开采深度与它们的相对热成熟度相关联(Dahl 等,1999)。斯马科弗样品的 API 度在 32～56 之间。由于不曾发生垂向运移,储层的深度和温度也同样与成熟度参数紧密相关。我们从世界范围内相关的各种类型的原油中观测到了类似的系统关系。对相关的低熟和中等成熟度的原油(金刚烷类化合物的基线)而言,它们具有相似的金刚烷类化合物含量,然而,高成熟原油中金刚烷类化合物呈增加的趋势。不同烃源岩生成的原油很可能具有大相径庭的生物标志物和金刚烷类化合物基线的含量。

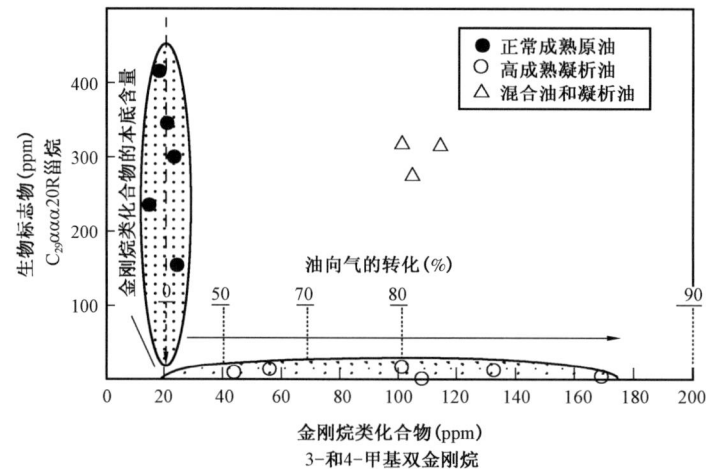

图 7.4 一系列假设原油和凝析油中 3 - 和 4 - 甲基双金刚烷(金刚烷类化合物)和豆甾烷[$5\alpha,14\alpha,17\alpha$(H) - 24 - 乙基胆甾烷 20R]含量之间的关系图解(据 Dahl 等,1999 修改)。斯马科弗原油的热演化过程生成以轻质油和凝析油为主的一些组分而导致生物标志物的稀释(由上到下的点绘区)。借助这一垂向趋势可以建立起相关原油之间金刚烷类化合物的基线含量。强烈的原油裂解造成了主要原油组分的分解和金刚烷类化合物的富集(在水平点绘区中从左至右)。甲基双金刚烷和豆甾烷含量由亚稳态反应监控/色谱/质谱分析仪分别采用 m/z 202→187(图 7.5)和 m/z 400→217 的转换模式测得。在一系列浓缩和分析前,样品中注入了内标 d_3 - 1 - 甲基双金刚烷(在甲基上由 3 个氘原子标定)和 5β - 胆烷

导致原油在热演化过程中豆甾烷含量降低(图 7.4)的原因有:① 豆甾烷在高温下的裂解;② 当烃源岩中的干酪根生成更多的成熟油时,豆甾烷被其他化合物稀释(Dahl 等,1999)。

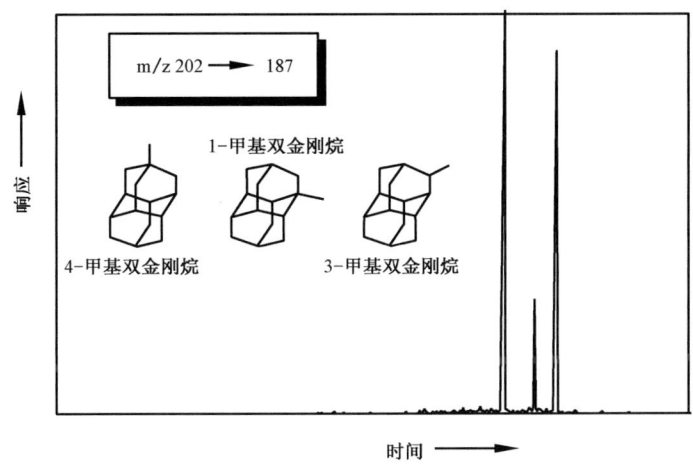

图 7.5　应用亚稳态反应监控/色谱/质谱分析（MRM/GCMS）中的
m/z 202→187 转换模式很易检测出原油和凝析油中 3 个甲基化的双金刚烷

烃源岩的热演化过程促使金刚烷类化合物的甾类和萜类前躯物发生结构重排,它涉及与黏土矿物的酸性点有关的正碳离子的反应机理（Dahl 等,1999）。在生油窗内的热演化过程中,干酪根不断生成逐渐贫生物标志物的原油（Requejo,1992）。然而,金刚烷类化合物和许多轻烃在这一热演化阶段中却是稳定的,在相关的原油中,基线金刚烷类化合物的含量几乎是保持不变的。通常,不同烃源岩生成的原油具有不同的基线金刚烷类化合物含量。仅仅是由于它们相对的稳定性,金刚烷类化合物的含量在生油窗快要结束时开始增加。因此,当豆甾烷的含量接近零值时,与原油中的其他组分相比,金刚烷类化合物的含量由于其异乎寻常的热稳定性却在增加。金刚烷类化合物的含量在较高成熟度阶段增加的主要原因是裂解导致热稳定性较差的烃类骤减。这一推测基于以下数据资料：① 金刚烷类化合物产生于烃源岩中正碳离子在过酸质点上的反应,而非储层中自由基的裂解反应；② 原油在实验室的热模拟可富集金刚烷类化合物。通常,混源油中金刚烷类化合物和生物标志物的含量都不低（见图 7.4）。

由于裂解是浓缩而不是生成金刚烷类化合物,可以通过金刚烷类化合物含量高出低熟原油基线浓度的增加量来估算储层中高熟原油从油到气的裂解或金刚烷类化合物的裂解比值。我们采用下列简单的公式来计算：

$$OTG_d = (1 - U/C) \times 100$$

式中 OTG_d 是以金刚烷类化合物为准的油到气的转化百分比,U 是未经历储层裂解的金刚烷类化合物的平均含量（基线）,而 C 为裂解油中金刚烷类化合物的含量。比如：假定在主要的储层裂解开始前,斯马科弗原油中含有大约 20ppm 的 3 - 和 4 - 甲基双金刚烷（图 7.4 中金刚烷类化合物的基线）。而含有 40ppm 这类化合物的高熟的斯马科弗凝析油则代表着其大约 50% 的液态烃已裂解成为气体或焦沥青的残余油。

上述估算油到气转化的方法已被实验室和野外的观察所证实。实验室裂解实验的对象为采自印度尼西亚的含蜡湖相原油和阿拉斯加北坡的含芳香烃海相原油（Dahl 等,1999）。两项实验都展示出分别由金刚烷类化合物法和原油的最终重量与原始重量之比确定的原油裂解程度间存在着极佳的线性相关关系。就两项实验本身而言,由金刚烷类化合物法确定的油到气的转化率要高于直接由重量差异确定的转化率。热模拟样品的色谱分析表明,严重裂解的样品在金刚烷类化合物分析前已发生轻组分的蒸发损耗。深部 Tuscaloosa 组原油用气油比

（GOR）得出的裂解比值与用金刚烷类化合物法计算出的数据相吻合,从斯马科弗原油(图7.1)也得出了气油比与金刚烷类化合物法估算出的油气转换值以及其他几乎未曾发生过气体逸失储层的数据组相类似的结果。

上述方法在各种类型盆地的应用表明,油向气的裂解是常见的。在缺乏可以明显降低原油分解所需温度的 TSR 的情况下(Orr,1974),裂解似乎发生在储层温度超过 140~160℃ 的时候。这一温区与原油分解的深度,不同实验室的实验以及热动力学计算等早期观察的结果相吻合(Quigley 和 Mackenzie,1988;Ungerer 等,1988)。经过裂解的液态烃出现在温度不曾超过 150℃ 的储层中,这表明油向气的裂解发生在充注油藏前的更深处,也许是在烃源岩中。

7.1.3 应用金刚烷类化合物解析混合物

上述的方法同时也提供了一条判识高熟油与低熟油混合物的直接途径。这类混源油的检测十分重要,因为它可以启发石油勘探方法的新思路和加深对运移通道的认识。有些原油具有高含量的金刚烷类化合物和生物标志物(图7.4)。这些原油代表了来自低熟、富含生物标志物(如豆甾烷)的烃源岩和高熟、富含金刚烷类化合物的烃源岩的混源油。用来评估混源油的金刚烷类化合物法可适用于世界许多可能具有不同来源的原油的产地,如海湾地区、委内瑞拉、哥伦比亚、西非、巴西、北海和澳大利亚。

7.1.4 金刚烷类化合物的母源参数

尽管已发表的有关样品的金刚烷类化合物的成熟度参数在整个生油窗的范围内变化不大,Schulz 等人(2001)还是发现了数个能够区分陆相、海相碳酸盐岩和海相硅质碎屑岩抽提物的二甲基双金刚烷的沉积相比值。作为判识母源的一种方法,乙基金刚烷比值同样有用,但是在晚期生气阶段它受成熟度的影响。

存在于某些干气藏中的烷基双金刚烷的稳定碳同位素组成,可以用来判识气藏的来源并进行天然气与相关原油和凝析油的对比。来自 Norphlet(墨西哥湾)和天鹅岭(Swan Hills)(加拿大的阿尔伯达)气藏的天然气中的烷基双金刚烷具有与分别产自斯马科弗(约 -24‰)和 Duvernay(约 -30‰)烃源岩的原油或凝析油中的 C_{15+} 饱和烃相类似的 $\delta^{13}C$ 值(Shoell 等,1997)。然而,金刚烷中较低分子量的化合物富集 ^{13}C 很可能是由于与烷基金刚烷在裂解过程中逐渐地去烷基化作用相伴生的同位素分馏效应的结果。

7.1.5 金刚烷类化合物的成熟度参数

有许多金刚烷类化合物的成熟度参数被建议用来判识高成熟样品的成熟度,但其实用价值尚不明朗。Chen 等人(1996)使用了两项金刚烷类化合物的指标来评价采自塔里木、莺歌海、琼东南以及其他中国盆地的原油和凝析油的热成熟度：

甲基单金刚烷(MA)指标(%) = 1 - MA/(1 - MA + 2 - MA)

甲基双金刚烷(MD)指标(%) = 4 - MD/(1 - MD + 3 - MD + 4 - MD)

甲基单金刚烷指标和甲基双金刚烷指标的初始值分别为50%和30%,相当于镜质体反射率的0.9%。然而,在中国鄂尔多斯盆地中部气田下奥陶统马家沟组的烃源岩抽提物中,甲基双金刚烷指标(MDI)范围是 40%~65%(Li 等,2000)。在高成熟部分(R_o > 2.0%),MDI 指标的变化不大,MDI 与 R_o 之间或者 MDI 与深度之间并无线性的相关关系,这表明与 Chen 等人(1996)的观点相反,作为一项成熟度的指标,MDI 的应用范围也许是有限的。

7.1.6 金刚烷类化合物的生物降解

在采自卡那封(Carnarvon)和吉普斯兰(Gippsland)盆地的澳大利亚原油中,甲基单金刚烷/单金刚烷的比值随着金刚烷类化合物生物降解作用的增强而升高(Grice 等,2000)。在极度生物降解的阶段,该比值发生显著的变化,这表明在大多数其他烃类不复存在的情况之下,金刚烷类化合物仍不失为生物降解的有用指标。甲基单金刚烷/单金刚烷的比值可用来识别严重生物降解原油与未经生物降解原油的混合物,如评价吉普斯兰盆地原油的生物降解程度,该油通常缺乏 25-降藿烷。

7.1.7 硫代金刚烷:硫酸盐热化学还原反应的指示物

硫代金刚烷被认为是原油经历 TSR 的分子标记物。Hanin 等人(2002)从采自经历 TSR 改造的斯马科弗和 Nisku 组的原油中观测到了一系列的硫代金刚烷同系物的硫化物,它们都具有一个很强的特征分子离子 154+(n·14)。硫代金刚烷的质谱峰与金刚烷的很相似,都具较小的离子碎片峰 m/z 93 和 m/z 107。丰度最高的硫代金刚烷是具有桥头烷基化的化合物(图 7.6)。硫代金刚烷或许形成于早期成岩阶段环烷烃的酸催化重排,它在高熟和经 TSR 改造的原油中的高含量是由于不甚稳定的烃类被破坏后硫代金刚烷富集的缘故。相比之下,在未经 TSR 改造的斯马科弗原油中却没有发现热稳定性最高的

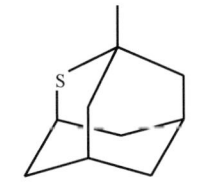

1-甲基-2-硫代单金刚烷　　1,5-二甲基-2-硫代单金刚烷

图 7.6　Hanin 等人(2002)从经硫酸盐热化学反应(TSR)改造后的原油中判识出的桥头烷基化的硫代金刚烷

硫代金刚烷异构体:桥头烷基化的硫代金刚烷。Hanin 等人(2002)发现硫代金刚烷的硫同位素比值($\delta^{34}S = +21‰ \sim +22‰$)与储层中的硫酸盐($\delta^{34}S = +18‰ \sim +24‰$)很接近,表明这些化合物形成于 TSR 阶段发生的硫化作用。

7.2　C_7 烃类分析

轻烃($C_4 - C_9$)由于其碳骨架太小无法保留任何一个生物起源的唯一痕迹而不属于生物标志化合物。大多数轻烃是较大分子前驱物后生作用分解的产物,一些异构体可能具有直接的生物起源,或者由生物标志化合物裂解而成,但由于其具有太多的可能前驱物而无法将其与某一特定的起源联系在一起。C_{10} 单萜类化合物是最小的可以被视为生物标志化合物的烃类,然而,即使是对这类化合物明确的生物起源的认定也还具有不确定性。尽管如此,轻烃仍蕴含着相当丰富的有关其来源、热成熟度以及排驱后历史的信息。因此,轻烃地球化学弥补了生物标志化合物的不足。轻烃和生物标志化合物的分子和同位素的分布对推演含油气系统完整和精确的模型是至关重要的,它对那些轻重组分的末端可能来自不同烃源岩的混合物而言,显得尤为重要。

轻烃是大多数原油的重要组分。在未蚀变的原油中,轻烃的含量与热成熟度相互关联,低熟、早期排驱的原油中轻烃的含量可能小于 15%,典型的中等成熟度的海相原油中,轻烃的含量约为 25%~40%,而高成熟的凝析油则可以由近似 100% 的轻烃组成(图 7.7)。

很多次生的过程可以改变原油中轻烃的丰度,生物降解、水洗、TSR 以及蒸馏作用均可降低轻烃的含量,而晚期生烃、储层裂解以及各种运移过程包括相分离、蒸发分馏以及凝析油的混入均可增加轻烃的含量。

注:C_6 和 C_7 烃类通常被称之为汽油馏程的或轻质的烃类。从技术层面上讲这类称谓不够准确,它无法从分子重量和碳数上清晰地划定轻烃的范围,"汽油"是一个炼制行业的术语,它可以依据配方的不同包括从 $C_4 - C_{10+}$ 的烃类,而轻质烃类则可根据上下文的不同指代从 $C_1 - C_{15}$ 的烃类。

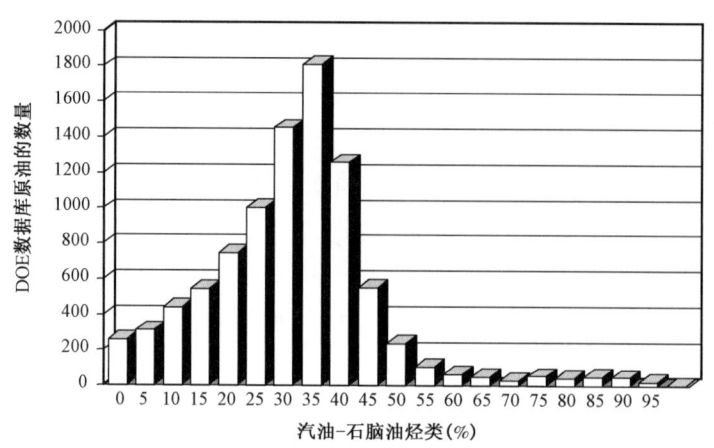

图 7.7　展示能源部（DOE）Bartlesville 原油分析数据库中 9078 个原油中汽油－石脑油烃类（~C_4－C_{11}）体积百分数分布的直方图

7.2.1　轻烃的起源

许多早期的研究为了确定生烃的温度，将注意力放在现代沉积物和井下剖面中的轻烃上（Philippi，1975；Johathan et al.，1975；Leythaeuser et al.，1978；1979；Hunt，1984）。除了微量的微生物成因或运移而来的轻烃之外，现代海相沉积物中普遍不含轻烃（Hunt et al.，1980a）。轻烃的丰度和分布均可随温度和深度的增加而发生规律性的变化，譬如，在低温下（<90℃），与仲碳相比叔碳更易发生碳阳离子的成岩重排反应（即指相对于其他两个碳原子而言键合在三位上的碳，见图 2.8），从而导致异戊烷/正戊烷的比值随深度的增加而增加（Hunt et al.，1980b）。在生油窗的顶部具有叔碳结构的轻烃变得更加富集，而在生油窗的底部（>150℃）由于自由基反应的缘故具有季碳结构的轻烃明显增加（Hunt，1984）。但是，在生油窗内控制轻烃分布的仍然是生烃作用而非重排反应。譬如，由于生成的正构烷烃其相对丰度很高，导致生油窗顶部异戊烷/正戊烷的比值呈总体下降的趋势，这一趋势随深度的增加仍得以延续。

长期以来，热裂解被假定为石油中轻烃生成的主要机制。地质时代大相径庭的 18 个原油样品的 C_7 烃类均不符合热动力学的平衡（Martin et al.，1963），由于酸性黏土的催化反应通常会导致这类平衡，因此，非平衡的分布则表示轻烃形成的主控因素是热裂解而非催化裂解。

与前期的机理研究相比，后期关于原油中轻烃的研究更加侧重于轻烃在原油对比中的应用。Smith（1968）揭示了基于正构烷烃、链烷烃、环烷烃以及芳香烃中结构或官能团的相似性而出现的 C_4－C_7 烃类分布的规律性。Erdman 和 Morris（1974）以及 Williams（1974）应用轻烃开展了早期的原油对比研究。在所有这些研究中，C_7 烃类被赋予了特别的关注，其部分原因是采用常规的气相色谱方法就可将它们的异构体完全地分离开来。此外，与 C_6 或更轻的烃类相比，C_7 烃类不易遭受井场采样过程以及样品储存和制备时可能产生的蒸发作用的蚀变改造。

在 20 世纪 70 年代的晚期和 80 年代的早期，随着生物标志化合物日益广泛的应用及完善，石油地球化学界兴起了油－油或油－源对比的热潮，但涉及轻烃的研究却不多，这是因为其公认的大分子热裂解的成因削弱了其地球化学信息的蕴含量。因此，轻烃被认为在描述次生作用上大有用武之地，而在对比研究中的作用却不及生物标志化合物。稳定同位素研究把注意力放在 C_1－C_4 气体或 C_{15+} 组分上，这在一定程度上是由于受分析方法制约的缘故。在不引起同位素分馏的前提下,分离和制备汽油馏程的烃类颇为困难。

Mango(1987)在一系列的研究文章中极力主张稳态金属催化的轻烃成因观点,这激发了人们对轻烃的兴趣。他发现当异庚烷的相对丰度呈数量级变化时,某些化合物的比值,特别是 $K_1 =$ (2-甲基己烷+2,3-二甲基戊烷)/(3-甲基己烷+2,4-二甲基戊烷)保持不变(即1.06,标准偏差为0.336)。此外,同源的原油显示出明显一致的 K_1 比值(图7.8),由同源的原油组成的原油同系物在这方面具有很高的可比性。

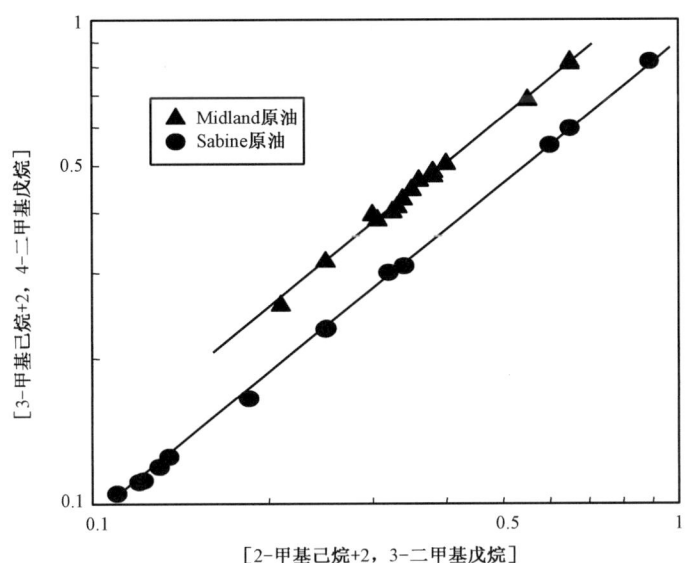

图7.8 两套同系物油组的相对异庚烷丰度。Sabine 和 Midland 油组概括了其他大多数原油观测到的 K_1 比值的变化范围。Mango 将同系物油组间 K_1 比值的差异归咎于不同干酪根对固态催化反应中动力学反应速率施加构型制约的结果。承蒙 Elsevier 的惠允,转引自 Mango(1987),$K_1 =$ (2-甲基己烷+2,3-二甲基戊烷)/(3-甲基己烷+2,4-二甲基戊烷);▲为西得克萨斯二叠系 Midland 盆地 Spraberry 组,$K_1 = 0.786$;●为路易斯安那州 Sabine Pass 上白垩统 Saratoga Chalk 组,$K_1 = 1.09$

Mango(1990)指出是稳态动力学的流程导致了异庚烷比值的恒定性,其中甲基己烷源自一个普通正庚烷的前身物,而二甲基戊烷则是甲基己烷的子体产物(图7.9)。这类反应借助过渡金属催化剂发生,从而形成一个三元环(环丙基)的中间体。在温度和压力不变的条件下,2-甲基己烷/3-甲基己烷和2,3-二甲基戊烷/2,4-二甲基戊烷的比值将保持不变;而在温度和压力变化的条件下,这些比值也发生相应的变化,但反应方向相反。因此,同系物油组间异庚烷比值的恒定性起因于补偿性的变化。Mango(1987;1990)提出油组间 K_1 比值的变化是由于不同干酪根组成对竞争动力学途径施加影响的结果。

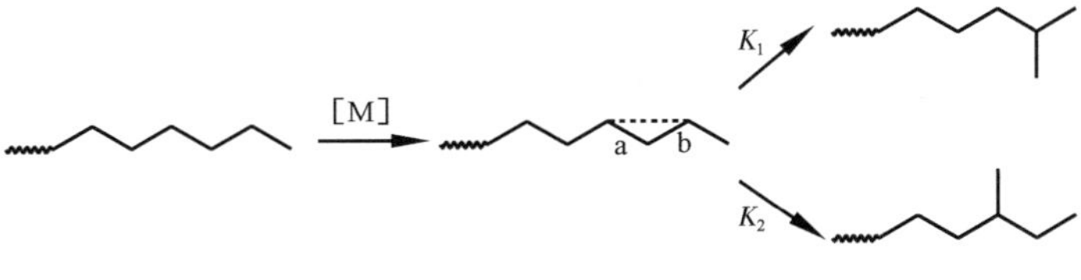

图7.9 Mango 提出的与干酪根键合的一个正庚基部分生成甲基己烷的稳态金属催化反应流程图。Mango(1990)指出烯烃前身物的反应可生成环丙基环。a 键的断裂生成 2-甲基己烷;而 b 键的断裂则生成 3-甲基己烷。根据这个流程,假如 $K_1 = K_2$,那么 2-甲基己烷/3-甲基己烷比值保持不变并不受温度和压力变化的影响;假如 $K_1 \neq K_2$,该比值则随温度和压力的变化而发生变化

Mango(1990)将五元和六元闭环包括在内进一步地发展了他的这个反应流程(图7.10)。六碳环状化合物:甲基环己烷和甲苯可由正庚基前身物的环化作用而生成,正庚基前身物经由五元环的闭合还可生成乙基环戊烷和1,2-(顺+反)-二甲基环戊烷。然而,1,1-二甲基环戊烷和1,3-(顺+反)-二甲基环戊烷却只能经由甲基己烷的闭环作用来生成,因而它们也可以是二甲基戊烷以十分相似的方式生成的子体产物。

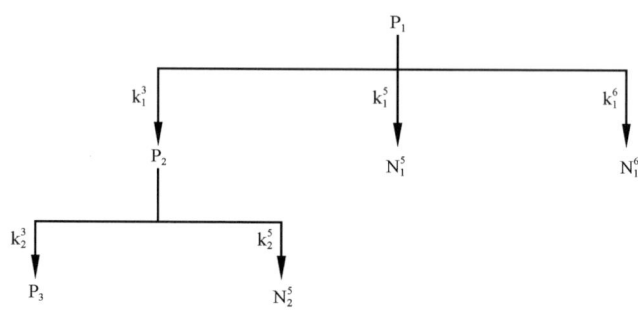

图7.10 生成 C_7 烃类的金属催化稳态动力学反应示意图(Mango,1994)。Mango 多次修改他反应流程中的术语,从而引起了一些概念上的混淆(见 ten Haven,1996)。P_1 = 正构庚烷(nC_7);P_2 = 2-甲基己烷(2-MH) + 3-甲基己烷(3-MH);P_3 = 3-乙基戊烷(3-EP) + 3,3-二甲基戊烷(3,3-DMP) + 2,2-二甲基戊烷(2,2-DMP) + 2,3-二甲基戊烷(2,3-DMP) + 2,4-二甲基戊烷(2,4-DMP) + 2,2,3-三甲基丁烷(2,2,3-TMB);N_1^5 = 乙基环戊烷(ECP) + 1,2-(顺+反)-二甲基环戊烷(1,2-DMCP);N_1^6 = 甲苯 + 甲基环己烷(MCH);N_2^5 = 1,1-二甲基环戊烷(1,1-DMCP) + 1,3-(顺+反)-二甲基环戊烷(1,3-DMCP)。1,2-(顺+反)-二甲基环戊烷(1,2-DMCP)也可由3-甲基己烷的五元闭环反应生成,故亦可包含在 N_2^5 之内

Mango 的反应流程预示了 C_7 烃类间的几个恒定的比值(图7.11)。K_2 为三元环闭合产物(P_3)与甲基己烷的母体(P_2)以及五元环闭合产物(N_2)的总和之间的比值,同系物油组中,K_2 比值的恒定以与动力学稳态模型相一致的方式将 C_7 异构烷烃和二甲基环戊烷两者结合在了

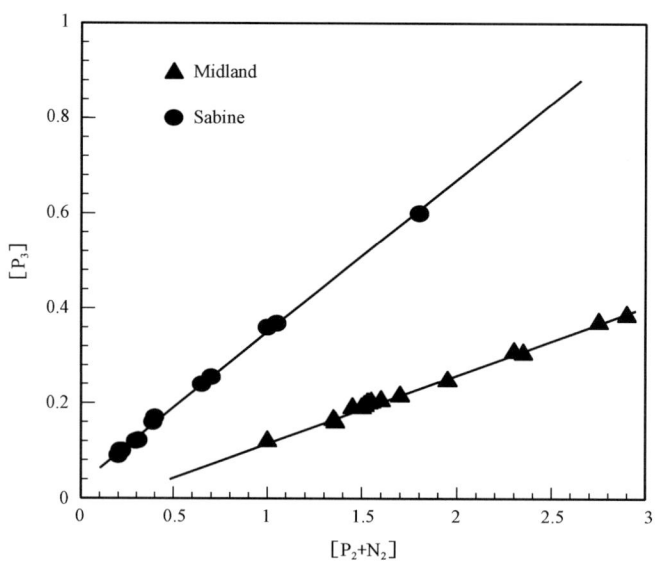

图7.11 两套同系物油组中 P_3 相对于($P_2 + N_2$)组分的含量用于表示全油的百分含量。Mango 涉及三元环和五元环闭合反应的稳态动力学流程预测了(1990)这些化合物的恒定性,它们可被表达为 $K_2 = P_3/(P_2 + N_2)$。承蒙 Elsevier 的惠允,转引自 Mango(1990)

一起。Mango 的反应流程还预示了其他的几个恒定比值:3,3-二甲基戊烷和 3-乙基戊烷只能由 3-甲基己烷生成;而 2,4-二甲基戊烷则只能由 2-甲基己烷生成,每个反应都是通过三元环中间体来实现的。K_3 比值被定义为(2-甲基己烷+3,3-二甲基戊烷+3-乙基戊烷)与(3-甲基己烷+2,4-二甲基戊烷)之比,该值应和 K_1 比值一样是恒定的。同理,顺-和反-1,3-二甲基戊烷的异构体只能由 3-甲基己烷的五元环闭合作用来生成,而 1,1-二甲基戊烷则只能是 2-甲基己烷的五元环闭合作用的产物。被定义为(2-甲基己烷+1,3(顺+反)-二甲基环戊烷)与(3-甲基己烷+1,1-二甲基环戊烷)之比的 K_4 比值也应是恒定的。这些比值在北维京(Viking)地堑同系物油组中均被发现是恒定的(Chung 等,1998)。

尽管 Mango 的反应流程似乎解释了观测到的 C_7 烃类的分布,仍然有许多人基于以下的几种理由而拒绝接受金属催化反应的机理。金属催化反应要求有机底物与固态干酪根基质中的金属元素紧密地结合在一起,此外,与生油有关的干酪根的赋存环境被认为对金属催化剂是有害的。Mango 反应的机理还要求干酪根的前驱化合物能够生成烯烃键和氢,以实现金属催化的闭环作用。有充分的证据表明:初始原油的形成源自于干酪根的热降解,因此,一种生成轻烃的特殊机制似乎是没有必要的。然而,支持 Mango 闭环反应的分子模型却得以发展(van Duin 和 Larter,1997;Xiao 和 James,1997;Xiao,2001)。

对 Mango 假说的质疑大多指向天然气的形成。Mango(1992;1996)以及 Mango 等人(1994)提出 C_1-C_4 烃类同样也是经由稳态动力学控制的过渡金属元素的催化反应生成的,这类反应导致了比较干燥的天然气的生成(甲烷占 60%~95%)。相比之下,原油和干酪根实验室的热裂解模拟则生成湿气(甲烷占 10%~60%)。Mango 认为由催化反应生成的较干燥的天然气组成更符合对天然产物的观测结果。Price 和 Schoell(1995)反驳认为:表示甲烷富集的生产数据并非甲烷生成的真实反映,而是甲烷生成和运移过程中的分馏效应共同作用的再现。他们指出:作为烃源岩和储藏的一个封闭的系统,Bakken 页岩中的伴生甲烷的含量为 45%,这与实验室热裂解模拟的结果相一致。Mango(1997)反驳道:倘若生成的气体组成很湿,而较干燥气藏的形成为运移过程中的分馏效应所致,那么相应地就应当伴生气中极度贫甲烷(~7%)的气藏存在。由于鲜有伴生气中甲烷含量如此低的观测报导,Mango 于是指出:有理由认为运移过程中的分馏效应导致甲烷富集的观点是站不住脚的。然而,这个争论只有在系统是封闭的、并且该含油气系统中缺乏次生甲烷贡献者的条件下才是成立的。如此单一的地质系统即使的确存在,也颇为罕见。次生甲烷被认为是具有煤炭、贫有机质的烃源岩以及微生物的来源。McNeil 和 BeMent(1996)提出甲烷可能来自烷基芳香烃的侧链断裂。Mango(1997)否定了这种假说,他争辩道:典型化合物的热解可以生成完整的烷基侧链却没有产生可感知数量的甲烷(譬如:1-十二烷基芘→芘+十二烷)。但是,他忽略了这样一个事实:高成熟的干酪根基本上是由带甲基侧链的多环芳香烃所构成的,这类母质的热解一般生成甲烷。

虽然 Mango 提出了在实验室模拟中由金属和金属氧化物催化反应生成天然气的其他一些证据(Mango,1998;Mango 和 Elrod,1998;Mango 和 Hightower,1997),但这一理论仍然没有对一些主要的质疑做出回应。诸如:金属是如何获得催化活性的?它们在一个键合的固相条件下是如何能够与有机质发生反应的?为什么天然样品缺乏反应所必需的高丰度的烯烃前身物?此后,Mango(2000)修正了他的假说,考虑了其中的几个要素。现在他承认是热降解导致干酪根生成了初始的原油(C_{9+});轻烃源自饱和烃的金属催化降解;而天然气则是由轻烃的金属催化降解所产生的。修正过的模型摒弃了烯烃作为反应物的说法,转而认为轻烃是中间体而非最终产物,并且承认金属催化剂存在于干酪根、岩石基质或液态石油中,与液体和气体相互发生作用:

$$\text{干酪根} \xrightarrow{\triangle} \text{原油} \xrightarrow{[M^*]} \text{轻烃} + \text{湿气} \xrightarrow{[M^*]} \text{干气}$$

Mango 先前主张的、涉及到三元环、五元环和六元环闭环反应的大多数要素仍然保留在新模型中,只是新加入了四元环的闭环反应作为可能的过渡形式。在这个模型中,饱和烃的前身物通过一个金属元素或金属氧化物诱导的环丙基中间体与其子体产物建立起了一种三位一体的关系:

$$S \longrightarrow \underset{MO_x}{\overset{C_2}{\underset{C_1 \;\;\; C_3}{\triangle}}} \longrightarrow C_1 - C_2 - C_3 + \underset{}{\overset{C_2}{C_1 - C_3}} + \underset{}{\overset{C_2}{C_1 - C_3}}$$

在上述反应中,S 为饱和烃的前身物,C_1 和 C_3 可以是任何烷基基团。由于同系物系列的反应速率应当是相似的,所以就应具有相应等比例的化合物比值。譬如,导致生成正己烷(x)和甲基戊烷(x_i, x_{ii})的反应应当与生成正庚烷(y)和甲基己烷(y_i, y_{ii})的反应相类似(图 7.12)。

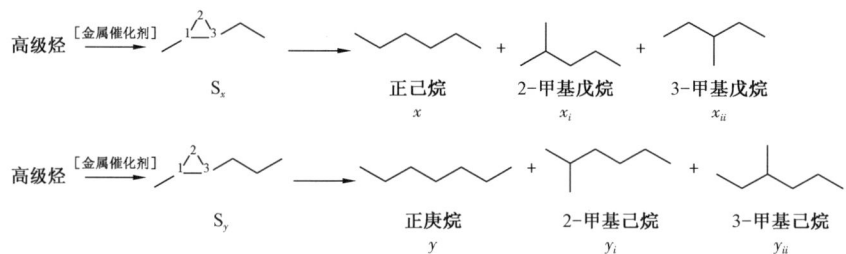

图 7.12 Mango 有关正己烷生成的反应应与正戊烷的生成反应相类似

如果假设成立,那么无论前身物 S_x 和 S_y 的丰度高低,$x/(x_i + x_{ii})$ 和 $y/(y_i + y_{ii})$ 的比值都应是等比例的。这种均衡性被表述为 $x/(x_i + x_{ii}) = ay/(y_i + y_{ii})$ 或者 $a = (x)(y_i + y_{ii})/(x_i + x_{ii})(y)$。在上式中,$a = [(nC_6)(2-\text{甲基己烷}+3-\text{甲基己烷})]/[2-\text{甲基戊烷}+3-\text{甲基戊烷}]$ (nC_7)。Mango 认为这种产物间的相关关系仅仅是催化反应的特征,而不会出现在由重烃热裂解生成的轻烃中。紧随环丙基-金属氧化物中间体反应之后,涉及环烷烃的相似反应导致了 1,3-二甲基环戊烷发生催化异构化反应,生成 1,2-二甲基环戊烷。

理论模型(Xiao,2001)显示:在过渡金属元素或矿物催化剂的参与下,上述反应是成立的。对 Mango 的轻烃形成理论而言,金属氧化物或者复杂的过渡金属元素能否在地下变得具有活性仍然是一个关键性的问题。现在他暗示,在储藏温度大于 150℃ 时出现的轻烃和湿气的增加可能表明金属催化剂需要具备获得活性的条件(较高的温度、较高的氢分压,以及没有抑制介质)。烃类的分解可能不是热裂解的缘故而是金属催化剂活化的缘故。然而,这一观点让我们又回到了最初的问题,那个 Mango 试图用激活金属催化反应来解释的问题。在生油窗内 90~150℃ 的条件下,导致轻烃生成的机制是什么?Mango 提到了他早期的模型,即烃源岩中的金属元素成为活性催化剂的温度要低于它们在储藏中所需的温度,他还相信黏土介质酸性催化作用可能在这些低温反应中发挥了作用。

在热力作用下伴随着原油的生成导致轻烃生成的化学机理尚不为人所知。在这些温度条件下重轻是不会发生热分解的,因此,所有轻烃的生成只能是干酪根或者极性络合物分解的结果。我们的观点认为 Mango 的未经验证的闭环反应为解释生油窗内轻烃的生成提供了一条颇具吸引力的途径,这类反应可以描述母体与子体之间的相关关系和 $C_6 - C_7$ 烃类间观测到的恒定性,排除对外源前驱化合物的需求,并且解释观测到的非平衡分布现象。但是,这类反应的酸性或金属催化作用仍然没有得到证实。生成干气也许并不一定需要金属催化反应的参与。实验室的模拟表明,在高温下(190℃)烃类能够以类似于实际地质升温的速率发生热分解(Horsfield 等,1992)。此外,高熟的煤和干酪根也可生成大量的甲烷(Boreham 和 Powell,1993;Law 和 Rice,1993)。

7.2.2 $C_6 - C_7$ 的色谱分离

气相色谱能够完全将其所有异构体(17 个)区分开来的最高碳数的烃类是 C_7。然而,要想获得它们在基线上的分离却并非易事,这是因为所有的 C_7 异构体必须既要相互分离又要与共溢出的 C_6 和 C_8 烃类分离开来。使用常规的气相色谱的方法,毛细色谱柱和化学键合的固定相是无法实现将所有 17 个 C_7 异构体的基线分离开来的。譬如,使用一根 100% 甲基硅酮的色谱柱,3 - 乙基戊烷只能部分地与 1 - 反 - 3 - 二甲基环戊烷分离开来;而 1 - 顺 - 2 - 二甲基环戊烷则是甲基环己烷的一个肩峰(图 7.13)。使用最佳的分离条件可以使它们的分离得到改善,但这却是以牺牲其他化合物的分离效果为前提的。即使是美国物质检测委员会(1992)和气体分析者学会用于分析石油中轻烃的标准方法,即(ASTMD5134 - 92)和(GPA2186 - 95)也只能解决为数不多的几个 C_7 异构体的分离问题。

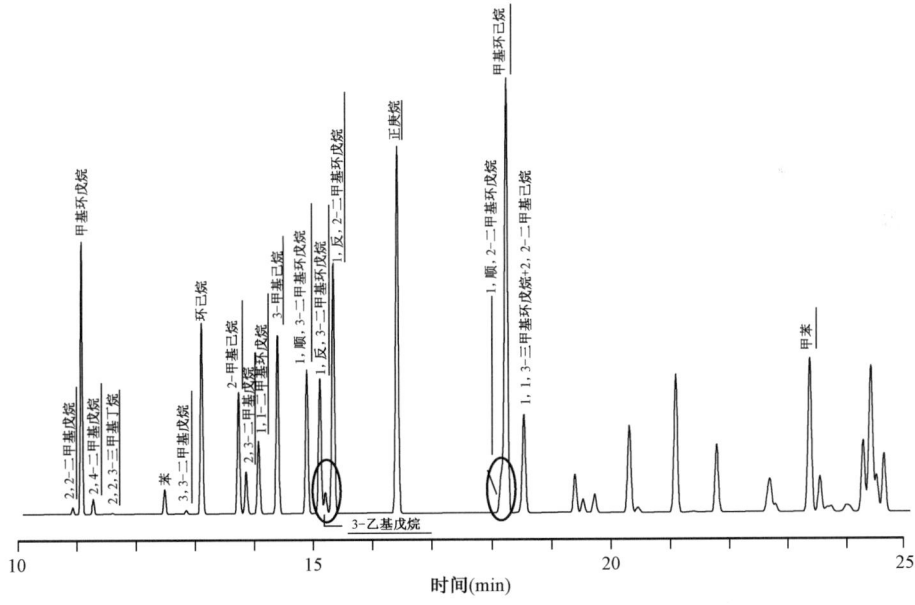

图 7.13 单柱气相色谱系统对 C_7 烃类的最佳色谱分离,色谱为 Hewlett Packard 5890 Series II Plus 配有一根 100m 长 100% 甲基硅氧烷毛细柱(J&W DB - 1;0.25mm 内径(ID)×0.5μm 层厚)。载气为氢气,流速设定为 18cm/s。进样器温度为 270℃,分流进样(50:1)。火焰离子检测器的温度为 350℃,最佳程温为:起始温度 30℃,即刻以 1.0℃/min 的速率升温至终温 107℃。接着炉温被加热至 325℃,恒温 10min 吹赶重烃。除了 3 - 乙基戊烷(部分地与 1 - 反 - 3 - 二甲基环戊烷分离)和 1 - 顺 - 2 - 二甲基环戊烷(甲基环己烷的一个肩峰)之外,其他所有的 C_7 烃类异构体均可采用这种方法获得基线分离。C_7 烃类在图中为下划线的化合物。承蒙 Elsevier 的惠允,转引自 Walters 和 Hellyer(1998)

所有 C_7 异构体的分离可以通过使用高性能非极性的固定相色谱柱来实现,诸如异十三烷(角鲨烷)或十六烷(鲸蜡烷)－十六碳烯等,然而,由于这些固定相与色谱柱的结合方式是非化学键合的,它们受热易变(最高温度 <100℃)。低温的限制要求导入柱体的只能是挥发性的烃类组分。如果足够仔细的话,就可以如同 Mango 数据库所采用的步骤那样,在保持 C_7 烃类原貌的情况下蒸馏和收集汽油流程的烃类。可供选择的方法之一就是采用一根前置柱或者程序控温的注样器,从而达到只有轻烃才能进入对温度敏感的柱体的目的。

Walters 和 Hellyer(1998)开发了一种分析 C_7 烃类的多维双炉气相色谱法,该方法取得了基线分离所有异构体的效果(图 7.14)。此法除了需要内标之外对样品的前制备要求不高,它通过使用商业用途的毛细柱和最少量的低温冷却液体,取得了快速的、可重复的和定量的结果。

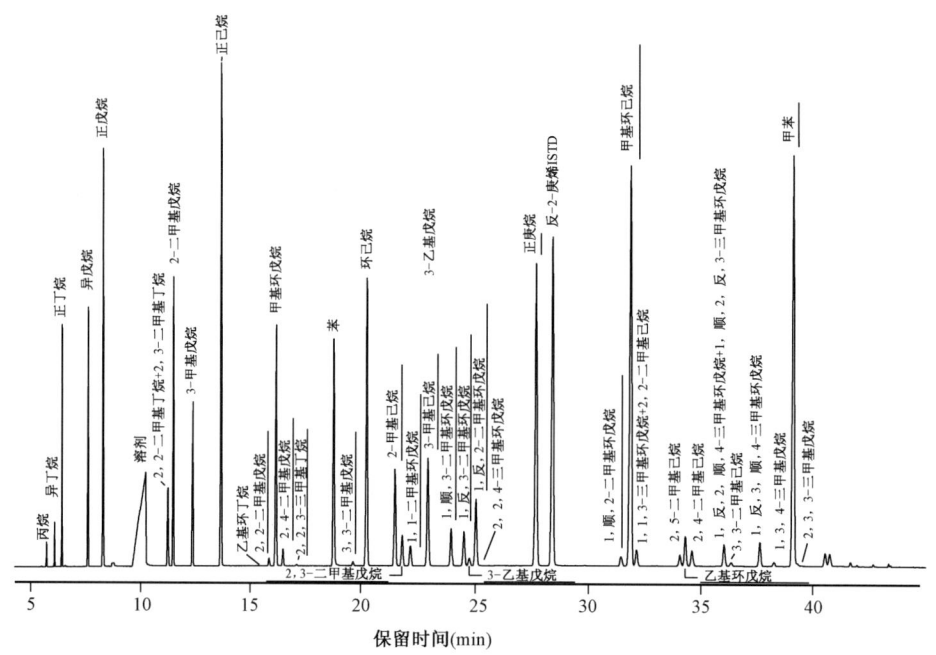

图 7.14 多维气相色谱可以实现 C_7 烃类(下划线部分)的基线分离。一台西门子 Sichromat 2-8 双炉气相色谱仪配有双火焰离子检测器(FID),一根 100m 长 100% 甲基硅氧烷前置柱(J&W DB-1,0.25mm 内径(ID) × 0.5μm 层厚)和一根 60m 长 50% 甲基-50% 辛基硅氧烷色谱柱(Supelco SPB 辛基25mm 内径(ID) × 0.25μm 层厚)。进样器温度为 250℃,载气为氢气,流速的设定前置柱为 17cm/s,而分析柱则为 43cm/s。前置柱的程序升温为:起始温度 29℃,恒温 18min,接着以 3℃/min 的速率升温至 53℃ 再恒温 15min。然后反吹前置柱并迅速升温至 230℃ 驱赶重烃。分析柱的程序升温为:起始温度 28℃,恒温 35min.,然后以 0.5℃/min 的速率升温至 31℃,再迅速升温至 130℃ 驱赶重烃。两个燃烧炉的火焰离子检测器(FIDs)的温度均设定 330℃。原油样品在 CS_2 中稀释进行前处理并注入反-2-庚烯作为内标。承蒙 Elsevier 的惠允,转引自 Walters 和 Hellyer(1998)

7.2.3 $C_6 - C_7$ 轻烃参数

许多 $C_6 - C_7$ 轻烃的参数可以用来进行原油与凝析油的对比、确定成熟度、以及指示各类油藏蚀变的过程。所有提出的比值均基于以下三项原理之一:① 生烃模型;② 物理化学和生物的过程;③ 对物理化学和生物过程的非敏感性。

在我们提出的轻烃参数中,参照了原始的已发表数据并将其应用于单独的油组。进行这种测试的目的不是为了验证该参数,而是为了让读者在使用轻烃参数时对可能出现的差异和困难有一个更好的认识。数据组包括:

（1）斯马科弗（Smackover）组（亚拉巴马州）：成熟度由低到高的原油样品均采自陆上和海上的油井，其中包括经历过 TSR 的几个油样（Rooney，1995）。

（2）塔斯卡卢萨深部（Deep Tulscaloosa）（路易斯安那州）：产自 135～190℃ 高温储藏中包括原油和凝析油在内的样品。

（3）斯科舍（Scotian）陆架（加拿大）：样品包括沉积在前三角洲页岩中倾气的陆相有机质生成的海上原油和凝析油。Verrill 峡谷中-晚侏罗世前三角洲的页岩是其最有可能的烃源岩。有些油田有次生泥灰质烃源岩存在的确凿证据。这套油组包括了不同单井的多项 DST 测试，储层的温度范围宽泛，从已发生生物降解的 <50℃ 直到 >160℃。

（4）中东：样品包括采自伊朗、伊拉克和科威特的晚侏罗世和早白垩世碳酸盐岩、白垩纪页岩/泥灰岩以及始新世页岩生成的原油。

（5）维京地堑（Viking Graben）（北海）：样品包括 Beryl 油田及其附属油田启莫里奇黏土（Kimmeridge Clay）组低熟-中等成熟度的烃源岩、Heather 组中-高成熟度的烃源岩以及侏罗纪高熟的煤生成的原油。许多原油是两个或者更多端元流体的混合物。

7.2.4 Hunt 的参数

> 为热演化参数，基于对带叔、季碳原子的轻烃随深度出现的最大产量的变化所进行的观测而得出的经验值，很少用于原油成熟度的测定。

Hunt 等人（1980b）观测到季碳与叔碳类（如：2,2-二甲基丁烷/2,3-二甲基丁烷）的轻烃比值在成熟的沉积物中随深度而增加。对墨西哥湾细粒的岩石而言，季碳异庚烷（2,2-二甲基戊烷 + 3,3-二甲基戊烷）的最大产量出现在 3500ft 处（1067m），该深度大于叔碳异庚烷（3-乙基戊烷 + 2,3-二甲基戊烷 + 2,4-二甲基戊烷）最大产量出现的深度，这很可能是由于中间体叔碳阳离子或自由基具有较高的稳定性的缘故（Hunt 等，1980；Hunt，1984b）。

这些参数在指示原油成熟度方面的应用被认为是有限的。Chung 等人（1998）发现北海原油中季碳/叔碳异庚烷的比值与 2,4-二甲基戊烷/2,3-二甲基戊烷有关。在斯科舍（Scotian）陆架上，季碳/（季碳 + 叔碳）C_7 异庚烷和环庚烷（1,1-二甲基环戊烷/∑二甲基环戊烷）的比值与储层的深度有关（图 7.15）。尽管一些离散值可能是垂向运移的缘故，但这类相关关系并不明显。对原油而言，Hunt 的比值仅仅指示大致的成熟度，我们建议在需要对其他更为可靠的参数进行佐证时才使用这些比值。

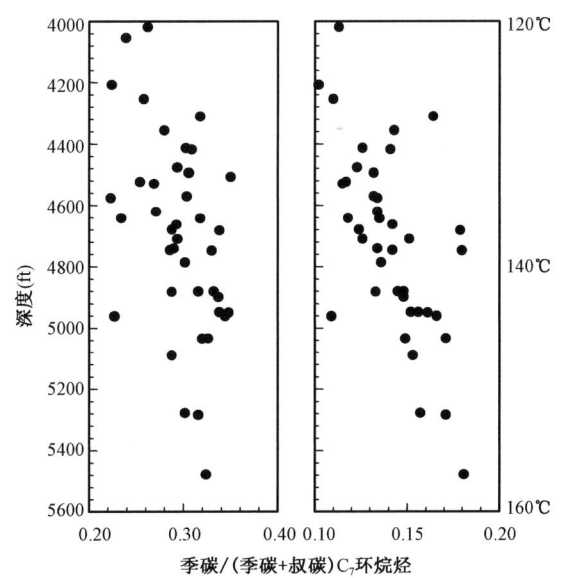

图 7.15 斯科舍陆架原油的季碳/（季碳 + 叔碳）C_7 异庚烷（左）和环戊烷（右）被认为是源自 Ⅱ/Ⅲ 型烃源岩，其储层的深度大致相当于烃源岩的热成熟度。Hunt 的比值仅仅展示了与深度的大致关系。一些离散的值可能是垂向运移的缘故，但总体而言，这些比值不是可靠的热成熟度指标

7.2.5 Schaefer 的参数

> 基于对轻烃比值和镜质体反射率的经验观测的热演化参数,其相关关系受盆地的制约并很少用于原油的成熟度测定。

Schaefer 和 Littke(1988)以及 Schaefer(1992)分析了萨克森盆地里阿斯统(下土阿辛阶)不同成熟度波西多尼亚(Posidonia)页岩中的轻烃(其平均镜质体反射率 R_m 为 0.48%~1.45%),他们发现 R_m 与几个 C_7 比值之间存在着明显的相关关系,尤其是 C_7 链烷烃/环烷烃的比值(V)以及(2-甲基己烷+3-甲基己烷)/(1,2-(顺+反)+1,3-(顺+反)二甲基戊烷)的比值(J)均与 R_m 呈线性的相关关系(图 7.16)。后一个比值大致相当于 Mango 反应流程中的 P_2/N_2^5(母体/子体)比值。

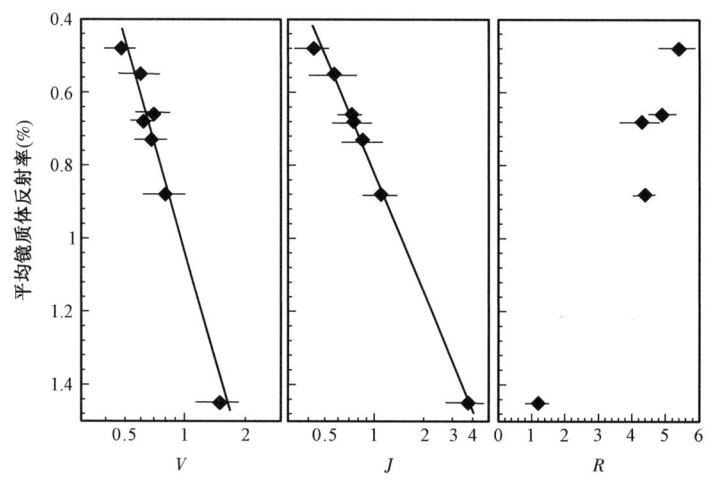

图 7.16 里阿斯统样品中对成熟度敏感的 C_7 烃类的平均比值与镜质体反射率之间的对比示意图。承蒙 Elsevier 的惠允,转引自 Schaefer(1992),$V = C_7$ 链烷烃/环烷烃,此处"链烷烃"指无环的烷烃。J = (2-甲基己烷+3-甲基己烷)/(1,2-(顺+反)+1,3-(顺+反)二甲基戊烷)。R = 1-反-2-二甲基戊烷/1-顺-2-二甲基戊烷。线性回归率:R_m = 1.0+1.8·对数 V,而 R_m = 0/84+1.11·对数 J

我们发现 Schaefer 的参数 V 和 J 可指示热演化程度。然而,这些 C_7 比值和镜质体反射率之间的相关关系还取决于烃源岩的有机相(Chung 等,1998)。譬如,斯科舍陆架的原油具有储层深度与 V 和 J 参数相一致的关系。但是,斯科舍陆架原油由参数 V 和参数 J 推测得出的平均镜质体反射率相对于实测的 R_o 而言,分别偏低和偏高(图 7.17)。

7.2.6 Thompson 的参数

> 反映干酪根类型、成熟度以及分馏现象的 C_6-C_7 参数,该类参数在很大程度上依赖于经验观测。

Thompson 开发了许多通过化合物类型描述轻烃分布的 C_6-C_7 比值(表 7.2),其中的几个比值被认为是与干酪根类型和成熟度有关的,而其他的比值则与运移实验过程中出现的分馏相关。大多数这类比值受储层次生改造作用的影响。

Thompson(1983)用庚烷/异庚烷的比值作图来指示其来源、热成熟度和生物降解(图7.18)。通过检测从岩屑和露头样品抽提出的轻烃,他建立了反映脂族和芳香族干酪根不同热演化曲线的庚烷/异庚烷比值之间的相关关系,根据烃源岩建立起的这个相关关系可以用于指示原油的相对成熟度及其干酪根母质。Thompson 使用大多数为国内海相页岩生成的原油来验证这一假说,除了三个古生界的原油之外,其他的样品基本上符合干酪根的曲线。Thompson 发现相当一批数量的测试原油在庚烷比值为 19 而异庚烷比值为 0.9 的 10% 范围之内,与烃源岩抽提物校正油组的轻烃比值相比,这一范围对应于 0.9% 镜质体反射率。Thompson 由此得出结论:这一成熟度代表了正常原油的生排烃,低于这些庚烷和异庚烷比值的原油为生物降解油,而那些具有明显较高比值的原油则为热裂解油。当原油的庚烷比值为 18~22、22~30 和大于 30 时,被分别称之为正常原油、成熟原油以及高熟原油。

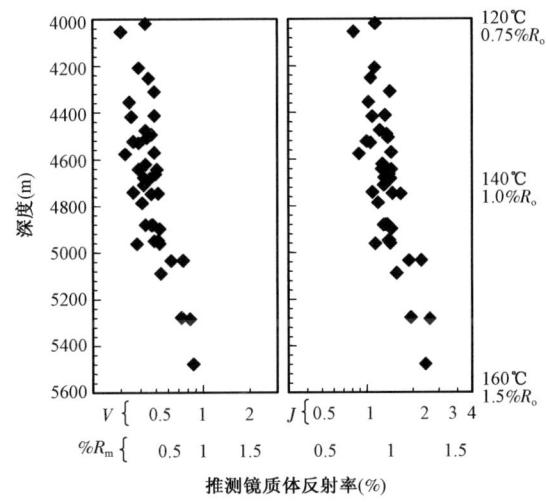

图7.17 根据 Schaefer 参数 V 和 J(分别为左图和右图)推测得出的斯科舍(Scotian)陆架一个原油系列的平均镜质组反射率。斯科舍陆架原油被认为是源自 Ⅱ/Ⅲ 型的烃源岩,其储层的深度大致相当于烃源岩的热成熟度。众多油井的温度和实测镜质体反射率(右边的竖轴为 R_o)均为平均值

表7.2　$C_6 - C_7$ Thompson 比值描述的一些影响轻烃的过程

名称	比值	性质	过程
A	苯/正己烷	芳香烃含量	分馏、水洗、TSR
B	甲苯/正庚烷	芳香烃含量	分馏、水洗、TSR
X	(m-二甲苯+p-二甲苯)/正辛烷	芳香烃含量	分馏、水洗、TSR
C	$\dfrac{\text{正己烷}+\text{正庚烷}}{\text{环己烷}+\text{甲基环己烷}}$	链烷烃含量	成熟度、生物降解
I	$\dfrac{2-+3-\text{甲基己烷}}{1-\text{顺}-3-+1\text{反}-3+1-\text{反}-2-\text{DMCP}}$	链烷烃含量	成熟度、母源、生物降解
F	正庚烷/甲基环己烷	链烷烃含量	成熟度、生物降解
H	$\dfrac{100 \times \text{正庚烷}}{(\sum \text{环己烷}+C_7 \text{HCs})}$	链烷烃含量	成熟度、母源、生物降解
S	正庚烷/2,2-二甲基丁烷	链烷烃分支	成熟度、母源、生物降解
R	正己烷/2-甲基己烷	链烷烃分支	成熟度、母源、生物降解
U	环己烷+甲基环己烷	环烷烃分支	成熟度、母源

注:DMCP 为二甲基环戊烷,H 为庚烷比值。庚烷比值被 Thompson(1983)定义为相对于(环己烷+2-甲基环己烷+1,1-DMCP+3-甲基环己烷+1-顺-3-DMCP+1-反-3-DMCP+1-反-2-DMCP+正庚烷+甲基环己烷)总和而言的正庚烷的百分含量。Thompson 指出当时采用的气相色谱分离技术无法将所有的异构体分离开来。其庚烷比值的分母,如同 Thompson(1983)的计算,还包括 2,3-二甲基戊烷、3-乙基戊烷、1-顺-2-DMCP 以及 I 和异庚烷比值。

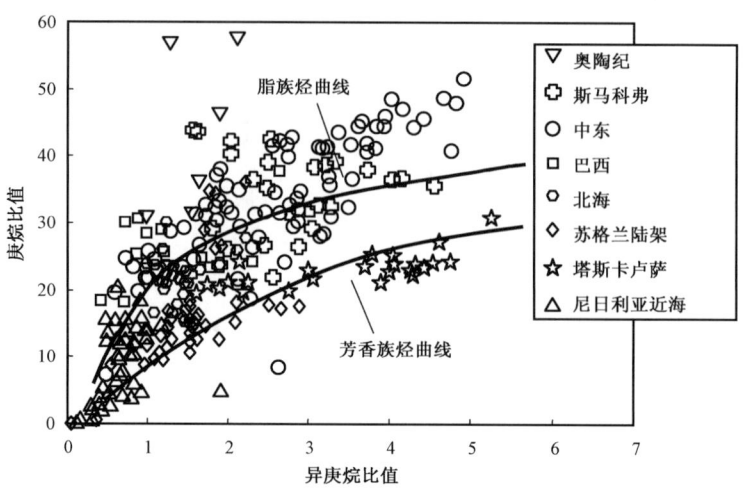

图 7.18 不同原油的庚烷比值与异庚烷比值以及由 Thompson(1983)划定的脂族烃和芳香族烃干酪根类型曲线的对比示意图。采自密西根盆地的奥陶纪原油由富含黏球藻的干酪根生成。斯马科弗原油则源自阿拉巴马州侏罗系斯马科弗组含有ⅡS型干酪根的碳酸盐岩。中东原油采自伊朗、伊拉克和科威特,它们主要由侏罗系和白垩系含有ⅡS型干酪根的碳酸盐岩和泥灰岩生成。巴西原油则生成于咸化前的湖相烃源岩的不同相带。北海原油采自维京地堑(Viking Graben)和 More 盆地,主要生成于启莫里奇黏土(Kimmeridge Clay)组(Ⅱ型干酪根),也有下伏的 Heather 组(Ⅱ/Ⅲ型干酪根)的次级贡献。采自斯科舍(Scotian)陆架的原油和凝析油是由中-上侏罗统 Verril Canyon 组的前三角洲页岩(Ⅱ/Ⅲ型干酪根)生成的,但其中也有几个原油具有不同的碳酸岩盐的起源。塔斯卡卢萨深部的凝析油为塔斯卡卢萨页岩(Ⅱ/Ⅲ型)生成的高成熟度的流体。

尼日耳三角洲的海上原油则源自渐新统-中新统前三角洲具有大量陆源输入(Ⅱ/Ⅲ型)的低熟页岩

一些不同的数据组表明原油组成的变化要大于 Thompson 所描述的变化(图 7.18)。碳酸盐/泥灰质烃源岩(ⅡS 型)生成的原油通常会具有高于脂族烃曲线的趋势,来自湖相和黏球形藻属(G. prisca)有机相的高丰度脂族烃烃源岩生成高庚烷的轻烃,而海相(Ⅱ型)和前三角洲相(Ⅱ/Ⅲ型)的烃源岩的庚烷值通常位于脂族烃和芳香烃曲线之间。Thompson 认为具有庚烷值小于 18 的原油为生物降解油。生物降解的确可导致庚烷值低至零,但低熟的、未经生物降解的原油也可具有低至 12 的庚烷值。

这个一般趋势也有几个明显的例外,在前寒武纪的原油中(俄罗斯里菲期)与环烷烃相比,正构和异构烷烃都异常的丰富,导致了非同寻常的高异庚烷比值(图 7.19)。对于出现仅 10 多亿年的烃类而言,环烷烃的缺失可能是由于与链烷烃和正常烷烃相比,这种烃类具有较低的热稳定性的缘故。更大的可能是:这种轻烃的分布反映了前寒武纪母质中有机质输入的生物多样性是有限的。TSR 同样也可以改变轻烃的分布,当轻烃与重烃的相对比例随 TSR 而增加时,相对于正构和异构烷烃而言,环烷烃优先降低,这种变化导致了异庚烷比值的下降和庚烷比值的升高(图 7.20)。

庚烷和异庚烷比值可以用于原油的粗略分类。由于这些参数具有如此强烈的母源影响,因此,对于那些未曾遭受明显的储层分异或改造的原油而言,使用它们来判定相似油组的成熟度是受限的。

Thompson(1987,1988)以及 Thompson 和 Kennicutt(1990)使用蒸发分馏效应来解释某些轻烃的分布。蒸发分馏的观点是 Silverman(1965)提出的相分离过程的修正版。在相分离体系中,一个两相的储层流体可分馏形成气相和不含挥发物质的残余油。富含挥发物质的气相可以优先运移至较浅的储层,在那里温度和压力的降低会导致其进一步分馏成气相和逆蒸发

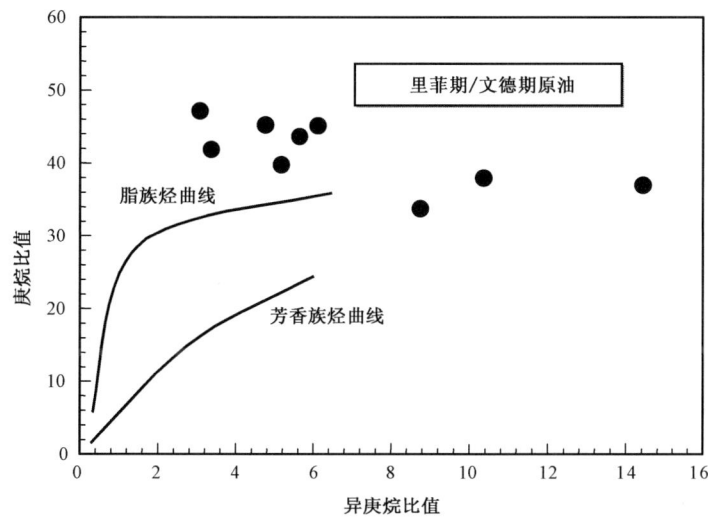

图 7.19　采自俄罗斯的前寒武纪原油显示出非常高的异庚烷比值。Thompson 的脂族烃和芳香族烃曲线对较年轻的原油而言具有明显的局限性

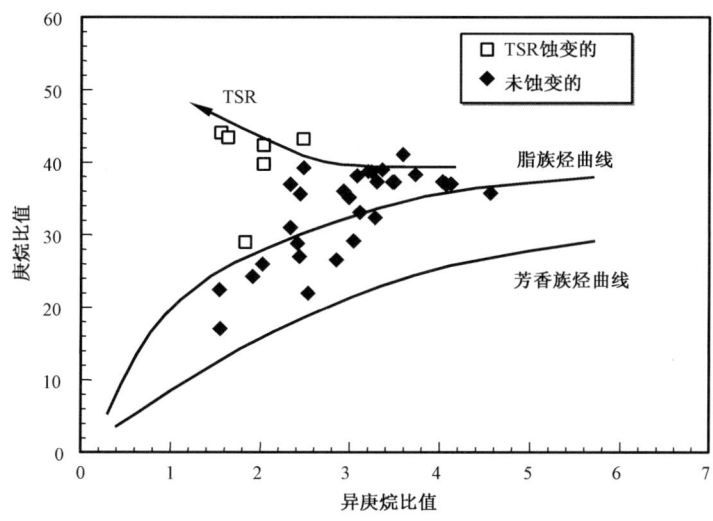

图 7.20　与未蚀变的正常原油相比,遭受硫酸盐热化学反应(TSR)改造的斯马科弗原油具有下降的异庚烷比值和上升的庚烷比值

生成凝析油。这一过程在次生气相优先向更浅的储层运移时可以重演。蒸发分馏需要向残余油反复充注甲烷。伴随着一次次的再充注,残余油中的烃类会重新在气相和液相间建立平衡。一如相分离理论所描述的那样,气相随即优先运移逆蒸发形成凝析油。随后向残余流体充注的额外甲烷使蒸发分馏效应有别于简单的相分离机制。

　　Thompson(1987)进行了一系列用甲烷反复充注未分馏的正常原油,将生成的平衡气相移出并冷凝的实验。伴随着每次甲烷的再充注,残余的原油逐步地变得缺失重烃(原文如此,应为缺失轻烃——译者注)。由于气体溶解度的不同,与饱和烃的馏分相比,轻质的芳香烃会优先离析进入到残余油中。同时还由于正构烷烃和支链烷烃比芳香烃和环烷烃更易离析进入气相,因此,最初形成的凝析油比其母体原油含有更多的正构烷烃和支链烷烃。而残余油则比母体原油更加富含芳香烃和环烷烃,甲烷的加入导致了比初期的凝析油更加富集芳香烃和环烷烃的气相凝析油的形成。后续的甲烷充注既生成凝析油也生成残余油,与前期的残余油相比,

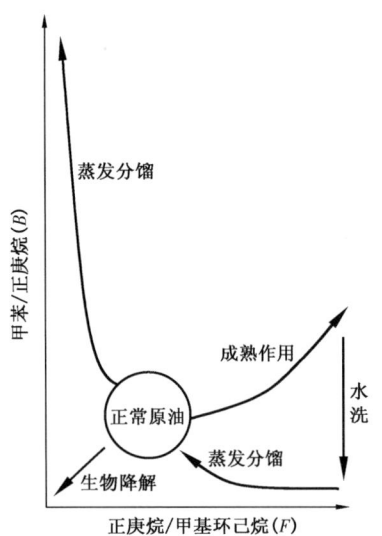

图7.21 Thompson(1987)的 $B-F$ 模式图在芳香度比值(甲苯/正庚烷,B)和石蜡性比值(正庚烷/甲基环己烷,F)构成的对比示意图中汇总了几个储层蚀变的矢量。未蚀变的正常原油占据的区域为受母源控制必须由单独的含油气系统来校正的范围。根据实验室的模拟和经验观测,Thompson 提出初期的蒸发分馏使 F 降低和 B 增加,随后的蒸发分馏将导致 B 的快速增长。Thompson 进一步指出其他的蚀变改造过程也可用 $B-F$ 模式图来表示。成熟作用、水洗和生物降解的矢量在图中均有标示

它们逐渐地变得缺失正构烷烃和链烷烃但却富集芳香烃和环烷烃。

Thompson(1987)应用甲苯/正庚烷(芳香度比值,B)和正庚烷/甲基环己烷(石蜡性比值,F)来描述蒸发分馏效应。这些比值所使用的化合物显示了 C_7 烃类间气-液溶解度的最大差异(甲苯/正庚烷 = 4.67$_{气}$、3.44$_{液}$;甲基环己烷/正庚烷 = 0.22$_{气}$、0.34$_{液}$)(Carpentier 等,1996)(原文的比值有误,后经与作者通信联系予以更正——译者注),甲苯/正庚烷在挥发性上具有明显的差异(Δ℃$_{沸点}$ = 12.3)。用各种数据组的这类比值来作图就可生成 Thompson 用来展示几种蚀变改造过程的 $B-F$ 模式图(图7.21)。

使用三个盆地(库克湾、丹佛和波德河)的数据,Thompson(1987)发现未蚀变的正常原油占据了一块由这类比值(nC_7/MCH 约为 0.4~0.8,甲苯/nC_7 约为 0.2~0.6)划定的普通区域。我们发现 nC_7/MCH 比值随母源和成熟度而变,正常原油的变化范围要大于 Thompson 原先划定的区域。海相页岩生成的原油具有大约 0.4~1.5 的 nC_7/MCH 比值,而源自海相碳酸盐岩的原油的 nC_7/MCH 比值则约为 0.4~5.0+。相比之下,古近-新近系含煤烃源岩生成的未遭受生物降解的原油则具有大约 0.1~0.5 的 nC_7/MCH 比值。由于这种对母源的从属性,正常原油在 $B-F$ 模式图中的区域并非一成不变,而应根据每个含油气系统的具体情况来划定。

基于实验和经验观测,Thompson(1987)指出经历过蒸发分馏的原油会偏离正常原油的区域,起初表现为 nC_7/MCH 和甲苯/nC_7 比值的降低,接着甲苯/nC_7 比值会迅速上升而 nC_7/MCH 比值则基本不变。$B-F$ 模式图可用来展示这类偏离并且提示蒸发分馏效应的发生(譬如 Dzou 和 Hughes,1993;Masterson 等,2001)。我们发现与单一生源的含油气系统有成因关联的原油的许多数据组表现出这种特性。此外,最大的分馏效应发生在三角洲盆地,此处的条件通常有利于甲烷持续地再充注。然而,应用 Thompson 的 $B-F$ 模式图必须谨慎从事,因为蒸发分馏效应之外的其他因素,诸如生物降解和水洗,均可影响这些比值。

有几项研究在探寻蒸发分馏是否就是富甲苯流体生成的原因。Walters(1990)描述了产自墨西哥湾 High Island 511A 高度富集轻质芳香烃的凝析油,认为它们似乎符合 Thompson 的蒸发分馏模型(图7.22)。产自 A-6D 井的凝析油所具有的甲苯/正庚烷的比值超过了 Thompson(1987)在 11 次连续的甲烷再充注模拟实验之后观测到的最大值。这个凝析油只有在蒸发分馏效应的作用下使 C_7 烃类消耗殆尽才有可能具有这样的一个组成,这也许还需要正构烷烃整体分布的高峰值移至 $C_{12}-C_{15}$ 附近。然而,High Island 511A 凝析油的芳香度、轻烃的缺失以及正构烷烃的高峰值彼此并不相关。但是通过伴生气体 $\delta^{13}C$ 比值的推断:在它的芳香度、气油比(GOR)以及微生物成因甲烷的数量之间却的确存在着相关关系。为此,Walters(1990)得出了如下的结论:微生

物成因的甲烷运移到储层时萃取了未熟的烃类(主要是未熟的Ⅲ型干酪根生成的甲苯和甲基环己烷)。因此,那些具有最高气油比(9500ft³/bbl)和微生物成因甲烷占优势(30%)的储层显示出最高的芳香度。

为了获得蒸发分馏的证据,Mango(1990)检测了壳牌数据库中的2258个原油样品。根据他的稳态催化模式,链烷烃前驱物生成甲基环戊烷(MCP)的速率应与异构烷烃前驱物生成1,3-二甲基环戊烷(1,3-DMCP)的速率相等,且甲基环戊烷与1,3-二甲基环戊烷之间的比值(MCP/1,3-DMCP)应保持不变。这样的恒值似乎出现在被检的数据中,然而,这两个化合物在沸点上的差异(Δ=19.7℃)是明显的,它大于甲苯/正庚烷(Δ=12.2℃)或正庚烷/甲基环己烷(Δ=2.3℃)化合物对之间的差异。Mango争辩道:倘若发生了蒸发分馏效应,那么与那些具有较小Δ的化合物对相比,MCP/1,3-DMCP比值之间的恒定性将会在较大的范围内出现波动。在壳牌的数据库中,145个原油样品的甲苯/正庚烷大于1以及正庚烷/甲基环己烷小于0.5,可归为一组。假设这组样品经历了蒸发分馏效应,Mango推论这些原油的MCP/1,3-DMCP比值随着甲基环戊烷(MCP)的亏损应显示出最大的变化来。然而,他却发现了与此相反的趋势,这组原油MCP/1,3-DMCP的平均比值要高于全部数据组的平均值。Mango由此得出结论:

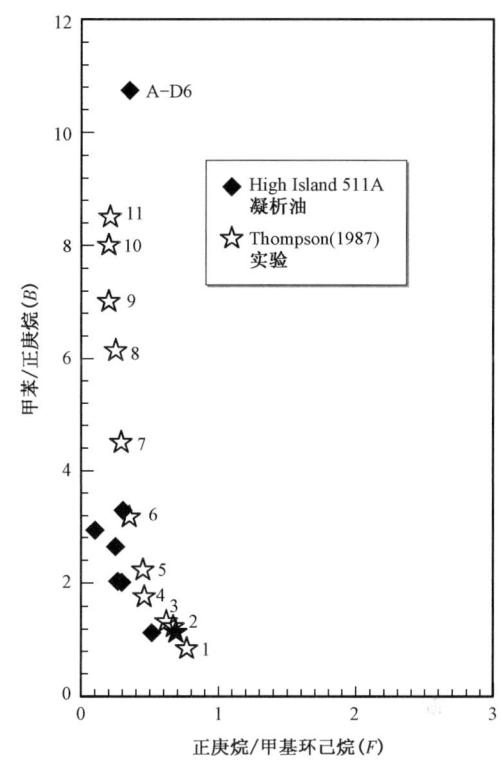

图7.22 展示High Island 511A(◆)与Thompson(1987)实验室模拟蒸发分馏对比数据的B-F示意图。用于平衡的是一个经甲烷充注的母体原油(★)。当气相移出时,初始的凝析油(☆1)相对于母体原油而言富含正庚烷。用甲烷再次充注残余油并使其达到平衡,然后再将凝析的气态烃类移出。重复这一过程11次(☆2-11)。由于残余油相对于前次实验而言总是亏损正庚烷,所以获得的凝析油也是如此,但程度不及残余油。许多来自单一母源含油气系统的原油会沿着蒸发分馏蚀变的途径移至图的左上方。譬如,墨西哥湾的High Island 511A凝析油似乎具有高度的分馏,尽管它们的这种组成并非蒸发分馏所独有(Walters,1990)

这组原油并未发生蒸发分馏。对Mango论点的评估需持谨慎的态度,这是因为烃类在甲烷中的溶解度导致产生蒸发分馏的几率与挥发性一样高。环戊烷之间的溶解度差异要小于正庚烷与甲苯或正庚烷与甲基环己烷之间的差值,所以,MCP/1,3-DMCP的比值也许并不具备特别的鉴别意义。Jarvie(2001)就发现MCP/1,3-DMCP的比值受母源的制约。

硫酸盐热化学还原反应(TSR)是另一种能够强烈影响B-F比值的因素。中等程度的硫酸盐热化学还原反应似乎可以轻度地提升甲苯/正庚烷的比值但却对正庚烷/甲基环己烷的比值没有什么影响。然而,在发生TSR严重蚀变的原油实例中,甲苯/正庚烷的比值能够急剧地升高而正庚烷/甲基环己烷的比值则出现了下降。这种情形可显示在一张根据源自斯马科弗碳酸盐岩的一组原油的数据绘制的B-F示意图中(图7.23)。Rooney(1995)应用特征化合物同位素分析来区分只遭受轻度或中等程度TSR蚀变的斯马科弗原油和经历了热裂解蚀变的原油。这种区别在仅仅依据组分数据的差异来划分时并非显而易见。State Line和莫比尔

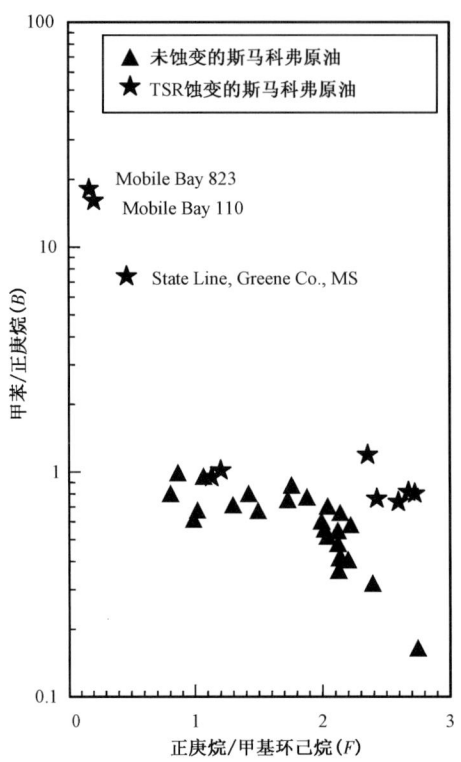

图 7.23　源自斯马科弗组（侏罗系）碳酸盐岩和泥岩烃源岩的原油和凝析油的 $B-F$ 示意图（Rooney，1995）。轻度至中等程度的硫酸盐热化学反应（TSR）似乎不产生什么效应，也许只是轻微地升高了甲苯/正庚烷的比值。然而，严重 TSR 蚀变的流体，受其强烈的影响具有很高的甲苯/正庚烷和较低的正庚烷/甲基环己烷的比值。产自莫比尔湾的凝析油 TSR 蚀变严重，以至于残存液态烃的大部分由金刚烷（金刚烷类）所构成

湾（Mobile Bay）流体遭受严重 TSR 蚀变的程度在特征化合物同位素分析和组分变化上均有明显的反映。莫比尔湾（阿拉巴马州近海）的凝析油蚀变得很厉害，以至于大多数的常规烃类都遭受了破坏使剩余的流体高度富集金刚烷（金刚烷类）。

必须用批判的眼光来审视 $B-F$ 示意图中由 Thompson（1987）标定的其他几个蚀变矢量。Thompson 认为当正庚烷/甲基环己烷比值大于 1.5 时，原油和凝析油属于过成熟，即处于与晚期生烃或热裂解有关的成熟度阶段（$R_o > 1.2\%$）。这个热演化矢量在 $B-F$ 示意图中用正常原油区域的两个比值的增加来表示，它的提出是基于对 Zechstein 盆地高熟凝析油的经验观测（图 7.24）。我们认为 Thompson 的这个热演化矢量是不正确的。正庚烷/甲基环己烷比值的大小高度地依赖于烃源岩干酪根的类型。富含藻类的干酪根在正常的生、排烃阶段中会生成很高的庚烷/甲基环己烷比值（1.5～5）。而 Thompson $B-F$ 示意图中的几个蚀变矢量却显示出这些原油为过成熟油以及水洗作用已使甲苯流失。但这并不是事实。因为把 B 和 F 比值与独立的热成熟度（包括生物标志物和同位素数据在内的）评价参数进行对比时，伊拉克原油并未显示出任何高温生烃的迹象（图 7.25 左）。我们在与热裂解成因相关的原油中已观测到了正庚烷/甲基环己烷比值的轻微上升，但它并未相应地出现甲苯/正庚烷比值的增加（图 7.25 右）。

$B-F$ 示意图中的其他两个蚀变矢量则与观测结果相吻合。水洗作用选择性地溶解甲苯，从而降低了甲苯/正庚烷的比值。而微生物选择性地消耗正庚烷，导致正庚烷/甲基环己烷比值的下降。由于水洗作用总是伴随着（并可能是先于）微生物的蚀变作用而发生，生物降解作用就会促使正常原油与其母质趋同。由于在降解严重的原油中，可能会同时缺失或只含有极少量的甲苯和正庚烷，这两个组分的比值也许会产生虚假的结果。

总之，我们相信蒸发分馏效应的发生，特别是在三角洲的沉积系统中，此处多来源的油组可以充注所有由断层相连的叠合油藏。Thompson 示意图可以用来描述这一现象，但其结论应有其他数据的支持。譬如，Masterson 等人（2001）使用 $B-F$ 示意图来展示一套阿拉斯加北坡 Kuparuk 和 West Sak 原油的分馏效应。在这个实例中，由于溶解气或原为 Kuparuk 气藏的古气顶气后来运移至 West Sak 油藏的气逸失的缘故而出现了相分离，这种分馏得到了原油的分子和同位素分析以及与地质模型相互吻合的证据的支持。

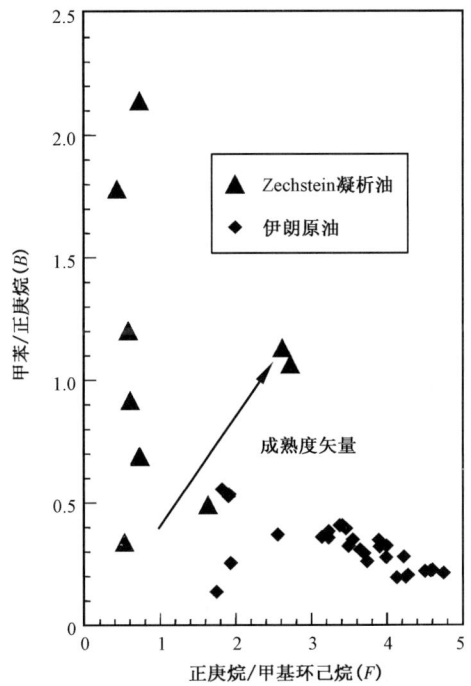

图 7.24 显示 Zechstein 高熟原油/凝析油及其衍生的 Thompson(1987) 成熟度矢量与伊拉克原油之间关系的 $B-F$ 示意图。后者源自下白垩统 Sulaiy 和 Ratawai 组的低熟到中等成熟度的(生油窗)碳酸盐岩。正庚烷/甲基环己烷的比值大于 1.5，所以，该值不指示高成熟度而是代表富藻烃源岩的特征。此外，2,4-DPM/2,3-DPM 比值与 B 或 F 的比值之间均无相关关系

图 7.25 斯科舍陆架 Venture D-23 井的钻杆测试(DST)数据显示随着热裂解的增加，正庚烷/甲基环己烷的比值也在上升。然而，该效应的幅度并不大并可能与其他的因素有关。随深度的不同，甲苯/正庚烷比值没有呈现系统变化的趋势

在没有相关数据佐证的情况下，不宜使用 Thompson $B-F$ 示意图。我们展示了 Thompson 热演化矢量的不正确性在于高甲苯/正庚烷比值原油的起因是富藻干酪根而非热裂解。正常原油的区域比 Thompson 原先提议的范围要宽很多并更依赖于母源。Jarvie(2001) 成功地应用 $B-F$ 示意图区分了威利斯顿(Williston)盆地不同来源的古生代原油。

7.2.7 Halpern 的参数

> C_7 烃类的比值在油-油对比和确定因蚀变过程而产生的化学组成上的微妙变化方面用途广泛。为了便于对比，这些比值可以绘制在星状图中。

Halpern(1995) 提出有 8 个 C_7 的过程(转换)比值可以用在星状图中，来评价相关原油的油藏蚀变过程(表 7.3)。其中的 7 个过程比值将 1,1-二甲基环戊烷(1,1-DMCP)用作分母，这个化合物被 Halpern 称之为最能抵御生物降解的 C_7 烃类。由于在水中轻质芳香烃与饱和烃相比具有更强的溶解性，甲苯与 1,1-DMCP(TRI)的比值就成为一个判识可能发生在明显生物降解作用之中或之前的水洗作用的标尺。虽然可以使原油富集轻质芳香烃的过程有许多(如蒸发分馏、热裂解以及 TSR)，水洗作用却是可以让原油亏损这些化合物的唯一的一个

主要过程。正庚烷、甲基己烷和二甲基环戊烷与 1,1 - 二甲基环戊烷(1,1 - DMCP)的比值提供了六个受不同程度生物降解影响的参数(TR2 - TR7),最后一个参数(TR8)是甲基己烷与二甲基戊烷之间的比值,它似乎是最不受微生物活动影响的参数。TR6 可以用来测定蒸发作用,这是因为这一比值中的化合物具有截然不同的沸点并不太受溶解度差异的影响,以及对生物降解作用不甚敏感。所有 8 个比值均可使用极坐标绘制在 C_7 原油转换星状图上(C_7 - OTSD)。

Halpern 选出了 5 个 C_7 比值用于对比(表 7.3)。这 5 个对比参数是单个 C_7 烷基化的戊烷与这些化合物总和的比值。由于这些烃类在水中的溶解度基本相同并对微生物的蚀变具有相同的敏感性,因此,这些化合物在分布上的微小差异则主要反映了它们在母质上的不同。当这些化合物之间的挥发性的差异变得很小时,运移和相态的形态效应就会发生作用。这 5 个比值均可使用极坐标绘制在 C_7 原油对比星状图上(C_7 - OCSD)。

表 7.3 Halpern(1995)用于在星状图中区分原油的 C_7 比值

名称	比值	ΔBP(℃)	Δ溶解度(ppm)	过程
TR1	甲苯/X	22.8	496	水洗
TR2	正庚烷/X	10.6	-21.8	生物降解 ↑
TR3	3 - 甲基己烷/X	4.0	-21.4	
TR4	2 - 甲基己烷/X	2.2	-21.5	
TR5	P2/X	(3.2)	(-21.4)	
TR6	1 - 顺 - 2 - 二甲基环戊烷/X	11.7	-11.0	蒸发
TR7	1 - 反 - 2 - 二甲基环戊烷/X	3.0	-4.0	
TR8	P2/P3	(6)	(-2.4)	
C_1	2,2 - 二甲基戊烷/P3	(-5.8)	(-0.6)	
C_2	2,3 - 二甲基戊烷/P3	(4.8)	(0.3)	
C_3	2,4 - 二甲基戊烷/P3	(-4.5)	(-0.6)	对比
C_4	3,3 - 二甲基戊烷/P3	(1.1)	(0.9)	
C_5	3 - 乙基戊烷/P3	(8.5)	(-2.0)	

注:X 为 1,1 - 二甲基环戊烷,沸点 87.8℃,溶解度 24ppm;P2 为 2 - 甲基己烷 + 3 - 甲基己烷,沸点 91℃,溶解度 2.6ppm。P3 = 2,2 - 二甲基戊烷 + 2,3 - 二甲基戊烷 + 2,4 - 二甲基戊烷 + 3,3 - 二甲基戊烷 + 3 - 乙基戊烷,沸点 85℃,溶解度 5ppm;ΔBP = 分子的沸点 - 分母的沸点;Δ 溶解度 = 分子的溶解度 - 分母的溶解度;圆括号中的数值为混合物的平均值。

公开发表的 Halpern 参数的应用为数不多。Halpern(1995)展示了 C_7 原油转换和对比星状图在确定若干阿拉伯油气田套管泄漏油的来源以及沙特阿拉伯和红海原油与凝析油的对比方面的应用。Wever(2000)则运用 Halpern 的参数和星状图来区分位于苏伊士湾、西部沙漠以及尼罗河三角洲等埃及盆地的原油和凝析油。这两个研究均显示出轻烃比值在与生物标志物和同位素数据共用时的价值。

我们应用 Halpern 的参数和星状图对采自加拿大东部近海斯科舍陆架 Sable 岛 E - 48 井的 DST 样品进行了研究。通过使用 Halpern 的对比参数对 1460 ~ 2285m 的 15 个单层进行的测试,发现大多数的 DST 样品都紧紧地簇拥在星状图上的一个窄带之中(图 7.26)。这组样品涵盖了降解的和未降解的流体。DST1 和 9 划定了一个第二油组。比值间的差别并不是很大,但将它们标注在星状图上时,其差异是明显的。尽管在采样和/或储存的过程中,DST1 散失了可观的挥发性烃类,DST1 和 9 仍对应得很好(图 7.27)。

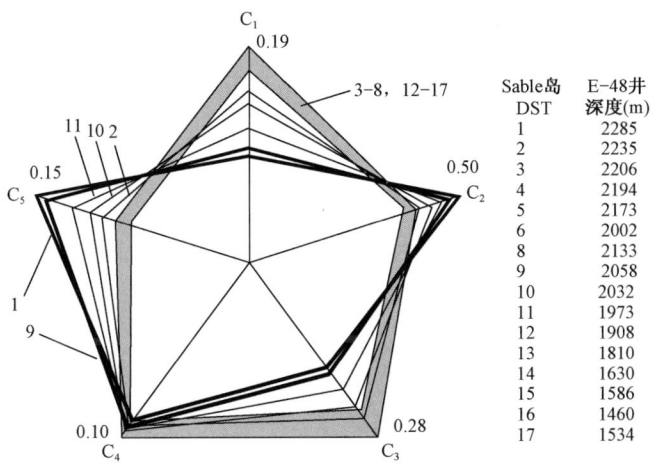

图 7.26　加拿大斯科舍陆架 Sable 岛 E-48 井钻杆测试(DST)样品的 Halpern C_7 原油对比星状图。每条轴线末端的数字为单个比值的端点。显然存在两个端元油组,一个油组包括深度为 1460～1980m 和 2133～2206m (DST12-17,3-8)的 DST,另一个端元油组由 DST1 和 9 组成。DST2、10 以及 11 为两个端元流体的混合物

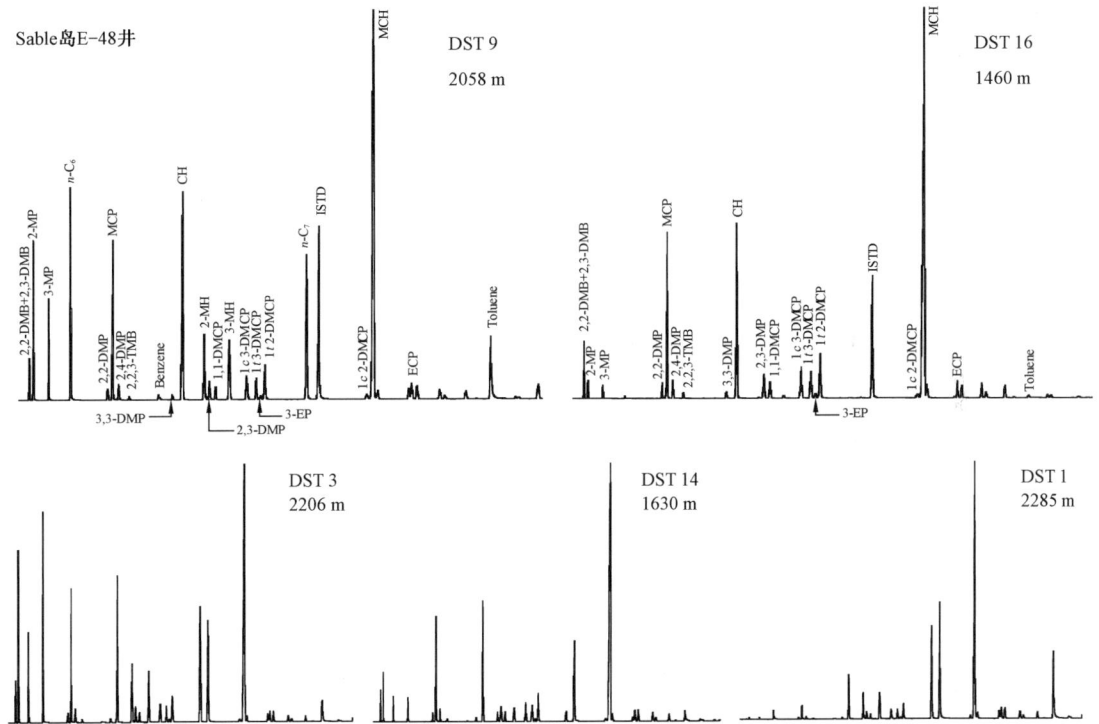

图 7.27　Sable 岛 E-48 井钻杆测试(DST)筛选样品的 C_7 气相色谱图。根据轻烃对比参数和特征化合物同位素分析可划分出两组原油,DST1 和 9 为一组。其他一组包括 DST3 和大多数剩余的 DST 样品。DST14 和 16 是后一组中生物降解凝析油的例证

依据对比参数的判定,DST2、10 和 11 似乎是两个端元流体组的混合物。通过对每个 Halpern 相关性比值的平均化和归一化处理,采用最大限度地降低综合误差的方法,我们就能够估算出混合样品中每个端元组分的贡献百分比。根据这个程式,组成居间的 DST 样品,如

同用DST1和9来定义的那样,可以表述为:DST11为端元样品组成的67%,DST10为38%,DST2为23%。

Halpern的转换比值反映母源在相关性比值上的差异,这还包括主要由于生物降解程度的不同所造成的叠加效应在内(图7.28)。在样品DST1和9中,含量相对较低的1,1-二甲基环戊烷导致它们在图中具有高TR1-TR7比值。其他端元组的原油不是紧紧地簇拥在一起,就是显示出生物降解的效应。仍然保留了少量正庚烷和C_7异构烷烃的样品DST14和15,遭受蚀变的程度要低于DST16和17,后者只含有抵御生物降解能力最强的C_7环烷烃。在这组原油的所有样品中,最能抵御生物降解的TR7比值几乎是相同的,样品DST2、10和11具有居间的组成,表明它们是混合物。我们可以计算出这些样品中端元组分的相对份额,而转换比值产生的误差实际上要大于相关性比值。

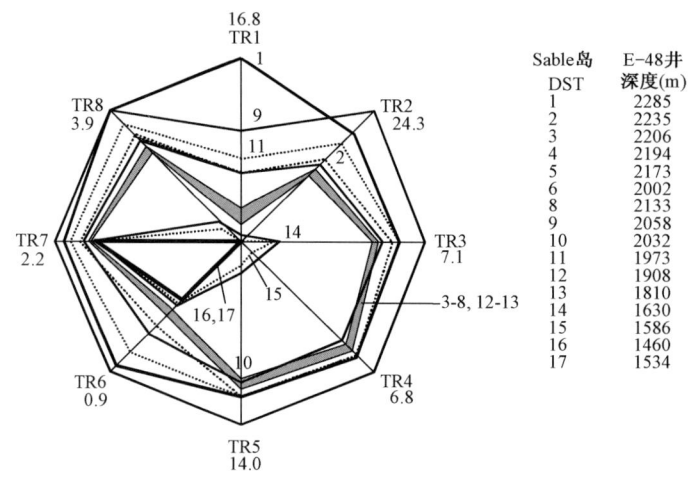

图7.28 加拿大斯科舍陆架Sable岛E-48井钻杆测试(DST)样品的Halpern C_7原油转换比值星状图。轴线顶点的数字为单个比值的端点。DST14-17遭受了生物降解(如图7.27中的DST14)

Halpern的比值和星状示意图提供了一种应用轻烃来研究相关性和储藏蚀变过程的框架。这些比值和示意图不应割裂开来使用。如同其他应用轻烃的方法一样,其正确结论的获得需要有其他证据的验证。理想的证据应包括生物标志物和同位素数据的支持,以及一个与其相符的地质模型。譬如,Carriga等人(1998)就应用Halpern比值和稳定碳同位素证据,来表示产自沙特阿拉伯Ghawar大型油气田泥盆系Jauf油气藏凝析油间的系统差异,虽然所有的凝析油均源自志留系Qalibah组Qusaiba段基底富含有机质的页岩,数据却显示出明显的北-南向趋势,表明该油气藏中至少有六个封存箱里没有发生过被圈闭烃类的混合。这些封存箱中凝析油之间的地球化学差异指示了使烃源灶不同区域排驱烃进入该油气藏的不同的运移途径。对这些封存箱的早期判识,将有助于制定高效的开采战略。

Halpern C_7原油对比星状示意图可以用来识别源自普通母质而遭受TSR影响的原油(图7.29)。图7.29显示出四类源自侏罗系斯马科弗组碳酸盐质泥岩的原油,它们具有程度不同的TSR蚀变。

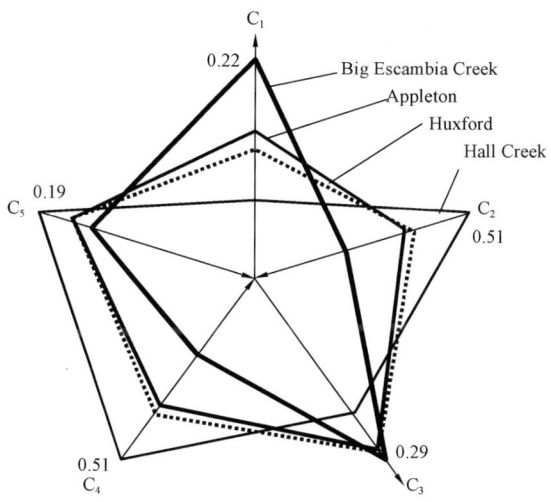

图 7.29 阿拉巴马 Escambia 县四个斯马科弗原油的 Halpern C_7 原油对比星状示意图。这些原油具有共同的母源和热演化史,但其硫酸盐热化学还原(TSR)的蚀变程度却不尽相同。采自 Hall Greek 油气田的原油未曾发生蚀变,而采自 Big Escambia Greek 油气田的原油却已遭受了最强烈的 TSR 蚀变。采自 Appleton 和 Huxford 的原油则经历了轻微的 TSR 蚀变。轴线上的箭头指示当 TSR 蚀变发生时,Halpern 对比参数变化的方向。
每条轴线末端的数字为单个比值的端点

7.2.8 Mango 的参数

> 基于 Mango 轻烃生成的稳态动力学模型的 C_7 烃类比值在油-油和油-凝析油对比以及确定生烃的温度方面都是大有可为的。

7.2.8.1 2,4-二甲基戊烷/2,3-二甲基戊烷

Mango(1987,1990)提出温度制约着环丙烷(三元环)中间体的优先开环而形成异庚烷。根据这一模式,2-甲基己烷/3-甲基己烷以及 2,4-二甲基戊烷/2,3-二甲基戊烷(2,4-DMP/2,3-DMP)的比值的高低应当依赖于温度,其中后者对温度更为敏感。BeMent 等人(1995)研究了不同时代的烃源岩和干酪根类型:圣玛丽安(Santa Maria)(中新世ⅡS 型)、尤因塔(始新世Ⅰ型)、墨西哥湾沿岸(白垩纪Ⅱ型)、威利斯顿(泥盆纪—密西西比Ⅱ型)以及东部沿海(侏罗纪Ⅲ型)。实测的 2,4-DMP/2,3-DMP 比值与依据盆地重建获得的每类烃源岩的最大埋深温度而确定的镜质体反射率的计算值进行了比较,根据这些计算,BeMent 等人(1995)得出结论认为 2,4-DMP/2,3-DMP 比值与母质和加热速率无关,而是对应于生烃的温度,Mango(1997)对此做了进一步的讨论:

$$计算温度(℃) = 140 + 15(\ln[2,4-DMP/2,3-DMP])$$

基于一个大型的原油数据库,BeMent 等人(1995)发现初始原油的计算温度值在 95~140℃ 之间变化,其平均值为 125℃,这些温度值与现行的生烃动力学模型相吻合。上式将该值限定在生油窗以内的温度范围之内,原油的 2,4-DMP/2,3-DMP 比值很少超过 1.0,如此,计算温度的上限值就确定为 140℃,当 2,4-DMP/2,3-DMP 比值小于 0.05 时,其结果是温度低于 95℃。伴随这些测定而来的不确定性在于:可接受的误差总是允许 95℃ 的一个较低温度限定值的存在。为了佐证由 2,4-DMP/2,3-DMP 比值测定的温度值,BeMent 等(1995)列举了几

个大体上相互关联的原油实例,它们在温度和 API 度之间具有良好相关性,但用于校正 2,4 - DMP/2,3 - DMP 比值的烃源岩原始的 C_7 数据却不曾发表。

尽管这一研究具有潜在的意义,但检测 2,4 - DMP/2,3 - DMP 比值有效性的发表文献却寥寥无几。Chung 等人(1998)测试了采自北维京地堑(North Viking Graben)的一组原油中的 2,4 - DMP/2,3 - DMP 比值,他们发现这个比值与其他轻烃的成熟度比值(比如:C_7 季碳/叔碳)具有良好的相关性,但与生物标志物的成熟度参数却不具相关性。然而,他们还观测到了 2,4 - DMP/2,3 - DMP 比值与很多母源参数(比如:姥/植比,全油 $\delta^{13}C$)之间存在着良好的相关性。由此他们得出结论,认为北维京(North Viking)的原油是混合油,由源自启莫里奇黏土(Kimmeridge Clay)组低 - 中等成熟度的原油、源自更具陆相特征的 Heather 组的中 - 高成熟度的原油以及源自侏罗系煤的高熟凝析油所共同组成。通过检测轻烃特定组合对之间的 $\delta^{13}C$ 同位素变化,Chung 等人(1998)排除了有机相变化对其的影响并证明 2,4 - DMP/2,3 - DMP 比值指示热成熟度。

Jarvie(2001)发表了威利斯顿盆地原油的 C_7 数据,这些数据表明 API 度和计算温度之间具有相关性(图 7.30)。挑选这些原油用于检测是因为无任何证据表明它们曾经历过储层内的混合、大范围的纵向运移或次生蚀变。源自麦迪逊(Madison)群碳酸盐岩的原油具有最低的计算温度,这与热稳定性差的 ⅡS 型干酪根的性质相吻合。源自贝肯(Bakken)和更老地层的原油则具有较高的计算温度,它们的烃源岩没有明显的区别。

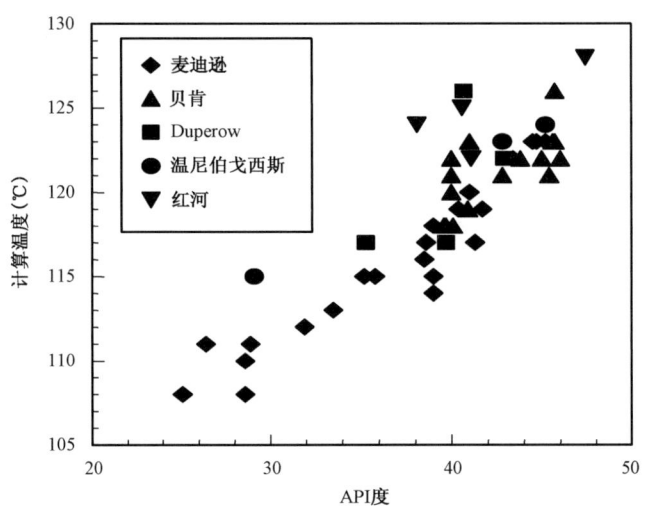

图 7.30 威利斯顿盆地原油中 API 度和由 2,4 - 二甲基戊烷/2,3 - 二甲基戊烷比值(2,4 - DMP/2,3 - DMP)得出的计算温度之间的相关性。源自麦迪逊群碳酸盐岩的原油具有最低的计算温度,这与热稳定性差的 ⅡS 型干酪根的性质相吻合(Jarvie,2001)

我们的经验表明:2,4 - DMP/2,3 - DMP 比值和热成熟度参数之间的相关关系很少会如 BeMent 等人(1995)所描述的那样令人信服。譬如,采自密西西比盐湖盆地(BeMent 等,1995)和阿拉巴马海湾(Walters and Hellyer,1998)的斯马科弗原油各组样品具有相同的总趋势和大致相同的变化(图 7.31)。然而,其 2,4 - DMP/2,3 - DMP 比值与储层温度基本没有相关关系。在这个含油气系统中,储层的温度大致与烃源岩的温度相一致,这是因为下斯马科弗组不是非常接近上覆的斯马科弗组中的储层就是与下伏的 Norphlet 组直接接触。

虽然有些源自同一烃源岩的原油组显示出 API 度和 2,4 - DMP/2,3 - DMP 比值之间的相关性,但大部分却不具这种相关性。大多数油组具有相当一致的计算温度,它与相对密度、其

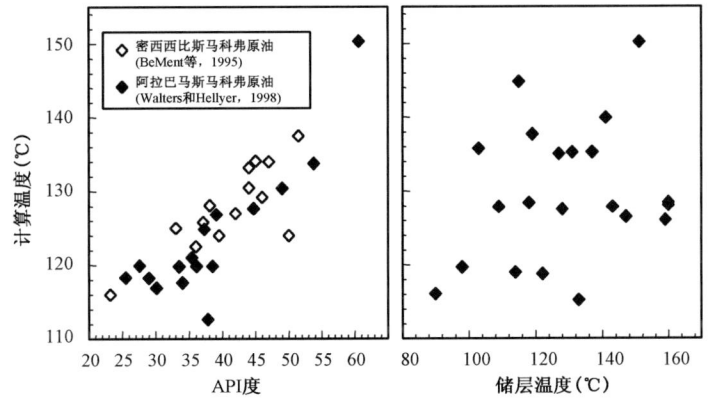

图 7.31　斯马科弗原油中 API 度和储层温度与 2,4 – 二甲基戊烷/2,3 – 二甲基戊烷比值(2,4 – DMP/2,3 – DMP)得出的计算温度之间的相关关系

他的整体特征或生物标志物的成熟度参数无关。譬如,源自斯科舍陆架的原油和源自深部塔斯卡卢萨(Tuscaloosa)组的凝析油具有完全一致的温度(132℃)(图 7.32),而储层温度却与计算温度不具相关性,深部塔斯卡卢萨组的储层温度超出计算温度大约为 65℃。

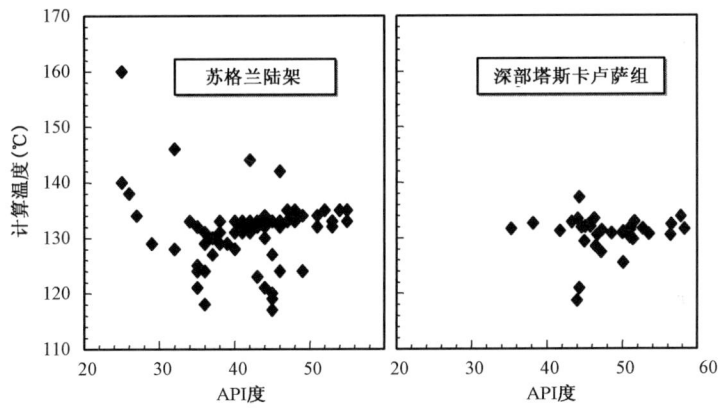

图 7.32　源自斯科舍陆架和深部塔斯卡卢萨组的原油中计算温度与 API 度的相关关系。斯科舍陆架的储层温度为 70 ~ 160℃,而深部塔斯卡卢萨组的储层温度则为 135 ~ 195℃

我们认为在某些限定条件下,2,4 – DMP/2,3 – DMP 比值以及衍生出的计算温度可以用来指示热演化程度。所有制约这一比值的反应似乎都被锁定为烃源岩。在温度高于烃源岩的储层中,随之而来的排驱油的热分解似乎并不重要。这就将有效的温度范围限定在与原油排驱相关的条件下,即 95 ~ 135℃ 之间。因此,只有在相对封闭的含油气系统中(即烃源岩与储层相邻),2,4 – DMP/2,3 – DMP 比值与 API 度才是相互关联的。对那些原油已经历过实质性的纵向和/或横向运移的盆地而言,2,4 – DMP/2,3 – DMP 比值与 API 度之间的相关关系已荡然无存。在这种情况下,次生的过程足以影响原油的基本特征,以至于它们不再反映烃源岩的热成熟度。目前,尚无研究令人信服地将生物标志物的热成熟度参数与 2,4 – DMP/2,3 – DMP 比值联系起来。另一方面,2,4 – DMP/2,3 – DMP 比值却与其他被认为是取决于成熟度的轻烃比值具有很好的相关性。所以,轻烃和生物标志物成熟度参数间的差异,很有可能是反映了具有不同热演化程度的轻烃和重烃组分的混合。

7.2.8.2 K_1 和 K_2：异庚烷的恒定性

Mango(1987)指出所有的原油都表现出了异庚烷各组分比例的恒定性：$K_1 =$ (2-甲基己烷+2,3-二甲基戊烷)/(3-甲基己烷+2,4-二甲基戊烷)。2000 个原油的这一数据组合中的 K_1 为 1.06。Ten Haven(1996)证实了异庚烷的恒定性,他发现这一数据组合中的 K_1 在 500 个原油中为 1.07。然而,原油各个组合间的 K_1 是可变的。Mango(1987)认为他的数据组合受这样的两个趋势制约：Sabine Pass 的原油 $K_1 = 1.09$ 而 Midland 盆地的原油 $K_1 = 0.786$。Mango 将这些原油组合间 K_1 的差异归咎于与不同干酪根和烃源岩相关的、固态催化动力学反应速率的差异。

K_1 可用于油-油和油-凝析油的对比研究,这是因为同一烃源岩生成的原油在所有的成熟度阶段均具有相同的 K_1 值。譬如,产自阿根廷西北诸盆地的六个原油间的 K_1 就存在差异,而它们曾经被认为都是源自上白垩统 Yacoraite 组(ten Haven,1996)。无论是生物标志物的分布还是 C_{15+} 烃类馏分的稳定同位素分析,均无法将这些原油区分开来。然而,根据其轻烃的分布($K_1 = 1.87 \pm 0.01$ 对 1.47 ± 0.04),这些原油可以被分成两组。两组原油可能代表了不同的烃源岩或者是 Yacoraite 组中的两类不同的有机相。目前尚不清楚与其他的原油相比它们为什么具有如此之高的 K_1 值。

利用 K_1 值在统计学上的差异可以区分不同的油组,但是相同的 K_1 值却不能保证油组间具有相关性。譬如,斯科舍陆架的原油和凝析油显示出了 K_1 的恒定性(图 7.33),尽管生物标志物和单体烃同位素的数据表明,它们源自不同的页岩或泥灰相沉积。诚然,使用 K_1 值不能清晰地区分像 Halpern C_7 对比示意图所展示 Sable 岛 E-48 井原油中的那种细微的差异(图 7.26)。

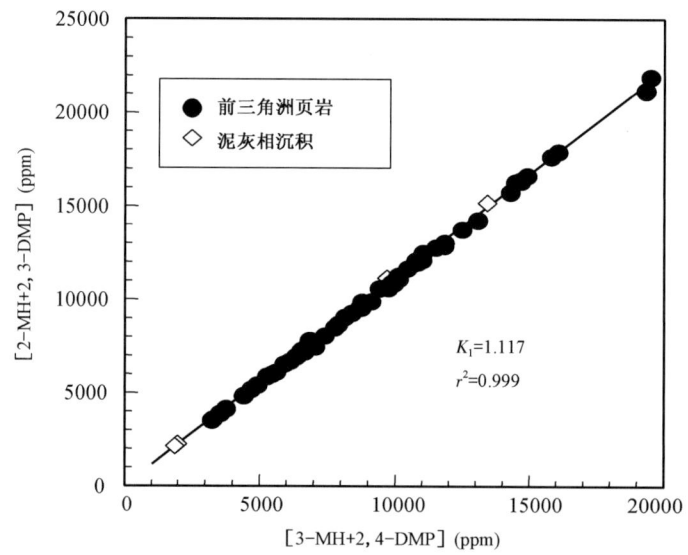

图 7.33 苏格兰陆架的原油和凝析油具有恒定的 Mango 异庚烷比值(K_1)。这些样品的 K_1 值对依据生物标志化合物和特征化合物同位素分析确定的母源差异并不敏感

Obermajer 等人(2000b)分析了威利斯顿盆地古生界储层中的 189 个原油的汽油馏程烃类($iC_5H_{12} - nC_8H_{18}$)用以验证生物标志化合物对油族的划分。依据 Mango 的 C_7 参数,可以把特定地层层段中原油的四个截然不同的油族区分开来。利用这些油族的正构烷烃和生物标志物的特征也可将其明显地划分开来。单一油族中的大多数原油具有差异很小或不具差异的 K_1

值,但每一油族的 K_1 却是不同的。其他的 Mango 参数(N_2,P_2,P_3)也支持这样的油族划分。Obermajer 等人由此得出结论认为:汽油馏程的分析可以弥补原油的传统生物标志化合物对比的不足,特别是在高成熟度削弱了生物标志化合物的有效性的情况下。生物标志化合物将产自贝肯、洛奇波尔(Lodgepole)、温尼伯戈西斯和红河储层的原油划分成四组截然不同的原油。贝肯($K_1=0.90$)和洛奇波尔($K_1=0.86$)的原油无法相互区分,但它们却可以完全地与温尼伯戈西斯($K_1=1.23$)和红河($K_1=1.15$)的原油分离开来。仅仅依据 K_1 同样不能将后两组原油彼此区分开来,但是借助于轻烃的相对含量则可将它们彼此划分开来。然而,洛奇波尔组隆起原油具有一个 1-反-2-二甲基环戊烷大于正庚烷含量的异常分布(Jarvie 和 Walker,1997)。麦迪逊群的其他原油以及成熟的贝肯原油却没有显示出这样的相关关系。他们发现紧挨着发现洛奇波尔组隆起原油之处下边的贝肯组岩石也具有相同的高 1-反-2-二甲基环戊烷/C_7 比值(图 7.34)。这一对比得到了生物标志化合物分析的证实。

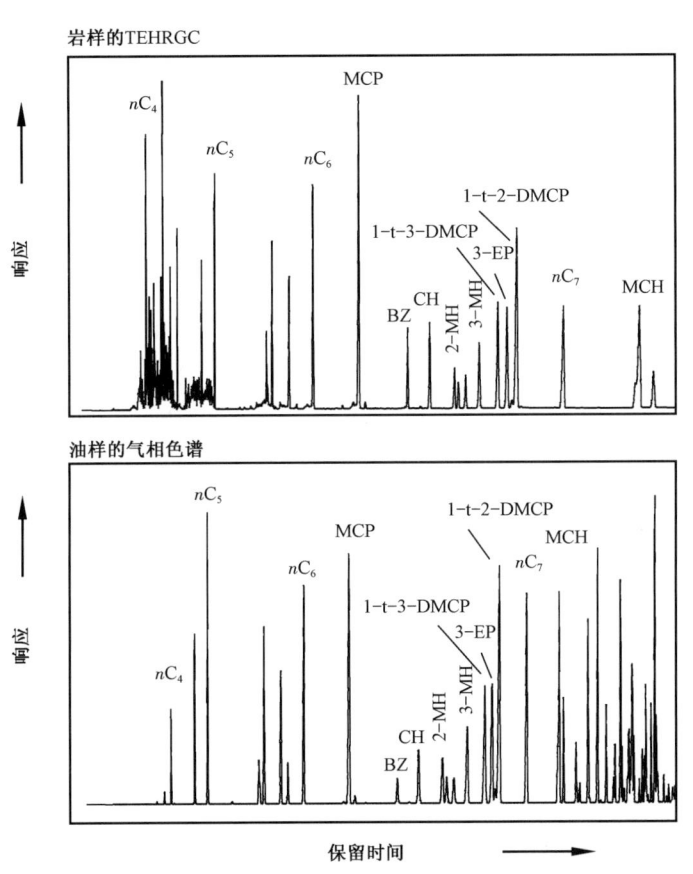

图 7.34 Bakken 烃源岩热抽提高分辨率气相色谱图(TEHRGC,上)和 Lodgepole 组丘原油(下)的 C_7 气相色谱图支持油-烃源岩的对比(据 Jarvie,2001a)。譬如,与该研究地区其他的样品相比,烃源岩和原油都具有较高的 1-反-2-二甲基环戊烷(DMCP)/C_7 比值。色谱柱和色谱条件的差异造成了色谱图末尾处(右手)的 nC_7 和甲基环己烷(MCH)具有不同的相对保留时间。这些色谱图所使用的色谱柱与图 7.13 所用的色谱柱不同,导致许多化合物的保留时间略有不同。譬如,本图中的 3-EP 在 1-反-3-DMCP 和 1-反-2-DMCP 的中间流出,而在图 7.13 中 3-EP 流出的位置则更接近 1-反-3-DMCP。本图的发表承蒙 GCSSEPM 基金会的惠允

$K_2[P_3/(P_2+N_2)]$ 也可用于成因上有联系的原油之间的对比。用 K_2 表示相关关系的示意图也可根据 $P_3/(P_2+N_2)$ 或 $P_2/(N_2+P_3)$ 来绘制。Kornacki(1993)使用这种示意图来区分蒙特利组磷酸盐岩和硅质岩生成的原油。Ten Haven(1996)应用 K_2 来表示阿根廷西北盆地原油的不同母源(图 7.35)。然而,这类相关关系并不常见并且在 K_2 示意图上通常相当地分散,甚至对那些根据其他的轻烃分布可以显示出相似性的原油而言也是如此(ten Haven,1996)。Obermajer 等人(2000b)发现在划分威利斯顿盆地的油族时,K_2 示意图只是部分地管用。没有任何油族可以生成直线的 K_2 相关关系。

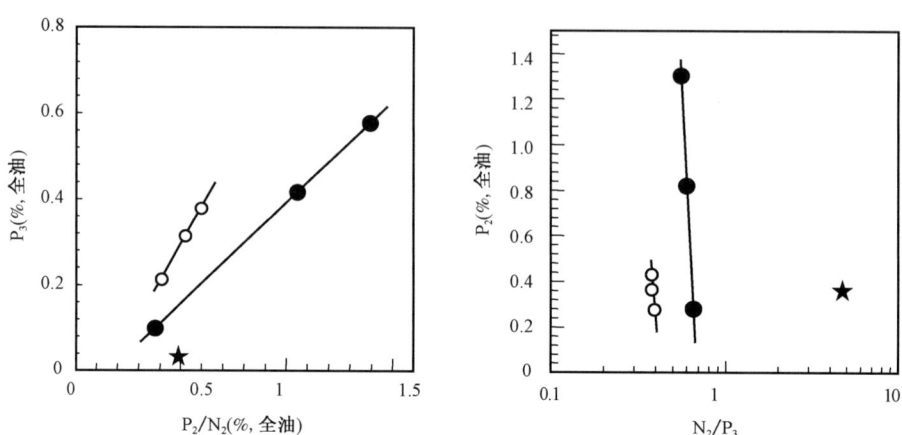

图 7.35 玻利维亚泥盆纪原油(星状)和阿根廷西北诸盆地两个油族(圆点)的 K_2(左)和母体－子体(右)示意图。阿根廷的原油可能源自白垩系 Yacoraite 组不同的有机相,或者其中的一个油族可能源自古新统 Olmeda 组。承蒙 Elsevier 的惠允,转引自 ten Haven(1996)

如同 K_1 的应用,K_2 比值在统计学上的差异可以指示不同成因的原油,但是相同的 K_2 比值却不能保证对比的正确性。譬如,根据生物标志化合物和同位素的判识,一套中东的原油可以分成不同成因的四个组,然而,这套原油中由上侏罗统和下白垩统碳酸盐岩生成的原油无论是用 K_2 比值或者是用母体－子体示意图都无法将其区分开来(图 7.36)。对母体—子体示意图的一种解释也许可以是:原油间的离散是两种或更多来源原油混合的缘故。

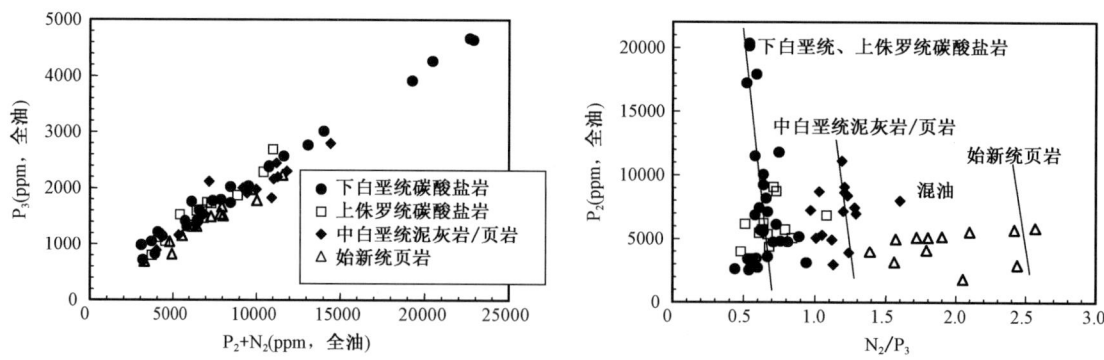

图 7.36 伊拉克、伊朗和科威特原油的 K_2(左)和母体－子体(右)示意图。由生物标志化合物和同位素分析划分的油组无法用 K_2 分辨。母体－子体示意图中的离散可以用多油源原油的混合来解释,但须有独立的证据来证实

7.2.9 母体 – 子体比值示意图

> 依据 Mango 动力学反应流程绘制的轻烃分布示意图。图中母体化合物与子体的比值有关,该示意图很少用于对比。

Mango(1997)不赞成将 K_1 和 K_2 用作对比工具。他转而提倡基于环优先反应的分类法。依据他的反应流程,P_1(正庚烷)经由三元环闭合导致 P_2(甲基己烷)增加,经由五元环闭合导致 N_1^5(ECP + 1,(顺,反) – 2 – DMCP)增加以及 N_1^6(MCH + 甲苯)的增加。母体 – 子体比值示意图(如:正庚烷与 P_2/N_1^5、P_2/N_1^6、或 N_1^5/N_1^6 之比)或者子体产物的归一化三元示意图,基于环优先的原理可以用来区分原油。Mango 给出的理由是,不同的烃源岩具有不同的金属催化条件和干酪根缺失量,从而对 K_1、K_2 和环优先施加了影响。

作为一种对比工具,Mango 环优先示意图的使用是有条件的。Mango 主张子体的比值取决于烃源岩的条件。所以,相似的烃源岩将具有相似的子体比值。作为一个例证,他发现 Sabine Parish 和 Eugene 岛的原油是不可分的,表明它们具有相同的烃源岩条件。而在实际应用中,我们发现相似的烃源岩沉积相具有不同的子体比值。譬如,在我们中 – 东部的数据组中,含有源自上侏罗统和下白垩统碳酸盐岩的原油,这些烃源岩的沉积背景基本上是相同的,即使是用所有的生物标志物和同位素分析也很难将其区分开来。这两类烃源岩生成的原油的子体比值分布在一个很宽的范围之内,并且几乎是完全叠加的(图 7.37)。示意图将这些源自下白垩统和上侏罗统碳酸盐岩、白垩系页岩/泥灰岩以及始新统页岩的原油区分了开来。这些样品子体比值的离散分布可能指示烃源岩沉积的一种过渡环境,或者是来自两类烃源岩的原油的混合。

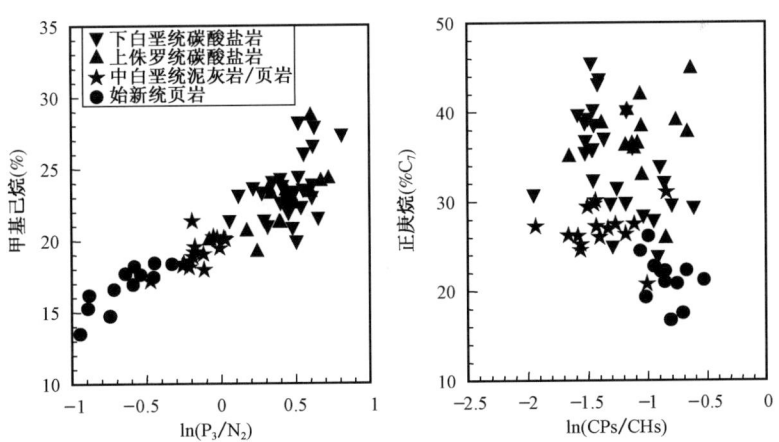

图 7.37 中东原油(伊拉克、伊朗、科威特)的母体 – 子体比值示意图。这些对比示意图遵循 Mango 的动力学反应流程。在第一张图中,母体为甲基己烷(P_2),子体比值(P_3/N_2)则为(二甲基戊烷 + 乙基戊烷 + 2,2,3 – 三甲基丁烷之和)/(1,1 – + 1 –(顺、反) – 3 – 二甲基环戊烷)。在第二张图中,母体为正庚烷(P_1),子体比值(CPs/CHs 或 N_1^5/N_1^6)为 [1 –(顺、反) – 2 – 二甲基环戊烷 + 乙基环戊烷]/(甲基环己烷 + 甲苯)

7.2.10 素数和

> 由 Mango 反应流程和经验数据衍生而来的一个用以确定储层的次生过程是否已经造成原油蚀变的单一数值。很少应用,不推荐。

基于所有未蚀变原油 C_7 的分布均可用一个三端元流体的线性组合来描述的观念(Mango,1997),Kornacki 和 Mango(1996)描述了一种用以评价原油的轻烃分布是否已被次生过程所蚀变的方法。如果成立的话,那么这三个端元的系数就应当可以求和成为一个值,即素数和:

$$素数和 = a + b + c$$

构成素数和的系数(表 7.4)是依据 Mango 反应流程和由三个 C_7 比值定义的端元流体组分半经验式测定的计算而获得的:

$$k^3 = (P_2 + P_3 + N_2)/P_3$$
$$k^5 = (N_2^5 + N_1^5)/2(P_3)$$
$$k^6 = N_1^6/P_3$$

表 7.4 素数和(Mango,1997)的计算系数

端元	k^3	k^5	k^6	$\ln(k^3)$	$\ln(k^5)$	$\ln(k^6)$
A	5.16	2.14	53.52	1.64	0.76	3.98
B	3.03	0.03	0.23	1.11	-3.62	-1.46
C	14.15	22.65	4.53	2.65	3.12	1.51

端元 A 主要由六元环的 C_7 化合物组成(甲基环己烷 + 甲苯),端元 B 主要为二甲基戊烷,而端元 C 则主要由甲基己烷和环戊烷所构成。用三个等式可以将一个原油样品定义成它们理论上的端元组分的线性组合:

$$\ln(k^3) = a(1.64) + b(1.11) + c(2.65)$$
$$\ln(k^5) = a(0.76) - b(3.62) + c(3.12)$$
$$\ln(k^6) = a(3.98) - b(1.46) + c(1.51)$$

通过矩阵反演,系数 a、b、c 用下列的等式可确定为:

$$a = -0.0197\ln(k^3) - 0.1199\ln(k^5) - 0.28226\ln(k^6)$$
$$b = -0.2436\ln(k^3) - 0.1745\ln(k^5) - 0.0671\ln(k^6)$$
$$c = -0.2875\ln(k^3) - 0.1473\ln(k^5) - 0.1469\ln(k^6)$$

Mango(1997)指出未经储层次生过程蚀变的初始原油的素数和约为 1,此时,所有的系数均为正值。他进一步认为生物降解的原油具有系数 a 为负值(-0.9~0)和素数和小于 0.8 的特征。根据我们的经验,这只是部分地正确。生物降解原油的素数和的确小于 0.8 但其系数 a 却鲜为负值。相反地,系数 c 却是能够反映这一特性的一个参数。Sable 岛 E-48 井 DST 流体的素数和数据就显示了这种效应(表 7.5)。产自深度大于 1800m 的原油未经生物降解作用的蚀变,它们的素数和值在 0.90~1.07 之间波动(平均 0.96)。产自较浅地层的原油经历了

生物降解过程,其素数和值则为0.54~0.65。虽然素数和值可以指示生物的降解作用,但其他的轻烃参数更适合于担当此任。由于正构烷烃易遭受生物降解,包括 nC_6 和 nC_7 在内的参数,比如庚烷指标,都是非常好的微生物蚀变的指标。其他的一些可用于比较那些对生物降解具有不同敏感性的化合物类别的比值,象异庚烷或 Halpern 转换比值,同样也比素数和能更好地鉴别生物的降解作用。

表7.5 Sable 岛 E-48 井 DST 的原和值与 Thompson 比值的对比

DST/测试	深度(m)	k^3	k^5	k^6	a	b	c	原和值	庚烷比值	异庚烷比值
1	2285	6.30	1.96	26.09	0.80	0.11	0.15	1.07	19.36	1.44
2	2235	5.15	1.28	12.16	0.64	0.19	0.14	0.97	20.48	1.63
3	2206	4.59	1.07	8.47	0.57	0.22	0.13	0.92	19.47	1.66
4A	2194	4.56	1.06	8.33	0.56	0.22	0.13	0.91	19.24	1.65
5	2173	4.65	1.10	8.81	0.57	0.21	0.14	0.92	19.30	1.64
6	2002	5.18	1.42	14.24	0.68	0.16	0.14	0.97	18.41	1.49
8	2133	4.53	1.05	8.05	0.55	0.22	0.14	0.91	19.30	1.67
9	2058	4.77	1.24	11.17	0.62	0.18	0.13	0.93	18.10	1.47
10	2032	6.11	1.70	20.11	0.75	0.15	0.16	1.05	21.51	1.68
11	1973	5.69	1.58	17.42	0.72	0.15	0.15	1.02	19.53	1.56
12	1908	5.01	1.21	10.07	0.60	0.20	0.15	0.95	20.74	1.67
13	1810	4.50	1.04	7.53	0.54	0.23	0.14	0.90	20.06	1.65
14	1630	2.77	1.16	9.38	0.59	0.07	-0.01	0.65	2.25	0.34
15	1586	2.64	1.19	9.75	0.60	0.05	-0.03	0.63	1.18	0.25
16	1460	2.26	1.17	8.69	0.58	0.03	-0.06	0.54	0.10	0.03
17	1534	2.25	1.14	8.50	0.57	0.03	-0.06	0.54	0.12	0.04

Mango(1997)还指出受 TSR 影响的原油,其素数和大于1并以 $K_1>1$ 为特征。同样,我们发现这样的概括也只是部分地正确。许多未蚀变的原油,尤其是碳酸盐岩烃源岩生成的原油,具有素数和大于1的特征。此外,依据特征化合物同位素分析认定已遭受 TSR 蚀变的原油,其素数和值是无法与未遭受蚀变原油的值相区分的。K_1 值似乎可以反映 TSR,但只有遭受严重 TSR 蚀变的原油,才具有比同一烃源岩生成的未蚀变原油略微大一些的 K_1 值(表7.6)。

表7.6 Smackover 碳酸盐岩烃源岩生成的原油的素数和值

油气田	地名	深度(m)	k^3	k^5	k^6	a	b	c	原和值	K_1
South Cypress Creek	Wayne	4361	5.45	1.31	7.66	0.509	0.230	0.228	0.967	1.132
Pool reek	Jones	3834	4.94	0.80	3.78	0.370	0.338	0.233	0.940	1.154
South Cypress Creek	Wayne	4406	5.57	1.02	5.26	0.433	0.304	0.253	0.990	1.161
Cypress Creek	Wayne	3866	5.77	1.10	6.19	0.469	0.288	0.251	1.007	1.162
Mt Carmel	Santa Rosa	4697	5.18	1.12	6.30	0.473	0.257	0.220	0.951	1.164
Blacksher	Baldwin	4773	5.39	1.20	8.12	0.536	0.238	0.204	0.979	1.167
Pool Creek	Jones	3462	4.83	0.77	2.51	0.260	0.369	0.279	0.908	1.169
Movico	Mobile	5156	4.94	0.93	6.66	0.512	0.274	0.172	0.957	1.173

续表

油气田	地名	深度(m)	k^3	k^5	k^6	a	b	c	原和值	K_1
Pachuta Creek	Clarke	3978	5.20	0.85	5.44	0.466	0.317	0.201	0.984	1.173
Walkers Creek	Monroe	4435	5.57	1.43	7.11	0.477	0.224	0.259	0.960	1.182
Nancy	Clarke	4075	5.17	0.70	4.49	0.434	0.361	0.200	0.995	1.183
Nancy	Clarke	4112	4.94	0.68	4.12	0.414	0.361	0.196	0.971	1.189
Hall Creek	Escambia	4578	5.57	0.93	6.22	0.491	0.308	0.216	1.014	1.198
Pachuta	Clarke	3945	4.92	0.78	4.26	0.407	0.334	0.210	0.951	1.200
Turkey Creek	Choctaw	3775	5.74	0.99	6.89	0.512	0.299	0.217	1.028	1.202
Hatters Pond	Mobile	5589	7.70	1.14	11.27	0.627	0.311	0.251	1.190	1.208
Jay Santa	Rosa	4737	5.63	1.14	7.07	0.502	0.267	0.230	0.999	1.210
Sugar Ridge	Choctaw	3527	5.74	0.73	5.35	0.478	0.369	0.209	1.056	1.215
Chunchula	Mobile	5632	7.05	1.10	9.50	0.586	0.308	0.245	1.139	1.245
Cold Creek	Mobile	5627	6.58	1.08	7.89	0.537	0.307	0.250	1.094	1.251
Brantley Jackson	Hopkins	2820	5.57	0.86	5.90	0.485	0.325	0.211	1.022	1.269
Gin Creek	Choctaw	4139	5.96	0.97	6.85	0.512	0.311	0.227	1.049	1.345
Bryan Mills	Cass	3134	6.36	1.34	6.08	0.438	0.278	0.311	1.027	1.355
Chatom	**Washington**	**4921**	**7.48**	**1.92**	**10.59**	**0.548**	**0.218**	**0.329**	**1.095**	**1.424**
Crosby Creek	**Washington**	**4997**	**6.91**	**1.40**	**9.24**	**0.549**	**0.263**	**0.280**	**1.091**	**1.430**
Huxford	**Escambia**	**4451**	**6.65**	**1.53**	**9.00**	**0.532**	**0.240**	**0.285**	**1.057**	**1.455**
Vocation	**Monroe**	**4245**	**7.02**	**1.65**	**10.24**	**0.558**	**0.231**	**0.293**	**1.083**	**1.493**
Appleton	**Escambia**	**3940**	**6.38**	**1.28**	**11.52**	**0.624**	**0.245**	**0.211**	**1.080**	**1.562**
Como	**Hopkins**	**3848**	**9.87**	**2.85**	**16.40**	**0.619**	**0.188**	**0.402**	**1.209**	**2.024**
Big Escambia Creek	**Escambia**	**4645**	**6.73**	**1.46**	**19.17**	**0.750**	**0.200**	**0.171**	**1.122**	**2.250**
State Line	**Greene**	**5287**	**5.81**	**1.35**	**91.14**	**1.203**	**0.073**	**-0.111**	**1.165**	**4.862**

根据单体 C_7 烃类的 $\delta^{13}C$ 判识,用粗体标出的原油为遭受了硫酸盐热化学反应(TSR)的蚀变。除了 State Line(密西西比州)而外,所有的原油均采自阿拉巴马州。

由此,我们得出结论:素数和在确定原油是否遭受了次生过程的蚀变上并非十分有用。未蚀变的原油具有范围在 0.8~1.2 之间的素数和值,其平均值为 0.9。依据其他方法判识为已蚀变的原油也许仍然会有这个范围以内的素数和值。使用素数和值只能将严重蚀变的原油从未蚀变原油中区分开来。

7.2.11 分子类别或环优先示意图

> 借助于遵循或许不遵循 Mango 动力学反应流程的分子类别,三元模式图可显示 C_7 化合物标准化的分布。这些模式图在展示相关性、成熟作用和储层蚀变的过程方面具有多种用途。但是在模式图的解释上却不存在通用的准则。

在石油地球化学中常见基于分子类别化合物的分类示意图。应用这一方法来描述轻烃的分布存在着相互不一致的问题,其部分的原因可归咎于三元模式图中三组分的局限性。C_7 烃类在理论上要求四个或更多个组分来表述有意义的分子类别分布。研究者倾向于要么堆砌所有支持一个特定假说的组分,比如 Mango 的催化模型(表 7.7),要么在数据集的范围之内设定数值的相似分布区。

表 7.7 根据结构和 Mango 动力学反应模型划分的 C_7 烃类分子类别

	C_7H_{16}					C_7H_{14}			C_7H_8
正构烷烃		链烷烃				环烷烃			芳香烃
		单		二+		五环		六环	
nC_7	P_1	2-MH	P_2	2,2-DMP		ECP	N_1^5	MCH	N_1^6
		3-MH		2,3-DMP	P_3	1t2-DMCP			
				2,4-DMP		1c2-DMCP			
				3,3-DMP		1,1-DMCP	N_2^5		N_1^6
				EP		1t3-DMCP			
				2,2,3-TMB		1c3-DMCP			

c—顺;DM—二甲基;E—乙基;H—己烷;M—甲基;P—戊烷;t—反;TM—三甲基

戴(1992)绘制了一个由正庚烷(P_1)、三个环戊烷(1-顺-3、1-反-3 和 1-反-2)之和以及甲基环己烷组成的三元示意图,区分具有强烈陆源或海相输入的烃源岩生成的产物。陆相母质被认为富含甲基环己烷。Odden 等人(1998)应用这个示意图来区分源自挪威近海 Spekk 和 Are 组的轻烃。

Ten Haven(1996)使用一个三元模式图将越南湖相和陆相的原油区分开来。这个模式图基本上是在 Mango 流程的基础上,展示了三元环($P_2 + P_3$)、五元环($N_1^5 + N_2^5$)和六元环(N_1^6)化合物的归一化分布。陆相和湖相的原油分别富含六元环和三元环的化合物,通过对由范围狭窄的数据集构成的模式图的解释,就很容易判识出被认为是混合物的原油。然而,这样简单的解释却不具普遍意义。当 ten Haven 用其世界范围的数据集作图时,他发现原油母源间有相当的一部分是重叠的。陆相原油明显偏重于六元环和湖相原油明显偏重于三元环,但它们不能由此截然分开。海相原油倾向于偏重五元环的化合物,但也与其他的区域明显地重叠。他由此得出结论:在三元示意图中,这些组分间的重叠过大,致使其无法得到普遍的应用。

Obermajer 等人(2000b)提出了一种既具有这一技术的局限性又具有其适用性的三元模式图。他们的这个模式图遵循了 Mango 的分类,用贝肯和麦迪逊组原油的 P_2、N_1^6 和($P_3 + N_1^3 + N_2^5$)作图。这两组原油的重叠几乎是完全的,模式图无法区分两种不同来源的油。然而,在贝肯组中,与盆地中部和南部的原油相比,北部的原油富集二甲基环戊烷,这显然是与麦迪逊原油轻度混合的缘故。

Javie(2001)同样有效地应用三元模式图来区分和判识威利斯顿盆地原油的混合(图 7.38)。模式图用正庚烷(P_1)、六元环化合物(N_1^6)以及所有 C_7 异构烷烃和环戊烷的总和($P_2 + P_3 + N_1^5 + N_2^5$)来作图。前泥盆系的原油具有高丰度的正庚烷。区分贝肯和麦迪逊的原油仍然是一个问题。许多麦迪逊原油具有高含量的甲苯并自成一组。而另外一些麦迪逊储层的原油则与贝肯原油标绘在一起,表明其源自贝肯烃源岩。

目前尚无基于轻烃的相对比例来描述母源影响的确定准则。图 7.39 展示了一套原油 C_7 的平均分布,它们的划分依据是烃源岩的沉积环境。任何的母源类型中都存在相当可观的可变性,但平均组成却显示出一些普遍的规律。尽管异构烷烃和二甲基环戊烷的比例也有波动,而大多数的变化可归咎于正庚烷、甲基环己烷和甲苯比例的变化。正庚烷的比例可以追溯到

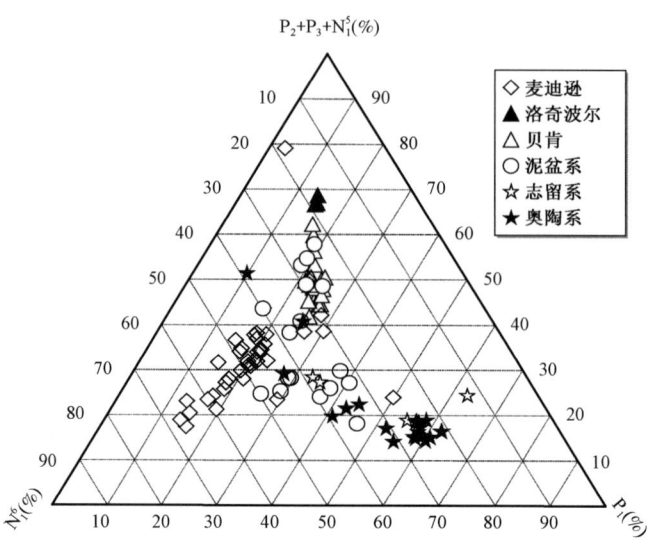

图 7.38 所有 C_7 烃类的三元模式图,它显示了源自威利斯顿盆地不同含油气系统中原油间的差异(Javie, 2001)。如同表 7.7 所定义的那样,模式图用正庚烷(P_1)、六元环化合物(N_1^6)以及所有 C_7 异构烷烃和环戊烷的总和($P_2 + P_3 + N_1^5 + N_2^5$)来作图

藻类输入对烃源岩的贡献。以藻类输入占优势的烃源岩(如前泥盆系),或有利于藻类有机质保存的烃源岩(如湖相、海相碳酸盐岩)生成的原油富含正庚烷。相比之下,以陆相或细菌有机质占优势的烃源岩(如页岩、煤和蒸发岩)生成的原油相对比较缺失正庚烷。

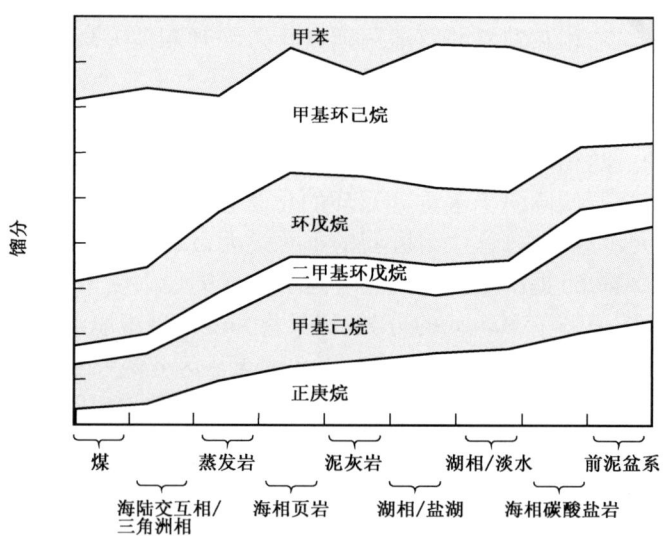

图 7.39 一套特征突出的原油的 C_7 烃类的平均分布,该套原油由烃源岩沉积环境分类并由生物标志物分析和油 – 源对比来定义

甲基环己烷的比例似乎主要与陆相有机质的输入有关。陆源的煤和煤质页岩生成的原油富含甲基环己烷,通常它是比例最高的单组分。与海相沉积系统的原油相比,湖相原油也倾向于具有较高比例的甲基环己烷。数据表明高等植物中存在着一种重要的甲基环己烷的生物前驱物。然而,这种化合物也常见于烃源岩和原油中,包括那些缺乏高等植物的有机质(如前泥

盆系），因此，甲基环己烷一定还有藻类和微生物的前驱物。

Ⅲ型干酪根生成的原油富含甲苯。在这类烃源岩中，木质素为轻质芳香烃提供了直接的生物来源。缺氧、贫铁的沉积环境，比如蒸发岩和海相碳酸盐岩，也同样相对比较富集甲苯。这可归咎于成岩过程中在单质硫的促进下，直链烷烃的环化和芳香化作用（Sinninghe Damsté 等，1991，1993a）。由于导致甲苯和甲基环己烷增加的途径各异，因此，我们不建议在三元示意图或统计分析中将这些组分计入总数。

7.3 轻烃的特征化合物同位素分析

原油的挥发性烃类馏分可以具有与非挥发性 C_{15+} 烃类不同的 $\delta^{13}C$ 比值。这些差异的程度一直未被人们所认识，直到特征化合物同位素分析（CSIA）的发展使单体烃的 $\delta^{13}C$ 测定成为常规的分析项目。早期的原油特征化合物同位素分析研究将焦点集中在正构烷烃（如：Bjorøy 等，1991；Sofer 等，1991）和生物标志化合物（Freeman 等，1990）上。这一技术特别适合于轻烃的分析，尽管其应用尚不广泛。基于这一原因，轻烃的特征化合物同位素分析是作为地球化学的一种辅助方法来加以讨论的，而正构烷烃和生物标志化合物的特征化合物同位素分析则在本书第六章论及。基线色谱分离再加上很少或完全没有柱流失，得以实现 $C_1—C_7$ 烃类的高精度检测（一般为 ±0.5‰，但可精确至 ±0.1‰）。当正构烷烃随碳数的增加显示出很少或系统的变化时，单体轻烃间的 $\delta^{13}C$ 比值会出现相差很大的变化。Bjorøy 等人（1994）将正构烷烃和其他轻烃的 $\delta^{13}C$ 的曲线模式用于油－凝析油的对比。通过将特征化合物同位素分析与常规的地球化学相结合，Clayton 和 Bjorøy（1994）以及 Chung 等人（1998）展示了如何在复杂的烃源岩系统中鉴别热成熟度的效应。Rooney（1995）证实：当发生硫酸盐热化学反应的蚀变时，所选轻烃会出现大幅度的同位素漂移。轻烃特征化合物同位素分析在精细对比和含油气系统分析中的应用正在继续向前发展（Whiticar 和 Snowdon，1999）。

轻烃特征化合物同位素分析最明显的应用是对比研究。除非遭受了储层次生过程的蚀变，源自同一烃源岩的原油和凝析油在单体轻烃 $\delta^{13}C$ 上应当具有相同的曲线模式。前述的 Sable 岛 48－井的 DST 样品就展示了特征化合物同位素分析的作用。Halpern 对比（图 7.26）和转换（图 7.28）示意图显示：端元原油分为两组：DST1 和 9 代表一个端元，而 DST3－8 和 12－13 则代表另一个端元。DST2、10 和 11 为混合原油，DST14 和 15 的蚀变程度要低于 DST16 和 17。如果这种结论是正确的话，那么它们轻烃的同位素比值就应当是一致的。

特征化合物同位素分析支持应用 Halpern 参数对 Sable 岛 48－井的 DST 样品的分组（图 7.40）。这些检测的误差估计为 ±0.3‰。生物降解作用可以明显地改变 <C_7 正构烷烃和支链烷烃的 $\delta^{13}C$ 值，但却不能改变 C_6 环烷烃和 C_7 烃类的 $\delta^{13}C$ 值。根据 Halpern 参数确定的 DST1 和 9 的端元流体，与其他的流体相比更富集 ^{13}C，尤其对 C_6 烃类而言更是如此。其他的端元流体则紧紧地簇集为一组并具有较小的相对变化。混合原油具有与 DST1 和 9 端元比较相似的特点，显示出一些 C_6 和 C_7 烃类的 $\delta^{13}C$ 要重于预测值，DST7 和 12（根据 C_7 比值划分的端元流体）所具有的同位素特征表明其存在某种程度的混合。

与仅仅应用其中的一项技术相比，轻烃和生物标志物的分子和同位素分析相结合，可以更为详尽地展示复杂的含油气系统。在很多情况下，数据整理分析上的明显冲突表明，简单的解释无法充分地描述事实。单源充注、热成熟度变化范围小又未曾经历后期蚀变的油藏也许并不多见。而大多数的油气聚集可能都经历了单源或多源的多期充注，并/或遭受过储层次生过程的改造。

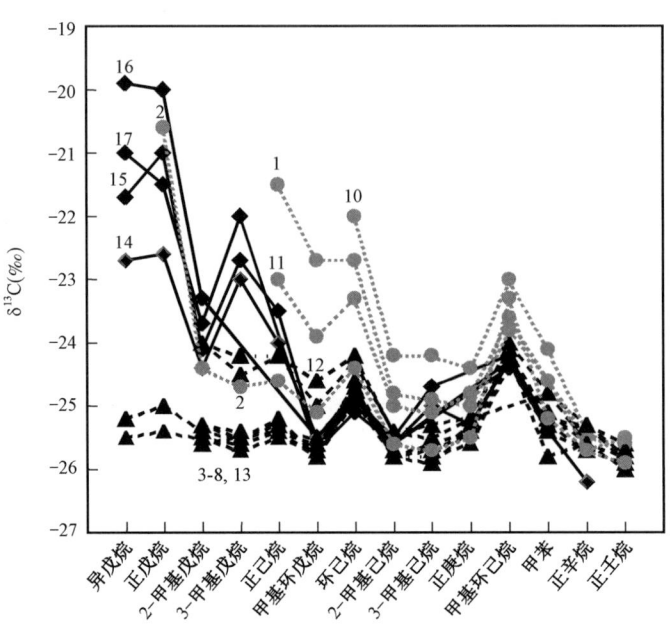

图 7.40 Sable 岛 48-井原油样品轻烃的特征化合物同位素分析支持根据 Halpern 参数建立起的原油分组(见图 7.26)。数据标号代表该井钻杆测试(DST)的编号

初步的的数据表明轻烃的特征化合物同位素分析,在区分阿尔及利亚志留系和泥盆系烃源岩生成的地球化学特征相似的原油方面也许是有用的(Peters 和 Creaney,2003)。Hassi Messaoud 和 Zemlet 油气田源自志留系原油样品的同位素组成及其某些正构烷烃和汽油馏程的链烷烃和环烷烃的同位素组成曲线模式,不同于四个泥盆系的原油样品(图 7.41)。地质的限定条件确定了这些原油样品的母源(如图 9.7 所示)。除了 nC_7 和 nC_9 之外,Zemlet 原油样品在 C_6-C_{19} 正构烷烃间,具有比其他阿尔及利亚原油样品更加偏负的稳定同位素比值。除了

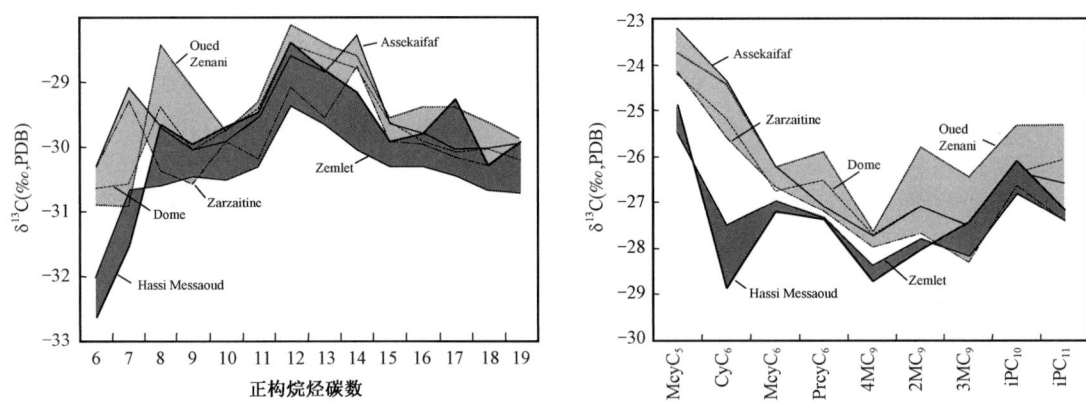

图 7.41 六个阿尔及利亚原油样品中正构烷烃(左)以及选定的支链和环状轻烃(右)的特征化合物同位素分析(Peters 和 Creaney,2004)。Hassi Messaoud 和 Zemlet 原油样品(志留系烃源岩,深色阴影)与四个泥盆系样品(浅色阴影)之间的最大同位素差异出现在 nC_6 上。与泥盆系的样品相比,Hassi Messaoud 和 Zemlet 样品的甲基环戊烷($McyC_5$)、环己烷(CyC_6)、甲基环己烷($McyC_6$)以及其他几个轻烃化合物具有更加偏负的稳定同位素比值。Hassi Messaoud 和 Zemlet 原油样品与其他的样品不同,它们的环己烷比甲基环戊烷和甲基环己烷更加亏损 ^{13}C

nC_6 以及可能还有 nC_7 之外，Hassi Messaoud 原油的正构烷烃同位素组成相似于其他样品的程度要大于 Zemlet 的样品。泥盆系原油的混入可能影响到 Hassi Messaoud 原油样品的重烃组分，或者只是它们的同位素组成也许不具备鉴别志留系和泥盆系原油的能力。然而，Hassi Messaoud 和 Zemlet 原油样品中的 nC_6 与其他样品相比，实质上是亏损 ^{13}C 的（1.1‰~2.3‰）。与其他阿尔及利亚的原油样品相比，Hassi Messaoud 和 Zemlet 原油样品中，汽油馏程的几个环烷烃也具有更加偏负的特征化合物同位素分析稳定碳同位素比值，特别是甲基环戊烷、环己烷以及甲基环己烷（分别为 ≥0.6‰、1.9‰ 和 0.2‰）。这三个化合物中同位素比值的曲线模式同样也具有规律性的变化。Hassi Messaoud 和 Zemlet 原油样品与其他的样品不同，它们具有比甲基环戊烷和甲基环己烷更加亏损 ^{13}C 的环己烷。

7.4 分子建模

量子力学或分子力学可用于计算包括生物标志物在内的分子的几何形状及其性质（图 7.42）。这两种方法均假设了一个原子核位置的初始序列。在量子力学的方法中，通过初始的原子核位置，可以计算出分子的轨道和电子的密度，而它们是用来计算分子势能的。当分子的几何形状发生变化的时候，通过计算分子势能的变化就可以算出在一个分子中作用于原子的力。随着这些力的变化，它们可用来调整原子的位置。这一过程不断地被重复直到用最小的能量获得最稳定的几何形状为止。接下来，最小能量的几何形状、分子轨道以及电子密度可以用来计算分子的性质，譬如，分子的体积或偶极矩。对大分子而言，量子力学的技术是费时的，这是因为分子轨道和电子密度是相互依赖的，必须重复地加以测定。

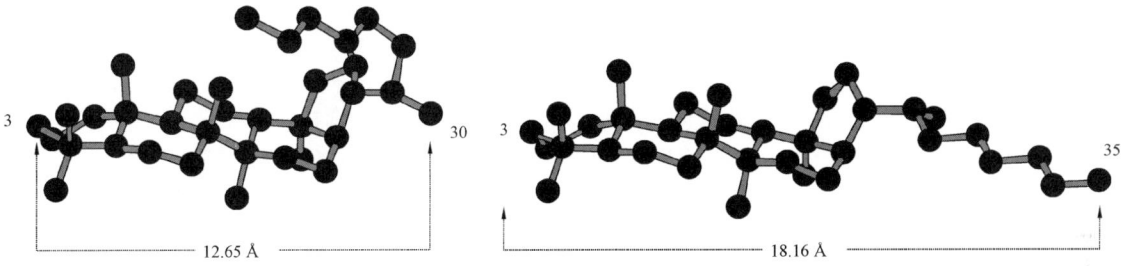

图 7.42　分子力学的计算揭示了在储藏内生物降解的过程中，相对于 22S 差向异构体而言，C_{35} 17α - 藿烷中 C-10 位上观测到的优先脱甲基作用更易发生在 22R 上。22S（左）和 22R（右）差向异构体几何形状的最优化作用分别形成了所谓的蝎状和横杆状结构。这些优先选择的结构表明，在立体化学上，微生物对附着在 C-10 位上甲基基团的攻击将会遭遇 22S 比 22R 更大的空间位阻。然而，必须用另一种机理来解释 18α - 奥利烷的保存，它在 C-10 位上也有一个甲基基团，但却像长链藿烷里的甲基基团那样缺乏一个侧链。承蒙 Elsevier 的惠允，转载自 Peters 等（1996b）

在分子力学中，分子的势能被表达为几何变形的一个函数，比如键的长度和角度，而不是使用术语分子轨道和电子密度。分子力学使用经验能函来描述几何形状、能量以及分子的性质。分子的内坐标，包括键长、键角、扭矩角以及非键合相互作用，支配着一个分子的几何形状。分子内坐标与势能或位能之间的关系可用不同的能量函数来描述。使用一组实验的化合物使函数集合得以发展，并被称之为经验力场。MM + 力场是 MM2 的外延（Berkert 和 Allinger，1982）。原子核的位置可以根据计算的力加以调整，计算这些新力并不需要重新计算分子轨道或电子密度。这一过程的省略，使得分子力学计算分子几何形状的速度比量子力学的方法快了许多。

几何形状的最优化,可识别出相对于内坐标而言有利的几何形状。几何形状最优化的技术可将一个结构的势能降至最低。如上所述,由几何形状最优化生成的结构,代表了最接近构建一个结构模型所需的最小能量。这一能量生成的结构,通常为一个作用于势能表面并可描述分子的局部最小值。而总能量的最小值,则为作用于势能表面的所有的最低能量结构。

Kolaczkowska 等人(1990)采用 MM2 法对选定的 C_{27} - C_{31} 烷基化的、脱烷基的以及重排的 17α - 和 17β - 藿烷的热动力学稳定性进行了比较。通常受成熟度制约的比值(如:Ts/Tm 和 22R/22S)的计算平衡值,与从经历了热成熟演化的原油中所观测到的比值具有可比性。Van Duin 等人(1996b)开发了一种特别适合于描述叔碳阳离子反应的分子力场的方法,该反应被认为是发生在生物标志化合物的异构化过程中。使用这一方法,$\Delta^7 5\alpha$ - 甾烷(van Duin 等,1996b)和升藿烷(van Duin 等,1997)的成因以及它们产物的分布就可模式化,从而为深入了解反应的途径和中间体提供了可能。应用一种不同的力场方法,van Duin 和 Sinninghe Damsté(2003)将二芳类胡萝卜素的异海绵烯环化的反应途径模式化。他们得出的结论认为,四环异海绵烯衍生物的形成依赖于 A 环 - 触发的反应机理,而单芳衍生物的形成则涉及到 B 环 - 触发的环化反应。

分子动力学是另一种应用计算技术描述液 - 液或液 - 固相互反应的方法(Frenkel 和 Smit,2001)。应用分子动力学,van Duin 和 Larter(1998)研究了苯并咔唑在水相和油相中的分离行为。这类模拟实验表明,与苯并[a]咔唑相比,苯并[c]咔唑对烃相具有略高的亲和力,从而支持了将这类化合物的比值视为运移距离指标的做法。然而,用分子力学来模拟苯并咔唑在水潮湿相或烃潮湿相黏土表面的分离行为则表明,相对于脱附进入水相而言,苯并咔唑更易于吸附在水潮湿相的高岭石表面(van Duin 和 Larter,1998)。此时,所有的异构体在吸附行为上均未表现出明显的差异。

应用计算技术的化学可用于干酪根生烃模型的建立。应用 ab initio 量子力学的计算,可以对干酪根热蚀变的动力学及其机理建模(Xiao,2001)。这类计算技术十分复杂,能够精确地预测干酪根假想结构的产物分布。这样的计算为深入了解隐藏在 C_7 异庚烷比值恒定性之后的反应提供了可能(van Duin 和 Larter,1997;Xiao,2001)。它同样能为生烃过程中气体的同位素组成建立模型。譬如,Xiao(2001)展示了如何应用 ab initio 建模来解释在 Chung 等人(1988)的"天然气示意图"中所见的 $\delta^{13}C$ 相关关系,这张图采用单体气态烃的稳定碳同位素组成与每个分子碳数的倒数来作图。

7.5　流体包裹体

流体包裹体是矿物中捕获了少量的油、气和水的晶体瑕疵。原生的包裹体形成于原始矿物在晶内微腔中的生长过程中,而次生的包裹体则产生于胶结过程并出现在粒间孔隙或微裂隙中。许多矿物都含有流体包裹体,但在沉积盆地中最常见的是碳酸盐岩、硅质岩(石英和长石)和蒸发岩(岩盐、硬石膏和萤石)。包裹体的直径通常为几个微米,但尺寸范围却可从亚微观到厘米大小。其典型的质量范围大约从毫微到毫微微克。

许多流体包裹体保留了形成它们的原始母质流体的化学和物理性质。因此,它们是静止的和流动的地下流体的组成、温度和压力的小型"时舱"。出于这种原因,流体包裹体普遍用于石油生成和运移的研究。流体包裹体的分析也常用于火成岩、变质岩和沉积岩的成因研究,以及金属迁移和矿产形成、地质力学、应力分析、古地震、地热能、包括放射性核素在内的地下污染物的流动作用的研究(Roedder,1984;De Vivo 和 Frezzotti,1994;Goldstein 和 Reynolds,1994)。

当流体包裹体形成时,矿物基质中的孔腔内含有同质的液体。冷却后,包裹体成为纯液相的,或分离成液态含水、液态含烃,或既含非烃气体又含烃类气体的蒸汽相。包裹体也可含有其形成之后沉淀下来的无机和有机的固体。由于包裹体是一个独立的系统,可以通过加热样品和测量各分离相均一化的温度来确定包裹体捕集时的温度。通常,复合包裹体的显微测温检测可生成一个均一化温度的柱状图。这些分析可以区分出包裹体形成时的不同事件,并判识出可能发生过扰动的包裹体。均一化温度在热模型中的应用,可约束矿物胶结作用的温度和年代次序、流体(水、油和气)运移的期次以及裂隙的闭合。通常,从一块简单的岩石样品中就可识别出许多不同的事件(如:Burruss 等,1983)。含水包裹体冷却后,只要对其的化学组成作出某些推测,就可通过凝固温度的降低测出盐度。

倘若知道了石油和同期含水包裹体的相态特征,那么就可确定出它们形成时的地压(Aplin 等,2000;Pironon 等,2000;Thiéry 等,2000;Tseng 等,2002)。这种计算要求知晓均一化的温度、流体的组成以及包裹体中蒸汽和液体的体积。后者的测定可通过共聚焦激光扫描显微镜(CSLM)来实现。接下来,将这些数据代入压力、体积和温度(PVT)的模拟程序,即描述包裹体组分状态的公式,就可计算出古压力。因此,流体包裹体能够为古历史的恢复既限定出温度又限定出压力。

用于确定流体包裹体化学组成的方法众多。原子探针技术可检测元素组成,这对了解热液流体形成的矿物而言是必不可少的。它们包括了质子激发的 X - 光发射(PIXE)、质子激发的 γ - 射线发射(PIGE)、反向散射光谱测定法、弹性反冲探测分析(ERDA)、原子核反应分析(NRA)、隧道对比显微镜(CCL)以及离子发光(Ryan 和 Griffin,1993;Timofeeff 等,2000)。流体包裹体中,石油组成的分析依赖于间接的光谱测定(如:激光拉曼、FTIR、UV 荧光等)或者是质谱或 GCMS 的直接分析(Munz,2001)。光谱测定法具有能够分解单个包裹体的优点,但是仅限于甲烷、轻烃气体以及全油组成,诸如烷烃/芳香烃比值(Burke,2001)。石油的 UV 荧光光谱已用于校正石油的全貌,譬如 API 度,并为辨别石油包裹体提供了一种方法(McLimans,1987;Wang 和 Mullins,1994;Kihle,1995)。然而,对石油包裹体荧光颜色的解释却存在着众多的人为因素和多解性(如:George 等,1997;2001)。

直接测定组成需要打开包裹体,通常采用粉碎或热爆裂的方法。挥发性的组分可直接导入质谱仪(Barker 和 Smith,1986),或将包裹体抽提并像分析常规沥青那样分析释放出的石油(Jones 和 Macleod,2000)。直接测定的不利之处,在于获得的组成是基于众多包裹体而非单个包裹体的平均值。由于无法控制包裹体的碎裂,所测的组成也许反映的是多次事件形成的包裹体或者可能包含了前期溶剂抽提中幸存下来的沥青。

粉碎包裹体释放出的挥发组分的质谱分析开始成为勘探中的一种常规的方法。这一技术,术语称之为流体包裹体层析(FIS)或流体包裹体挥发分(FIV),涉及到分析一套单井岩心或岩屑的样品,从而建立起一个由诊断质量碎片的检测器响应和井深构成的地球化学测井曲线图(图 7.43)。关于这一技术的实用性尚在探索之中,但已经出现了一些在确定产油层、今流体与古流体的界面、原油的质量、圈闭的完整性、生产层的逼近以及储层的划定等方面成功应用该技术的例证(Parnell 等,2001;Fishman 等,2002;Hall 等,2002a;Hall 等,2002b)。

分析流体包裹体中丰度最高的轻烃通常采用直接导入(或者借助于粉碎注射器或者经由热爆裂)检测器的方法。然而,流体包裹体中生物标志化合物的分析目前还仅限于"离线"的方法。这些技术相对而言尚属简单,它涉及到在一个没入溶剂中的研钵里粉碎岩石(Karlson 等,1993)。但是,岩石样品必须事先经过彻底的抽提并用化学氧化剂处理过,以确保除去了表层的沥青和只有封闭在流体包裹体中的有机质得以留存(Jones 等,1996;George 等,1997;

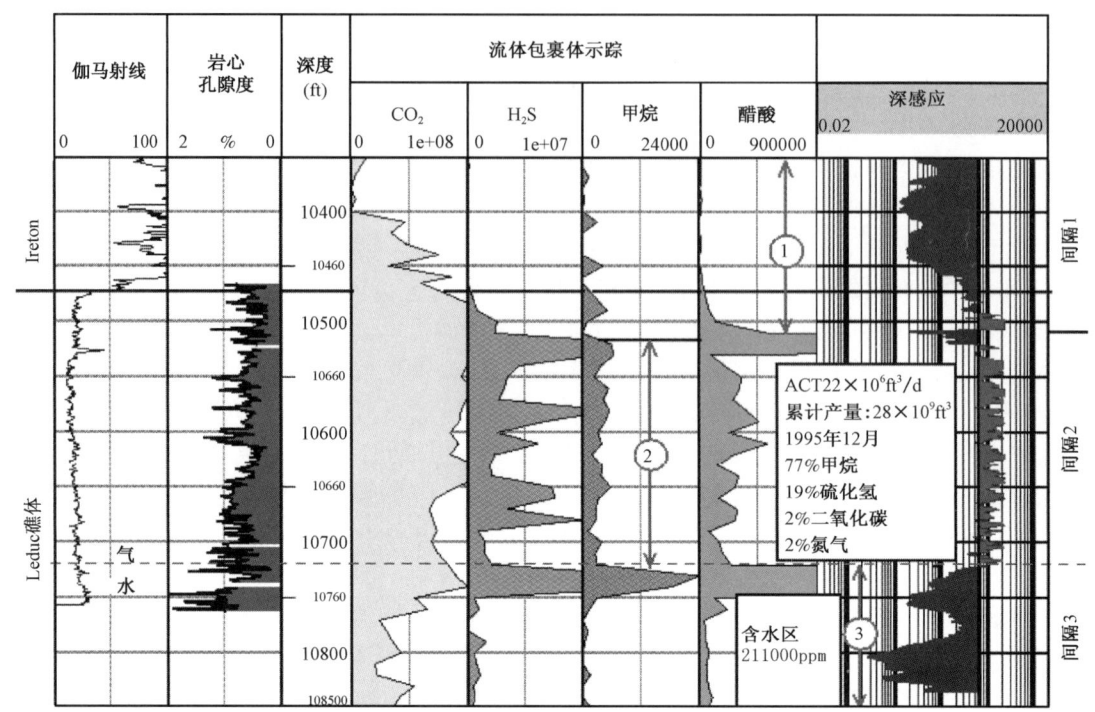

图7.43 流体包裹体挥发分(FIV)的测井曲线图有助于厘定一口井的盖层①、气藏②和含水区③,该井钻穿了加拿大泥盆系 Leduc 礁体(Hall 等,2002b)。附加的柱状图展示了伽马射线响应、岩心孔隙度、井深以及深感应录井响应。转载承蒙 AAPG 的惠允,再次转载须获许可

Jones 和 Macleod,2000)。接下来,可以分离抽提出的烃类并用常规的方法予以分析。

许多研究已将流体包裹体与游离沥青和原油的生物标志化合物分析结合了起来,以便厘定热演化条件(如:Cazier 等,1995;Honghan 等,1998;)或研究密西西比河谷型矿产沉积(如:Henley 和 Hoffmann,1987;Etminan 和 Hoffmann,1989;Rowan 和 Goldhaber,1995;Rowan 和 Goldhaber,1996;Rowan 等 1994a;Rowan 等,1994b;Rowan 等,1995;Hulen 和 Collister,1999;Guilhaumou 等,2001)。其他的研究分析流体包裹体中的生物标志化合物,基本上是为了厘定运移的途径和充注史(George 等,1997;George 等,1998a;George 等,1998b;Isaksen 等,1998;Scotchman 等,1998;Bhullar 等,1999;Jones 和 Macleod,2000;Ruble 等,2000)。

譬如,George 等人(1997)研究了游离原油和流体包裹体中的生物标志化合物的分布,样品采自巴布亚(Papuan)褶皱带的下白垩统 Toro 砂岩(图 7.44)。他们指出被分析原油在母源和成熟度上均有差异。游离原油很可能源自中-上侏罗统页岩。相比之下,包裹体中的原油则含有 1,2,7-三甲基萘和奥利烷,表明其具有被子植物的输入和白垩系或更年轻的烃源岩。成熟度指标提示,包裹体中的原油比开采的原油更加成熟。George 等人(1997)得出结论认为,包裹体中的原油代表了深埋的、很可能是白垩系的烃源岩在中新世对 Toro 砂岩的初次充注。这个原油后来被稀释并被侏罗系页岩生成的大量的原油所取代。流体包裹体并非形成于这个后期的充注,因为此时该油藏已经为原油所饱和,从而抑制了矿物的成岩作用。

Isaksen 等人(1998)归纳了北海 Sleipner 地区中生界储层中流体包裹体和伴生原油以及油苗的特征。他们指出包裹体中的原油成熟度较低,尽管它们的 28,30-双降藿烷的含量要低于游离的原油。假如随着烃源岩生成更多的烃类,双降藿烷被逐步地稀释,那么就不会具有这样的分布类型。因此,他们得出结论认为:流体包裹体和游离原油间在双降藿烷含量上的差

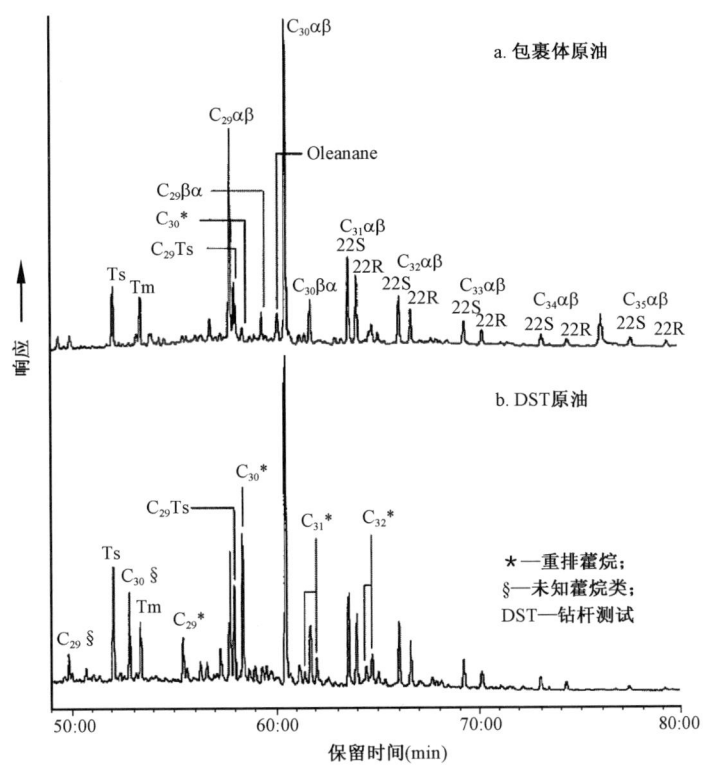

图 7.44 重建的 m/z 191 离子色谱图指示巴布亚褶皱带 Toro 砂岩中的包裹体和游离原油三萜烷的分布。承蒙 Elsevier 的惠允,转引自 George 等人(1996b)

别,基本上是由于不同烃源岩的生烃量在变化的缘故。

游离原油、吸附原油以及含油流体包裹体的生物标志化合物分析表明,采自中国塔里木盆地库车凹陷的储集岩至少经历了两次原油充注事件(Pan 等,2000)。含油流体包裹体的组成不同于游离原油。与储层中的游离原油相比,流体包裹体中的原油具有相对较高的 Pr/nC_{17} 和 Ph/nC_{18} 比值,低 Pr/Ph、藿烷/甾烷、C_{30} 重排藿烷/藿烷以及 Ts/Tm 比值,低含量的 $C_{29}Ts$ 萜烷以及高成熟度,如同 C_{29} 甾烷 $20S/(20R+20S)$ 所指示的那样。流体包裹体中早期运移的原油对应于塔里木盆地北部和中部的原油,它们源自寒武-奥陶系的海相烃源岩。较晚的原油从三叠-侏罗系陆相烃源岩运移而来,并且强烈地稀释了储层中早期的充注。吸附原油似乎属于介于游离原油和含油流体包裹体之间的中间体类型。

Pan 等人(2003)进行了一个相类似的研究,他们比较了中国准噶尔盆地游离和包裹体原油的生物标志化合物的分布。盆地西北和东部边缘的样品具有相似的生物标志化合物的分布并对应于当地二叠系的烃源岩。然而,中部的包裹体原油在实质上不同于开采的原油,表明盆地的这一部分接受了多油源的充注。这一结论得到了区域场和地震数据的支持。

8 生物标志化合物的分离与分析

> 本章描述了生物标志化合物实验室的构成、以及在质谱分析之前,将原油、沉积物或烃源岩抽提物制备和分离成馏分的方法。本章阐述了质谱的概念,其中的大多数基本知识对理解后面章节有关生物标志化合物参数的讨论至关重要,譬如质量色谱图与质谱图间的差别,选择离子与联动扫描分析方式的差异等。本章的一些注释,包括分析过程、内标以及色谱 – 质谱法(GCMS)数据问题的实例,将有助于读者评估分析数据的质量及其地球化学的解释。

8.1 生物标志化合物实验室的构成

一个完备的生物标志化合物实验室要求不同学科的介入和支持。以下介绍的生物标志化合物实验室,不一定代表构成该类组织形式的唯一的最佳途径,但我们的经验表明它运行良好。

任何地球化学项目中最关键的阶段需要:① 明确问题;② 指派协调员充当各学科专家(如区域地质学家)与生物标志化合物专家之间的联系人。协调员要评估地球化学方法解决问题的可行性;在深入了解区域地质或环境背景的基础上搜集合适的样品;为生物标志化合物专家准备研究对象的详细清单。协调员通常要借助于请求室内实验室或服务公司提供常规的地球化学分析(如 Rock-Eval 岩石热解、总有机碳(TOC)、镜质体反射率和气相色谱等方法)来筛选样品。

生物标志化合物的团队由具有下列几方面知识的专家所组成:
(1)熟悉包括柱色谱和高效液相色谱法在内的色谱分离方法;
(2)能够评价前躯物 – 产物之间关系的天然产物化学知识;
(3)具有借助于经验和文献知识解释生物标志化合物和色谱 – 质谱法的技能;
(4)具备地质学、油藏工程学以及其他相关学科的知识,能够评价样品的地质条件和样品质量,并具有为各学科专家提供生物标志化合物分析结果排序的洞察力;
(5)精通常规的地球化学参数及其应用。

生物标志化合物团队正常工作所必需的辅助技术包括:
(1)先进的质谱及电子学技术;
(2)未知化合物的鉴定及其结构解释所必需的有机合成化学、核磁共振(NMR)谱学以及 X – 衍射晶体学知识;
(3)用于数据采集及处理的计算机知识。

此外,辅助的支撑技术还包括通过计算机检索查询与每个问题相关的文献,以及能够在机构内部或其他部门进行辅助性地球化学分析的能力。最后,为了确保发表的技术资料始终如一的高质量,同行间建设性的及时的评审至关重要。

8.2 样品的清洗与分离

通常情况下,在分析石油中的生物标志化合物之前必须进行富集。例如,用高纯度的溶剂从磨碎的沉积岩中抽提沥青以避免污染。由于含有生物标志化合物的原油、沥青以及岩石抽提物为复杂的混合物,所以,在色谱-质谱法分析之前,须用玻璃层析柱和高效液相色谱进行提纯,并将其分离成不同的馏分。例如,饱和烃馏分为石油中的非芳香有机化合物,其中包括正构和支链烷烃及环烷烃。芳香烃馏分则包括含有一个或多个非饱和环的有机化合物,如单环芳香烃(C_nH_{2n-6})和多环芳香烃,以及含硫、氮或氧的某些化合物。各种先进的质谱技术,如多级 GCMS/MS(即三级四极)质谱法及高分辨色谱-质谱法,提供了对全油样品直接进行生物标志化合物分析的可能。

溶剂的抽提与分离是根据相似相容的原理。溶剂最易溶解极性大约相同的溶质。极性分子具相反电荷的区域。例如,甲醇(CH_3OH)的甲基和羟基分别为带正电荷和负电荷的区域。与甲醇相比,正己烷为非极性化合物。在柱色谱中,油或沥青样品被注入装有氧化铝或其他相配的吸附剂的玻璃柱中,所得馏分的极性随注入柱中溶剂的极性增大而增大。索式抽提是从岩石中获得可溶沥青的常用方法,有机热溶剂,如氯仿、二氯甲烷或者其他共沸混合物溶剂(如氯仿:甲醇)通过粉碎的岩样时,可抽提出沥青。

8.2.1 柱层析法

在传统的柱色谱法中,通过向填充了硅胶和氧化铝的玻璃柱内分别注入正戊烷或正戊烷/二氯甲烷进行淋洗的方法,将饱和烃和芳香烃馏分从样品中分离出来。改进的柱层析方法采用中性的氧化铝来分离作为油气运移示踪剂的极性含氮馏分(Li 等,1992;Larter 等,1996)。该流程采用正己烷、甲苯和氯仿/甲醇分步洗提的方法,使脱沥青质的原油和沥青分离成饱和烃和芳香烃馏分,以及富氮的馏分。然而,与传统的方法相比,中性氧化铝的方法会使单芳香烃类在芳香烃馏分中的分布面目全非(Chunqing 等,2000a)。

有关样品清洗和分离的典型流程的细节将在下文叙述。图 8.1 给出了一般情况下的流程图。

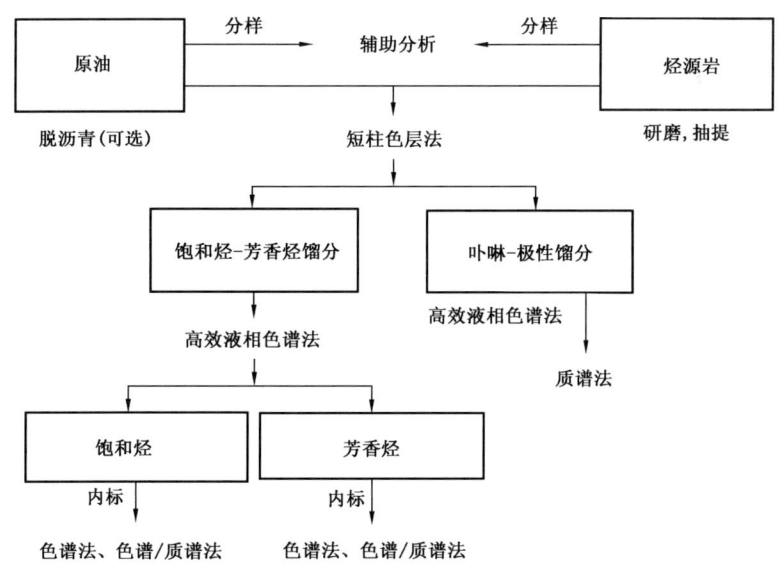

图 8.1 将原油和沥青分离成不同分析馏分的流程图。短柱色层法装置见图 8.2。本图的转载承蒙雪佛龙美国公司的分支机构雪佛龙-德士古勘探和开发技术公司的惠允

8.2.1.1 氧化铝对样品的吸附

原油或沥青样品溶解在二氯甲烷中(HPLC 纯),与 15 倍重的氧化铝混合(如,烘烤酸性氧

化铝粉末,加2.9%重量的水去活,把活性降低至Brockman Ⅱ的标准,为色谱备用),均匀地放进圆底烧瓶的底部。慢速旋转使溶剂挥发,以避免氧化铝颗粒间的碰撞而生成氧化铝的微粒。最后,将圆底瓶放入40℃水浴中,在全真空的条件下(约170~200mBar)进行旋转蒸发。

8.2.1.2 色层柱的制备及填装

在色谱柱中加入占柱体一半体积的二乙醚:正己烷(10:90 体积比)混合溶剂,该柱装有50倍于样品重量的氧化铝(图8.2)。把吸附了样品的氧化铝装入柱内,用几毫升乙醚:正己烷溶剂将氧化铝从柱壁上冲洗到未吸附样品的氧化铝层面上。

用10:90的乙醚和正己烷(HPLC纯度级,10倍于未吸附样品的氧化铝的重量)把饱和烃和芳香烃馏分从柱中同时洗脱出来。在该柱的上部可增加另一段玻璃柱,使原柱体延长。利用经分子筛阱净化的氮气或空气向溶剂顶端加压,以便于溶剂穿过柱体。

用100%氯仿(HPLC纯)同时洗脱卟啉和极性化合物,直到深棕色条带流出柱子为止。洗脱物可用紫外(UV)-可见光分光光度计(350~600mm)检测,进行定量分离。在旋转蒸发和称量之后,饱和烃-芳香烃馏分以及卟啉-极性馏分就可用高效液相色谱(HPLC)进行进一步分离了。

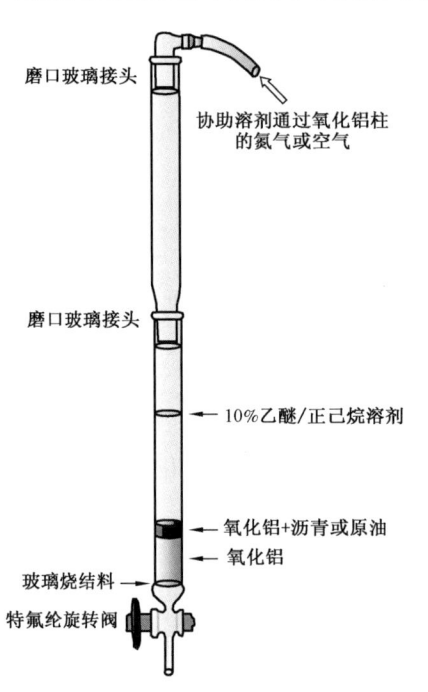

图8.2 用于从原油样品中分离饱和烃、芳香烃和卟啉极性馏分的氧化铝柱(短柱色层过程见图8.1)。本图中的色层柱由装有氧化铝和样品的柱体(下端)和容纳乙醚:正己烷混合溶剂的延长柱体(上端)共同组成,以便于洗提组分。本图的转载承蒙雪佛龙美国公司的分支机构雪佛龙-德士古勘探和开发技术公司的惠允

8.2.2 高效液相色谱法

从石油或沥青中分离出的纯饱和烃-芳香烃馏分可以使用配有硅胶保护柱的HPLC泵进行分离(图8.3)。保护柱可以使主柱免遭不可逆吸附化合物的污染。

使用程控馏分收集仪和400mL的玻璃瓶,洗脱物可分成三种馏分(饱和烃、单环、双环及三环芳香烃和极性化合物)。在正向流动的条件下(图8.3,左下),饱和烃和芳香烃用正己烷洗脱,而极性化合物用二氯甲烷洗脱。在二氯甲烷从柱中洗脱极性化合物之前,反冲阀开启,使洗脱液从进样口进入主柱,而后经保护柱返回。从反向阀的位置上讲(图8.3,右下),流体流经主柱的方向不变,但通过保护柱时方向相反(反冲)。在下一次分离之前,柱子用正己烷冲洗保养。

UV(254nm)和折射指数(RI)检测器都采用多通道色谱数据处理系统来监测馏分。饱和烃馏分和芳香烃馏分的分割点是根据胆甾烷和单芳甾类标样的保留时间来确定的。而三芳甾类与极性化合物之间分割点的确定则以二甲基菲的流出为准。

各馏分在真空条件下旋转蒸发,然后转移到配衡瓶中,在45℃水浴和35mmHg真空条件下再次旋转蒸发10min。倘若生物标志化合物浓度异常低,如在某些凝析油中,通常需要采用尿素络合或分子筛的方法进一步处理饱和烃馏分,除去正构链烷烃(见图13.26)(Michalczyk,1985)。

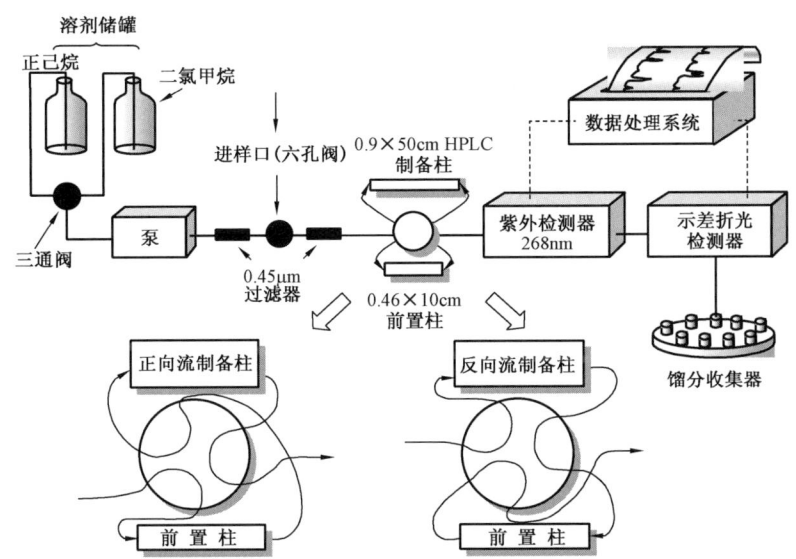

图 8.3 用于自动分离原油样品中饱和烃、芳香烃和极性馏分的高效液相色谱（HPLC）的配置图。除进样阀之外，其余所有的操作均由泵中的微处理器自动控制。本图的构思承蒙 F. J. Fago 相助。
本图的转载承蒙雪佛龙美国公司的分支机构雪佛龙－德士古勘探和开发技术公司的惠允

8.3 内标物及初步分析

全油的子样品或沥青和分离出的馏分常用于辅助性的地球化学分析，如气相色谱法、稳定碳同位素比值、硫含量及 API 度。在饱和烃和芳香烃馏分中加入内标物以便于对色谱峰定量。例如，取一小份饱和烃馏分注入气相色谱（GC）中，以便对其在 CGMS 分析中的状态进行初步评估。该样品中加入了 4 种支链烷烃的内标（3－甲基十七烷、3－甲基十九烷、2－甲基二十二烷和 3－甲基二十三烷）以便于峰的测定和确定在 GCMS 分析之前是否有必要对样品做进一步的处理。这种色谱分析通常会确认某些沥青或重质油需要溶剂（如正己烷）稀释。含蜡量很高的油则可能需要先用尿素络合除去正构烷烃，以使生物标志化合物有足够的浓度满足 GCMS 的分析要求。

原油和沥青中生物标志化合物的含量可采用甾烷类内标来确定。它们为非天然产物，但却能裂解产生与被测甾烷类化合物相同的主要离子。如果不需测定生物标志化合物的绝对含量，则可以忽略各种被测化合物间在检测器响应上的差异。该方法对具有不同质谱特征的化合物进行对比时无效。

很多实验室在进行色谱－质谱法全分析之前，就把 5β－胆烷作为测定甾烷和萜烷的内标加入到饱和烃馏分中（Seifert 和 Moldwan，1979）。在原油中 5β－胆烷的含量很低，不会影响原有化合物的浓度，而它具有与其他甾烷相同的裂解机理，可以裂解产生相同的主离子（质量/电荷 = m/z 217）（图 8.4）。图 8.21（左上）所示为怀俄明汉密尔顿穹隆原油作为内标的 m/z 217 质量色谱图，该质量色谱图包括被鉴定为 5β－胆烷的内标峰（图 8.21 峰 1）。

在芳香烃馏分中加入了两种内标（图 8.4）。对于单芳甾烃而言，其内标为一合成的 C_{30} 单芳甾类混合物，它由四个差向异构体组成[5β(20S)、5α(20S)、5β(20R) 和 5α(20R)]，能裂解产生与天然单芳甾烃相同的主离子（m/z 253）。图 8.22 为加利福尼亚 Carneros 标准油样单芳甾烃的质量色谱图，其中含有作为内标的四个单芳甾烃的差向异构体（峰 17 ~ 20）。对于三芳甾烃而言，其内标为一合成的 C_{30} 三芳甾烃的混合物，它由两个差向异构体（20S 和 20R）组成，能裂解产生与天然三芳甾烃相同的主离子（m/z 231）。图8.23为一怀俄明标准油样的质量色谱图，其中包括代表上述内标的峰。

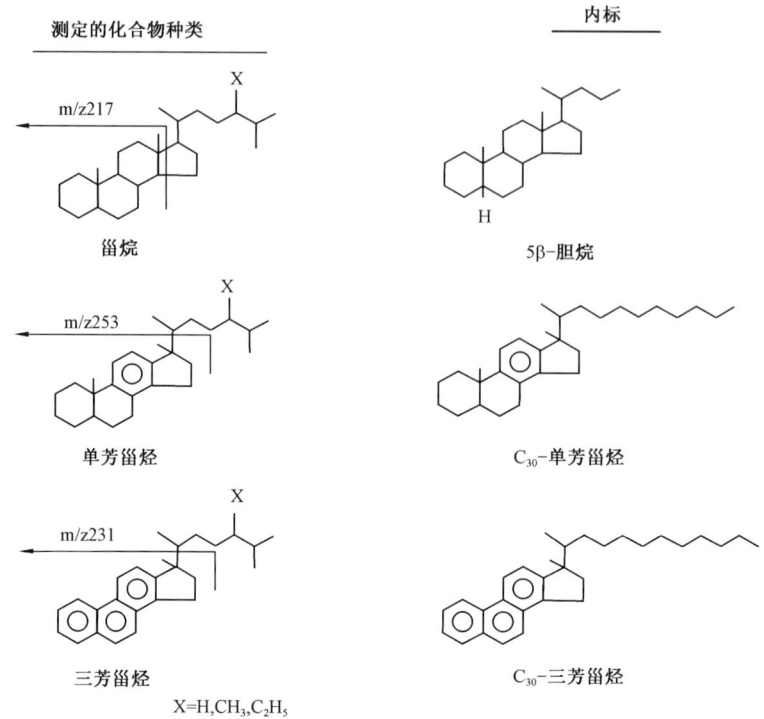

图8.4 作为饱和烃（5β-胆烷）和芳香烃（C_{30}单芳和三芳甾烃）馏分的内标，这些甾类化合物在原油中的含量微不足道。然而，它们但却能在质谱仪的离子源中裂解产生与被测甾烷类化合物相同的主要离子，这就使石油馏分中生物标志化合物的含量得以测定。在图8.21至图8.23的质量色谱图上与上述内标对应的谱峰均已获鉴定。C_{30}单芳和三芳甾烃内标的制备由D. S. Watt与其合作者共同完成。本图的转载承蒙雪佛龙美国公司的分支机构雪佛龙-德士古勘探和开发技术公司的惠允

一些商业用途的氘代化合物（如挪威的Chiron实验室）也可用作生物标志化合物GCMS定量分析的内标物。在这些氘代内标中，一个或一个以上的氘原子（氢的重同位素，原子量为2）通过合成替代了氢原子（原子量为1）。其结果为：该分子的物理和化学特征与非氘代同系物非常相似，但其每个被氘所替代的氢原子的质量要更重一个单位。因此，这些氘代标样的优点是在相同的质谱条件下，它们具有与被分析的化合物几乎相同的质谱特征；而其缺点则是标样和被测化合物只有在它们的质/荷比不同时，才能被记录在质量色谱图上。

8.4 沸石分子筛

由于具有筛子一样的特性，脱水的沸石或分子筛可用于从石油中富集化合物，从而使痕量组分的分析更为可靠。沸石是水合的硅铝酸盐晶体，由三维的网状结构氧化铝和氧化硅四面体（AlO_4和SiO_4）通过共用氧原子连接而组成（Breck，1974）。第一族和第二族的金属或网状结构间的其他阳离子可平衡带负电荷的硅铝酸根。沸石脱水可产生很多孔隙和孔道，借助于这些孔隙和孔道在大小和形状上的细微差别，沸石可用于分离复杂混合物中的化合物。

多年以来，有机地球化学家们已习惯于使用沸石，如Linde 5A分子筛，将石油饱和烃馏分中的正构烷烃与支链烷烃和环烷烃分离开来（Murphy，1969；Breck，1974；Jasra和Bhat，1987；

Buthven,1988)。将两种具有不同保留特性的硅质岩分子筛串联组合起来,就可以自动扩展这种过程,用于从原油中分离正构烷烃、支链烷烃以及环烷烃(Nolte,1991)。令人遗憾的是:这些常规的分离方法通常无法生成可以完全被毛细柱气相色谱分辨的混合物。进一步的富集过程有可能使这些混合物中的微量组分得以分析。然而,有关使用沸石从饱和烃或芳香烃馏分中进一步富集特定的生物标志物或其他化合物的文献报道却寥寥无几(Kenig 等,2000)。以下是关于不同结构类型沸石以及应用它们从石油中选择性地富集化合物的一些开拓性成果的简要综述。

注:硅质岩(silicalite)一词作为术语一直被不恰当地用于指代高 Si/Al 比的 ZSM - 5 沸石(Flanigen 等,1978)。ZSM - 5 与所谓的硅质岩意义等同(Fyfe 等,1982)。Budiansky(1982)记述了由于使用这一术语而引发的专利争议。现在人们普遍意识到:影响合成 ZSM - 5 Si/Al 比值的唯一因素是原始材料中 Al 的杂质。硅质岩不是一个商业术语。

改进从石油中富集特定化合物的沸石法的主要驱动力来自特征化合物的同位素分析(CSIA),它也被称作同位素比值测定——色谱 - 质谱法(IRM/GCMS)(Schoell 和 Hayes,1994)。应用 CSIA 重建古环境和确定原油的特性主要受限于化合物的共流以及由此产生的同位素组成测定的不准确性。例如,Schoell 等人(1992)的报道认为正构烷烃的稳定碳同位素比值在无背景干扰时的精度为 0.2‰ ~ 0.3‰,有其他混合物时精度则为 0.1‰ ~ 1.5‰。石油中其他化合物的共流干扰会更为严重,因为通常它们的丰度要远小于正构烷烃。

Ellis 和 Fincannon(1998)在对比了全油、饱和烃、分子筛馏分以及尿素络合物的稳定碳同位素比值后发现:被分子筛部分络合的正构烷烃不发生同位素分馏效应;全油样品的前处理对正构烷烃可靠的同位素分析至关重要。尿素样品与分子筛样品之间的平均差值仅为 0.2‰;经尿素或分子筛处理过的饱和烃馏分与分离的饱和烃馏分之间的平均差值则为 0.5‰;而分子筛处理的样品和未经处理的全油样品之间的差值则达到 1.1‰。更令人吃惊的是:他们发现在特征化合物同位素分析中使用全氘代的内标来分析未经分离正构烷烃的样品是危险的。同位素内标会对所有被测组分施加矫正系数的影响。如果同位素内标与另一个峰共流,势必造成标样峰的失准,影响样品中每个感兴趣化合物的测定。

促使富集石油中特定化合物的方法不断改进的另一驱动力是与母源和年代相关的生物标志化合物的应用。蕴含母源和年代信息的两个生物标志化合物的实例分别为 24 - 正丙基胆甾烷和奥利烷(Moldowan 等,1985,1994a)。当它们具有明确的鉴定所需要的足够浓度时,原油中的 24 - 正丙基胆甾烷对海相烃源岩具有诊断意义,而奥利烷则指示白垩纪或者更年轻的烃源岩中被子植物(开花植物)的输入。对生物标志化合物含量很低的凝析油或者轻质油而言,应用 GCMS 法或者 GCMS/MS 法来鉴定饱和烃中的这些组分变得困难起来。此时,利用沸石进一步富集生物标志物就成了切实可行的选择。

注:轻质油或者凝析油中的痕量生物标志化合物可能是运移过程中通过输导层带入的,也可能是由于早先处理富含生物标志化合物的样品时仪器设备未能清洗干净而遗留的污染物。只要分析人员意识到这一点时,这些问题就不难发现。例如,在高熟的凝析油中却存在痕量的指示低成熟度的 18α/18β 奥利烷,它们很可能是源自凝析油在运移过程中所经过的低成熟度输导层。

8.4.1 沸石的结构

沸石为结晶的水合硅铝酸盐,当不以水合氢离子的形式出现时,它通常含有第一族和第二族的元素。它们的分子通式表示为:$M_{2/n}O \cdot Al_2O_3 \cdot xSiO_2 \cdot yH_2O$。

它们是复杂的晶体结构,由晶架硅酸盐的主要类型所组成。大多数有关沸石结构的信息是通过 X - 射线衍射(McCusker,1994)再辅以红外和核磁共振(NMR)光谱的数据(Engelhardt

和 Michel,1987)所获得的。有关分析浓缩化合物所采用方法的细节问题,如特征化合物同位素分析、核磁共振(NMR)光谱、X-射线晶体学等,已不在本书讨论的范围之内。

沸石最基本的单元由硅的四面体构成(硅与四个氧原子构成四面体配位)。第二种成分通常为铝,与氧构成四面体和八面体配位。位于沸石晶架上的硅、铝以及其他呈四面体配位的原子被称为 T-原子。

在沸石结构的微孔内,铝(Al^{3+})置换硅(Si^{4+})会产生一个电荷,它必须由附近额外的正离子来中和,比如钠。这些电荷补偿阳离子是不稳定的,可以与其他阳离子发生交换(Vaughan,1988)。较大的电荷补偿阳离子会导致微孔的有效空间变小。

合成沸石的生产需要精细控制的热水条件(Vaughan,1988;Kerr,1989)。合成沸石之所以能够在商业上取得成功,这在很大程度上要归咎于其完美结构的实用性,这种独一无二的结构是天然沸石所不具备的。铝含量高的沸石具有较大的极性和亲水性,而硅含量高的沸石则极性较小并具有憎水性质(Olson 等,1980;Hoering 和 Freeman,1984)。四面体之间联结方式的不同(一维、二维或者三维)以及间隙内其他取代离子的类型不同也可导致硅铝酸盐的种类不同。如果 SiO_4 或 AlO_4 的四面体仅共用一个氧原子以三维的方式连接,那么就形成一个晶架结构。四面体的联结类型对沸石的结构和性质具有很大的影响,这些性质包括阳离子交换能力和选择性、晶体结构的稳定性、密度和空腔的体积、水和作用的程度、孔道的大小(即被吸附分子的尺寸)以及催化特性等。

晶架的密度或者每 $1000Å^3$ 的 T-原子数可以用来区分沸石与密度较高的硅酸盐结晶固体(Baelocher 等,2001)。沸石与其他物质之间存在着非常明显的晶架密度差异。晶架密度与孔隙体积成反比,但不表示孔径的大小。具有最大孔隙体积的沸石其晶架密度约在 12.5 T-原子/$1000Å^3$ 至 20.5 T-原子/$1000Å^3$ 之间。

根据晶架结构的二级建构单元(SBUs)可以进一步划分其类别。二级建构单元由联结的四面体组成,它可形成不同的多面体沸石结构。沸石晶架最小的复晶单元是单位晶胞,它由 SBUs 的一个整数所组成。例如:八面沸石(沸石 A、X 和 Y)由联结的截平八面体晶架所组成。SBUs 各种可能的排列导致了空腔空间和孔道的性质各异,而这些特性则决定了每种结构的物理和化学性质。有几种方法可以判识孔道的类型:① 孔道互不交叉的一维系统;② 二维系统;③ 同等大小的孔道相互交叉的三维系统;④ 由结晶取向决定的大小不同的孔道相互交叉的三维系统。最后,某些 SBUs 的排列可以在交叉孔道形成大的内腔或者超笼。

孔道的大小为结晶的单体直径所限定,通常取决于四面体组成 8-环、10-环或 12-环的空间排列。这些孔径的形状各异,可以是近似圆形、椭圆形或者呈强烈地收缩状。它们之间的差异对进入孔隙的分子的吸附和筛分效应具有非常重要的影响(表 8.1)。由于受温度、阳离子类型及水合作用等因素的影响,晶体学方法测定的孔径尺寸与有效孔径的尺寸仅具有大致的相关性。例如:Linde A 型(LTA)钾、钠、钙沸石的有效孔径尺寸分别是 3Å、4Å 和 5Å(0.3nm、0.4nm 和 0.5nm)。

表 8.1 国际应用和纯粹化学联合会(IUPAC)发布的四种常见沸石的结构代码和符号

代码	沸石	符号
FAU	八面沸石	<111>12 7.4***
MOR	发光沸石	[001]12 6.5×7.0* ←→[010]8 2.6×5.7*
MFI	ZSM-5	{[010]10 5.3×5.6←→[100]10 5.1×5.5}***
LTA	Linde A 型	<100>8 4.1***

不同类型硅酸盐晶架中的孔道可用简略的符号来表示（Baelocher 等,2001）。这些符号包括:① 相对于类型结构的 x、y 和 z 轴的孔道取向;② 形成环并控制孔道内扩散的 T – 原子或 O – 原子（粗体）的数量;③ 以埃表示的孔道的结晶的单体直径。本节讨论的沸石的四种类型如表 8.1 所示,其中三个大写的字母表示国际应用和纯粹化学联合会核准的结构代码。

星号表示孔道系统的维数（一、二、三维）。双箭头←→表示分离互连的孔道系统。如,发光沸石（MOR）有两个相互连接的孔道系统,它们由略微椭圆的 12 环缝隙（6.5×7.0Å）和完全椭圆的 8 环缝隙（2.6×5.7Å）所组成,这些缝隙分别限制［001］和［010］取向上的扩散。Baelocher 等人（2001）提供了很多有关沸石结构和命名的细节。

8.4.2 用于去除石油中正构烷烃的沸石

Linde 5A（LTA）的结构可以选择性地吸附石油饱和烃组分中的正构烷烃（Murphy,1969; Breck,1974;Ruthven,1988）。正构烷烃是原油中常见的主要成分,去除正构烷烃是深入研究其他丰度较低化合物的必要手段。具有直径约为 3～5Å 缝隙的氧原子 8 环窗口控制着正构烷烃和其他化合物进入 Linde 5A 的孔隙。然而,被吸附的分子和缝隙的大小可能会有一定程度的变形。正构烷烃的截面直径接近 5Å,但可以扩散到 Linde 5A 分子筛的内部,尤其是在加热的情况下。Linde 5A 在孔道的交汇处还具有直径为 11.4Å 的大空腔,它们沿 4 – Å 八元氧环的三维孔道系统分布,分子量小于正葵烷的正构烷烃很容易被吸附在这些大空腔内。而分子量大于正葵烷的正构烷烃在大空腔内的吸附率则随着链长的增加而降低,这很可能是由于它们无法完全适合空腔而扩散进入了邻近的孔道（Jasra 和 Bhat,1987）。

含有 20 个以上碳原子的正构烷烃仅在 2 分钟内就可以完全被高 Si/Al 比的 ZSM – 5 所吸附,而 Linde 5A 分子筛要达到同样的效果则需要加热约 24 小时（West 等,1990）。与大多数的沸石一样,由于四面体晶架中存在铝和电荷补偿阳离子,ZSM – 5 属于极性吸附剂（Ruthven, 1988;Olson 等,1980）。在高 Si/Al 比的情况下,ZSM – 5 结构中的被置换铝原子的含量低,补偿阳离子也很少,使范德华力成为硕果仅存的吸附因素（Flanigen 等,1978）。正构烷烃被 ZSM – 5 强烈吸附,这是因为它们的尺寸与孔道的大小相仿。Ellis 和 Fincannon（1998）用表格展示了高 Si/Al 比的 ZSM – 5 对正构烷烃的络合效率。

8.4.3 用于富集石油中化合物的沸石

新型仪器的应用以及地球化学的一些关键问题都在推动着有关富集石油中生物标志物和其他化合物的研究向前发展。要想使单体化合物同位素分析技术在重建烃源岩古环境和确定原油性质的开发和应用上取得突破,就亟需改进以沸石为媒介富集化合物的方法。更好的富集方法将会深化我们对下列问题的认识:（1）石油中与主要油源和年代相关的生物标志化合物的存在及其意义;（2）新化合物的结构及其信息量;（3）具有地球化学意义的组分含量很低的凝析油和轻质油的成因。为了更好地了解和预测沸石吸附生物标志物的特性,就需要开拓一门新的研究领域,即利用计算化学把沸石矿物学和生物标志物的构象分析结合起来的学科。表 8.2 列举了一些利用沸石分离石油中包括生物标志物在内的有机化合物的早期工作。

表 8.2　沸石分子筛分离石油中有机化合物的一些开创性的应用（据 Armanios,1995 改编）

沸石	孔隙（nm）	被吸附烃	参考文献
5Å	0.43	正构烷烃	Murphy(1969);Breck(1974)
ZSM – 5"硅质岩"	0.51×0.56	正构烷烃、甲基烷烃、烷基环戊烷、烷基环己烷、烷基苯、对烷基甲苯	Hoering 和 Freeman(1984)

续表

沸石	孔隙(nm)	被吸附烃	参考文献
发光沸石	0.67×0.70	类异戊二烯、邻、间-烷基甲苯、甲基烷基环己烷、甲基萘、部分烷基二甲苯、二、三、四甲基萘、甲基、二甲基菲、甾烷	Curran 等(1968);Ellis 等(1992;1994);Fisher 等(1996b)
10X	0.80	17α-藿烷、17α-重排藿烷	Whitehead(1974)
13X	0.80	17α-藿烷、三环萜烷、甾烷和补身烷	Dimmler 和 Strause(1983)
US-Y	0.74	17α-重排藿烷、羽扇烷、奥利烷、双杜松烷、18α-降新藿烷	Armanios 等(1992,1994,1995a);Armanios(1995)

具有开拓意义的工作包括 Whitehead(1974)利用 8-Å10X 和 NaX(FAU)(表 8.2)分子筛富集石油中的五环萜烷。他用活化的 10X 分子筛处理尼日利亚原油中的支链和环烷烃馏分以富集藿烷。带支链的藿烷被富集在吸附馏分中,与 22R 重排异构体相比,分子筛对 22S 重排异构体的吸附力更强。作者由此认为:分子筛的吸附可能排斥高分子量的三萜烷,如羽扇烷、奥利烷和蒲公英烷等。

NaX 沸石(13X)分子筛的孔道尺寸接近 8Å,Dimmler 和 Strausz(1983)利用它富集了阿萨巴斯卡油砂(Athabasca)支链和环烷烃馏分中的多环烷烃,藿烷和三环萜烷被选择性地吸附到分子筛上。这些化合物的脱附需要异辛烷 36 小时的彻底抽提。少于 36 小时的抽提可以选择性地脱附 22S C_{31}-C_{35} 17α-藿烷,但 22R 非对映异构体仍会被分子筛牢牢地吸附着(表8.2)。

Hoering 和 Freeman(1984)利用 Linde 5A(钙-交换)和硅质岩(高 Si/Al 比的 ZSM-5)分子筛(分别为 LTA 和 MFI)(图 8.1)从石油中分离出了单甲基烷烃。反应动力学直径在 5~6Å 之间的单甲基烷烃可以被高 Si/Al 比的 ZSM-5 分子筛所吸附而被 Linde 5A 分子筛所排斥。作者还利用高 Si/Al 比的 ZSM-5 分子筛的柱色谱分离出了 2-、3- 和 4-甲基烷烃的异构体。West 等人(1990)利用 6Å 高 Si/Al 比的 ZSM-5 分子筛富集了石油饱和烃馏分中的支链和环烷烃,这种分子筛可以选择性地从石油烷烃馏分中除去正构烷烃、甲基烷烃、烷基环己烷、烷基苯以及对位-取代基的烷基甲苯。

串联两根钠型 ZSM-5 分子筛涂层的气相色谱柱可以分离 3,4-二甲基己烷的非对映异构体(Weitkamp 等,1991),而用孔径较小(ZSM-23)或较大(13X)的分子筛都无法实现这种分离。

使用 7Å 的发光沸石分子筛(MOR)(表 8.2)从绿河组抽提物的复杂混合物中选择性地浓缩到了链烷烃(Curran 等,1968)。这种分子筛的孔径介于 Linde 5A 和 10X 分子筛之间。发光沸石选择性地吸附支链烷烃,如姥鲛烷和植烷,但排斥较大的环状化合物,如甾烷和三环萜烷。由于硅/铝比超过 10 的高硅发光沸石分子筛极性较低,对不同形状芳香烃组分的选择性分离很有用。

Ellis 等人(1992)用脱铝发光沸石和正戊烷分别做固定相和流动相,从石油芳香烃馏分中选择性地吸附和富集了单芳香烃类,包括正烷基苯、正烷基甲苯和一些正烷基二甲苯。Ellis 等人(1994)使用同样的沸石从含有二芳和三芳烃类的原油中分离出了烷基萘和烷基菲异构体。C-1 和 C-4 位含取代基的烷基萘被分子筛所排斥,有些 C-1、C-3 和 C-7 位含取代基的烷基萘被微弱吸附,而其他的异构体则被强烈吸附。C-9 和 C-10 位含取代基的甲基菲和二甲基菲被分子筛所排斥,C-4 位含取代基的甲基菲被部分吸附,而 C-2 位含取代基的菲则被强烈吸附。这一技术可用来对使用其他常规的色谱方法难以分离或者不可能分离的某些二甲基菲进行定量(Fisher 等,1996)。

Armanios 等人(1992)开发了一种液相色谱的方法,它利用超稳 – Y 沸石(US – Y,FAU)(表8.2)从石油中分离结构相似、但大小和形状不同的藿烷类烃。采用 US – Y 沸石的柱层析可以富集 17α – 重排藿烷、18α – 降新藿烷、22S 17α – 藿烷、22R 17α – 藿烷以及莫烷。与大多数藿烷类化合物相比,17α – 重排藿烷具有较大的分子横截面,使得它们不被分子筛所吸附而是直接洗脱。18α – 降新藿烷要比重排藿烷洗脱的慢,因为一些可能的构象异构体受阻较少而容易被分子筛所吸附。长链的22S 17α – 藿烷的非对映异构体在柱中也有些受阻,因为其较高能量的构象异构体被分子筛所吸附,而受阻的只是较低能量的构象异构体。22R 17α – 藿烷非对映异构体在柱中的保留时间最长,这是因为其最稳定的构象异构体容易进入分子筛所致。缺少加长侧链的 17α – 降藿烷和 17α – 藿烷以及具有比 17α – 藿烷更平坦骨架的 17β 莫烷也会受阻,它们与22R 17α – 藿烷一同洗脱。

应用上述液相色谱法和 US – Y 分子筛的方法证实了澳大利亚 Eromanga 盆地侏罗系泥岩和粉砂岩中低含量的双杜松烷(Armanios,1995;Armanios 等,1995)。起初,双杜松烷被认为是来自渐新统或者更年轻时代的有机物,因为它们与龙脑香料和被子植物中的达马树脂有关(van Aarssen等,1990)。然而,Armanios 等人(1995)综合近期的证据认为:被子植物的演化始于侏罗纪或者更老的年代。双杜松烷完全被分子筛孔道所排斥(Armanios 等,1994),因此,它可以从Eromanga盆地样品的共流组分中被选择性地富集并分离出来。这些共流组分的剔除可以相对提高微量杜松烷的检测下限。如果不是来自被子植物,那么,样品中低含量的杜松烷就可能来自能够产生这些化合物的其他植物类型。

Armanios 等人(1992)观察到与22S 长链藿烷相比,US – Y 分子筛优先吸附22R,他们将其归咎于这些非对映异构体具有不同的吸附能量。这一观察与 Dimmler 和 Strausz(1983)的研究相一致,他们注意到在用异辛烷解吸 13X 吸附的萜类馏分时,22R C_{31} – C_{35} 17α – 藿烷的回收率不完全。但是,这些结果似乎与已发表的 10X 吸附萜类馏分的色谱图相矛盾,该图显示 10X 分子筛优先吸附22S 而不是22R 非对映异构体(Whitehead,1974)。

Armanios(1995)研究了计算机生成的 C_{34} 22S 和 22R 17α – 藿烷(四升藿烷)的分子模型和位能,发现在每个差向异构体中最稳定和最不稳定旋转构象异构体的位能存在着明显的差异。22S 差向异构体的最稳定构象异构体(368kJ/mol)具有较大的有效横截面直径(>9.0Å),它阻止了其分子进入 US – Y 的分子筛孔道(孔径约为7.4Å)。而同一 C_{34} 22S 差向异构体的最不稳定构象异构体(380kJ/mol)的截面直径则较小(7.4Å)。分子直径大于8.1Å 的化合物不被吸附,而直径在7.0Å 到7.3Å 之间的分子则被吸附在分子筛的孔道内。C_{34} 22R 藿烷的最稳定和最不稳定构象异构体的位能(382kJ/mol 与379kJ/mol)差异不如22S 差向异构体的那么大,表明较大比例的22R 差向异构体分子可能具有更多易被吸附的构象异构体(直径较小)。因此,与22S 差向异构体相比,分子筛对 C_{34} 22R 17α – 藿烷具有更强的吸附力。Armanios(1995)还观察到随着碳数的增加(即 C – 22 侧链的长度增加),分子筛分离藿烷的选择性也在增强,C – 22 侧链的增长导致了在能量上不利于将构象限制在分子筛内。

计算机辅助的有机化学为我们进一步了解长链藿烷的结构提供了便利,它有助于解释上述观察到的现象。Peters 等人(1996b)展示了几何优化的 C_{31} – C_{35} 藿烷22S 和 22R 差向异构体,它们分别具有明显的蝎状和路轨状的构象,由不同的 21 – 22 – 29 – 31 和 17 – 21 – 22 – 30 扭转角所控制。基于结构与活性的定量关系(QSAR)在几何优化构象上的应用,C_{31} 或 C_{32} 22S

和 22R 差向异构体的分子体积彼此相似,但 $C_{33}-C_{35}$ 22S 的差向异构体的体积却都一致地大于相对应的 22R 差向异构体。正如 Armanios(1995)所观察到的那样,这些数据表明在藿烷差向异构体的形状和大小与沸石的吸附特性之间存在着直接的联系。

Armanios 等(1994)利用 US-Y 分子筛从印度尼西亚原油中富集了包括双杜松烷、螺旋三萜烷、羽扇烷、奥利烷、蒲公英烷以及其他一些化合物(如杜松烷和升杜松烷)在内的非藿类五环三萜烷。几种具有未知结构的、新的三萜烷也得以富集,其浓度足以用来深入地研究其结构。用分子筛富集化合物也使得直接分析低含量的双杜松烷成为可能,而不必像过去那样可能需要采用选择离子检测/色谱/质谱(SIM/GCMS)的方法来分析饱和烃的馏分。该方法提高了信噪比,但并未改变与同一样品中未筛分部分相比双杜松烷中的相对比例。

上述开拓性的发现为地球化学的研究提供了一个新的途径,即将计算机辅助的化学应用于沸石和生物标志物或者其他化合物,从而预测它们在吸附上的相互作用。这种计算机辅助的方法还有助于解释实验室测定沸石吸附性的机理。计算机辅助的方法有不同的层次和水平,范围从简单地比较沸石和被吸附化合物的自由能(J. E. Dahl,1999,私人通信)到精细计算分子的动力学参数。就我们所知,后者已被用于建立简单分子(如甲醇)在沸石骼架内的稳定几何模型。Shah 等人(1996)应用最基本的技术和大规模的平行计算研究了甲醇在沸石上的吸附机理(包括其在催化生成二甲基醚和汽油上的意义)。计算机辅助的有机地球化学是一条新兴的研究途径,它可以增进我们对生物标志物及其他化合物在沸石上吸附行为的理解和预测能力。

8.5 气相色谱-质谱法

计算机化的气相色谱-质谱法(GCMS)(McFadden,1973;Watson,1997)是评价生物标志化合物的主要方法。图 8.5 中所示典型的 GCMS 系统具有以下的六种功能。

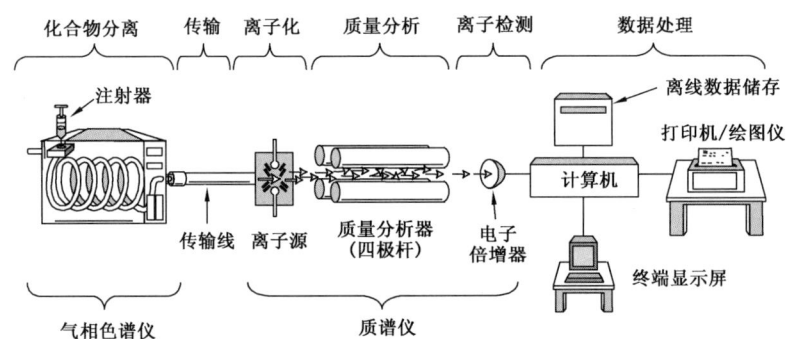

图 8.5 一台典型的气相色谱-质谱仪具有六种功能(从左到右):① 气相色谱分离化合物;② 将分离的化合物输入到质谱仪的电离仓中;③ 电离化合物并沿飞行管道加速;④ 离子的质量分析;⑤ 电子倍增检测聚焦离子;⑥ 计算机采集、处理及显示数据。四极质量分析器为四极质谱仪的一个重要组成部分。质量分析可以通过四个平行的四极杆来完成。通过变换杆内射频和直流电的组合,可以扫描离子束,从而只允许给定质量的离子在扫描时的任一时刻才能进入到检测器。本图的转载承蒙雪佛龙美国公司的分支机构雪佛龙-德士古勘探和开发技术公司的惠允

(1)气相色谱分离化合物;
(2)将分离的化合物转移到质谱仪的电离仓中;
(3)电离;

(4)质量分析;

(5)电子倍增器检测离子;

(6)计算机采集、处理及显示数据。

色谱－质谱法可以依据色谱的相对保留时间、洗脱形式以及能反映化合物结构特征的质谱碎片的类型来检测并初步地鉴别化合物。

色谱－质谱法的分析过程应采用严格的标准(Seifert 和 Moldowan,1986),以保证数据解释的有效性。例如,色谱－质谱法数据的获得需要应用高分辨率的毛细柱(一般50m或更长)、精确谐调的质谱仪产生的高信噪比输出以及快速扫描。

8.5.1 色谱－质谱法中的气相色谱仪

气相色谱法(有时也称气/液相色谱法)的理论和应用在文献中已有广泛的描述(见 Poole 和 Schuette,1984;Kitson 等,1996;Beesley 和 Scott,1998;Grob,2001)。用注射器将已知量(通常为 <0.1μL)的可溶或不溶于溶剂(一般为甲苯)的饱和烃或芳香烃馏分注入到气相色谱内(图 8.6,上部)。在气相色谱法中,注入的样品气化后与惰性载气(一般为氦或氢气(David 和 Sandra,1999))相混合,然后移动通过毛细柱。

8.5.1.1 进样

各种进样技术都可用于毛细色谱法,采用何种方式进样取决于分析人员的目的(Grob,2001)。其中的一些技术包括传统的汽化进样、程序升温汽化(PTV)进样和柱上进样。传统的汽化进样指样品在进柱前,先在加热的汽化室里蒸发。然而,PTV 进样则是先将样品注入冷却室,然后加热汽化,这种方法已在很大程度上取代了传统的方法。

在 PTV 中,样品中的较大分子在被称之为冷捕获的过程中可以驻留在仓内和气相色谱柱端头的固定相上。应用程序升温炉逐渐升高柱温,使冷捕获的化合物开始移动。PTV 可以是分流、无分流、溶剂分流或直接进样。在分流进样中,仅有一小部分汽化的样品进入柱子,这一方法适用于浓缩的样品以及气体和顶空分析。而无分流进样则是几乎将所有的样品转入柱子,这种方法常用于石油中生物标志物和污染样品中痕量成分的分析。在溶剂分流进样中,大部分的汽化溶剂都被排出,溶质则以无分流模式进入柱子,它适宜于大剂量进样的痕量分析。直接进样使全部的汽化样品进入柱子,该法适用于痕量分析,通常涉及从填充柱气相色谱法转换到毛细柱气相色谱法的仪器。

采用柱上进样时,液体样品被注入柱子的进口或者恒温炉的前置毛细柱。这一方法可以得到极佳的分析结果,但一般不适宜于污染严重的样品。传统的柱上进样限于小剂量的样品,但采用间隔保留技术或者前置柱溶剂分流的方法可以大剂量地进样。在间隔保留技术中,使用未涂层的前置柱来克服液体样品流入柱子造成的谱带变宽的现象。在前置柱溶剂分流方法中,大多数的溶剂蒸气通过与前置柱连接的蒸气出口排出。

8.5.1.2 用气相色谱法分离化合物

气体(流动相)和样品的混合物流经一根细长的毛细柱(一般直径为 0.20~0.25mm,长 30~60m),其内壁涂有不挥发的液体薄膜(固定相)(厚约 0.25μm)。在柱中的移动过程中,不同的组分依据其在每一相的挥发性及吸附性的差异,经过反复不断地被固定相所捕获和释放回流动相而被分离开来(图 8.6 下)。

弹性融熔石英毛细柱已基本上取代了色谱－质谱法中早期的玻璃或不锈钢毛细柱,因为它具有以下几个优点:

(1)固定相可以键合在二氧化硅上,从而增加了柱子的耐热范围,减少了柱流失。

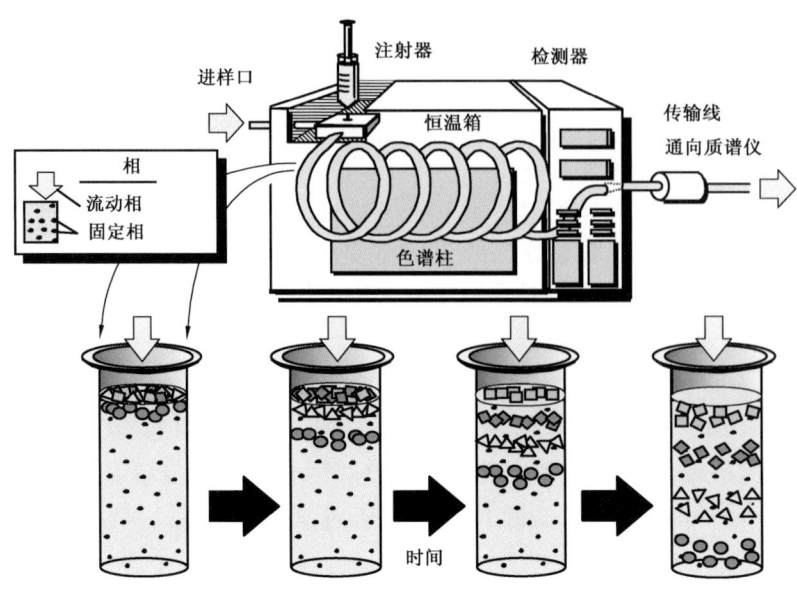

图8.6 一台典型气相色谱分离多种化合物混合体的详细图解。放大的视图(底部)表示化合物在沿色谱柱移动时由于在流动相和固定相之间反复地分配而被分离。本图的转载承蒙雪佛龙美国公司的分支机构雪佛龙-德士古勘探和开发技术公司的惠允

(2)较低的活性减少了峰的拖尾以及由固定相吸附导致的样品损失。

(3)弹性排除了许多与安装有关的困难。

(4)柱子的制备方便、廉价,且性能稳定。

小孔毛细柱(尤其是适宜于色谱-质谱法分析的薄涂层毛细柱)的局限之一是样品载量小。为了防止超载,进样量必须小于100ng/峰。调节进样量最常见的方法就是稀释样品并采用分流进样器,这样可以使大部分汽化的组分排出(图8.7)。现代化的分流进样器能够在约350℃下进行常规操作并具有将质量歧视降至最低的功能。然而,大于C_{35}的烃类由于挥发性降低,其响应值比我们想象的要低。可以使用程序升温的进样器将进样过程中的质量歧视降至最低,也可使用柱上直接进样的方法将其排除。然而,这些进样方法都需要特别注意稀释样品以使峰超载降至最小。

大多数已发表的分析石油的气相色谱数据均是采用100%或95%的甲基聚硅醚与5%的苯基聚硅醚键合在石英柱上充当固定相(如OV-101、DB-1、DB-5)而获得的(图8.8)。烃类在这些固定相上的保留通常是其相对挥发性的函数。因此,大多数生物标志物的洗脱顺序相类似,其色谱—质谱法的分析结果具有可比性。单一生物标志物的分离可能会略有不同,例如:使用DB-5固定相可以将伽马蜡烷与$17\alpha,21\beta(H)$-升藿烷(22R)完全分离,但使用DB-1通常只能将两者部分地分开。分离芳香烃生物标志物的实质性改进是通过将50%的甲基聚硅醚与50%的苯基聚硅醚或液晶用作固定相而取得的。其他的一些非键合固定相,如角鲨稀、Dexsil以及环糊精等已用于一些特殊生物标志物异构体的分离。为使分析条件处于最佳的标准化状态,每组样品分析前需要先做一个原油标样(如怀俄明州汉密尔顿Dome油田的原油),以评价分离不同化合物的柱效和校正仪器检测峰值的灵敏度(响应)。

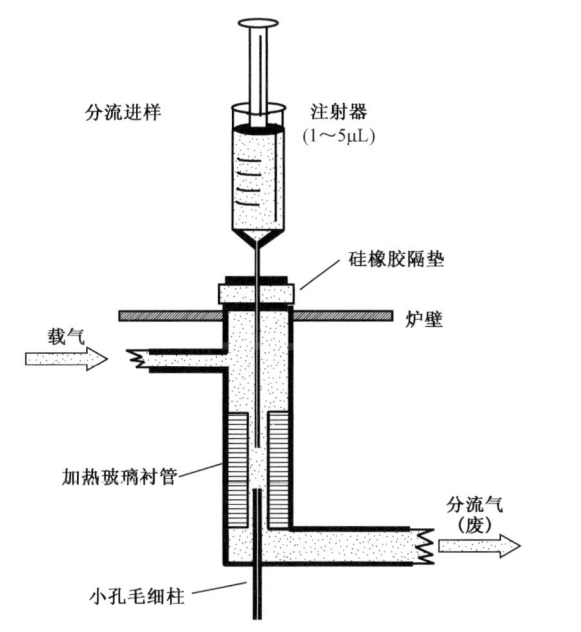
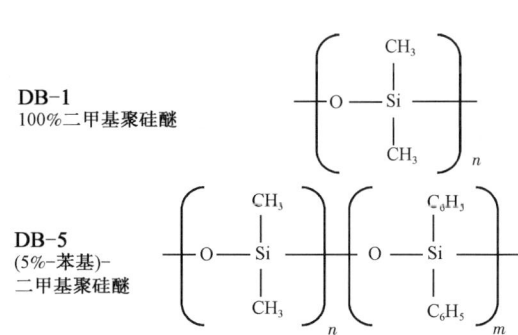

图 8.7 典型的分流进样器可用于将少量的原油、饱和烃或芳香烃馏分样品注入小孔的色谱柱

图 8.8 用于研究石油的气相色谱法中常见的聚硅醚固定相。DB-5 固定相的 n 与 m 数值为二甲基聚硅醚与苯基甲基聚硅醚的比值（95∶5）

在采用标准的聚硅醚作固定相的气相色谱分析中，许多生物标志化合物在碳数为 nC_{24} 与 nC_{36} 之间被洗脱出来，其丰度通常要远低于正构烷烃（图 8.9）。姥鲛烷、植烷以及各种二萜类和三环萜类则属例外，它们在该范围之前流出。而卟啉则由于其分子较大和不易挥发，在正常气相色谱条件下不被洗脱。

8.5.1.3 手性气相色谱法

采用改性的环糊精作固定相的手性色谱技术在某些特殊的研究中变得非常流行，该研究基于被分析物的不同形状，需要对高度选择性的旋光对映异构体进行分离。环糊精是 1,4 相连的 α-D-葡萄糖单元的低聚物，有几个手性中心，其形状如锥体削顶后的空穴。α-、β- 和 γ-环糊精分别含有 6、7 和 8 个葡萄糖单元。由于葡萄糖单元内羟基的活性不同，因此环糊精易于与不同的官能团酰化（König，1992）。环糊精的大环构象随酰化的程度而改变，导致其内穴的大小不同以及改性环糊精与被分析物之间相互作用的程度各异。环糊精用于毛细柱色谱自 Juvancz 等人（1987）始，他们使用熔融的过甲基化 β-环糊精为柱子涂层。Schurig 和 Nowotny（1988）则将过甲基化的 β-环糊精溶解在 OV-1701 硅酮相内。将过甲基化的 β-环糊精化学键合在聚二甲基硅醚相上可以增强其热稳定性（Fischer 等，1990；Schurig，1994）。过甲基化的 β-环糊精固定相对很多化合物都具有手性选择，包括石油中的烃类（Bastow，1998）。

8.5.1.4 延长恒温时间的气相色谱法

如果延长色谱炉的低温（150℃）时间，那么饱和烃和芳香烃的生物标志物分离就会有实质性的改进（Gallegos 和 Moldown，1992）。初始恒温之后的分析采用正常的升温梯度。采用在进样后恒温 48 小时的方法，Gallegos 和 Moldown（1992）将 C_{29} 甾烷部分地分离成 14 个组分，其中 9 个纯度很高，可生成明显离散的质谱峰。这 14 个甾烷都属于在正常色谱条件下分离出的

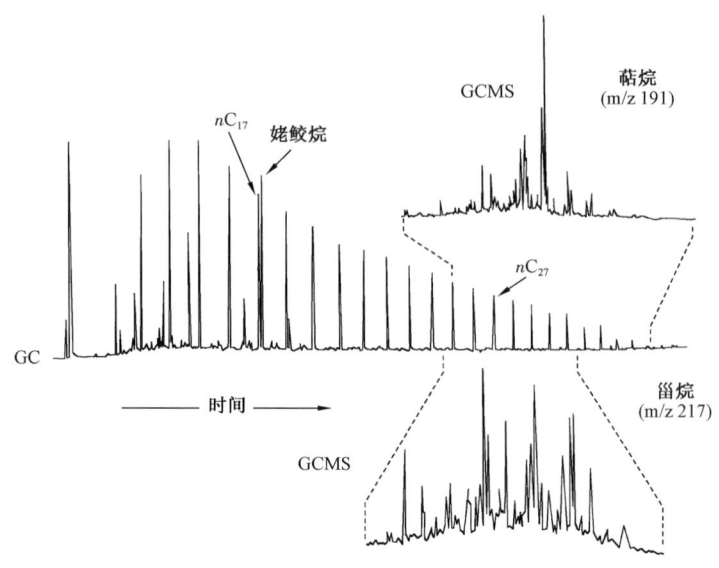

图 8.9 应用火焰离子化检测器的常规气相色谱法得到的原油气相色谱图(中图)以正构烷烃同系物为主。使用以质谱仪为检测器的色谱法(色谱-质谱法)分析同一油样可以得到甾烷和萜烷的质量色谱图(分别见上、下图)。根据其裂解的主碎片离子 m/z 217 和 m/z 191 可分别监测甾烷和萜烷。可以看出借助于该分析的灵敏度检测出的甾烷和萜烷峰因含量过低而无法在色谱图上看到。大多数生物标志化合物,包括甾烷和萜烷,在碳原子数为 24 与 36 的正构烷烃之间($nC_{24} - nC_{36}$)从气相色谱中洗脱。而姥鲛烷和植烷为无环类异二烯类生物标志化合物,它们在该保留时间范围之前流出。本图的转载承蒙雪佛龙美国公司的分支机构雪佛龙-德士古勘探和开发技术公司的惠允

四个峰($5\alpha,14\alpha,17\alpha 20S + 20R$ 和 $5\alpha,14\beta,17\beta 20S + 20R$)的同分异构体以及通常无法分离的非对映异构体,如 24S 和 24R 以及 $5\alpha,14\beta,17\alpha$ 或 $5\beta,14\alpha,17\alpha$ 差向异构体。这一技术还可改进单芳和三芳甾类碳氢化合物的分离效果,但由于所需时间过长以及每次所分析的化合物范围有限,因而很少被采用。一般认为:采用延长恒温时间的方法能够提高分辨率的主要原因在于:与通常的 300℃ 恒温相比,在 150℃ 时热扩散效应以及生物标志化合物与固定相之间的各种相互作用均有所增强。

8.5.1.5 使用二维气相色谱法分离化合物

前面集中讨论了气相色谱法作为一种手段分离石油中的化合物,但读者也应该对二维气相色谱法($GC \times GC$)中的新研究有所了解,它将两种不同的色谱分离机制相结合以改进对组分的分离。早期的多维气相色谱就是把两台色谱连接在一起,其柱子通过机械阀或者压力控制的迪安氏(Dean's)分流装置相连接,这种相连的仪器可实现所谓的单个峰中心分割,但对复杂的混合物无效。多维气相色谱法仍在使用,但正逐渐被全二维气相色谱法所取代(参见 Bertsch(1999)、Ong 和 Marriott(2002)以及 Blomberg 等人(2002)的评述)。

注:单柱、高分辨率和慢速梯度升温的全油气相色谱法通常用于评价原油储层的连通性。用于对比不同储层封存箱原油的色谱峰可能仅有部分是可分辨的,余者则无法鉴别。因此,这些储层连通性的研究要求在同一色谱条件下分析所有的样品(Kaufman 等,1990)。当有新的样品加入时,如果更换了柱子或者改变了仪器的操作程序则需要对整套原油样品重新进行分析。假如对洗提的化合物可以进行基线分离并予以确认,那么就可以建立起数据库。有了数据库,在对比不同时期的原油时,就无需对样品重新进行分析。例如,Walters 和 Hellyer(1998)应用多维气相色谱法分离了原油中的 C_7 烃类。此外,Nederlof 等人(1994)亦开发了分离 $C_6 - C_{12}$ 的单芳烃类的多维气相色谱法。

与多维气相色谱法不同,全二维气相色谱法利用柱子间的调制器重新聚集第一根柱子的流出物,再以离散的条带注入第二根柱子。这些柱子具有不同的固定相,对不同性质分子的选择性亦不相同。例如:第一根柱子通常是非极性柱,主要依据沸点分离烃类;而第二根柱子可能含有对分子的极性或者形状具选择性的固定相。进入第二根短柱子的化合物在下一个调制出的峰到达之前被检测,这一过程通常需要10s(图8.10)。其结果为二维分离,第一根柱子的洗提时间被分成若干个离散的时间段,可以对应于第二根柱子的洗提时间作图(图8.11和8.12)。图8.13展示的是一种船舶柴油机燃料的GC×GC色谱图。由于浓缩第一根柱子流出物而导致的分辨率降低被减至最小,因为单个峰的调制时间通常仅占整个洗提时间的一小部分,任何导致分辨率降低的因素都可通过改进第二根柱子的分离和提高灵敏度予以补偿。Philips和Beens(1999)以及Bertsch(2000)论述了全二维气相色谱的理论、方法以及应用。Pursch等人(2002)则对调制器的设计、优势及局限性进行了综述。

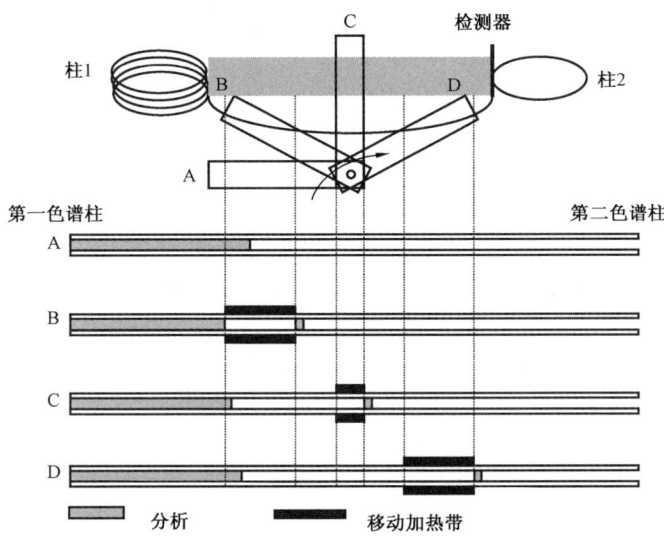

图8.10 由槽形加热元件构成的温度调制器举例
在每个调制周期中其位置从A到D沿顺时针方向旋转

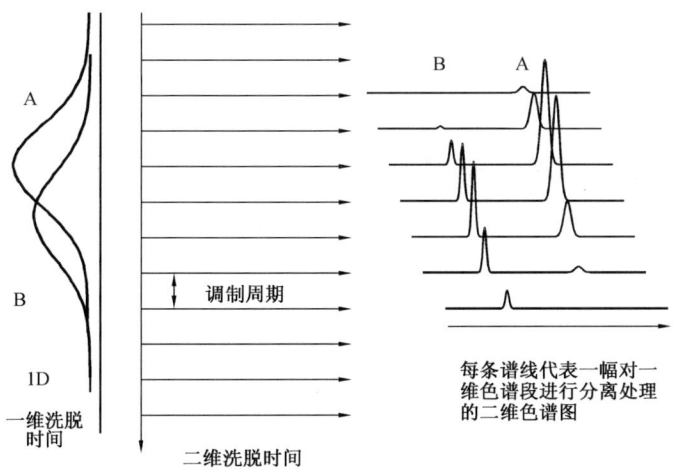

图8.11 第一气相色谱(GC-1)未分离的峰A和B(图左)经第二气相色谱
(GC-2)(图右)调制(截幅)所获得的多幅色谱图举例

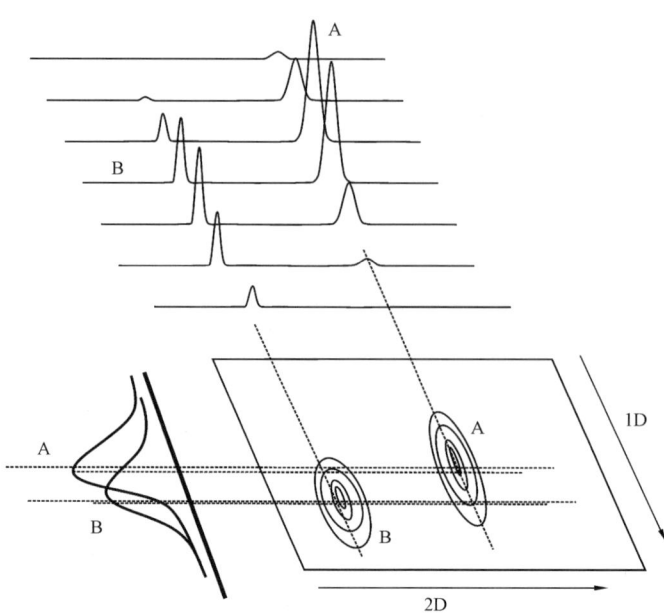

图 8.12 依据第一气相色谱(GC-1)(峰 A 和 B,左下)的分析结果和第二气相色谱中这些峰的色谱截幅(GC-2)(上图)而绘制的二维气相色谱(GC×GC)示意图(右下)
(据 Gaines 等,1999)

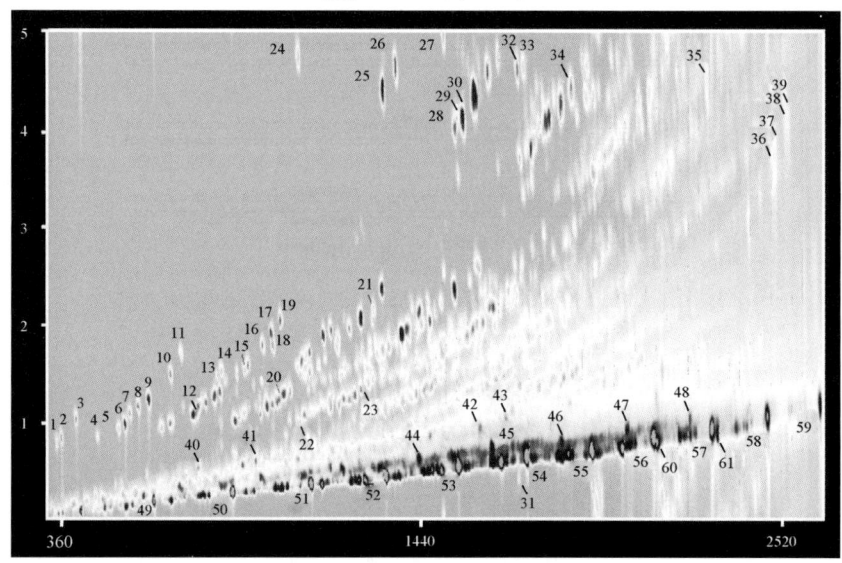

图 8.13 船舶柴油机燃料的部分二维(GC×GC)色谱图(挥发性与极性的比值)。两个坐标的单位均为秒。信号的强度由黑色(高)经灰色(中等)到白色(低)来表示。基线为灰色以便于观察。信号强度的小范围变化可以作图,使小峰也得以监测。最高的峰经截头后形成了均匀的黑色中心

1—乙苯;2—间二甲苯/对二甲苯;3—邻二甲苯;4—异丙基苯;5—丙基苯;6—3- 或 4-乙基甲基苯;7—1,3,5-三甲基苯;8—2-乙基甲苯;9—1,2,4-三甲基苯;10—1,2,3-三甲基苯;11—茚满;12—正丁基苯;13~14—甲基茚满(a);15—1,2,4,5-四甲基苯;16~17—甲基茚满(a);18—1,2,3,4-四甲基苯(a);19—四氢化萘;20—正戊基苯;21—五甲基苯;22—1,4-二异丙基苯;23—正己基苯;24—萘;25—2-甲基萘;26—1-甲基萘;27—联苯;28—2-乙基萘;29—1-乙基萘;30—2,6-二甲基萘;31—1,8-二甲基萘;32~33—甲基联苯(b);34—2,3,5-三甲基萘;35—蒽/菲;36~39—甲基蒽/菲(a);40—反-十氢化萘;41—顺-十氢化萘;42~43—五甲基十氢化萘(b);44—正庚基环己烷(b);45—正辛基环己烷(b);46—正壬基环己烷(b);47—正癸基环己烷(b);48—正十一烷基环己烷(b);49—癸烷;50—十一烷;51—十二烷;52—十三烷;53—十四烷;54—十五烷;55—十六烷;56—十七烷;57—十八烷;58—十九烷;59—二十烷;60—姥鲛烷;61—植烷

原油的复杂组成是证明全二维气相色谱强大功能的理想样品。大多数已发表的研究都集中在全油、蒸馏馏分、炼制品等 C_{30} 以下的分离。例如:图 8.13 展示的是船舶柴油机燃料的 GC×GC 色谱图。第一根柱子依据沸点分离烃类,第二根柱子则依据极性分离,将饱和烃和芳香烃组分分离开来。应用 GC×GC 方法分离生物标志化合物仍处在初创期。Xu 等人(2001)通过分离黑海全新世沉积物中新发现的长链酮证明了这一方法的能力(图 8.14)。应用配有非极性甲基硅醚柱与极性三氟丙基甲基柱耦合的 GC×GC 系统,他们将众所周知的甲基-和乙基-链烯酮分离成两个独立的同系物系列,从而识别出了新化合物 $C_{36:2}$ 乙基-链烯酮及其他可能的痕量链烯酮类。

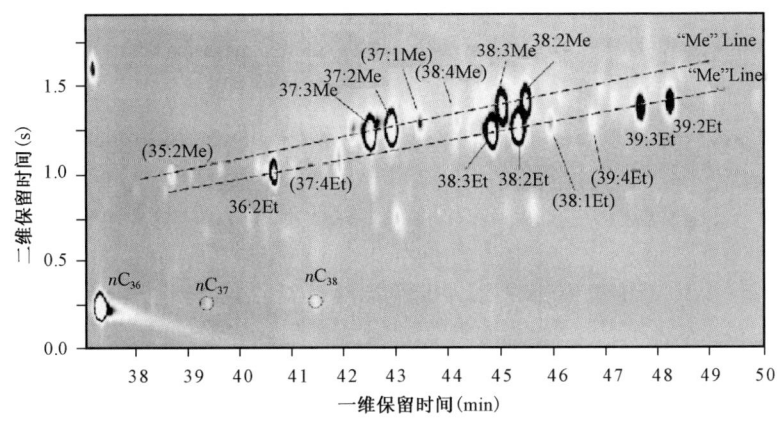

图 8.14 黑海沉积物抽提物的部分二维气相(GC×GC)色谱图,它展示了甲基-和乙基-链烯酮系列(虚线)的分离。转引自 Xu 等(2001),转载承蒙 Elsevier 的惠允

生物标志化合物的分析需要把 GC×GC 的流出物传送到质谱仪。Frysinger 和 Gaines (1999)应用四极质谱仪证明了 GC×GCMS 检测全油中各种烃类的可行性。GC×GCMS 能够分离和辨认饱和烃和芳香烃的生物标志化合物,但四极杆质谱扫描速率慢,与 GC×GC 快速的热调制分离不相匹配(Frysinger 和 Gaines,2001)。将 GC×GC 与高扫描速率的飞行质谱(TOF-MS)相连接可以使这一问题得以解决(van Deursen 等,2000)。GC×GCMS 分析最大的局限性在于现行的处理系统无法有效地处理三维数据(Shellie 等,2001)。

8.5.1.6 传输

气相色谱与质谱仪接口的作用就是将分离的化合物传输到离子源中(图 8.6)。在过去,各种类型的分离器通过除掉大部分载气的方式被用于富集气相色谱流出物的浓度。毛细柱中载气流速变小以及高容量扩散泵在新型 GCMS 系统中的应用,大大降低了对此类分离器的需求。大多数新型的 GCMS 系统不用分离器就可直接将流出物传输到离子源中。弹性毛细柱可直接伸入到离子源中,因而也避免了以往由于使用分离器而导致的色谱分辨率的降低。

8.5.2 色谱-质谱法中的质谱仪

对质谱仪的详细描述(如 Burlingame 等,1980;Kitson 等,1996;Watson,1997),有助于理解下面所讨论的内容。

8.5.2.1 离子化

电子碰撞是 GCMS 中离子化的一般方式。其他离子化的方式包括化学离子化和场离子化。

(1)电子碰撞离子化。

分离出的化合物从高分辨毛细柱中流出之后,由质谱仪进行分析(图8.5)。在电子碰撞离子化中,流出的化合物直接从色谱柱进入质谱仪的离子源或者电离仓,由电子束进行离子化。电子碰撞源由灯丝、电子阱、推斥极及一些相适的聚焦板所组成。电流(<1mA)通过$10\mu m$的铼或钨的金属灯丝生成电子束。电阻加热灯丝,释放出电子。然后采用约70电子伏特(eV)加速电子使其逼近电子阱。通常,一次质量范围为50~600原子质量单位(amu)的扫描在3s或更短的时间内就可完成。质谱仪内保持着较低的压力($<10^{-5}$Torr)。

大多数质谱系统采用70eV的电子伏特以电子碰撞的形式电离洗脱化合物。选择70eV电离电压是基于实验的观测,即在50~90eV的范围之内,分子的电离效果最好。电子伏特低于50eV,电子无法将足够的能量传递给目标分子以引起有效的离子化;电子伏特大于90eV,电子由于能量过大而无法与目标分子发生反应。

在电离仓中,从色谱中洗脱的每个分子(M)受获能电子的轰击形成分子离子(M^+.),如下式所示:

$$M + e^- \longrightarrow M^+. + 2e^-$$

分子离子可进一步裂解或重排形成其他离子(F^+.、$F1^+$.)、中性分子(N1、N2)或基团离子。

$$M^+. \longrightarrow F^+. + N1$$

$$F^+. \longrightarrow F1^+. + N2$$

碎片离子是由母离子分解产生的带有电荷的产物,它可以进一步分解形成其他带电分子或分子质量递减的原子团。在离子源仓中所生成的碎片离子由高压差的电压加速,通过质量分析器进入检测器(图8.5)。然后,由磁式或四极质谱仪根据离子的质/荷比对质谱仪离子源中所形成的离子进行分析。电子倍增器检测正离子,其结果为一个特征的碎片模式或分子M的质谱图。

分子离子的质量有助于色谱-质谱法分析的每一种化合物的鉴定。然而,相对于碎片离子而言,70eV的电离能通常会降低分子离子的丰度。操作者可以通过将电离能量降低到20eV左右或者更低并注入较多样品的方式,来降低电离效率,从而使M^+.离子的丰度与碎片离子相比有所增大。该种选择可导致检测强度的下降。

电子碰撞是最常用的离子化技术,因为通常它可以为鉴定有机化合物提供所有必要的质谱信息,这对那些常规分析的化合物而言,尤其如此,因为它们的结构和保留时间已在前期的研究中获知。对常规的分析而言,第一步必须进行化合物的鉴别,但其主要目的是对应用于生物标志化合物参数的化合物作出定量的分析。而非常规的分析则以未知化合物的结构解释为主要目的。其他离子化的技术常与电子碰撞技术相结合应用,其论述如下。

(2)化学离子化。

除电子碰撞外,采用其他的技术如化学离子化或场离子化的色谱-质谱法也已用于确定分子量。化学离子化是通过离子-分子间的反应而不是通过电子碰撞或其他的离子化形式使组分离子化,通常先由电子碰撞激发大量过剩反应气体R的离子化,之后发生离子-分子反应,它涉及不带电荷的反应物分子(要分析的化合物M)和反应气体离子(R^+)。这些中性的分子(M)可以进一步发生反应,形成其他的碎片离子(M^+、F^+、$F1^+$等)及中性物质(N、N1、N2等)。其主要反应如下:

$$R + e^- \longrightarrow R^+ + 2e^-$$

$$(R^+) + M \longrightarrow (M^+) + N$$

$$(M^+) \longrightarrow (F1^+) + N1$$

$$F^+ \longrightarrow (F2^+) + N2$$

在化学离子化的过程中,进入到质谱仪离子源中的反应气体具有相对较高的压力(约 1mmHg),它们通常为低分子量的烃类或氨。灯丝将气体离子化,释放出初级离子和次级离子,后者由初级离子的裂解或碎片的重组而形成。被分析的化合物(分析物)通过色谱在离子源中与次级离子发生反应。分析物为低浓度,一般低于反应气体的1%。离子通常由质子的转移或氢化物的脱离而形成,主离子一般为$(M+1)^+$或$(M-1)^+$。与电子碰撞质谱相比,化学离子化进一步裂解的可能性很小。

(3)场离子化。

与化学离子化质谱相似,场离子化(FI)是另一种可以提供分子量信息的"软"离子化技术。在场离子化中,电极系统通入了高压(10^8V/cm),该系统由一阳极或发射极(通常为一根 $10\mu m$ 的钨丝,附着其上的是碳"树枝",即发状灯丝)和阴极或带有狭缝的离子萃取板所组成。依据量子力学的隧道机理,要分析的化合物经由色谱进入该电极系统的场中可获得一个正电荷。场离子化质谱通常只有分子离子,其他碎片离子如果有也很少。有关场离子化或色谱-场离子化质谱法(GC-FIMS)在生物标志化合物分析上的应用目前尚无报导。

8.5.2.2 质量分析

在质量分析器中碎片离子聚焦成束,以便在任何时候只有一定质/荷比(m/z)的正离子会撞击在检测器上。如下所述,分析离子束有两种主要的方法:采用磁体或四极杆。

(1)磁质谱仪。

磁质谱仪由单聚焦或双聚焦系统组成。双聚焦仪利用静电场在离子束进入磁场之前或离开以后对离子束进行能量聚焦,以获得2000或更高的质量分辨率。例如,利用静电透镜可以对进入弯曲飞行管道周围磁场的离子进行能量聚焦(图8.15)。在磁场中,较重的离子与带同样电荷的轻离子相比,不易发生偏转。通过改变磁场的强度来扫描磁场,可以使特定质/荷比的离子在检测器上聚焦。在离子源和检测器上均采用可调狭缝,以提高系统的质量分辨。图8.5中没有展示磁质谱仪中具有代表性的弯曲飞行管道离子聚焦装置,取而代之的是展示了由四极杆组成的质量分析仪。

单聚焦磁系统只由磁场组成,而没有静电聚焦,因而只能获得约为1000或更低的分辨率。单聚焦和双聚焦GCMS系统都是通过扫描磁场来获得质量谱图。

注:质谱中的分辨率被定义为仪器刚好能完全分离出的两个相邻质量数(原子质量单位)之间质量与质量差的比值($M/\Delta M$)。低分辨率为大约1000(无单位),而高分辨率约大于2000。大多数四极仪器为低分辨率的滤质器。高分辨率的质谱仪可用于分离名义质量相同、但精确质量有差异的离子。

(2)单级/三级四极和三维离子阱。

单级四极(图8.5)或三级四极(图8.16和图8.17)以及三维离子阱仪器均利用四极杆射频(RF)/电场选择特定质/荷比的离子。四极杆滤质器完全不用聚焦,但可进行质量选择,因为对于给定的一组条件而言,在质量分析时只有质/荷比范围很窄的离子才能保留在质量分析器内。例如,4个相互平行的四极杆每两个互为一组,通过变换杆内的射频(RF)和直流(DC)数值的组合,可以对离子束进行扫描。图8.5中的质量分析器部分就是应用这类组合的一个

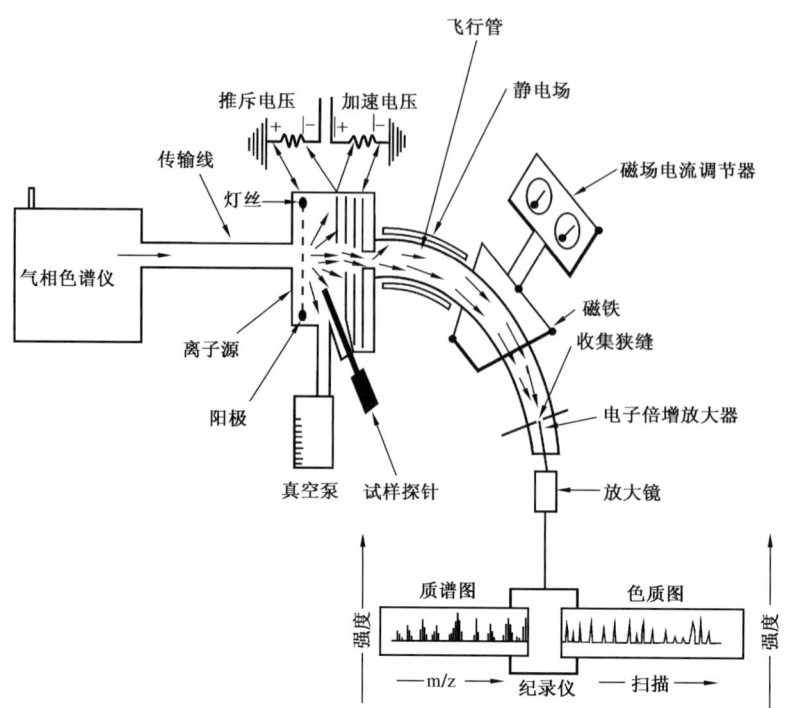

图 8.15 静电质量分析器是一种类型质谱仪的一个实例。它利用静电透镜对进入包围弯曲飞行管道磁场的离子束聚焦,从而实现质量分析。离子飞行的路径因磁场强度的变化而不同(被扫描)。狭窄的采集缝隙只允许特定质量的离子在扫描的任一时刻进入检测器。本图的转载承蒙雪佛龙美国公司的分支机构雪佛龙 – 德士古勘探和开发技术公司的惠允

实例,更详细的说明见图 8.17。三维离子阱不用聚焦。在这种情况下,离子被射频电场捕集在三维空间中。因此,只有那些目的离子才能被捕获并得到检测。

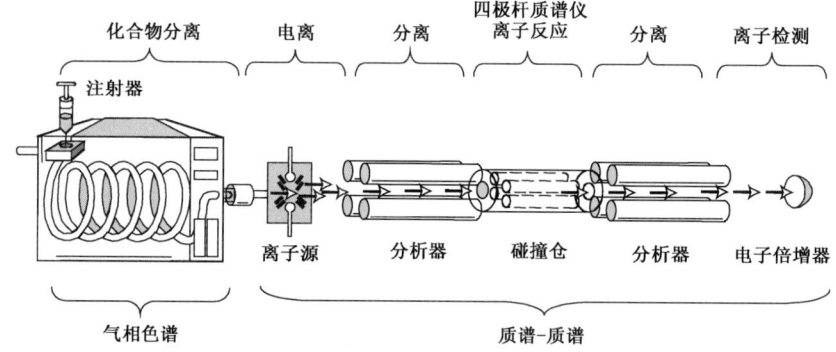

图 8.16 气相色谱与三级四极质谱联用仪的示意图,其中包含三套四极杆

8.5.2.3 检测及扫描分析

在扫描分析过程中,检测器通常每三秒对 m/z 50 ~ m/z 600 质量范围的离子测量一遍(即三秒内测量的离子数 >500)。从 GC 中析出的每一个峰都生成一个碎片离子质量的分布。因此,每三秒就检测一次每个峰生成离子的"时间段"。扫描分析的原理由三维图解予以说明(图 8.18)。图中 x、y 和 z 轴分别代表时间或扫描数(即每三秒/每次扫描的总数,它与 GC 的保留时间有关)、离子的质/荷比(m/z)以及检测器的响应值。

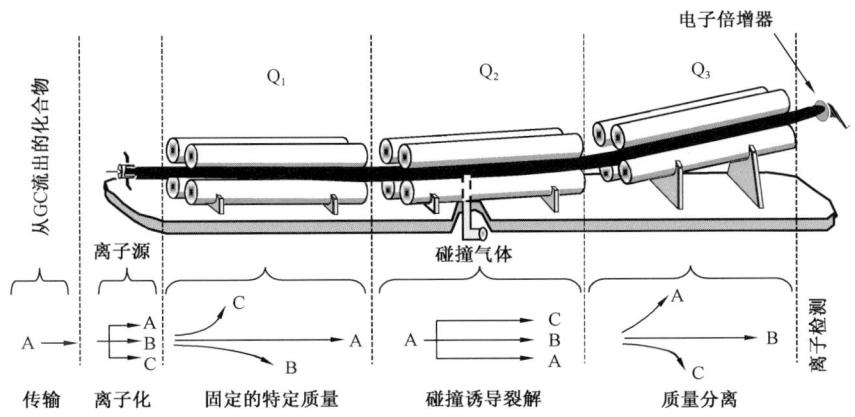

图 8.17 GCMS/MS 分析中的三级四极质谱示意图。三套四极杆(Q_1、Q_2 和 Q_3)的组合应用使其对化合物的检测具有高度的选择性(如仅对母体化合物 A 的子离子 B 予以检测)。本图的转载承蒙雪佛龙美国公司的分支机构雪佛龙 – 德士古勘探和开发技术公司的惠允

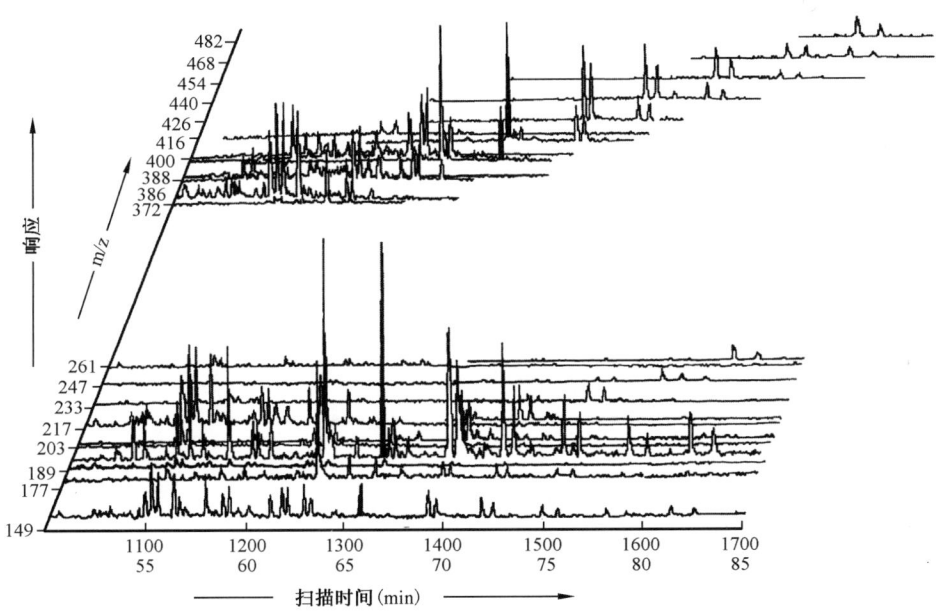

图 8.18 说明质谱中扫描分析原理的三维示意图。x(水平)、y(垂直)和 z(进入纸内)轴分别表示扫描数或色谱保留时间、检测器响应值以及质/荷比(m/z)。通常每三秒扫描的质量范围为 m/z 50 ~ m/z 600。譬如,完成 1200 次扫描需要 60min(3600s)。图中黑色的峰为单个化合物的响应值:C_{30} 17α,21β(H) – 藿烷(图 8.21 中峰 20)。作为标准的怀俄明原油含有 145ppm 的该化合物(图 3.20)。本图的转载承蒙雪佛龙美国公司的分支机构雪佛龙 – 德士古勘探和开发技术公司的惠允

弄清楚质量色谱图与质谱图间的差别对理解以下的内容至关重要。质谱图是在扫描数或时间恒定的条件下,m/z 与响应值的关系图。质量色谱图则是 m/z 恒定时,扫描数与响应值的关系图。每一张质谱图由一系列有助于解释单个化合物结构的碎片离子所组成。质量色谱图用于监测具有不同分子量的一系列化合物,它们裂解时均形成一个特定的离子(如 m/z 217 就是甾烷假同系物系列常见的一个碎片离子)。

应用多级电子倍增器对质量分析器分离出的离子进行检测,其结果直接输出到模拟记录

仪上或者经数字化后为数据系统所采集。实际上,所有的质谱仪均依赖于电子倍增器(分离式倍增器电极)的检测,它使电子束与特殊金属表面发生多级碰撞而将其信号放大(Watson,1997)。

从色谱中洗脱的每个化合物生成的碎片离子质量的特殊分布被称之为质谱图(图 8.18 和 8.27)。生物标志化合物的质谱图十分有用,因为它一般显示出了分子的质量(某些分子发生离子化,但未进一步裂解)以及用于推断其结构的特征性的裂解模式。在理想情况下,每个色谱峰代表一个分离的化合物,它具有独一无二的质谱。实际上,大多数色谱峰为两个或更多个未分离化合物的混合体,因此解释起来就比较复杂。

每个样品中所有质谱总离子流的大小与保留时间的关系可绘制成一张重建离子色谱图(RIC),或称之为总离子色谱图(TIC),它所表示的一系列峰代表洗脱化合物的相对含量。石油的 RIC 与色谱迹线图基本一致,但 RIC 需要用质谱检测,而色谱则使用更为常规的火焰离子检测器(FID)(图 8.19)。然而,与火焰离子检测器的数据相比,有些因素可对 RIC 产生较大的歧视影响。全扫描色谱 - 质谱法常受限于质量范围。例如:m/z 小于 60 的碎片离子在 m/z 60 ~ m/z 600 的扫描中不被记录,对 RIC 没有贡献,从而导致在检测低质量碎片丰富的化合物时灵敏度降低。在质谱仪的离子源中,有些分子更易离子化,可以形成比其他分子更多的离子。四极质谱仪常对高质/荷比的离子产生"歧视",造成 RIC 中质量的失真。反之,火焰离子检测器则会对那些燃烧不完全的化合物产生"歧视"(如不检测四氯化碳,CCl_4)。

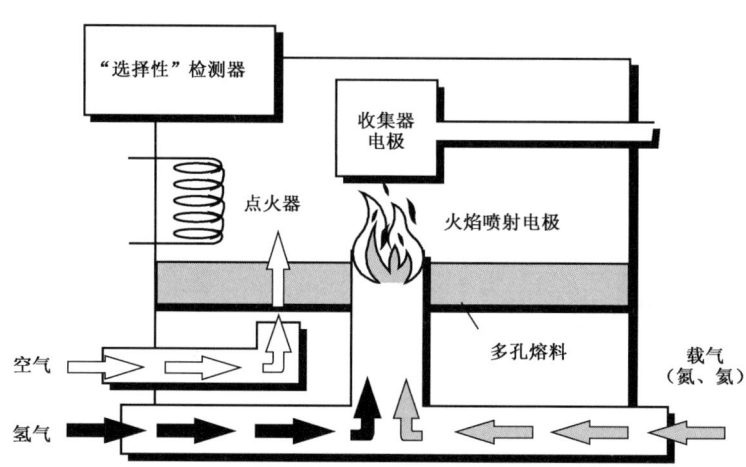

图 8.19　火焰离子检测器对含有碳和氢的化合物具有选择性,但不能检测非烃,譬如二氧化碳

8.5.2.4　数据处理及校准

计算机对运行色谱 - 质谱仪、储存和处理由此产生的大量数据都是必不可少的。一个典型的扫描过程约需要 90min,其间质谱仪每三秒扫描一次设定的质量范围,每个样品可生成 1800 个质谱[(90min×60s/min)/(3s/扫描)]。大多数色谱 - 质谱仪数据系统由一台中心计算机组成,它包括一个或几个显示终端以及各种其他外围设备,用于数据储存、打印和绘图(图 8.5)。该计算机含有一个谱库,存储了已知化合物的数千个电子碰撞质谱。当计算机从每次色谱 - 质谱仪的分析获取数据时,注入样品中的未知化合物经与谱库的质谱自动对比,可以得到初步的鉴定。计算机通常提供两种或多种最佳的选择,同时附有纯度和符合程度的信息,供鉴别化合物参考。纯度和符合程度分别用 0 ~ 1000 的尺度予以分级,其中 1000 表示未知和已知化合物的质谱完全吻合。

计算机终端用于操作和处理所获得的数据。数据系统的软件一般包括仪器校准、数据采集、本底扣除及监测一种或多种离子强度变化(选择离子监测)的程序。

每一种 GCMS 系统均需要定期对质量标准进行校正(图 8.18m/z 轴线)。校正可由标准化合物如"FC-43"来完成,该化合物在目标质量范围内生成已知的碎片。FC-43 由全氟三丁基胺组成,其分子量为 671 道尔顿。

8.5.3 色谱-质谱法的操作方式

根据可使用仪器的类型,色谱-质谱法分析可采用不同的操作方式。每一种方式提供的信息种类及质量不尽相同。生物标志化合物参数对所应用的色谱-质谱方法很敏感,因此任何研究只能采用同一种方法(见 Steen,1986;Fowler 和 Brooks,1990)。譬如,多离子检测与 GCMS/MS 的方式所得到的甾烷数据通常就有一定差异。表 8.3 汇总了一些较为重要的色谱-质谱法的操作方式,详述如下。

表 8.3 生物标志化合物的色谱-质谱法(GCMS)分析方式

方式:选择离子监测(SIM)/GCMS 或多离子检测(MID/GCMS)或选择离子记录(SIR)/GCMS
方法:只扫描所选择的离子(如 m/z 217、191 和 253 等)。扫描停留时间约为 100ms/离子。当选择只监测两或三个离子时,依仪器的不同,约需 1 皮摩尔样品才能得到可靠响应值;
结果:选择离子的质量色谱图可以作为所选化合物类型的指纹(如甾烷、藿烷或单芳甾类);
利弊:与全扫描数据相比,由于每个离子的扫描停留时间较长而灵敏度较高。需要掌握目标分子的保留时间及裂解特征,在需要鉴定未知化合物时,缺少完整的质谱数据
方式:全扫描 GCMS
方法:每三秒扫描一次的范围为 m/z 50~600(即超过 180 个离子/s)。每个化合物要形成一个可靠的质谱约需 1 纳摩尔,与色谱中应用火焰离子检测器(FID)形成一个可辨认峰所需要的量相当;
结果:可提供所有离子的质量色谱图及结构解释所需要的质谱;
利弊:质谱可用于初步解释化合物的结构。与 SIM 方式不同,它没有数据损失。需占用更多的计算机磁盘空间。但由于停留时间比 SIM 方式短,其灵敏度有所降低
方式:母离子方式 GCMS/MS
方法:在三级四极或其他串联质谱仪的母离子扫描方式中,第三个四极(Q_3)监测子离子(如 m/z 217)而第一个四极(Q_1)则扫描所有可能的前体(母)离子。在 SIM 方式中,为获得较高的灵敏度,第一四极(Q_1)和第二四极(Q_2)工作如常,允许通过 Q_1 的被选择的前体分子在第二个四极(Q_2)中与中性目标气体相撞(见图 8.17),产生碰撞诱导分解(CAD);
利弊:与其他方式相比,GCMS/MS 提高了灵敏度及信噪比,但费用比大多数 GCMS 仪器要高
方式:母离子方式亚稳态反应监测(MRM)/GCMS
方法:监测由分子离子形成的选择子离子(如 m/z 217),该分子离子在双聚焦质谱仪的第一个无场区中分解。这是 GCMS/MS 常用的方式;
利弊:与串联质谱仪中的母离子方式 GCMS/MS 相类似,MRM/GCMS 在选择性和信噪比上也具有优势。可使用比串联质谱仪更为常见的双聚焦磁质谱仪。由于需要控制的可变量较少(如无碰撞仓或 Q_3),该方式在双聚焦磁质谱仪上的重复性可能要好于串联质谱仪

8.5.3.1 选择离子监测色谱-质谱法

选择离子监测(SIM),有时也称多离子检测(MID)。它是生物标志化合物分析中常见的色谱-质谱法数据的获取方式。大多数生物标志化合物的研究采用熟悉的化合物类型,如藿烷和甾烷。一个给定质/荷比的离子,再加上色谱的保留时间,往往具有判识这些化合物结构的意义。计算机辅助绘制的特征离子强度与色谱保留时间之间的关系图被称之为质量色谱图

(在涉及碎片离子时或称质量碎片图)。图8.9为甾烷和萜烷的质量色谱图以及它们在原油气相色谱图中与保留时间之间的关系。

注：质量色谱图在有机化学上的早期应用导致了对石油中甾类和其他羧酸化合物立体化学的认识(Seifert,1975)，同时开创了将指纹甾烷和萜烷应用于对比目的的先河(Seifert,1977)。自从这些早期的应用以来，计算机辅助的质量色谱的应用进展很快。

质量色谱图用于判识同类化合物的碳数、异构体和同系物的分布。在SIM方式中，从不同的目标化合物中可选择几个具有诊断意义的离子进行分析。对于每一类化合物而言，所选择的用于监测的离子通常在质谱中丰度最高，被称之为基峰者。譬如，甾烷、藿烷、单芳甾类以及三芳甾类分别用m/z 217、191、253和231进行监测，它们都是这些化合物质谱中的基峰。

图8.20所示为特征性的质谱断裂以及它们的质/荷比，这些可以用来监测石油中的各类生物标志化合物及其他化合物。图8.21至图8.23为应用SIM方式从标准油样中获得的几种常见的生物标志化合物类型的选择质量色谱图，标样分别来自怀俄明Hamilton Dome和加利福尼亚Carneros。

8.5.3.2 全扫描色谱 – 质谱法

在全扫描色谱 – 质谱法中，磁场或四极杆的每次扫描几乎可以记录所有生成的离子(即50~600amu)。与SIM不同，它没有数据损失，但需要大容量的计算机存储。全扫描分析可以生成化合物鉴定所需要的完整质谱。全扫描方式每次扫描(3s)可记录几百个离子，使每个质量数的保留时间<0.0075s。相比之下，SIM方式的在进行数据采集时，每秒约记录10个离子，因而它的保留时间较长(0.01s/离子)，灵敏度和信噪比也要高出一个量级。因此，在生物标志化合物定量分析数据的获得上，SIM要优于全扫描方式，尽管全扫描方式也可显示类似的质量色谱图。

8.5.3.3 台式四极色谱 – 质谱法

台式四极GCMS系统具有那些较大型和昂贵的落地式质谱系统的许多性能，它主要用于SIM方式中常规和低费用的生物标志化合物分析。许多台式系统在一次分析中可以提供十来个或者更多离子的质量色谱图。Hwang(1990)认为使用台式系统获得的甾烷和三萜烷的分布与使用更加通用的落地式色谱 – 质谱仪的SIM方式得到的结果在定性和定量上是相互一致的。因此，详细分析生物标志化合物之前的筛选工作，可由台式四极色谱 – 质谱仪的分析来完成。

台式系统的应用范围很广，如可为详细分析生物标志化合物筛选样品以及进行原油组之间的快速对比。然而，台式的SIM与GCMS/MS的数据不能互换，台式四极系统目前还不能进行母 – 子离子关系的GCMS/MS分析。某些成熟度的参数，如C_{29} 20S/(20R + 20S)最好由GCMS/MS来确定，因为SIM分析可能产生干扰峰。

8.5.3.4 气相色谱/质谱/质谱法(GCMS/MS)

气相色谱/质谱/质谱法(GCMS/MS)技术的基础是在质谱仪离子源中被离子化的复杂有机分子(母体)可以裂解成较小的带电荷碎片(子离子)。有些子离子具有母体分子的特征(如m/z 217为大多数甾烷的子离子)。GCMS/MS法可使操作者确定出被选择子离子的母离子。

化学物类型	m/z	诊断碎片离子[1]
饱和烃		
烷基环己烷	83	
甲基烷基环己烷	97	
萜烷[2]	123	
四环萜烷	191	
5α-甾烷 [5β-甾烷]	149 (151)	
14α-甾烷 [14β-甾烷]	217 (218)	
甾烷	261+X	
17α-甾烷 [17β-甾烷]	257 (259)	
14α-甲基甾烷 [14β-甲基甾烷]	231 (232)	

名称	特征离子
甲藻甾烷	98
重排甾烷	259
13α,17β(H)-重排甾烷	232
伽马蜡烷 $C_{30}H_{52}$	191, 412
奥利烷 $C_{30}H_{52}$	191, 412
三环萜烷[3]	191
藿烷(A+B环)[3]	191
藿烷(D+E环) (C_{27}-C_{35})	148+X (149,163,177,191 205,219,233,247,261)

藿烷	369
22,29,30-三降藿烷[4] (Ts或三降藿烷-Ⅱ)	149,191
25-降藿烷(A+B环)	177
28,30-二降藿烷[5]	163,191
六氢苯并藿烷	191, 216+X, 94+X
丛粒藻烷 $C_{34}H_{70}$	238,239,294,295
β-胡萝卜烷 $C_{40}H_{78}$	125,558
规则类异戊二烯烷烃	113+70n
头-头连接类异戊二烯烷烃 [1,1′—双(植烷)]	(323)

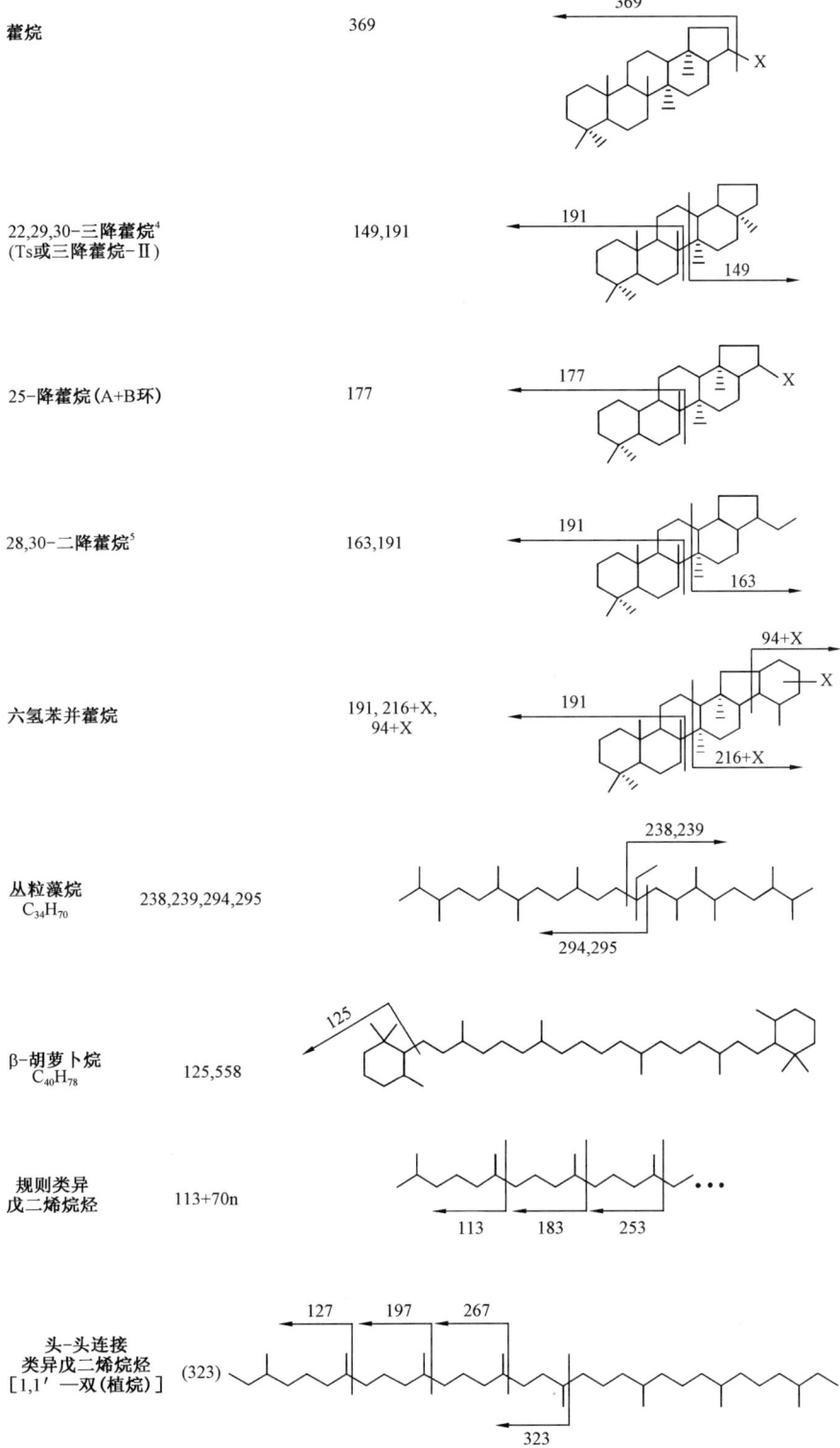

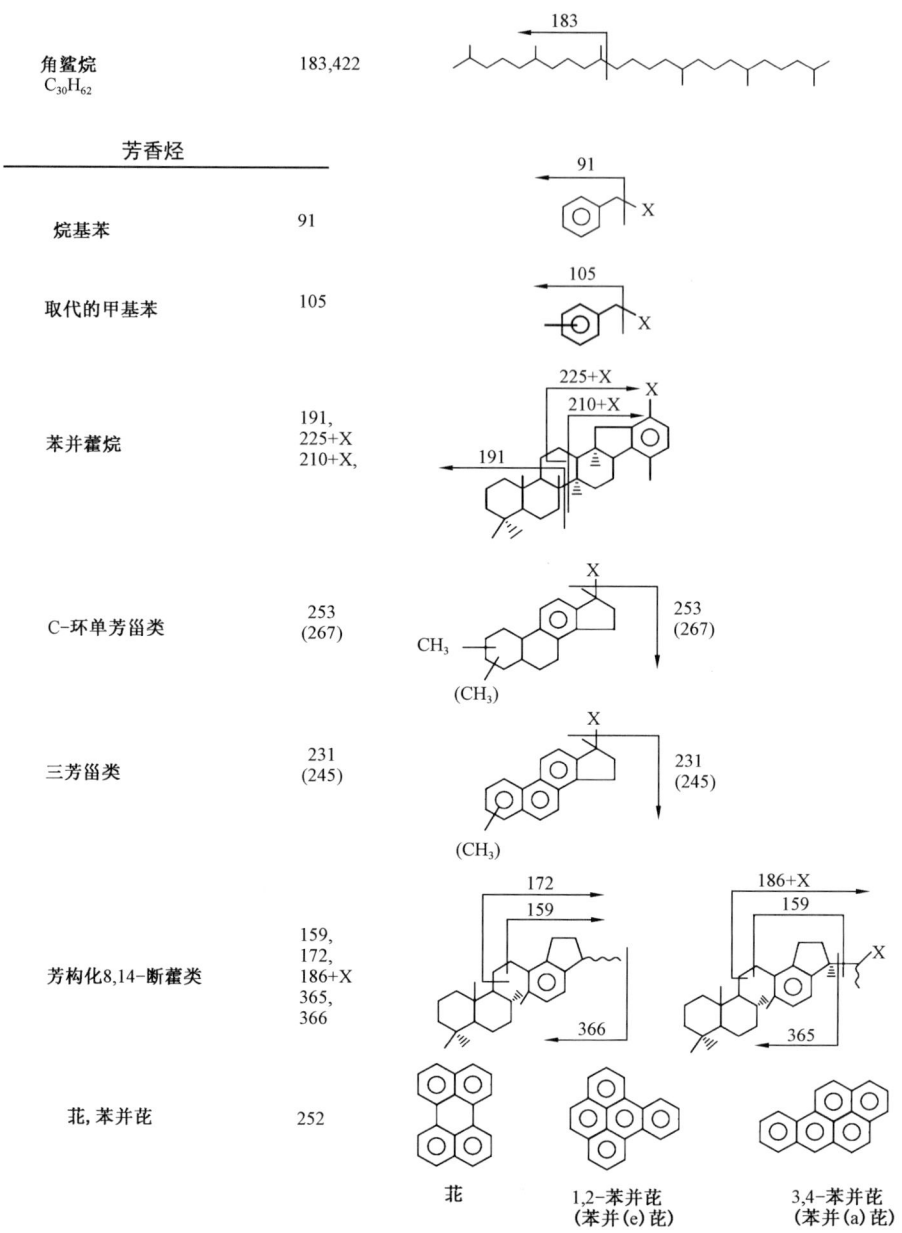

图 8.20 特征质谱裂解方式,它们的质荷比可用于各种生物标志化合物及其他化合物的检测

1. 裂解箭头指示 C—C 键的断裂,大多数的裂解也包括图中未标出的氢的转移及重排;
2. 包括大多数具有补身烷结构或亚结构的萜烷;3. 包括大多数唇果蕨烷结构或亚结构的萜烷,如降解和长侧链的藿烷、伽马蜡烷和奥利烷;4. D + E 环的碎片与藿烷相似;
5. 25,28,30 - 三降藿烷具有 m/z 163 碎片以及 A + B 环的 m/z 177 碎片

GCMS/MS 法指串联质谱,它应用三级四极、串联磁场和混合型磁四极等仪器对母离子、子离子和中性丢失进行分析(Futrell,2000)。这些系统通常包含三个质量分析器或扇区,使用中性碰撞气体以利于化合物的裂解以及在第二扇区进行分析。

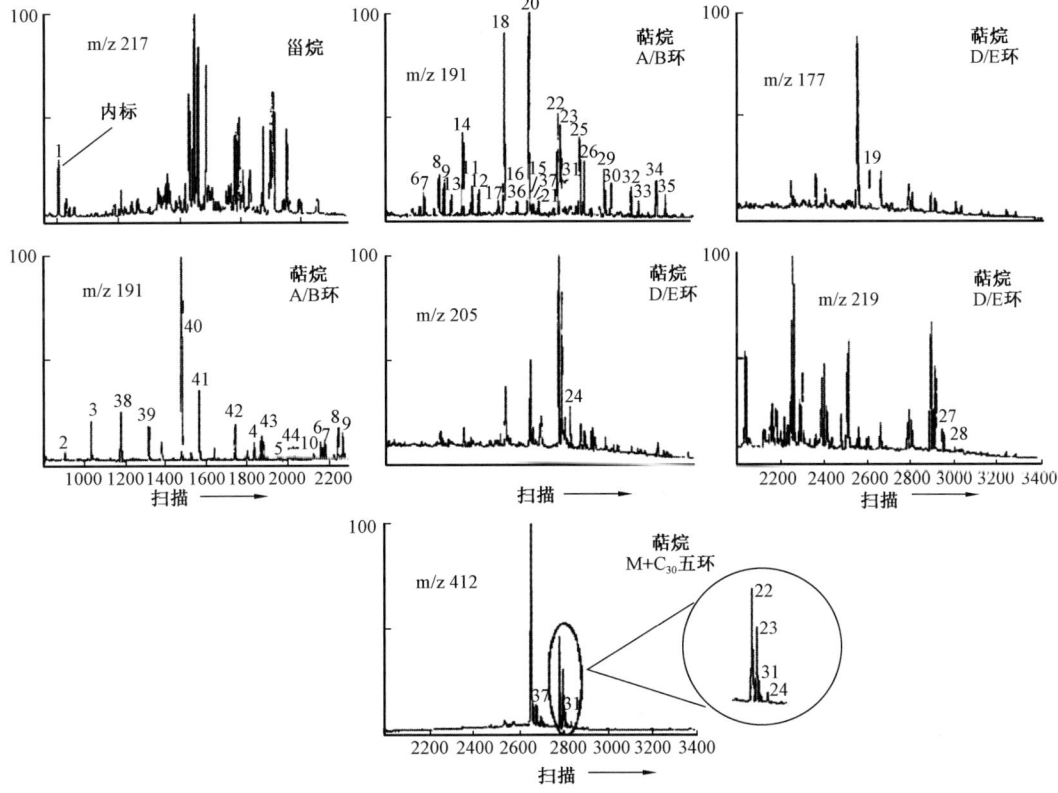

图 8.21 怀俄明 Hamilton Dome 原油饱和烃馏分中生物标志化合物的选择离子监测(SIM)质量色谱图。该原油来自二叠系含磷组,被用作标准样品。标号峰的鉴别见附表。内标化合物 5β(H) - 胆烷的结构见图 8.4。怀俄明的原油标样加入了 5β(H) - 胆烷内标,0.1μL 的样品注入配备以 DB - 1 为固定相的 60m 熔融石英毛细柱的气相色谱。气相色谱的加热程序为:在 150℃保持 10min,然后以 2℃/min 的速率从 150℃升温至 325℃。VG Micromass 质谱仪中电子倍增器的电压为 160V(此处可能有误,应为 1600V——译者注),增益为 1×10^{-6},记录的扫描范围为 1751～2750。如图 8.20 所示,m/z 217 为甾烷,m/z 191 为萜烷中 A/B 环的碎片,m/z 177,205,219 为萜烷中 D/E 环的碎片,以及 m/z 412 为 C_{30} 五环萜烷的分子离子。所有的峰均以具有最大质谱响应值的碎片峰(在 y 轴上的 100%)进行了归一化。本图的转载承蒙雪佛龙美国公司的分支机构雪佛龙 - 德士古勘探和开发技术公司的惠允

图 8.21 附表　质量色谱图中色谱峰的鉴定表

峰　号	名　　称	碳　数
1	5β - 胆烷	24
2	C_{19}三环萜烷(唇果蕨烷)	19
3	C_{20}三环萜烷(唇果蕨烷)	20
4	C_{24}四环萜烷	24
5	C_{25}三环萜烷(唇果蕨烷)	25
6	C_{28}三环萜烷(唇果蕨烷)	28
7	C_{28}三环萜烷(唇果蕨烷)	28
8	C_{29}三环萜烷(唇果蕨烷)	29

续表

峰 号	名 称	碳 数
9	C_{29} 三环萜烷(唇果蕨烷)	29
10	C_{26} 四环萜烷	26
11	C_{30} 三环萜烷(唇果蕨烷)	30
12	C_{30} 三环萜烷(唇果蕨烷)	30
13	22,29,30－三降新藿烷(Ts)	27
14	22,29,30－三降藿烷(Tm)	27
15	$17\alpha(H)$－30－降－29－升藿烷	30
16	$18\alpha(H)$－30－降新藿烷(C_{29}Ts)	29
17	C_{31} 三环藿烷(唇果蕨烷)	31
18	$17\alpha,21\beta(H)$－30－降藿烷	29
19	$17\beta,21\alpha(H)$－30－降藿烷(降莫烷)	29
20	$17\alpha,21\beta(H)$－藿烷	30
21	$17\beta,21\alpha(H)$－藿烷(莫烷)	30
22	$17\alpha,21\beta(H)$－29－升藿烷 22S	31
23	$17\alpha,21\beta(H)$－29－升藿烷 22R	31
24	$17\beta,21\alpha(H)$－29－升藿烷 22S＋22R	31
25	$17\alpha,21\beta(H)$－29－二升藿烷 22S	32
26	$17\alpha,21\beta(H)$－29－二升藿烷 22R	32
27	$17\beta,21\alpha(H)$－29－二升藿烷(22?)	32
28	$17\beta,21\alpha(H)$－29－二升藿烷(22?)	32
29	$17\alpha,21\beta(H)$－29－三升藿烷 22S	33
30	$17\alpha,21\beta(H)$－29－三升藿烷 22R	33
31	伽马蜡烷	40
32	$17\alpha,21\beta(H)$－29－四升藿烷 22S	34
33	$17\alpha,21\beta(H)$－29－四升藿烷 22R	34
34	$17\alpha,21\beta(H)$－29－五升藿烷 22S	35
35	$17\alpha,21\beta(H)$－29－五升藿烷 22R	35
36	$C_{29}17\beta,21\alpha(H)$－30－降藿烷	29
37	$18\alpha(H)$－新藿烷(C_{30}Ts;推测的)	30
38	C_{21} 三环萜烷(唇果蕨烷)	21
39	C_{22} 三环萜烷(唇果蕨烷)	22
40	C_{23} 三环萜烷(唇果蕨烷)	23
41	C_{24} 三环萜烷(唇果蕨烷)	24
42	C_{25} 三环萜烷(唇果蕨烷)(22S＋22R)	25
43	C_{26} 三环萜烷(唇果蕨烷)(22S＋22R)	26
44	C_{27} 三环萜烷(唇果蕨烷)(22R＋22S)	27

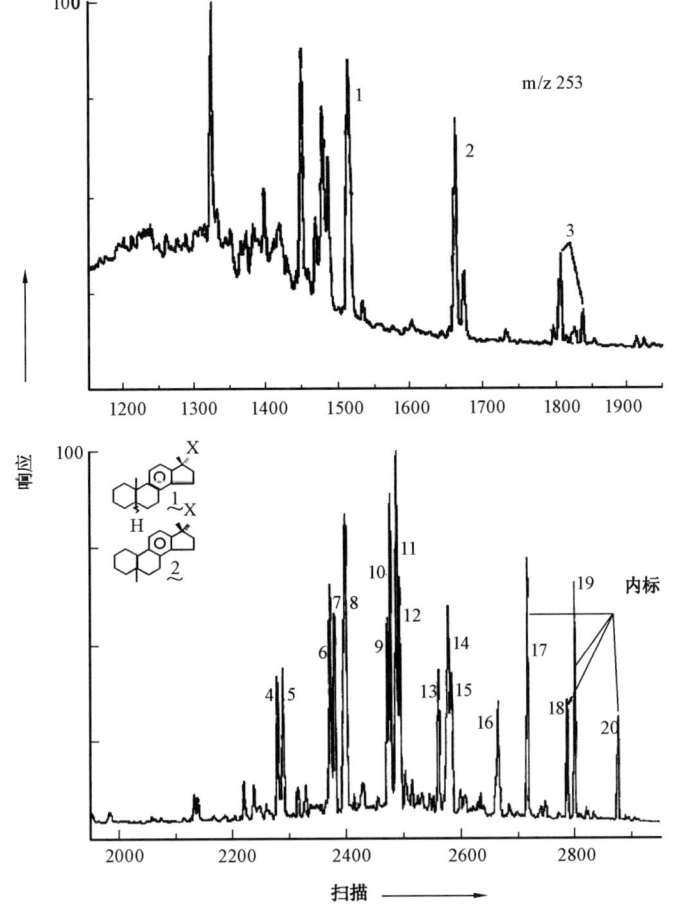

图 8.22 加利福尼亚 Carneros 标准油样芳香烃馏分中单芳甾类的选择离子监测(SIM)质量色谱图。该标样比怀俄明原油标样更合适,因为它含有常规研究中所使用的全部化合物。标号化合物的鉴定见附表。图 8.4 为 C_{30} 单芳甾类标样的结构。本图的转载承蒙雪佛龙美国公司的分支机构雪佛龙-德士古勘探和开发技术公司的惠允

图 8.22 附表 m/z 253 质量色谱图中色谱峰的鉴定表(单芳甾类)

峰号	结构	定 名*	碳数
1	?	单芳孕甾烷(X=乙基)	21
2	?	20-甲基单芳孕甾烷(X=2-丙基)	22
3	?	20-乙基单芳孕甾烷(X=2-丁基)	23
4	1	5β-单芳胆甾烷 20S	27
5	2	重排单芳胆甾烷 20S	27
6	1 2	5β-单芳胆甾烷 20R;重排单芳胆甾烯 20R	27 27
7	1	5α-单芳胆甾烷 20S	27
8	1 2	5β-单芳麦角甾烷 20S;重排单芳麦角甾烷 20S	28 28
9	1	5α-单芳胆甾烷 20R	27

续表

峰号	结构	定 名*	碳数
10	1	5α-单芳麦角甾烷20S	28
11	1 2	5β-单芳麦角甾烷20R;重排单芳麦角甾烷20R	28 28
12	1 2	5β-单芳豆甾烷20S;重排单芳豆甾烷20S	29 29
13	1	5α-单芳豆甾烷20S	29
14	1	5α-单芳麦角甾烷20R	28
15	1 2	5β-单芳豆甾烷20R;重排单芳豆甾烷20R	29 29
16	1	5α-单芳豆甾烷20R	29
17	1	5β-正壬基单芳孕甾烷20S(X=2-十一烷基)	30
18	1	5α-正壬基单芳孕甾烷20S(X=2-十一烷基)	30
19	1	5β-正壬基单芳孕甾烷20R(X=2-十一烷基)	30
20	1	5α-正壬基单芳孕甾烷20R(X=2-十一烷基)	30

*具有相同侧链(X)的单芳甾烷(结构1)或重排单芳甾烷(结构2)的名称

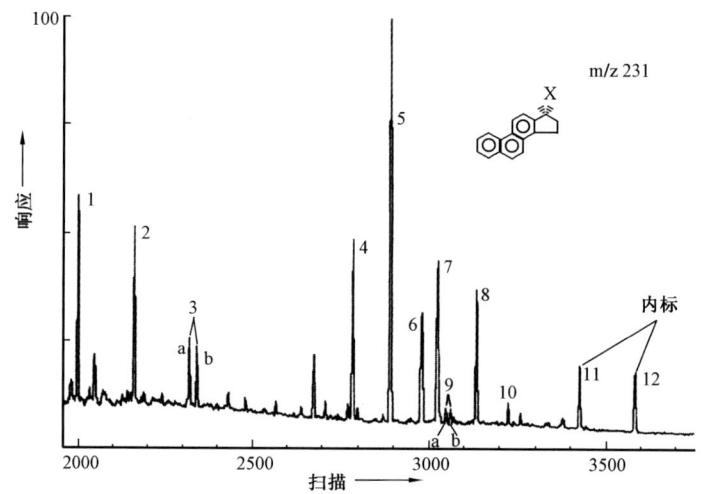

图8.23 被用作标样的怀俄明 Hamilton Dome 原油的芳香烃馏分中三芳甾类的选择离子监测（SIM）质量色谱图。标有数字的化合物的鉴定见附表。图8.4为三芳甾类内标物的结构。本图的转载承蒙雪佛龙美国公司的分支机构雪佛龙-德士古勘探和开发技术公司的惠允

图8.23 附表　m/z 231 质量色谱图中色谱峰的鉴定表

峰　号	定　名*	碳　数
1	三芳孕甾烷(X=乙基)	20
2	20-甲基三芳孕甾烷(X=2-丙基)	21
3	20-乙基三芳孕甾烷(X=2-丁基;a和b为C-20位上的异构体)	22
4	三芳胆甾烷20S	26

续表

峰　号	定　名*	碳　数
5	三芳胆甾烷20R + 三芳麦角甾烷20S（共流）	26,27
6	三芳豆甾烷20S（24 – 乙基三芳胆甾烷20S）	28
7	三芳麦角甾烷20R（24 – 甲基三芳胆甾烷20R）	27
8	三芳豆甾烷20R	28
9	24 – 正丙基三芳胆甾烷20S（a 和 b 是 C – 24 位上的异构体）	29
10	24 – 正丙基三芳胆甾烷20R	29
11	20 – 正癸基三芳孕甾烷20S（X = 2 – 十二烷基）	30
12	20 – 正癸基三芳孕甾烷20R	30

* 具有相同侧链（X）的三芳甾烷的名称

与传统的 GCMS 系统相比，串联质谱主要的优势在于它可利用联动扫描技术，一般称之为 GCMS/MS 法（表8.3），来分辨复杂的石油混合体中的单体化合物或者化合物族群。三级四极或者多级质谱是最常见的串联质谱形式，它由三组四极以串联形式相连（图8.17）：第一级为母体四极（Q_1），第二级为碰撞仓四极（Q_2），第三级则是子体四极（Q_3）。在离子源中形成、经 Q_1 聚焦的所有离子在碰撞仓四极（Q_2）内与氩气或其他惰性气体碰撞活化发生分解，所形成的碎片离子在子体四极（Q_3）内分离或者被选择性地监测，并通过电子倍增器和计算机记录下来。

由于使用三组四极具有良好的选择性，三级四极质谱使全油不经组分分离而直接分析成为了可能。

三级四极质谱可以用三种 GCMS/MS 法的方式进行操作：母离子；子离子；中性丢失。

Philp 等人（1988）描述了三级四极质谱仪在确定母 – 子离子及子 – 母离子关系方面的应用。

其他的串联质谱仪将各种系列的磁场、静电场及碰撞仓组合在一起。混合型质谱仪将磁场与碰撞仓四极和质量过滤四极相结合。因此，这些类型的串联质谱仪与三级四极质谱仪相比具有某些潜在的优势。例如，混合型质谱仪用高分辨率磁场取代 Q_1，对母离子的选择具有很高的分辨能力。

GCMS/MS 法能够使特定母 – 子关系的确定很少受其他反应及其相关离子的干扰。这些方法的分析特点是最大程度地排除了色谱共流峰的干扰。该化学特征可以提高信噪比，其水平比使用常规色谱 – 质谱法的 SIM 方式高出几个量级。

SIM/GCMS 法对原油 m/z 217 碎片离子的分析揭示出甾烷为结构异构体和立体异构体组成的复杂混合物，同时还可能包括一些非甾烷化合物（图8.24）。

图8.25 上部的色谱图为 C_{27}、C_{28}、C_{29} 三种同系物甾烷占优势的简单混合物的假想实例。每个同系物在该图上形成一个 m/z 217 的基峰。GCMS/MS 法对甾烷母离子从 m/z 372 到 217，m/z 386 到 217 及 m/z 400 到 217 的转换分析可以分别得到 C_{27}、C_{28} 和 C_{29} 甾烷各自的质量色谱图（图8.25 下部的三张色谱图）。

GCMS/MS 法的分析可用于确定原油是否具海相输入（C_{30} 甾烷），还可用于利用 C_{27} – C_{28} – C_{29} 甾烷三角图、三芳甾类以及其他化合物进行对比的研究。图8.21 含有一个怀俄明原油 m/z 217 质量色谱图的实例，它比图8.25 中所示简化的假想混合物要复杂得多。GCMS/MS 法对同一原油的分析（图8.26）使用不同碳数的质量色谱图可以显示出甾烷的差异。

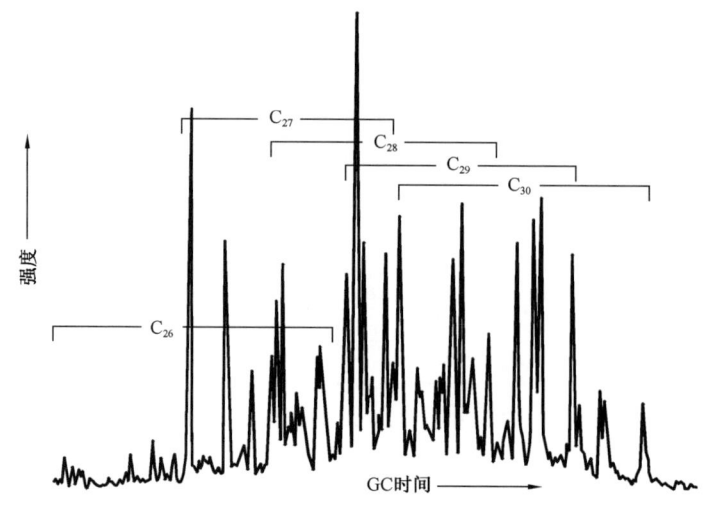

图 8.24 采用选择离子监测/气相色谱/质谱(SIM/GCMS)分析典型原油的甾烷获得的色质图(m/z 217)显示出不同同系物之间相互的重叠或干扰

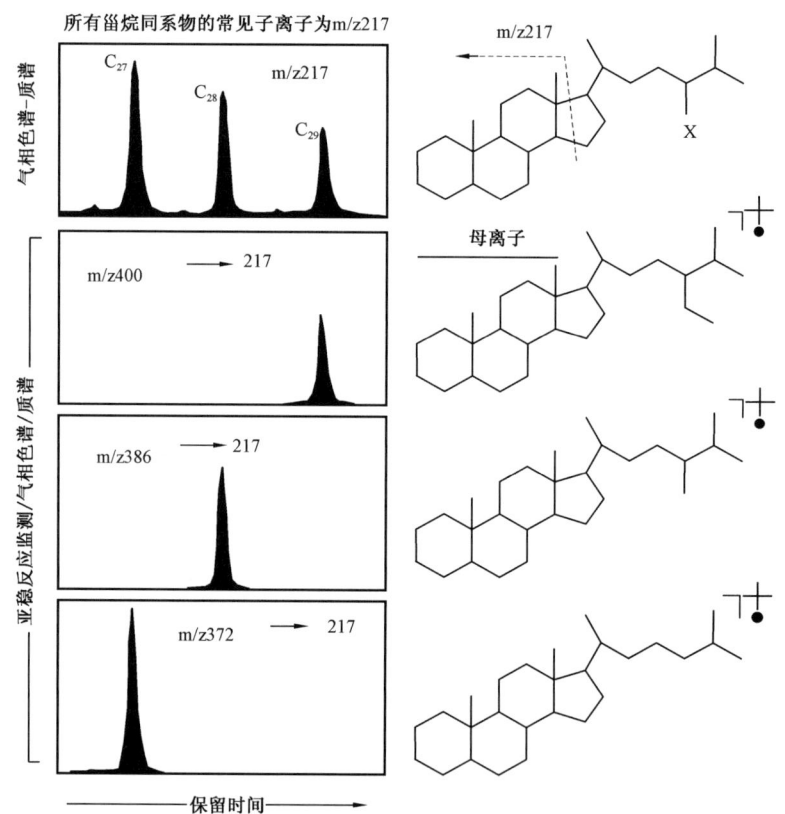

图 8.25 采用选择离子监测/气相色谱/质谱法(SIM/GCMS)分析所有甾烷常见的碎片离子 m/z 217(上图)时,由三种甾烷(C_{27}、C_{28} 和 C_{29})差向异构体假定的混合物可生成三个峰。典型的原油 m/z 217 质量色谱图包含代表不同差向异构体和甾烷同系物所形成的大量重叠峰(如图 8.24 所示)。混合物的气相色谱/质谱/质谱法(GCMS/MS)可检测特定的母/子离子(下方的三张图版),如从 m/z 400(C_{29} 甾烷的母离子)到子离子 m/z 217 的转换。采用母 – 子方式的 GCMS/MS 法检测较为复杂的混合物(如石油)可降低干扰

· 244 ·

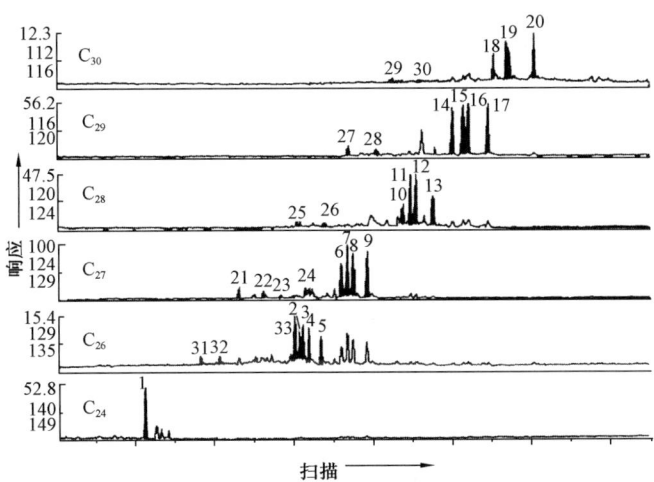

图 8.26 对图 8.21（甾烷）所示的同一怀俄明原油所进行的亚稳反应监测/气相色谱/质谱法（MRM/GCMS）分析（$M^+ \to 217$）显示出不同碳数甾烷差向异构体之间的差异。与图 8.25 中假定的例子相比，可以看出该图每个碳数复杂的差向异构体分布。与 C_{27} 色质图中 6、7、8 和 9 对应的峰也出现在 C_{26} 色质图上。这是由于 MRM 方法本身分辨率较低（100）产生干扰的缘故。应用串联质谱仪气相色谱/质谱/质谱法（GCMS/MS）所进行的相似实验通常分辨率会较高（1000），可降低此类干扰。本图的转载承蒙雪佛龙美国公司的分支机构雪佛龙－德士古勘探和开发技术公司的惠允

图 8.26 附表　中 MRM/GCMS 法（$M^+ \to m/z\ 217$）分析的色谱峰鉴定表

峰　号	定　名	碳　数
1	5β－胆烷	24
2	5α,14α,17α(H)－27－降胆甾烷 20S	26
3	5α,14β,17β(H)－27－降胆甾烷 20R	26
4	5α,14β,17β(H)－27－降胆甾烷 20S	26
5	5α,14α,17α(H)－27－降胆甾烷 20R	26
6	5α,14α,17α(H)－胆甾烷 20S	27
7	5α,14β,17β(H)－胆甾烷 20R	27
8	5α,14β,17β(H)－胆甾烷 20S	27
9	5α,14α,17α(H)－胆甾烷 20R	27
10	5α,14α,17α(H)－麦角甾烷 20S	28
11	5α,14β,17β(H),27－麦角甾烷 20R	28
12	5α,14β,17β(H),27－麦角甾烷 20S	28
13	5α,14α,17α(H)－麦角甾烷 20R	28
14	5α,14α,17α(H)－豆甾烷 20S	29
15	5α,14β,17β(H)－豆甾烷 20R	29
16	5α,14β,17β(H)－豆甾烷 20S	29
17	5α,14α,17α(H)－豆甾烷 20R	29
18	5α,14α,17α(H)－24－正丙基胆甾烷 20S	30
19	5α,14β,17β(H)－24－正丙基胆甾烷 20R + 20S	30

续表

峰 号	定 名	碳 数
20	5α,14α,17α(H)-24-正丙基胆甾烷20R	30
21	13β,17α(H)-重排胆甾烷20S	27
22	13β,17α(H)-重排胆甾烷20R	27
23	13α,17β(H)-重排胆甾烷20S	27
24	13α,17β(H)-重排胆甾烷20R	27
25	13β,17α(H)-重排麦角甾烷20S(24S+24R)	28
26	13β,17α(H)-重排麦角甾烷20R(24S+24R)	28
27	13β,17α(H)-重排豆甾烷20S	29
28	13β,17α(H)-重排豆甾烷20R	29
29	13β,17α(H)-重排-24-正丙基胆甾烷20S	30
30	13β,17α(H)-重排-24-正丙基胆甾烷20R	30
31	13β,17α(H)-重排-27-降胆甾烷20S	26
32	13β,17α(H)-重排-27-降胆甾烷20R	26
33	5α,14α,17α(H)-+5α,14β,17β(H)-21-降胆甾烷	26

8.5.3.5 亚稳态反应监测/色谱-质谱法

亚稳态反应监测(MRM)/色谱-质谱法通过监测在双聚焦质谱仪第一无场区发生的离解,可以提供很多与 GCMS/MS 法一样的特征信息。这些方法也称之为"选择亚稳态离子监测"法(SMIM)(见 Steen,1986)。三级式仪器利用中间一级的中性气体诱导离解。双聚焦磁场质谱仪可以设定两种 MRM/GCMS 法方式。第一种方法为静电场电压与加速电压不联动(Gallegos,1976;Warburton 和 Zumberge,1982),磁场被设定为只对目标子离子碎片聚焦,扫描加速电压用以测量在质谱仪第一无场区发生的亚稳态转换。只有那些由被选择母离子的亚稳态转换所形成的目标子离子才被检测。第二种方法称为联动扫描,磁场和静电场是联动的(Haddon,1979)。例如,联动扫描测量可以包括同时扫描磁场强度(B)和电场强度(E),通过保持加速电压的恒定,使 B/E 为一定值。该定值由这两个场的强度来确定,该强度用于传输预定质/荷比的目标离子。在测量母离子时,依据恒定的 B^2/E 值进行联动扫描。而在测量子离子时,则依据恒定的 B/E 值进行联动扫描。

虽然串联质谱仪的分析流程并非严格意义上的 GCMS/MS 法、MRM/GCMS 法仍可产生相似的结果。因此,除非特别提及,本书中有关 GCMS/MS 法的进一步论述也包括 MRM/GCMS 法。由于这些技术具有更高的灵敏度和更大的可靠性,与传统的 GCMS 法相比,它们在生物标志化合物方面的应用有希望与日俱增。

8.5.4 母离子方式 GCMS/MS 法

在母离子方式中,在质谱仪离子源中所形成的离子进入碰撞仓四极(图 8.17,Q_2),与惰性气体发生碰撞,离解形成各种子离子。被监测的每一族生物标志化合物的一个或多个子离子由第三四极所(Q_3)选择,在电子倍增器上聚焦并得到分析。例如,$C_{26}-C_{30}$ 甾烷系列的化合物相互间以一个亚甲基(—CH_2—,即质量为 14amu)递增,它们之间的这种差别可用 GCMS/MS 来区分。$C_{26}-C_{30}$ 甾烷的分子离子(母离子)分别由 m/z 358、372、386、400 和 414 组成,每个母离子在碰撞仓(Q_2,图 8.17)与惰性气体发生碰撞后,在 m/z 217 生成一个主要子离子(表 8.4),由子体四极(Q_3)予以监测。母离子和子离子均可被选择性地监测,以提高信噪比。因此,采用设定只让m/z 372的离子通过母体四极(Q_1)以及只允许m/z 217离子通过子体四极的方法,即可得到仅显示C_{27}甾烷的质量色谱图。只有在被选择的分子离子生成相应的子离子时,才能得到一个信号。母离子不一定都是分子离子。譬如:尽管C_{25}多支链的异戊二烯类(HBI)(表8.4)的分子离子是m/z 352,但监测m/z 239→238的转换比m/z 352→238或239的转换更具优势,这是因为该化合物的电离只生成一个很小的m/z 352碎片,检测这个碎片比检测m/z 238或m/z 239要困难得多。

表8.4 地球化学所关注的化合物的母-子离子转换

化合物	被第一四极(Q_1^*)分离出来的母离子	在第二四极(Q_2^*)中生成的子离子
C_{19}三环萜(唇果蕨烷)	262	191
C_{20}三环萜	276	191
C_{27}三环萜	374	191
C_{28}三环萜	388	191
C_{24}四环萜(脱-E环-藿烷)	330	191
脱-A环-羽扇烷	330	191
扁枝烷	274	123
异海松烷	276	247
补身烷	208	123
桉叶油烷	208	165
C_{25} HBI	239(352)	238
C_{24}甾烷(5β-胆甾烷)	330	217
C_{26}甾烷	358	217
C_{27}甾烷	372	217
C_{28}甾烷	386	217
C_{29}甾烷	400	217
C_{30}甾烷	414	217
C_{30}甲基甾烷	414	231
C_{27}三降藿烷	370	191
C_{28}二降藿烷	384	191
C_{30}藿烷	412	191
C_{31}升藿烷	426	191
C_{35}藿烷	482	191
双杜松烷	412	369
甲基双杜松烷	426	383
螺旋三萜烷	412	342
丛粒藻烷	294	197
双降-羽扇烷	384	177
25-降藿烷	398	177
25,30-双降藿烷	384	177
双升藿烷	440	191
类胡萝卜烷	558	125

*参见图8.17。
HBI为多支链异戊二烯类。

上述有关 GCMS/MS 法鉴别 C_{27} 甾烷的方法是基于母离子(m/z 372)和子离子(m/z 217)碎片之间的关系。该方法优于 SIM 方式中对 m/z 372 的直接监测,因为 SIM 会受干扰峰的影响。例如,C_{28} 甾烷在离子化过程中会失去一个甲基(15amu),形成一个 m/z 371 碎片。然而,由于重碳(^{13}C)或重氢(D)同位素的存在,有些 m/z 372 碎片也可由 C_{28} 甾烷生成。除甾烷之外,其他化合物在 SIM/GCMS 法条件下也可以发生裂解,生成 m/z 372 碎片。

与常规的 GCMS 法相比,GCMS/MS 法(包括 MRM/GCMS)有重大的改进。例如,用常规 GCMS 的 SIM 方式监测 m/z217 得到的只是一张简单的囊括所有甾烷的质量色谱图,它们中大多数发生共流。然而,GCMS/MS 法则可依据碳数将单个甾烷几乎完全分离(图 8.26),并提供每个甾烷的质量色谱图。在油 - 油及油 - 源对比时,这些 GCMS/MS 法的数据对构建 C_{27} - C_{28} - C_{29} 甾烷三角图至关重要。由于受不同碳原子数化合物的干扰,大多数商业服务公司提供的常规 SIM/GCMS 法的数据,无法像 GCMS/MS 法的数据那样,精确地构建这类示意图。任何单独的 GCMS/MS 法分析均可同时监测几种母 - 子离子的关系,分辨出同族化合物中的几个不同碳数的化合物(如 C_{27} - C_{30} 甾烷)或几个不同族的生物标志化合物(如甾烷、三环萜烷、五环萜烷等)。GCMS/MS 法的分析通常涉及到许多种母 - 子离子的关系,它们必须通过计算机进行反褶积。

GCMS/MS 法的碰撞激活解离(CAD)对生物标志化合物组成的反褶积优于其他色谱 - 质谱法的方式。例如,Fowler 和 Brooks(1990)应用四种方法比较了加拿大东海岸 Rankin 组 Egret 段的原油和沥青中甾烷的分布及成熟度参数。这些样品中丰富的 4 - 甲基甾烷在 m/z 217 质量色谱图上对规则(4 - 脱甲基)甾烷有干扰,因为这两类甾烷均产生 m/z 217 的碎片。一如所料,无论低分辨率或是高分辨率的 SIM/GCMS 系统均不能有效地消除 4 - 甲基甾烷所产生的干扰,因为这两种甾烷的碎片离子具有相同的原子组成。由于 MRM/GCMS 法可以监测特殊的母 - 子离子的转换,它对同一样品所得出的分析结果就要更可靠些。然而,应用 CAD/GCMS/MS 法获得的结果甚至更为可靠,因为该方法对母离子和子离子的分辨率均较高。

8.5.4.1 子离子方式 GCMS/MS 法

在子离子方式中,被选择的母离子进入碰撞仓内,发生碰撞活化离解(CAD),通过设定子体四极为全扫描方式采集一个完整的子离子质谱。该方法可以从子离子质谱中鉴别出具有特定分子量的组分,也可以获得复杂混合物中化合物的质谱而不受质量不同的共流化合物的干扰。

8.5.4.2 中性丢失方式 GCMS/MS 法

在中性丢失方式中,母体和子体四极(扇区)经设定只扫描指定的质量范围。子体四极扫描的给定质量低于母体四极,这是基于母体化合物通过质量丢失形成一种中性物质碎片的假设。因此,欲监测经历了中性质量丢失为 32 的含硫化合物的分布,子体四极所设定的扫描质量就要比母体四极低 32 个质量单位。这样,只有丢失了 m/z 32 碎片的化合物才可以被检测。

8.6 质谱与化合物鉴定

质谱是解释未知化合物结构的一个重要工具(McLafferty,1980)。一个质谱图通常指示一个分子的质量和其碎片的质量。当检测器扫描某特定的质量范围时(通常为 50 ~ 600 amu),大约每三秒钟就可生成一张质谱图。因此,每张质谱图所标绘的是每次扫描时撞击在检测器上的离子的质/荷比(m/z)与响应值之间的关系(图 8.18)。图 8.27 展示了几个常用生物标志化合物的质谱图。Philp(1985)编纂了一本含有许多生物标志化合物质谱的图集。

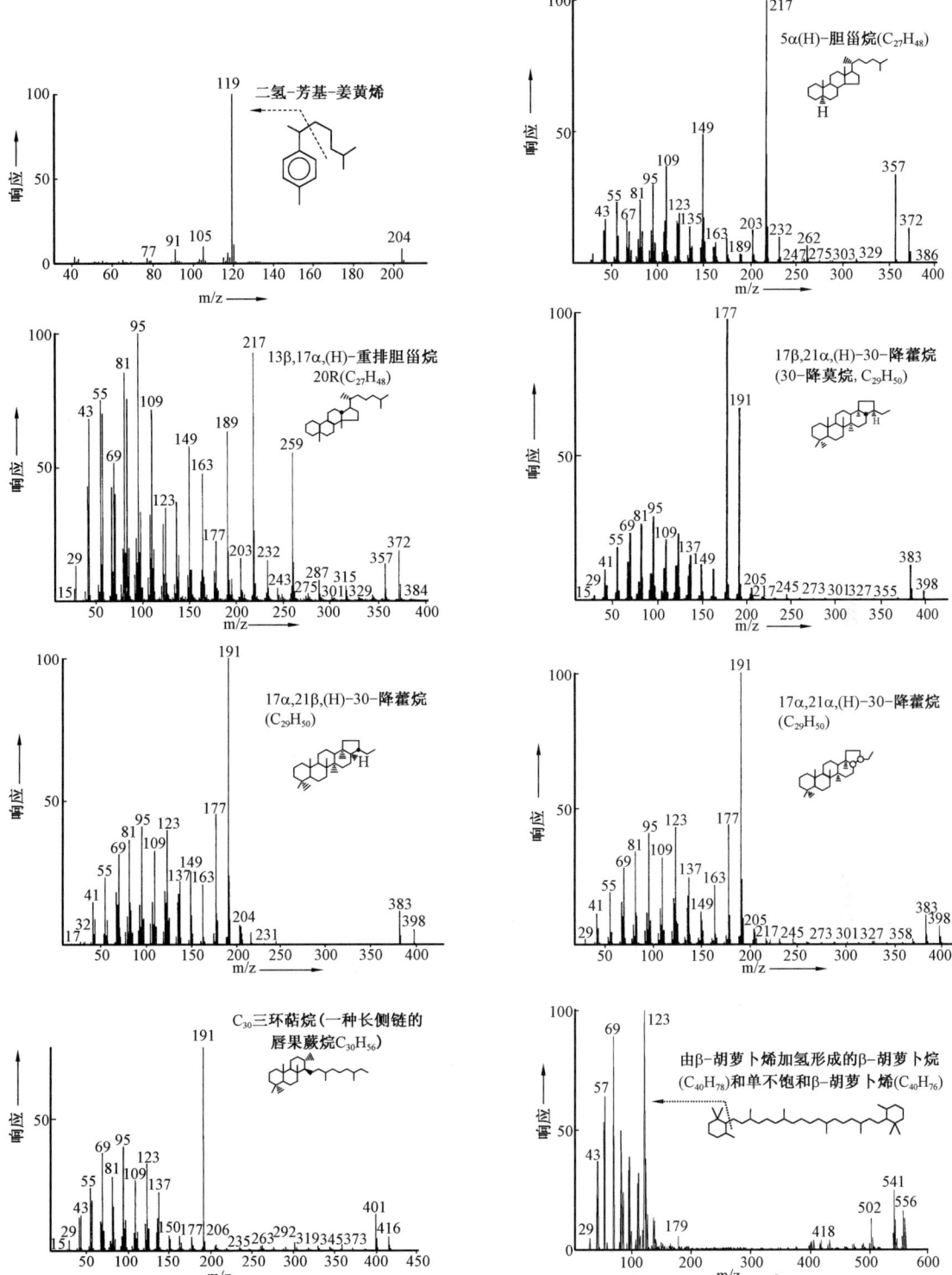

图 8.27 几种生物标志化合物质谱图的举例。每个质谱图的最强峰(基峰)在 y 轴上的响应值被定义为 100 个单位。Philp(1985)展示了许多生物标志化合物的质谱图。本图的转载承蒙雪佛龙美国公司的分支机构雪佛龙-德士古勘探和开发技术公司的惠允。
二氢-芳基-姜黄烯的质谱转引自 Ellis(1995)

注:生物标志化合物中的稳定同位素影响其质谱,可用于辅助对结构的解释。生物标志物在质谱的离子源内碎裂成为离子,任何离子中其中的一个原子成为^{13}C同位素的可能性随原子数的增加而增大。譬如,胆甾烷的分子离子(m/z 372)含有27个碳原子,具有^{13}C同位素的可能性远大于只有一个碳原子的分子(即27×1.1%=29.7%)。每个碳原子的系数(1.1%)依有机质来源的不同而略有变化(相对变化2%)。胆甾烷的质谱图(图8.27)显示:在分子离子m/z 372之后有一明显的m/z 373,这就是^{13}C的贡献。如果这个质谱是一未知化合物的谱图,那么,通过比较分子离子的两个同位素峰就可以推算出该化合物的最大碳原子数(McLafferty,1980)。

同位素峰有时会使质谱图的解释复杂化。例如,比阿特丽斯(Beatrice)原油含有丰富的苯并藿烷,其特征质谱基峰是m/z 252。由于其含量在该原油中很高和其同位素峰为m/z 253,苯并藿烷就干扰了该原油单芳甾类的质谱图(图8.36)。

几种分析技术的结合,其中可能包括质谱学、核磁共振(NMR)谱学、X衍射晶体学以及标样共注的气相色谱学,对于证实从气相色谱中流出的单体组分的化学结构是十分必要的。只有在一个未知组分与实验室中合成的标准化合物的上述分析结果相互一致时,或具有确凿的X-衍射结果时,该未知组分的结构才能获得证实。应用质谱(McLafferty,1980),再结合其他方法,如二维NMR谱学(Croasmun和Carlson,1987)对化合物进行严格的鉴定,已超出了本书的范围,现仅举以下两个实例。Smith等人(1970)应用X-衍射晶体学方法确定了尼日利亚原油中18α(H)奥利烷和螺旋三萜烷的结构;而Balogh等人(1973)则应用^{13}C NMR的方法测定了绿河页岩中17α(H)-藿烷的结构。值得庆幸的是:常规的地球化学研究没有必要如此详细地去证实化合物的化学结构,因为大多数的研究使用相同的关键化合物,而它们的主要碎片和保留时间都是已知的。

化合物结构能够被认可的鉴定通常可以通过使用两根具有不同极性的高分辨色谱柱与结构已知的化学合成标样共注来获得。假如它们代表着相同的结构,那么未知化合物和标准化合物就会具有相同的质谱。共注为应用于共流实验的一项色谱技术。一个合成的或商业用途的标准化合物与含有待鉴别化合物的样品在被称之为示踪的过程中进行混合。如果共注的标样与未知化合物同时从气相色谱中流出,那么该混合物色谱图中未知化合物的相对峰强要高于纯样(未示踪的)。图8.28所示为加利福尼亚海岸Eel河地区沥青中18α(H)-和18β(H)-奥利烷的临时鉴定结果。标准化合物与未知化合物的共流暗示但不能证实二者可能是同一物质。通常,共流实验需要采用另一根固定相不同的色谱柱重复进行。偶尔共流的两种不同的化合物在另一根具有不同极性的色谱柱上也共流是不大可能的。

在实现共流之后,对比未知化合物和标样的质谱可用于推断二者是否相同。然而,使用不同的仪器或同一仪器但不同的分析条件所获得的质谱可能是不同的。图8.29将我们得到的北海油样中一个未知峰的质谱与已发表的25-降-17α(H)-藿烷的质谱进行了对比(25-降藿烷作为严重生物降解的指标,后文对此有专门的论述)。质谱的相似性加之标样和未知峰的共流,可以对该化合物做出初步的鉴别。如上所述,严格的结构鉴定还应包括未知化合物和标样在不同色谱柱上的共流实验以及NMR或X-衍射的结构确认。

母体与假定产物扫描次数(保留时间)的相关图可用于辅助解释同系物的结构。例如,25-降藿烷被认为是藿烷同系物系列在C-25位上失去一个甲基后所形成的。因此,藿烷同系物Ts和Tm(C_{27})、二降藿烷(C_{28})、降藿烷(C_{29})、藿烷(C_{30})以及$C_{31}-C_{35}$升藿烷(m/z 191)的扫描数与去甲基25-降藿烷(m/z 177)的扫描数应当呈线性关系。

8.7 生物标志化合物的定量分析

应用质量色谱图对单个化合物的定量分析可借助计算机程序自动进行。该程序鉴别

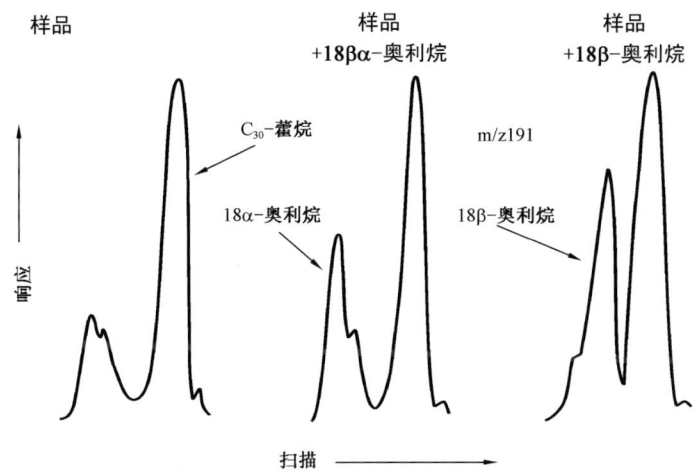

图 8.28 加利福尼亚近海 Eel 河盆地沥青(图 14.9 样品 1)与标样共注后,对 18α(H)-和 18β(H)-奥利烷的尝试鉴别。纯(未示踪)沥青中(左图)萜烷的质量色谱图(m/z 191)显示两个未知峰,它们均在 $C_{30}17\alpha,21\beta(H)$-藿烷峰之前流出。合成的 18α(H)-奥利烷与第一个流出的未知峰共流(中图)。值得注意的是 18α(H)-奥利烷的峰高相对于纯样(左图)和共注样(中图)中的 C_{30} 藿烷峰而言有所增大。合成的 18β(H)-奥利烷与第二个流出的未知峰共流(右图)。
本图的转载承蒙雪佛龙美国公司的分支机构雪佛龙-德士古勘探和开发技术公司的惠允

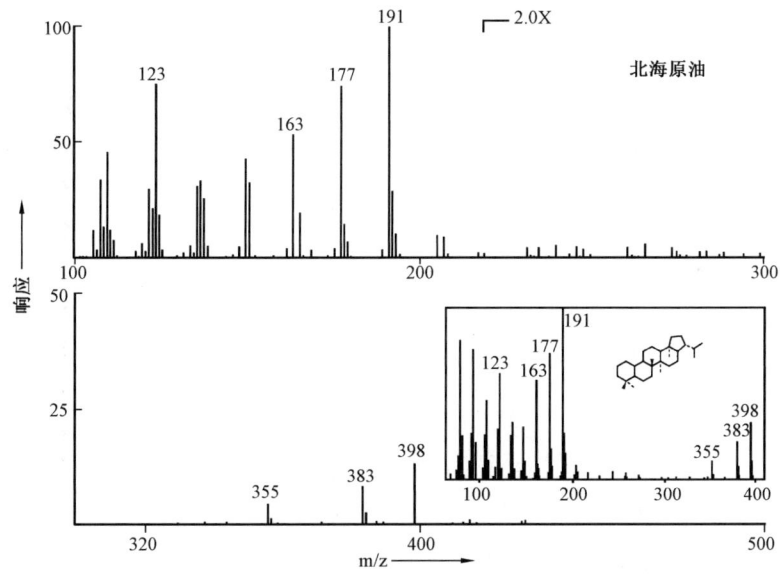

图 8.29 从北海原油 m/z 177 质量色谱图中鉴别出的一个未知化合物的质谱图。该未知化合物的质谱与已发表的质谱(插图内)之间的相似性有助于将该化合物初步地鉴定为 25-降-17α(H)藿烷(结构如插图所示)。该化合物质谱的主要碎片离子为 m/z 191 和 177。图 14.2 为同一油样 m/z 191 和 177 的质量色谱图。本图的转载承蒙雪佛龙美国公司的分支机构雪佛龙-德士古勘探和开发技术公司的惠允

GCMS色谱峰的依据是:① 相对于与样品共注的内标物而言的气相色谱的保留时间;② 未知化合物质谱图与谱库中标准谱图的对比。

对内标的描述如下:通常使用 5β-胆烷作为饱和烃馏分的内标(图 8.4 和图 8.21),因为它在原油中的含量低,在质谱仪中的裂解与其他甾烷相似(Seifert 和 Moldowan,1979),而且不

与其他甾烷发生共流。合成的芳甾类在原油中不存在,与天然的芳构化甾烃也不共流,通常可用于单芳甾类和三芳甾类的定量分析(图 8.22 和图 8.23)。

定量分析要求对给定的色质图上的每个被鉴别的峰和内标物进行面积定量,样品中加入的内标物溶液的量是已知的。每个化合物在样品中的含量(ppm)用下式计算:

$$化合物的含量 = \frac{(化合物的峰面积)(内标物的含量)(响应系数)}{(内标物的峰面积)}$$

$$其中,响应系数 = \frac{(内标物的峰面积)/(化合物的含量)}{(化合物的峰面积)/(内标物的含量)}$$

由于响应系数会随仪器条件而变化,因此,主要化合物含量已知的标准油样需要定期进行测定。依据原油标样的测定,这些化合物的响应系数可在定量程序中予以校正。许多生物标志化合物的比值在使用时,都必须对单个化合物先进行定量。譬如,假如分析样品的所有操作条件相同,具有相似裂解形式的两个化合物的面积比就可以被其含量的比值所取代。然而,不同的仪器条件可以改变一个生物标志化合物比值中不同化合物的相对响应值,这在测试样品的时间不同或使用的仪器不同时,尤为如此。这类响应值的改变尤其会对涉及具有不同裂解特征的化合物间的比值产生严重的影响,如规则甾烷与 $17\alpha(H)$ - 藿烷的比值以及三芳甾类与单芳甾类间的比值。其他的研究者也使用类似的方法对 GCMS 得到的生物标志化合物的含量进行量化(Rullkötter 等,1984;Mackenzie 等,1985,Eglinton 和 Douglas,1988)。这类方法还依靠与天然生物标志化合物不共流的内标物来校正定量分析中的响应系数。

8.7.1 色谱 – 质谱法数据问题的实例

影响 GCMS 数据质量的因素包括:扫描速率、采样频率、电子零点能级、背景噪音、采样门限、放大器饱和度、磁盘有效空间以及进样量(气相色谱柱超载)等。现对 GCMS 数据最常见的一些问题描述如下。

8.7.1.1 气相色谱分辨率差

色谱分辨率对最准确地解释生物标志化合物是必不可少的。与近期色谱柱技术改进后的研究相比,以前的文章展示的生物标志化合物通常分辨率较差。色谱柱的不正确维护或使用时间过长而没有及时替换也可以导致分析峰的分辨率变差或出现拖尾峰。对不同时期常见标准混合物的气相色谱图进行对比,可明显察觉出色谱柱性能的降低。

8.7.1.2 信噪比差

几种不同的原因均可引起信噪比变差。假如混合物中生物标志化合物的浓度很低,那么其质量色谱图的信噪比可能就低。低浓度的生物标志化合物常见于高熟烃源岩的抽提物、轻质油以及凝析油,它们中几乎所有的生物标志化合物均遭破坏(图 8.30)。在一些样品中某些种类的生物标志化合物的含量原本就不高。例如,

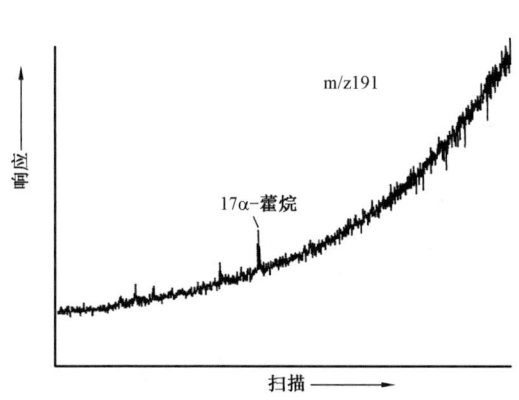

图 8.30 萜烷的质量色谱图或"指纹"(m/z 191)图表明加利福尼亚 Eel 河盆地高成熟的凝析油(49°API)具有很低的信噪比。该凝析油中低浓度的生物标志化合物排除了详细分析生物标志化合物的可能性。将该指纹与图 13.72 中各类其他原油的指纹相比,可以看出其基线的升高是由 DB - 1 的柱流失所致(见图 8.32)。本图的转载承蒙雪佛龙美国公司的分支机构雪佛龙 - 德士古勘探和开发技术公司的惠允

在一些来自湖相或以陆源成分为主的海相烃源岩的原油中甾烷的含量就很低。

质谱仪所存在的问题常引起信噪比低下。透镜脏、增益设置过高或过低、离子源或四极杆脏、倍增器增益低、校准不良或所分析质量的保留时间不足等均可导致信噪比出现问题。质谱仪的灵敏度和稳定性也随制造厂家和型号的不同而各异。生物标志化合物浓度较低的样品在一台仪器上可能表现为差信噪比,而在另一台仪器上则信噪比良好。

8.7.1.3 离子采样频率

离子采样频率是影响质量色谱精准度的一个重要参数,采样频率一般表达为每次扫描给定离子所需的秒数。每扫描一次,数据系统记录一个数据点。该数据点在基线以上具有一定的高度或强度,它与到达质谱仪检测器的离子数目成比例。一个代表 C_{30} 化合物的典型的生物标志化合物的洗提峰宽很可能为 12~15s。图 8.31 比较了 3s 和 1.5s 的采样速率以及这些速率是如何影响色谱峰清晰度的。1.5s 扫描速率生成的色谱峰清晰度较好,其轮廓比 3s 扫描速率的色谱峰要光滑些。在样品的重复分析中,1.5s 的扫描速率可获得更为精确和重复性较好的色谱峰测量。我们一般采用每峰应至少扫描 10 次或约 1.5s 扫描一次的采样速率对色谱峰进行定量。3s 一次的扫描速率通常适合于质谱图的获取。

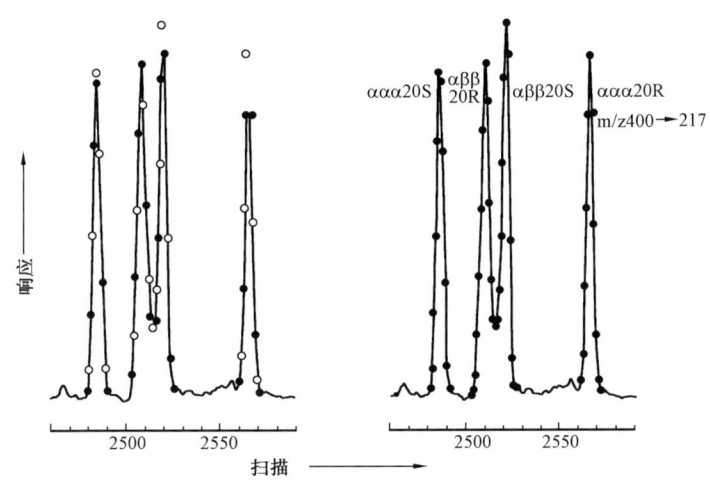

图 8.31 3s(左)和 1.5s(右)采样(扫描)速率对色谱峰清晰度所产生的效果的对比。该图所示为色谱/质谱/质谱(GCMS/MS)法测得的甾烷(M^+,m/z 400→m/z 217)的部分质量色谱图。值得注意的是:3s 的扫描速率使 αββ20S 和 ααα20R 的峰顶缺失,与 1.5s 的扫描速率所获得的结果相比,形成 20S/(20S+20R)比值增高的假象。速率为 3s 的一次扫描只有 1.5s 扫描速率采样点的一半。为了便于对比,3s 扫描速率的质量色谱图上也标出了扫描速率为 1.5s 时才可能出现的点(空心圆)。本图的转载承蒙雪佛龙美国公司的分支机构雪佛龙-德士古勘探和开发技术公司的惠允

8.7.1.4 柱流失

图 8.32 为 DB-1 固定相柱在 325℃(大多数分析中所使用的最高程升温度)出现流失时的质谱图。尽管降低色谱程升温度可减少柱流失,但柱流失的影响也可通过扣除本底来消弥。色谱柱的过量流失会导致色谱基线升高,通常需要通过更换色谱柱和(或)降低最高炉温来校正。有时即使扣除了本底,柱流失的离子也会出现在质谱图上,使结构的鉴定复杂化。

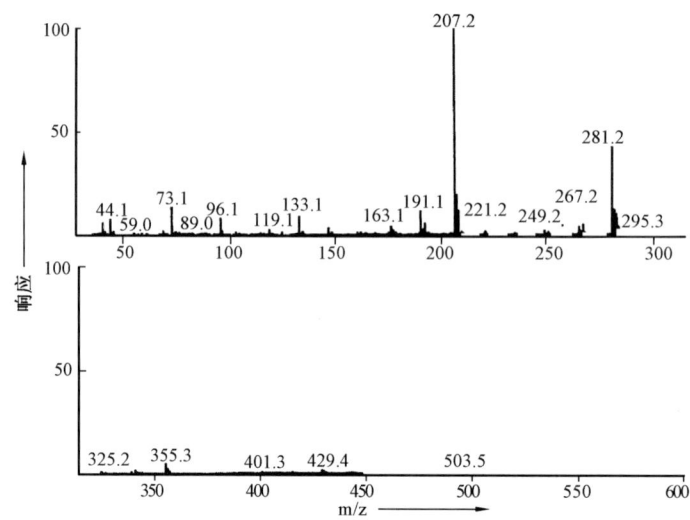

图 8.32 DB-1 固定相色谱柱流失的质谱图。值得注意的是:DB-1 柱的流失有一明显的 m/z 191 峰,它可以引起萜烷分析中所使用的 m/z 191 质量色谱图基线的升高(如图 8.30 所示)。本图的转载承蒙雪佛龙美国公司的分支机构雪佛龙 - 德士古勘探和开发技术公司的惠允

8.7.1.5 柱超载

注入太多的样品或注入的样品中某一特定类型化合物的含量过大均可导致出现"负峰"、拖尾峰、分辨率低下以及保留时间改变的现象。柱超载的实例见图 8.33。

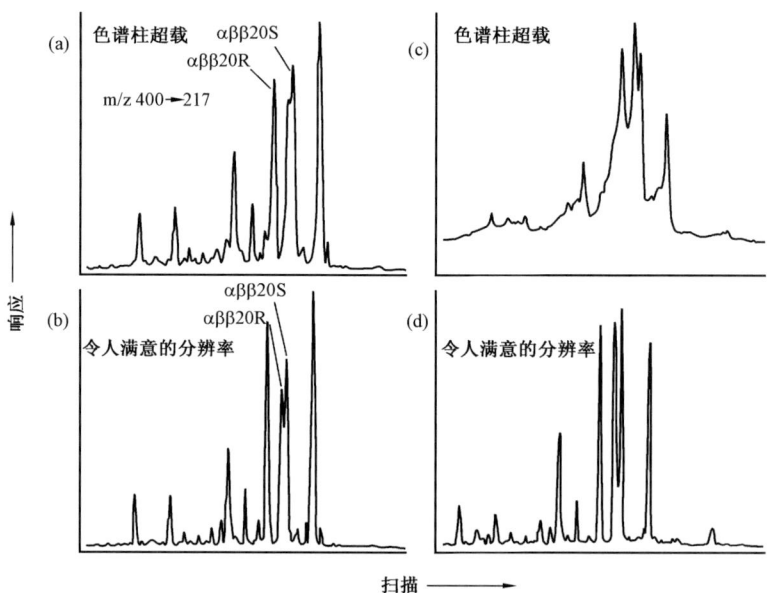

图 8.33 亚稳态反应检测(MRM)/GCMS 法的质量色谱图中,柱超载影响 C_{29} 甾烷(m/z 400→217)色谱峰分辨率的举例。(a)注入 0.2μL 富含甾烷的土耳其油苗油的甲苯溶液导致出现超载柱的典型特征:与(b)相比,分辨率变差、色谱峰变宽。αββ20R 和 αββ20S 峰的分辨率尤为低下;(b)只注入 0.1μL 上述溶液(a),可形成较窄的峰,其分辨率令人满意;(c)注入 0.2μL 的怀俄明标准油样的甲苯溶液使色谱柱严重超载,形成很宽、分辨很差的色谱峰;(d)注入 0.1μL 同一油样的上述溶液(c),则得到令人满意的色谱峰分辨率。本图的转载承蒙雪佛龙美国公司的分支机构雪佛龙 - 德士古勘探和开发技术公司的惠允

8.7.1.6 数据系统超载

所有的数据系统均受数据采集速率的限制。当来自质谱分析器的信号过量而超过了正常的数据采集速率时,数据系统就会出现"超载"或饱和现象。它对质量色谱峰的影响表现为对峰高的限制,从而导致峰顶拉平以及定量不准(图8.34)。然而,超载峰的外观可能变化很小,不易被发现。

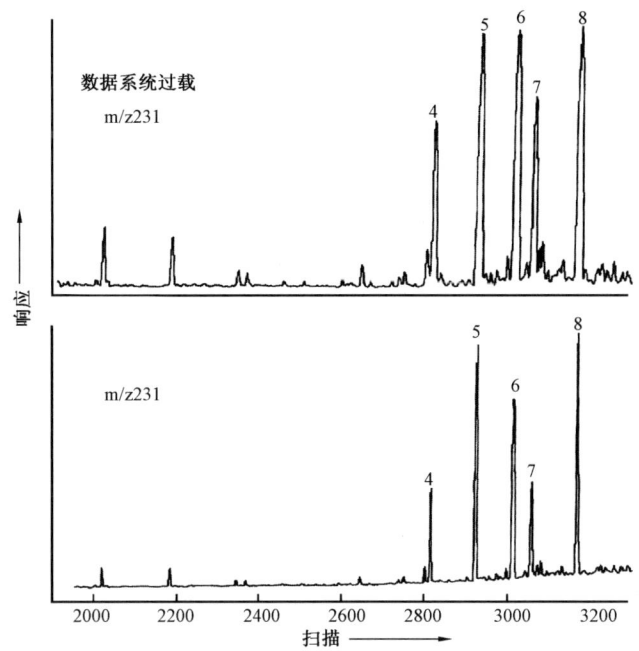

图 8.34 土耳其油苗芳香烃馏分选择离子监测/气相色谱/质谱法(SIM/GCMS)分析所获得的 m/z 231(三芳甾类)质量色谱图的特征中数据系统超载的举例(上图)。该质量色谱图中三个最高峰使数据系统饱和,即由于数据采集的速率过快而造成计算机超载。因此,与正常的质量色谱图中的同类峰相比(下图),这些峰的大小被低估。上、下质量色谱图分别由注入 0.2μL 和 0.02μL 的"纯"样(不含溶剂)得到。标号峰的化合物鉴定见图8.23。本图的转载承蒙雪佛龙美国公司的分支机构雪佛龙 – 德士古勘探和开发技术公司的惠允

8.7.1.7 错误的质量范围监测

图 8.35(上图)所示为怀俄明标准油样中 m/z 218 重叠在 m/z 217 之上的质量色谱图举例。值得注意的是图中 $C_{29}14\beta,17\beta(H)$ - 甾烷峰与同一样品在可接受的分析结果中没有出现 m/z 218 重叠时的峰(下图)相比偏高。导致 m/z 218 和 m/z 217 重叠的原因是质量校准有误,即将质谱仪内 m/z 217 的"窗口"设置在也可以采集 m/z 218 数据的位置。在不算极端的情况下,监测不正确的质量范围也能引起不甚明显、但却是不正确的结果。

8.7.1.8 干扰峰

有几类化合物通常会干扰用于甾烷分析的 m/z 217 质量碎片图。某些五环三萜烷(尤其是在色谱中与 C_{29} 甾烷共流的 28,30 - 二降藿烷)(Moldowan 等,1984)在质谱图中具有重要的 m/z 217 碎片,而 4 - 甲基甾烷在质谱图中的 m/z 217 碎片则很小。但在某些原油或抽提物(通常为湖相烃源岩)中,4 - 甲基甾烷明显大于 4 - 脱甲基甾烷,在使用 m/z 217 对其进行分析时会产生干扰。

出现干扰峰的另一个例子是:当饱和烃和芳香烃馏分在一起分析时。C 环单芳甾类的分

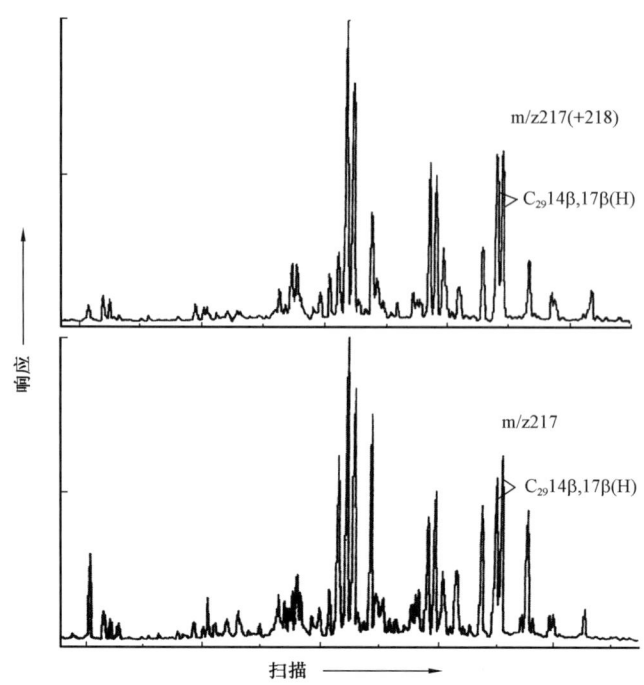

图 8.35 当检测的质量范围有轻微偏差时,对怀俄明标准油样的甾烷分布(m/z 217)所产生的影响。上图为 m/z 218 重叠到 m/z 217 的质量色谱图举例。注意:与下图正常的质量色谱图相比,该质量色谱图上的 $C_{29}14\beta,17\beta(H)$ - 甾烷峰偏高。本图的转载承蒙雪佛龙美国公司的分支机构雪佛龙 - 德士古勘探和开发技术公司的惠允

析需要 m/z 253 的选择离子监测,但许多无环饱和烃也具有相同的主要碎片(m/z 253),它会干扰单芳甾类的分析。然而,可以应用较高分辨率(精确质量)的质谱仪对这些化合物进行分离,将 m/z 253.20 设置为单芳甾烃或 m/z 253.29 为饱和烃(Mackenzie 等,1983a)。

两个丰度较高、分子量为 252 的化合物的同位素峰常常是 m/z 253 质量色谱图上的强峰,这可以作为干扰严重的例子。对该样品的多次分析表明:m/z 253 质量色谱图的重复性不好。其原因主要是由于这两个峰的强度发生了变化。图 8.36 展示了 m/z 253 质量色谱图中的这两个峰,样品为英国 Inner Moray 峡湾 11/30 - 2 井的 Beatrice 原油(见图 18.118)。该油样为来自泥盆系湖相和中侏罗统海相烃源岩的烃类混合物(Peters 等,1989)。Beatrice 原油和附近中侏罗统潜在烃源岩的沥青抽提物均含有这些异常的芳香烃标记化合物,而在该区的其他样品中,它们的含量则甚微。我们从采自加利福尼亚近海 Eel 河地区的原油中也检测出了在 m/z 253 色谱图上具有相同保留时间的化合物。

中侏罗统和 Eel 河的样品中两个最显著的芳香烃化合物峰的质谱图是基本相同的,具有高强度的 m/z 252 基峰和 m/z 126 次级峰。许多多环芳香烃生成显著的 m/z 252 分子离子,包括 1,2 - 和 3,4 - 苯并芘(图 8.20)。而 m/z 126 的离子似乎为分子离子的双电荷类型。这些峰的质谱图以及与标样共注的实验表明这两个化合物为 1,2 - 和 3,4 - 苯并芘。显然,在 Beatrice 原油中这些化合物的含量很高,以至于在 m/z 253 质量色谱图上出现一个代表苯并芘含有一个氘或 ^{13}C 原子的同位素峰。监测 m/z 253 的狭缝大小的差异或重复分析之间质量校正的偏差似乎是造成这些化合物同位素峰强度变化的原因。

8.7.1.9 传输杆内的冷点

连接色谱和质谱接口的导管部分(传输杆)在加热时偶尔也会出现问题。在现代仪器中,

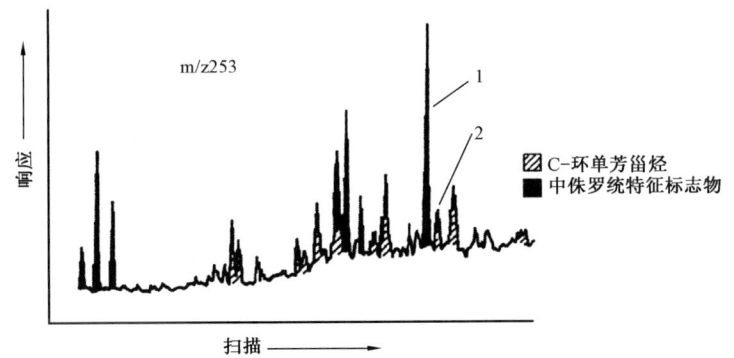

图 8.36 英国 Inner Moray 峡湾 Beatrice 原油的芳香烃馏分中 m/z 253 的质量色谱图。注意多环芳香烃化合物(黑色峰)对单芳甾类(阴影峰)的分析产生的干扰。本图的转载承蒙雪佛龙美国公司的分支机构雪佛龙 – 德士古勘探和开发技术公司的惠允

色谱柱是穿过传输杆的,从而使柱中流出的洗提物可以直接进入离子源。传输杆中的冷点对沸点高于冷点温度的化合物的传输起着屏障的作用。其结果导致色质图中沸点较高的化合物峰的分辨率降低,而沸点较低的化合物峰的分辨率则属正常(图 8.37)。

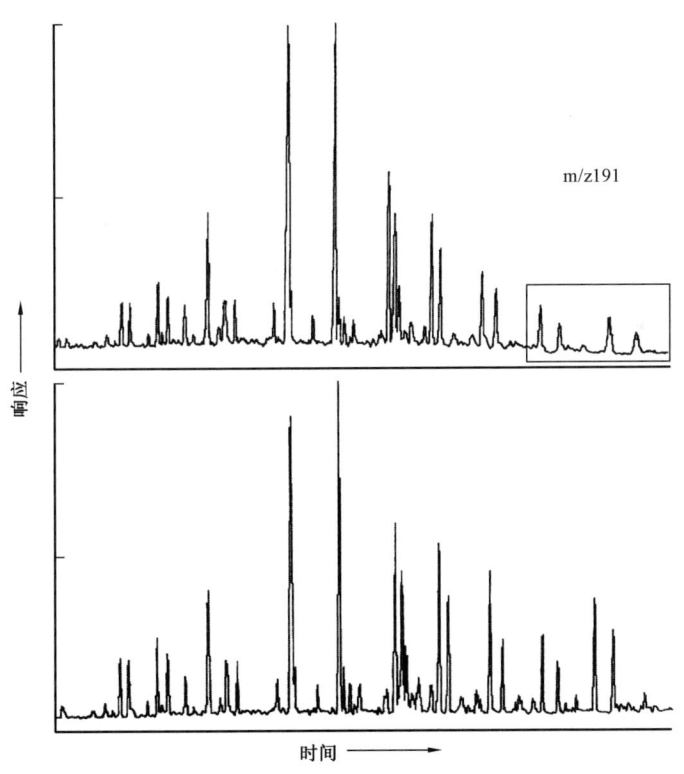

图 8.37 怀俄明 Hamilton Dome 原油标样 m/z 191 质量色谱图受"冷点"影响的举例。上图中,m/z 191 质量色谱图由于受传输杆冷点的影响出现色谱峰变宽的现象(方框内),而下图中该部位色谱峰的分辨率则良好。本图的转载承蒙雪佛龙美国公司的分支机构雪佛龙 – 德士古勘探和开发技术公司的惠允

8.7.1.10 离子源脏

脏离子源可使背景值增大并导致信噪比降低。离子源脏使仪器不能进行正确的校准。

8.7.1.11 正构烷烃的散焦作用

正构烷烃从色谱流入离子源可导致在其他化合物的质量色谱图中出现负峰,这仅仅是由于离子源充溢或散焦的缘故(图 8.38)。当质谱仪离子源中的离子体过小时,使用 GCMS 系统分析链烷烃中的饱和烃馏分所产生的散焦作用就特别棘手。小离子体的应用在某些早期的四极杆仪器和质量选择检测器中比较普遍。分析受散焦作用影响的样品,可使用分子筛除去正构烷烃以改进分析效果。

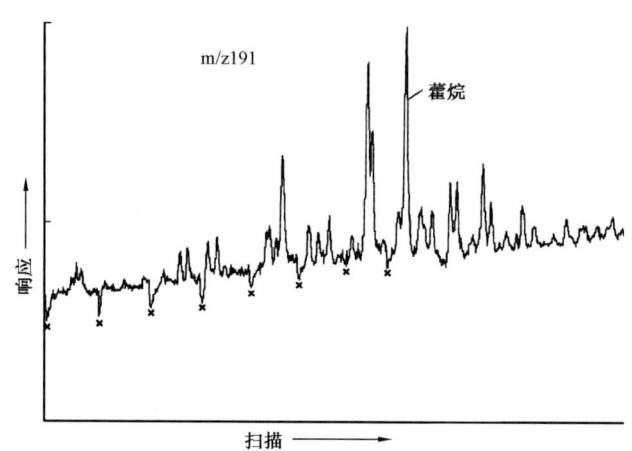

图 8.38 怀俄明 Pineview 油田 Nugget 砂岩中高成熟石蜡烃原油的萜烷质量色谱图(m/z 191)。该图展示了与生物标志化合物相比,由于正构烷烃的含量过高而产生的散焦作用。标有"×"的负峰在扫描时间上对应于正构烷烃。应用分子筛或尿素络合除去正构烷烃后,可以改进质量色谱图的效果。本图的转载承蒙雪佛龙美国公司的分支机构雪佛龙 – 德士古勘探和开发技术公司的惠允

8.7.1.12 最高柱温过低

如果最高柱温设定的过低,较高沸点分析物的色谱峰在升温程序的等温或恒温阶段会逐渐变宽。由此产生的数据,除了峰的变宽不那么突兀之外,其他则与系统传输杆冷点所导致的结果相类似。

8.7.1.13 基线门限设置过高

如果基线门限设置过高,那么,数据系统就会在实际基线之上设定一个默认的基线。应用该默认基线作为测量的峰基会导致峰的相对强度发生变化,使质量色谱图中那些最高峰的相对强度放大;而强度如果低于该门限值的那些最小峰则可能完全消失。

8.7.2 分析误差

表 8.5 汇集了本书涉及的许多参数的分析误差。在充分认识任何参数平均值的标准偏差可能随仪器和样品的不同而各异的前提条件之下,这些分析误差通常对一些具体的分析结果有指导意义,但应谨慎使用。因此,读者若要参考表中的误差数据对实验结果做出评估,那么,任何实验数据的获得都必须具备以下条件:① 最佳的操作条件;② 设置相同的同种仪器;

③ 如列表所限定的同一操作方式。对于分析人员而言,评价误差的理想方法还应包括适合于每组样品的标准物的重复分析。

表8.5 同一标准样品连续十次分析的精度统计[①]

应用气相色谱/质谱/质谱(GCMS/MS)对怀俄明 Hamilton Dome 油样饱和烃馏分中的甾烷($M^+ \to m/z\ 217$)进行了分析,加入的内标为 $5\beta(H)$ – 胆烷。

比值或化合物	用途	标准偏差(%)
$C_{27}20R/(C_{27}-C_{29})$	相关性(三角图)	1.4
$C_{28}20R/(C_{27}-C_{29})$	相关性(三角图)	1.0
$C_{29}20R/(C_{27}-C_{29})$	相关性(三角图)	1.0
$C_{30}/(C_{27}-C_{29})$	海相成油母质输入	8.8
$C_{29}20S/(20S+20R)$	成熟度	2.0[②]
$C_{29}\beta\beta/(\beta\beta+\alpha\alpha)$	成熟度	5.6[②]
$C_{27}20S/(20S+20R)$	成熟度	2.0
$C_{27}\beta\beta/(\beta\beta+\alpha\alpha)$	成熟度	3.6
C_{27}(原油中)(ppm)	含量	9.9
C_{28}(ppm)	含量	8.0
C_{29}(ppm)	含量	10.2
规则甾烷总量(ppm)	含量	9.4

注:① 详细的操作条件请参阅 Peters 等,(1990);
② 根据同一样品的连续十次分析,Steen(1986)认为 $C_{29}20S/(20S+20R)$ 和 $C_{29}\beta\beta/(\beta\beta+\alpha\alpha)$ 的标准偏差分别为 2.5% 和 1.6%。

9 石油的成因

> 本章论述了反对地球深部气体成因假说的证据,该假说提出了深部地幔的甲烷经聚合作用生成石油的非生物成因观点。地球深部气体成因的假说几乎没有科学依据的支撑,但是,如果它是正确的,那么它对石油勘探以及生物标志化合物在环境科学和考古学中的应用均具有极为重大的意义。本章的讨论涉及实验、地质、地球化学等方面支持石油热成因说的证据。

9.1 历史背景

使用石油的历史可以追溯到圣经诞生的年代。然而,石油的起源在人类历史相当长的一段时间内却一直是个未解之谜。经典的文献中很少或没有关于石油的记载。1268 年,罗吉尔·培根(Roger Bacon,英国自然科学哲学家——译者注)在他的论文《第三文集》(Opus Tertium)中对亚里士多德及其他自然哲学家们缺乏对石油/沥青起源的讨论提出了批评。有关石油起源的两种假说出现在文艺复兴时期。1546 年格奥尔格乌斯·阿格里科拉(Georgius Agricola,德国矿物学的鼻祖——译者注)在论文《源于地球深部的物质之性质》"De natura eorum quae Effluunt ex Terra"中发展了亚里斯多德地球深部脱气说的理论,提出了沥青由硫磺浓缩而成的观点。1597 年安德烈斯·利巴维乌斯(Andreas Libavius,德国医生和化学家——译者注)在《炼金术》"Alchemia"一文中创立了沥青为古代树脂演化而成的理论。这些早期的论述标志着科学界两种成因说长期争论的开始:石油究竟是非生物成因过程的产物,还是由曾经的活体有机物在地壳内蚀变而成。

历史的记载并不清晰,但罗蒙诺索夫(Lomonosov)早在 1757 年(Kenney,1996),可以确定的时间是 1763 年(Wellings,1966),就提出了液态石油和固态沥青来源于受地下温压作用的煤。当时,大多数科学家已经接受了有关煤起源于残留植物的化石证据。19 世纪初出现的许多生物成因假说表明:石油要么直接来源于生物残留物,要么经过蒸馏过程而形成(Dott,1969)。

石油起源于古代富有机质沉积岩的现代石油成因学说形成于 19 世纪。Hunt(1863)推断北美一些古生界岩石中的有机质来自于海相的动物或植物,其转化为沥青的过程与煤的形成过程一定极为相似。美国古植物学之父 Lesquereux 对宾夕法尼亚州泥盆系页岩(1866)以及 Newberry(1873)对俄亥俄州泥盆系页岩的研究都得出了相似的结论。20 世纪初叶,美国地质调查局对加利福尼亚州 Monterey 组进行的野外(Arnold 和 Anderson,1907)和化学(Clarke,1916)研究提供了令人信服的证据,证明其原油来自富有机质页岩中的硅藻。与此同时,对欧洲富有机质页岩的研究也得出了相似的结论(Pompecki,1901;Schuchert,1915)。

20 世纪中叶,伴随着科学在古生物学、地质学及化学上的共同进展,支持石油生物成因的假说变得很流行。Alfred Treibs(1936)建立了活体生物中叶绿素与石油中卟啉之间的联系(图 3.24)。其他地球化学证据伴随着一系列的发现应用而生:低-中等成熟度的原油保留了具有旋光性的馏分（Oakwood 等，1952）；石油的稳定碳同位素组成保存着生物同位素分馏的证据（Craig，1953）；以及石油含有除卟啉之外的许多"化学化石"（生物标志物），据此可追溯它们的生物前驱物（Eglinton 和 Calvin，1967）。伴随着这些发现，野外的研究则表明：所有含油气的沉积盆地中均分布着富有机质的地层，这些有机质（干酪根）源自生物群（Forsman 和 Hunt，1958；Abelson，1963），它们的初始状态已经历了化学的蚀变；它们在沉积物的埋藏和受热过程中生成了油气（Tissot，1969）。

尽管有压倒性的证据支持着石油的有机成因说，但仍有一些学者坚持石油的非生物成因机制。现代流行的非生物成因观点产生于 19 世纪中叶。贝特洛（Berthelot，Pierre Engène Marcelin 1827—1907，法国化学家和热化学的奠基人，曾首次人工合成有机化合物——译者注）（1860）描述了在钢铁的酸解过程中有正构烷烃生成的实验。门捷列夫（Mendeleev）（1877）则认为地表水渗入到地球深部，与金属碳化合物发生反应可形成乙炔，然后再进一步聚合，生成大分子的烃类。门捷列夫的非生物假说在 1902 年得到了进一步的改进，并在当时风靡一时。因为，它为当时对广泛分布的石油沉积日渐清晰的认识提供了一种解释：即它们与一些深部的、全球性的过程有关。

然而，随着石油有机成因说证据的不断增加，支持非生物成因说的呼声日渐式微。到了 20 世纪 60 年代，除了前苏联的一个研究小组之外，已经很少有人再坚持非生物成因的假说了。门捷列夫假说的一个现代版本在 1951 年由 Kudryavtsev（1951）首先提出，此后多年在前苏联的一些刊物中得以发展（Kenney，1996）。该假说主要基于热动力学的一个论点，即认为除非在下地壳底部的高温和高压条件下，否则，碳数大于甲烷的烃类不可能自发形成（Kenney 等，2002）。但该假说却忽视了这样一个事实：所有的生物均处于热动力学的非均衡状态，本章稍后对此将有讨论。

在西方，石油非生物成因说最直率的倡导者中有几位是天文学家。碳质球粒陨石及其他的行星体，如小行星、彗星、卫星和木星的大气圈，都明显含有非生物成因过程生成的烃类及"有机"化合物（Cronin 等，1988）。Hoyle（1955）推断认为既然地球的物质组成与之相似，那么它也应该有大量非生物成因油的存在。近年来，Thomas Gold（1985；1999）已成为石油非生物成因说的主要辩护者，尽管他受到几乎所有的地球化学家和石油地质学家的责难。Gold 说服瑞典政府分别于 1986—1990 年和 1991—1992 年钻探了 Gravberg-1 和 Stenberg-1 两口深井，钻入古陨石坑遗址中（Siljan Ring）断裂的花岗岩内。但两口井均未能发现商业性的油气储藏，即使是所发现的微量非生物烃类的证据，也遭到多方的质疑（Kerr，1990），本章稍后对此将予以讨论。

石油起源于曾为活体生物的沉积有机质的学说与自然的观察、实验室分析和实验、理论的思考以及盆地模拟的结果均相吻合，但地球化学家们并不因此而否认岩石圈中非生物成因烃的存在。可以产生少量非生物成因烃类气体的地质过程包括涉及超基性岩的蛇纹石化的水-岩相互作用（Scherwood Lollar 等，1993；McCollom 和 Seewald，2001）、有水参与的陨铁的热分解（McCollom，2003）以及岩浆冷却过程中费-托（Fischer-Tropsch）反应的结果（Potter 等，2001）等等。然而，迄今为止，尚未发现非生物成因石油的商业储量。因此，非生物成因烃类对全球地壳碳收支的贡献是无足轻重的（Sherwood Lollar 等，2002）。

既然已有大量的证据表明石油的有机成因来源，读者也许会问：在本文中讨论石油起源的必要性何在？本章的讨论主要针对少数但却竭力宣传（特别是在媒体中）非生物成因假说的群体进行反驳。因为，有些非生物成因假说的倡导者置支持有机成因说的证据于不顾，一味地指责石油地球化学家们因循守旧。在作者看来，他们所使用的许多策略与"科学创世说"的支持者们奚落进化论的伎俩如出一辙。对此,我们已做好准备,来回应作为石油非生物成因说的证据而提出的任何论据并驳斥对生物成因说的指责。本书的其他章节还提供了更多的细节,譬如反映生物分馏作用的稳定同位素组成(第6章)、生物来源分子在石油中的分布(第13和14章)、以及烃源岩和含油气系统(第18章)。

9.2 地球深部气体假说

栖息在地球深部的岩石自养微生物是化学营养生物(表1.2),它们依赖水岩相互作用产生的 CO_2 和 H_2 而生存。因此,它们与光合作用和所有地表生物没有任何关系(Stevens 和 McKinley,1995)。Chapelle 等人(2002)发现了一个以 H_2 为能源基础的地下生态系统,其中产甲烷菌占16S核糖体DNA序列的90%以上。在爱达荷州Lidy温泉流出的深部热液水中(地下200m),唯一繁盛的是依赖地热产生的 H_2 和 CO_2 而生存的产甲烷菌。这里没有任何碳的还原形式可以利用。这个生态系统的发现似乎表明:古细菌类脂对岩石圈的贡献可能要大于人们先前的认识。此外,这些发现也拓展了火星、木星及其他星体的地下存在着地外以 H_2 为能源基础的生态体系的可能性。

注:古菌形成微生物甲烷所采用的途径有二:① 普通酸的还原;② H_2 对 CO_2 的直接还原。与涉及其他电子受体(如 O_2、NO_3^- 和 SO_4^{2-})的生物化学途径相比,这些反应产生的能量不多。因此,产甲烷菌只生存在对其他微生物的生存而言过于严酷或缺乏营养的环境之中。在普通沉积物中,产甲烷菌仅占微生物的2%~3%。

根据上述观察的推测,Gold(1999)提出了他的深部热生物圈及地球深部气体假说,这些假说囊括了许多前人已发表的观点(如 Ponnamperuma 和 Pering,1966;Szatmari,1989)。Gold 坚信大多数地下生物从地幔上涌的非生物成因烃类(而不是 CO_2)中获得能源,此类生物在数量上远远超过了生存在地表的生物。地球深部气体假说认为:幔源非生物成因的甲烷运移至浅部,在火成岩中聚合形成大量未开发的石油。然而,与地球深部气体假说不符的证据却比比皆是(见 Stinnett,1982;Bromley 和 Larter,1986;Philp 和 Brassell,1986;Brassell,1987;Apps 和 van de Kamp,1993;Peters,1999b)。这些证据可以归类于地质、地球化学(旋光性、生物标志化合物、同位素、油-油和油-源对比、盆地模拟)、以及实验(加水热解模拟)等方面。石油起源于生物产生的物质,而不是非生物成因的甲烷。此外,大多数具有商业价值的甲烷也起源于大分子烃类的裂解,而不是相反。在含油气盆地中,甲烷的份额随深度而增加的原因是温度的升高和重烃的裂解(Lorant 和 Behar,2002),而不是因为离甲烷的幔源更近的缘故。

深部热生物圈的假说与传统的地球生物圈的观念是冲突的。大多数地下微生物群落在厌氧条件下部分地氧化了沉积有机质,生成 CO_2 和电子(H_2)。有机质的进一步氧化需要借助于对一系列的无机电子受体,如 O_2、Mn、NO_3^-、Fe^{3+}、SO_4^{2+} 以及 CO_2 的还原过程来消耗电子(Froelich 等,1979)。沉积有机质氧化产物的一部分也可作为电子的受体,但文献对这些发酵过程的记载却语焉不详。越来越多的证据似乎表明:有机质深埋产生的乙酸可以解释深部微生物群落得以存在的原因(Wellsbury 等,1997)。而烃类以及其他代谢产物的非生物成因的来源似无必要。此外,Gold 对地下微生物丰度的估计值比实测的地下微生物群落值高出很多倍(Cragg 等,1996)。

许多支持地球深部无机气假说的论点是歪曲事实的和不正确的(Peters,1999b)。譬如,Gold(1999,32页)就错误地认为其他人之所以将哥伦比亚河玄武岩中的甲烷解释为微生物成因,是因为他们无法相信玄武岩会含有非生物成因的甲烷。Gold 忽视了同位素的分析及微生物培养的实验,它们均表明该甲烷来源于古菌(Stenvens 和 McKinley,1995)。另一个实例是 Gold(1999,84 页)宣称原油中的生物标志化合物"可以都与细菌或古菌的组分有关,但没有任何一个与大型植物群或者动物群有必然的联系"。有鉴于此,"没有证据显示:解释地下烃类中这些生物分子的存在一定要求助于任何地表的生物"。但 Gold 却不能抹杀这样一个事实:即所有的原油至少都含有一些与深部幔源成因无关的生物标志化合物。譬如,奥利烷来源于开花植物(Moldowan 等,1994);脱甲基甾烷来源于包括硅藻(Holba 等,1998)、金藻类(Moldowan 等,1990)以及海绵(McCaffrey等,1994)在内的真核生物中的甾醇(Huang 和 Meinschein,1979);而卟啉则来源于光合的生物或者动物的呼吸色素(Baker 和 Louda,1986)。

也许有人会争辩说:生物标志化合物是幔源无机石油在向上运移的后期从低熟输导层溶解的污染物。然而,大多数的储层和输导岩(如砂岩)都是贫有机质的,从这些来源中所溶解的生物标志化合物的浓度要低于低 - 中等 API 度的运移原油中生物标志化合物的浓度。当然,有时生物标志化合物的溶解污染也可能是不容小觑的。譬如,在高 API 度和贫生物标志化合物的凝析油运移经过富有机质的煤层时。在有些地区已发现了溶解污染的现象,如马哈坎(Mahakam)三角洲(Durand,1983;Hoffmann 等,1984;Jaffé 等,1988a;1988b)、澳大利亚(Philp 和 Gilbert,1982,1986)、文莱近海(Curiale 等,2000)和安哥拉等。溶解污染是可以辨认的,因为,与组成运移原油的物质相比,溶解的物质通常具有较低的成熟度(见图 19.1)。大多数原油中生物标志化合物的成熟度与浅层的母源不相一致,但却与原油中其他组分的成熟度相仿。此外,原油可以与热成熟的烃源岩相关联,详见本章后文的讨论。

显然,许多有关地球深部无机气假说的论点并未依据早先人们对这一观点的质疑做出重大的修改。Gold(1999,73 页)宣称"He 与烃的伴生可能是生物成因理论无法解释的最明显的事实……"Gold 的模型限定:幔源甲烷从业已建立的运移通道里冲刷了原始的 He(^{3}He),从而降低了 ^{3}He/^{4}He 比值。几乎所有的 ^{4}He 均来自 U 和 Th 的放射性衰变。Gold 忽视了这样一个事实:这些放射性的元素可以富集在石油烃源岩的有机质中(Hunt,1996)。基于这个原因,许多富有机质的石油烃源岩,如北海 Kimmeridge "热"页岩,具有强烈的伽马测井响应。Gold "低 ^{3}He/^{4}He 比值不能排除幔源烃"的认识与火山或地热活动总是伴随着高 ^{3}He/^{4}He 比值的证据相矛盾(Jenden 等,1993a;Ballentine 等,2001)。Gold(1999,27 页)本人曾认为上涌烃类的广泛冲刷发生在火山附近并导致这些地方的 CO_2 含量超过了甲烷。假如在这一点上真如 Gold 所言,那么,火山地区就应该是人们可以期待低而不是高 ^{3}He/^{4}He 比值的地方。

大多数人把瑞典 Siljan Ring 撞击坑深部钻探的结果作为反对深部无机气假说的强有力证据。Siljan Ring 的两口深井均不成功,因为没有发现具有商业价值的原油,也没有获得任何可靠的证据来证明:少量的气态烃主要是来自于地幔(Castaño,1993)。此外,该地区回收的少量液态烃,要么与常规的烃源岩具有地球化学的关联(Vlierboom 等,1986;Hedberg,1988),要么则如下所述,表现为污染所致。

Gold(1999,111 页)在他的书中宣称:Siljan 的 Gravberg – I 井施钻时使用的是水基钻井液,"所以不可能给该井产出的油带来污染"。Gold 认为该井最大的发现是得到了 60kg 含油的黑色糊状物。糊状物的主要成分是磁铁矿,并且大多数在井场就被丢弃了。他还声称(121 页)Siljan 第二口井(Stenberg – 1)的井下泵回采了"84 桶原油","石油非生物成因的理论因此已得到了证实"。但却没有任何对该原油进行分析的报道。Gold 未能提及 Gravberg – I 井使用的有机添加剂干扰了地球化学的分析,它含有不同的润滑剂(Idlube、Torque Trim)、有机聚合物、柴油以及油基的钻井液(Castaño,1993)。他也没有提及在加入 Torque Trim 时,钻杆中就会形成磁铁矿糊状物,以及分析表明:糊状物含有 $C_{11} - C_{21}$ 链烷烃、生物标志化合物及其他类石油的组分,它们可能被错认为是源自被钻岩石(Jeffrey 和 Kaplan,1989)。此外,当使用 Idlube 和碳化钙时,钻头的变形会导致 C_2-C_6 烃类气体的生成。

Kenney 等人(2002)提出石油中的烃类为非生物成因,它们形成于地下约 100km 的深处、压力超过 3000MPa、温度高达 900℃。他们的热动力学计算表明:在深度较浅、温度和压力均较低的石油储层内,只有甲烷和元素碳是稳定的。他们的模型限定:为了避免深部形成的复杂烃类在向上运移的过程中恢复成甲烷和元素碳,必须通过温度骤降而压力保持不变的方式使其"冷激"。他们用实验来支持这个模型,即在一个可以获得高达 5000MPa 和 1500℃ 的装置中对氧化铁、碳酸钙和水进行加热。然后,包括 $C_{10}H_{22}$ 在内的烃类产物以 700℃/s 的速率迅速冷却至接近室温而压力则保持不变。但是,这些烃类的稳定碳、氢同位素分析并没有完成。

Kenney 等人(2002)的模型在若干方面存在着致命的缺陷:

(1)该模型要求随着钻探深度的增加,为了保持复杂烃类的稳定性,必须使其迅速地冷却。尽管地下流体的快速垂向运移有可能发生,但大多数证据表明:石油运移的时间段远远长于数秒。

(2)该模型假设:除非在高温和高压的条件下(如下地壳的环境),C_{2+} 的烃类不可能自发生成。根据这个模型,复杂的生物化合物需要首先分解成甲烷,然后再聚合转化成大于甲烷的烃类。这种推测忽视了一个事实:活体生物通过常规的生物合成途径形成了具官能团的生物标志化合物前驱物,在成岩和后生阶段,只需要轻微的变异,它们就可以生成石油中结构相似的生物标志物和其他化合物。所有的生命与其环境的关系为热动力学非平衡状态。复杂生物标志化合物前驱物的形成在热动力学上并不具有优势,然而,有机体可借助于光合作用以及其他来源获取的能量,生物合成这些化合物。这些转换是本书讨论的一个重点。

(3)该模型表明高度氧化的生物分子,特别是葡萄糖($C_6H_{12}O_6$),不可能直接转化为石油烃类。然而,葡萄糖或其他碳水化合物的前驱物并不是现代石油有机成因说的组成部分。在早期成岩阶段,分别约占海洋浮游生物量 40% 和 50% 的碳水化合物和蛋白质就已迅速降解。然而,约占这些浮游生物 5%~25% 的类脂在成岩过程中,特别是在厌氧的条件下,却更易被保存下来(Tissot 和 Welte,1984)。本书列举的大量证据表明:烃源岩中的类脂及源于类脂的干酪根是石油的主要前驱物。

(4)该模型忽视了这样一个事实:自 1860 年以来,对油页岩中的有机质进行商业化的蒸馏已可获取类似石油的产物(Cook 和 Sherwood,1991),同时,在实验室内也可以对石油生成的自然过程进行常规的模拟(Lewan 等,1979)。

9.3 非生物成因烃类气体

单体烃的同位素证据无疑驳斥了绝大多数烃类气体为非生物成因的假说(图 9.1 和图 9.2)(Des Marias 等,1981;Jenden 等,1993a;Sherwood Lollar 等,2002)。热成因天然气中 ^{13}C 的相对含量按甲烷、乙烷、丙烷及更高碳数同系物的顺序依次增加。图 6.3 列举了一些具有这种正常同位素趋势的其他实例,该趋势为热成因天然气的特征。相比之下,由甲烷的火花放电实验合成的气体(图 9.1)、某些陨石中的气体(图 9.3)以及其他一些已知或疑似的非生物成因气体均具有相反的趋势。Gravberg-1 井辉绿岩和花岗岩中微量气体具有 ^{13}C 的含量按丙烷、乙烷和甲烷的顺序依次增加的非生物成因特征(Castaño,1993)。然而,在地球的任何地方均未发现此类气体的商业性聚集,Gravberg-1 井这些层段中烃类气体的含量很低(<1000ppm。而在含油气盆地的气井中,烃类气的背景值通常都大于 1000ppm。

图 6.15 中 3 号气样具有反序碳同位素特征,这可能指示无机成因(见第 6 章的相关论

述——译者注)。然而,在这些具有甲烷、乙烷和丙烷反序碳同位素趋势的特殊气体中,大多数却不是非生物成因的,而是由母源有机质的非均一性、不同来源气体的混合、热成因气体的氧化、或者储气层的部分扩散泄漏造成的(Jenden 等,1993a;Laughrey 和 Baldassare,1998)。在 Jenden 等人(1993a)分析的 803 个气样中只有 29 个样品的甲烷与乙烷相比富集^{13}C 同位素(图 9.2)。在该样品系列中,含有足够的丙烷可用于碳同位素分析的 407 个气体样品中却没有一个甲烷比丙烷更富集^{13}C 同位素的气体,这似乎表明这些气体中没有一个是非生物成因的。

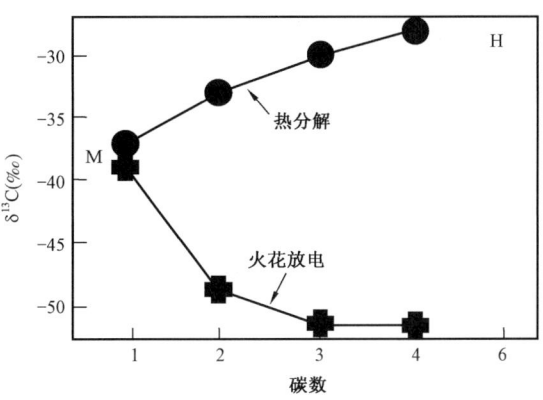

图 9.1 实验模拟表明正己烷(H)的热降解和甲烷(M)的火花放电聚合反应可形成完全相反的正、反序稳定碳同位素分布趋势(据 Des Marais 等,1981 改编)

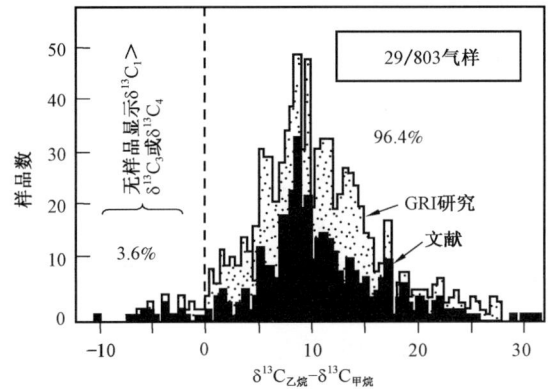
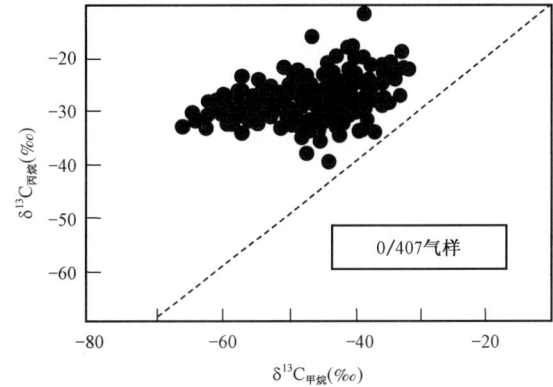

图 9.2 在 803 个具有甲烷和乙烷同位素数据的天然气样品中,只有 29 个样品(3.6%)的甲烷同位素重于乙烷,它们也许可以被认为是非生物成因的天然气(Jenden 等,1993a)。但在它们其中 407 个具有丙烷同位素数据的样品中,却没有一个甲烷同位素重于丙烷同位素的天然气,这表明所有这些 C_{2+} 气体都不是非生物成因甲烷聚合反应的产物

地球化学家们并不否认自然界存在着少量非生物成因的烃类气体(Sherwood Lollar 等,2002)。根据天然气开采中^{3}He 含量,Jenden 等人(1993a)通过计算得出商业性开采的天然气中无机来源的烃类约为 <200ppm。Castaño(1993)结合 Siljan Ring 勘探井的实际,讨论了此类扩散的无机烃类的聚集和圈闭问题。

加拿大和芬诺斯堪迪亚地盾若干采矿点出现的一些富甲烷气体,不是细菌成因或有机质热蚀变的产物,也没有发现含有幔源组分的证据(Sherwood Lollar 等,1993)。这些气体甲烷的 δ^{13}C 比值在 -22.4‰~57.5‰ 之间,与幔源的成因相吻合;但也不与 Horita 和 Berndt(1999)近期的实验研究所展示的非生物成因水岩相互作用所产生的甲烷相冲突。该实验在热液形成的 Ni-Fe 合金存在的条件下,用不同时间以 200~300℃ 的温度加热 δ^{13}C 值约为 -4‰ 的溶解的碳酸氢盐,生成了干气,其甲烷的 δ^{13}C 值低至 -53.5‰。这样的气体(碳同位素——译者注)组成一般被认为是指示了微生物的成因。在涉及超基性岩的蛇纹石化的水-岩反应以及在岩浆冷却的过程中,热液系统中 CO_2 的还原可以形成这些非生物成因的烃类,作为费-托(Fischer-Tropsch)反应的结果,对此下文还将予以讨论。Sherwood Lollar 等人(2002)讨论了

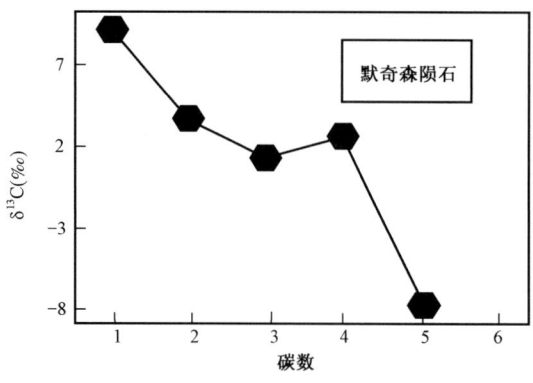

图 9.3 碳质球粒陨石中甲烷至戊烷稳定碳同位素的异常分布与甲烷聚合形成的非生物成因的这些化合物具有相同的同位素组成(Yuen 等,1984),这种同位素的分布与甲烷火花放电实验中所形成的产物具有相似的特征(见图 9.1)
(Des Marais 等,1981)

可能合成这些无机气的其他机制。采自加拿大安大略 Kidd Creek 矿的 11 个气样中 C_1-C_4 烷烃气的相对浓度和稳定碳同位素提供了加拿大地盾结晶岩中甲烷及更高碳数烃类无机合成的证据(Westgate 等,2001)。与热成因气正构烷烃中 C_1-C_4 的 ^{13}C 逐渐增加的趋势形成对比,Kidd Creek 气体中的 C_2-C_4 相对于 C_1 而言明显亏损 ^{13}C。此外,这些气体中 C_1-C_4 的正构烷烃遵循舒尔茨-弗洛里(Schulz-Flory)分布(见下文的讨论),与较低碳数同系物聚合生成的烃类相一致。这些气体 ^{13}C 的亏损与氘的富集有关,它可能表明:通过单体分子的阶梯式加成反应生成较高碳数烃类的过程涉及一个 C—C 键的加成就有若干 C—H 键的消除(Sherwood Lollar 等,2002)。

通常,这些地盾气体以 1~30L/min 的速率从钻孔中释放出来,它含有 50%~90% 的甲烷,约为 10% 的乙烷、若干% 的丙烷和不到 1% 的异-气丁烷和正-气丁烷。与迄今为止已确认的非生物成因气的微量相比,这些地盾气体在数量上可谓举足轻重,但该气体释放的短暂性似乎表明其不具经济潜力。更为重要的是,Sherwood Lollar 等人(2002,图 3,523 页)依据其明显的同位素组成模式,确认它们为非生物成因的气体,但没有证据表明这些气体对世界范围内商业性烃类气体的沉积有任何重要的贡献。

Potter 等人(2001)提出了晚期或后岩浆过程导致形成俄罗斯科拉半岛 Khibina 和 Lovozero 侵入带火成岩中非生物成因烃的假说,从而将烃类的生成与矿化作用联系在了一起。Khibina 和 Lovozero 侵入带霞石-正长岩中的烃浓度分别达到 100~170cm³/kg 和 20~50cm³/kg。Lovozero 样品中的流体包裹体含有 35% 摩尔的 H_2。岩相、显微结构以及压力-体积-温度(PVT)模拟的数据似乎表明这些包裹体形成于低压和低温的环境(50~150MPa 和 350℃)。其碳同位素数据与非生物成因甲烷的 $\delta^{13}C$ 值($\delta^{13}C$ = -12‰~-27‰)相吻合,尽管尚不清楚这些同位素数据所代表的究竟是纯甲烷还是包裹体中的混合烃类。Potter 等人(2001)因此认为该非生物成因烃形成于后岩浆热液蚀变过程,涉及由磁铁矿及铁硅氧化物催化的 $CO_2 + 4H_2 = CH_4 + 2H_2O$ 型费-托(Fischer-Tropsch)合成反应。

9.3.1 费-托合成

费-托合成(Fischer 和 Tropsch,1926)用于表示煤生成的 CO 或 CO_2 转化成合成石油的反应:

$$nCO + (2n+1)H_2 \Longleftrightarrow C_nH_{2n+2} + nH_2O \tag{9.1}$$

$$nCO_2 + (3n+1)H_2 \Longleftrightarrow C_nH_{2n+2} + 2nH_2O \tag{9.2}$$

例如,费-托合成依据式(9.2)由 CO_2 生成甲烷,类似的反应可生成乙烷、丙烷以及更高碳数的同系物:

$$CO_2 + 4H_2 \Longleftrightarrow CH_4 + 2H_2O \tag{9.3}$$

费－托合成产生的复杂混合物常以轻烃为主。对一个特定的费－托产物而言,其烃类浓度的对数随碳数的增加而呈线性下降,这被称之为舒尔茨－弗洛里(Schulz－Flory)分布(Salvi 和 Williams－Jones,1997)。舒尔茨－弗洛里分布会导致费－托合成烃类中相邻碳数烃之间的浓度比值几乎不变:即合成烃的混合物具有 C_{n+1}/C_n 小于 0.6 的特性(Szatmari,1989)。费－托合成在低至 127℃的实验条件下生成甲烷,磁铁矿和水合硅酸盐被认为是岩石中这些反应的天然催化剂(Lancet 和 Anders,1970;Anderson,1984)。

Salvi 和 Williams－Jones(1997)认为加拿大奇异湖(Strang Lake)伟晶岩中的烃类具有舒尔茨－弗洛里分布,其 C_2/C_1、C_3/C_2、C_4/C_3 和 C_5/C_4 烷烃比值分别为 0.08、0.18、0.3 和 0.34。其中较低的 C_2/C_1 比值可能是外源甲烷侵入该系统的缘故。

9.3.2 碳酸盐岩和蛇纹石化的变质作用

结晶岩中含石墨的碳酸盐岩在低于 300~400℃ 的温度下的变质作用可以生成甲烷,而不是二氧化碳(Holloway,1984),其反应式如下:

$$云母 + 方解石 + 石墨 + H_2O \Longrightarrow 白云石 + 石英 + CH_4$$

此外,在有 H_2 的存在和温度为 400℃ 的条件下,加热方解石、白云石和菱铁矿也可生成甲烷、乙烷、丙烷和丁烷(Giardini 和 Salotti,1969),这似乎表明类似的反应也可发生在结晶岩中。

蛇纹石化反应据信是洋中脊热液甲烷形成的主要方式(Vanko 和 Stakes,1991;Charlou 和 Donval,1993;Berndt 等,1996;Horita 和 Berndt,1999),它们也被认为是加拿大和芬诺斯堪迪亚地盾中烃类气体形成的一种可能的机制(Sherwood Lollar 等人,1993)。野外及实验室的证据显示如果有碳源,超基性岩中的橄榄石通过水合作用可生成甲烷和氢气(Abrajano 等,1990),其反应式为:

$$橄榄石 + H_2O + C(或 CO_2) \Longrightarrow 磁铁矿 + 蛇纹石 + 水镁石 + CH_4 + H_2$$

最近的研究似乎表明:蛇纹石化的过程中烃类无机合成的潜力可能小于人们以前对其的认识,矿物催化剂或蒸汽相的反应也许是维持火成岩内非生物成因烃类生成的必要条件(McCollom 和 Seewald,2001)。

注:在蛇纹石化的过程中,与橄榄石接触的水被还原为 H_2,而橄榄石中的铁则被氧化成 Fe^{2+}。H_2 可能被化能营养细菌用作电子源,或者它会与 CO_2 结合,通过费－托合成在高温下生成有机化合物,如烃类或脂肪酸。Holm 和 Charlou(2001)认为对大西洋中脊彩虹热液场流体进行的气相色谱－质谱(GCMS)分析显示了少量 $C_{16}-C_{29}$ 正构烷烃的再合成。然而,他们没有对一种明显的可能性予以探讨,即这些正构烷烃可能是生活在喷口附近的生物的产物,而这些喷口受到了热液流动的冲刷。含水费－托反应的实验可以生成从乙烷到 $>C_{35}$ 的类脂,包括 n－链烷醇、n－链烷酸、n－烷基甲酸、n－链烷醛、n－链烷烃、n－链烷烯烃和 n－链烷酮等(Rushdi 和 Simoneit,2001)。

9.4 石油热成因假说

支持沉积有机质受热生成石油的证据(热成因假说)在文献中俯拾皆是(Stinnett,1982;Tissot 和 Welte,1984;Hunt,1996),它们可分为若干大类:① 实验的;② 地质的;③ 地球化学的。

9.4.1 实验的证据

实验室加热模拟实验,如含水热解,可用于从潜在烃源岩获得热解产物,其物理和化学的性质与天然原油极为相似(见 Lewan 等,1979;Lewan,1985;Lewan,1994;Peters 等,1990;Ruble 等,

2001）。譬如，Ruble 等人（2001）完成了始新统绿河组两种未熟烃源岩沉积相的含水热解实验，该沉积被非正式地描述为红褐色页岩及其下部的黑色页岩相。这些岩相代表了绿河组不同地层亚段中I型干酪根系列的端元组分。他们发现 Altamont 油田浅部 4700ft（1432.6m）储层（图9.4）低熟的中级芳族原油与红褐色页岩及上覆的碳酸盐岩标记层段的热解产物相类似（图9.5）。4700ft 处的原油和最低温度段的热解产物均为黑色、重质、黏稠状，具有共同的地球化学特征，比如，丰富的无环类异戊二烯烃及 β-胡萝卜烷和 n-链烷烃的强奇偶优势。该油田深部（8569～10217ft/2611.8～3144.1m）产层的石蜡原油（图9.4）与绿河组底部黑色页岩的热解产物相类似（图9.6），二者在室温下均为固体石蜡、以 n-链烷烃为主且无奇偶优势、无环类异戊二烯烃含量低并无 β-胡萝卜烷。含水热解的实验佐证了常规的油-源对比，它指示了含蜡原油与绿河组底层烃源岩之间以及浅层低熟原油与该组上部烃源岩之间的成因关系（Tissot 等，1978；Fouch 等，1994）。

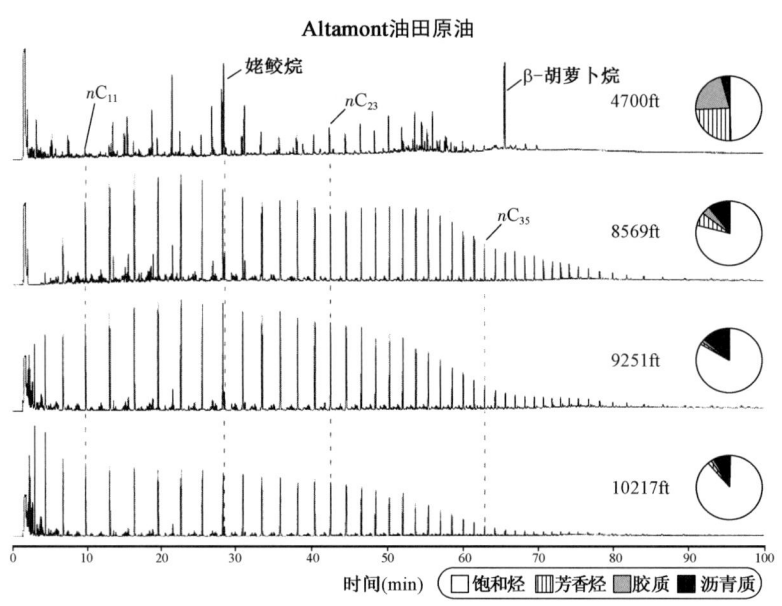

图 9.4 Altamont 油田钻杆试油的全油气相色谱图和液态族组成表明在 Uinta 盆地存在着不同类型的原油（Ruble 等，2001）。转载获 AAPG 的惠允，如再次引用须获允许

9.4.2 地质的证据

世界上超过 99% 的原油储量分布在沉积岩中，而不是基底火成岩或变质岩中，这表明沉积有机质是原油的母源。沉积岩对石油的聚集至关重要，因为它不但提供了烃源岩，同时也提供了储层和盖层（Levorsen，1967）。目前，在缺乏沉积岩分布的大陆地盾主断裂带区域还不曾发现任何原油。尽管有报道称在太古宙的砂岩中发现了沥青结核和流体包裹体中的石油（见图 18.6）（Dutkiewicz 等，1998；Buick 等，1998），但在穿越基底岩石的数以千计的深矿中却没有发现任何具有经济价值的石油。

截至 1999 年，除美国之外世界上共有 5027 口钻入基岩的野猫探井，占全球非美国总野猫探井的 5%（109292 口）。在 5027 口井中，许多为空井（2499 口）或是未报道钻探结果的井（249）；有些具有非商业性的油气显示（499 口）或烃气显示（382 口）；只有 1448 口井（29%）含有混合的油气或凝析油（IHS/S. A. 石油咨询公司，1999）。然而，大多数野猫探井的产层却位于基岩上部的沉积岩中。

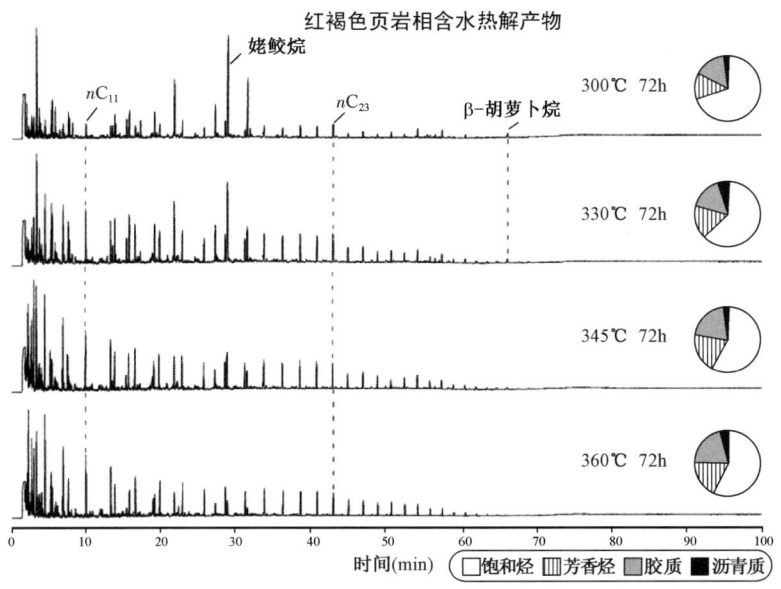

图 9.5 绿河组红褐色页岩加水热解产物中全油的气相色谱图和族组成（Ruble 等,2001）。条件为加水热解的温度和时间。转载获 AAPG 的惠允,如需再次引用须获允许

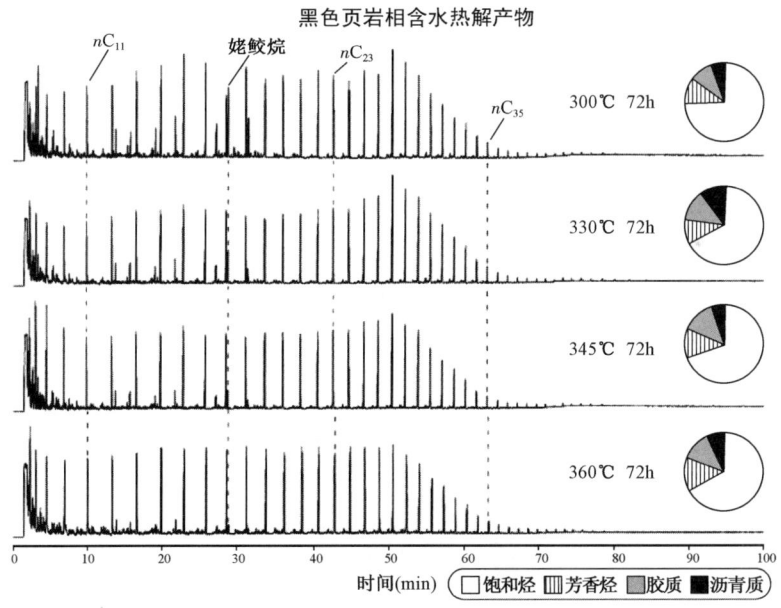

图 9.6 绿河组黑色页岩加水热解产物中全油的气相色谱图和族组成（Ruble 等,2001）。条件为加水热解的温度和时间。转载获 AAPG 的惠允,如需再次引用须获允许

除美国之外,全球仅有约 250 个油田的基底储集岩中多少产出了一些石油。这些油田的估算最终总储量（EUR）,包括沉积岩中的实际产量,约为 340×10^8 bbl 原油当量（34BBOE）,它占除美国之外的世界所有油气田估算最终总储量（17219BBOE）的 0.2%（IHS/S. A. 石油咨询公司,1999）。在许多这些油气井中,很难对基岩储层和沉积岩储层石油的相对储量进行定量,因为它们通常是井下不同层位共同产出的混合体。然而,几乎所有的 340×10^8 bbl 原油当

量均可被认定是产自沉积的烃源岩和储集岩。其中的一个例子就是越南近海白虎(Bach Ho)油气田,从其花岗岩基底产出油气几乎占 340×10^8 bbl 原油当量中的 10×10^8 bbl(图 18.174 和图 18.175)。其他的例子还包括美国洛杉矶盆地的许多高产油气田以及委内瑞拉大型的 La Paz 和 Mara 油气田。

9.4.2.1 基岩中的石油

世界上的确有许多国家在基岩中发现了石油。如阿尔及利亚、巴西、捷克共和国、中国、埃及、印度尼西亚、俄罗斯、英国、美国、委内瑞拉和越南。但实际上,几乎所有基岩中的石油都可以用运移自附近富有机质的沉积烃源岩来解释。

(1)阿尔及利亚。

基岩中有石油的分布并非是石油非生物成因的证据。大多数基岩储层分布在区域性的不整合面之下,由于早期的暴露导致了基岩的风化和裂隙发育,从而增加了孔隙度和渗透率。譬如,阿尔及利亚大型的 Hassi R–mel 和 Hassi Messaoud 油气田,原油从热成熟的下志留统烃源岩运移至位于海西期区域性的不整合面之下的寒武 – 奥陶系裂隙发育的石英岩中(变质基岩)(图 9.7,上图)。区域性的不整合面可以是地下石油运移的主要通道(Halbouty,1972)。在基岩与烃源岩并置的地方,裂隙和孔隙发育的基岩常可以成为高产区(North,1985)。阿尔及利亚 Berkine Trend 圈闭的原油就是从热成熟的泥盆系烃源岩运移至海西期不整合面,然后再沿着不整合面,运移至被下侏罗统蒸发岩封闭的三叠系基底砂岩的储层(图 9.7,下图)。图 9.7 展示了源自深部 Tanezzuft 烃源岩的大多数志留系原油是如何在不整合面散失的,而泥盆系烃源岩生成的原油又是如何却被圈闭保存的。

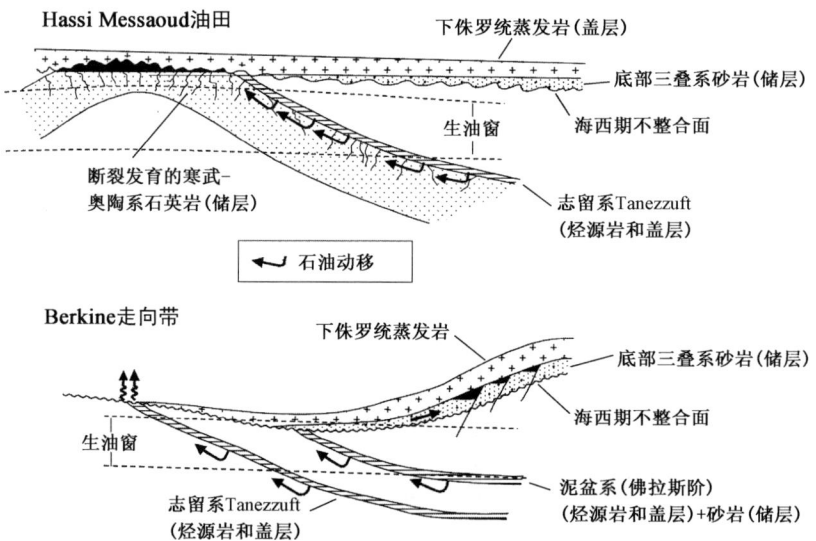

图 9.7　阿尔及利亚志留系和泥盆系烃源岩生成原油的二次运移途径示意图(Peters 和 Creaney,2004)。上图:热成熟的志留 Tanezzuft 烃源岩生成的原油运移至断裂发育的寒武 – 奥陶系石英岩中,在位于下侏罗统蒸发岩盖层及其叠加的覆盖层之下的海西期不整合面形成了大型 Hassi Messaoud 油田。下图:运移导致了海西期不整合面中志留系原油的逸失,但却造成了泥盆系原油(向右)沿不整合面上倾运移至上覆的三叠系砂岩中,被圈闭在 Berkine 走向带中

(2)英国。

英格兰中部石炭系地层中与密西西比河谷型铅 – 锌(Pb – Zn)热液成矿作用共生的天然

沥青可能为非生物成因,由此而引发了争论(Sylvester - Bradley 和 King,1963)。对从莱斯特郡(Leicestershire)附近加里东期 Mountsorrel 花岗闪长岩中抽提的一些沥青所进行的早期的地球化学分析更加剧这一争论。Ponnamperuma 和 Pering(1966)推断 Mountsorrel 沥青可能为非生物成因的主要证据是:① 气相色谱分析显示它由不溶复杂混合物所组成,不含正构烷烃、姥鲛烷或植烷;以及② 沥青沉积于沉积岩之下的火成基岩中。Gold 和 Soter(1982)将这一研究成果引用为石油非生物成因的证据。Ponnamperuma 和 Pering(1966)谨慎地认为尽管不可忽视原油从沉积烃源岩中运移至 Mountsorrel 花岗闪长岩中的可能性,但是由于油漂浮在水上,不太可能向下运移至火成岩内。下文详细讨论了上述两点证据。

缺乏正构烷烃(或当它们具有明显的奇-偶或偶-奇优势时)、植烷和姥鲛烷并不能成为非生物成因的证据。Ponnamperuma 和 Pering(1966)的解释早于有关生物降解可导致原油中这些化合物优先丧失的认识(见 Seifert 和 Moldowan,1979;Goodwin 等,1983;Connan,1984),后来对 Mountsorrel 沥青的分析表明:的确是生物降解导致了正构烷烃、植烷和姥鲛烷的缺失,但其仍然保留了丰富的生物标志化合物,指示了生物的成因(Gou 等,1987)。与其相类似的还有南奔宁山(South Pennine)矿区附近的沥青和东米德兰(East Midlands)油田的原油,它们的生物标志化合物分布与下那慕尔阶(Namurian)(石炭系)富有机质的泥岩相烃源岩抽提物相关,该烃源岩含 II 型干酪根(Ewbank 等,1993)。这些结果佐证了早期的结论,即 Mountsorrel 沥青是在热液矿化的过程中从上覆的那慕尔阶泥岩(现大部已剥蚀)运移进入基岩的(Ford,1968)。

原油分布在沉积岩之下的火成基岩中不是非生物成因的证据。许多烃源岩在后生阶段由于油气的生成而变得超压(Momper,1980;Hunt,1996)。在初次运移阶段,生成的油气势必向低压区域运移,而这些区域在层序上既可以位于烃源岩之上,也可以位于烃源岩之下,对此下文将予以讨论。

注:石油从细粒、低孔和低渗烃源岩中排驱(初次运移)的动力是压力,结果可能是石油向上或往下运移至高孔和高渗的疏导层。随后,石油在疏导层内的运移(二次运移)则是借助于浮力作用来实现的(Levorsen,1967;England 和 Fleet,1991)。

当烃源岩进入生油窗时,其内部压力趋于增加,逐渐超过静水压力。静水压力指水体随深度的变化施加在与水体接触面上的压力,它约为 9.8kPa/m(0.433psi/ft)。由于大多数生油的干酪根通常沿着近似水平层面或呈层状分布,因此,烃源岩一般表现为各向异性和不均一性。在泥质烃源岩中,黏土或黏土级的石英在富有机质的薄层间形成脆性封堵层,它们在高流体压力下易于碎裂。而在碳酸岩-蒸发岩相烃源岩中,薄层间蒸发岩的封堵层则不易发生碎裂。在热演化的过程中,通常大约有25%~30%的干酪根会转化为沥青、烃类气体、CO_2 及其他非烃气体(Momper,1980)。这些流体的形成会削减剩余干酪根的体积。然而,生成流体的体积远大于干酪根减少的体积。

异常压力(>12kPa/m)指一种漂移的静水压力,它产生于孔隙流体在相当长的一段地质时间内无法从细粒岩石中运移出的时候。因此,超压常见于有效烃源岩中(Hunt,1996)。如果烃源岩富含有机质,而且封闭较好,那么,早期的烃类生成会导致油气顺薄层大致水平的运移,以及在母源层段内沿着原有的或生烃时产生的微裂隙发生一些垂向运移。排烃发生在高压促使这些近乎垂直的裂隙扩张,油气及其他产物从烃源岩中排入周边的低压岩套中的时候。从这一点来看,烃源岩像个压力灶。石油排驱后,压力降低,裂隙暂时关闭。二氧化硅或方解石胶结物通常沿关闭的裂隙沉淀,以利于系统的增压直至油气的下一期释放。这个过程一直持续到烃源岩生烃能力枯竭,所产生的流体压力不足以使裂隙开启为止(Momper,1980)。

Parnell(1988)认为英国花岗岩类深成岩体或其他基岩中的所有的石油,包括 Mountsorrel 花岗闪长岩中的烃类,基本上均来自沉积烃源岩,对此,他推测了几种可能解释基岩中石油分布的相关关系(图9.8),它们是:① 进入烃源岩中的火成侵入岩;② 年轻沉积岩石之下火成岩的热再生作用；③ 热液的循环以及从成熟烃源岩运移出的石油对基岩裂缝的渗入；④ 邻近沉积盆地中成熟烃源岩生成的石油运移进入基岩中的构造高点；⑤ 石油运移进入风化后重埋的基岩表层孔隙。例如，在时间为 t_2 的过程中，热岩浆侵入沉积时间为 t_1 的烃源岩，它可能导致烃源岩内石油的生成，这些原油在冷却时和冷却后运移进入侵入体的裂隙（图9.8，左上图）。

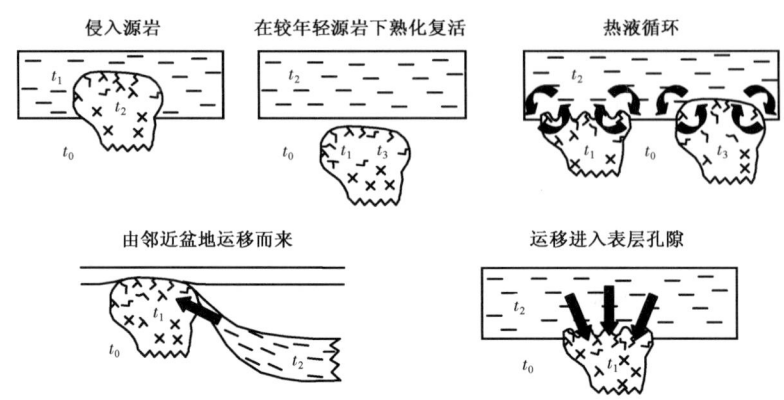

图9.8　石油与火成基岩伴生的几种机理。时间 t_0、t_1、t_2 和 t_3 代表岩石年龄的序列
（据Parnell，1998改编）。转载获Elsevier的惠允

（3）洛杉矶盆地。

在洛杉矶盆地的海岸油气田中，沿北西－南东走向的背斜脊部分布的侏罗系含蓝闪石的片岩基岩中有石油产出，这些油气田包括Playa del Rey、Hyperion、El Segundo、Lawndale、Alondra和Wilmington等。片岩是一种高度变质的岩石。中新世之前基底的暴露导致了风化不整合面的形成以及较大的地形起伏。沉积在不整合面上被重新改造的基岩由分选差的片状砾岩和具有良好孔隙度和渗透率的砂岩所组成。譬如，在Playa del Rey油气田，这套被改造的岩系具有大约12%的平均孔隙度，它含有砂、砾及卵石，局部含直径达数英尺的巨砾（Hoots等，1935）。在脊部两翼及构造高点之间的凹陷处这些再沉积的基岩沉积岩组厚度最大，而在山脊轴部仅留有薄层沉积。

随后的埋藏沉积覆盖了基岩和含富有机质的中新统Nodular页岩薄层的碎屑岩组，Nodular页岩由含有棕褐色和灰色磷质薄层和结核的黑色硬页岩组成。岩相学分析显示页岩含有丰富的藻类干酪根和海相微化石（Walker等，1983）。混合岩样经蒸馏产出的可抽提沥青达6gal/t（25l/公吨）和15加仑/吨（62.6l/公吨）的富硫原油。Nodular页岩中有机质的埋藏及热裂解导致了石油的排驱和运移，油气从而进入到再沉积带以及不整合面之下的风化基岩中（Hoots等，1935）。

在洛杉矶盆地海岸附近，有许多被描述为油气产自基岩储层的油气田。实际上，其油气主要产自其他较浅的岩系，比如直接位于不整合面之上的再沉积基岩碎屑。一般而言，有少量的油气产自不整合面上的碎裂或风化基岩，而在新鲜基岩中，由于其低孔和低渗的性质几乎没有油气产出。譬如，大型Wilmington油田中的原油主要产自中新统和上新统的砂岩和砾岩，相比之下，从侏罗系破碎角砾化的片岩中产出的油几乎没有（Mayuga，1970）。

注：洛杉矶Wilmington油田面积大约为20平方英里（51.8km^2）的椭圆形地面在1967一年中下沉了近30多英尺（9.1m），显然，这是由于 12×10^8 bbl 原油和 8400×10^8 ft^3（23.8×10^9 m^3）天然气的开采导致储层压力降低的缘故。大规模的注水工程在减少地面沉降的同时，也增加了石油的开采率和治理了低洼处海港设施遭受的水淹威胁。

通常新鲜基岩、风化基岩和再沉积基岩碎屑之间是逐渐过渡的（图9.10）。如果钻遇不整合面之上的再沉积碎屑中的大型基岩碎屑，可能使人错误地认为已经钻达基岩。譬如，在 Hyperion 油田，片岩基底上覆盖了 70ft（21.3m）不整合的上中新统 Puente 片岩-角砾岩，以及 200ft（61m）的层状 Nodular 页岩烃源岩。钻入片岩基底的最大深度约为 200ft，石油产出的层段为上部 10ft （3m）或片岩的风化部位、片岩-角砾岩带（70ft）以及 Nodular 页岩下部的 40ft（12.2m）处。然而，其中最高产的层段是片岩-角砾岩带，产出的石油 API 值也最高（17°API）（Crowder，1960）。即使是片岩-角砾岩带较薄或缺失的区域，在有些井的片岩带内也发现了不错的石油储集。

图 9.9　加州洛杉矶盆地西部几个油田的石油产自侏罗系变质基岩，它们包括 Playa del Rey，El Segundo，Lawndale，Alondra 和 Wilmington。Gardena-1 勘探井含有产自 Puente 组下部片岩-砾岩（3225～3226m）的石油，该油具有与加州典型的中新统烃源岩及其相关的原油相类似的地球化学特征

沿 Playa del Rey-Alondra 走向分布的 Nodular 页岩与产油带之间密切的相关关系是石油源自页岩的强有力的地质证据。此外，此类石油的分布与洛杉矶盆地中 Nodular 页岩的区域分布相关（Hoots 等人，1935）。

地球化学的分析数据支持 Nodular 页岩是 Playa del Rey-Alondra 走向带原油的母源。Curiale 等人（1985）分析了 Gardena-1 钻孔 Puente 组底部 10580～10715ft（3225～3226m）片岩-角砾岩中的石油（图9.9），Gardena-1 原油的地球化学特征，如甾烷的分布，与 28 个中新统相应地层的烃源岩抽提物和 22 个加利福尼亚相关的原油相类似。这些数据与沉积在厌氧环境下的贫碎屑的海相烃源岩相吻合（见表13.3）。该 API 度为 22 的富硫原油具有比较低的重排甾烷、低姥/植比（0.63）、高 28,30-二降藿烷、高苯并噻吩。饱和烃和芳香烃的稳定同位素比值分别为 -23.9 和 -22.7‰。所有这些地球化学的特征与其他加利福尼亚中新世的原油非常相似（Peters 和 Moldowan，1991）。

（4）马拉开波（Maracaibo）盆地。

在委内瑞拉西部马拉开波盆地的拉巴斯（La Paz）和玛拉（Mara）大型油气田中，石油产自花岗岩类的和变质的基岩。拉巴斯油气田的最大可采储量为 900×10^6 bbl 的原油和 $25250 \times 10^8 \mathrm{ft}^3$（$17.5 \times 10^9 \mathrm{m}^3$）的天然气，而玛拉油气田则为 500×10^6 bbl 原油和 $10000 \times 10^8 \mathrm{ft}^3$（$28.3 \times$

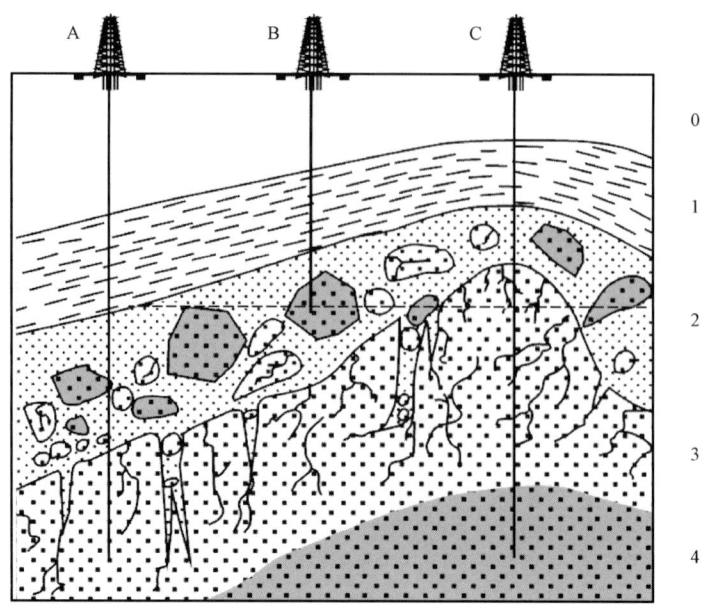

图 9.10 展示新鲜基岩(4)、风化基岩(3)和被改造的基底碎屑岩(2)之间逐渐过渡的接触关系的示意图。在洛杉矶盆地 Playa del Rey – Alondra 走向带,大多数石油产自直接位于 Nodular Shale 烃源岩(1)及其上覆岩石(0)之下的被改造的片岩-砾岩(2)。由于油-水界面(点线)的上倾,假想的 A 井产出少量的来自热成熟烃源岩 1 带的原油而没有 2、3 和 4 带原油的产出。B 井生产 1 带和 2 带的原油,但却会被错误地解释为已穿越不整合面进入了基岩。C 井主要生产 2 带的原油,但也有 1 带和 3 带原油的混入。4 带不具备足以容纳大量原油的孔隙度和渗透率

$10^9 m^3$)的天然气(IHS/S. A. 石油咨询公司,1999)。基岩储层中的石油组成与裂隙发育的白垩系 Cogollo 组灰岩以及相关的富有机质的 La Luna 组相类似(表 4.3)。两个油田中广泛分布的垂向断层,使得石油可以从热成熟的 La Luna 组烃源岩运移至油田的南部,进入到高产的 Cogollo 组灰岩和基岩中(Smith,1956)。在拉巴斯油气田,变形最为强烈的灰岩和基岩分布在陡背斜褶皱的脊部,与最高产井的分布相对应(图 9.11)。

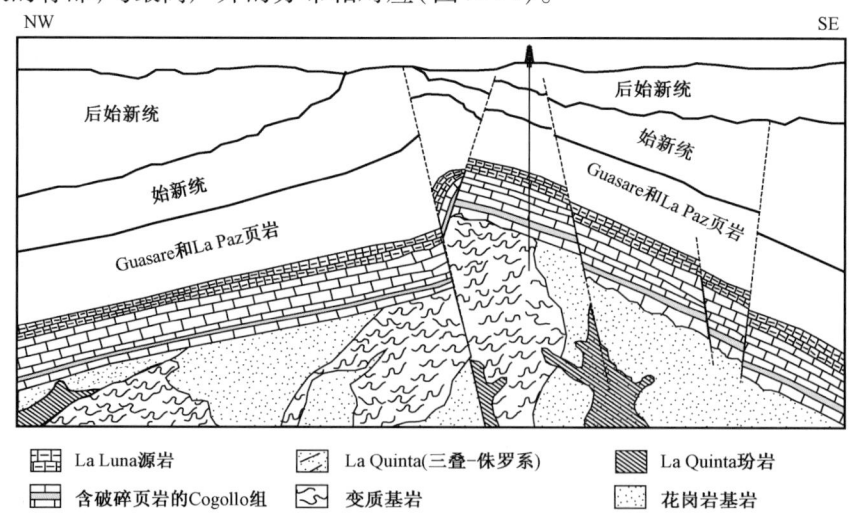

图 9.11 委内瑞拉西部拉巴斯油田剖面示意图。比例尺为 1:80000(据 Smith,1956 改编)。化学性质相似的原油产自沿一条明显的背斜顶部分布的白垩系 La Luna 组和 Cogollo 组灰岩以及下伏的断裂发育的基岩中的空穴和断裂。转载获 AAPG 的惠允,如需再次引用须获允许

早在1956年,拉巴斯油气田就有12口井钻入基岩的平均深度为1650ft(503m),最大为3087ft(941m)。拉巴斯和玛拉油气田那时的总产量为80000bbl/d(Smith,1956)。这些油田的基岩岩心断裂非常厉害,最为常见的是垂直裂面。在变形的过程中,这些裂隙的开启和膨胀沿着背斜的脊部降低了静水压力,由此产生的压力梯度使富有机质的上覆La Luna组泥灰岩生成的石油得以沿地层向下运移1400ft(427m),穿过了破碎的和裂隙发育的Cogollo组灰岩,进入到基岩中。大多数运移从背斜侧翼处可能已上移。

文献中描述了石油产自火成岩的其他实例。但实际上,所有的这些例子均有石油来自沉积岩的指征。另一个可以列举的实例是:中央堪萨斯隆起中的石油产自沿前寒武系潜山的脊部分布的破裂石英岩。而其烃源岩为翼部的寒武-奥陶系页岩或上覆的宾夕法尼亚阶页岩(Levorsen,1967)。其他有关捷克共和国和瑞典基岩中发现石油的实例将在下节予以讨论。

9.4.3 地球化学的证据

许多有关石油生物起源的证据是基于地球化学的数据。

9.4.3.1 生物标志化合物

Gold(1985,1999)认为生物标志化合物是储层中微生物生成的污染物,或者是地幔中甲烷聚合作用生成的无机烃类在向上运移的过程中对生物成因物质的溶解。他还认为煤起源于生物(如叶子化石、木质碎片),但后期很可能已完全被非生物成因的烃类所替代。假如生物标志化合物是浅部溶解产生的污染物,那么,它们的立体化学结构应该指示其起源层位的成熟度。来自不同深度的污染生物标志化合物将会具有混合成熟度的征兆,它取决于用于分析的化合物是什么。但是,正如本章上述的讨论所言,几乎不存在具有混合成熟度标志的原油。譬如,由于18β-奥利烷的构型不及18α-奥利烷的构型稳定,成熟度的增加有利于奥利烷18α立体异构体的增加(见图14.9)。大多数原油中18α/18β-奥利烷比值指示的成熟度与该全油的成熟度相一致。Riva等人(1988)依据若干口井的数据展示了随深度的变化奥利烷差向异构体比值与其他成熟度参数间的相关关系,这些参数包括Ts/Tm、镜质体反射率和T_{max}。当混合成熟度的征兆出现时,地质和地球化学的证据通常表明储层中的原油为不同来源原油的混合物。Philp和Brassell(1986)提供了生物标志化合物非污染所致的更强有力的地球化学论据。

不同生物标志化合物立体异构体稳定性的分子力学计算与其在适当的地质温度下生成的原油中的相对丰度吻合很好。例如,原油中C_{31}-C_{35}升藿烷的22S/(22S+22R)的观察值(Zumberge,1987b)与根据分子力学计算指示的烃源岩温度大约为125℃的范围值相吻合(Kolaczkowska等,1990;Peters等,1996b)。

(1)捷克共和国结晶岩中的石油。

捷克共和国摩拉维亚地区西喀尔巴阡山逆冲断裂带上的Zdanice-7井的原油产自前寒武系结晶基底的岩石中(Picha和Peters,1998),它可能被解释成指示了非生物成因的来源。然而,大量的地球化学参数,包括甾烷的分布(图9.12),表明该原油与Damborice-1井产自石炭系储层的原油以及侏罗系烃源岩的抽提物均具有相关性。该地区上侏罗统(Malm)富有机质的Mikulov泥灰岩厚达1000m,其TOC含量可达10%,干酪根类型为Ⅱ-Ⅲ型。其他的地球化学研究也表明该地区大多数的原油起源于这些上侏罗统的烃源岩(Francu等,1996)。

附近Lubna-18井和Dolni Lomna-1井产自前寒武系结晶基底的原油与Zdanice-7井原油在许多地球化学参数上明显存在着差别,譬如甾烷(图9.12)、升藿烷(见图13.85)、C_{26}-降重排胆甾烷和奥利烷(见图13.56)的分布均不同。尽管未能获得合适的烃源岩用于对比,但Lubna-18井和Dolni Lomna-1井原油的地球化学组成似乎表明它们来源于喀尔巴阡山脉逆冲断裂带富有机质 Menilitic 页岩或埋藏在冲断带之下原生的古近系烃源岩（Peters 和 Picha，1998）。譬如，与 Zdanice-7 原油及岩石抽提物不同，Lubna-18 井和 Dolni Lomna-1 井原油具有与古近系烃源岩相一致的与年代相关的生物标志化合物（见图 13.56）。这些原油中的 C_{26}-降重排胆甾烷和奥利烷分别来源于硅藻和被子植物。此外，Lubna-18 井和 Dolni Lomna-1 井原油的 $18\alpha/18\beta$-奥利烷比值均达到了终点值（0.6），指示其成熟度在生油窗之内。这就排除了奥利烷为无机石油在向上运移的过程中经过未成熟疏导层时捕获的污染物的可能性。

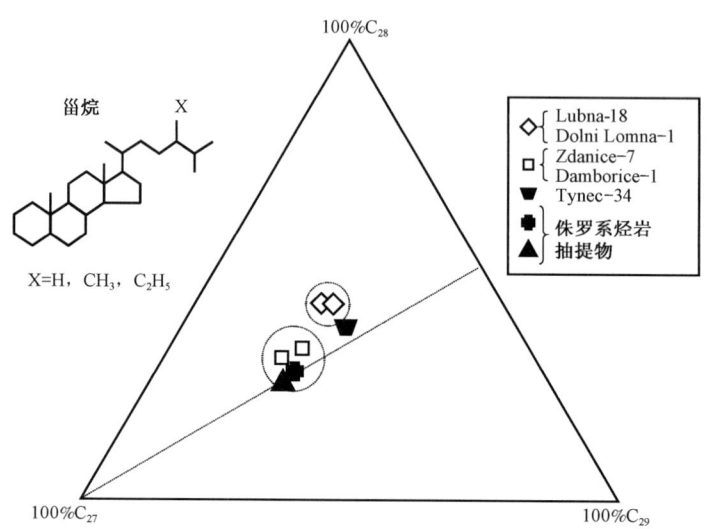

图 9.12　甾烷的分布支持捷克摩拉维亚地区有两组不同来源原油的观点（Picha 和 Peters，1998）。Zdanice-7 井和 Damborice-1 井原油与两套侏罗系烃源岩的抽提物具相关性。重复分析的数据落点亦在各自标记符号的直径范围之内

（2）Siljan 湖撞击坑中的石油。

在泥盆纪末期（362Ma）（Bottomley 等，1978），陨石撞击了瑞典中部前寒武系至上志留统的砂岩、页岩和灰岩，形成了一个直径大约为 50~60km 的陨石坑。巨大的动能在撞击时从陨石传递到被击中的岩石中。其高温足以熔化或蒸发硅酸盐矿物，在撞击凹陷坑内引发折射冲击波。由此形成的瞬间凹陷坑的深度是撞击坑的 2~3 倍。瞬间凹陷坑的底部经历了紧接着撞击的发生，撞击坑周边因撞击而升腾的沉积岩石滑塌到环形的凹陷内。在垮塌到环形凹陷内时，有些沉积岩石的温度可达 60~80℃。接着沉积岩迅速地被碎石所覆盖，在某些区域，覆盖的熔融岩石厚约 200m，其初始温度接近 2200℃，大约需要 10000 年的时间才能冷却下来（Grieve，1988）。现今 Siljan 湖的环形构造含有隆升的 Dala 花岗岩体，它的中央锥形山直径为 32km，代表了瞬间凹陷坑隆升基底的风化残余物。在环绕花岗岩体的直径为 45km 的环状凹陷中，有湖泊点缀在向下断裂的奥陶系和志留系的沉积岩石之中。

Siljan 湖附近的沉积岩采石场中发现了许多沥青和生物降解油苗，一些浅层钻孔中还有一层游离的油漂浮在水面上。Vlierboom 等人（1986）从 Siljan 地区具代表性的古生界页岩和灰岩中鉴定出了三套富有机质、倾油的层段，它们的埋藏深度都不足以生成石油。但是，现场油苗在稳定碳同位素、甾烷和萜烷的分布上与奥陶系 Tretaspis 页岩具有良好的对应关系。有数据显示陨石撞击所产生的热度催熟了撞击点附近的烃源岩，导致了油苗在地质的瞬间生成和排驱。尽管 Siljan 湖原油的数量还不足以形成商业性的聚集，但它源自沉积岩中有机质的证据对驳斥 Gold（1999）有关它是非生物成因的断言却是至关重要的。

图 9.13 暗示渗出原油主要来源于奥陶系 Tretaspis 组两套富有机质岩相产物的混合,其代表岩石为 5、14 和 10 号样品(TOC 分别为 9.3%、7.8% 和 5.1%;HI 为 555mg/g、510mg/g 和 326mg/g)。5 和 14 号样品来自于沥青质岩相,而 10 号样品则来自于 Tretaspis 组基底的黑色页岩相。生物降解没有影响渗出油苗中的甾烷或三萜烷。油苗中甾烷的组成与 14 号样品的抽提物相类似,但介于 5 号和 10 号样品抽提物之间。油苗饱和烃和芳香烃馏分的稳定碳同位素比值分别为 −30.3±0.1‰ 和 −29.5±0.1‰,也支持其主要为 Tretaspis 烃源岩产物混合的认识。譬如,5 号和 10 号样品抽提物中饱和烃稳定碳同位素比值分别为 −30.9‰ 和 −28.3‰,芳香烃分别为 −30.5‰ 和 −28.4‰,它们均覆盖了油苗的对应值。这种混合的观点也得到了萜烷数据的支持(Vlierboom 等,1986)。

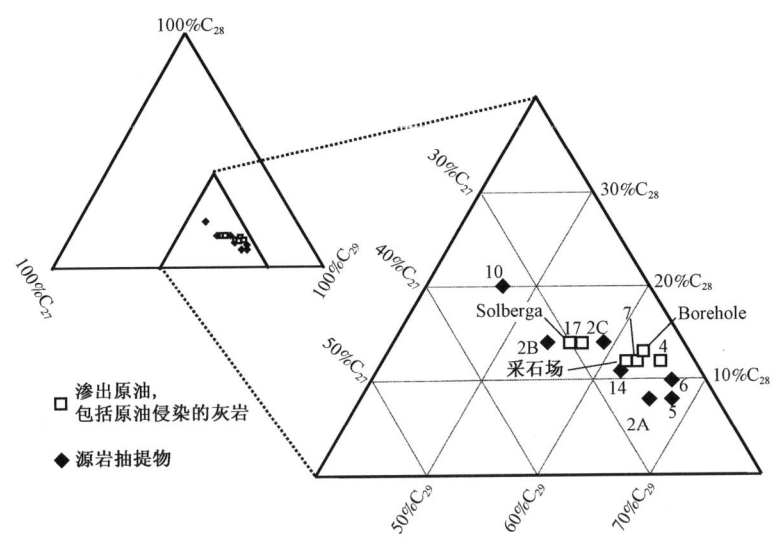

图 9.13 $C_{27}-C_{29}$ $5\alpha-(H)$ 甾烷(20R)的分布表明 Siljan 地区样品间的相关性(据 Vlierboom 等人,1986 改编)。转载获 Elsevier 的惠允

2A、2B、2C—志留系 Rastrites 页岩;5,14—奥陶系含沥青的 Tretaspis 页岩;6—Tretaspis 页岩中的灰岩夹层;10—底部奥陶系黑色 Tretaspis 页岩

9.4.3.2 旋光性

许多生物来源的化合物具有旋光性,即一束平面偏振光穿过含有检测化合物的溶液时,光束会向左(左旋光)或向右(右旋光)偏转。旋光性是生物化合物中非对称碳中心的产物(图 2.21)。譬如,活体生物中的氨基酸几乎都具有左旋性(Macko 等,1994)。在实验室或者宇宙空间中非生物合成的化合物一般由外消旋混合体组成,它不具有偏振光的旋转,也没有旋光性。同样的,人们不能期望由幔源甲烷的非生物成因聚合形成的化合物会具有旋光性。

原油具有旋光性,可作为生物起源的证据。譬如,原油中旋光性最强的组分由来源于曾经的活体生物的贫 ^{13}C 的甾烷和萜烷所组成(Silverman,1971;Whitehead,1971),它们是大多数原油的主要组分。单个生物标志化合物,如伽马蜡烷,也具有很强的旋光性,它佐证了原油中最具旋光性的主要组分是生物标志化合物的观点(Hills 等,1966)。这种旋光性的存在是因为生物对不同的对映异构体具有选择性的缘故。

原油的旋光性会随着成熟度的增加而消失,这是由于裂解过程会导致不对称碳中心的减少(Williams,1974)。譬如,姥鲛烷在低熟烃源岩或原油中是非外消旋混合体,随成熟度的增加会变为具外消旋性(Patience 等,1978)。两个成熟原油中法呢烷外消旋混合体的形成,可归因于随成熟度的增加而失去对映异构体选择性的缘故(Brooks 等,1997)。微生物的降解通常会增加原油的旋光性,因为无旋光性的正构烷烃被选择性地降解掉了(Winters 和 Williams,1969)。

9.4.3.3 同分异构体的丰度

正如第2章所述,源自活体生物中萜类前躯物的不同类型化合物的同分异构体在石油中的含量非常丰富,远远超过了非生物成因说所能想象的程度。如在篷卡城(Ponca City)的原油中,2,6-二甲基辛烷和2-甲基-3-乙基庚烷的含量要远远高于其他所有49种可能的同分异构体(图2.14)。这两个单萜化合物遵循异戊间二烯的规则,是萜类化合物热裂解的产物。同样的,姥鲛烷(C_{19})和植烷(C_{20})的丰度之所以大于无环类异戊间二烯系列同系物的其他成员(图2.16),原因在于它们主要来源于植物中的叶绿素a(图3.24)。石油中C_{17}-无环类异戊间二烯的含量很低或者没有,因为它的形成需要断裂任何大分子类异戊间二烯前躯物两个C—C键。而更多C_{16}和C_{18}无环类异戊二烯的形成,则只需要断裂大分子类异戊间二烯前躯物的一个C—C键,比如姥鲛烷(C_{19})和植烷(C_{20})。同样,C_{28}-αβ-霍烷在石油中几乎没有,因为它的形成需要断裂连接在C_{35}生物霍烷类前躯物C_{22}位上的两个C—C键(图2.29)。长链三环萜烷在C-14位上带有一个规则类异戊间二烯的侧链,其证据为C_{22}、C_{27}、C_{32}、C_{37}和C_{42}同系物的丰度较低,因为它们的形成都需要较高碳数的同系物断裂两个C—C键(见图13.73)。而甲烷的聚合作用不可能导致单个无环类异戊间二烯、αβ-霍烷、三环萜烷或原油中常见的其他萜烷类系列化合物在相对丰度上产生较大的差异。

原油中高含量的非萜类化合物,如许多原油中的正构链烷烃、异构链烷烃和反异构链烷烃,均可以用原油的生物起源来解释。譬如,2-甲基十八烷的丰度大于其他许多同分异构体的含量,因为它是古细菌生物合成的常见产物。正如本书其他章节所讨论的那样,石油中的卟啉明显来源于植物的叶绿素和活体生物的血红素,其最初的论述见Treibs(1936)。

9.4.3.4 稳定碳同位素

如第六章所述,碳在自然界中有两种稳定同位素,^{13}C 和 ^{12}C。通过光合固碳作用从 CO_2 或 HCO_3^- 形成的有机质亏损^{13}C,因为植物选择性优先固定^{12}C。烃源岩中的干酪根和石油具有贫^{13}C的特征,这与对活体生物的观察相类似(图6.2),也与这些物质光合作用的起源相吻合。目前,还没发现已知的无机过程能够产生象活体有机质、干酪根和石油一样贫^{13}C的高分子含碳物质。

尽管尚不确定,有人还是建议将$\delta^{13}C$比值大于-25‰作为非生物成因甲烷的判识标准(Jenden 等,1993a)。然而,近期在实验室的条件下生成了几乎为纯的非生物成因甲烷,它的$\delta^{13}C$比值可轻至-53.6‰,其合成条件与上地壳的环境相类似(Horita 和 Berndt,1999)。

在天然和人工裂解的天然气中,^{12}C的含量按甲烷、乙烷、丙烷及较高碳数同系物的顺序依次降低,这与干酪根或石油热裂解过程中动力学的同位素分馏相一致(图6.3)。^{12}C依甲烷、乙烷及较高碳数同系物的次序增加的反序分布与甲烷聚合反应的产物相一致,但正如前文所述,没有一个商业性油气的聚集具有这种特征。一些碳质球粒陨石具有这种同位素组成的反序分布,与星际空间费-托(Fischer-Tropsch)型反应合成的少量包裹烃类气体的起源相吻合(图9.3)。来自一项研究的为数不多的实验数据似乎表明:在模拟非生物成因烃类形成的实验室条件下生成的某些气体具有正序的碳同位素分布,与C_{2+}的组分相比,其甲烷相对富集^{12}C(Lancet 和 Anders,1970)。该实验用钴作催化剂,在一个大气压和400K的条件下加热等摩尔的CO和H_2混合物。在实验进行了四小时之后,甲烷和C_{2+}组分的$\delta^{13}C$比值分别为

−100‰和−62‰；然而，在30小时之后，甲烷和C_{2+}组分的$\delta^{13}C$比值则分别变为−50.2‰和−61.2‰，呈现出典型的非生物成因产物的反序分布。在费-托型反应条件下用250℃以上的温度加热CO和H_2的类似实验也生成了烃类，但在生成的主要组分饱和烃中没有观察到随碳数出现的系统性同位素变化（Yuen等，1990）。Hu等人（1998）采用不同的催化剂对CO和H_2（2:3的比例）实施了费-托型的加热实验。尽管生成的甲烷具有多变的$\delta^{13}C$比值，但重烃组分仍具有反序的碳同位素分布，其^{12}C的含量依乙烷、丙烷和丁烷的次序增加，为典型的非生物成因烃类，与默奇森（Murchison）陨石中发现的无机烃特征相一致。

单体烃碳同位素分析表明石油中的许多组分可以直接与烃源岩中的生物有机质联系在一起（Hayes等，1987；1990；Freeman等，1990；Schoell等，1994；Guthrie等，1996）。

9.4.3.5 油-源对比和含油气系统

在热成熟过程中，石油从细粒的富有机质烃源岩中排驱出来，运移一段距离之后进入粗粒的或破裂的储集岩中。发生运移的石油继承了沥青的地球化学指纹，而有些指纹则保留在烃源岩中。常见的色谱指纹参数可能包括奇偶优势指数或姥/植比。生物标志物比值可能有C_{27}-C_{28}-C_{29}甾烷相对含量或单芳甾类的比值，以及各种萜烷比值。其他与烃源岩相关的参数还可能包括饱和烃和芳香烃的稳定碳同位素和钒/镍值。次生作用，如运移和生物降解，一般不会明显影响这些参数。因此，油-源之间的对比正是以特定原油和烃源岩抽提物具有相似的地球化学指纹为依据。许多大型油气田的特定烃源岩就是通过这种方法确定的，本书对此有专门的讨论（见第18章）。

烃源岩地球化学组成在纵向和横向上的变化可以使油-源对比复杂化，尤其是湖相和三角洲相的样品。与大量成熟烃源岩生成的原油不同，离散烃源岩的抽提物只能代表取样层段。湖泊沉积物地球化学组成的纵向和横向变化取决于气候、生物群落和湖泊化学性质在地质意义上的快速变化。此外，这些变化也可能因为分析方法的差异而有所不同。譬如，某一层段烃源岩生物标志化合物的分布可能相似，而总抽提物的稳定碳同位素比值或正构链烷烃的分布却可能变化较大，或者相反。这种情况的发生是因为生物标志化合物的组成主要受有机相的控制，而稳定碳同位素比值则主要与影响同位素分馏的因素有关，如表层水温度和pH值。尽管许多这些控制因素可能相互重叠，还是有许多生物标志化合物的分布发生变化、同位素也发生变化，或者相反的实例。地球化学的对比需要考虑烃源岩性质上的这些变化。解决此类问题的方法之一就是广泛地采集烃源岩样品（图6.14）（Curiale和Sperry，1998）。湖相沉积环境油-源对比的说服力通常不及油-油之间的对比。

9.4.3.6 热模拟

借助地球化学对比、动力学模型及盆地热演化史（含油气盆地模拟），人们对油气分布的预测能力已足以验证生物成因的观念而不是非生物成因的观念是商业勘探最为可靠的手段（Demaison和Murris，1984；Magoon和Dow，1994b；Hunt，1996；Welte等，1997）。文献中有关烃源岩生烃的热成因模型正确鉴别有效烃源岩透镜体实例的记载不胜枚举。在这些区域之内或者直接在其上进行油气勘探的成功率远大于邻近的区域（参见图14.1、图18.1、图18.54和图18.138）。

10 生物标志化合物在环境评价中的应用

> 本章阐述了如何应用生物标志化合物及其他环境标记物,如多环芳香烃的分析数据,来表征、鉴别和评估原油泄漏对环境的影响。内容涉及导致泄漏原油组成发生变化的一些作用,如乳化作用、氧化作用和生物降解作用等,以及原油泄漏的治理和模拟。本章讨论了泄漏物的现场取样和实验室分析步骤,其中包括程序设计、化学示踪和数据的质量控制。本章同时分析了烟雾、天然气、汽油及其他轻质燃料污染物对环境的影响,并就"埃克森·瓦尔迪兹"(Exxon Valdez)号的原油泄漏事件所引起的争议展开了详尽的讨论。

10.1 环境标记物

第二次世界大战之后,合成有机化合物的大规模生产、化石燃料的大量燃烧以及人口的快速增长给环境带来了大量持久性的污染物,诸如2,2-双(4-氯苯基)-1,1,1-三氯乙烷(DDT)、多氯联苯(PCBs)、邻苯二甲酸酯、二氧(杂)芑,以及多环芳香烃(PAHs)等。大约是在同时,分析技术的快速发展,包括气相色谱、高压液相色谱和质谱的出现,使得对环境物质中复杂组成的检测成为可能。Rachel Carson(1962)在其具有里程碑意义的著作《寂静的春天》中指出了合成有机污染物的一些危险性。在几次严重的事件发生之后,如汞中毒造成的水俣病(Minimata)(1953)、多氯联苯污染引起的米糠油(Yusho)事件、"托里峡谷"(Torrey Canyon)号油轮(1967)、秃鹰(Buzzard's)海湾(1969)以及圣芭芭拉(Santa Barbara)海峡(1969)的泄油污染事件等,公众对环境污染的关注也大为增加。这些事件促成了美国环境保护署(EPA)(1970)以及世界上其他类似组织的成立。

一如石油中的生物标志化合物,近代沉积物、地下水、河流、湖泊、海洋及大气中的环境标记物也可用来鉴别特定的母源物质。环境标记物是指由于人类的活动和自然的来源而作为污染物输入环境的化合物。这些污染物既包括生物标志化合物也有不符合生物标志化合物常规定义的其他化合物,如多环芳香烃。我们的讨论涉及许多这些非生物标志物的化合物,这是因为它们在环境污染的评价中发挥着至关重要的作用。环境标记物可以用来预测有毒污染物的行为、命运和影响,以及监测成岩过程的进程。为了简便起见,笔者把环境标记物分为三类(Eganhouse,1997):① 现代生物成因的标记物;② 人为的标记物;③ 石油和化石燃料的标记物。正如下文的讨论,这些分类并不总是截然不同。

注:毒物学和医学上所使用的术语"标记物"与地球化学中的标记物具有不同的含义。标记物最宽泛的定义涵盖了能够反映生物系统与环境介质之间相互作用的几乎所有的检测结果,它可以是化学的、物理的或生物的。在毒物学中,标记物为生物流体、细胞、组织或整个有机体中能够指示毒物或者宿主对毒物响应的存在、量级及接触的组分。在医学上,标记物是指用于诊断癌性肿瘤、衰老及营养摄取的许多化合物和基因的标记物。在一项有关生物科学应用术语"标记物"的词源学研究中,Benford等人(2000)至少列举了它的17种定义。然而,他们承认该术语起源于地球化学。

10.1.1 现代生物成因的标记物

现代生物成因的标记物一般指微生物、高等植物或动物产生的化合物,它们分布在环境中,但几乎或从未发生过改变。这些化合物可能对为大气环境、水环境或沉积环境中的有机质提供来源的特定生物、生物的种类或普通生物群落具有诊断意义。

10.1.2 人为标记物

人为标记物指由于人类或人类活动而产生的一些化合物,它们有意或无意地伴随着人类的行为而进入了大气环境、水环境或沉积环境。这些化合物可以是天然的或者是人工合成的;可以是无害的或者是有毒的。它们包括了那些由于是诱变物质或致癌物质、或者因为对人类的健康或生态环境构成了其他的危害而被划分为污染物的化合物。常见有毒的人为标记物有PCBs和含氯杀虫剂。然而,有许多人工合成或天然有机化合物,如粪甾醇和合成的表面活性剂,不能被看作是污染物,但它们也是因为人类的活动而被引入环境中的。粪甾醇比较特殊,因为它既符合现代生物成因、也符合人为成因标记物的定义。

10.1.3 石油标记物

石油标记物由沉积有机质在成岩或后生过程中产生,一般而言,它包括烃源岩和化石燃料中的生物标志化合物。许多石油标记物在结构上与现代生物成因的标记物具有明显的相关关系,因为它们具有相同的来源。然而,石油标记物由于经历了后生作用,因而缺乏某些结构上具热活性的部分,比如羟基或双键,而这些部分在现代成因的标记化合物中则非常普遍。

单一化合物的归属可以视具体情况而定。譬如,多环芳香烃从不同的来源进入环境,当其直接来自生物群落或者作为燃烧成因的化合物时,它们被认为是现代生物成因的标记物;而当它们因为人类的不慎和意外事件的排放、或者作为燃烧成因的产物进入环境时,则可被视作人为标记物。环境中的石油类多环芳香烃可以来自原油的天然泄漏或烃源岩的侵蚀;但它们也可以是原油泄漏、炼制产品或燃烧成因排放物的人为标记物。譬如,二萘嵌苯(苝)是现代沉积物中常见并丰富的多环芳香烃,但对它的来源却一直争论不休(Aizenshtat,1973;Louda 和 Baker,1984;姜春庆等,2000b;Silliman 等,2000,2001)。

10.1.4 划分环境标记物的难点

环境标记物的划分可能会随着人们对其潜在来源的认识不断深化而发生改变。例如,粪甾醇来源于哺乳动物肠道内的细菌,出现在受人类废弃物影响的水和沉积物中。早期的研究建议将其用作人类粪便污染的一个示踪物(Hatcher 等,1977);然而,后来发现它还可来自还原条件下沉积物中的胆固醇,在除人类之外的哺乳动物和鸟类的粪便中也有分布(Venkatesan 等,1986;Leeming 等,1997;Sherblom 等,1997)。因此,高含量的粪甾醇可以出现在受哺乳动物排泄物影响不大的还原条件下的或非哺乳动物粪便输入明显的沉积物中。虽然如此,粪甾醇已成为评价污水污染的一个有代表性的有效指标(Venkatesan 和 Kaplan,1990;Venkatesan 和 Mirsadeghi,1992;Nichols 等,1993)。有些研究建议根据不同的甾烷醇比值可区分人类与其他哺乳动物的粪便(Venkatesen 等,1986;Evershed 和 Bethell,1998)。利用特定的甾烷醇和胆汁酸的分布,也可以把人类的粪便与犬、豕以及反刍动物区分开来(Bull 等,2002)。

微生物将胆固醇还原为粪甾醇的途径可能有两种(图10.1):① 通过形成中间产物 Δ^4-胆甾烯-3-酮,然后转化为粪甾酮和粪甾醇;② Δ^5 双键的直接还原(Venkatesen 和 Santiago,1989)。他们在海洋哺乳动物的粪便中发现了粪甾醇,这暗示至少有部分的胆固醇转化粪甾醇是通过途径1在海洋哺乳动物的肠道内实现的。由此,他们认定沉积物中哺乳动物粪便的输入类型还可以通过粪甾醇(cop)与表粪甾醇(e-cop)的比值以及胆甾醇在总类脂抽提物中的百分含量(%chol)来确定,其样品可以来自:① 人类;② 须鲸类;③ 齿鲸和企鹅;④ 鳍足动物。譬如,与其他沉积物和哺乳动物粪便的样品不同,来自 Hyperion 污水处理厂残渣中的粪甾醇与表粪甾醇的比值(cop/e-cop)约为 2.3,胆甾醇的含量约为 9%,它们均落在附近圣·莫尼卡(Santa Monica)盆地大陆架沉积物的该值变化范围之内,似乎表明其主要为人类排泄物的输入。

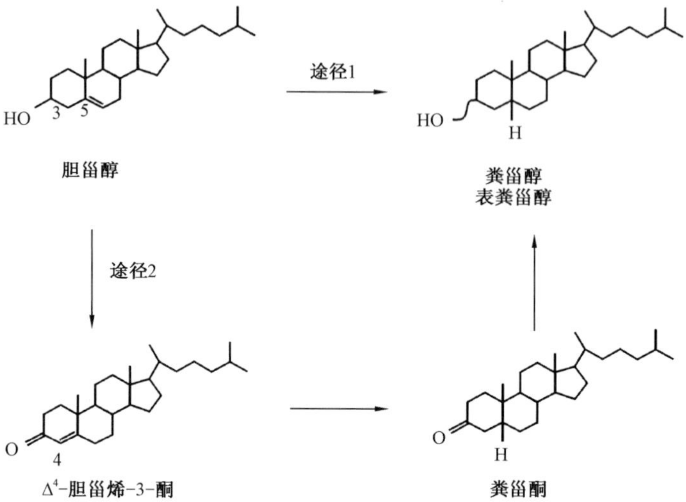

图 10.1　哺乳动物肠道内的微生物将胆甾醇(胆甾-5-烯-3β-醇)还原为粪甾醇(5β-胆甾-3β-醇)和表粪甾醇(5β-胆甾-3α-醇)的两种可能的途径(Venkatesan 和 Santiago,1989)。途径 1 和 2 分别涉及到 Δ^4-胆甾烯-3-酮中间产物的形成和 Δ^5 键的直接还原。

10.2　原油泄漏

"托里峡谷"号油轮的泄漏以及其他严重的泄油事故,比如由"阿尔戈商人"(Argo Merchant)号油轮在秃鹰海湾搁浅触礁和 20 世纪 60 年代晚期尤尼科(Unocal)石油公司在圣芭芭拉海峡钻井平台 A 井喷事故所造成的原油泄漏,促使了地球化学、海洋学和环境化学等多学科联合研究的开展。许多现场及实验室内的研究考察了水环境中石油的命运(全国科学研究委员会(NRC),1985,2002)。早期的研究主要利用生物标志化合物来区分泄漏原油与背景烃类(Blumer 等,1972;Farrington 和 Meyers,1975)以及追踪环境中的石油污染物(Blumer 和 Sass,1972;Teal 等,1992)。这些早期的应用为更深入地认识以后的石油泄漏奠定了基础,包括 1989 年"埃克森·瓦尔迪兹"(Exxon Valdez)号油轮事故(Bence 等,1996)。

评价泄漏原油对海洋环境的危害需要了解有关石油输入环境的所有知识。对偶然的目击者而言,石油泄漏所造成的环境破坏可以是直接的和明显的,也可以是长期而不明显的。目前为数众多的自然和人为原油污染的来源已为人们所认识(表 10.1)。大多数专家相信长期输入海洋的原油数量要远大于为公众所关注的严重泄油事故(全国科学研究委员会,1985,2002;Patin,1999)。目前最佳的评估确认石油在海洋环境中的最大单一来源为海洋中石油的自然渗漏;其次是大型船舶的人为排放(合法或不合法的舱底和燃料仓的清洗);以及陆地的来源(随河流输入的城市道路、市政和工业废弃物)(图 10.2)。很难控制这些来源的输入量,特别是自然渗漏及陆源的废水,其实际值可能比最佳评估值高出很多倍。譬如,全国科学研究委员会对世界范围内陆源石油年输入量的最佳评估值为 14×10^4 bbl,而可能的评估值却在低至

7000bbl 与高至 500×10^4bbl 之间。因油轮事故、管道溢出和原油开采而造成的原油泄漏量在美国水域中都有完备的记录,在世界范围内也有相当可靠的记载。与上述的来源相比,这些来源显得较为次要,尤其是为了防止溢油,海运船舶的运营有相应管制措施的地区。

表 10.1 海洋环境中原油污染的来源及影响范围(据 Patin,1999)

输入类型		输入来源	环境		影响范围		
			水圈	大气圈	局部	地区性	全球性
天然		油苗、沉积物和岩石的剥蚀	+	−	+	?	−
		海洋生物的生物合成	+	−	+	+	+
人为	海洋	海洋原油运输(如事故或油轮的操作排放)	+	−	+	+	?
		海洋非油轮航运(操作、事故或非法排放)	+	−	+	?	−
		近海石油开采(钻井排放、事故)	+	+	+	?	−
	陆地	污水	+	−	+	+	?
		油码头、输油管线、卡车	+	−	+	+	?
		河流、陆表径流	+	−	+	+	?
	燃烧	燃料的不完全燃烧	−	+	+	+	?

注: + 表示已证实的影响; − 表示没有或可忽略的影响;? 表示尚不确定的影响。

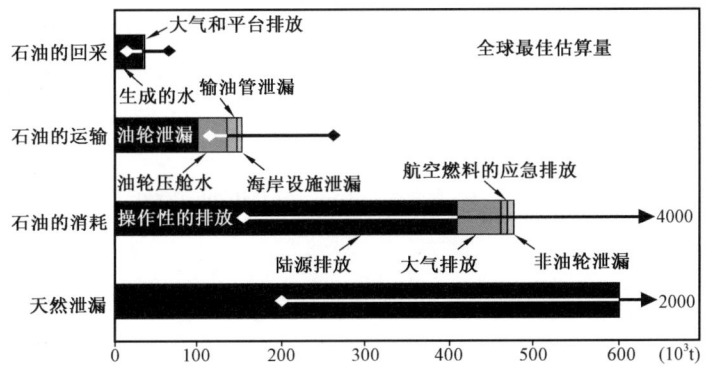

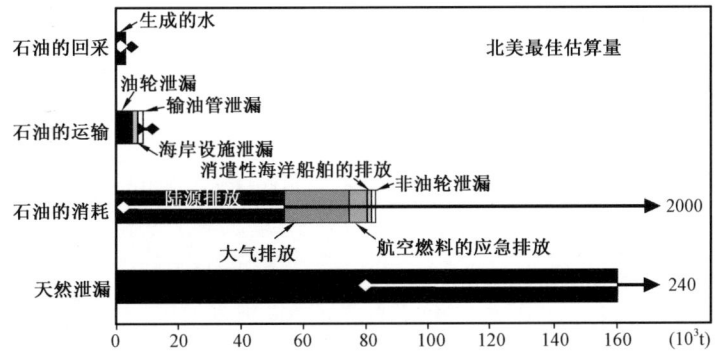

图 10.2 烃类输入海洋环境的最佳估算量(美国国家科学研究委员会,2002)。误差线段显示各项分类的最大和最小估算值。对天然泄漏和陆源排泄份额的估算具有相当大的不确定性。消遣性海洋船舶对全球海洋贡献的数据只适用于对北美的估算量。美国法律禁止油轮把压仓水(油)和废液倾入海洋,因此,在北美这类来源基本上可以忽略不计

不同来源的海洋石油污染所占的相对份额依地区而有所不同。大规模的自然渗漏强烈地影响着一些区域，如里海、加利福尼亚近海以及墨西哥湾，在这些地方，石油的渗漏维系着大量化能自养生物群落的生存（Sassen 等，1993）。在有大量近海原油开采的地区，如墨西哥湾和北海，操作事故与合法及不合法的排放约占原油污染的 30%（Corbin，1993）。而在非石油产区的海域，如加勒比海和北印度洋，50% 以上石油污染可能来自于油轮的压舱水（Corbin，1993）。美国法律禁止油轮往海洋中排放压舱水、清洗货舱、油罐以及维护发动机的废水或舱底污水。因此，这些来源的输入污染在北美可忽略不计，尽管在世界上没有类似法规的其他地区，它们是主要的污染来源（美国国家科学研究委员会，2002）。

尽管偶然事故的泄漏原油也许只占全球和平均时间尺度上全部石油污染中的一小部分，但它们可能对地区性的生态环境产生深远的影响（表 10.2 和图 10.3）。最严重的石油泄漏事故发生在 1991 年的海湾战争期间，排泄到沿岸水域中的原油约为 $(50\sim100)\times10^4$ t，超过 7000×10^4 t 的泄油及燃烧物质发散到了大气中（Fowler 等，1993），方圆 400km 之内的生态环境遭到了严重的破坏（Fowler 等，1993）。这一事件的结果是：泄漏的原油取代了运输产生的泄油而成为该区最大的石油污染输入源（Readman 等，1996）。最严重的井喷事故发生在墨西哥湾的 Ixtoc－1 井，从 1979 年 6 月到 1980 年 2 月它共喷出了约 4000×10^4 t 原油（约 3×10^8 bbl）（图 10.4）。最严重的近海泄油事故发生在 1992 年 3 月，乌兹别克斯坦 Sar-Daryna 河附近的 Mingbulak－5 井发生了井喷，历时数月时间才得以控制，其间每天泄漏的原油约为 $(3.5\sim15)\times10^4$ bbl。这次事故引起了西方对费尔干纳（Fergana）流域的勘探兴趣（美国能源部/环境影响评估（DOE/EIA），1995）。虽然，Mingbulak 的井喷事故泄漏了大量的原油，但与费尔干纳炼油厂的长期排放对环境所造成的危害相比，则是小巫见大巫。在数十年的生产过程中，该炼油厂可能已向当地的环境排放了大于 1.2×10^8 gal 的原油和炼制产物（美国能源部/环境影响评估，1995）。

表 10.2　最严重的原油泄漏（DeCola，2000）

等级	时间	事故	泄漏量（10^6 gal）
1	1991.1.26	科威特、波斯湾和沙特阿拉伯沿岸的海岛设施中共有八种来源的污染，如油码头、油轮等	240.0
2	1979.6.3	墨西哥湾尤卡坦半岛（Ciudad del Carmen）的坎佩切湾（Bahia de Campeche）外海西北 80km 处的 Ixtoc－1 勘探井	140.0
3	1992.3.2	乌兹别克斯坦费尔干纳（Fergana）流域的 Mingbulak－5 井	88.0
4	1983.2.4	伊朗波斯湾 Nowruz 油气田的钻井平台三号井	80.0
5	1983.8.6	南非大西洋沿岸距 Table 海湾 64km 处"*Castillo de Bellver*"号油轮	78.5
6	1978.3.16	法国大西洋沿岸布列塔尼（Brittany）Portsall 附近"*Amoco Cadiz*"号油轮	68.7
7	1988.11.10	加拿大北大西洋沿岸纽芬兰距圣·约翰（St John's）东北 1175km 处"奥德赛"（*Odyssey*）号油轮	43.1
8	1979.7.19	加勒比海距特立尼达岛-多巴哥岛东北 32km 处"大西洋皇后"（*Atlantic Empress*）号油轮	42.7
9	1980.8.1	利比亚的黎波里东南 800km 处 D－I03 特许生产井	42.0
10	1991.4.11	意大利地中海热那亚港"港口"（*Haven*）号油轮	42.0
53	1989.3.24	美国阿拉斯加威廉王子湾（Prince William Sound）"埃克森·瓦尔迪兹"（*Exxon Valdez*）号油轮	11.0

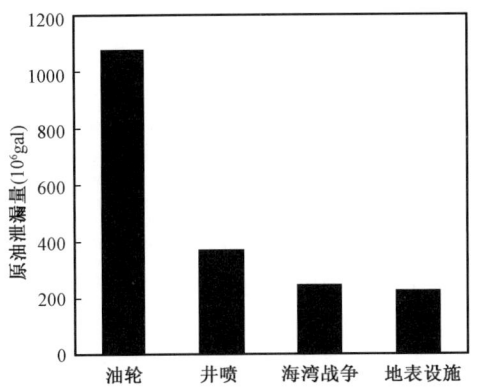

图 10.3 1950—2000 年间由于事故（>10^7 gal）所导致的原油泄漏数量（数据源自 DeCola,2000）。地表设施包括输油管线、炼油厂和贮油站

图 10.4 1979 年 6 月 3 日墨西哥 Ciudad del Carmen 外海的 Campeche 湾发生了 Ixtoc-1 勘探井的井喷事故。截至 1980 年 2 月该井最终被控制时，大约有 $140×10^6$ gal 原油流入海湾（据国家海洋和大气管理局国家海洋公共事业处应答与修复办公室的资料，http://response.restoration.noaa.gov.）

超级油轮的事故所引发的问题尤为严重，由于大量的原油会快速泄漏，并且对生态环境脆弱或具有较高经济价值（如渔业和旅游业）的海岸线产生影响。就泄油的体积而言，油轮事故超过了其他所有灾难性泄漏的总和（图 10.3）。尽管石油运输的体积在整体上不断增加，但自 1980 年以来，油轮事故所导致的泄油体积已明显降低（图 10.5 和图 10.6）。

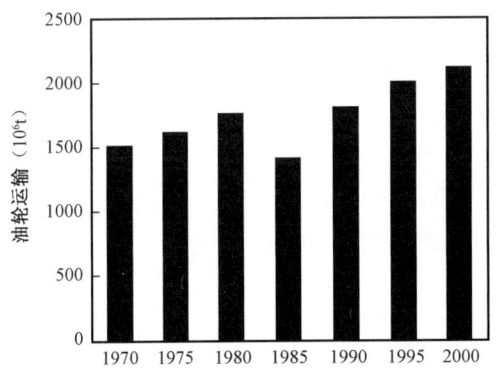

图 10.5 全球原油运输总吨位（数据源自 GESAMP,2001）

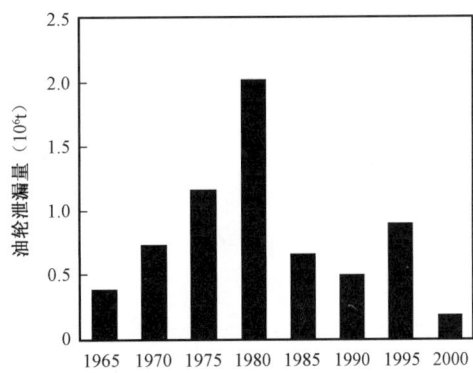

图 10.6 油轮泄漏事故所损失的原油量。数据源自 DeCola(2000) 和 ITOPF(2001)。每组数据代表 5 年中原油的累计泄漏量

10.3 影响海洋泄油命运的过程

海洋环境中泄油的蚀变过程包括扩散及聚合、弥散、蒸发、乳化、溶解、沉淀、氧化和生物降解等作用（图 10.7）。总体上，这些过程被称之为"风化"。各种过程对泄油的影响程度取决于原油和炼制产品的化学和物理性质以及当地的环境条件（风、水流、温度、盐度及生物群落）（美国国家科学研究委员会，2002）。有些过程随即发生并很快结束，而其他过程则可能延续数年。

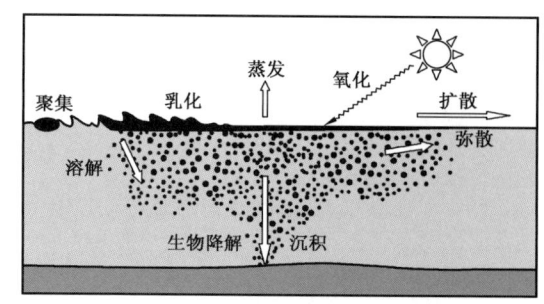

图 10.7 影响海洋泄油风化的过程
（据 ITOPF，2001；Patin，1999）

10.3.1 扩散

当原油泄漏在水中,它会在水面上扩散。初始扩散速度受控于原油的黏度和可湿润性(wetability),常见原油的扩散速率为 100~300m/h,而一些高度精练的成品油的扩散速率则可达到 600m/h。1t 原油在泄漏 10min 之内可形成半径为 50m、厚 10mm 的油层(Patin,1999)。风、波浪、水流方向及强度、温度和潮汐都会影响扩散的速率和方向。油层通常会顺着风向漂流,形成狭窄的条带。扩散很少具有相同的厚度。

10.3.2 弥散

当油层厚度薄至 0.1mm 时,它们就分解成游离的油斑。最终,油斑会以悬浮在水柱中的小油滴或者被矿物和有机颗粒吸附的形式弥散。波浪的作用和水体的扰动会加速泄油弥散。分散的油滴会扩散到离泄漏地很远的地方并可重新聚合形成油层。由于弥散泄油与水体的接触面更大,其生物降解和分解的蚀变作用比聚合的泄油更快。因此,可使用化学分散剂来加速这个降解过程,譬如"海洋皇后"(Sea Empress)号泄漏事故的补救措施(Lunel 等人,1997)。

10.3.3 蒸发

泄漏烃类蒸发进入大气中的数量取决于其挥发性组分的含量及当地的环境条件。几乎所有的轻质精炼成品油(如汽油或煤油)在泄漏当天就蒸发殆尽。蒸发作用会随温度的升高以及其他促使泄油加速扩散和弥散的因素增加而增强(Fingas,1995a;1995b)。

10.3.4 水蒸汽萃取作用

通常认为蒸发作用对挥发性烃类($<C_{15}$)非常有效。水中泄油的起泡可使至少高达 C_{36} 烃类和蒽的损耗增大。这一过程被称之为"水蒸汽萃取作用",它可能有助于解释一些泄油的风化现象。Prince 等人(2002)通过对深入玻利维亚高原 Rio Desaguadero 的一条输油管道原油泄漏的分析证实了水蒸汽萃取作用,该泄漏发生在一次汹涌的洪水中。

10.3.5 溶解

原油的化合物在油相和水相中分解(Yaws 等,1993)。其溶解的程度取决于原油的组成和可溶性、水化学性质、温度以及导致两相混合的物理过程(如扩散和弥散)。由于原油的大多数组分在油相中的溶解度更大,除了轻质芳香烃(如苯、甲苯、二甲苯)之外,只有微量的原油会在水相中溶解。而这些轻质的化合物在溶解之前就已蒸发掉了。遭受氧化而形成的一些极性化合物可能会溶入水中。

10.3.6 乳化

在泄油中有悬浮水滴时,会发生乳化作用,反之亦然。乳化作用取决于表面活性化学成分的存在(如两性分子)、油和水的化学性质、温度以及水油的混合程度。沥青质含量超过 0.5% 的黏性泄油可以形成含水量为 30%~80% 的稳定乳化溶液,使其体积增加 3~4 倍。乳化,通常称为"摩丝",会减缓泄油的几种破坏过程,使其在海洋环境中的存留持续数月。当搁浅在海岸线或受热时乳化液会分解,但在埋藏中它们可能会保存数年(美国国家科学研究委员会,2002)。

10.3.7 聚合

泄油会聚合形成浮游的焦油或搁浅的焦油球。在轻烃随乳化而溶解和蒸发之后,以及通过化学和微生物降解,泄油可形成焦油。焦油的化学组成变化很大,尽管大多数富含沥青质(达50%)和蜡质。焦油球通常有一个坚硬的外壳保护着里面较柔软而风化弱的部分,它们在海里或洋底能够存留数年,其表面可以成为微生物生长的栖息地,或者甚至是无脊椎动物的庇护所。它们还可以充当有效的憎水有机污染物的吸附剂。

10.3.8 沉淀和沉积作用

生物降解的原油和一些炼制产品,如沥青,在其 API 度 <10.0 或为 6.6 时,可以分别沉淀在淡水或海水中。燃烧后的泄油残渣因足够稠密也可发生沉淀。更为常见的是在滨岸环境中泄油吸附在悬浮的黏土或其他矿物上而发生沉积。搁浅在海滩上的泄油和焦油可以与沙子黏结在一起,沉积在滨岸沉积物中(Bragg 等,1994)。

利用生物的消耗过程可从水体中去除泄油。浮游的滤食动物以及其他的生物可以摄取或吸附乳化或弥散的泄油。积蓄在这些生物中的泄油然后以粪球的形式被排泄掉,或者在生物死亡时残留在体内随后从水体中沉淀下来,进入沉积物。

10.3.9 氧化

原油化合物可以被氧化成水溶化合物或焦油。大多数的氧化反应取决于原油的原始组成以及由曝光程度控制的缓慢的光化学作用。譬如,芳香烃通常比脂族烃更易发生光氧化反应。氧化的程度不同,生成的水溶性化合物亦有不同,如酚、酮、醛和羧酸。光氧化的可

图 10.8　1990 年 6 月 8 日在得克萨斯州加尔维斯敦南 - 东南 60 海里处,*Mega Borg* 号由于遭受雷击起火泄漏了 5.1×10^6 gal 的原油(据国家海洋和大气管理局国家海洋公共事业处应答与修复办公室的资料,http://response.restoration.noaa.gov.)

溶产物具有毒性大于母体原油的倾向。重质原油的氧化通过光解反应可生成表层焦油,该反应触发了极性化合物的分解和聚合。如果泄油因事故或者作为人为补救措施的一部分而着火,则可发生快速氧化(图 10.8)。不完全的燃烧导致了燃烧成因的多环芳香烃的形成。由于这些化合物容易发生光氧化反应,从而限制了它们在大气中的传播以及远离原始泄漏地的再沉积(Garrett 等,1998)。

10.3.10 生物降解

许多生物,从细菌到真菌,都具有利用基于加氧酶、脱氢酶及水解酶的多种酶促反应降解石油的能力。在理想的状态下,微生物的降解可以将泄油全部转化成 CO_2(即重新矿化)。然而,微生物的活动主要发生在油—水界面处,它强烈地受石油组分在穿越该界面时的扩散速率的控制。因此,生物降解的速率取决于化合物的类型及其在水中的溶解度。脂族烃类最易被降解,而大分子、极性化合物则最难被降解。环境因素,如氧气和营养物质的可利用性、温度、弥散或溶解程度也强烈地影响着降解速率(Prince,1998)。

治理泄漏原油最有效而价廉的方法之一就是促进微生物的降解。能够降解石油的微生物无处不在。在无污染的地区,微生物在所有异养群落中的比例可能不到 1%;而在严重污染的地区,这些微生物的所占比例可能超过了生物总量的 10%(Watanabe,2001)。在大多数环境中,氧气和无机养分制约着生物降解的速率。通风和增加可溶的氮、硫、磷以及微量金属元素能大大提升生物降解的速率(Bragg 等,1994;Prince 和 Bragg,1997;Alexander,1999)。然而,通过增加养分来提高海洋生产率的企图基本上未能获得成功,因为添加的养分弥散很快。

10.4 缓解原油泄漏的危害

要控制或缓解泄油造成的危害,常用的技术包括物理清除、就地燃烧、加入化学分散剂以及沿海岸线清除法等。下述简略的讨论甚为必要,因为读者需要意识到治理过程可能会改变泄油的原始化学特征。这些技术的有效性取决于很多因素,比如泄油的组成及物理化学性质、部署治理的时机选择、当地的环境、受影响的生态系统的敏感性等。视因治理产生的可预期的影响而定,有的时候也许最好的方法就是对泄油不做处理。

物理方法包括:利用浮栅栏截石油,然后撇去表层水。该方法最适用于静水环境,其成功与否在很大程度上取决于泄油的性质。可以添加化学制剂以降低乳化。为减少泄油的数量,快速地做出反应必不可少。譬如,一旦发生原油泄漏,应迅速地从受损油轮上卸油(驳运卸载)。在"埃克森·瓦尔迪兹"号搁浅事件中,船上的 125×10^4 bbl 原油中有 4/5 被驳运迅速地卸载(Harrison,1991)。

泄油的就地燃烧可能由事故所导致(如"*Haven*"号和"*Mega Borg*"号事故),或者可以是人为补救措施的一部分。可控的燃烧可以清除 90% 以上的泄油,但却留下抗风化的沥青,并可产生比泄油更有害的燃烧成因的多环芳香烃。就地燃烧的采用及效果取决于可与原油相混合的水的数量、原油的挥发性、油层的厚度以及风的状况。

可在水面和海岸线喷洒分散剂以帮助驱散泄油。分散剂是在油滴周围形成胶束的表面活性剂。它们的效果取决于泄油的化学性质和波浪作用。

沿海岸线放置吸附垫可以拦截油膜。一旦泄油到达海滩,就可以采用若干方法来清除它。对岩石表面的油污可以进行人工清洗;而沙子和土壤中的油污则可移走再处理。可以使用表面活性剂剥离固体表面的油污,再使用撇油器收集泄油。生物治理可能是最有效的方法。添加含生物可利用的氮或磷的养分可大大加速这一治理过程。

任何补救措施都无法将所有的泄油清除干净,而且每种方法都存在固有的不足。就地燃烧可产生在大气中远距离传播的燃烧成因的多环芳香烃。早期使用的各种毒性化学添加剂对环境均可能产生比泄油更大的危害,但新式的化学添加剂被认为是环境友好的。添加养分和引入微生物以提升生物降解的作用改变了当地的生态系统,这也许会产生更具危害性的化合物,但目前尚无相关事件的记载。利用热水治理海岸线可以降低可能污染其他海滩的泄油数量。然而,热水可能对动植物群落产生影响,这样治理过的海滩,其环境的恢复要慢于未治理的海滩(Prince,1993)。总之,治理泄油最有效的方法就是杜绝原油泄漏事故的发生。

10.5 海洋原油泄漏的模拟

由于各种补救措施都可能导致弊大于利的后果,因此,对泄油事故的应答必须能快速而准确地预测在不同环境中泄油事故所产生的影响。模拟原油泄漏的目的是为了便于应用最有效的应答措施。

扩散、蒸发、弥散以及乳化的过程在原油泄漏的早期尤为重要,这些过程都可以很好地被模拟出来。燃烧引起的快速氧化或稠密沥青的快速沉积在早期就可能发生。而在后期阶段,光氧化、溶解、沉积和生物降解则颇为重要。最简单的模型假定泄油消散所需的时间主要取决于原油的挥发性(国际船主污染联盟(ITOPF),2001)。原油和炼制产品可根据比重划入四种类型中的一组,在正常的海洋环境中,每一组都有各自预定的半衰期(图 10.9)。在强烈的风化条件下,III 组可依从 II 组的曲线。

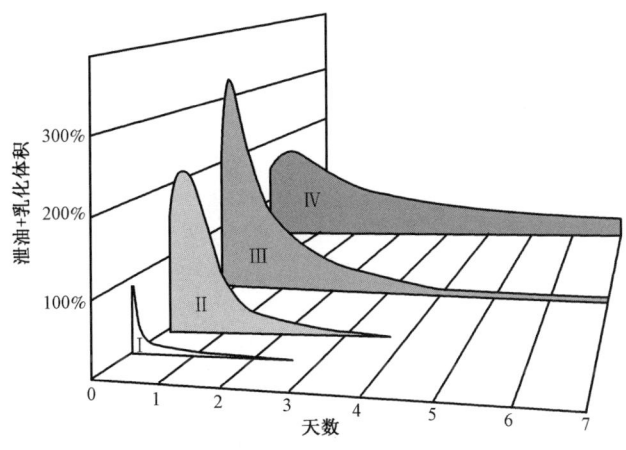

图 10.9 用于判定不同类型原油的海面除油速率的简单模型（据国际船主污染联盟（ITOPF0,2001）。纵坐标表示海面上的残油及水中油乳化的体积与泄漏原油总体积的百分比。Ⅰ为轻质凝析油和炼制成品油（>45°API）；Ⅱ为轻质原油（35°~45°API）；Ⅲ为正常原油（17°~35°API）；Ⅳ为重油（<17°API）

上述的简单模型只是近似模拟，现已被更为复杂的模型所替代。例如，用于 PC 机和苹果机的泄油自动化数据查询（ADIOS）2 可以通过网络下载从国家海洋与大气管理局（NOAA）获得：http://response.restoration.noaa.gov/software/adios/adios.html。该程序通过考察原油的化学性质和水条件，包括温度、风、洋流速度及方向、浪高和盐度，对泄漏原油的预期状态作出评估（图 10.10）。该程序利用超过 1000 个原油和炼制产品的样品预测泄油黏度以及泄油和水中油乳化体积随时间的变化。该模型考虑了几乎所有的风化过程，包括沉积作用，它可以预测常规清洗技术的效果，如化学分散剂、撇油和燃烧等方法的使用（图 10.11）。

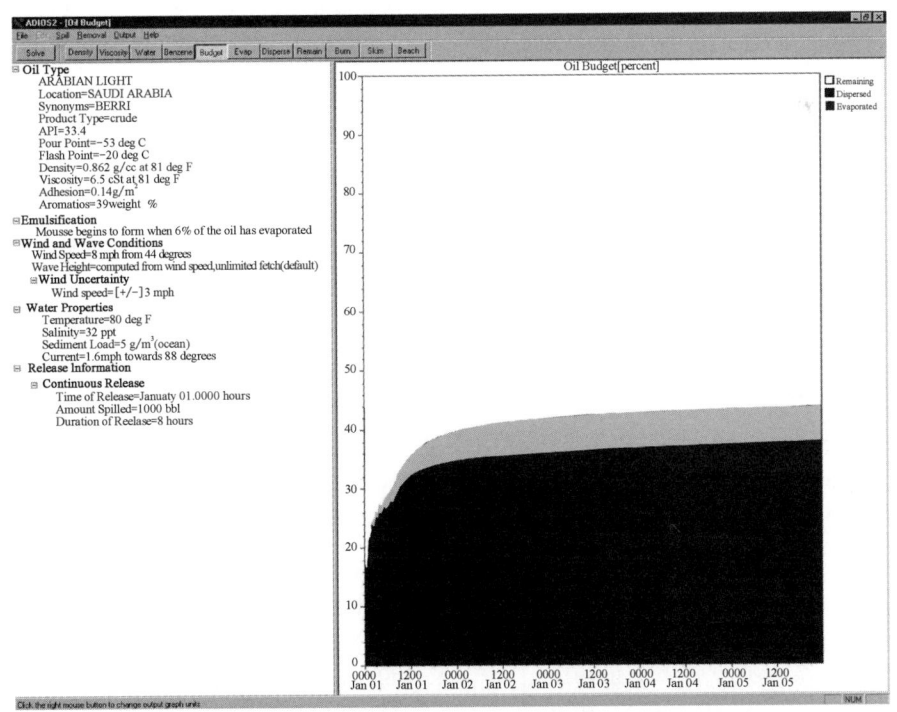

图 10.10 泄油自动化数据查询（ADIOS）2 的截屏显示一次假想原油泄漏事故的输入参数和模拟结果

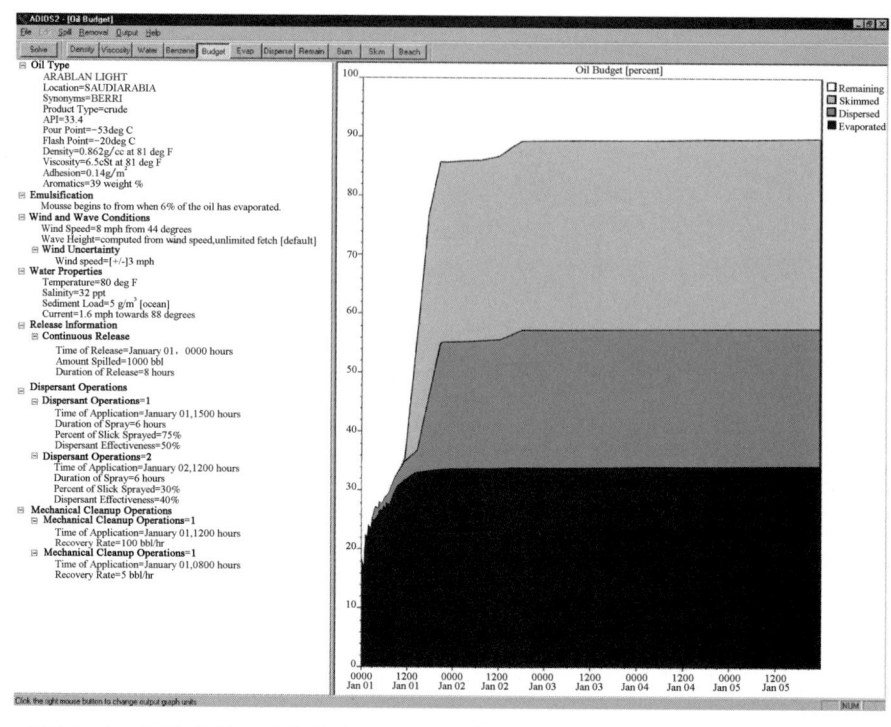

图 10.11 泄油数据自动查询(ADIOS)2 的截屏显示就地燃烧、施放化学分散剂和机械撇油等方法清除泄油的数量。所有泄油和环境的条件与图 10.10 相同。这些模型可以使泄油治理者利用现有资源来优化环境修复措施

10.6 陆上的原油泄漏

发生在陆上的原油泄漏通常要比在水中易于控制。除非渗入河流或地下水源,泄油的范围主要仅限于受其直接影响的土壤。当泄漏发生在陆地时,原油和石油产品借助于重力和毛细管作用依其黏度的不同而不同程度地渗入土壤中。泄油的扩散主要受当地的地形、地下水动力条件以及土壤的孔隙度和矿物组成的制约。

泄漏原油在海上的许多蚀变过程也发生在陆地上,只是速率不同而已。蒸发和生物降解作用是陆上泄油的主要蚀变过程,而光氧化和溶解反应则由于缺乏以海浪为基础的弥散作用而受到限制。通过阻止水和养分进入受污染的内部空间,土壤中饱和的重质泄油可以历时数载而基本不蚀变。

10.7 地下泄漏

地下储油罐(USTs)和埋藏式输油管线中原油或炼制燃料油的泄漏是健康风险的主要隐患。大约有一半的美国人口(大多数的农场和乡村的社区)依赖于地下含水层提供饮用水。在美国共有超过 1 百万个联邦政府管辖的地下储油罐,它们储存着石油或危险的物质(所有的加油站都有地下储油罐)。许多乡村家庭和农场拥有私人所有的地下燃料罐,这些燃料罐没有在联邦政府注册但可能置于州或当地政府的管控之下。与油轮或工业事故导致的灾难性泄漏不同,地下储油罐或输油管道的大多数排放是长期的,涉及缓慢的泄漏。然而,它们对地下水质的影响却可能是严重的。如果以 1 mL/min 的速率泄漏的话,则一年的泄漏量将超过 500L 原油,它会污染 5×10^8L 的地下水,使其气味或味道已让人不能接受。世界上最为严重的输油管道的地下泄漏之一发生在纽约城区。回溯至 19 世纪 90 年代的后期,自那时起在 40 年的时

间内,据估计泄漏的原油已超过了 17×10^6 gal。

地下泄油进入含水层所需的时间取决于许多因素,包括土壤的化学性质、微生物的生态环境、局部和区域性的地质、水文地质以及泄漏物质的组成等。石油一旦进入含水层就易于聚集起来。一些在地表很快发生的自然清除过程,如蒸发和生物降解,在地下的进程可能很慢。人工的治理,诸如通风、过滤以及模拟的生物补救,都是费用昂贵的。同时,在清洗过程结束之前,通常还必须找到替代的饮用水源,这同样是花费不菲的。

当然,最实用的方法仍然是杜绝地下储油罐(USTs)和输油管线的泄漏。这些设施均处在众多联邦和州法规的管控之下,由它们来决定地下设施的建造、使用和容量(美国环保署,1995)。普通地下储油罐的使用寿命约为 15~25 年,时间越长,泄漏的可能性也就越大。

10.8 石油的毒性

石油是一种天然存在的物质,当它的数量不多时,可以被环境所同化。然而,大量的泄油及炼制产物可以直接危害到生物,或影响到生物的生存环境并导致直接的危害。直接的影响可以是物理的或化学的,它们能够导致急性或慢性的疾病,甚至造成死亡。当泄油粘附在羽毛或皮毛上时,就可能发生物理的伤害,通过堵塞呼吸的通道使动物的隔热和浮力功能下降。化学的影响可能会导致急性的中毒、组织器官受损,基因突变或癌症。间接的伤害则来自栖息地遭到破坏,养分流受到干扰以及食物链的断裂等。

由于原油是复杂的混合物,采用常规的方法很难对它的毒性作出评估。虽然,原油中一些化合物的致命剂量已经被确定,但对这些化合物相互间的影响,人们却知之甚少。此外,泄油的化学和生物蚀变会导致一些新化合物的生成,它们对未蚀变物质可能具有不同的毒性。已知原油对不同生物所产生的毒性变化很大。一般而言,生物应对石油的能力与其对环境接触的演化适应性有关。在受原油污染的区域,许多原核生物和藻类能够耐受生存或者甚至繁盛;真核生物中,底栖无脊椎动物的耐受性很强,而海洋浮游类的生物则比较敏感;高等生物的耐受性则更差,如鸟类和鱼类,这些动物只能将与受污染区域的接触降至最低来规避风险。

原油中所含的烃类已知具有剧毒。美国环境保护署拥有一个关于导致不同生物死亡所需烃类浓度的覆盖面很广的数据库。这些数值用 LC_{50} 或 LD_{50} 来表示,分别代表在一定时间内杀死一半受试生物所需的浓度或剂量。然而,一种化合物要成为毒素,必须是生物可利用的,在大多数情况下,这取决于它在水中的溶解度。

表10.3 列举了不同烃类对一种常见的淡水浮游动物——大型蚤(*Daphnia magna*)的相对毒性。尽管轻质芳香烃致死生物所需的浓度通常比大多数其他烃类要高,但它们的溶解度也更高,易于为生物所利用。大多数原油中含有丰富的轻质芳香烃,一旦发生泄漏,水中会立即溶有高浓度的轻质芳香烃。但是,这些化合物挥发性很高,会迅速蒸发。与轻质芳香烃相比,各种多环芳香烃的致死剂量则更小,但它们相对而言是不溶的,不会立即为生物所利用。有些多环芳香烃,如苯并[a]芘,是诱变剂和/或致癌物质。由于一些多环芳香烃在环境中可以持续存留,长期的接触具有潜在的危害。

表10.3 石油烃类对大型蚤的剧毒性(据美国环境保护署(EPA)
生态毒物学(ECOTOX)水生生物(AQUIRE)数据库,www.epa.gov/ecotox)

	化合物	48-小时 LC_{50} (mg/L) *	溶解度(mg/L)	相对毒性**
链烷烃	己烷	3.9	9.5	2.4
	辛烷	0.37	0.66	1.8
	癸烷	0.028	0.052	1.9

续表

化合物		48-小时 LC$_{50}$(mg/L)*	溶解度(mg/L)	相对毒性**
环烷烃	环己烷	3.8	55	14.5
	甲基环己烷	1.5	14	9.3
单环芳烃	苯***	9.2	1800	195.6
	甲苯***	11.5	515	44.8
	乙苯***	2.1	152	72.4
	p-二甲苯***	8.5	185	21.8
	m-二甲苯***	9.6	162	16.9
	o-二甲苯***	3.2	175	54.7
	1,2,4-三甲基苯	3.6	57	15.8
	1,3,5-三甲基苯	6	97	16.2
	异丙基苯	0.6	50	83.3
	1,2,4,5-四甲基苯	0.47	3.5	7.4
多环芳烃	1-甲基萘	1.4	28	20.0
	2-甲基萘	1.8	32	17.8
	联苯	3.1	21	6.8
	菲	1.2	6.6	5.5
	蒽	3	5.9	2.0
	9-甲基蒽	0.44	0.88	2.0
	芘	1.8	2.8	1.6

*48-小时 LC$_{50}$ 为在 48 小时内导致实验室测试生物死亡率达到 50% 所必需的化合物浓度;
**单一烃类的相对毒性是其溶解度与 LC$_{50}$ 的比值;
***BTEX(苯、甲苯、乙苯和二甲苯)化合物。

表 10.4 将石油中存在的各种组分化合物的丰度与其生物的可利用性、在组织中的持续存留以及毒性进行了对比。Overton 等人(1994)综述了石油对不同类型高等生物的毒性,认为接触危害的可能途径有:摄取、吸入、皮肤接触以及通过食物链在体内的生物积蓄等。所有的底生动物、浮游生物、鸟类以及海洋哺乳动物对泄漏原油均具有不同的反应。

表 10.4 水生环境中石油化学组分的一般毒性(据 Krahn 和 Stein,1998 改编)

组分类型	原油中的丰度*	生物可利用性**	在组织中的持续性	毒性
脂肪族烃类	高	高	低	低
环状烃类(如环烷烃和环烯烃)	高	高	低	低
芳香烃、烷基芳香烃、N-和 S-杂环化合物	高	高	视生物种类而定	视生物种类而定
极性化合物(如酸、酚、硫醇和苯硫酚)	低(?)	低(?)	低	低
元素(如硫、钒、镍和铁)	低	低	低	低
不溶化合物(如沥青质、胶质和焦油)	低	低	低	低

*各种组分类型的相对丰度在不同的原油中可能变化很大。列举的实例被假定为一个典型的成熟非生物降解原油;
**生物的可利用性指某一化学物质总浓度中对水生生物的生物摄取而言具有潜在的可利用性部分。

10.9 环境化学场与实验室的流程

10.9.1 程序设计与决策世系图

环境化学研究的范围涵盖从对威胁人类安全的突发事件作出反应到研究动物群对其持续的接触及长期的生态效应。对任何事件而言,研究思路都是成功的关键。决策世系图为管理机构和泄漏应负责任者所常用,以确保程序与既定的方针相一致。在对整个泄油事件的应答、泄油清除及补救措施的预案中应当包括有关现场取样和所采样品后续分析的规定及指导方针。一旦涉及诉讼,样品的处置需要严格遵循一系列的现有规定,以使分析的结果可用作法庭采信的证据。

任何有关采样程序的设计都应当针对研究的特定目标。然而,一次严重泄漏之后的初次取样工作通常是在非理想状态下进行的。受可利用资源的限制,取样可能是随机的,并不针对特定的目标,因而存在着统计学上的瑕疵。鲜有对受影响区域生物群落和沉积物样品在泄漏之前就已进行采集或分析的情况发生。采样程序的设计不适当可能引起偏差,从而导致错误的结论,例如,要评估原油泄漏对北极年生态环境所造成的影响,仅依靠夏季所采的样品可能会得出一个失真认识。假如条件允许,研究人员就能设计出一个足以验证假设或回答特定问题的采样程序。

在明确研究目标之后,研究人员需要确定需要什么样品才能获得可靠的结论。一个设计完美的方案要有足够的采样密度,以确保观测到的样品间的差异具有统计学的意义。其他的问题包括样品的数量和类型(如油层、潮间和潮下带的沉积物、底栖生物群以及生活在表层海水的鱼类)以及它们在空间上(位置、深度)和时间上(如昼间、潮汐和季节的影响)的分布。因考虑不周而再重新取样可能会代价很高或完全不可能。取样设计还必须具体说明人员和设备的后勤保障、获取现场信息的方法、采样的器械和容器、采集后样品的运输与保存等。防止被分析物的丢失和样品受到污染至关重要,同时还需要采集用于现场或方法的空白实验以及重复分析的样品。大多数的原油泄漏事故都涉及到诉讼,对事故可能要担责的一方需要使所有分析样品的采集和处置均处于环环相扣的监管之下,否则其数据可能不被法庭所采信。

10.9.2 泄漏原油的阶梯式识别法

阶梯式分析法是为了在确保有足够数据用于解决问题的前提下,把分析的项目降至最少。完成实验室分析的费用和所耗时间通常会随着评价事故地点的污染程度所需精度的提高而增加。一般每个样品的分析费用为数百至数千美元不等,整个分析流程所需的时间可以从几个小时到一周或者更长。而取样的费用可能远超过分析所需的费用。因此,调查人员必须考虑调查的范围,进行成本-效益的分析,并对样品和取样点能否达到分析的目的作出评估。降低分析费用最为有效的方法就是在采用更为复杂的分析技术之前,先利用筛选的方法来评估数据。

Wang 等人(1999a)概述了用于识别原油泄漏的阶梯式分析流程。阶梯法的第一步是对比泄漏原油和疑似来源的色谱图。风化作用可能改变正构烷烃的分布和其他特征参数的比值,使泄漏原油与疑似源的色谱特征不再相似。假如它们色谱图之间的不一致可能是风化所致,或者假如它们的色谱图吻合较好,那么,在阶梯法的第二步就需要对样品进行进一步的气相色谱—质谱(GCMS)分析。

如果在第二步的气相色谱-质谱分析中,多环芳香烃和生物标志化合物的分布模式(指纹)以及特征参数都相互吻合,那么,泄漏原油的来源判识就具有较高的可信度。然而,严重的风化或生物降解可能改变这些化合物的分布。假如它们之间的差异无法归因于这些过程,那么,可疑的样品就可以被排除在疑似的来源之外。但是,假如差异为严重的风化所致,那么,对可疑的样品就需要进行人工风化以便于第三步的分析。倘若泄漏原油在具有母源特征的标记化合物和比值上与人工风化的可疑样品不相一致,那么就排除了该样品为其来源的可能性;而当吻合良好时则暗示其为疑似来源。阶梯式分析的流程对于利用最少的分析来达到排除疑似来源的目的而言特别有用。

海底沉积物可能含有除了泄漏原油之外来自多种来源的背景烃。这些来源可能包括被侵蚀的页岩和煤、燃烧产物、天然油苗的残留以及人为污染等。对于这种类型的沉积物样品而言,泄漏原油的组分识别可能需要利用最小方差指纹的匹配分析(Burns 等,1997;Boehm 等,2001)。

10.9.3 浮油层的取样

大多数的海洋泄漏原油和天然油苗都涉及少量的物质进入到相对巨大的水系统。当原油在表层水扩散时,就形成了油斑和浮油层,可以根据其颜色来判断浮油层的厚度(Taft 等,1995)。如果油层较薄(<0.002mm)以及观测条件良好,那么,可以根据干涉色彩和彩虹的存在与否来估计泄油的厚度。如果油层的厚度大于0.002mm,其颜色通常呈褐色或黑色,此时就无法根据目测来估计油层的厚度。表10.5 简要地说明了油浮的外观和厚度与体积之间的关系。

表10.5 浮油层的直观特征与其厚度和体积有关(Taft 等,1995)

原油类型	外观	厚度(mm)	体积(L/km²)
原油光泽	银色	>0.0001	100
原油光泽	彩虹色	>0.0003	300
浮油层	暗色	0.001	1000
浮油层	棕色或黑色	0.01	10000
原油/燃料	油状黑色/暗棕色	>0.1	100000
水/油乳化液	棕色/橘黄色	>1	1000000

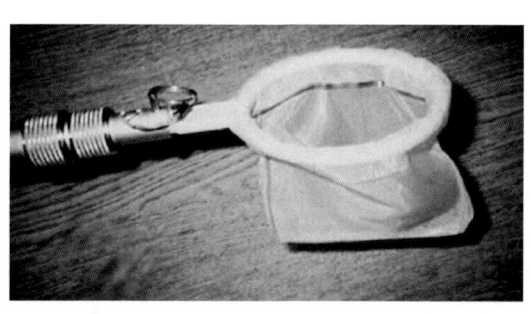

图10.12 可以收集油斑和海上浮油的TFE - 碳氟聚合网,由美国海岸守卫队开发用于油斑和海上浮油的取样。对网状部分的原设计作了很大的改进,在网架的端部使用了特氟隆®的条带。该网是全套泄油采样工具的一个组成部分,由"通用海洋工程公司"(General Oceanics, Inc.)所提供

从稀薄的油斑和油层采集足量的泄油用于实验室的分析是困难的。要么采集的样品中一定含有大量的水;要么就必须将泄油与水分离开来。最有效的方法之一就是使用一种多孔的四氟乙烯(TFE)聚合物(特氟纶®)的采集网(图10.12)。当采集网在穿越油斑形成旋涡时,泄油就会黏附在特氟纶®上,而水则穿网而过。利用溶剂或机械震动可以将泄油很容易地从网上脱附下来。

使用被动的取样装置,如 Huckins 等人(1990)开发的半渗透膜装置(SPMDs),在环境监测和研究中变得越来越普遍。该装置用来监测空气、水、土壤和沉积物中环境污染物的周围浓度。最常见的被检测化合物包括多环芳香烃、杀虫剂、多氯联苯

(PCBs)以及二氧(杂)芑。Shigenaka 和 Henry(1995)对阿拉斯加威廉王子湾(Prince William Sound)史密斯岛(Smith Island)上重度污染及大力治理后的贝类和半渗透膜装置中多环芳香烃的蓄积量进行了比较。尽管它们具有相似的多环芳香烃蓄积量,但其指纹化合物却不尽相同。Luellen 和 Shea(2002)考察了改进设计后的半渗透膜装置在水中采集石油生物标志化合物的功效,他们把半渗透膜装置暴露在有复杂烃类混合物存在的环境中(阿拉斯加北坡野外)达 29 天之久,以检测该装置的吸收率以及测定装置内被吸收生物标志化合物的特征比值是否会发生变化。虽然它们的碳原子数目分布在 19~35 之间,但个体二萜烷和三萜烷的吸收率常数或有效采集率却没有什么不同。藿烷的平均采集率(1.28L/d)要低于甾烷(1.65L/d)。采集的速率依照 Huckins 等人(1990)标准 400/cm^2 半渗透膜装置的设计进行了归一化,以便于与标准的商业性半渗透膜装置进行直接的比对。在残油、水和半渗透膜装置三者之间藿烷和甾烷常用的特征比值均相当地一致,即半渗透膜装置并没有改变在残油和水中检出的饱和烃生物标志物的指纹。Huckins 等人(1990)将这些被动取样装置作为研究的一部分散布在密西西比河入海口的"三角洲国家野生动物保护地"(Delta National Wildlife Refuge),以确定烃类污染的可能来源。目前,还需要更多的现场试验来检验这些装置采集生物标志化合物的效能。

10.10 泄漏原油的化学指纹

原油污染环境样品的化学分析是为了确定污染物的来源和浓度,以便于更好地评价其对环境的影响或监测环境的治理。为实现以上目标,环境化学家们采用了石油地球化学家开发的许多分析方法,以及已有的分析非烃污染物的方法(Wang 和 Fingas,1999;Wang 等人,1999a)。这些分析方法可分为普通分析法和来源特征分析法。普通分析法用于筛选沉积物进行总石油烃(TPHs)的分析,以评价当地的污染程度,以及确定是否存在泄油和石油产品的风化、风化的类型及程度如何。来源特征分析法用于表征分子和同位素分布的特征,以识别泄漏原油的来源、进行未蚀变与蚀变泄油的比对、区分受污染区内烃类的不同来源以及监测治理的成效。

10.10.1 非特征性分析法

有多种技术已经可以用来描述石油污染物的一般化学特征、确定总组成及物理性质、形容泄油的数量以及区分污染物与本地的背景有机质。这些普通分析法通常比较快捷而且费用不高。

对溶剂抽提样品进行火焰离子化检测气相色谱法(GC/FID)的分析是对污染样品中的泄油快速定性的常规程序。普通气相色谱法可以是定量或半定量的,它可以使用便携式设备在现场就地分析。在需要快速做出反应时,火焰离子化检测气相色谱的指纹能够提供一个可以与石油和炼制产品目录相对照的概略的烃类分布。污染类型的识别(如原油、柴油、重质燃料油)有助于应负责任者快速制定治理方案并确定泄油的可能来源。火焰离子化检测气相色谱法提供的基本信息可用于绘制区域性的、纵向的和时间上的污染范围示意图、区分石油污染与天然的背景值以及评价生物降解的成效。

有些常规的方法涉及原油的化学族组成分离或者依据分子大小的分布来分离原油。这些分离方法采用薄层、液相、超临界流体以及体积排斥(凝胶渗透)色谱法。而各组分的定量则可以通过重量分析法或借助于紫外(UV)、红外及折射率光谱法来获得。这些方法都可以用来测定烃类和非烃的相对含量、沉积物、土壤及水体抽体物中污染石油的总组成。

可用不同的方法来检测环境样品中的总石油烃(TPHs)。其中的许多方法由美国环保署(EPA)和美国材料实验协会(ASTM)的规程修改而成,原方法适用于废水、工业废料以及挥发性有机化合物的检测。所有的这些方法均依赖于使用互不干扰溶剂的抽提，以及之后的非特异性烃检测，如紫外荧光法。样品抽提物中非成岩有机质可能会导致异常高的总石油烃含量。这种偏差可能发生在有机质丰富的地方，如木材加工场。筛选样品的气相色谱－质谱分析有助于确定与树木有关的高丰度萜烯类是否有可能干扰数据的解释。采用柱色谱法可以排除极性化合物的大部分干扰。

烃的含量可由称重总溶剂抽提物中的烃类馏分而获得（美国环保署9071）。这种方法最初用来检测污泥中的油脂含量，但当样品量太少时难以获得准确的结果。比重的测定需要从抽提物中除去元素硫，通常使用活性铜来处理。此外，样品量太少也不易获得精确的称重。

美国环保署418.1法指采用红外光谱测定总石油烃。吸收波长在3200～2700之间的碳—氢键与总石油烃相关。该方法虽不甚精确但应用却很广泛。该方法最初的设计是用来分析废水中的总石油烃，后经使用美国环保署9071抽提规程而修改为测定土壤样品。该规程原先使用氟利昂113，现已无法获得。修改后的方法（美国环保署8440）采用全氯乙烷作为替代溶剂。

另有一些已开发的总石油烃检测方法独立于美国环保署的规程之外。薄层色谱/火焰离子化检测法（TLC/FID）提供了另一种重复误差大约为8%的测定污染样品中石油含量的方法（Volkman和Nichols，1991）。然而，该方法在测定轻质油或凝析油时却不够精确。可以利用紫外荧光光谱法（UVF）概算抽提物中多环烃类的总量，紫外荧光可激发多环芳香烃（PAHs），使之发出更长波长的光。该方法灵敏度高，但校正却十分困难，而且不能提供泄油来源的太多信息。可以采用火焰离子化检测器或质谱仪来检测溶剂抽提物。通过计算检测器对溶解和未溶解的流出化合物的所有响应来测定总石油烃。这些方法与美国环保署8015规程相类似，该规程最初是为检测非卤族挥发性有机质而设计。利用柱色谱法分离烃类和极性馏分可以改进以气相色谱法为基础的总石油烃测定的重复性。

许多环境项目仅通过测定总石油烃就可以确定原油泄漏的程度以及治理的效果。然而，所有这些方法的精度都不高，实验室之间的检测误差也很大，Louati等人（2001）对使用不同分析方法检测到的总石油烃和总饱和烃进行了比较。采用比重测定法和傅里叶转换红外光谱法测定总石油烃时，其拟合度较高（$r^2 = 0.87$）。采用比重测定法、傅里叶转换红外光谱法和气相色谱－质谱法测定总饱和烃时，它们的拟合度（r^2）分布在0.69～0.78之间，但个别样品的误差可达500%。考虑到这种变化，总石油烃的重复分析以及数据重要性的统计学再评估都是必不可少的。

10.10.2　来源特征性分析法

一些特定的分析方法，如气相色谱－质谱法（GCMS）和特征化合物同位素分析（CSIA），是为区分原油与成品油而设计的。以气相色谱－火焰离子化检测法（GC/FID）和与特定元素检测器联用的色谱法为基础的分析方法可能具有或不具有分析特定来源的功能。特定与非特定的分析方法之间的差别在于要解决的问题不同。譬如，假如污染流体的来源可以限定在几种炼制产物之内，那么，气相色谱－火焰离子化检测法就足以依据沸点分割来区分不同的产物。其他的来源特征分析法包括微量元素组成分析法、稳定或放射成因同位素分析法、高分辨率质谱法以及氮、硫、氧化合物（如苯酚、咔唑、苯醌和卟啉）的色谱分离法等。

环境研究中所使用的许多气相色谱－质谱法源自美国环保署或美国材料实验协会的方法。在被美国环保署的方法设为目标、优先检测的160种污染物中，只有20种是石油中的烃类。这20种烃类的一半以上由四或五环的多环芳香烃（PAHs）所组成，它们在石油中的含量甚微。此外，美国环保署的方法（如610、625或8270）只检测原生的多环芳香烃（如萘、菲、芴和蒽),但对它们在石油中相对较丰富的烷基同系物却不予关注。挥发性的芳香烃也属于优先被检测的污染物一类(如苯、甲苯、乙基苯和二甲苯),它们易于蒸发,在风化的泄油中通常缺失。有鉴于此,环境分析者们修改了美国环保署的方法,扩展了目标化合物的名单,将那些与石油的关系更为密切的多环芳香烃也包括了进来。虽然在报道中可能以单一化合物的形式出现,但烷基多环芳香烃的异构体通常表示为总体(如 C_1 萘 = 1 - 甲基萘 + 2 - 甲基萘)。已开发用来测定多环芳香烃的目标化合物检测法也常用于饱和烃生物标志化合物的分析(表10.6)。

表10.6 原油泄漏研究中的目标化合物

饱和烃目标化合物	环数	目标离子	芳香烃目标化合物	环数	目标离子
正构烷烃 $C_6 - C_{40}$	0	57,色谱	苯*	1	78
姥鲛烷、植烷	0	57,色谱	甲苯*	1	91,92
$C_{19} - C_{29}$ 三环萜烷	3	191	乙苯*	1	105
C_{24} 四环萜烷	4	191	二甲苯*	1	105
藿烷(五环)	碳数		C_3 - 苯	1	105,119
Ts:18a - 22,29,30 - 三降新藿烷	27	191	萘*	2	128
$17\alpha,18\alpha,21\beta(H) - 25,28,30$ - 三降藿烷	27	191	C_1 - 萘	2	142
Tm:17a - 22,29,30 - 三降藿烷	27	191	C_2 - 萘	2	156
$17\alpha,18\alpha,21\beta(H) - 28,30$ - 二降藿烷	28	191	C_3 - 萘	2	170
$17\alpha,21\beta(H) - 30$ - 降藿烷	29	191	C_4 - 萘	2	184
$18\alpha,21\beta(H) - 30$ - 降新藿烷	29	191	菲	3	178
$17\alpha,21\beta(H)$ - 藿烷	30	191	C_1 - 菲	3	192
$17\beta,21a(H)$ - 藿烷	30	191	C_2 - 菲	3	206
$17\alpha,21\beta(H) - 30$ - 升藿烷 22S	31	191	C_3 - 菲	3	220
$17\alpha,21\beta(H) - 30$ - 升藿烷 22R	31	191	C_4 - 菲	3	234
$17\alpha,21\beta(H) - 30$ - 双升藿烷 22S	32	191	二苯并噻吩*	3	184
$17\alpha,21\beta(H) - 30$ - 双升藿烷 22R	32	191	C_1 - 二苯并噻吩	3	198
$17\alpha,21\beta(H) - 30$ - 三升藿烷 22S	33	191	C_2 - 二苯并噻吩	3	212
$17\alpha,21\beta(H) - 30$ - 三升藿烷 22R	33	191	C_3 - 二苯并噻吩	3	226
$17\alpha,21\beta(H) - 30$ - 四升藿烷 22S	34	191	芴*	3	166
$17\alpha,21\beta(H) - 30$ - 四升藿烷 22R	34	191	C_1 - 芴	3	180
$17\alpha,21\beta(H) - 30$ - 五升藿烷 22S	35	191	C_2 - 芴	3	194
$17\alpha,21\beta(H) - 30$ - 五升藿烷 22R	35	191	C_3 - 芴	3	208
伽马蜡烷	30	191	䓛*	4	228
18α - 奥利烷	30	191	C_1 - 䓛	4	242
甾烷(四环)	碳数		C_2 - 䓛	4	256
$5\alpha,14\alpha,17\alpha(H)$ - 孕甾烷	20	217	C_3 - 䓛	4	270
$5\alpha,14\alpha,17\alpha(H)$ - 升孕甾烷	21	217	联苯	2	154
$5\alpha,14\alpha,17\alpha(H)$ - 双升孕甾烷	22	217	苊烯*	3	152
$13\beta,17\alpha(H)$ - 重排胆甾烷 20S	27	217、259	二氢苊*	3	153

续表

饱和烃目标化合物	环数	目标离子	芳烃目标化合物	环数	目标离子
13β,17α(H)-重排胆甾烷 20R	27	217、259	蒽*	3	178
13α,17β(H)-重排胆甾烷 20S+20R	27	217、259	荧蒽*	4	202
13β,17α(H)-甲基重排胆甾烷 20S	28	217、259	芘*	4	202
13β,17α(H)-乙基重排胆甾烷 20S	29	217、259	苯并[a]蒽*	4	228
13β,17a(H)-乙基重排胆甾烷 20R	29	217、259	苯并[a]荧蒽*	5	252
5α,14α,17α(H)-胆甾烷 20S	27	217、218	苯并荧蒽*	5	252
5α,14β,17β(H)-胆甾烷 20R	27	217、218	苯并[e]芘	5	252
5α,14β,17β(H)-胆甾烷 20S	27	217、218	苯并[a]芘	5	252
5α,14α,17α(H)-胆甾烷 20R	27	217、218	苝	5	252
5α,14α,17α(H)-甲基胆甾烷 20S	28	217、218	二苯并[a,h]蒽	5	278
5α,14β,17β(H)-甲基胆甾烷(20R)	28	217、218	茚并[1,2,3-cd]芘	6	276
5α,14β,17β(H)-甲基胆甾烷(20S)	28	217、218	苯并[ghi]苝	6	276
5α,14α,17α(H)-甲基胆甾烷(20R)	28	217、218	替代物		
5α,14α,17α(H)-乙基胆甾烷(20S)	29	217、218	[$^2H_{10}$]二氢苊	2	164
5α,14β,17β(H)-乙基胆甾烷(20R)	29	217、218	[$^2H_{10}$]菲	3	188
5α,14β,17β(H)-乙基胆甾烷(20S)	29	217、218	[$^2H_{12}$]苯并[a]蒽	4	240
5α,14α,17α(H)-乙基胆甾烷(20R)	29	217、218	[$^2H_{12}$]苝	5	264
替代物和内标			o-三联苯	3	色谱
5α-雄甾烷	19	色谱,217	内标		
5β-胆甾烷	24	217	[$^2H_{14}$]三联苯	3	244
17β,21β(H)-藿烷	29	191	[$^2H_{10}$]蒽	3	188
三芳甾烷(TAS)	目标离子				目标离子
C_{20} TAS(孕甾烷衍生)	231		C_{28} TAS 20S (24S+24R)(乙基胆甾烷衍生)		231
C_{21} TAS(升孕甾烷衍生)	231		C_{27} TAS 20R(24S+24R)(甲基胆甾烷衍生)		231
C_{22} TAS(双升孕甾烷衍生)	231		C_{28} TAS 20R(24S+24R)(乙基胆甾烷衍生)		231
C_{26} TAS 20S(胆甾烷衍生)	231		C_{29} TAS 20R(24S+24R)(24-正-丙基胆甾烷衍生)		231
C_{26} TAS 20R+C_{27} TAS 20S	231				

* 为美国环保署(EPA)所列优先考虑的污染物;据 Wang 等人(1999a)改编。

10.10.3 质量保证与控制

由于原油泄漏负有连带的法律和经济责任,参与化学指纹分析的实验室需要具有严格的质量保证程序。非标准化的分析流程必须能够证明其等级与美国环保署和美国材料实验协会的规程相等。质量控制的措施包括仪器操作的规范、使用覆盖较宽范围浓度的五点曲线进行仪器校正、替代物标样示踪、程序的空白测试、样品母体示踪剂的回收率、内标、重复实验以及标准的实验室程序(如美国材料实验协会标准)。而有关每次分析的信息必须包括:日期/时间的标记、特定仪器和方法的名称、分析者的姓名、数据处理的程序以及样品的监管手续等。质量保证程序并不意味必须确保分析具有最高的质量,而是保证分析的操作流程严格按照规定进行。不能坚持执行质量控制/质量保证(QC/QA)的程序可能会导致罚款,如有欺诈行为,还可能遭遇刑事诉讼。

坚持执行质量控制/质量保证(QC/QA)通常是提供服务的实验室与委托人之间签定的所有合同中的一个必要条件。即使是在最佳的氛围中,也可能发生非故意的失误。但如果提供服务的实验室和委托方在检查数据和实验过程时比较警觉,通力协作,就能够及时发现问题并予以纠正。具有完全内部分析能力的公司仍然会选择在环境研究中获得许可的服务性实验室,以取得公正的和合法的数据。这些公司具有进行独立验证的优势,而那些自己没有设备的公司则必须依靠服务性实验室或签订多项合同来交叉检验结果。

10.11 泄油研究中的生物标志化合物和多环芳香烃分析

生物标志化合物常用来调查环境中的泄漏原油和成品油、测定泄油的性质和来源、研究泄油对生态系统的影响以及监测清除泄油的效果和修复方案的实施。与石油地球化学的研究一样,当获得包括现场地质和水文特征模型在内的其他分析的佐证时,生物标志化合物的解释最为可靠。

10.11.1 表征泄漏原油特性的生物标志化合物参数

环境研究中化合物的分布和比值与石油地球化学家们所使用的参数相类似,这并不足以为奇。色谱分析可以将样品的正构和异构烷烃分布与原油或成品油的参考值进行对比。色谱法常见的比值包括姥/植比、姥鲛烷/nC_{17}、植烷/nC_{18}、指示现代海洋输入的 $C_{15}-C_{25}$ 碳优势指数(CPI)以及指示近代陆源输入的 $C_{26}-C_{35}$ 碳优势指数。

某些色谱图基线上有宽而明显的隆起,它代表了未分离的复杂混合物(UCM)(图 4.22)。未分离的复杂混合物主要由线状的连接一个或更多支链的烃链所组成(Gough 和 Rowland,1990),它是沉积物或水体样品遭受原油污染的有力证据。没有证据显示在现代有机质中存在未分离的复杂混合物,尽管有些未分离的复杂混合物可能来自古代岩石的风化(Rowland 和 Maxwell,1984)。准确测定未分离的复杂混合物颇为困难,尤其是在色谱达到最高炉温时基线仍不能归零的时候。为了获得饱和烃中未分离的复杂混合物的半定量浓度,需要对色谱图进行两次处理:首先得到检测器的总响应,然后对所有分离的峰进行积分。通过假设以正构烷烃为基准的响应因子为 1.0,可以对未分离的复杂混合物进行定量分析。从总响应值中减去分离峰的总面积和之前得到的累积柱补偿(空白)分析的总面积,剩余的面积即为未分离的复杂混合物化合物的含量,它既可表述为相对浓度,也可表述为未分离的复杂混合物/$\sum$(分离的正构烷烃)或未分离的复杂混合物/$\sum$(分离的峰)。

芳香烃馏分也有一个所谓的未分离化合物的鼓包。在芳香烃未分离的复杂混合物中,单芳组分可能是有毒的,也许会危害到海洋贝类的生存(Rowland 等,2001)。可以采用与测定饱和烃未分离的复杂混合物含量相同的方法,对芳香烃未分离的复杂混合物进行定量,但其测量的误差一般会更大,部分原因是通常缺乏合适的标样。

环境地球化学家像处理其他目标化合物那样对待饱和烃和芳香烃生物标志化合物,通过编制柱状分布图进行样品间的可视化或统计学比较,特别侧重于现代有机质与热成因有机质的区分。环状生物标志化合物抵御生物降解的能力,使其成为识别泄漏原油来源和命运的理想化合物。由饱和烃和芳香烃生物标志化合物衍生的常用参数与石油地球化学所使用的参数几乎相同,它们包括 Ts/Tm、C_{26}三环萜烷/C_{24}四环萜烷、C_{23}/C_{24}三环萜烷、$C_{23}+C_{24}$三环萜烷/藿烷、C_{28}/C_{30}藿烷、C_{29}/C_{30}藿烷、奥利烷/C_{30}藿烷、伽马蜡烷/C_{30}藿烷、C_{35}/C_{30}藿烷、归一化的 $C_{27}-C_{29}$甾烷、$C_{27}-C_{35}$藿烷分布以及 $C_{31}-C_{35}$20S/(20S+20R)藿烷等。

甾烷、三萜烷和芳构化的甾类在大多数环境研究的期限内都具有强烈的抗生物降解能力。

因此,这类生物标志化合物的比值常用来识别和对比污染沙滩和土壤样品中原油的来源,这一方法在最新的原油泄漏区颇为有效,但在长期暴露区,生物标志化合物将会发生降解。在受输油管线泄漏污染的土壤中,生物标志化合物特别容易发生生物降解。

10.11.2 泄油风化过程中藿烷的保存

原油、化学族组成以及单一化合物的生物降解程度均可用 $17\alpha,21\beta(H)$ - 藿烷(藿烷)作为内标来衡量。早期的研究将姥鲛烷/nC_{17} 和植烷/nC_{18} 比值作为蚀变程度的指标。尽管使用色谱法很容易获得这些比值,但是这些指标具有局限性,这是因为姥鲛烷和植烷在生物降解的后期可以被消耗掉。有关 1989 年"埃克森·瓦尔迪兹"号原油泄漏的研究表明 $17\alpha,21\beta(H)$ - 藿烷在生物降解中基本上被保存下来,可以用作内标(Prince 等,1994;Douglas 等,1994)。尽管也有现场的迹象表明藿烷也可以被降解(Prince 等,1995),但在大多数环境研究的期限内和情况下,作为一个保留的内标它的应用已得到了验证(Le Dréau 等,1997;Venosa 等,1997)。

计算一个单一化合物、总组分或全油的损失量并不难(Douglas 等,1996)。假设藿烷量不变,那么降解原油的数量就是初始藿烷的浓度(H_o)(以油重为基础测得)相对于风化原油中藿烷的浓度(H_w)的比值:

$$原油损失率(\%) = [1 - (H_o/H_w)] \times 100$$

对单一化合物而言,风化后浓度(C_w)与初始浓度(C_o)的比值可按藿烷的数量归一化:

$$化合物损失率(\%) = [1 - (C_o/C_w)/(H_o/H_w)] \times 100$$

由于已知藿烷在某些储层的条件下会发生降解(Peters 和 Moldowan,1993),计算所获得的原油或化合物损失百分量都被认为是最小估算量(图 10.13)。

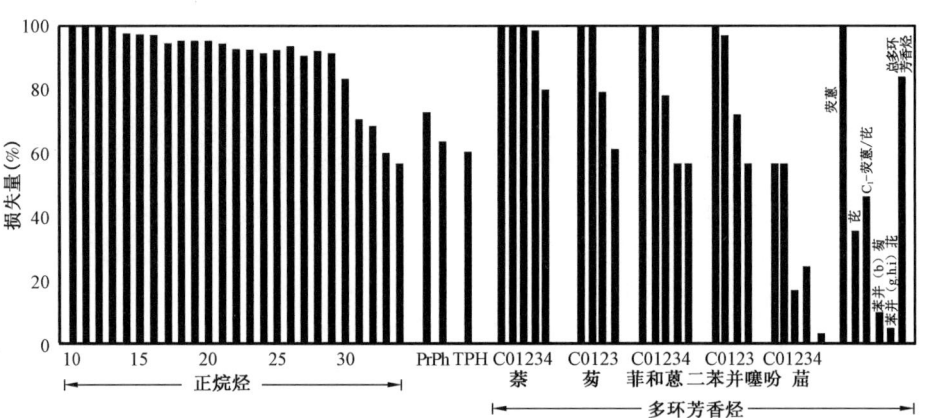

图 10.13 "埃克森·瓦尔迪兹"号原油泄漏事故发生 16 个月后,从威廉王子湾采集的海岸线沉积物样品中正构烷烃、姥鲛烷(Pr)、植烷(Ph)、总石油饱和烃(TPH)和多环芳香烃(PAHs)损失的百分含量。损失量以假定 $17\alpha,21\beta(H)$ - 藿烷未发生降解并作为内标,通过计算获得。转载承蒙 Douglas 等人(1996)的惠允

Sasaki 等人(1998)发现钒在需氧生物降解中的保存程度与藿烷相当。通过模拟人工风化原油由养分促进的生物降解过程,他们发现了钒与藿烷浓度之间的线性相关关系(R^2 = 0.99)。然而,在生物降解的样品中,其回收率相对于原始检测值而言并非百分之一百。这种差异被归咎于下降的抽提效率,尽管无法完全排除藿烷与钒的配位体被生物降解的可能性。

10.11.3 用于表征泄漏原油的多环芳香烃参数

原油、煤和成品油中均含有多环芳香烃。化石燃料、木材、垃圾和其他有机物质如烟草与烤肉等的不完全燃烧均可产生多环芳香烃,多环芳香烃也分布在众多的危险化学品中,如杂酚油。尽管在普通原油中它的含量只有百分之几,但多环芳香烃却是最为剧毒的组分,它与动物中许多慢性的致癌效应有关。多环芳香烃通常比许多饱和烃生物标志物更能抵御生物降解的作用,往往能在污染的水体或沉积物中长期存在(Alexander,1999)。由于这些特性,许多环境研究利用多环芳香烃来识别泄漏原油、区分污染源、提供泄油风化和降解程度的信息以及评估泄油对生态的影响程度。

多环芳香烃的测定常常包含了所谓的总多环芳香烃(TPAH),但在应用中需小心其所指,因为有些研究仅包括总多环芳香烃中16种美国环保署定义的优先污染物,而另一些研究则包括了更多的化合物。多环芳香烃是指那些由两个或两个以上缩合芳环组成的烃类。然而,多环芳香烃的分析却往往包含一些在严格意义上不属于多环芳香烃的其他化合物(如联苯和 $C_0 - C_3$ 二苯并噻吩)。

多环芳香烃含量的分布或"指纹"常用来进行石油来源的对比研究。原油中最为丰富的多环芳香烃是 $C_0 - C_4$ 萘、$C_0 - C_4$ 菲、$C_0 - C_4$ 芴和 $C_0 - C_4$ 蒽。烷基化的 $C_1 - C_2$ 种类要比非烷基化的(C_0)母体化合物更为丰富,通常也比 C_{3+} 同系物的丰度高。环数的分布取决于初始原油的组成和风化程度。较轻的原油含丰富的萘,而重质、降解或风化的原油则富集多环化合物。原油中 $C_0 - C_3$ 二苯并噻吩的浓度取决于烃源岩的沉积相。源自厌氧碳酸盐岩-蒸发岩相烃源岩的高硫干酪根通常生成富含 $C_0 - C_3$ 二苯并噻吩的原油,而源自碎屑岩相烃源岩的低硫干酪根则生成低 $C_0 - C_3$ 二苯并噻吩的原油(Hughes,1984)。在原油的炼制过程中,二苯并噻吩的浓度可能会有所下降。原油中也含有其他的多环芳香烃,但浓度较低。譬如,大多数原油中蒽的含量甚微,而 $C_0 - C_4$ 菲的含量则相对较高。其他天然的多环芳香烃,如䓛烯、芘、3,4-苯并芘等,在地球化学研究中意义重大,但在环境研究中却由于浓度低或来源不明而很少被使用。

Douglas等人(1996)提出将许多多环芳香烃的比值作为来源和风化程度的指标。在"埃克森·瓦尔迪兹"号泄油事故发生16个月后,从威廉王子湾采集的被侵染海滩沙表明其存在着广泛的风化。若干多环芳香烃的比值变化很大,被用来指示风化的程度。其他的比值则变化不大,被认为具有母源的特征(图10.14)。

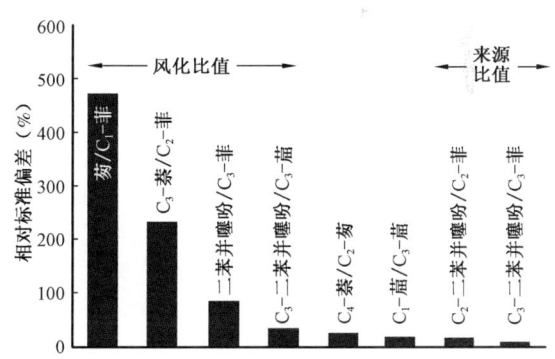

图10.14 作为"埃克森·瓦尔迪兹"号泄油事故之后生物修复和监测项目的组成部分,通过检测威廉王子湾原油污染海滩的样品和比较部分多环芳香烃(PAH)比值的相对标准偏差发现变化幅度大的参数可作为风化指标,而相对稳定的参数可作为来源的指标。转载承蒙Douglas等人(1996)的惠允

具有来源特征参数的化合物应由这样一些化合物所构成,即它们具有抗风化的能力或以相同的速率发生风化致使其比值能够保持稳定直到不再能检测到这些化合物为止。三环多环芳香烃非常适宜于成为指示来源的参数,因为它们在大多数原油中丰度高、抗生物降解的能力相对较强、不易蒸发以及在水中具有相似的溶解度。应用 C_2 菲($C_2 - P$)与 C_2 二苯并噻吩($C_2 - D$)和 C_3 菲($C_3 - P$)与 C_3 二苯并噻吩

(C_3-D)的相对浓度或者用 C_2-D/C_2-P 与 C_3-D/C_3-P 的比值作图进行对比是区分具有相似化学组成的不同来源的常用方法(图 10.15)。实验室(Douglas 等,1996)和野外的研究(Wang 等,1994)揭示:即使 70% 以上的总石油烃已损耗,这些参数仍可保持不变。但泄油时间长、遭受严重降解的样品却不具恒定的 C_2-D/C_2-P 和 C_3-D/C_3-P 比值。燃烧也可改变这些比值,因为在可控的燃烧中,烷基化二苯并噻吩的损耗比烷基化菲更快(Wang 等,1999b)。

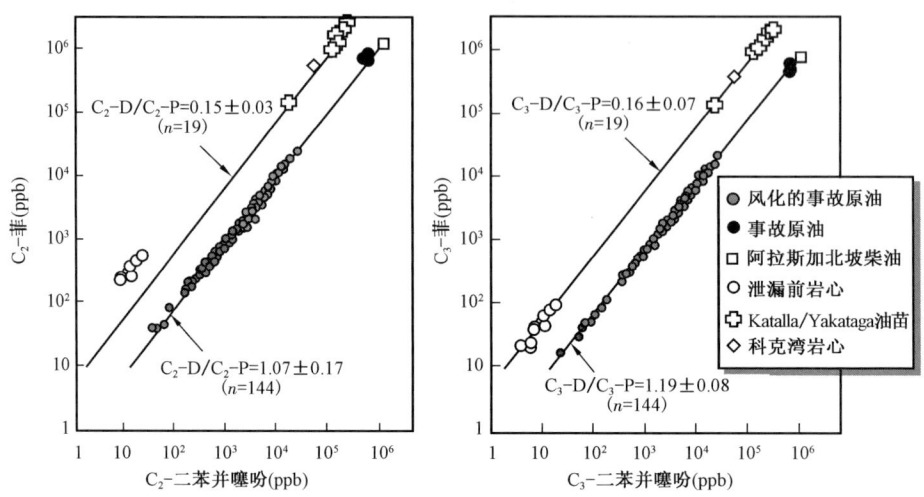

图 10.15 多环芳香烃(PAH)浓度示意图显示"埃克森·瓦尔迪兹"号泄油事故附近地区的样品在来源上的关系。图中"埃克森·瓦尔迪兹"号事故的原油(EVC)、风化的 EVC 以及污染阿拉斯加北坡(ANS)的柴油均标注在相同的线上,表明它们之间具有亲源关系。而泄漏事故前威廉王子湾的岩心、Katalla 和 Yakataga 的油苗以及科克湾(Cook Inlet)的岩心样品三者之间的相关性较好,它们与事故原油(EVC)明显不同。转引自 Page 等人(1995)和 Bence 等人(1996),转载承蒙 Elsevier 的惠允

Hostettler 等人(1999)提出将 C_{26}(20R) + C_{27}(20S) 三芳甾类(共流化合物,为 m/z 231 扫描轨迹中的主峰)与甲基䓛的比值作为区分威廉王子湾地区背景烃来源的一种方法。该比值被称之为耐降解多环芳香烃指数(PAH-RI),这是基于对烷基三芳甾烷和甲基䓛都具有高度抗风化能力的观察。该比值在可能对威廉王子湾沉积物的背景烃类有所贡献的样品中变化很大。然而,Bence 等人(2000)却对此提出疑问,认为该指标作为指示来源特征的参数还受热成熟度的影响(随成熟度增加而降低),从而使它的应用在来源成熟度跨度较大的区域受到限制。要解决这个矛盾需要调查所有潜在来源地的 PAH-RI 比值,以便与威廉王子湾的沉积物进行对比。

指征风化作用的多环芳香烃参数应由具备下列特征的化合物所构成,它们具有不同的蒸发、水溶解、黏土和矿物表面吸附、光氧化和/或生物降解的速率。风化作用会改变作为环数和烷基化程度函数的多环芳香烃分布。萘由于蒸发性和水溶解度均较高而比其他多环芳香烃的损耗更快。烷基化作用能够提高稳定性,以至于使一组给定的多环芳香烃的分布在风化过程中向 C_{3+}-异构体漂移。䓛的稳定性尤为高,它的含量相对于较小分子的多环芳香烃而言会增加。

有几个参数在指征风化程度方面很有用。C_3-萘/C_3-菲比值可用于识别风化初期阶段较轻的原油。对风化晚期阶段的重油而言,C_2-二苯并噻吩/C_3-䓛比值(C_3-D/C_3-C)则为首选参数。指征风化作用的多环芳香烃参数与指示来源特征的多环芳香烃参数相结合,可以提

供一个关于泄漏原油、浸油沉积物和区域背景值的基本认识(图10.16)。其他的多环芳香烃比值能够指示可能发生在水运过程中的原油的光化学衰变,这些比值,如苯并[e]芘/苯并[a]芘或苯并[a]蒽/菌,可以实现易变多环芳香烃与较稳定多环芳香烃之间的对比(Maldonado 等,1999)。Short 和 Heintz(1997)利用可控风化实验的数据建立了一个多环芳香烃风化过程的动力学模型,用于解释在"埃克森·瓦尔迪兹"号泄油事故之后采集的数据。

若干特征性化合物及其分布可用来区分燃烧成因与成岩成因的多环芳香烃。燃烧成因的多环芳香烃形成于化石燃料、木材、轮胎及其他有机质的不完全燃烧过程,其特征为 C_0 - 母体类型的多环芳香烃与其烷基化的类型相比占明显优势,以及四环到六环多环芳香烃相对于两环和三环芳香烃而增加。

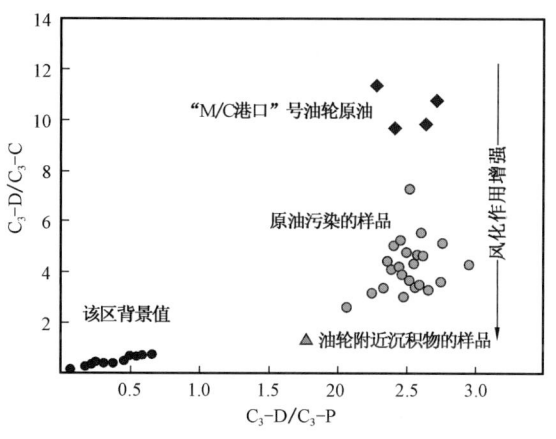

图 10.16 用 C_3 - 二苯并噻吩/C_3 - 菲的比值(C_3 - D/C_3 - P)(多环芳香烃的来源特征比值)与 C_3 - 二苯并噻吩/C_3 - 蒽的比值(C_3 - D/C_3 - C)(多环芳香烃的风化比值)作图,数据来自于"M/C 港口"号油轮泄油有关的样品。事故发生在 1991 年意大利的热那亚附近,重质的伊朗原油发生泄漏并燃烧。转载承蒙 Douglas 等人(1996)的惠允

厘定生物成因、燃烧成因和成岩成因等来源之间的不同之处并不容易,因为多环芳香烃可形成于上述任一来源。譬如,苯并[a]芘既可以由某些细菌和植物生物合成;也可以形成于有机质的不完全燃烧(如森林火灾);还可以存在于原油和炼制产品中(如地沥青以及煤焦油沥青)。杂酚油是煤炭或木材在高温(200~300°C)下的蒸馏物,被广泛用作木材的防腐剂。杂酚油含有大约 85% 的多环芳香烃,这些芳香烃可以作为污染物分布在土壤和海相沉积物中(Fowler 等,1994)。

许多参数被认为是可作为燃烧成因烃类的指标。这些参数通常将主要生成于燃烧过程的一些多环芳香烃(如蒽、荧蒽、苯并[a]蒽、苯并荧蒽和苯并芘)与主要分布在石油中的一些多环芳香烃(如烷基化的多环芳香烃)联系了起来。环境研究所使用的一些燃烧成因的参数包括:蒽/菲、菲/甲基菲、荧蒽/芘、苯并[a]蒽/菌、苯并[e]芘/苯并[a]芘以及茚并[1,2,3 - cd]芘/苯并[ghi]苝等。一种更为常见的方法是将若干燃烧成因多环芳香烃的总量与一组成岩成因的多环芳香烃进行对比。Maldonado 等人(1999)提出了一个这样的燃烧成因多环芳香烃与化石成因多环芳香烃的比值:

(蒽 + 荧蒽 + 苯并[a]蒽 + 苯并荧蒽 + 苯并芘)/[(C_1 + C_2 菲) + (C_1 + C_2 二苯并噻吩)]

Wang 等人(1999b)则提出了一个称为燃烧成因指数的范围更为广泛的比值:

(苊烯 + 苊 + 蒽 + 荧蒽 + 芘 + 苯并[a]蒽 + 苯并荧蒽 + 苯并芘 + 苝 + 茚并[I,2,3 - cd]芘 + 二苯并[a,h]蒽 + 苯并[ghi]苝)/[(C_0 - C_4 萘) + (C_0 - C_4 菲) + (C_0 - C_3 二苯并噻吩) + (C_0 - C_3 芴) + (C_0 - C_3 菌)

在燃烧成因的烃类中含有丰富的杂酚油或煤焦油燃烧衍生的烃类时,这些比值尤其具有诊断意义。燃烧成因多环芳香烃的数量和分布取决于原始的物质、燃烧条件、转换方式(如气溶胶和烟灰)以及矿物的吸附作用。因此,通常很难重现燃烧成因多环芳香烃对污染沉积物

的影响。这些组分一旦与天然或成岩成因的多环芳香烃相混合,了解燃烧成因的烃类对土壤或沉积物的输入就很困难了。

注:艾伦山(Allen Hills)陨石中多环芳香烃的发现表明:将多环芳香烃归因于某一特定的来源尚存歧义。McKay 等人(1996)认为这块火星陨石中的多环芳香烃是地外来源而非陆源污染(如冰川侵蚀的南极煤)。该多环芳香烃的90%以上由母体化合物组成,但缺乏在陆源燃烧成因多环芳香烃中常见的二苯并噻吩。他们由此认为该多环芳香烃为源自火星微生物的碳提供了直接的证据。有关地外生物标志化合物更为详尽的讨论可参见第19章图19.22以及相关的论述。

10.12 生物标志化合物和多环芳香烃在原油泄漏研究中的应用

10.12.1 识别泄漏原油来源的石油生物标志化合物

在大多数的原油意外泄漏事故中,责任人会通知政府的相关部门、主动承认过失、帮助清理并接受经济处罚。不幸的是,有些责任人可能没有意识到泄漏或者心存侥幸,为了逃避处罚而保持沉默。当发现来源不明的泄油时,尽快识别来源至关重要。通常,调查人员会通过物理证据或目击者的陈述来判断来源。许多海洋污染的案例可以通过建立原油泄漏发生的时间与其时过往船舶的相关关系而追踪到一艘特定的船只。一旦物理的证据不能得出结论,并且存在着多种来源的可能性时,可能就需要进行化学分析来识别所谓神秘原油的来源。一份具有良好相关性的化学分析报告也许足以说服当事各方或他们的承保人为原油泄漏承担责任。大多数的非法倾倒事件使用地球化学的数据,因为起诉需要绝对可靠地确认泄漏原油的来源。海岸警卫队海洋安全实验室(康涅狄格州 Groton)和环境技术研究中心(安大略省渥太华)分别负责美国和加拿大水域泄漏原油的常规分析。

Wang 等人(2000)识别出了加拿大魁北克 Lachine 运河区神秘原油的来源。1998年3月17日和23日原油从一个下水管道流入运河,它很可能是来自附近的泵站。从泵站的贮水池采集了柴油燃料样品并与神秘的原油进行了对比。从全油色谱法以及饱和烃生物标志物和多环芳香烃的色谱－质谱法得出的诊断性比值证实该泵站就是神秘原油的来源(表10.7)。此外,神秘原油尚未发生风化,表明泄漏就发生在不久前。在该案例中,饱和烃生物标志化合物的浓度不高,并局限于低分子量的三环萜烷。多环芳香烃的分析包括了甲基菲和二苯并噻吩同分异构体的解析。

表10.7 用于识别1998年 Lachine 海峡泄漏原油来源的诊断性比值(据 Wang 等人,2000改编)

诊断性比值	3月17日海峡泄油样品	3月23日海峡泄油样品	泵站柴油	二号参考柴油
色谱总烃(mg/g 原油)	861	828	865	841
总饱和烃(mg/g 原油)	723	654	729	705
饱和烃(% 总烃)	84	81	84	84
解析的峰/总烃	0.27	0.27	0.27	0.32
解析的饱和烃/总饱和烃	0.30	0.30	0.31	0.35
总正构烷烃(mg/g 原油)	135	122	133	156
nC_{17}/姥鲛烷	2.73	2.70	2.76	5.37
nC_{18}/姥鲛烷	1.72	1.72	1.75	2.74
姥鲛烷/植烷	0.87	0.88	0.89	0.76
C_2-二苯并噻吩/C_2-菲	0.22	0.21	0.22	1.84

诊断性比值	3月17日海峡泄油样品	3月23日海峡泄油样品	泵站柴油	二号参考柴油
C_3-二苯并噻吩/C_3-菲	0.36	0.34	0.35	1.51
(2+3)/4 甲基二苯并噻吩	0.78	0.78	0.78	0.70
1/4 甲基二苯并噻吩	0.24	0.24	0.24	0.13
(3+2)/(4+9+1) 甲基二苯并噻吩	1.52	1.51	1.54	1.07
C_{23}-萜烷/C_{24}-萜烷	2.40	2.45	2.43	1.52

Wang 等人(2001a)识别了魁北克圣·劳伦斯(St Lawrence)河泄漏原油的来源。1999 年 2 月 28 日,在蒙特利尔西北约 50km 的河面上发现漂浮着 10t 左右的神秘原油,它散发出强烈的难闻气味,显得有些不同寻常。由于怀疑附近的一家加工厂是泄油的来源,故采集了该加工厂储油罐中的样品。根据全油色谱法以及饱和烃生物标志物和多环芳香烃的色谱-质谱法得出的诊断性比值和化合物分布,证实了工厂的油与圣·劳伦斯河上的泄油非常相似。然而,这一泄油与过去碰到的任何泄油都不一样(图 10.17)。其全油色谱图含有异常的未分离复杂混合物(UCM)或鼓包,正构烷烃具双峰分布。饱和烃生物标志化合物的含量远低于重油中的预期值,而丰富的 17β,21α(H)-藿烷与成熟原油明显不一致。这些样品中燃烧成因的指标异常高(0.11~0.13),超过了正常原油、炼制燃油以及严重降解的焦油(图 10.18)。在来源得以确认的基础上,工厂主同意支付有关的清理费用。泄漏原油的异常气味来自该厂对回收废油和旧轮胎的加工。

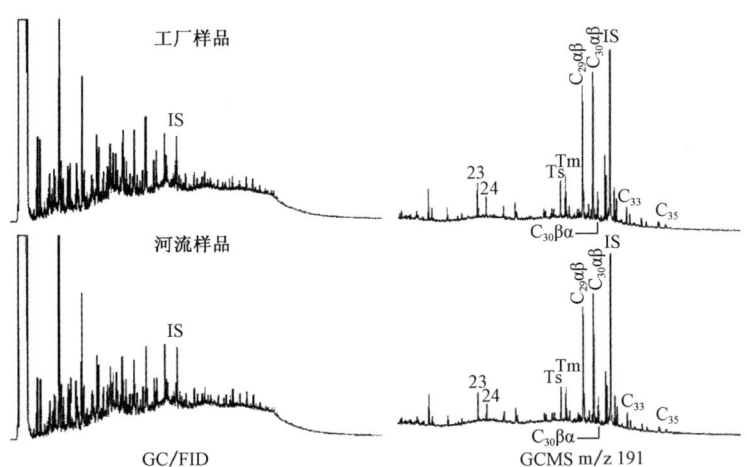

图 10.17 将泄漏在圣·劳伦斯河的原油与附近一家工厂的原油进行对比,不难看出该异常原油中热解成因的多环芳香烃(PAHs)的含量远大于天然原油,这很可能是因为它是废油和旧轮胎回收的产物。泄漏原油和工厂原油中饱和烃的生物标志化合物几乎一样,较低的生物标志化合物丰度和相对较高含量的 17β,21α(H)-藿烷(C_{30} βα)对热成熟原油而言是不常见的。转引自 Wang 等(2001a),转载承蒙 Elsevier 的惠允

10.12.2 泄漏原油识别中的特征化合物同位素分析

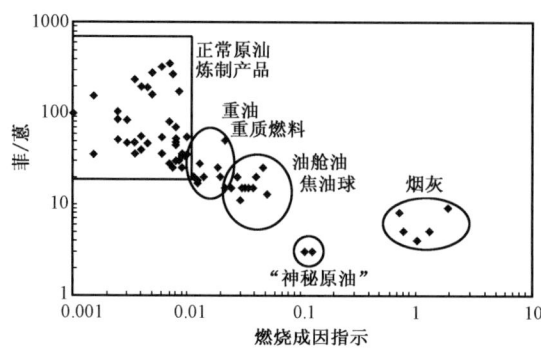

图 10.18 泄露在圣·劳伦斯河上的"神秘原油"是回收废油和轮胎的产物，它具有异常高的燃烧成因指标（数据和插图据 Wang 等人，1999b；2001a 改编）。轻质、未生物降解原油的燃烧成因指标 < 0.01，而在一些严重降解的原油和焦油球中，该指标可升至 0.03。原始燃烧成因指标 < 0.004 的柴油燃料在可控燃烧中生成的残余燃料的燃烧成因指标为 0.009~0.019，而烟灰的燃烧成因指标可高达 0.81~1.94（数据和插图据 Wang 等人，1999b；2001a 改编）

特征化合物同位素分析（CSIA）作为识别泄漏原油来源的一种可供选择的手段应运而生。Mansuy 等人（1997）论证了特征化合物同位素分析可用于风化程度差异很大的原油之间的对比。单体的正构烷烃和类异戊二烯类保持着 $\delta^{13}C$ 的原始值。此外，当生物降解到了正构烷烃已不复存在的程度时，仍可利用原油中沥青质热解释放的正构烷烃来进行对比研究。O'Malley 等人（1994）应用纽芬兰圣·约翰港（St John's Harbor）和康塞普申湾（Conception Bay）沉积物中多环芳香烃的特征化合物同位素分析识别出了曲柄箱油的污染。他们发现尽管受到共流出和存在未分离复杂混合物（UCM）的干扰，多环芳香烃在普遍发生风化之后仍能保持其初始的同位素比值。

Mazeas 和 Budzinski（2001）描述了一种简单而快捷的样品前处理方法，它适宜于原油和沉积物中多环芳香烃的特征化合物同位素分析。对法国北大西洋海岸被怀疑遭受污染的沉积物取样分析发现其多环芳香烃的 $\delta^{13}C$ 与 "Erika"号油轮的泄漏原油相一致（图 10.19）。荧蒽是一个例外，它在遭受污染和没有污染的沉积物中具有相同的同位素比值，显然，这是因为与原油中的荧蒽相比，荧蒽在没有污染的沉积物中非常丰富。

主要烃类、多环芳香烃甚至微量组分的特征化合物同位素分析与分子分析的相结合为环境研究者提供了另一种识别泄漏原油的数据维数。这项技术和其他先进的分子检测技术，如金属卟啉，很有可能成为原油泄漏研究中的常规手段。

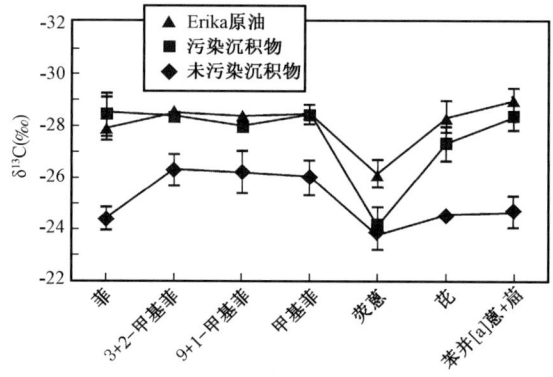

图 10.19 法国北大西洋海岸 Traict du Croizic 沉积物中多环芳香烃（PAHs）的特征化合物同位素分析（CSIA）指示了"Erika"号油轮原油泄漏造成的污染（据 Mazeas 和 Budzinski，2001）

10.12.3 用于识别原油泄漏影响的生物标志化合物和多环芳香烃

为了评估海洋原油泄漏对生态的冲击，必须要了解受污染区域的所有范围和程度。泄漏原油直接流经的海岸线和沉积物可以很容易地判识为受污染区。然而，泄漏原油可能随水流、悬浮颗粒或生物群落运而送到的边远区域，同样也会受到泄油的负面影响。如何区分泄漏原油与受污染前土壤或沉积物背景烃的特征颇具挑战性。生物标志化合物、多环芳香烃和其他分子以及同位素的特征可以用来识别和定量背景中的烃类。

在原油泄漏之前,未受污染的沉积物常含有一定浓度的背景烃类。由于天然的背景浓度值一般符合对数正态的分布,甚至某一化合物的高浓度也可能是完全起因于非人为的来源。因此,总石油烃(TPHs)不是石油污染的可靠指标。欲应用总石油烃,进行检测的背景样品在数量上必须具有统计学的意义以确定污染前的背景分布。这些检测既要有地表也要有钻芯样品,以便了解它们在时空上变化。总石油烃的浓度在统计学上大于背景值表明存在污染,但无法用它来识别其来源。

背景烃拥有众多的可能来源。生物成因的烃类可能由当地的生物群落所生成,或由风或水搬运而来;成岩成因烃类的来源既可以是天然的,也可以是人为的。油苗或剥蚀的煤以及其他富有机质岩石均可向沉积物提供有机质。以往的泄油以及长期或意外的工业排放都可以对成岩成因的背景烃有所贡献。在轮船航道、港口、石油化工企业和其他重工业区附近,污染物的多种排放十分普遍。燃烧成因的烃类也有天然或人为的两种来源。这类化合物由有机质(如森林、草地、垃圾填埋场、煤炭、轮胎和化石燃料)的不完全燃烧所产生。海洋沉积物中绝大多数的燃烧成因背景烃产自陆地,经由大气而输入。当泄漏原油燃烧时,可能造成海洋沉积物和土壤中高浓度的燃烧成因烃类。背景烃类还有许多其他人为的来源。道路的排放可以提供沥青、发动机油、汽油和废气;对建造船坞和码头常用的木材进行防腐处理的杂酚油可以渗出进入环境;向下水道中倾倒废油、家用化学品和其他废物也可导致其排放进入环境。从生物成因或人为成因烃类占主导优势的沉积物中辨别微量的成岩成因的烃类可能尤其困难。而当背景烃为成岩成因或背景烃与泄漏原油具有相同来源时,其复杂性增大。

Faure 等人(2000)利用采自不同河流和流域的样品中的生物标志化合物确定了阿尔萨斯－洛林(Alsace－Lorraine)地区河流沉积物中烃类的地区性来源。在研究区内有几条小河(Rosselle、Fensch、Sarre 和 Thur)几乎没有污染源的输入。如 Thur 河,位于孚日(Vosges)山脉深邃的冰成峡谷内,两岸被针叶树和山毛榉树所覆盖,附近没有工业活动。而主要河流及其支流(莱茵河、摩泽尔河、默尔特河、第三河和马士河)所接受的污染物则可能来自各种工业活动(如煤炭的采掘和加工、石油的炼制以及聚合物生产等)和更多的分散污染源。

河流沉积物抽提馏分中的生物标志化合物分析表明几乎每个样品中的背景烃都很一致。其饱和烃以 $C_{23}-C_{33}$ 正构烷烃为主,具有明显的奇碳优势,为树叶蜡质的输入所特有。然而,饱和烃的生物标志化合物明显为成岩成因,具有几乎相同的三萜类和甾烷分布以及热成熟异构体比值。唯有 Thur 河的样品是例外,其 m/z 191 离子扫描轨迹上只有一个峰,被识别为藿(22)29－烯。成岩成因烃类几乎一致的扩散式分布暗示没有任何一个工业集聚的来源对 Thur 河流域产生明显的影响。Thur 河的原始状态表明成岩成因烃类的污染不是来自大气或风成的尘埃颗粒。除 Thur 河之外,整个阿尔萨斯－洛林地区河流系统常见的主要烃类污染源是附近的道路。

由交通和道路可能导致的不同类型的烃类污染物有:汽油、发动机废气、发动机废油和道路沥青。汽油和发动机废气可以排除在 Thur 河的生物标志物污染之外,因为它们明显缺乏生物标志物。发动机废油可能含有甾烷和藿烷,但它们常伴有大鼓包或未分离复杂混合物(UCM)而出现,这在河流沉积物的抽提物馏分中也未能发现。剩下的道路沥青就成为最有可能的岩石成因烃类的来源。研究也发现河流沉积物与道路沥青之间具有非常好的生物标志化合物相关性(图 10.20)。

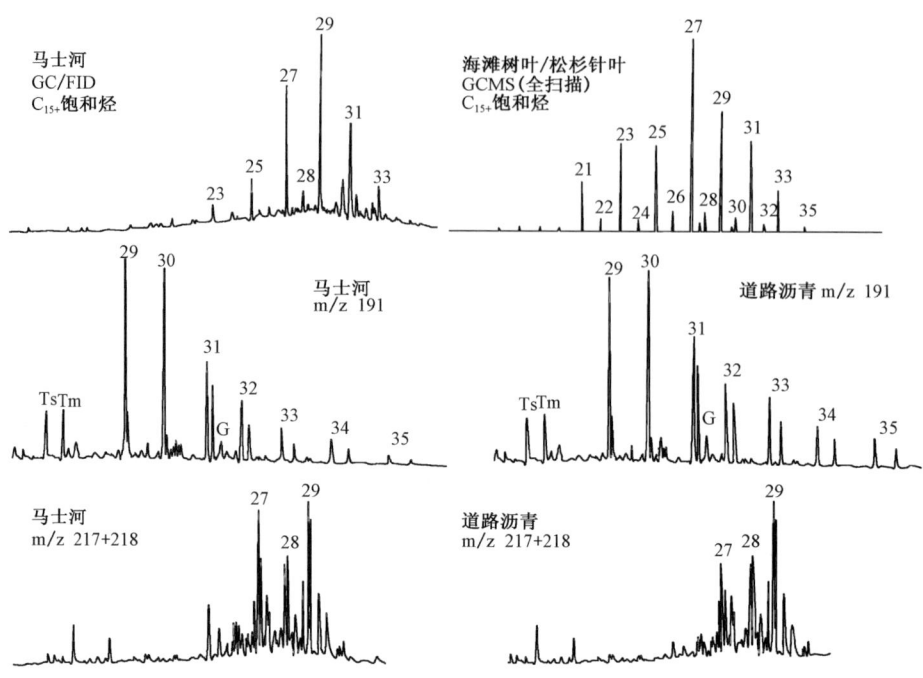

图 10.20 法国阿尔萨斯-洛林地区马士河(Meuse)沉积物中的饱和烃被证实为植物叶蜡与来自道路沥青的成岩成因烃类混合而成。图中的正构烷烃、藿烷和 αββ-甾烷由它们的碳数来标示。转载承蒙 Faure 等人(2000)的惠允
G—伽马蜡烷;GC/FID—气相色谱法/火焰离子检测;GCMS—色谱-质谱法

10.12.4 监测生物降解和生物修复的化学标记物

生物修复在温和的气候条件下是最划算也是最为环境所接受的治理污染海岸线的手段(Prince,1993;Prince,1998;Swannell 等,1996)。原油中绝大多数的烃类都易被生物所降解,降解原油的细菌无处不在。然而,在大多数海洋环境中生物降解受限于生物可利用的氮、磷及其他微量营养物质的非最佳水平。非最佳生长温度及可利用氧的限制可能会进一步阻碍北极水体和土壤的生物修复效果。对受原油污染的海岸线施肥能够增加烃类降解微生物的数量、它们矿化烃类的潜力以及烃类的降解速率(Lindstrom 等,1991)。然而,对受石油污染的海岸线施行生物修复的一个重要的局限性在于制定治理方案时的难度,它会产生一个有关降解速率和残留污染物浓度的单位比量(Head 和 Swannell,1999)。Moldowan 等人(1995)建议引入地下原油生物降解等级的现行判断尺度来监测受石油炼制产品或废物污染土壤的生物修复(见图 16.11)。

在近期发生的泄漏原油中,$17\alpha,21\beta(H)$-藿烷被认为是不被生物所降解并可保存下来。因此,它可以用作内标来监测生物修复所清除的泄油总量(Prince 等,1994)。该技术被广泛地用于监测生物修复"埃克森·瓦尔迪兹"号原油污染的效果(Bragg 等,1994),并继续用于监测其他污染区域清理作用的效果(见 Venosa 等,1996)。如果藿烷得以保存,那么就可以评估其他化合物的生物修复程度。多环芳香烃由于它的生物可利用性和毒性而显得特别重要。尽管一般认为低分子量的正构烷烃是最易被生物降解的烃类,但有些证据表明多环芳香烃在一些特殊情况下也可被优先降解。Jones 等人(1983)报道了在处于有氧环境中的受原油污染的沉积物中,烷基芳香烃比正构烷烃优先降解。阿奎坦(Aquitaine)盆地南部的沥青中也存在芳香

烃优先降解的自然现象(Connan,1981),但沥青中的正构烷烃可能是在生物降解之后的一次重新充注事件中进入储层的。

有关 Nipisi 输油管线原油泄漏的近期研究展示了生物标志化合物在监测生物降解和修复方面的应用(Wang 等,1998)。从 1970 年到 1972 年,在加拿大阿尔伯达北部 Nipisi 地区,大约 6×10^4 bbl 原油从输油管线渗出,污染了超过 25 英亩的土地($0.1 km^2$)。事后采取了包括燃烧、耕作以及施肥在内的一些治理措施。到了 1995 年,采集样品进行地球化学评价时发现:尽管已过了 25 年并有明显证据表明地表的泄油已被清除,但 10cm 以下的土壤中仍含有大量的泄油。正构烷烃和多环芳香烃的降解程度随着深度增加而降低。此外,这种分布无论是否经过治理均普遍存在,表明初期所做的种种努力并没有产生长期的效果。

无论整个烃类的降解程度如何,Nipisi 样品中饱和烃生物标志物的分布仍保持不变(图10.21)。地表样品与深部样品的唯一区别是其相对浓度不同。这种效应可归咎于它们在其他烃类消减时保留了下来并富集起来。离子色谱图的详细分析表明 80~100cm 深的土壤样品与参照原油略有不同,该参照原油自 1972 年以来就一直储存在玻璃瓶中。要么是参照原油已发生了轻微的风化;要么是它并不能完全代表输油管线泄漏原油的特征。

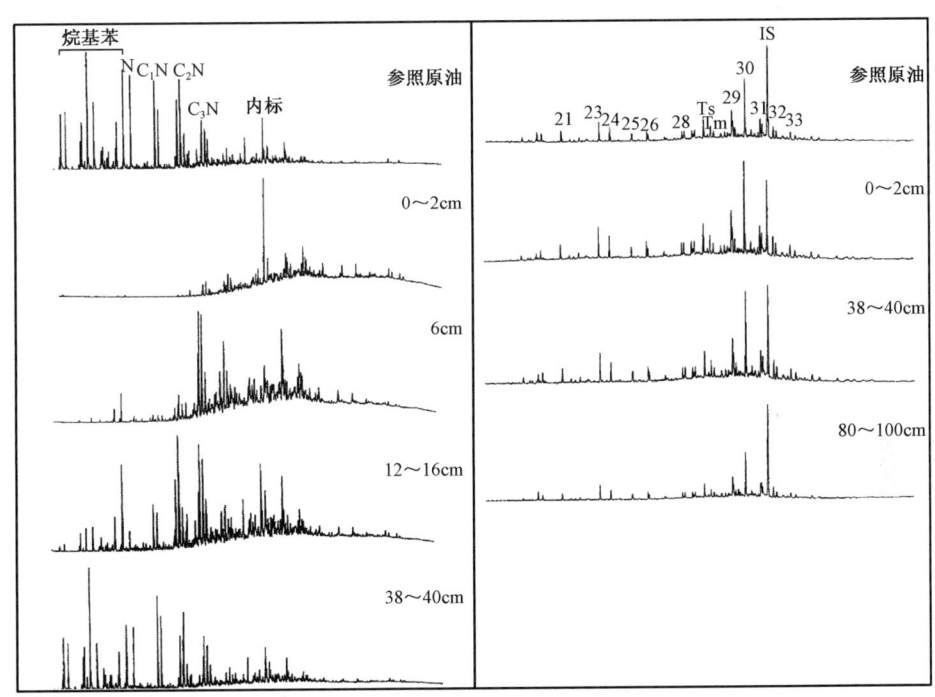

图 10.21 Nipisi 输油管线原油泄漏污染的土壤中多环芳香烃(PAHs)(总离子,左图)和三环萜(m/z 191,右图)的色谱-质谱分析表明在近地表土壤中烷基苯(非多环芳香烃)、萘(N)以及烷基萘(C_1N、C_2N 和 C_3N)几乎已完全被降解掉了,而在 40cm 以下的样品中则无降解的迹象。饱和烃生物标志化合物未发生变化,但其相对丰度由于其他烃类的降解而增加。转载承蒙 Wang 等人(1998)的惠允

10.12.5 作为毒物学指标的生物标志化合物

如前所述,毒物学家和医学科学家们使用术语"生物标志化合物"来表示任何用于与毒物接触的替代标志。有些研究通过检测各种酶浓度的变化来考察有机体如鱼接触石油的结果(见 Kurelec 等,1977;Martin 和 Black,1996;Cajaraville 等,1997)。受影响动物体液中石油烃的

检测也暗示了与石油的接触。譬如,生活在圣芭芭拉海峡天然渗漏附近的鱼在其胆汁中含有高丰度的萘,显示出与石油接触的生理学和生化酶证据(Spies 等,1996)。

多环芳香烃是研究受影响生物群落中最为常见的成岩成因烃类。Bence 和 Burns(1993)报道了利用多环芳香烃的分布来评价各种生物与"埃克森·瓦尔迪兹"号泄油的接触。这些样品分别采集于 1989 年、1990 年和 1991 年,由泄油危害健康特别工作组来评估泄油对生存食物的影响以及由州和联邦受托人来评价泄油对生物群落的影响。除了可以进行生物聚集原油的贝类之外,只有少量的生物样品(主要自 1989 年起)拥有"埃克森·瓦尔迪兹"号泄油的证据。这些样品中的大多数都带有外表层(如蛋壳、皮肤和毛发)或者拥有胃肠道(如胃容物和大小肠)。"埃克森·瓦尔迪兹"号的泄油在内脏器官(如肝脏)中罕见,而在体液(如血液和奶汁)中则完全没有。然而,来自一些重度污染海岸线的贻贝和蛤类起初则含有较高的"埃克森·瓦尔迪兹"号的泄油。其体内的含量每年大约下降一个数量级,截至泄漏事故两年之后,即 1991 年,该含量已接近背景值。

饱和烃生物标志化合物不常被用作接触毒物的标记物。Kaplan 等人(1996)将更格卢鼠肝脏中的石油生物标志化合物用作接触土壤和种子中原油污染的指示物,他们认为甾烷和萜烷更为有用,因为它们抵御新陈代谢降解的能力比链烷烃和芳香烃更强。在这种情况下,甾烷和萜烷既被用作石油也被用作毒物学生物标志化合物。在未污染地区的更格卢鼠中不含石油生物标志化合物。

Porte 等人(2000)提供了将脂肪烃和芳香烃石油生物标志化合物用作毒物学标志物的实例。1992 年"爱琴海"(Aegean Sea)号油轮在西班牙西北部的加利西亚海岸搁浅,并开始漏油原油。一系列的爆炸导致原油起火,向环境中释放了大量的含石油的和燃烧成因的烃类。Porte 等人(2000)认为借助于脂族不溶复杂混合物、三萜类以及脂族和芳族甾类烃的存在与否可以监测沿受污染海岸线 200km 内双壳类对石油的摄取。研究证明标记物可用于评价泄漏原油的时空分布。使用三萜类的标记物,其中 28,30 - 二降萜烷特别具有诊断意义,可以很容易地确认泄漏原油(北海布伦特型)的存在与否。令人称奇的是,在事故发生三年后采集的双壳类中,甾烷的剖面特别缺乏 20R 立体异构体但富含孕甾烷衍生物。在周边的沉积物中并没有观测到这种富集现象。由于双壳类只有很低的代谢烃类的能力,孕甾烷的富集可能是细胞膜选择性输送的缘故。双壳类组织中的多环芳香烃反映出泄漏原油和燃烧产物的同时存在。监测双壳类中的生物标志物揭示出烃类含量在事故发生后的 3~6 个月中明显下降。在事故发生后的三年间,有些监测站的烃类含量出现了后续的和偶然的增加,这可能是风暴导致受污染沉积物再悬浮的缘故。Porte 等人(2000)同时指出生物聚集脂族烃和芳族烃的速率不尽相同。

10.13 生物标志化合物与"埃克森·瓦尔迪兹"号泄油

1989 年 3 月 24 日,"埃克森·瓦尔迪兹"号油轮在阿拉斯加州威廉王子湾(Prince William Sound)的布莱礁(Bligh Reef)触礁搁浅。北坡输油管线大约有 1100×10^4 gal(25.8×10^4 bbl)(Harrison,1991)原油泄漏,将近 800km 的海岸线受到了影响。油层随洋流漂浮了数日,最远至阿拉斯加半岛(图 10.22)。"埃克森·瓦尔迪兹"号的原油泄漏是发生在美国水域最为严重的一起船舶泄漏事故(另一次较大的事故发生在美国东海岸,为二次世界大战期间德国潜水艇的鱼雷攻击所导致)。在国际间的对比中,"埃克森·瓦尔迪兹"号事故在 1960 年到 1999 年间的 66 起严重事故中排名第 53 位(DeCola,2000)。几乎是在事故发生后立即启动的环境影响评价一直持续到现在。这起事故促使了对泄漏原油的命运及其影响展开了最为全面的研究,其中包括泄油对当地生物群落和生态的短期和长期影响以及威廉王子湾和阿拉斯加海湾沉积物中烃类来源的研究(见 Wells 等,1995;Rice 等,1996)。

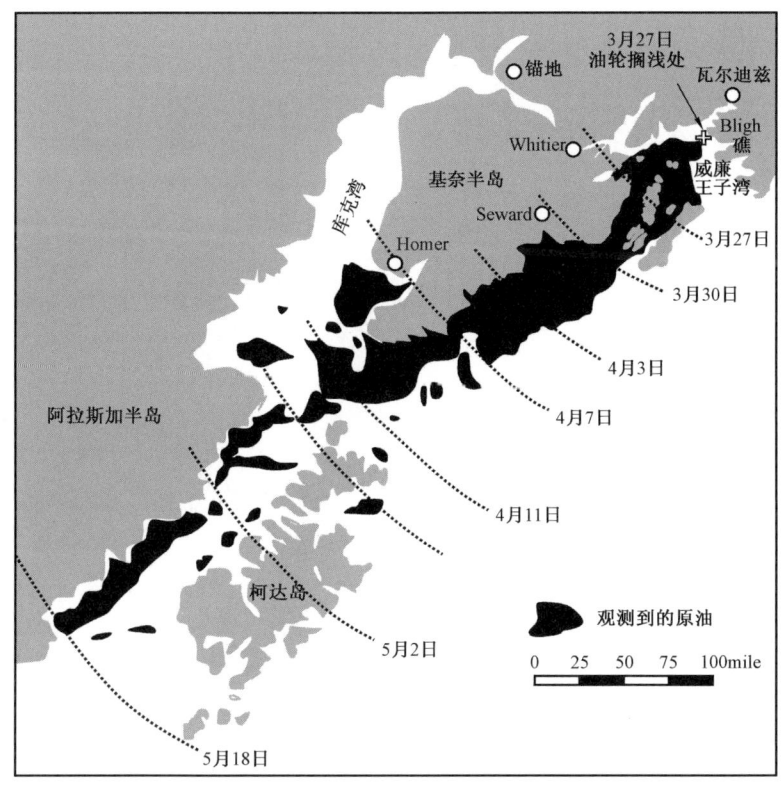

图 10.22 "埃克森·瓦尔迪兹"号事故中油轮搁浅处以及发现泄漏原油的区域(阿拉斯加州环境保护部,1993)。本图没有反映海岸污染的程度或环境受影响的区域

许多原油泄漏的事故发生在已被往日的事故严重污染的区域。"埃克森·瓦尔迪兹"号的泄漏似乎提供了一个研究在排除工业活动的原始背景之下泄油对生物群落和环境影响的机会。Short 和 Babcock(1996)认为原始资料的研究表明事故发生之前威廉王子湾贻贝和潮间沉积物中不存在烃类的污染。但 Kvenvolden 等人(1993a;1993b;1995)提供的早期证据表明在"埃克森·瓦尔迪兹"号事故之前,威廉王子湾海岸线就已不再是原始状态了。虽然受污染海岸线的一些原油残余物的稳定碳同位素可以直接与北斜坡泄油相对比,而其他焦油和焦油球则明显是来自另一不同的来源。焦油球的稳定碳同位素比值均很集中($\delta^{13}C = -23.7 \pm 0.2‰$),与"埃克森·瓦尔迪兹"号泄油明显不同($\delta^{13}C = -29.4 \pm 0.1‰$)。焦油球富集$^{13}C$ 同位素的鲜明标志暗示它的母体是中新世或更年轻的原油。饱和烃生物标志化合物的对比证明这些焦油来自加利福尼亚 Monterey 组的原油(图 10.23)。譬如,焦油含有 28,30 - 二降藿烷,该化合物在北斜坡泄油中缺失但在许多 Monterey 原油中都比较丰富(Jeffrey 等,1991)。Wooley(2001)通过分析整个威廉王子湾地区采集的考古样品得出结论认为:在事故之前该区已存在来自许多历史性的工业遗址的烃类污染。

Kvenvolden 等人(1995)认为绝大多数 Monterey 焦油可能都是在一次单一事故中泄漏的,这次事故几乎可以确定为发生在油轮出事的 25 年前。1964 年 3 月 27 日的阿拉斯加大地震造成了瓦尔迪兹(Valdez)老城附近的海岸储油罐中沥青和燃油的泄漏(图 10.24)。而 1970 年之前在南阿拉斯加,Monterey 原油常被用做沥青。这些历史上的沥青具有与 Monterey 原油相关的同位素比值和生物标志化合物分布,但它们相互之间的相似性却不如威廉王子湾的焦油。威廉王子湾 Monterey 焦油的高度相似性似乎表明它们来源于一次事件。

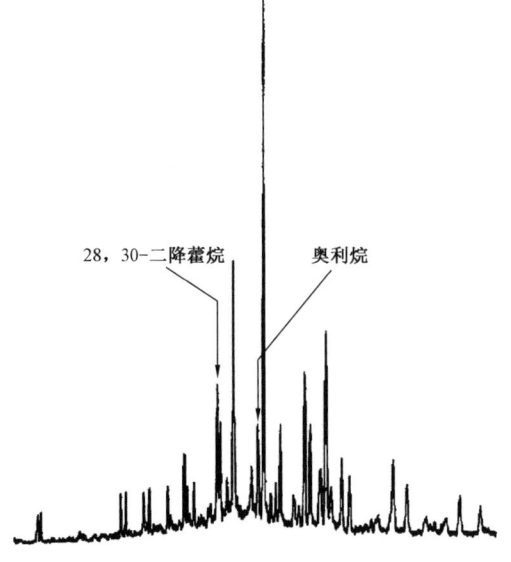

图10.23 离子 m/z 191 扫描轨迹显示了威廉王子湾海滩焦油球中的萜烷分布。28,30-二降藿烷和奥利烷的存在证明该焦油并非"埃克森·瓦尔迪兹"号事故中泄露在北坡的原油。生物标志化合物的分布以及稳定碳同位素比值表明该油源自加州 Monterey 组的烃源岩。转引自 Bence 等人(1996),转载承蒙 Elsevier 的惠允

图10.24 来自加利福尼亚的沥青残留在阿拉斯加瓦尔迪兹附近一家废弃的沥青储集场的遗址,该场在1964年遭到破坏。图片来源:美国地质调查局(USGS)

在威廉王子湾常见与"埃克森·瓦尔迪兹"号泄油无关的海岸线焦油。其他可能的工业遗址的污染源包括 Ashton 港、拇指湾和 Latouche 矿区(图10.25)。这些遗址大多数都是现已废弃的20世纪20年代的鲱鱼旧加工厂,在那儿,正在渗漏的油罐和油桶里装有当年被用作加热锅炉燃料的 Monterey 低硫原油(Page 等,1999a)。发现海岸线焦油最远的地方可至科迪亚克群岛和阿拉斯加半岛。相对新鲜、含蜡的焦油分布在科迪亚克及附近岛屿(图10.22),这些焦油含有包括 $18\alpha(H)$-奥利烷、双杜松烷和蒲公英烷在内的饱和烃生物标志化合物,它们具有东南亚古近-新近系原油的特征,可能与进口原油船舶发生的小型泄漏有关(Bence 等,1996)。

尽管"埃克森·瓦尔迪兹"号泄油事故对海岸线、海洋野生生物以及1989年的商业性捕鱼业造成了严重的短期影响,但大多数原油在一年之内就从海岸线消失了。这一部分可归因于清除作业的效果(作业高峰时,有11000名清除人员),但主要还是应归因于冬季风暴所产生的海浪作用和其他作用,如生物降解。到1993年,海岸线已经没有曾经发生过泄油事故的迹象了。海岸线的残余泄油大多都已渗入地下和分布在与冬季风暴的海浪隔绝的地方。泄油从海岸线的快速消除不免让人产生了原油不是被降解而是被转运到深部水体的疑虑,在那儿它可能对生态系统产生长期的危害。埃克森和泄漏原油的受托科学家们均对底部沉积物展开了独立的研究,以评价这种可能性。受托的科学家由美国内政部和农业部、美国森林署、阿拉斯加地区国立海洋渔业署、国家海洋和大气管理局(NOAA)、阿拉斯加州法律、环境保护以及捕鱼和狩猎等部门各行业的代表所组成。

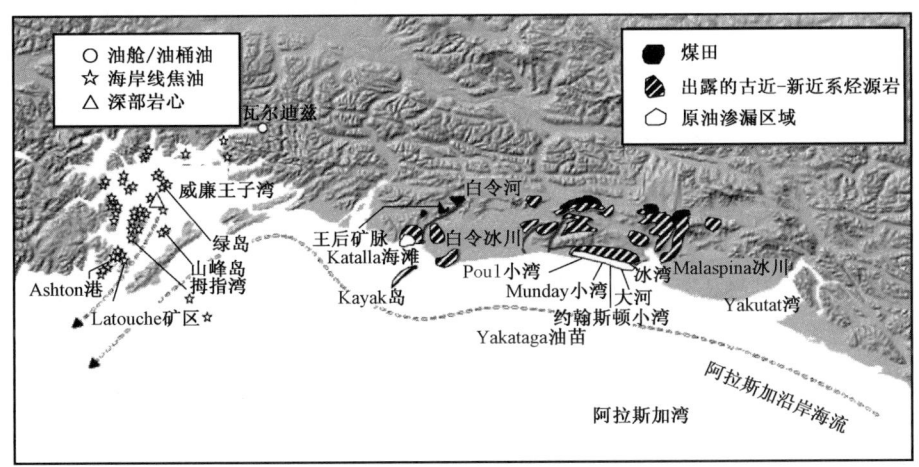

图 10.25 展示威廉王子湾和阿拉斯加湾潮下带沉积物中天然成岩成因的
烃类可能来源的位置图(据 Bence 等,1996;Boehm 等,2001)。深部岩心的描
述见正文和图 10.26。转载承蒙 Boehm 等人(2001)的惠允

  潮下沉积物的分析表明威廉王子湾和邻近地区有一定含量的区域性背景烃(Page 等,1995;1996a)。年代久远的钻孔沉积物的分析表明区域性背景烃的存在至少已有 160 年的历史,可能还会更长。背景烃主要为成岩成因,只有少量的燃烧成因和生物-成岩作用形成的烃类。燃烧成因的多环芳香烃因昔日的人类活动而增加,这些活动包括木材和化石燃料的燃烧、杂酚油的淋湿以及森林大火(Page 等,1999a)。典型潮下沉积物中燃烧成因的多环芳香烃有荧蒽和芘,它们只占总多环芳香烃的百分之几。在一些与人类活动关系密切的地区,燃烧成因多环芳香烃的比例超过了总多环芳香烃的 90%。生物成因的烃类中大多数是植物蜡,具有强烈奇偶优势的 $C_{25}-C_{33}$ 正构烷烃分布和高丰度芘的特征。Page 等人(1995;1996a)依据组分混合的模型认为较老潮下带和深部大陆架沉积物中的成岩成因多环芳香烃来自早先存在的天然来源,沿海岸线分布的近岸潮下带表层沉积物在 1989 年遭受了严重的石油污染,显示出少量"埃克森·瓦尔迪兹"号泄油组分叠加在天然背景值之上构成的混合模型。受污染表层沉积物的最主要的辨别特征是二苯并噻吩的增加,该化合物在"埃克森·瓦尔迪兹"号泄油中含量丰富。

  威廉王子湾背景烃中的岩石成因烃类可能来源于油苗油、剥蚀煤和剥蚀页岩。现代的异地来源,如 Monterey 焦油和"埃克森·瓦尔迪兹"号泄油,可以被排除在该区工业活动之前的沉积物样品中成岩成因背景烃的贡献者之外。Page 等人(1995;1996b)将原油渗出及其烃源岩识别为成岩成因烃类的主要天然来源。在威廉王子湾没有发现天然的油苗,但在东部却有众多的渗出点(Martin,1908),渗出的原油可以聚集起来并随阿拉斯加沿岸的洋流搬运至异地(图 10.25)。Page 等人(1995;1996b)主要依据饱和烃和芳香烃生物标志化合物的分析提出 Katalla 原油的渗出是最有可能的来源。奥利烷是在威廉王子湾泄漏事故前的沉积物中发现的一种饱和烃生物标志物,它存在于 Katalla 渗出原油中,但却在"埃克森·瓦尔迪兹"号原油中缺失(图 10.26)。指示来源特征的多环芳香烃比值也暗示了泄漏事故前的烃类与 Katalla 渗出原油之间的相关性(图 10.15)。在 Katalla 东部亚卡塔加角(Cape Yakataga)周围的渗出点后来被认定为另一种可能的来源(Bence 等,1996)。

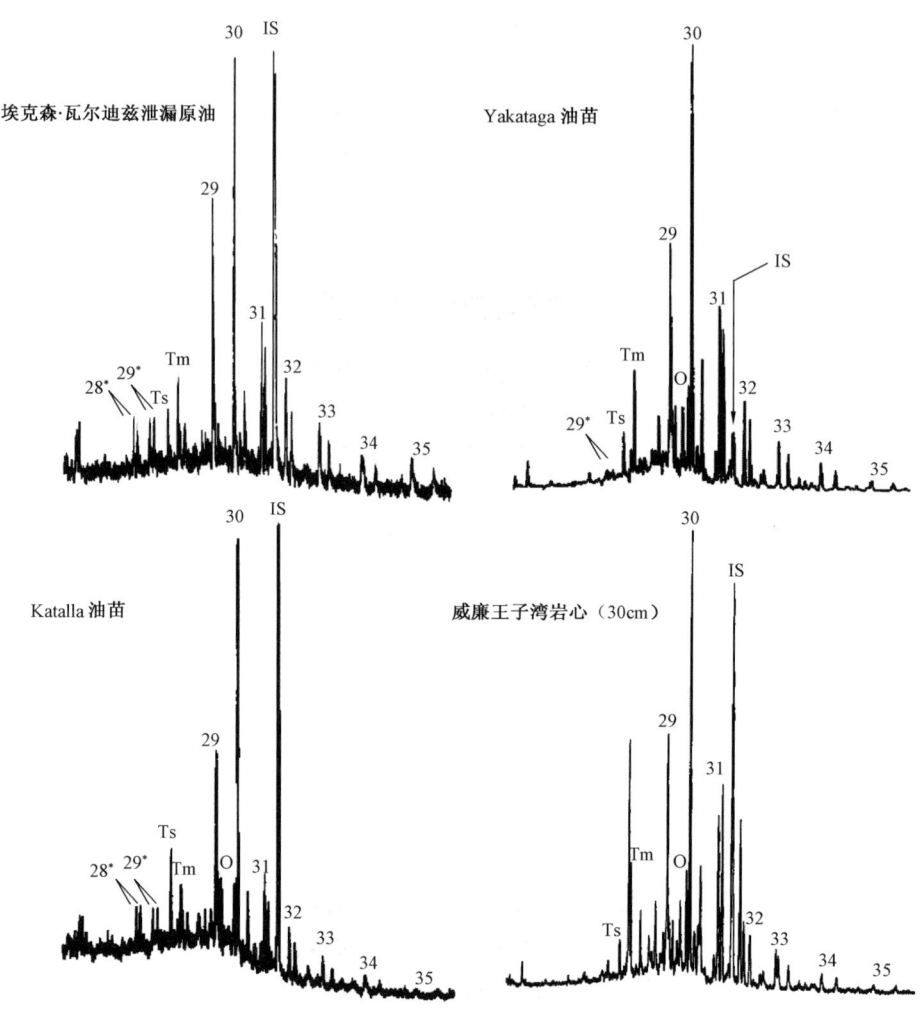

图 10.26 展示"埃克森·瓦尔迪兹"号泄油、Katalla 和 Yakataga 油苗以及威廉王子湾沉积岩心中萜烷分布(m/z 191)的色质图(据 Bence 等人,1996)(还可参见图 10.25)。岩心中的沉积物形成于工业活动之前,从而排除了北坡泄油或 Monterey 沥青作为抽提的成岩成因烃类来源的可能性。而奥利烷的存在以及指示烃源岩特征的多环芳香烃(PAH)参数的对比则表明这两个油苗可能是沉积岩心背景烃的来源。转引自 Bence 等人(1996),转载承蒙 Elsevier 的惠允

10.14 背景成岩成因烃类的来源:煤与油苗假说的对垒

Short 和 Heintz(1997)对 Page 等人(1996a)和 Bence 等人(1996)有关威廉王子湾背景成岩成因烃类来源的解释提出了质疑。他们利用动力学一级方程模拟直接位于"埃克森·瓦尔迪兹"号原油泄漏途径上的沉积物和贝类中的多环芳香烃的风化。令人惊奇的是,事故发生之前的贝类和沿泄漏途径采集的深部贝类均缺乏成岩成因的多环芳香烃。Short 和 Heintz(1997)由此得出结论,认为沉积物中的成岩成因多环芳香烃不能为生物所利用,并提出了白令(Bering)河搬运来的煤才是多环芳香烃来源的看法。该文只是简单地提及煤源假说却没有相关的支持数据。然而,该文的发表却引发了一系列赞成和反驳煤源说的争论文章。后来站在 Short 和 Heintz 一方的其他人也认为煤是威廉王子湾成岩成因多环芳香烃的来源(Short 和

Heintz,1998；Short 等,1999；2000；Hostettler 等,1999；Kvenvolden 等,2000）。接踵而来的一系列反对煤源说的文章则捍卫了油苗和/或烃源岩才是成岩成因背景烃来源的立场（Page 等,1997；1998；1999b；Boehm 等,1997；1998；2000；2001；Bence 等,2000）。

煤与油苗假说的对决可能影响着对"埃克森·瓦尔迪兹"号泄漏的相对影响程度的认定。如果威廉王子湾成岩成因背景烃来自原油渗出，那么，与石油的接触就发生在地质历史时期，同时生物群落在很久以前就已适应了多环芳香烃的存在。这样一来"埃克森·瓦尔迪兹"号泄油中的多环芳香烃就只能对与多环芳香烃接触带来的长期健康危害负有部分的责任。另一方面，来自煤的多环芳香烃被认为对生物群落而言是不可用的（Neff,1979）。如果成岩成因背景烃中的多环芳香烃来源于剥蚀煤，则可能无法为生物群落所利用。在这种假定之下，"埃克森·瓦尔迪兹"号泄油和 Monterey 焦油就可能向当地的生物群落贡献了此前不曾接触过的、可被生物所利用的多环芳香烃。

支持和反对多源说的争论伴随着更多样品和数据的分析而展开。支持煤源假说者持有以下论据（Short 和 Heintz,1998；Short 等,1999；Short 等,2000；Hostettler 等,1999；Kvenvolden 等,2000）。

（1）没有证据显示事故前威廉王子湾的贝类在昔日与多环芳香烃的接触中生物聚集了它们；

（2）Katalla 油苗或煤样具有一致的特征性多环芳香烃（C_2-二苯并噻吩/C_2 菲 = DPI）和生物标志化合物（奥利烷/藿烷）比值。实测的煤样和海底沉积物之间在多环芳香烃和生物标志化合物比值上的差别很小，造成这些差异的原因是样品采集不够充分；

（3）Katalla 和 Yakataga 油苗在甾烷和三环甾类的分布上与阿拉斯加湾和威廉王子湾海底沉积物不同；

（4）威廉王子湾沉积物的多环芳香烃比值（PAH－RI）（$C_{26}+C_{27}$ 三芳甾类/甲基蒽）（<0.1～0.5）与白令（Bering）河煤的比值相似（<0.1），但却与 Katalla 油苗的比值不同（11～13）；

（5）煤样与威廉王子湾沉积物在多环芳香烃分布上的相似性要大于风化的 Katalla 油苗；

（6）地质背景与煤经剥蚀并搬运到威廉王子湾的认识相吻合。活动的冰川把从 Kulthieth 组剥蚀的煤搬运到了阿拉斯加湾的北部，其证据是 Katalla 海滩上由黑色细粒组成的滨岸线；

（7）观测到的多环芳香烃分布与流入阿拉斯加湾的煤相一致；

（8）与煤相比，油苗是如何在没有被风化的情况下搬运至威廉王子湾的尚不清楚。没有证据表明油苗与渗出地或其他地方的细微颗粒有关系；

（9）在 Katalla 和 Yakataga 几乎很难看到浮油层，表明渗漏并不严重；

（10）Yakataga 地区沉积物在被搬运进入威廉王子湾之前受到介于其间的地形的阻碍；

（11）阿拉斯加湾和威廉王子湾的沉积物中有煤的颗粒；

（12）将 TOC 与多环芳香烃或生物标志化合物通量相提并论的质量平衡计算受被搬运煤的颗粒大小对多环芳香烃抽提效率影响的制约。

而以下的论据则支持油苗假说（Page 等,1997,1998,1999a；Boehm 等,1997,1998,2000,2001,Bence 等,2000）。

（1）受污染沉积物中具诊断意义的多环芳香烃（DPI）和生物标志物（奥利烷/藿烷）比值与 Katalla 或 Yakataga 油苗及剥蚀的古近－新近系岩石的来源相吻合，但与煤样的来源却不一致；

（2）阿拉斯加湾和威廉王子湾沉积物中甾烷和三芳甾类的分布与 Yakataga 油苗和剥蚀的古近－新近系烃源岩的混合物相吻合，但只与源自煤的少量贡献相一致（通常<1%）；

(3) Yakataga 油苗的多环芳香烃比值(PAH-RI)与其对沉积物贡献的岩石成因的多环芳香烃相一致；

(4) 多环芳香烃的分布模式和丰度与油苗和剥蚀烃源岩的多环芳香烃相吻合；

(5) 油苗和沉积物的对比表明多环芳香烃与细粒沉积物伴生并被其搬运而来,这可以解释为什么看不到明显的浮油层；

(6) 质量平衡计算确定了煤可能对多环芳香烃贡献的上限(<1%)。假如煤的颗粒(平均 TOC 为 80%)构成了威廉王子湾沉积物中所有的碳(平均 TOC 为 0.6%),那么,它们对检测到的多环芳香烃(1100ng/g)和选定的生物标志化合物的贡献分别 <15% 和 <1%。而具有更高多环芳香烃+生物标志化合物/TOC 比值的来源,如油苗,一定是沉积物中大多数这类化合物的贡献者；

(7) 沿白令(Bering)河分布的高熟煤以及皇后岩脉(Queen Vein)的煤(>1.5% R_o)不可能向沉积物提供生物标志化合物或对热敏感的多环芳香烃。而古近-新近系 Katalla 和 Yakataga 组的页岩正处于生油窗内(0.4%~1.3% R_o)。

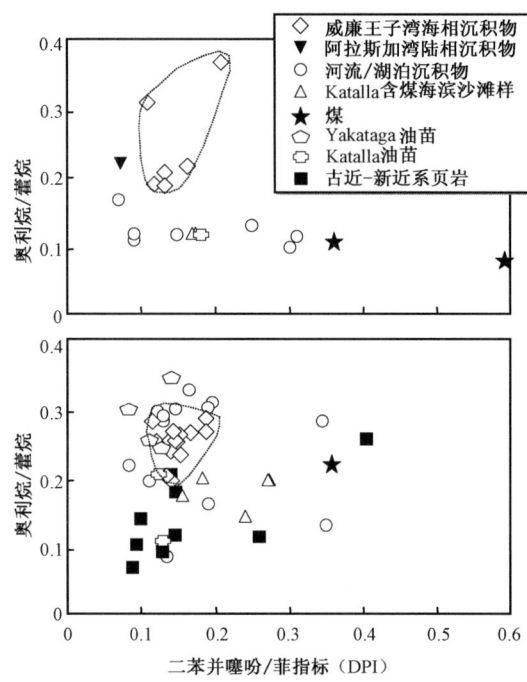

图 10.27 二苯并噻吩/菲指数(DPI)与奥利烷比值的比较(上图据 Short 等人,1999；下图据 Boehm 等人,2000)。虚线圈入了大多数威廉王子湾和阿拉斯加湾样品的背景值。本图的底部包含了另一个古近-新近系的页岩样品(据 Page 等人,1999b),该样品也在背景值的范围之内。上图表明煤样与背景值不符,而下图则指示油苗以及一些剥蚀的古近-新近系页岩样品与煤样相比更接近于背景值。转载承蒙 Boehm 等人(2000)的惠允

上述的争论凸现了双方论据的复杂性,即生物标志化合物和多环芳香烃的分布能否证实威廉王子湾背景烃的来源究竟是煤还是油苗和有机页岩。多环芳香烃的分布尤其值得怀疑,因为它们在风化过程中可能会严重蚀变。应用多环芳香烃进行对比的可信性依赖于风化的程度以及解释风化是如何改变多环芳香烃组成的模型。取样不够充足也会徒增混淆。威廉王子湾沉积物的取样范围广泛,特别是在"埃克森·瓦尔迪兹"号泄油污染的区域。但用于阐释油苗或煤源假说的原始样品却几乎没有。虽然 Page 等人(1995)曾提到了古近-新近系的烃源岩,但直到 2001 年,相关的数据才出现在他们发表的文章里。由于数据有限,特定生物标志化合物比值和分布之间的失谐就总可归因于取样不够充分。尽管可利用样品缺乏真正的代表性,但它们却足以论证一个假定的观点。譬如,图 10.27 用两种不同来源的可比样品的 DPI 和奥利烷比值来作图,虽然有些差别是分析精度所致,但相同样品的总体趋势却保持相对一致。然而,对样品变化重要性的解释以及得出的相关结论却大相径庭。争论延伸到所采样品的特征,譬如,Bence 等人(2000)主张 Katalla 海滩的黑色滨岸线是干酪根、沥青、岩石碎块、煤和天然焦炭的混合物,云母是导致黑色的主要因素,其 TOC <12%。Hostettler 等人(2000)反驳了这种

说法,他们认为 Katalla 海滩的滨岸线由富含有机质的碎屑(74%～82% TOC)所组成,它们具有煤的光学性质。这些不同的观测结果可能源自采样技术上的差异和/或天然的非均一性。

Boehm 等人(2001)提供了有关可能随着阿拉斯加海岸洋流进入威廉王子湾的烃类的来源数据。他们沿威廉王子湾与背景烃可能来源之间的阿拉斯加湾采集了沉积物样品,包括从库伯(Copper)河到山麓(Malaspina)冰川的河流沉积物、Katalla 和 Yakataga 地区的油苗和古近－新近系页岩以及白令(Bering)河的煤。他们利用生物标志化合物和多环芳香烃分析以及最小方差混合模型(Burns 等,1997)计算了这些海相沉积物背景烃中不同来源输入的比例及其变化性质(图 10.28)。根据他们的解释,剥蚀页岩是威廉王子湾烃类的主要贡献者。油苗和库伯河沉积物是次要的贡献者,而煤的输入在外源烃中所占的比例不到1%。油苗附近的沉积物具有高比例的油苗输入(20%～80%),白令河和 Duktoth 河附近的底部沉积物中煤的输入有所增加(>5%)。

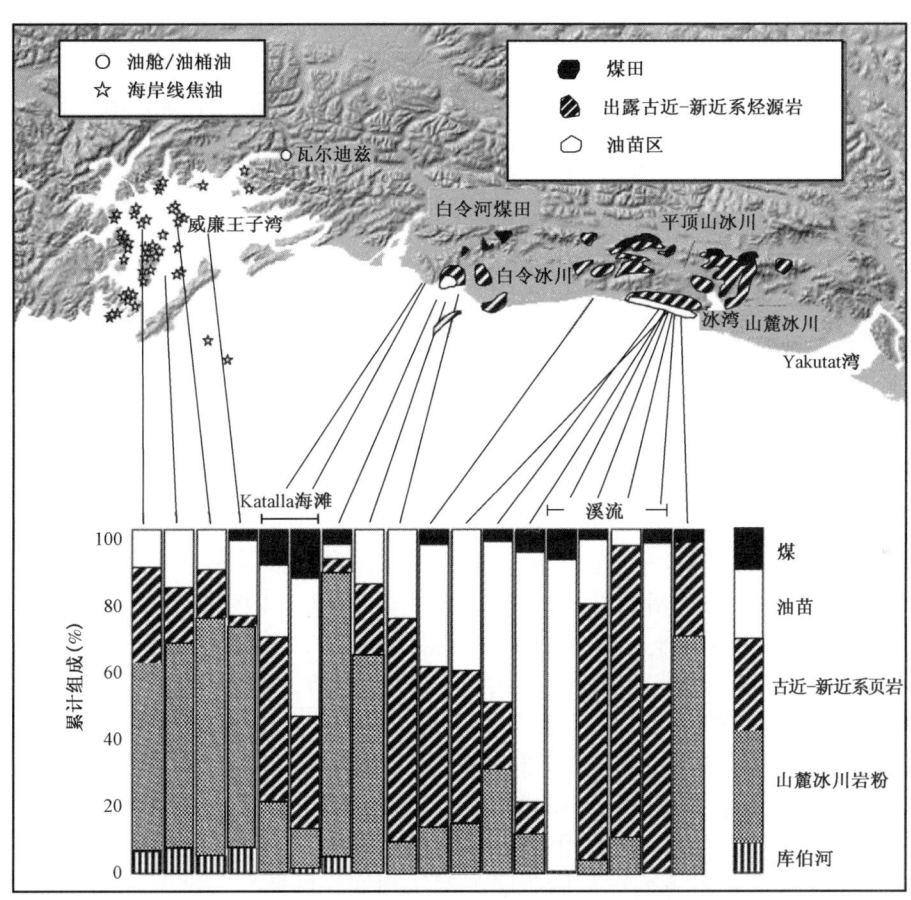

图 10.28　威廉王子湾陆架、海滨以及溪流沉积物中成岩成因背景烃类的来源。研究表明沉积物中的大部分背景烃类来自剥蚀的古近－新近系页岩和山麓(Malaspina)冰川岩粉。一小部分来自油苗和库伯(Copper)河沉积物,其中煤的贡献不到1%。剥蚀页岩和吸附在细小颗粒中的多环芳香烃(PAH)的生物可利用性尚不清楚。转载承蒙 Boehm 等人(2001)的惠允

Mudge(2002)利用 Page(多环芳香烃和生物标志化合物)和 Short(只有多环芳香烃)提供的数据进行了独立的多元统计分析。他发现威廉王子湾和阿拉斯加湾沉积物中背景烃的可变性可归咎于煤、油苗、剥蚀页岩和河流的混合输入,它们的贡献大小在整个采样地区有明显的

变化。最能反映油苗变化的化合物是萘、甲基萘和二甲基萘,而煤和页岩的变化则以大分子的多环芳香烃来界定,如苯并[ghi]芘。

背景烃相对于"埃克森·瓦尔迪兹"号泄油的重要性是悬而未决的主要问题之一(图10.28)。细粒矿物吸附油或剥蚀烃源岩中有机质(沥青和干酪根)的搬运可能会限制其生物的可利用性,其制约的程度与煤中的多环芳香烃相仿。假如吸附制约着生物的可利用性,那么,在泄漏事故之前就可能不曾发生过威廉王子湾生物群落对烃类的适应过程。Boehm 等人(2001)认为与黏土级矿物伴生的多环芳香烃是可以被生物所消耗和溶解利用的。例如,食碎屑动物在其消化液中可溶解键合在沉积物中的多环芳香烃,从而促使多环芳香烃进入食物链(Voparil 和 Mayer,2000)。此外,即便是在背景烃被牢固地键合在矿物中的时候,鱼体内多环芳香烃的代谢酶仍可以被激活(Arthur D. Little 股份有限公司,1999)。目前尚不清楚生物是否具有从其消耗的煤颗粒中汲取多环芳香烃的能力。背景烃能否为生物所利用也许还是一个悬而未决的问题。Boehm 等人(1998)表示在大多数沉积物样品中泄油多环芳香烃的贡献现已低于背景多环芳香烃。即使在严重污染的地区亦如此。所有的沉积物中毒性多环芳香烃(TPAH)的含量都小于 4000ng/g 沉积物,为沉积物毒效的限定低值。这些研究暗示威廉王子湾的环境已明显从"埃克森·瓦尔迪兹"的事故中得到了恢复。

10.15 作为污染物的汽油及其他轻质燃料

汽油、煤油和其他轻质精炼燃料的意外泄漏可能会是大型的孤立事故,但更多的时候它们可能是储油罐或输油管线长期而缓慢的泄漏。美国环保署(EPA)(http://www.epa.gov/ada/csmos/models.html)列举了超过 400000 起的地下储油罐泄漏事件,其中的大多数已经清理完毕或正在治理之中。泄漏汽油或其他轻质燃料中的绝大部分烃类会蒸发掉。然而,当土壤饱和之后,泄漏燃料的羽柱就会发生垂向或侧向的运移。如果炼制的燃料到达地下水位层,可溶的轻质芳香烃就有可能污染当地的水源供给。

刑事侦破环境化学利用化学分析手段来识别污染物,如泄漏的汽油和轻质燃料(Kaplan,1989;Murphy 和 Morrison,2002)。轻质、精炼石油产品的定性涉及本章论述的许多技术(如分析产品、土壤和水体样品的气相色谱法和气相色谱-质谱法),但生物标志化合物和大多数多环芳香烃(除了萘之外)都是含量非常低或者干脆没有。烃类的分布并不具有特别的诊断意义,因为在不同商业品牌的炼制产品之间它的变化很小;同时,水洗、蒸发和生物降解也很容易改变烃类的分布。正如下文所述,非石油添加剂,包括染色剂、有机金属化合物、卤代烃、清洁剂和氧化物,通常用于识别污染物的来源,同时也用作勾勒羽柱轮廓和监测修复过程的标志物。Kaplan 等人(1997)对许多这类技术进行了综合性的评述。

炼油厂为标注其产品而添加的染色剂可用于区分所有权和产品的等级。譬如,特级和普通汽油通常加入了不同的着色剂。利用薄层色谱法和紫外可见光吸收光谱法可以非常容易地分离着色剂并对其定性。然而,染色剂相对不稳定,在环境中不能维持太久,因此,这种方法的使用仅限于新鲜的泄漏原油。

汽油可能含有金属,它作为有机金属添加剂是为了提高燃烧性能;而润滑油中的金属则是发动机磨损的产物。自 1923 年以来,各种配方的四乙基和四甲基铅添加剂曾在汽油中使用,直到政府规定在 1985—1995 年间逐步淘汰含铅汽油才告结束。锰化合物(如 2-甲基-环戊二烯基-三羰基锰,MMT)也曾被加入汽油用于发动机防爆。为了控制炼制燃料的各种性能,炼油厂还会加入其他含有磷、硼、镍、锌和钡的金属化合物。

含铅汽油中加入卤代有机物是为了防止铅氧化物在燃烧室内的沉淀。二氯乙烯和二溴乙烯曾用于汽车燃料,而二溴乙烯还用于航空燃料。土壤对有机铅化合物具有很强的吸附能力,而水则能分解有机铅化合物。卤代有机添加剂可能是指示土壤遭受含铅汽油污染的唯一有机残留物。

汽油中加入含氧化合物,如乙醇和甲基-叔-丁基醚(MTBE),是为了提高辛烷值和降低挥发性。含氧化合物的使用始于20世纪80年代的初期,到了80年代的后期,随着含铅汽油逐渐被淘汰,含氧化合物已成为新配方和特级汽油的主要添加剂。然而,就是这个起初被奉为替代铅的环境友好的含氧化合物,现如今已成为一个影响水质的新问题。含氧化合物在水中的溶解度要高于大多数其他的汽油组分,并易于在流动的地下水中自由运动。区分甲基-叔-丁基醚和进入地下水的其他挥发性含氧化合物可用于评估无铅汽油泄漏的时间、程度和弥散率。

汽油和其他轻质燃料中还加入了微量的清洁剂、阻胶剂和鲸蜡烷促进剂。这些化合物中的大多数容易发生生物降解,这就限制了它们作为污染标记物的作用。

10.15.1 燃料泄漏的年代测定法

掌握发生燃料泄漏的时间对评估责任和制定修复方案是必不可少的。通常,对于一些突发的泄漏事故而言这不成其为问题,但对于长期的地下泄漏而言就可能是问题了。测定汽油的年代比较困难,因为它含有丰富的挥发性和水溶性化合物,它们极易流失。汽油的测年技术依赖于对易挥发组分的风化程度、烷基铅及其他添加剂有效性的变化、铅同位素以及炼制配方变化的测定。

在许多情况下,利用有关燃料配方和炼制方法发生变化的历史信息可以估计泄漏燃料的大致生产年代,误差在10年之内(图10.29)。在强制性地淘汰含铅汽油以符合日益严苛的空气质量法令的过程中,为了保持辛烷值,改变汽油的组分是必要的。譬如,自20世纪70年代开始,普通汽油和中级汽油的配方中芳香烃的含量在逐渐增加,而正构烷烃的含量则在减少(Schmidt等,2002)。美国东部和西部分别在1980和1990年之后开始向汽油中添加含氧化合物,如乙醇和甲基-叔-丁基醚(MTBE)。抗爆添加剂,如烷基铅和锰化合物(2-甲基-环戊二烯基-三羰基锰,MMT),同样具有指示年代的意义。虽然2-甲基-环戊二烯基-三羰基锰可能具有年代诊断意义,但不含2-甲基-环戊二烯基

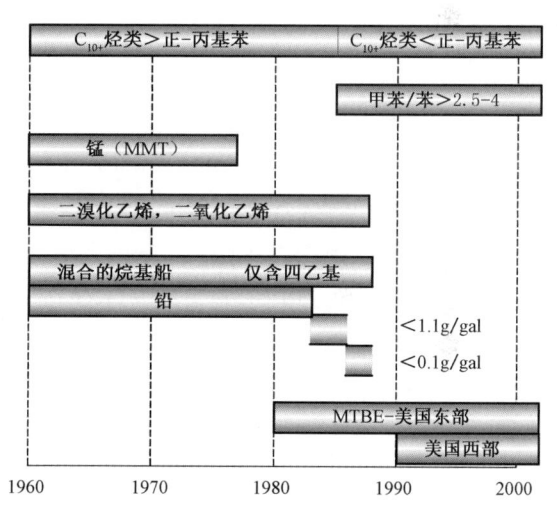

图10.29 美国汽油配方的时序可用于确定某些泄漏汽油的大致年代,其误差约为5~10年。转载承蒙Hurst等人惠允(1996)
MMT—2-甲基-环戊二烯基-三羰基锰;
MTBE—甲基-叔-丁基醚

-三羰基锰的汽油并不一定就是产自1978年之后,因为有些炼油厂并不使用它。四乙基铅是1980年之后含铅燃料中唯一的烷基铅添加剂,但它在20世纪80年代后期已被淘汰。二氯乙烯和二溴化乙烯是铅的清除剂,在含铅燃料中加入它是为了防止金属铅在发动机内聚集沉淀。自20世纪80年代,汽油中铅的容许含量已明显降低,但应用图10.29所示的范围却很难对汽油进行定年,因为存在着影响铅含量的次生过程,如土壤对铅的选择性吸附。

在一些特殊情况下,甚至可以获得更好的鉴别结果。例如,在1972年石油禁运期间乙醇

汽油(含10%的乙醇或3%的甲醇)大行其道。

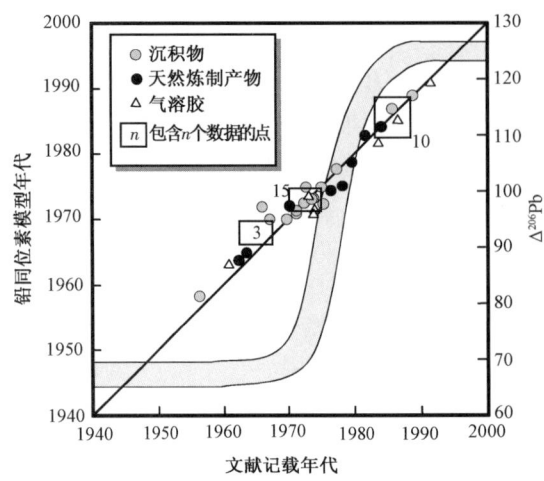

图10.30 人为铅源的文献记载年代与铅同位素模型的计算年代之间的比较(阴影的S曲线据Hurst等人,1996)。$\Delta^{206}Pb = k[(^{206}Pb/^{207}Pb)_{样品}]/[(^{206}Pb/^{207}Pb)_{标准}]$。

转载承蒙Hurst等人(1996)的惠允

泄漏时间的进一步确认可以通过监测由于水洗和生物降解作用而产生的产物风化或特定烃类变化来实现。在一些特定地点,被污染土壤或相关地下水中轻质芳香烃浓度和nC_{17}/姥鲛烷比值的变化已用来校正燃料的滞留时间。在汽油饱和的淤泥土壤中,五年之内有一半以上的苯、甲苯、乙基苯和二甲苯(BTEX)会脱离土壤而进入地下水(Hurst等,1996)。

铅同位素提供了一种直接测定汽油泄漏时间的方法(Hurst等,1996,2001,2002)。该技术通过生产烷基铅添加剂所使用矿石的来源与时间之间的相关关系建立起一个铅同位素的模型,该模型基于这样一个事实,即主要生产厂家使用相似的铅矿原始混合物来生产烷基铅添加剂。Hurst等人(1996)提出应用土壤、水体和气溶胶的铅同位素与同位素模型之间的比较来测定汽油泄漏的时间,其精确度约为±2年(图10.30)。然而,模型中所使用的1985年前的绝大多数数据是来自加利福尼亚南部。Hurst等人(1996)基于颇为可疑的校正就将这些数据在全国推而广之,包括可能含有多种未知铅来源的海洋沉积物。事实上,图中的标定似乎只适用于1970—1983年间的南加州样品(I. R. Kaplan 私人通讯,2002)。

10.15.2 汽油烃类的特征化合物同位素分析

汽油中单体烃的特征化合物同位素分析对于测定地下水污染的来源而言十分有用。烃类和添加剂继承了它们供料和炼制过程的碳同位素比值。依据汽油中常见组分同位素比值分布模式上的变化通常足以确定其地区性来源(Smallwood等,2002),一般而言,选定的汽油烃碳同位素比值在水洗或蒸发过程中所产生的分馏并不足以掩盖其来源的信息。

在烃类到达地下水位层之后,利用同位素的方法通常仍有可能确定其特定的来源。这对于二甲苯(BTEX)而言尤其如此,因为它具有水溶性,会与地下水一同流动。溶解的二甲苯的特征性化合物同位素分析为确定水中这些轻质芳香烃的来源提供了一个手段(Dempster等,1997)。该技术要求二甲苯潜在的来源所具有的稳定碳同位素比值差异使其足以在被污染水体中能够被辨认。应用氢与碳稳定同位素测定的结合,可以改进二甲苯来源的鉴别。例如,Hunkeler等人(2001)成功地监测了苯的含氧生物降解并将不同生产厂家的苯区分了开来。四个被分析的苯样中有两个具有相似的稳定碳同位素比值,但所有样品却具有明显不同的δD $-\delta^{13}C$比值,其稳定氢同位素的差值超过了66.5‰。

10.15.3 汽油泄漏过程的建模

应用燃料泄漏进入近地表的计算机模型可以估计泄漏发生的年代以及不同烃类的弥散速率。其模拟结果可用于评价风化与时间的效应、验证有关污染物泄漏及地表下运移的假说、以及帮助制定最有效的修复方案。然而,模型本身建立在许多推测之上并需要掌握有关当地地质、水文和地形的信息,这些很可能是无法得到的。美国环保署地下建模支持中心(CSMoS)为地下水和渗流区建模提供公用软件(www.epa.gov/ada/csmos/models.html)。

10.16 作为污染物的天然气

尽管甲烷能让人窒息并有爆炸的危险,但它被认为是无毒的。甲烷意外释放到大气中不会产生明显的环境危害,但它是温室气体,可能对全球变暖负有责任。天然气以甲烷为主要组分,其释放源可以是天然的(如气体渗漏和沼泽地),也可以是人为的。人为的天然气来源包括原油、天然气及煤炭开采、运输过程中的泄漏和不完全燃烧释放出的热成因气、以及畜牧业、污水和垃圾填埋产生的微生物甲烷的释放等。美国1995年排放的甲烷中垃圾来源占36%、肠道来源(牛和其他反刍动物)占20%、天然气来源占18%、煤炭来源占11%、肥料来源占9%、石油来源占1%以及其他来源占5%(美国环保署,1999)。全球大气中的甲烷浓度比工业时代前增加了2倍,导致直接辐射强度增加了20%(Dlugokencky等,1998)。

天然气中一些非烃组分具有比甲烷更大的环境危害。低温储层中($<80°C$)的细菌硫酸盐还原或高温($>100°C$)非碎屑岩储层中的热化学硫酸盐还原都可以生成硫化氢。这两种还原过程均可以生成作为原始无机产物的 H_2S 和 CO_2 以及作为常见有机产物的固体沥青。气相色谱法和/或稳定碳、硫同位素比值可以用来区分这些过程(Machel 等,1995b;Machel,2001)。围岩中的碱土金属与 CO_2 结合形成了碳酸盐,特别是方解石和白云石。H_2S 与过渡金属或碱金属反应可以形成硫化铁、方铅矿和闪锌矿。H_2S 在大气圈或水圈中剧毒,即使浓度不高仍可能致命。大气中 H_2S 的非致死浓度应低于 0.1ppt,但 H_2S 能迅速导致嗅觉失灵,以至于浓度增加也难于察觉。而当大气中 H_2S 的浓度达到 0.1% 时,在 30min 内就足以致人死命。由于危险性极大,在钻井和气体加工中需要对 H_2S 进行监控。前苏联的许多地区,如阿斯特拉罕天然气/凝析油气田附近的伏尔加河下游区域,曾遭受过长期的 H_2S 污染,导致了附近居民的健康问题,也破坏了生态的平衡(Patin,1999)。

微生物氧化、各种有机质和矿物质的反应能在地下生成 CO_2。这些生成的 CO_2 通常会注入地下储层以维持压力。CO_2 对健康的最大危害是会导致窒息。由于 CO_2 是导致全球环境变暖的主要温室气体,因此,如何从天然气中去除和截留 CO_2 是目前研究的一个热点。汞是天然气中危害健康的微量组分。水银矿(大多数是含有元素汞的朱砂)通常与沥青和烃类气体伴生,这可能是由于在运移过程中富 CO_2 的轻质流体聚集进入圈闭的缘故(Peabody,1993)。水银蒸汽在大气中被氧化为 Hg^{2+} 并随雨水重回地下。细菌能够把无机水银转化为甲基汞,后者更具生物活性。甲基汞靠生物蓄集进入食物链,特别是在水生环境中小鱼以浮游生物为食,但又成为大鱼的腹中之物。甲基汞可以破坏大脑和中枢神经系统。

10.16.1 微生物和热成因天然气

近地表烃类气体可以产自各种微生物和热成因来源(Schoell,1988)。微生物甲烷在低温下($<80°C$)和厌氧的近地表环境中由微生物降解有机质(如发酵)而生成,这些环境包括天然的水生体系,如海洋、河流、湖泊、沼泽和湿地,以及人为的环境,如下水道、废物处理设施和垃圾填埋场(Rice 和 Claypool,1981)。稻田和混合肥料会释放出高浓度的微生物甲烷。热成因的甲烷可以从天然的储层、成熟的烃源岩和煤中运移至地表。热成因甲烷还可以从封闭不好的油、气井或损坏的地下输气管线和储油罐中逃逸。若干遥感技术可以识别土壤、水合物以及沉积物岩心中的微量热成因天然气。

产甲烷古菌与细菌共同作用分解有机质生成微生物甲烷。其中至少有三类相互作用的细菌:各种发酵菌消耗复杂的有机化合物,分泌出挥发性脂肪酸、H_2 和 CO_2;乙酸分解菌可以将高级酸类氧化成乙酸、甲酸和 H_2;产甲烷菌利用一些酶反应途径合成微生物甲烷。甲基营养生物是真菌类,具有一系列独特的酶和代谢途径,使其可利用各种单碳化合物(如甲醇、甲胺、溴代甲烷、有时甚至是甲烷)作为它们唯一的碳源和能量来源。它们以 α-、β- 和 γ- 变形菌类的成员以及革兰氏染色阳性的形式出现,在天然生境中广泛分布(Haber 等,1983)。乙酸分解产甲烷菌利用乙酸、甲酸或小分子的醇类作为电子受体和供体,释放出等量的 CH_4 和 CO_2。总之,微生物群落的这些反应通常被称为乙酸根或乙酸发酵,因为乙酸根是最重要的甲基类型。这一发酵过程在清洁的垃圾填埋场和一些富有机质的淡水环境中,如可生成大量有机酸的湿地和沼泽中,占主导地位。微生物甲烷另一个重要的酶反应途径是 CO_2 还原,在这个过程中,从 H_2 或甲酸获得的电子将 CO_2 或 CO_3^{2-} 转化成 CH_4。CO_2 还原产生的甲烷在大多数挥发性酸生成受限制的海洋或河口环境中占优势。

甲烷的消耗发生在缺氧的海相沉积物中,古细菌和硫酸盐还原菌会共同参与 CO_2 还原的逆反应(Hinrichs 等,1999;Boetius 等,2000)。Orphan 等人(2001a)研究了加利福尼亚大陆架美洲鳗(Eel)盆地海相沉积物中厌氧氧化甲烷的共生细胞集合体,该集合体由属于甲烷八叠球菌(Methanosarcinaies)的噬甲烷古细菌所组成,其周边被与脱硫八叠球菌(Desulfosarcina)有关的硫酸盐还原菌所包围。位于每个共生体内核的甲烷八叠球菌与周边脱硫八叠球菌的外壳层相比,极度贫 ^{13}C(如 $\delta^{13}C = -96‰$)。甲烷八叠球菌贫 ^{13}C 的生物质与附近油苗中甲烷碳的同化和分馏相一致($\delta^{13}C = -63‰ \sim -35‰$)。

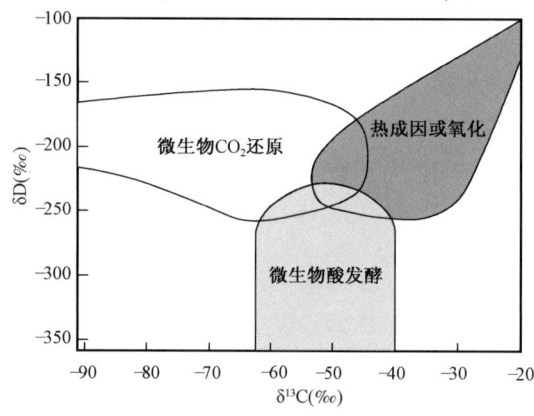

图 10.31 通过测定稳定碳($\delta^{13}C$)、氢(δD)同位素可以区分生物成因和热成因甲烷(据 Whiticar 等人,1986)

甲烷的生成具有特征性的碳和氢同位素分馏,它可将微生物成因甲烷与热成因甲烷区分开来(图 10.31)。当近地表甲烷的 $\delta^{13}C < -60‰$ 时,几乎可以肯定它是微生物成因的,尽管 Rowe 和 Muehlenbachs(1999)报道了他们认为是代表了低熟页岩早期生成的热成因气体甲烷的 $\delta^{13}C$ 值可为 $-63‰$。一些次生的过程可以改变甲烷的原始稳定碳、氢同位素组成,它们包括细菌的氧化以及向大气中或穿越水气界面的分子扩散。所有这些过程均有利于含有轻同位素(^{12}C 和 ^1H)甲烷的形成。这些过程中能引起最大同位素分馏的是细菌的氧化作用,因此,$\delta^{13}C > -40‰$ 的甲烷通常被认为是热成因的甲烷,但它却有可能是被氧化的微生物成因甲烷。通过测定伴生 CO_2 是否贫 ^{13}C 或者测定其 ^{14}C 年龄可以将细菌氧化甲烷与热成因甲烷区分开来。

通过分析伴生大分子烃类的同位素和分子组成还可以进一步区分微生物与热成因天然气,微生物成因的烃类气通常非常干燥(甲烷的体积 $>99\%$),可能含有少量的烯烃和乙烷(体积 $<0.1\%$)以及微量的丙烷和丁烷($<10\mu g/g$)。与原油伴生的热成因天然气往往湿度大,含 $>5\%$ 的 C_{2+} 烷烃,大多数高熟的热成因烃类气体仍含有超过 1% 的乙烷,但不含乙烯。绝大多数天然气可以通过气体组成和甲烷稳定碳同位素的鉴别定性为微生物成因或热成因气。

10.16.2　与原油泄漏相关的土壤中的甲烷

尽管在炼制的原油产品或泄漏原油中不含甲烷,但在受污染土壤中 CH_4 和 CO_2 的浓度却是升高的(Lundegard 等,2000)。因为涉及到潜在的法律责任,判断这些土壤中甲烷气是否来自原油泄露或者还是另有来源就显得非常重要。近地表甲烷的浓度易于超过爆炸的限度($>5\%$ 的体积)。

由原油泄漏导致的土壤甲烷气可以来自微生物对原油的降解或者相关地下有机质在厌氧条件下的蚀变。为了判断是否为直接降解，必须将原油降解生成的微生物甲烷和本地有机质生成的甲烷区分开来。通过简单对比受原油污染地区土壤气体浓度的空间分布可能会出现巧合但不足以识别其来源。

放射性碳同位素分析可用来确定甲烷是否来自泄漏原油或近代有机质。由近代沉积有机质生成的甲烷含有放射性碳，而来自于泄漏原油降解的甲烷则不含此类碳。活体生物会摄取上层大气中宇宙射线或核弹试验产生的^{14}C。在甲烷生成的反应停止之后（应为生物死亡之后——译者注），不会再有^{14}C进入生物体，而有机质中的^{14}C则以半衰期为5730年的速率开始衰变。大约50000年之后，残留的^{14}C已不足以进行可靠的测定。

Lundegard等人（1998）对一起比较严重的城市加油站汽油泄漏事件（约8×10^4gal）进行了研究。通过蒸汽抽提修复受污染的土壤表明其含有高浓度的甲烷，它显然是由汽油的生物降解所造成。甲烷在修复过程中始终浓度很高（体积 > 25%），但甲烷的浓度与泄漏影响的区域之间基本不存在空间上的相关关系。对含有大量锯末和木材的地带进行钻探得到的岩芯与上地利用的历史记录相吻合，其甲烷的稳定碳、氢同位素平均值分别为 -49.5‰和 -310‰，伴生CO_2的平均$\delta^{13}C$值为 -17.1‰。稳定同位素的分析证明甲烷产自微生物乙酸的发酵作用，但却不能识别出其母源有机质，因为汽油和木材具有大约相同的$\delta^{13}C$比值（-25.9‰）。甲烷所含放射性^{14}C的年代范围分布在200~1100年之间，证明其碳源是木材而非汽油。因此，加油站的业主对近地表高浓度的甲烷不负有责任。

Lundegard等人（2000）展示了同位素和组成的深度剖面是如何证实一种微生物甲烷来源于一未经确认的工业设施中泄漏原油的碳。采自该设施附近的沉积物含有贫^{13}C的甲烷（-45‰）而不含较高碳数组分（湿气），被认为是微生物成因。然而，该气体不含放射性碳，表明其碳源的年代大于50000年，所以，它很可能是来源于热成因的石油。这一来源的识别并不清晰，因为该设施离地下的石油储层和有数次石油泄漏纪录的地方均不远。土壤气体浓度和同位素组成的详细纵剖面揭示了甲烷来源的证据（图10.32）。深度在3m以下为厌氧状态，

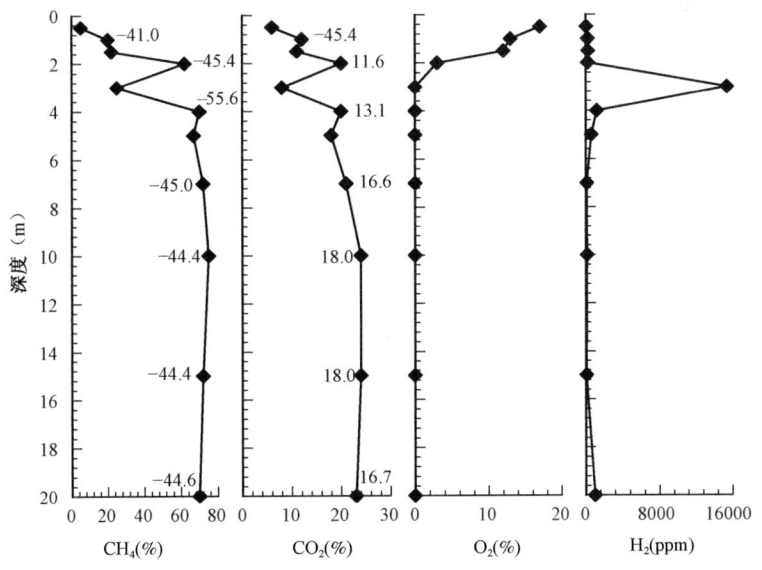

图10.32 受原油重度污染的土壤中气体组成的纵剖面。甲烷和CO_2的$\delta^{13}C$值标在它们的浓度值旁（据Lundegard等，2000）。转载承蒙美国环境健康与科学联合会（AEHS），150 Fearing St., Amherst, MA01002的惠允

H_2 的浓度在 3m 之下迅速降低,而 CO_2 却富集^{13}C($\delta^{13}C > +10‰$)。这些情况暗示 CO_2 还原导致的甲烷生成就发生在含氧/厌氧界限之下的原油污染土壤中。含氧带中甲烷的微生物氧化导致生成贫^{13}C 的 CO_2($-45.4‰$)。受污染土壤中甲烷生成的事实强烈地暗示其碳源就是泄漏原油而不是由深部储层运移而来的烃类。

10.17 烟雾中的生物标志化合物

大气中包含着有机化合物的复杂混合体,或是挥发性物质或是气溶胶(表 10.8)。这些有机化合物或来自天然物质(如由风搬运的植物蜡、植被以及土壤)或起因于人为释放(交通工具的尾气、烹饪烟雾以及工业烟尘)。化石燃料的燃烧,如石油和煤炭,会向大气输入生物标志化合物,而无论是天然野火还是人为因素引起的生物物质的不完全燃烧均会输入众多的燃烧成因和生物成因的化合物,它们可以用来追溯该物质的来源。

表 10.8 周围环境气溶胶颗粒中有机组分的关键性来源特征示踪物(据 Simoneit,2002)

化合物或化合物类型		主要来源	排放过程*
n-烷烃	$C_{15}-C_{20}$(偶/奇)	微生物	直接/再悬浮
	$C_{20}-C_{37}$(偶/奇)	植物蜡	直接/生物质燃烧
	$C_{15}-C_{37}$(CPI=1)	城市	交通工具尾气
n-链烯烃,$C_{15}-C_{37}$		生物物质/煤炭	燃烧
n-链烷酮,$C_{15}-C_{35}$		生物物质/煤炭	生物降解/燃烧
n-链烷醛,$C_{15}-C_{35}$		生物物质/煤炭	生物降解/燃烧
n-链烷酸	$C_{15}-C_{37}$	微生物/生物物质	直接/再悬浮/燃烧
	$C_{20}-C_{36}$	高等植物	直接/燃烧
n-链烷酸盐,$C_{15}-C_{20}$		海洋生物物质	海上浮油再悬浮
n-链烷醇,$C_{14}-C_{36}$		生物物质	直接
链烷双酸,C_6-C_{28}		各种来源	光氧化/燃烧
蜡酯		植物蜡	生物物质燃烧/直接
三萜烯基链烷酸酯		热带植被	生物物质燃烧
三酰基甘油酯		植物群/动物群	生物物质燃烧/烹饪
甲氧基苯酚		含木质素的生物物质	燃烧
左旋葡聚糖(甘露聚糖,半乳聚糖)		含纤维素的生物物质	燃烧
胆固醇		城市/藻类	烹饪/直接
植物甾醇类		高等植物	燃烧(直接)
三萜类化合物		高等植物	燃烧(直接)
双萜类化合物(树脂酸)		高等植物,如裸子植物	燃烧(直接)
藿烷/甾烷		石油	城市(如交通工具尾气)
未分离复杂混合物		石油	城市(如交通工具尾气)
烷基二萘并苯/烷基蒽		煤炭	城市(燃烧/供暖)
多环芳香烃		普遍存在	所有燃烧成因的过程

*依重要性排列。

Simoneit(2002)对气溶胶颗粒中的生物标志化合物及其来源进行了综述(表 10.8)。生物物质的燃烧在烟尘颗粒的表面产生一系列化合物,它们与天然的背景释放相类似(表 10.9)。

纤维素不完全燃烧产生的单糖衍生物最为丰富,但它不具母源的诊断意义(图10.33)。而来自木质素的甲氧基苯酚是特征性的标记物(图10.34),可用来区分主要的植被种类:被子植物(开花植物)、禾本科植物(草类)以及裸子植物(针叶类)。生物物质燃烧释放出的萜烷类化合物可能也十分特殊。一些化合物的来源取决于地理位置,如在开放海环境,胆固醇来自于藻类的直接输入;而在城市环境,胆固醇大多是肉类烹饪的产物。食物加工过程(如煎炸和烧烤)排放的碳约占城市上空风成有机碳的20%。几丁质的燃烧可生成1,6-酐-2-乙酰胺基-2-脱氧葡萄糖,因此,用它可以追溯到贝类的烧烤。

表10.9 从生物质燃烧的烟雾颗粒中鉴别出的主要分子示踪物(据Simoneit,2002)

化合物种类	分子示踪物	生物物质来源
单糖衍生物	左旋葡聚糖(甘露聚糖,半乳聚糖)	所有具有纤维素的生物物质
甲氧基苯酚	香草醛、香草酸	针叶类
	丁香醛、丁香酸	被子植物
	p-羟基苯甲醛、p-羟基苯甲酸	禾本科(草类)
二萜类化合物	松香酸,海松酸,异海松酸,山达脂海松酸	针叶类
	脱氢枞酸	针叶类
	海松烯、惹烯	针叶类
三萜类化合物	α-香树精、β-香树精、羽扇醇	被子植物
植物甾醇类	β-谷甾醇、豆甾醇	所有生物
	菜油甾醇	禾本科
甾醇类	胆固醇	肉类烹饪/藻类
几丁质衍生物	脱水乙酰胺脱氧葡萄糖	海产食物烹饪

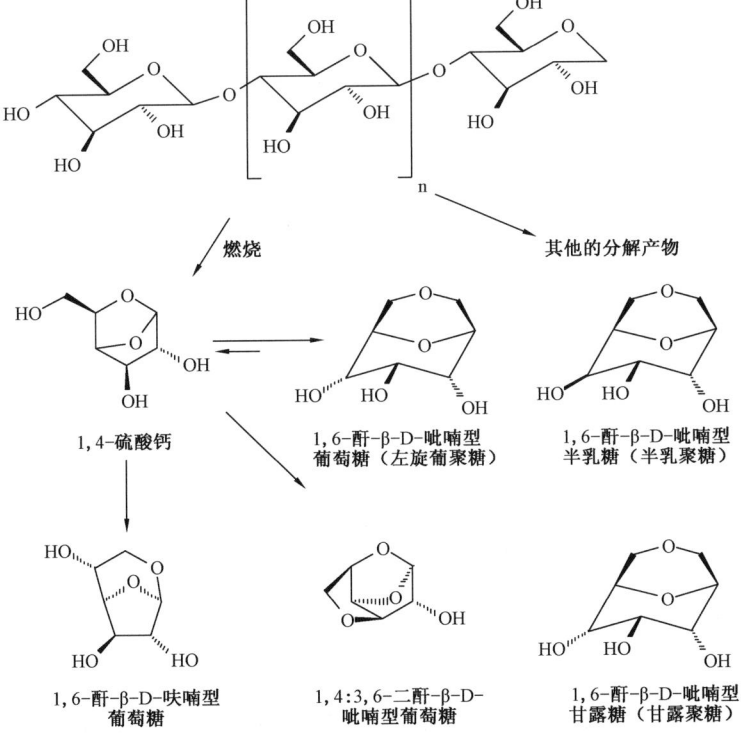

图10.33 纤维素燃烧后的主要分解产物(据Simoneit,2002)

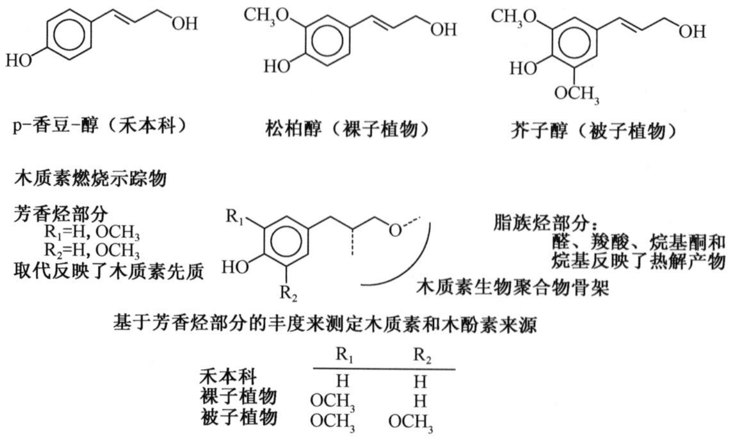

图 10.34　木质素和木酚素(上)以及木质素燃烧产物(下)的生物先质,它们可用于追溯生物质的母源(据 Simoneit,2002)

11 生物标志化合物在考古学中的应用

> 本章列举的一些实例表明:生物标志化合物和同位素分析在考古学的有机物鉴定方面发挥着日渐重要的作用。本章的部分主题包括了埃及木乃伊中沥青的研究,如克利奥帕特拉(Cleopatra)木乃伊(公元前69—30年,克利奥帕特拉是古代埃及的一位女王,她美丽聪慧,是传说中的女英雄。罗马博物馆中藏有她的大理石头部雕像——译者注)、考古发掘的树胶和松香、艺术品以及古代失事船只中的生物标志化合物等。本章的讨论涵盖了生物标志化合物和同位素在研究古代饮食和包括古代红酒酿造及蜂蜡制作在内的农业生产方面的应用。其他的主题还有DNA和蛋白质在考古学中的应用,以及有关古麻醉剂的证据。

人类的遗迹及艺术品为研究人类的起源、多样性、迁徙、相互影响和文化提供了关键性的证据。这些遗迹和艺术品还拥有为我们了解过去提供重要线索的化学化石。因此,从其他学科发展起来的分子方法正在成为考古学研究中一种全新而重要的手段。应用与石油地球化学领域所采用的相同的分子和同位素技术可以分析人类祖先所使用过的沥青以及其他天然物质。在现代农业和环境研究中识别出的生物标志化合物亦可用来考查古代的饮食和农业生产。DNA 扩增法和测序技术正逐渐被用于古人类遗迹的研究,基因组研究已导致在人类起源研究中许多新理论的产生。这些化学研究的结果不但相互补充和完善,而且常常会对一些被长期接受的理论提出挑战。

11.1 人类的时代

可以说能够使用工具是类人的显著特征之一。人类的时代就是依据当时制造工具所使用的最为常用的材料质地而命名的,如石器时代、青铜时代和铁器时代(表 11.1)。石器时代可进一步划分为旧石器时代,中石器时代和新石器时代,它反映出石质工具的制作和多样性日趋复杂和精致。青铜器时代标志着冶金技术的发展,由最初的紫铜到后来的青铜(铜-锡合金)。最终,青铜时代又被铁器时代所取代。一个时代的终结及新时期的开始时间在每一种文明中不尽相同。例如,青铜器时代在中东地区和英国分别起始于大约公元前6500年和1900年。

表 11.1 依据制造工具所用的材料划分出的人类时代

时代		距今时间(年)	技术特征
石器时代	旧石器时代 下	2500000—200000	简单的鹅卵石工具、砍伐工具
	旧石器时代 中	700000—40000	手斧、仔细打磨成薄片的燧石工具
	旧石器时代 上	40000—10000	比较复杂而专业的石制工具,有明显的地域特征和艺术传统
	中石器时代	10000—5000	主要指西北欧;精心打制的石器、细石器(细小的石制工具)
	新石器时代	10000—5000	经抛光或打磨成形的石器工具;植物和动物的驯化、固定的村落、陶器和编织物
青铜		8500—2000	铜及后来的青铜工具、车轮、牛拉犁
铁		3000 至今	铁代替了青铜

11.2 古代含石油物质的起源和运输

淤泥是希伯来语 hemar 的意译,意思是沥青。

他们用砖当石块,又拿沥青当灰泥(圣经创世纪 11:3)。

当她不再能将他隐藏起来时,她就为他准备了一只用蒲草做的方舟,并用沥青和焦沥青将其涂抹(圣经出埃及纪 2:3)。

在古代,石油类物质的应用颇为广泛,特别是在中东地区,那里的石油、固体沥青和烃源岩出露在地表。过去沥青常用于在石质工具上黏结木质手柄;作为黏合剂修复破碎的雕像和陶器,以及将珍珠母、天青石或其他矿物黏附在装饰用品的装饰性表面。与沙石、黏土和稻草相混,沥青被用作灰泥修筑普通的建筑物和神圣的宫殿及庙宇,如巴别塔的建造。古代近东因发现沥青不溶于水的特性而常将其用作防水剂。沥青可以用来封堵船舶的缝隙;作为密封剂可用于各种容器、棕垫和筐篮;作为屋顶的防水材料曾用于巴比伦的空中花园;以及用于给排水系统。

由石油地球化学家开发的用于油-油对比的方法也可在考古学中直接用于测定沥青的存在、起源及运输。Marschner 和 Wright(1978)首次将当时用于石油工业的此类技术应用于中东各种古代沥青与其可能来源之间的对比研究中。Venkatesan 等人(1982)和 Connan(1988)开创了应用生物标志化合物及同位素分析跨学科研究含沥青人工制品的先河。Venkatesan 等人(1982)证实因原生沥青的污染叙利亚德尔卡城(Terqa)古垃圾场中木炭样品的 ^{14}C 年代明显早于预期值。受污染木炭样品中的三萜烷与相关沥青具有相似的分布,包括 $C_{29}17\alpha$-藿烷大于 $C_{30}17\alpha$-藿烷。在公元 3 世纪,叙利亚通常利用加热的原生沥青来粘合陶瓷器皿的缝隙以及在工具的顶部加固上木制手柄。一旦用沥青密封的储藏罐破碎并被丢弃在垃圾堆里,那么就很容易造成木炭样品的污染。

11.2.1 埃及木乃伊中的沥青

考古学家一直就古埃及人制作木乃伊的过程及材料而争论不休(David,2000)。习惯性地制作木乃伊起始于古王国时期(大约公元前 2600 年)并延续到公元七世纪阿拉伯人的征服时期(Koller 等,1998)。木乃伊的制作一直是个秘密,我们所能看到的只有希腊历史学家希罗多德(Herodotus)公元前五世纪和狄奥多罗斯(Diodorus)公元 1 世纪的一些文字记载。木乃伊制作过程中所使用的有机材料配方非常复杂,而且随时间一直在变化。各种树脂、阿拉伯胶、石蜡、沥青以及蜂蜜在这些古老的记载中均有提到。由于许多材料都依赖于进口,所以,使用什么样的材料依已故者的威望和财富而定。考古学家一直以来用普通的术语"树脂"或"沥青"来描述这些香膏,但它们的组成和来源只有通过现代的化学分析才大白于天下。这些分析揭示了许多不为人知的木乃伊制作秘密、它的理论意义、这些人的健康状况以及古代贸易的路线等。

Rullkötter 和 Nissenbaum(1988)以及 Connan 和 Dessort(1989a;1989b)率先将生物标志化合物分析应用于埃及木乃伊制作所使用的香膏中的沥青组分。香膏中的生物标志化合物与死海的沥青有关,证明了不同文明之间存在长期的贸易往来(图 11.1)。随后主要对公元前 1000 年至公元后 400 年间木乃伊的研究发现还有其他来源的沥青,很可能是来自伊拉克。香膏是一种成分不固定的复杂混合物,其沥青含量在 0~30% 之间变化(Connan 和 Dessort,1991)。来自针叶树树脂、蜂蜡和脂肪的生物标志化合物,如长叶烯(结构见图 11.8),证明这些材料也是主要的成分(Proefke 等,1992;Connan,1999;Maurer 等,2002)。其他木乃伊中的有机残留物既不含沥青也不含树脂,而是一系列复杂的蚀变类脂和蛋白质类化合物,暗示油和凝胶的混合物也同样被用作防腐剂(Buckley 等,1999)。

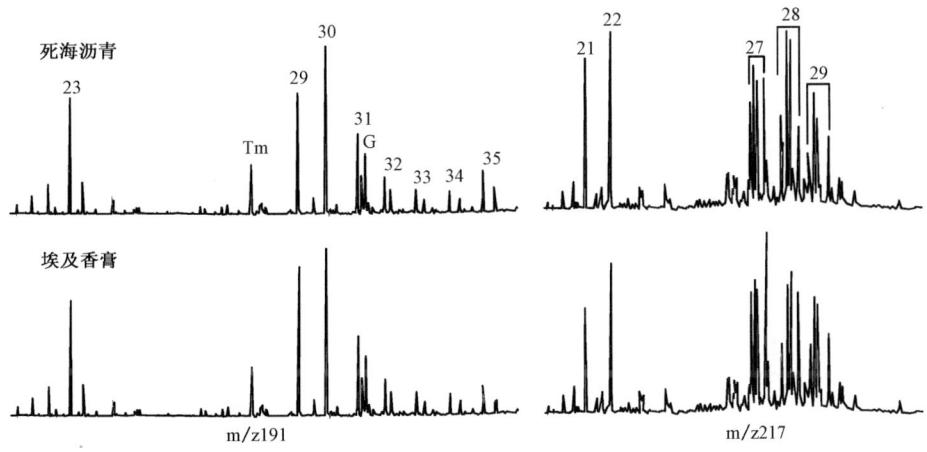

图 11.1 死海沥青与埃及木乃伊香膏中萜烷(左,m/z 191)和甾烷(右,m/z 217)的对比

Rullkötter 和 Nissenbaum(1988)分析了四个埃及木乃伊中的沥青,包括克利奥帕特拉(Cleopatra),其年代从公元前 9 世纪到公元 2 世纪初。其中三个时代稍新的木乃伊上的沥青所具有的甾烷和三萜烷的分布与死海现代的漂浮沥青块几乎完全一致。这些样品具有低重排甾烷和高伽马蜡烷的特征,为贫黏土的碳酸盐岩或蒸发岩烃源岩生成的原油所特有。死海漂浮的沥青块被认为是源自上白垩统(森诺统)高盐沉积环境的灰岩(Rullkötter 等,1985),其依据为下列的特征:正构烷烃具偶奇优势、低姥/植比(0.5)、缺乏重排甾烷、硫含量高、稳定碳同位素比值分布在 $-29.7‰ \sim -27.6‰$ 之间、具 $C_{27}-C_{29}$ 甾烷优势以及伽马蜡烷含量高。而最老的木乃伊(Pasenhor)中生物标志化合物的分布表明其具有不同的来源,这可能是因为死海沥青进入埃及的贸易是公元前 900 年之后的事。

Harrell 和 Lewan(2002)将五个木乃伊与来自死海以及苏伊士湾的阿布多巴(Abu Durba)和 Gebel Zeit 的油苗进行了对比(图 11.2)。其中的四个木乃与 Rullkötter 和 Nissenbaum(1988)所分析的木乃伊相同,它们是底比斯西部的克利奥帕特拉和索忒耳(Soter)(公元后 2 世纪初)、Akhrnin 的 Djedoler(约公元前 200 年)以及底比斯西部的 Pasenhor(约公元前 900 年)。第五个木乃伊是底比斯西部的一个无名牧师(约公元前 800 年)。而阿布多巴和 Gebel Zeit 的埃及油苗在较早的那次研究中并未涉及。

阿布多巴油苗与死海沥青块均产自同一区域性的上白垩统海相碳酸盐

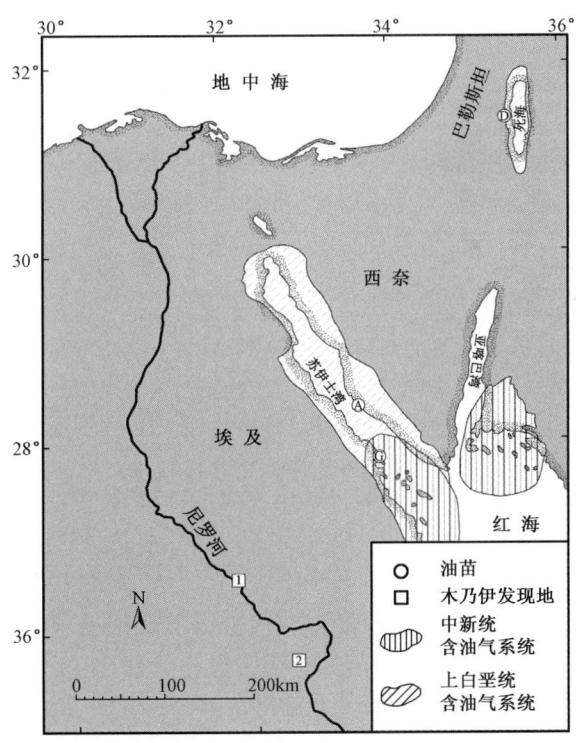

图 11.2 中新统和上白垩统含油气系统、油苗(D:死海;A:阿布多巴;G:Gebel Zeit 或图 11.5 中的 Jebel Zeit)及古代木乃伊发现地(1:Akhmin;2:西底比斯)的位置图(据 Herry 和 Lewan,2002)

岩烃源岩(苏伊士湾的棕色灰岩组或死海附近的Ghareb组),二者由于有机相的地域差异而在生物标志化合物的分布上仅有较小的差别。这些样品具有高丰度的伽马蜡烷和C_{35}藿烷,低丰度的重排甾烷和$18\alpha-30$-降新藿烷,很少具有甚至没有奥利烷(图11.3)。克利奥帕特拉、索忒耳、Djedoler和无名牧师木乃伊的生物标志化合物与这些油苗相类似(图11.4)。尽管苏伊士湾阿布多巴的原油离埃及木乃伊的制作地更近,但古代埃及人似乎更青睐于死海沥青。这可能是因为与来自苏伊士湾的路线相比,来自死海的路线彼时已形成了更好的沿岸贸易途径,或者是因为运输半固体状的死海沥青比液态沥青更为便利。

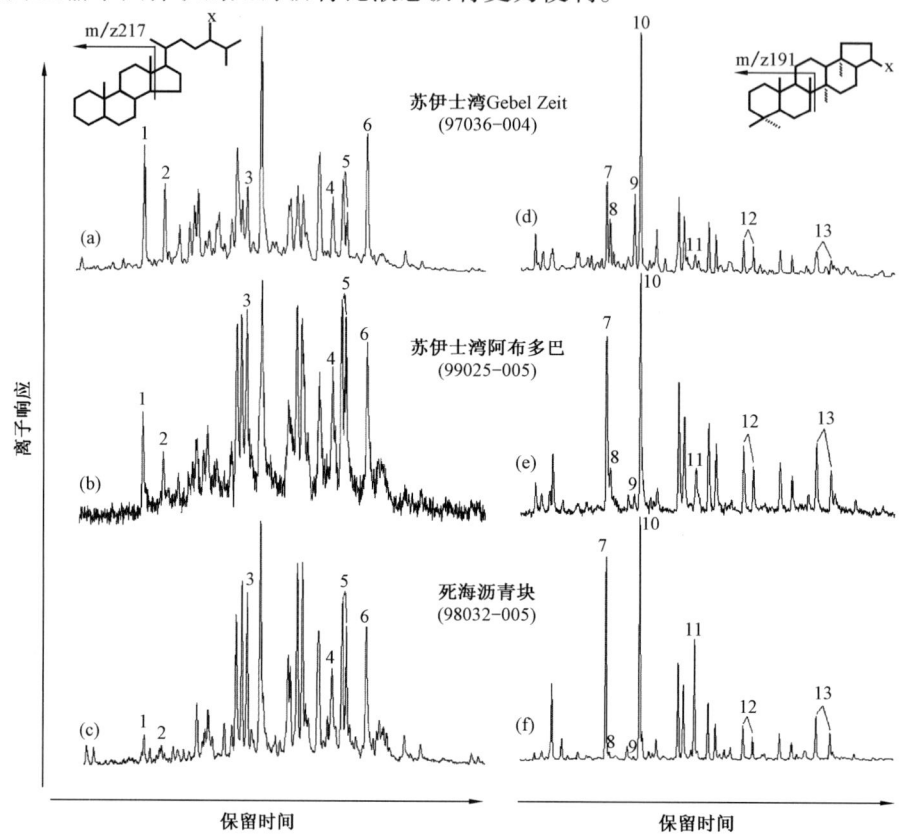

图11.3 Gebel Zeit、阿布多巴和死海油苗饱和烃馏分中甾烷(a-c)和萜烷(d-f)的色质图(据Herry和Lewan,2002)。标定的峰包括(1)$13\beta,17\alpha(H)$-重排胆甾烷20S;(2)$13\beta,17\alpha(H)$-重排胆甾烷20R;(3)$5\alpha,14\beta,17\beta(H)$-胆甾烷20S;(4)$5\alpha,14\alpha,17\alpha(H)$-豆甾烷20S;(5)$5\alpha,14\beta,17\beta(H)$-豆甾烷20R和20S;(6)$5\alpha,14\alpha,17\alpha(H)$-豆甾烷20R;(7)$17\alpha,21\beta(H)$-30-降藿烷;(8)$18\alpha-30$-降新藿烷;(9)奥利烷;(10)$17\alpha,21\beta(H)$-藿烷;(11)伽马蜡烷;(12)$17\alpha,21\beta(H)$-29-三升藿烷22S和22R;和(13)$17\alpha,21\beta(H)$-29-五升藿烷22S和22R

Gebel Zeit油苗产自中新统Rudeis、Kareem和Belayim组的硅质碎屑烃源岩(Alsharhan和Salah,1997)。这个油苗具有最古老木乃伊(约公元前900年的Pashenor)的许多特征,如低伽马蜡烷和C_{35}藿烷以及高重排甾烷、$18\alpha-30$-新降藿烷和奥利烷。此前的研究还不曾进行过Pashenor木乃伊与任何油苗之间的对比(Rullkötter和Nissenbaum,1988)。

Maurer等人(2002)分析了四具木乃伊的防腐材料,这些木乃伊发掘于尼罗河流域西侧约300km之外西部沙漠Dakhleh绿洲中的Kellis 1号墓。木乃伊陪葬器物的测定年代大约为公元4世纪,但一些放射性碳的测年结果则显示其年代要还早1000年左右。石油沥青与木乃伊物质的混合可以导致其年代出现这种异常。研究发现Kellis 1号墓出土的香膏是石油沥青与

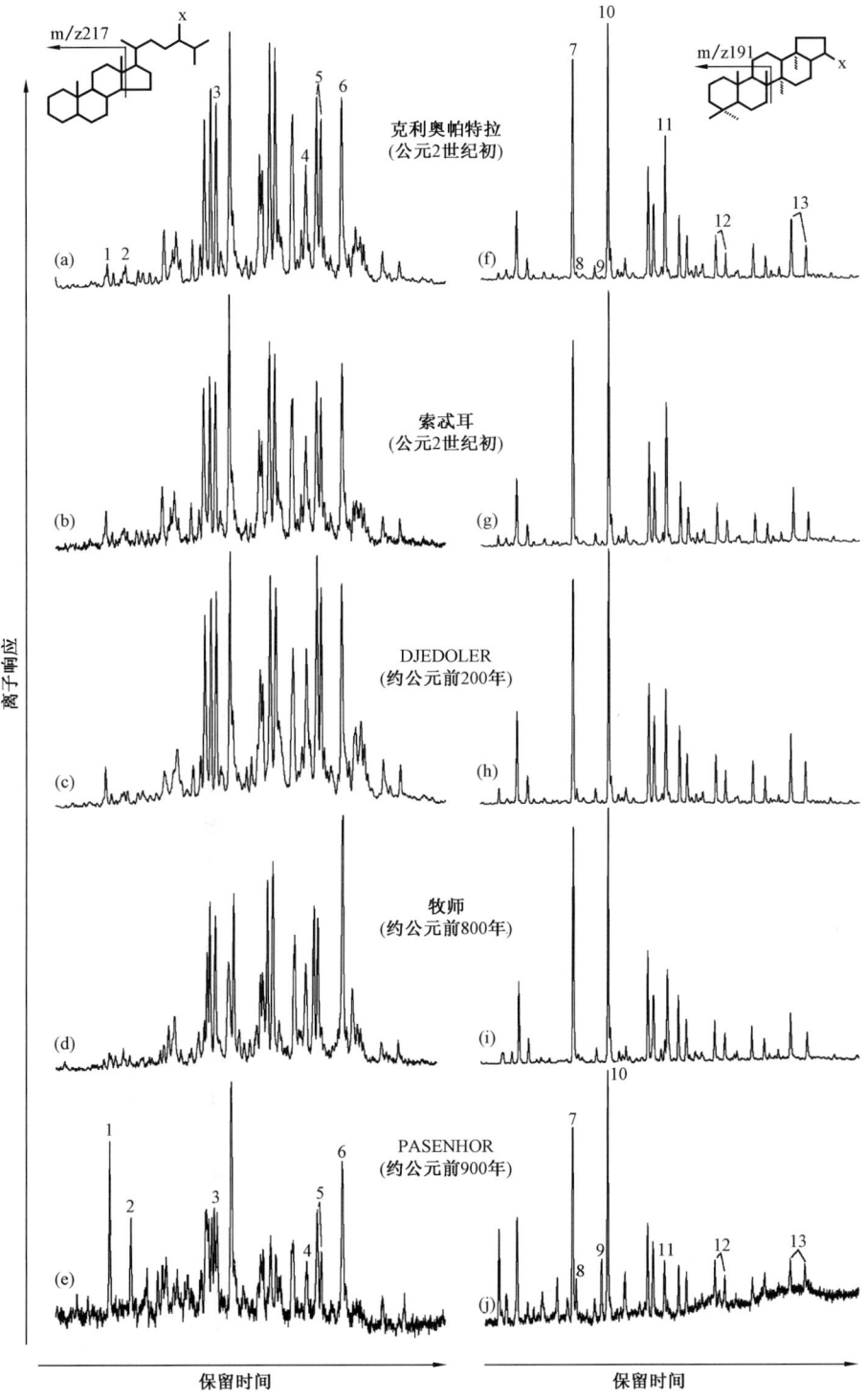

图 11.4 沥青饱和烃馏分中的甾烷(a-e)和萜烷(f-j)色质图,它们由氯仿从五个木乃伊(克利奥帕特拉、索忒耳、Djedoler、牧师和 Pasenhor)抽提所得(据 Harrell 和 Lewan,2002)。标注的参考峰所对应的化合物与图 11.3 相同

当时的各种植物以及可能还有蜂蜡的混合物。其间,烃类分布具有 $C_{25}-C_{31}$ 奇碳优势的正构烷烃与外层包裹的 $C_{17}-C_{35}$ 之间无奇偶优势的正构烷烃相混合;具有原油类分布特征的甾烷与甾 $-2-$ 烯相混合;而三萜烷的分布则显示石油的组分占优势。一个有趣的发现是胸腔里的沥青与死海沥青有关,而头盖骨处的沥青则来自其他的未知来源。

11.2.2 中东人工制品中的沥青

沥青的贸易遍及古代整个中东(图 11.5)。发掘的沥青与其来源的对比可以揭示出沥青贸易的路线。如 Tell el'Oueili 是美索不达米亚南部最早的居住地之一,这里出土的沥青揭示了三千年来贸易路线的变迁(Connan,1999)。从代表了公元前 5800—3200 年之间不连续的居住历史的五层遗迹中发掘出了众多含沥青的人工制品。在有些最早期的沥青中,生物标志化合物的分布与 Lurestan 地区中侏罗统 Sargelu 组烃源岩有关(见图 18.87)。其他早期的古老沥青含有奥利烷,与现代伊朗胡齐斯坦(Khuzestan)地区的古近-新近系 Pabdeh 组烃源岩有关,这与 Susian 和美索不达米亚文明之间具有密切联系的其他证据相吻合。从上部遗迹层出土的沥青与伊拉克北部基尔库克地区的来源有关,其年代可追溯至公元前 4550—3700 年。其时正为南部美索不达米亚人的居住地向北部拓展的时候。而从更年轻遗迹层出土的公元前 3500—3200 年的沥青则与其他的来源有关,如 Hit - Ramadi - Abu Jir 沥青,它是幼发拉底河流域出土文物中所发现沥青的主要来源。

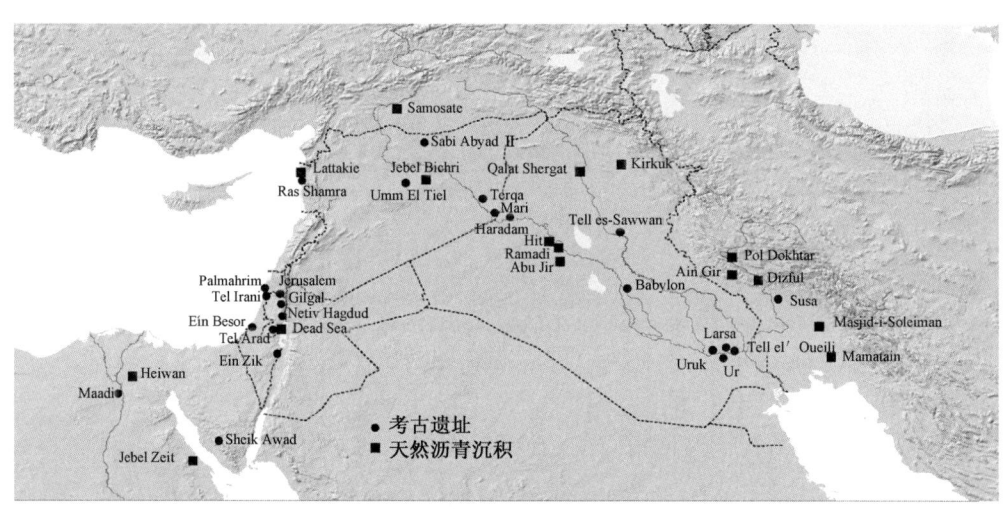

图 11.5 展示天然沥青的主要沉积区以及一些含沥青人工制品的考古遗址所在地的中东地图(据 Connan 改编,1999)

Hummal 和 Umm El Tiel 是叙利亚旧石器时代中期的两个遗址(公元前 40000 年),也是使用沥青的最古老的例证之一(Boeda 等,1996)。在这些遗址发掘出的成千上万件人工制品中,有一些石质工具带有黑色黏接物质的痕迹。在有些样品中,这种黑色的物质被证明是无机二氧化锰;而另一些石质人工制品上的黑色物质则是沥青,用于黏接木制手柄。该沥青含有链状或 T 型支链的烷基苯、荧蒽、芘以及其他具有热解反应的特征化合物,似乎表明曾经历过热加工。然而,后来发现该样品在采集和获得的过程中曾遭受过严重污染,这些化合物可能是些现代物质。

在 1996 年 Umm El Tiel 文物的发掘过程中,工作人员特别小心以便将污染降至最低。然而很不幸,没能发现新的利用沥青黏接的石质人工制品,但在与其他人工制品有关的发掘层却发现了块状沥青砂。在距离该处以北 15km 的干涸河道里发现了另一块浸油砂岩。生物标志化合物和同位素比值将这些样品与距离 Umm El Tiel 以东 50km 的 Jebel Bichri 出露的油砂联系在了一起。来自这些油砂的沥青富含三环萜烷，它有别于源自幼发拉底河流域使用最为广泛的 Hit – Abu Jir 沥青。干涸河道里的异地样品可能是在从 Jebel Bichri 到 Umm El Tiel 沿旧石器时代贸易路线运输的过程中所遗失的沥青砂（Boëda 等，1996；Connan，1999）。

生物标志化合物和同位素分析将油苗和死海中漂浮的沥青块与考古发掘的公元前 3900—2200 年间古迦南、西奈山和埃及的沥青联系在了一起（Connan 等，1992）。这一对比首次提供了在有关死海沥青用于公元前 1000 年后木乃伊制作的记载之前，死海沥青广泛交易以及出口埃及的证据。由于稀缺和具有历史的意义，更为老的木乃伊几乎很难用于地球化学的研究。如前所述，死海沥青以及考古发掘的相关沥青来自沉积于高盐环境的森诺统（Senonian）含沥青灰质烃源岩（图 11.3）。

在古代，沥青和油页岩还用于珠宝饰物和雕塑。最为著名的一些例证是苏萨城（圣经中称为 Shushan）的雕塑、雕刻的圆柱和图章。苏萨城位于现今伊朗的西部，是古埃兰国以及后来的 Suslana 国首都的废墟，在那儿发掘出了刻有汉谟拉比（Hammurabi）巴比伦法典的石柱。苏萨城的雕刻品是由沥青质矿物组成的混合物，被称为沥青胶泥。Connan 和 Deschesne（1996）在其专著《苏萨城的沥青》"Le bitumen a Susa"中记载了罗浮宫藏品中许多苏萨城的杰作，他们认为沥青胶泥是沥青和矿物在中温下形成的一种人造物质。Connan 和 Deschesne（2001）在苏萨城附近发现了一块碳酸岩盐烃源岩，它可能是雕刻品所用沥青的母源。这个假设解释了为什么苏萨城的雕塑在这一地区独一无二，以及这些物品为什么是雕刻而不是铸模而成。

尽管在近东（Near East）沥青的天然分布丰饶，使用也非常普遍，但在史前欧洲的考古遗址中也发现了石油沥青。Koller 和 Baumer（1993）在德国 Xanten – Wardt 青铜器时代早期的一把刀上鉴别出了含沥青的物质。Regert 等人（1998b）从法国（Chalain）史前湖上寓所的一件人工制品上也鉴别出了用做黏结剂的沥青。在当地没有发现这些沥青的母源，它们究竟来自何处目前仍是个谜。

黑玉、烛煤、褐煤和藻烛煤是过去用做黑色发亮装饰物的一些材料。如何鉴别这些不同的物质，考古学家们颇为犯难。但借助于热解/气相色谱 – 质谱法（py – GCMS），可以非常容易地区分黑色石质材料制成的一些古老样品（Watts 等，1999）。

注：被藤壶覆盖并带有芦苇及绳索捆扎印记的沥青板可能是最古老船只的残留物（Lawler，2002）。沥青板由石油沥青、破碎的珊瑚和鱼油混合而成，出土于科威特 As – Sabiyah 一个有 7000 年历史的石头建筑物的废墟中。一些考古学家认为沥青板是由芦苇和柏油制成的一艘适宜航海的小船的组成部分，这只小船出于储存或修补的原因而被分解。如果这一说法成立，那么海洋运输和贸易就可以解释为什么自欧贝德（Ubaid）时期以来，美索不达米亚（Mesopotamian）的人工制品何以散布在整个波斯湾。

11.3 考古中的树胶和树脂

在古代，某些植物的树脂分泌物价值不菲，为了运输它们，跨越陆地和海上的贸易路线就应运而生。乳香、没药和松节油分别是乳香属（*Boswellia*）、没药属（*Commiphora*）以及黄连木属（*Pistacia*）笃耨香植物的分泌物。这些天然产物含有芳香萜类的复杂混合物，主要成分是单萜和倍半萜烯（图 11.6），这些化合物促进了它们在熏香、医药和香水中的应用，并可用作葡萄酒的防腐剂和调味剂。后来，达马树脂、乳香、香松树胶树脂与刚果树脂、贝壳松脂和马尼拉珂巴树脂一起被广泛地用作油画中的清漆。

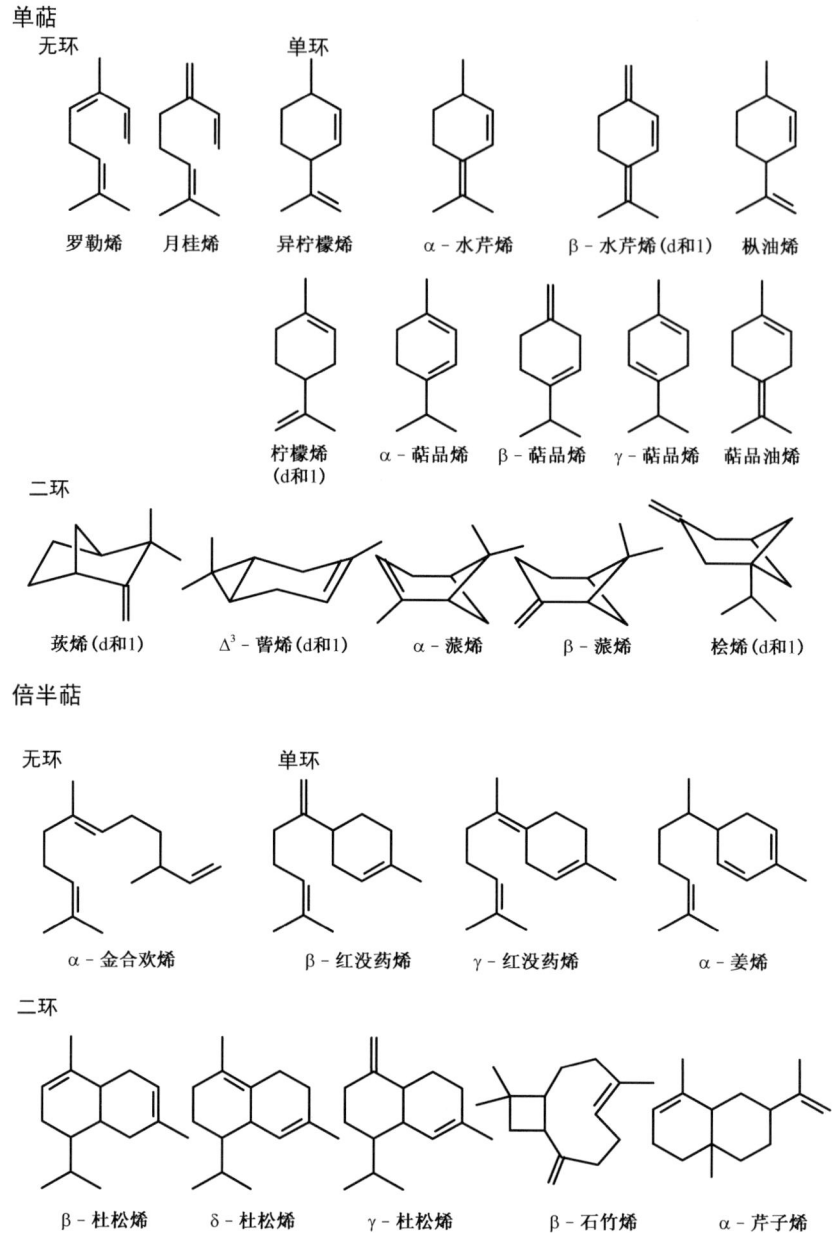

图 11.6　天然树脂中常见的单萜和倍半萜烯类

今天,天然树脂仍有广泛的用途。阿拉伯树胶具有很好的水溶性,是阿拉伯胶树及其他金合欢属树木或灌木的树干和枝叶的黏性分泌物。作为一种用途极为广泛的物质,阿拉伯树胶还可用作食物增稠剂和乳化剂,同时也用于制作油墨和药物处理。松香是一种蒸馏的松树树脂,用于弦乐乐器,以生成弓与弦之间恰到好处的摩擦接触。虫胶是一种常见的清漆,是球形胶虫的分泌物,这种胶虫分泌出一种可以黏附在宿主植物树皮上的树脂状物质。然而,许多传统的天然树脂已被现代合成聚合物所取代。

天然树脂的特征可用其萜类烃和酸类的分布来描述(图 11.6 和图 11.7)。大多数树脂含有几种丰富的萜类以及许多丰度不高或者甚微的辅助性萜类。例如,香松树胶树脂中的萜类酸几乎全部是山达海松酸,这种化合物在其他常见的树脂中罕见或含量甚微。没药的特征是含有没药酸。这些萜类具有不同的功能,诸如调节荷尔蒙、以化学或物理的方式抵御昆虫的袭击以及抗细菌和真菌的功能等。这种类型的萜类数以千计,它们都具有类异戊二烯单元的结构。即使是复杂得多环结构也不外乎类异戊二烯的缩聚形式(图11.8)。

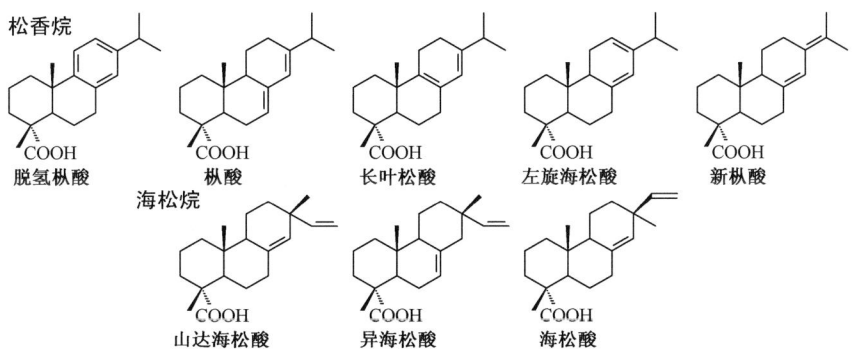

图 11.7　植物树脂中常见的酸类

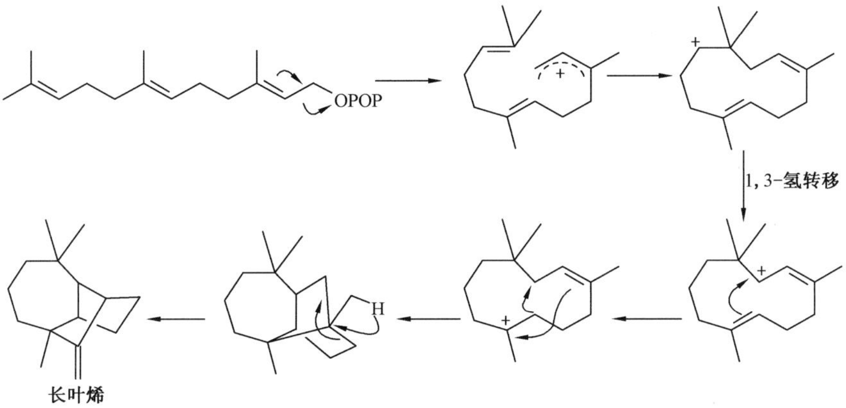

图 11.8　松类树脂中一种含量较少的萜类化合物——长叶烯的生物合成

在对比古代和现代树脂时一定要考虑的事实是挥发性的萜烯可能已经丢失,而不挥发的萜类也可能由于受热和氧化而已发生了蚀变。譬如,现代松类树脂含有丰富的α-蒎烯、少量的β-蒎烯和柠檬烯及其他微量的萜类。大多数考古样品缺乏这些挥发性的单萜类,含有少量挥发性的萜烷类烃和酸或它们部分氧化的种类是古代松类树脂的特征。因此,埃及木乃伊中检出的生物标志化合物,比如长叶烯(Connan,1999)、脱氢枞酸和含氧-脱氢枞酸等(Koller 等,1998;Buckley 和 Evershed,2001;Maurer 等,2002),提供了松类树脂用作防腐剂的证据。

譬如,Weser 等人(1998)证实了一具公元前约 2000 年的埃及木乃伊骨架中曾使用过烟熏松柏树脂。有证据表明在古代王国时期,常规的木乃伊制作过程与后期相比,存在着实质性的差别。抽提物中发现骨骼焖烧过程中产生的吡咯衍生物似乎表明骨骼曾经历过高温燃烧。骨骼抽提物中还含有丰富的二萜类树脂酸(主要为脱氢枞酸和它的氧化形式以及这类酸的甲酯)(图11.9)。须用液相色谱法来检测这些天然甲酯,因为色谱分离前酸的常规脂化过程可能会掩盖这些甲酯的存在。脱氢枞酸来自于松柏树脂中松香烷类和海松烷类酸的受热和氧化作用。甲酯在未经处理的松柏树脂中含量不高,仅靠热作用难以形成。但在树脂的燃烧过程中却可以形成甲酯。Weser 等人(1998)还注意到可以指示缺氧加热生成的松柏焦油的芳香烃类,如䓛烯,也很匮乏。他们由此得出结论:烟熏过程改变了在古代王国遗体的防腐处理过程中所使用的松柏树脂。

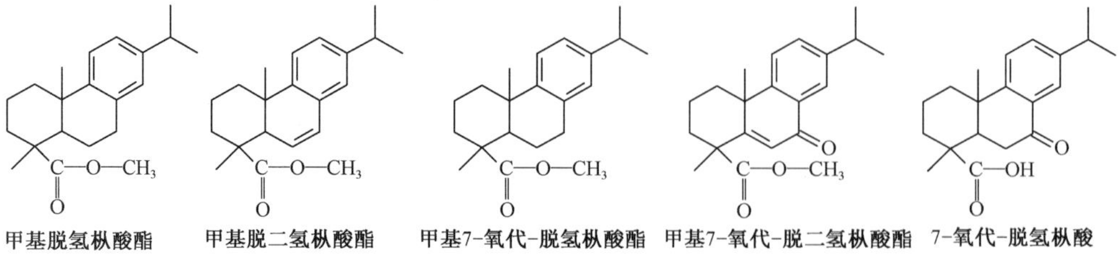

图 11.9　木乃伊化的古代王国骨架中鉴别出的氧化和酯化松脂酸(Weser 等,1998)。其中脱氢枞酸和脱二氢枞酸的含量相对较高

史前陶片上的杜松烷、聚杜松烷和特征性树脂酸(如达玛烯醇酸)证明了在东南亚龙脑香科(*Dipterocarpaceae*)树脂可用作涂层或黏结剂(Lampert 等,2001,2002)。树脂涂层作为一种防水材料或黏合剂被迅速敷在烧制后的陶器上。由于树脂与陶罐的使用年代应为同一时期,所以,可以利用 ^{14}C 的丰度为这些陶器定年(Lampert 等,2003a,2003b)。

11.3.1　乳香中的生物标志化合物

乳香是古代近东文明中所使用的最珍贵的芳香树脂中的一种。在历史的进程中,乳香融合在医药和宗教仪式的焚香之中,它源自乳香属(*Boswellia*)植物的树脂,这类植物仅见于索马里北部和阿拉伯南部地区。圣经的字里行间和历史文献中对乳香在精神上的意义均有记载。乳香和其他芳香类树脂均为无定形物质,它们在考古遗址中鲜有出土,虽然焚香炉是考古发掘中常见的人工制品。

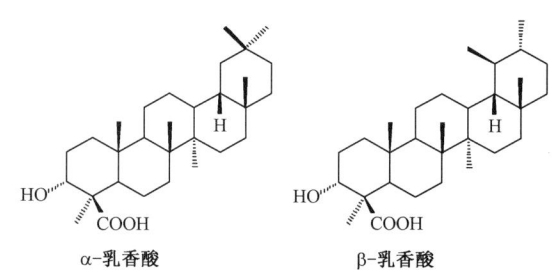

图 11.10　α-乳香酸和 β-乳香酸

生物标志物的分析可识别出从公元400—500 年努比亚国埃及人的一个居住地 Qasr Ibrîm 发掘出土的无定形树脂的来源(Evershed 等,1997c;van Bergen 等,1997)。若干这类物质含有源自松柏类树脂的三环二萜类酸(如异海松酸、枞酸以及脱氢枞酸)。其他树脂类的残余物则含有可识别乳香的特征性生物标志物——α-乳香酸和 β-乳香酸(图 11.10)。应用色谱-质谱法中的 m/z 292 或作为 O-乙酰基诊断碎片的 m/z 352 可以直接检测乳香酸。乳香的热解可生成 24-降奥利烷-3,12-二烯和 24-降乌苏烷-3,12-二烯。

11.3.2　笃耨香树脂中的生物标志物

笃耨香是黄连木属(*Pistacia*)的若干树种分泌出的一种黄色、半固体树脂,这些树种被统称为笃耨香或松脂树。它们生长在整个地中海地区,但只有在东部地区,冬天的气温下降才足以使这类树产出树脂。一些名著的作家认为笃耨香树脂是所有树脂中最珍贵的一种,他们描述了笃耨香树脂在芳香油和薰香(Peachey,1995)以及用树脂浸透法调制红酒中(McGovern 等,1995)的应用。土耳其 Ulu Burun 的一个青铜时代晚期失事船只的残骸证实了笃耨香的重要性(Bass,1986;Bass 和 Pulak,1987;Pulak,1988)。该船的货物由当时最奢华和贵重的物品所组成,包括了铜、锡和玻璃的坯料、黄金和白银珠宝、大象和河马的牙齿以及埃及黑黄檀的原木(*Dalbergia melanoxylon*)。与这些财宝在一起的是大约 130 只装有笃耨香树脂的迦南人双耳罐(Mills 和 White,1989;Hairfield 和 Hairfield,1990)。青铜时代晚期埃及人和其他近东的统治者将这些物品用作王室的贡品。

目前已知使用笃耨香最古老的证据是根据伊朗扎格罗斯山脉北部一个新石器时代(公元前 5400—5000 年)村庄——Hajji Firuz 出土陶罐中的残留物的化学分析得出的(McGovern 等,1996)。这些分析没有检测笃耨香树脂的特征性萜类化合物,而是借助于高效液相色谱、紫外光谱以及漫反射红外光谱对陶罐的抽提物和现代参照物进行了对比。陶罐主要装有酒石酸的钙盐,而该物质天然的大量分布只出现在葡萄和笃耨香之中。倘若加入树脂是为了抑制能将红酒转化成醋的细菌(醋酸细菌)的繁殖,那么,笃耨香的加入则证明红酒是有意酿造的,而非葡萄汁意外发酵的产物。

长期以来,考古学家们一直对古代埃及人在木乃伊制作的惯例中所采用的材料及其过程争论不休。用来涂抹身体的香膏的配方是一个失传的秘密,但近来生物标志化合物分析的应用已重新发现了若干配料。笃耨香含有一系列具有诊断意义的三萜烷类化合物以及包括异乳香二烯酮酸、乳香二烯酮酸、摸绕酸、齐墩果酮酸在内的羟基芳香酸。在一些埃及木乃伊中鉴别出了这类化合物、它们的氧化形式以及在高度降解的笃耨香树脂中生成的达玛烷(图 11.11)(Colombini 等,2000;Buckley 和 Evershed,2001)。那些不分青红皂白地被冠之以沥青的黑色物质原来是蜂蜡和树脂的混合物。其他木乃伊中的有机残留物既不含沥青,也不含树脂,而是由蚀变类脂和蛋白质化合物的复杂系列所组成,这似乎表明石油和凝胶的混合物也被用作防腐剂(Buckley 等,1999)。

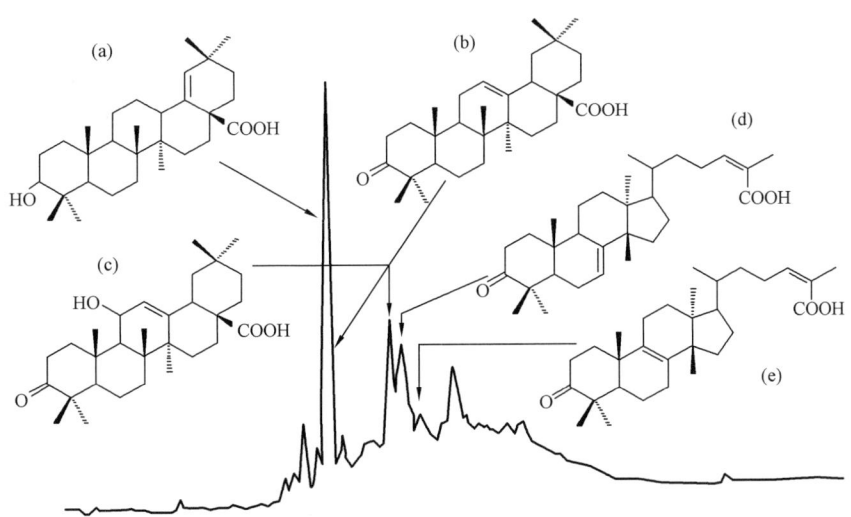

图 11.11 托勒密王朝时期(公元前 332—330 年)埃及木乃伊上防腐物质中三甲基硅烷化中性馏分的重建离子色谱图(据 Buckley 和 Evershed,2001)。该物质主要由含有少量植物油和树脂的蜂蜡所组成。其抽提物为摸绕酸(a)、石竹酸(b)、羟基石竹酸(c)、异乳香二烯酮酸(d)和乳香二烯酮酸(e)的混合物

11.4 艺术品中的生物标志化合物

自 17 世纪以来，欧洲绘画中一直把石油中的沥青质作为颜料，到了 18 和 19 世纪就更为普遍。其配方从低温油的悬浮液到热溶剂的混合物变化不定。当涂以薄层时，沥青质颜料显示出温暖、柔和的褐色色调并且具有透明的釉光。除了石油沥青之外，通常被统称为沥青的配料还包括烟灰、灯黑、烤沥青、煤焦油等。Mills 和 White（1994）将藿烷的分布作为沥青颜料的指示物。将饱和烃生物标志化合物用作此目的也许不够理想，因为它们在沥青中的含量甚微，在溶剂清洗时可能会被带走。Languri 等人（2002）利用热解 - 质谱/质谱和热解 - 色谱/质谱技术将 Hafkenscheid 藏品中的油画颜料（硕果仅存的 19 世纪早期的颜料和油画材料藏品之一）与死海沥青进行了对比，发现其伽马蜡烷、αβ - 藿烷以及 C - 环单芳甾类烃的分布非常相似。他们还发现二者热解产物中非生物标志化合物同系物的分布（如烷基芳香烃和烷基苯并噻吩）以及同位素比值（$\delta^{13}C = -29.3‰$）也极为相似。因此，他们认为这些足以确定 Hafkenscheid 藏品中沥青颜料的原产地。

艺术家利用从树脂中制取的清漆作为油画的保护层，同时可以形成一个通过增加颜色的饱和度和光泽度来改善下伏颜料视觉效果的均质表面。理想的清漆应具备透明、耐用、速干、易去除以及久不变色的特点。古代的技师利用各种树脂作为清漆。自 9 世纪以来，清漆主要由漆树科树木的乳香树脂制取，它们属于黄莲木属（主要为阿月浑子乳香树）。乳香树脂与加热的亚麻子油、松香（松树）油和山达脂（杜松）油混合而成。由于乳香清漆很容易变黄，因此，1850 年之后，它们已基本被不易降解的达玛（龙脑香科树）树脂的混合物所取代。达玛树脂清漆价格便宜，价格仅为乳香的九分之一。刚果树脂、马尼拉树脂以及贝壳杉柯巴树脂也是清漆的常用原料。这些清漆非常坚硬，但它们的颜色、硬度以及不易去除的特点也限制了它们的应用。多种来源的树脂常与各种溶剂相混合，从而导致了不同的特征以及随时间而发生的化学变化。让情况更为复杂的是，早期绘画大师的作品通常经历了不同材料和清漆的多次修复，它们可能会相互影响（White 和 Kirby，2001）。

现代博物馆艺术品的保护和修复应用了一些可利用的最先进的化学分析方法。MOLART（艺术绘画作品色彩老化的分子特征）是一项在艺术史学家、修复专家和分析化学家之间开展的长期合作项目，它由荷兰的科学研究机构所资助，专门用于研究颜料和清漆的化学老化问题。随着清漆的老化，它们会变得发黄和易碎。分子的蚀变可以改变清漆的溶解性，从而损坏下伏的颜料。设立 MOLART 项目的宗旨就是为了在分子级的水平上开发一种保护绘画艺术品的科学构架。

目前对清漆发黄和降解的化学本质并不十分了解，但它涉及的化学反应有氧化、聚合、可能还有异构化作用等（Mills 和 White，1994；Van der Doelen，1999）。这些研究者发现清漆中的三萜类含量随时间的推移而降低，其氧化产物相类似但分布却不同。导致这些变化的因素由以下几类，如清漆的年龄、博物馆的环境状况以及油画的修复史等。以达玛烷类的分子为例，氧化会导致蔓仙人掌酮型侧链（如 20,24 - 环氧 - 25 - 羟基 - 达玛烷 - 3 - 醇）或 γ - 内酯侧链（3 - 氧代 - 25,26,27 - 三降 - 达玛烷 - 24,20 - 内酯）的形成（图 11.12）。在达玛烷类型的化合物中，A - 环的氧化会产生达玛烯醇酸。在奥利烷和乌散烷骨架类型的化合物中，很容易发生侧链 C - 28 位的氧化，导致生成醇、醛及最终形成羧酸基团（图 11.13）。采用高强度紫外光照射进行人为老化并不能准确地重现油画的自然氧化，而低强度紫外光的照射则可以模拟自然老化的过程。

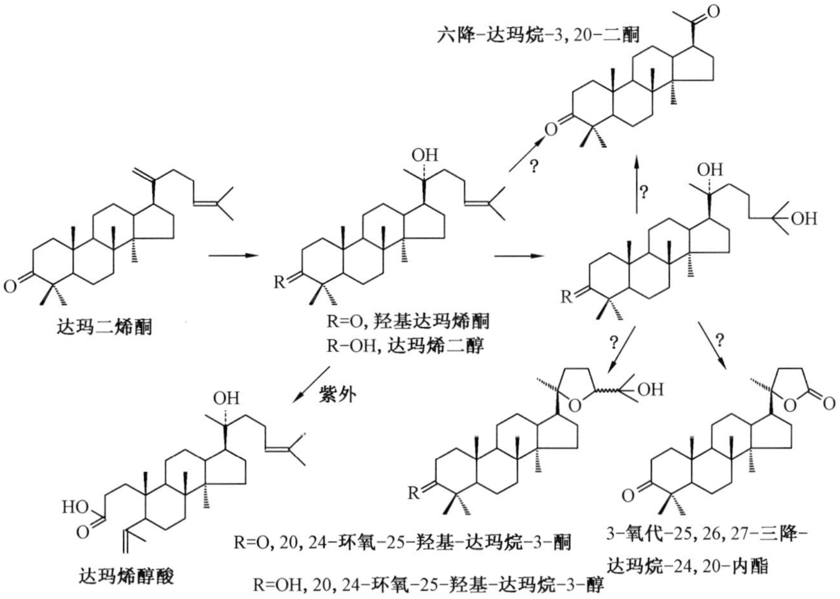

图 11.12 达玛烷类分子侧链氧化的不同阶段。达玛酸只有在强紫外
光照射下人工老化时才可能形成(Van der Doelen,1999)

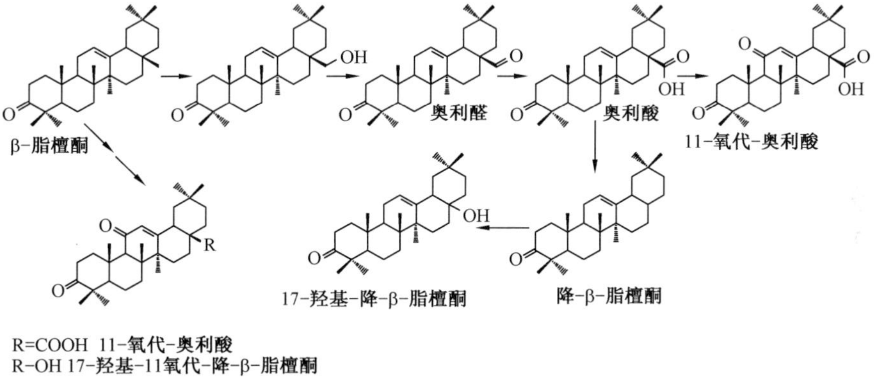

图 11.13 奥利烷类分子的氧化过程。C-11 位在反应过程中的
任何一步都可被氧化为共轭酮基团(Van der Doelen,1999)

Van der Berg 等人(1996)对清漆和博物馆艺术品中松脂的氧化进行了研究。松科二萜类树脂的老化主要是松香烷-二萜类酸的氧化形成脱氢枞酸(DHA)的缘故。进一步的氧化则主要生成脱-7-氧代-脱氢枞酸和15-羟基-7-氧代-脱氢枞酸(图 11.14)。因此,利用这些氧化产物的比值可以表达老化的程度。

对以树脂为基底的漆面的分子研究并不局限于欧洲的绘画。Niiumura 等人(1999)利用两段式热解-色谱/质谱法分析了东方漆器上的涂层,他们可以将日本或中国(漆酚基)漆、越南(虫漆酚基)漆、缅甸(漆酚基)漆以及添加成分如亚麻籽油区分开来。

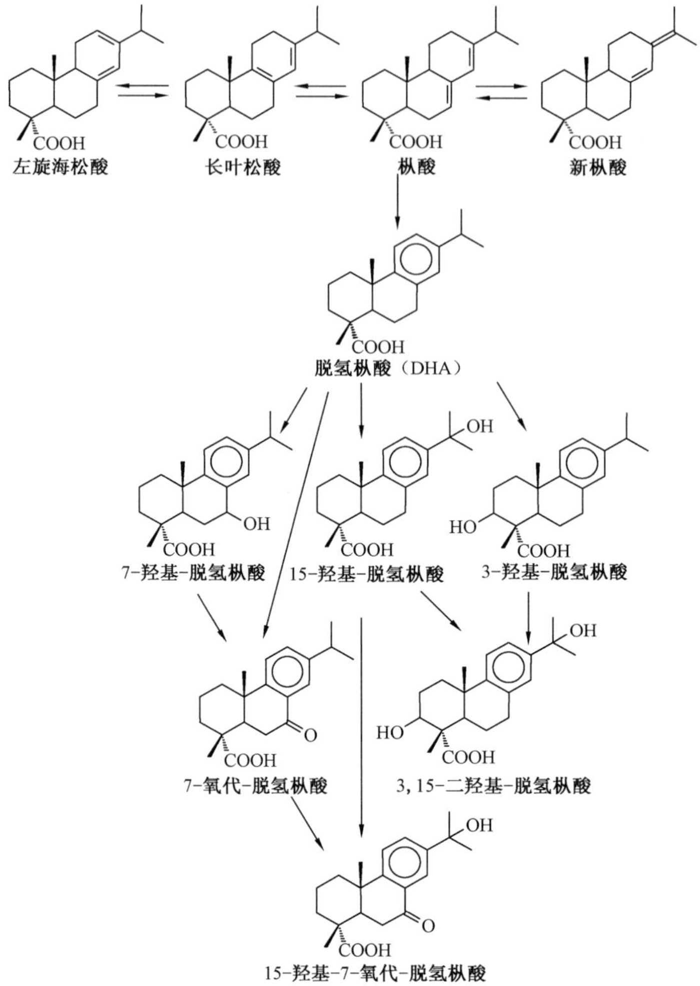

图 11.14　枞酸的氧化反应(Van der Berg 等,1996)

11.5　考古中的木焦油(沥青)

你要用歌斐木造一只方舟,方舟要一间一间地建,并且里外都抹上沥青(圣经创世纪 6:15)。

欧洲广泛使用的木焦油或沥青与中东石油类的沥青非常相似。但与天然沥青不同的是,生产木焦油需要高水平的技术。当含树脂的树木(如松树、冷杉和白桦)的树皮或木材在空气中燃烧后,就会剩下一些发黑的树脂液滴。而当这些物质燃烧不完全时,破坏性的热解就会产生大量的木焦油。欲最大限度地获得焦油,控制温度和氧气量就成为关键。最初的馏分为松节油和杂酚油,它们富含单萜和倍半萜类。只有通过文学的原始资料和有限的考古遗迹对古代制造焦油的技术略知一二。Beck 等人(1998,1999)借助于热解和生物标志化合物技术研究了若干古代沥青的炼制炉,证实了当时所使用的温度相对较高。在一处遗址中,他们认为沥青炼制炉附近焦油浸渍砂体中的单萜和倍半萜类并不指示操作的温度不高,而可能是代表了热解过程中被丢弃的最初馏分。

11.5.1 木焦油与失事船只的残骸

生物标志化合物在考古沥青中的最早应用之一起始于对盛焦油的桶和涂抹焦油的堵缝、绳索及封泥的研究,它们都是从亨利八世的沉没旗舰——"玛丽·玫瑰"(Mary Rose)号上发掘的(Evershed 等,1985)。来自这艘失事船只的焦油含有一系列三环二萜类的烃类,它与松树木材在分解蒸馏中生成的现代斯德哥尔摩焦油非常相近(图 11.15)。除了二萜类的烃类之外,超过 80% 的酯馏分均为甲基脱氢枞酸甲酯以及超过 90% 酸馏分是脱氢枞酸。这些化合物是由松树树脂中丰富的枞酸在干馏中形成的。Beck 和 Borromeo(1990)在古希腊沉没船只上的松木焦油中发现了相似的分布。Connan 和 Nissenbaum(2003)也从以色列近海大约公元前 500 年的一艘失事船只的龙骨和外衬中鉴别出了松木焦油。

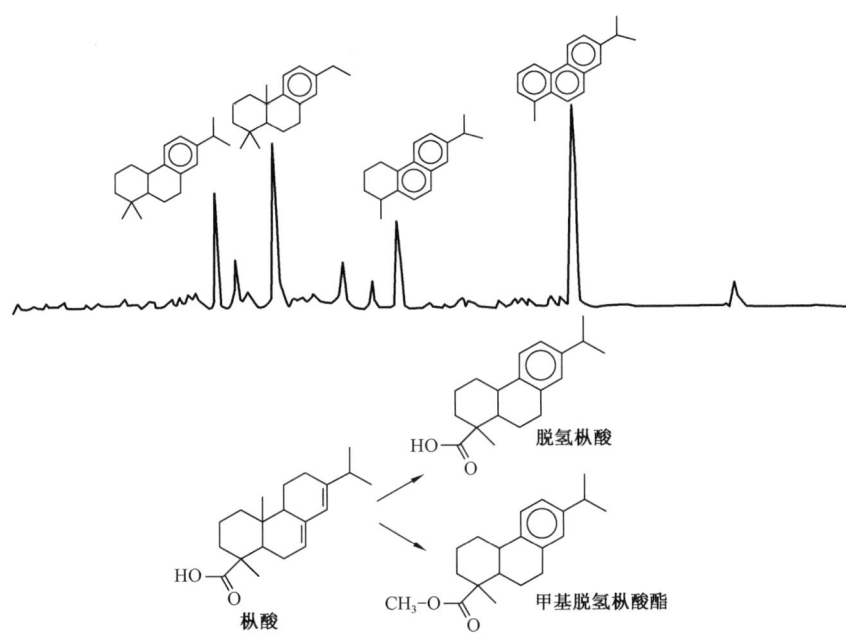

图 11.15 "玛丽·玫瑰"号上焦油中烃馏分的气相色谱片断(上)(Evershed 等,1985)。它与松树木材在分解蒸馏过程所产生的现代斯德哥尔摩焦油具有几乎相同的组成,包括丰富的脱氢枞酸和甲基脱氢枞酸酯(下)

11.5.2 旧石器–中石器时代的桦树皮焦油

从北欧许多中石器和新石器时代的遗址中发掘出了木焦油,特别是桦树皮焦油,它们通常用作黏合剂、密封剂以及装柄和防水的材料(Aveling,1998;Pollard 和 Heron,1996;Urem - Kotsou 等,2002)。在奥地利与意大利交界的厄兹塔尔阿尔卑斯山的冰川中发现了一具新石器时代的尸体——冰人,在与其冰冻的遗物同时面世的铜斧和箭镞上识别出了桦树皮焦油(Sauter 等,1992)。大量史前的桦树皮焦油上带有明显清晰的齿痕,似乎表明它们被用作药物或口香糖(Aveling,1997)。从德国哈尔茨山一个露天褐煤采掘场出土的两件著名的具有 80000 年历史的尼安德特人石制工具中就用到了桦树皮焦油(Koller 等,2001),一件燧石工具的沥青上带有指纹和木材组织的印记,表明沥青用于确保在燧石刀刃上黏结木制手柄。

这些焦油在旧石器–中石器时代是如何生产的仍是一个谜。实验表明焦油开始形成的温度为 340℃,但只有在更高的温度下才能有效地形成。除非在密封容器里和有限的空气条件下对树皮加热,否则树皮会炭化而不能生成焦油。虽然自新石器时代以来已经出现了陶瓷容器,但至今还没有考古的证据表明远古时期焦油的加工过程究竟是如何进行的。现代人试图将桦树皮和加热的石头放在地坑中用于生成焦油的方法未能获得成功(Aveling 和 Heron,1999)。由于桦树皮的焦油不能自然形成,而桦树皮焦油的使用历史却可追溯至80000年以前,这似乎表明:古人在制造技巧方面所达到的水平远比人们一度认为的可能水准要高出许多。

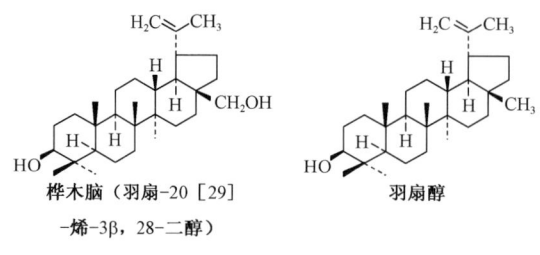

图 11.16 常见的桦树皮热解产物为桦木脑和羽扇醇

桦树皮焦油的生物标志化合物特征具有诊断意义(Ruthenberg 等,2001)。桦树皮特别富含具有羽扇烷骨架的生物标志物(图 11.6),但却不含松科家族(如松树、云杉和冷杉)的树脂类物质中特征性的二萜类化合物。热解可使大约 20%~30% 的树皮转化为桦木醇、羽扇烯醇和羽扇烯酮。应用色谱-质谱法可对这个系列的三萜类化合物进行常规检测(Binder 等,1990;Hayek 等,1990;1991)。尽管在史前陶器碎片中鉴别出了松木焦油(Heron 等,1991)并被认为是手柄的黏结剂(Sheldrick 等,1997),但在只有桦木醇的存在具有诊断意义的情况之下,很难确切地识别出桦树皮焦油的存在(Charters 等,1993;Heron 等,1991;Regert 等,1998b;Reunanen 等,1993)。Koller 等人(2001)发现在 80000 年之久的桦树皮焦油中生物标志化合物的分布仍然保存得相当完好,色谱法和色谱-质谱法的分析表明哈尔茨山露天矿的沥青主要由羽扇烷系列的五环三萜类化合物所组成,它们含有生成桦木醇的主要组分。

除了沥青、树脂和木焦油之外,人类还利用各种有机材料作为黏合剂。Baumer 和 Koller(2002)对德国慕尼黑公元 3 世纪凯尔特人的军事要塞(一处修筑在居高临下位置的防御工事)出土的一棵祭礼树上用以黏结金叶的材料进行了分析。色谱-质谱法的分析表明它含有蜡酯、蜡醇、固醇和脂肪酸,他们由此认为该有机黏合剂为羊毛脂。羊毛脂即为绵羊脂或绵羊油,可用沸水从绵羊毛中抽提而得。

11.6 古代饮食和农业活动

食物的可利用性对人类的历史和文明影响极大。对于迅速增长的人口和不断涌现的城市而言,稳定的食物来源不可或缺。食物过去是、并将继续是贸易或不同文明之间战争的驱动力。幸存的文献和遗迹为我们提供了有关不同历史时期古代饮食的大部分知识。然而,史前的古饮食则主要是通过考古遗迹中的生物标志化合物和同位素来揭示。

11.6.1 稳定同位素与古代饮食

俗话说:"吃什么,像什么",这也是应用稳定碳、氮同位素可指示古饮食的内在原理。不同食物的 $\delta^{13}C$ 和 $\delta^{15}N$ 比值的范围是已知的,而食物在被消耗之后或因随时间的推移同位素库变化的特性、沉积后的蚀变作用以及土壤污染物的影响等所发生的同位素分馏也是可知的。因此,通过测定人类遗址中有机物的 $\delta^{13}C$ 和 $\delta^{15}N$ 比值可以指示其饮食习惯。同位素组成是所有消耗食物的一个时间平均值,故而能够提供比相关的人工制品(例如动物的、植物的和骨骼的残体)更为清晰的长期古饮食证据。

大多数考古同位素的研究使用从骨骼和牙齿,尤其是胶原质,抽提出的有机质。骨骼和牙齿是最为常见的人体遗存,其坚硬的磷灰石基质对夹带的胶原质起到了一种免于降解和污染的保护作用。成人骨骼中的胶原质通过消耗蛋白质不断地形成并用于新旧更替。成人较大骨骼(如大腿骨)中胶原质的替换一般需要大约 10 年的时间。因此,成人骨骼中的胶原质可提供一个人在大约十年多的时间内消耗的所有蛋白质的一个平均值。

影响稳定碳同位素值的因素已为人们所熟知(Ambrose,1993;DeNiro 和 Epstein,1978; Koch 等,1992a;Schoeninger 和 DeNiro,1984;Van der Merwe 和 Vogel,1978)。胶原质的 $\delta^{13}C$ 可用于区分海洋(鱼和贝类)与陆地(如谷类、肉类和乳品)蛋白质的份额以及所消耗的 C3/C4 植物的份额(图 11.17)。在有机质被消耗后,其 $\delta^{13}C$ 比值将增加 1‰。因此,草食动物的胶原蛋白比其所食用植物的 $\delta^{13}C$ 比值要重 1‰(富集^{13}C);而肉食动物胶原蛋白的 $\delta^{13}C$ 比值则比草食动物约重 1‰,或比植物重 2‰。杂食动物由于植物和动物通吃而难以与草食动物或肉食动物区分开来,因为它们的 $\delta^{13}C$ 比值介于二者之间,大约比植物的 $\delta^{13}C$ 比值重 1.5‰。此外,由于林冠效应,生长在森林环境的种属比那些生长在开放环境的种属具有更偏负的 $\delta^{13}C$ 比值。

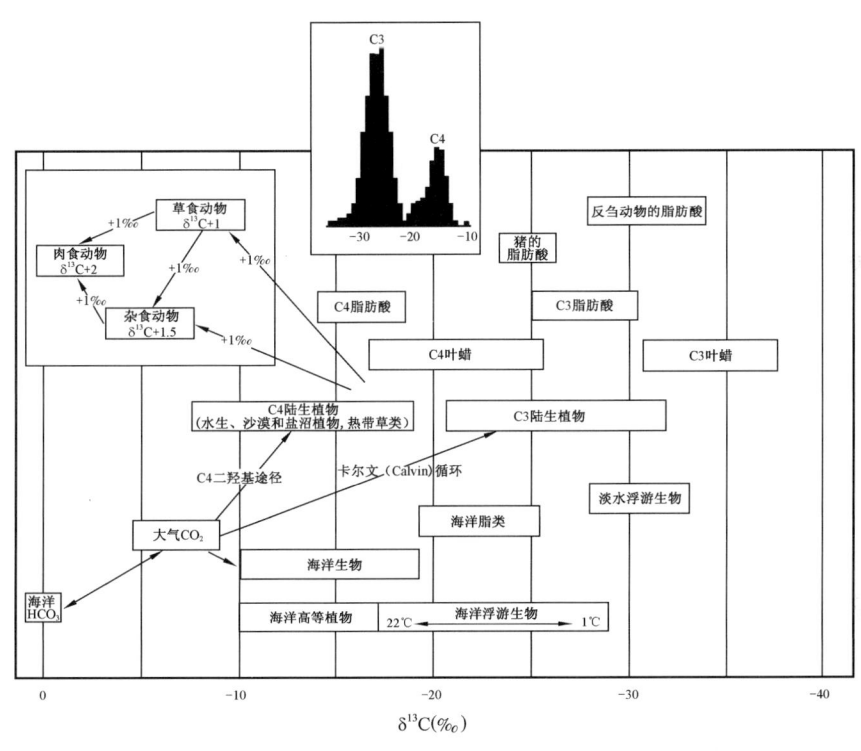

图 11.17　现代初级的自养有机体和异养有机体类脂的 $\delta^{13}C$ 分布范围(据 Stahl(1979) 和 Evershed 等(1999)改编)。陆生植物的 $\delta^{13}C$ 分布转引自 Deines(1980b)。食物网中 $\delta^{13}C$ 分馏效应的示意图转引自 Fogel 等(1997)

原始的海洋浮游生物和陆地植物具有较宽的 $\delta^{15}N$ 分布,它取决于平均年降水以及生物的固氮能力。消化吸收作用可导致 $\delta^{15}N$ 富集约 2‰～4‰(图 11.18)。如此大的分馏效应使得 $\delta^{15}N$ 可用于区分古饮食中植物食物和动物食物的相对份额,以及识别生态系统中生物的食性层次。与原始植物的 $\delta^{15}N$ 相比,草食动物的 $\delta^{15}N$ 重约 3‰,杂食动物的 $\delta^{15}N$ 重约 4.5‰,而肉食动物的 $\delta^{15}N$ 则重约 6‰～7‰。动物在乳婴期处于最高的食性层次,此时它们蛋白质的 $\delta^{15}N$ 比其母亲的 $\delta^{15}N$ 还要重约 3‰(Fogel 等,1997)。

利用氨基酸的稳定同位素分析可以细化对古饮食的推想,一般通过胶原蛋白的降解来获得氨基酸(Hare 等,1991)。人类保留着重新合成某些氨基酸的能力,而其他的氨基酸类

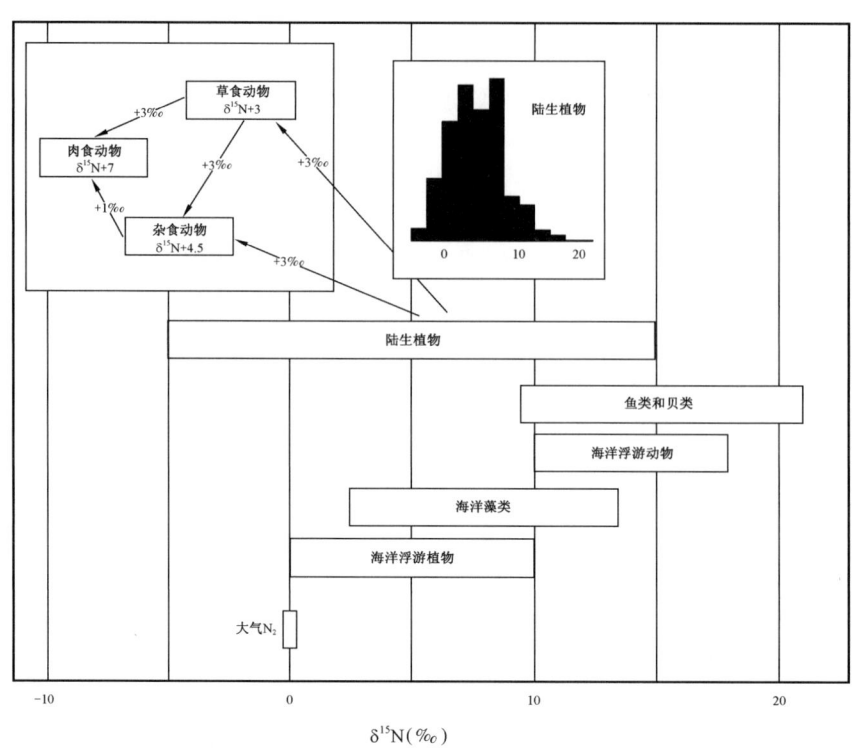

图 11.18 现代初级的自养有机体和异养有机体类脂的 $\delta^{15}N$ 分布范围(据 Kaplan,1983 改编)。陆生植物的 $\delta^{15}N$ 分布和食物网中 $\delta^{15}N$ 分馏效应的示意图转引自 Fogel 等人(1997)

则必须通过饮食来摄取。这些基本的氨基酸可以直接反映古饮食,利用 $\delta^{13}C$ 的比值可以厘定营养的效应。在此类研究中,利用古人类的毛发可能比骨胶原蛋白更好(Macko 等,1999)。

最早应用稳定碳同位素进行古饮食考古研究的对象是东北美洲土著居民的遗存,目的是为了确定玉米被引入食物的时间。研究发现 $\delta^{13}C$ 明显变重的漂移发生在大约公元 1000 年左右,这与开始食用玉米的时间相吻合,玉米是 C4 类植物,其 $\delta^{13}C$ 约为 -12.5‰(Vogel 和 Van der Merwe,1977;Van der Merwe 和 Vogel,1978)。Tauber(1981)是对中石器时代和新石器时代人类展开研究的第一批学者。从丹麦海岸中石器时代遗存抽提出的骨胶原蛋白具有指示海洋饮食的 $\delta^{13}C$ 比值(约为 -12‰);而从新石器时代遗存抽提出的骨胶原蛋白则更加亏损 ^{13}C($\delta^{13}C$ 约为 -20‰),表明以海洋食物为主的膳食结构已发生了变化。中/新石器时代这种从海洋食物为主到以陆源食物为主的转变也发现于其他的沿海岸地区,譬如葡萄牙(Lubell 等,1994)和英国(Richards 和 Hedges,1999)。目前,已有一个相当可观的自中石器时代以来人类骨骼中胶原蛋白 $\delta^{13}C$ 的数据库,它还包括放射性碳同位素的数据。自新石器时代以来,欧洲人胶原蛋白的 $\delta^{13}C$ 一直相当地稳定,维持在 -20‰ 左右。

近期对尼安德特人遗存的研究展示了同时应用 $\delta^{13}C$ 和 $\delta^{15}N$ 比值确定其食性层次的结果(图 11.19)。取自法国 Marilla(公元前 45000—40000 年)、比利时 Scladina(公元前 130000—80000 年)(Bocherens 等,1999),克罗地亚 Vindija(公元前 29000—28000 年)(Richards 等,2000b)以及英国高夫(Gough)洞穴内旧石器时代晚期人类(Richards 等,2000a)的骨胶原蛋白表明:这些居民处于食性层次的顶部,他们摄入的膳食蛋白质几乎全部为动物来源。这些尼安得特人以及早期人类遗存中的 $\delta^{15}N$ 与其他同时代同一地点或附近地点同处食性层次顶部的肉食动物(如狼和豹)的骨胶原蛋白的 $\delta^{15}N$ 是基本一致的。

图 11.19 所示的一些动物遗存的同位素比值表明了遗存的分析结果对认识古饮食的作用。Vindija 洞穴中野牛和鹿科样本的 $\delta^{15}N$ 与其他欧洲全新世标本的 $\delta^{15}N$ 相互吻合。然而,洞穴熊的样本却令人困惑,因为它们的 $\delta^{15}N$ 非常低,与杂食动物的 $\delta^{15}N$ 不相一致。这些低比值似乎暗示了高度的食草性,但它们也可能是冬眠期间非正常代谢的结果。长毛猛犸的 $\delta^{15}N$ 比值要高于其他草食动物,这可能是因为它们以特定的植物种类为食的缘故。而其他草食动物可能对所食植物的选择性并不那么强。尼安德特人的高 $\delta^{15}N$ 比值与猛犸一致,因为后者是他们食物蛋白质的主要来源。

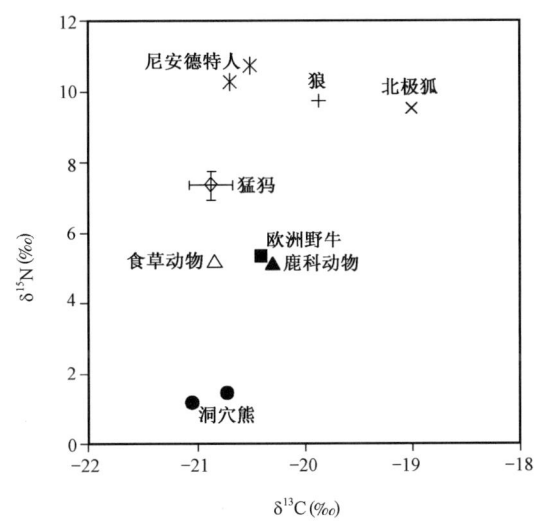

图 11.19 克罗地亚 Vindija 洞穴中距今 28500 年的尼安德特人(Neanderthal)及其相关动物群的骨胶原蛋白 $\delta^{13}C$ 和 $\delta^{15}N$ 比值。数据还包括捷克共和国距今 22000—26000 年的遗址中其他动物群的比值。转引自 Richards 等人(2000b)。转载承蒙 Elsevier 的惠允

骨胶原蛋白中单个氨基酸的同位素分析将古饮食的重现提升到更为精确的水平(Jones 等,2001)。实验室的研究表明在动物胶原蛋白中,必要氨基酸直接来自于饮食且同位素分馏不明显;而非必要氨基酸则是合成的产物,它所反映的是整个食物碳的 $\delta^{13}C$ 比值(如碳水化合物和脂类)。这一技术的潜力在识别晚石器时代南非沿海岸居民(Corr 等,2002)和史前北美人(Fogel 和 Tuross,2003)的区域性饮食习性的研究中得到了验证。

通过整体和特征化合物的稳定同位素比值与膳食脂肪分析的结合,就有可能推想出描述饮食结构和农业耕作中所发生变化的细枝末节。Qasr Ibrîm 遗址是埃及努比亚地区一个在公元前 1000 年至公元 1812 年间被占据的坚固城堡,在这里干燥的沙漠空气为植物类生物聚合物以及植物和动物脂类提供了有利于保存的特殊条件(Evershed 等,1997d;Regert 等,1998a)。通过测定该遗址不同时间跨度的家畜骨骼和陶瓷碎片中 $C_{16:0}$ 和 $C_{18:0}$ 脂类的 $\delta^{13}C$ 比值,Copley 等人(2002)发现牛的饲料随时间的不同而发生变化,后期多以 C4 植物为食。这一结论得到了单独测定的总胶原蛋白 $\delta^{13}C$ 和 $\delta^{15}N$ 比值以及家畜骨骼中磷灰石、胆固醇和氨基酸分子 $\delta^{13}C$ 比值的支持。相比之下,绵羊和山羊的饲料在整个期间却没有什么变化。

当人类有机遗存的大量研究聚焦于骨胶原蛋白、氨基酸的外消旋作用和蛋白质时(Bada 等,1999;Collins 等,1999;Flannery 等,1999),却鲜有文献检测过人类遗存中脂类的生物标志化合物特征。Gülaçar 等人(1990)研究了古代埃及的木乃伊,Evershed(1992)和 Evershed 和 Connolly(1994)研究了林多人(Lindow Man)的沼泽尸体。在后者的研究中,对尸体组织和相关泥炭中的甾醇所进行的对比表明:甾醇因其不溶于水的特性而在水生泥炭沼泽中的迁移受到了制约。有证据证实尸体分子的转化受内源以及可能还包括外源细菌的调节。

Stott 和 Evershed(1996)证实可以对英国林肯郡北部沿海岸公墓发掘的人体骨骼残骸中抽提的胆固醇进行可靠的 $\delta^{13}C$ 测定。从撒克逊时期到 18 世纪,绝大多数的骨骼中含有 $\delta^{13}C$ 为 $-22‰$ 的胆固醇,表明该群落在过去大约 1500 年间以海洋食物为主。但也有个别胆固醇的 $\delta^{13}C$ 轻至 $-26‰$,指示了其饮食结构更偏向于陆源食物。Stott 等人(1997)从距今 9735 ± 160

· 345 ·

年和75000±15000年的鲸鱼化石中分离出了胆固醇,证实其$\delta^{13}C$比值位于海洋哺乳动物总脂类同位素的预期变化范围之内。现代和古代鲸骨骼中胆固醇和胶原蛋白之间具有相似的同位素亏损,这说明古代胆固醇和蛋白质组分之间$\delta^{13}C$特征的保存是可靠的。Stott等人(1999)将从骨骼提取的胆固醇的$\delta^{13}C$分析拓展至人类和动物遗存的广大范围,其年代可追溯至中石器时代。

胆固醇的$\delta^{13}C$比值为佐证在古饮食研究中更为常用的胶原蛋白和磷灰石的$\delta^{13}C$比值提供了补充信息。Stott等人(1999)展示了利用类脂(如胆固醇)生物标志化合物$\delta^{13}C$比值的潜在优势。在整个成岩过程中,倘若碳骨架不发生改变,胆固醇的$\delta^{13}C$比值就可保持其同位素的完整性。因此,胆固醇的$\delta^{13}C$比值反映了饮食中碳水化合物和脂肪的原始同位素组成,并且比胶原蛋白周转变化得更快,因而更能够代表较短时间内饮食结构的变化。

注:Nahal Heimar洞穴位于以色列塞多姆(Sedom)山西北临近死海的一处悬崖上,该遗址出土了碳年龄在公元前6310—6110年之间的最古老的粘合剂(Walker,1998)。黑色的胶用于日常生活中许多物品的防水和粘合,也用于宗教仪式中一些器物的粘合,如石制面具和装饰用头骨等。这种物质曾被认为是沥青,但化学分析证实它是从动物毛皮抽提出的胶原蛋白胶质物(Connan,1996)。尽管古代埃及人在4000年以前已经开始使用胶原蛋白来源的胶质物,但Nahal Heimar洞穴新石器时代人的技艺仍在意料之外,因为他们当时还没有开始制作陶器。

11.6.2 饮食中的脂类

古代陶瓷碎片、烹饪器皿以及泥土中食物残留物的分子和同位素组成有助于考古学家了解古代饮食、农业和烹饪的活动。这些残留物可划分为生物来源的正构烷烃和官能团化的类脂、烹饪热解物和似蛋白质的物质。天然类脂保存得最好,在食物残留物中最具诊断意义。它们很容易被吸附在烧制和没烧制过的陶罐表面,这些容器在所有的古代文明中均被用作储存和烹饪食物。残留在烹饪器皿表面的炭化食物可通过肉眼来识别,但它所能提供的有关其来源的化学信息却不多(Oudemans和Boon,1991;Regert等,1998a)。似蛋白质的物质可以幸存在考古陶片和相关的泥土中(Evershed和Tuross,1996)。然而,蛋白质却会迅速降解,凝胶/胶原蛋白氨基酸模式仅见于保存最好的样品中。陶片的水解可释放出相当数量的氨基酸,但它们的分布却不足以对古饮食的分析具有诊断意义。Evershed等人(1997e)在Qasr Ibrîm出土的植物残体中发现了自埋藏之后发生特定成岩反应的证据。丰富的烷基吡嗪束缚在结构和能量储存大分子的网状结构中,它是碳水化合物和蛋白质发生梅拉德缩合反应时形成的特征性副产物。相比之下,在同一地点封闭形的容器中检出了反映棕榈果加工特征的脂肪酸分布($C_{12:0}$和$C_{14:0}$)(Copley等,2001)。

将陶片中的脂肪酸作为饮食的标记物需要对它们的生物合成起源、自然埋藏或老化的成岩作用以及烹饪条件下的蚀变等有所了解。早期的色谱研究将陶片中提取的饱和脂肪酸的分布与参照脂肪的分布进行了比对(Condamin等,1976;Patrick等,1985),但这些分布不足以区分考古类脂的来源。高温热解气相色谱法的进展使得Evershed等人(1990)鉴别出了游离脂肪酸和正构烷烃,同时还有未降解的三酰甘油、蜡脂以及长链的正烷醇和酮。当再辅之以特征化合物的同位素分析时,这些考古类脂的起源就可以与特定的动物和植物来源联系起来了。

降解的和原始的动物脂肪是陶片脂类残留物中常见的类脂,根据饱和的C_{16}和C_{18}脂肪酸分布很容易对其进行识别。利用脂肪酸的单不饱和异构体分布以及特征化合物的同位素分析可以辨别反刍和非反刍动物的动物性脂肪(Evershed等,1999,1997b;Mottram等,1999)。陶片记录了动物脂肪遭受过高温烹饪的证据。脂肪酸经历了酮的脱羧反应,导致了分子内、或分子间-头对头缩合以及酮的形成,其反应式如下(Evershed等,1995):

$$CH_3(CH_2)_nCO_2H + CH_3(CH_2)_mCO_2H \xrightarrow[-H_2O]{\substack{>300℃ \\ -CO_2}} CH_3(CH_2)_nCO(CH_2)_mCH_3$$

该反应在金属氧化物催化和在温度高于300℃的条件下可以发生。对于动物脂肪而言,下标 n 和 m 的范围可以从13到16(Evershed等,1995)。

多环生物标志化合物也可作为饮食中植物脂类的标志物。Decavallas 等人(2002)分析了法国巴黎贝西区新石器时代遗址的陶瓷器皿,其中保存完好的种子的数量和种类表明了植物物质的广泛应用。22 块陶瓷碎片中的 2 块经抽提检出的棕榈酸($C_{16:0}$)的含量约是硬脂酸($C_{18:0}$)的 4 倍,同时还有大量的不饱和 C_{18} 脂肪酸。在陶片中还检测到了直接由生物合成或成岩作用形成的高等植物甾醇类,如菜油甾醇、5α-菜油甾烷醇、谷甾醇以及 5α-豆甾烷醇。与其相伴的是奥利烷和羽扇烷系列的三萜烷类化合物,包括可能指示三萜烷类棕榈酸酯的高分子量(m/z 664)种类。

对英格兰撒克逊晚期中世纪村落发掘出的烹饪陶罐中生物标志化合物的研究展示了考古中脂类定性研究的进展(Evershed 等,1999)。三种脂类在烹饪陶罐的抽提物中占优势:nC_{29} 烷、C_{29} 烷-15-酮和 C_{29} 烷-15-醇。它们所占的份额与芸苔(甘蓝)的表皮叶蜡几乎一致(Evershed 等,1991)。这些脂类的同位素分析证实它们来自一种 $\delta^{13}C$ 比值为 $-33.1‰$ ~ $-34.8‰$ 的 C_3 植物(Evershed 等,1994),它比现代野生甘蓝中的脂类($-35.8‰$)更富集 ^{13}C。这些结果与由于现代社会化石燃料的燃烧所导致的大气中 $CO_2\delta^{13}C$ 比值的负漂移相互吻合。甘蓝脂类在烹饪陶罐中的含量是不同的,从顶部到底部逐渐降低。实验室的实验表明通过在相同的陶瓷罐中煮沸甘蓝叶可以重现这样的分布(Charters 等,1997)。煮沸可以造成表皮叶蜡的非选择性移动并渗入陶器的孔隙内。

11.6.3 乳品生产中的生物标志化合物

古代文明中不乏通过驯养动物生产乳品的记载。北非和近东的历史记载证实:有组织的制酪业始于大约公元前 4000—2900 年间。牛奶和乳制品是罗马人的主要经济商品,罗马人在整个帝国中拥有大型和组织良好的乳牛场。牛奶脂类与动物脂肪中脂类的区别在于它含有 C_4-C_{14} 脂肪酸及相应的三酰甘油。

牛奶中短链 C_4-C_{14} 脂肪酸的选择性降解使其在古代陶片中难觅踪影(图 11.20)(Dudd 和 Evershed,1998)。模拟实验表明奶脂中三酰甘油的水解速度要快于它们的长链同系物。一旦水解,短链脂肪酸极易被生物所降解,并且它在水中的溶解速度也远比其长链同系物快得多。降解奶脂生成的脂肪酸的分布与动物脂肪的几乎一致(图 11.21)。因此,尽管奶脂也许在古代陶片中比较普遍,但要识别它们却不易。

Dudd 和 Evershed(1998)以及 Dudd 等人(1998)发现通过检测牛奶和动物脂肪中脂肪酸的同位素组成,可以识别古代陶片中的牛奶脂类。$C_{16:0}$ 和 $C_{18:0}$ 脂肪酸的 $\delta^{13}C$ 比值变化反映出不同的生物合成途径(图 11.22)。牛奶中的 $C_{16:0}$ 脂肪酸在乳腺中合成,而 $C_{18:0}$ 脂肪酸则部分地直接来自于饮食。而反刍动物脂肪中的 $C_{16:0}$ 和 $C_{18:0}$ 脂肪酸也同样来自于饮食和从头合成。然而,在哺乳期由饮食摄取的脂肪酸直接来自于奶水,导致与同一反刍动物体内动物脂肪中的 $C_{16:0}$ 脂肪酸相比亏损 ^{13}C 的 $C_{18:0}$ 脂肪酸增加。

注:对考古中脂类的研究需要与现代活体动物的参照脂类进行比较。现代农业饲料为 C3 和 C4 植物、鱼油和膳食、蔗糖、肉类以及补充物质的混合物。因此,绝大多数现代动物的稳定同位素比值是不规则的。为了获得同位素的参照样本,家畜饲养在有机牧场里,使用可控的 C3 植物饲料,它不含其他补充物质或商业性饲料。同时,还必须采取措施以消除因化石燃料的燃烧对大气二氧化碳同位素比值造成的影响(Evershed 等,1999)。

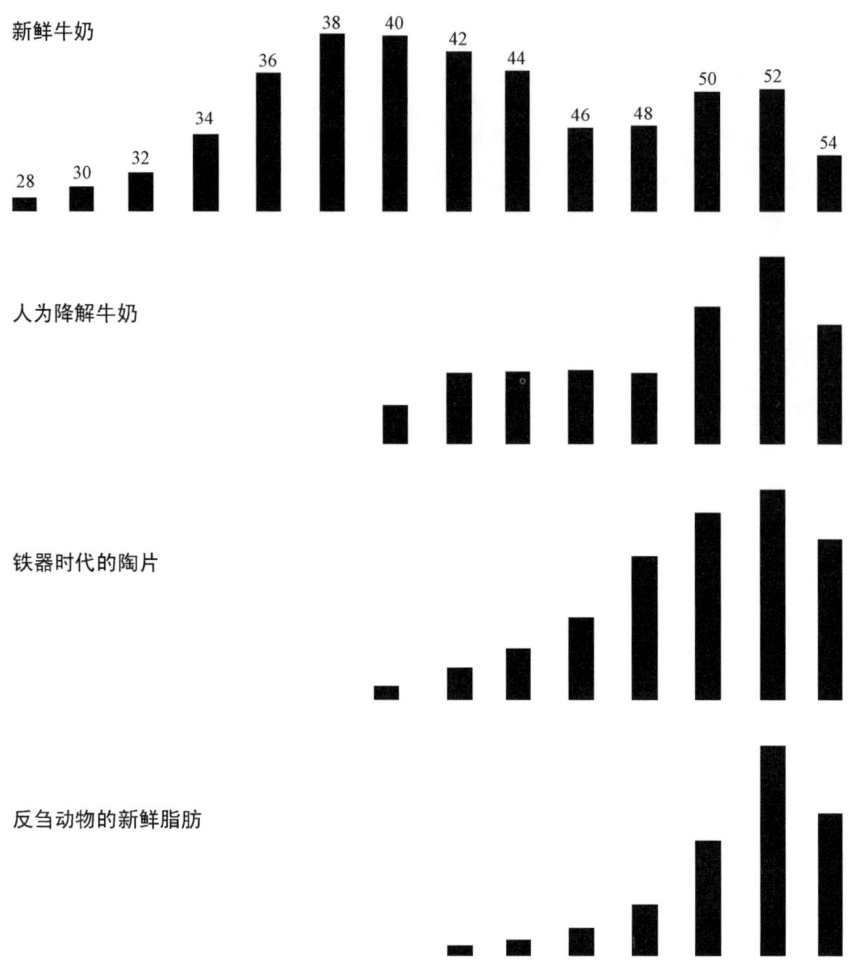

图 11.20 三酰基甘油在新鲜牛奶、人为降解牛奶、在 Stanwick 发掘的一个罗马 – 不列颠器皿中铁器时代的陶片以及反刍动物的新鲜脂肪中的分布。转载承蒙 Dudd 和 Evershed(1998)的惠允

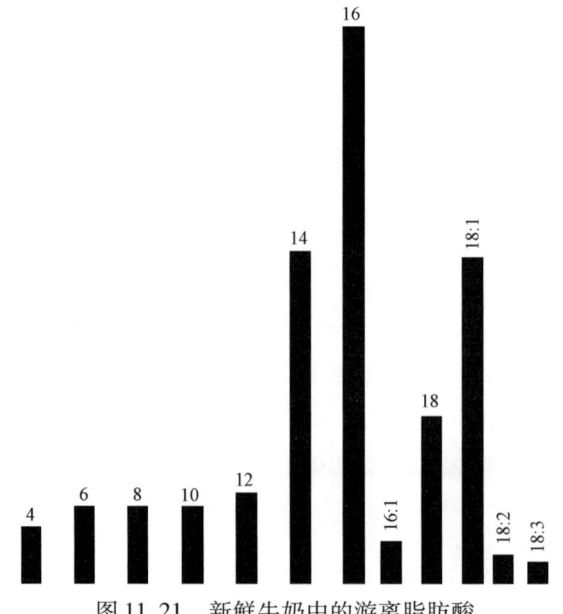

图 11.21 新鲜牛奶中的游离脂肪酸

Copley 等人(2003)将这一研究拓展至史前英国的新石器时代、青铜时代和铁器时代的陶片。在所有 14 处遗址中均发现了牛奶脂类的证据,说明制酪业在整个英国的史前时期已经兴起。这些结果与此前的一个假说不谋而合,即在大约 7000 年前英国出现有组织的农业时,利用动物获取牛奶就已是一项即成的畜牧活动了。

11.6.4 红酒的生物标志化合物

若干类型的化合物是红酒和葡萄的生物标志化合物。酒石酸(McGovern 等,1996;1999)和五倍子酸(3,4,5-3 羟基安息香酸)(Condamin 等,1976)可作为葡萄发酵的间接证据。这两种酸在葡萄中的含量都很高,但作为游离酸和丹宁酸的组成部分也常见于许多植物中。譬如,五倍子酸在五倍子、漆树、茶树叶和橡树皮中普遍存在。利用 Hernes 和 Hedges(2000)为新鲜果蔬开发的一项软性解聚技术可以将更多特定生物标志化合物从葡萄丹宁酸中释放出来。多酚(m/z 354 和 m/z 367)是儿茶酚的降解衍生物,一种三环黄烷醇。Garnier 和 Regert(2002)利用这一过程从考古样品中回收了这些化合物,譬如,公元前 70 年一艘失事船只上密封双耳罐里的罗马红酒以及公元前 400—100 年间遗址中若干的葡萄种子。

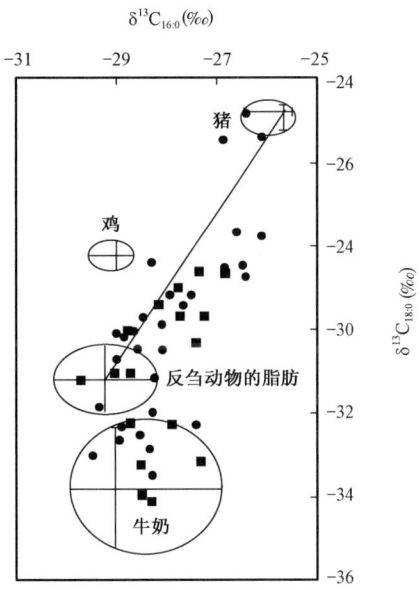

图 11.22 陶片抽提脂类中 $C_{16:0}$ 和 $C_{18:0}$ 正链烷酸的碳同位素比值。样品来自英国北安普敦郡撒克逊晚期-中世纪早期遗址(●)和英国 Stanwick 郡罗马-不列颠铁器时代的遗址(■)。许多陶片上含有脂肪酸,其 $\delta^{13}C$ 比值沿猪与绵羊/奶牛来源间的混合曲线分布。但也有一些陶片上含有 ^{13}C 亏损的 $C_{18:0}$ 脂肪酸,其三酰基甘油的分布具有降解牛奶的特征。在考古器皿的类型和类脂的来源之间没有发现明显的相关关系。转载承蒙 Dudd 和 Evershed(1998)的惠允

11.7 考古中的蜂蜡

在考古中,蜂蜡出现在各种各样的人工器物中,如新石器时代的陶器(Heron 等,1994)、埃及人制作木乃伊的香膏(图 11.23)(Connan,1999;Colombini 等,2000;Buckley 和 Evershed,2001;Maurer 等,2002)、弥诺斯(古希腊克里特文明——译者注)时期的灯具(Evershed 等,1997d)、以及油画上的清漆(Van der Doelen,1999)。蜂蜡是由长链醇类($C_{24}-C_{32}$)、$C_{25}-C_{33}$ 间奇碳正构烷烃、棕榈蜡酯($C_{40}-C_{52}$)、以及羟基蜡酯($C_{42}-C_{54}$)组成的混合物。蜂蜡的化学指纹特征明显,即使与动物和植物脂类混在一起也可以被识别出来(Charters 等,1995)。蜂蜡的另一个特征是含有一系列二酯类。然而,这些化合物对热敏感,需要用液相色谱法来分析。Garnier 等人(2002)应用选择离子监测/色谱-质谱法和亚稳态反应监测/色谱-质谱法从伊特鲁里亚时期的口杯中识别出了蜂蜡的 50 多个含量在百万分之几的生物标志化合物。他们认为蜂蜡要么用来防水,或用作燃油。

蜂蜡被用作灯油已获化学分析的证实。史前的灯具在新石器时代罕见,但自青铜器时代早期始,它出现的频率就愈来愈高,特别是在爱琴海文明中。长期以来,人们一直认为这些灯

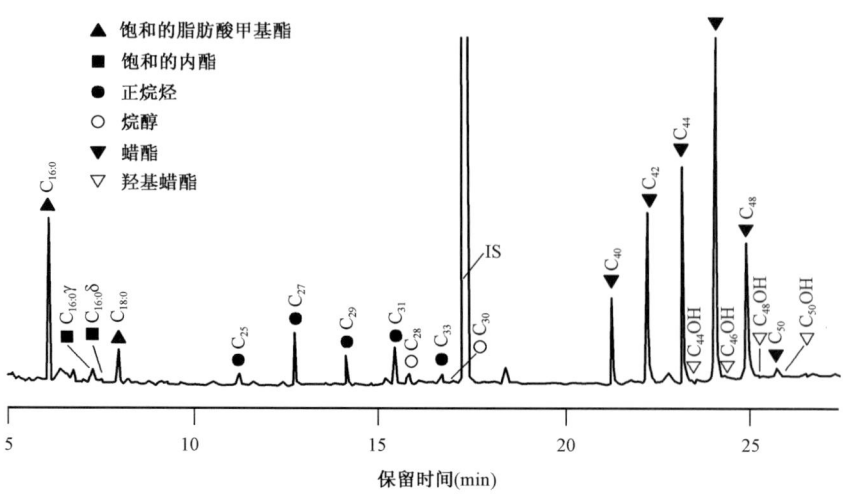

图 11.23 从晚期的木乃伊（公元前 664—404 年）中提取的香膏中三甲硅烷基化中性馏分的重建总离子色谱图。该样品中蜂蜡占防腐树脂的 38%（据 Buckley 和 Evershed,2001）

烧的是橄榄油,因为它的出现与橄榄树的栽培几乎是在同一时期。Kimpe 等人（2001）在土耳其西南的萨迦拉索斯（Sagalassos）遗址出土的罗马帝国后期至拜占庭早期的陶瓷油灯中发现了使用橄榄油的直接证据。他们应用液相色谱 – 质谱法技术在油灯抽提物中检测到了作为主要类脂成分的三酰甘油,它对橄榄油具诊断意义。多种不饱和三酰甘油和微量饱和三酰甘油的出现表明橄榄油中还加入了其他类型的油和动物脂肪。

其他的古代油灯也许使用多种其他的天然物质作为燃油,如其他的植物油和动物脂肪、树脂、沥青以及天然蜡。对弥诺斯晚期（公元前约 1600—1450 年）居住地和东克利特岛出土的赤陶油灯进行的化学分析表明:由蜡酯、长链醇类和正构烷烃组成的复杂混合物似乎就是蜂蜡（Evershed 等,1997d）。然而,这些化合物的分布可能因降解缘故与新鲜蜂蜡相比有所不同。长链醇类的来源变得不明确。特征化合物同位素分析证明油灯含有蜂蜡残留物。蜡酯、长链醇类以及来自蜡酯的降解棕榈酸部分的 $\delta^{13}C$ 比值之间具有很好的相关性,从而排除了这些脂类也许来自 C_3 植物的可能性。

从希腊伊斯米亚（Isthmia）出土的文物揭示:蜂巢的陶器与基克拉迪群岛和克利特岛现今仍被用作蜂箱的瓷器很相似。对这些出土的粗陶器皿中的残留物所进行的化学分析发现了正构烷烃、蜡酯、脂肪酸和长链醇含有对蜂蜡具诊断意义的 $\delta^{13}C$ 比值的证据（Evershed 等,2003）。

土耳其中部哥迪翁省 Tumulus 山被认为是公元前 8 世纪佛里吉亚国王迈达斯的陵寝所在地,从那儿出土的人工制品中检出蜂蜡（McGovern 等,1999）。从该遗址发掘出了几百件酒具、搅拌碗以及带有食物残留物硬壳的公用餐碟。利用分子检测技术鉴别出了许多动物脂肪、饮酒的残留物和调味品,它们集中反映了王室的一个宴会。在许多酒具中,有些酒具含有对蜂蜡具诊断意义的长链蜡酯。这些残留物被认为是蜂蜜酒的证据,而蜡则是在酿酒过程中没有被过滤掉的残渣。发酵饮料的其他标记物还包括酒石酸及其盐类,它们仅在葡萄和红酒中含量丰富;以及被称为啤酒石的草酸钙,它是大麦啤酒的主要沉淀物。在盛食物的器皿中发现了对羔羊肉具有诊断意义的三酰甘油和脂肪酸,同时发现的还有烧烤肉类的典型化合物多环芳香烃（如菲）和烷基苯酚衍生物（如甲酚）。其他可以指示宴会的化合物还有茴香酸（来自大茴香或茴香）、菠菜甾醇（来自小扁豆）、反式油酸（油酸的反式异构体,具橄榄油的特征）以及来自

· 350 ·

香料的松油醇和萜烯类的标记物。

陵寝中的有机制品已被一种软腐真菌严重地降解了。Filley 等人(2001)利用氮同位素证实降解的模式可以提供国王饮食的线索。墓室中分解作用最为严重的地方是雪松棺木周边及附近的一个小桌上。这一现象不合常理,因为软腐真菌的存活需要大量的固定氮,而木材通常缺乏固定氮。因此,氮一定有其他的来源,很可能是来自迈达斯国王的腐尸以及桌上葬礼酒席的残留物。桌上和棺木中的腐败物富含 ^{15}N,说明食物祭品大部分是肉类以及国王生前的饮食富含肉类。

11.8 生物标志化合物与施肥实践

土壤中含有能够反映农业耕作历史的生物标志化合物。譬如,通过检测英国约克郡时间跨度为 3000 年的湖泊相沉积层序中有机质的分布,Fisher 等人(2003)识别出了发生在约公元前 600 年和公元 1200 年的采伐森林时期。特别具有诊断意义的是被识别为 28-羧基乌苏烯-12-烯醇的高等植物三萜类(图 11.24),它仅分布在树木和灌木花粉占优势的沉积物中。

若干土壤研究聚焦于厩肥用作肥料以及在跟踪排污系统中的应用。正如第 10 章的讨论所言,粪甾醇(5β-胆甾烷-3β-醇)通常用作污水污染的标记物(Grimalt 等,1990)。它是杂食哺乳动物粪便中主要的固醇,由内脏中胆甾醇(5α-胆甾烷-3β-醇)的微生物降解代谢而形成。Bethell 等人(1994)验证了粪甾醇可用作考古土壤中厩肥标记物的假说。采自现代厕所、17 世纪的厕所、中世纪的厕所以及两个被怀疑是来自罗马粪池土壤的样品均含有粪甾醇。尽管在受控土壤的样品中也含有低浓度的粪

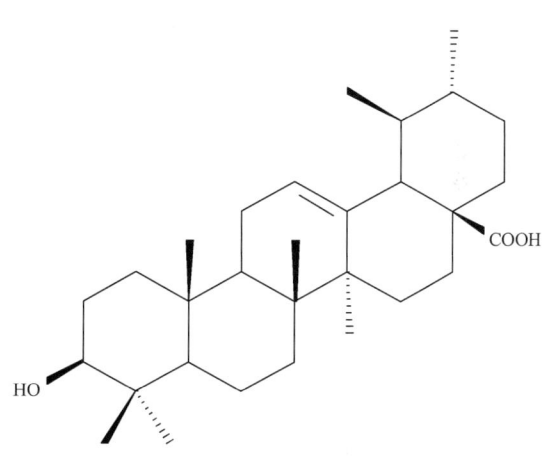

图 11.24　28-羧基乌苏烯-12-烯醇

甾醇,但 5β-甾烷醇的相对含量仍提供了粪便物质的明显化学特征。土壤脂类、微观形态学和稳定同位素分析表明苏格兰 Tofts Ness 附近的深色沃土层是使用草皮土和动物粪便的混合物耕作的结果(Simpson 等,1998),该土层与青铜器时代的文化景观的活动有关,此类活动可能起始于新石器时代晚期。Simpson 等人(1999)进一步分析了 12 世纪到 19 世纪奥克尼郡西部本土的农业土壤。土壤中脂类的浓度反映了农业耕作的区域。菜油甾醇、谷甾醇和 5β-豆甾烷醇的存在证实了反刍动物厩肥的利用,而粪甾醇和猪去氧胆酸/二羟基胆烷酸的存在则证实了猪厩肥的利用。Bull 等人(1999a)结合生物标志化合物和特征化合物同位素分析报道了弥诺斯时代克利特岛对厩肥的使用。考古界很快就意识到了生物标志化合物在研究古代农业实践方面的用途(Bull 等,1999b)。

现代农业的实验点提供了天然的和可控的条件,以了解厩肥和堆肥中生物标志化合物脂类的命运。Evershed 等人(1997a)认为对饲养场厩肥具有诊断意义的 5β-甾烷醇标记物在施肥区域的浓度始终保持高于未施肥和受控的区域。对英国赫特福德郡 Rothamsted 实验站土壤的分析尤其是如此(Bull 等,1998;2000)。在不同时间从实验区块采集了土壤样品,这些区块包括:① 持续施以农家肥的大麦地;② 自 1871 年开始就不再施肥的区块;③ 从未施过肥的区块。不再施肥的区块中反映施肥状况的 5β-甾烷醇仍持续高于自 1871 年就深度耕种但从未

施过农家肥的土壤的背景值(图 11.25)。而 5β – Stanyl 酯甚至比游离甾烷醇更稳定,可能会更好地指示考古土壤中厩肥的施用(Bull 等,2000)。

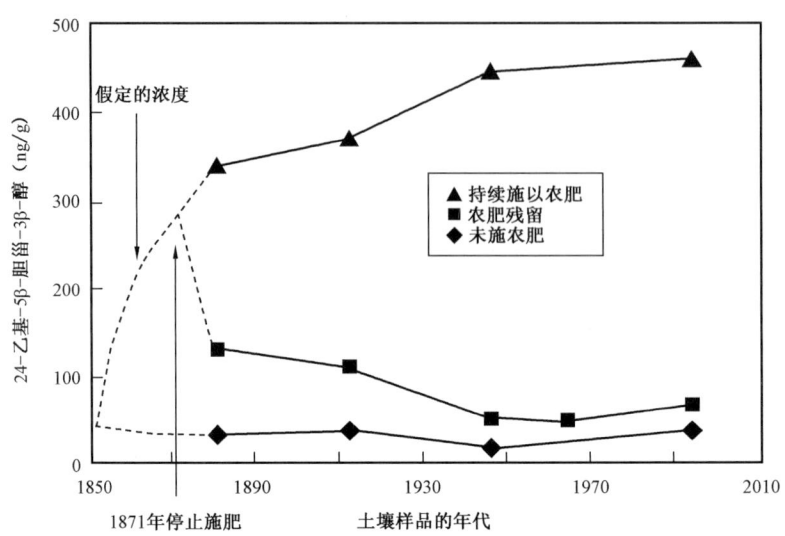

图 11.25　Hoosfield 春大麦实验的三个实验区块中 24 – 乙基 – 5β – 胆甾 – 3β – 醇的浓度变化。在一块自 1871 年以来就不再施肥但又被深度耕种的实验田里,5β – 甾烷醇的浓度直到现在仍高于背景值。据 Bull 等人(1998)改编,转载承蒙 Elsevier 的惠允

Isaksson(1998)通过分析固醇和相应的 5α – 甾烷醇来追溯土壤中的动物代谢物。分析瑞典乌普兰 Vendel 不同文化层采集的样品可以从统计学的角度识别出烹饪和非烹饪区,基本上可以勾勒出日耳曼贵族所使用的厨房区域。

胆汁酸可以提供有关现代场所和考古遗址中粪便来源的进一步证据(Elhmmali 等,2000;Bull 等,2002)。胆汁酸是在动物消化肠道产生的 C_{24}、C_{27} 和 C_{28} 甾族酸。羧酸基团连接在 C – 23 位甾族侧链上,它还可以通过增加 NSO 基团(如酮基或氨基)进一步被修饰。胆汁酸在 A – 环上保留了甾族 3α – 或 3β – 羟基,还可以在 B – 或 C – 环上再增加一个或更多个羟基。结合固醇类和胆汁酸的分析,就有可能区分粪便究竟是来源于人类、反刍动物、猪或者狗。

高浓度的胆汁酸分布在苏格兰 Bearsden 罗马式厕所的阴沟里(Knights 等,1983)和雅典集市罗马式的污水管道中(Elhmmali,1998;Bull 等,2003)。在具有 2000 年历史的人类粪化石中(Lin 等,1978)和一具 4000 年之久的努比亚木乃伊的组织中(Giilas;ar 等,1990)也检测到了胆汁酸。

11.9　考古中的脱氧核糖核酸(DNA)

扩大测序的现代方法可以对古代脱氧核糖核酸(DNA)进行定性,即使是发生过部分降解的样品也无妨。该技术已经用于研究古代疾病(Rollo 和 Marota,1999)以及农业和畜牧业活动的发展(Brown,1999;MacHugh 等.,1999)。古代脱氧核糖核酸再结合活体群落的基因信息有助揭示人类迁徙的模式(Hagelberg 等,1999;Merriwether,1999)、基因的多样性(Stone 和 Stoneking,1999)和物种的起源。这些基因化合物的性质决定了它们不属于本书讨论的范围。然而,仅仅是一个近期有关对尼安德特人脱氧核糖核酸研究的简述就可以让人一窥这类研究的用途和争论。

目前,有两种迥异的有关现代人类起源的主要假说:近世替代和多地区演化说(图 11.26)。近世替代说(近世非洲,或"走出非洲")认为古代人类与现代人类之间存在截然的突变。在这个假说中,早期现代人的物种形成于非洲,后来迁徙到了欧洲和亚洲,替代了那里的古代人种。该假说推测:最早的解剖学意义上的现代人类起源于大约 100000 年前的非洲,与当时的古代人种的杂交受到限制,杂交人种最终没能出现。替代假说还认为早期现代人有系统地终结了古代人类。多地区演化说则认为直立人种出现在非洲、欧洲和亚洲,然后独立进化为智人。各大洲间出现了足够的基因流动以保持种属的连续性,而地理上的距离则使地区间的差异得以保留。多地区演化假说推测:由于区域多样性,没有单一的现代人定义可适用于所有的地区,最早的现代人没有必要一定起源于非洲,各地区的早期现代人应该具有当地古代人中的某些解剖学的特征。

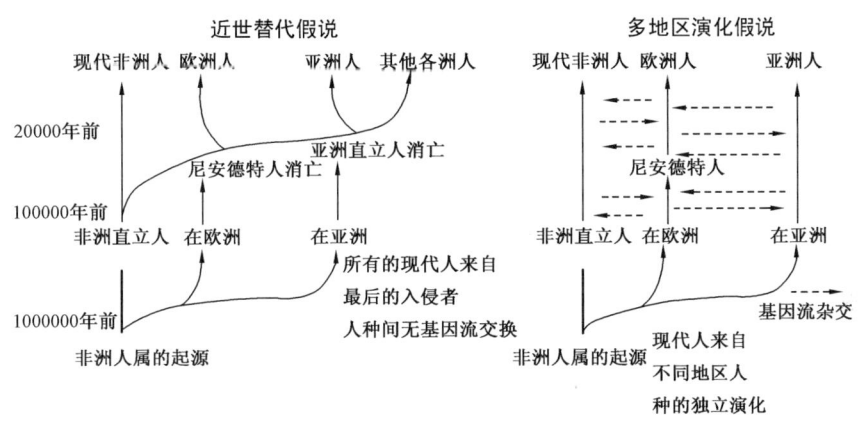

图 11.26　试图解释现代人类起源的两种假说

现代人与尼安德特人的关系是复杂的,因为他们共存的时间长达数千年。在法国的 Atcy-sur-Cure,与被认为是现代人所制作的石制工具和个人装饰物同时被发现的还有 34000 年前尼安德特人的遗骸,这说明它们之间存在着某些文化上的交流。然而,目前还没有能够确定现代人和古代人是否存在杂交的化石证据。由于解剖学的数据并不清晰,因此,这些数据的选择性解释就有可能用来要么支持近世替代说,或者支持多地区演化假说。

有研究表明现存人种之间的线粒体脱氧核糖核酸(mtDNA)基本上没有差异,分子遗传学遂被引入这种争论。有关突变速率的假设产生的结论是:现代人来自近期的演化;所有的人类都是从一个小小的非洲基因池遗传而来,也许甚至就是从一个被称为线粒体夏娃的单一女性进化而来(Cann 等,1987;Stoneking 和 Cann,1989)。这些结论显然有利于替代假说,但难免要受到多地区演化说支持者的抨击。反对者认为线粒体脱氧核糖核酸数据的数学处理有瑕疵,低估突变速率的可变性可能会将人类的分枝提前至较早的时期,早至将直立人也包括在内。利用一组不同的假设,线粒体脱氧核糖核酸的数据也可以像支持替代假说那样支持多地区假说(Relethford,1998)。现存人种的脱氧核糖核酸是非决定性的,但古代的和最早现代人的脱氧核糖核酸还是有可能解决起源问题的。

细胞死亡之后脱氧核糖核酸立即开始降解,并且在 50000—100000 年之后完全湮灭。在最理想的状况下,残存在尼安德特人中的脱氧核糖核酸可能由微量的、遭受严重损坏的、短的碎片所组成。这种古代脱氧核糖核酸的损坏状态可能会使聚合酶链反应(PCR)的扩增更易出现误差,包括被现代脱氧核糖核酸所污染。最早的尼安德特人线粒体脱氧核糖核酸(Krings 等,1997,1999)发现于来自原始尼安德特人 1856 Feldhofer 类型标本的一个样品。尼安德特人的线粒体脱氧核糖核酸被证明与所有的现存人种截然不同,与欧洲人的脱氧核糖核酸没有任何亲缘关系。研究人员经计算认为:尼安德特人与人类世系的分枝发生在500000年前,表明他们是直立人的一个早期分支,但未能演化成现代人。对尼安德特人进行第二次线粒体脱氧核糖核酸分析的样品来自于北高加索地区,该分析得出了相同的结论(Ovchinnikov等,2000)。这个标本的年龄大约是29000年,也是现存最晚的尼安德特人。系统发育学的分析将这两个来自高加索地区和德国西部的尼安德特人划归与现代人截然不同的一个单一种系,这表明他们的线粒体脱氧核糖核酸对现代人的线粒体脱氧核糖核酸基因池没有贡献。Caramelli等人(2003)从生活在25000—23000年前的克鲁马努人(旧石器时代晚期生活在欧洲的高加索人——译者注)的骨骼中提取了线粒体脱氧核糖核酸并进行了测序。提取的序列与现代人的线粒体脱氧核糖核酸非常接近,但与尼安德特人的标本则相去甚远。Caramelli等人(2003)由此得出结论:染色体的不连续性表明尼安德特人对现代欧洲人的基因池没有什么贡献。因此,许多人类学家把尼安德特人和克鲁马努人的线粒体脱氧核糖核酸的研究成果视为替代假说的证据。

然而,多地区假说的支持者们并未因此而认输(Wong,1999)。除了有关突变速率假设、旧石器时代人种和遗传漂变的所有争论之外,已发现了支持多地区主义的物理新证据。在葡萄牙发现的一具24500年前的儿童骨骼似乎具有尼安德特人与现代人杂交的特征(Duarte等,1999),以及澳大利亚一具60000年前的骨骼具有现代人的特征,但却没有起源于非洲的迹象(Thorne等,1999)。迅速替代假说的提倡者则反驳说:这些解剖学上的特征只是适应当地环境的结果。此外,线粒体脱氧核糖核酸的证据并未被广泛接受,因为它可能很难排除现代的污染(Abbott,2003)。

分析古代和早期现代人化石中古老的脱氧核糖核酸在技术上似乎是可行的,而且已经建立了一些规程以便将现代污染的可能性降至最低(Cooper等,1997;Cooper和Poinar,2002)。其他标本的补充数据也许能够增进对新石器时代基因多样性的全面认知。也许不久将会出现一个能够整合迅速替代和多地区假说的、更为复杂的理论。Lakehead大学古DNA实验室拥有一份有关这个论题的综合性参考资料的清单,网址是:www.ancientdna.com。

尽管原始的脱氧核糖核酸在大约10000年之内就会降解,但分子杂化方法表明:部分脱氧核糖核酸可能会保留在更为古老的化石中,譬如465000年前的动物骨骼(Geigl,2002)。然而,这些脱氧核糖核酸链似乎是相互或与其他有机化合物交联的,从而导致其在聚合酶链反应(PCR)扩增中不溶和无法被利用。

11.10 古代蛋白质

包括扩增法、免疫学和测序法在内的蛋白质分析的生物化学方法广泛应用于人工物品和动物残骸的考古研究。在石油地球化学中,蛋白质的应用受到限制,因为它们,如脱氧核糖核酸,很难在年龄大于一百万年的样品中存在(Endo等,1995;Muyzer等,1984,1986)。有鉴于此,这些化合物不在本书讨论的范围之内,但有关阿那萨齐人(Anasazi)同类相残证据的近期研究的讨论就足以展示现今的应用水平。

通过检测古代蛋白质似乎已解决了一场人类学研究中的争论。从美国西南四角(Four Corners)地区阿那萨齐人的考古遗址发掘的许多骨骼(普布罗人,约公元900—1300年)表明有被剁碎、烧烤或蒸煮的迹象,它们暗示了同类相残。反对者争辩说:骨骼的证据并不能证明人的血肉被食用,切割的痕迹和受热改变可能是特殊的埋葬仪式、或者甚至是实施巫术的结果。然而,Marlar等人(2000)却证实了人肉的确被食用。在美国科罗拉多西南Cowboy Wash

普布罗人遗址发现了至少5具关节脱落的和被蒸煮过的骨骼,其年代为公元1150年。这些骨骼来自不同年龄的男性和女性。当时该遗址是匆匆被废弃的,有许多家居用品、贵重物品以及可以再利用的建筑材料被遗留了下来。从两件切割工具上验出了人的血迹。经过免疫检测化验(酶联免疫吸附测定,ELISA),蒸煮陶罐的碎片上含有人类心脏和骨骼肌肉特有的蛋白质。这些证据证实有人曾遭杀戮,他们的肉被烧煮过。当从该遗址发掘的一块粪化石的抗体化验也证实了肌肉球蛋白呈阳性时,同类相残的证据就浮出了水面。这块人类粪便在炉膛灰烬堆里与蒸煮陶罐的碎片混在一起,但它未过火的状态表明它是在炉膛最后一次使用之后才沉积下来的。该粪化石不含有植物残留,这对古代普布罗人的粪化石而言是不常见的,通常它会含有指示玉米的淀粉颗粒。在血液、肠道组织或消化系统的平滑肌细胞中未发现有肌红蛋白。因此,它在粪化石中的出现证明了曾食用过人类骨骼或心脏肌肉组织。酶联免疫吸附测定(ELISA)技术具有分类的特性,它可以将人类的肌红蛋白与其他动物的区分开来。尽管先前的考古研究已显示出有力而详尽的证据,表明阿那萨齐人中存在着同类相残,但对人类粪化石和陶瓷容器碎片的人类肌红蛋白酶联免疫吸附测定的分析则是首次提供了这方面无可争议的证据。

注:在理想的成岩条件下,蛋白质可以相当完好地保存大约500000年。但在石化条件下,大多数蛋白质在数千年之内就会因降解而变得无法测序和识别。骨钙蛋白可能是一个例外,它是一种小分子蛋白质(50个氨基酸),在脊椎动物的骨骼中含量丰富。骨钙蛋白是唯一已被测序的古代蛋白质,其样品来自6000年前的恐鸟骨骼(Huq等,1990)和55000年前的野牛骨骼(Nielsen-Marsh等,2002)。实验证据暗示:骨钙蛋白之所以能够幸存下来与矿物相的成岩稳定化作用不无关系,它发生在成岩作用早期的骨骼羟基磷灰石中(Child等,1997;Collins等,1998)。

利用间接的免疫学化验方法,Muyzer等人(1992)展示了白垩纪恐龙骨骼中保留着骨钙蛋白的证据。将美洲鳄骨骼中的骨钙蛋白注入兔子体内所产生的单克隆抗体可与不同的化石物质发生反应。强阳性反应发生在一些更新世脊椎动物化石和粉末状恐龙骨骼中,恐龙的种属被鉴定为赖氏龙F38(75.5Ma)和厚鼻龙F39(73.25Ma),经鉴定第三块恐龙样品仅为F33。另有两块恐龙化石和三种可控的物质被检测出呈阴性。对降解蛋白质中氨基酸的分析提供了恐龙骨骼中存在骨钙蛋白的补充证据。另一种罕见的氨基酸——γ-羧基谷氨酸的含量与骨钙蛋白的含量为正相关关系。在如此古老的化石中存在着蛋白质,这颇受争议。污染总是有可能发生的,而且也难以消除。Bada等人(1999)对Muyzer和他的合作者们得出的结论表示质疑,但他们承认:尽管外源氨基酸是恐龙骨骼中的主要氨基酸,但也不排除在有些情况下存在微量内源氨基酸的可能性。

11.11 考古中的麻醉剂

人类将植物麻醉剂广泛应用于医药、宗教及娱乐的历史悠久。毒品及其代谢产物在古代人体组织和人工制品中的检出加深了人们对当时的社会行为、栽培实践和贸易的了解。

鸦片是最古老和应用最为广泛的麻醉剂之一。毒品存在于罂粟属(*Papaver somniferum*)植物的汁液中。希腊人把这种汁液称作"鸦片"(opion)。古人采用把未熟的罂粟果浸泡在蜂蜜或红酒溶液中或者切开罂粟果直接刮取渗出汁液的方法来榨取麻醉剂。然后通过饮用、食用或者燃烧并吸入罂粟汁的方法来达到刺激精神的目的。古人制作的毒品远不如现代提纯的海洛因有效,但也容易上瘾(Booth,1999)。

在瑞士一处大约公元前3000年的考古遗址附近的冰冻泥炭中发现了最早的罂粟属植物残留物(Merlin,1984),考古的证据暗示:鸦片罂粟的种植直到很晚才出现在近东。已知最古老的罂粟象征物出现在克利特岛Knossos王宫中央大厅的石灰岩雕刻上,时间大约相当于弥诺斯I的晚期(公元前1600—1450年)(Evans,1928)。就在同一时期,一种新颖的、与众不同的陶制器皿在克里特岛出现了,它被称为圆底陶器(Base-ring Ware)。这个陶器是一个10~

15cm 高的陶罐,罐底有一环状底座。底座的环形成一个平面以支撑罐体保持直立的姿态,与早期的双耳罐不同,它底部是锥形的。化学分析证明圆底陶器是用来储存鸦片的,它的出现与罂粟的栽培和贸易有关。鸦片中的主要麻醉剂是吗啡和可待因。在公元前15世纪塞浦路斯人的圆底陶罐内已有毒品的痕迹,该陶罐出土于加沙附近的 Tell el–Ajjul 和巴勒斯坦一带(Bisset 等,1996;Koschel,1996)。

11.11.1 可卡因木乃伊的案例

在象形文字及纸莎草纸的著述中有古埃及人使用取自罂粟种子和忘忧树的麻醉剂的记载。对于有关在埃及木乃伊的毛发、组织和骨骼样品中检测到可卡因、尼古丁和大麻(四氢大麻醇)的报道争议颇多(Balabanova 等,1992;Parsche 和 Nerlich,1995)。木乃伊样品来自德国博物馆的收藏,其中包括七个头颅、一具完整的成年女尸和一具不完整的成年男尸木乃伊,其时间跨度从约公元前1070年的第三中间时期至托勒密王朝/罗马时期(约公元后395年)。最令人难以置信的是:可卡因的来源南美灌木(*Erthroxylon*)和尼古丁的来源烟草属(*Nicotiana*)是两种只生长在美洲的植物。这些发现立即招致抨击,反对者认为对毒品的鉴别有误,其中的尼古丁可能是香烟烟雾的污染物,甚至这些木乃伊都有可能是赝品(Bisset 和 Zenk,1993;Schäfer,1993;Bjorn,1993)。这后一种可能性尤其显得非同寻常,因为木乃伊作为药物曾经一度有很大的社会需求。在15—18世纪之间,据称木乃伊中的沥青可以医治各种疾病,为了得到沥青木乃伊遂被碾成了粉。"木乃伊"一词源于波斯语的 mummia,意谓沥青。欧洲对于木乃伊的需求非常之大以至于制作新的"木乃伊"成为一种行业,其方法为将刚去世的人或动物尸体浸入松脂或沥青中,然后在太阳下晒干。渐渐地,随着真正的木乃伊供不应求,公众开始意识到提供的木乃伊已开始使用新近死去生物的尸体而不再是古代的尸体,木乃伊在医药上的应用遂变得不再流行了。

如果不是1994年的一个英国电视纪录片:"可卡因木乃伊的秘密"(4频道二分点),有关古埃及可卡因和尼古丁的论争在考古界可能已偃旗息鼓了。该纪录片报道了 Balabanova、她的批评者以及 Rosalie David,她是英国曼彻斯特博物馆一位备受尊敬的埃及古物学家。David 无法对 Balabanova 所分析的木乃伊进行直接的研究,但她能够初步地核实这些样本中至少一具木乃伊的家系。更为有趣的是:David 在木乃伊样品中发现了尼古丁的证据但却没找到可卡因。

埃及木乃伊中尼古丁和可卡因的存在可以被解释成前哥伦比亚跨海贸易的证据。新旧大陆间如此之早的接触颇受争议。另一种可供选择的可能性就是:毒品产自旧大陆的本土植物,只是这些植物未被发现或者它们已经绝灭了。在结构上与可卡因有关的莨菪烷生物碱存在于莨菪、曼德拉草以及茄属植物中,在制作木乃伊的过程中它可能发生了蚀变而成为类似可卡因的化合物(Schäfer,1993)。尼古丁的存在可能也并不仅限于烟草之中,而是有更多的来源,它也许早已存在于旧大陆的植物中了(Bisset 和 Zenk,1993)。这类植物可能已经不复存在,因为有许多药用植物由于过度使用现已绝迹了。譬如,罗盘草是一种具有药用和避孕功能的植物,在古希腊对它的需求极大,以至于到了公元3或4世纪末它就绝迹了。

然而,有关获得的考古物质受有机物污染的问题直到最近才引起重视。Wischmann 等人(2002)进行了一项实验,将一节青铜器时代不含尼古丁的人类大腿骨暴露在充满烟草烟雾的环境中六周时间。然后,他们在清洗腿骨的前后分析了腿骨中的蛋白质。令人惊讶地是:未清洗的样品中每克腿骨含有 11.6ng 尼古丁;而清洗之后尼古丁的含量则达到 35.9ng。他们将尼古丁的增加归咎于在清洗过程中烟草烟雾的沉淀物由骨骼表面渗入到内部的缘故,它导致了尼古丁浓度的增加。作为这项研究的一个组成部分,他们还检测了18世纪德国 Goslar 公民大腿骨中的尼古丁含量。34块样品中大约有2/3的腿骨含有微量的尼古丁,似乎表明这个群落广泛使用烟草。然而,却没有发现尼古丁的主要代谢产物——古丁尼的踪迹。Wischmann等人(2002)由此得出结论:Goslar样品中的尼古丁可能是污染,但他们也承认目前有关古丁尼能长期存留的资讯几乎没有。

注:英国17世纪黏土烟斗(包括莎士比亚住所的烟斗)中的有机残留物不但含有尼古丁,同时也含有可卡因,以及还可能有大麻残留物(Thackeray等,2001)。这些发现令人惊讶,因为过去认为可卡因从南美传入欧洲也只是约200年以前的事。尽管莎士比亚也许并没有使用过这些烟斗,但在他十四行诗76中却有一些毒品醒脑的证据,如短语"闻名的烟草"和"奇异的化合物"(Wong,2001)。这些分析究竟发现的是麻醉剂的自身残留物,还是在样品处理或储存过程中实验带来的人工产物或污染物的含量目前尚没有定论。

11.11.2 中美洲的可可豆

可可豆是阿兹特克和玛雅文明中的主要饮品和调味品(Coe和Coe,2000)。文献中关于它在古典时期(公元250—900年)的应用有详尽的记载,但近期的化学分析已将它的应用时间提前至公元前600年(Hurst等,2002)。中美洲唯一以可可碱作为主要生物碱的植物(图11.27)是可可树。应用高效液相色谱串联大气压化学电离质谱法,从若干前古典期有嘴陶罐的残留物中检测到了这种化合物。这些陶罐过去可能用来将可可从一个容器倒入另一个容器以产生泡沫,而泡沫曾被玛雅人和阿兹特克人认为是最希望从饮料中得到的部分。

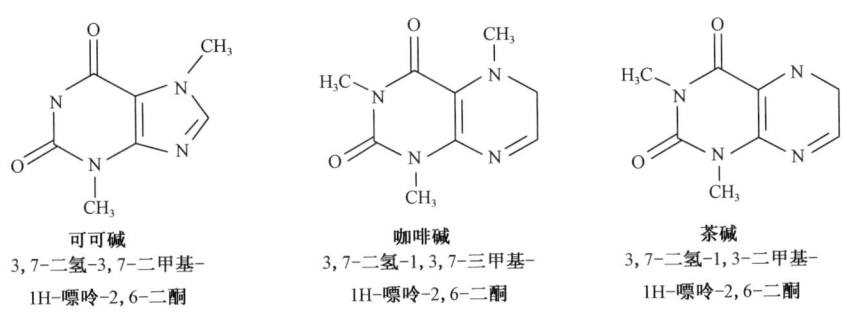

可可碱
3,7-二氢-3,7-二甲基-
1H-嘌呤-2,6-二酮

咖啡碱
3,7-二氢-1,3,7-三甲基-
1H-嘌呤-2,6-二酮

茶碱
3,7-二氢-1,3-二甲基-
1H-嘌呤-2,6-二酮

图11.27 可可碱作为甲基黄嘌呤中的一员是可可树(可可属)产物的主要生物碱。其他甲基黄嘌呤的成员还包括咖啡碱和茶碱,它们分别是咖啡和茶中的主要生物碱

土著美洲人文明中一个非常重要的组成部分就是在宗教仪式中吸食烟草。绘画及民族植物学的原始资料显示这一行为非常普遍而且延续了数千年。然而,在早期林地时期(约公元前1000—200年)的烟斗中检出烟草残留物之前,北美东部缺乏早期使用烟草的直接证据(Rafferty,2002)。

11.12 生物标志化合物及交叉学科的研究

考古中人工制品的化学分析大大增进了我们对古代人类的了解。而沥青、树脂和其他天然产物中生物标志化合物的检测表明:这些物质的应用远较以前人们对其的认识要广泛而复杂得多。然而,目前的研究仅仅代表了所有能够有所作为中一小部分。对中东以外地区含沥青的人工制品还很少进行过化学分析,而石油的油苗则分布在全世界各地。

学科间的生物标志化合物研究还可以渗透到其他的科学领域。譬如,在对源岩抽提物和干酪根热解产物定性过程中发展起来的技术就被应用到一项耵聍(耳垢)的生物医学研究之中(Burkhart等,2001)。研究证明耳垢是一种烃类、二萜类、固醇以及许多未识别化合物的复杂混合物。

生物标志化合物地球化学是一门高度交叉的学科,它需要具备地质、化学、生物和生态学等领域广泛的知识基础。尽管地球化学家们很少涉猎岩石圈之外的领域,但我们热切地期望同行们以前瞻的眼光建立起跨学科的研究。常规的地球化学程序和仪器设备无需额外的实验室改造或经费就可用来支撑其他学科的研究。更为重要的是一个能够提供解释数据所需的专业知识的承诺。许多考古学家和博物馆馆长们对开展应用地球化学专业知识的合作研究会非常欢迎。

参 考 文 献

Abbott, A. (2003) Anthropologists cast doubt on human DNA evidence. *Nature*, 423, 468.

Abe, I., Rohmer, M. and Prestwich, G. D. (1993) Enzymatic cyclization of squalene and oxidosqualene to sterols and triterpenes. Chemical Reviews, 93, 2189 – 206.

Abelson, P. H. (1963) Organic geochemistry and the formation of petroleum. 6*th World Petroleum Congress Proceedings*, Section 1, John Wiley & Sons, Chichester, pp. 397 – 407.

Abrajano, T. A., Sturchio, N. C., Kennedy, B. M., *et al.* (1990) Geochemistry of reduced gas related to serpentinization of the Zambales ophiolite, Philippines. *Applied Geochemistry*, 5, 625 – 30.

Adams, J. A. S. and Weaver, C. E. (1958) Thorium – to – uranium ratios as indicators of sedimentary processes: example of concept of geochemical facies. *American Association of Petroleum Geologists Bulletin*, 42, 387 – 430.

Aiello, A., Fattorusso, E. and Menna, M. (1999) Steroids from sponges: recent reports. *Steroids*, 64, 687 – 714.

Aizenshtat, Z. (1973) Perylene and its geochemical significance. *Geochimica et Cosmochimica Acta*, 37, 559 – 67.

Alaska Department of Environmental Conservation (1993) *The Exxon Valdez Oil Spill Final Report, State of Alaska Response*. Alaska Department of Environmental Conservation, Juneau, Alaska.

Albaig'es, J. (1980) Identification and geochemical significance of long chain acyclic isoprenoid hydrocarbons in crude oils. In: *Advances in Organic Geochemistry* 1979 (A. G. Douglas and J. R. Maxwell, eds.), Pergamon, New York, pp. 19 – 28.

Albaig'es, J., Borbon, J. and Salagre, P. (1978) Identification of a series of $C_{25} - C_{40}$ acyclic isoprenoid hydrocarbons in crude oils. *Tetrahedron Letters*, 6, 595 – 8.

Albaig'es, J., Borbon, J. and Walker, W., II (1985) Petroleum isoprenoid hydrocarbons derived from catagenetic degradation of archaebacterial lipids. *Organic Geochemistry*, 8, 293 – 7.

Alberdi, M., L'opez, C. E. and Galarraga, F. (1996) Genetic classification of crude oil families in the Eastern Venezuela Basin. *Boletin de la Sociedad Venezolana de Geol'ogos*, 21, 7 – 21.

Alexander, M. (1999) *Biodegradation and Bioremediation*, 2nd edn. Academic Press, San Diego, CA.

Alexander, R., Kagi, R. and Woodhouse, G. W. (1981) Geochemical correlation of Windalia oil and extracts of Winning Group (Cretaceous) potential source rocks, Barrow Subbasin, Western *Australia. American Association of Petroleum Geologists Bulletin*, 65, 235 – 50.

Alexander, R., Kagi, R. I., Roland, S. J., Sheppard, P. N. and Chirila, T. V. (1985) The effects of thermal maturity on distributions of dimethylnaphthalenes and trimethylnaphthalenes in some ancient sediments and petroleum. *Geochimica et Cosmochimica Acta*, 49, 385 – 95.

Alexander, R., Bastow, T. P., Kagi, R. I. and Singh, R. K. (1992) Identification of 1, 2, 2, 5 – tetramethyltetralins and 1, 2, 2, 5, 6 – pentamethyltetralins as racemates in petroleum. *Journal of the Chemical Society*, Chemical Communications, 23, 1712 – 14.

Alsharhan, A. S. and Salah, M. G. (1997) A common source rock for Egyptian and Saudi hydrocarbons in the Red Sea. *American Association of Petroleum Geologists Bulletin*, 81, 1640 – 59.

Alvarez, H. M. and Steinb¨uchel, A. (2002) Triacylglycerols in prokaryotic microorganisms. *Applied Microbiology and Biotechnology*, 60, 367 – 76.

Ambrose, S. H. (1993) Isotopic analysis of paleodiets: methodological and interpretive considerations. In: *Investigations of Ancient Human Tissue* (M. K. Stanford, ed.), Gordon and Breach Science Publishers, Langhorne, PA, pp. 59 – 130.

American Society for Testing and Materials (1992) Detailed analysis of petroleum naphthas through n – nonane by capillary gas chromatography. Procedure ASTM D 5134 – 92.

Andersen, N., Paul, H. A., Bernasconi, S. M., *et al.* (2001) Large and rapid climate variability during the Messinian salinity crisis: evidence from deuterium concentrations of individual biomarkers. *Geology*, 29, 799 – 802.

Anderson, R. B. (1984) *The Fischer – Tropsch Synthesis*. Academic Press, New York.

Anderson, K. B. and Muntean, J. V. (2000) The nature and fate of natural resins in the geosphere. Part X. Structural characteristics of the macromolecular constituents of modern dammar resin and Class II ambers. *Geochemical Transactions*, 1, 1 – 9.

Andrusevich, V. E., Engel, M. H., Zumberge, J. E. and Brothers, L. A. (1998) Secular, episodic changes in stable carbon isotope composition of crude oils. Chemical *Geology*, 152, 59 – 72.

Andrusevich, V. E., Engel, M. H. and Zumberge, J. E. (2000) Effects of paleolatitude on the stable carbon isotope composition of crude oils. *Geology*, 28, 847 – 50.

Aplin, A. C., Larter, S. R., Bigge, M. A., et al. (2000) PVTX history of the North Sea's Judy oilfield. *Journal of Geochemical Exploration*, 69 – 70, 641 – 4.

Apps, J. A. and van de Kamp, P. C. (1993) Energy gases of abiogenic origin in the Earth's crust. U. S. Geological Survey Professional Paper 1570, pp. 81 – 132.

Armanios, C. (1995) *Molecular sieving, analysis and geochemistry of some pentacyclic triterpanes in sedimentary organic matter*. Ph. D. thesis, Curtin University of Technology, School of Applied Chemistry, Perth, Australia.

Armanios, C., Alexander, R. and Kagi, R. I. (1992) Shape – selective sorption of petroleum hopanoids by ultrastable Y zeolite. *Organic Geochemistry*, 18, 399 – 406.

(1994) Fractionation of higher – plant derived triterpanes using molecular sieves. *Organic Geochemistry*, 21, 531 – 43.

Armanios, C., Alexander, R., Sosrowidjojo, I. M. and Kagi, R. I. (1995) Identification of bicadinanes in Jurassic organic matter from the Eromanga Basin, Australia. *Organic Geochemistry*, 23, 837 – 43.

Arnold, R. and Anderson, R. (1907) Geology and oil resources of the Santa Maria oil district, Santa Barbara County, California. *U. S. Geological Survey Bulletin*, 322.

Arthur D. Little, Inc. (1999) *Sediment Quality in Depositional Areas of Shelik of Strait and Outermost Cook Inlet*, draft final report, U. S. Department of the Interior, Minerals Management Service, contract no. 1435 – 01 – 97 – CT – 30830.

Arthur, M. A., Dean, W. E. and Pratt, L. M. (1988) Geochemical and climatic effects of increased marine organic carbon burial at the Cenomanian/Turonian boundary. *Nature*, 335, 714 – 7.

Audino, M., Grice, K., Alexander, R., Boreham, C. J. and Kagi, R. I. (2001) Unusual distribution of monomethylalkanes in *Botryococcus braunii* – rich samples. Origin and significance. *Geochimica et Cosmochimica*, 65, 1995 – 2000.

Aveling, E. M. (1997) Chew, chew, that ancient chewing gum. A slovenly modern habit? Or one of the world's oldest pastimes. British *Archaeology*, 21, 6.

(1998) Characterisation of natural products from the Mesolithic of Northern Europe. Ph. D. thesis, University of Bradford, Bradford, UK.

Aveling, E. M. and Heron, C. (1999) Chewing tar in the early Holocene: an archaeological and ethnographic evaluation. *Antiquity*, 73, 579 – 4.

Ayres, M. G., Bilal, M., Jones, R. W., et al. (1982) Hydrocarbon habitat in main producing areas, Saudi Arabia. *American Association of Petroleum Geologists Bulletin*, 66, 1 – 9.

Azevedo, D. A., Aquino Neto, F. R., Simoneit, B. R. T. and Pinto, A. C. (1992) Novel series of tricyclic aromatic terpanes characterized in Tasmanian tasmanite. *OrganicGeochemistry*, 18, 9 – 16.

Bada, J. L., Wang, X. S. and Hamilton, H. (1999) Preservation of key biomolecules in the fossil record: current knowledge and future challenges. *Philosophical Transactions of the Royal Society of London, Biological Sciences*, 354, 77 – 88.

Baelocher, C., Meier, W. M. and Olson, D. H. (2001) *Atlas of Zeolite Framework Types*, 5th edn, Elsevier, Amsterdam.

Bailey, N. J. L., Burwood, R. and Harriman, G. E. (1990) Application of pyrolyzate carbon isotope and biomarker technology to organofacies definition and oil correlation problems in North Sea basins. *Organic Geochemistry*, 16,

1157 – 72.

Baker, E. W. and Louda, J. W. (1983) Thermal aspects of chlorophyll geochemistry. In: *Advances in Organic Geochemistry* 1981 (M. Bjorøy, C. Albrecht, C. Cornford, et al., eds.), John Wiley & Sons, New York, pp. 401 – 21.

(1986) Porphyrins in the geological record. In: *Biological Markers in the Sedimentary Record* (R. B. Johns, ed.), Elsevier, New York, pp. 125 – 224.

Balabanova, S., Parsche, F. and Pirsig, W. (1992) First identification of drugs in Egyptian mummies. *Naturwissenschaften*, 79, 358.

Ballentine, C. J., Schoell, M., Coleman, D. and Cain, B. A. (2001) 300 – Myr – old magmatic CO_2 in natural gas reservoirs of the west Texas Permian Basin. *Nature*, 409, 327 – 31.

Balogh, B., Wilson, D. M., Christiansen, P. and Burlingame, A. L. (1973) 17α(H) – hopane identified in oil shale of theGreen River Formation (Eocene) by carbon – 13 NMR. *Nature*, 242, 603 – 5.

Barker, C. and Smith, M. P. (1986) Mass spectrometric determination of gases in individual fluid inclusions in natural minerals. *Analytical Chemistry*, 58, 1330 – 33.

Barwise, A. J. G. (1990) Role of nickel and vanadium in petroleum classification. *Energy & Fuels*, 4, 647 – 52.

Barwise, A. J. G. and Whitehead, E. V. (1980) Separation and structure of petroporphyrins. In: *Advances in Organic Geochemistry* 1979 (A. G. Douglas and J. R. Maxwell, eds.), Pergamon, New York, pp. 181 – 92.

Baskin, D. K. (1979) A method of preparing phytoclasts for vitrinite reflectance analysis. *Journal of Sedimentary Petrology*, 49, 633 – 5.

(1997) Atomic H/C ratio of kerogen as an estimate of thermal maturity and organic matter conversion. *American Association of Petroleum Geologists Bulletin*, 81, 1437 – 50.

Baskin, D. K. (2001) Comparison between atomic H/C and Rock – Eval hydrogen index as an indicator of organic matter quality. In: *The Monterey Formation: From Rocks to Molecules* (C. M. Isaacs and J. Rullköotter, eds.), Columbia University Press, New York, pp. 230 – 40.

Baskin, D. K. and Jones, R. W. (1993) Prediction of oil gravity prior to drill – stem testing in Monterey Formation reservoirs, offshore California. *American Association of Petroleum Geologists Bulletin*, 77, 1479 – 87.

Baskin, D. K. and Peters, K. E. (1992) Early generation characteristics of a sulfur – rich Monterey kerogen. *American Association of Petroleum Geologists Bulletin*, 76, 1 – 13.

Bass, G. (1986) A Bronze Age shipwreck at Ulu Burun (Kas) 1984 Campaign. *American Journal of Archaeology*, 90, 269 – 96.

Bass, G. and Pulak, C. (1987) A Late Bronze Age shipwreck at Ulu Burun: 1986. *American Journal of Archaeology*, 93, 1 – 29.

Bastow, T. P. (1998) Sedimentary processes involving aromatic hydrocarbons. Ph. D. thesis, Curtin University of Technology, Perth, Australia.

Bauer, P. E., Dunlap, N. K., Arseniyadis, S., et al. (1983) Synthesis of biological markers in fossil fuels. 1. 17α and 17β isomers of 30 – norhopane and 30 – normoretane. *Journal of Organic Chemistry*, 48, 4493 – 7.

Baumer, U. and Koller, J. (2002) The gold tree from the Celtic oppidum at Manching: investigation of the organic adhesive used for the gilding procedure. Presented at the 33rd International Symposium on Archaeometry, April 22 – 25, 2002, Amsterdam.

Beato, B. D., Yost, R. A., van Berkel, G. J., Filby, R. H. and Quirke, M. E. (1991) The Henryville bed of the New Albany Shale. III: tandem mass spectrometric analyses of geoporphyrins from the bitumen and kerogen. *Organic Geochemistry*, 17, 93 – 105.

Beck, C. W. and Borromeo, C. (1990) Ancient pine pitch: technological perspectives from a Hellenistic shipwreck. In: *Organic Content of Ancient Vessels: Materials Analysis and Archaeological Investigation*. Vol. 7 (A. R. Biers and P. E. McGovern, eds.), University of Pennsylvania Press, Philadelphia, pp. 51 – 8.

Beck, C. W., Stout, E. C. and Janne, P. A. (1998) The pyrotechnology of pine tar and pitch inferred from quantitative analysis by gas chromatography/mass spectrometry and carbon – 13 nuclear magnetic resonance spectroscopy. In: *Proceedings of the First International Symposium on Wood Tar and Pitch* (W. Brzeinski, and W. Piotrowski, eds.), Biskupin, Poland, pp. 181 – 90.

Beck, C. W., Stout, E. C., Bingham, J., Lucas, J. and Purohit, V. (1999) Central European pine tar technologies. *Ancient Biomolecules*, 2, 281 – 93.

Beesley, T. E. and Scott, P. W. (1998) *Chiral Chromatography*. John Wiley & Sons, New York.

Bellamine, A., Mangla, A. T., Nes, W. D. and Waterman, M. R. (1999) Characterization and catalytic properties of the sterol 14α – demethylase from *Mycobacterium tuberculosis*. *Proceedings of the National Academy of Science*, USA, 96, 8937 – 8942.

BeMent, W. O., Levey, R. A. and Mango, F. D. (1995) The temperature of oil generation as defined with C_7 chemistry maturity parameter (2,4 – DMP/2,3 – DMP ratio). In: *Organic Geochemistry: Development and Applications to Energy, Climate, Environment and Human History* (J. O. Grimalt and C. Dorronsoro, eds.), AIGOA, Donostia – San Sebasti'an, Spain, pp. 505 – 7.

BeMent, W. O., McNeil, R. I. and Lippincott, R. G. (1996) Predicting oil quality from sidewall cores using PFID, TEC, and NIR analytical techniques in sandstone reservoirs, Rio Del Rey Basin, Cameroon. *Organic Geochemistry*, 24, 1173 – 8.

Bence, A. E. and Burns, W. A. (1993) Fingerprinting hydrocarbons in the biological resources of the *Exxon Valdez* spill area. In: *Exxon Valdez Oil Spill: Fate and Effects in Alaskan Waters* (3rd ASTM Environmental Toxicology and Risk Assessment Symposium) (P. G. Wells, J. N. Butler, and J. S. Hughes, eds.) American Society for Testing and Materials, STP 1219, Philadelphia, p. 84. 140.

Bence, A. E., Kvenvolden, K. A. and Kennicutt, M. C., II (1996) Organic geochemistry applied to environmental assessments of Prince William Sound, Alaska, after the *Exxon Valdez* oil spill. a review. *Organic Geochemistry*, 24, 7. 42.

Bence, A. E., Burns, W. A., Mankiewicz, P. J., Page, D. S. and Boehm, P. D. (2000) Comment on "PAH refractory index as a source discriminant of hydrocarbon input from crude oil and coal in Prince William Sound, Alaska" by F. D. Hostettler, R. J. Rosenbauer, K. A. Kvenvolden. *Organic Geochemistry*, 31, 931. 8.

Benford, D. J., Hanley, A. B., Bottrill, K., *et al.* (2000) Biomarkers as predictive tools in toxicity testing. *Alternatives to Laboratory Animals*, 28, 119. 31.

Berkert, U. and Allinger, N. L. (1982) *Molecular Mechanics*, monograph 177, American Chemical Society, Washington, DC.

Berndt, M. E., Allen, D. E. and Seyfried, W. E. J. (1996) Reduction of CO_2 during serpentinization of olivine at 300. C and 500 bar. *Geology*, 24, 351. 4.

Berner, R. A. (1984) Sedimentary pyrite formation: an update. *Geochimica et Cosmochimica Acta*, 48, 605. 15.

Berner, R. A. and Raiswell, R. (1983) Burial of organic carbon and pyrite sulfur in sediments over Phanerozoic time: a new theory. *Geochimica et Cosmochimica Acta*, 47, 605. 15.

Berry, A. M., Harriott, O. T., Moreau, R. A., *et al.* (1993) Hopanoid lipids compose the Frankia vesicle envelope, presumptive barrier of oxygen diffusion to nitrogenase. *Proceedings of the National Academy of Science*, USA, 90, 6091. 4.

Berthelot, M. – P. (1860) *Chimie organique fondée sur la synth'ese*. Mallet – Bachelier, Paris.

Bertsch, W. (1999) Two – dimensional gas chromatography. Concepts, instrumentation, and applications. Part 1. Fundamentals, conventional two – dimensional gas chromatography, selected applications. *Journal of High Resolution Chromatography*, 22, 647. 65.

(2000) Two – dimensional gas chromatography. Concepts, instrumentation, and applications. Part 2. Comprehensive two – dimensional GC. *Journal of High Resolution Chromatography*, 23, 167. 81.

Bethell, P. H., Goad, L. J., Evershed, R. P. and Ottaway, J. (1994) The study of molecular markers of human activity: the use of coprostanol in the soil as an indicator of human faecal material. *Journal of Archaeological Sci-*

ence, 21, 619.32.

Bhullar, A. G., Karlsen, D. A., Backer-Owe, K., Seland, R. T. and Le Tran, K. (1999) Dating reservoir filling a case history from the North Sea. *Marine Petroleum Geology*, 16, 581.603.

Bidigare, R. R., Kennicutt, M. C., II, Ondrusek, M. E., Keller, M. D. and Guillard, R. R. L. (1990) Novel chlorophyll-related compounds in marine phytoplankton: distributions and geochemical implications. *Energy & Fuels*, 4, 653-7.

Bidigare, R. R., Kennicutt, M. C., II, Keeney-Kennicutt, W. L. and Macko, S. A. (1991) Isolation and purification of chlorophylls a and b for the determination of stable carbon and nitrogen isotope compositions. *Analytical Chemistry*, 63, 130.33.

Binder, D., Bourgois, G., Benoist, F. and Votry, C. (1990) Identification de brai de bouleau (*Betula*) dans le Neolithique de Giribaldi (Nice, France) par la spectrometrie de masse. *Revued'Archeometrie*, 14, 37.42.

Bird, C. W., Lynch, J. M., Pirt, F. J., et al. (1971) Steroids and squalene in *Methylococcus capsulatus* grown on methane. *Nature*, 230, 473.4.

Bisset, N. C. and Zenk, M. H. (1993) Responding to 'First identification of drugs in Egyptian mummies'. *Naturwissenschaften*, 80, 244.5.

Bisset, N., Bruhn, J. G. and Zenk, M. H. (1996) Was opium known in the 18th dynasty in Egypt? An examination of materials from the tomb of the chief royal architect Kha, the presence of opium in a 3,500 year old Cypriote base-ring juglet. *Ägypten und Levante*, 6, 199.204.

Biswas, S. K., Rangaraju, M. K., Thomas, J. and Bhattacharya, S. K. (1994) Cambay-Hazad(!) petroleum system in South Cambay Basin, India. In: *The Petroleum System. From Source to Trap* (L. B. Magoon and W. G. Dow, eds.), American Association of Petroleum Geologists, Tulsa, OK, pp. 615.24.

Bjorn, L. O. (1993) Responding to 'First identification of drugs in Egyptian mummies'. Naturwissenschaften, 80, 244.

Bjoroy, M., Hall, K., Gillyon, P. and Jumeau, J. (1991) Carbon isotope variations in n-alkanes and isoprenoids of whole oils. *Chemical Geology*, 93, 13.20.

Bjorøy, M., Hall, P. B. and Moe, R. P. (1994) Variation in the isotopic composition of single components in the C_4-C_{20} fraction of oils and condensates. *Organic Geochemistry*, 21, 761-6.

Blankenship, R. (1992) Origin and early evolution of photosynthesis. *Photosynthetic Research*, 33, 91-111.

Blankenship, R. E. and Hartman, H. (1998) The origin and evolution of oxygenic photosynthesis. *Trends in Biochemical Sciences*, 23, 94-7.

Bloch, K. (1983) Sterol structure and membrane function. *CRC Critical Reviews of Biochemistry*, 4, 47-92.

Blokker, P., Van Bergen, P., Pancost, R., et al. (2001) The chemical structure of *Gloeocapsomorpha prisca* microfossils: implications for their origin. *Geochimica et Cosmochimica Acta*, 65, 885-900.

Blomberg, J., Schoenmakers, P. J. and Brinkman, U. A. (2002) Gas chromatographic methods for oil analysis *Journal of Chromatography A*, 972, 137-73.

Blumer, M. and Sass, J. (1972) Oil pollution: persistence and degradation of spilled fuel oil. *Science*, 176, 1120-2.

Blumer, M., Guillard, R. R. L. and Chase, T. (1971) Hydrocarbons of marine plankton. *Marine Biology*, 8, 183-9.

Blumer, M., Blokker, P. C., Cowell, E. B. and Duckworth, D. F. (1972) Petroleum. In: *A Guide to Marine Pollution* (E. D. Goldberg, ed.), Gordon and Breach, New York, pp. 19-40.

Bocherens, H., Billiou, D., Mariotti, A., et al. (1999) Palaeoenvironmental and palaeodietary implications of isotopic biogeochemistry of last interglacial Neanderthaland mammal bones in Scladina Cave (Belgium). *Journal of Archaeological Science*, 26, 599-607.

Boëda, E., Connan, J., Dessort, D., et al. (1996) Bitumen as a hafting material on Middle Paleolithic artefacts. *Nature*, 380, 336-8.

Boehm, P. D., Douglas, G. S., Burns, W. A., et al. (1997) Application of petroleum hydrocarbon chemical fingerprinting and allocation techniques after the Exxon Valdez oil spill. Marine Pollution Bulletin, 34, 599–613.

Boehm, P. D., Page, D. S., Gilfillan, E. S., et al. (1998) Study of the fates and effects of the Exxon Valdez oil spill on benthic sediments in two bays in Prince William Sound, Alaska. 1. Study design, chemistry, and source fingerprinting. Environmental Science & Technology, 32, 567–76.

Boehm, P. D., Douglas, G. S., Borwn, J. S., et al. (2000) Comment on "Natural hydrocarbon background in benthic sediments of Prince William Sound, Alaska: oil vs. coal" Environmental Science & Technology, 34, 2064–5.

Boehm, P. D., Page, D. S., Burns, W. A., et al. (2001) Resolving the origin of the petrogenic hydrocarbon background in Prince William Sound, Alaska. Environmental Science & Technology, 35, 471–9.

Boetius, A., Raveschlag, K., Schubert, C. J., et al. (2000) A marine microbial consortium apparently mediating anaerobic oxidation of methane. Nature, 407, 577–9.

Booth, M. (1999) Opium: A History. St Martin's Griffin, New York.

Bordenave, M. L. (1993) Applied Petroleum Geochemistry. Editions Technip, Paris.

Bordovskiy, O. K. and Takh, N. I. (1978) Organic matter in the Recent carbonate sediments of the Caspian Sea. Oceanology, 18, 673–8.

Boreham, C. J. and Powell, T. G. (1993) Petroleum source rock potential of coal and associated sediments: qualitative and quantitative aspects. In: Hydrocarbons from Coal (D. D. Rice, ed.), American Association of Petroleum Geologists, Tulsa, OK, pp. 133–57.

Boreham, C. J., Fookes, C. J. R., Popp, B. N. and Hayes, J. M. (1989) Origins of etioporphyrins in sediments: evidence from stable carbon isotopes. Geochimica et Cosmochimica Acta, 53, 2451–5.

Borgund, A. E. and Barth, T. (1994) Generation of short-chain organic acids from crude oil by hydrous pyrolysis. Organic Geochemistry, 21, 943–52.

Bostick, N. H. (1979) Microscopic measurement of the level of catagenesis of solid organic matter in sedimentary rocks to aid exploration for petroleum and to determine former burial temperatures – a review. In: Aspects of Diagenesis (P. A. Schdle and P. R. Schulger, eds.), Society for Sedimentary Geology, Houston, TX, pp. 17–43.

Bostick, N. H. and Alpern, B. (1977) Principles of sampling, preparation and constituent selection for microphotometry in measurement of maturation of sedimentary organic matter. Journal of Microscopy, 109, 41–7.

Botneva, T. A., Eremenko, N. A. and Pankina, R. G. (1984) Isotopic composition of carbon, hydrogen, nitrogen, and sulphur in crude oils, gases, and organic matter of rocks. In: Handbook on Oil and Gas Geology [in Russian], Nedra, Moscow, pp. 78–97.

Bottomley, R. J., York, D. and Grieve, R. A. F. (1978) $^{40}Ar-^{39}Ar$ ages of Scandinavian impact structures: I. Mien and Siljan. Contributions to Mineralogy and Petrology, 68, 79–84.

Bouvier, P., Rohmer, M., Benveniste, P. and Ourisson, G. (1976) $\Delta 8,14$ – Steroids in the bacterium Methylococcus capsulatus. Biochemistry Journal, 159, 267–71.

Bragg, J. R., Prince, R. C., Harner, E. J. and Atlas, R. M. (1994) Effectiveness of bioremediation for the Exxon Valdez oil spill. Nature, 368, 413–8.

Brassell, S. C. (1987) Natural gas from the mantle. Book review. Power from the Earth by Thomas Gold. New Scientist, 116, 54–5.

Brassell, S. C., Wardroper, A. M. K., Thompson, I. D., Maxwell, J. R. and Eglinton, G. (1981) Specific acyclic isoprenoids as biological markers of methanogenic bacteria in marine sediments. Nature, 290, 693–6.

Brassell, S. C., Eglinton, G. and Fu, J. M. (1985) Biological marker compounds as indicators of the depositional history of the Maoming oil shale. Organic Geochemistry, 10, 927–41.

Bray, E. E. and Evans, E. D. (1961) Distribution of n-paraffins as a clue to recognition of source beds. Geochimica et Cosmochimica Acta, 22, 2–15.

Breck, D. W. (1974) Zeolite Molecular Sieves. John Wiley & Sons, New York.

Britton, G. (1998) Overview of carotenoid biosynthesis. In: *Carotenoids*, Vol. 3 (G. Britton, S. Leeaen – Jensen and H. Pfander, eds.), Birkhauser Verlag, Basel, pp. 13 – 147.

Brock, T. D. and Madigan, M. T. (1991) *Biology of Microorganisms*. Prentice – Hall, Englewood Cliffs, NJ.

Brocks, J. J., Logan, G. A., Buick, R. and Summons, R. E. (1999) Archean molecular fossils and the early rise of eukaryotes. *Science*, 285, 1033 – 6.

Bromley, B. W. and Larter, S. R. (1986) Biogenic origin of petroleums. *Chemical and Engineering News*, August 25, 3, 43.

Brooks, P. W., Maxwell, J. R., Cornforth, J. W. Butlin, A. G. and Milne, C. B. (1977) Stereochemical studies of acyclic isoprenoid compounds. VI. The stereochemistry of farnesane from crude oil. In: *Advances in Organic Geochemistry* 1975 (R. Campos and J. Goni, eds.), Pergamon, Oxford, pp. 91 – 97.

Brooks, J. M., Kennicutt, M. C., II and Carey, B. D., Jr. (1986) Offshore surface geochemical exploration. *Oil and Gas Journal*, 84, 66 – 72.

Brown, T. A. (1999) How ancient DNA may help in understanding the origin and spread of agriculture. *Philosophical Transactions of the Royal Society of London, Biological Sciences*, 354, 89 – 98.

Buck, S. P. and McCulloh, T. H. (1994) Bampo – Peutu (!) petroleum system, North Sumatra, Indonesia. In: *The Petroleum System – From Source to Trap* (L. B. Magoonand W. G. Dow, eds.), American Association of Petroleum Geologists, Tulsa, OK, pp. 624 – 38.

Buckley, S. A. and Evershed, R. P. (2001) Organic chemistry of embalming agents in Pharaonic and Graeco – Roman mummies. *Nature*, 413, 837 – 41.

Buckley, S. A., Stott, A. W. and Evershed, R. P. (1999) Studies of organic residues from ancient Egyptian mummies using high temperature gas chromatography mass spectrometry and sequential thermal desorption gas chromatography mass spectrometry and pyrolysis gas chromatography mass spectrometry. *Analyst*, 124, 443 – 52.

Budiansky, S. (1982) Research article triggers dispute on zeolite. *Nature*, 300, 309.

Buick, R., Rasmussen, B. and Krapez, B. (1998) Archean oil: evidence for extensive hydrocarbon generation and migration 2.5 – 3.5 Ga. *American Association of Petroleum Geologists Bulletin*, 82, 50 – 69.

Bull, I. D., van Bergen, P. F., Poulton, P. R. and Evershed, R. P. (1998) Organic geochemical studies of soils from the Rothamsted classical experiments – II. Soils from the Hoosfield spring barley experiment treated with different quantities of manure. *Organic Geochemistry*, 28, 11 – 26.

Bull, I. D., Betancourt, P. P. and Evershed, R. P. (1999a) Chemical evidence supporting the existence of structured agricultural manuring regime on Pseira Island, Crete during the Minoan Age. *Malcolm Wiener Fertschrift Volume, Aegeum*, 20, 69 – 74.

Bull, I. D., Simpson, I. A., van Bergen, P. F., Poulton, P. R. and Evershed, R. P. (1999b) Muck 'n' molecules: organic geochemical methods for detecting ancient manuring. *Antiquity*, 73, 86 – 96.

Bull, I. D., van Bergen, P. F., Nott, C. J., Poulton, P. R. and Evershed, R. P. (2000) Organic geochemical studies of soils from the Rothamsted classical experiments – V. The fate of lipids in different long – term experiments. *Organic Geochemistry*, 31, 389 – 408.

Bull, I. D., Lockheart, M. J., Elhummali, M. M., Roberts, D. J. and Evershed, R. P. (2002) The origin of faeces by means of biomarker detection. *Environment International*, 27, 647 – 54.

Bull, I. D., Elhmmali, M. M., Roberts, D. J. and Evershed, R. P. (2003) The application of steroidal biomarkers to track the abandonment of a Roman wastewater course at the Agora (Athens, Greece). *Archaeometry*, 45, 149 – 62.

Bullock, C. (2000) The archaea – a biochemical perspective. *Biochemistry and Molecular Biology Education*, 28, 186 – 91.

Burke, E. A. J. (2001) Raman microspectrometry of fluid inclusions. *Lithos*, 55, 139 – 58.

Burkhart, C. N., Kruge, M. A., Burkhart, C. G. and Black, C. (2001) Cerumen composition by flash pyrolysis – gas chromatography/mass spectrometry. *Otology and Neurotology*, 22, 715 – 22.

Burlingame, A. L., Haug, P., Belsky, T. and Calvin, M. (1965) Occurrence of biogenic steranes and pentacyclic triterpanes in an Eocene shale (52 million years) and inan early Precambrian shale (2.7 billion years): a preliminary report. *Proceedings of the National Academy of Sciences, USA*, 54, 1406–12.

Burlingame, A. L., Baillie, T. A., Derrick, P. G. and Chizhov, O. S. (1980) Mass spectrometry. *Analytical Chemistry*, 52, 214–58R.

Burns, W. A., Mankiewicz, P. J., Bence, A. E., Page, E. S. and Parker, K. R. (1997) A principal – component and least – squares method for allocating polycyclic aromatic hydrocarbons in sediment to multiple sources. *Environmental Toxicological Chemistry*, 16, 1119–31.

Burruss, R. C., Cercone, K. R. and Harris, P. M. (1983) Fluid inclusion petrography and tectonic – burial history of the Al Ali no. 2 well: evidence for the timing of diagenesis and oil migration, northern Oman foredeep. *Geology*, 7, 567–70.

Burwood, R., Cornet, P. J., Jacobs, L. and Paulet, J. (1990) Organofacies variation control on hydrocarbon generation: a Lower Congo Coastal Basin (Angola) case history. *Organic Geochemistry*, 16, 325–38.

Cahn, R. S., Ingold, C. and Prelog, V. (1966) Specification of molecular chirality. *Angewandte Chemie International Edition*, 5, 385–415.

Cajaraville, M. P., Orbea, A., Mrigomez, I. and Cncio, I. (1997) Peroxisome proliferation in the digestive epithelium of mussels exposed to the water accommodated fraction of three oils. *Comparative Biochemistry and Physiology C: Pharmacology, Toxicology and Endocrinology*, 117C, 233–42.

Callot, H. J., Ocampo, R. and Albrecht, P. (1990) Sedimentary porphyrins: correlations with biological precursors. *Energy & Fuels*, 4, 635–9.

Calvert, S. E. (1987) Oceanographic controls on the accumulation of organic matter in marine sediments. In: *Marine Petroleum Source Rocks* (J. Brooks and A. J. Fleet, eds.), Blackwell, London, pp. 137–51.

Calvert, S. E. and Pederson, T. (1992) Organic carbon accumulation and preservation in marine sediments: how important is anoxia? In: *Productivity, Accumulation and Preservation of Organic Matter in Recent and Ancient Sediments* (J. Whelan and J. W. Farrington, eds.), Columbia University Press, New York, pp. 231–63.

Calvert, S. E., Karlin, R. E., Toolin, L. J., et al. (1991) Low organic carbon accumulation rates in Black Sea sediments. *Nature*, 350, 692–5.

Cameron, N. R., Brooks, J. M. and Zumberge, J. E. (1999) Deepwater petroleum systems in Nigeria: their identification and characterization ahead of the drill bit using SGE technology. www.tdi-bi.com (accessed 2 October, 1999).

Cane, R. F. (1969) Coorongite and the genesis of oil shale. *Geochimica et Cosmochimica Acta*, 33, 257.65.

Cann, R. L., Stoneking, M. and Wilson, A. C. (1987) Mitochondrial DNA and human evolution. *Nature*, 325, 31–6.

Caplan, M. L. and Bustin, R. M. (1996) Factors governing organic matter accumulation and preservation in a marine petroleum source rock from the Upper Devonian to Lower Carboniferous Exshaw Formation, Alberta. *Bulletin of Canadian Petroleum Geology*, 44, 474–94.

Caramelli, D., Lalueza–Fox, C., Vernesi, C., et al. (2003) Evidence for a genetic discontinuity between Neandertals and 24,000–year–old anatomically modern Europeans. *Proceedings of the National Academy of Sciences, USA*, 100, 6593–7.

Carlson, R. M. K., Croasmun, W. R. and Chamberlain, D. E. (1995) Transformations of cholestane useful for probing processing chemistry. Presented at the 210th National Meeting of the American Chemical Society, August 20.25, 1995, Chicago, IL.

Carpentier, B., Ungerer, P., Kowalewski, I., et al. (1996) Molecular and isotopic fractionation of light hydrocarbons between oil and gas phases. *Organic Geochemistry*, 24, 1115–39.

Carrigan, W. J., Tobey, M. H., Halpern, H. I., et al. (1998) Identification of reservoir compartments by geochemical methods: Jauf reservoir, Ghawar. *Saudi Aramco Journal of Technology*, Summer, 28–32.

Carroll, A. R. and Bohacs, K. M. (2001) Lake – type controls on petroleum source rock potential in nonmarine basins. *American Association of Petroleum Geologists Bulletin*, 85, 1033 – 53.

Carson, R. (1962) Silent Spring. Houghton Mifflin, Boston, MA.

Casagrande, D. J. (1987) Sulfur in peat and coal. In: *Coal and Coal – bearing Strata: Recent Advances* (A. C. Scott, ed.), Geological Society, London, pp. 87 – 105.

Castagna, J. P. and Backus, M. M. (eds.) (1997) *Offset – dependent Reflectivity – Theory and Practice of AVO Analysis*. Society of Exploration Geophysicists, Tulsa, OK.

Casta. no, J. R. (1993) *Prospects for Commercial Abiogenic Gas Production: Implications from the Siljan Ring Area, Sweden*. U. S. Geological Survey Professional Paper 1570.

Cazier, E. C., Hayward, A. B., Espinosa, G., et al. (1995) Petroleum geology of the Cusiana Field, Llanos Basin Foothills, Colombia. *American Association of Petroleum Geologists Bulletin*, 79, 1444 – 62.

Chan, M. A., Parry, W. T. and Bowman, J. R. (2000) Diagenetic hematite and manganese oxides and fault – related fluid flow in Jurassic Sandstones, Southeastern Utah. *American Association of Petroleum Geologists Bulletin*, 84, 1281 – 310.

Chapelle, F. H., O'Neill, K., Bradley, P. M., et al. (2002) A hydrogen – based subsurface microbial community dominated by methanogens. *Nature*, 415, 312 – 5.

Chapman, D. J. and Gest, H. (1983) Terms used to describe biological energy conversions, electron transport processes, interactions of cellular systems with molecular oxygen, and carbon nutrition. In: *Earth's Earliest Biosphere* (J. W. Schopf, ed.), Princeton University Press, Princeton, NJ, pp. 459 – 63.

Chapman, D. J. and Schopf, J. W. (1983) Biological and biochemical effects of the development of an aerobic environment. In: *Earth's Earliest Biosphere* (J. W. Schopf, ed.), Princeton University Press, Princeton, NJ, pp. 302 – 20.

Chappe, B., Michaelis, W. and Albrecht, P. (1980) Molecular fossils of archaebacteria as selective degradation products of kerogen. In: *Advances in Organic Geochemistry 1979* (A. G. Douglas and J. R. Maxwell, eds.), Pergamon Press, Oxford, pp. 265 – 74.

Charlou, J. – L. and Donval, J. – P. (1993) Hydrothermal methane venting between 12°N and 26°N along the Mid – Atlantic Range. *Journal of Geophysical Research*, 98, 9625 – 42.

Charters, S., Evershed, R. P., Goad, L. J., Heron, C. and Blinkhorn, P. W. (1993) Identification of an adhesive used to repair a Roman jar. *Archaeometry*, 35, 211. 23.

Charters, S., Evershed, R. P., Blinkhorn, P. W. and Denham, V. (1995) Evidence for the mixing of fats and waxes in archaeological ceramics. *Archaeometry*, 37, 113 – 27.

Charters, S., Evershed, R. P., Quye, A., Blinkhorn, P. W. and Reeves, V. (1997) Simulation experiments for determining the use of ancient pottery vessels: the behaviour of epicuticular leaf wax during boiling of a leafy vegetable. *Journal of Archaeological Science*, 24, 1 – 7.

Chen, J., Fu, J., Sheng, G., Liu, D., and Zhang, J. (1996) Diamondoid hydrocarbon ratios: novel maturity indices for highly mature crude oils. *Organic Geochemistry*, 25, 179 – 90.

Chicarelli, M. I., Kaur, S. and Maxwell, J. R. (1987) Sedimentary porphyrins: unexpected structures, occurrence, and possible origins. In: *Metal Complexes in Fossil Fuels* (R. H. Filby and J. F. Branthaven, eds.), American Chemical Society, Washington, DC, pp. 41 – 67.

Child, A. M., Collins, M. J., Vermeer, C., et al. (1997) Osteocalcin – a "long – term" protein. In: *Archaeological Sciences Conference Proceedings*, 2 – 4 September 1997 (A. Millard, ed.), British Archaeological Reports International Series No. 939, University of Durham, Durham, UK.

Chung, H. M., Brand, S. W. and Grizzle, P. L. (1981) Carbon isotope geochemistry of Paleozoic oils from Big Horn Basin. *Geochimica et Cosmochimica Acta*, 45, 1803 – 15.

Chung, H. M., Gormly, J. R. and Squires, R. M. (1988) Origin of gaseous hydrocarbons in subsurface environments: theoretical considerations of carbon isotope distribution. *Chemical Geology*, 71, 97 – 103.

Chung, H. M., Rooney, M. A., Toon, M. B. and Claypool, G. E. (1992) Carbon isotope composition of marine crude oils. *American Association of Petroleum Geologists Bulletin*, Vol. 76, p. 1000 – 1007.

Chung, H. M., Walters, C. C., Buck, S. and Bingham, G. (1998) Mixed signals of the source and thermal maturity for petroleum accumulations from light hydrocarbons: an example of the Beryl Field. *Organic Geochemistry*, 29, 381 – 96.

Chunqing, J., Li, M. and van Duin, A. C. T. (2000a) Inadequate separation of saturate and monoaromatic hydrocarbons in crude oils and rock extracts by alumina column chromatography. *Organic Geochemistry*, 31, 751 – 6.

Chunqing, J., Alexander, R., Kagi, R. I. and Murray, A. P. (2000b) Origin of perylene in ancient sediments and its geological significance. *Organic Geochemistry*, 31, 1545 – 59.

Clarke, F. W. (1916) Data of geochemistry, third edition. *US Geological Survey Bulletin*, 616.

Claus, H., Akca, E., Debaerdemaeker, T., et al. (2002) Primary structure of selected archaeal mesophilic and extremely thermophilic outer surface layer proteins. *Systematic and Applied Microbiology*, 25, 3 – 12.

Claypool, G. E. and Kaplan, I. R. (1974) The origin and distribution of methane in marine sediments. In: *Natural Gases in Marine Sediments* (I. R. Kaplan, ed.), Plenum Press, New York, pp. 99 – 140.

Claypool, G. E. and Magoon, L. B. (1985) Comparison of oil – source rock correlation data for Alaskan North Slope: techniques, results, and conclusions. In: *Alaska North Slope Oil/Source Rock Correlation Study* (L. B. Magoon and G. E. Claypool, eds.), American Association of Petroleum Geologists, Tulsa, OK, pp. 49 – 81.

Claypool, G. E. and Mancini, E. A. (1989) Geochemical relationships of petroleum in Mesozoic reservoirs to carbonate source rocks of Jurassic Smackover Formation, Southwestern Alabama. *American Association of Petroleum Geologists Bulletin*, 73, 904 – 24.

Claypool, G. E., Love, A. H. and Maughan, E. K. (1978) Organic geochemistry, incipient metamorphism, and oil generation in black shale members of Phosphoria Formation, western interior United States. *American Association of Petroleum Bulletin*, 62, 98 – 120.

Clayton, C. (1991) Carbon isotope fractionation during natural gas generation from kerogen. *Marine and Petroleum Geology*, 8, 232.40.

Clayton, C. J. and Bjorøy, M. (1994) Effect of maturity on $^{13}C/^{12}C$ ratios of individual compounds in North Sea oils. *Organic Geochemistry*, 21, 737 – 50.

Clifford, D. J., Clayton, J. L. and Sinninghe Damsté, J. S. (1997) 3,4,5 – 2,3,6 Substituted diaryl carotenoid derivatives (*Chlorobiaceae*) and their utility as indicators of photic zone anoxia in sedimentary environments. In: *Abstracts from the 18th International Meeting on Organic Geochemistry, September 22. 26, 1997, Maastricht, The Netherlands* (B. Horsfield, ed.), Forschungszentrum Jülich, Jülich, Germany, pp. 685 – 6.

Coe, S. D. and Coe, M. D. (2000) *The True History of Chocolate*. Thames and Hudson, London.

Coleman, I. W. M. and Lawrence, B. M. (2000) Examination of the enantiomeric distribution of certain monoterpene hydrocarbons in selected essential oils by automated solid – phase microextraction – chiral gas chromatography – mass selective detection. *Journal of Chromatographic Science*, 38, 95 – 9.

Collins, M. J., Child, A. M., van Duin, A. T. C. and Vermeer, C. (1998) Ancient osteocalcin: the most stable bone protein? *Ancient Biomolecules*, 2, 223 – 38.

Collins, M. J., Waite, E. R. and van Duin, A. C. T. (1999) Predicting protein decomposition: the case of aspartic – acid racemization kinetics. *Philosophical Transactions of the Royal Society London, Biological Sciences*, 354, 51 – 64.

Colombini, M. P., Modugno, C., Silvano, F. and Onor, M. (2000) Characterization of the balm of an Egyptian mummy from the seventh century B. C. *Studies in Conservation*, 45, 19 – 29.

Condamin, J., Formenti, F., Metais, M. O., Michel, M. and Blond, P. (1976) The application of gas chromatography to the tracing of oil in ancient amphorae. *Archaeometry*, 18, 195 – 201.

Connan, J. (1981) Un exemple de biodegradation preferentielle des hydrocarbures aromatique dans des asphaltes du bassin Sud – Aquitain (France). *Bulletin des Centres de Recherches Exploration Production Elf Aquitaine*, 5, 151

-71.

(1984) Biodegradation of crude oils in reservoirs. In:*Advances in Petroleum Geochemistry*,Vol. 1 (J. Brooks and D. H. Welte, eds.), Academic Press, London, pp. 299 – 335. (1988) Quelques secrets des bitumens archéologiques de Mésopotamie révélés par les analyses de Géochimi Organique Pétrolière. *Bulletin des Centres de Recherches Exploration Production Elf Aquitaine*, 12, 759. 87. (1996) La colle au collag`ene, innovation du Néolithique. *La Recherche*,284, 33 – 4. (1999) Use and trade of bitumen in antiquity and prehistory: molecular archaeology reveals secrets of past civilizations. *Philosophical Transactions of the Royal Society*, *Biological Sciences*, 354, 33 – 50.

Connan, J. and Deschesne, O. (1996)*Le Bitumenà Suse(Bitumen at Susa)*, *Réunion des musées nationaux(Collection du musée du Louvre)*. Elf Aquitaine Production, Pau, France.

(2001) Matériau artificiel ou roche naturelle? [Artificial material or natural rock?]*La Recherche*, 347, 46 – 7.

Connan, J. and Dessort, D. (1989a) Du bitume dans les baumes de momieségyptienne (1295 av. J – C. – 300 ap. J. C.): determination de son origine etéevaluation de saquantit V e. *Comptes Rendus de l'Academie des Sciences*,Paris, 312, 1445 – 52.

(1989b) Du bitume de la Mer Morte dans les baumes d'une momie égyptienne: identification par critèrese moléculaires. *Comptes Rendus de l'Academie des Sciences*,Paris, 309, 1665 – 72.

(1991) Le bitume dans l'Antiguité. *La Recherche*, 229,152 – 9.

Connan, J. and Lacrampe – Couloume, G. (1993) The origin of the Lacq Superieur heavy oil accumulation and of the giant Lacq Inferieur gas field (Aquitaine Basin,SW France). In:*Applied Petroleum Geochemistry*(M. L. Bordenave, ed.), Editions Technip, Paris, pp. 465 – 87.

Connan, J. and Nissenbaum, A. (2003) Conifer tar on the keel and hull planking of the Ma'agan Mikhael Ship (Israel, 5th century BC): identification and comparison with natural products and artefacts employed in boat construction. *Journal of Archaeological Science*,30,709 – 19.

Connan, J., Nissenbaum, A. and Dessort, D. (1992)Molecular archaeology: export of Dead Sea asphalt to Canaan and Egypt in the Chalcolithic – Early Bronze Age(4th – 3rd millennium BC). *Geochimica et Cosmochimica Acta*, 56,2743 – 59.

Cook, A. C. and Sherwood, N. R. (1991) Classification of oil shales, coals and other organic – rich rocks. *Organic Geochemistry*,17, 211 – 22.

Cooles, G. P., Mackenzie, A. S. and Quigley, T. M. (1986)Calculation of petroleum masses generated and expelled from source rocks. *Organic Geochemistry*, 10,235 – 45.

Cooper, A. and Poinar, H. N. (2002) Ancient DNA: do it right or not at all. *Science*, 289, 1139.

Cooper, A., Poinar, H. N., Paabo, S. ,*et al.* (1997) Neandertal genetics. *Science*, 277, 1021 – 5.

Coplen, T. B. (1996) New guidelines for reporting stable hydrogen, carbon, and oxygen isotope – ratio data. *Geochimica et Cosmochimica Acta*, 60, 3359 – 60.

Copley, M. S., Rose, P. J., Clapham, A. ,*et al.* (2001)Processing palm fruits in the Nile Valley – biomolecular evidence from Qasr Ibrim. *Antiquity*, 75, 538 – 42.

Copley, M., Jones, V., Rose, P., *et al.* (2002) Biomolecular analysis of pottery and palaeoenvironmental material from Qasr Ibrîm as indicators of changing economy. Presented at the 33rd International Symposium on Archaeometry, April 22 – 25, 2002, Amsterdam.

Copley, M. S., Berstan, R., Dudd, S. N. ,*et al.* (2003) Direct chemical evidence for widespread dairying in prehistoric Britain. *Proceedings of the National Academy of Sciences*, *USA*, 100, 1524 – 9.

Corbin, C. J. (1993) Petroleum contribution of the coastal environment of St Lucia. *Marine Pollution Bulletin*,26, 579 – 80.

Cornford, C. (1994) Mandal – Ekofisk(!) petroleum system in the Central Graben of the North Sea. In:*The Petroleum System – From Source to Trap*(L. B. Magoon and W. G. Dow, eds.), American Association of Petroleum Geologists, Tulsa, OK, pp. 537 – 71.

Corr, L. T., Sealy, J., Jones, V. and Evershed, R. P. (2002) Carbon isotopic analysis of individual collagenous amino acids and coastal diets in the Late Stone Age of South Africa. Presented at the 33rd International Symposium on Archaeometry, April 22–25, 2002, Amsterdam.

Cox, R. M. and Gallois, R. W. (1981) *The Stratigraphy of the Kimmeridge Clay of the Dorset Type Area and its Correlation With Some Other Kimmeridgian Sequences*. Institute of Geological Sciences Report 80/4.

Cragg, B. A., Parkes, R. J., Fry, F. C., et al. (1996) Bacterial populations and processes in sediments containing gas hydrates (ODP Leg 146: Cascadia Margin). *Earth and Planetary Science Letters*, 139, 497–507.

Craig, H. (1953) The geochemistry of the stable carbon isotopes. *Geochimica et Cosmochimica Acta*, 3, 53–92.

Cranwell, P. A., Eglinton, G. and Robinson, N. (1987) Lipids of aquatic organisms as potential contributors to lacustrine sediments. II. *Organic Geochemistry*, 11, 513–27.

Creaney, S. and Passey, Q. R. (1993) Recurring patterns of total organic carbon and source rock quality within a sequence stratigraphic framework. *American Association of Petroleum Geologists Bulletin*, 77, 386–401.

Croasmun, W. R. and Carlson, R. M. K. (1987) Two-dimensional NMR spectroscopy – applications for chemists and biochemists. In: *Methods in Stereochemical Analysis*, Vol. 9 (W. R. Croasmun and R. M. K. Carlson, eds.), VCH Publishers, New York, pp. 1–534.

Cronin, J., Pizzarello, S. and Cruikshank, D. P. (1988) Organic matter in carbonaceous chondrites, planetary satellites, asteroids, and comets. In: *Meteorites and the Early Solar System* (J. F. Kerridge and M. S. Mathews, eds.), University of Arizona Press, Tempe, AZ, pp. 819–57.

Crowder, R. E. (1960) Hyperion oil field. In: *Summary of Operations, California Oil Fields*, Vol. 46, Department of Natural Resources, Division of Oil and Gas, San Francisco, pp. 86–91.

Curiale, J. A. (1986) Origin of solid bitumens, with emphasis on biological marker results. *Organic Geochemistry*, 10, 559–80.

(1995) Saturated and olefinic terrigenous triterpenoid hydrocarbons in a biodegraded Tertiary oil of northeast Alaska. *Organic Geochemistry*, 23, 177.82.

Curiale, J. A. and Sperry, S. W. (1998) An isotope-based oil-source rock correlation in the Camamu-Almada Basin, offshore Brazil. *Revista Latino Americana de Geoquimica Organica*, 4, 51–64.

Curiale, J. A., Cameron, D. and Davis, D. V. (1985) Biological marker distribution and significance in oils and rocks of the Monterey Formation, California. *Geochimica et Cosmochimica Acta*, 49, 271–88.

Curiale, J., Morelos, J., Lambiase, J. and Mueller, W. (2000) Brunei Darussalam – characteristics of selected petroleums and source rocks. *Organic Geochemistry*, 31, 1475–93.

Curran, R., Eglinton, G., Maclean, I., Douglas, A. G. and Dungworth, G. (1968) Simplification of complex mixtures of alkanes using 7A molecular sieve. *Tetrahedron Letters*, 14, 1669–73.

Curtis, C. D. (1987) Inorganic geochemistry and petroleum exploration. In: *Advances in Petroleum Geochemistry*, Vol. 2 (J. Brooks and D. Welte, eds.), Academic Press, London, pp. 91–140.

Dahl, J. E., Moldowan, J. M., Peters, K. E., et al. (1999) Diamondoid hydrocarbons as indicators of natural oil cracking. *Nature*, 399, 54–7.

Dahl, J. E., Liu, S. G. and Carlson, R. M. K. (2002) Isolation and structure of higher diamondoids, nanometer-sized diamond molecules. *Science*, 299, 96–9.

Dahl, J. E., Moldowan, J. M., Peakman, T. M., et al. (2003) Isolation and structural proof of the large diamond molecule, cyclohexamantane ($C_{26}H_{30}$). *Angewandte Chemie International Edition*, 42, 2040–4.

Dai, J. (1992) Identification and distribution of various alkane gases. *Science in China. Series D, Earth Sciences*, 35, 1246–57.

Dasgupta, S., Tang, Y., Moldowan, J. M., Carlson, R. M. K. and Goddard, W. A., III (1995) Stabilizing the boat conformation of cyclohexane rings. *Journal of the American Chemical Society*, 117, 6532–4.

David, R. (2000) Mummification. In: *Ancient Egyptian Materials and Technology* (P. Nicholson and I. Shaw, eds.), Cambridge University Press, Cambridge, pp. 372–89.

David, R. and Sandra, P. (1999) Use of hydrogen as carrier gas in capillary GC. *American Laboratory*, 9, 18 – 9.

Dean, R. A. and Whitehead, E. V. (1961) The occurrence of phytane in petroleum. *Tetrahedron Letters*, 21, 768 – 70.

Decavallas, O., Garnier, N. and Regert, M. (2002) Chemical characterisation of plant commodities in archaeological ceramic vessels. Presented at the 33rd International Symposium on Archaeometry, April 22 – 25, 2002, Amsterdam.

Decola, E. (2000) *International Oil Spill Statistics:1999*. Cutter Information Corporation, Arlington, MA.

Deines, E. T. (1980a) Biogeochemistry of stable carbon isotopes. In: *Organic Geochemistry* (G. Eglinton and M. T. J. Murphy, eds.), Springer – Verlag, New York, pp. 306 – 29.

Deines, P. (1980b) The isotopic composition of reduced organic carbon. In: *Handbook of Environmental Isotope Geochemistry*, Vol. 1 (P. Fritz and J. C. Fontes, eds.), Elsevier, Amsterdam, pp. 329 – 406.

De Leeuw, J. W., Cox, H. C., van Graas, G., *et al.* (1989) Limited double bond isomerization and selective hydrogenation of sterenes during early diagenesis. *Geochimica et Cosmochimica Acta*, 53, 903 – 9.

Del Río, J. C. and Philp, R. P. (1992) High molecular weight hydrocarbon (> C_{40}) in source rock extracts. *American Association of Petroleum Geologists Bulletin*, Annual Meeting Abstracts, 76, 1097.

(1999) Field ionization mass spectrometric study of high molecular weight hydrocarbons in a crude oil and a solid bitumen. *Organic Geochemistry*, 30, 279 – 86.

Demaison, G. J. and Huizinga, B. J. (1994) Genetic classification of petroleum systems using three factors: charge, migration, and entrapment. In: *The Petroleum System – From Source to Trap* (L. B. Magoon and W. G. Dow, eds.), American Association of Petroleum Geologists, Tulsa, OK, pp. 73 – 89.

Demaison, G. J. and Moore, G. T. (1980) Anoxic environments and oil source bed genesis. *American Association of Petroleum Geologists Bulletin*, 64, 1179 – 209.

Demaison, G. and Murris, R. J. (1984) *Petroleum Geochemistry and Basin Evaluation*. American Association of Petroleum Geologists, Tulsa, OK.

Demaison, G., Holck, A. J. J., Jones, R. W. and Moore, G. T. (1983) Predictive source bed stratigraphy; a guide to regional petroleum occurrence. In: *Proceedings of the 11 th World Petroleum Congress*, Vol. 2, John Wiley & Sons, London, pp. 1 – 13.

Demirel, I. H., Yurtsever, T. S. and Guneri, S. (2001) Petroleum systems of the Adiyaman region, Southeastern Anatolia, Turkey. *Marine and Petroleum Geology*, 18, 391 – 410.

Dempster, H. S., Sherwood Lollar, B. and Feenstra, S. (1997) Tracing organic contaminants in groundwater: a new methodology using compound – specific isotopic analysis. *Environmental Science & Technology*, 31, 3193 – 7.

DeNiro, M. J. and Epstein, J. (1978) Influence of diet on the distribution of carbon isotopes in animals. *Geochimica et Cosmochimica Acta*, 42, 495 – 506.

Derenne, S., Largeau, C. and Taulelle, F. (1993) Occurrence of non – hydrolysable amides in the macromolecular constituent of *Scenedesmus quadricauda* cell wall as revealed by ^{15}N NMR: origin of n – alkylnitriles in pyrolysates of ultralaminae – containing kerogens. *Geochimica et Cosmochimica Acta*, 57, 851 – 7.

Derenne, S., Largeau, C. and Behar, F. (1994) Low polarity pyrolysis products of Permian to Recent *Botryococcus* – rich sediments; first evidence for the contribution of an isoprenoid to kerogen formation. *Geochimica et Cosmochimica Acta*, 58, 3703 – 11.

De Rosa, M., Gambacorta, A., Nicolaus, B., Sodano, S. and Bu'lock, J. D. (1980) Structural regulations in tetraetherlipids of *Caldariella* and their biosynthetic and phyletic implications. *Phytochemistry*, 19, 833 – 6.

De Rosa, M., Trincone, A., Nicolaus, B. and Gambacorta, A. (1991) Achaebacteria: lipids, membrane structures and adaptation to environmental stresses. In: *Life Under Extreme Conditions* (G. di Prisco, ed.), Spinger – Verlag, Berlin, pp. 61 – 87.

Des Marais, D. J., Donchin, J. H., Nehring, N. L. and Truesdell, A. H. (1981) Molecular carbon isotopic evidence for the origin of geothermal hydrocarbons. *Nature*, 292, 826 – 8.

Des Marais, D. J. , Stallard, M. L. , Nehring, N. L. and Truesdell, A. H. (1988) Carbon isotope geochemistry of hydrocarbons in the Cerro Prieto geothermal field, Baja California Norte, Mexico. *Chemical Geology*, 71, 159 – 67.

Devon, T. K. and Scott, A. I. (1972) *Handbook of Naturally Occurring Compounds*, Vol. II. Academic Press, New York.

De Vivo, B. and Frezzotti, M. L. (1994) *Fluid Inclusions in Minerals: Methods and Applications*. Short Course of the IMA Working Group "Inclusions in Minerals", Virginia Tech. , Blacksberg, VA, p. 376.

Dias, R. F. , Freeman, K. H. and Franks, S. G. (2002) Gas chromatography – pyrolysis – isotope ratio mass spectrometry: a new method for investigating intramolecular isotopic variation in low molecular weight organic acids. *Organic Geochemistry*, 33, 161 – 8.

Dimmler, A. and Strausz, O. P. (1983) Enrichment of polycyclic terpenoid, saturatedhydrocarbons from petroleum by adsorption on zeolite NaX. *Journal of Chromatography*, 270, 219 – 25.

Dlugokencky, E. J. , Masarie, K. A. , Lang, L. M. and Tans, P. M. (1998) Continuing decline in the growth rate of the atmospheric methane burden. *Nature*, 393, 447 – 50.

DOE/EIA (1995) *Oil and Gas Resources of the Fergana Basin (Uzbekistan, Tadzhikistan, Kyrgyzstan)*. US Department of Energy/Energy Information Administration, Report No. DOE/EIA – TR/0575, Washington, D. C.

Dott, R. H. (1969) Hypotheses for an organic origin. In: *Sourcebook for Petroleum Geology, Part 1 . Genesis of Petroleum* (R. H. Dott and M. J. Reynolds, eds), American Association of Petroleum Geologists, Tulsa, OK, pp. 1 – 244.

Douglas, A. G. , Sinninghe Damsté, J. S. , Fowler, M. G. , Eglinton, T. I. and de Leeuw, J. W. (1991) Unique distributions of hydrocarbons and sulphur compounds released by flash pyrolysis from the fossilized alga *Gloecapsomorpha prisca*, a major constituent in one of four Ordovician kerogens. *Geochimica et Cosmochimica Acta*, 55, 275 – 91.

Douglas, G. S. , Prince, R. C. , Butler, E. L. and Steinhauer, W. G. (1994) The use of internal chemical indicators in petroleum and refined products to evaluate the extent of biodegradation. In: *Hydrocarbon Bioremediation* (R. E. Hinchee, B. C. Alleman, R. E. Hoeppel, and R. N. Miller, eds.), Lewis Publishers, Ann Arbor, MI, pp. 59 – 72.

Douglas, A. G. , Bence, A. E. , McMillen, S. J. , Prince, R. C. and Butler, E. L. (1996) Environmental stability of selected petroleum hydrocarbon source and weathering ratios. *Environmental Science & Technology*, 30, 2332 – 9.

Douka, E. , Koukkou, A. , Drainas, C. , Grosdemange – Billiard, C. and Rohmer, M. (2001) Structural diversity of the triterpenic hydrocarbons from the bacterium *Zymomonas mobilis*: the signature of defective squalene cyclization by the squalene/hopene cyclase. *FEMS Microbiology Letters*, 199, 247 – 51.

Dow, W. G. (1977) Kerogen studies and geological interpretations. *Journal of Geochemical Exploration*, 7, 79 – 99.

Duarte, C. , Maurício, J. , Pettitt, P. B. , et al. (1999) The early Upper Paleolithic human skeleton from the Abrigo do Lagar Velho (Portugal) and modern human emergence in Iberia. *Proceedings of the National Academy of Science*, USA, 96, 7604 – 9.

Dudd, S. N. and Evershed, R. P. (1998) Direct demonstration of milk as an element of archaeological economies. *Science*, 282, 1478 – 81.

Dudd, S. N. , Regert, M. and Evershed, R. P. (1998) Assessing microbial lipid contributions duringlaboratory degradations of fats and oils and pure triacylglycerols absorbed in ceramic potsherds. *Organic Geochemistry*, 29, 1345 – 54.

Durand, B. (1980) *Kerogen. Insoluble Organic Matter From Sedimentary Rocks*. Editions Technip, Paris. (1983) Present trends in organic geochemistry in research on migration of hydrocarbons. In: *Advances in Organic Geochemistry* 1981 (M. Bjorøy, C. Albrecht, C. Cornford, et al. , eds.), JohnWiley & Sons, New York, pp. 117 – 28.

Durand, B. and Monin, J. C. (1980) Elemental analysis of kerogens (C, H, O, N, S, Fe). In: *Kerogen. Insoluble*

Organic Matter from Sedimentary Rocks (B. Durand, ed.), Editions Technip, Paris, pp. 113 – 42.

Dutkiewicz, A., Rasmussen, B. and Buick, R. (1998) Oil preserved in fluid inclusions in Archean sandstones. *Nature*, 395, 885 – 8.

Dzou, L. I. P. and Hughes, W. B. (1993) Geochemistry of oils and condensates, K Field, offshore Taiwan: a case study in migration fractionation. *Organic Geochemistry*, 20, 437 – 62.

Eganhouse, R. P. (1997) *Molecular Markers in Environmental Geochemistry*. American Chemical Society, Washington, DC.

Eglinton, G. and Calvin, M. (1967) Chemical fossils. *Scientific American*, 216, 32 – 43.

Eglinton, G. and Hamilton, R. J. (1967) Leaf epicuticular waxes. *Science*, 156, 1322 – 35.

Eglinton, T. I. and Douglas, A. G. (1988) Quantitative study of biomarker hydrocarbons released from kerogens during hydrous pyrolysis. *Energy & Fuels*, 2, 81 – 8.

Eglinton, G., Scott, P. M., Besky, T., Burlingame, A. L. and Calvin, M. (1964) Hydrocarbons of biological origin from a one – billion – year – old sediment. *Science*, 145, 263 – 4.

Eglinton, T. I., Curtis, C. D. and Rowland, S. J. (1987) Generation of water – soluble organic acids from kerogen during hydrous pyrolysis: implications for porosity development. *Mineralogical Magazine*, 51, 495 – 503.

Ekweozor, E. M., and Daukoru, E. M. (1994) Northern delta depobelt portion of the Akata – Agbada(!) petroleum system, Niger Delta, Nigeria. In: *The Petroleum System – From Source to Trap* (L. B. Magoon and W. G. Dow, eds.), American Association of Petroleum Geologists, Tulsa, OK, pp. 599 – 614.

Elhmmali, M. M. (1998) Complementary use of bile acids and sterols as sewage pollution indicators. Ph. D. thesis, University of Bristol, Bristol, UK.

Elhmmali, M. M., Roberts, D. J. and Evershed, R. P. (2000) Combined analysis of bile acids and sterols/stanols from riverine particulates to assess sewage discharges and other fecal sources. *Environmental Science & Technology*, 34, 39 – 46.

Ellis, L. (1995) Aromatic hydrocarbons in crude oil and sediments: Molecular sieve separations and biomarkers. Ph. D. thesis, Curtin University of Technology, Perth, Australia.

Ellis, L. and Fincannon, A. L. (1998) Analytical improvements in IRM – GC/MS analyses: advanced techniques in tube furnace design and sample preparation *Organic Geochemistry*, 29, 1101 – 17.

Ellis, L., Kagi, R. I. and Alexander, R. (1992) Separation of petroleum hydrocarbons using dealuminated mordenite molecular sieve. I. Monoaromatic hydrocarbons. *Organic Geochemistry*, 18, 587 – 93.

Ellis, L., Alexander, R. and Kagi, R. I. (1994) Separation of petroleum hydrocarbons using dealuminated mordenite molecular sieve. II. Alkylnaphthalenes and alkylphenanthrenes. *Organic Geochemistry*, 21, 849 – 55.

Elvert, M., Suess, E., Greinert, J. and Whiticar, M. J. (2000) Archaea mediating anaerobic methane oxidation in deep – sea sediments at cold seeps of the eastern Aleutian subduction zone. *Organic Geochemistry*, 31, 1175 – 87.

Emerson, S. (1985) Organic carbon preservation in marine sediments. In: *The Carbon Cycle and Atmospheric CO_2: Natural Variations from Archean to Present* (E. T. Sundquist and W. S. Broecker, eds.), American Geophysical Union, Washington, DC, pp. 78 – 86.

Endo, K., Walton, D., Urry, G. B. C. and Reyment, R. A. (1995) Fossil intra – crystalline biomolecules of brachiopod shells: diagenesis and preserved geo – biological information. *Organic Geochemistry*, 23, 661 – 73.

Engel, M. H. and Maynard, R. J. (1989) Preparation of organic matter for stable carbon isotope analysis by sealed tube combustion: a cautionary note. *Analytical Chemistry*, 61, 1996 – 8.

England, W. A. (1990) The organic geochemistry of petroleum reservoirs. *Organic Geochemistry*, 16, 415. 25.

England, W. A. and Fleet, A. J. (1991) *Petroleum Migration*, Geological Society, London.

Engelhardt, G. and Michel, D. (1987) *High Resolution Solid State NMR of Silicates and Zeolites*. John Wiley & Sons, New York.

Ensminger, A. (1977) Evolution de composes polycycliques sedimentaires [in French]. Doctorate thesis, University Louis Pasteur, Strasbourg, France.

EPA(1995) *Musts for USTs: A Summary of the Federal Regulations for Underground Storage Tank Systems*. EPA 510 – K – 95 002, July 1995, Environmental Protection Agency, Washington, DC. (1999) *Estimates of Methane Emissions from the US Oil Industry*. Final draft, October 1999, Prepared by ICF Consulting for the US Environmental Protection Agency, Washington, DC.

Epstein, A. G. , Epstein, J. B. and Harris, L. D. (1977) *Conodont Color Alteration: An Index to Organic Metamorphism*. Geological Survey Professional Paper 995, US Geological Survey, Washington, DC.

Erdman, J. G. and Morris, D. A. (1974) Geochemical correlation of petroleum. *American Association of Petroleum Geologists Bulletin*, 58, 2326 – 37.

Espitalié, J. , Madec, M. , Tissot, B. and Leplat, P. (1977) Source rock characterization method for petroleum exploration. In: *Proceedings of the Offshore Technology Conference*, May 2 5, 1977, OTC, Houston, TX, pp. 439 – 44.

Espitalié, J. , Marquis, F. and Sage, L. (1987) Organic geochemistry of the Paris Basin. In: *Petroleum Geology of Northwest Europe* (J. Brooks and K. Glennie, eds.), Graham and Trotman, London, pp. 71 – 86.

Etminan, H. and Hoffmann, C. F. (1989) Biomarkers in fluid inclusions: a new tool in constraining source regimes and its implications for the genesis of Mississippi Valley – type deposits. *Geology(Boulder)*, 17, 19 – 22.

Evans, S. A. (1928) *The Palace of Minos: A Comparative Account of the Successive Stages*. Macmillan, London.

Evershed, R. P. (1992) Chemical composition of bog body adipocere. *Archaeometry*, 34, 253 – 65.

Evershed, R. P. and Bethell, P. H. (1998) Application of multimolecular biomarker techniques to the identification of fecal material in archaeological soils and sediments. In: *Archaeological Chemistry*, 23, *ACS Symposium Series* 625 (M. V. Orna, ed.), American Chemical Society, Washington, DC, pp. 157 – 72.

Evershed, R. P. and Connolly, R. C. (1994) Post – mortem transformations of sterols in bog body tissues. *Journal of Archaeological Science*, 21, 577 – 83.

Evershed, R. P. and Tuross, N. (1996) Proteinaceous material from potsherds and associated soils. *Journal of Archaeological Science*, 23, 429 – 36.

Evershed, R. P. , Jerman, K. and Eglinton, G. (1985) Pine wood origin for pitch from the *Mary Rose*. *Nature*, 314, 528 – 30.

Evershed, R. P. , Heron, C. and Goad, L. J. (1990) Analysis of organic residues of archaeological origin by high temperature gas chromatography/mass spectrometry. *Analyst*, 115, 1339 42. (1991) Epicuticular wax components preserved in potsherds as chemical indicators of leafy vegetables in ancient diets. *Antiquity*, 65, 540 – 4.

Evershed, R. P. , Arnot, K. I. , Collister, J. , Eglinton, G. and Charters, S. (1994) Application of isotope ratio monitoring gas chromatography – mass spectrometry to the analysis of organic residues of archaeological origin. *Analyst*, 119, 909 – 14.

Evershed, R. P. , Stott, A. W. , Raven, A. , *et al*. (1995) Formation of long – chain ketones in ancient pottery vessels by pyrolysis of acyl lipids. *Tetrahedron Letters*, 36, 8875 – 8.

Evershed, R. P. , Bethell, P. H. , Reynolds, R. J. and Walsh, N. J. (1997a) 5β – Stigmastanol and related 5β – stanols as biomarkers of manuring: analysis of modern experimental material and assessment of the archaeological potential. *Journal of Archaeological Science*, 24, 485 – 95.

Evershed, R. P. , Mottram, H. R. , Dudd, S. N. , *et al*. (1997b) New criteria for the identification of animal fats preserved in archaeological pottery. *Naturwissenschaften*, 84, 402 – 6.

Evershed, R. P. , van Bergen, P. F. , Peakman, T. M. , *et al*. (1997c) Archaeological frankincense. *Nature*, 390, 667 – 8.

Evershed, R. P. , Vaughan, S. J. , Dudd, S. N. and Soles, J. S. (1997d) Fuel for thought? Beeswax in lamps and conical cups from Late Minoan Crete. *Antiquity*, 71, 979 – 85.

Evershed, R. P. , Bland, H. A. , van Bergen, P. F. , *et al*. (1997e) Volatile compounds in archaeological plant remains and the Maillard reaction during decay of organic matter. *Science*, 278, 432 – 3.

Evershed, R. P. , Dudd, S. N. , Charters, S. , *et al*. (1999) Lipids as carriers of anthropogenic signals from prehistory. *Philosophical Transactions of the Royal Society, Biological Sciences*, 354, 19 – 32.

Evershed, R. P., Dudd, S. N., Anderson – Stojanovic, V. R. and Gebhard, E. R. (2003) New chemical evidence for the use of combed ware pottery vessels as beehives in ancient Greece. *Journal of Archaeological Science*, 30, 1 – 12.

Ewbank, G., Manning, D. A. C. and Abbott, G. D. (1993) An organic geochemical study of bitumens and their potential source rocks from the South Pennine Orefield, Central England. *Organic Geochemistry*, 20, 579 – 98.

Farrimond, P., Eglinton, G., Brassell, S. C. and Jenkyns, H. C. (1989) Toarcian anoxic event in Europe: an organic geochemical study. *Marine and Petroleum Geology*, 6, 136 – 47.

Farrimond, P., Head, I. M. and Innes, H. E. (2000) Environmental influence on the biohopanoid composition of Recent sediments. *Geochimica et Cosmochimica Acta*, 64, 2985 – 92.

Farrington, J. W. and Meyers, P. A. (1975) Hydrocarbons in the marine environment. In: *Environmental Chemistry* (G. Eglinton, ed.), The Chemical Society, London, pp. 109 – 36.

Faulon, J. L., Carlson, G. A. and Hatcher, P. G. (1993) Statistical model for bituminous coal: a three – dimensional evaluation of structural and physical properties based on computer – generated structures. *Energy & Fuels*, 7, 1062 – 72.

Faure, P., Landais, P., Schlepp, L. and Michels, R. (2000) Evidence for diffuse contamination of river sediments by road asphalt particles. *Environmental Science & Technology*, 34, 1174 – 81.

Feazel, C. T. and Aram, R. B. (1990) Interpretation of discontinuous reflectance profiles. Discussion. *American Association of Petroleum Geologists Bulletin*, 74, 91 – 3.

Filby, R. H. and Berkel, G. J. V. (1987) Geochemistry of metal complexes in petroleum, source rocks, and coals: an overview. In: *Metal Complexes in Fossil Fuels* (R. H. Filby and J. F. Branthaven, eds.), American Chemical Society, Washington, DC, pp. 2 – 39.

Filby, R. H. and Branthaven, J. F. (1987) *Metal Complexes in Fossil Fuels*. American Chemistry Society, Washington, DC.

Filley, T. R., Blanchette, R. A., Simpson, E. and Fogel, M. L. (2001) Nitrogen cycling by wood decomposing soft – rot fungi in the "King Midas tomb," Gordion, Turkey *Proceedings of the National Academy of Science, USA*, 98, 13346 – 50.

Fingas, M. F. (1995a) A literature review of the physics and predictive modeling of oil spill evaporation. *Journal of Hazardous Materials*, 42, 157 75. (1995b) The evaporation of oil spills: variations with temperature and correlation with distillation data. *Journal of Hazardous Materials*, 42, 29 – 72.

Fischer, F. and Tropsch, H. (1926) Uber die direkte synthese von erdöl – kohlenwasserstoffen bei gewöhnlichem druck. *Berichte der Deutschen Chemischen Gesellschaft*, 59, 830 – 1.

Fischer, P., Aichholz, R., Boelz, S., Juza, M. and Krimmer, S. (1990) Chiral recognition in capillary gas chromatography. 3. Polysiloxane – bound permethyl – β – cyclodextrin – a chiral stationary phase with broad application in gas – chromatographic enantiomer separation. *Angewandte Chemie International Edition*, 29, 427.

Fisher, K., Largeau, C. and Derenne, S. (1996a) Can oil shales be used to produce fullerenes? *Organic Geochemistry*, 24, 715 – 23.

Fisher, S. J., Alexander, R., Ellis, L. and Kagi, R. I. (1996b) The analysis of dimethylphenanthrenes by direct deposition gas chromatography – Fourier transform infrared spectroscopy (GC – FTIR). *Polycyclic Aromatic Compounds*, 9, 257 – 64.

Fisher, S. J., Alexander, R., Kagi, R. I. and Oliver, G. A. (1998) Aromatic hydrocarbons as indicators of biodegradation in north Western Australian reservoirs. In: *Sedimentary Basins of Western Australia: West Australian Basins Symposium* (P. G. Purcell and R. R. Purcell, eds.), Petroleum Exploration Society of Australia, WA Branch, Perth, Australia, pp. 185 – 94.

Fisher, E., Oldfield, F., Wake, R., et al. (2003) Molecular marker records of land use change. *Organic Geochemistry*, 34, 105 – 19.

Fishman, N. S., Ridgley, J. L., Hall, D. L. and Lillis, P. G. (2002) Timing of biogenic methane generation in Cretaceous rocks of the Northern Great Plains, Southeastern Alberta and Southwestern Saskatchewan: petrologic and fluid inclusion evidence. Presented at the Annual Meeting of the American Association of Petroleum Geologists, March 10 13, 2002, Houston, TX.

Flanigen, E. M., Bennett, J. M., Grosee, R. W., et al. (1978) Silicalite, a new hydrophobic crystalline silica molecular sieve. *Nature*, 271, 512 – 6.

Flannery, M. B., Stankiewicz, B. A., Hutchins, J. C., White, C. W. and Evershed, R. P. (1999) Chemical and morphological changes in human skin during preservation in waterlogged and desiccated environments. *Ancient Biomolecules*, 3, 37 – 50.

Fogel, M. L. and Tuross, N. (2003) Extending the limits of paleodietary studies of humans with compound specific carbon isotope analysis of amino acids. *Journal of Archaeological Science*, 30, 535 – 45.

Fogel, M. L., Tuross, N., Johnson, B. J. and Miller, G. H. (1997) Biogeochemical record of ancient humans. *Organic Geochemistry*, 27, 275 – 87.

Ford, T. B. D. (1968) Field meeting to Charnwood Forest, Leicestershire. *Proceedings of the Yorkshire Geological Society*, 45, 67 – 9.

Forsman, J. P. and Hunt, J. M. (1958) Insoluble organic matter (kerogen) in sedimentary rocks of marine origin. In: *Habitat of Oil: A Symposium* (L. G. Weeks, ed.) American Association of Petroleum Geologists, Tulsa, OK, pp. 747 – 78.

Fouch, T. D., Nuccio, V. F., Anders, D. E., et al. (1994) Green River (!) petroleum system, Uinta Basin, Utah, USA. In: *The Petroleum System – From Source to Trap* (L. B. Magoon and W. G. Dow, eds.), American Association of Petroleum Geologists, Tulsa, OK, pp 399 – 421.

Fowler, M. G. and Brooks, P. W. (1990) Organic geochemistry as an aid in the interpretation of the history of oil migration into different reservoirs at the Hibernia K – 18 and Ben Nevis I – 45 wells, Jeanne d'Arc Basin, offshore eastern Canada. *Organic Geochemistry*, 16, 461 – 75.

Fowler, M. G. and McAlpine, K. D. (1995) The Egret Member, a prolific Kimmeridgian source rock from offshore eastern Canada. In: *Petroleum Source Rocks* (B. Katz, ed.), Springer – Verlag, Berlin, pp. 111 – 30.

Fowler, S. W., Readman, J. W., Oregioni, B., Villeneuve, J. P. and McKay, K. (1993) Petroleum hydrocarbons and trace metals in nearshore Gulf sediments and biota before and after the 1991 war: an assessment of temporal and spatial trends. *MarinePollutionBulletin*, 27, 171 – 82.

Fowler, M. G., Brooks, P. W., Northcott, M., et al. (1994) Preliminary results from a field experiment investigating the fate of some creosote components in a natural aquifer. *Organic Geochemistry*, 22, 641 – 9.

Fox, P. A., Carter, J. F. and Farrimond, P. (1998) Analysis of bacteriohopanepolyols in sediment and bacterial extracts by high performance liquid chromatography/atmospheric pressure chemical ionization mass spectrometry. *Rapid Communications in Mass Spectrometry*, 12, 1 – 4.

Francois, R. (1987) A study of sulphur enrichment in the humic fraction of marine sediments during early diagenesis. *Geochimica et Cosmochimica Acta*, 51, 17 – 27.

Francu, J., Radke, M., Schaefer, R. G., et al. (1996) Oil – oil and oil – source rock correlations in the northern Vienna Basin and adjacent Carpathian Flysch Zone (Czech and Slovak area). In: *Oil and Gas in Alpidic Thrustbelts and Basins of Central and Eastern Europe* (G. Wessely and W. Liebl, eds.), Geological Society of London, London, pp. 343 – 53.

Frank, H. A., Young, A. J., Britton, G. and Cogdell, R. J. (2000) *The Photochemistry of Carotenoids*, Kluwer Academic Publishers, Dordrecht.

Franks, S. G., Dias, R. F., Freeman, K. H., et al. (2001) Carbon isotopic composition of organic acids in oil field waters, San Joaquin Basin, California, USA. *Geochimica et Cosmochimica Acta*, 65, 1301 – 10.

Freedman, P. A., Gillyon, E. C. P. and Jumeau, E. J. (1998) Design and application of a new instrument for GC – isotope ratio MS. *American Laboratory*, 20, 114 – 9.

Freeman, K. H. and Colarusso, L. A. (2001) Molecular and isotopic records of C_4 grassland expansion in the late Miocene. *Geochimica et Cosmochimica Acta*, 65, 1439 – 54.

Freeman, K. H., Hayes, J. M., Trendel, J. M. and Albrecht, P. (1990) Evidence from carbon isotope measurements fordiverse origins of sedimentary hydrocarbons. *Nature*, 343, 254 – 6.

Frenkel, D. and Smit, B. (2001) *Understanding Molecular Simulation*, 2nd ed. Academic Press, San Diego, CA.

Froelich, P. N., Klinkhammer, G. P., Bender, M. L., *et al.* (1979) Early oxidation of organic matter in pelagic sediments of the eastern equatorial Atlantic: suboxic diagenesis. *Geochimica et Cosmochimica Acta*, 43, 1075 – 90.

Frolov, E. B., Smirnov, M. B., Melikhov, V. A. and Vanyukova, N. A. (1998) Olefins of radiogenic origin in crude oils. *Organic Geochemistry*, 29, 409 – 20.

Frysinger, G. S. and Gaines, R. B. (1999) Analysis of petroleum fuels by comprehensive two – dimensional gas chromatography with mass spectrometry detection (GCXGC/MS). Presented at the Pittsburgh Conference on Analytical Chemistry and Applied Spectroscopy, March 8, 1999, Orlando, FL.

(2001) Separation and identification of petroleum biomarkers by comprehensive two – dimensional gas chromatography. *Journal of Separation Science*, 24, 87 – 96.

Fu, J., Sheng, G., Peng, P., *et al.* (1986) Peculiarities of salt lake sediments as potential source rocks in China. *Organic Geochemistry*, 10, 119 – 26.

Fuex, A. N. (1977) The use of stable carbon isotopes in hydrocarbon exploration. *Journal of Geochemical Exploration*, 7, 155 – 88.

Futrell, J. H. (2000) Development of tandem mass spectrometry: one perspective. *International Journal of Mass Spectrometry*, 200, 495 – 508.

Fyfe, C. A., Gobbi, G. C., Klinowski, J., Thomas, J. M. and Ramdas, S. (1982) Resolving crystallographically distinct tetrahedral sites in silicalite and ZSM – 5 by solid – state NMR. *Nature*, 296, 530 – 3.

Gaffney, J. S., Premuzic, E. T. and Manowitz, B. (1980) On the usefulness of sulfur isotope ratios in crude oil correlations. *Geochimica et Cosmochimica Acta*, 44, 135 – 9.

Gaines, R. B., Frysinger, G. S., Hendrick – Smith, M. S. and Stuart, J. D. (1999) Oil spill source identification by comprehensive two – dimensional gas chromatography. *Environmental Science & Technology*, 33, 2106 – 12.

Galimov, E. M. (1973) *Carbon Isotopes in Oil – Gas Geology* (translation from Russian). National Aeronautics and Space Administration, Washington, DC.

Galimov, E. M., Lopatin, N. V. and Espitali e, J. (1988) Oil – source properties of the Bazhenovskaya suite at Salym area, Western Siberia. *Geokhimiya*, 4, 467 – 78.

Gallegos, E. J. (1976) Analysis of organic mixtures using metastable transition spectra. *Analytical Chemistry*, 48, 1348 – 51.

Gallegos, E. J. and Moldowan, J. M. (1992) The effect of hold time on GC resolution and the effect of collision gason mass spectra in geochemical "biomarker" research. In: *Biological Markers in Sediments and Petroleum* (J. M. Moldowan, P. Albrecht and R. P. Philp, eds.), Prentice – Hall, Englewood Cliffs, NJ, pp. 156 – 81.

Garcia – Asua, G., Lang, H. P., Cogdell, R. J. and Hunter, C. N. (1998) Carotenoid diversity: a modular role for the phytoene desaturase step. *Trends in Plant Science*, 3, 445 – 9.

Garnier, N. and Regert, M. (2002) Development of a new methodology to detect polyphenols, biomarkers of archaeological wine and grape seeds. Presented at the 33rd International Symposium on Archaeometry, April 22 – 25, 2002, Amsterdam.

Garnier, N., Cren – Olivé, C., Rolando, C. and Regert, M. (2002) Characterization of archaeological beeswax by electron ionization and electrospray ionization mass spectrometry. *Analytical Chemistry*, 74, 4868 – 77.

Garrett, R. M., Pickering, I. J., Haith, C. E. and Prince, R. C. (1998) Photooxidation of crude oils. *Environmental Science & Technology*, 32, 3719 – 23.

Gas Processors Association (1995) *Tentative Method for the Extended Analysis of Hydrocarbon Liquid Mixtures Containing Nitrogen and Carbon Dioxide by Temperature Programmed Gas Chromatography*. GPA Standard 2186 – 95.

Geigl, E. M. (2002) DNA preservation in 500,000 year – old fossils: hibernation in molecular niches? Presented at the 33rd International Symposium on Archaeometry, April 22 – 25, 2002, Amsterdam.

Gelin, F., De Leeuw, J. W., Sinninghe Damst e, J. S., et al. (1994) The similarity of chemical structures of soluble aliphatic polyaldehyde and insoluble algaenan in the green microalga Botryococcus braunii race A as revealed by analytical pyrolysis. Organic Geochemistry, 21, 423 – 35.

Gelpi, V., Schneider, H., Mann, J. and Oró, J. (1970) Hydrocarbons of geochemical significance in microscopic algae. Phytochemistry, 9, 603 – 12.

George, S. C., Krieger, F. W., Eadington, P. J., et al. (1997) Geochemical comparison of oil – bearing fluid inclusions and produced oil from the Toro sandstone, Papua New Guinea. Organic Geochemistry, 26, 155 – 73.

George, S. C., Eadington, P. J., Lisk, M. and Quezada, R. A. (1998a) Geochemical comparison of oil trapped in fluid inclusions and reservoired oil in Blackback Oilfield, Gippsland Basin, Australia. PESA (Petroleum Exploration Society of Australia) Journal, 26, 64 – 81.

George, S. C., Lisk, M., Summons, R. E. and Quezada, R. A. (1998b) Constraining the oil charge history of the South Pepper oilfield from the analysis of oil – bearing fluid inclusions. Organic Geochemistry, 29, 631 – 48.

George, S. C., Ruble, T. E., Dutkiewicz, A. and Eadington, P. J. (2001) Assessing the maturity of oil trapped in fluid inclusions using molecular geochemistry data and visually – determined fluorescence colours. Applied Geochemistry, 16, 451 – 73.

GESAMP (2001) A Sea of Troubles. Joint Group of Experts on the Scientific Aspects of Marine Environmental Protection and Advisory Committee on Protection of the Sea, United Nations Environment Program, Report 70.

Gest, H. (1993) Photosynthetic and quasi – photosynthetic bacteria. FEMS Microbiology Letters, 112, 1 – 6.

Giardini, A. A. and Salotti, C. A. (1969) Kinetics and relations in the calcite – hydrogen reaction and relations in the dolomite – hydrogen and siderite – hydrogen systems. American Mineralogist, 54, 1151 – 72.

Gibbison, R., Peakman, T. M. and Maxwell, J. R. (1995) Novel porphyrins as molecular fossils for anoxygenic photosynthesis. Tetrahedron Letters, 36, 9057 – 60.

Gogou, A., Stratigakis, N., Kanakidou, M. and Stephanou, E. G. (1996) Organic aerosols in Eastern Mediterranean: components source reconciliation by using molecular markers and atmospheric back trajectories. Organic Geochemistry, 25, 79 – 96.

Gold, T. (1985) The origin of natural gas and petroleum and the prognosis for future supplies. Annual Review of Energy, 10, 53 ∗ 77.

(1999) The Deep Hot Biosphere. Copernicus, New York. Gold, T. and Soter, S. (1980) The deep – earth gas hypothesis. Scientific American, 242, 154 62. (1982) Abiogenic methane and the origin of petroleum. Energy Exploration and Exploitation, 1, 89 – 104.

Goldhaber, M. B. and Orr, W. L. (1995) Kinetic controls on thermochemical sulfate reduction as a source of sedimentary H_2S. In: Geochemical Transformations of Sedimentary Sulfur (M. A. Vairavamurthy and M. A. A. Schoonen, eds.), American Chemical Society, Washington, DC, pp. 412 – 25.

Goldstein, T. P. and Aizenshtat, Z. (1994) Thermochemical sulfate reduction. A review. Journal of Thermal Analysis, 42, 241 – 90.

Goldstein, R. H. and Reynolds, T. J. (1994) Systematics of Fluid Inclusions in Diagenetic Minerals. Society for Sedimentary Geology, Tulsa, OK.

Goodwin, N. S., Park, P. J. D., and Rawlinson, T. (1983) Crude oil biodegradation. In: Advances in Organic Geochemistry 1981 (M. Bjorøy, C. Albrecht, C. Cornford, et al., eds.), John Wiley & Sons, New York, pp. 650 – 8.

Goossens, H., de Leeuw, J. W., Schenck, P. A. and Brassell, S. C. (1984) Tocopherols as likely precursors of pristane in ancient sediments and crude oils. Nature, 312, 440 – 2.

Goth, K., de Leeuw, J. W., Püttmann, W. and Tegelaar, E. W. (1988) Origin of Messel oil shale kerogen. Nature, 336, 759 – 61.

Gou, X., Fowler, M. G., Comet, P. A., et al. (1987) Investigation of three natural bitumens from central England by hydrous pyrolysis and gas chromatography – mass spectrometry. Chemical Geology, 64, 181 – 95.

Gough, M. A. and Rowland, S. J. (1990) Characterization of unresolved complex mixtures of hydrocarbons in petroleum. *Nature*, 344, 648 – 50.

Gransch, J. A. and Posthuma, J. (1974) On the origin of sulfur in crudes. In: *Advances of Organic Geochemistry* 1973 (B. Tissot and F. Bienner, eds.), Editions Technip, Paris, pp. 727 – 39.

Grantham, P. J., Posthuma, J. and DeGroot, K. (1980) Variation and significance of the C_{27} and C_{28} triterpane content of a North Sea core and various North Sea crude oils. In: *Advances in Organic Geochemistry* 1979 (A. G. Douglas and J. R. Maxwell, eds.), Pergamon Press, Oxford, UK, pp. 29 – 38.

Grice, K. (2001) δ^{13} Casan indicator of paleoenvironments: a molecular approach. In: *Application of Stable Isotope Techniques to Study Biological Processes and Functioning Ecosystems* (M. Unkovich, J. Pate, A. McNeill and J. Gibbs, eds.), Kluwer Scientific, Dordrecht, The Netherlands, pp. 247 – 81.

Grice, K., Schaeffer, P., Schwark, L. and Maxwell, J. R. (1997) Changes in palaeoenvironmental conditions during deposition of the Permian Kupferschiefer (Lower Rhine Basin, northwest Germany) inferred from molecular and isotopic compositions of biomarker components. *Organic Geochemistry*, 26, 677 – 90.

Grice, K., Schouten, S., Peters, K. E. and Sinninghe Damste, J. S. (1998a) Molecular isotopic characterisation of hydrocarbon biomarkers in Palaeocene – Eocene evaporitic, lacustrine source rocks from the Jianghan Basin, China. *Organic Geochemistry*, 29, 1745 – 64.

Grice, K., Alexander, R. and Kagi, R. I. (2000) Diamondoid hydrocarbon ratios as indicators of biodegradation levels in Australian crude oils. *Organic Geochemistry*, 31, 67 – 73.

Grieve R. A. F. (1988) The formation of large impact structures and constraints on the nature of Siljan. In: *Deep Drilling in Crystalline Bedrock* (A. Boden and K. G. Eriksson, eds. Vol. 1, Springer – Verlag, New York, pp. 328 – 48.

Grimalt, J. O., Torras, E. and Albaig es, J. (1988) Bacterial reworking of sedimentary lipids during sample storage. *Organic Geochemistry*, 13, 741 – 6.

Grimalt, J. O., Fernandez, P., Bayona, J. M. and Albaig es, J. (1990) Assessment of faecal sterols and ketones as indicators of urban sewage inputs to coastal waters. *Environmental Science & Technology*, 24, 357 – 63.

Grob, K. (2001) *Split and Splitless Injection for Quantitative Gas Chromatography*. Wiley – VCH, New York.

Guadalupe, M. F. M., Castello branco, V. A. and Schmid, J. C. (1991) Isolation of sulfides in oils. *Organic Geochemistry*, 17, 355 – 61.

Guilhaumou, N., Ellouz, N., Jaswal, T. M. and Mougin, P. (2001) Genesis and evolution of hydrocarbons entrapped in the fluorite deposit of Koh – i – Maran, (North Kirthar Range, Pakistan). *Marine and Petroleum Geology*, 17, 1151 – 64.

G ulac ar, F. O., Susini, A. and Koln, M. (1990) Preservation of post – mortem transformation of lipids in samples from a 4000 – year – old Nubian mummy. *Journal of Archaeological Science*, 17, 651 – 9.

Guthrie, J. M., Trindade, L. A. F., Eckardt, C. B. and Takaki, T. (1996) Molecular and carbon isotopic analysis of specific biological markers: evidence for distinguishing between marine and lacustrine depositional environments in sedimentary basins of Brazil. Presented at the Annual Meeting of the American Association of Petroleum Geologists, 1996, San Diego, CA.

Guthrie, J. M., Walters, C. C. and Peters, K. E. (1998) Comparison of micro – techniques used for analyzing oils in sidewall cores to model viscosity, API gravity and sulfur content. *American Association of Petroleum Geologists Bulletin*, 82, 1883 – 4.

Haber, C. L., Allen, L. N., Zhao, S. and Hanson, R. S. (1983) Methylotrophic bacteria: biochemical diversity and genetics. *Science*, 221, 1147 – 53.

Haddon, W. F. (1979) Computerized mass spectrometry linked scan system for recording metastable ions. *Analytical Chemistry*, 51, 983 – 8.

Hagelberg, E., Kayser, M., Nagy, M., *et al.* (1999) Molecular genetic evidence for the human settlement of the Pacific: analysis of mitochondrial DNA, Y chromosome and HLA markers. *Philosophical Transactions of the Royal Society London, Biological Sciences*, 354, 141 – 52.

Hairfield, H. H. and Hairfield, E. M. (1990) Identification of a late Bronze Age resin. *Analytical Chemistry*, 62, 41 – 5.

Halbouty, M. T. (1972) Rationale for deliberate pursuit of stratigraphic, unconformity, and paleogeomorphic traps. *American Association of Petroleum Geologists Bulletin*, 56, 537 – 41.

Hall, D. L., Bigge, M. A. and Jarvie, D. M. (2002a) Fluid inclusion evidence for alteration of crude oils. 2002 *American Association of Petroleum Geologists Annual Convention*, March 10 – 13, 2002, *Houston, Texas, Abstract*, p. A70.

Hall, D. L., Sterner, S. M., Shentwu, W. and Bigge, M. A. (2002b) Applying fluid inclusions to petroleum exploration and production. American Association of Petroleum Geologists, Search and Discovery, article # 40042, www. searchanddiscovery. net/documents/ donhall/index. htm.

Halpern, H. I. (1995) Development and applications of light – hydrocarbon – based star diagrams. *American Association of Petroleum Geologists Bulletin*, 79, 801 – 15.

Hanin, S., Adam, P., Kowalewski, I., *et al.* (2002) Bridgehead alkylated 2 – thiaadamantanes: novel markers for sulfurisation processes occurring under high thermal stress in deep petroleum reservoirs. *Chemical Communications – Royal Society of Chemistry*, 16, 1750 – 1.

Hare, P. E., Fogel, M. L., Stafford, T. W., Mitchell, A. and Hoering, T. C. (1991) The isotopic composition of carbon and nitrogen in individual amino acids isolated from modern and fossil proteins. *Journal of Archaeological Science*, 18, 277 – 92.

Harrell, J. A. and Lewan, M. D. (2002) Sources of mummy bitumen in ancient Egypt and Palestine. *Archaeometry*, 44, 285 – 93.

Harris, N. B., Freeman, K. H., Pancost, R. D., *et al.* (1998) The origin of lacustrine petroleum source rocks, Congo Basin, West Africa: preliminary results of a multidisciplinary study. *American Association of Petroleum Geologists Bulletin*, 82, 1922 – 3.

Harrison, O. R. (1991) An overview of the *Exxon Valdez* oil spill. In: Proceedings of the 1991 International Oil Spill Conference (Prevention, Behavior, Control, Cleanup), March 4 – 7, 1991, San Diego, California, American Petroleum Institute, Washington, DC, pp. 313 – 9.

Harvey, H. R. and McManus, G. B. (1991) Marine ciliates as a widespread source of tetrahymanol and hopan – 3β – ol in sediments. *Geochimica et Cosmochimica Acta*, 55, 3387 – 90.

Haskell, N., Nissen, S., Hughes, M., *et al.* (1999) Delineation of geologic drilling hazards using 3 – D seismic attributes. *The Leading Edge*, 18, 373 – 4, 376, 378, 381 – 2.

Hatch, J. R., Jacobson, J. R., Witzke, B. J., *et al.* (1987) Possible Middle Ordovician organic carbon isotope excursion: evidence from Ordovician oils and hydrocarbon source rocks, Mid – Continent, and East – Central United States. *American Association of Petroleum Geologists Bulletin*, 71, 1342 – 54.

Hatcher, P. G., Keister, L. E. and McGillivary, P. A. (1977) Steroids as sewage specific indicators in New York bight sediments. *Bulletin of Environmental Contamination and Toxicology*, 17, 491 – 8.

Hawes, I. and Schwarz, A. – M. (1995) Photosynthesis in benthic cyanobacterial mats from Lake Hoare, Antarctica. *Antarctic Journal of the United States* 30, 296 – 7.

Hayek, E. W. H., Krenmayer, P., Lonhinger, H., *et al.* (1990) Identification of archaeological and recent wood tar pitches using gas chromatography/mass spectrometry and pattern recognition. *Analytical Chemistry*, 62, 2038 – 43.

(1991) Gas chromatography/mass spectrometry and chemometrics in archaeometry. Investigation of glue on Copper Age arrowheads. *Fresenius' Journal of Analytical Chemistry*, 340, 153 – 6.

Hayes J. M., Kaplan, I. R. and Wedeking, K. M. (1983) Precambrian organic geochemistry, preservation of the record. In: *Earth's Earliest Biosphere, Its Origin and Evolution* (J. W. Schopf, ed.), Princeton University Press, Princeton, NJ, pp. 93 – 134.

Hayes, J. M., Takigiku, R., Ocampo, R., Callot, H. J. and Albrecht, P. (1987) Isotopic compositions and probable origins of organic molecules in the Eocene Messel shale. *Nature*, 329, 48 – 51.

Hayes, J. M., Freeman, K. H., Popp, B. N. and Hoham, C. H. (1990) Compound – specific isotopic analyses: a novel tool for reconstruction of ancient biogeochemical processes. *Organic Geochemistry*, 16, 1115 – 28.

Head, I. M. and Swannell, R. P. J. (1999) Bioremediation of petroleum hydrocarbon contaminants in marine habitats. *Current Opinion in Biotechnology*, 10, 234 – 9.

Hedberg, H. D. (1988) *The 1740 Description by Daniel Tilas of Stratigraphy and Petroleum Occurrence at Osmundsberg in the Siljan Region of Central Sweden*. American Association of Petroleum Geologists, Tulsa, OK.

Hedges, J. I. and Keil, R. G. (1995) Sedimentary organic matter preservation: an assessment and speculative synthesis. *Marine Chemistry*, 49, 81 – 115.

Helgesen, H. C., Knox, A. M., Owens, E. E. and Shock, E. L. (1993) Petroleum, oil field waters, and authigenic mineral assemblages: are they in metastable equilibrium in hydrocarbon reservoirs? *Geochimica et Cosmochimica Acta*, 57, 3295 – 339.

Henley, D. and Hoffmann, C. (1987) Complex hydrocarbons in fluid inclusion in gold and tin deposits; a new frontier for mineral exploration. *BMR Research Newsletter*, 6, 1 – 2.

Hermans, M. A. F., Neuss, B. and Sahm, H. (1991) Content and composition of hopanoids in *Zymomonas mobilis* under various growth conditions. *Journal of Bacteriology*, 173, 5592 – 5.

Hernes, P. J. and Hedges, J. I. (2000) Determination of condensed tannin monomers in environmental samples by capillary gas chromatography of acid depolymerization extracts. *Analytical Chemistry*, 72, 5115 – 24.

Heron, C., Evershed, R. P., Chapman, B. and Pollard, A. – M. (1991) Glue, disinfectant and 'chewing gum' in prehistory. In: *Archaeological Sciences 1989: Proceedings of a Conference on the Application of Scientific Techniques to Archaeology* (P. Budd, B. Chapman, C. Jackson, R. Janaway and B. Ottaway, eds.), Oxbow, Oxford, UK, pp. 325 – 31.

Heron, C., Nemcek, N., Bonfield, K. M., Dixon, D. and Ottaway, B. S. (1994) The chemistry of Neolithic beeswax. *Naturwissenschaften*, 81, 266 – 9.

Herrmann, D., Bisseret, P., Connan, J. and Rohmer, M. (1996) A non – extractable triterpanoid of the hopane series in *Acetobacter xylinum*. *FEMS Microbiology Letters*, 135, 323 – 6.

Hills, I. R. and Whitehead, E. V. (1966) Triterpanes in optically active petroleum distillates. *Nature*, 209, 977 – 9.

Hills, I. R., Whitehead, E. V., Anders, D. E., Cummins, J. J. and Robinson, W. E. (1966) An optically active triterpane, gammacerane in Green River, Colorado, oil shale bitumen. *Journal of the Chemical Society, Chemical Communications*, 20, 752 – 4.

Hinrichs, K. – U., Haver, J. M., Sylva, S. P., Brewer, P. G. and Delong, E. F. (1999) Methane – consuming archaebacteria in marine sediments. *Nature*, 398, 802 – 5.

Ho, T. Y., Rogers, M. A., Drushel, H. V. and Kroons, C. B. (1974) Evolution of sulfur compounds in crude oils. *American Association of Petroleum Geologists Bulletin*, 58, 2338 – 48.

Hoefs, J. (1997) *Stable Isotope Geochemistry*. Springer – Verlag, New York.

Hoering, T. C. and Freeman, D. H. (1984) Shape – selective sorption of monomethylalkanes by silicalite, a zeolite form of silica. *Journal of Chromatography*, 316, 333 – 41.

Hoffmann, C. F., Mackenzie, A. S., Lewis, C. A., *et al*. (1984) A biological marker study of coals, shales, and oils from the Mahakam Delta, Kalimantan, Indonesia. *Chemical Geology*, 42, 1 – 23.

Holba, A. G., Dzou, L. I. P., Masterson, W. D., (1998) Application of 24 – norcholestanes for constraining sourc age of petroleum. *Organic Geochemistry*, 29, 1269 – 83.

Holba A. G., Ellis, L., Dzou, I. L., *et al*. (2001) Extended tricyclic terpanes as age discriminators between Triassic, Early Jurassic and Middle – Late Jurassic oils. Presented at the 20th International Meeting on Organic Geochemistry, 10 – 14 September, 2001, Nancy, France.

Hollander, D. J. and Mckenzie, J. A. (1991) CO_2 control on carbon – isotope fractionation during aqueous photosynthesis: a paleo – pCO_2 barometer. *Geology*, 19, 929 – 32.

Holloway, J. R. (1984) Graphite – CH_4 – H_2O – CO_2 equilibria at low – grade metamorphic conditions. *Geology*, 12, 455 – 8.

Holm, N. G. and Charlou, J. L. (2001) Initial indications of abiotic formation of hydrocarbons in the Rainbow ultramafic hydrothermal system, Mid – Atlantic Ridge. *Earth and Planetary Science Letters*, 191, 1 – 8.

Honghan, C., Sitian, L., Yongchuan, S., and Qiming, Z. (1998) Two petroleum systems charge the YA13 − 1 gas field in Yinggehai and Qiongdongnan basins, South China Sea. *American Association of Petroleum Geologists Bulletin*, 82, 757 − 72.

Hoots, H. W., Blount, A. L. and Jones, P. H. (1935) Marine oil shale, source of oil in Playa del Rey Field, California. *American Association of Petroleum Geologists Bulletin*, 19, 172 − 205.

Horita, J. and Berndt, M. E. (1999) Abiogenic methane formation and isotopic fractionation under hydrothermal conditions. *Science*, 285, 1055 − 7.

Horsfield, B., Schenk, H. J., Mills, N. and Welte, D. H. (1992) An investigation of the in − reservoir conversion of oil to gas: compositional and kinetic findings from closed − system programmed − temperature pyrolysis *Organic Geochemistry*, 19, 191 − 204.

Horstad, I., Larter, S. R., Dypvik, H., *et al.* (1990) Degradation and maturity controls on oil Field petroleum column heterogeneity in the Gullfaks field, Norwegian North Sea. *Organic Geochemistry*, 16, 497 − 510.

Hostettler, F. D., Rosenbauer, R. J. and Kvenvolden, K. A. (1999) PAH refractory index as a source discriminant of hydrocarbon input from crude oil and coal in Prince William Sound, Alaska. *Organic Geochemistry*, 30, 873 − 9.
(2000) Response to comment by Bence et al. on "PAH refractory index as a source discriminant of hydrocarbon input from crude oil and coal in Prince William Sound, Alaska." *Organic Geochemistry*, 31, 939 − 943.

Hoyle, F. (1955) *Frontiers of Astronomy*. Heinemann, London.

Hu, G., Ouyang, Z., Wang, Z. and Wen, Q. (1998) Carbon isotopic fractionation in the process of Fischer Tropsch reaction in primitive solar nebula. *Scientia Sinica*, 41, 202 − 7.

Huang, W. − Y. and Meinschein, W. G. (1978) Sterols in sediments from Baffin Bay, Texas. *Geochimica et Cosmochimica Acta*, 42, 1391 − 6.
(1979) Sterols as ecological indicators. *Geochimica et Cosmochimica Acta*, 43, 739 − 45.

Huc, A. Y. (1988a) Aspects of depositional processes of organic matter in sedimentary basins. *Organic Geochemistry*, 13, 263 − 72.
(1988b) Sedimentology of organic matter. In: *Humic Substances and Their Role in the Environment* (F. H. Frimmel and R. F. Christman, eds.), John Wiley & Sons, New York, pp. 215 − 43.

Huckins, J. N., Tubergen, M. W. and Manuweera, G. K. (1990) Semipermeable membrane devices containing model lipid: a new approach to monitoring the bioavailability of lipophilic contaminants and estimating their bioconcentration potential. *Chemosphere*, 20, 533 − 52.

Hughes, W. B. (1984) Use of thiophenic organosulfur compounds in characterizing crude oils derived from carbonate versus siliciclastic sources. In: *Petroleum Geochemistry and Source Rock Potential of Carbonate Rocks* (J. G. Palacas, ed.), American Association of Petroleum Geologists, Tulsa, OK, pp. 181 − 196.

Hughes, W. B., Holba, A. G., Mueller, D. E. and Richardson, J. S. (1985) Geochemistry of greater Ekofisk crude oils. In: *Geochemistry in Exploration of the Norwegian Shelf* (B. M. Thomas, ed.), Graham and Trotman, London, pp. 75 − 92.

Hughey, C. A., Rodgers, R. P., Marshall, A. G., Qian, K. and Robbins, W. K. (2002a) Identification of acidic NSO compounds in crude oils of different geochemical origins by negative ion electrospray Fourier transform ion cyclotron resonance mass spectrometry. *Organic Geochemistry*, 33, 743 − 59.

Hughey, C. A., Rodgers, R. P. and Marshall, A. G. (2002b) Resolution of 11 000 compositionally distinct components in a single electrospray ionization Fourier transform ion cyclotron resonance mass spectrum of crude oil. *Analytical Chemistry*, 36, 4145 − 9.

Hulen, J. B. and Collister, J. W. (1999) The oil − bearing, Carlin − type gold deposits of Yankee Basin, Alligator Ridgedistrict, Nevada. *Economic Geology and the Bulletin of the Society of Economic Geologists*, 94, 1029 − 49.

Hunkeler, D., Andersen, N., Aravena, R., Bernasconi, S. M. and Butler, B. J. (2001) Hydrogen and carbon isotope fractionation during aerobic biodegradation of benzene. *Environmental Science & Technology*, 35, 3462 − 7.

Hunt T. S. (1863) *Report on the Geology of Canada*. Canadian Geological Survey report: progress to 1863.

Hunt, J. M. (1984) Generation and migration of light hydrocarbons. *Science*, 1226, 1265 – 70.

(1996) *Petroleum Geochemistry and Geology*. W. H. Freeman, New York.

Hunt, J. M., Miller, R. J. and Whelan, J. K. (1980a) Formation of $C_4 - C_7$ hydrocarbons from bacterial degradation of naturally occurring terpenoids. *Nature*, 288, 577 – 8.

Hunt, J. M., Whelan, J. K. and Huc, A. – Y. (1980b) Genesis of petroleum hydrocarbons in marine sediments. *Science*, 209, 403 – 4.

Huq, N. L., Tseng, A. and Chapman, G. E., (1990) Partial amino acid sequence of osteocalcin from an extinct species of ratite bird. *Biochemistry International*, 21, 491 – 6.

Hurst, R. W. (2002) Lead isotopes as age – sensitive genetic markers in hydrocarbons. 3. Leaded gasoline, 1923 – 1990 (ALAS Model). *Environmental Geosciences*, 9, 43 – 50.

Hurst, R. W., Davis, T. E. and Chinn, B. D. (1996) The lead fingerprints of gasoline contamination. *Environmental Science & Technology*, 30, 304 – 7A.

Hurst, R. W., Barron, D., Washington, M. and Bowring, S. A. (2001) Lead isotopes as age – sensitive, genetic markers in hydrocarbons. 1. Copartitioning of lead with MTBE into water and implications for MTBE – source correlations. *Environmental Geosciences*, 8, 242 – 50.

Hurst, W. J., Tarka, S. M., Jr, Powis, T. G., Valdez, F., Jr and Hester, T. R. (2002) Cacao usage by the earliest Maya civilization. *Nature*, 418, 289 – 90.

Hutton, A. C. (1987) Petrographic classification of oil shales. *International Journal of Coal Geology*, 8, 203 – 31.

Hutton, A. C. and Cook, A. C. (1980) Influence of alginite on the reflectance of vitrinite from Joadja, NSW, and some other coals and oils shales containing alginite. *Fuel*, 59, 711 – 4.

Hutton, A. C., Kantsler, A. J., Cook, A. C. and Mckirdy, D. M. (1980) Organic matter in oil shales. *Journal of the Australian Petroleum Exploration Association*, 20, 44 – 67.

Hwang, R. J. (1990) Biomarker analysis using GC – MSD. *Journal of Chromatographic Science*, 28, 109 – 13.

Hwang R J., Sundararaman, P., Teerman, S. C. and Schoell, M. (1989) Effect of preservation on geochemical properties of organic matter in immature lacustrine sediments. Presented at the 14th International Meeting on Organic Geochemistry, September 18 – 22, 1989, Paris, France.

Ibach, L. E. J. (1982) Relationship between sedimentation rate and total organic carbon content in ancient marine sediments. *American Association of Petroleum Geologists Bulletin*, 66, 170 – 88.

IHS (Information Handling Services)/Petroconsultants S. A. (1996 99) Petroleum exploration and production database. Available from Petroconsultants, Inc., PO Box 740619, Houston, TX 77274 – 0619, USA.

Isaacs, C. M. (2001) Statistical evaluation of interlaboratory data from the cooperative Monterey organic geochemistry study. In: *The Monterey Formation: From Rocks to Molecules* (C. M. Isaacs and J. Rullk otter, eds.), Columbia University Press, New York, pp. 461 – 524.

Isaksen, G. H. and Bohacs, K. M. (1995) Geological controls on source rock geochemistry through relative sea level; Triassic, Barents Sea. In: *Petroleum Source Rocks* (B. J. Katz, ed.), Springer – Verlag, New York, pp. 25 – 50.

Isaksen, G. H., Pottorf, R. J. and Jenssen, A. I. (1998) Correlation of fluid inclusions and reservoired oils to infer trap fill history in the South Viking Graben, North Sea. *Petroleum Geoscience*, 4, 41 – 55.

Isaksen, G. H., Aliyev, A. A., Mamedova, S. A., *et al.* (1999) Geochemistry of organic – rich rocks from mud – volcano ejecta in Azerbaijan – a novel approach for regional assessment of source rock quality. Presented at the Geodynamics of the Black Sea – Caspian Segment of the Alpine Folded Belt International Conference, Baku, Azerbaijan, June 9 – 10, 1999.

Isaksson, S. (1998) A kitchen entrance to the aristocracy – analysis of lipid biomarkers in cultural layers. *Journal of Nordic Archaeological Science*, 10 – 11, 289 – 93.

Itoh, Y. H., Sugai, A., Uda, I. and Itoh, T. (2001) The evolution of lipids. *Advances in Space Research: the Official Journal of the Committee on Space Research (COSPAR)*, 28, 719 – 24.

ITOPF (2001) *ITOPF Handbook* 2001/2002. International Tanker Owners Pollution Federation Ltd, London.

Jacob, S. M. , Quann, R. J. , Sanchez, E. and Wells, M. E. (1998) Composition modeling reduces crude − analysis time, predicts yield. *Oil and Gas Journal*, 96, 51 − 6.

Jacobson, S. R. , Hatch, J. R. , Teerman, S. C. and Askin, R. A. (1988) Middle Ordovician organic matter assemblages and their effect on Ordovician − derived oils. *American Association of Petroleum Geologists Bulletin*, 72, 1090 − 100.

Jaffé, R. , Albrecht, P. and Oudin, J. L. (1988a) Carboxylic acids as indicators of oil migration. I. Occurrence and geochemical significance of C − 22 diastereoisomers of the 17β(H), 21β(H) C_{30} hopanoic acid in geological samples. *Organic Geochemistry*, 13, 483 − 8.

(1988b) Carboxylic acids as indicators of oil migration. II. Case of the Mahakam Delta, Indonesia. *Geochimica et Cosmochimica Acta*, 52, 2599 − 607.

James, A. T. (1983) Correlation of natural gas by use of carbon isotopic distribution between hydrocarbon components. *American Association of Petroleum Geologists Bulletin*, 67, 1176 − 91.

Jarvie, D. M. (1991) Total organic carbon (TOC) analysis. In: *Source and Migration Processes and Evaluation Techniques* (R. K. Merril, ed.), American Association of Petroleum Geologists, Tulsa, OK, pp. 113 − 8.

(2001) Williston Basin petroleum systems: inferences from oil geochemistry and geology. *Mountain Geologist*, 38, 19 − 42.

Jarvie, D. M. and Walker, P. R. (1997) Correlation of oils and source rocks in the Williston Basin using classical correlation tools and thermal extraction very high resolution C_7 gaschromatography. In: *Abstracts from the 18th International Meeting on Organic Geochemistry*, September 22 − 26, 1997, Maastricht, the Netherlands (B. Horsfield, ed.) Forschungszentrum Jülich, Germany, pp. 51 − 2.

Jarvie, D. M. and Lundell, L. L. (2001) Kerogen type and thermal transformation of organic matter in the Miocene Monterey Formation. In: *The Monterey Formation: From Rocks to Molecules* (C. M. Isaacs and J. Rullk ötter, eds.), Columbia University Press, New York, pp. 268 − 95.

Jarvie, D. M. , Morelos, A. and Zhiwen, H. (2001a) Detection of pay zones and pay quality, Gulf of Mexico: application of geochemical techniques. *Gulf Coast Association of Geological Societies Transactions*, 51, 151 − 60.

Jarvie, D. M. , Claxton, B. L. , Henk, F. and Breyer, J. T. (2001b) Oil and shale gas from the Barnett Shale, Fort Worth Basin, Texas. *American Association of Petroleum Geologists Bulletin*, 85, A100. (1999) The increasing use of stable isotopes in the pharmaceutical industry. *Pharmaceutical Technology*, 23, 106 − 14.

(2001) Quantitative estimates of precision for molecular isotopic measurements. *Rapid Communications in Mass Spectrometry*, 15, 1554 − 7.

Jasra, R. V. and Bhat, S. G. (1987) Sorption kinetics of higher n − paraffins on zeolite molecular sieve 5A. *Indian Engineering and Chemical Research*, 26, 2544 − 6.

Jeffrey, A. W. A. and Kaplan, I. R. (1989) Drilling fluid additives and artifact hydrocarbon shows: examples from the Gravberg − 1 well, Siljan Ring, Sweden. *Scientific Drilling*, 1, 63 − 70.

Jeffrey, A. W. A. , Alimi, H. M. and Jenden, P. D. (1991) Geochemistry of Los Angeles Basin oil and gas systems. In: *Active Margin Basins* (K. T. Biddle, ed.), American Association of Petroleum Geologists, Tulsa, OK, pp. 197 − 219.

Jenden, P. D. , Hilton, D. R. , Kaplan, I. R. and Craig, H. (1993a) *Abiogenic Hydrocarbons and Mantle Helium in Oil and Gas Fields*. US Geological Survey Professional Paper 1570.

Jenden, P. D. , Drozan, D. J. and Kaplan, I. R. (1993b) Mixing of thermogenic natural gases in northern Appalachian Basin. *American Association of Petroleum Geologists Bulletin*, 77, 980 − 98.

Jetten, M. S. M. , Wagner, M. , Fuerst, J. A. , et al. (2001) Microbiology and application of the anaerobic ammonium oxidation ("anammox") process. *Current Opinion in Biotechnology*, 12, 283 − 8.

Johathan, D. , l'Hote, G. and du Rochet, J. (1975) Analyse géochimiques des hydrocarbures léger per thermovaporisation. *Review Institut Fran cais du Petrolé*, 30, 65 − 88.

Jomaa, H. , Wiesner, J. , Sanderbrand, S. , et al. (1999) Inhibitors of the nonmevalonate pathway of isoprenoid biosynthesis as antimalarial drugs. *Science*, 285, 1573 − 6.

Jones, R. W. (1987) Organic facies. In: *Advances in Petroleum Geochemistry* (J. Brooks and D. Welte, eds.), Academic Press, New York, pp. 1 – 90.

Jones, R. W. and Edison, T. A. (1978) Microscopic observations of kerogen related to geochemical parameters with emphasis on thermal maturation. In: *Low Temperature Metamorphism of Kerogen and Clay Minerals* (D. F. Oltz, ed.), Society of Economic Paleontologists and Mineralogists, Los Angeles, pp. 1 – 12.

Jones, D. M. and Macleod, G. (2000) Molecular analysis of petroleum in fluid inclusions: a practical methodology. *Organic Geochemistry*, 31, 1163 – 73.

Jones, D. M., Douglas, A. G., Parkes, R. J., et al. (1983) The recognition of biodegraded petroleum – derived aromatic hydrocarbons in recent marine sediments. *Marine Pollution Bulletin*, 14, 103 – 8.

Jones, D. M., Macleod, G., Larter, S. R., et al. (1996) Characterization of the molecular composition of included petroleum. In: *PACROFI VI: Sixth Biennial Pan – American Conference on Research on Fluid Inclusions: Program and Abstracts.* (P. E. Brown and St. G. Hagemann, eds.), University of Wisconsin Press, Madison, WI pp. 64 – 5.

Jones, V., Ambrose, S. and Evershed, R. P. (2001) Tracing the routing and synthesis of amino acids using gas chromatography – combustion – isotope ratio mass spectrometry in palaeodietary reconstruction. Presented at the 221st National Meeting of the American Chemical Society, San Diego, CA, April 1 – 5, 2001.

Juvancz, Z., Alexander, B. and Bzejtll, S. (1987) Permethylated β – cyclodextrin as stationary phase in capillary gas chromatography. *Journal of High Resolution Chromatography*, 10, 105 – 7.

Kamioka, H., Shibata, K., Kajizuka, I. and Ohta, T. (1996) Rare – earth element patterns and carbon isotopic composition of carbonados: implications for their crustal origin. *Geochemistry Journal*, 30, 189 – 94.

Kannenberg, E. L. and Poralla, K. (1999) Hopanoid biosynthesis and function in bacteria. *Naturwissenschaften*, 86, 168 – 76.

Kaplan, I. R. (1975) Stable isotopes as a guide to biogeochemical processes. *Proceedings of the Royal Society of London*, 189, 183 211. (1983) Stable isotopes of sulfur, nitrogen, and deuterium in recent marine environments. In: *Stable Isotopes in Sedimentary Geology*, Society of Economic Paleontologists and Mineralogists (SEPM) Short Course 10 (M. A. Arthur, ed.), Society of Economic Paleontologists and Mineralogists, Tulsa, OK pp. 1 – 108. (1989) Forensic geochemistry methods to trace sources of oil and gasoline pollution. *American Association of Petroleum Geologists Bulletin*, 73, 543.

Kaplan, I., Lu, S. – T., Lee, R. – P. and Warrick, G. (1996) Polycyclic hydrocarbon biomarkers confirm selective incorporation of petroleum in soil and kangaroo rat liver samples near an oil well blowout site in the western San Joaquin Valley, California. *Environmental Toxicology and Chemistry*, 15, 696 – 707.

Kaplan, I. R., Galperin, Y., Lu, S. – T. and Lee, R. – P. (1997) Forensic environmental geochemistry: differentiation of fuel – types, their sources and release time. *Organic Geochemistry*, 27, 289 – 317.

Karlsen, D. A. and Larter, S. (1990) A rapid correlation method for petroleum population mapping within individual petroleum reservoirs: applications to petroleum reservoir description. In: *Correlation in Hydrocarbon Exploration* (J. D. Collinson, ed.), Graham and Trotman, London, pp. 77 – 85.

Karlson, D. A., Nedvitne, T., Larter, S. R. and Bjørlkke, K. (1993) Hydrocarbon composition of authigenic inclusions: application to elucidation of petroleum reservoir filling history. *Geochimica et Cosmochimica Acta*, 57, 3641 – 59.

Karner, M. B., Delong, E. F. and Karl, D. M. (2001) Archaeal dominance in the mesopelagic zone of the Pacific Ocean. *Nature*, 409, 507 – 10.

Katz, B. J. and Dawson, W. C. (1997) Pematang – Sihapas petroleum system of Central Sumatra. In: *Petroleum Systems of SE Asia and Australasia* (J. V. C. Howes and R. A. Noble, eds.), Indonesian Petroleum Association, Jakarta, pp. 685 – 98.

Katz, B. J., Pheifer, R. N. and Schunk, D. J. (1988) Interpretation of discontinuous vitrinite reflectance profiles. *American Association of Petroleum Geologists Bulletin*, 72, 926 – 31.

Katz, B. J., Robison, V. D., Dawson, W. C. and Elrod, L. W. (1994) Simpson – Ellenburger(.) petroleum system of the Central Basin Platform, West Texas, USA. In: *The Petroleum System – From Source to Trap* (L. B. Magoon and W. G. Dow, eds.), American Association of Petroleum Geologists, Tulsa, OK, pp. 453 – 62.

Katz, B. J. , Dittmar, E. E. and Ehret, G. E. (2000a) A geochemical review of carbonate source rocks in Italy. *Journal of Petroleum Geology*, 23, 399 – 424.

Kaufman, R. L. , Ahmed, A. S. and Hempkins, W. B. (1987) A new technique for the analysis of commingled oils and its application to production allocation calculations. In: *Proceedings of the Sixteenth Annual Convention of the Indonesian Petroleum Association*, Indonesian Petroleum Association Jakarta, Indonesia, pp. 247 – 68.

Kaufman, R. L. , Ahmed, A. S. and Elsinger, R. J. (1990) Gas chromatography as a development and production tool for fingerprinting oils from individual reservoirs: applications in the Gulf of Mexico. In: *Proceedings of the 9th Annual Research Conference of the Society of Economic Paleontologists and Mineralogists* (D. Schumacher and B. F. Perkins, eds.), Society of Paleontologists and Mineralogists, Tulsa, OK, pp. 263 – 82.

Keely, B. J. , Prowse, W. G. and Maxwell, J. R. (1990) The Treibs hypothesis: an evaluation based on structural studies. *Energy & Fuels*, 4, 628 – 34.

Kenig, F. , Popp, B. N. and Summons, R. E. (2000) Preparative HPLC with ultrastable – Y zeolite for compound – specific carbon isotopic analyses. *Organic Geochemistry*, 31, 1087 – 94.

Kennedy, M. J. , Pevear, D. R. and Hill, R. J. (2002) Mineral surface control of organic carbon in black shale. *Science*, 295, 657 – 60.

Kenney, J. F. (1996) Considerations about recent predictions of impending shortages of petroleum evaluated from the perspective of modern petroleum science. *Energy World*, 240, 16 – 18.

Kenney, J. F. , Kutcherov, V. A. , Bendeliani, N. A. and Alekseev, V. A. (2002) The evolution of multicomponent systems at high pressures. VI. The thermodynamic stability of the hydrogen – carbon system: the genesis of hydrocarbons and the origin of petroleum. *Proceedings of the National Academy of Science*, USA, 99, 10976 – 81.

Kerr, G. T. (1989) Synthetic zeolites. *Scientific American*, 261, 82 – 7.

Kerr, R. A. (1990) When a radical experiment goes bust. *Science*, 247, 1177.

Kessler, A. and Baldwin, I. I. (2001) Defensive function of herbivore – injured plant volatile emissions in nature. *Science*, 291, 2141 – 4.

Kihle, J. (1995) Adaptation of fluorescence excitation – emission micro – spectroscopy for characterization of single hydrocarbon fluid inclusions. *Organic Geochemistry*, 23, 1029 – 42.

Killops, S. D. and Al – Juboori, M. A. H. A. (1990) Characterization of the unresolved complex mixture (UCM) in the gas chromatograms of biodegraded petroleums. *Organic Geochemistry*, 15, 147 – 60.

Kimpe, K. , Jacobs, P. A. and Waelkens, M. (2001) Analysis of oil used in late Roman cooking lamps with different mass spectrometric techniques revealed in presence of predominantly olive oil together with traces of animal fat. *Journal of Chromatography A*, 937, 87 – 95.

King, W. J. (1988) Operating problems in the Hanlan Swan Hills gas field. Presented at the Society of Petroleum Engineers Gas Technology Symposium, June 13 15, 1988, Dallas, TX.

Kitson, F. G. , Larsen, B. S. and McEwen, C. N. (1996) *Gas Chromatography and Mass Spectrometry*. Academic Press, New York.

Klemme, H. D. (1994) Petroleum systems of the world involving Upper Jurassic source rocks. In: *The Petroleum System – From Source to Trap* (L. B. Magoon and W. G. Dow, eds.), American Association of Petroleum Geologists, Tulsa, OK, pp. 51 – 72.

Klemme, H. D. and Ulmishek, G. F. (1991) Effective petroleum source rocks of the world: stratigraphic distribution and controlling depositional factors. *American Association of Petroleum Geologists Bulletin*, 75, 1809 – 51.

Knauss, K. G. , Copenhaver, S. A. , Braun, R. L. and Burnham, A. K. (1997) Hydrous pyrolysis of New Albany and Phosphoria shales: production kinetics of carboxylic acids and light hydrocarbons and interactions between the inorganic and organic chemical systems. *Organic Geochemistry*, 27, 477 – 96.

Knights, B. A. , Dickson, C. A. , Dickson, J. H. and Breeze, D. J. (1983) Evidence concerning the Roman military diet at Bearsden, Scotland, in the 2nd century A. D. *Journal of Archaeological Science*, 10, 139 – 52.

Knoss, W. and Reuter, B. (1998) Biosynthesis of isoprenic units via different pathways: occurrence and future prospects. *Pharmaceutica Acta Helvetiae*, 73, 45 – 52.

Koch, P. L., Fogel, M. L. and Tuross, N. (1992a) Tracing the diets of fossil animals using stable isotopes. In: *Methods in Ecology* (K. Lajtha and B. Michener, eds.), Blackwell Scientific Publishing, Oxford, UK, pp. 63 – 92.

Kohl, W., Gloe, A. and Reichenbach, H. (1983) Steroids from the myxobacterium *Nannocystis exedens*. *Journal of General Microbiology*, 129, 1629 – 35.

Kohnen, M. E. L., Sinninghe Damst e, J. S., Kock – Van Dalen, A. C. and De Leeuw, J. W. (1991) Di – or polysulfide – bound biomarkers in sulfur – rich geomacromolecules as revealed by selective chemolysis. *Geochimica et Cosmochimica Acta*, 55, 1375 – 94.

Kolaczkowska, E., Slougui, N. – E., Watt, D. S., Marcura, R. E. and Moldowan, J. M. (1990) Thermodynamic stability of various alkylated, dealkylated, and rearranged 17α – and 17β – hopane isomers using molecular mechanics calculations. *Organic Geochemistry*, 16, 1033 – 8.

Koller, J. and Baumer, U. (1993) Analyse einer Kittprobe aus dem Griff des Messers von Xanten – Wardt. *Praehistorica et Archaeologica Acta*, 25, 129 – 31.

Koller, J., Baumer, U., Kaup, Y., Etspuler, H. and Weser, U. (1998) Embalming was used in Old Kingdom. *Nature*, 391, 343 – 4.

Koller, J., Baumer, U. and Mania, D. (2001) High – tech in the Middle Palaeolithic: Neandertal – manufactured pitch identified. *European Journal Archaeology*, 4, 385 – 97.

König, W. A. (1992) *Gas Chromatographic Enantiomeric Separation with Modified Cyclodextrins*. Hütig, Buch Verlag, Heidelberg.

Kontorovich, A. E. (1984) Geochemical methods for the quantitative evaluation of the petroleum potential of sedimentary basins. In: *Petroleum Geochemistry and Basin Evaluation* (G. Demaison and R. J. Murris, eds.), American Association of Petroleum Geologists, Tulsa, OK, pp. 79 – 109.

Kontorovich, A. E., Danilova, V. P., Kostyreva, E. A., *et al.* (1998a) Main marine oil source formations of the West Siberian petroleum megabasin and their genetic relations to oils. Presented at the Annual Meeting of the American Association of Petroleum Geologists, Salt Lake City, UT, May 17 – 20, 1998.

Koonin, E. V., Makarova, K. S. and Aravind, L. (2001) Horizontal gene transfer in prokaryotes: quantification and classification. *Annual Review of Microbiology*, 55, 709 – 42.

Koopmans, M. P., Schouten, S., Kohnen, M. E. L., and Sinninghe Damst e, J. S. (1996) Restricted utility of aryl isoprenoids as indicators for photic zone anoxia. *Geochimica et Cosmochimica Acta*, 60, 4467 – 96.

Kornacki, A. S. (1993) C_7 chemistry and origin of Monterey oils and source rocks from the Santa Maria Basin, California. Presented at the Annual Meeting of the American Association of Petroleum Geologists, April 25 – 28, 1993.

Kornacki, A. S. and Mango, F. D. (1996) C_7 chemistry of biodegraded Monterey oils from the southwestern margin of the Los Angeles Basin, California. Presented at the Annual Meeting of the American Association of Petroleum Geologists, 1996.

Koschel, K. (1996) Opium alkaloids in a Cypriote base ring I vessel (Bilbil) of the Middle Bronze Age from Egypt. *Agypten und Levante*, 6, 159 – 66.

Krahn, M. M. and Stein, J. E. (1998) Assessing exposure of marine biota and habitats to petroleum compounds. *Analytical Chemistry News and Features*, 70, 186 – 92A.

Krings, M., Stone, A., Schmitz, R. W., *et al.* (1997) Neanderthal DNA sequences and the origin of modern humans. *Cell*, 90, 19 – 30.

Krings, M., Geisert, H., Schmitz, R. W., Krainitzki, H. and Pääbo, S. (1999) DNA sequence of the mitochondrial hypervariable region II from the Neanderthal type specimen. *Proceedings of the National Academy of Science, USA*, 96, 5581 – 5.

Krouse, H. R., Viau, C. A., Eliuk, L. S., Ueda, A. and Halas, S. (1989) Chemical and isotopic evidence of thermo – chemical sulphate reduction by light hydrocarbon gases in deep carbonate reservoirs. *Nature*, 333, 415 – 9.

Kudryavtsev, N. A. (1951) Against the organic hypothesis of the origin of petroleum. *Petroleum Economy* [*Neftianoye*

Khozyaistvo],9,17 – 29.

Kurelec, B., Britvic, S., Rijavec, M., Muller, W. E. G. and Zahn, R. K. (1977) Benzo(a) pyrene monooxygenase induction in marine fish – molecular response to oil pollution. *Marine Biology*, 44, 211 – 6.

Kvenvolden, K. A. (1993) Gas hydrates – geological persepctive and global change. *Reviews of Geophysics*, 31, 173 87. (2002) History of the recognition of organic geochemistry in geoscience. *Organic Geochemistry*, 33, 517 – 21.

Kvenvolden, K. A. and Lorenson, T. D. (2001) The global occurrence of natural gas hydrate. In: *Natural Gas Hydrates: Occurrence, Distribution, and Detection* (C. K. Paull and W. P. Dillon, eds.), American Geophysical Union, Washington, DC, pp. 3 – 18.

Kvenvolden, K. A., Carlson, P. R., Threlkeld, C. N. and Warden, A. (1993a) Possible connection between two Alaskan catastrophies occurring 25 yr apart (1964 and 1989). *Geology*, 21, 813 – 6.

Kvenvolden, K. A., Hostettler, F. D., Rapp, J. B. and Carlson, P. R. (1993b) Hydrocarbons in oil residue on beaches of islands of Prince William Sound, Alaska. *Marine Pollution Bulletin*, 26, 24 – 9.

Kvenvolden, K. A., Hostettler, F. D., Carlson, P. R., et al. (1995) Ubiquitous tar balls with a California – source signature on the shorelines of Prince William Sound, Alaska. *Environmental Science & Technology*, 29, 2684 – 94.

Kvenvolden, K. A., Carlson, P. R., Hostettler, F. D. and Rosenbauer, R. J. (2000) Response to Comment on "Natural hydrocarbon background in benthic sediments of Prince William Sound, Alaska: oil vs. coal". *Environmental Science & Technology*, 34, 2066 – 7.

Lafargue, E., Marquis, F. and Pillot, D. (1998) Rock – Eval 6 applications in hydrocarbon exploration, production, and soil contamination studies. *Revue de l'Insitut Francais du Petrole*, 53, 421 – 37.

Lampert, C. D., Heron, C., Thompson, J., et al. (2001) Sticky links to the past: characterization and radiocarbon dating of archaeological resins from Southeast Asia. Presented at the 222nd ACS National Meeting, August 26 – 30, 2001, Chicago, IL.

Lampert, C. D., Glover, I. C., Heron, C. P., et al. (2002) The characterization and radiocarbon dating of archaeological resins from Southeast Asia. In: *Archaeological Chemistry: Material, Methods and Meaning* (K. A. Jakes, ed.), American Chemical Society, Washington, DC, pp. 84 – 109.

Lampert, C. D., Glover, I. C., Hedges, R. E. M., et al. (2003a) Dating resin coating on pottery: the Spirit Cave early dates revised. *Antiquity*, 77, 126 – 33.

Lampert, C. D., Glover, I. C., Heron, C. P., et al. (2003b) Resinous residues on prehistoric pottery from Southeast Asia: characterisation and radiocarbon dating. In: *Proceedings of the 9th International Conference of the European Association of Southeast Asian Archaeologists* (A. Kallen & A. Karlstrom, eds.), Museum of Far Eastern Antiquities, Stockholm, in press.

Lancet, H. S. and Anders, E. (1970) Carbon isotope fractionation in the Fischer – Tropsch synthesis of methane. *Science*, 170, 980 – 2.

Languri, G. M., Van der Horst, J. and Boon, J. J. (2002) Characterisation of a unique "asphalt" sample from the early 19th century Hafkenscheid painting materials collection by analytical pyrolysis MS and GC/MS. *Journal of Analytical and Applied Pyrolysis*, 63, 171 – 96.

Langworthy, T. A. and Mayberry, W. R. (1976) A 1, 2, 3, 4 – tetrahydroxy pentane – substituted pentacyclic triterpene from *Bacillus acidocaldarius*. *Biochimica et Biophysica Acta*, 431, 570 – 7.

Largeau, C., Derenne, S., Casadevall, E., et al. (1990) Occurrence and origin of ultralaminar structures in amorphous kerogens of various source rocks and oils shales. *Organic Geochemistry*, 16, 889 – 95.

Larter, S. R., Bowler, F., Li, M., et al. (1996) Benzocarbazoles as molecular indicators of secondary oil migration distance. *Nature*, 383, 593 – 7.

Laughrey, C. D. and Baldassare, F. J. (1998) Geochemistry and origin of some natural gases in the Plateau Province, Central Appalachian Basin, Pennsylvania and Ohio. *American Association of Petroleum Geologists Bulletin*, 82, 317 – 35.

Law, B. E. and Rice, D. D. (1993) *Hydrocarbons from Coal*. American Association of Petroleum Geologists, Tulsa, OK.

Lawler, A. (2002) Report of oldest boat hints at early trade routes. *Science*, 296, 1791 – 2.

Laws, E. A., Popp, B. N., Bidigare, R. R., Kennicutt, M. C. and Macko, S. A. (1995) Dependence of phytoplankton carbon isotopic composition on growth rate and $[CO_2]$ aq: theoretical considerations and experimental results. *Geochimica et Cosmochimica Acta*, 59, 1131 – 8.

Le Dréau, Y., Gilbert, F., Doumenq, P., *et al.* (1997) The use of hopanes to track *in situ* variations in petroleum composition in surface sediments. *Chemosphere*, 34, 1663 – 72.

Leeming, R., Latham, V., Rayner, M. and Nichols, P. (1997) Detecting and distinguishing sources of sewage pollution in Australian inland and coastal waters and sediments. In: *Molecular Markers in Environmental Geochemistry*, Vol. 67 (R. P. Eganhouse, ed.), American Chemical Society, Washington, DC, pp. 306 – 19.

Lesquereux, L. (1866) Report on the fossil plants of Illinois: Illinois *Geological Survey*, 2, 425 – 70.

Levorsen, A. I. (1967) *Geology of Petroleum*. W. H. Freeman and Company, San Francisco.

Lewan, M. D. (1984) Factors controlling the proportionality of vanadium to nickel in crude oils. *Geochimica et Cosmochimica Acta*, 48, 2231 – 8.

(1985) Evaluation of petroleum generation by hydrous pyrolysis experimentation. *Philosophical Transactions of the Royal Society of London*, A, 315, 123 – 34.

(1987) Petrographic study of primary petroleum migration in the Woodford Shale and related rock units. In: *Migration of Hydrocarbons in Sedimentary Basins* (B. Doligez, ed.), Editions Technip, Paris, pp. 113 – 30.

(1994) Assessing natural oil expulsion from source rocks by laboratory pyrolysis. In: *The Petroleum System – From Source to Trap* (L. B. Magoon and W. G. Dow, eds.), American Association of Petroleum Geologists, pp. 201 – 10.

Lewan, M. D. and Fisher, J. B. (1994) Organic acids from petroleum source rocks. In: *Organic Acids in Geological Processes* (E. D. Pittman and M. D. Lewan, eds.), Springer – Verlag, New York, pp. 70 – 114.

Lewan, M. D., Winters, J. C. and McDonald, J. H. (1979) Generation of oil – like pyrolyzates from organic – rich shales. *Science*, 203, 897 – 9.

Leythaeuser, D., Schaefer, R. G. and Weiner, B. (1978) Generation of low molecular weight hydrocarbons from organic matter in source beds as a function of temperature. *Chemical Geology*, 25, 95 – 108.

Leythaeuser, D., Schaefer, R. G., Cornford, C. and Weiner, B. (1979) Generation and migration of light hydrocarbons ($C_2 - C_7$) in sedimentary basins. *Organic Geochemistry*, 1, 191 – 204.

Li, M., Larter, S. R., Stoddart, S. and Bjor y, M. (1992) Practical liquid chromatographic separation schemes for pyrrolic and pyridinic nitrogen heterocyclic fractions from crude oils suitable for rapid characterization of geological samples. *Analytical Chemistry*, 64, 1337 – 44.

Li, J. G., Philp, R. P. and Cui, M. Z. (2000) Methyl diamantane index (MDI) as a maturity parameter for Lower Palaeozoic carbonate rocks at high maturity and overmaturity. *Organic Geochemistry*, 31, 267 – 72.

Liberti, A., Cartoni, G. P. and Bruner, F. (1965) Isotope effect in gas chromatography. In: *Gas Chromatography* 1964 (A. Goldup, et.), Elsevier, Amsterdam, pp. 301 – 12.

Lichtenthaler, H. K. (2000) Non – mevalonate isoprenoid biosynthesis: enzymes, genes and inhibitors. *Biochemical Society Transactions*, 28, 785 – 9.

Lijmbach, G. W. M. (1975) On the origin of petroleum. *Proceedings of the 9th World Petroleum Congress*, 2, 357 – 69.

Lijmbach, G. W. M., van der Veen, F. M. and Englehardt, E. D. (1983) Geochemical characterisation of crude oils and source rocks using field ionisation mass spectrometry In: *Advances in Organic Geochemistry* 1981 (M. Bjorøy, C. Albrecht, C. Cornford, *et al.*, eds.), John Wiley & Sons, New York, pp. 788 – 98.

Lin, R. (1995) An interlaboratory comparison of vitrinite reflectance measurement. *Organic Geochemistry*, 22, 1 – 9.

Lin, R. and Wilk, Z. A. (1995) Natural occurrence of tetramantane ($C_{22}H_{28}$), pentamantane ($C_{26}H_{32}$) and hexamantane ($C_{30}H_{36}$) in a deep petroleum reservoir. *Fuel*, 74, 1512 – 21.

Lin, D. S., Connor, W. E., Napton, L. K. and Heizer, R. F. (1978) The steroids of 2000 – year – old human coprolites. *Journal of Lipid Research*, 19, 215 – 21.

Lindstrom, J. E., Prince, R. C., Clark, J. C., *et al.* (1991) Microbial populations and hydrocarbon biodegradation potential in fertilized shoreline sediments affected by the T/V *Exxon Valdez* oil spill. *Applied and Environmental Microbiology*, 57, 2514–52.

Lorant, F. and Behar, F. (2002) Late generation of methane from mature kerogens. *Energy & Fuels*, 16, 412–27.

Losh, L., Eglinton, L., Schoell, M. and Wood, J. (1999) Vertical and lateral fluid flow related to a large growth fault, South Eugene Island Block 330 Field, Offshore Louisiana. *American Association of Petroleum Geologists Bulletin*, 83, 244–76.

Louati, A., Elleuch, B., Kallel, M., et al. (2001) Hydrocarbon contamination of coastal sediments from the Sfax Area (Tunisia), Mediterranean Sea. *Marine Pollution Bulletin*, 42, 445–52.

Louda, J. W. and Baker, E. W. (1984) Perylene occurrence, alkylation and possible sources in deep – ocean sediments. *Geochimica et Cosmochimica Acta*, 48, 1043 58. (1986) The biogeochemistry of chlorophyll. In: *Organic Marine Chemistry* (M. L. Sohn, ed.), Vol. 305, American Chemical Society, Washington, DC, pp. 107–41.

Loutit, T. S., Hardenbol, J., Vail, P. R. and Baum, G. R. (1988) Condensed sections: the key to age determination and correlation of continental margin sequences. In: *Sea – level Changes – An Integrated Approach* (C. K. Wilgus, B. S. Hastings, C. G. St C. Kendall, et al., eds.), Society of Economic Paleontologists and Mineralogists, Tulsa, OK, pp. 109–24.

Lubell, D., Jackes, M., Schwarcz, H., Knyf, M. and Meiklejohn, C. (1994) The Mesolithic – Neolithic transition in Portugal: isotopic and dental evidence of diet. *Journal of Archaeological Science*, 21, 201–16.

Luellen, D. R. and Shea, D. (2002) Calibration and field verification of semipermeable membrane devices for measuring polycyclic aromatic hydrocarbons in water. *Environmental Science & Technology*, 36, 1791–7.

Lundegard, P. D., Haddad, R. and Brearley, M. (1998) Methane associated with a large gasoline spill: forensic determination of origin and source. *Environmental Geoscience*, 5, 69–78.

Lundegard, P. D., Sweeney, R. E. and Ririe, G. T. (2000) Soil gas methane at petroleum contaminated sites: forensic determination of origin and source. *Environmental Forensics*, 1, 3–10.

Lunel, T., Rusin, J., Halliwell, C. and Davies, L. (1997) The net environmental benefit of a successful dispersant operation at the *Sea Empress* incident. In *Proceedings of the 1997 International Oil Spill Conference*, April 7–10, 1997, *Fort Lauderdale, FL*, American Petroleum Institute, Washington, DC, pp. 185–94.

Luzzati, V., Gulik, A., de Rosa, M. and Gambacorta, A. (1987) Lipids from *Sulfolobus solfatarius*, life at high temperature and the structure of membranes. *Chemica Scripta*, 27B, 211–9.

MacDonald, I. R. (1998) Natural oil spills. *Scientific American*, 11, 31–5.

Machel, H. G. (2001) Bacterial and thermochemical sulfate reduction in diagenetic settings – old and new insights. *Sedimentary Geology*, 140, 143–75.

Machel, H. G., Krouse, H. R., Riciputi, L. R. and Cole, D. R. (1995a) Devonian Nisku sour gas play, Canada: a unique natural laboratory for study of thermochemical sulfate reduction. In: *Geochemical Transformations of Sedimentary Sulfur* (M. A. Vairavamurthy and M. A. A. Schoonen, Tedse), American Chemical Society, Washington, DC pp. 439–54.

Machel, H. G., Krouse, H. R. and Sassen, R. (1995b) Products and distinguishing criteria of bacterial and thermochemical sulfate reduction. *Applied Geochemistry*, 10, 373–89.

MacHugh, D. E., Troy, C. S., McCormick, F., et al. (1999) Early medieval cattle remains from a Scandinavian settlement in Dublin: genetic analysis and comparison with extant breeds. *Philosophical Transactions of the Royal Society London, Biological Sciences*, 354, 99–110.

Mackenzie, A. S., Brassell, S. C., Eglinton, G. and Maxwell, J. R. (1982) Chemical fossils: the geological fate of steroids. *Science*, 217, 491–504.

Mackenzie, A. S., Disko, U. and Rullkotter, J. (1983a) Determination of hydrocarbon distributions in oils and sediment extracts by gas chromatography – high resolution mass spectrometry. *Organic Geochemistry*, 5, 57–63.

Mackenzie, A. S., Li, R. – W., Maxwell, J. R., Moldowan, J. M. and Seifert, W. K. (1983b) Molecular measurements of thermal maturation of Cretaceous shales from the Overthrust Belt, Wyoming, USA. In: *Advances in Organic Geo-*

chemistry 1981 (M. Bjorøy, C. Albrecht, C. Cornford, *et al.* eds.) , John Wiley & Sons, New York, pp. 496 – 503.

Mackenzie, A. S. , Rullkötter, J. , Welte, D. H. and Mankiewicz, P. (1985) Reconstruction of oil formation and accumulation in North Slope, Alaska, using quantitative gas chromatography – mass spectrometry. In: *Alaska North Slope Oil/Source Rock Correlation Study* (L. B. Magoon and G. E. Claypool, eds.) , American Association of Petroleum Geologists, Tulsa, OK, pp. 319 – 77.

Mackenzie, A. S. , Leythaeuser, D. , Alteb aumer, F. – J. , Disko, U. and Rullk otter, J. (1988) Molecular measurements of maturity for Lias δ shales in N. W. Germany. *Geochimica et Cosmochimica Acta*, 52, 1145 – 54.

Macko, S. A. and Quick, R. S. (1986) A geochemical study of oil migration at source rock reservoir contacts: stable isotopes. *Organic Geochemistry*, 10, 199 – 205.

Macko, S. A. , Engel, M. H. and Qian, Y. (1994) Early diagenesis and organic matter preservation – a molecular stable carbon isotope perspective. *Chemical Geology*, 114, 365 – 79.

Macko, S. A. , Engel, M. H. , Andrusevich, V. , *et al.* (1999) Documenting the diet in ancient human populations through stable isotope analysis of hair. *Philosophical Transactions of the Royal Society London, Biological Sciences*, 354, 65 – 77.

Magoon, L. B. (1994) Tuxedni – Hemlock(!) petroleum system in Cook Inlet, Alaska, U. S. A. In: *The Petroleum System – From Source to Trap.* (L. B. Magoon and W. G. Dow, eds.) , American Association of Petroleum Geologists, Tulsa, OK, pp. 359 – 70.

Magoon, L. B. and Bird, K. J. (1988) Evaluation of petroleum source rocks in the National Petroleum Reserve in Alaska using organic – carbon content, hydrocarbon content, visual kerogen, and vitrinite reflectance. In: *Geology and Exploration of the National Petroleum Reserve in Alaska, 1974 to 1982* (C. Gryc, ed.) , U. S. Geological Survey, Washington, DC, 1399, pp. 381 – 450.

Magoon, L. B. and Claypool, G. E. (1981) Two oil types on the North Slope of Alaska – Implications for future exploration. *American Association of Petroleum Geologists Bulletin*, 65, 644 – 52.

(1983) Petroleum geochemistry of the North Slope of Alaska: time and degree of thermal maturity. In: *Advances in Organic Geochemistry* 1981 (M. Bjor y, C. Albrecht, C. Cornford, *et al.* , eds.) John Wiley & Sons, New York, pp. 28 – 38.

(1984) The Kingak shale of north Alaska – Regional variations in organic geochemical properties and petroleum source rock quality. *Organic Geochemistry*, 6, 533 – 42.

Magoon, L. B. and Dow, W. G. (1994) *The Petroleum System – From Source to Trap.* American Association of Petroleum Geologists, Tulsa, OK.

Magoon, L. B. and Valin, Z. C. (1994) Overview of petroleum system case studies. In: *The Petroleum System – From Source to Trap* (L. B. Magoon and W. G. Dow, eds.) , American Association of Petroleum Geologists, Tulsa, OK, pp. 329 – 38.

Mahato, S. B. and Sen, S. (1997) Advances in terpenoid research 1990 – 1994. *Phytochemistry*, 44, 1185 – 236.

Mair, B. J. , Ronen, Z. , Eisenbraun, E. J. and Horodysky, A. G. (1966) Terpenoid precursors of hydrocarbons from the gasoline range of petroleum. *Science*, 154, 1339 – 41.

Maldonado, C. , Bayona, J. M. and Bodineau, L. (1999) Sources, distribution, and water column processes of aliphatic and polycyclic aromatic hydrocarbons in the Northwestern Black Sea water. *Environmental Science &Technology*, 33, 2693 – 702.

Mancini, E. A. , Mink, R. M. and Bearden, B. L. (1989) Integrated geological, geophysical, and geochemical interpretation of Upper Jurassic petroleum in the eastern Gulf of Mexico. *Transactions – Gulf Coast Association of Geological Societies*, 36, 309 – 20.

Mango, F. D. (1987) Invariance in the isoheptanes of petroleum. *Science*, 247, 514 – 7.

(1990) The origin of light cycloalkanes in petroleum. *Geochimica et Cosmochimica Acta*, 54, 24 – 7.

(1991) The stability of hydrocarbons under the time – temperature conditions of petroleum genesis. *Nature*, 352, 146 – 8.

(1992) Transition metal catalysis in the generation of petroleum and natural gas. *Geochimica et Cosmochimica Acta*, 56, 553 – 5.

(1994) The origin of light hydrocarbons in petroleum: ring preference in the closure of carbocyclic rings. *Geochimica et Cosmochimica Acta*, 58, 895 – 901.

(1996) Transition metal catalysis in the generation of natural gas. *Organic Geochemistry*, 24, 977 – 84.

(1997) The light hydrocarbons in petroleum: a critical review. *Organic Geochemistry*, 26, 417 – 40.

(1998) Some evidence supporting catalysis in the decomposition of oil to natural gas. Presented at the 215th National Meeting of the American Chemical Society, Dallas, TX, March 29 – April 2, 1998.

(2000) The origin of light hydrocarbons. *Geochimica et Cosmochimica Acta*, 64, 1265 – 77.

Mango, F. D. and Elrod, L. W. (1998) The carbon isotopic composition of catalytic gas: a comparative analysis with natural gas. *Geochimica et Cosmochimica Acta*, 63, 1097 – 106.

Mango, F. D. and Hightower, J. (1997) The catalytic decomposition of petroleum into natural gas. *Geochimica et Cosmochimica Acta*, 61, 5347 – 50.

Mango, F. D., Hightower, J. W. and James, A. T. (1994) Role of transition – metal catalysis in the formation of natural gas. *Nature*, 368, 536 – 8.

Mansfield, C. T., Barman, B. N., Thomas, J. V., Mehrotra, A. K. and McCann, J. M. (1999) Petroleum and coal. *Analytical Chemistry*, 71, 81 – 107R.

Mansuy, L., Philp, R. P. and Allen, J. (1997) Source identification of oil spills based on the isotopic composition of individual components in weathered oil samples. *Environmental Science & Technology*, 31, 3417 – 25.

Manzano, B. K., Fowler, M. G. and Machel, H. G. (1997) The influence of thermochemical sulfate reduction on hydrocarbon composition in Nisku reservoirs, Brazeau River area, Alberta, Canada. *Organic Geochemistry*, 27, 507 – 21.

Marlar, R. A., Leonard, B. L., Billman, B. R., Lambert, P. M. and Marlar, J. E. (2000) Biochemical evidence of cannibalism at a prehistoric Puebloan site in southwestern Colorado. *Nature*, 407, 74 – 8.

Marschner, R. F. and Wright, H. T. (1978) Asphalts from Middle Eastern archaeological sites. *Archaeological Chemistry*, 21, 51 – 171.

Martin, G. C. (1908) Geology and Mineral Resources of the Controller Bay Region, Alaska. *U. S. Geological Survey Bulletin*, 335, 3 – 141.

Martin, L. K., Jr and Black, M. C. (1996) Biomarker assessment of the effects of petroleum refinery contamination on channel catfish. *Ecotoxicology and Environmental Safety*, 33, 81 – 7.

Martin, R. L., Winters, J. C. and Williams, J. A. (1963) Composition of crude oils by gas chromatography: geological significance of hydrocarbon distribution. Presented at the Sixth World Petroleum Congress Proceedings, Frankfurt am Main, June 1963.

Mason, G. M., Rudell, L. G. and Branthaver, J. F. (1990) Review of the stratigraphic distribution and diagenetic history of abelsonite. *Organic Geochemistry*, 14, 585 – 94.

Masterson, W. D., Dzou, L. I. P., Holba, A. G., Fincannon, A. L. and Ellis, L. (2001) Evidence for biodegradation and evaporative fractionation in West Sak, Kuparuk and Prudhoe Bay field areas, North Slope, Alaska. *Organic Geochemistry*, 32, 411 – 41.

Matthews, D. E. and Hayes, J. M. (1978) Isotope – ratio monitoring gas chromatgraphy – mass spectrometry. *Analytical Chemistry*, 50, 1465 – 73.

Mauch, D. H., Nägler, K., Schumacher, S., et al. (2001) CNS synaptogenesis promoted by glia – derived cholesterol. *Science*, 294, 1354 – 7.

Maughan, E. K. (1993) Phosphoria Formation (Permian) and its resource significance in the Western Interior, USA. Presented at the CSPG Pangeo: Global Environment and Resources Conference, Calgary, August 15 – 19, 1993.

Maurer, J., Möhring, T., Rullk otter, J. and Nissenbaum, A. (2002) Plant lipids and fossil hydrocarbons in embalming material of Roman Period mummies from the Dakhleh Oasis, Western Desert, Egypt. *Journal of Archaeological Sci-*

ence, 29, 751 – 62.

Maxwell, J. R., Cox, R. E., Eglinton, G., et al. (1973) Stereochemical studies of acyclic isoprenoid compounds – 2. The role of chlorophyll in the derivation of isoprenoid – type acids in a lacustrine sediment. *Geochimica et Cosmochimica Acta*, 37, 297 – 313.

Mayuga, M. N. (1970) Geology and development of California's giant – Wilmington oil field. In: *Geology of Giant Petroleum Fields* (M. T. Halbouty, ed.), American Association of Petroleum Geologists, Tulsa, OK, pp. 158 – 84.

Mazeas, L. and Budzinski, H. (2001) Polycyclic aromatic hydrocarbon $^{13}C/^{12}C$ ratio measurement in petroleum and marine sediments: application to standard reference materials and a sediment suspected of contamination from the Erika oil spill. *Journal of Chromatography A*, 923, 165 – 76.

McCaffrey, M. A., Farrington, J. W. and Repeta, D. J. (1989) Geochemical implications of the lipid composition of Thioploca spp. from the Peru upwelling region – 15 S. *Organic Geochemistry*, 14, 61 – 8.

McCaffrey, M. A., Moldowan, J. M., Lipton, P. A., et al. (1994) Paleoenvironmental implications of novel C_{30} steranes in Precambrian to Cenozoic age petroleum and bitumen. *Geochimica et Cosmochimica Acta*, 58, 529 – 32.

McCaffrey, M. A., Legarre, H. A. and Johnson, S. J. (1996) Using biomarkers to improve heavy oil reservoir management; an example from the Cymric Field, Kern County, California. *American Association of Petroleum Geologists Bulletin*, 80, 898 – 913.

McCollom, T. M. (2003) Formation of meteorite hydrocarbons from thermal decomposition of siderite ($FeCO_3$). *Geochimica et Cosmochimica Acta*, 67, 311 – 7.

McCollom, T. M. and Seewald, J. S. (2001) A reassessment of the potential for reduction of dissolved CO_2 to hydrocarbons during serpentinization of olivine. *Geochimica et Cosmochimica Acta*, 65, 3769 – 78.

McCusker, L. B. (1994) Advances in powder diffraction methods for zeolite structure analysis. In: *Zeolites and Related Microporous Materials: State of the Art 1994*, Vol. 84 (J. W. Weitkamp, H. G. Karge, H. Pfeifer and W. H olderich, eds.), Elsevier, Amsterdam, pp. 341 – 356.

McFadden W. H. (1973) *Techniques of Combined Gas Chromatography Mass Spectrometry*. Wiley – Interscience, New York.

McGovern, P. E., Fleming, S. J. and Katz, S. H. (1995) *The Origins and Ancient History of Wine*. Food and Nutrition in History and Anthropology Vol. 11. Gordon and Breach, New York.

McGovern, P. E., Glusker, D. L., Exner, L. J. and Voigt, M. W. (1996) Neolithic resinate wine. *Nature*, 381, 480 – 1.

McGovern, P. E., Glusker, D. L., Moreau, R. A., et al. (1999) A funerary feast fit for King Midas. *Nature*, 402, 863 – 4.

McKay, D. S., Gibson, E. K., Jr, Thomas – Keprta, K. L., et al. (1996) Search for past life on Mars: possible relic biogenic activity in Martian meteorite ALH84001. *Science*, 273, 924 – 30.

McKirdy, D. M., Aldrige, A. K. and Ypma, P. J. M. (1983) A geochemical comparison of some crude oils from Pre – Ordovician carbonate rocks. In: *Advances in Organic Geochemistry* 1981 (M. Bjorøy, C. Albrecht, C. Cornford, et al., eds.), John Wiley & Sons, New York, pp. 99 – 107.

McLafferty, F. W. (1980) *Interpretation of Mass Spectra*, 3rd edn., University Science Books, Mill Valley, CA.

McLimans, R. K. (1987) The application of fluid inclusions to migration of oil and diagenesis in petroleum reservoirs. *Applied Geochemistry*, 2, 585 – 603.

McNeil, R. H. and Bement, W. O. (1996) Thermal stability of hydrocarbons: laboratory criteria and field examples. *Energy & Fuels*, 10, 60 – 7.

Mearns, E. W. and McBride, J. J. (1999) Hydrocarbon filling history and reservoir continuity of oil fields evaluated using $^{87}Sr/^{86}Sr$ isotope ratio variations in formation water, with examples from the North Sea. *Petroleum Geoscience*, 5, 17 – 27.

Meganathan, R. (2001) Ubiquinone biosynthesis in microorganisms. *FEMS Microbiology Letters*, 203, 131 – 9.

Meissner, F. F., Woodward, J. and Clayton, J. L. (1984) Stratigraphic relationships and distribution of source rocks in the Greater Rocky Mountain Region. In: *Hydrocarbon Source Rocks of the Greater Rocky Mountain Region*

(J. Woodward, F. F. Meissner and J. L. Clayton, eds.), Rocky Mountain Association of Geologists, Denver, CO, pp. 1 – 34.

Mello, M. R., Koutsoukos, E. A. M., Mohriak, W. U. and Bacoccoli, G. (1994) Selected petroleum systems in Brazil. In: *The Petroleum System – From Source to Trap* (L. B. Magoon and W. G. Dow, eds.), American Association of Petroleum Geologists, Tulsa, OK, pp. 499 – 512.

Mendeleev, D. (1877) L'origine du petrole. *Revue Scientifique*, 2e Ser., VIII, 409 – 16.

(1902) *The Principles of Chemistry*, Vol. 1. Second English edition translated from the sixth Russian edition. Collier, New York.

Mercadante, A. Z. (1999) New carotenoids: recent progress. *Pure and Applied Chemistry*, 71, 2263 – 73.

Merlin, M. D. (1984) *On the Trail of the Ancient Opium Poppy*. Fairleigh Dickinson University Press (Associated University Presses), Cranbury, NJ.

Merriwether, D. A. (1999) Freezer anthropology: new uses for old blood. *Philosophical Transactions of the Royal Society London, Biological Sciences*, 354, 121 – 30.

Metzger, P., Villarreal – Rosalles, E., Casadevall, E. and Coute, A. (1989) Hydrocarbons, aldehydes and tricylglycerols in some strains of the A race of the green alga *Botryococcus braunii*. *Phytochemistry*, 28, 2349 – 53.

Meyers, P. A. (1994) Preservation of elemental and isotopic source identification of sedimentary organic matter. *Chemical Geology*, 144, 289 – 302. (1997) Organic geochemical proxies of paleooceanographic, paleolimnlogic, and paleoclimatic processes. *Organic Geochemistry*, 27, 213 – 50.

Michaelis, W., Seifert, R., Nauhaus, K., *et al.* (2002) Microbial reefs in the Black Sea fueled by anaerobic oxidation of methane. *Science*, 297, 1013 – 5.

Michalczyk, G. (1985) Determination of n – and iso – paraffins in hydrocarbon waxes – comparative results of analyses by gas chromatography, urea adduction, and molecular sieve adsorption [in German]. *Fette – Seifen – Anstrichmittel*, 87, 481 – 6.

Miller, R. G. (1995) A future for exploration geochemistry. In: *Organic Geochemistry: Developments and Applications to Energy, Climate, Environment and Human History* (J. O. Grimalt and C. Dorronsoro, eds.), AIGOA, Donostia – San Sebastián, Spain, pp. 412 – 4.

Mills, J. S. and White, R. (1989) The identity of the resins from the Late Bronze Age shipwreck at Ulu Burun (Kas). *Archaeometry*, 31, 37 – 44.

(1994) *The Organic Chemistry of Museum Objects, Arts and Archaeology*. Butterworths, London.

Milner, C. W. D., Rogers, M. A. and Evans, C. R. (1977) Petroleum transformations in reservoirs. *Journal of Geochemical Exploration*, 7, 101 – 53.

Mislow, K. (1965) *Introduction to Stereochemistry*. W. A. Benjamin, New York.

Moldowan, J. M. and Seifert, W. K. (1979) Head – to – head linked isoprenoid hydrocarbons in petroleum. *Science*, 204, 169 – 71.

Moldowan, J. M., Seifert, W. K., Arnold, E. and Clardy, J. (1984) Structure proof and significance of stereoisomeric 28, 30 – bisnorhopanes in petroleum and petroleum source rocks. *Geochimica et Cosmochimica Acta*, 48, 1651 – 61.

Moldowan, J. M., Seifert, W. K. and Gallegos, E. J. (1985) Relationship between petroleum composition and depositional environment of petroleum source rocks. *American Association of Petroleum Geologists Bulletin*, 69, 1255 – 68.

Moldowan, J. M., Sundararaman, P. and Schoell, M. (1986) Sensitivity of biomarker properties to depositional environment and/or source input in the Lower Toarcian of S. W. Germany. *Organic Geochemistry*, 10, 915 – 26.

Moldowan, J. M., Fago, F. J., Lee, C. Y., *et al.* (1990) Sedimentary 24 – n – propylcholestanes, molecular fossils diagnostic of marine algae. *Science*, 247, 309 – 12.

Moldowan, J. M., Dahl, J., Huizinga, B. J., *et al.* (1994) The molecular fossil record of oleanane and its relation to angiosperms. *Science*, 265, 768 – 71.

Moldowan, J. M., Dahl, J., McCaffrey, M. A., Smith, W. J. and Fetzer, J. C. (1995) Application of biological marker technology to bioremediation of refinery by – products. *Energy & Fuels*, 9, 155 – 62.

Momper, J. A. (1980) Oil expulsion – a consequence of oil generation. Abstract. *American Association of Petroleum Geologists Bulletin*, 64, 1279.

Mommessin, P. R., Casta no, J. R., Rankin, J. G. and Weiss, M. L. (1981) *Process for Determining API Gravity of oil by FID*. United States Patent 4 248 – 599.

Mook, W. G. (2001) Abundance and fractionation of stable isotopes. In: *Environmental Isotopes in the Hydrological Cycle. Principles and Applications* Vol. 1 (W. G. Mook, ed.), UNESCO/IAEA, Paris, pp. 31 – 48.

Morrison, R. T. and Boyd, R. N. (1987) *Organic Chemistry*. Allyn and Bacon, Boston, MA.

Mottram, H. R., Dudd, S. N., Lawrence, G. J., Stott, A. W. and Evershed, R. P. (1999) New chromatographic, mass spectrometric and stable isotope approaches to the classification of degraded animal fats preserved in archaeological pottery. *Journal of Chromatography A*, 833, 223 – 9.

Mudge, S. M. (2002) Reassessment of the hydrocarbons in Prince William Sound and the Gulf of Alaska: identifying the source using partial least – squares. *Environmental Science & Technology*, 36, 2354 – 60.

Müller, P. J. and Suess, E. (1979) Productivity, sedimentation rate, and sedimentary organic matter in the oceans. I. Organic carbon preservation. *Deep Sea Research*, 26A, 1347 – 62.

Munz, I. A. (2001) Petroleum inclusions in sedimentary basins: systematics, analytical methods and applications. *Lithos*, 55, 195 – 212.

Murray, A. P., Edwards, D., Hope, J. M., et al. (1998) Carbon isotope biogeochemistry of plant resins and derived hydrocarbons. *Organic Geochemistry*, 29, 1199 – 214.

Murphy, M. T. K. (1969) Analytical methods. In: *Organic Geochemistry* (G. Eglinton and M. T. J. Murphy, eds.), Springer – Verlag, Berlin, pp. 74 – 88.

Murphy, B. L. and Morrison, R. D. (2002) *Introduction to Environmental Forensics*. Academic Press, San Diego, CA.

Murphy, M. T. J., McCormick, A. and Eglinton, G. (1967) Perhydro – β – carotene in Green River Shale. *Science*, 157, 1040 – 2.

Muyzer, G., Westbroek, P., de Vrind, H. P. M., et al. (1984) Immunology and organic geochemistry. *Organic Geochemistry*, 6, 847 – 55.

Muyzer, G., Dekoster, S., van Zijl, Y., Boon, J. J. and Westbroek, P. (1986) Immunological studies on microbial mats from Solar Lake (Sinai): a contribution to the organic geochemistry of sediments. *Organic Geochemistry*, 10, 697 – 704.

Muyzer, G., Sandberg, P. A., Knapen, M. H. A., et al. (1992) Preservation of the bone protein osteocalcin in dinosaurs. *Geology*, 20, 871 – 4.

Mycke, B., Narjes, F. and Michaelis, W. (1987) Bacteriohopanetetrol from chemical degradation of an oil shale kerogen. *Nature*, 326, 179 – 81.

Myers, K. J. and Wignall, P. B. (1987) Understanding Jurassic organic – rich mudrock – new concepts using gamma – ray spectrometry and paleoecology: examples from the Kimmeridge Clay of Dorset and the Jet Rock of Yorkshire. In: *Marine Clastic Environments: Concepts and Case Studies* (J. K. Legget, ed.), Graham and Trotman, London, pp. 175 – 92.

National Research Council (1985) *Oil in the Sea: Input, Fates, and Effect*. National Academy Press, Washington, DC. (2002) *Oil in the Sea III: Inputs, Fates, and Effects*. National Acadamy Press, Washington, DC.

Nederlof, P. J. R., Gijsen, M. A. and Doyle, M. A. (1994) Application of reservoir geochemistry to field appraisal. In: *Geo'94: The Middle East Petroleum Geosciences. Selected Middle East Papers from the Middle East Geoscience Conference* (M. I. Al Husseini, ed.), Gulf PetroLink, Manama, Bahrain, pp. 709 – 722.

Neff, J. M. (1979) *Polycyclic Aromatic Hydrocarbons in the Aquatic Environment: Sources, Fates and Biological Effects*. Applied Science Publishers, London.

Nes, W. R. and McKean, M. L. (1977) *Biochemistry of Steroids and Other Isopentenoids*. University Park Press, Baltimore.

Nes, W. D. and Venkatramesh, M. (1994) Molecular assymetry and sterol evolution. In: *Isopentenoids and Other Natu-*

ral Products: Evolution and Function, ACS Symposium Series 562 (W. D. Nes, ed.), American Chemical Society, Washington, DC, pp. 55–89.

Newberry, J. S. (1873) The General Geological Relations and Structure of Ohio. Ohio Geological Survey Report 1, Part 1. Division of Geological Survey, Columbus, OH.

Nichols, P. D., Volkman, J. K., Palmisano, A. C., Smith, G. A. and White, D. C. (1988) Occurrence of an isoprenoid C_{25} diunsaturated alkene and high neutral lipid content in Antarctic sea–ice diatom communities. Journal of Phycology, 24, 90–6.

Nichols, P. D., Leeming, R., Rayner, M. S. and Latham, V. (1993) Comparison of the abundance of the fecal sterol coprostanol and fecal bacterial groups in inner–shelf waters and sediments near Sydney, Australia. Journal of Chromatography, 643, 189–95.

Nielsen–Marsh, C. M., Ostrom, P. H., Gandhi, H., et al. (2002) Sequence preservation of osteocalcin protein and mitochondrial DNA in bison bones older than 55 ka. Geology, 30, 1099–102.

Niklas, K. J. (1996) The Evolutionary Biology of Plants. University of Chicago Press, Chicago, IL.

Nisbet, E. G., Cann, J. R. and van Dover, C. L. (1995) Origins of photosynthesis. Nature, 373, 479–480.

Nissenbaum, A., Baedecker, M. J. and Kaplan, I. R. (1972) Studies on dissolved organic matter from interstitial water of a reducing marine fjord. In: Advances in Organic Geochemistry 1971 (H. R. von Gaertner and H. Wehner, eds.), Pergamon Press, New York, pp. 427–40.

Nolte, D. G. (1991) Separation of a Mixture of Normal Paraffins, Branched Chain Paraffins, and Cyclic Paraffins. United States Patent 4 982 052, January 1, 1991.

North, F. K. (1985) Petroleum Geology. Allen and Unwin, London.

Oakwood, T. S., Shriver, D. S., Fall, H. H., McAleer, W. J. and Wunz, P. R. (1952) Optical activity of petroleum. Industrial and Engineering Chemistry, 44, 2568–70.

Obermajer, M., Stasiuk, L. D., Fowler, M. G. and Osadetz, K. G. (1997) Acritarch fluorescence as a new thermal maturity indicator. American Association of Petroleum Geologists Bulletin, 81, 1561.

Obermajer, M., Osadetz, K. G., Fowler, M. G. and Snowdon, L. R. (2000b) Light hydrocarbon (gasoline range) parameter refinement of biomarker–based oil–oil correlation studies: an example from Williston Basin. Organic Geochemistry, 31, 959–76.

Ocampo, R., Callot, H. J. and Albrecht, P. (1989) Different isotope compositions of C_{32} DPEP and C_{32} etioporphyrin III in oil shale. Naturwissenschaften, 76, 419–21.

Odden, W., Patience, R. L. and van Graas, G. W. (1998) Application of light hydrocarbons (C_4–C_{13}) to oil/source rock correlations. Organic Geochemistry, 28, 823–47.

Olson, D. H., Haag, W. O. and Lago, R. M. (1980) Chemical and physical properties of the ZSM–5 substitutional series. Journal of Catalysis, 61, 390–6.

O'Malley, V. P., Abrajano, T. A., Jr and Hellou, J. (1994) Determination of the $^{13}C/^{12}C$ ratios of individual PAH from environmental samples: can PAH sources be apportioned? Organic Geochemistry, 21, 809–22.

O'Neil, J. R. (1986) Theoretical and experimental aspects of isotopic fractionation. Mineralogical Society of America Reviews in Mineralogy, 16, 1–40.

Ong, R. C. Y. and Marriott, P. J. (2002) A review of basic concepts in comprehensive two–dimensional gas chromatography. Journal of Chromatographic Science, 40, 276–91.

Orphan, V. J., Hinrichs, K.–U., Ussler, W., III, et al. (2001a) Comparative analysis of methane–oxidizing archaea and sulfate–reducing bacteria in anoxic marine sediments. Applied and Environmental Microbiology, 67, 1922–34.

Orphan, V. J., House, C. H., Hinrichs, K.–U., McKeegan, K. D. and Delong, E. F. (2001b) Methane–consuming archaea revealed by directly coupled isotopic and phylogenetic analysis. Science, 293, 479–81.

Orr, W. L. (1974) Changes in sulfur content and isotopic ratios of sulfur during petroleum maturation. Study of Big Horn Basin Paleozoic oils. American Association of Petroleum Geologists Bulletin, 58, 2295–318.

(1977) Geologic and geochemical controls on the distribution of hydrogen sulfide in natural gas. In: Advances in Or-

ganic Geochemistry (R. Campos and J. Goni, eds.), Enadisma, Madrid, Spain, pp. 571 – 97.

(1986) Kerogen/asphaltene/sulfur relationships in sulfur – rich Monterey oils. *Organic Geochemistry*, 10, 499 – 516.

Orr, W. L. and Gaines, A. G. (1974) Observations on rate of sulfate reduction and organic matter oxidation in the bottom waters of an estuarine basin: the upper basin of the Pettaquamscutt River (Rhode Island). In: *Advances in Organic Geochemistry* 1973 (B. Tissot and F. Bienner, eds.), Editions Technip, Paris, pp. 791 – 812.

Othman, R. and Ward, C. R. (2002) Thermal maturation pattern in the southern Bowen, northern Gunnedah and Surat basins, northern New South Wales, Australia. *International Journal of Coal Geology*, 51, 145 – 67.

Oudemans, T. F. M. and Boon, J. J. (1991) Molecular archaeology: analysis of charred (food) remains from prehistoric pottery by pyrolysis – gas chromatography/mass spectrometry. *Journal of Analytical and Applied Pyrolysis*, 20, 197 – 227.

Ourisson, G. (1987) Bigger and better hopanoids. *Nature*, 326, 126 – 7.

Ourisson, G. and Nakatani, Y. (1994) The terpenoid theory of the origin of cellular life: the evolution of terpanoids to cholesterols. *Chemistry and Biology*, 1, 11 – 23.

Ourisson, G., Albrecht, P. and Rohmer, M. (1984) The microbial origin of fossil fuels. *Scientific American*, 251, 44 – 51.

Ourisson, G., Rohmer, M. and Poralla, K. (1987) Prokaryotic hopanoids and other polyterpenoid sterol surrogates. *Annual Review of Microbiology*, 41, 301 – 33.

Ovchinnikov, I. V., Götherström, A., Romanova, G. P., *et al.* (2000) Molecular analysis of Neanderthal DNA from the northern Caucasus. *Nature*, 404, 490 – 3.

Overton, E. B., Sharp, W. D. and Roberts, P. (1994) Toxicity of petroleum. In: *Basic Environmental Toxicology* (L. G. Cockerham and B. S. Shane, eds.), CRC Press, Boca Raton, FL, pp. 133 – 56.

Page, D. S., Boehm, P. D., Douglas, G. S. and Bence, A. E. (1995) Identification of hydrocarbon sources in the benthic sediments of Prince William Sound and the Gulf of Alaska following the *Exxon Valdez* oil spill. In: *Exxon Valdez Oil Spill: Fate and Effects in Alaskan Waters* (P. G. Wells, J. N. Butler and J. S. Hughes, eds.), American Society for Testing and Materials, Philadelphia, PA, pp. 41 – 83.

Page, D. S., Boehm, P. D., Douglas, G. S., *et al.* (1996a) The natural petroleum hydrocarbon background in subtidal sediments of Prince William Sound, Alaska, USA. *Environmental Toxicology and Chemistry*, 15, 1266 – 81.

Page, D. S., Boehm, P. D., Gilifillan, E. S., *et al.* (1996b) Effects of the *Exxon Valdez* oil spill on the subtidal organic geochemistry of two bays in Prince William Sound, Alaska. In: *19th Arctic and Marine Oilspill Program (AMOP) Technical Seminar*, Calgary, Alberta, June 12 – 14, 1996. Proceedings, Vol. 2, Environment Canada, Emergencies Science Division, Ottawa, pp. 1195 – 209.

Page, D. S., Boehm, P. D., Douglas, G. S., *et al.* (1997) An estimate of the annual input of natural petroleum hydrocarbons to seafloor sediments in Prince William Sound, Alaska. *Marine Pollution Bulletin*, 34, 744 – 9.

(1998) Petroleum sources in the western Gulf of Alaska/Shelikoff Strait Area. *Marine Pollution Bulletin*, 36, 1004 – 12.

(1999a) Pyrogenic polycyclic aromatic hydrocarbons in sediments record past human activity: a case study in Prince William Sound, Alaska. *Marine Pollution Bulletin*, 38, 247 – 60.

(1999b) Sources of background hydrocarbons in subtidal sediments of Prince William Sound and the Eastern Gulf of Alaska: part 2. Discriminating among multiple sources. Presented at the SETAC 20th Annual Meeting, November 14 – 18, 1999, Philadelphia, pp. 261.

Page, D. S., Burns, W. A., Bence, A. E., *et al.* (2001) Resolving the origin of the petrogenic hydrocarbon background in Prince William Sound, Alaska. *Environmental Science & Technology*, 35, 471 – 9.

Palenik, B. (2002) The genomics of symbiosis: hosts keep the baby and the bath water. *Proceedings of the National Academy of Sciences*, 99, 11996 – 7.

Palmer, S. E. (1984) Effect of water washing on C_{15+} hydrocarbon fraction of crude oils from northwest Palawan, Phillipines. *American Association of Petroleum Geologists Bulletin*, 68, 137 49. (1993) Effect of biodegradation and water washing on crude oil composition. In: *Organic Geochemistry* (M. H. Engel and S. A. Macko, eds.), Plenum Press, New York, pp. 511 – 33.

Pan, C., Fu, J. and Sheng, G. (2000) Sequential extraction and compositional analysis of oil – bearing fluid inclusions in reservoir rocks from Kuche Depression, Tarim Basin. *Chinese Science Bulletin*, 45, 60 – 6.

Pan, C., Yang, J., Fu, J. and Sheng, G. (2003) Molecular correlation of free oil and inclusion oil of reservoir rocks in the Junggar Basin, China. *Organic Geochemistry*, 34, 357 – 74.

Parnell, J. (1988) Migration of biogenic hydrocarbons into granites: a review of hydrocarbons in British plutons. *Marine and Petroleum Geology*, 5, 385 – 96.

Parnell, J., Middleton, D., Honghan, C. and Hall, D. (2001) The use of integrated fluid inclusion studies in constraining oil charge history and reservoir compartmentation: examples from the Jeanne d'Arc Basin, offshore Newfoundland. *Marine and Petroleum Geology*, 18, 535 – 49.

Parsche, F. and Nerlich, A. (1995) Presence of drugs in different tissues of an Egyptian mummy. *Fresenius' Journal of Analytical Chemistry*, 352, 380 – 4.

Paseshnichenko, V. A. (1998) A new alternative non – mevalonate pathway for isoprenoid biosynthesis in eubacteria and plants. *Biochemistry (Biokhimiia)*, 63, 139 – 48.

Passey, Q. R., Creaney, S., Kulla, J. B., Moretti, F. J. and Stroud, J. D (1990) A practical model for organic richness from porosity and resistivity logs. *American Association of Petroleum Geologists Bulletin*, 74, 1777 – 94.

Patience, R. L., Rowland, S. J. and Maxwell, J. R. (1978) The effect of maturation on the configuration of pristane in sediments and petroleum. *Geochimica et Cosmochimica Acta*, 42, 1871 – 6.

Patience, R. L., Yon, D. A., Ryback, G. and Maxwell, J. R. (1980) Acyclic isoprenoid alkanes and geochemical maturation. In: *Advances in Organic Geochemistry* 1979 (A. G. Douglas and J. R. Maxwell, eds.), Pergamon Press, New York, pp. 287 – 94.

Patience, R. L., Pedersen, V. B., Hanesand, T., et al. (1993) *The Norwegian Industry Guide to Organic Geochemical Analyses*, edn 4.0. The Norwegian Petroleum Directorate, Stavanger, Norway.

Patin, S. (1999) *Environmental Impact of the Offshore Oil and Gas Industry*. EcoMonitor Publisher, East Northport, New York.

Patrick, M., Koning, A. J. and Smith, A. B. (1985) Gas – liquid chromatographic analysis of fatty acids in food residues in ceramics found in Southwestern Cape. *Archaeometry*, 27, 231 – 6.

Patt, T. E. and Hanson, R. S. (1978) Intracytoplasmic membrane, phospholipid, and sterol content of *Methylobacterium organophilum* cells grown under different conditions. *Journal of Bacteriology*, 134, 636 – 44.

Patterson, G. W. (1994) Phylogenetic distribution of sterols. In: *Isopentenoids and Other Natural Products: Evolution and Function*, ACS Symposium Series 562 (W. D. Nes, ed.), American Chemical Society, Washington, DC, pp. 90 – 108.

Payzant, J. D., Montgomery, D. S. and Strausz, O. P. (1986) Sulfides in petroleum. *Organic Geochemistry*, 9, 357 – 69.

Peabody, C. E. (1993) The association of cinnabar and bitumen in mercury deposits of the California Coast Ranges. In: *Bitumens in Ore Deposits* (J. Parnell, H. Kucha and P. Landais, eds.), Springer – Verlag, New York, pp. 178 – 209.

Peachey, C. P. (1995) Terebinth resin in antiquity: Possible uses in the Late Bronze Age Aegean region. M. A. thesis, Texas A&M University, College Park, TX.

Pedersen, T. F. and Calvert, S. E. (1990) Anoxia vs. productivity: what controls the formation of organic – carbon – rich sediments and sedimentary rocks. *American Association of Petroleum Geologists Bulletin*, 74, 454 – 66.

Pelet, R. (1987) A model of organic sedimentation on present – day continental margins. In: *Marine Petroleum Source Rocks* (J. Brooks and A. J. Fleet, eds.), Geological Society, London, pp. 167 – 80.

Pepper, A. and Dodd, T. A. (1995) Single kinetic models of petroleum formation. Part II: oil – gas cracking. *Marine and Petroleum Geochemistry*, 12, 321 – 40.

Peters, K. E. (1986) Guidelines for evaluating petroleum source rock using programmed pyrolysis. *American Association of Petroleum Geologists Bulletin*, 70, 318 29. (1999a) Rock - Eval pyrolysis. In: *Encyclopedia of Geochemistry* (C. P. Marshall and R. W. Fairbridge, eds.), Kluwer Academic Publishers, Boston, MA, pp. 551 5. (1999b) The Deep Hot Biosphere; Thomas Gold. Book review. *Organic Geochemistry*, 30, 473 - 5. (2000) Petroleum tricyclic terpanes: predicted physicochemical behavior from molecular mechanics calculations. *Organic Geochemistry*, 31, 497 - 507.

Peters, K. E. and Cassa, M. R. (1994) Applied source rock geochemistry. In: *The Petroleum System - From Source to Trap* (L. B. Magoon and W. G. Dow, eds.), American Association of Petroleum Geologists, Tulsa, OK, pp. 93 - 117.

Peters, K. E. and Creaney, S. (2004) Geochemical differentiation of Silurian and Devonian oils from Algeria. *Geochemical Investigations: A Tribute to Isaac R. Kaplan* (R. J. Hill, J. Leventhal, Z. Aizenshtat, et al., eds.), Geological Society of America, Boulder, CO, pp. 287 - 301

Peters, K. E. and Fowler, M. G. (2002) Applications of petroleum geochemistry to exploration and reservoir management. *Organic Geochemistry*, 33, 5 - 36.

Peters, K. E. and Moldowan, J. M. (1991) Effects of source, thermal maturity, and biodegradation on the distribution and isomerization of homohopanes in petroleum. *Organic Geochemistry*, 17, 47 - 61.

(1993) *The Biomarker Guide. Interpreting Molecular Fossils in Petroleum and Ancient Sediments*. Prentice - Hall, Englewood Cliffs, NJ.

Peters, K. E. and Nelson, D. A. (1992) REESA - an expert system for geochemical logging of wells. *American Association of Petroleum Geologists Annual Meeting Abstracts*, 103.

Peters, K. E. and Simoneit, B. R. T. (1982) Rock - Eval pyrolysis of Quaternary sediments from Leg 64, Sites 479 and 480, Gulf of California. *Initial Reports Deep Sea Drilling Project*, 64, 925 - 31.

Peters, K. E., Rohrback, B. G. and Kaplan, I. R. (1981) Carbon and hydrogen stable isotope variations in kerogen during laboratory simulated thermal maturation. *American Association of Petroleum Geologists Bulletin*, 65, 501 - 8.

Peters, K. E., Whelan, J. K., Hunt, J. M. and Tarafa, M. E. (1983) Programmed pyrolysis of organic matter from thermally altered Cretaceous black shales. *American Association of Petroleum Geologists Bulletin*, 67, 2137 - 46.

Peters, K. E., Moldowan, J. M., Schoell, M. and Hempkins, W. B. (1986) Petroleum isotopic and biomarker composition related to source rock organic matter and depositional environment. *Organic Geochemistry*, 10, 17 - 27.

Peters, K. E., Moldowan, J. M., Driscole, A. R. and Demaison, G. J. (1989) Origin of Beatrice oil by cosourcing from Devonian and Middle Jurassic source rocks, Inner Moray Firth, UK. *American Association of Petroleum Geologists Bulletin*, 73, 454 - 71.

Peters, K. E., Moldowan, J. M. and Sundararaman, P. (1990) Effects of hydrous pyrolysis on biomarker thermal maturity parameters: Monterey Phosphatic and Siliceous Members. *Organic Geochemistry*, 15, 249 - 65.

Peters, K. E., Scheuerman, G. L., Lee, C. Y., et al. (1992) Effects of refinery processes on biological markers. *Energy & Fuels*, 6, 560 - 77.

Peters, K. E., Kontorovich, A. E., Moldowan, J. M., et al. (1993) Geochemistry of selected oils and rocks from the central portion of the West Siberian Basin, Russia. *American Association of Petroleum Geologists Bulletin*, 77, 863 - 87.

Peters, K. E., Elam, T. D., Pytte, M. H. and Sundararaman, P. (1994) Identification of petroleum systems adjacent to the San Andreas Fault, California, USA. In: *The Petroleum System - From Source to Trap* (L. B. Magoon and W. G. Dow, eds.), American Association of Petroleum Geologists, Tulsa, OK, pp. 423 - 36.

Peters, K. E., Clark, M. E., das Gupta, U., McCaffrey, M. A. and Lee, C. Y. (1995) Recognition of an Infracambrian source rock based on biomarkers in the Bagehwala - 1 oil, India. *American Association of Petroleum Geologists Bulletin*, 79, 1481 - 94.

Peters, K. E., Cunningham, A. E., Walters, C. C., Jiang, J. and Fan, Z. (1996a) Petroleum systems in the Jiangling - Dangyang area, Jianghan Basin, China. *Organic Geochemistry*, 24, 1035 - 60.

Peters, K. E., Moldowan, J. M., McCaffrey, M. A. and Fago, F. J. (1996b) Selective biodegradation of extended hopanes to 25 – norhopanes in petroleum reservoirs. Insights from molecular mechanics. *Organic Geochemistry*, 24, 765 – 83.

Peters, K. E., Wagner, J. B., Carpenter, D. G. and Conrad, K. T. (1997) World class Devonian potential seen in eastern Madre de Dios Basin. *Oil and Gas Journal*, 95, 61 65, 84 – 87.

Peters, K. E., Fraser, T. H., Amris, W., Rustanto, B. and Hermanto, E. (1999) Geochemistry of crude oils from eastern Indonesia. *American Association of Petroleum Geologists Bulletin*, 83, 1927 – 42.

Petrov, A. A., Pustil'Nikova, S. D., Abriutina, N. N. and Kagramonova, G. R. (1976) Petroleum steranes and triterpanes. *Neftekhimiia*, 16, 411 – 27.

Petrov, A. A., Vorobyova, N. S. and Zemskova, Z. K. (1990) Isoprenoid alkanes with irregular "head – to – head" linkages. *Organic Geochemistry*, 16, 1001 – 5.

Petsch, S. T., Eglinton, T. I. and Edwards, K. J. (2001) ^{14}C – dead living biomass: evidence for microbial assimilation of ancient organic carbon during shale weathering. *Science*, 292, 1127 – 31.

Philippi, G. T. (1975) The deep subsurface temperature controlled origin of gaseous and gasoline – range hydrocarbons of petroleum. *Geochimica et Cosmochimica Acta*, 39, 1355 – 73.

Phillips, J. B. and Beens, J. (1999) Comprehensive two – dimensional gas chromatography: a hyphenated method with strong coupling between the two dimensions. *Journal of Chromatography A*, 856, 331 – 47.

Philp, R. P. (1985) *Fossil Fuel Biomarkers*. Elsevier, New York.

Philp, R. P. and Gilbert, T. D. (1982) Unusual distribution of biological markers in an Australian crude oil. *Nature*, 299, 245 – 7.

Philp, R. P. and Brassell, S. (1986) Arguments against abiogenic origin for hydrocarbons. *Chemical and Engineering News*, 64, 2 3, 48, 59.

Philp, R. P., Oung, J. and Lewis, C. A. (1988) Biomarker determinations in crude oils using a triple – stage quadrupole mass spectrometer. *Journal of Chromatography*, 446, 3 – 16.

Picha, F. J. and Peters, K. E. (1998) Biomarker oil – to – source rock correlation in the Western Carpathians and their foreland, Czech Republic. *Petroleum Geoscience*, 4, 289 – 302.

Pironon, J., Thiéry, R., Teinturier, S. and Walgenwitz, F. (2000) Water in petroleum inclusions: evidence from Raman and FT – IR measurements, PVT consequences. *Journal of Geochemical Exploration*, 69 – 70, 663 – 8.

Pollard, A. M. and Heron, C. (1996) *Archeological Chemistry*. Royal Society of Chemistry, Cambridge, UK.

Pompeckj, J. F. (1901). Die Juraablagerungen zwischen Regensburg und Regenstauf. *Geologisches Jahrbuch*, 14, 139 – 220.

Ponnamperuma, C. and Pering, K. (1966) Possible abiogenic origin of some naturally occurring hydrocarbons. *Nature*, 209, 979 – 82.

Poole, C. F. and Schuette, S. A. (1984) *Contemporary Practice of Chromatography*. Elsevier, New York.

Popp, B. N., Laws, E. A., Bidigare, R. R., et al. (1998) Effect of phytoplankton cell geometry on carbon isotope fractionation. *Geochimica et Cosmochimica Acta*, 62, 69 – 77.

Poralla, K., Muth, G. and H artner, T. (2000) Hopanoids are formed during transition from substrate to aerial hyphae in *Streptomyces coelicolor* A3(2). *FEMS Microbiology Letters*, 189, 93 – 5.

Porte, C., Biosca, X., Pastor, D., Sole, M. and Albaig es, J. (2000) Aegean Sea oil spill. 2. Temporal study of the hydrocarbons accumulation in bivalves. *Environmental Science & Technology*, 34, 5067 – 75.

Posamentier, H. W., Jervey, M. T. and Vail, P. R. (1988) Eustatic controls on clastic deposition. I – conceptual framework. In: *Sea – level Changes – An Integrated Approach* (C. K. Wilgus, B. S. Hastings, C. G. St. C. Kendall, et al., eds.), Society of Economic Paleontologists and Mineralogists, Tulsa, OK, pp. 109 – 124.

Potter, J., Rankin, A. H. and Treloar, P. J. (2001) The nature and origin of abiogenic hydrocarbons in the alkaline igneous intrusions, Khibina and Lovozero in the Kola Peninsula, N. W. Presented at the Geological Society London Meeting on Hydrocarbons in Crystalline Rocks, February 13 – 14, 2001, London.

Powell, T. G. and McKirdy, D. M. (1973) Relationship between ratio of pristane to phytane, crude oil composition and geological environment in Australia. *Nature*, 243, 37 – 9.

Premuzic, E. T., Gaffney, J. S. and Manowitz, B. (1986) The importance of sulfur isotope ratios in the differentiation of Prudhoe Bay crude oils. *Journal of Geochemical Exploration*, 26, 151 – 9.

Price, L. C. (1992) Thermal stability of hydrocarbons in nature: limits, evidence, characteristics, and possible controls. *Geochimica et Cosmochimica Acta*, 57, 3261 – 80.

Price, L. C. and Barker, C. E. (1985) Suppression of vitrinite reflectance in amorphous rich kerogen – a major unrecognized problem. *Journal of Petroleum Geology*, 8, 59 – 84.

Price, L. C. and Schoell, M. (1995) Constraints on the origins of hydrocarbon gas from compositions of gases at their site of origin. *Nature*, 378, 368 – 71.

Prince, R. C. (1993) Petroleum spill bioremediation in marine environments. *Critical Reviews Microbiology*, 19, 217 – 42.

(1998) Crude oil biodegradation. In: *The Encyclopedia of Environmental Analysis and Remediation* 2 (R. A. Meyers, ed.), John Wiley & Sons, New York, pp. 1327 – 42.

Prince, R. C. and Bragg, J. R (1997) Shoreline bioremediation following the *Exxon Valdez* oil spill in Alaska. *Journal of Bioremediation*, 1, 97 – 104.

Prince, R. C., Elmendorf, D. L., Lute, J. R., et al. (1994) $17\alpha(H), 21\beta(H)$ – hopane as a conserved internal standard for estimating the biodegradation of crude oil. *Environmental Science & Technology*, 28, 142 – 5.

Prince, R. C., Drake, E. N., Madden, P. C. and Douglas, G. S. (1995) Biodegradation of polycyclic aromatic hydrocarbons in a historically contaminated soil. In: *In Situ and On – site Bioremediation* (4 – 2) (B. C. Alleman and A. Leeson, eds.), Battelle Press, Columbus, OH, pp. 205 – 10.

Prince, R. C., Stibrany, R. T., Hardenstine, J., Douglas, G. S. and Owens, E. H. (2002) Aqueous vapor extraction: a previously unrecognized weathering process affecting oil spills in vigorously aerated water. *Environmental Science & Technology*, 36, 2822 – 5.

Proefke, M. L. and Rinehart, K. L. (1992) Analysis of an Egyptian mummy resin by mass spectrometry. *Journal of the American Society for Mass Spectrometry*, 3, 582 – 9.

Proefke, M. L., Rinehart, K. L., Mastura, R., Ambrose, S. H. and Wisseman, S. U. (1992) Probing the mysteries of ancient Egypt. Chemical analysis of a Roman period Egyptian mummy. *Analytical Chemistry*, 64, 106A – 111A.

Prowse, W. G., Keely, B. J. and Maxwell, J. R. (1990) A novel sedimentary metallochlorin. *Organic Geochemistry*, 16, 1059 – 65.

Pulak, C. (1988) The Bronze Age shipwreck at Ulu Burun, Turkey: 1985 campaign. *American Journal of Archaeology*, 92, 1 – 38.

Pursch, M., Sun, K., Winniford, B., et al. (2002) Modulation techniques and applications in comprehensive two – dimensional gas chromatography (GCXGC). *Analytical and Bioanalytical Chemistry*, 373, 356 – 67.

Pustil'Nikova, S. D., Abryutina, N. N., Kayukova, G. P. and Petrov, A. A. (1980) Equilibrium composition and properties of epimeric cholestanes. *Neftekhimia*, 20, 26 – 33.

Quann, R. J. (1998) Modeling the chemistry of complex petroleum mixtures. *Environmental Health Perspectives*, 106, 1441 – 8.

Quann, R. J. and Jaffe, S. B. (1992) Structured Oriented Lumping: describing the chemistry of complex hydrocarbon mixtures. *I&EC Research*, 31, 2483 – 97.

Quigley, T. M. and McKenzie, A. S. (1988) The temperature of oil and gas formation in the subsurface. *Nature*, 333, 549 – 52.

Quirke, J. M. E., Cuesta, L. L., Yost, R. A., Johnson, J. and Britton, E. D. (1989) Studies on high carbon number geoporphyrins by tandem mass spectrometry. *Organic Geochemistry*, 14, 43 – 50.

Rafferty, S. M. (2002) Identification of nicotine by gas chromatography/mass spectroscopy analysis of smoking pipe residue. *Journal of Archaeological Science*, 29, 897 – 907.

Raiswell, R. and Berner, R. A. (1985) Pyrite formation in euxinic and semi – euxinic sediments. *American Journal of Science*, 285, 710 – 24.

Ran X., Fazio, G. C. and Matsuda, S. P. T. (2004) On the origins of triterpenoid skeletal diversity. *Phytochemistry*, 65, 261 – 91.

Raymond, J., Zhaxybayeva, O., Gogarten, J. P., Gerdes, S. Y. and Blankenship, R. E. (2003) Whole – genome analysis of photosynthetic prokaryotes. *Science*, 298, 1616 – 20.

Readman, J. W., Bartocci, J., Tolosa, I., *et al.* (1996) Recovery of the coastal marine environment in the Gulf following the 1991 war – related oil spills. *Marine Pollution Bulletin*, 32, 493 – 8.

Redfield, A. C. (1942) The processes determining the concentrations of oxygen, phosphate and other organic derivatives within the depths of the Atlantic Ocean. *Papers on Physical Oceanography and Meteorology*, 9, 1 – 22.

Reed, J. D., Illich, H. A. and Horsfield, B. (1986) Biochemical evolutionary significance of Ordovician oils and their sources. *Organic Geochemistry*, 10, 347 – 58.

Regert, M., Bland, H. A., Dudd, S. N., van Bergen, P. F. and Evershed, R. P. (1998a) Free and bound fatty acid oxidation products in archaeological ceramic vessels. *Proceedings of the Royal Society of London*, Series B, 265, 2027 – 32.

Regert, M., Delacotte, J. – M., Menu, M., Petrequin, P. and Rolando, C. (1998b) Identification of haftling adhesives from two lake dwellings at Chalain (Jura, France). *Ancient Biomolecules*, 2, 156 – 63.

Relethford, J. H. (1998) Genetics of modern human origins and diversity. *Annual Review of Anthropology*, 27, 1 – 7.

Requejo, A. G. (1992) Quantitative analysis of triterpane and sterane biomarkers: methodology and applications in molecular maturity studies. In: *Biological Markers in Sediments and Petroleum* (J. M. Moldowan, P. Albrecht and R. P. Philp, eds.), Prentice – Hall, Englewood Cliffs, NJ, pp. 222 – 40.

Reunanen, M., Holmbom, B. and Edgren, T. (1993) Analysis of archaeological birch bark pitches. *Holzforschung*, 47, 175 – 7.

Rhodes, D. C. and Morse, J. W. (1971) Evolutionary and ecologic significance of oxygen – deficient marine basins. *Lethaia*, 4, 413 – 28.

Rice, D. D. and Claypool, G. E. (1981) Generation, accumulation, and resource potential of biogenic gas. *American Association of Petroleum Geologists Bulletin*, 65, 5 – 25.

Rice, D. D., Law, B. E. and Clayton, J. L. (1993) Coalbed gas – an undeveloped resource. In: *The Future of Energy Gases* (D. G. Howell, K. Wiese, M. Fanelli, L. Zimk, and F. Cole, eds.), U. S. Geological Survey Professional Paper 1570, U. S. Geological Survey, Washington, DC, pp. 389 – 404.

Rice, S. D., Spies, R. B., Douglas, D. A. and Wright, B. A. (1996) *Proceedings of the Exxon Valdez Oil Spill Symposium*, Anchorage Alaska, 2 – 5 February, 1993. American Fisheries Society, Alpharetta, GA.

Richards, M. P. and Hedges, R. E. M. (1999) A Neolithic revolution? New evidence of diet in the British Neolithic. *Antiquity*, 73, 891 – 7.

Richards, M. P., Jacobi, R., Currant, A., Stringer, C. and Hedges, R. E. M. (2000a) Gough's Cave and Sun Hole Cave human stable isotope values indicate a high animal protein diet in the British Upper Palaeolithic. *Journal of Archaeological Science*, 27, 1 – 3.

Richards, M. P., Pettitt, P. B., Trinkaus, E., *et al.* (2000b) Neanderthal diet at Vindija and Neanderthal predation: the evidence from stable isotopes. *Proceedings of the National Academy of Science*, 97, 7663 – 6.

Riebesell, U., Revill, A. T., Holdsworth, D. G. and Volkman, J. K. (2000) The effects of varying CO_2 concentration on lipid composition and carbon isotope fractionation in *Emiliania huxleyi*. *Geochimica et Cosmochimica Acta*, 64, 4179 – 92.

Rieley, G., Collier, R. J., Jones, D. M., *et al.* (1991) Sources of sedimentary lipids deduced from stable carbon – isotope analyses of individual compounds. *Nature*, 352, 425 – 7.

Riva, A., Caccialanza, P. G. and Quagliaroli, F. (1988) Recognition of $18\beta(H)$ – oleanane in several crudes and Tertiary – Upper Cretaceous sediments. Definition of a new maturity parameter. *Organic Geochemistry*, 13, 671 – 5.

Robison, C. R., van Gijzel, P. and Darnell, L. M. (2000) The transmittance color index of amorphous organic matter: a thermal maturity indicator for petroleum source rocks. *International Journal of Coal Geology*, 43, 83 – 103.

Rodrigues, D. C., Koike, L., De, A. M., *et al.* (2000) Carboxylic acids of marine evaporitic oils from Sergipe – Alagoas Basin, Brazil. *Organic Geochemistry*, 31, 1209 – 22.

Roedder, E. (1984) Fluid inclusions. *Reviews in Mineralogy*, 12, 1 – 644.

Rohdich, F., Kis, K., Bacher, A. and Eisenreich, W. (2001) The non – mevalonate pathway of isoprenoids: genes, enzymes and intermediates. *Current Opinion in Chemical Biology*, 5, 535 – 40.

Rohmer, M. (1987) The hopanoids, prokaryotic triterpenoids and sterol surrogates. In: *Surface Structures of Microorganisms and their Interactions with the Mammalian Host* (E. Schriner *et al.*, eds.), VCH Publishing, Weinlein, Germany, pp. 227 – 42.

(1993) The biosynthesis of triterpenoids of the hopane series in eubacteria: a mine of new enzyme reactions. *Pure and Applied Chemistry*, 65, 1293 – 8.

(1999) A mevalonate – independent route to isopentenyl diphosphate. In: *Comprehensive Natural Product Chemistry* 2 (D. Barton and K. Nakanishi, eds.), Pergamon Press, Oxford, UK, pp. 45 – 68.

Rohmer, M. and Bisseret, P. (1994) Hopanoid and other polyterpenoid biosynthesis in eubacteria: phylogenetic significance. In: *Isopentenoids and Other Natural Products: Evolution and Function*, ACS Symposium Series 562 (W. D. Nes, ed.), American Chemical Society, Washington, DC, pp. 31 – 43.

Rohmer, M. and Ourisson, G. (1976a) Structure des bactériohoPanetétrols d'*Acetobacter xylinum. Tetrahedron Letters*, 17, 3633 – 6.

(1976b) Dérivés du bactériohopane: variations structurales et répartition. *Tetrahedron Letters*, 17, 3637 – 40.

Rohmer, M., Bouvier, P. and Ourisson, G. (1979) Molecular evolution of biomembranes: structural equivalents and phylogenetic precursors of sterols. *Proceedings of the National Academy of Sciences USA*, 76, 847 – 51.

Rohmer, M., Knani, M., Simonin, P., Sutter, B. and Sahm, H. (1993) Isoprenoid biosynthesis in bacteria: a novel pathway for the early steps leading to isopentenyl diphosphate. *Biochemical Journal*, 295, 121 – 9.

Rollo, F. and Marota, I. (1999) How microbial ancient DNA, found in association with human remains, can be interpreted. *Philosophical Transactions of the Royal Society London, Biological Sciences*, 354, 111 – 20.

Rontani, J. – F. and Volkman, J. K. (2003) Phytol degradation products as biogeochemical tracers in aquatic environments. *Organic Geochemistry*, 34, 1 – 35.

Rooney, M. A. (1995) Carbon isotope ratios of light hydrocarbons as indicators of thermochemical sulfate reduction. In: *Organic Geochemistry: Developments and Applications to Energy, Climate, Environment and Human History* (J. O. Grimalt and C. Dorronsoro, eds.), AIGOA, Donostia – San Sebastian, Spain, pp. 523 – 5.

Rosell – Mel e, A., Carter, J. F. and Maxwell, J. R. (1999) Liquid chromatography/tandem mass spectrometry of free base alkyl porphyrins for the characterization of the macrocyclic substitutents in components of complex mixtures. *Rapid Communications in Mass Spectrometry*, 13, 568 – 73.

Rowan, E. L. and Goldhaber, M. B. (1995) Duration of mineralization and fluid – flow history of the Upper Mississippi Valley zinc – lead district. *Geology(Boulder)*, 23, 609 – 12.

(1996) *Fluid Inclusions and Biomarkers in the Upper Mississippi Valley Zinc – Lead District – Implications for the Fluid – Flow and Thermal History of the Illinois Basin*. U. S. Geological Survey Bulletin 2094 – F, U. S. Geological Survey, Washington, DC.

Rowan, E. L., Goldhaber, M. B. and Hatch, J. R. (1994a) Biomarker and fluid inclusion measurements as constraints on the time – temperature and fluid – flow history of the northern Illinois Basin and Upper Mississippi Valley zinc district. In: *Proceedings of the Illinois Basin Energy and Mineral Resources Workshop*(J. L. Ridgley, J. A. Drahovzal, B. D. Keith and D. R. Kolata, eds.), U. S. Geological Survey, Washington, DC, pp. 40 – 1.

(1994b) Regional fluid flow and thermal history of the Illinois Basin: evidence from fluid inclusions and biomarkers in the Upper Mississippi Valley zinc district. *Eos, Transactions, American Geophysical Union*, 75, 675.

(1995) Duration of mineralization in the Upper Mississippi Valley zinc – lead district: implications for the thermal

– hydrologic history of the Illinois Basin. Presented at the Annual Meeting of the Geological Society of America, November 4 6,1995,New Orleans,LA.

Rowe,D. and Muehlenbachs,K. (1999) Isotopic fingerprints of shallow gases in the Western Canadian Sedimentary Basin: tools for remediation of leaking heavy oil wells. *Organic Geochemistry*,30,861 – 71.

Rowland, S. J. and Maxwell, J. R. (1984) Reworked triterpenoid and steroid hydrocarbons in a Recent sediment. *Geochimica et Cosmochimica Acta*,48,617 – 24.

Rowland,S. ,Donkin,P. ,Smith,E. and Wraige,E. (2001) Aromatic hydrocarbon"humps"in the marine environment: unrecognized toxins? *Environmental Science & Technology*,35,2640 – 4.

Rubinstein,I. ,Strausz,O. P. ,Spyckerelle,C. ,Crawford,R. J. and Westlake,D. W. S. (1977) The origin of oil sand bitumens of Alberta. *Geochimica et Cosmochimica Acta*,41,1341 – 53.

Ruble,T. E. ,Lisk,M. ,Ahmed,M. ,*et al.* (2000) Geochemical appraisal of palaeo – oil columns: implications for petroleum systems analysis in the Bonaparte Basin,Australia. Presented at the Annual Meeting of the American Association of Petroleum Geologists,April 16 – 19,2000,New Orleans,LA.

Ruble,T. E. ,Lewan M. D. and Philp,R. P. (2001) New insights on the Green River petroleum system in the Unita Basin from hydrous pyrolysis experiments. *American Association of Petroleum Geologists Bulletin*,85,1333 – 71.

Rullkötter, J. and Nissenbaum, A. (1988) Dead Sea asphalt in Egyptian mummies: molecular evidence. *Naturwissenschaften*,75,618 – 21.

Rullkötter,J. ,Aizenshtat,Z. and Spiro,B. (1984) Biological markers in bitumens and pyrolyzates of Upper Cretaceous bituminous chalks from the Ghareb Formation(Israel). *Geochimica et Cosmochimica Acta*,48,151 – 7.

Rullkötter,J. ,Spiro,B. and Nissenbaum,A. (1985) Biological marker characteristics of oils and asphalts from carbonate source rocks in a rapidly subsiding graben,Dead Sea,Israel. *Geochimica et Cosmochimica Acta*,49,1357 – 70.

Rullkötter,J. ,Meyers,P. A. ,Schaefer,R. G. and Dunham,K. W. (1986) Oil generation in the Michigan Basin: a biological marker and carbon isotope approach. *Organic Geochemistry*,10,359 – 75.

Rushdi,A. I. and Simoneit,B. R. T. (2001) Lipid formation by aqueous Fischer – Tropsch – type synthesis over a temperature range of 100 to 400℃. *Origins of Life and Evolution of the Biosphere*,31,103 – 18.

Ruthenberg,K. A. ,Beck,C. W. and Stout,E. C. (2001) Betulin – fate of a birch tar biomarker. In: *Archaeological Sciences Conference Proceedings*, *Durham 97* (A. Millard, ed.), British Archaeological Reports, Oxford, UK, pp. 91 – 5.

Ruthven,D. M. (1988) Zeolites as selective adsorbents. *Chemical and Engineering Progress*,84,42 – 50.

Ryan,C. G. and Griffin,W. L. (1993) The nuclear microprobe as a tool in geology and mineral exploration. *Nuclear Instruments and Methods in Physics Research B*,77,381 – 98.

Sahm,H. ,Rohmer,M. ,Bringer – Meyer,S. ,Sprenger,G. A. and Welle,R. (1993) Biochemistry and physiology of hopanoids in bacteria. *Advances in Microbial Physiology*,35,243 – 73.

Salvi,S. and Williams – Jones,A. E. (1997) Fischer – Tropsch synthesis of hydrocarbons during sub – solidus alteration of the Strange Lake peralkaline granite,Quebec/ Labrador,Canada. *Geochemica et Cosmochimica Acta*,61,83 – 99.

Santos Neto,E. V. and Hayes,J. M. (1999) Use of hydrogen and carbon stable isotopes characterizing oils from the Potiguar Basin(onshore) ,northeastern Brazil. *American Association of Petroleum Geologists Bulletin*,83: 496 – 518.

Santos Neto,E. V. ,Hayes,J. M. and Takaki,T. (1998) Isotopic biogeochemistry of the Neocomian lacustrine and Upper Aptian marine – evaporitic sediments of the Potiguar Basin,northeastern Brazil. *Organic Geochemistry*,28,361 – 81.

Sasaki,T. ,Maki,H. ,Ishihara,M. and Harayama,S. (1998) Vanadium as an internal marker to evaluate microbial degradation of crude oil. *Environmental Science & Technology*,33,3618 – 21.

Sassen,R. ,Roberts,H. H. ,Aharon,P. ,*et al.* (1993) Chemosynthetic bacterial mats at cold hydrocarbon seeps,Gulf of Mexico continental slope. *Organic Geochemistry*,20,77 – 89.

Sauter,F. , Jordis, U. and Hayek, E. (1992) Chemische Untersuchungen der Kittschaftungs – Materilien. In: *Der*

Mann im Eis, Band 1, Veroffentlichungen der Universitat Innsbruck 187 (F. Hopfel, W. W. Platzer and K. Spindler, eds.), Universitat Innsbruck, Innsbruck, Austria, pp. 435 – 41.

Savrda, C. E. (1995) Ichnologic applications in paleoceanographic, paleoclimatic, and sea – level studies. *Palaios*, 10, 565 – 77.

Savrda, E. E. and Bottjer, D. J. (1986) Trace – fossil model for reconstruction of paleo – oxygenation in bottom waters. *Geology*, 14, 3 – 6.

Scalan, R. S. and Smith, J. E. (1970) An improved measure of the odd – to – even predominance in the normal alkanes of sediment extracts and petroleum. *Geochimica et Cosmochimica Acta*, 34, 611 – 20.

Schaefer, R. G. (1992) Zur Geochemie niedrigmolekularer Kohlenwasserstoffe im Posidonienschiefer der Hilsmulde. *Erdos and Kohle – Erdgas Petrochemie*, 45, 73 – 8.

Schaefer, R. G. and Littke, R. (1988) Maturity – related compositional changes in the low – molecular – weight hydrocarbon fraction of Toarcian shales. *Organic Geochemistry*, 13, 887 – 92.

Schäfer, T. (1993) Responding to "First identification of drugs in Egyptian mummies". *Naturwissenschaften*, 80, 243 – 4.

Schenk, J. E. A., Herrmann, R. G., Jeon, K. W., Muller, N. E. and Schwemmler, W. (1997) *Eukaryotism and Symbiosis*. Springer, New York.

Schildowski, M. and Aharon, P. (1992) Carbon cycle and carbon isotope record: geochemical impact of life over 3.89 Ga of Earth history. In: *Early Organic Evolution: Implications for Mineral and Energy Resources* (M. Schildowski, S. Golubic, M. M. Kimberley and P. A. Trudinger, eds.), Springer – Verlag, Berlin, pp. 147 – 75.

Schildowski, M., Matzigkeit, U. and Krumbein, W. E. (1984) Superheavy organic carbon from hypersaline microbial mats. *Naturwissenschaften*, 71, 303 – 8.

Schimmelmann, A., Lewan, M. D. and Wintsch, R. P. (1999) D/H isotope ratios of kerogen, bitumen, oil and water in hydrous pyrolysis of source rocks containing kerogen types I, II, IIS, and III. *Geochimica et Cosmochimica Acta*, 63, 3751 – 66.

Schleyer, P. (1957) A simple preparation of adamantane. *Journal of the American Chemical Society*, 79, 3292.

Schleyer, P. von R. (1990) My thirty years in hydrocarbon cages: from adamantane to dodecahedrane. In: *Cage Hydrocarbons* (G. A. Olah, ed.), John Wiley & Sons, New York, pp. 1 – 38.

Schmid, J. C., Connan, J. and Albrecht, P. (1987) Occurrence and geochemical significance of long – chain dialkylthiocyclopentanes. *Nature*, 329, 54 – 6.

Schmidt, G. W., Beckmann, D. D. and Torkelson, B. E. (2002) A technique for estimating the age of regular/mid – grade gasolines released to the subsurface since the early 1970s. *Environmental Forensics*, 3, 145 – 62.

Schmoker, J. W. (1981) Determination of organic matter content of Appalachian Devonian shales from gamma – ray logs. *American Association of Petroleum Geologists Bulletin*, 65, 1285 – 98.

Schoell, M. (1983) Genetic characteristics of natural gases. *American Association of Petroleum Geologists Bulletin*, 67, 2225 – 38.

(1984) Stable isotopes in petroleum research. In: *Advances in Petroleum Geochemistry*, Vol. 1 (J. Brooks and D. H. Welte, eds.), Academic Press, London, pp. 215 – 45.

(1988) Multiple origins of methane in the Earth. *Chemical Geology*, 71, 1 – 10.

Schoell, M. and Hayes, J. M. (1994) Compound – specific isotope analysis in biogeochemistry and petroleum research. *Organic Geochemistry*, 21, 1 – 827.

Schoell, M. and Wellmer, F. – W. (1981) Anomalous ^{13}C depletion in early Precambrian graphites from Superior Province, Canada. *Nature*, 290, 696 – 9.

Schoell, M., McCaffrey, M. A., Fago, F. J. and Moldowan, J. M. (1992) Carbon isotopic compositions of 23, 30 – bisnorhopanes and other biological markers in a Monterey crude oil. *Geochimica et Cosmochimica Acta*, 56, 1391 – 9.

Schoell, M., Hwang, R. J., Carlson, R. M. K. and Welton, J. E. (1994) Carbon isotopic composition of individual biomarkers in gilstonites (Utah). *Organic Geochemistry*, 21, 673 – 83.

Schoell, M., Dias, R. F., Carlson, R. M. K., et al. (1997) Carbon isotope systematics in diamondoid hydrocarbons. Presented at the 18th Meeting on Organic Geochemistry, September 22 – 26, 1997, Maastricht, the Netherlands.

Schouten, S., Bowman, J. P., Rijpstra, W. I. C. and Sinninghe Damsté, J. S. (2000a) Sterols in a psychrophilic methanotroph, *Methylosphaera hansonii*. *FEMS Microbiology Letters*, 186, 193 – 5.

Schouten, S., van Kaam – Peters, H. M. E., Rijpstra, W. I. C., Schoell, M. and Sinninghe Damst e, J. S. (2000b) Effects of an oceanic anoxic event on the stable carbon isotope composition of Early Toarcian carbon. *American Journal of Science*, 300, 1 – 22.

Schubert, K., Rose, G., Wachtel, H., Horhold, C. and Ikekawa, N. (1968) Zum vorkommen von sterinen in bacterien. *European Journal of Biochemistry*, 5, 246.

Schuchert, C. (1915) The conditions of black shale deposition as illustrated by Kuperschiefer and Lias of Germany. *Proceedings of the American Philosophical Society*, 54, 259 – 69.

Schulz, H. D., Dahmke, A., Schinzel, U., Wallman, K. and Zabel, M. (1994) Early diagenetic processes, fluxes, and reaction rates in sediments of the South Atlantic. *Geochimica et Cosmochimica Acta*, 58, 2041 – 60.

Schulz, L. K., Wilhelms, A., Rein, E. and Steen, A. S. (2001) Application of diamondoids to distinguish source rock facies. *Organic Geochemistry*, 32, 365 – 75.

Schurig, V. (1994) Review: enantiomer separation by gas chromatography on chiral stationary phases. *Journal of Chromatography*, A666, 111 – 29.

Schurig, V. and Nowotny, P. (1988) Separation of enantiomers on diluted permethylated β – cyclodextrin by high – resolution gas chromatography. *Journal of Chromatography*, 441, 155 – 63.

Scotchman, I. C., Griffith, C. E., Holmes, A. J. and Jones, D. M. (1998) The Jurassic petroleum system north and west of Britain: a geochemical oil – source correlation study. *Organic Geochemistry*, 29, 671 – 700.

Scott, A. R., Kaiser, W. R. and Ayers, W. B., Jr (1994) Thermogenic and secondary biogenic gases, San Juan Basin, Colorado and New Mexico – implications for coalbed gas producibility. *American Association of Petroleum Geologists Bulletin*, 78, 1186 – 209.

Scrimgeour, C. M., Begley, I. S. and Thomason, M. L. (1999) Measurements of deuterium incorporation into fatty acids by gas chromatography/isotope ratio mass spectrometry. *Rapid Communications in Mass Spectrometry*, 13, 271 – 74.

Seewald, J. S. (2001) Model for the origin of carboxylic acids in basinal brines. *Geochimica et Cosmochimica Acta*, 65, 3779 – 89.

Seifert, W. K. (1975) Carboxylic acids in petroleum in sediments. *Fortschritte der Chemie Organischer Naturstoffe*, 32, 1 – 49.

(1977) Source rock/oil correlations by C_{27} – C_{30} biological marker hydrocarbons. In: *Advances in Organic Geochemistry* 1974 (R. Campos and J. Goni, eds.), ENADIMSA, Madrid, pp. 21 44. (1978) Steranes and terpanes in kerogen pyrolysis for correlation of oils and source rocks. *Geochimica et Cosmochimica Acta*, 42, 473 – 84.

Seifert, W. K. and Moldowan, J. M. (1979) The effect of biodegradation on steranes and terpanes in crude oils. *Geochimica et Cosmochimica Acta*, 43, 111 – 26.

(1980) The effect of thermal stress on source – rock quality as measured by hopane stereochemistry. *Physics and Chemistry of the Earth*, 12, 229 – 37.

(1986) Use of biological markers in petroleum exploration. In: *Methods in Geochemistry and Geophysics* Vol. 24 (R. B. Johns, ed.), Elsevier, Amsterdam, pp. 261 – 90.

Seifert, W. K., Moldowan, J. M. and Jones, R. W. (1980) Application of biological marker chemistry to petroleum exploration. In: *Proceedings of the Tenth World Petroleum Congress*, Heyden & Son, Inc., Philadelphia, PA pp. 425 – 40.

Seifert, W. K., Carlson, R. M. K. and Moldowan, J. M. (1983) Geomimetic synthesis, structure assignment, and geochemical correlation application of monoaromatized petroleum steranes. In: *Advances in Organic Geochemistry* 1981 (M. Bjorøy, C. Albrecht, C. Cornford, et al., eds.), John Wiley & Sons, New York, pp. 710 – 24.

Sessions, A. L. , Burgoyne, T. W. , Schimmelmann, A. and Hayes, J. M. (1999) Fractionation of hydrogen isotopes in lipid biosynthesis. *Organic Geochemistry*, 30, 1193 – 200.

Seufferheld, M. , Vieira, M. C. F. , Ruiz, F. A. , *et al.* (2003) Identification of organelles in bacteria similar to acidocalcisomes of unicellular eukaryotes. *Journal of Biological Chemistry*, 278, 299, 971 – 8.

Shah, R. , Gale, J. D. , Payne, M. C. and Lee, M. – H. (1996) Understanding the catalytic behaviour of zeolites: first principles study of adsorption of methanol. *Science*, 271, 1395 – 7.

Sheldrick, C. , Lowe, J. J. and Reynier, M. J. (1997) Palaeolithic barbed point from Gransmoor, East Yorkshire, England. *Proceedings of the Prehistoric Society*, 63, 359 – 70.

Shelkov, D. , Verkhovsky, A. B. , Milledge, H. J. and Pillinger, C. T. (1997) Carbonado: a comparison between Brazilian and Ubangui sources with other forms of microcrystalline diamond based on carbon and nitrogen isotopes [in Russian]. *Geologiya i Geofizika*, 38, 315 – 22.

Shellie, R. A. , Marriott, P. J. and Morrison, P. (2001) Concepts and preliminary observations on the triple – dimensional analysis of complex volatile samples by using GCXGC – TOFMS. *Analytical Chemistry*, 73, 4861 – 7.

Sherblom, P. M. , Henry, M. S. and Kelly, D. (1997) Questions remain in the use of coprostanol and epicoprostanol as domestic waste markers: examples from coastal Florida. In: *Molecular Markers in Environmental Geochemistry* (R. P. Eganhouse, ed.), American Chemical Society, Washington, DC, pp. 320 – 31.

Sherwood Lollar, B. S. , Frape, S. K. , Weise, S. M. , *et al.* (1993) Abiogenic methanogenesis in crystalline rocks. *Geochimica et Cosmochimica Acta*, 57, 5087 – 97.

Sherwood Lollar, B. , Westgate, T. D. , Ward, J. A. , *et al.* (2002) Abiogenic formation of alkanes in the Earth's crust as a minor source for global hydrocarbon reservoirs. *Nature*, 416, 522 – 4.

Shigenaka, G. and Henry, C. B. , Jr (1995) Use of mussels and semipermeable membrane devices to assess bioavailability of residual polynuclear aromatic hydrocarbons three years after the *Exxon Valdez* oil spill. In: *Exxon Valdez Oil Spill: Fate and Effects in Alaskan Waters* (P. G. Wells, J. N. Butler and J. S. Hughes, eds.), American Society for Testing and Materials, PA, p. 239 – 60.

Shock, E. L. (1988) Organic acid metastability in sedimentary basins. *Geology*, 16, 886 – 90.

(1994) Application of thermodynamic calculations to geochemical processes involving organic acids. In: *Organic Acids in Geological Processes* (E. D. Pittman and M. D. Lewan, eds.), Springer – Verlag, New York, pp. 270 – 318.

Shoeninger, M. J. and DeNiro, M. J. (1984) Nitrogen and carbon isotopic composition of bone – collagen from marine and terrestrial animals. *Geochimica et Cosmochimica Acta*, 48, 625 – 39.

Short, J. W. and Babcock, M. M. (1996) Prespill and postspill concentrations of hydrocarbons in mussels and sediments in Prince William Sound. In: *Proceedings of the* Exxon Valdez *Oil Spill Symposium*, Anchorage, 1993. *American Fisheries Society Symposium* 18 (S. S. Rice, R. B. Spies, D. A. Wolfe and B. A. Wright, eds.), American Fisheries Society, Bethesda, MD, pp. 149 – 68.

Short, J. W. and Heintz, R. A. (1997) Identification of *Exxon Valdez* oil in sediments and tissues from Prince William Sound and the Northwestern Gulf of Alaska based on a PAHweathering model. *Environmental Science & Technology*, 31, 2375 – 84.

(1998) Source of polynuclear aromatic hydrocarbons in Prince William Sound, Alaska, USA, subtidal sediments. *Environmental Toxicology and Chemistry*, 17, 1651 – 2.

Short, J. W. , Kvenvolden, K. A. , Carlson, P. R. , *et al.* (1999) Natural hydrocarbon background in benthic sediments of Prince William Sound, Alaska: oil vs. coal. *Environmental Science & Technology*, 33, 34 – 42.

Short, J. W. , Wright, B. A. , Kvenvolden, K. A. , *et al.* (2000) Response to comment on "Natural hydrocarbon background in benthic sediments of Prince William Sound, Alaska: oil vs. coal". *Environmental Science & Technology*, 34, 2066 – 7.

Silliman, J. E. , Meyers, P. A. and Bourbonniere, R. A. (1996) Record of postglacial organic matter delivery and burial in sediments of Lake Ontario. *Organic Geochemistry*, 24, 463 – 72.

Silliman, J. E. , Meyers, P. A. , Ostrom, P. H. , Ostrom, N. W. and Eadie, B. J. (2000) Insights into the origin of perylene from isotopic analyses of sediments from Saanich Inlet, British Columbia. *Organic Geochemistry*, 31, 1133 – 42.

Silliman, J. E., Meyers, P. A., Eadie, B. J. and Klump, J. V. (2001) A hypothesis for the origin of perylene based on its low abundance in sediments of Green Bay, Wisconsin. *Chemical Geology*, 177, 309 – 22.

Silverman, S. R. (1965) Migration and segregation of oil and gas. In: *Fluids in Subsurface Environments*, Vol. 4 (A. Young and G. E. Galley, eds.), American Association of Petroleum Geologists, Tulsa, OK, pp. 53 – 65.

(1971) Influence of petroleum origin and transformation on its distribution and redistribution in sedimentary rocks. In: *Proceedings of the Eighth World Petroleum Congress*, Applied Science Publishers, London, pp. 47 – 54.

Silverman, S. R. and Epstein, S. (1958) Carbon isotopic compositions of petroleums and other sedimentary organic materials. *American Association of Petroleum Geologists Bulletin*, 42, 998 – 1012.

Simoneit, B. R. T. (1986) Cyclic terpenoids of the geosphere. In: *Biological Markers in the Sedimentary Record* (R. B. Johns, ed.), Elsevier, New York, pp. 43 – 99.

(2002) Biomass burning – a review of organic tracers for smoke from incomplete combustion. *Applied Geochemistry*, 68, 129 – 62.

Simoneit, B. R. T., Brenner, S., Peters, K. E. and Kaplan, I. R. (1981) Thermal alteration of Cretaceous black shale by diabase intrusions in the Eastern Atlantic – II. Effects on bitumen and kerogen. *Geochimica et Cosmochimica Acta*, 45, 1581 – 602.

Simoneit, B. R. T., Schoell, M., Dias, R. F. and Aquino Neto, F. R. (1993) Unusual carbon isotope compositions of biomarker hydrocarbons in a Permian tasmanite. *Geochimica et Cosmochimica Acta*, 57, 4205 – 11.

Simpson, I. A., Dockrill, S. J., Bull, I. D. and Evershed, R. P. (1998) Early anthropogenic soil formation at Tofts Ness, Sanday, Orkney. *Journal of Archaeological Science*, 25, 729 – 46.

Simpson, I. A., van Bergen, P. F., Perret, V., *et al.* (1999) Lipid biomarkers of manuring practice in relict anthropogenic soils. *The Holocene*, 9, 223 – 9.

Sinninghe Damsté, J. S. and de Leeuw, J. W. (1990) Analysis, structure and geochemical significance of organically – bound sulphur in the geosphere: state of the art and future research. *Organic Geochemistry*, 16, 1077 – 101.

Sinninghe Damsté, J. S., de Leeuw, J. W., Dalen, A. C. K., *et al.* (1987) The occurrence and identification of series of organic sulfur compounds in oils and sediment extracts. 1. A study of Rozel Point oil (USA). *Geochimica et Cosmochimica Acta*, 51, 2369 – 91.

Sinninghe Damsté, J. S., van Koert, E. R., Kock – van Dalen, A. C., de Leeuw, J. W. and Schenck, P. A. (1989) Characterisation of highly branched isoprenoid thiophenes occurring in sediments and immature crude oils. *Organic Geochemistry*, 14, 555 – 67.

Sinninghe Damsté, J. S., Kock van Dalen, A. C., Albrecht, P. A. and de Leeuw, J. W. (1991) Identification of long – chain 1, 2 – di – n – alkylbenzenes in Amposta crude oil from the Tarragona Basin, Spanish Mediterranean: implications for the origin and fate of alkylbenzenes. *Geochimica et Cosmochimica Acta*, 55, 3677 – 83.

Sinninghe Damsté, J. S., de las Heras, F. X. C., van Bergen, P. F. and de Leeuw, J. W. (1993a) Characterization of Tertiary Catalan lacustrine oil shales: discovery of extremely organic sulphur – rich type I kerogens. *Geochimica et Cosmochimica Acta*, 57, 389 – 415.

Sinninghe Damsté, J. S., Wakeham, S. G., Kohnen, M. E. L., Hayes, J. M. and de Leeuw, J. W. (1993b) A 6,000 – year sedimentary molecular record of chemocline excursions in the Black Sea. *Nature*, 362, 827 – 9.

Sinninghe Damsté, J. S., Schouten, S., Hopmans, E. C., van Duin, A. C. T. and Geenevasen, J. A. J. (2002a) Crenarchaeol: the characteristic core glycerol dibiphytanyl glycerol tetraether membrane lipid of cosmopolitan pelagic Crenarchaeota. *Journal of Lipid Research*, 43, 1641 – 51.

Sinninghe Damsté, J. S., Strous, M., Rijpstra, W. I. C., *et al.* (2002b) Linearly concatenated cyclobutane lipids form a dense bacterial membrane. *Nature*, 419, 708 – 12.

Slentz, L. W. (1981) Geochemistry of reservoir fluids as unique approach to optimum reservoir management. Presented at the Middle East Oil Technical Conference, March 9 – 12, 1981, Manama, Bahrain.

Smalley, P. C. and England, W. A. (1994) Reservoir compartmentalization assessed with fluid compositional data. *SPE Reservoir Engineering*, 8, 175 – 80.

Smallwood, B. J. , Philp, R. P. and Allen, J. D. (2002) Stable carbon isotopic composition of gasolines determined by isotope ratio monitoring gas chromatography mass spectrometry. *Organic Geochemistry*, 33, 149 – 59.

Smith, J. E. (1956) Basement reservoir of La Paz – Mara oil fields, western Venezuela. *American Association of Petroleum Geologists Bulletin*, 40, 380 – 5.

Smith, H. M. (1968) Qualitative and quantitative aspects of crude oil composition. *US Bureau of Mines Bulletin*, 642, 1 – 136.

Smith, G. W. , Fowell, D. T. and Melsom, B. G. (1970) Crystal structure of $18\alpha(H)$ – oleanane. *Nature*, 219, 355 – 6.

Sofer, Z. (1980) Preparation of carbon dioxide for stable carbon isotope analysis of petroleum fractions. *Analytical Chemistry*, 52, 1389 – 91. (1984) Stable carbon isotope compositions of crude oils: application to source depositional environments and petroleum alteration. *American Association of Petroleum Geologists Bulletin*, 68, 31 – 49.

Sofer, Z. , Bjorøy, M. and Hustad, E. (1991) Isotopic composition of individual n – alkanes in oils. In: *Organic Geochemistry. Advances and Applications in the Natural Environment* (D. A. C. Manning, ed.), Manchester University Press, Manchester, UK, pp. 207 – 11.

Spies, R. B. , Stegeman, J. J. , Hinton, D. E. , *et al.* (1996) Biomarkers of hydrocarbon exposure and sublethal effects in embiotocid fishes from a natural petroleum seep in the Santa Barbara Channel. *Aquatic Toxicology*, 34, 195 – 219.

Stach, E. , Mackowsky, M. – T. , Teichmuller, M. , *et al.* (1982) *Coal Petrology*. Gebr uder Borntraeger, Berlin.

Stahl, W. J. (1977) Carbon and nitrogen isotopes in hydrocarbon research and exploration. *Chemical Geology*, 20, 121 – 49.

(1978) Source rock – crude oil correlation by isotopic type – curves. *Geochimica et Cosmochimica Acta*, 42, 1573 – 7.

(1979) Carbon isotopes in petroleum geochemistry. In: *Lectures in Isotope Geology* (F. Jager and J. C. Hunziker, eds.), Springer – Verlag, New York, pp. 274 – 83.

Staplin, F. L. (1969) Sedimentary organic matter, organic metamorphism, and oil and gas occurrence. *Canadian Petroleum Geologists Bulletin*, 17, 47 – 66.

Steen, A. (1986) Gas chromatographic/mass spectrometric (GC/MS) analysis of C_{27} – C_{30} – steranes. *Organic Geochemistry*, 10, 1137 – 42.

Stein, R. (1986) Organic carbon and sedimentation rate – further evidence for anoxic deep – water conditions in the Cenomanian/Turonian Atlantic Ocean. *Marine Geology*, 72, 199 – 209.

Steinfatt, I. and Hoffmann, G. G. (1993) A contribution to the thermochemical reduction of SO_4^{2-} in the presence of S^{2-} and organic compounds. *Phosphorus, Sulfur, Silicon and Related Elements*, 74, 431 – 4.

Stevens, T. O. and McKinley, J. P. (1995) Lithoautotrophic microbial ecosystems in deep basalt aquifers. *Science*, 270, 450 – 4.

Stinnett, J. W. (1982) The deep earth gas hypothesis: big on promises, but evidence looks thin. *Synergy*, 2, 12 – 20.

Stone, A. C. and Stoneking, M. (1999) Analysis of ancient DNA from a prehistoric Amerindian cemetery. *Philosophical Transactions of the Royal Society London, Biological Sciences*, 354, 153 – 8.

Stoneking, M. and Cann, R. L. (1989) African origin of human mitochondrial DNA. In: *The Human Revolution: Behavioural and Biological Perspectives on the Origins of Modern Humans* (P. Mellars and C. Stringer, eds.), Edinburgh University Press, Edinburgh, pp. 17 – 30.

Stott, A. W. and Evershed, R. P. (1996) $\delta^{13}C$ Analysis of cholesterol preserved in archaeological bones and teeth. *Analytical Chemistry*, 68, 4402 – 8.

Stott, A. W. , Evershed, R. P. and Tuross, N. (1997) Compound – specific approach to the $\delta^{13}C$ analysis of cholesterol in fossil bones. *Organic Geochemistry*, 26, 99 – 103.

Stott, A. W. , Evershed, R. P. , Jim, S. , *et al.* (1999) Cholesterol as a new source of palaeodietary information: experimental approaches and archaeological applications. *Journal of Archaeological Science*, 26, 705 – 16.

Strous, M., Fuerst, J. A., Kramer, E. H. M., et al. (1999) Missing lithotroph identified as new planctomycete. *Nature*, 400, 446 – 9.

Stuermer, D. H., Peters, K. E. and Kaplan, I. R. (1978) Source indicators of humic substances and proto – kerogen. Stable isotope ratios, elemental compositions, and electron spin resonance spectra. *Geochimica et Cosmochimica Acta*, 42, 989 – 97.

Sugai, A., Masuchi, Y., Uda, I., Itoh, T. and Itoh, Y. H. (2000) Core lipids of hyperthermophilic archaeon, *Pyrococcus horikoshii* OT3. *Journal Japanese Oil Chemical Society*, 49, 659 – 700.

Suggate, R. P. (1998) Relations between depth of burial, vitrinite reflectance and geothermal gradient. *Journal of Petroleum Geology*, 21, 5 – 32.

Summons, R. E. and Powell, T. G. (1986) *Chlorobiaceae* in Palaeozoic sea revealed by biological markers, isotopes, and geology. *Nature*, 319, 763 – 5.

(1987) Identification of aryl isoprenoids in a source rock and crude oils: biological markers for the green sulfur bacteria. *Geochimica et Cosmochimica Acta*, 51, 557 – 66.

Summons, R. E., Brassell, S. C., Eglinton, G., et al. (1988) Distinctive hydrocarbon biomarkers from fossiliferous sediment of the Late Proterozoic Walcott Member, Chuar Group, Grand Canyon, Arizona. *Geochimica et Cosmochimica Acta*, 52, 2625 – 37.

Summons, R. E., Jahnke, L. L., Hope, J. M. and Logan, G. A. (1999) 2 – Methylhopanoids as biomarkers for cyanobacterial oxygenic photosynthesis. *Nature*, 400, 554 – 7.

Summons, R. E., Jahnke, L. L., Cullings, K. W. and Logan, G. A. (2002a) Cyanobacterial biomarkers: triterpenoids plus steroids? *EOS Transactions of the American Geophysical Union*, 47, Fall Meeting Supplement.

Sundararaman, P. (1985) High – performance liquid chromatography of vanadyl porphyrins. *Analytical Chemistry*, 57, 2204 – 6.

Swain, T. and Copper – Driver, G. (1979) Biochemical evolution in early land plants. In: *Paleobotany, Paleoecology and Evolution* 1 (K. J. Niklas, ed.), Praeger Publishers, New York, pp. 103 – 34.

Swannell, R. P. J., Lee, K. and McDonagh, M. (1996) Field evaluations of marine oil spill bioremediation. *Microbiology Reviews*, 60, 342 – 65.

Sweeney, J. J. and Burnham, A. K. (1990) Evaluation of a simple model of vitrinite reflectance based on chemical kinetics. *American Association of Petroleum Geologists Bulletin*, 74, 1559 – 70.

Sylvester – Bradley, P. C. and King, R. J. (1963) Evidence for abiogenic hydrocarbons. *Nature*, 198, 728 – 31.

Szatmari, P. (1989) Petroleum formation by Fischer – Tropsch synthesis in plate tectonics. *American Association of Petroleum Geologists Bulletin*, 73, 989 – 98.

Taft, D. G., Egging, D. E. and Kuhn, H. A. (1995) Sheen surveillance: an environmental monitoring program subsequent to the 1989 *Exxon Valdez* shoreline cleanup. In: *Exxon Valdez Oil Spill: Fate and Effects in Alaskan Waters* (P. G. Wells, J. N. Butler and J. S. Hughes, eds.), American Society for Testing and Materials, Philadelphia, PA, pp. 215 – 38.

Takai, K., Moser, D. P., Deflaun, M. and Onstott, T. C. (2001) Archael diversity in waters from deep South African gold mines. *Applied and Environmental Microbiology*, 67, 5750 – 60.

Talbot, H. M., Watson, D. F., Murrell, J. C., Carter, J. F. and Farrimond, P. (2001) Analysis of intact bacteriohopanepolyols from methanotrophic bacteria by reversed – phase high – performance liquid chromatography – atmospheric pressure chemical ionisation mass spectrometry. *Journal of Chromatography A*, 921, 175 – 85.

Talukdar, S. C. and Marcano, F. (1994) Petroleum systems of the Maracaibo Basin, Venezuela. In: *The Petroleum System – From Source to Trap* (L. B. Magoon and W. G. Dow, eds.), American Association of Petroleum Geologists Tulsa, OK, pp. 463 – 81.

Tang, Y., Perry, J. K., Jenden, P. D. and Schoell, M. (2000) Mathematical modeling of stable carbon isotope ratios in natural gases. *Geochimica et Cosmochimica Acta*, 64, 2673 – 87.

Tauber, H. (1981) ^{13}C evidence for dietary habits of prehistoric man in Denmark. *Nature*, 292, 332 – 3.

Taylor, G. H., Teichmuller, M., Davis, A., et al. (1998) Organic Petrology. Gebr uder Borntraeger, Berlin.

Teal, J. M., Farrington, J. W., Burns, K. A., et al. (1992) The West Falmouth oil spill after 20 years: fate of fuel oil compounds and effects on animals. Marine Pollution Bulletin, 24, 607 – 14.

Tegelaar, E. W., de Leeuw, J. W., Derenne, S. and Largeau, C. (1989) A reappraisal of kerogen formation. Geochimica et Cosmochimica Acta, 53, 3103 – 6.

Teichmüller, M. and Durand, B. (1983) Fluorescence microscopical rank studies on liptinites and vitrinites in peat and coals and comparison with the results of the Rock – Eval pyrolysis. International Journal of Coal Geology, 2, 197 – 230.

TenHaven, H. L. (1986) Organic and inorganic geochemical aspects of Mediterranean Late Quaternary sapropels and Messinian evaporitic deposits. Ph. D. thesis, Utrecht University, Utrecht, Germany.

(1996) Applications and limitations of Mango's light hydrocarbon parameters in petroleum correlation studies. Organic Geochemistry, 24, 957 – 76.

TenHaven, H. L., de Leeuw, J. W., Rullkötter, J. and Sinninghe Damsté, J. S. (1987) Restricted utility of the pristane/phytane ratio as a palaeoenvironmental indicator. Nature, 330, 641 – 3.

Terken, J. M. J. and Frewin, N. L. (2000) The Dhahaban petroleum system of Oman. American Association of Petroleum Geologists Bulletin, 84, 523 – 44.

Thackeray, J. F., Van Der Merwe, N. J. and Van Der Merwe, T. A. (2001) Chemical analysis of residues from seventeenth – century clay pipes from Stratford – upon – Avon and environs. South Africa Journal of Science, 97, 19 – 22.

Thiel, V., Peckmann, J., Richnow, H. W., et al. (2001) Molecular signals for anaerobic methane oxidation in Black Sea seep carbonates and a microbial mat. Marine Chemistry, 73, 97 – 112.

Thiel, V., Blumenberg, M., Pape, T., Seifert, R. and Michaelis, W. (2003) Unexpected occurrence of hopanoids at gas seeps in the Black Sea. Organic Geochemistry, 34, 81 – 7.

Thi ery, R., Pironon, J., Walgenwitz, F. and Montel, F. (2000) PIT (Petroleum Inclusion Thermodynamic): a new modeling tool for the characterisation of hydrocarbon fluid inclusions from volumetric and microthermometric measurements. Journal of Geochemical Exploration, 69 – 70, 701 – 4.

Thomas, J. B., Mann, A. L., Brassell, S. C. and Maxwell, J. R. (1989) 4 – Methyl steranes in Triassic sediments: molecular evidence for the earliest dinoflagellates. Presented at the 14th International Meeting on Organic Geochemistry, September 18 – 22, 1989, Paris.

Thomas, D. J., Bralower, T. J. and Zachos, J. C. (1999) New evidence for subtropical warming during the late Paleocene thermal maximum: stable isotopes from Deep Sea Drilling Project Site 527, Walvis Ridge. Paleoceanography, 14, 561 – 70.

Thompson, K. F. M. (1983) Classification and thermal history of petroleum based on light hydrocarbons. Geochimica et Cosmochimica Acta, 47, 303 – 16.

(1987) Fractionated aromatic petroleums and the generation of gas – condensates. Organic Geochemistry, 11, 573 – 90.

(1988) Gas – condensate migration and oil fractionation in deltaic systems. Marine and Petroleum Geology, 5, 237 – 46.

Thompson, K. F. M. and Kennicutt, M. C., II (1990) Nature and frequency of occurrence of non – thermal alteration processes in offshore Gulf of Mexico petroleums. In: Gulf Coast Oils and Gases (D. Schumacher and B. F. Perkins, eds.). Society of Economic Paleontologists and Mineralogists, Tulsa, OK, pp. 199 – 218.

Thorne, A., Grün, R., Mortimer, G., et al. (1999) Australia's oldest human remains: age of the Lake Mungo 3 skeleton. Journal of Human Evolution, 36, 591 – 612.

Timofeeff, M. N., Lowenstein, T. K. and Blackburn, W. H. (2000) ESEM – EDS: an improved technique for major element chemical analysis of fluid inclusions. Chemical Geology, 164, 171 – 82.

Tissot, B. (1969) Premièes données surles méchanismes et la cin etique de la formation du p etrole dans les s ediments. Simulation dún sch eactionnel sur ordinateur. ema r Revue de l1nsitut Fran cais du Petrole, 24, 470 – 501.

Tissot, B. P. and Welte, D. H. (1984) *Petroleum Formation and Occurrence*. Springer – Verlag, New York.

Tissot, B. P., Durand, B., Espitalié, J. and Combaz, A. (1974) Influence of the nature and diagenesis of organic matter in formation of petroleum. *American Association of Petroleum Geologists Bulletin*, 58, 499 – 506.

Tissot, B. P., Deroo, G. and Hood, A. (1978) Geochemical study of the Uinta Basin: formation of petroleum from the Green River Formation. *Geochimica et Cosmochimica Acta*, 42, 1469 – 85.

Tomczyk, N. A., Winans, R. E., Shinn, J. H. and Robinson, R. C. (2001) On the nature and origin of acidic speciesin petroleum. 1. Detailed acid type distribution in a California crude oil. *Energy & Fuels*, 15, 1498 – 504.

Tornabene, T. G. (1985) Lipid analysis and the relationship to chemotaxonomy. In: *Methods in Microbiology*, Vol. 18 (G. Gottschalk, ed.), Academic Press, London, pp. 209 – 234.

Torsvik, V., Ovreas, L. and Thingstad, T. F. (2002) Prokaryotic diversity – magnitude, dynamics, and controlling factors. *Science*, 296, 1064 – 6.

Treibs, A. (1936) Chlorophyll and hemin derivatives in organic mineral substances. *Angewandte Chemie*, 49, 682 – 6.

Trudinger, P. A., Chambers, L. A. and Smith, J. W. (1985) Low – temperature sulphate reduction: biological versus abiological. *Canadian Journal of Earth Science*, 22, 1910 – 8.

Tseng, H. – Y., Pottorf, R. J. and Symington, W. A. (2002) Compositional characterization and PVT properties of individual hydrocarbon fluid inclusions: method and application to hydrocarbon systems analysis. Presented at the Annual Meeting of the American Association of Petroleum Geologists, March 10 – 13, 2002, Houston, TX.

Tsuda, K., Hayatsu, R., Kishida, Y. and Akagi, S. (1958) Steroid studies. VI. Studies of the constitution of sargasterol. *Journal of the American Chemical Society*, 80, 921 – 5.

Tyson, R. V. (2001) Sedimentation rate, dilution, preservation, and total organic carbon: some results of a modeling study. *Organic Geochemistry*, 32, 333 – 9.

Tyson, R. V. and Pearson, T. H. (1991, eds.) *Modern and Ancient Continental Shelf Anoxia*. London Geological Society, London.

Uda, I., Sugai, A., Itoh, Y. H. and Itoh, T. (2001) Variations in molecular species of polar lipids from *Thermoplasma acidophilium* depend on growth temperature. *Lipids*, 36, 103 – 105.

Ungerer, P., Behar, F., Villalba, M., Heum, O. R. and Audibert, A. (1988) Kinetic modeling of oil cracking. *Organic Geochemistry*, 13, 235 – 45.

Urem – Kotsou, D., Stern, B., Heron, C. and Kotsakis, K. (2002) Birch – bark tar at Neolithic Makriyalos, Greece. *Antiquity*, 76, 962 – 6.

US Geological Survey, (2000) *World Petroleum Assessment 2000. Executive Summary* U. S. Geological Survey, http://greenwood.cr.usgs.gov/energy/worldenergy/dds – 60/espt.html(accessed September 6, 2001).

Valisolalao, J., Perakis, N., Chappe, B. and Albrecht, P. (1984) A novel sulfur containing C_{35} hopanoid in sediments. *Tetrahedron Letters*, 25, 1183 – 6.

Van Aarssen, B. G. K., Cox, H. C., Hoogendoorn, P. and de Leeuw, J. W. (1990) A cadinene biopolymer in fossil and extant dammar resins as a source for cadinanes and bicadinanes in crude oils from Southeast Asia. *Geochimica et Cosmochimica Acta*, 54, 3021 – 31.

Van Aarssen, B. G. K., Alexander, R. and Kagi, R. I. (1996) The origin of Barrow Sub – basin crude oils: a geochemical correlation using land – plant biomarkers. *APPEA Journal*, 36, 465 – 76.

Van Bergen, P. F., Peakman, T. M., Leigh – Firbank, E. C. and Evershed, R. P. (1997) Chemical evidence for archaeological frankincense: boswellic acids and their derivatives in solvent soluble and insoluble fractions of resin – like materials. *Tetrahedron Letters*, 38, 8409 – 12.

Vance, J. E. (1998) Eukaryotic lipid – biosynthetic enzymes: the same but not the same. *Trends in Biochemical Sciences*, 23, 423 – 8.

Van der Berg, K. J., Pastorova, I., Spetter, L. and Boon, J. J. (1996) State of oxidation of diterpenoid *Pinaceae* resins in varnish, wax lining material, 18th century resin oil paint, and a recent copper resinate glaze. In: *Proceedings of the 11th Triennial Meeting of ICOM Committee for Conservation* (J. Bridgland, ed.), James and James, London, pp. 930 – 7.

Van der Doelen, G. A. (1999) Molecular studies of fresh and aged triterpenoid varnishes. Ph. D. thesis, University of Amsterdam, Amsterdam, the Netherlands.

Van der Merwe, N. J. and Vogel, J. C. (1978) ^{13}C content of human collagen as a measure of prehistoric diet in woodland North America. *Nature*, 276, 815 – 6.

Van Deursen, M., Beens, J., Reijenga, J., et al. (2000) Group – type identification of oil samples using comprehensive two – dimensional gas chromatography coupled to a time – of – flight mass spectrometer. *Journal of High Resolution Chromatography*, 23, 507 – 10.

Van Dorsselaer, A., Ensminger, A., Spyckerelle, C., et al. (1974) Degraded and extended hopane derivatives (C_{27} – C_{35}) as ubiquitous geochemical markers. *Tetrahedron Letters*, 14, 1349 – 52.

Van Duin, A. C. T. and Larter, S. R. (1997) Unraveling Mango's mysteries: a kinetic scheme describing the diagenetic fate of C_7 – alkanes in petroleum systems. *Organic Geochemistry*, 27, 597 – 9.

(1998) Application of molecular dynamics calculations in the prediction of dynamical molecular properties. *Organic Geochemistry*, 29, 1043 – 50.

(2001). Molecular dynamics investigation into the adsorption of organic compounds on kaolinite surfaces. *Organic Geochemistry*, 32, 143 – 50.

Van Duin, A. C. T. and Sinninghe Damste, J. S. (2003) Computational chemical investigation into isorenieratene cyclisation. *Organic Geochemistry*, 34, 515 – 26.

Van Duin, A. C. T., Bass, J. M. A. and van de Graaf, B. (1996a) A molecular mechanics force field for tertiary carbocations. *Journal Chemical Society Faraday Transactions*, 92, 353 – 62.

Van Duin, A. C. T., Hollanders, B., Smits, R. J. A., et al. (1996b) Molecular mechanics calculation of the rotational barriers of 2, 2', 6 – trialkylbiphenyls to explain their GC – elution behaviour. *Organic Geochemistry*, 24, 587 – 91.

Van Duin, A. C. T., Peakman, T. M., de Leeuw, J. W. and van de Graaf, B. (1996c) Novel aspects of the diagenesis of $\Delta^7 – 5\alpha$ – sterenes as revealed by a combined molecular mechanics calculations and laboratory simulations approach. *Organic Geochemistry*, 24, 473 – 93.

Van Duin, A. C. T., Sinninghe Damst'e, J. S., Koopmans, M. P., de Leeuw, J. W. and van de Graaf, B. (1997) A kinetic calculation method of homohopanoid maturation: applications in the reconstruction of burial histories of sedimentary basins. *Geochimica et Cosmochimica Acta*, 61, 2409 – 29.

VanGraas, G., Baas, J. M. A., de Graaf, V. and de Leeuw, J. W. (1982) Theoretical organic geochemistry. 1. The thermodynamic stability of several cholestane isomers calculated by molecular mechanics. *Geochimica et Cosmochimica Acta*, 46, 2399 – 402.

Vanko, D. A. and Stakes, D. S. (1991) Fluids in oceanic layer 3: evidence from veined rocks, Hole 735B, Southwest Indian Ridge. *Proeedings of Ocean Drilling Program, Scientific Results*, 118, 181 – 215.

Van Krevelen, D. W. (1961) *Coal*. Elsevier, New York.

Vaughan, D. E. W. (1988) Synthesis and manufacture of zeolites. *Chemical and Engineering Progress*, 84, 25 – 31.

Venkatesan, M. I. and Kaplan, I. R. (1990) Sedimentary coprostanol as an index of sewage addition in Santa Monica Basin, Southern California. *Environmental Technology*, 24, 204 – 13.

Venkatesan, M. I. and Mirsadeghi, F. H. (1992) Coprostanol as sewage tracer in McMurdo Sound, Antarctica. *Marine Pollution Bulletin*, 25, 328 – 33.

Venkatesen, M. I. and Santiago, C. A. (1989) Sterols in ocean sediments: novel tracers to examine habitats of cetaceans, pinnipeds, penguins and humans. *Marine Biology*, 102, 431 – 7.

Venkatesan, M. I., Linick, T. W., Suess, H. E. and Buccellati, G. (1982) Asphalt in carbon – 14 – dated archeological samples from Terqa, Syria. *Nature*, 295, 517 – 9.

Venkatesan, M. I., Ruth, E. and Kaplan, I. R. (1986) Coprostanols in Antarctic marine sediments: a biomarker for marine mammals and not human pollution. *Marine Pollution Bulletin*, 17, 554 – 7.

Venosa, A. D., Suidan, M. T., Wrenn, B. A., et al. (1996) Bioremediation of an experimental oil spill on the shoreline of Delaware Bay. *Environmental Science & Technology*, 30, 1764–75.

Venosa, A. D., Suidan, M. T., King, D. and Wrenn, B. A. (1997) Use of hopane as a conservative biomarker for monitoring the bio–remediation effectiveness of crude oil contaminating a sandy beach. *Journal of Industrial Microbiology and Biotechnology*, 18, 131–9.

Vlierboom, F. W., Collini, B. and Zumberge, J. E. (1986) The occurrence of petroleum in sedimentary rocks of the meteor impact crater at Lake Siljan, Sweden. *Organic Geochemistry*, 10, 153–61.

Vogel, J. C. and van der Merwe, N. J. (1977) Isotopic evidence for early maize cultivation in New York State. *American Antiquity*, 42, 238–42.

Volkman, J. K. (1988) Biological marker compounds as indicators of the depositional environments of petroleum source rocks. In: *Lacustrine Petroleum Source Rocks* (A. J. Fleet, K. Kelts and M. R. Talbot, eds.), Blackwell, London, pp. 103–22.

Volkman, J. K. and Maxwell, J. R. (1986) Acyclic isoprenoids as biological markers. In: *Biological Markers in the Sedimentary Record* (R. B. Johns, ed.), Elsevier, New York, pp. 1–42.

Volkman, J. K. and Nichols, P. D. (1991) Applications of thin layer chromatography–flame ionization detection to the analysis of lipids and pollutants in marine and environmental samples. *Journal of Planar Chromatography*, 4, 19–26.

Volkman, J. K., Barrett, S. M., Blackburn, S. I., et al. (1998) Microalgal biomarkers: a review of recent research developments. *Organic Geochemistry*, 29, 1163–79.

Voparil, I. M. and Mayer, L. M. (2000) Dissolution of sedimentary polycyclic aromatic hydrocarbons into the Lugworm's (*Arenicola marina*) digestive fluids. *Environmental Science & Technology*, 34, 1221–8.

Wachter, E. A. and Hayes, J. M. (1985) Exchange of oxygen isotopes in carbon dioxide–phosphoric acid systems. *Chemical Geology*, 52, 365–74.

Wade, W. J., Hanor, J. S. and Sassen, R. (1989) Controls on H_2S concentration and hydrocarbon destruction in the eastern Smackover trend. *Transactions – Gulf Coast Association of Geological Societies*, 34, 309–20.

Waldo, G. S., Carlson, R. M. K., Moldowan, J. M., Peters, K. E. and Penner–Hahn, J. E. (1991) Sulfur speciation in heavy petroleums: information from X–ray absorption near–edge structure. *Geochimica et Cosmochimica Acta*, 55, 801–14.

Walker, A. A. (1998) Oldest glue discovered. www.archaeology.org/online/news/glue.html (accessed February 1, 2001).

Walker, A. L., McCulloh, T. H., Petersen, N. F. and Steward, R. J. (1983) Anomalously low reflectance of vitrinite in comparison with other petroleum source–rock maturation indices from the Miocene Modelo Formation in the Los Angeles Basin, California. In: *Petroleum Generation and Occurrence in the Miocene Monterey Formation, California* (C. M. Isaacs and R. E. Garrison, eds.), Society of Econonic Paleontologists and Mineralogists, Los Angeles, pp. 185–90.

Walters, C. C. (1990) Gases and condensated from Block 511A High Island, Offshore Texas. In: *Gulf Coast Oils and Gases: Their Characteristics, Origin, Distribution, and Exploration and Production Significance* (D. Schumacher and B. F. Perkins, eds.), Society of Economic Paleontologists and Mineralogists, Tulsa, OK.

Walters, C. C. and Cassa, M. R. (1985) Regional organic geochemistry of offshore Louisiana. *Transactions: Gulf Coast Association of Geological Societies*, 35, 277–86.

Walters, C. C. and Hellyer, C. L. (1998) Multi–dimensional gaschromatographic separation of C_7 hydrocarbons. *Organic Geochemistry*, 29, 1033–41.

Walters, C. C., Chung, H. M., Buck, S. P. and Bingham, G. G. (1999) Oil migration and filling history of the Beryl and adjacent fields in the South Viking Graben, North Sea. Presented at the Annual Meeting of the American Association of Petroleum Geologists, April 11 14, 1999, San Antonio, TX.

Wang, Z. and Fingas, M. (1999) Oil spill identification. *Journal of Chromatography A*, 843, 369–411.

Wang, X. and Mullins, O. C. (1994) Fluorescence lifetime studies of crude oils. *Applied Spectroscopy*, 48, 977–84.

Wang, H. D. and Philp, R. P. (1997b) Geochemical study of potential source rocks and crude oils in the Anadarko Basin, Oklahoma. *American Association of Petroleum Geologists Bulletin*, 81, 249–75.

Wang, Z., Fingas, M. and Sergy, G. (1994) Study of 22-year-old *Arrow* oil samples using biomarker compounds by GC/MS. *Environmental Science & Technology*, 28, 1733–46.

Wang, Z., Fingas, M., Blenkinsopp, S., et al. (1998) Study of the 25-year-old Nipisi oil spill: persistence of oil residues and comparisons between surface and subsurface sediments. *Environmental Science & Technology*, 32, 2222–32.

Wang, Z., Fingas, M. and Page, D. S. (1999a) Oil spill identification. *Journal of Chromatography A*, 843, 369–411.

Wang, Z., Fingas, M., Shu, Y. Y., et al. (1999b) Quantitative characterization of PAHs in burn residue and soot samples and differentiation of pyrogenic PAHs from petrogenic PAHs – the 1994 Mobile Burn Study. *Environmental Science & Technology*, 33, 3100–9.

Wang, Z., Fingas, M. and Sigouin, L. (2000) Characterization and source identification of an unknown spilled oil using fingerprinting techniques by GC–MS and GC–FID. *LC–GC*, 18, 1058 67. (2001a) Characterization and identification of a "mystery" oil spill from Quebec (1999). *Journal of Chromatography A*, 909, 155–69.

Wang, Z., Fingas, M. F., Sigouin, L. and Owens, E. H. (2001b) Fate and persistence of long-termed spilled *Metula* oil in the marine salt marsh environment: degradation of petroleum biomarkers. In: *Proceedings of the 2001 International Oil Spill Conference*, Tampa, Florida, March 26–29, 2001, American Petroleum Institute, Washington, DC, pp. 115–25.

Waples, D. W. (1983) A reappraisal of anoxia and organic richness, with emphasis on Cretaceous of North Atlantic. *American Association of Petroleum Geologists Bulletin*, 67, 963–78.

Warburton, G. A. and Zumberge, J. E. (1982) Determination of petroleum sterane distributions by mass spectrometry with selective metastable ion monitoring. *Analytical Chemistry*, 55, 123–6.

Watanabe, K. (2001) Microorganisms relevant to bioremediation. *Current Opinion in Biotechnology*, 12, 237–41.

Watson J. T. (1997) *An Introduction to Mass Spectrometry*, 3rd edn. Lippincott–Raven, Philadelphia, PA.

Watson, D. F. and Farrimond, P. (2000) Novel polyfunctionalised geohopanoids in a recent lacustrine sediment (Priest Pot, UK). *Organic Geochemistry*, 31, 1247–52.

Watts, S., Pollard, A. M. and Wolff, G. A. (1999) The organic geochemistry of jet: pyrolysis – gas chromatography/mass spectrometry (Py–GCMS) applied to identifying jet and similar black lithic materials – preliminary results. *Journal of Archaeological Science*, 26, 923–33.

Weitkamp, J., Schafer, K. and Ernst, S. (1991) Selective adsorption of diastereomers in zeolites. *Journal of the Chemical Society, Chemical Communications*, 1142–3.

Wellings, F. E. (1966) Geological aspects the origin of oil. *Institute of Petroleum Journal*, 52, 124–30.

Wells, P. G., Butler, J. N. and Hughes, J. S. (1995) Exxon Valdez *Oil Spill: Fate and Effects in Alaskan Waters*, (3rd ASTM Environmental Toxicology and Risk Assessment Symposium). American Society for Testing and Materials, Philadelphia, PA.

Wellsbury, P., Goodman, K., Barth, T., et al. (1997) Deep marine biosphere fuelled by increasing organic matter availability during burial and heating. *Nature*, 388, 573–6.

Welte, D. H., Horsfield, B. and Baker, D. R. (1997) *Petroleum and Basin Evolution*. Springer–Verlag, New York.

Wenger, L. M., Goodoff, L. R., Gross, O. P., Harrison, S. C. and Hood, K. C. (1994) Northern Gulf of Mexico: an integrated approach to source, maturation, and migration. Presented at the *First Joint American Association of Petroleum Geologists/AMGP Research Conference*, October 2–6, 1994, Mexico, Mexico.

Weser, U., Kaup, Y., Etspuler, H., Koller, J. and Baumer, U. (1998) Embalming in the Old Kingdom of pharaonic Egypt. *Analytical Chemistry*, 70, 511–6A.

West, N., Alexander, R. and Kagi, R. I. (1990) The use of silicalite for rapid isolation of branched and cyclic alkane fractions of petroleum. *Organic Geochemistry*, 15, 499–501.

Westgate, T. D., Ward, J., Slater, G. F., Lacrampe–Couloume, G. and Sherwood Lollar, B. (2001) Abiotic formation of C_1 – C_4 hydrocarbons in crystalline rocks of the Canadian Shield. Presented at the Eleventh Annual V. M. Goldschmidt Conference, May 20 – 24, 2001, Hot Springs, VA.

Wever, H. E. (2000) Petroleum and source rock characterization based on C_7 star plot results: examples from Egypt. *American Association of Petroleum Geologists Bulletin*, 84, 1041 – 54.

White, D. (1999) *The Physiology and Biochemistry of Prokaryotes*, 2nd edn. Oxford University Press, New York.

White, R. and Kirby, J. (2001) A survey of nineteenth – and early twentieth – century varnish compositions found on a selection of paintings in the National Gallery Collection. *National Gallery Technical Bulletin* (London), 22, 64 – 85.

Whitehead, E. V. (1971) Chemical clues to petroleum origin. *Chemistry and Industry* 1971, 1116 – 8. (1974) The structure of petroleum pentacyclanes. In: *Advances in Organic Geochemistry* 1973 (B. Tissot and F. Bienner, eds.), Editions Technip, Paris, pp. 225 – 43.

Whiticar, M. J. and Snowdon, L. R. (1999) Geochemical characterization of selected Western Canada oils by C_5 – C_8 Compound Specific Isotope Correlation (CSIC). *Organic Geochemistry*, 30, 1127 – 61.

Whiticar, M. J., Faber, E. and Schoell, M. (1986) Biogenic methane and freshwater environments: CO_2 reduction vs. acetate fermentation – isotope evidence. *Geochimica et Cosmochimica Acta*, 50, 693 – 709.

Williams, J. A. (1974) Characterization of oil types in the Williston Basin. *American Association of Petroleum Geologists Bulletin*, 58, 1243 – 52.

Willsch, H., Clegg, H., Horsfield, B., Radke, M. and Wilkes, H. (1997) Liquid chromatographic separation of sediment, rock, and coal extracts and crude oil into compound classes. *Analytical Chemistry*, 69, 4203 – 9.

Wingert, W. S. (1992) GC – MS analysis of diamondoid hydrocarbons in Smackover petroleum. *Fuel*, 71, 37 – 43.

Winters, J. C. and Williams, J. A. (1969) Microbiological alteration of crude oil in the reservoir. *American Chemical Society, Division of Petroleum Chemistry, New York Meeting Preprints*, 14, E22 – 31.

Wischmann, H., Hummel, S., Rothschild, M. A. and Herrmann, B. (2002) Analysis of nicotine in archaeological skeletons from the Early Modern Age and from the Bronze Age. *Ancient Biomolecules*, 4, 47 – 52.

Woese, C. R. (2002) On the evolution of cells. *Proceedings of the National Academy of Sciences, USA*, 99 8742 – 7.

Woese, C. R., Magrum, L. J. and Fox, G. E. (1978) Archaebacteria. *Journal of Molecular Evolution*, 11, 245 – 52.

Wong, K. (1999) Is out of Africa going out the door? *Scientific American*, 281, 13 – 4.

(2001) Shakespeare on drugs? *Scientific American News Briefs*. www.sciam.com/news (accessed March 2, 2001).

Wooley, C. (2001) The myth of the "pristine environment": past human impact on the Gulf of Alaska coast. *Spill Science & Technology Bulletin*, 7, 89 – 104.

Worden, R. H., Smalley, P. C. and Oxtoby, N. H. (1995) Gas souring by thermochemical sulfate reduction at 140°C. *American Association of Petroleum Geologists Bulletin*, 79, 854 – 63.

Xiao, Y. (2001) Modeling the kinetics and mechanisms of petroleum and natural gas generation: a first principles approach. In: *Molecular Modeling Theory and Applications in the Geosciences: Reviews in Mineralogy & Geochemistry*, Vol. 42 (R. T. Cygan and J. D. Kubicki, eds.), The Geochemical Society and Mineralogical Society of America, Washington, DC, pp. 383 – 436.

Xiao, Y. and James, A. T. (1997) Is acid catalyzed isomerization responsible for the invariance in the isoheptanes of petroleum. In: *Proceedings of the 18th International Meeting on Organic Geochemistry*, September 22 – 26, 1997, Maastricht, The Netherlands. Forschungszentrum Jülich, Jülich, Germany, pp. 769 – 70.

Xu, L., Reddy, C. M., Farrington, J. W., et al. (2001) Identification of a novel alkenone in Black Sea sediments. *Organic Geochemistry*, 32, 633 – 45.

Yaws, C. L., Pan, X. and Lin, X. (1993) Water solubility data for 151 hydrocarbons. *Chemical Engineering*, 100, 108 – 11.

Yon, D. A., Maxwell, J. R. and Rybach, G. (1982) 2,6,10 – Trimethyl – 7 – (3 – methylbutyl) – dodecane, a novel sedimentary biological marker compound. *Tetrahedron Letters*, 23, 2143 – 6.

Yuen, G. U., Blair, N., Des Marais, D. J. and Chang, S. (1984) Carbon isotope composition of low molecular weight hydrocarbons and monocarboxylic acids from Murchison meteorite. *Nature*, 307, 252 – 4.

Yuen, G. U., Pecore, J. A., Kerridge, J. F., *et al.* (1990) Carbon isotopic fractionation in Fischer – Tropsch type reactions. *Lunar and Planetary Science*, XXI, 1367 – 8.

Yu, Z., Peng, P., Sheng, G. and Fu, J. (2000a) The carbon isotope study of biomarkers in the Maoming and the Jianghan Tertiary oil shale. *Chinese Science Bulletin*, 45, 90 – 6.

Yu, Z., Sheng, G., Fu, J. and Peng, P. (2000b) Determination of porphyrin carbon isotopic composition using gas chromatography – isotope ratio monitoring mass spectrometry. *Journal of Chromatography A*, 903, 183 – 91.

Zelt, F. B. (1985) Natural gamma – ray spectrometry, lithofacies, and depositional environments of selected Upper Cretaceous marine mudrocks, western United States, including Tropic Shale and Tunuk Member of Mancos Shale. Ph. D. thesis, Princeton University, Princeton, NJ.

Zhang, J., Quay, P. D. and Wilbur, D. O. (1995) Carbon isotope fractionation during gas – water exchange and dissolution of CO_2. *Geochimica et Cosmochimica Acta*, 59, 107 – 14.

Zumberge, J. E. (1987) Terpenoid biomarker distributions in low maturity crude oils. *Organic Geochemistry*, 11, 479 – 96.